ERNST KRAUS

DIE BAUGESCHICHTE DER ALPEN

II. TEIL

DIE BAUGESCHICHTE DER ALPEN

II. TEIL
NEOZOIKUM

VON

PROF. DR. ERNST KRAUS, MÜNCHEN

Mit 123 Abbildungen im Text
und auf 11 Tafeln

1951

AKADEMIE-VERLAG BERLIN

MdI der DDR am 15. 8. 1951

VIII-K2-D-VI-4/51 Nr. 227.

Erschienen im Akademie-Verlag GmbH., Berlin NW 7, Schiffbauerdamm 19

Lizenz-Nr. 202 · 7055/49–8021/49

Satz, Druck und Einband: VEB Leipziger Druckhaus, Leipzig (III/18/203)

Offsetdruck: C. G. Röder, Leipzig

Bestell- und Verlagsnummer: 5039/II

Printed in Germany

INHALTSVERZEICHNIS

DIE TERTIÄRE BAUGESCHICHTE DER ALPEN

I. DIE GEBIRGSBEWEGUNGEN IM PALEOZÄN UND EOZÄN—UNTEROLIGOZÄN

Der letzte Höhepunkt der Kreide-Bewegungen, verbunden mit den transgressiven Absenkungen, wurde erreicht zur alpinen Maestricht-Zeit während der langdauernden Rotmergel-Ablagerung der Nierentaler Schichten im N, der couches rouges im W und der Skaglia im S.

Seitdem hob sich der geosynklinal-alpine Untergrund immer mehr; hier früher, dort später oder langsamer, aber hartnäckig und fast überall; als ob so eine entsprechende Quittung gegeben würde auf die vorherige, fast allgemeine Absenkung und die damit verknüpfte Verdickung der Erdrinde. Grobsandiger, geröllreicher wurden nun die flacher, küstennäher abgesetzten Sedimente; geröllführende Flüsse füllten die Teilbecken. Dies nicht nur in den noch immer orogen sehr unruhigen Flysch-Räumen des Ultrahelvets; nicht allein in den neuerdings zu gleicher orogener Flysch-Unruhe übergehenden südhelvetischen Streifen mit ihrer Hachauer und Wang-Fazies, dem Grünsandstein und Wildflysch, sondern auch noch auf den Kalkalpen.

Nur eine letzte Teilabsenkung war es, welche das Dan-Meer in den NO unserer Alpen hereintreten ließ. Es brachte die Gerölle und Sande der Zwieselalmschichten im Becken von Gosau, die Umlagerungen an der Sohle des eozänen Greifensteiner Sandsteins am Nordrande des Wiener Waldes, die Dan-Mergel und die Dan-Sandsteine von Bruderndorf—Niederfellabrunn in Niederösterreich. Dagegen hat sich z. B. in Istrien der Boden schon wieder gehoben und bedeckte sich mit danischen Süßwasser-Absätzen.

1. Paleozän

Solche Heraushebungen erfaßten nun das Hauptgebiet der Alpen. Eine ausgedehnte Schichtlücke trifft auf die folgende Paleozän-Zeit und ist ein Grund dafür, daß diese Stufe zu den wenigst bekannten in den Alpen gehört. Der Sedimentmangel hielt meist noch im Untereozän an. Erst neueren Einzeluntersuchungen namentlich der Kleinfauna (W. Leupold 1933, H. E. Thalmann 1934, P. Arni 1939) gelang es, die ganz seltenen, durch eine bessere Fauna belegten Paleozän-Vorkommen (F. Traub 1938) in ihrer regionalen Verbreitung ein wenig zu klären.

Nördlich von Salzburg zwischen Laufen—St. Pankraz—Mattsee (Abb. 1) folgen im helvetischen Ablagerungsraum — ohne sichtbare Schicht-Unterbrechung oder dazwischenliegende Trockenlegung (F. Traub 1938, 16) — über den oberkampanen Pattenauer Fleckenmergeln und den öfter sandigen, dunklen Gerhardsreuter Mergeln des Maestrichts teilweise sehr versteinerungsreiche Sandmergel und glaukonitische Grünsandsteine der paleozänen Thanet-(London-) Stufe. Die Kleinfauna weist auch schon auf die Mons-Stufe hin, die Mollusken-Fauna außerdem auf Cuise-(Ypern-) Stufe (Lithothamnienkalk). Das Thanet-Jung-Paleozän findet sich westwärts noch in Kressenberg bei Traunstein (M. Schlosser 1925, 171). Es liegt stets über der Oberkreide, nie auf älteren Ablagerungen. Ostwärts meldete K. Goetzinger 1937 eine Thanet-Vertretung aus dem Gschliefgraben (vgl. S. Prey 1950, E. Kraus 1944, 210).

Thanet-Sande am Grünten im Allgäu sind unsicher. Der das Kreide-Ende wahrscheinlich durchdauernde Teiltrog, dessen Meer offenbar aus östlicher Richtung eindrang, scheint höchstens bis in die Gegend von Bad Tölz nach W gereicht zu haben. Nummuliten sind in ihm bislang nicht gefunden. Nach einer Erstlingsarbeit von H. Hagn 1949 wird man den Paleozän-Nachweis im Zwiesel-Flysch bei Tölz erwarten dürfen.

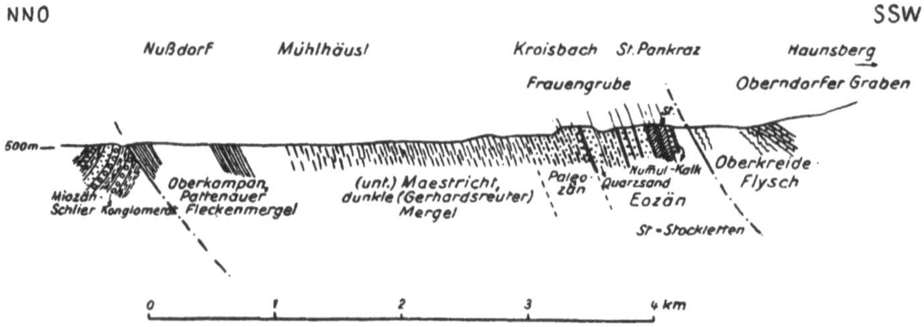

Abb. 1. Profil durch Helvetikum und subalpin aufgerichtete Molasse NNO Haunsberg im N von Salzburg. Nach Fr. Traub 1938.

In der Schweiz haben sich im Paleozän Nummuliten gezeigt. W. Leupold stellte 1933 paleozäne Nummuliten bei Einsiedeln (Drusbergdecken-Flysch) fest. P. Arni brachte in seiner Arbeit 1939, 148, die wichtigsten Leitformen der ältesttertiären Nummuliten und die Untereozän-Gliederung für die französischen Vergleichspunkte in Aquitaine, Corbières und im Vizentin. Einen Nummuliten-Horizont des Prätigauer Ruchbergsandsteins bei Ganey im Flysch stellte er in die tiefere Cuise-Stufe. P. Nännys „Oberälpliserie" (1948) liegt ohne Anzeichen einer Schichtlücke unter diesem Untereozän und über Eggbergflysch mit Globotruncana stuarti.

Die Klärung der paleozänen Vorkommen namentlich in den Präalpen macht schöne Fortschritte. B. S. Tschachtli erkannte 1939, 39ff., in der südlichen Klippendecke nordwestlich vom Jaunpaß (Gastlosen) über den auf Tithon übergreifenden Rotschiefern (couches rouges; Cenoman-Maestricht) den paleozänen Übergang pelagischer Absätze in 400 m Alttertiärflysch. In der weit südlicheren Simmendecke werden die im Cenoman transgredierenden Rotschiefer bereits durch Flyschfazies vertreten, mit der aber etwa im Untersenon die Schichtreihe abreißt (Überschiebung!?). Der Verfasser kam (S. 45) zu dem Schluß, daß paleozäne bzw. nachpaleozäne Schübe vorerst Brekzien- und Simmendecke auf die Klippendecke versetzt haben. Hierauf wurde der SO-Teil (= Spielgerten-Teildecke) der Klippendecke nach NW geschoben und gehoben.

A. Lombard hat in der Klippendecke des Chablais OSO Genf, wo der Flysch jenem der Brekziendecke sehr ähnlich ist, am Col de Vésine über dem Obersenon, vielleicht noch Dan, eine gleichförmige Überlagerung durch Kalk- und Rotmergelschiefer-Flysch festgestellt. In dessen 12 Schicht-Metern liegen vereinzelt kleine Nummuliten, wahrscheinlich des Paleozäns.

Das Obersenon verliert rasch seine Meerestiefe; das Sediment wird klastischer, flyschartig. Teilweise dürfte ein schwaches Emportauchen des Meeresbodens in das Formationsende fallen. Auch nimmt schon das Senon örtlich Flysch-Tracht an.

Auf Grund der im Zusammenhang mit Erdölbohrungen und anderen praktischen Unternehmungen mächtig geförderten Einsicht in die Verteilung leitender Foraminiferen auch der Oberkreide (J. DE LAPPARENT 1918, O. RENZ 1936, H. THALMANN 1934, H. BOLLI 1944 u. a.) konnten auch aus den Höchstalters-Bestimmungen für den Alttertiärflysch die nötigen Hinweise gewonnen und konnte der wichtigen Grenzfrage Kreide/Tertiär nähergetreten werden. An dieser Grenze sterben offenbar die Globotruncanen aus und werden durch die Globorotalien ersetzt. Auch stellen sich alsbald die ersten kleinen Nummuliten ein.

W. LEUPOLD nahm 1933 an, daß so wie sonst im Schweizer Eozän auch paleozän schon die Isopenlinie des paleozänen Nordrandes nicht mit den späteren Deckenrändern gegen WSW, sondern gegen SW streicht. Die Paleozän-Verbreitung gelangt damit westwärts immer mehr in den ultrahelvetischen Ablagerungsraum, in dem sie auch die inzwischen von S bzw. SO angekommenen Präalpen überstreicht. Die Lage in den penninischen Decken ist noch nicht abgeklärt. Von einer allgemeineren Heraushebung des Meeresbodens in dem auch hierfür maßgebenden Ultrahelvetraum oder von einer scharfen Winkeldiskordanz ist trotz vieler Untersuchungen nichts bekannt. Die *orogene Flyschtracht* beweist trotzdem *die Fortdauer der orogenen Untergrundsbewegungen*, wahrscheinlich auch der Deckenschübe, in dem damaligen Hauptbewegungsfeld des Ultrahelvets. Paleozäner Vulkanismus ist nicht bekannt.

Der orogene Senkungsbereich der paleozänen Westalpen zog hinaus in den Westalpenbogen und stand vermutlich mit dem Nummuliten-führenden Mediterrangebiet inneralpin in Verbindung. Gegen die Provence lief er in Brack- und Süßwasserbildungen aus.

2. Eozän — Unteroligozän

a) Helvet — Ultrahelvet der Schweiz (Abb. 2)

Wir gehen aus von dem klassischen Gebiet breitester Entwicklung im helvetischen Alpenbereich der Schweiz. Hier haben u. a. ARN. HEIM 1908 und J. BOUSSAC 1912 grundlegende Kenntnisse vermittelt.

Wie sich germanischer Weißjura und Unterkreide vom Juragebirge südwärts unter dem Molassestreifen des Schweizer Mittellandes hindurch (vulkanisch emporgerissen, vgl. S. 258) mit gleicher Fazies noch gegen die autochthon-helvetische Bedeckung des Aarmassivs emporzieht, so auch die roterdige, oft sehr eisenschüssige *Verwitterungsrinde* über den verkarsteten Kalkbänken. Die Huppererde von Laufen im Baseler Tafeljura, welche nach A. SENN 1928 für die dortige Bruchzone lutetisches Alter anzeigt, die Bohnerzbildungen im N und S beweisen ab Kreideende ein ausgedehntes „*Bohnerzfestland*“ vom Schwarzwald, vom Juragebirge und der Württembergischen Alb bis in die Schweizer Alpen, wobei die Wasserscheide damals noch etwas nördlicher lag als die heutigen autochthonen Massive. Am Massiv-Nordrand verlaufen diese Bohnerzreste in NO-SW-Richtung, also gleichlaufend mit den sonstigen Isopen des Eozäns. Sie ziehen weiter in das autochthon-delphinidisch („Helvetiden"-Fortsetzung nach S!)-subalpine Vorland des Westalpenbogens. Nur festländische bunte Sande, Tone, ungleichförmig über Senon oder Urgonkalk, bedecken die verkarsteten Oberflächen. Im W fanden sich alttertiäre Säugerreste, ein Lophiodon z. B. des Ober-Paleozäns. Im O verwitterten die Bohnerze, mitunter von Süßwasser-Sedimenten bedeckt (Ritter & Kelterborn 1946), auf Schrattenkalk bis Malm (Abb. 3) und haben Lutet-Auvers-Alter. Sie sind die Abtragungsreste einer sehr mächtigen, ausgedehnten Schichtfolge und haben sich in den Löchern, Spalten und Höhlen gesammelt.

Nur der südliche Saum des helvetischen Streifens, der ja infolge tieferen Absinkens schon durch lange Zeit eine tiefermeerische Fazies bzw. eine besondere Schichtmächtigkeit besaß, behielt gegen das Ultrahelvet im SO hin die Meeresbedeckung. Seine Senke war die Vortiefe der nordwestwärts „voranschreitenden" präalpin-ultrahelvetischen Decken. Ihren alsbald überschobenen Stirnschutt bildete der Wildflysch.

Im Mitteleozän drang dieses Meer, Nummulitenkalk oder Grünsande bildend, und mit ihm die Orogensenke immer weiter aus SO gegen NW, im O rascher als im W vor. Es erreichte den O des Aarmassivs, welches noch flach in der Tiefe lag, und stieß weiter nach NW vor, später bedeckt von dem Schwall der Decken. Die Eozäntransgression (E. Grünvogel 1940) ging gegen WNW und griff aus dem ultrahelvetischen Raum je weiter auf desto älteren (Jura, zum Teil Kristallin) Untergrund im WNW über. Damit scheint sich die später so langdauernde und allgemeine Achsensenkung gegen O anzubahnen.

In die Zentralschweiz kam das Meer nach J. Boussac 1912 erst im Auvers (Hohgantsandstein), in die Westschweiz nach Arn. Heim 1920 mit den priabonen Cerithienschichten. Durch die nunmehr gleichweit nach N vordringende Orogenunruhe entstand in der südhelvetischen Randsenke der autochthon-helvetische Eozänflysch, ebensoweit als dann die Decken vorbrandeten.

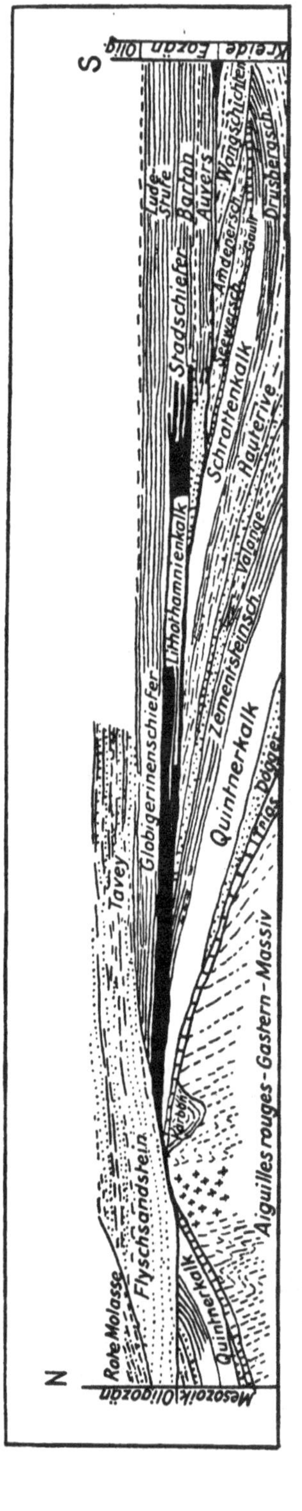

Abb. 2. Lagerungsschema der helvetidischen Schichtfolge in der Schweiz vor ihrer Faltung. Nach Arn. Heim aus Alb. Heim, Geol. d. Schweiz.

Bis in die Schweizer Alpen hinein ist noch nicht viel einwandfreies Untereozän festgestellt. W. LEUPOLD wies 1942, 252f. (vgl. Abb. 2, S. 6), abgesehen von dem Einsiedler Nummuliten-Untereozän, immerhin für den helvetischen S eine ausgedehnte transgressive Untereozänverbreitung nach. Zur mitteleozänen Lutetzeit transgredieren die Bürgenschichten und bildete sich in dem helvetischen Trogbecken eine regelmäßige Fazies-Anordnung: Im NW eine neritische, dann anschließend eine „bathyale" Grünsand-Fazies, welche vom Autochthon im NO über das Parautochthon in das Mürtschengebiet reichte (J. OBERHOLZER 1933), und im SO wieder neritisch-organogene Ablagerungen. Hier folgen die mächtigen Globigerinenschiefer der Lutet-Barton-Zeit (Stadschiefer) des großen Teiltroges, der sich weiter südlich mit übergreifenden Barton-Nummulitenkalken zu der aus Malm bestehenden Schwelle in der ultrahelvetischen Bonvin-Decke heraushob. Auch in dem Westschweizer Diablerets-Gebiet kam das vordringende Meer erst zur Bartonzeit an.

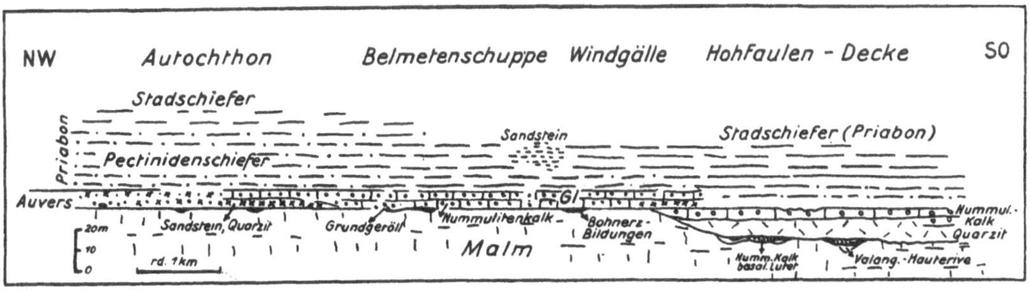

Abb. 3. Stratigraphisches Profil des Eozäns der Hohfaulengruppe nach J. J. Jenny 1934. Gl. Glaukonit-Sandstein (Auvers).

Die weithin scharf durchschneidende Eozän-Transgression enthüllt nicht unbedeutende, *vorher oder gleichzeitig entstandene Untergrundsbewegungen*: Sie greift im Helvet überall mit Diskordanz auf Kreide, Jura, örtlich sogar auf Trias und den kristallinen Unterbau über. Der NW am N-Rande des autochthonen Massivs war besonders kräftig gehoben und bis auf unterste Kreide abgetragen worden. Es kehren die Erscheinungen des Bohnerzfestlandes wieder (Abb. 3). Südostwärts davon aber blieben die jüngsten Kreideschichten noch erhalten, d. h. in dem sich dem Aarmassiv südlich anschließenden Trog im Absatzbereich der Drusbergdecke. Zeigen sich schon hierin breite Bewegungen des vormitteleozänen Reliefs, nämlich eine allgemeine, erosiv eingeebnete Aufkippung im N, so wird die Änderung der Lage im ältesten Tertiär auch durch das um 10—20° südlicher gewordene Generalstreichen (SW- statt WSW-Streichen) der Linien gleicher Fazies angezeigt.

Man sieht in dem Eozäntrog selbst nur die Schichtlücke zwischen Maestricht und Lutet. Gegen den Trogrand aber tut sich eine immer umfangreicher werdende Lücke auf; dies auch dadurch, daß hier öfter nur jüngeres Eozän vom Troginneren her allmählich gegen NW und gegen SW hin transgredierte. Ein Diskordanzwinkel freilich ist meist kaum zu sehen (Abb. 4). Die Aiguilles-Rouges-Aarmassiv-Schwelle hat sich im Verhältnis gehoben, der südliche Trog dagegen gesenkt. Das sind alles schwache Nachbewegungen. Was an verschiebender und faltender Gebirgsbildung aus der Mitteleozän-Transgression überhaupt erschlossen werden kann, das war hier anscheinend noch *in der Oberkreide* (Maestricht?) geschaffen worden.

Der Südteil wurde dann zur *Auvers-Zeit* küstennah; die sandreichen Hohgantschichten bildeten sich, öfter mit Einlagen von Brack- und Süßwasser-Absätzen von Kohle und Lithothamnienkalken. Nach SO bleibt der Übergang in mächtige, gleichmäßige Stadschiefer. Der Hohgant-Trog aber hob sich gegen S offenbar steil heraus.

In der *Barton-Stufe* gehen die Diablerets-Schichten von NW gegen SO aus seichtmeerischen Lithothamnienkalken, Sandsteinen, Cerithienmergeln ebenfalls in diese Stadschiefer über. Diese Fazies (im O „Stockletten“) der Globigerinenschiefer enthält mitunter etwas Sandstein und Lithothamnienkalk-Bänke, letztere im O „Granitmarmor“ genannt. Sie kann mit ihrer tiefmeerischen, aber öfter auch Sand- und Brekzien-führenden Schlammfazies von großer Mächtigkeit als „Tiefwasser-Flysch“ starke, synsedimentäre Orogen-Bewegungen durchaus verschleiern. Das Alter ist Lutet bis Ludium.

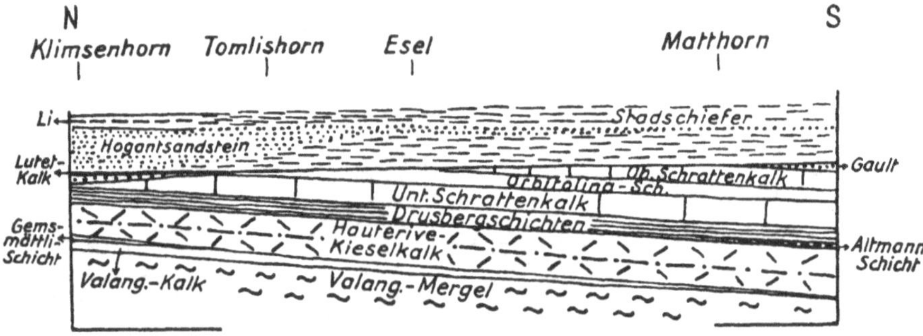

Abb. 4. Profilschema von Kreide und Eozän des Pilatus nach A. Buxtorf 1924, 6. Li priaboner Lithothamnienkalk.

Über dem mit Pectinidenschiefer wechsellagernden Hohgantsandstein und Stadschiefer (Abb. 3) folgt übergreifend, freilich meist gegen seine Unterlage verschürft, der Taveyannaz-Sandstein. Dieser wird heute ins Oberbarton gestellt und enthält über 80 v. H. Vulkantuff aus andesitisch-dioritischen Essen. Von der Morcles- und Diablerets-Decke zieht er sich ostwärts, meist mit scharfer Unterfläche anscheinend transgredierend (in d. Westschweiz auf Trias bis Eozän, im Osten auf Malm bis Eozän) auf parautochthon-autochthonen Untergrund fort — also wieder spitzwinklig zum späteren Falten- und Decken-Streichen. Dabei geht seine Mächtigkeit von 500 auf 100 m zurück. Nach P. Niggli wurden hier ähnliche Stoffe gefördert wie sie den tertiären Ausbruchs-Gebieten von Biella und Traversella entstammen, so daß letztere, vielleicht zusammen mit den ausgedehnten Vulkanen der vizentinisch-veroneser Basalte, diese Tuffmassen geliefert haben können. Das mächtige Bergeller Granit-Massiv dürfte beginnend mit dem Oligozän aufgestiegen sein.

So wie zur Kreidezeit blieb auch noch im Eozän die Schelfmeerschwelle im NW von der immer weiter sinkenden Helvettrogsenke (SO) erhalten, deren Achse im W sich gegenüber früher um rd. 20° südwärts gedreht hat. Daß, offenbar im Gefolge dieser Drehung, ein orogen sehr bedeutungsvoller Umbau die Alttertiärzeit beherrschte, kann auch aus Konglomeratvorkommen geschlossen werden, die schon bisher als orogene gedeutet wurden. So beschrieb A. Buxtorf 1916 von Seelisberg ein aus der Aufarbeitung helvetischer Kreide entstandenes Mitteleozän-Konglomerat, H. Mollet 1921 vom Schimberg im Entlebuch ein ähnliches, mit einer

Störung zusammenhängendes von Auvers-Alter und W. SCHNEEBERGER 1927 vom Hohgantsandstein im N des Thuner Sees.

Die gleichen orogenen Eingriffe dürften auch noch *das ältere Oligozän* der Schweiz mit wechselvollen Wirkungen geprägt haben.

Dieses kennen wir aus dem Autochthon-Parautochthon und den unteren helvetischen, nicht — wenigstens in dieser Ausbildung — aus höheren Helvetdecken und aus dem Ultrahelvet. Es enthält den harten Quarzsandstein des Altdorfer Flyschsandsteins, darin bei Flüelen das exotische Gruontal-Konglomerat mit polygenen Beständen an Gneis u. a., bis zu 20 m messenden Blöcken, sowie Geröll von einem schon wieder aufgearbeiteten Alveolinenkalk des Lutets. Unbekannt im Aarmassiv, kennt man diese Gesteine aus penninischen Decken, die offenbar damals schon nahe südlich eine schuttliefernde Schwelle gebildet haben. Unter- bis vielleicht zum Teil noch mitteloligozäner Dachschiefer von großer Mächtigkeit ergänzt die sehr wechselvolle Flyschmasse, die nach J. OBERHOLZER 1933, 417, ganze Bergabhänge von 1000 bis 1500 m Höhe zusammensetzt. Im Tamina-Gebiet scheint sich die bartonische Transgression des Taveyannaz-Sandsteins erst viel später zu vollenden.

Auch Oberbarton-Unteroligozän transgredierten also, und zwar über erneut schräg gestellte Unterlage, so daß Priabon, Lutet, Kreidestufen, Malm, im W auch Trias, damals entblößt waren. Eine schmale, abgetragene und gehobene Schwelle ließ sich z. B. in der Gellihorndecke erkennen. Auch das Aiguilles-Rouges-Massiv bildete damals wieder eine Aufwölbung. Durch diese Transgressionen wird das Fortgehen nicht nur einer breiten, pultdeckelartigen Kippung, sondern auch einer flachen *Trog-Schwellen-Gliederung* noch für Eozän-Unteroligozän sichergestellt. Das geht nachfolgend im Molasse-Vorland weiter und erweist sich erneut als sehr bezeichnende *Anfangsbildung beim Herankommen der gebirgsbildenden Kraft.*

Rückwärts, im S (SO) ihrer nunmehrigen Tätigkeit erhoben sich die süd- und ultrahelvetischen Deckenteile oligozän bereits zum Teil über den Meeresspiegel. Neben dieser enger werdenden, faltigen Baurelief-Gliederung des Ablagerungsraumes erscheinen bereits bei Altdorf die Wildflyschblöcke *als Begleiter einer bewegten Deckenstirn*, sowie die schwarzen, mächtigen, wildflyschartigen Dachschiefer. Diese sind stark durchbewegt und gepreßt. Rasche Senkung bei ihrem Absatz deckte das schwarzfärbende Bitumen und die Fischkadaver rechtzeitig ein, so daß sie sich erhalten konnten. Tufferuptionen von tonalitisch-andesitischer Art, im S gleichzeitige granitisch-tonalitische Plutoneinschübe, wurden lebendig.

Mit diesen unzweifelhaften Anzeichen einer allmählich *anwachsenden, orogenen Leistung nun auch im Untergrundbereich der helvetischen Trogzone*, ging die ONO-Fortsetzung jenseits des Rheins schon voran. Da finden wir sie bereits in der höheren Oberkreide Vorarlbergs. So wie dort nun auch in der Schweiz beginnend mit der obereozänen Stadschieferzeit und weiter durch das ältere Flysch-Oligozän (mit dem die Schichtfolge hier, im Gegensatz zu dem ostrheinischen Gebiet, erst abschließt) dürfte sich die *helvetische Vortiefe fortschreitend gefaltet und unter Deckenbildung südostwärts unter die „herankommenden", d. h. sich stauenden Ultrahelvet-Präalpen-Deckenmassen hineingeschoben haben.* Dabei wurden sie vorangepreßt durch die Massivreihe von Aiguilles Rouges-Aarmassiv, welche immer tiefer sank und die helvetisch-ultrahelvetische Deckenlast unterfuhr.

Wieweit diese riesigen Hauptbewegungen des Alttertiärs noch im Jungtertiär fortgingen und dann auch die nördlicheren Teile noch erfaßten, ist nicht klar.

Jedenfalls können wir wegen der Tatsache der Decken-Überlagerung über die Molasse im SW und wegen des scharfen Anschubs gegen die dementsprechend schon vorher vorhandene oligozän-miozäne Vortiefen-Molasse nicht etwa leugnen, daß die *älteren* Hauptbewegungen *schon alttertiär*, also ungefähr zur Zeit der pyrenäischen Bewegungsphase von Pyrenäen, Provence, N- und S-Ostalpen, erfolgten.

Aus dem Herannahen von Flysch oder flyschartiger Fazies und Tiefwasser-Flyschvertretung gegen den helvetischen Ablagerungsraum im N ist schon zu entnehmen, daß *der Hauptschauplatz der flyschbildenden Orogenese zur Alttertiärzeit im südlichen und südöstlichen Nachbargebiet, also im ultrahelvetisch-präalpin-penninischen Bereich* gelegen haben wird. Die sedimentären und tektonischen Nachweise lassen denn auch dort an Deutlichkeit nichts zu wünschen übrig. Verwickelte Lagerung und Sedimentation auf lebendig bewegtem Baurelief geben demzufolge hier die größten Rätsel auf.

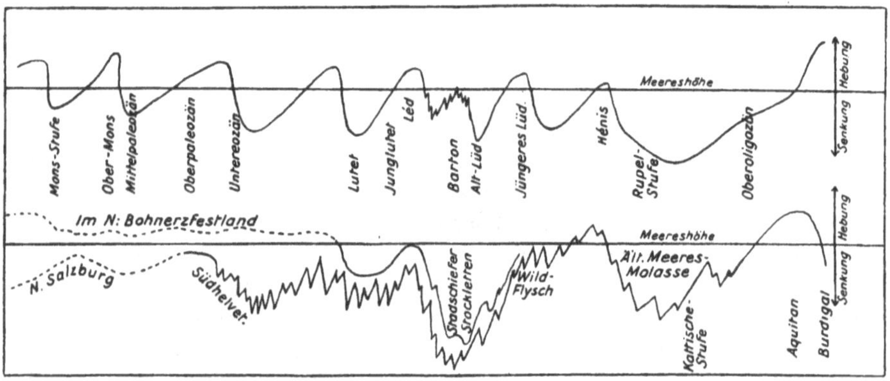

Abb. 4a. Vergleich alttertiärer Bodenbewegungen in N-Frankreich-Flandern (nach H. Stille 1922, 84, schematisiert) oben mit solchen im südbayer.-nordhelvetisisch-alpinen Vortiefenbereich unten. Stufendauer unsicher. Schärfere Orogenbewegung mit Zickzack-Schema.

Der epikontinentale Sedimentationsrhythmus im nördlichen Vorland

Vor Betrachtung der aus ihren sedimentären Folgen erschließbaren Hauptdeckenschüben im Alttertiär der Schweiz werfen wir einen Blick auf die gleichzeitigen Absatz-Rhythmen in dem bereits paläozoisch gefestigten Vorland-Bereich, auf den „inhomogenen Schelf" S. v. Bubnoffs 1923. Hier hat H. Stille 1922 die Meeres- und Bodenschwankungen von Nordfrankreich-Flandern mit ihren Sonderbewegungen gegenüber der Nordsee, sowie mit ihren allgemeinen, viel weiterreichenden Trans- und Regressionen geschildert.

Als „Total-Undationen" bezeichnete Stille die in Pariser Becken-Flandern annähernd gleichzeitigen Bewegungs-Tendenzen, orogen verschärft im Obereozän (Abb. 4a). Als „Spezial-Undationen" erscheinen die geringeren Senkungen im eozänen Belgien gegenüber dem stärker bewegten, noch festländisch-brackisch-sedimentierenden Nordfrankreich. Das sind nur verschiedene Antriebsstärken bei ähnlicher Antriebstendenz. Grundsätzlich besteht also kein Unterschied, so wenig wie er sich zeigt bei einem Vergleich sedimentär günstig abgebildeter Bewegungen der europäischen Epirokinese mit dem zu gleicher Zeit geosynklinal bewegten Alpenraum: Abb. 4a unten. Hier liegen entwicklungs-, also baugeschichtliche Tempo-Unterschiede vor bei im übrigen ähnlicher, jedoch abweichend erfolgreicher Beanspruchung von unten. Letztere ist aus der Gleichzeitigkeit erkennbar, mit der in beiderlei Gebieten ähnliche Tendenzen erscheinen. Ähnliche Tempo-Unterschiede erkennen wir zwischen Zentral- und Kalkalpen im S und N (S. 365) oder zwischen dem schon gereifteren O gegen den noch jugendlicher beweglichen W der Alpen.

Der epirokinetische Absatz-Rhythmus entstammt im Grunde denselben Tiefenantrieben wie der geosynklinale Ab-und-Auf-Rhythmus mit seinen viel bedeutenderen Hub-Unterschieden. Die E. Haugsche Kompensation geosynklinaler und außergeosynklinaler Meeresbewegungen besteht nur ausnahmsweise und scheinbar, an regional zu eng betrachteten Beispielen (H. Stille 1922, 88; S. v. Bubnoff 1941, 151 u. a.).

Ultrahelvet

In den Glarner Alpen ruht über dem helvetisch-autochthonen Unteroligozänflysch, diesem überschoben und mit ihm verfaltet, sowie überschoben (eingewikkelt) durch die Glarner- und Mürtschendecke eine mächtige ultrahelvetische Flyschmasse („Glarner Flysch" zwischen Engelberg und Ragaz), bestehend aus 300—600 m *Blattengratschichten* und darüber, auch als Teildecke aufgeschoben, dem wohl oft über 500 m mächtigen *Wildflysch* (wie immer von mir im *faziellen* Wortsinn gebraucht). Eine scharfe Überschiebungsfläche (W. Leupold 1938) zwischen den dunklen basalen Dachschiefern und den gleich beweglichen, dunklen Blattengrat-Mergelschiefern ist natürlich im allgemeinen nicht ausgebildet, so wenig wie im Allgäu-Flysch (E. Kraus 1932, 102), wo aber eine genaue Prüfung der steilen Grenzgräben ein über 100 m mächtiges, meist Kalzit-durchsetztes Schubstockwerk zwischen Oberkreideflysch mit Foraminiferen der Sigiswanger Decke unten und fossilbelegtem Unterkreideflysch der Oberstdorfer Decke oben erkennen ließ.

Den Blattengratschichten sind primär mehrfach Nummulitenkalkbänke der Lutetzeit eingeschaltet, die oft unten glaukonitreich sind und anscheinend Schwellenkalke von vorübergehend hochliegenden Untiefen darstellen, während sich in den umliegenden Muldensenken Ton- und Mergel-Schlamme nur mit Klein-Foraminiferen ablagerten. Die Leimern-Flecken, die Bitumen- und Pyrit-Mengen weisen auf die im orogenen Flysch übliche, rasche Schlamm-Eindeckung der organischen Reste hin. Wir haben einen fast sandfreien Tiefwasser- oder wenigstens Stillwasser-Flysch vor uns, der schon zur Lutetzeit im südlicheren Ultrahelvet durch ähnliche orogene Bedingungen geprägt wurde wie erst im Obereozän im nördlicheren Absatzbereich die Stadschiefer-Stockletten: *Der orogene Zugriff rückte langsam nach N vor!*

Diese schlammige Stillwasserflysch-Fazies ist es denn auch, die in der stärkstorogenen Wildflysch-Entwicklung immer wieder auftritt, genau so wie in ihr dort, wo nicht unmittelbar der Rutsch-, Schub- und Inselabhang-Bereich der vorrückenden Deckenstirnen lag (oder dort und dann, wenn deren Vorwärtsmarsch vorübergehend abflaute) der gewöhnliche, mehr oder weniger dünnschichtige Mergel-Kalk-Sandkalk-Sandstein-Flysch sich ebenschichtig ablagerte. Immerhin war der ruhigere Flachwasserflysch, der auch so oft den „wilden" ablöst oder vertritt, im allgemeinen der Standort der Fucoiden-, Helminthoiden- und Kriechspuren bildenden Bodentiere. Auch fehlt dem „ruhiger" abgesetzten Flachwasserflysch keineswegs die Menge der sedimentären Fältelungen als Folgen von Abhang-Rutschen, die bei genauem Zusehen, namentlich an angewitterten Sandsteinbänken, äußerst verbreitet sind („Wickelungsstruktur" von O. M. Reis, „Faltensandstein" bei J. Oberholzer 1933, 437; E. Kraus 1935).

Sehr bezeichnend ist auch die oft beobachtete Tatsache, daß überall dort, wo der Reichtum an Geröll-, Block- und Scherlingsschutt mitten im Tonschiefer des Wildflyschs plötzliche Einschüttungen, ja katastrophale Bergstürze von Brandungsküsten mit alsbaldiger Verwalzung unter der vorrückenden Deckenstirn anzeigt, der Wildflyschschiefer *schwarz und bitumenreich* ist: die organischen Reste haben sich hier dank rascher Eindeckung unoxydiert erhalten können.

Die Block-, Geröll- und Sandmassen des Wildflyschs sind übrigens durchaus kein Gegenbeweis gegen die Ansicht, daß das Wildflyschmeer mitunter auch recht tiefe Teilsenken gehabt hat. Spiegeln erstere ja nur ein Steilrelief und eine starke Orogenbewegung in Meeresspiegelnähe wider, was in vielen hundert oder einigen tausend Metern Wassertiefe trotz gleicher Relief- und Orogen-Bewegungen, wie wiederholt ausgeführt, fast nicht oder jedenfalls nicht mit gleichen Erscheinungen möglich ist. Dabei berichten *gerade die tiefsten Furchen des Meeresbodens von den raschesten, sedimentär nicht ausgefüllten Absenkungen, also von den kräftigsten Untergrunds-Verlagerungen!* Wundern wir uns daher nicht, daß z. B. auch wieder im Glarner Wildflysch, so wie im Oberkreideflysch von Vorarlberg-Allgäu, hochpelagische Foraminiferen-Kalke und Schlamme vom Typus der Seewerkalke oder Leimernkalke und -Mergel erscheinen, ja daß ungefähr zur turonen Senkungs- und Ablagerungszeit ersterer im helvetischen Becken weiter südlich, also im damaligen Hauptschauplatz der Gebirgsbildung, diese allgemeine Senkung in Tiefseerinnen bis zur Ausbildung von echten Radiolariten (am Sünser See in Vorarlberg, E. Kraus 1932, 79; in der Simmendecke, in der Mieussy-Flyschmulde des Chablais) oder wenigstens von radiolarienreicheren Hochseeschlammen führte. Wer wollte behaupten, daß diese normale Sedimentation das plötzliche Fehlen orogener Unruhe anzeige? J. Oberholzer hatte 1933, 450, schon ganz richtig beobachtet und gefolgert, als er die „Seewer-artigen Kalke" als Vertreter des Turons, der Leimernschichten im ultrahelvetischen Bildungsraum ansprach, die bei der großen Wildflysch-Deckenbewegung mitgeschleppt wurden. Leimernschichten gehören aber mit ihren Mergeln und ihren bis über 1,5 km mal 0,5 km messenden Platten nicht zu den erst zur mitteleozänen Schubzeit mitgenommenen Scherlingen, sondern schon ursprünglich zum ultrahelvetischen Absatzraum des Wildflyschs als sich dieser vor der vorrückenden Deckenstirn zur Turonzeit noch weit südlich bildete. Dem widerspricht nicht die Einlagerung von mitteleozänen Nummulitenbänken ähnlich dem Drusbergdecken-Eozän in höheren Wildflysch aus der späteren, tertiären Zeit, in der er, wahrscheinlich nach einer Ruhepause um die Wende Kreide/Tertiär, weiter nördlich vor der wandernden Deckenstirn sich weiterbildete. J. Ober-

HOLZER hat 1933, 465, ebenfalls beobachtet, daß die Fossilbänke des Mitteleozäns wahrscheinlich zu den jüngsten Gesteinen des Wildflyschs in seinem oberen Teil gehören. W. LEUPOLD hat 1942 gleichfalls den *Globotruncana linnei*-Kalk (Seewerkalk-ähnlich, wie etwa SCHAADS Furxer Kalk im Vorarlberger Turon oder der Liebensteiner Kalk des Allgäu) als Normalglied seines Sardonaflysches angeführt.

Außer späterer Sedimentation in der Profilspanne der gleichen Wildflyschfazies können aber Schwierigkeiten in der Beurteilung auch daraus erwachsen, *daß leicht umlagerbare Kreidegesteine*, besonders Mergel und Tone mitsamt ihren Kreide-Foraminiferen auf später im Wildflyschmeer gehobenen Schwellen umgelagert und mit gleicher Fazies und Kreidefauna, jedoch im Eozän, und darum wechsellagernd mit Nummulitenkalkbänken, *erneut abgesetzt wurden.* Die sehr zahlreichen Dünnschliffe aus dem Flysch zeigten dem Verfasser nicht allein die starke Korngrößensortierung durch Meeresströmungen, sondern gerade auch immer wieder Beweise für derartige, sehr umfangreiche Umlagerungen (E. KRAUS 1935, 47, betreffend das Alter der ultrahelvetischen Leimernschichten).

Wenn wir den Wildflysch als Vortiefen- und Stirnrand-Vorschüttung einer nordwestwärts „vorwandernden" Großdecke betrachten, so ist zu fragen, *welches diese Decke zunächst im Glarner Land war.* Sie muß ursprünglich über diesem Wildflysch gelegen haben oder noch liegen. Sie muß auch ihren Stirnrandschutt in den Wildflysch abgegeben haben.

Die Glarner- und Mürtschendecke, welche heute den ultrahelvetischen Wildflysch bedeckt, dürfte *deshalb* kaum in Frage kommen, weil der Wildflysch kein sicheres Schuttgestein aus dem Helvet enthält. Wir haben vielmehr den bisherigen Bearbeitern zuzustimmen und *diese* Überlagerung *als nachträgliche Einwicklung anzusehen, nachdem der Wildflysch bereits vorher durch langdauernde Abtragung in hoher Lage seine Decke verloren hatte.* Aus dem Gesteinsbestand des Wildflysches aber entnehmen wir nur, daß *ultrahelvetische* Sedimente, Troskalk-artiger Malm, südliche Oberkreide, dann aber wenig typische glimmerreiche Gneise und Glimmerschiefer, letztere öfter kupferfarbig, dann weißliche Zweiglimmergranite häufiger vorkommen. Es fehlen aber hier alle sicheren Hinweise sowohl auf präalpine, auf penninische und auf unterostalpine Deckengesteine. Auch Habkerngranit oder andere farbige Granite fehlen.

Das ist sehr wichtig. Denn wir befinden uns im Glarner Land zwischen dem Verbreitungsgebiet der unterostalpinen Gesteine von Julier-Bernina bis Falknis-Sulzfluh im O einerseits, dem Verbreitungsraum der Klippen-Präalpen im W andererseits. Beiderseits liegen gut kenntliche Gesteinstypen. *Sie fehlen dazwischen.* Wir sind schon 1936 zu dem Schluß gekommen, *daß beiderlei Decken miteinander nichts zu tun haben.* Hier fügt sich dem ein neues Beweisstück an.

Der Glarner Wildflysch wurde *von einer ultrahelvetischen Decke* mit einer Stirnrandschwelle aus kristallinem Untergrund beliefert, den wir nicht kennen, der so wenig mit dem Aarmassiv zu tun hat, wie die Gesteine des Gruontal-Konglomerats. Vielleicht ist es ultrahelvetischer Unterbau, vielleicht solcher, der heute tief unter dem Nordrand der penninischen Decken begraben liegt.

Mit der Klärung dieser baugeschichtlichen Umstände ist man in der Schweiz beschäftigt. In der Südzone des Einsiedler Untereozänflysches, der heute die Stirn der Drusbergdecke umhüllt, wird der (bei Hebung teilweise schon abgetragene) untereozäne Nummulitenkalk im Mitteleozän durch transgressiven Quarzit abgeschnitten. Darüber häuften sich Blöcke der bergsturzartig in Mergel geratenen Untereozänkalke, der Ober- und Unterkreide. *Hier gab es offenbar orogene Reliefstörung mit Faltung im jüngsten Lutet.* Denn nun greift mit Abwinklung darüber ein vermutlich priaboner Flyschsandstein, der nach oben wiederum, und zwar jetzt Kristallintrümmer – führenden Sandstein aufnimmt.

Hierin sehen wir die gegen das Obereozän anwachsende Relief- und Orogen-Unruhe. Sie war vermutlich verbunden mit dem Heranrücken der Sigiswanger Kreideflyschdecke oder anderer Massen aus SO.

Der Gesteinsvergleich W. Leupolds 1942, 270, zwischen Wäggital- und Sardonaflysch bezieht sich nicht auf die ultrahelvetische Sigiswanger, sondern auf meine romanische Wildflyschdecke, welche die Sigiswanger einwickelt, und deren Baustoff als Fußvorschüttung beim Wandern der Klippendecke über die helvetische Einheit entstand. Auch der Genannte hält diesen Sardona-Wäggital-Schlieren-Berra-Gurnigel-*Wildflysch* wohl abgetrennt als tektonisches Stockwerk für sich von der ihn mit Schubfläche unterlagernden Einsiedler Flyschmasse, die zur Drusbergdecke gehört, und von den aufgeschobenen Hangendflyschmassen (z. B. Sigiswanger Decke oder eozäner Schlieren-Gurnigel-Flysch von der Südseite der Vindelizischen Nordschwelle bzw. der südhelvetischen Schwelle).

Wir haben 1936, 193 f. sowohl den im W von Judikarien- und Alpenrhein-Querlinie so sehr vermehrten Südunterschub wie auch I, 370 das auffallende N-Aufbiegen der Oberkreide(-Eozän)-Isopen im Bereich des Alpenrheins zwischen Rätikon und Gotthard-NO-Ende auf den großen, *juvavisch entstandenen Alpenknick* zurückgeführt. In der Jungoberkreidezeit begann nun quer zur Alpenrheinlinie eine horizontale Umbiegung, die im Obereozän-Unteroligozän sich weiter entwickelte in einen Unterschub gegen SO und O unter die bei dem großen S-Unterschub im W beider Querlinien hier im ultrahelveti chen N angekommenen und bis dorthin den Decken aufsedimentierten Kreideflyschmassen des Prätigau-Sardona-Flysches (Nord-Pennin).

Bei dieser Gelegenheit anscheinend wurde nämlich der Sardonaflysch weit „nach W überschoben“ und entstand nur im O die *Abscherungs*-Decke der Säntis-Drusbergdecke. Dagegen haben wir nach W zu nur die dreifache Überfaltung der Morcles-Diablerets-Wildhorndecke, welche von ihrer Narbe *nicht* schräg abgeschert ist. Eine ganz ähnliche, umprägende und mit drehender Abscherung von Hangenddecken über einem sich später ostwärts unterschiebenden Unterstockwerk verbundene „Knickung“ kennen wir ungefähr für die gleiche Zeit aus den östlichen Südalpen (S. 75). Es liegt nahe, die ebenfalls etwa obereozänen Längsstauchungsbeweise im O des Rheins dem gleichen mechanischen System zuzuzählen. Schon in 1936, Abb. 53, wurde die Ost-Unterbewegung des Rätikons gezeichnet, die in ihren beweisenden Einzelheiten klar von O. Ampferer für Südrätikon-Silvretta aufgezeigt wurde; auch die von mir 1942, 39, 51, für den Oberstdorfer Kreideflysch von Ill-Gr. Walser-Tal (Vorarlberg) nachgewiesenen Umfaltungen eines ursprünglich durch S-Unterschub gefalteten Flysches in N-S-liche Querstrukturen gehören hierher. Es sind spätere Folgen des großen Alpenknicks (1936, 201, 309).

Die weiteren, zum Teil obereozänen Verschiebungs-, Faltungs- und Einwicklungsphasen im helvetischen Gebäude stellen wir uns etwa nach W. Leupolds

Vorgang 1942, 280, vor. Wir kommen später darauf zurück.

Wir verlassen das helvetisch-autochthone Alttertiär zwischen Glarner Alpen-Linthal-Altdorf und überschauen das Alttertiär der helvetischen Hauptmulde, die vom Westende des Walensees über den Vierwaldstätter See an den Thuner See zieht und weiter die Freiburger und Chablais-Präalpen unterteuft. Hier ruht über den Falten und Decken der Säntis/Drusberg-Wildhorn-Decke die mächtige Masse von ultrahelvetischem Flysch, überschoben dem helvetischen Alttertiär, aber auch mit der Unterlage verfaltet, verschuppt und sie einwickelnd (Abb. 5, 5a). In Achsensenken dieser Großmulde zeigt sich an den von der Erosion noch übriggelassenen Resten, daß über dem Flysch als höhere Deckeneinheit die romanischen Klippen-Präalpen ruhen, deren Stirnschutt-Trümmer in großer Menge schon zu der Zeit in den unterlagernden Wildflysch gerieten als die Deckenstirn noch aus der kristallinen Nordrandschwelle dieser Einheit bestand. *Diese Schwelle lieferte die „Exotika" des Wildflysches während des Vorrückens sowohl zur Kreidezeit* (Bd. I 472) *wie auch jetzt noch im Alttertiär.* Sie wurde durch Verschuppung und Sohlenverschürfung beim Deckenmarsch, andererseits durch fortdauernde Abtragung zerstört.

Dieser Vorstellung entspricht bekanntlich die Wildheit und Zusammensetzung des Habkern-Wildflysches nördlich Interlaken, dem nun auch Eozän eingeschuppt bzw. eingelagert ist. Denn die große Deckenwanderung wurde nachmitteleozän offenbar wieder aufgenommen, d. h. der Stirnabfallschutt des Wildflyschs schob sich südwärts unter die Präalpendecke hinein, die aber danach in höherer Lage abgetragen worden sein dürfte, denn heute fehlt sie, während sie in der Senke der Freiburger Alpen erhalten blieb. An ihrer Stelle wurde der vermutlich (oben S. 14) weiter südlich zur Bartonzeit abgelagerte Schlierenflyschmergel (100—300 m) und Sandstein mit 600—800 m Mächtigkeit herangeschoben, welcher die Schlieren-Habkernmulde füllt, und dessen Sohle, da Schiefer auf Schiefer liegt, auch hier keine scharf ausgeprägte Schubfläche haben kann. Der Schlierenflysch wurde nachträglich in Falten gelegt (Abb. 6) und füllt heute zum Teil ganz ähnliche flachere oder steilere Mulden

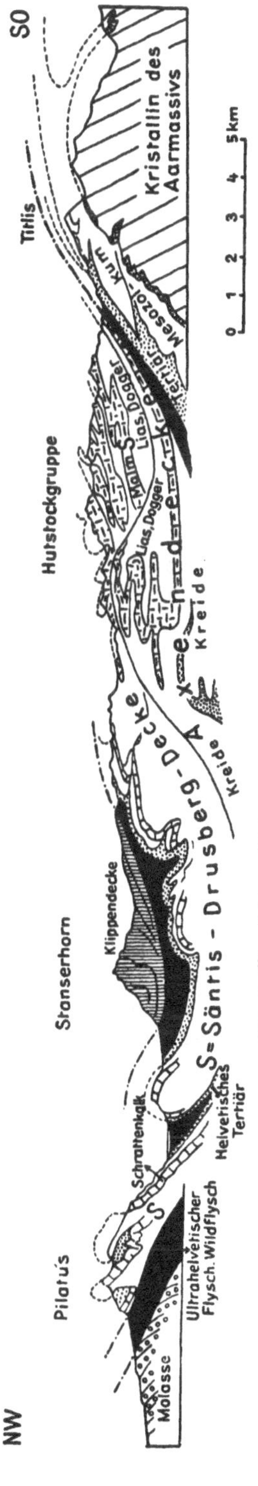

Abb. 5. Übersichtsprofil der helvetidischen Alpen nach P. Arbenz 1934.

Abb. 5a. Faltung des Autochthonen (unten Granit-Verrucano-Trias-Dogger-Öhrlikalk, aufgeschuppt Dogger) der glazial geglätteten Bärenfluh am Wege zur Rottalhütte. Phot. E. Kraus 1932.

über jüngsten Gliedern des Helvetikums wie im Vorarlberg, wo die Grenzfragen gegen die darüber geschobene Sigiswanger Kreideflyschdecke auch erst nach Auffindung beweisender Versteinerungen ganz geklärt wurden.

Über die nordwestlichste Kreidekette von Pilatus-Niederhorn greift schließlich dieser ultrahelvetische Flysch, die Kette nachträglich einwickelnd, ganz wie etwa am Grünten im Allgäu, als „subalpiner Flysch“ vor an den Alpenrand.

Von dem *Bau* und *dem gewaltigen Umfang der erosiv beseitigten Gesteinsmassen unserer Präalpendecke* gibt in der WSW anschließenden axialen Großmulde zwischen Thuner See-Rhonetal und Arvetal die Eigenart der Präalpen eine Vorstellung. Wir verstehen den ausgesprochenen *Walz-Baustil* der kleinen Klippenreste im O, wenn wir die mächtige Brekziendecke und die sicher einst auch weit ausgedehnt gewesene Simmendecke bedenken — alles SW-Fortsetzungen der nördlichen Kalkostalpen, deren Spuren im Bereich der axialen Querwölbung der Glarner Alpen gänzlich beseitigt sind (1936, 50, 90).

Ganz entsprechend den ONO-lichen Fortsetzungen liegt auch vor den romanischen Präalpen zwischen Thun-Bulle-Vevey der ultrahelvetische Alpenrandflysch: nämlich der gleiche Stirnschwellen-Wildflysch mit präalpinem Deckenmarsch-Stirnschuttabfall, sowie die Vertretung des Schlierenflysches, hier „Gurnigelsandstein“ mit Nummuliten. Abb. 7.

Im Gegensatz zu dem weiter östlich über das Aarmassiv „geschobenen“ Ultrahelvet, das nur aus Oberkreide und Tertiärflysch unter Zurücklassung von älterem Mesozoikum besteht, wanderte das „Ultrahelvet“ in der Achsensenke am Westende des Aarmassivs über die Wildhorndecke (Abb. 8) weiter nach NW hinaus und

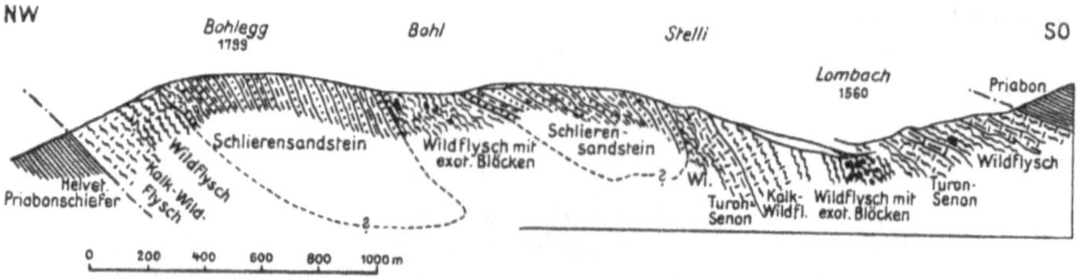

Abb. 6. Profil durch den ultrahelvetischen Flysch von Habkern, nördlich Interlaken, Schweiz. Nach J. Tercier 1943.

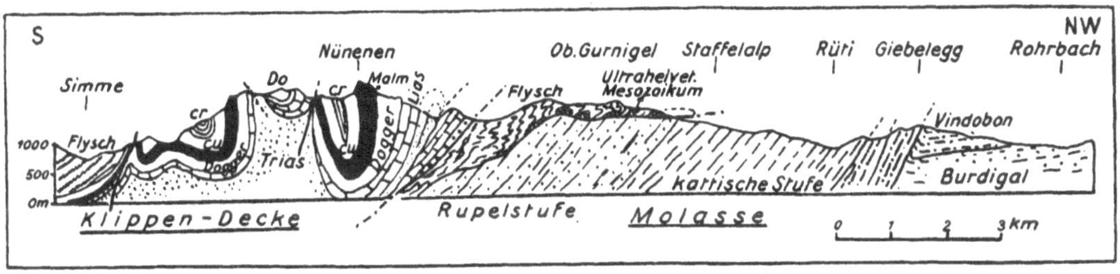

Abb. 7. Profil durch die Präalpen, den ultrahelvet. Subalpinflysch und die Molasse W. Thun. Nach E. Gerber 1934.

ist auch noch in erheblichen Schuppen (Abb. 9) z. B. am M. Bifé-Montsalvens im subalpinen Flysch (Préalpes externes) vertreten. Ebenso liegt gerade hier die mächtige Niesendecke mit ihrem Flysch.

Mikropaläontologischen Arbeiten wird es auch hier vorbehalten sein, das vielleicht über Paleozän noch ins Oligozän hinaufreichende Flyschalter und damit die Zeiten der Hauptbewegungen festzulegen. Denn die Vorstellung, daß nur ein einziger kurzdauernder Katastrophenakt, ansetzend nach der Absatz-Zeit der letzten überschobenen Molasse hier tätig gewesen wäre, ist angesichts der nachweisbar langdauernden Baugeschichte und der Tatsache des *orogenen* Flysches schon jetzt abzulehnen.

Zur Klarstellung des alpinen Bauplanes mußten bereits 1936 eingehendere Ausführungen baugeschichtlicher Art über die Wildflyschprobleme S. 95 ff., die Wanderung und Heimat der Präalpen, S. 84 ff., 132, sowie über Niesen-Decke und Niesenflysch S. 104 f. gemacht werden. *Die Einheit der Wildflyschdecke* über den helvetischen Einheiten spiegelt, vom Westalpenbogen bis über Salzburg hinaus, *die wandernde Einheit von Subbriançonnais Präalpen-Klippen-Grabser und Balderschwanger Klippen-Randostalpin* im N des Kalkalpins wider. Die unterschiebenden Bewegungen von N und W waren aber nicht überall gleich stark und gleichzeitig — so wie das verschiedene Alter des Wildflysches, im O im allgemeinen Kreide, im W auch mehr Eozän, und das Alter der ihm heute aufgeschobenen ultrahelvetischen Flyscheinheiten beweist: Oberstdorfer und Sigis-

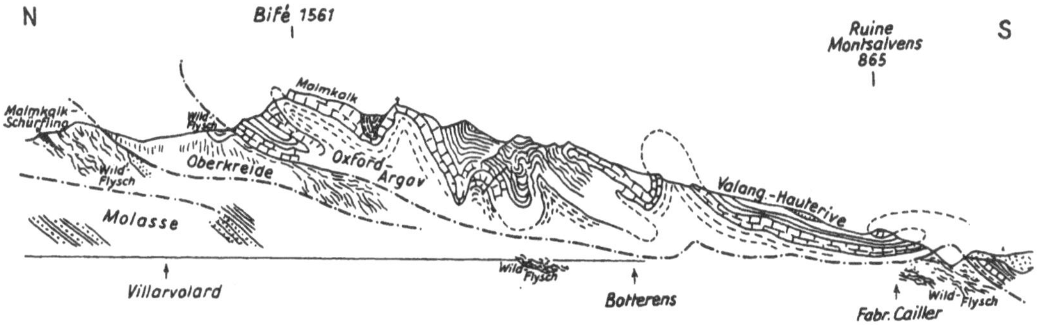

Abb. 9. Ultrahelvet des Mont Bifé am Alpenrand nach Arn. Heim 1920.

wanger Flyschdecke in Vorarlberg-Südbayern kretazisch, Niesenflysch wohl ebenfalls, Schlieren-Habkern-Gurnigel-Flysch aber überwiegend alttertiär.

Dabei hatten wir tektonische Niederbiegung des Randostalpins in der Vortiefe von Vorarlberg-Südbayern für das Absatzfeld des Ultrahelvetflysches in der Kreide, aber tektonische Auswalzung der Präalpendecke durch schon vorher weiter südwärts gebildeten Niesenflysch angenommen. Es liegt nahe, so wie in ähnlich gelagerten, durch eine ältere Tektonik quer durchschneidenden Fällen (Reliefüberschiebung, Molassegebirgs-Erosion!), wenigstens für den Niesenflysch neben solcher nachträglicher und sicher auch wirksam gewesener Verschiebung *eine primäre Erosionsleistung* und damit Bildung einer Sedimentationssenke für den transgredierenden Niesenflysch anzunehmen. Die Erfahrungen über starke Erosionsarbeit in Hebungszeiten, die zwischen die großen Schubzeiten sich einschalteten, geben eine solche Möglichkeit an die Hand. Vielleicht gab eine Ausräumung ähnlich wie bei den Gosaubecken, wo sie nachgewiesen ist, *neben* der tektonischen Niederbiegung Anlaß zur Bildung der weiträumigen, ultrahelvetischen Sedimentationssenke in Südbayern. Zur Erklärung der merkwürdigen Tatsache, daß im Wildflysch von Habkern zwar die Abfalltrümmer der Präalpendecke in Massen herumliegen, daß aber die Präalpendecke über diesem Wildflysch heute nicht unmittelbar folgt, sondern ersetzt ist durch aufgeschobenen eozänen, „ruhigen" Flysch, den Schlierenflysch, ist für die Tertiärzeit ähnliches anzunehmen. Die nähere Nachprüfung kann ergeben, ob hierfür nachträgliche Verschiebung schon genügt. Und so liegt jetzt der Niesenflysch in einem Loch, das bis fast auf den Grund der Präalpendecke naheliegenderweise nicht nur durch Ausquetschung, sondern schon vorher auch durch abtragende Ausräumung ausgegraben wurde.

Dem verschiedenen Alter der transgredierenden Flysche entsprechend wären diese Vorgänge: Erosion des Randostalpins ostrheinisch schon in der Unterkreide, Erosion der Klippendecke im Niesen-Bereich vielleicht in der Mittelkreide, Erosion der Klippen im zentralschweizerischen Bereich von Einsiedeln-Schlieren-Habkern-Gurnigel im Paleozän erfolgt. Die transgressiven Flyschmassen des Penninikums würden

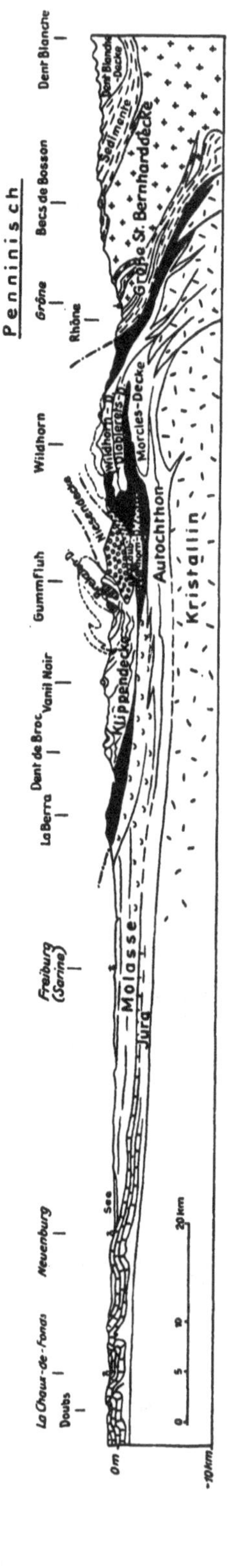

Abb. 8. Übersichtsprofil der Westschweiz nach P. Christ 1934. Schwarz: Ultrahelvetisches Mesozoikum und Tertiärflysch.

weitere, gleichfalls erst noch näher zu klärende Beispiele sein, die aber südöstlicher liegen.

Es würden somit die exotischen Bestandteile im Wildflysch nicht nur deshalb von fremder, exotischer Herkunft sein, weil die sie liefernde, kristalline Schwelle bei und nach ihrer Wanderung über den Vortiefen-Wildflysch tektonisch und erosiv später aufgearbeitet wurde und verschwand. Die Exotika würden uns außerdem von *der großen Präalpen-Randostalpen-Schubeinheit, der „romanisch-bayerischen“* oder *„Kalkalpinen“* berichten, welche über und hinter jener kristallinen Stirnschwelle nachrückte, aber in einigen ziemlich ausgedehnten Gebieten ausnahmsweise später abgetragen und sedimentär bzw. durch Heranschub ersetzt wurde durch „ruhigen Flysch“ des Deckenrückens.

Es liegt nahe, für den Schlieren-Habkern-Flysch und seine subalpinen Ausläufer („Préalpes externes“) als Zeit jener ausgedehnten Abtragung jene verantwortlich zu machen, in der das Bohnerzfestland so weit und so lange in den Alpenbereich vorgegriffen hat. Danach würden sich über der Abtragungsfläche transgressiv die „ruhigeren“ Flysche gebildet und würden die Decken ihren Marsch fortgesetzt haben. Da dieser wieder unter Versenkung unter den Meeresspiegel vor sich ging, muß auch der bewegte Deckenrücken im Archipelmeer sein Flyschsediment bekommen haben. Nur noch auf der Klippendecke ist etwas von diesem Tertiärflysch erhalten. Vielleicht stammen Reste von romanischem Kreideflysch aus der vorherigen, großen Wanderzeit und entsprechen also den Gosauflysch-Vorkommen in den Kalkostalpen.

Die von O. Ampferer für die untere Juvavische Decke nachgewiesene, starke Abtragung vor dem Einschub der oberen Decke (Reiter-Alm u. a.) ist ein sehr vergleichbares, die außerordentliche Zeitdauer und die umfangreichen Veränderungen während des Deckenschubes beleuchtendes Beispiel von dem südlicheren Kalkalpen-Bereich. —

Wir sind uns darüber klar, daß jüngere Sedimentmassen, auch solche von 1—2 km Mächtigkeit, wie sie unser Kreide- und Tertiärflysch aufweisen kann, dann keine Spur in dem Heimatgebiet ihrer unterlagernden Decke aufzuweisen brauchen, wenn sie erst während der Wanderzeit dieser Decke vor deren Stirn oder auf deren Rücken abgelagert wurden. Dieses jüngere „Ultrahelvet“ braucht jedenfalls nirgends eine Wurzel zu haben, sowenig wie jüngerer „penninischer“ Flysch, der sich aber erst beim Durchgang der penninischen Deckenunterlage transgressiv gebildet hat im Meeresraum, den wir den ultrahelvetischen nennen.

b) Alttertiär im Westalpenbogen

Wie aus den neueren Arbeiten der französischen Alpengeologen M. Gignoux, L. Moret, D. Schneegans u. a. ersichtlich ist, kam man hier schon länger zu ähnlichen Gedanken von der baugeschichtlichen Reichhaltigkeit und dem weit zurückreichenden Bewegungsalter im Westalpenbogen (vgl. Abb. 62, 74, Bd. I).

Hier treten wir auch ein in den Untersuchungsbereich der großen Arbeit von G. Richter 1938, die sich bemühte auf Grund der von H. Stille gegebenen Begriffe, insbesondere einer Abtrennung der Orogenese von einer Epirogenese, eines scharfen Phasen-Schemas und einer Koppelung von Gebirgsbildung und gleichzeitiger Hochfaltung zu weitgehenden baugeschichtlichen Folgerungen zu gelangen. Die klassischen Vorarbeiten der französischen Fachgenossen (bei J. Jung 1930 und G. Richter aufgeführt), waren auch hier die nötige, wertvolle Voraussetzung. Die jüngeren Veröffentlichungen von M. Gignoux, L. Moret, D. Schneegans, F. Blanchet, um nur wenige zu nennen, vermittelten uns weitere, tiefe Einblicke in den alpinen Bereich.

Das Bohnerzfestland des Schweizer Jura zog sich vom Genfer See mit festländischem, sandigem Eozän (z. B. auf dem Mt. Salève) im Vorland des Westalpenbogens zusammenhängend noch weit nach S. Süßwasserkalke, Sandsteine, Tone, Lignite finden sich bis nach der Chartreuse, dem Zentralplateau und dem Vercors. Zwischen dem langsam sinkenden Zentralplateau im W und den ersten Voralpenketten z. B. im S von Valence wellte oder faltete sich aber das Land während des jüngeren Eozäns schwach in überwiegend W–O-streichende Falten, eine Art Reflex-Erscheinung zur Pyrenäen-Hauptbewegung.

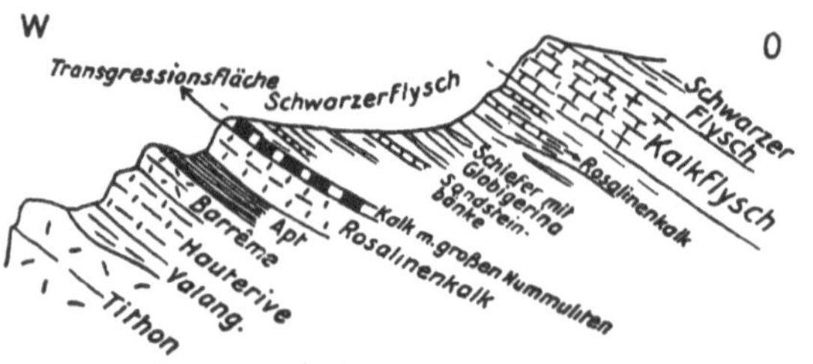

Abb. 10. Profil am Ostrand des Chapeau des Gendarme: Diskordanz ohne Winkeländerung zwischen Oberkreide und Lutet. Nach E. Gagnebin & Peterhans 1927.

Ostwärts setzte, aus der schweizerischen Helvet-Vortiefe herüberziehend, in der subalpinen Zone das Eozänmeer ein, anscheinend durchweg mit dem Lutet beginnend. Wieder brachte die Transgression über das sehr eingeebnete Land zuerst da und dort Grundgeröll, jedoch meist keine starke Winkel-Diskordanz. Bezeichnenderweise setzte nun schon bald die Flyschfazies ein mit gegen O im Obereozän auf viele 100 m steigender Mächtigkeit. Stark entwickelte sich in der Diablerats-Decke der Taveyannaz-Tuffsandstein. Gleichlaufend mit den Beobachtungen in der Schweiz tritt auch westwärts verschärfte Vortiefen-Absenkung, wachsend von W gegen O, im Obereozän klar zu tage.

Der *ultrahelvetische Eozänflysch* besitzt lutetische, Orthophragminen-führende Kalkbrekzien im Bereich Annes-Sulens und Zwischenlagen von Wildflysch mit großen Blöcken, Konglomerat mit Kristallin- und Kalkgeröll, dazu Priabonschiefer. Diese Flyschfazies findet sich überall auch an der Basis der Sulens-Klippe verbreitet.

Die helvetisch-ultrahelvetischen Decken haben vielfach sehr mächtigen Eozänflysch, besonders bezeichnend in der Maurienne, wo J. Boussac 1912 unterschied:

3. Kalkflysch, schwarz mit Sandkalkbänken, kleinen Nummuliten, Orthophragmina (Priabon).
2. Weiße Kalke mit großen Lutet-Nummuliten von Montricher (Briançonnais).
1. Polygene Konglomerate des transgredierenden Lutets der Aiguilles d'Arves.

Dieser Verfasser betonte auch die große Übereinstimmung der Aiguilles d'Arves-Flyschzone und Ubaye-Decken mit dem ultrahelvetischen Flysch der Rand- und Sattelzone. Doch liegt keine Komplexserie zwischen Senon und Oligozän vor, sondern es konnte E. Gagnebin 1917 eine Schichtlücke ohne Winkeldiskordanz mit eisenführender Zwischenschicht und gelegentlichem Konglomerat, Annelidenbohrlöchern nachweisen zwischen Rosalina- (Globotruncana-) Kalken der Oberkreide und Lutetflysch: Abb. 10.

In Maurienne-Valais-Tarentaise ist der Eozänflysch mit Konglomerat, Sandstein, Schiefern teilweise sehr metamorph und (abgesehen von der Maurienne) fossilfrei.

Die *Embrunais-Ubaye-Decken* mit ihrem Flysch haben sich manchen Auffassungswechsel gefallen lassen müssen. Aus dem Kalkflysch holten M. Gignoux & L. Moret & D. Schnee-

GANS 1933 basal die ultradelphinidische Schuppenzone mit Malm-Kreide heraus. Es blieb gleichwohl bei früheren Beobachtungen (Y. GUBLER-WAHL) über die Lutet-Transgression auch in den Hoch-Ubaye-Decken auf Kreide und Jura. Grobes lutetisches Grundkonglomerat mit feinem Schiefer und Globigerinenkalken der Lutetstufe werden überlagert von bartonischem Sandstein oder schwarzem Flysch, dieser wiederum durch „Annot"-Sandstein des Lüd. In seiner Decke II (Briançonnais) fand F. BLANCHET 1934, 119 eine Flysch-Grund-Brekzie mit Nummuliten übergreifend auf Plattenmarmor der Oberkreide am Lac Vert. Höher oben im Flysch fand er eine Kristallin-reiche Brekzie mit Blöcken von einem Granit, der jenem des Pelvoux nahesteht. Unweit entfernt muß wohl eine kristalline Schwelle entblößt gewesen sein.

In der Allemandeysse-Schuppe fanden M. GIGNOUX & L. MORET & D. SCHNEEGANS 1933 über „Kalkflysch-Oberkreide" übergreifend über voreozäne Faltung (M. GIGNOUX & L. MORET 1938, 42) schwarze Kalke mit kleinen Nummuliten und Orthophragminen des mit Grundbrekzie transgredierenden *Priabons,* dann Globigerinenschiefer. Die darüber geschobene, große Ubayeflyschdecke zeigt die Transgression schon im Lutet, die genannte Schuppe weiter im W erst im Priabon — ganz wie noch weiter im W das Autochthon! Das Jüngste in der Embrunais-Ubaye-Flyschzone ist der überaus mächtige Helminthoidenflysch.

Überall haben wir in der alpinen Außenzone hier am Kreideende das Auftauchen des Landes, aus dessen Erosions- und Überlagerungsfläche dann bei nur schwacher Winkel-Diskordanz nicht unerhebliche, offenbar zur obersten Kreide gehörige Faltungen ersichtlich werden (M. GIGNOUX & L. MORET 1938, 27). Denn das Eozän greift auch auf Oberjura und auf das Kristallin am Pelvoux-Südrand über. Die Fälle der gleichförmigen und anscheinend ununterbrochenen Kreide/Tertiärgrenze müssen noch näher untersucht werden.

Eine gute Übersicht über die Verteilung des Eozäns und sein späteres Übergreifen über die Schwellen gibt Abb. 11. Es erscheinen zwei Schwellen und deren Abtragungs-Stoffe, welche den raschen Fazieswechsel, bedingt durch die gebirgsbildende Unruhe, verständlich machen. Auch der echte Wildflysch fehlt nicht, wie in der Subbriançonnaiszone des Piolit-Massivs, an der westlichsten Deckenfront über autochthonem Eozän. Der schwarze, gequälte Tonschiefer enthält sehr

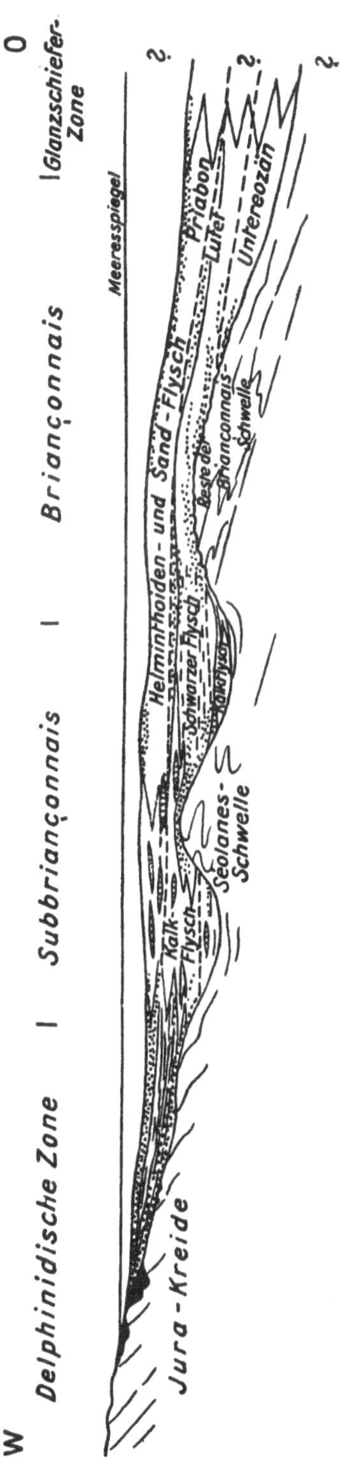

Abb. 11. Schematisches Profil des Westteils der alpinen Geosynklinale zu Ende des Eozäns im S des Pelvoux. Nach M. Gignoux & L. Moret 1938.

schöne Konglomerate und Blöcke mit exotischem Kristallin. Auch Brekzien mit großen Nummuliten kommen im Wildflysch vor.

Während das Übergreifen des Priabons ostwärts auf die sich —wohl zum letztenmal — unter den Meeresspiegel senkende Briançonnaisschwelle vielfach unklar ist und wir die eozäne Lage im penninischen Glanzschieferbereich nicht kennen, transgredierte westwärts in der alpinen Außenzone das alpine Eozän-Trog-Meer erst im Priabon und zwar, wie gesagt, über voreozän gefalteten Untergrund. Das Pelvoux-Massiv und sein westliches Vorland, sowie der Innenteil des Mercantour blieben damals als Festland erhalten. Die Trogtiefe hielt sich östlich der Massive im Subbriançonnais und Briançonnais. Die Meeressenke reichte im S des Mercantour bis an den unteren Var. Im SO greift der Flysch, über dessen Alter wenig bekannt ist, gleichmäßig über die Mulden des südlichsten Briançonnais und des delphinidischen Vorlandes. Neben den flyschbildenden Orogen-Bewegungen, die auch hier bis an das Mittelmeer vordrangen, ersehen wir daraus auch ein gewisses Abflauen der allgemeinen Gebirgsbildung: *Zentraler Karbonfächer und Vorland sind baugeschichtlich jetzt nicht mehr sehr verschieden.*

Schon die gelegentlichen Lutet-Auvers-Vorkommen im subalpinen (delphinidischen) Bereich haben grobe Konglomerate neben Nummulitenkalk, Cerithienschichten und mächtige Sandsteine im Priabon (Abb. 11). Trotz mehrerer hundert Meter Mächtigkeit war aber die Flyschmächtigkeit (1—1,5 km) und Senkung ostwärts noch bedeutender. Dem vorgreifenden Priabonmeer schob der Pelvoux von W, das Mercantour-Massiv allseitig groben Trias- und Kristallinschutt zu. Hätte die Abtragung länger gewirkt und wären auch diese Massivschwellen durch den alpinen Deckenschub überwältigt worden und überschoben, so würden heute nur noch diese dann „exotischen“ Geröllmassen im Priabon von dem Dasein der Massive berichten. Bezeichnend ist auch der mächtige, jüngere Annot-Sandstein des Autochthons.

Die eozän-alpine Trogachse hatte sich gegenüber der flacheren in der Oberkreide *kräftig nach O verlagert* auf Kosten der Briançonnais-Schwelle. Gleichzeitig hat sie sich scharf vertieft und ihre Flyschfüllung erzählt von starken eozänen Gebirgsbewegungen. Etwa zu dieser Zeit muß sich auch die alte mesozoische Vokont-Trogzone geschlossen haben, während sich der Bewegungs-trächtige Westalpenbogen noch schärfer entwickelte. Die umfassende, ganz gewiß nicht nur das Relief, sondern auch das orogene Gefüge weitgehend erfassende Bedeutung dieser Umbauten wird auch aus der gleichzeitig erfolgten Verlagerung der Oberkreide-Trogachse der benachbarten Nordpyrenäen gegen NW ersichtlich (Abb. 11).

Erst eingehendere Altersbestimmungen des Flysches im O werden uns über die Größe der in der Oberkreide und dann wieder im Eozän angeschwollenen Orogenese klarer sehen lassen. Für die penninische Glanzschiefermasse haben wir im Jura und in der Kreide erhebliche Gebirgsbildung angenommen. Das Eozän überschneidet gefalteten Lias, höheren Jura, Kreide im Briançonnais-Subbriançonnais und enthält gegen S Rollstücke verschiedensten Alters, im Briançonnais auch Grünsteingerölle aus dem O, der sich seit seiner vermutlich letzten großen Gebirgsbewegung schuttliefernd gehoben hatte.

Weiter nach W im subalpin-delphinidischen Randbereich, wo die Flyschfazies erst allmählich im Priabon Fuß faßte, dürfte die Jungkreide-Bewegung geringer gewesen sein. Doch fehlte sie dem mit über 500 m Oberkreide beladenen Trog wohl nicht, ist sogar durch schwache Diskordanzen im Bereich besserer Abbildbarkeit der Bewegung, nämlich im Zuge Barles-Dom–Digne–Barrême–Castellane–Roquesteron und noch in den Seealpen bei Nizza–Monaco angezeigt: Genau wie sonst, z. B. im helvetischen Raum der Alpennordseite so auch hier in der delphinidischen Fortsetzung beginnende Faltung kurz vor Ankunft der Flyschfazies!

Pyrenäisch-provençalisch-vokontische Vorlandbewegungen

Zum Verständnis der westalpinen Baugeschichte ist ein Blick auf die Bewegungen im weiteren westlichen Vorland aufschlußreich.

Eine zunächst noch solide Festlandsbrücke vom Maurischen Massiv im SO über Vaucluse–Vercors zum Zentralmassiv im NW trennte im Eozän (Abb. 12) den pyrenäischen vom alpinen Trogbereich. Wenn im pyrenäischen SW die marine Sedimentation von der Oberkreide durch das Garumnium lücken- und diskordanzlos in das Eozän übergeht, so ist dies natürlich noch kein Gegenbeweis gegen eine gleichzeitige Gebirgsbewegung; zumal das aus dem Oberkreidegebiet auswärts übergreifende Tertiär verschiedene Stufen des Jura, der Unterkreide bedeckt. Desgleichen kennt man am Cevennen-Ostrand voreozäne Verwerfungen und innerhalb des Eozäns schwache Diskordanzen (G. Richter 1938, 260).

Jedenfalls entwickelte sich im Zuge der Oberkreide-Trogzone der NO-Pyrenäen eine scharf ausgeprägte Scherfaltung, über welche nicht nur das Oligozän, sondern nach Vasseur schon die Lüd-Stufe, bei Montpellier schon Barton über eben noch mitgefaltetes Lutet übergreift. Diese *Provençalischen Ketten entstanden somit während der Zeit der stärksten priabonen Transgression und allgemeinen Senkung*; ihre Bildung war wieder einmal ein *Hinab-Bau*.

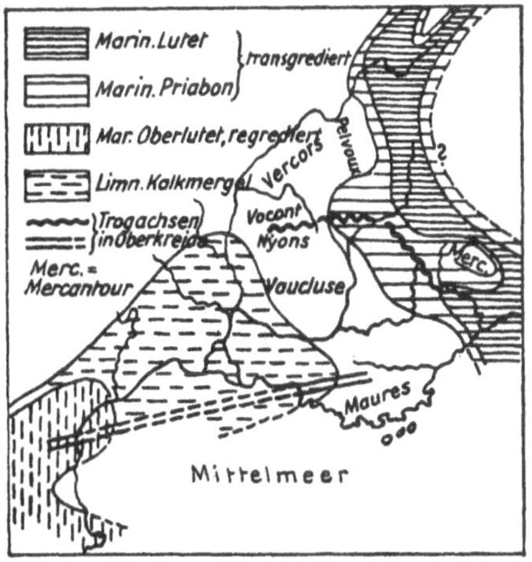

Abb. 12. Paläogeographie im Eozän der Provence; ergänzt nach G. Richter 1938.

Wenn diese Faltung westwärts in dem bis ins Oligozän marin gebliebenen Pyrenäentrog mangels sichtbarer Diskordanz scheinbar verschwindet, weil eine pyrenäische Diskordanz nach Ashauer 1934 fehlt, in den Zentralpyrenäen aber, wo diese Abbildungsmöglichkeit wieder gegeben war, die Pyrenäenfaltung bestand, so dürfen wir auch hier gewiß nicht annehmen, dies hänge mit der launisch bald hier bald dort zugreifenden Gebirgsbildung zusammen. Vielmehr kann auch in diesem tektonisch so einheitlichen Raum und entsprechend allen sonstigen Erfahrungen über die peinliche Genauigkeit, mit der innerhalb eines solchen die Baugeschichte ihre Fortschritte bemißt, darüber kein Zweifel sein, daß hier nichts anderes als die unvollkommene Methodik unserer Datierung der Bewegungen schuld ist.

Aus dem sehr gut geklärten Bild der Provençalischen Falten (Abb. 13) liest man eine, der pyrenäischen Nordflanke zugehörige Unterschiebung allgemein südwärts, aber auch eine gewisse Widerstandsbewegung der Maurischen Masse nordwärts heraus — als ob diese mit ihrem NW-Ausläufer (Abb. 12) eine sich etwas schließende Zange gegen dieses Abscherungsfeld gebildet hätte. Dabei sorgten die beweglichen, diapiren Salz- und Gipsmergel des Trias-Untergrundes unter der starren Jurakalkplatte für sehr wechselvolles Zusammenrücken der in Trümmer gegangenen Hangendplatte, abhängig von den Richtungen der Schollenbrüche. Man wird an ganz ähnliche Vorlandbilder erinnert wie sie im nördlichen Kaukasus-Erdölbereich (K. Prokopow) oder in Tunesien schön zu sehen sind. Selbst örtliche Zerrungen entwickeln sich auf dem zäh vorwärtsströmenden Rücken der Trias (M. Gignoux 1930) wie auf einem Lavastrom.

Insgesamt aber halten diese Falten die W–O-Streichrichtung des sie gebärenden Oberkreidetroges bei, dessen Achse sich vor, während oder nach dieser Faltung *gegen NW verlagerte.*

Beachtlich ist der Vergleich mit der Faltung des gleichfalls mesozoischen und mit der Faltung seinen Senkungstrieb verlierenden *Vokontischen Vorlands-Troges.* Auch seine Achse verlagerte sich damit und zwar anscheinend nach NO in den westalpinen Trog. Die Vokontischen Trogfalten verlaufen ebenfalls in W-O und entstanden, zum mindesten mit erheblichem Anteil gleichzeitig mit den W–O-Falten, südwestwärts in Vaucluse zwischen Barton und Lüd, also auch gleichzeitig mit den Provençalischen Ketten. An der gleichen W-O richtenden Faltung hatte auch die nördliche Nachbarschaft im Dévoluy (SW Pelvoux) Anteil, doch scheint hier der Nachweis der Jungkreide-Faltung besonders klar zu sein: Apt einschließlich Turon liegen in WO-streichenden, axial westlich absinkenden Falten, die durch senone Kalke diskordant überlagert werden, ähnlich auf Blatt Gap. Später unterschob sich das ganze etwas

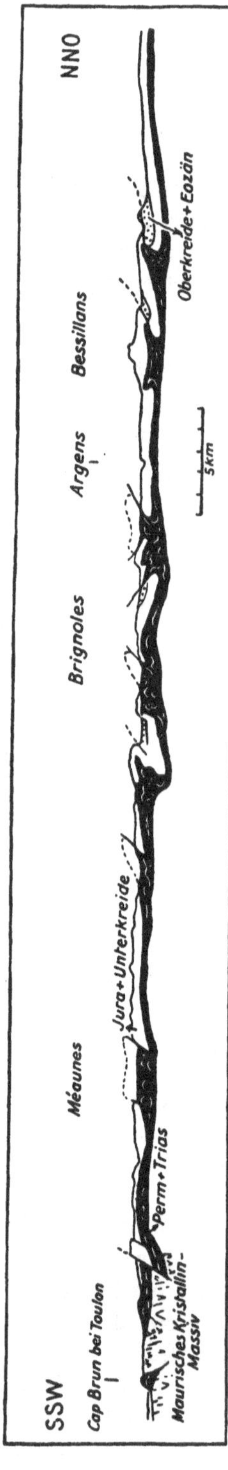

Abb. 13. Profil des östlichen Ausläufers (der „provençalischen Ketten") der Nordflanke des Pyrenäenorogens: Südunterschiebung. Infolge mobiler Triasunterlage rasch wechselnde Vergenz. Nach G. Richter 1938, 110.

ostwärts unter die alpinen Vorketten. Als weiterer Vergleichspunkt mit dem S sehen wir auch die Vokontischen Falten als Abscherungsdecke zwischen zwei verhältnismäßig starren Massen, die sich einander abwärts etwas genähert haben müssen, das Vercors-Massiv im N und das Vaucluse-Plateau im S: So entstand das sehr hübsche Modell eines Kleinorogens (Abb. 14), das schon G. Richter entdeckte. Und wieder als Vergleichspunkt mit den Provençalischen Ketten haben wir auch hier die Verschärfung der oberflächlichen Faltenbilder durch die diapire Trias.

Allgemein kann für das über 200 km weit vom Mittelmeer nach N reichende Alpenvorland, zu dem auch der östliche Ausläufer der Nordpyrenäennarbe gehört, gesagt werden: *Es wurde teils schon in der Oberkreide, teils im höheren Eozän in W-O-streichende Falten gelegt durch Aneinanderrücken (abwärts!) verhältnismäßig starrer Teilschollen, die sich etwas unterschoben und über denen sich, erleichtert durch eine diapire Salz- und Gispmergel-Trias, eine gefaltete Abscherungsdecke nach Art des Faltenjura im schweizerischem Alpenvorland bildete.* Ähnlich wie sich dort auch ein verhältnismäßig starrer Tafeljura mit N-S-streichenden Zerrungsgräben einschaltet, so auch im Rhonebereich: Die NNO-streichenden Zerrungsgräben der Urgonkalkplatte der Vaucluse, d. h. auf dem vorländischen Schwellenzug NW der Maurischen Masse.

Dieses bereits in Oberkreide und Obereozän einheitlich in WO-streichende Falten zusammengezwungene Randgebiet im O des Zentralplateaus zeigt aber nur oberflächennahe Einengung von geringem Tiefgang. *Ein Floß, nicht ein Ozeandampfer hoher Tonnage schwimmt auf dem Rücken des bewegenden Flusses!*

Es ist nun sehr bemerkenswert, daß dieser zähe Fluß nachfolgend plötzlich umgelenkt erscheint und nicht mehr ein N-S-liches Zusammenrücken über sich erzwingt, sondern nun ein WO-liches. Sehen wir doch ganz allgemein, wenn auch nicht überall zu gleicher Zeit zum Durchbruch kommend, eine Überwältigung der WO-Falten des Vorlandes durch die nach W vortretenden Randfaltenzone der Alpen. Auch hier kommt die ungleiche

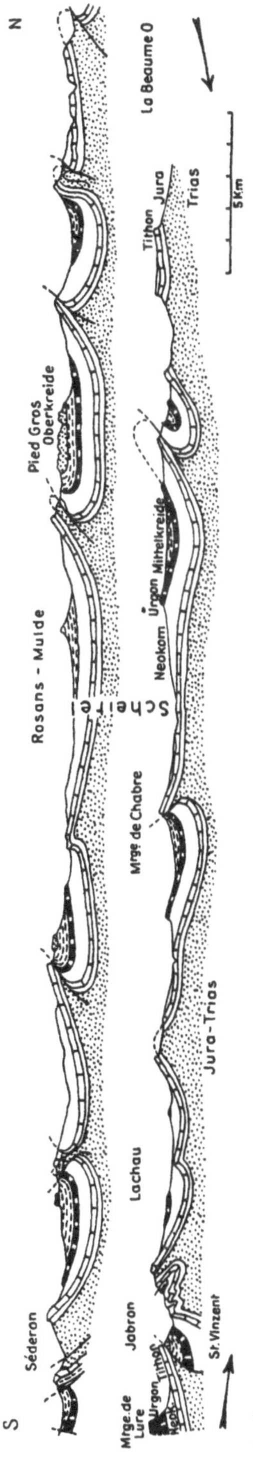

Abb. 14. „Zweiseitiges Kleinorogen" der O-W-streichenden Vokontischen Ketten im Westalpenvorland (SW Pelvoux) nach G. Richter 1938, Taf. 9. Schieferton von Callovien-Oxford diente als Gleitmittel; tiefere Scherflächen im Gipsmergel der Obertrias (M. Gignoux 1930). Von N rückte das Vercors-Massiv, von S das Vauclus-Plateau tief ansetzend (Pfeile) gegen dieses oberflächennah abgescherte Orogenmodell heran.

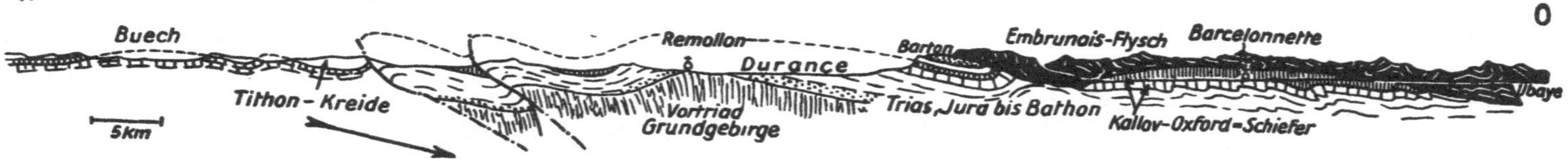

Abb. 15. Profil durch das obere Durance-Becken zwischen Pelvoux und Mercantour (Süd-Dauphine). Nach G. Richter 1938. Unterstrom in der Pfeilrichtung.

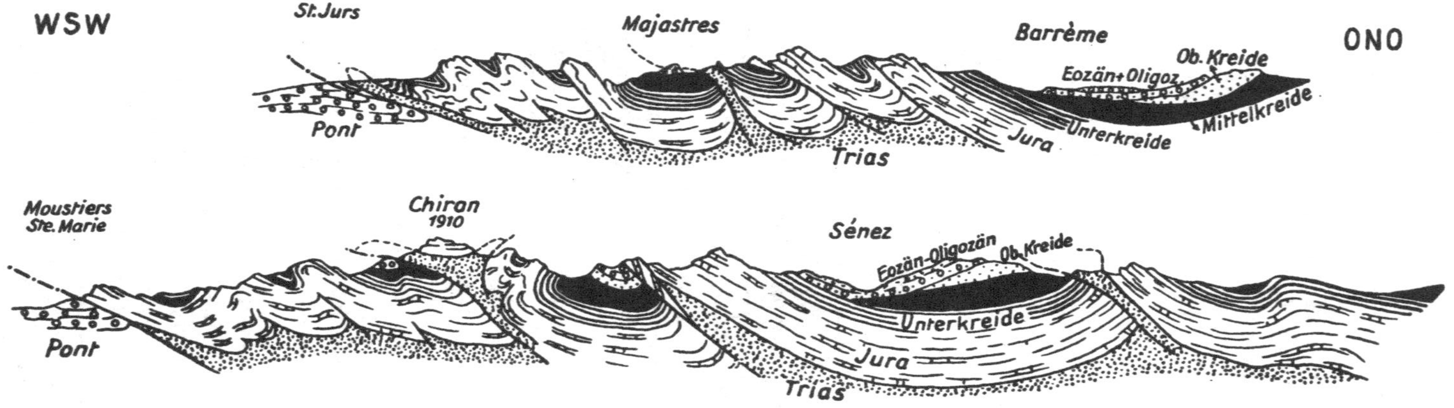

Abb. 16. Profile der delphinidischen Alpenrandketten südlich Digne mit voreozäner Diskordanz über Pont Diapire Trias. Nach G. Richter 1938, 74.

Schollennatur des Vorlandes insofern zum Vorschein als der Schwerpunkt der alpinen Randfalten gerade dort liegt, wo die steife Vorlandplatte Maures-Vaucluse sich unter sie hineinschob. Dagegen haben wir nordwärts mehr ein locker gestaffeltes Hinausgreifen der Alpenrandfalten nach W. Auf dieser Platte konnte sich das Canjuers-Plateau mit einigen NS-streichenden Gräben wie ein Stück Tafeljura ungefaltet erhalten.

Immerhin driftete das ganze Vorland nacheozän ostwärts. Als Zerrungsgräben auf seinem Rücken sind jene der Vaucluse-Platte (vielleicht schon an vorher entstandenen Gegendruckklüften aufgerissen) anzusehen, denn gegen Zerrung sind die Gesteine im allgemeinen weniger widerstandsfähig als gegen Pressung. Der Abriß an den Randspalten des Zentralmassivs im W dürfte auch mit in diese Mechanik gehören. Ähnlich habe ich schon 1926 (1928), 29, das Aufklaffen und Schollensinken des Mittelrheintalgrabens als Folge der zerrenden Unterströmung in Richtung auf die alpine Nordgeosynklinale angesprochen.

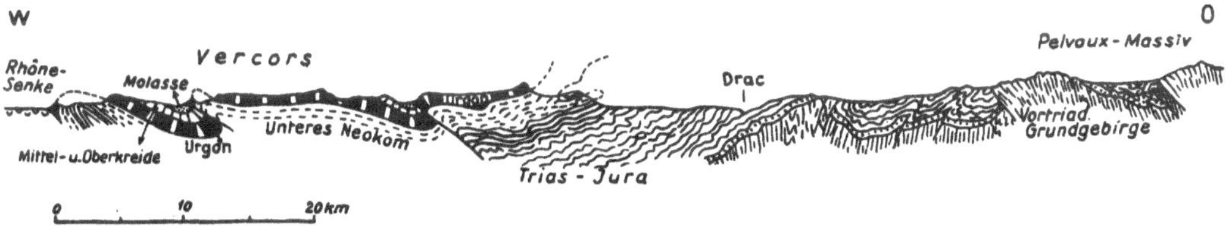

Abb. 17. Allgemeines Profil durch das delphinidisch-autochthone Alpenvorland. Nach G. Richter 1938, 65.

Auf einen vorpontisch aufgerissenen und nachpontisch (auch während des Pont) weiter absenkenden Vorlandsbruch längs der Durance zwischen Bléone und Verdon hat schon G. Richter 1938 in seinen schönen Ausführungen hingewiesen.

Auch die Zone, an der die Alpenrandfalten sich zur Hauptsache stauten, ist gewiß nicht zufällig. Traf doch die zähplastisch herannahende Vorlandmasse, auf ihrem Rücken die Maures-Vaucluse-Scholle, bald unter den Rand einer subalpinen Versteifungszone. Für diese kann als Anhalt das flache Auftauchen der beiden kristallinen Dome von Remollon an der oberen Durance und Barles südlich davon, sowie das Permgebiet von Barrot am oberen Var gelten. Die trotz der wachsenden Nähe der Alpen gegen O zunächst ganz abflauende Alpenrandfaltung und das glatte, freilich durch das Schmiermittel der schwarzen Doggerschiefer erleichterte Hinübergleiten der Embrunais-Ubaye-Decken über wenig gefalteten Untergrund müssen weiterhin als Anhalt dafür gelten, daß vom Mercantourmassiv nach W und dann nach N eine sehr solide und flachliegende Massiv-Verbindung zur Pelvouxmasse besteht (Abb. 15). Wechsel im Überliegen der Falten oder Schubflächen (Vergenz) dürften auf Teilschollenbildung im tieferen Untergrund über der strömenden Gesteinsmasse hinweisen.

Im unterschobenen Randgebiet der alpinen Pelvoux-Mercantour-Scholle stauten sich also die alpinen Randbögen. Im N staffelt die harte Pelvoux-Vorlandmasse den Alpenrand gegen W vor. Eine Vorstellung gibt Abb. 16 für den Südteil, Abb. 17 für den Mittelteil des Vorlandes. Im S ist die gleiche diapire Trias für die große Beweglichkeit der Falten und Schübe verantwortlich. Hier liegt das Eozän ungleichförmig über schon gefaltet verbogener Unter- bis Oberkreide, was also auf eine früheozäne oder voreozäne Anfangsbewegung hinweist. Über diese Bewegungszeiten später im Zusammenhang mit der Untersuchung der jungtertiären Molasse. Jedenfalls ist schon aus unseren Profilen mit mehrfachen Schubzeiten (Eozän, früholigozän, vor- bzw. nachpontisch) zu rechnen und alle Hauptstrukturen des Vorlandes tauchen unter die jüngeren des Westalpen-Bogens hinab.

Das Bogenproblem zwischen Digne und Nizza

Mit fast 50 km Radiuslänge biegen sich die alpinen Randfalten zwischen Digne im NW und Nizza am unteren Var im SO in schönem Viertelsbogen gegen SW vor. Stellt man sich diese Bewegung als aktiven Schub *an der Erdoberfläche von innen gegen außen* vor, so kommt man zu Unmöglichkeiten. Nicht nur, daß man aus der Gesamtlage weder eine Aufwölbung, von der das alles abgerutscht sein könnte, oder einen Druck radial von innen nach außen irgendwie ausfindig zu machen vermöchte. Auch die Strukturen, die man sieht, ändern sich mit der Biegung so gut wie nicht. Nirgends gibt es Zerrungsrisse quer oder schräg zu den von innen gegen außen angeblich vorgerückten Falten oder Schuppen. 60 km weit laufen diese oft ohne Änderung durch. Die Zerrungsgräben im O von Canjuers (Abb. 23) liegen in ungefalteten Vorlandsteilen. Und wo bleiben die Anzeichen der Massenverluste im Bogeninneren, von dem angeblich die Massen sowohl nach S wie nach SW und W abgewandert sein sollen? Nichts ist zu sehen davon!

Es gibt in diesem oder in ähnlich gelagerten Bögen kein Ausweichen: Will man überhaupt eine verstehbare Mechanik der Bogenbewegung fassen, so muß man schon der Vorstellung beipflichten, *daß auch hier zähflüssiger Untergrund das widerstehende, südwestliche Mercantour-Vorland unterströmt hat,* wobei die Außenform dieses Vorlandes die Bogenform des geleisteten Widerstandes und damit der Alpenrandgirlande bestimmte.

Daß in der Tat ein solcher, mehr örtlicher Grund vorliegt, kann daraus ersehen werden, daß auch diese streichenden Strukturen des Teilbogens ostwärts unter die mehr NS-Falten und Schuppen am unteren Var untertauchen längs der Schubbahn Nizza—Puget Théniers. Damit ordnet sich dieser Filigranbogen der größeren Ost-Unterströmung unter den Westalpenbogen unter, für den im großen die gleichen Erwägungen gelten.

Die Platzschaffung für die Massenverlagerung geschieht so gut wie immer aktiv unten durch Strömungen. Da die geosynklinale Gebirgsbildung immer auf Einengung der Erdrinde beruht, und diese durch Austritt von Geoplasma wie aus einer gepreßten Tube nach Art der gedachten Deckenwurzeln mechanisch unmöglich erzielt werden kann, ebensowenig durch Groß-Schollendrift äußerer Kraft von Kontinenten gegeneinander, so müssen wir schon die bewegenden Kräfte und Massen in der wenig bekannten Teufe suchen.

Die meisten Gefügebilder sind zweideutig, können sowohl durch Überfaltung, Überschiebung wie durch Unterfaltung, Unterschiebung entstanden sein. Nicht aber solche Beispiele wie der Digne-Nizza-Bogen oder der Westalpenbogen —

trotz aller anderer mechanischer Deutungsversuche, die man ihm schon gewidmet hat. Interessante mechanische Beziehungen baute J. JUNG 1930 auf (Abb. 18).

Hinzu treten andere Beobachtungen wie die Alpenknickungen und deren die Orogen-Unterströmung verstärkende Wirkungen, die Erfahrung, daß verstärkte Einengung Hand in Hand zu gehen pflegt mit vermehrter Senkung. Diese eindeutigen Erscheinungen sprechen alle dafür, daß der Gebirgsbau ein Hinab- oder „Abbau“ ist.

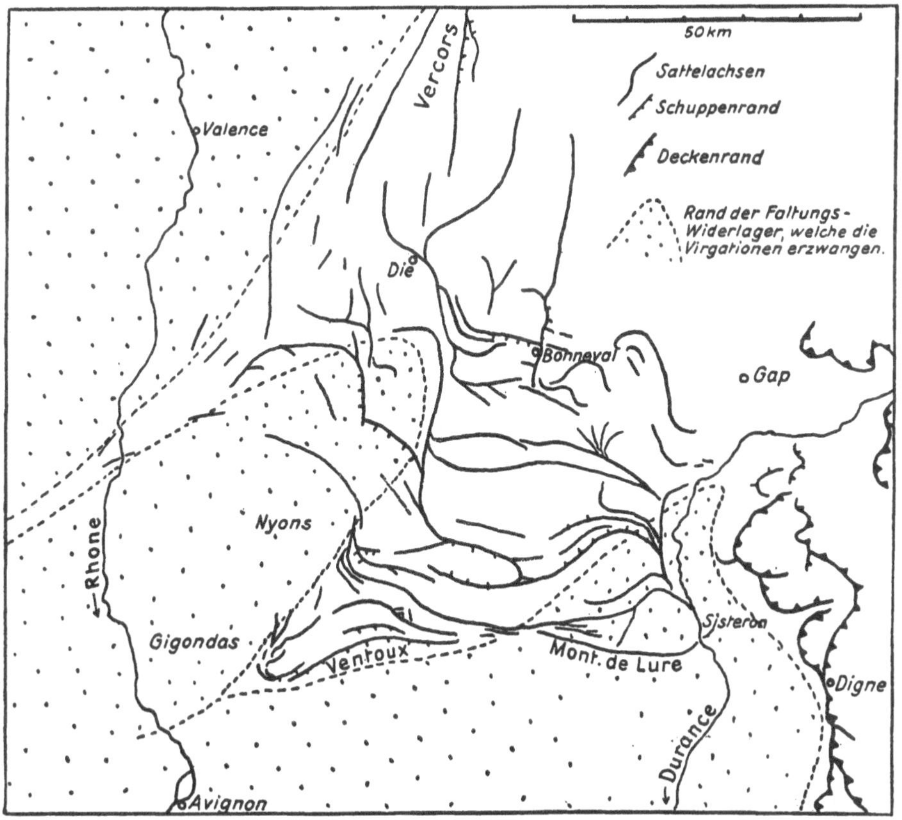

Abb. 18. Die Falten im Diois, in den Baronnien und im Valentinois, abhängig von den Grundschwellen. Nach J. Jung 1930, 82.

Es muß dies immer wieder unterstrichen werden, weil es noch immer vorkommt, daß Gebirgsbildung mit Hochreliefbildung verwechselt wird, weshalb, wie z. B. bei vielen Versuchen in die Baugeschichte gerade auch des Rhonegebietes vorzudringen aus den Beobachtungen ganz unwahrscheinliche Schlüsse gezogen werden.

Solche stammen ja auch aus dem vergeblichen Bemühen trotz aller, von gründlichen Beobachtern (G. RICHTER 1938, 122) immer wieder entdeckter, *unlöslicher Zusammenhänge* zwischen „epirogenetischer Vorbereitung“ und orogenetischer

Phasenleistung die künstliche und längst überholte Trennung zwischen beiden durchzuhalten. Weiter erschwert man sich die Folgerungen dadurch ungemein, daß man noch immer versucht, ein allzu starres Denkschema über Orogenphasen und deren weltweite Verbreitung in eine völlig *schemalose* Natur zu projizieren, die aber gleichwohl Bauregeln anderer Art, wenn auch in immer neuer Aufmachung, eingehalten zu haben scheint. Ohne methodisch einwandfreies und kritisches Eindringen in die Baugeschichte aber können wir weder Begriffe wie „Vortiefe“, „Vorland“, „alpiner Raum“ noch wie „Ultrahelvet“, „Pennin“ usw. definieren. Sie verlangen alle außer der räumlichen oder faziellen Definition auch noch die *Angabe der Zeit*, auf welche sie sich beziehen sollen.

Inneralpine Übersicht

Wir kehren zu der orogenen Hauptwerkstätte eozäner Zeit in den Westalpenbogen zurück.

Ganz allgemein konnten wir feststellen: So wie in der Schweiz griff auch hier nach einer subalpin ziemlich flachen OW-Wellung, anschließenden Heraushebung und Abtragung, alpenwärts aber nach einer offenbar kräftigeren Heraushebung und Abtragung, das Lutetmeer zuerst in einen tiefer sinkenden, NS-lichen Haupttrog. Dieser lag hauptsächlich am Westrand der alten Briançonnais-Schwelle und seine Tiefe steigerte sich mächtig während des Obereozäns. Gleichzeitig griff die Senkung unter den Meeresspiegel nach O und besonders W vor, wo eine meridionale Teilschwelle zurückblieb. Überall herrschte die orogene Flyschfazies, auch der Wildflysch mit exotischen Blöcken stellte sich ein: *Die Deckenverschiebung durch Unterschub gegen O war in vollem Gang.*

Das damalige Vorland (mit den Massiven) schob sich gleichzeitig mit seinen, abgesehen von einigen Zwischenplatten vorher noch gebildeten OW-Falten ostwärts unter die widerstehende Mercantour-Pelvoux-Platte hinab, am Staurand die erste Anlage der Alpenrandfalten, weiter ostwärts die große Deckenunterschiebung erzwingend.

Ganz übereinstimmend fanden wir den Baufortschritt in der Schweiz. Auch hier haben wir die ältere, zumeist noch mesozoische Groß-Unterschiebung der heute helvetisch-parautochthon-autochthonen Bewegungseinheit (damals auch noch „Vorland“) auf dem Rücken eines überwiegenden Unterstromes von N gegen S. Die großen unterostalpinen und penninischen Deckenwanderungen „nach N“ wurden damals vollzogen mit einer gegenüber dem Tiroler Osten gewaltig gesteigerten Schubweite (vgl. unten S. 62 f. die Ausführungen über den Alpenknick!). Westwärts des Querknicks setzte sich diese riesige Unterwanderung von N her in der Schweiz aus zwei Teilaktionen zusammen; aus dem Unterschub von N unter die Nordalpen-Narbe und aus jenem unter die Südalpennarbe. Nordwärts von letzterer stauten sich die heute mit ihrem Tiefenbau entblößten penninischen Hauptdecken, so daß die südwärts mit vorrückende Nordnarbe noch unter den Rand ihres Deckenwulstes geriet. Im N der Nordalpennarbe staute sich durch Unterschub des damaligen helvetisch-autochthonen Vorlandes unter sie in mächtigen Decken die romanisch (bayerische), also die „kalkalpine“ Präalpen-Klippen-

Einheit mit ihren Wildflysch-zermahlenden Deckenstirnen in dem nunmehr als „ultrahelvetisch“ im engeren Sinn bezeichneten Bewegungsraum.

Gleichzeitig mit der Pyrenäen-Einengung in NS herrschte diese also auch vor in den Westalpen. Als Zeugen dessen sind die wandernden Decken und deren Stirnränder mit Flysch-Fazies von Oberkreide und Alttertiär besetzt — soweit sie nicht, wie in den bereits länger gehobenen und abgetragenen Teilen schon wieder der Abtragung verfielen. So wurde auch den Präalpen, namentlich der Klippen- und Brekziendecke, während des Mittel- und Obereozäns noch die Wanderflyschfazies aufgeladen. So gaben deren Stirnschwellen ihren „exotischen“ Schutt nun auch in den eozänen Wildflysch ab und überwalzten diesen dann. Immer wieder versuchte in ruhigeren, Kalk-bildenden Zeiten eine Nummulitenfauna Fuß zu fassen, während sich in tieferen Meeresgebieten immer weiter planktonische Globigerinen-Schälchen in den Schlamm auf den Boden über dem orogen bewegten Unterbau niedersenkten. Auf der Klippendecke des Chablais gehen aus den Rotschiefern der Oberkreide allmählich nach oben die grauen Flyschschiefer hervor; in der Brekziendecke folgt den Juraschiefern ein mächtiger, vermutlich zu Kreide-Eozän zählender Flysch. Die Subbriançonnais-Ubaye-Decken gehören in diese Einheit mit dem hier deutlicher transgredierenden Eozänflysch, der auch ostwärts auf das Briançonnais übergriff. W. Kilian & Ch. Pussenot 1912 erschlossen eine vorherige Gebirgsbewegung aus den basalen Geröllen von umgelagerten Grünsteinen, Gneisen, Glimmerschiefern.

Die Vorgänge in der alpeninneren *Piemontzone* sind noch unklar. Die Versuche von E. Argand die ultrahelvetische Eozängeschichte zur Hauptsache auf die penninische St.-Bernhard-Decke zu projizieren, sind verständlich, müßten aber die Orogenfazies und die daraus erschließbaren penninischen Deckenwanderungen schon bis in den „Ultrahelvet-Raum“ hinein berücksichtigen.

Mit der Einsicht, daß sich der *Niesenflysch* auf den Präalpen bzw. im S derselben abgelagert hat, als das große Deckengebäude schon weiter nach N „vorgedrungen“ war, erkannten wir die auch durch M. de Raaf kürzlich wieder betonten Beziehungen zum penninischen Untergrund. Sowohl die Fazies-Übereinstimmung, die Lage wie auch manche transgressive Erscheinungen am Grunde des Flyschs von Oberhalbstein—Schams—Prätigau zeigten uns die bereits erfolgte Ankunft der penninischen Decken und der unterostalpinen im Streifenbereich der ultrahelvetischen Oberkreide-Eozän-Sedimentation.

Daß *die Haupt-Deckenwanderung* und dementsprechend *die größte Überlastung* des zentralalpin-penninischen Gesteins-Stockwerkes *gegen Ende des Mesozoikums bzw. noch ins Alttertiär fällt, geht übrigens wohl auch aus der Zunahme der epizonaren Belastungs- und vermutlich plutonischen Durchwärmungs-Metamorphose* hervor, welche wir an dem heute entblößten westlichen Ostalpenrand in südwärtiger Richtung verfolgen. Das Mesozoikum hat im allgemeinen daran noch Anteil. Im Gegensatz zu den nichtmetamorphen Kreideflyschmassen im N des Rätikons, die aber unter diesen herein zunehmend dunkler, bitumenreicher werden, ist der Einsatz dieser Umwandlung im Prätigauschiefer, zusammen mit ganz erheblicher und recht allgemeiner Druckschieferung schon sehr klar. Nach H. P. Cornelius 1935, 312, wächst diese Umwandlung im Unterostalpin in NS von der Berninadecke über die Err-Platta-Decke. Die tieferen Decken zeigen stärkere Zusammenpressung. In der penninischen Margnadecke dauerte diese umformende Tiefenlage länger als die Durchbewegung, *d. h. sie blieb nach dieser in der Tiefe noch liegen.* Dagegen nimmt die nachkristalline Durchbewegung und Umformung in den höheren Decken im Unterostalpin zu: Das heißt wohl, daß diese in höherem Stockwerk darüber dann noch weiter gewandert sind; dies nun offenbar mit einem Abschluß im Alttertiär. Die nachfolgende Heraushebung war besonders kräftig im S und enthüllte daher die Gesteine größerer Tiefenstufe. Die Tessiner Gneis-Metamorphose der Mesozone nach H. P. Cornelius hat L. Rueger besonders untersucht. Sie ist nicht älter als Eozän und entspricht zum Teil weitgehend der später zu besprechenden Tauern-Kristallisation.

Die drei Querschnitte durch die Savoyer Alpen, Abb. 19, Taf. I, geben Beispiele dafür, daß in der Tat die erwähnten *Flyschmassen des Eozäns durchweg die jüngsten Glieder der nunmehr in die mächtige Deckenwanderung miteinbezogenen Sedimente darstellen.* Sie sind aber nach unserer Einsicht nicht erst abgelagert und dann — sozusagen im luftleeren, nämlich sedimentfreien Raum — vollzog sich unter säuberlicher zeitlicher Abtrennung die große Deckenwanderung. Vielmehr rollte diese schon ab *während der Archipel-Sedimentation* dieses Eozänflysches in ihren letzten Abschnitten. Die Orogenfazies, ihre Wechsel von Gesteinsbestand und Mächtigkeit ist die Folge der damit aus den Meeres-Untergründen emporsteigenden Reliefunruhe. Dieser Eozänflysch füllt die letzten Zwickel und Mulden. Auf ihm ruhen wie auf einem Schmiermittel die großen Decken. Letztere waren aber schon vorher im Pennin über Liasflysch der Glanzschiefer und über den Kreideflysch gewandert. Unterkreideflysch und weit über diesen hinausgreifend auch der Oberkreideflysch bzw. deren Tiefwasser-Vertretungen werden überschnitten vom transgredierenden Eozänflysch.

Mit dem Absatz und der Bewegung während dieses Obereozän- (zum Teil Unteroligozän-) Flysches mit Stadschiefer und Stockletten, sowie mit präalpinem und anderem Wildflysch ist der alttertiäre Hauptschub vollendet. Das von dem orogen schaffenden Zug nach der Tiefe allmählich befreite Deckengebäude hob sich nun langsam im Oligozän heraus. Es bildete das erste Großrelief, dessen Abtragungsschutt zunächst noch die unteroligozänen Teilrinnen füllte. —

Nirgends, wenn wir absehen von den schuttliefernden Teilinsel-Aufragungen (Argentera, Pelvoux, Mercantour) liegen die Anzeichen für hohe Landaufragungen („Tumore"), auf welche (durch „Hochfaltung" !) das Gestein vorher so eng gepreßt aufgefaltet wurde, daß es — nun auf einmal aber nicht mehr steil gepreßt, sondern oft in *flachliegenden*, weitausgreifenden Deckfalten! — von solchen im Sediment nirgends feststellbaren Hochwölbungen als Rutschdecke abgleiten konnte. Auch bestehen die Decken überwiegend aus *Mulden* und nicht aus zuerst hoch aufgestaut gewesenen Sätteln: Wir haben eben keine Hochfaltung, sondern einen Bau, der tief unter dem Meeresspiegel *in Senkungszeiten entstand als Abbau.*

Als wäre seine beharrliche Hochlage eine Folge dieser riesigen alpinen Absenkungen im O, wölbte sich gleichzeitig unter langsamer, bohnerzbildender Verwitterung und Abtragung das delphinidische Vorland im W genau so nach oben wie das helvetische im N. Wir könnten uns vorstellen, daß ein Teil des Massen-

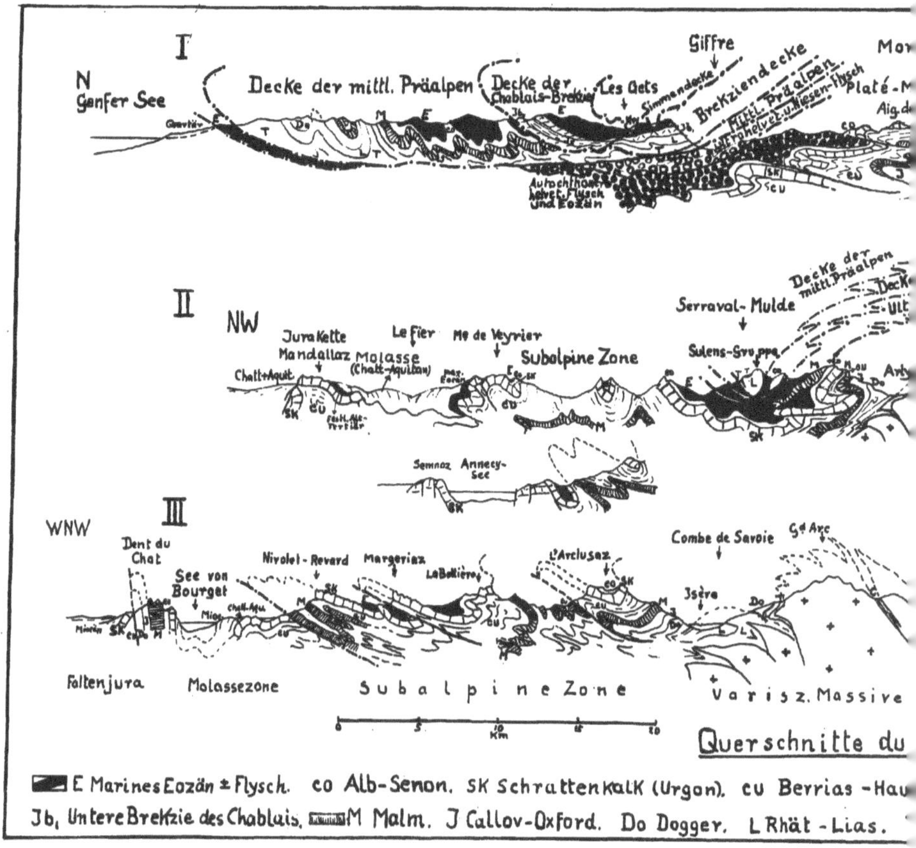

Akademie-Verlag, Berlin

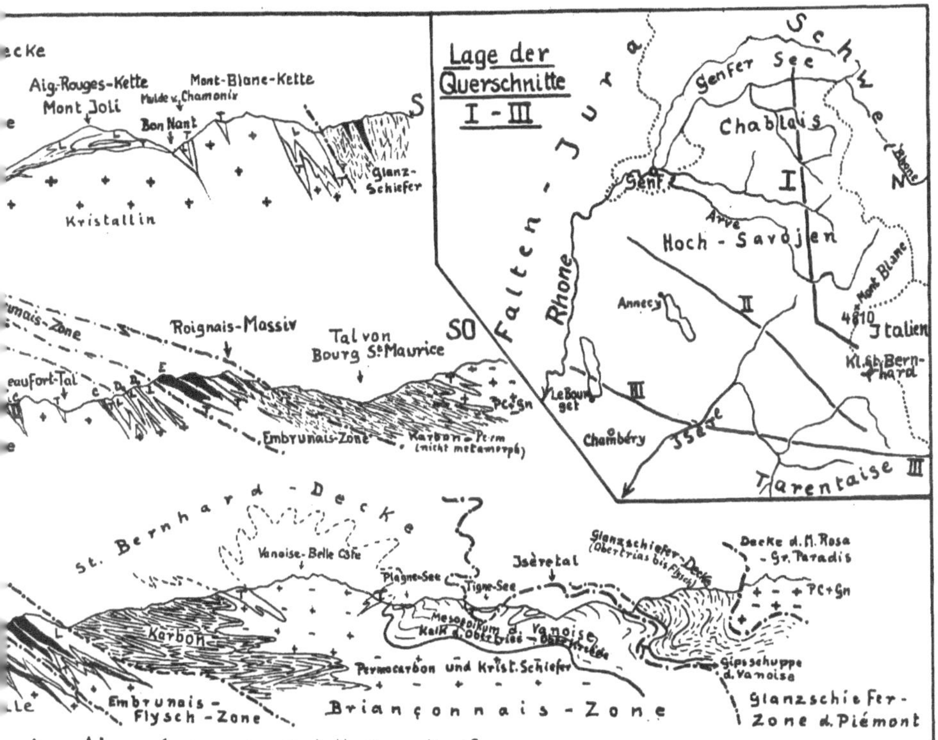

…vojer Alpen (n. Moret 1927, halbschematisch).
…Kalk und Radiolarit der Simmendecke. Jb₀ Obere Brekzie; Js Dachschiefer;
…+ Gn Permokarbon (metamorph) mit Kristallinen Schiefern. C Karbon (nicht metamorph)

E. Kr. 5. 5. 45

verlustes, welcher jene deckenbildenden Schrumpfungen und Absenkungen ermöglichte, infolge Platztausches in noch größerer Tiefe dazu verwendet wurde, um den Sockel des hohen Bohnerzfestlandes im N und W zu füllen und hoch schwimmen zu lassen.

c) Helvet-Ultrahelvet zwischen Iller und Salzach

Im O der Allgäu-Wendung (E. Kraus 1926, 139) verschmälert sich nordwärts der einsetzenden Vindelizischen Nordschwelle der helvetische Streifen Vorarlbergs über Salzburg hinaus sehr stark. Neben Oberkreide hält das Eozän am längsten aus. Folgende Absätze finden sich (hauptsächlich nach M. Schlosser 1922):

		Grünten	Bad Tölz	Neubeuern	Kressenberg	Laufen-Mattsee	Bewegungen
Obereozän	Priabon	unbekannt, wahrscheinlich Stockletten					
	Auvers	Fleckenmergel d. Stockletten; schwärzl. Mergel	Granitmarmor Stockletten		Mergel, Granitmarmor, Stockletten	Granitmarmor in Stockletten >100 m	↓↓↓
Mitteleozän	Ober-Lutet	Assilinenschichten Nummuliten-Lithothamnienkalk, Eisenoolith	Enzenauer Marmor Assilinenschichten Sandstein Schiefer	Quarzit. Hauptnummulitenkalk Kalksandstein Assilinenschichten Nummulitenkalk	Assilinenschichten m. Schwarz- und Roterz	Glauk.Mergel m. *Assilina exponens* Nummuliten-Kalksandstein. Quarzkonglomerat	↑↑ ↓↓
	Unter-Lutet	—	Lettenschiefer Roterz	—	Grünsand mit Numm. murchisoni, Orthophragm.	Eisenoolithkalk 10—60 m	↑ ↓
Untereozän	Ypern- (Cuise-) Stufe	—	Kalksandstein mit *Numm. elegans*	—	Quarzbrekzie mit Nummulina elegans Dunkle Mergel	Quarzsand Lithoth.-kalk (N) Quarzsand (S)	↓↓ ↑↑
Paleozän Thanetstufe		Sandkalk mit *Gryphaea escheri?*	—	—	Grünsandstein von Achtal, merg. Sandstein	Sandmergel u. Glaukon. Sandstein, z. T. fossilreich; über Oberkreide	(↓)↑
Monsstufe				—			

Infolge häufigen Reliefwechsels (O. M. Reis 1897, 34) fällt im einzelnen ein sehr rascher und oft scharfer Wechsel der Landeinschwemmungen und Meeresbildungen auf, der orogene

Gründe haben dürfte. Bei Kressenberg (Gegend Traunstein) ergaben sich gelegentlich des Abbaues der dortigen Eisenerzvorkommen ausgeprägte Fazies-Unterschiede beiderseits der (unterlutetischen) Trogwanne: Eine südliche (Sandnock-) und nördliche (Eisenärzt) Sandfazies, dazwischen die eisenoolithreiche Zone von Kressenberg selbst. Sand und Quarzgeröll kam also von der Vindelizischen Nordschwelle im S her. Aber auch eine *germanische Schwelle* im N gab Sand, Granit, niederbayerische Oxfordkalk-Versteinerungen ab, dazu Holzstämme, im Schwarzerz Schildkröten- und Krokodil-Reste, auch vulkanische $FeCO_3$-Quellen. Über das ganze greift, nach N, über die in der vorausgegangenen Festlandszeit etwas abgetragenen Oberkreidemergel transgredierend, die organogene Hauptnummulitenkalkplatte (Oberlutet von Adelholzen). Sie schließt mit einer Ablagerungspause. Danach griff, einer weit ausgreifenden und besonders tiefen Absenkung entsprechend, das Auvers-Meer über, welches den sehr mächtigen Stockletten (Stadschiefer der Schweiz) absetzte. Er geht wohl noch ins Priabon (Fr. Traub 1938, 25).

Im großen stellt sich das Sedimentationsbild des gesamten Helvettroges zwischen Rhein und Salzach sehr einheitlich dar. C. W. Kockel hat 1923 darüber zusammenfassend berichtet. Die Vertikalbewegungen verliefen allgemein nach dem in vorstehender Tabelle (rechts) angegebenen Schema. Besonders tief und nachhaltig muß die Senkung und Gebirgsbildung *während des Auvers* bei Ablagerung der wohl über 1000 m dicken Ton- und Mergelschlamme der Stockletten mit Fleckenmergeln und einigen Zwischenlagen von seichtmeerischen „Granitmarmor"-Bänken (Lithothamnienkalke) gewesen sein. *Die helvetische Vortiefe versank damals tief und schob sich insgesamt unter vielfach steiler Schuppung südwärts unter die Falten und Schubdecken des „darüber" wegrückenden ultrahelvetischen Flysches* (F. F. Hahn 1912), sowie mit diesem etwas unter die anschließenden Kalkalpendecken hinab — soweit letztere Unterschiebung nicht schon zu Ende der Kreide geschah. Daher fehlen weitere priabon(?)-unteroligozäne Ablagerungen in dem nun zur Unterschiebung gelangenden Streifen.

Diese Schubbewegung war um so großzügiger, als ja die mächtigen Stockletten Südbayerns den sehr mächtigen Stadschiefern des Schweizer Helvetstreifens entsprechen, und beide als „Tiefwasserflysch" sehr weit verbreitet sind. *Ich fasse daher diese Absenkung als Begleiterscheinung des Höhepunktes der alttertiär-alpidischen Gebirgsbildung in der Nachbarschaft auf.* Dies um so mehr, als ja die weitere Sedimentation fortan in ganz anderen Orten auf den „heranrückenden" Kalkalpen einsetzte, nämlich in Gestalt des marin-brackisch-limnischen Priabons von Oberaudorf—Häring—Bad Reichenhall und des Unteroligozäns von Häring—Reit im Winkel. Auch hierin sehen wir wieder einen Beweis dafür, daß *die „Deckenaufschiebung" nicht etwa eine Höherschaltung, sondern im Gegenteil eine Tieferlegung des betreffenden Stockwerks unter den Meeresspiegel bedeutet*, unter dem die Kalkalpen vorher nicht gelegen hatten.

Ultrahelvet

Trotz eingehender Geländearbeit im südbayerisch-vorarlbergischen Flysch konnte ich bisher keinen einzigen sicheren Hinweis dafür finden, daß hier, abgesehen von Wildflysch, im normalen Ultrahelvet-Flysch *Eozän* vertreten wäre (E. Kraus 1932; 1942). Das sollte aber weiteres Nachsuchen nicht hindern.

Es fehlt Eozän nicht allein im südlichen Oberbayern, wo schon immer Inoceramen die einzigen Versteinerungsreste waren und wo K. Bodens Sandstein mit Nummuliten vom Tegernsee nicht zum Ultrahelvet, sondern zur helvetischen Zone gehört. Auch im Allgäu-Vorarlberg, wo

M. Richter bei seinem Gliederungsversuch Alttertiär-Flysch vor sich zu haben glaubte, wies ich fossilmäßig nur Kreideflysch nach. Die Abgrenzung eines „Eozäns" von H. J. Blueher, welcher in seiner 1935 erschienenen Dissertation meine 1932 publizierte (Blatt Oberstdorf, „Kreideflysch", „Bayer.-Österr. Flysch") Flyschgliederung nicht erwähnte, sie aber mit anderen Namen „neu entdeckte", geht, wie ich 1942, 131 zeigte, quer durch die Schichten. Der fragliche Nummulitenrest beruht vielleicht auf einer ähnlichen Täuschung wie sie D. Truempy im Prätigau widerfuhr. Mit Begleitwort zu einer Karte zwischen Isar und Leitzach ist 1939 eine Gemeinschaftsarbeit von A. Custodis & J. Niedermeyer & P. Schmidt-Thomé & M. Richter erschienen. Neben vielen, guten Neubeobachtungen bringt sie so viele, von meinen Geländeergebnissen über den Flysch abweichende Verallgemeinerungen, daß sie in diesem, der tatsächlichen Baugeschichte gewidmeten Buch nicht näher behandelt werden können. Sehr schätzenswerte Flyscharbeiten veröffentlichten 1939 Schmidt-Thomé (Teisendorf) und G. Müller-Deile über Flyschbrekzien, 1940.

Unter Hinweis auf meine große Flysch-Veröffentlichung von 1942 betone ich hier nur, daß durchaus die Möglichkeit einer sich allmählich anbahnenden Unterschiebung der Flyschdecken unter die Kalkalpen bereits für die Kreidezeit, vielleicht mit dem Höhepunkt im Maestricht mit seiner überaus mächtigen und verbreiteten Tiefwasserflyschvertretung (auch Leimernmergel des Retterschwang) besteht. Denn *aus dieser* Stufe wurden kürzlich (G. Herbst 1938) und schon länger aus dem Salzburger Flysch die jüngsten Versteinerungen bekannt. Solche frühere Unterschiebung scheint mir auch deshalb naheliegend, weil in allen anderen, stark verschobenen Randteilen der Alpen, namentlich im Ultrahelvet, überall noch scharfe Trogsenken und mächtige Eozänflyschmassen gebildet wurden, die in Südbayern aber auffallenderweise noch nicht sicher aufgefunden wurden — außer in Wildflyschbrekzien, reich an exotischem Gestein. Zudem ist hier die Überschiebungsweite der Kalkalpen über den Flysch wohl nicht bedeutend. Gibt es doch reichliche Beziehungen zwischen dem ultrahelvetischen Vortiefenflysch und dem Gosauflysch auf den Kalkalpen (E. Kraus 1941, 1944, 208) und sprechen doch z. B. die Lagerungsverhältnisse am Tratenbach-Konglomerat bei Lenggries mehr für eine Anlagerung von Flysch als für eine weite Überschiebung desselben durch den kalkalpinen Rand, der seinerseits auch mit einer sehr auffällig weit aushaltenden „Cenoman"-Randmulde im N endet.

Immerhin haben wir weithin zwischen Kalkalpen und Oberstdorfer Flyschdecke die Beweise für die ehemalige *Zwischenschaltung der Vindelizischen Südschwelle.* 1942, 220, wurde sie überschaut und gezeigt, daß im Retterschwang des Allgäus erhebliche Wildflyschmassen diesen Schwellenschutt enthalten, während ostwärts mehr der Gosauschutt im S und das Birnwangkonglomerat im N von ihr berichtet. Die Schwelle muß danach aus Kalk, Dolomit, Hornstein der Kalkalpen (Randostalpin!), unterlagert von den rötlichen Quarziten und Quarzkonglomeraten des Buntsandsteins und Verrucanos bestanden haben, sowie aus einem Quarzgang-durchaderten Schiefer mit Felsitporphyrgängen. Im O kommen dazu neben randostalpinem Jura noch Grauwacke, Phyllit und Diabas.

Die Zusammensetzung der *Vindelizischen Mittelschwelle,* welche nach S in die Oberstdorfer, nach N in die Sigiswanger Kreideflyschdecke ihren reichlichen Sandschutt abgeliefert hat, ist 1942, 218, und früher mitgeteilt.

Sehr bedeutend und bezeichnend hat sich der Abfallschutt der *Vindelizischen Nordschwelle* in der Feuerstätter Wildflyschdecke von Vorarlberg-Allgäu und im südbayerischen Wildflysch eingelagert (E. KRAUS 1932; 1942, 50, 216). Dieser liegt immer über dem Helvet und unter der Sigiswanger Kreideflyschdecke. Er führt die Riesenblöcke von Granit, Gneis und die exotischen Konglomerate der Balderschwanger Wildflyschklippen, die in Fortsetzung der Grabser Klippe und der romanischen Klippen in der Schweiz noch basale Schubfetzen von randostalpinem Oberjura besitzen. Dieser Wildflysch nimmt ostwärts gleichlaufend mit dem Schwinden des helvetischen Trogstreifens und dem Anwachsen seiner Druckschieferung und Steilschuppung ab. Aber *vorhanden* sind seine Reste längs der gleichen Schubbahn auch im O, besonders zwischen Chiemsee und der Salzach. Die exotischen Schwellengesteine sind Granitgneis mit porphyrischen Gängen, bei Achtal Granit, dann Grauwacke, alte Phyllite und Schiefer. Auch hier im N trug die Schwelle noch randostalpine Reste, die ebensogut als Bestandteile der schon hierher vorgerückten kalkalpinen Deckenstirne angesehen werden können, deren Körper aber durch Einsenkung oder Abtragung zur älteren Kreidezeit schon beseitigt und durch den Kreideflysch sedimentär ersetzt sein könnte. Vgl. die Parallele zum Schlieren- und Niesenflysch oben S. 14 f. Diese Dinge sind hier noch nicht spruchreif.

Es wäre zu wünschen, daß sich neuere Bemerkungen zur tektonischen Nomenklatur (H. HAGN 1950, 31 f.) auf Kenntnis des Schrifttums und auf geologische Geländeerfahrung stützen würden.

Die einzigen sicheren Eozänfunde im südlichen Ultrahelvet beschränken sich bezeichnenderweise auf den ultrahelvetischen *Wildflysch*. Von der Schweiz über den Rhein herüberragend ist er von F. v. RICHTHOFEN südlich Feldkirch gefunden, wurde er durch H. P. CORNELIUS in einem kleinen Rest noch bei Balderschwang entdeckt, kennen wir ihn von Unternogg, vom Schliersberg (E. KRAUS 1932, 1942), noch von Achtal und Teisendorf im Osten. Zusammen mit kristallinen Schwellenresten führt er die großen Nummuliten wahrscheinlich des übergreifenden Lutets. Sowenig wie etwa im Habkernflysch ist meist seine Natur als sedimentäre Einlage oder als schon zerschobener Scherling klar. Aber genau wie weiter im W beweist er uns doch auch zwischen Rhein und Salzach, *daß die ultrahelvetische Flyschdecke von Sigiswang*, unter der er überall nordwärts zum Vorschein kommt, durch die helvetische Einheit, die unmittelbar nördlich darunter folgt, *erst frühestens im Auvers-Priabon endgültig gegen S unterfahren worden ist.*

Die Großzügigkeit des ganz gleichartigen Geschehens, das wir jetzt schon von dem Wildflysch der ostwärts unterschobenen, ultradelphinidischen Subbrianconnais-Decken im oberen Durance-Gebiet, vom Wildflysch unter den romanischen Präalpen, vom Habkern-Schlieren-Wildflysch und jenem unter den Schweizer Klippen über Balderschwang—Unternogg—Teisendorf abnehmen können, ist erstaunlich. In gleicher Lage über Delphinid-Helvet unterschob sich dieses Vorland in Fortsetzung der Kreide-Schübe, anscheinend nach einer (abtragenden) Pause am Ende der Kreide, von W und von N her unter die sich dabei stauenden Ultrahelvet-Flyschdecken. Überall wurde dabei als Jüngstes noch Lutet-, höchstens noch Priabon-Flysch mitverarbeitet.

Gleichzeitig mit diesen gewaltigen, alttertiären Schüben verschwanden endgültig die Trennungsschwellen zwischen Kalkalpen und Oberstdorfer, also südlichster Kreide flyschdecke (Vindelizische Südschwelle), jene zwischen Oberstdorfer und Sigiswanger Flyschdecke (Vindelizische Mittelschwelle) und zwischen Sigiswanger und Helvetischer Einheit mit dem Zwischenmittel der Feuerstätter Wildflyschdecke (Balderschwanger Klippen), die Vindelizische Nordschwelle. Später ist von diesen Schwellen nichts mehr zu spüren.

Sehr zu beachten aber ist, daß um jene Zeit, in der die verschiedenen flyschbildenden Tröge und Zwischenschwellen im S beseitigt wurden, eine nächst nördliche „*germanische Südschwelle*" im N des helvetischen Troges von Südbayern schuttabliefernd emporstieg (E. Kraus 1941, 1942).

Hieraus kann wieder geschlossen werden, *daß es eine Folge des herannahenden orogenen Zugriffes sei, nicht nur das Vorland zu senken, und strukturell in Tröge und Falten zu verbiegen, sondern gleichzeitig auch das zugehörige Oberflächenrelief als „Baurelief" oder „Tektorelief" zu verschärfen.* Daher werden nun die sinkenden Mulden Sediment-aufnahmefähig und wird ihre aufschwellende Nachbarschaft Schutt-ablieferungspflichtig. Die außenbürtigen Kräfte versuchen die innenbürtig geschaffenen Veränderungen wieder auszugleichen und werden uns so zu Hilfsmitteln baugeschichtlicher Forschung. Sie sind aber durchaus nicht die Ursache, sondern die Folge der Bewegung.

Unter „*Baurelief*" („*Tektorelief*") verstehen wir also das durch die tektonische Verbiegung, durch Brüche und Schübe geschaffene Relief soweit es vor, während oder trotz der Abtragung und Ablagerung noch erkennbar ist.

Baurelief steht dem „*Walmrelief*", hervorgerufen durch walmende Großverbiegungen, und dem „*Gesteinsrelief*", geschaffen durch die Verwitterung in Abhängigkeit von der Gesteinsart bzw. dem gewöhnlichen „*Abtragrelief*", ohne solche deutliche Abhängigkeit, gegenüber.

Die neuauftauchende „Germanische Südschwelle", welche moldanubischen Granit und Gneis, niederbayerischen Oxfordjura südwärts in das helvetische Becken von Kressenberg einschüttete, dürfte bereits jene langgestreckte Untergrunds-Aufschwellung sein, welche dann gegen N die kristallinen und Dolomit-Gerölle in das Becken der mitteloligozänen Molasse abgab (unten S. 131, 284).

Helvet und Ultrahelvet zwischen Salzach und Wien

Im O der Salzach vermindern sich Glieder des helvetischen Streifens. Eozän ist gut entwickelt bei St. Pankraz—Mattsee mit Lithothamnienkalk und Quarzsand, darüber Nummulitenkalk, Sandstein, Eisenoolithkalk, Glaukonitmergel und Globigerinenmergel. Bald aber finden sich ostwärts nur noch kleine Reste in dem tektonisch verquetschten (E. Kraus 1941) Zwischenmittel zwischen ultrahelvetischem Klippenflysch und Molasse. Immerhin beweisen die Vorkommen noch die einstige Meeresverbreitung und damit eine streichende Senke für die mittlere Eozänzeit auch ostwärts über die Traun hinaus. Die Frage helvetisch-ultrahelvetisch? für das Vorkommen im Gschliefgraben am Traunsee wurde von mir 1944 behandelt. S. Prey danken wir seine Klärung 1948/50. M. Richters eozäne Mürbsandsteine wurden auf Bl. Gmunden und Bl. Kirchdorf als Oberkreide erkannt.

Mit diesem Abnehmen des Helvets gegen O geht Hand in Hand die Zunahme von Beweisen für eine langdauernde Meeresvertiefung im ultrahelvetischen Anschlußgebiet weiter südlich: Vereinzelte, nicht ganz sichere Eozänflyschreste in Oberösterreich machen den Anfang. Offenbar helvetidisches Paleozän-Unterlutet im Gschliefgraben, dann eozäner Klippenflysch zwischen Waidhofen a. Ybbs und Scheibbs, eozäner Glaukonitsandstein der Ybbsitzer Flyschzone setzen fort bis zu dem ausgedehnten Eozänflysch des Wiener Waldes.

Die Wildflysch-Sohle und -Stirn der ultrahelvetischen Flyschdecke, die wir 1932 und 1942 zwischen Chiemsee und Salzburg näher darstellten, deren Alter (entsprechend dem Schubalter dieser Decke über das Helvet) freilich wahrscheinlich aber noch in die Oberkreide, möglicherweise zum Teil noch ins Eozän fällt, treffen wir östlich der Salzach in den exotischen Konglomeraten am Nordfuß des Haunsbergs, in Geröll und Scherlingen ähnlich der Dürnbachbrekzie Südbayerns weiter im O. An Versteinerungen fehlt es noch. Nach Verh. Bu. Wien 1947, 30 ist der helvetische Streifen nach Aufbrüchen durch den ultrahelvetischen Flysch, der darübergeschoben ist, noch bis an den Kalkalpenrand zu verfolgen.

Allgemein kann aber schon gesagt werden (E. KRAUS 1944), *daß auch in Oberösterreich das helvetisch-vindelizische Vorland südwärts unter den ultrahelvetischen Flyschstreifen während dessen Weiterentwicklung im Eozän bzw. noch nacheozän mit begleitenden Teilschwellen hineinrückte.* Die auch hier im O entwickelte Vindelizische Südschwelle mit der randostalpin-pieninischen Klippenflyschzone unterschob gleichzeitig südwärts die kalkalpinen Decken.

Die Weite der nördlichen Ausbreitung unserer eozänen Meeresvertiefung gegen die Böhmische Masse zu ist aus den Mittel- und Obereozänkalken, Sandsteinen und Konglomeraten der äußeren (subbeskidischen) Klippenzone (M. F. GLAESSNER 1931, V. KOHN 1911, G. GOETZINGER 1913, W. PETRASCHEK 1921, F. E. SUESS 1929) vom Praunsberg-Michelsberg-Waschberg ersichtlich:

2. Obereozäner Glaukonitsandstein, Sand, Mergel
1. Übergreifend: mitteleozäner Nummulitenkalk. Viele Brocken von Granit, Gneis u. a. aus der Böhmischen Masse.

Der von zahlreichen, transgressiv übergreifenden Sedimenten (oft Strandbildungen) aus verschiedenen Zeiten bedeckte Kristallin-Untergrund ist scharf gegen NW verschuppt mit diesem Eozän und den oligozänen Auspitzer Mergeln. So wie die subbeskidischen Konglomeratzüge vom karpatischen Vorhügelland in Mähren bis nach Scheibbs (H. VETTERS 1929, 1930) an den heutigen Südrand der Böhmischen Masse heranreichen, so streichen auch diese Eozänvorkommen mit ausgeprägten, zum Teil riesigen Blöcken, Konglomeraten, Sandsteinen fort. Diese Gerölle und Blockmassen von Granit, Flyschsandstein, basischen Massengesteinen u. a. dürften im späteren Mittel- und im Obereozän nicht nur die starke tektonische Verschärfung des Reliefs (Baurelief) bedeuten, sondern auch die Auf- und Ausschuppung einer Untergrundsschwelle unter gleichzeitigem „Heranrücken" einer aus Flyschsandstein u. a. bestehenden Deckenstirn.

Das Böhmische Vorland preßte sich unter Vertiefung seiner marinen Teiltröge und Zufüllung derselben mit Schutt von Inselschwellen-Schuppen S- und SO-wärts unter die sich darüber deckenförmig ablösende Flyschzone. Die Geröll- und Blockmassen zwischen den Auspitzer Oligozänschlier-Mergeln und den Menilithschiefern bzw. in den höher liegenden Blockmergeln zeigen an, daß dieser Groß-Vorgang auch noch im Oligozän andauerte.

Unter der gegenwärtig im S anschließenden Jungtertiär-Vortiefe hindurch geht das Eozän zwischen Steyr—Waidhofen a. Y.—Wiener Wald weiter. Es trägt als Folge der gleichzeitigen, der Gebirgsbewegung zu dankenden Reliefunruhe durchweg Flyschtracht. Über dem Unter- und Oberkreideflysch, der mit seinen neokomen Spatkalken und Hornsteinen der Kalkgruppe, mit seinen Glauconitquarziten, Rot- und Schwarzschiefern sehr an die Fazies meiner Oberstdorfer Flyschdecke erinnert, folgt auch hier zunächst eine Schichtlücke infolge trockenlegender Heraushebung. Dann lagerte sich mit vielfach sehr grobkörniger und auf die vorherige Abtragung hinweisender Sohle ziemlich gleichmäßig der *Greifensteiner Sandstein* ab (Höflein-Altenberg; feinkörniger: Stössing-Troppberg). Er vertritt mit seinen Nummuliten (R. Jaeger 1914; G. Goetzinger & H. Becker 1932, 355) nach den neuen Funden und Bestimmungen durch P. Rozlozsnik nicht, wie seine südliche, anscheinend später noch übergreifende Laaber Sandstein- und Schiefer-Fortsetzung das Mitteleozän, sondern schon das untereozäne (Cuise) Alter.

Zahlreiche Oberkreideflysch-Aufschuppungen im Eozänflysch-Bereich des Wiener Waldes vermitteln von der nördlichen Klippenzone, sowie dem Granitbrocken- und Arkosen-führenden Neokomflysch im N und der lang und gerade durchziehenden Scherlingszone (G. Goetzinger 1929) Salmannsdorf-Rohrbach. Sie förderten kristallinen Untergrund und auflagerndes Neokom mit Jurakalk und -Hornsteinen nach oben wie auch der transgredierende Greifensteiner Sandstein basal das gleiche Material verarbeitete.

Überall fallen die Anzeichen der *Flachgründigkeit* des Flysches auf; mehrfache Schuppung schon im Neokom und höher, südlicher im Wienerwaldflysch (Verh. Bu. Wien 1948, 25f.) sowie Einschuppung des den Flysch unterlagernden Granits. Ebenso hat die Klippenzone und noch die alpennahe Molasse ihre Untergrundseinschuppung.

Es ist sehr zu beachten, daß auch ein so guter Kenner der Böhmischen Masse wie F. E. Suess 1929, 185, wieder in dem Kristallin *durchweg nur solches der moldanubischen, außerdem der moravischen Einheit der Böhmischen Masse erkannte.* „Die weit vorwaltende Abstammung der Flyschsedimente von der Böhmischen Masse ist nicht zu bezweifeln, sie wurden aber nicht von dem heutigen im Norden gelegenen Gebirge hergebracht. Die eingestreuten Blöcke lehren, daß die Strukturen des böhmischen Grundgebirges, das moravische und das moldanubische Grundgebirge, mit noch aufzuklärenden Umrissen unter die Flyschzone fortsetzen; ebenso wie das Grundgebirge der oberrheinischen Horste unter den Helvetiden der Schweiz, das im Aarmassiv wieder zutage tritt.“

Das bituminös-schieferige Glaukoniteozän herrscht in der Wienerwalddecke und bildet hier den oberen Abschluß der ganzen Schichtenfolge. Dagegen ging weiter im N in der äußeren subbeskidischen Klippenzone und in den Karpaten die Senkung und Flyschablagerung noch durch das Oligozän fort. Noch früher riß weiter im S die Schichtenfolge ab: Die über die Wienerwalddecke geschobene innere Klippenzone schließt ab mit dem Klippenhüllenflysch, der ungleichförmig über die Jura- und Unterkreideklippen übergreifenden Seichtwasserkreide (mit der cenomanen *Orbitolina concava* und dem unterturonen *Inoceramus labiatus* nach F. Tauber 1940, 145). *Die trockenlegende Heraushebung geschah also hier alpeneinwärts schon gegen Ende der Kreidezeit, später, nach dem Obereozän in der Flyschzone, noch später in der äußeren Klippenzone. Die Hebungswelle lief gegen N.*

Zwei Lagergänge von Serpentin bzw. Olivindiabas sind u. a. aus der Seichtwasserkreide der Klippendecke mit Umwandlungskontakt am Flysch bekannt (R. Grengg 1922), der Vulkanismus also für das höhere Turon erwiesen. Pikritlagergängchen wurden, nach freundlicher Mitteilung von Dr. R. Janoschek im Oberkreideflysch des Lainzer Tiergartens mit Normalkontakt gefunden. Serpentin-Scherlinge aus dem niederösterreichischen Flysch bei Kilb beschrieben H. P. Cornelius & M. Furlani-Cornelius 1927. Im Flysch auf Bl.Gaming-Mariazell ist der Porphyrit von Hinterholz, in der Flyschklippenregion oberhalb Waidhofen a. Y. ein Serpentin (Peridotit) bekannt; auch hier wieder reißt die Schichtenfolge mit vermutlich gleichfalls eozänen Orogen-Bildungen ab.

Wir sehen also: Nach der ruhigen Hochlage zu Ende der Kreidezeit und anschließend an die zuerst untereozäne, dann energische mitteleozäne Vertiefung und Transgression steht auch hier *das Gesamtgebiet von der äußeren bis in die innere Klippenzone in mächtiger orogener Bewegungs-Unruhe*, die uns die Flyschfazies anzeigt. Diabas-Schmelzflüsse waren unter diesem Raum schon vorher, vielleicht noch später in Bewegung.

Wenn die Eozän-aufnehmenden Senkungen und die flyschbildenden Bewegungen vorher schon in der Gosauzeit südlich, jenseits der wahrscheinlichen Ostfortsetzung der Vindelizischen Südschwelle in der Ternberg-Frankenfelser Decke und Kieselkalkzone fehlen, so wolle man hieraus also nicht allzu weitreichende Fernschübe dieser Decken nach N ableiten (P. Solomonica 1934). Denn allein die im N wegen Überschiebung fehlenden Schwellenrandbildungen und die im N (wegen Verlagerung der Orogenese nach N) noch vorhandenen, im S aber nicht mehr möglichen Relieffolgen der gebirgsbildenden Unruhe, können als mangelnde Übereinstimmung von Oberkreide-Tertiär zwischen Kalkalpen und ultrahelvetischer Flyschzone (*mit* randostalpin-vindelizisch-böhmischem Untergrund!) angeführt werden.

Der S ist eben baugeschichtlich etwas älter. Das kann ihm noch nicht die Fernfahrt über die Zentralalpen verschaffen. —

Mit prächtigem SW-Schwung lenkt im heutigen Kartenbild der orogen schwächere Karpatenbogen in das Nordalpenorogen ein, das ungleich stärker zusammengeschoben wurde. Hieraus kann man den Schluß ziehen, daß hierfür die mächtige Südunterschiebung des böhmischen Vorlandes verantwortlich ist, die vom galizisch-russischen Vorland nicht in gleichem Maß mitgemacht wurde. Immerhin entwickelte dessen Unterschiebung auch die Flyschtracht der Karpaten

Die südliche Fortsetzung der Böhmischen Masse geriet in der Tat unter das orogen beunruhigte Kreide-Eozänmeer. Damals belud sie sich mit Flysch, aus dem Abtragungsstoff von Inselgirlanden, den Häuptern gleichzeitig in Aufschuppung begriffener Teilschwellen. Kristallines und randostalpines Geröll und Sand wanderten — genau so wie dies J. Nowak für die Karpaten-Flyschkonglomerate nachwies — in die dabei stärker absinkenden Teiltröge. Auch der Untergrund der südlich von diesem Flysch folgenden Klippenzone zwischen Wien S, Lainzer Tiergarten und Waidhofen a. Y., Gresten, L. v. Buchdenkmal (E. KRAUS 1944) am Weyerer Bogen gehört noch zu dem kristallinen Sockel der Böhmischen Masse (moldanubischer Perlgneis u. a.).

Aus dem noch hier aufgelagerten Klippenhüllenflysch der Oberkreide und im N des Eozäns erschließen wir auch hier die Unterschiebungszeit der Böhmischen Masse gegen SO und S. Der Blick auf die Karte läßt uns ahnen, welche auswalzenden Verschmälerungen, begleitet von Schuppungen und einem Kippschollenmosaik (Zistersdorf!) noch bis in junge Zeit in höheren Stockwerken mit diesem mächtigen Unterstrom von N verbunden gewesen sein mögen. Die Verschmälerung der heutigen Ausstrichbreite von Karpatenflysch (65 km) und von Wienerwaldflysch 18 km), die im übrigen so viel gemeinsame Sedimentgruppen haben, kann man zum guten Teil auf diesen nun alttertiär offenbar in vollem Gang befindlichen Unterstrom beziehen. *Er schuf offenbar gleichzeitig die großartige Horizontalflexur des „Karpaten-Alpenknicks".*

d) Auf den nördlichen Kalkalpen

ist Eozän weithin unbekannt. Nur noch die Reste der Jungkreide-Transgressionen greifen hier bis auf die Höhe der Kalkalpenplatte empor. Seitdem hat sich diese schon überwiegend auf eine höher schwimmende Lage eingestellt. Eozän-Absätze von marinen Vorstößen sind jedenfalls, wenn sie bis ins Innere reichten, fast ganz abgetragen worden. Nur bei Radstadt im Pongau entdeckte C. W. v. GUEMBEL 1889 über der Trias bis kopfgroße Geröllmassen von Eozänkalk mit eingeschlossenen Bruchstücken der örtlichen Trias (F. TRAUTH 1918). Diese lutetischen Nummulitenkalke mit Lithothamnienriffen haben viel paläontologische Beziehung nach dem Mitteleozän von Kressenberg im NW, nach dem von Guttaring in Kärnten, Kirchberg am Wechsel und Wimpassing am Leithagebirge, d. h. nach dem N- und O-Rand der Kalkalpen. Hatten wir ein Eozänmeer quer durch diese oder nur ein Randmeer längs der damaligen ultrahelvetisch-helvetischen Vortiefe bis zum ostalpinen Saum?

Es fehlt nicht an Eozänkalk- und Granitmarmor-Überresten in jüngeren, oligozänen Konglomeraten des nördlichen *Vorlandes* und des kalkalpinen *Unterinntales.* Deren Ausbildung entspricht nicht dem uns heute anstehend bekannten Eozän des helvetischen oder ultrahelvetischen Streifens. Es kann von jenen Überbleibseln wohl angenommen werden, *daß sie die umgelagerten Geröllreste eines einst weithin über die nördlichen Kalkalpen ausgedehnt gewesenen warmen Flachmeeres der Lutet-Obereozän(?)-Zeit darstellen.* Solche Reste sind aus der Angerbergmolasse im Unterinntal (K. BODEN 1931, A. v. WINKLER 1928) und sehr verbreitet auch aus der südbayerischen Oligozänmolasse bis in die Nesselburg- und Hochgrat-Nagelfluhen des Allgäus hinein bekannt (vgl. auch F. TRAUB 1948).

Wenn wir den Nachweis liefern können, daß z. B. im SO-Karwendel die vorgosauische Abtragung allein vom Neokom bis hinab zum Wettersteinkalk etwa 3 km Schichten beseitigt hat und wenn wir die lange Zeit der kalkalpinen Hochlage nach dem Eozän bedenken, dann wird die Entfernung sehr erheblicher Gesteinsmassen auch nach dem Eozän noch durchaus wahrscheinlich.

Andererseits haben wir erfahren, daß die wichtigeren orogenen Strukturen der Geosynklinalen sich *während der Absenkung* entwickeln, wenn also auch die meiste Aussicht zur Ablagerung von Sediment besteht. Da der kalkalpine Bau erst allmählich im Tertiär ganz fertig wurde, scheint uns auch dieser Gesichtspunkt dafür zu sprechen, *daß im Tertiär ganz bedeutende hangende Gesteinsmassen und also ehemalige, jüngste Überlagerungen so gut wie spurlos beseitigt worden sein werden.*

Die nächsten Eozänspuren in Gestalt von Resten eines Obereozänmeeres in westlicher Richtung liegen bei Bad Reichenhall—Hallturm und unter dem Oligozänbecken der Angerbergmolasse, dessen Muldenachse sich von Reit im Winkel über Kössen—Oberaudorf allgemein gegen W in das Unterinntal senkt (M. Schlosser 1909, O. Ampferer 1922, 1925). Seit dem Obersenon ist es erst wieder das priabone Obereozänmeer, das über dieser erheblichen Schichtlücke bei Bad Reichenhall mit Grundkonglomerat beginnt und 15—200 m mächtigen Korallenkalk brachte, nordwärts sandreicher werdend und mit Zwischenlagen von Stockletten. Die Sandsteinbänke, Geröll- und Kohle-Einlagen gegen oben haben Beziehung zu

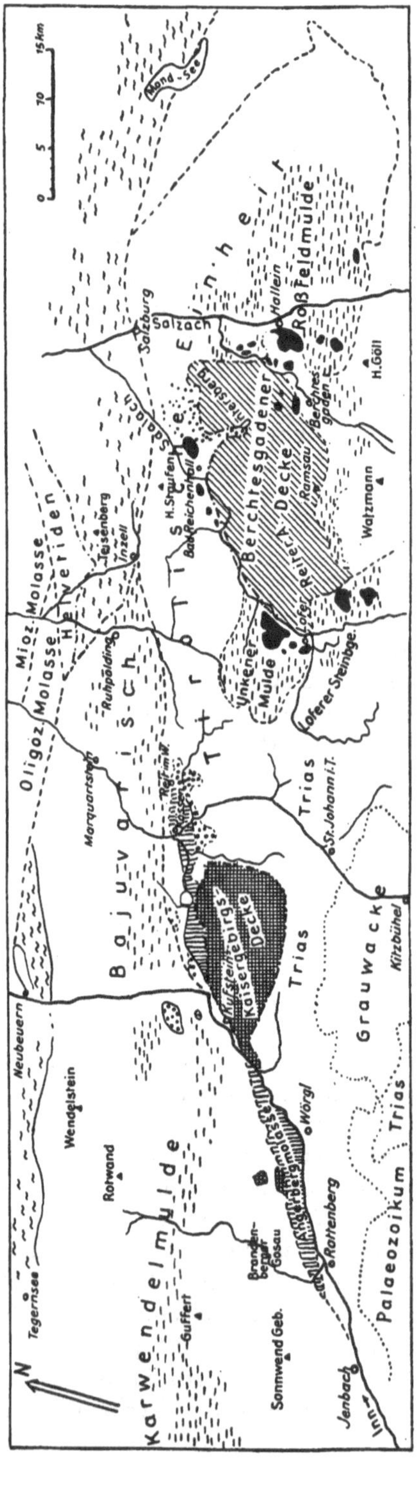

Abb. 20. Die Unterinntal-Vortiefe der Tirolischen Decke. Die tief- (Allgäudecke) und hoch-bajuvarische (untere Lechtaldecke) Bewegungseinheit schob sich alttertiär-aquitan unter Ausbildung einer Tertiärgefüllten Vortiefe (dicke Punkte: Eozän-Unteroligozän; senkrecht schraffiert: aquitane Angerbergmolasse) südwärts unter die Tirolische Decke (höhere Lechtaldecke; Staufen-Höllengebirgsdecke). Diese spaltete eine höhere „Kaisergebirgsdecke" (kariert) ab, ähnlich den Inntaldecken-Abspaltungen im W; sie war schon vorgosauisch unter die Juvavische Decke (schwarz) geschoben und spaltete nach deren teilweiser Abtragung nach oben die Berchtesgadener Decke ab, unter welche sich die tirolische Mulde von Unken-Roßfeld schob. Kurze waagrechte Striche: Jura/Unterkreide-Mulden. Schlangenlinien: ultrahelvetischer Kreideflysch.

der brackisch-limnisch werdenden, gleichfalls Sande-, Pflanzen- und Kohle-führenden Fazies (teilweise Kalkmergel) dieses Wasserbeckens bei Kufstein—Oberaudorf und am Nordrand der Angerbergmolasse. Abb. 20 gibt die heutige Verbreitung der Obereozän- und Oligozän-Vorkommen.

Die *Inntalquerfurche von Kufstein* bestand mit ihren seitlichen Ausläufern schon von der Oberkreide an. Im wesentlichen ist es Hauptdolomit, über den hier das Priabonmeer von N aus dem helvetischen Streifen transgressiv und abradierend übergegriffen hat. Wie tief die Abtragung im Unterinntal bei Kirchbichl der Tertiäreinlagerung vorgearbeitet hat, wie tief gleichzeitige und spätere Absenkungen hier im Bereich der Nordalpennarbe wirkten, das ist ebenso unbekannt wie die Tiefe, in welche das später unter die Kaisergebirgsdecke von NW her geschobene Tertiär hinabgreift. Als die wahrscheinlich schon altoligozäne Kalkbrekzie im Kufsteiner Wald südlich Schwoich über die Gosauschichten und weiter über Häringer Schichten übergreifend transgredierte, waren die Gosauschichten bereits gefaltet. Diese Gosauabsätze z. B. der Gosaubucht vom Eiberg südlich des Inns, welche über Hauptdolomit bis Oberjura übergreifen, machen die Hauptverbiegungen ihrer Unterlage noch mit: Kurzwellige Verbiegungen durch N-S- und W-O-Druck (O. AMPFERER 1922). Für das sichere Eozän jedenfalls können wir noch keine stärkere Bewegung nachweisen, erst für die Zeit des Altoligozäns. Scheinbar völlig gleichförmig liegt auch das Nierentaler Maestricht unter dem transgressiv übergreifenden Eozän des Untersberges (M. SCHLAGER 1930).

Unteroligozän. Die unteroligozäne Lattorf- oder tongrische Stufe ist in den Alpen besonders selten entwickelt, ähnlich wie die danisch-paleozän-untereozänen Stufen. *In beiden Fällen stehen wir am Ende stärkerer Gebirgsbildung,* also nach mächtigen, wiederholten und ausgedehnten Absenkungen, verbunden mit den Sedimenttransgressionen der Gosauschichten bzw. des Mittel-Obereozäns. In beiden Fällen sind wir ziemlich im unklaren über die Abschlußzeit dieser Gebirgsbewegungen. Denn nach ihnen erfolgte ja — als Quittung offenbar auf die absenkende orogen vermehrte Krustenverdickung unmittelbar vorher — die allgemeine Heraushebung und Abtragung, somit die Beseitigung eines Hauptteiles der orogenen Nachweise. Es ist daher durchaus nicht sicher, daß der so weit verbreitete Mangel von Unteroligozän gleichbedeutend ist mit fehlender, ursprünglicher Ablagerung. Schon deshalb nicht, weil ja, wenn schon im Unteroligozän die Hebung der Kalknordalpen allgemein und stark war, die damit verbundene Abtragung doch große *Schuttmassen* in die umgebenden Vortiefen hinaus gebracht hätte. Wir vermissen solche aber; sie setzen erst mit der Senkung der Unteren Meeresmolasse im Mitteloligozän ein. Im Gegenteil müssen wir aus der grundlegenden Verlagerung der Sedimentationsräume, welche zwischen Eozän und Mitteloligozän stattfand, und aus vielen anderen, örtlich gewiß wechselnden Beobachtungen schließen, *daß ganz starke, zur Aufstellung der „Pyrenäischen Phase" veranlassende Gebirgsbewegungen das tektonische Alpenbild damals umgeformt haben.*

Vorausgesetzt, daß wir diese Energie-Leistungen auch nur einigermaßen mit entsprechender Absenkung und Sedimentation in Beziehung setzen dürfen, dann wären diese Senkungen ohne Zweifel in der Lage, wohl auch noch über die oft mehr als 1 km mächtigen, tiefermeerischen Schlammabsätze des Obereozäns neue Sedimente zu häufen. Erhalten aber ist nur noch sehr wenig.

Dazu gehört über dem bituminösen Mergel von Häring-Eiberg mit Brekzien und Konglomerat übergreifend der unteroligozäne marine Zementmergel von bis 1000 m Mächtigkeit. Dazu gehören die mergelig-brekziösen Absätze des Unteroligozäns im Kössener Becken von Walchsee bis Reit im Winkel, die sandig-gerölligen Marinschichten und an Korallen, Mollusken reichen Kalke der Reiter Schichten, gegen oben mit flyschähnlichen Sandsteinen (O. M. Reis und C. W. v. Guembel 1889, 163). Darüber hinaus aber ist weder im ultrahelvetisch-helvetischen noch kalkalpinen oder zentralalpinen Raum des Ostens — so wenig wie im präalpinen des Westens — irgend ein Unteroligozän sicher bekannt.

Im weiteren *Wendelstein-Bereich* rechnete auch K. Osswald 1929 nach einer jüngstkretazischen Bewegung mit einem vor oder in dem Priabon gelegenen Höhepunkt der Gebirgsbildung, mit Hauptschüben in seiner mittleren und nördlichen Kalkzone. Im N schließen die erhaltenen Sedimente noch im Priabon mit starker Konglomeratbildung ab.

Im *Nordbereich der Weyerer Bögen* haben wir nach den einschließlich des Cenomans, aber vor der übergreifenden Emscher-Untergosau-Unterschiebung aus N als zweite Hauptbewegung die etwa eozäne: Längs der älteren, mit dem auftretenden Granit zusammenhängenden Querstörung und einer innerkalkalpinen Scherfläche vollzog sich offenbar eine scherende Unterschiebung aus N und O, im Gegensinn des Uhrzeigers. Durch sie wurde unter Miteinbeziehung des danischen Liesenflysches die Ternberger Decke mit ihren Cenoman-Klippen von N, zugleich die Reichraminger Decke von W unter die Frankenfelser Decke hereingeführt. Gleichzeitig schob sich die vorher mit OW-streichenden Falten und Schuppen versehene Flyschklippenzone unter deren Hechenbergscholle (beides Randostalpin). Mit der wahrscheinlich nacheozänen Unterschiebung dieser Flyschklippenzone südwärts unter die mit der Ternberger Decke beginnenden Kalkalpen schlossen hier die großen Bewegungen ab.

Weitere eozäne Hauptbewegungen sind aus der nachfolgenden Tabelle ersichtlich (S. 48).

Danach lassen sich für die Zeitspanne Dan-Paleozän-Untereozän nur recht wenige und nur schwache „laramische“ Gebirgsstörungen nachweisen. Das war wieder *eine Zeit der Hochlage und nicht der Senkung*. Es fand kein Hinabbau statt!

Erst für die Mittel- und Obereozänzeit bis ins Unteroligozän, in welchen überwiegend Senkung und, gegen das Ende, teilweise mächtige (Stockletten, Zementmergel zu je über 1000 m Mächtigkeit!) Sedimentation einsetzte, können wir aus Flyschfazies und anderen Anzeichen *sehr starke Gebirgsbewegungen nachweisen*. Das Häringer Priabon griff schräg über Triaskalke und schon gefaltete Gosauschichten. Diese Häringer Kohleschichten finden wir in SO-NW ziemlich kräftig und mit steilen Überschiebungsflächen zusammengedrückt. Während der Hauptabsenkung im Unteroligozän dürfte sich neben diesen Bewegungen (mindestens deren Anlage) und der Km-Mächtigkeit der Zementmergel schon die Abkippung der großen Unterinntalmulde über der nordalpinen Saugnarbe gegen W abwärts und deren Unterschiebung gegen SO unter die Kaisergebirgsdecke *angebahnt* haben unter Bildung zahlreicher Querverschiebungen und einer Sondermulde bei Häring.

Ihre Sohlen-Abschürfung dürfte die Kaisergebirgsdecke (O. Ampferer 1925) schon gleichzeitig mit dem juvavischen, also vorgosauischen Deckenschub gewonnen haben, ähnlich der Inntaldecke (O. Ampferer 1922, 135) oder unteren Vilser Decke (C. W. Kockel 1931). Aber die endgültige Unterschiebung der oligozänen Angerbergmolasse von NW unter das Kaisergebirge kann nicht voraquitan geschehen sein (vgl. unten S. 297).

Die Großzahl der „Nachgosau"-Bewegungen in den Nordkalkalpen, soweit sie die jungtertiären Verebnungsflächen nicht mehr verlagerten, dürfte aber während des Obereozäns-Unteroligozäns (?) abgelaufen sein. Vgl. nachstehende Tabelle, S. 48.

Die Sohlen-Abschürfungen durch Untergleitung schräg zu den Schichtfugen (also „*Schrägfugengleitung*" E. Kraus 1949) im Gegensatz zu der Gleitung fast parallel zu den Fugen („*Fastfugengleitung*") längs besonders beweglicher und ablösungsbereiter Horizonte (Anhydritgruppe unter Faltenjura, Obertrias im provençalischen Vorland, Werfener Haselgebirge unter Kalkalpen) entstehen ohne Rücksicht auf die Lage der schon verbogenen Schichtfugen. Besonders scharfe Unterschiebung an gefalteten Stockwerken bringt immer Schrägfugengleitung. Derart vermehrte, quer durchsäbelnde Gewalt werden wir *für die Nachbarschaft der nordalpinen Narbe* verstehen, über welcher in der Tat diese unsere zum Teil sohlenlosen „Ferndecken" ausgeschoben liegen: Inntaldecke, Kaisergebirgsdecke, Berchtesgadener Masse usw. In dem weniger starren, weil an dickmassigen Karbonatplatten immerhin ärmeren nördlichen Außenbereich der triadisch-jurassischen Nordgeosynklinale haben sich die N-Fortsetzungen der zu juvavischer Zeit ausgeschobenen Innenteile weniger starr verhalten. Diese heute als Lechtaldecke, Tirolische Einheit, Allgäu-, Lunzer-, Frankenfelser Decke bezeichneten Außenstücke sind darum mehrfach untergeteilt, geschuppt, enger gefaltet und unter Mitnahme noch des Cenomans vorgosauisch, aber auch noch später südwärts unter die hochalpin-juvavischen Massen hineingeglitten. Ihre wesentlich von S her nordwärts unterschobenen Spiegelbilder an der Südflanke der Nordalpennarbe sind zum großen Teil wegen der starken zentralalpinen Hebung und Abtragung bis auf ihre Grauwackenunterlage entfernt oder schon untergeschoben und so abwärts verschwunden zusammen mit größeren Teilen der nördlichen Grauwacke selbst. Dabei haben wir ein allmähliches Hinausgreifen der Faltung und des Schauplatzes mit dem hauptsächlichen Zusammenschub von innen nach außen festzustellen.

Welche große Schar von Ablösungsflächen parallel und schräg zu den Schichtfugen in dem Bereich der großen Cenomanmulde der Lechtaler Alpen zu der *allmählichen Ausschiebung der Inntaldecke* während des gleichzeitigen Zusammenrückens von deren N-, W- und S-Fortsetzung, nämlich der Lechtaldecke, führte, habe ich 1949 gezeigt.

Dieser großartige *Schwund-Vorgang hatte eine gewaltige Längengradverkürzung zur Folge.* Er setzte in den Hauptsenkungszeiten, also in der Fleckenmergel- und Tiefseerinnenzeit des Jura, in der Unterkreide, vorcenoman, vor und während der Gosau-Zeit, im Obereozän-Unteroligozän, sowie randlich im höheren Oligozän und Miozän immer erneut wieder ein.

Während der Haupthebungszeiten, welche dazwischen lagen, dagegen wurden die unterschobenen, daher vielfach entwurzelten, jedoch verdickten Deckenpakete erosiv zerschnitten oder doch wenigstens außenbürtig geköpft, unregelmäßig verdünnt, so daß später über die unregelmäßige Landschaft oft *unregel-*

mäßigere Reliefschub-Richtungen in einem zerschnittenen Schollenmosaik die Folge sein mußten: Reiteralmplatte, Wendelstein, Kaisergebirgsplatte, Wettersteinmassiv.

Im einzelnen werden auch kräftige Quersenkungen älteren oder jüngeren Datums ähnliche Folgen gehabt haben wie sie am westlichen Ostalpenrand oder an der Weyerer Bogenstruktur durch Unterschiebung im Längsverlauf beherrschend einsetzten. Im Generalstreichen etwa glitten die Gipfelfalten des Sonnwendgebirges ostwärts gegen die Überlast der Inntaldecke (Bd. I, S. 333). Das bewegliche Gips- und Anhydritstockwerk der Raibler Schichten wurde bei noch geringerer Paketverbiegung durch Fastfugengleitung in der Tiefe unter der starren Hauptdolomit-Hangendplatte vielfach mächtig ausgewalzt: so beiderseits des Guffert-Pendlingzuges oder in manchen Teilen der Lechtaler Alpen.

Aber das sind alles mehr örtliche Leistungen erosiver Kerbenschwächung, die sich freilich als „*Kerbwirkung*" nach O. Ampferer außerordentlich verstärken können; Quersenkungen, Schräg- und Fastfugengleitungen schließen sich an. Außerdem scheint im Tertiär aber noch eine andere, *großzügigere Regionalbewegung* ihre Spuren hinterlassen zu haben. Der Knick der langen Karwendelmulde („Horizontalflexur" von Br. Sander 1921) bei Achenkirch beförderte die Westfortsetzung scheinbar um insgesamt 10 km nach S, als hätten wir eine Schlingenbewegung vor uns wie in der Ötztalmasse. Es handelt sich freilich um eine durch Achsensenkung (NO-SW-streichend) bedingte Muldenverbindung, an welcher die vorgosauische Unterschiebung gegen S und SO nur einen verhältnismäßig geringen Vorsprung des Westteils erzielen konnte (H. v. Wolf 1926). Nordwestwärts Kufstein aber blieb der östliche Ausläufer der Karwendelmulde bei der südwärtigen Unterschiebung um rd. 2 km an einer Blattstörung zurück. Die Unterinntaler Tertiärmulde schob sich, zuletzt im Miozän so unter die Kaisergebirgsdecke, daß diese im W rd. 20 km, im O aber fast gar nicht unterschoben wurde. Je weiter gegen W zu desto mehr ist die — beurteilt nach ihrem Fazies-Aushalten ursprünglich sicher auch im W sehr breit entwickelt gewesene — nördliche Grauwackenzone längs der Inntal-Klostertal-Narbe weggeschnitten.

Mit der großen Allgäuwendung (E. Kraus 1926, 139) *westwärts einsetzend unterfalteten und unterschoben sich alle jüngeren, nördlicheren und westlicheren Gebirgsteile des Allgäus kräftig südwärts bzw. südostwärts unter die älteren, höheren Teile:* Angefangen von den Unterschüben der Vindelizischen Südschwelle mit der Oberstdorfer Flyschdecke unter die Allgäudecke, der Sigiswanger Flyschdecke unter die Oberstdorfer, der helvetischen und Feuerstätter Wildflyschmassen südost- und ostwärts unter die Sigiswanger Decke nacheozän oder späteozän bis hinaus zu den Bewegungen der Steineberg- und Hochgratschuppen nachaquitan und den scharf südwärtigen Unterfaltungen noch später in 2 Streifen der Allgäuer Vorlandmolasse (s. unten S. 274). Abgesehen von den Flyschdecken gibt es solches ungleich großzügigeres Hinabgreifen nach S im O der Allgäuwendung am Alpen-N-Rand viel weniger. Da schneiden heute meist alle Bewegungseinheiten vielmehr an ungefähr senkrechten, OW-streichenden Bewegungsflächen ab. Doch greifen auch hier, je weiter nach W um so mehr, die Hauptmulden der Oligozänmolasse südwärts vor. Es rückt dafür der östliche Anschluß jeweils um die Muldenbreite weiter gegen N.

Rasche Achsensenkungen jeweils *gegen W abwärts* und erosive Beseitigung im O sind dabei wichtig. Blattverschiebungen mit SW- und WSW-Richtung bei westwärtigen Niederbrüchen (Dellen) spielen neben SO-gerichteten außerdem dabei eine bevorzugte Rolle (vgl. unten S. 274).

Ganz allgemein ist zu folgern: *Fast immer rückte im Tertiär der jeweils westliche Teil der Unterlage um ein größeres Stück nach S vor und zugleich weiter hinab als der jeweils östliche Teil,* der eine höhere Lage einnimmt oder beibehält. Es geht wiederum *gesteigerte Unterschiebung und Unterfaltung Hand in Hand mit gesteigerter Senkung.* Vermehrtes Zurückbleiben bei der südgerichteten Unter-Bewegung fällt zusammen mit verminderter Senkung!

Wir erkennen: Je höher die Baustockwerkslage gegen O hin, desto geringer erweisen sich die orogenen Wirkungen. Gesteigerte Unter-Bewegung (Unterströmung gegen die nordalpine Nordflanke hinab) im W aber verbindet sich mit gesteigerter Absenkung des Bauplanes. Das heißt: *Dieser Bauplan ist ein Hinabbau-Plan.* —

Im einzelnen ist es vielfach unmöglich, schon heute oder überhaupt die Bewegungszeiten der sicher tertiären Hauptbewegungen in dem nördlichen Kalkalpenbereich auseinanderzuhalten; ihre Schübe, Faltungen und Brüche. Gewiß wird es einer weiter eindringenden, auch die Kluftrichtungen, die Ausbildung der Schieferung in den tonigeren Lagen, die Einzelausbildung auf den Gleitflächen berücksichtigenden Arbeit gelingen, baugeschichtlich noch vieles aufzuhellen. Da wir aber Anlaß hatten, den Hauptteil der tertiären Bewegungen in die Obereozänzeit zu verlegen, soll hier eine (nicht vollständige) Übersicht der „nachgosauischen" und zur Hauptsache wohl alttertiären Kalkalpenbewegungen folgen (S. 48).

Die hier angeführten *Zahlen für Schubweiten* beruhen auf den Beobachtungen über solche nur in der heute stark abgetragenen Gebirgs-Ruine dort, wo noch mehr oder weniger zufällig da und dort Mindest-Nachweise möglich sind. Diese geben aber nicht etwa die wirklichen oder auch oft nur wahrscheinlichen Schubweiten an. Für den tertiären Zusammenschub der Alpen im Salzkammergut kam E. SPENGLER auf rd. 50 km, für den viel unsicherer ausmeßbaren vorgosauischen (juvavischen) auf über 35 km. Die tertiäre Verschmälerung in der Tirolischen Einheit läßt sich heute auf mindestens 16 km errechnen. *Diese Zahlen sind zu klein.*

In der Tabelle S. 48 fehlen schon die Hauptbewegungen, welche die Kalkalpen zusammengebaut haben; sie waren mesozoisch. Der Schwerpunkt der tertiären Gebirgsbildung liegt *alttertiär bereits in der Außenzone* der Kalkalpen und zwar *in der Nordflanke* des Nordalpen-Orogens.

Darum haben wir hier und nur hier eine ultrahelvetisch-pienninische Flysch-Wildflysch- und Klippenzone, nicht aber auch am Kalkalpensüdrand. Ebensowenig gibt es an letzterem *eine helvetische oder gar eine Molasse-Vortiefe*: Beide traten erst tertiär über dem europäischen Südrand ins orogene Spiel ein; *erst als im Laufe der juvavischen Bewegungen während der Kreide und tertiär der nord- und südalpine Narbenbau allmählich zu einer höheren, der heutigen Einheit „der Alpen" zusammengewachsen war.*

Mit dieser *„Geburt der heutigen Alpen" bricht auch die hauptsächliche Rand-Baugeschichte des zentralalpinen Zwischenstückes zwischen den Hauptfeldern der Be-*

Beispiele der kalkalpinen Bewegungen im:

Mittel- und Obereozän, Unteroligozän	Mitteloligozän, Jungtertiär
Innen:	
Verbiegende, faltende und zertrümmernde Einengung der Gosauschichten-Mulden; überwiegend aber Schubbewegungen (Salzkammergut). Sättel d. Hochschwabs, Randschuppen am Gamser Gosaubecken; Unterschiebung d. Gosau unter Sparber Horn; Unterschub d. Gamsfelddecke; desgl. an Zwieselalm. W-O-Unterschiebung d. Gosau v. Lofer, desgl. der Weyerer Bögen, am Wetterstein-W-Rand. Unterschiebungen Hohe Wand-Schneeberg-Wildalpe, Rax-Hochveitsch-Tonion, Hochschwab. Unterschiebung d. Hochalpinen Decke (oder später). Südunterschiebung der Lunzer Decke unter d. Reisalpen- und Annaberger Decke, dieser unt. d. Ötscher. Südunterschiebungen (mindestens 20 km) der bajuvarischen unter die tirolische Einheit (wohl gleichzeitig mit d. Flyschunterschiebung).	Nur noch wenig Deckenschübe. Vorwiegend senkrechte, reliefgestaltende Bewegung (Bau- und Walmrelief!). Axialer Anstieg im O, Zurückbleiben im W. Frühestens (ober)oligozän: SO-Unterschiebungen, später gegen O und NO im Salzkammergut; an der Berchtesgadener Masse und am Kaisergebirge. Fast alle radialen Bruchbewegungen. Überwiegend walmende Heraushebung im Miozän-Quartär.
Außen:	
Südunterschiebung der Allgäudecke mit exotischem Gosaugeröll unter die Lechtaldecke. Starke Zusammenschiebung in bajuvarischer Einheit Hauptunterschiebung in mittlerer und nördlicher Kalkzone am Wendelstein von N. Südunterschiebung der Tiroler Einheit Inn-Sengsengebirge durch die bajuvarische Einheit. Tertiäranteil der Lunzer Falten, Unterschiebung der Lunzerdecke durch die Frankenfelser (soweit nicht früher; Gosau*flysch*!). Unterschiebung der ultrahelvetischen Flyschdecken untereinander und unter kalkalpine Allgäu-Lechtal-Staufen-Höllengebirgsdecke mit Vorlage. Unterschiebende Beseitigung der Grundgebirgsschwellen Vindeliz. S- und Mittel-Schwelle, der fehlenden W- und N-Fortsetzung der N-Grauwackenzone längs Klostertal-Arlberg-Kitzbühel-Liezen-Mürzsteg-Wiener Neustadt. Nordunterschiebung am Kalkalpensüdrand: Inntaldecke-Hochgebirgsunterschiebung unter Hagen-Tennen-Dachsteingebirge, im Salzkammergut mindestens 20 km, bis Schneeberg-Rax-Gahns. Juvav. Anteil dabei vielleicht stark. Unterolig. S-Unterschiebung von Helvet und Vindeliz. Nordschwelle unter Ultrahelvet-Flysch. Drehende unterolig. S-Unterschiebung der pienin. Klippenzone bzw. Ternbergdecke mit Vindel. S-Schwelle unter d. Frankenfelser D., der Reichraminger D. nach O.	Etwa burdigale S-Unterschiebung d. German. S-Schwelle unter Helvet und ultrahelv. Flyschdecken, zum Teil dieser unter Kalkalpen. Südunterschiebung der randostalpinen Flyschklippenzone unter die kalkalpine Ternbergdecke. Starke Beschneidung des N- und S-Kalkalpenrandes durch Längsstörungen. Große Verschluck.-Verluste an steilen Längsstörungen, auch O-W-Verschiebungen, gegen W flache Gleitflächen: Randstörung Klostertal—Unterinntal—Pongau—Paltental. Bruch- und Narbenschnitt-Bewegungen meist an geradlinigen, senkrechten Flächen. Molassebewegungen der N- und O-Vortiefe, Randabbrüche. O-W-streich. Randwalmungen: Angerbergmolasse und später. Axiale Heraushebung im O, Absinken im W. Periodischer Aufstieg der sich formenden Verebnungen in Miozän-Quartär.

wegung im N und im S seit der Zeit der beiden Grauwackengeosynklinalen ab. Aus diesem Grunde liegen die nördliche und südliche Grauwackenzone als eigene Tätigkeitsbereiche der variszischen Zeit nicht außerhalb, sondern innerhalb unseres erst später zur heutigen Einheit verwachsenen Alpengebirges.

e) In den Zentralalpen

sind entsprechend dieser bald von N, bald von S her stärker beherrschten Baugeschichte die Schwierigkeiten besonders groß die juvavischen von den tertiären Bewegungsspuren abzutrennen. Denn hier kommen ja noch die schon versuchsweise beschriebenen Gefüge aus ältesten und variszischen Zeiten hinzu. Und dank der in späterer Zeit weit überwiegenden Heraushebung und Abtragung fehlen hier meist die sedimentären Kontrollhinweise. Baugeschichtlich wird künftig besonders zu untersuchen sein wie die größeren, in der sedimentär kontrollierbaren Umgebung erweisbaren Bewegungen sich zeitlich und mechanisch mit den zentralalpinen Bewegungsspuren decken.

Nach der allgemeinen Erfahrung, daß der Schauplatz der Hauptgebirgsbewegung allmählich von innen nach außen rückt, werden wir dabei vorwiegend die älteren Hauptbewegungen als die hier wirksamen anzusehen haben.

Wir sind uns des Vorläufigen unseres nachfolgenden Versuches bewußt, den wir unter Berücksichtigung zahlreicher Arbeiten anderer Verfasser machen, um auch für die zentralalpine Baugeschichte eine erste Übersicht zu gewinnen. Die archäisch-algonkischen Bewegungen, Kristallisationen und Einschübe bzw. Massivbildungen lassen wir fort; sie sind schon besprochen.

Beispiele der zentralalpinen Bewegungen

I. In variszischer Zeit:

Altpaläozoische Ablagerungen: Unt. Schieferhülle, Schneeberger Zug, Casannaschiefer zum Teil, N- und S-Grauwacke zum Teil während Senkung, Durchbewegung. Pazifischer Vulkanismus, Tiefenmetamorphose.

Jungpaläozoische Ablagerungen in ähnlichen Senkungsräumen um vor- oder altpaläozoisch gebildete Massive. Zunahme saurer Plutone, quarzporphyrische Lager und Tuffe.

Hauptstrukturbildung der Sedimente, teilweise schon deren Tiefen-Kristallisation. Lagen-Anordnung z. B. der WSW-ONO-streichenden Mulde der Matscher Decke — Gewölbe des Vintschgaus — Mulde der Laaser Serie — Phyllitmulde des oberen Martell-Ultentalkammes — Ultental-Antiklinale — Tonaleserie. Diese Anordnungen bilden dann in alpidischer Zeit verhältnismäßig starre, massivartige Einheiten: Murau, Untere Tauernschieferhülle, Ötztal/Stubai-, Silvretta-Deferegger-, Südalpen-Altkristallin; O-W-streichender Bau der N- und S-Grauwackenzone, der Karnischen Alpen; Grazer Paläozoikum.

Kataklase, Diaphthorese hauptsächlich auf randlichen Bewegungsflächen variszischer (und alpidischer) Zeit. Durchbewegung zu Phyllitgneisen in den südlichen Ortler Alpen, im mittleren und oberen Vintschgau des Ötztal-Massiv-Südrandes.

Steinkohlen-Anthrazit-Mulden der westlichen Massive, des Briançonnais-Karbonfächers.

Spätvariszischer Aufstieg einiger periadriatischer Granodiorite (wahrscheinlich erste Plutone im Tauern-Zentralgneis, Ötztaler Granodiorite?).

Nach der Gesteinsart allein, die zu verschiedener Zeit unter gleichen Druck-Temperatur-Bedingungen gleich wird, kann das Einschubalter nicht bestimmt werden!

II. In alpidischer Zeit:

Wir unterscheiden mit BR. SANDER u. a. *2 Hauptzeiten mesozoisch-vorgosauischer Bewegungen,*

I. die „altjuvavische",

II. die „jungjuvavische", dazu die alttertiäre Hauptzeit und schließlich die jungtertiär-quartären Ausläufer.

I. Altjuvavische Bewegungen
(hauptsächlich in Jura-Unterkreide fertiggestellt):

Zentralalpine Hauptbewegungen in großer Tiefe, welche der ersten alpidischen Erweichungs-Metamorphose entsprechen.

Starke Absenkung, Schicht- und Decken-Überlagerung, plutonische Durchwärmung. Metamorphose mindestens in mittlerer Tiefenstufe unter Biotit-, Quarz- und Hornblendebildung bei gleichzeitiger Durchbewegung, Schieferung.

„Schlingenbildung" (stetige, steilachsige Faltung) im Gegensinn des Uhrzeigers unter hoher Belastung in mittlerer Tiefenstufe: Südliche Ötztaler Alpen, Defereggengebirge, gegen W und gegen oben in N-S-Bewegungen mit schrägen (meist O-fallenden) oder waagrechten Achsen übergehend (O. SCHMIDEGG 1936).

„Tauernkristallisation" verwandelt die Tauernschieferhülle und kristallisiert die variszischen, oberflächennäher gewesenen und geformten Struktur-Bereiche, z. B. die höhere, tektonisch stark gemischte und verwalzte Schieferhülle und deren teilweise auflagerndes, zentralalpines Mesozoikum. Die Tauernkristallisation dauerte im allgemeinen länger als die Durchbewegung. Die Metamorphose klingt gegen N und oben (Kalkkögel) allmählich aus.

Einschub weiterer granodioritischer Schmelzkörper unter starker Durchgasung, Durchschmelzung (Voraussetzung der Schlingenbildung), z.B. eines Restes der Tauerngneise, der Plagioklas-reichen Granite, und Biotitgranite (lakkolithisch). Nachkristallin, d. h. später in geringerer Tiefe, nicht mehr stark durchbewegt. Na-Zufuhr und Albitisierung. Wahrscheinlich allmählicher Tiefenzufluß von dem Bereich des Massen-Überschusses in den Tiefen der nördlichen und südlichen Orogennarbe aufwärts gegen die *„Zentralalpen", welche damit jetzt entstehen.*

Zertrümmernde Durchbewegung oberflächennaher kristalliner und metamorpher Gesteine.

Diaphthorese, Quetschschiefer, Verfaltung; Walz- und Ruschelzonen, Gangmylonite im höherliegenden Massivblock des Seengebirges: Unterschub im allgemeinen steil gegen N.

Bemerkung: Die meist mangelnde, nachkristalline Durchbewegung des Tauern-Hauptkörpers läßt erkennen, daß die Strukturen der Gebirgsbildung nicht erst beim Emporstieg aus dem Schmelzflußbad oder der Tiefen-Erweichung, sondern schon in der Tiefe selbst bzw. bei der Versenkung entstanden sind: *Wieder „Hinabbau"!*

II. Jungjuvavische Bewegungen
(während der Kreide):

Nachdem schon vorher die Grundanordnung der Hauptbewegungs-Einheiten bestand, werden jetzt z. B. *die Grundzüge der Tauerntektonik geschaffen.*

Starke, aber gegenüber juvavisch I geringere Absenkung unter erneuter Erweichung der Paragesteine, Wiederbewegung, Faltung, Überwalzung. Auch innerhalb des schon algonkisch geschaffenen Hauptbewegungs-Stockwerks der „Laaser Serie" (mit basischen Schmelzen, Marmoren, mineralreichen Glimmerschiefern, graphitischen Myloniten) in der unteren Schieferhülle, unter dem Brixener Lakkolith.

Altkristallin liegt bereits überschoben über den Stockwerken von Glimmerschiefer und Quarzphyllit. Bei seichter gewordener Tiefenlage auch der altjuvavisch-metamorphen Gesteine gab es:

Diaphthoritische Tektonit-Bildung z. B. unter dem zentralalpinen Mesozoikum. Überwalzung und Versenkung eines Teiles der Oberinntaler Grauwackenzone; Tektonite im Maulser Altkristallin, in der oberen Schieferhülle, die vorher noch tauernkristallin geworden war, auch in deren eingefalteten Quarzphylliten, in ihrem Mesozoikum sowie in der Steinacher Decke; Tektonite in der unteren Schieferhülle, Rensen-Matreier Zone; nachkristalline Teilbewegungen im Innsbrucker Quarzphyllit und Brixener Phyllit; im Altkristallin.

Unterschiebung der Schneeberger Mulde durch das Stubaier Altkristallin von S, vielleicht des Matscher Kammes und der Brixener Granitmasse von N; deren Unterschiebung vollzog sich weiter im SW anscheinend in größerer Tiefe, daher hier parakristallin verflößter Kontakt (Br. Sander 1929); Unterschiebung des Brixener Granits durch den vorpermisch gefalteten Quarzphyllit aus SO.

Überwälzung des Gneiszuges Mauls-Bruneck nordwärts über die Tauernphyllite bei Pfunders („Speikbodendecke"); gleichzeitig Unterschiebung der Hohen Tauern südwärts unter Abschuppung und Zurückbleiben von Gneisdach und Hülle, welche sich in entstehende Teilmulden einwickelt. Dabei Diaphthorese Quetschschieferbildung, Verfaltung, aber nicht Deckendigitation, sondern Gleitbrett-Bildung der Gneise.

Einfaltung von Verrukano-Trias-Mulden in den Gneiszug Meran—Mauls.

Als Beispiel, das durch die Bemühungen *am Tauern-Ostende*, namentlich auch durch A. v. Winkler-Hermaden 1926, für die baugeschichtliche Arbeitsfolge klar herausgestellt wurde, das Folgende:

I. Altjuvavisch: Kristallisationsschieferung (F. Becke) von Tauernkern und Schieferhülle, welche schon vorher und gleichzeitig in der Tiefe ihre scherend-schiefernde und fältelnde Gebirgs-Bildung empfingen.

Zwischenzeit: Emporstieg der Tauern *ohne* orogene Durchbewegung (diese erst nach Kuppelbildung), Erstarrung, ruhige Hochlage.

II. Jungjuvavisch: Absenkung, aber nicht so tief wie während I und unter Weiterbestand bzw. Weiterformung der Sonnblick- und Hochalm-Kuppel. Gleichzeitig rückschreitende Umwandlung, Diaphthorese, Verglimmerung, Verfaltung, Bildung kataklastischer Quetschschiefer, umgeben von Schubkörpern, die sich auf der Südalpennarbe stauten bei der Großunterschiebung hier des Sonnblick- und Hochalm-Kuppelkerns gegen S: Die ansaugende Wirkung der Südalpennarbe konnte übermächtig werden. Dabei, infolge rascheren Unterströmens der Hochalmmasse, Ablösung von jener des Sonnblick und Bildung der Mallnitzer Mulde und deren Füllung mit Schieferhülle unter Einwicklung derselben. Dabei Abscherung von Gleitbrettern und Schuppen aus Gneisdach und Hülle, die gegenüber dem Sonnblickgneiskern im N zurückblieb. Keine Gneis-Decken-Digitationen, wie 1936, Fig. 44, 45 gezeigt wurde.

Dem gleichen Mechanismus, der 1936 schon angedeutet wurde, unterlagen auch die westlicheren Tauernkerne der Granatspitze und der Zillertaler. Die zeitweilige *Vormacht der südansaugenden Südalpennarbe* im Zentralbereich können wir nachfolgend auf das gewaltige Durchgreifen *einer zyklonalen Hauptunterströmung* beziehen. *Dieser entspricht auch der große „Nordmarsch" der unterostalpinen und Hangend-penninischen Decken in der Schweiz über den zum Unterschied aber noch nicht kuppelartig aufgewölbten, zentralpenninischen Überwalzungsraum.* Die weitgehend vergleichbaren Gesteinsbeanspruchungen in ähnlichen Tiefen durch ähnlichen Süd-Unterstrom ungefähr zu gleichen Zeiten — aber noch im Mesozoikum! — einerseits im Kern der Hohen Tauern, andererseits im penninischen Schweizer Raum haben selbstverständlich jene *Gleichartigkeit der zentralalpinen Kernaufwölbungen* geschaffen, die von den Ultradecken-Freunden besonders seit P. Termier immer wieder betont und auf das Durchgehen der *gleichen Decken* irrtümlicherweise bezogen wurde.

Auch wir sind angesichts der noch aufzuzeigenden Gewalt eines übermächtigen Zyklon-Stromes der Ansicht, daß sich dessen Gesteinsprägungen von den Westalpen bis in die Murauer Ostalpen-Unterlage hinein erstreckten.

Wir wollen darüber aber nicht die baugeschichtlich grundsätzlichen Gegensätze zwischen W und O übersehen: Nämlich das Früheraufsteigen der Teilkuppeln in den Hohen Tauern, daher den ungehemmteren Südstrom unter den *im W* die Zentralalpen durchmessenden Unterostalpin-oberpenninischen Hangenddecken und im N unter dem präalpinen „Deckenmarsch"; die Normal-Leistung der orogenen Nord- und Südalpennarbe in O und W während der nichtzyklonalen Hauptzeiten; die fast vollständige erosive Beseitigung der westlichen Kalkalpen-Fortsetzung (bis auf die Klippen) in dem jugendlich stärker gehobenen Westteil im Gegensatz zur Erhaltung der nördlichen Kalk-Ostalpen; deren gleiche Heimatberechtigung im Bereich der Nordalpennarbe wie jene der Klippen-Präalpen im N des Pennins.

Warum eine rücksichtslose Gleichmacherei, wenn die Arbeit unseres Hammers immer aufs neue die herrliche Mannigfalt auch der alpinen Natur uns vor Augen führt?!

Die späteren, zertrümmernden und verwalzenden Bewegungen entstanden also zumeist als die betreffenden Gesteinsstockwerke zur jungjuvavischen Bewegungszeit *oberflächennäher* lagen. Wir hielten die Vorstellung für naheliegend, daß die dem Zentralalpin im N und S benachbarten Narben bald stärker bald schwächer ihr trennendes Mittelstück anzusaugen, unter sich hineinzuziehen, versucht haben. Je nach der Tiefenlage, der plutonischen Beeinflussung und der Zeit wurden diese Gesteine daher *altjuvavisch in plastischer Reaktion, jungjuvavisch in mehr klastischer* unterfahren, geformt und durchbewegt. Daran hatte alles Anteil, Altkristallin, Quarzphyllit, Grauwackengestein, mesozoische Auflagen bis einschließlich Jura (Klammkalk mit Perisphinctes!) und Schmelzflüsse.

Wir müssen uns dabei von der unwillkürlichen Meinung frei machen, daß auch schon altjuvavisch etwa die gleiche Zentralalpen-Aufwölbung wie später bestand — wenn auch ruhigere Zwischenzeiten höhere Aufstiege brachten. Ist doch auch z. B. die penninische Fortsetzung im W nach Ausweis ihrer mächtigen Liasmeer-Sedimentation damals ein weit überwiegend tief unterströmtes Senkungsgebiet gewesen.

Beispiel Tessiner Decken

Die zweite Möglichkeit tief hinab in die orogene Hauptwerkstätte zu blicken, liegt zwischen dem Aar-Gotthard-Massiv im N und dem Seengebirgs-Massiv im S, dort, wo wohl schon seit Ende Miozän starke Aufwölbung und Abtragung bestand und wo noch heute die überaus tiefe Talzerschneidung an Aufschlüssen nicht kargt: die mächtige Doppelkuppel der Tessiner Alpen mit der Tosakuppel am Simplontunnel im W und der Tessiner Kuppel im O.

Es handelt sich um einen variszischen oder noch älteren Kristallin-Unterbau, dessen ungleichförmige Hangendkontakte durch alpidische Wiederaufschmelzung und Verflößung völlig verloren gingen. Die Ortho- und Paragesteine stimmen oft weitgehend mit den ihren Massivcharakter dem alpidischen Ansturm gegenüber noch mühsam aufrecht haltenden des Gotthardmassivs überein. Ebenso können wir neben der unverkennbaren metamorphen Trias bezüglich der Bündnerschiefer-Massen des Lias eine nördlichere, Gotthard-massivische Fazies mit Fossilien und mehr Ton und Mineralneubildungen unterscheiden von einer südlicheren, penninischen, die stärker metamorph (teilweise schon gneisartig) und kalkig-sandiger ist.

Das im N noch mit diesen Hangendsedimenten versehene Grundgebirge geht aus dem in alpidischer Zeit ähnlich dem Aarmassiv standfest gebliebenen Seengebirge mit wenig Abänderung nordwärts in den steilen Gneis-Fächer der Südalpennarbe oder „Wurzelzone" über und weiter (Abb. 21) in die durch den alpidischen Unterstrom von N entwurzelten, unterpenninischen Tessiner Decken.

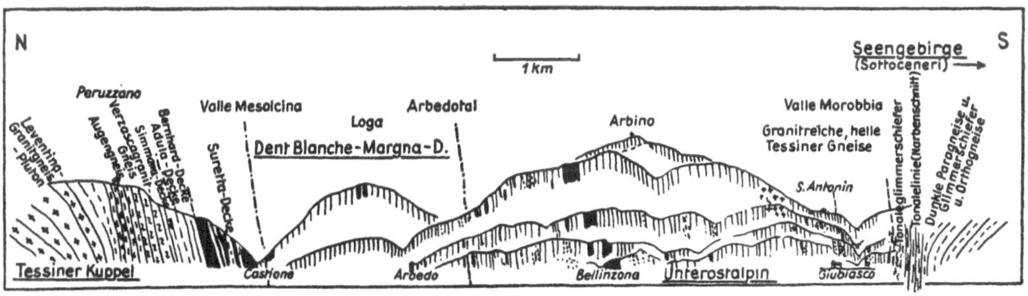

Abb. 21. Querschnitt der Südalpennarbe, der „inneren Wurzelzone" oder „racine interne" der penninischen und unterostalpinen Decken. Nach P. Knoblauch 1934, 831, ergänzt

In einer vielfältigen Wechsellagerung von granitischen, granodioritischen und dioritischen Lakkolithkörpern zwischen Para- und Mischgneisen, alles zusammen vielleicht 20 km mächtig, fand nun unter der Nordflanke unserer Südalpennarbe alpidisch, nämlich beurteilt nach der Mitbeteiligung des Lias, *eine gewaltige Mobilisierung statt. Sie entspricht wohl unserer altjuvavischen Gebirgsbewegung*. Aus Kristalloblastese, Kristallisationsschieferung und Ummineralisierung fast ohne Kataklase ist die mindestens der Mesozone angehörende Tiefenlage dieser „Tessiner Kristallisation" ersichtlich.

Stark ansaugender Zug unter der Südalpennarbe, verbunden wohl mit dem noch näher nachzuweisenden zyklonalen Südstrom formte unterschiebend die granitisch-dioritischen Plutone plastisch um zu Deckenkernen, umhüllt von alten Paragesteinen unter Mitnahme auch triadisch-unterjurassischer Zerrlinsen. Aus dem schärfer, unter größter Saugspannung südwärts rückenden Unterstrom flüchtend, umhüllten die Schmelzflüsse hangendere Paragneisplatten, wie die „Gr.-St. Bernhard-Decke" mit quarzdioritischem Kern; schoben sich zwischen sie, zerschoben ihre widerstehenden Fronten zu Teillappen (Lebendun-, Maggia-, Tencia- und Soja-Lappen der „oberpenninischen" Bernharddecke, Verfaltungen der „Monte Rosadecke"). Die Monte Rosadecke hat sich kürzlich (P. BEARTH 19, 110) wieder als lakkolithischer Granitgneispluton in der Paragneishülle der „Gr.-St. Bernhard-Decke" entpuppt (zusammen „Mischabeldecke"). Tieferbleibende oder unten mitgeschleppte Lakkolith-artige Plutonkörper werden als „unterpenninische" Monteleone-Zweiglimmergneisdecke und Simano-Augengneisdecke bezeichnet, ebenso die noch tieferen Zweiglimmergneis-Plutone von Antigorio und Leventina. Überwiegend sehen wir die Teil-Strukturen, weniger die südwärtige Gesamt-Unterbewegung, an der auch Aar-Gotthard-Massive Anteil hatten.

Die unumschränkte Vormacht dieses Südstromes schuf die flachen Lagergänge, Lakkolithplatten, Gneisdecken. *Darin liegt der Hauptgegensatz gegenüber dem Innenbau der Hohen Tauern, die zwar altjuvavisch auch horizontalere Bewegungen sahen, dann aber durch scharfe Aufkuppelung der Teilplutone ihren typischen Bauplan erhielten.*

Aber auch am Tessin bewährte der große Südstrom seine Neigung, sich möglichst im Gegensinn des Uhrzeigers zu drehen: Auf 35 km quer zum Generalstreichen schob sich die Mischabeldecke (Gr.-St. Bernhard-Decke) gegen ONO unter die Tessiner Gneiskuppel bzw. unter die Verzasca-Simanogneisdecke zwischen Maggia- und Tessintal.

Gegen S senken sich alle diese flachliegenden Tessiner „Decken" scharf flexurartig nieder und bilden den Nordteil des großartigen Narbenfächers von Bellizona (Abb. 21). Das hier heute entblößte Gesteinsstockwerk muß juvavisch in katakristalliner Tiefe gelegen haben, bedeckt von dem mächtigen Stauwerk in kühleren, nichtplastisch mobilisierten Stockwerken variszischer, triadischer, vielleicht jurassischer Gesteine. Denn gegen diesen Narbenfächer hin verschärft sich in den Sedimenten die hochgradige Kristallin-Umformung, mehren sich die Injektionen, die Ergebnisse pegmatitischer Restlaugen, verschwindet die Schieferung der Plutonkörper. Höhere Temperaturen, schwächere Stresswalzung beweisen tiefere Lage *und ein intrusives Zentrum.*

Letzteres könnte dem in den orogenetischen Hauptzeiten herrschenden *Abfuhrstrom nach abwärts widersprechen.* Doch haben wir die Baugeschichte immer wieder unterbrochen gesehen durch Entspannungszeiten mit Emporsteigen von Relief und von Schmelzflüssen. So liegt nahe, in den abwärtig so wegsamen Narbenstreifen *für diese Zwischenzeiten* an günstigen Stellen *auch einen gesteigerten Magmen-Aufstieg zu erwarten.* Zwei Beobachtungen dürften hierfür die Grundlage geben: Erstens die Tatsache, daß tonalitisch-granodioritische Plutone als tiefliegende Deckenkerne in größerer Zahl mit unserem Narbenfächer verbunden sind unter Zurücktreten schiefernder Pressung. Zweitens die Tatsache, daß wir ja hier *in der periadriatischen Tonalitzone* stehen, d. h. in dem Kranz der nachalpidisch kaum mehr oder doch nur längs Narbenschnitten (z. B. Tonalelinie) gequetschten granodioritischen Jungplutone. Schon FR. KOSSMAT hat auf die offenbare Zusammengehörigkeit solcher Plutone mit ihren blutsverwandten, jedoch in Hohen Tauern und Tessin juvavisch noch in die alpinen Hauptverfrachtungen miteinbezogenen Vorgängern hingewiesen. Sie sind alle noch, ob variszisch oder tertiär, mehr oder weniger ausgeprägt, Glieder der pazifischen Differentiationsreihe und gehören zum gleichen Raum.

Bewegungszeiten im zentralalpinen Westen

Im Tessiner Tiefenbereich war mit Hinblick auf die mächtige Lias-Sedimentation und die höherjurassische Tiefseezeit wahrscheinlich *im Jura* der orogene Unterstrom tätig. Ob dieser altjuvavischen Hauptbewegung auch hier eine jungjuvavische folgte, kann deshalb hier nicht erschlossen werden, weil eine solche in geringerer Tiefe, also wie in den Hohen Tauern, durch eine Verformungsgruppe rückschreitend-metamorpher Erscheinungen nicht nachweisbar ist. Es fehlen eben die Kreidekuppeln noch. Die außerordentlichen Wanderweiten gerade aber in der Schweiz machen die Weiterverfrachtung auch jungjuvavisch *durch die wesentlich kuppelfreien Zentralräume sehr wahrscheinlich.* Jedenfalls halten wir die Tiefwasserfazies der flyschartigen Bündenerschiefer, des Oberjura, das Zurücktreten der Unterkreide, die transgressiven Kreideflyschmassen und mittelkretazischen Rotschiefer (Couches rouges) im zentralalpinen Umkreis (Präalpen!) und schließlich auch die Erfahrungen in der streichenden Ostfortsetzung für hinreichend zu der Ansicht, *daß auch in dem zentralalpinen W die orogenen Haupttransporte im jüngeren Mesozoikum, also juvavisch schon geleistet wurden.*

Waren für diese Zeit bislang nur vorbereitende und embryonale Leistungen angenommen worden, so hängt dies teils mit der tiefmeerischen Verschleierung, teils mit den schwachen Reliefauswirkungen überwiegend waagrechter Deckenverfrachtungen zusammen. Auch damit, daß man die Kraftwirkungen *oben* suchte und nicht unten. Da wir aber die Baugeschichte als eine Abbau-Geschichte erkennen und den Motor in der Tiefe wissen, nehmen für uns die orogenen Auswirkungen von oben nach unten nicht ab, sondern zu. Geringe oder verschleierte Relieffolgen der Gebirgsbildung sind uns damit keineswegs ein Gegenbeweis gegen eine Zeit des „Paroxysmus" und Beweis allein für „mouvements précurseurs" während Mesozoikum und Hauptteil des Eozäns (E. Argand).

Für eine Zeit, das Obereozän, in der im übrigen Alpenkörper nach längst beendeten Großschüben die letzte Hauptleistung anzunehmen ist, setzt der Genannte mit anderen den ersten, noch im Oligozän beendeten Paroxysmus an. Er gliederte die alpine Baugeschichte wie folgt:

Zeit	Phasen	Vorgänge nach E. Argand, ergänzt nach R. Staub 1917 und D. Truempy 1916
Alt-quartär- Astistufe	Phasen der Spätfaltg.	Altverebnungsflächen werden gehoben, im Gebirgsinneren über 3000 m, außen über 2000 m hoch. Das obermiozäne Baurelief wird zur Fastebene.
Pont- Ober-Miozän	Insubrische Spätfaltung	Schwache Wiederholung der insubrischen Unterschübe, in den Rücken der ostalpinen Decken, der Penniden, Präalpen, Helvetiden; Einwicklungen, weiteres Vorrücken des Randflysches und Anschluß, Ausbau der Molassefalten und des Jura. Grundfaltung des variszischen Unterbaues verstärkt, Aufwölbung.

Zeit	Phasen	Vorgänge nach E. Argand, ergänzt nach R. Staub 1917 und D. Truempy 1916
Vor-mittel-Oligozän bis ab Jung-Eozän	Erste Insubrische Phase	Rückwärtige Unterschiebung der ostalpinen Decken, des Gotthardmassivs durch die Penniden, des M. Blanc-Innenrandes durch Helvetiden; Auswalzung und Steilstellung der penninischen Wurzeln, Rückbiegung zu einem Fächerbau; verstärkte Heraushebung der autochthonen Massive. Dinariden-Rammstoß.
	Phase der Monte Rosa	Hauptbewegung der M. Rosa-Decke, gehemmt und eingewickelt durch die St. Bernharddecke; „spätpenn.“ „Ötztalphase“. Rückfaltung der Mischabelhörner-Valsavaranche-Vanoise und südlichere Rückfaltungen in der St. Bernharddecke bis zum Mittelmeer. Fächerbildung.
	Phase der Dent Blanche	Hauptvorstoß der Deckengruppe M. Emilius, M. Mary und bes. Dent Blanche; dabei Auswalzung oberer Digitationen der St. Bernharddecke; Vorschiebung der suprahelvetischen Decken; Rückfaltung des Bagnes-Fächers; „Tirolide“ Hauptschubphase (R. Staub 1924) üb. Unterostalpin und Pennin.
	Phase d. Großen St. Bernhard	Hauptvorstoß der Decke des Gr. St. Bernhard, Ausbildung seiner Stirn-Digitationen und Zerlappungen; „Grisonide“ Hauptschubphase der ostalpinen Decken nach R. Staub 1924, auch „frühpenninisch“.
Mesozoikum	Embryonale Vorläufer-Bewegungen. Nur im Oberostalpin: „juvavische Schubphase“ in der Kreide (R. Staub).	

Die Folge des penninischen Vorrückens in den Einzelphasen war nach E. Argand das Vorrücken der helvet. Decken, vermehrtes Weiterwandern der präalpinen Decken durch Übertragung der Kraft nach vorn und oben, vermehrte Aufwölbung (durch Grundfaltung) der autochthonen Massive. Alles wurde bei nachträglicher Faltung noch ergänzt. Der Paroxismus habe (Argand 1916) im Querschnitt der Westschweiz gegenüber dem S des französisch-italienischen Bogens länger, nämlich noch bis ins Chatt gedauert, währenddessen erst (E. Gagnebin) die Präalpen zwischen Arve und Thunersee, besonders die Klippendecke, an ihren Platz gebracht wurden. Noch heute dauern nach der seismotektonischen Linie im Walliser Rhonetal zwischen den beweglichen Penniden und dem helv. Massiv reibende Spätfaltungen an.

Das Ende der Hauptbewegung (Paroxysmus) wurde dabei festgelegt nach der Diskordanz der alpidischen Struktur unter dem Mitteloligozän des piémontesischen Tertiärbeckens, auch der Rupelstufe über den penninischen Falten der Seealpen (Gr.-St. Bernharddecke, bereits unterschoben durch die M.-Rosadecke) nach E. Haug, P. Termier, J. Boussac 1911. Die Rückfaltungen und Unterschübe seien normale Fächerbildungen und nicht besonders zu begründen durch aus dem Rahmen der allgemeinen Außen-Überschiebungen fallende Phasen. Es bestehe fortdauernde Unterschiebungstendenz zuerst der St.-Bernharddecke durch die Dent Blanchedecke, dann dieser durch die mit tieferem Schub ansetzende M.-Rosadecke, schließlich der ganzen Penniden und Ostalpiden durch die insubrische Rückenrammung.

Soweit die wohl in der Schweiz angenommene, baugeschichtliche Phasenfolge, die wir hier bringen, da die Bewegung, wie ARGAND meinte, aus seinem zentralalpin-penninischen Arbeitsgebiet ihren Anfang und Fortgang genommen haben soll, ergänzt durch kontinentale Rammstöße.

Der Nachweis für den sehr späten Hauptbewegungsanfang im zentralen W ist nicht geführt, weshalb die gleichfalls exakt zur Zeit nicht beweisbare Ansicht von H. JENNY 1924 die penninischen Decken hätten sich schon zur Doggerzeit hauptsächlich verschoben, eine durchaus mögliche Ergänzung sein kann (vgl. unsere Abb. 128, 1936). Wir fanden bereits gute Gründe hierfür und fügen nur hinzu, daß man als Beweis nicht einen übergreifenden, da *tiefmeerischen* Oberjura verlangen kann.

Der Nachweis für den frühen, vor die Rupelstufe bzw. in die chattische Stufe fallenden Abschluß der Hauptbewegungen ist von *Randerscheinungen* der Alpen genommen, die deshalb für den zentralen Bau nicht maßgebend sein können, weil die Erfahrung vom allmählichen Wachstum von innen gegen außen vorliegt. Darauf und auf ein späteres Wachstum im W hat schon H. STILLE 1924 hingewiesen.

Ebenso fehlt uns der Nachweis dafür, daß die drei penninischen Phasen nicht ohne Unterbrechung ineinander übergingen, was bei der erheblichen Tiefenlage, hohen Temperatur und Plastizität — ohne bislang nachweisbare Umformungsgruppen in abweichender Tiefenlage — recht wahrscheinlich ist. Überhaupt scheint uns die besondere plutonische Bewegung in der Tiefe bei dem Vergleich mit kalttektonischen Decken viel zu wenig beachtet. Wenn sich z. B. so nebenher herausstellt, daß eine der wichtigsten „Pennindecken", jene der Monte Rosa, gar keine solche ist, sondern ein Orthogneiskern in der „größten penninischen", der Gr.-St. Bernharddecke, die aber ihrerseits nur den Paragneismantel dieses Kernes bildet, so sollte das sehr zu denken geben. Jedenfalls fällt damit alsbald die „Monte-Rosa-Rückfaltungsphase", sowie die Möglichkeit an sie weit hinaus in kalttektonische Decken, weitere Phasenimpulse anzuschließen.

Schließlich kamen wir schon 1936 dazu, die nord- und südalpine Narbenzone in dem alpinen Doppelorogen durch das gesamte Gebirge, unter Miteinbeziehung der westlichen „Wurzelzonen" zu verfolgen. Wir konnten zeigen, daß hier die Grundelemente des in der Anlage spiegelbildlichen Bauplanes vorliegen, von einer durchaus einheitlichen Unterströmungsmechanik, welche trotz aller Wechsel im einzelnen sich immer wieder durchgesetzt hat. Damit wurde die mechanisch immer schwierige Zwischenschaltung von Rücken-Rammstößen, nachträglichen Unterschüben, Unterfaltungen *in einem angeblich allgemein nordwärts strebenden Deckengebäude entbehrlich.* Es wurde auch die namentlich in den R. STAUBschen Profilen immer wieder gezeichnete Abbiegung theoretischer Bewegungsflächen entgegengesetzt zu dem wirklich an der Gebirgsoberfläche sichtbaren Bau entbehrlich: *Die Fächerstrukturen sind Ausdruck der in Zeit und Raum einheitlichen Gesamt-Mechanik der Orogen-Scheitel über den Narben, ebenso die angeblichen Ferndecken über ihnen* (ausgeschobene Narbendecken!) *und die Südüberschiebungen.*

Wir können somit den im W angenommenen Phasen der Baugeschichte nicht zustimmen.

Die vom W auf den O übertragenen Fernschub-Konstruktionen von P. Termier, L. Kober. R. Staub haben sich bei den eingehenderen Geländearbeiten im allgemeinen auch nicht bewährt. Denn lang durchstreichende Gesteinszüge sollen theoretisch durch angenommene Hauptbewegungsflächen zerschnitten werden; solche fehlen weithin z. B. zwischen Altkristallin und Quarzphyllit (westwärts Innsbruck, Nordrand der Hohen Tauern), Überfaltungs-Digitationen fehlen, „Rückfaltungen" oder „Rücküberschiebungen" gegen S erwiesen sich als wesentlich gleichzeitig mit den Nord-Bewegungen. Der 150 km breit *unzerbrochen* gegen N gefahrene dinarische Quetsch-Schlitten P. Termiers konnte nicht abgegrenzt und mit seiner Voran- und angeblichen Rückstoß-Bewegung mechanisch nicht verstanden werden. Der angeblich schiebende afrikanische Kontinent beginnt erst in Afrika, nicht am dinarischen Nordrand. Derart einheitlich und großzügig gedachte Hauptbewegungen können nicht an der Erdoberfläche, sondern erst in ganz großer Tiefe als Hauptströmungen für möglich gehalten werden.

Damit verkennen wir nicht die großen Fortschritte, welche die genannten Versuche einer baugeschichtlichen Klärung befruchtend hervorbrachten. —

f) Die Vormacht der Unterströmung gegen Süden

Betrachtet man die Schubrichtung der wahrscheinlich oder sicher juvavischen oder noch älteren Über- bzw. Unter-Bewegungen (Vergenzen), so fällt sehr auf, daß die Zentralalpen in nördlichen und mittleren Teilen jungmesozoisch noch überwiegend eine größere Süd-Geschwindigkeit der jeweils strömenden, tieferen Stockwerke, also „nordwärtige Überschiebungen und Überfaltungen" anzeigen. Dies gilt namentlich für das östliche Hohe Tauerngebiet einschließlich des heutigen Südabfalles, an welchem die „Speikbodendecke" vom Nordrand der Maulser Phyllitgneise ostwärts bis über Luttach hinaus durch die altjuvavischen Tauernkristallin-Gesteine als diaphthoritische Tektonitdecke von N her jungjuvavisch unterfahren wurde. Darum fehlt auch ihre nördliche Fortsetzung auf der Tauern-Nordabdachung, die nie bestand. Der Riesenferner-Tonalit hat sich in der Decke später eingenistet.

Die Zone der allgemeinen Nordunterfaltung und Nordunterschiebung setzt erst im Südteil der Ötztalmasse besonders auf Blatt Meran-Brixen ein. Weitere Südbewegungen, aus vielleicht variszischem Bauplan stammend, wurden schon 1936, 283, erörtert.

Hier ist auch die Deutung enthalten, daß ein zeitweiliges Übergreifen der südalpinen Narbenenergie über die nordalpine vorlag: Die Südflanke der Nordalpennarbe wurde von dieser weg zeitweise gegen S angesaugt (Abb. 22). Diese offenbar juvavischen Bewegungen „verschleppten" einen im W sehr großen Teil südlicher beheimateter Gesteinsdecken infolge besonders starken Heranrückens nördlicher unter sie hinein im Verhältnis nach N. Es geschah dies in stärkstem Maße mit den unterostalpinen Decken in der Schweiz, viel weniger in den französischen Westalpen und in den tirolischen Ostalpen. Zwischen Schnitt 1 und 2 in Abb. 22 gerieten die unterostalpinen Decken dabei sogar auf die Nordseite der Nordalpennarbe, so daß sie dort, weiterhin von der normalen Nordflankenenergie unterschoben, im Verhältnis weiter nach N als Aroser Scherschollen, Falknis- und Sulzfluhdecke unter dem Rätikon landeten. Wieweit bei alledem eine tieferströmende, allgemeinere Süd-Unterdrift ausschlaggebend war, steht offen.

Die nach Br. Sander 1921 vorgosauische, zentralalpine Hauptbewegung ging zwischen Engadin und Semmering meridional unter Miteinbeziehung des altkristallinen Schieferstockwerks vor sich in der plutonisch-tiefenmetamorph erweichten Tiefenlage der Tauernkristallisation. Nach oben wurden noch die wohl vorwiegend mesozoischen Kalkphyllite miterfaßt. Diese Hauptbewegung ist nachjurassisch, denn Oberjura mit Perisphinctes (v. Klebelsberg) ist noch

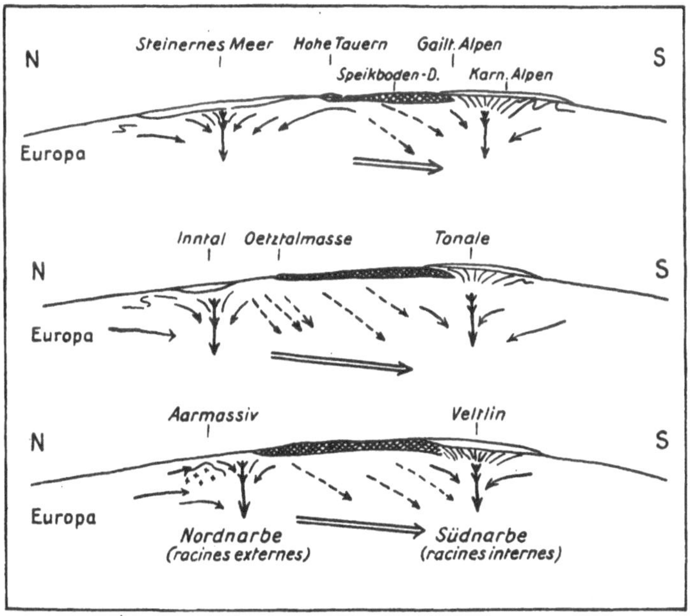

Abb. 22. Das alpine Doppelorogen (seine Narben mit doppeltgefiedertem Pfeil) unter der Vormacht des juvavischen Süd-Unterstromes bzw. des subeuropäischen Zyklonalstromes (Doppelpfeile, gestrichelte Pfeile). Gekreuzt die wegen Anstauung im S im Verhältnis zu ihrer südströmenden Unterlage „gegen N vorrückenden" Decken.

miteinbezogen. Andererseits liegen in der Gosau namentlich der W-Kalkostalpen (Muttekopf) in Geröllform schon die Beweise für die vollzogene Großbewegung.

Wollen wir überhaupt die Erfahrung von dem oft peinlich genauen Gleichschritt der baugeschichtlichen Entwicklung längs der im gleichen Generalstreichen liegenden Einheiten anwenden (oben S. 36 u. a.), so bleibt nichts übrig, als trotz der schon mehrfach erkannten jüngeren Baugeschichte im W doch anzunehmen, *daß jener zentralalpinen Großbewegung im O auch die penninische Großbewegung im W wenigstens einigermaßen entspricht.* Sie vollzog sich mit der gleichen stetigen Tiefenströmung in gleicher Richtung und Tiefenlage, ebenfalls unter Wiederaufschmelzung axial zwischen Engadin und Westalpenbogen. Daß sie dreiphasig und im W sehr viel jünger sein soll, dafür fehlen, wie wir hörten, die verbindlichen Nachweise.

Unsere während Lias-Kreide, juvavisch, zäh und langsam strömende Gebirgsachse wurde durch den Unterstrom unter ihr mitsamt dem ihr nachrückenden Kontinentalrand Europas südwärts angesaugt, so daß sie ihre Hangendlast, die sich dabei in Decken zerscheren mußte, je tiefer, desto weiter gegen S schleppen konnte. Dadurch mußten die sich über der Südnarbe stauenden äußersten, kalten Erdrindenplatten im Verhältnis zur Unterlage weit nach N rücken (gekreuzte Hangendplatte in Abb. 22): Beschleunigung *in der Vertikalen.*

Nun aber wurde diese Gebirgsachse zusammen mit allen höheren, der Oberfläche näheren Strukturen auch in der Horizontalen nicht gleichmäßig, sondern *in der Schweiz ungleich weiter als in Tirol nach S vorgebogen.* Dadurch erklären wir uns die gewaltige Horizontalflexur am südlichen Zentralalpenrand. Denn zwischen Mauls am oberen Eisack und dem Tonalepaß im N des Adamello zeigt sich dessen Westfortsetzung um nicht weniger als 60 km weiter nach S vorgetrieben. Das geschieht an der lange bekannten *Judikarienlinie.* Während hier der Osten stark gehemmt blieb (1936, 200), wanderte der Westteil unten um so viel weiter nach S bzw. mußten deren Hangend-Decken, da sie sich im S durch Aufstauung über der Südalpennarbe an der gleichen Wanderung gehindert sahen, im Verhältnis um so viel weiter nach N zu liegen kommen, „vorstoßen".

Wir stehen hier wieder, wie 1936, I, 309, vor der schon länger erkannten, von Br. Sander für die Zentralalpen untersuchten *Erscheinung des „Alpenknicks"* zwischen (und unter) der Ötztaler Platte und dem „dinaridischen" Quarzporphyrblock von Bozen. S. unten S. 68.

Diese Horizontalflexur der Alpenachse scheint auch im Mesozoikum, juvavisch, geformt worden zu sein. Denn erstens ist die Grundanlage der judikarischen SSW-NNO-Senke (Etschbucht) nach variszischer Vorformung (1936, 193) mesozoisch (1936, 38). Zweitens gilt gleiches von den diesem gewaltigen Vorgang z. B. in den N- und S-Kalkalpen entsprechenden Hauptbewegungen. Drittens sind die im gleichen mechanischen Zusammenhang stehenden Hauptdeckenschübe im zentralen W ohne Miteinbeziehung jüngerer als liassischer Sedimente verlaufen; allein die schon nordwärts geförderten Anteile der oberpenninischen Margnadecke besitzen noch Eozän. Viertens paßt der etwa früholigozäne Bewegungsplan der zentralalpinen Plattenschübe (Ötztal-Mittelostalpin-Platte gegen ONO, verbunden mit den Tonaliteinschüben quer durch die schon am Ort liegenden Hauptdecken; 1936, 39) nicht mehr zu den riesigen Nordverlagerungen der Schweizer Decken.

Aus diesen Gründen können wir W. Schmidt 1922 nicht zustimmen, der die vorläufigen Ergebnisse der Schweiz in die Ostalpen übernehmen wollte und die „Tauernphase" mit den penninischen Phasen der Schweiz zusammen als etwa oligozän bzw. die „Jungphase" mit Argands insubrischer Phase für noch jünger ansah. Es hat sich ja auch die Ableitung der Gosaugerölle aus den Südalpen und die Abtrennung eines angeblich über die Hohen Tauern gefahrenen kalkalpinen Nordrandes von dem vindelizisch-böhmischen Vorland neuerdings nicht bestätigen lassen.

Die zentralalpine Orometamorphose
(H. P. Cornelius 1942)

Begleitmineralien und Petrotektonik bewiesen nach E. Clar 1945 (1947) für viele alpinen Lagerstätten *den genetischen Zusammenhang von Vererzung und tiefliegender Metamorphose.* Mit dem Genannten kam O. Friedrich 1937 etwa zu folgendem Ergebnis: Die regionale und einheitliche Vererzung entstammt der Sonderung und Erstarrung des tiefliegenden, zentralalpinen Granitkörpers. Er ist natronreich, schob die einzelnen, jetzt zumeist schon entblößten Granitkörper nach oben; er verursachte und mobilisierte die Agentien der regionalen „Tauernkristallisation".

Demnach gehören Hauptdifferentiation, Hauptmetamorphose und Hauptvererzung der Ostalpen zu einem großen System. Die einzelnen zentralalpinen Teilplutone sind nach W. Petrascheck im allgemeinen älter als die Vererzungen; auch wurden sie im Zusammenhang mit letzteren schon metamorph.

Der sehr langdauernde oromagmatische Ereignisablauf sowohl der Metamorphose wie auch der Erzbildung (Wechsel der Mineralfazies) gliederte sich infolge phasenartig verstärkter, orogenetischer Durchbewegung. Nicht an kleinen Einzelnestern erwuchsen all diese gleichartigen Differentiationen, Massenverfrachtungen und Einschübe, Lösungswanderungen und Bewegungsmetamorphosen. Sondern regional ganz ungewöhnlich ausgedehnt muß hier die zentralalpine Tiefe gearbeitet haben. Sie muß durch lange Zeit hochtemperiert gewesen sein.

Dies sagen aus, die weit auseinandergezogenen Metallzonen, welche nach E. Clar 1945 ein minimales Temperaturgefälle beweisen, wie es allein herrschen kann in einem tiefliegenden Stockwerk. Schon lange hat Br. Sander Granitisation und Metamorphose der Tauern als Folgen einer *Versenkung und Tieflage* angesehen. Wir haben die Tiefenleistung der alpinen Hauptorogenese mit ihren Phasen vor uns.

Nicht nur primärmagmatische, auch sehr umfangreiche sekundär-migmatitische Mobilisierung ist dabei anzunehmen. So wird von Angel z. B. die Spatmagnesitbildung wohl mit Recht aus umgeschmolzenen, älteren Gesteinskörpern basischer Natur abgeleitet.

Da wir Anlaß haben, die anschwellende Orogenese zu verbinden mit Absenkung, indem ein Hinabbau stattfindet, sehen wir hier für die tieferen alpinen Stockwerke keine Ausnahme, sondern das Erwartete: *Oromagmatik während vermehrter Absenkung und Tieflage hat die wesentlichen Strukturen auch der Zentralalpen geschaffen.*

Dabei müssen sich mindestens 4 Hauptspannungszeiten mit abweichender Hauptdruckrichtung strukturbildend durchgesetzt haben. Dies beweisen die strukturanalytischen Ergebnisse namentlich von Br. Sander am Tauernwestteil oder auch von O. Schmidegg in der nördlichen Schieferhülle der Zillertaler Alpen (Verh. Wien 1948/50). So wurden im letzteren Fall Überdrucke (oben) unterschieden nacheinander aus S, aus SO, aus O (Längsstauchung!) und aus SW, was gleichbedeutend ist mit Unterdrucken (unten) in entgegengesetzter Richtung.

Keine andere Deutung ist angesichts solchen Wechsels hinreichend beweglich. Allein der Gedanke der Unterströmung vermag dieses verständlich zu machen!

Das so in mehreren Phasen geformte Tiefenstockwerk wölbte sich im Wandel des Ab-und-Auf mehrfach nach oben, später mit der zentralalpinen Gesamtaufwölbung. Es wurde erosiv von den aufgelasteten Decken und Sedimenthüllen befreit. 3 Räume rückten dabei ostalpin nach R. Schwinner 1942 höher: der Kern der Tauernkristallisation im engeren Sinne, jener der Ammeringkristallisation und jener der Raabalpen. Alle drei besitzen sie sowohl dieselbe kinometamorphe Kristallisation, dieselben magmanachbarlichen Lagerstätten und innen noch ältere, bereits metamorph behandelte, neben jüngeren Plutonen.

g) Die Alpenknickung

(O. Ampferer & W. Hammer 1911, 705.)

Wir kehren zu den abschließenden Ausführungen von „Abbau der Gebirge" I, 1936, zurück. Zugleich führen wir die Gedanken über die Alpenknickung im Grenzgebiet zwischen Ost- und Westalpen, sowie jene über die Unterströmung fort, welche in knapper, aber grundlegender Weise den Abschluß von O. Ampferer & W. Hammers Ostalpenquerschnitt 1911 bilden.

Die Beobachtungsergebnisse haben sich seitdem verändert. Nicht mehr gültig ist die Ansicht, daß die Vorarlberger Kreideketten ostwärts durch einen Querknick abgeschnitten würden; sie tauchen axial unter, wie ich 1932 eingehend bewiesen habe. Axiale Einsenkung verbindet auch nördliche Teilmulden im O mit südlichen im W an dem im Kartenbild so auffallenden Achenkircher Knick der Karwendelmulde, so daß hier nur die Guffertunterschiebung von W als Knickbewegung übrig bleibt (W. v. Wolff 1926). Die rätischen Bögen der Engadiner Dolomiten bis Mittelbünden stellen sich etwas anders dar; es bleibt aber bei der großen Unterschiebung gegen ONO unter die Ötztalmasse (vgl. P. Arbenz 1920, W. Hegwein 1927) und bei den diagonalen (diagonal zum Gradnetz teils gegen NW, teils gegen SO und SW gerichteten) Unter-Bewegungen. Die genauen Gefügemessungen an der Mylonitsohle der Silvrettadecke am SW-Ende des Unterengadiner Fensters durch L. M. Krasser 1940, passen gut zu entsprechenden Abgleitvorgängen. Sehr vermehrt aber haben sich namentlich durch O. Ampferer selbst die Nachweise für die ersten Hauptunterströmungen gegen S und für spätere Unterströmung gegen O im Vorarlberg (E. Kraus 1942, 51), im Rätikon, am Rand des Prätigau-Halbfensters, im Umbrail- und Ortlerdecken-Gebiet, in den Torsions-Strukturen der Dolomiten, vor allem auch in der Gesamtanlage des Westalpenbogens (Abb. 23) mit seinem OW-streichenden und dann oligozän sowie später ostwärts unter die Alpen unterschobenen Vorland. Kann man doch rein aus der gegenseitigen Lage beider Teile sagen: was für den Westalpenbogen Längsstauchung bedeutet, wirkt als Quer-Einengung für den übrigen Alpenteil und umgekehrt. So steht denn auch dies für H. P. Cornelius fest, der 1949 den interessanten Versuch machte, die Vorgänge durch „Selbstverzerrung" zu deuten. Durch riesige Längsdrucke denkt sich neuerdings K. Osswald eine Lösung.

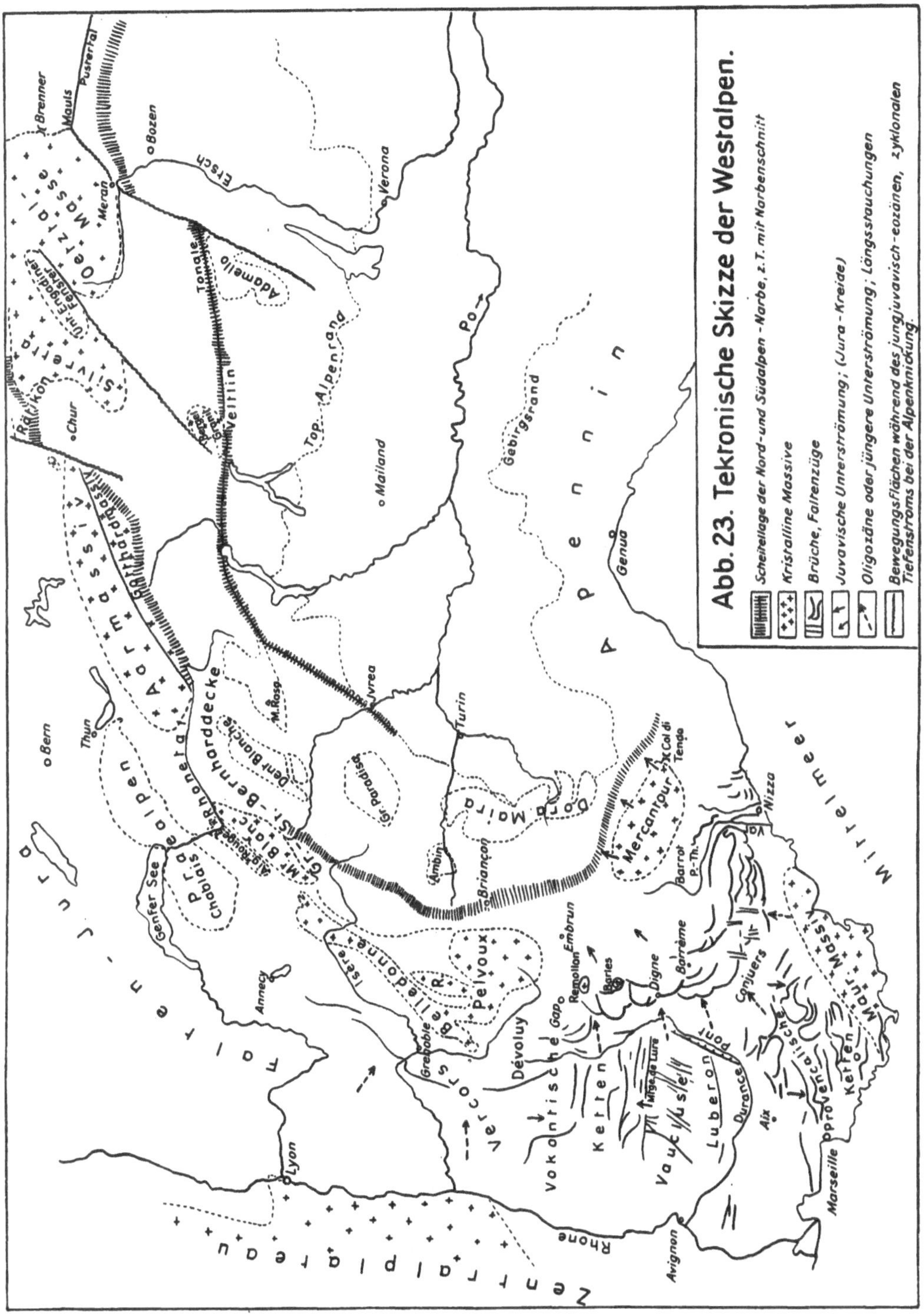

Abb. 23. Tektonische Skizze der Westalpen.

- Scheitellage der Nord- und Südalpen-Narbe, z. T. mit Narbenschnitt
- Kristalline Massive
- Brüche, Faltenzüge
- Juvavische Unterströmung; (Jura-Kreide)
- Oligozäne oder jüngere Unterströmung; Längsstauchungen
- Bewegungsflächen während des jungjuvavisch-eozänen, zyklonalen Tiefenstroms bei der Alpenknickung.

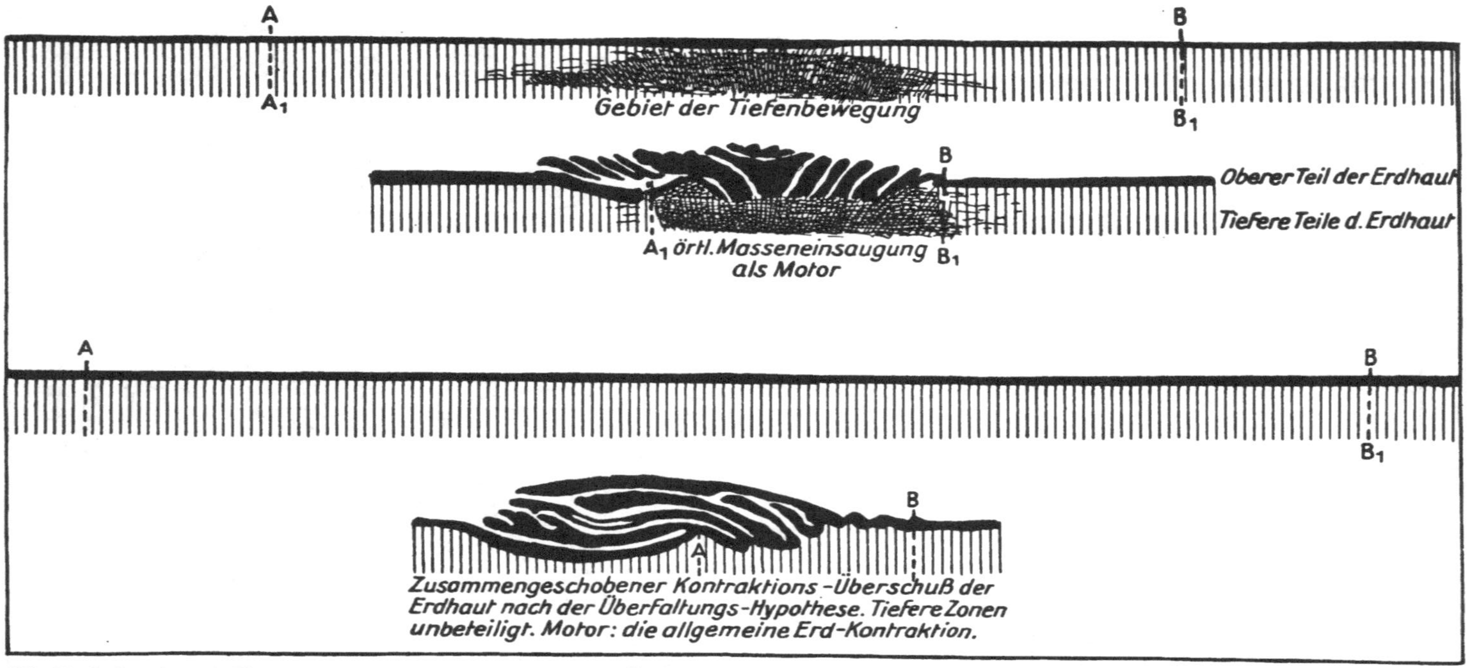

Abb. 24. O. Ampferer's Verschluckungstheorie (2 obere Profile) und Überfaltungshypothese (darunter). Letztere wäre nach R. Staub neuderdings mehr eine Gleitbretthypothese. Nach O. Ampferer 1911, Fig. 44, 45; etwas verändert.

Da ganz allgemein die das alpine Generalstreichen in W-O schaffenden Unterströmungen die überwiegend älteren gewesen sein müssen, die hier längsstauchend wirksamen aber meist erst später zum Durchbruch gekommen sind, so wird schon hieraus ersichtlich, *daß im großen ganzen der Westalpenbogen jüngeren Datums sein muß.* Dem widerspricht aber nicht, daß doch auch schon früh, z. B. SSO der jüngeren Querstörungen von Weyer jene von Radmer schon variszisch gleichsinnige Längsstauchung beweisen. *Das heißt, diese Tendenz brach immer wieder durch.*

An den in W-O richtenden Unterströmungen waren, wie wir häufig erkennen konnten, die Abwärtsbewegungen unter die wesentlich W-O angeordneten Verschluckungszonen unserer orogenen Narben maßgebend beteiligt. Und zwar konnten zahlreiche Gründe dafür angeführt werden, daß diese Unterbewegungen weitgehend nach dem Schema verliefen, das O. Ampferer 1911, 700f., in knappen Strichen darlegte (Abb. 24). Unsere nachprüfende Gebirgsanalyse des jetzigen (Abbau, 1936) und des werdenden Gebirgsbaues hat aber ergeben, daß der Gedanke, die Alpen seien ein Doppelorogen (E. Kraus 1931, 65), das Leistungsergebnis zweier Saugnarben, dem Gebirgsbau ungleich besser entspricht. Es hat sich weiter ergeben, daß die Absaugnarben zusammenfallen mit den Wurzelzonen, wenigstens soweit erstere erosiv tief genug bis auf ihr Fächerstockwerk entblößt sind, während das axial tiefer liegende Hangendstockwerk mit der ausgeschobenen Narbendecke zwar die sogenannten Wurzelzonen seitlich verlängert, aber keine steile „Wurzelstruktur" zeigen kann. Beide Stockwerke sind schon von O. Ampferer 1911 (Abb. 24) angedeutet.

Insofern besteht in der mechanischen Vorstellung *zwischen Wurzel und Narbe ein völliger Gegensatz* als erstere *nach oben* und seitwärts Überfaltungssättel abgegeben haben soll, letztere aber gerade umgekehrt schrumpfte infolge *Abwärtsströmens* der ihr senkrecht zum Streichen beiderseits zuströmenden Massen.

Neben diesen orogenen Normalströmen muß es aber in den Alpen wiederholt zu Übergriffen der Stromkraft der einen Narbe in das Wirkungsfeld der anderen gekommen sein. So ausgeprägte Gegensätzlichkeiten in der Bewegungsrichtung wie sie nicht selten im zentralalpinen Zwischengebiet, z. B. auch in den Lienzer Dolomiten oder den Karnischen Alpen (F. Heritsch 1936, 178ff.) erkannt wurden, kann man hierdurch gut erklären (1936, 33).

Aber zwei Erscheinungen sprechen dafür, daß auf diese Art *nicht alle* Richtungsänderungen verständlich werden. Einmal die späteren *Stauchungen* in der Gebirgs-Längsrichtung und zweitens die von O her (gegen die Schweiz hin und in dieser) *wachsende Entwurzelung und Deckenschubweite,* beides in deutlichem Zusammenhang stehend mit einer knickenden *Überwältigung* der beiden Saugnarben, deren normaler Strombetrieb dadurch außer Kraft gesetzt werden mußte.

Denn wir sehen die Südalpennarbe längs dem *Riß der Judikarienlinie,* die Nordalpennarbe längs *der Alpen-Rhein-Linie bei Chur* mit ihrer westlichen Fortsetzung bedeutend nach S versetzt; außerdem ähnliche Verschiebung längs der *Engadiner Linie* (Abb. 25). Da mit dem Judikarienbruch alle Beweise für die Riesenschübe des Unterostalpins, der Penniden, Präalpen und Helvetiden, die im Osten fehlen, westwärts einsetzen, *glauben wir die an diesen Horizontalflexuren um ähnliche Be-*

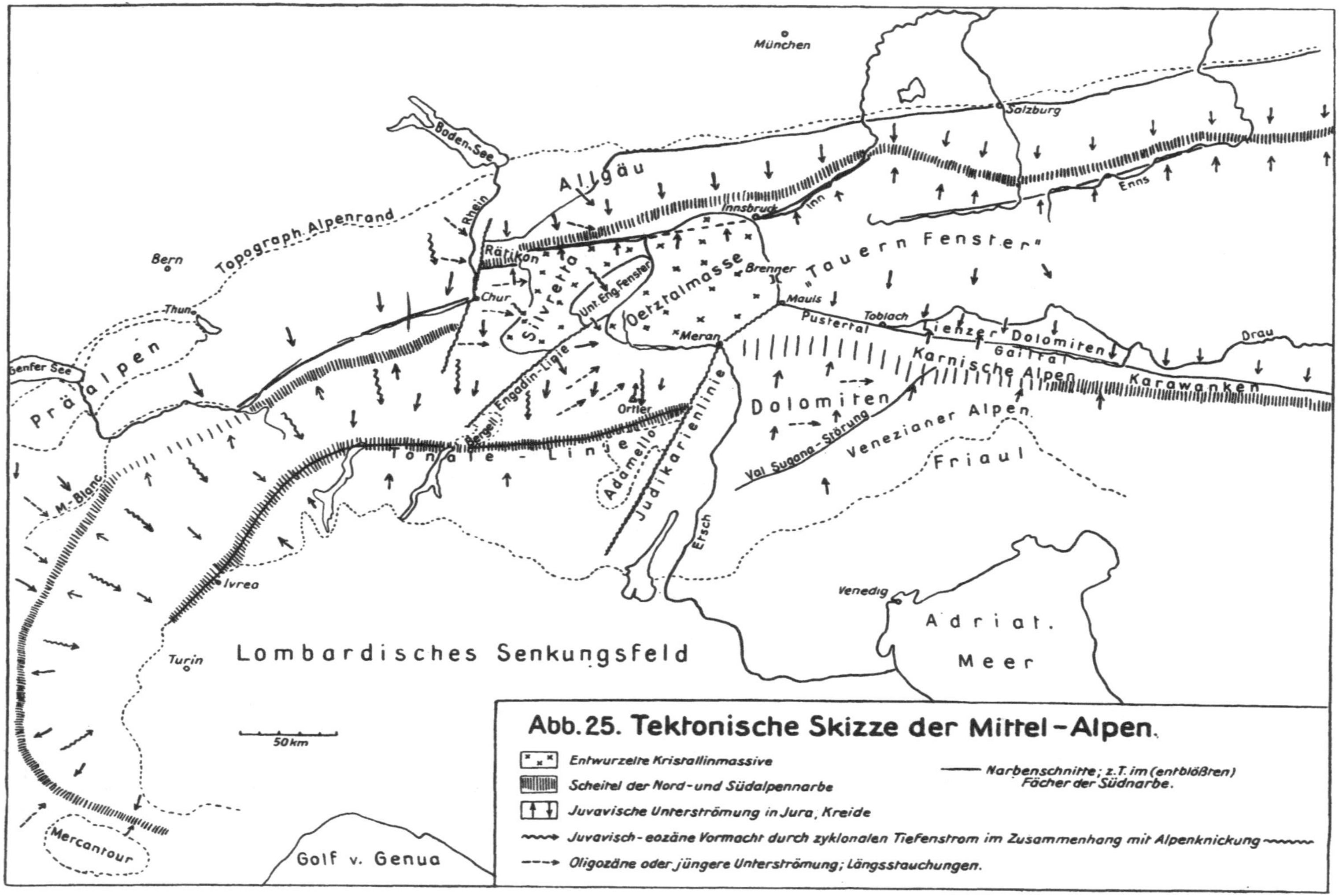

Abb. 25. Tektonische Skizze der Mittel-Alpen.

träge westwärts vermehrten Südunterschübe damit in ursächlichen Zusammenhang bringen zu können.

Daß diese vermehrte Unterbewegung im W weit über den schweizerischen Alpenteil hinausging, haben wir schon oben S. 41 und S. 46 damit gezeigt, daß wir auf die gleichartige Bewegung zwischen Karpaten und Alpen hinwiesen.

Näher betrachtet ergibt sich folgendes.

Im heutigen Oberflächenbild des Alpenbaues sehen wir die äußerst auffällige und geradlinige, südliche Narbenzone in den großen Längstalfluchten, welche mit dem Drau-Gail-Pustertal rund 210 km weit aus OSO bis nach Mauls am Eisack (Nordrand der Brixener Granitmasse) heranziehen. Sie bricht dann plötzlich in scharfem Knick gegen SW (Meran) ab, um erst 60 km weiter am Nordrand des Adamello-Tonalitstockes im Sulzbergtal—Tonalepaß mit ganz ähnlicher Ausbildung (H. P. Cornelius 1930) gegen WSW und W durch das Veltlin noch über 180 km anzuhalten und mit erneuter SW-Abbiegung als Ivrea-Canavese-Linie NW Turin die Poebene zu erreichen. Die ersten deckentheoretischen Deutungsversuche sprachen diese Linie an als „alpinodinarische Verwachsung" zweier getrennter, übereinander geschobener Gebirge, die Tonale- oder „insubrische" Linie als Wurzelzone der Schweizer Decken.

Die SSW-Linie Mauls—Adamello geht als *judikarische Linie* auch ostwärts am Adamello-Pluton vorbei und läuft im W des Gardasees mit dem Idrosee aus, damit eine Länge von 150 km erreichend. *Mit ihr endet gegen W der verhältnismäßig ruhige und ortsfeste Faltenbau der Dolomiten und des Etschbucht-Mesozoikums.* Im W beginnt, zusammen mit einem alten Unterbau im S die gewaltige Weite der „nach N" geförderten Schweizer Decken, welche R. Staub mit anderen Beobachtern an die 90 km weit am heutigen westlichen Ostalpenrand entlang bis unter den Rätikon hinein verfolgen konnte. Die Versuche, gleiches auch für die Fortsetzungen über die judikarische Linie hinaus nach O aufzufinden aber sind gescheitert. Wir können für die Kalkalpen Schubweiten von 50 km nachweisen, mehr zwar vermuten, aber nur im Rahmen der *nördlichen* Kalkalpenheimat zugeben.

In der Ostschweiz vermehren sich dabei die Bau-Verwicklungen und abweichenden Druckrichtungen im Bereich von Ortler Alpen—Urtirola—Ofenpaß—Oberengadin ungeheuer. Die Pfeile in Abb. 25 deuten das an.

Der Bau der Schweizer Decken reicht nachweisbar nur bis an die Südötztaler Schlingen und etwas hinaus über das Unterengadiner Fenster. Jenseits der Ötztaldecke ist er nicht nachweisbar, so fest auch noch da oder dort *der Glaube* wurzeln mag, daß dies allein herrühre von der axialen Absenkung der Ostalpen gegenüber dem westalpinen Bau. Fehlt er doch auch dort, wo er am Nordrand herauskommen müßte: wo sind die Penniden, wo die unterostalpinen Decken am Kalkalpen-Nordrand östlich von Prätigau-Rätikon?

Weiter ist zu beachten das allgemeine Heranstreichen breiter altkristalliner Massen (Laaser Zone, Quarzphyllit, Trias/Jura von Oberengadin-Ortler) aus W und SW unter strahlenförmiger Verengerung gegen Meran, im S davon zum Teil schräg abgeschnitten durch die Judikarienlinie (vgl. Vetters Übersichtskarte von Österreich). Zwischen Meran und Mauls sind alle diese Einheiten äußerst eng gepreßt und gebündelt. Erst ostwärts Mauls strahlen die gleichen Bauelemente dann wieder frei auseinander zwischen den Hohen Tauern im N und den Dolomiten im S.

Hier um die durch den Einschub des Iffinger Granits noch unterstrichene Ausquetschungslinie Meran—Mauls — also um den „Dinaridenkopf" — hat sich der zentralalpine Bau wie um einen Prellbock gegen eine von N heranrückende Flut herumgewunden. Unter freier Entwicklung im W konnte diese Flut hier 60 km weiter vordringen: *um so weit liegen die gleichartigen W-Fortsetzungen im S. Um so weit sind die Schweizer Decken weiter „nach N" gewandert als im O.*

Diese schon verzeichnete und länger bekannte Alpenknickung dürfte die Quittung sein auf eine sehr weitgehende und allgemeine *Erweichung der Tiefen*, nachdem der Hauptbau und die Hauptanordnung des zentralalpinen Gesteinsverbandes schon geschaffen waren. Solche Grund-Durchweichung bei der Tauernkristallisation könnte schon die Voraussetzung gewesen sein für die I, 60 erwähnte Schlingenbewegung der südlichen Ötztaler Masse — obwohl das vordiabasische, vorpermische Alter derselben in der Silvretta sie als einen spätestens variszischen Vorgang stempeln dürfte. Daß diese Bewegungsära an der Gesamterscheinung auch mitbeteiligt ist, ergibt sich vielleicht aus dem Alter des Iffinger und Brixener Granits, die beide schon an der Judikarienlinie sitzen. *Die ältere Grundanlage der Alpenknickung wird demnach wohl bestätigt.*

Jedenfalls aber ermöglichte die juvavische Wiederholung und offenbar erst außerordentliche Neugestaltung dank einer alles überwältigenden Süd-Unterströmung die Hauptdeckenbewegungen im W.

Unter dem Deckel der Ötztaler Platte, im W der permischen Quarzporphyrflut von Bozen, im S des Unterengadiner Fensters, dem östlichsten Vertreter des Schweizer Bauplanes, und im N des mächtigen, jungen Adamello-Plutons *ändert sich der alpine Bauplan grundlegend.* Räumlich und zeitlich zugleich ist diese Änderung. Die räumliche Bedeutung zeigt schon ein vergleichender Blick auf unsere alterdkundlichen Karten, wo der nachweisbare, unterostalpine und pennische Bildungsraum gegen O aufhört, dessen Sedimente weit ins Mesozoikum zurückreichen, so daß also die Alpenknickung an einer schon recht alten Queranlage zum Durchbruch kam.

Zeitlich erkannten wir den Unterschied in der Lage und Richtung der Unterschiebungen, die sich bereits einerseits in älterer Zeit, andererseits etwa ab Jura in alpidischer abgespielt haben.

Die gründlichen Geländearbeiten von A. Spitz & G. Dyhrenfurth 1915, W. Hegwein 1927, 1934, W. Hammer, W. Leupold, E. Wenk 1934, H. Boesch 1937, U. Kappeler 1938 u. a. haben in diesem SW-NO (Engadinlinie), WSW-ONO (Tonalelinie), SSW-NNO (Judikarienlinie), allgemein NW-SO (Ötztalmassenrand, Umbraildeckenrand) umgrenzten *Zwischenbereich der Scarldecke* (Unterengadiner Dolomiten und Münstertalkristallin), *Umbraildecke* (Quatervals-Umbrail und Braulio-Kristallin) *und Ortlerdecke* eine dem angeblichen allgemeinen Süd-Nord-Schub durchaus widersprechende Mannigfalt der Schubrichtungen ergeben. Die Scarldecke soll als ehemaliger Stirnteil der Silvrettadecke nach R. Staub von letzterer in NW-Richtung überwandert worden sein (der „Dinaridenkopf" würde freilich senkrecht zur Judikarienlinie *aus OSO* geschoben haben). Nach E. Wenk lag aber auch die Scarldecke schon ursprünglich südlich der Silvretta. Die große Überschiebung der Ötztalmasse (Zeugen!) aus NO wird in einen bescheidenen „Anschub" ebenfalls aus SO umgedeutet; für andere, völlig abweichende Druckrichtungen jüngerer Art aus SW wird Druck aus SO über ein Erosionsrelief von H. Boesch zur Erklärung herangezogen. Diese theoretische Konstruktion will nirgends passen!

Demgegenüber scheint uns die Möglichkeit, theoretisch *zeitweise sehr verschiedene Druckrichtungen* zu verstehen, erst eine Lösung für dieses mehrfach umgebaute Zwischengebiet anzubahnen.

Von schwachen älteren Bewegungen abgesehen, stellen wir uns vor, daß der erste, die Hauptstruktur schaffende Unterschub gegen S nach der Tonale-Judikarienlinie *in SO-Richtung* abgelenkt wurde (allgemeines, älteres SW-NO-Streichen): Teilwirkung des Alpenknicks (jungjuvavisch).

Es folgte als Saugwirkung der in der Alpenrheinlinie abgewinkelten Nordalpennarbe eine erste Unterschiebung *in NW-Richtung unter die Silvretta.*

Saugten mehr östliche Teile der Nordalpennarbe die Umgebung an bei erlahmender Südnarbe, so mußte im Zusammenhang mit der Ötztaldecken-Unterschiebung eine, deren SW-Rand *gegen NO unterfahrende Strömung* die Folge gewesen sein: Zeugen der Ötztaldecke. Als die aus SW nachrückende Umbrail-Decke durch die sich dabei im NO allmählich stauende Scarldecke gleichfalls gestaut wurde, überschuppte sie letztere zertrümmernd und wickelte sie zum Teil ein. Einen ähnlichen Umbau zeigt nach H. Eugster 1923 z. B. der Ducan Mittelbündens (Umbrailphase).

Man sage nicht, daß doch teilweise noch Oberkreide und Eozän mit in den zentralen Überschiebungsbauplan des W einbezogen seien, daß letzterer mit seinem ersten Hauptschub folglich *nacheozän* sein müsse — gleichgültig, ob sich nun das vortertiäre (juvavische) Alter der Alpenknickung und damit die Weite der südwärtigen Unterströmung gegen das Veltlin hin, das ist die große Schweizer Deckenüberschiebung, herausstellte. Schon 1936 und noch mehr in den vorliegenden Ausführungen haben wir das ungeschichtliche Schema: „Erst Sediment, dann dessen Tektonik" scharf abgelehnt zugunsten des unlöslichen Ineinandergehens von Senkung-Sedimentation-Gebirgsbildung.

Es ist kein Zeitabschnitt wahrscheinlicher für die endgültige Durchführung des großen Alpenknicks als jener, in dem sich die Nord- und Südalpen-Geosynklinale bis zu jüngerjurassischen Tiefseegräben niedersenkten, in der also die alpine Erdrinde rasch in besonders große Tiefen hinabgeriet; in der die juvavischen und penninischen Hauptdeckenverschiebungen unter dem Schlamm der Bündener Schiefer einsetzten und schließlich weitergingen, feststellbar an den Flysch- und Wildflysch-bildenden Randmulden-Trögen, die unter den Stirnschwellen der großen Decken zur Kreidezeit verschwanden. *Wir haben mit den überaus Ereignis-gefüllten Zeitspannen des Juras und der Kreide zu rechnen, nicht aber mit kurzfristigen Fertigungsakten.* Mehrfach zogen auch Schweizer Geologen solche Folgerung.

Die Alpenknickung also nützte eine alte, spätestens variszische Großanlage aus. Ihre allmähliche Ausbildung fällt in die *juvavischen* Erweichungs- und Großbewegungszeiten von Jura-Kreide. Denn erst mit ihr konnte sich die Etschbucht mit ihrer alterdkundlichen Anlage entwickeln.

Die Alpenknickung durchkreuzte die einheitlich durchstreichende Anlage der S-Grauwackenzonen-Geosynklinale. Sie war in der tertiären Fortentwicklung vielleicht auch noch mitbeteiligt bei der fast völligen Beseitigung der W-Fortsetzung der N-Grauwackenzone. Denn die unterirdisch mögliche NNO-Verlängerung der Judikarischen Linie vorbei am Westabfall der Tauernkuppel über den Brenner trifft gerade die Stelle, von der nach W die Kitzbühler Alpen zu Ende sind!

Seine jugendliche Gewalt bewies der Alpenknick, wie gesagt, durch die scharfe Verwerfung (Blattverschiebung) der gleichmäßigen OW-Anlagen unserer alpidischen Orogen-Narbenzüge. Auch wenn wir absehen von den mannigfachen Gesichtern, mit denen uns diese Narbenzüge infolge axialer Hebung und Senkung, wechselnd starker Verschluckung und erosiver Enthüllung ansehen müssen, so ist doch ihre Regelmäßigkeit zwischen Dolomiten und Bernina durch den Alpenknick bis zur Unkenntlichkeit zerstört.

Mein 1926 herausgearbeiteter Gedanke der „Allgäuwendung" mit seiner Deutung des Unterschiedes zwischen rechts- und linksrheinischem Alpenbau hat eine randnähere Folge der Alpenknickung herausgestellt, die wir jetzt aus dem Zentralalpenbau ablesen.

Die zwei Hauptbewegungsformen. In dem Gefügeplan der Alpenknickung beobachten wir zwei im großen voneinander abweichende Anteile:

1. Bewegungsformen, welche in großer Tiefe unter granitisierend-plutonischer Erweichung in zähflüssigem, danach kristallisierendem Zustand entstanden sein müssen: es sind die älteren.

2. Bewegungsformen in kälterem, mechanisch zertrümmerndem Stockwerk näher der Erdoberfläche: sie sind die jüngeren.

Soweit nicht schon variszisch gehört der ersteren Gruppe an die fließende Verengerung vom Vintschgau-Veltlin her gegen NO und das Auseinanderweichen östlich Mauls. Diese Fließformen entstanden nicht ohne viele Kilometer Überdeckung durch algonkisch-paläozoisch-mesozoisches Gestein. Sie erstarrten kristallin erst bei nachfolgender Höherschaltung in die kühlere Erdoberflächennähe unter erosiver Enthüllung und Schwinden einer Wärmezufuhr von unten. Das sind fraglos *altjuvavische Vorgänge*, die weit zurückreichen können.

Zu den Bewegungsformen der zweiten Art zählen alle kalttektonischen bzw. diaphthoritischen Teilstrukturen, welche sicher recht verschiedenes Alter bis ins Jungtertiär und teilweise Quartär hinein haben können. Sie entstanden in geringer Tiefe gelegentlich eines erneuten Groß-Versuchs unter Senkung die alpinen Gesteine im Bereich des judikarischen Knicks umzubiegen. Ein großer Teil der schon für *die jungjuvavische Hauptphase* angeführten kalttektonischen Bewegungsflächen gehört hierher: So die wechselvolle und baugeschichtlich sehr reichhaltige Judikarien-„Linie", die schon Durchbruchsweg für permische Granitplutone war, zuletzt noch Ostbegrenzung des Adamellostockes wurde und ihre Meran-Maulser Fortsetzung. Des weiteren aber auch die Nordrand-Unterschiebungen der Ötztalmasse durch den Innsbrucker Quarzphyllit und die Seefelder Hauptdolomitmulde, ihre Unterschiebung von NW durch den unterostalpin-penninischen Inhalt des Unterengadiner Fensters; die Unterschiebung der Ötzmasse durch Sockel und Trias der Mittelostalpin-Platte am Schlinigtal, auch dieser durch die Silvretta usw.

Das ist wohl die Hauptwirkung der jungjuvavischen Hauptphase. Sie muß schon in der Oberkreide das Relief vorgeschrieben haben, denn die Gesamtanlagen des westlich und nordwestlich anschließenden Gebirges in der Schweiz liegen SW-NO.

Auch haben wir die Tatsache verzeichnet, daß sich während der jüngeren Kreide eine scharfe Änderung der Hauptdruckrichtung aus WSW-ONO in SW-NO einstellte.

Diese *Ausprägung der Alpenknick-Bewegung in den nördlichen Kalkalpen* kann z. B. besonders nach E. SPENGLER an zahlreichen, gut untersuchten Beispielen dadurch gezeigt werden, daß ältere, OW-streichende Strukturen einer späteren Ausbildung mit SW-NO-Streichen gewichen sind. So hat man hier für die juvavische Gebirgsbildung der Mittelkreide meist einen SN- bzw. NS-Druck, für die *tertiäre* Bewegung aber der Gamsfelddecke des Salzkammergutes herrschte Überdruck (unten) in NW-SO. Ebenso wurde die vorgosauische NS-Unterbewegung der Reiteralm im Oligozän (und Miozän) durch eine NW-SO-Unterschiebung abgelöst. Die OW-streichenden Falten des Kaisergebirges wurden im Miozän von NW her unterschoben. Solch abweichender Druckansatz ging vielfach noch weiter. Die in Fig. 57, 1936, noch ohne Berücksichtigung der verschiedenen Zeiten gezeichneten Strukturen zeigen, daß in dem zunächst OW-angelegten Alpenkörper eine Menge Längsstauchungs-Strukturen enthalten sind.

Diese Längs-Unterströmung aber bedeutet für den gegen W ausladenden Westalpenbogen, welcher das jüngere Gesicht der Alpen im W geprägt hat, die alleinige Hauptbewegung. *Zwischen diesem äquatorialen und dem meridionalen Hauptdruck schwankte die alpine Baugeschichte nun wiederholt hin und her.*

Örtliche Erosionskerben und ähnliche wechselnde Gründe sind dabei gewiß mitbeteiligt; es herrschen aber zu gewissen Zeiten ganz bestimmte Hauptspannungen in mechanisch einheitlichen Spannungsfeldern. Diese können aber im Alpeninneren und etwa am einen Ende des Gebirges anders angesetzt haben als gleichzeitig anderswo. Auch die Absaugstärke kann ihren Ort verlegen, indem sich sekundäre Nebennarben entwickeln (1936, S. 154, 252 und unten S. 304). Solche Erfahrungen machen vorsichtig und zeigen wie sehr unser baugeschichtlicher Entwurf der Nachprüfung im Gelände bedarf.

Am stärksten änderte sich der Druck-Ansatz zwischen der Nord- und Südalpennarbe. Im Salzkammergut haben wir nach F. F. HAHN, E. SPENGLER, BR. SANDER 1921 eine Drehung des Druckes während Eozän-Oligozän von einem Druck (unten) gegen SSW über SSO über *O* gegen NO, also um fast 180° im Gegensinn des Uhrzeigers sich ändernd. Der meridionale Druck vollbrachte wieder die Hauptleistungen, in zweiter Linie der ostwärtige Unterdruck.

Auch die Ausprägung der Alpen-Stauchung in O-W in den Südalpen hat scharfe Bauformen hinterlassen. Die in eine Querstörung nach NO auslaufende Valsuganalinie (Abb. 25) und die dinarische Alpenknickung im SO werden unten S. 80 erörtert.

In den Schweizer und französisch-italienischen Westalpen ist die Baugeschichte ruhiger und anscheinend ohne solche, die posthumen Anlagen immer neu durchbrechende Störungen verlaufen. —

Es ist klar, daß eine solche Mannigfalt der Druckrichtung, die zu manchen Zeiten fast überall die gleiche war, zu manchen Zeiten aber sich änderte, hier so, dort anders, die vielfach beherrscht wird von einer planmäßigen Drehung der Ansatzrichtung oder von großzügiger Einheitlichkeit über weiteste Gebiete und mit örtlichen Unterschieden der Gesteinsfestigkeit nur mitunter zu tun haben kann, *jeder Deutung dann widersteht, wenn man den Bewegungsantrieb irgendwo oben sucht.* Weder Deckenausquetschungen aus gleichgerichtet bleibenden „Wurzeln" noch treibende Kontinentalränder noch Abrutschungen von (unbekannten) Hochwölbungen können hier irgend in Frage kommen. Allein deutbar dürften diese ganz gut erkennbaren Erscheinungen sein *durch die Annahme wechselvoller Antriebe aus der strömenden Tiefe.* Aus ihr greifen bald aus unterstem Stockwerk einheitlichere, bald aus weniger tiefem, uneinheitlichere Strömungen richtend nach oben in die kältere Erdrinde empor. Man vergegenwärtige sich nur, wie uneinheitlich die Hangendschale auf dem zähfließenden Rücken der penninischen Decken gerieben und mitgeschleppt worden sein wird. Je nach den Zustandsbedingungen, die sich von Ort zu Ort ändern, müssen auch die Druckrichtungen in einer aktiven Unterlage wechselvoll sein.

Als Hauptereignis solcher Art erschlossen wir die juvavische Erweichung des zentralalpinen Baues, sein überwältigendes Vordringen unter den unterostalpin-penninischen Decken der Schweiz gegen S und SO um 60 km Mindestentfernung weiter als im O und seine, den orogenen Narbenbau um diesen selben Betrag horizontal verbiegende Knickung der Alpenachse. Dieser Vorgang dauerte etwa gleichsinnig wohl noch weit über die Kreidezeit hinaus. So dürfte das Zusammenrücken der Ötztalmasse mit den nördlichen Kalkalpen, das Verschwinden der nördlichen Grauwackenzone gegen W hin abwärts, die endgültige Rahmenbildung am Engadiner Fenster und im Bereich der Grenze Ost/Westalpen noch mit den Nachwirkungen dieses juvavischen Hauptereignisses in Verbindung stehen. Diese Vorgänge aber reichen, sicher mit längeren, anderweit beherrschten Unterbrechungen, bis ins Jungtertiär hinein. Zu ihnen tritt ja als weiteres ausgeprägtes Beispiel die Allgäuwendung aus dem O-W-Streichen im O oben in das NO-SW-Streichen im W unten. Sie ging dort gleichsinnig fort bis in die Jungmolassebewegungen des Obermiozäns und Ponts.

Der Hauptbau der Zentralalpen aber erwuchs schon juvavisch, vor der jüngeren Oberkreidezeit.

h) Tertiäre Bauformen der Zentralalpen

Es ist natürlich derzeit, bevor noch reichliche Gefügestudien zum wenigsten das genaue Nacheinander der Bewegungen festgelegt haben, schwer und vielfach unmöglich, mangels jüngerer Sedimente in den Zentralalpen die Vielheit der Bewegungsflächen, Mylonite, Ruscheln, Kluftsysteme, Großverbiegungen zeitlich einwandfrei einzuordnen.

Beispiele, die offensichtlich zu den jüngsten, oberflächennahen und damit zu den tertiären Großbewegungen gehören, wurden schon mehrfach genannt. So wie in dem archaisch-algonkischen und dem variszischen Großzyklus der Gebirgsbildung stehen *als sehr bezeichnende Schlußsteine* wieder die quer durch das zur Hautpsache fertige Gebäude hindurchgreifenden, spezifisch leichten *Granit-Plutone* vor uns.

Es geht der Aufstieg der „periadriatischen" oder randdinaridischen Plutone fort. Da spätere Deformationen sie im Inneren nicht mehr umgestalteten und sich ihre

Umrißformen bereits den ebenfalls deckenmäßig nicht mehr verbogenen, sondern sehr geradlinigen Bruchzonen anschmiegten, müssen wir sie für tertiär halten (1936, 40): Längs der Drau—Gail-Linie der Tonalit von Eisenkappel, weitere, steile und langgestreckte Linsen, dann der Adamello-Tonalit, der keine Beziehung mehr zu Strukturen des Mesozoikums zeigt, die Einschübe längs der jung zerschneidenden und die Plutone ausschwänzenden Tonale-Veltliner Linie. Quer bricht an ihr der Bergeller Pluton durch den fertigen Deckenbau und zur gleichen Zeitgruppe dürften die vulkanischen Taveyannaz-Tuffe in der Schweiz gehören.

Nur noch längs den bis ins Jungtertiär-Quartär sich beweglicher erhaltenden, steilen Randzonen der Narbenschnitte zeigen die im wesentlichen nachtektonischen Aufstiegskörper eine Zertrümmerung. Sie sind die Ergebnisse überwiegender Hochorogenese in den tertiären Zentralalpen. Ihren Mineralbestand behielten sie bei. Die Einschubzeit dürfte zur Hauptsache ins Oligozän fallen. Jüngere basische Gänge zeigen öfter noch nachkristalline Zertrümmerung. Die Albitisierung, welche schon bei älteren Einschüben beobachtet wurde, ist überwiegend nachtektonisch.

Neben diesen letzten Äußerungen der schmelzflüssigen Tiefe, zu denen im lombardischen Vorland noch der Euganeen-Vulkanismus gehört, haben wir als gebirgsbildende Äußerungen zweiter Art die nachkristallinen Bewegungen in geringerer Tiefe mit der *Diaphthoritisierung* und Zertrümmerung auch sedimentärer Gesteine.

Die Tatsachen nachtertiärer Bewegung in den östlichen Alpenteilen lassen sich an der Verlagerung der dortigen Gosauschichten und an der Auflage von Oligozän ableiten. In Kärnten waren die juvavischen Hauptüberschiebungen, Falten und Brüche des permisch-triadischen Untergrundes von Oberkreide zugedeckt worden. Über dieser stellte sich Trockenlegung ein, während deren am Nordrand der Krappfeld-Senonkreide wahrscheinlich, doch nach Fr. Kahler 1928 nicht sicher erweisbar, Abbrüche vom Grundgebirge entstanden. Über die Einbruchsschollen transgredierte das Unter- und Oberlutet von Guttaring im N; mit Grundkonglomerat und roten Tonen griff es auch über Paläozoikum.

Die Gosaukreide der Kainach (1936, S. 271; I, 504) ist über Einbrüchen abgelagert worden, welche sich nach Absatz der Oberkreide noch weiter bewegten. An dem nördlich begrenzenden Bruch wurden die in mehr oder weniger flache Falten gelegten Gosauschichten mit 50° aufgerichtet.

Die Eozänlappen von Guttaring und Sittenberg (H. Beck 1927) wurden, wie aus ihrer ähnlichen Störungsart vielleicht geschlossen werden darf, zusammen mit den Gosauschichten zerbrochen bzw. in flache Falten gelegt, so daß wir auch hier weniger eine vormitteleozäne als eine nachlutetische Gebirgsbewegung zu verzeichnen haben.

Im *Randbogen von Graz* gehört wohl die zweite Gebirgsbildung mit Diaphthorese (soweit letztere nicht noch variszisch ist) ins Alttertiär. Die *Semmeringtrias* mit Kristallin schob sich unter das „oberostalpine" Kristallin.

In den *Karawanken* wurde dagegen im S nach A. Spitz 1919 nach den starken Vorgosau-Bewegungen (Bildung der Karawanken-Nordkette, Senkungen am Ostende, Aufschiebungen am Bacher) im Tertiär die von Oligozän bedeckte Ursuladecke durch die Petzendecke unterschoben. Nachgosauisch bildeten sich die

Miestal-Bögen, drangen die Porphyrite in der Ursuladecke auf. Tertiäre Faltenzüge begleiten im SO die Donatilinie.

Die Zahl der bekannten und noch unbekannten Tertiärstörungen im zentralalpinen Bereich, die wir natürlich nicht alle anführen können, ist bedeutend. Es kommt uns hier mehr auf die großen mechanischen Zusammenhänge an, deren gemeinsamer Bewegungssinn mangels oft aller anderer, zeitweisender Anzeichen uns vor unrichtiger Zeit-Einordnung, also vor baugeschichtlicher Verzeichnung schützen kann. Auch hier muß natürlich vorsichtig verfahren werden. Unklar ist oft wie weit die Nachgosau-Bewegungen gegen Ende der Kreide, wie weit sie alttertiär entstanden.

Eines dürfte immerhin heute schon gelten: Die erste, mehr oder weniger weit noch in das Eozän mit neuer Belebung hereinragende juvavische Hauptbewegung war die großartige Einengung längs der O-W liegenden Narbenzüge, überwältigt und in eine vorherrschende Süd-Unterströmung verwandelt durch die zu der Alpenknickung und zu den Decken-Großmärschen in der Schweiz führenden Zugriffe aus besonders großer Tiefe.

Da sich dieser südwärtigen Hauptstromverfrachtung nicht alle Alpenteile gleichmäßig fügten, lösten sich an großen Querstörungen bzw. Horizontalflexuren die stärker beweglichen, anscheinend in größerer Tiefe wurzelnden Driftmassen von zurückbleibenden, sich anscheinend oben mehr verkeilenden Teilschollen ab.

Es ist überaus bemerkenswert und spricht für die wirkliche, auch baugeschichtlich auswertbare Einheitlichkeit, *daß es ohne größere Ausnahme jeweils immer die Westscholle war, welche unten weiter vorangetrieben wurde.*

Als solche *Hauptquerstörungen haben wir erkannt:*

Die Horizontalflexur zwischen Karpaten und Ostalpen.

Die 150 km lange Lavanttalstörung (1936, 279) als NW-Fortsetzung des Narbenschnittes der Dinariden im SO.

Die Weyerer Bögen als mögliche NW-Fortsetzung dieser Linie (J. Stiny 1931) durch die nördlichen Kalkalpen schneidend.

Die 120 km lange Val Sugana-Störung, welche sich als zertrümmerte Gleitschiene mit NNO-SSW streichender Querfaltung gegen O entwickelt.

Die 140 km lange Judikarienlinie mit ihrer alten Vorgeschichte.

Die 135 km lange Engadiner Linie (1936, 28).

Die rund 50 km verschiebende Rheinlinie bei Chur.

Vielleicht die über 115 km von Locarno gegen SW ziehende und im W das ruhigere Westalpen-Bogenstück lassende Ivrea-Zone.

Als zweite, überwiegend *nachjuvavische Hauptbewegungseinheit* haben wir demgegenüber *ein unterströmendes Hereindrehen dieses nach S drängenden* und, je weiter nach W desto ungehemmter werdenden *Unterstroms im Gegensinn des Uhrzeigers über SO gegen O.* Ein größerer Zeitunterschied scheint gegenüber dem juvavischen, eozän neu belebten Südstrom nicht zu bestehen. Wir haben ihn noch als alttertiär anzusetzen, doch als zur Hauptsache später, denn die O-W-streichende Anlage mit den Hauptschüben und den Querknickungen war schon da.

Deshalb beobachten wir die Auswirkung dieser ostwärts gerichteten Unterbewegungen einerseits längs den großen O-W-streichenden Hauptstörungsflächen, auf denen vorher in den Narbenscheiteln die großen streichenden Massenverluste nach unten vor sich gegangen waren, und welche nach Ausweis der danach tertiär vorgedrungenen Tonaliteinschübe durch Erweichung noch besonders wegsam wurden.

Andererseits wirkten sich die Ost-Unterbewegungen nun an den großen Querknicken aus, zu denen noch zahlreiche kleinere Querstrukturen gehören (1936, Fig. 57).

Die Folgen an der Karpaten-Alpenflexur liegen unter junger Bedeckung. An der oligozänen Lavanttalstörung (A. v. WINKLER 1936, 242) schob sich die Zentralalpenscholle ostwärts etwas unter das Altkristallin von Seckauer Alpe, Amering, Koralpe, SO-wärts längs der Gleitschiene des südalpinen Narbenschnittes etwas vorrückend und in die dortigen Gleitbahnen (Donatilinie) einbiegend. Die Bewegung lag also gleich mit der ostwärtigen Unterschiebung des Dinariden-Orogens unter die alte Rhodope-Masse. Auch gab es eine dinaridische Haupteinengung mit NW-SO-Generalstreichen nach Bildung des alpinen O-W-Streichens.

Längs der *Weyerer Bögen* verzeichneten wir I, 421 gleichzeitige ostwärtige Unterschiebung; außerdem kam es in den Nordkalkalpen zu kleineren Unterbewegungen gegen O und zu Gleitungen längs O-W-streichender Störungen (Rätikon S, Wetterstein S, Heiterwand usw.).

Längs der *Val Sugana-Störung* bewegte sich die vorher in der Südflanke der Südalpennarbe durch Unterschub von S in WO-streichende, etwas S-vergente Falten gelegte Dolomitenscholle nach M. OGILVIE-GORDON 1934, 180, ostwärts und staute sich im Cadore an einer NNO-SSW-Falte.

Das schweizerische Deckenland glitt längs der tonalitisch erweichten Tonalelinie (Südalpennarbenscheitel) von W gegen O mit Drehung gegen NO unter die Ötztalmasse (1936, 36), unter Silvretta und Rätikon (O. AMPFERER). Dabei stieß es gegen die Dolomitenschüssel jenseits der Judikarienlinie. Die hier südlicher, unter den ausgeschobenen Dolomiten liegende Südnarbe besaß stärkere Senkungskraft, unterfaltete und unterschob sich darum steil am Judikarienbruch.

Schließlich lernten wir die große, in der Anlage auch noch alttertiäre Unterschiebung und Unterfaltung kennen, mit der sich (Abb. 23) das vorher pyrenäisch in O-W-streichende Falten gelegte Vorland ostwärts unter die Alpenrandbögen hineinschob.

Ihm entspricht *in den östlichen Südalpen* die von F. KOSSMAT und A. v. WINKLER-HERMADEN gut bekannt gemachte Knickungs-Unterschiebung der älteren, OW-streichenden Alpenfalten ostwärts unter die jüngeren NW-SO-streichenden Falten der Dinariden.

Dies ist das zweite große Bewegungsspiel, das sich mit Ostbewegung unmittelbar jenem mit Südbewegung anschloß, und das wir zur Hauptsache noch als Alttertiär anzusehen haben.

Aus diesen Gründen haben wir 1936, S. 58 und 316 von der durchgreifenden Bewegung des magmatischen Zyklons im Gegensinn des Uhrzeigers gesprochen, dessen Tätigkeit unter Europa ich 1937, 377, ausgehend von der russischen Tafel, darstellen konnte.

Wir haben aus den Beobachtungen den Schluß zu ziehen, daß dieser Hauptstrom im Alttertiär tätig war.

Diese Beanspruchungsart, so wenig wie diejenige, die in O-W ordnete, war damit aber keineswegs abgeschlossen. Zum wenigsten für die Randgebiete wiederholten sich in späteren Drangzeiten ähnliche Antriebe.

i) Eozän — Unteroligozän-Bewegungen der Südalpen

Die Verteilung des südalpinen Eozäns ist sehr auffällig und baugeschichtlich bedeutungsvoll, Abb. 26. Wir haben in den südlichen Westalpen im Bereich von Como—Chiasso noch Eozän in strandnaher Flyschfazies mit grauem Fukoidenmergel und Sandeinlagerungen, vermutlich mit gesteinsmäßigen Übergängen über rote Mergel in die liegende Scaglia, jedoch ganz zum Obereozän gehörig, das somit transgredieren dürfte. Auch folgt diesem *Eozänflysch* keine Winkel-Diskordanz, sondern nur eine Schichtlücke gegen auflagernde Lithothamnienkalke der Unter- und Mitteloligozänmolasse. Diese beginnt mit Grundkonglomerat. Am Comabbiosee bei Varese wird eozäner Nummulitenkalk durch Sandstein und Konglomerat überlagert.

Mit seiner orogenen Fazies spiegelt der seichtmeerische Eozänflysch offenbar noch jene Untergrunds-Unruhe wider, welche die großen, gleichzeitigen Deckenschübe im Westalpenbogen verursacht haben. Seine Fortsetzungen aber nach W, O und S fehlen weitgehend. Soweit das Eozänmeer hier überhaupt Absätze hinterließ, wurden sie entweder wieder abgetragen oder doch von dem Jura-Kreide-Rand der Alpen abgebrochen und südwärts unter die Poebene versenkt. Auch gegen N kennen wir keine unmittelbare Fortsetzung.

Grundsätzlich anders verhält sich der Südalpenrand im O der Judikarienlinie, die ja, wie wir hörten, juvavisch entstand und dementsprechend jene völlige Änderung verstehen läßt. Hier im O springt marines Eozän vom Gardasee sofort um nicht weniger als 100 km weiter gegen NNO in der Etschbucht vor bis westlich Bozen, der gleichen Verteilung von Unter- und Oberkreide folgend. Durch spätere Walmungen und Erosion wurde hier die juvavische Alpenknickung besonders auffällig gemacht (Abb. 26).

Aber auch die Schichtfolge des südalpinen Alttertiärs im O der Judikarienlinie ist ganz abweichend und viel reichhaltiger als die noch im Zusammenhang mit den großen Alpenschüben stehenden Eozänflyschmassen im W. Während das Paleozän auch hier noch kaum bekannt ist, haben wir vollständige, oft fossilreiche Schichtfolgen in normaler, nichtorogener Ausbildung. Das heißt der „dinarische" Alpenteil zeigt, wenigstens im W, zunächst *keine orogenen Großbewegungen* für die Eozänzeit an. Die Faltung und Hauptverschiebung der Dolomiten dürfte seit der Mittelkreide abgeklungen sein.

Noch mehr als schon die Oberkreide-Verbreitung finden wir das Alttertiär *alpenauswärts* und auf bestimmte Teilbecken verlagert, d. h. gegen die Ein- und Abbruchsgebiete in dem bereits zur Hauptsache fertig gestellten Gebäude, an welchem sich nun auch ein außerordentlich starker basaltischer Vulkanismus aufgetan hat.

Untereozäne Ypern- und Spilecco-Stufe

Sehr im Gegensatz zu der bis zur lutetischen Transgression reichenden, festländischen Schichtlücke so ausgedehnter Alpenteile finden wir am Veroneser Alpenrand Mergel und oft rote Kalke des *Untereozäns*, gegen O (Vizentin) und SO (Euganeen) mit Basalttuff, bei Teolo mit eingespülten Festlandspflanzen. Ähnliche Fazies hat Mittelvenetien, während graue Mergel noch weit nach N in der Etsch-

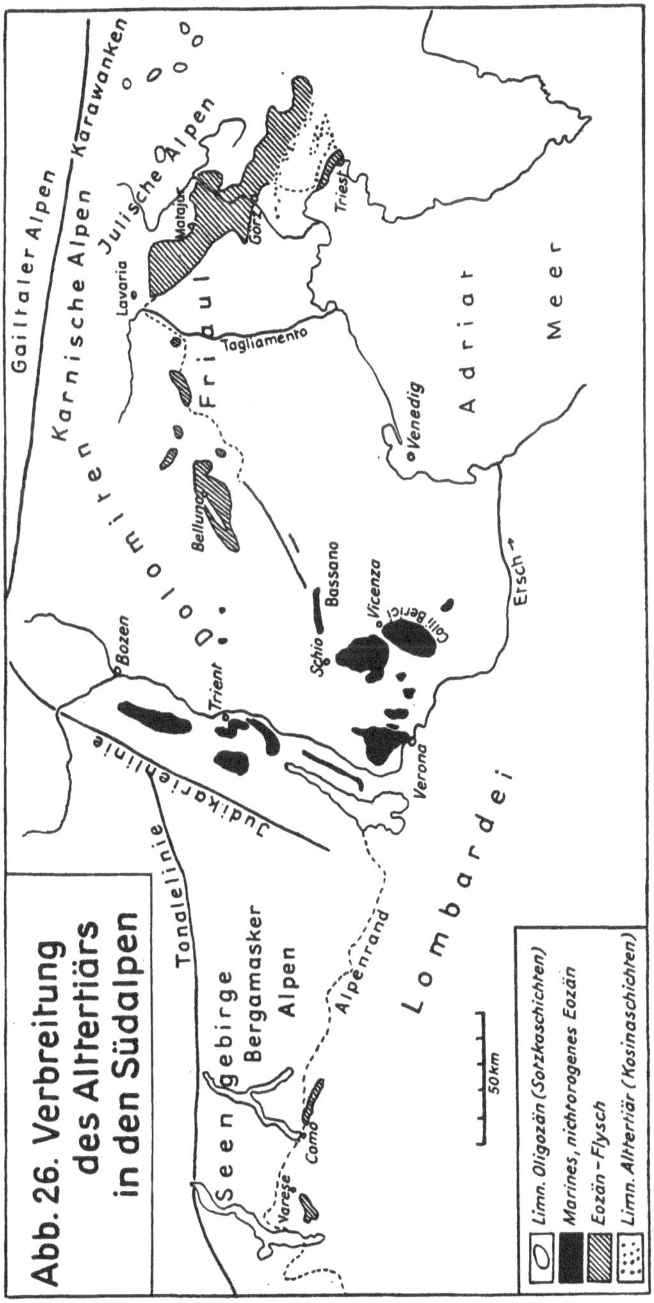

Abb. 26. Verbreitung des Alttertiärs in den Südalpen

bucht bis über Cles hinaus die Oberkreidemulden füllen. Mit sandigem Mergel und Basalttuff treffen wir das Untereozän nordostwärts Trient, mit Mergel und Landpflanzen, aber auch nummulitenführendem Mergelkalk ostwärts im Feltre-Belluno-

Becken. Hier liegt zwischen Oberkreide und dünnem Unter- bis Mitteleozän keine scharfe Grenze (G. DAL PIAZ 1907). Gleichförmig über Scaglia setzen im W-Friaul dünne, rötlich gefleckte Kalkmergel fort, die im Ostfriaul Sande und Kalkbrekzien aufnehmen, sehr mächtig und konglomeratisch-litoral werdend östlich des Tagliamento. *Die Reliefunruhe steigert sich deutlich gegen O.*

Im istrischen Karstvorland aber war diese Meeresvortiefe der Südalpen zu Ende. Hier herrschte die Regression der limnischen Kosina-Schichten, unten noch mit Kohleflözen (Abb. 26). In den östlichen Südalpen selbst dürfte weithin die gleiche, übliche Schichtlücke des Untereozäns bestehen.

Mitteleozän (Lutet, Auvers)

Im Nons- und Sarcatal der Etschbucht reichen tonige Marinmergel weit nach N. Lutetische Nummulitenkalke entwickelten sich bei Trient — Rovereto, Auverskalke mit Schnecken und Nummuliten nördlich Trient — Mori, wo aber auch Basalt-Tuffe zwischen Tonschiefern und Brackwasserschichten auftauchen.

Im allgemeinen machen mitteleozäne Kalksteine und Mergel die tieferen Profilteile, Kalksteine das Oberlutet aus. Die in den östlichen und mittleren Lessinischen Alpen und in den westlichen Colli Berici (S. Vicenza) den Kalken zwischengeschalteten Basalttufflager beweisen den rührigen Fortgang der vulkanischen Tätigkeit. Bekannt ist der mittellessinische Monte Bolca mit seinen Nulliporen-Alveolinen-Kalken, nach oben brackisch und weiter unten mit seiner Fischfauna und schönen Pflanzenresten. Auch hier herrschte oberlutetischer Tuff-Vulkanismus ähnlich wie im westlichen und östlichen Lessiner Gebiet und in den Colli Berici.

Brackwassertuffe bezeichnen im Vizentin die Auvers-Stufe, überlagert von den versteinerungsreichen Ronca-Kalksteinen mit Land- und Süßwassermollusken und dann von Tuffen eines ausgesüßten Beckens. Immer wieder, auch in den Colli Berici, durchbrach vulkanischer Tuff die marinen Kalksteine. In den Veroneser Alpen (K. BODEN 1908, 1915, Taf. XV) sieht man besonders schön die basaltischen Durchbruchslöcher durch den hellen Kreidekalkstein, sowie die ausgedehnten, dunklen Tufflager. Mergelige Nummulitenkalke reichen bis über das Euganeen-Gebiet fort.

Im Feltre-Belluno-Becken verharrte das Meer bei Feltre mit Nummuliten-führenden Kalksteinen, Mergeln, Sandsteinen, während sonst nur Nummulitenkalk-Brekzienbänke in eine *Flyschfazies* vorstoßen. Diese zeigt wiederum die örtlich gesteigerte Bodenunruhe bis in das Mitteloligozän hinein an. Das Gleiche bedeutet offenbar die Flyschfazies von Ostvenetien, auch hier mit eingeschalteten Nummulitenkalkbänken des Lutets.

Eine Meerestransgression, also die Wiederholung dieses überaus großzügigen Vorganges, über die limnischen Kosina-Schichten während des Unterlutets brachte die Foraminiferenkalke des Istrianer Karstes:

3. Über Knollenmergeln liegt Flysch des Auvers-Obereozäns.
2. Hauptnummulitenkalk mit großen Nummuliten und Orbitoides; südwärts mächtiger.
1. Hauptalveolinenkalk mit *Nummulites laevigatus* und mit Assilina.

Ungleichförmig über gefalteter Oberkreide liegt in Nordistrien—Triest die Liburnische Stufe mit umgelagertem Untergrundgestein.

Obereozän

Eine bei fortdauernder Meeresbedeckung kaum feststellbare, aber im S offenbar recht verbreitete *Regression* schloß das Mitteleozän ab. Das Meer kehrte wieder bzw. dehnte es sich neu aus und sein Becken vertiefte sich neuerdings und noch vermehrt im Obereozän (Priabon). Überall treffen wir die Beweise der Vertiefung und von erneutem Absatz mariner Kalke und Mergel.

In der Etschbucht erhielten sich obereozäne Mergel, örtlich mit Nummulitenkalk oder Cerithiumkalk über Basalttuff übergreifend, in den Muldenfüllungen des nördlichen Gardasee-Bereiches und NO davon. In Mittelvenetien hat man allgemein:

3. Blaue und gelbe Mergel mit Bryozoen, *Nummulites fabiani*, Mollusken.
2. Nummuliten-Orthophragminenkalk, versteinerungsreiche Mergel mit der Fauna der Priabonaschichten.
1. Cerithium-Schichten, örtlich (außer Mittelvenetien) mit basaltischen Konglomeraten.

Wie weit die tertiäre Faltung mit gleichzeitig gegen N und S gerichteten Schüben in den W-Dolomiten (M. OGILVIE-GORDON 1927, 315f.) zu dem Wechsel der Fazies und zu dem reichen Vulkanismus in Beziehung steht ist noch zu klären. Die scharfen Spannungen und ostwärtigen Unterschiebungen rühren offenbar her von der zyklonalen Alpen-Längsstauchung.

Am Tagliamento geht das Eozän nach oben allmählich in sandiges, öfter große Glaukonitkörner führendes Unteroligozän (Tongrium) über, im Majano-Gebiet bis 100 m. In Ostvenetien hält die *Flyschfazies* an, ebenso wie im Bellunobecken und in Istrien.

Die Julischen Alpen schließen in ihren Mulden nicht selten als Fortsetzung des Oberkreideflysches den Eozänflysch ein vom Isonzo-Natisone-Gebiet bis Ostfriaul. A. v. WINKLER-HERMADEN beschrieb 1925 seine Einzelheiten.

Im Bereich der Ostausläufer der Karnischen und Julischen Alpen erhielt sich andererseits offenbar das Festland: Es fehlt Paleozän-Eozän-Unteroligozän und erst das Oberrupel-Meer (Castel Gomberto-Schichten, Untere Meeresmolasse) griff hier wieder über.

Eine Klärung der Stratigraphie in den angrenzenden dinarischen Bereichen verdanken wir für die innereocäne Gebirgsbildung O. KÜHN 1946. Die Prosinaschichten gehören dem Auvers und Priabon an. Sie transgredieren gleichzeitig mit den Diabolischichten Venetiens im Led, Wemmel und gehen mit starkem Fazieswechsel über Winkeldiskordanzen hinweg in Festlands- oder Flyschbildungen im NW über. Starke obereozäne Bewegungen spiegeln sich auch hier wider.

Unteroligozän (Lattorf- und tongrische Stufe)

Nur wenig Meeresreste des Unteroligozäns birgt das Etschbucht-Gebirge bei Riva-Arco.

Im Bereich Vizentin—M. Baldo—Colli Berici hielt das Meer aus mit einem Wechsel von Mergeln, Nulliporenkalken, mit Bryozoen, Terebrateln, Seeigeln, Mollusken. Weiter westlich bei Thiene und Bassano dagegen verdrängen Sandsteine, Konglomerate, Tuffe, Basaltbrekzien weitgehend die Kalksteine und Mergel. *Flyschfazies* herrscht noch im Bellunobecken. In Mittelvenetien greift über das Obereozän wohl unteroligozäner Sandstein, Konglomerat mit marinen Muscheln.

Übersicht

Abgesehen von dem noch als sedimentäre Quittung auf die großen westalpinen Deckenbewegungen anzusehenden Eozänflysch von Como-Chiasso haben wir östlich der Judikarienlinie *nur im O der Piave in den östlicheren Südalpen die gleiche sedimentäre Abbildung größerer, gleichzeitiger Orogenbewegungen im Eozänflysch.* Sie reichten hier sogar zum Teil erheblich noch in die Unteroligozänzeit hinein. *Entsprechend liegen denn auch nur in den östlichen Südalpen die eozän noch weiter bewegten Decken.*

Während im W der judikarischen Etschbucht-Knickung alle südlichen Eozän-Fortsetzungen durch Niederbruch in die Poebene unsichtbar wurden, gibt es im O davon eine besonders reiche Entwicklung. Sie zeichnet sich durch lange Fortdauer eines zwar reliefmäßig und orogen wenig beunruhigten Meeres, aber doch durch die starken Äußerungen *eines basaltischen Vulkanismus* aus.

Es erscheint uns daher selbstverständlich, daß auch die orogenen Begleiterscheinungen *in Form oligozäner Decken hier überall fehlen.*

Es fehlen auch meist Anzeichen für eine Gebirgsbewegung zwischen Kreide und Eozän. Nur eine Heraushebung mit Abtragung ist, wenn von der Diskordanz in Nordistrien bis in die Vorlage der Julischen Alpen hinein abgesehen wird, zu beobachten.

Die östlichsten Südalpenausläufer wurden seit der Oberkreidezeit bis zum Übergreifen des mitteloligozänen Meeres der Unteren Meeresmolasse nicht mehr unter den Meeresspiegel hinabgezogen.

Die *südostalpinen Hauptbewegungen* gliedern sich nach dem Auftreten der Flyschfazies für uns in klarer Weise.

Mit der Senonflysch-Transgression und -Weiterbildung, welche in den Teileinheiten der Julischen Alpen sowie in den östlichen Karnischen Alpen nachgewiesen ist, riß die Schichtfolge des Gebirges zunächst ab. Mit ihr haben wir die erste große Schub- und Faltungs-Bewegung, spiegelbildlich durch S- und N-Schub, angenommen. Am Kreideende hob sich dieses bereits gebildete Gebirgsland und sein Baurelief wurde teilweise bis auf Dachsteinkalk abgetragen.

Die Untereozän-Mitteleozän-Transgression mit teilweise über 2 km mächtigem Flysch bis einschließlich Auvers zeigt uns *die Zeit der zweiten großen Gebirgsbildung* an. *Während dieser wurde in Julischen und Steiner Alpen der von S und N unterschobene Narbenscheitel-Bau vervollständigt.*

Auf solche Gleichzeitigkeit der S- und N-Unterschiebung, die aus veralteten kontraktions-hypothetischen Anschauungen über „Hochfaltung" einst von E. Suess z. B. für die Steiner Alpen abgelehnt wurde, und welche dem gleichen Gedankenkreis natürlich noch heute Beschwerden macht, sind die Geländebeobachter doch immer wieder gestoßen. Man hat darauf den schwierigen Versuch der zeitlichen Trennung von N- und S-Schub unternommen, den wir aber nicht mehr nötig haben. Für uns sind im Gegenteil gerade diese zweiseitigen Strukturen bester Beweis für die gleichzeitige Mechanik eines, nämlich des südalpinen Orogen-Scheitels über der Narbe.

Zeitlich setzen wir darum die Hauptbewegungen an:

a) in die Bildungszeit des Senonflysches — aber nicht nach ihr, da ja der Flysch kein gewöhnlicher Abtragungsschutt ist, sondern ein orogen, d. h. auf bewegtem Untergrund entstandenes, *nicht nach*-orogenes Sediment!

b) In die Bildungszeit des Eozänflysches, welcher im Auvers noch mitverarbeitet wurde, während Priabon und Unteroligozän schon nicht mehr bekannt sind.

Während Zeit a haben wir die vorwiegend spiegelbildlich von N und S erfolgte Narben-Einengung. Während b wurde diese allmählich übertroffen durch allgemeine Nordunterschiebung. Es entstanden die gegen SW vorknickenden Teildecken der Julischen und Steiner Alpen bis zur Piave unter dem Einfluß der großen alpinen Längsstauchung. Diese gehört offenbar mechanisch zusammen mit der hier überprägenden Entwicklung des dinarischen NW-SO-Systems im O, mit der Weiterentwicklung des Westalpenbogens im W.

Es entstanden die Südüberschiebungen von Karfreit-Kirchheim, am Krn und die Ternovaner „Knickungsdecke". Dabei verstehen wir hier mit v. Winkler unter „*Knickung*" die zertrümmernde Aufprägung der NW-SO-Strukturen des dinarischen Kraftfeldes auf die alpinen O-W-Strukturen, *veranlaßt durch den zyklonalen Unterstrom im Uhrzeiger-Gegensinn, also durch die Alpenlängsstauchung.* „Knickung" im Sinne AMPFERERS und SANDERS aber bedeutet die Querverstellung (Blatt- bis Horizontalflexur-Bewegung) O-W-streichender Alpenelemente, welche jener dinarischen „Knickung" vorausgegangen ist.

An den genannten, gegen SW vorgebrochenen Überprägungsdecken wurde der Eozänflysch nicht allein *gebildet*, sondern auch alsbald mit unterschoben. Anschließend hob sich das so dinarisch überarbeitete Südostalpenland, wurde abgetragen und sank erst mitteloligozän wieder unter das Meer. Spätere Umformungen und Neubewegungen im Oligozän, Miozän, Pont schlossen sich an.

Überblick der alttertiären Bewegungen

Der Zeitabschnitt Dan-Paleozän-Untereozän brachte nur wenig und nur schwache Anzeichen für Gebirgsbildung. Damals herrschte abtragende Hochlage, die nur in seltenen Teilmulden (nördlich Salzburg, in einigen Teilen der Schweizer Alpen) von der Ausbreitung eines paleozänen Meeres mit Ablagerungen ohne deutliche Hinweise auf stärkere Gebirgsbewegung unterbrochen war.

Erst da und dort im Untereozän, allgemein dann im Mitteleozän breitete sich eine zur Hauptsache gleichförmige Sedimentdecke weithin aus. Entsprechend der geringen Entwicklung eines ältesttertiären Baureliefs dürfte das nun unter den Meeresspiegel versinkende Land *recht flach abgetragen* gewesen sein. Der häufige Mangel an Grundgeröll, die Gleichartigkeit der Fazies der übergreifenden Flachmeerschichten, die Schärfe, Schnelligkeit und die Reichweite der Lutet-Transgression sprechen dafür. „Laramische" Bewegungen können hier wohl alle auf die Oberkreide bezogen werden. In den Alpen herrschte verhältnismäßig Ruhe.

Dagegen bahnte sich mit der umfassenden Mitteleozän-Senkung und -Überflutung, welche sich unter Bildung tiefermeerischer (Stadschiefer, Stockletten) und Seichtwasser-Orogen (Flysch)-Ablagerungen von oft über 1 ja 2 km Mächtigkeit steigerte, offenbar *die stärkste Gebirgsbewegung des Tertiärs* bis ins Unteroligozän hinein an. Deutlich ist öfter ein vorübergehendes Nachlassen der Senkung, eine Regression am Ende des Lutets und erneute, überflutende Absenkung und Orogenese im Auvers-Obereozän (Priabon) zu spüren. In den östlichen Südalpen scheint solch erneuter Krafteinsatz aber gegenüber den Dinariden zurückzutreten.

Die *Flyschfazies* gewann zu dieser eozänen Hauptbewegungszeit *ihre letzte großartige Verbreitung*. Der Schwerpunkt der Wildflyschbildung lag im ultrahelvetischen, erst gegen Ende im helvetischen Raum. Die Beweise der letzten großen Deckenbewegung, Faltung, Bruchbildung, Reliefänderung fanden wir *in der Tiefe und Nachbarschaft der Flyschmeerbecken*. Nach der Eozänflysch-Verbreitung standen damals *die äußeren Westalpen mit den bei ihnen bereits angekommenen Stirnteilen der Präalpen-Ultrahelvetiden und mit jungen Penniden-Anteilen des W in letzter Großbewegung*. Es verschoben sich im O fortsetzend die *Ultrahelvetiden mit den Kalkalpenrändern und die äußeren Südalpen östlich der Piave*, namentlich die Julischen und Steiner Alpen.

Im Zentralalpen-Bereich dagegen, ähnlich wie in den inneren Nordkalkalpen, haben wir nach den juvavischen Hauptbewegungen, welche vor allem schon den gewaltigen Alpenknick von Judikarien mit seinen Begleitern geschaffen bzw.

fortgebildet hatten, nur noch *verhältnismäßig wenig Schub-Anzeichen.* Zu ihnen gehören seitliche Unterschiebungen der *Silvretta- und Ötztalplatte mit anderen Längs-Beanspruchungen.* In der Schweiz werden die juvavischen Bewegungen wohl noch erheblich unterschätzt. Wir hatten Anlaß, die Hauptbewegung der penninischen und unterostalpinen Decken „nach N" bereits für vortertiär zu halten, denn sie gehören in die mechanische Großeinheit des Alpenknicks.

Das Alttertiär ist die letzte Formation, welche noch Anteil nimmt an den Hauptbewegungen des Alpenkörpers und zugleich die erste, welche — abgesehen von randlichen Niederbrüchen späterer Zeit — diesen Körper einheitlich umschlingt.

Neben der orogen bedingten Tiefwasser-Sedimentation in Jura-Kreide (Fleckenmergel, Schiefermassen, Tiefseebildungen) und dem Kreideflysch ist das Alttertiär zugleich die letzte Hauptzeit, welche *orogenen Flysch*, insbesondere auch den *Wildflysch der Deckenstirnen* bildete.

Aus beidem erschließen wir schon ganz allgemein die Tatsache, daß neben den mesozoischen Hauptbewegungen jene *während und gegen Ende des Alttertiärs* (Unteroligozän) es waren, welche den *Hauptdeckenschub und Faltenwurf besorgten.* Seitdem konnte die absenkende Orogenkraft in den eigentlichen Alpenkörper nie mehr so tief vordringen, daß das Meer die ihm unter seiner Spiegelhöhe dargebotenen Senken zu füllen vermochte.

Nach der von uns gewonnenen Einsicht über die ursächliche Verknüpfung von Absenkung und geosynklinaler Gebirgsbewegung schließen wir hieraus auf ein *Erlahmen der orogenen Hauptleistungen im Alpeninneren* und auf die *Verlagerung von nun an in die Randgebiete*, welche sich dementsprechend allein mit einem breiten Kranz von Jungtertiär-Quartär-Sediment beluden.

So wie vorher in den älteren Alpenteilen gab es auch hier, wie zu zeigen sein wird, keine einmalige und kurzfristige, letzte Stoßphase, sondern noch eine ganze Anzahl bei fortdauernder Unruhe.

Seit dem Schwinden der orogenen Kraft unter ihm ist der Alpenkörper weit *überwiegend in Hebung* begriffen, so daß Übergriffe sedimentsammelnder Senkungen aus dem Vorland durch abtragende Hebung sehr weitgehend beseitigt werden konnten: *Das Alpeninnere ist aus dem Entwicklungsabschnitt der Tieforogenese schon in jenen der Hochorogenese übergegangen.*

Der alpine Kernkörper zeigt sich vom Alttertiärende an als große Einheit, zusammengeschmolzen aus den vereinigten, und oft übereinander übergreifenden Nachbarleistungen der Nord- und der Südnarbe. *Ein übergeordnetes*, wahrscheinlich in noch tieferem Stockwerk der Erdrinde lebendig gewordenes *Unterströmen zyklonal im Gegensinn des Uhrzeigers war in der alttertiären Hauptbewegungszeit übermächtig* über die getrennten Kräfte der beiden alpinen Orogene. *Dieser Zyklon zerriß in großartigen Horizontalflexuren* (Karpaten/Nordalpen, Ivreazone) *oder Blattverschiebungen* (Paraphoren von Judikarien, am Alpenrhein) *die beiden Narbenzüge und schuf den Alpenknick.* Er unterschob jeweils westlich dieser Querstörungen die Decken bis hin zu dem wieder bodenständiger werdenden Briançonnais ungleich gewaltiger in südlicher Richtung als jeweils östlich davon.

Dieser Zyklon unterschob aber auch von der Allgäuwendung ab zunächst in der Schweiz das Vorland gegen SO, um so weiter, je tiefer das Stockwerk lag. Die zyklonale Gewalt wandte sich schließlich *im französischen Westalpenbogen auch gegen O.* Hier zwang sie das vorher gleichsinnig mit der Pyrenäen-Nordflanke und den beiden alpinen Orogenen meridional, überwiegend südwärts unterschobene Vorland mit seinen O-W-Falten *ostwärts unter den sich darüber in Falten, Schuppen und Decken stauenden Alpenrand. Die O-W-streichenden Dolomiten und Nordkalkalpen gerieten damit unter gewaltige Längsstauchung.* Gleichzeitig wurde die SW-Flanke des Dinariden-Orogens übermächtig und floß der zyklonale Strom unter sie herein, *wobei die O-W-Elemente der SO-Alpen unter die sie überkreuzenden Scherdecken untertauchten.*

Das gleichzeitige, allmähliche Aufklaffen und Niederbrechen des Mittelrheintalgrabens schien mir 1926 *die Folge dieser gewaltigen, zyklonalen Unterströmung im Alttertiär.* Die Zerrgräben und Abbrüche im Rhonetalgraben-Vorland und wohl auch die ersten Niederbrüche im nordwestlichen Mittelmeer zwischen Korsika—Genua—Marseille—Barcelona gehören als Folgen mit zu diesem großartigen Zyklon des Alttertiärs. *Die ganze Süddeutsche Scholle löste sich damals* an dem Pfahl-Donau-Abbruchssystem und an nordwestlichen Blattverschiebungen *von der Böhmischen Masse,* die sich hob, und die in der ganzen Oberpfalz in ostwärtiger Richtung ein wenig unterschoben wurde; etwas mehr im S, wo auch die kräftigsten Radialbrüche aufsprangen. Als seichter Vorsockel, ähnlich der Pelvoux-Mercantour-Vorplatte unter die Ubaye-Embrunais-Flyschdecken, hatte sich das kristalline Vorfeld der Böhmischen Masse südwärts unter die ultrahelvetischen Flyschmassen vom Wiener Wald bis zu den Weyerer Bögen hinabgepreßt. Als tiefer liegender Vorsockel erscheint von dieser Einmündungsstelle des Pfahlsystems an gegen W das Vindelizische Kristallin unter dem ultrahelvetischen Flyschraum als Rammfront der süddeutschen Scholle Europas.

Das „Für“ und „Wider“ der alpinen Unterströmung

Nachfolgend sei kurz noch einmal Stellung genommen zu einigen wesentlichen und mir bekannt gewordenen kritischen Äußerungen über meine alpine Subfluenz. In mir schwer zugänglichen Publikationen scheinen noch weitere Äußerungen erschienen zu sein; doch wurden mir diese nicht zugänglich gemacht.

Eine wertvolle Kritik verdanke ich dem verehrten westalpinen Kollegen M. GIGNOUX, Grenoble, 1939.

Er wolle verstehen, wenn ich hier nicht auf Einzelheiten eingehe, sondern, soweit sie ihm gegen die Unterströmungstheorie im allgemeinen und in der von mir in den Alpen für naheliegend gehaltenen Gestalt zu sprechen scheinen, hier nur das Folgende allgemein zu bedenken gebe:

Man ist, wohl immer unbewußt, bestrebt, die Naturbeobachtungen unter mehr oder weniger klaren Arbeitshypothesen zu sammeln und zu ordnen. Die verba magistri, das durchstudierte Lehrbuch mit dem „consensus omnium“, spielt für die meisten die ausschlaggebende Rolle. Gar eine „doctrine classique“ des klassischen alpinen Arbeitsfeldes ist für die meisten tabu — selbst wenn der gesunde Menschenverstand ihr gegenüber ehrlich sagen muß: „Aber mechanisch verstehen kann ich das nicht.“

Von diesem Gesichtspunkt ging ich aber zunächst *nicht* aus. Wurde mir doch durch meinen hochverehrten Lehrer August Rothpletz, der im Gegensatz etwa zu G. Steinmann, stolz darauf war, daß er mit keiner Schule die wachsende Kritik anderer unterdrückte, das redliche, unabhängige Bemühen einer *aus der „Beobachtung an sich"* wachsenden, eigenen Überzeugung geschenkt. Was ich bei meinen Arbeiten über die orogenen Sedimente der Alpen wie über die verschiedensten außeralpinen Bewegungsäußerungen der Erdrinde zutage fördern konnte, was ich außerdem der unübersehbaren Zahl bester Beobachtungen anderer Geologen entnahm, das zwang mich auf — gewiß höchst unbequeme, jedoch für meine allmählich gefestigte Überzeugung allein gangbare Wege. Jede andere Deutung bleibt mir unverständlich und ich will nicht nur beschreiben, sondern auch verstehen! Nur die „vagen" Unterströmungsvorgänge helfen mir dabei, mögen sie neu sein und erst vielleicht nach Generationen zur selbstverständlichen, natürlich noch immer zu bessernden Synthese werden.

Es ist einem Menschen unmöglich, nun alle großen und kleinen Arbeitsergebnisse von 100 Jahren redlichster Alpenforschung daraufhin zu prüfen, wie weit sie objektiv stimmen oder wie weit sie nur deshalb in Lehrbücher übergingen, weil sie der herrschenden Konzeption zu entsprechen schienen. Ich wäre aufrichtig dankbar, würde diese nötige Kritik des Bisherigen nicht einfach dadurch umgangen, daß man sie als vermeintliche Gegenargumente einfach hinnimmt, unbesehen, wenn man den Versuch wagen wollte, die in jeder Beobachtungsreihe steckende Deutung mit der meinigen zu konfrontieren.

Man vergebe mir die aus meiner Überzeugung fließende Darstellung, welche Beobachtung und neue Deutung zur Einheit werden läßt. Denn was tut ein Kritiker anders als Anhänger der Kontraktion, der Kontinentalschub-Orogenese oder der Schwerkraftsgleitung, wenn er Ampferers grundlegenden Unterströmungsgedanken einfach als „vage" ablehnt? Und doch muß zugestanden werden, daß die bisherigen Deutungsversuche durch kein mechanisch verstehbares Endziel mit fortschreitender Forschung an Wahrscheinlichkeit gewinnen!

Vielleicht gelingt es durch bessere Bekanntschaft der dem gleichen Endziel Ergebenen untereinander die unentbehrliche Zusammenarbeit zu erreichen. Die vergangenen Jahrzehnte kulturellen Selbstmordes waren dem abhold.

Auch der so früh und mit unseren besten Hoffnungen auf weitere, ausgezeichnete Erkenntnisse aus seiner Hand von uns gegangene, verehrte H. P. Cornelius hat unermüdlich seine schätzenswerten Beobachtungen in Ost- und Westalpen gegeben. Auf theoretischem Gebiet scheint er sich weniger gern bewegt zu haben. Bei seiner Auffassung der Ostalpen im Sinne der „Deckenlehre" (1940, 271—312) ging er eklektisch und mit großzügigen Verallgemeinerungen ans Werk.

Man wird sich hüten müssen, allein die für die eigene Ansicht günstigen Stellen herauszusuchen und die anderen, wie z. B. die schön aufgeschlossene Grenzzone zwischen Ost- und Westalpen, außer acht zu lassen, weil sie eigener Ansicht nicht verständlich sind. Das ergibt keine Synthese!

Man kann auch nicht sagen: Weil die Decken in den Westkarpaten von S her überschoben sind, deshalb *müsse* dies auch für einen Nordschub der Nordkalkalpen über die Zentralalpen zutreffen (Cornelius 1940, 271).

Daß z. B. die von den Nappisten auch als Ultradecke geführte Inntaldecke nicht „sicher von S eingewandert" ist, habe ich 1949 durch den Nachweis von deren Verankerung in der Lechtaldecke festgestellt.

Die Verbindung der nördlichen Kalkostalpen mit ihrem Randostalpin im N nach W über die bereits stark durch Erosion zerstörten und in den Molasseschutt hinausgewanderten Klippen nach den Präalpen, sowie dieser nach dem Briançonnais bzw. Subbriançonnais kann H. P. Cornelius nicht widerlegen (1940, 275) durch die Bemerkung, daß dieser Versuch kühn sei. Diese Verbindung hat viel an paläogeographischen und an tektonischen Gründen für sich, wie ich 1936 ausführte. Sie geht nämlich nicht „quer durch den die Ostalpen im Rheintal unterlagernden Flysch hindurch", wie der Autor der ausgezeichneten Balderschwanger Klippenarbeit ja wissen müßte. Vielmehr lagerte sich der erst während der großen Deckenbewegungen entstandene Kreideflysch sowohl auf das Randostalpin im O des Rheins, mit dem er sich in den Klippengebieten dann noch verschuppte, wie westrheinisch auf die fortsetzenden, verschiedenen Klippen-Präalpen-Decken — nicht anders, wie wir auch südlicher im O des Rheins den Gosauflysch aufgelagert sehen.

Es wäre im Interesse einer Verständigung sehr zu wünschen, daß man endlich *das Werden der orogenen Flyschfazies* mit P. Arbenz 1919 im Zusammenhang mit den orogenetischen Verlagerungen verstehen wollte. Daß man endlich einmal den Flysch nicht als trübe Einheit sondern die Flysche als stark auf die einzelnen Decken verteilte, sedimentär-tektonische Schicksalskameraden dieser Decken anerkennen würde. Das könnte viel unnötige Rede und Widerrede ersparen, auch z. B. hinsichtlich der Bedeutung des Niesenflysches, der bei gleicher Position auch dann mit dem Embrunais-Flysch in eine gewisse Beziehung zu bringen ist, wenn sein erosiv beschnittener Bestand nur noch teilweise ins Tertiär hereinragt.

Man geht vorbei an der Existenz und abweichenden Fazies des *zentralalpinen Mesozoikums*, das einen sehr breiten und bei Zurückverlegung der nordalpinen Decken auf die Zentralalpen einen von ihm bereits völlig verbrauchten Sedimentationsraum eingenommen haben müßte, wenn man nicht die Subfluenz zu Hilfe nimmt. Denn nur verschluckende Unterströmung allein vermag die örtlich recht verschieden große Verminderung der N—S—Dimensionen im Verlaufe der alpinen Gebirgsbildung verständlich zu machen.

Die petrographische Ähnlichkeit der oberen Tauernschieferhülle mit den Glanzschiefern des westlichen Pennins ist schon lange erkannt als eine Konvergenz infolge ähnlicher Beanspruchungsgeschichte. Niemand aber konnte darüber hinaus *den Nachweis* einer gemeinsamen penninischen Deckeneinheit erbringen. Ebensowenig ist diese, bei H. P. Cornelius *elementare* „Tatsache" für ein *Tauernfenster* beweisend — wie das späte Emporsteigen der Tauernkuppel unter der Haut des Matrei-Radstädter Mesozoikums, so daß deren Zusammenhang durch ein *Erosionsfenster* innerhalb eines durch mannigfache Unterwälzung der überlasteten Unterlage in Gleitlamellen aufgegliederten, zwiebelschaligen Unterbau-Stapels nur teilweise unterbrochen ist.

Ungezwungen kann erklärt werden *die Unterwälzungs-Metamorphose* und die stetige Durchbewegung angesichts des mit dem horizontalen Massenschwund untrennbar verbundenen *Übereinanderstaus* im Bereich der schließlich ziemlich nahe benachbarten Verschluckungsnarben im N und S. Diese Unterwälzung ist ja auch kein alpiner Sonderfall, hervorgerufen durch darüber weg einseitig *aus S* marschierende oberostalpine Decken. Gleiches sehen wir am Granulitgebirge, im Paringfenster, in Attika, im Kern der Betischen Kordillere — ohne jeweils exzessiv einseitigen Großschub.

Damit werden die wirklich nachgewiesenen, weitreichenden Deckenschübe etwa des Unterostalpins zwischen Veltlin im S bis zum Rätikon und zum Unterengadiner Fenster keineswegs geleugnet.

Für den von uns gänzlich gestrichenen *Begriff einer „Wurzel“* gab Cornelius 1940 den *allein beschreibenden* Begriff „einer Stelle, an der die Decke entgegen der Richtung ihrer Bewegung endgültig in die Erde hinein verschwindet“. Doch ist dieser Gedanke noch immer belastet mit Herkunftsmeinungen bei ringsum isolierten Decken, mit der Meinung, der Schub habe oben aktiv gewirkt, sowie mit der mechanischen Unmöglichkeit einer verstehbaren Deutung: O. Ampferer 1906 u. f., R. Schwinner 1919, W. Schmidt 1922. Denn daß die beobachteten Tatsachen über 50 bis über 100 km weiten Deckenschub *möglich* sind — das ist doch nicht Beweis für die Richtigkeit der nappistischen Vorstellung (Cornelius 1940, 302). Es ist vielmehr gerade *Gegenbeweis gegen die Möglichkeit nappistischer Mechanik.*

Also, wer hat dann die Decken aus ihrer „Wurzelheimat“ vertrieben? Warum konnten die mit großer Geländemühe erkannten *jungen* Deckenelemente bis in die sog. Wurzel hinein verfolgt werden — obwohl dies wegen des Ausquetschcharakters der „Wurzeln“ *gerade nicht* sein dürfte?

Indem wir uns ins rein Beschreibende flüchten, entgehen wir doch nicht den andauernd auftretenden Schwierigkeiten nappistischer Versuche. Vielmehr geben wir zu, daß wir verzichten müssen auf jede zugängliche Deutung. Damit ist die Objektivität der Forschung aber noch keineswegs gesichert gegenüber dem Phantasie-Begabteren, der entschlossen darangeht, unter redlicher Auswertung und Ordnung der Beobachtungen zum Verständnis zu gelangen.

Seien wir uns doch dessen bewußt, daß auch in unserem Beobachten immer schon eine deutende Komponente steckt, und daß auch die Güte der Beobachtung von der voraussichtlichen Richtigkeit jenes Deutungsversuches abhängt. Resignierender Verzicht auf ein Verstehen ist nicht möglich. *Denn der Fortschritt hängt ab von der Bewährung alter oder neuer Ideen durch ein bejahendes Echo aus dem ungeheuren Raum der Naturharmonie.* Unser Verstand darf und muß dies Echo wahrnehmen, um sich von ihm leiten zu lassen.

Also laßt uns nicht in der scheinbar objektiv beschreibenden Sackgasse stecken bleiben, von der R. Schwinner 1940, 310, sehr richtig — im Sinne auch von Br. Sander — sprach.

Und da stellen wir nun erfreut die von O. AMPFERER 1940 nicht geteilte Inkonsequenz bei CORNELIUS fest, der trotz allem auf die Suche ging nach einer wirklich verständlichen Deutung. Dabei anerkannte er als Grundlage die von mir weiter ausgebaute Subfluenz, freilich nicht ohne Einwände.

Wenn er beispielsweise meint, es spräche gegen den Bestand meiner im ganzen etwa parallelen Abstromnarben im N und S, daß sie nur 50 bis 80 km Abstand voneinander haben und daß sie sich einander daher durch Verschluckung längst genähert und vereinigt haben müßten, so verwechselt er die heutige Endlage mit der ursprünglichen Ausgangslage. Die gesamte alpine Einengungsstruktur beweist ja schlagend, daß die Baugeschichte der Alpen eine solche immer weitergehende Raumverminderung nach abwärts ist. *Folglich müssen sich die beiden Narben ursprünglich weit voneinander entfernt befunden haben.*

Übrigens irrt H. P. CORNELIUS, wenn er meint, ich hätte 1933 („Überlegungen zur Geodynamik", wiederholt in „Der alpine Bauplan" 1936, Abb. 1) das Schema meines alpinen *Doppelorogens* gezeichnet. Steht doch unter jener Abb. 1 zu lesen „Querschnitt eines Orogens (Schema)".

Damit entfällt der wesentlichste Einwand gegen meine alpine Narbentheorie bzw. dagegen, daß diese allein gültig wäre für *spätere* Entwicklungsabschnitte.

Klar ist, daß man im Verlauf der sehr langdauernden Gebirgsbildung starke Abtragungen in die Massenbilanz einbeziehen muß. Aber die wesentlichen Strukturen und der erstaunliche Massenverlust, der sich aus ihnen ergibt, kann so nicht verstanden werden. Das erfordert schon großzügige Verschluckungs-Tonnagen.

Der scheinbare Widerspruch: Immer wieder absinkende Strukturbildung (Hinabbau) — Aufstieg von Magmen löst sich leicht aus der Erfahrung, daß jener Aufstieg salischer Massen im allgemeinen erst in den letzten Bauabschnitten eintrat als Hauptabsenkung und Einengung schon beendet waren. Daß dabei ein bedeutender Teil der Magmen palingen umgeschmolzene Absenkmassen aus vorangegangener Tieforogenzeit sein können, liegt wohl nahe.

Der Gedankengang der Verschluckung ist auch nach CORNELIUS 1940, 304 „*so zwingend, daß es schwer einzusehen ist, weshalb er sich nur zögernd durchsetzt*". Der Grund hierfür mag darin liegen, daß viele noch immer an dem E. SUESSschen Gedanken der einseitigen Schübe hängen, obwohl sie zugeben müssen, daß sie damit verzichten auf ein genetisch-mechanisches Verständnis des ungeheuer gehäuften Beobachtungsstoffes.

Schwer wird es dem anthropozentrischen Menschen, die Werkstätten außermenschlicher Gebilde auch wirklich entfernt von seiner Wohnebene (an der Erdoberfläche) zu suchen. Daher wohl auch der geradezu verzweifelt anmutende Versuch, die ungeheueren Bewegungen der über Hunderte von Jahrmillionen fortwirkenden Orogenese allein *zurückzuführen auf Schwerkraftsgleitung*. Und doch muß man auch dabei das primum movens suchen in Massenverlagerungen der Tiefe, welche allein die phantastischen Geotumor-Kuppeln schaffen konnten zum Zweck des Abrutschens der 2 km mächtigen, 50 oder 100 km langen und breiten Decken. Keine Spur von Verstehen der Paläogeographie, der geosynklinalen

Baugeschichte und der isostatischen Möglichkeiten von 20 und 30 km hohen Kuppeln bliebe in den extremen Annahmen übrig!

Demgegenüber glaube ich einen Weg gangbar vor mir zu sehen, auf dem sich die Summe der Beobachtungen, *aller* Beobachtungen, ordnen läßt und welcher der herrlichen Mannigfaltigkeit der alpinen Natur gerecht wird.

Der vergleichende Überblick über die Baugeschichte der anderen gut bekannten Gebirge, den ich gleichzeitig veröffentlicht habe, kann das Allgemeingültige der meisten unserer alpinen Baugrundsätze aufzeigen. Er unternimmt es zugleich, einer verständlichen Gesamtsynthese näherzukommen.

II. DIE GEBIRGSBEWEGUNGEN IM MITTEL- UND OBEROLIGOZÄN

Die mittel- und oberoligozänen Ablagerungen rings um die Alpen und (nach ihrer Ausbildung) auch ein breiter Gebirgsstreifen innerhalb lassen auf großzügige und einheitliche Hauptbewegungen schließen. Wir fassen daher diese Zeiten zusammen und gliedern in der im deutschen Schrifttum üblichen Weise:

Hangendes: Burdigal als Untermiozän	Obere Meeres-Molassse
Aquitan-Stufe als Oberoligozän Kattische Stufe als oberes Mitteloligozän } (stampisch) Rupel-Stufe als unteres Mitteloligozän }	Untere Süßwasser-Molasse Untere Brackwasser-Molasse Untere Meeres-Molasse
Liegendes: Tongrische (Lattorf-) Stufe als Unteroligozän; fehlt meist	

Damit besprechen wir den älteren Hauptteil der „*Molasse*". Unter ihr verstehen wir den orogenen Abtragungsschutt dieser bereits hochorogenen Zeit, der hauptsächlich in die Vortiefen des Gebirges verfrachtet wurde. Zweimal, im Oligozän und im Miozän, folgte der ersten Meeresüberflutung eine brackische, dann eine Süßwasser-Molasse, wonach wir mit C. W. v. GUEMBEL die „untere" und die „obere Molasse" unterscheiden.

Um die oligozänen Bewegungen zu untersuchen, begeben wir uns zunächst vorteilhaft nicht in die nördlichen, gegen das Gebirge tektonisch stark gestörten, auch nicht in die südlichen, später verdeckten Randgebiete, sondern in die östlich ausstreichenden, wo wir Oligozän an den Südalpen vorfinden. Denn Zentralalpen und Nordkalkalpen brachen ostwärts erst im Miozän nieder und ihre Ausläufer bedeckten sich also erst von da ab mit Sediment.

1. Südalpenrand

Seit den noch erheblich in das letzte Jahrhundert zurückreichenden Untersuchungen besonders FR. v. HAUERS und FR. TELLERS kennen wir im SO der Julischen und Steiner Alpen im Randgebiet der Radmannsdorf-Krainburg-Laibacher Senke und im Bereich der östlich hieran anschließenden „Savefalten", aber auch in den Ostabschnitten der Karawanken und des Tonalitzuges *eine starke voroligozäne Gebirgsbewegung*. Denn es liegen hier über scharf gefalteter und geschuppter Trias sehr ungleichförmig übergreifend mittel- und oberoligozäne Schichten. Diese zeigen eine selbst wieder, jedoch weniger, gestörte Schichtfolge, welche bei heute sehr verschiedener Höhenlage doch eine gleichbleibende Fazies besitzt:

Aquitan	*Sotzka-Schichten* lakuster mit Kohle, grauem Glimmer-Sandstein, bitumin. Mergel mit Cyrenen; über Oligozän und älteres Gebirge übergreifend.	Untere Süßwasser-Molasse
Katt. Stufe	*Fischschiefer von Wurzenegg*, brackisch-lakuster. Sandige, marine Mergel.	Untere Brackwasser-Molasse
Ober-Rupel-Stufe (Castel Gomberto-Stufe)	*Oberburgschichten*. Litorale Nulliporenkalke von Klanzberg, 20—30 m; übergreifend auch über Trias. Sandkalke mit kleinen Nummuliten, *Cerithium dentatum*; zum Teil rot zementiert, sandige Schiefer. *Okonina-Konglomerat*. Transgrediert mit bunten, zum Teil eckigen Geröllen auf verschiedene Triasglieder.	Untere Meeres-Molasse

Das Grundkonglomerat entwickelte sich auch an den Meeres-, Brackwasser- und Süßwasser-Ufern des pannonischen Beckens, das bis ins Aquitan immer weiter vorgegriffen hat. Die Absätze überdeckten eine ausgeprägte Gebirgsstruktur, welche nach Fr. Kossmat 1916, 600, *die Hauptfaltung der östlichen Südalpen* war. Sie gliederte sich in zwei Hauptabschnitte: einen älteren vor dem transgredierenden Mitteleozänflysch am Matajur und dem Ternowaner Plateau, sowie vor der mächtigen Konglomeratmasse (über 500 m) der „pseudokretazischen Formation" im Friauler Hügelland, vielleicht in die Zeit der Liburnischen Grenzschichten fallend; und in eine jüngere Hauptbewegung. Diese umfaßte noch den Eozänflysch, entwickelte sich offenbar gegen Ende des Eozäns. Da auch Kossmat die Faltung als „Hochfaltung", unter gleichzeitigem, allgemeinem Aufstieg der Erdrinde ansah, verlegte er diesen zweiten Abschnitt in das ältere Oligozän. Denn damals stieg die schon gefaltete Erdrinde allgemein und allmählich über den Meeresspiegel. Das Adriatische Meer wurde weithin zurückgedrängt.

Darauf senkte sich nun aber weiter nördlich ein breiter Streifen der südalpinen Südflanke und bot dem Vordringen des Mitteloligozän-Meeres Raum durch das Savegebiet bis zum heutigen Wocheiner See hin und entlang der Radmannsdorfer Niederung bis Mojstrana. Damals entstand die Wasserscheide zwischen dem pannonischen und dem adriatischen Becken.

Diese *jüngeroligozäne Senkung* war, wie gleichfalls schon Fr. Kossmat aus der lückenhaften Verbreitung des marinen Mitteloligozäns unter den brackisch-limnischen Cyrenen-Schichten des Oberoligozäns erkannte, *während des ganzen jüngeren Oligozäns von Faltungen begleitet*. Neue Höhenunterschiede, verbunden mit einer teilweisen Entfernung mitteloligozäner Sedimente, erscheinen. Weiter und weiter griff die faltende Senkung um sich und schuf ein bewegtes Baurelief.

Das ging aber auch im *Oberoligozän* noch fort, denn wir finden dieses teilweise eingelagert in Mulden, in welche ihnen das Miozän nicht folgen konnte. Teilweise waren oberoligozäne Sotzkaschichten, wie z. B. nach W. Kuehnel 1933 in den voroligozän angelegten (Kossmat 1913, 127) Mulden von Stein und Moräutsch vor

Absatz des Untermiozäns schon abgetragen, so daß letzteres nun weithin über älteres Gebirge übergriff.

Im Unteroligozän waren offenbar die starken, das Gebirgsgerüst zur Hauptsache schon ordnenden Bewegungen des jüngeren Eozäns ausgelaufen. Eine allgemeine Heraushebung und Abtragung dieses orogen geschaffenen Gefüges war gefolgt. Als sich daher im *Mitteloligozän* bei erneutem, orogenem Tiefenzug die Landoberflächen wieder senkten, überlagerte das übergreifende Sediment meist stark *ungleichförmig den gefalteten Bau.* So transgredierte das Mittel- bis Oberoligozän schon über die Schubfläche am Südsaum der Steiner Alpen. Oberoligozän legte sich bis auf das Karbongewölbe im S der Koschuta und in der Wochein über die Hauptzonen der nördlichen Unterschiebungen in der Südflanke der Südalpennarbe, sowie über die ersten oligozänen Falten im Savebereich. Gleichzeitig wahrscheinlich erfolgten schon *„vorhelvetische" Südunterschiebungen am Nordrand der Karawanken.*

Was im einzelnen auf diese mittel- bis vielleicht teilweise oberoligozäne Gebirgsbewegung im Bereich der Julischen Alpen selbst entfällt, ist mangels entsprechender Ablagerungen unklar. A. v. Winkler zählte zu der Gebirgsbildung während Oligozän *und* Miozän 1936, 245, die nordgerichtete Stol-Überschiebung, die Teildecke am Arziza, die Resiutta-Überschiebung, die Südunterschiebung Pontebba—oberes Savetal, Mojstroka—Flitscher Schuppen u. a., die Steilstellung der Scherflächen und Ausquetschungen längs älterer Bewegungsflächen, die Bildung später Knickungen im O und W der Isonzo-Knickung; Weiterbildung der Koschuta-Knickung, die Entstehung des Julischen Fächerbaues.

Am venezianisch-ostlombardischen Alpenrand

setzen die durch spätere Abtragung nur noch inselweise auftretenden Oligozänvorkommen nach W fort. Das (wahrscheinliche) Mitteloligozän bildet am Tagliamento-Ausgang nach G. Stefanini 1915, G. Lombardini 1920, E. Feruglio 1925 Schollen, welche über Eozän-Kreide-Oberjura von S mit küstennäheren marinbrackischen Versteinerungen transgredierten. Sie traten offenbar auch mit dem Mitteloligozän von Belluno in Verbindung. Feine Quarzsande, lignitische Mergel und Tone, Kalkbrekzien bilden das übergreifende Oligozän.

Die Hauptfaltung *im inneren Ostvenetien* ist nach G. Stefanini jünger als Lutet, älter als Burdigal, also wahrscheinlich auch hier wieder jungeozän. Denn es würde entgegen unseren bisherigen Erfahrungen nur mit dem Gedanken der Hochfaltung möglich sein, daß die Hauptbewegung in die Zeit der teilweise sedimentfreien Unteroligozän-Mitteloligozänzeit fiel.

Im Vizentin hat man zwischen Thiene und Bassano über unteroligozänen Mergeln und Nulliporenkalken die Castel Gomberto-Korallenkalke mit Basaltbrekzien und -Tuffen der Rupelzeit. Land- und Süßwasser-Zwischenlagen bedeuten örtlichen Meeresrückgang, doch herrschte noch das kattische Meer mit Nulliporenkalken der unteren und das Aquitanmeer mit den Glaukonitsandsteinen, Mergeln und Lithothamnienkalken der oberen Schio-Schichten. Dieses Meer überlagerte zwischen Vittorio und Vicenza das Katt gleichförmig, griff aber gegen W über ältere Stufen vor. Sein Sediment fehlt bei Verona ganz, wo über Eozänflysch erst das Burdigalmeer ankam.

Während also im O das Burdigal zum Teil (Meduna) mit Winkelabweichung nach Abb. 27 unmittelbar über Eozänflysch liegt und das Aquitan fehlt, greift Aquitan in den Veroneser Alpen und im Trientiner Gebiet auch über Priabon. Auf Blatt Verona (1:100000) liegt über letzterem die Rupelstufe mit Nulliporen- und Madreporenkalken, auch mergeliger Kalk mit Nummuliten von Montecchio. Mächtige Basaltlaven und -tuffe mit aquitanischen Sanden und Nulliporenkalken folgen. Letztere ziehen sich auch noch nordwärts bis gegen das Val Sugana, wo sie bis ostwärts Levico über die Mergelkalke des Priabons übergreifen.

In der Umgebung von Roveredo liegen über der Scaglia noch gleichförmig die Basalt- und Tuff-reichen Eozänkalke. Scharfe Diskordanz trennt sie aber von den viel weniger verbreiteten Oligozänmergeln und Nulliporenkalken. Die Mergel des Monte Brione, welche stellenweise auch unmittelbar über Scaglia greifen, stellte M. Vacek nach ihren Foraminiferen 1899 noch ins Unteroligozän, die Nulliporenkalke in die mitteloligozäne Castel Gombertostufe.

Es wiederholt sich also die gleiche Selbständigkeit des Oligozäns gegenüber dem orogen stark bewegten Untergrund wie in den SO-Alpen, in den Euganeen oder im Vizentin.

An der Judikarienlinie liegen Konglomerate und Sandschiefer mit Orbitoidenreicher Brekzie und bei Samoclevo mit oligozänen Lepidocyclinen (G. Dal Piaz 1926). Sie wurden durch Scaglia und Obertrias in NW-Richtung unterschuppt (Abb. 28). R. Teichmueller schloß 1929 aus der Teilnahme von Porphyr- und Kristallingeröllen neben solchen von Jurahornstein, daß schon oligozän das Kristallin im NW der Judikarienlinie freigelegen hat. Auch seine Feststellung zahlreicher Oberkreide- und Lias-Gerölle im unteroligozänen Lithothamnienkalk bei Ternate (südlich vom Langensee) und das Fehlen solcher Gerölle noch im Eozän *spricht für die Stärke der obereozänen Gebirgsbildung* und für den Umfang der bei der nachfolgenden Heraushebung im Alpeninneren aus dem Abtragungsschutt sich enthüllenden *Neuordnung des Gebirges.*

Das Alter der randlichen Konglomerate von Brescia-Como-Varese ist noch nicht gesichert. Da noch oligozäne Lithothamnienkalkgerölle enthalten sind, besprechen wir sie beim Jungtertiär.

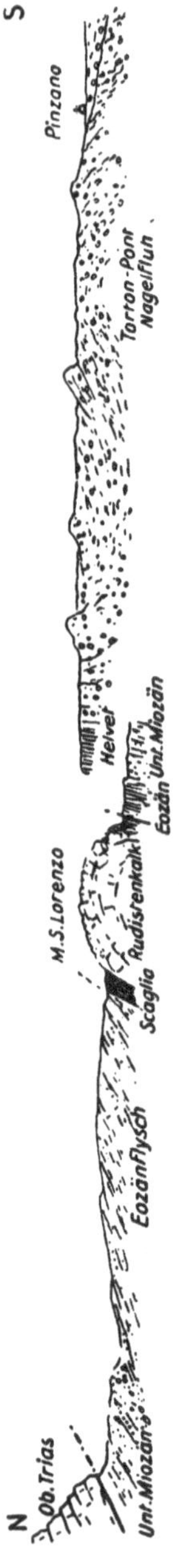

Abb 27. Diskordanz zwischen Eozän und Miozän nördlich des M. S. Lorenzo an der Meduna (NW Udine). Nach R. Teichmüller 1929, 397

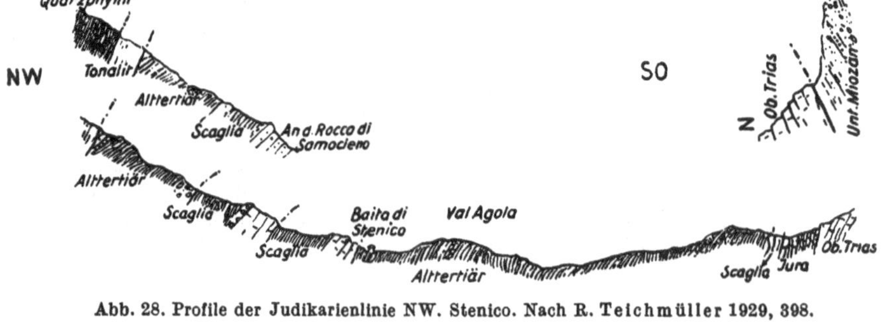

Abb. 28. Profile der Judikarienlinie NW. Stenico. Nach R. Teichmüller 1929, 398.

Westlombardisch-piemontesisches Becken

Ähnlich wie am Schweizer Alpenrand oder wie mit den Melettaschiefern und dem Fukoiden-Pseudoflysch von Chambéry hat man auch im Innenteil des Westalpenbogens allmähliche Übergänge aus dem bereits sandig-geröllig werdenden Obereozän mit einigen Barton-Nummuliten in das Unteroligozän; so in der normalen altoligozänen Schichtreihe von Gassino bei Turin. Für das Unteroligozän wird durch die starke Zunahme von Geröll und Sand eine kräftige Belebung des benachbarten alpinen und apenninischen Reliefs bei mäßiger Senkung der Innenbecken angezeigt.

Abb. 29. Skizze der Jungtertiärbecken im Westalpenbogen.

In den Hügeln von Turin oder in der großen piemontesischen Mulde liegen in heute antiklinaler Lage riesige Geröllmassen der oligozänen und miozänen Zeit. Ihre Herkunft ist im einzelnen noch wenig geklärt. Die Unregelmäßigkeit der Wildbachschüttungen, die Größe der bis 4 und 5 m langen Blöcke verbunden mit der wohl Kilometer-messenden Schuttmächtigkeit mitten in fossilführenden Marinschichten hat schon einmal die Meinung aufkommen lassen, es sei das Gebirge, trotzdem ein Hochrelief noch nicht bestehen konnte, und trotz des nachweislich subtropischen Klimas damals bereits stark *vereist* gewesen. Wir können aber nur auf wiederholtes und für lange Zwischenzeiten sehr verschärftes Baurelief in den benachbarten Gebirgsteilen sowie auf rasche Vertiefung in diesem umrahmten Becken schließen. *Der stark geböschte Gebirgsrand muß damals nahe an seinen Schuttabsatz-Ort,* z. B. Turin-Chivasso, *herangerückt gewesen sein.* Wohl 20—30 km sind seitdem zurückgewittert, und zwar sowohl der Alpenrand, welcher große Massen von Granit, Porphyr, Phtanit aus dem Streifen Lanzo—Ivrea—Biella—Langensee abgegeben hat, wie auch der Apenninenrand, der vielfach wenig gerollte Schuttmengen lieferte.

Die überwiegend marine Senkungsgeschichte des westalpinen Bogeninneren im Gegensatz zu der vorwiegenden Hebungsgeschichte des westlichen Vorlandes im Jungtertiär wird noch durch die großen Schichtmächtigkeiten von mehreren Kilometern im Piemont-Becken (Abb 29) besonders unterstrichen. Hierbei ging auch ein breites Randstück der Alpen zwischen Varese—Turin—Cuneo nach unten verloren. Die umfassende und langdauernde *Absenkung* hier entspricht der ebenso lang dauernden, überwiegenden *Heraushebung* auf der französisch-schweizerischen Außenseite.

Unterströmungs-theoretisch kann man sagen: *Was an Geoplasma dem Innenbogen unten entzogen wurde, das strömte westwärts der Außenseite zu.* Dieser Vorgang setzte schon zur Bartonzeit ein und ging durch die (marinen) tongrisch-stampisch-langhischen (Burdigal) Zeitstufen, während deren die jungtertiäre Innenvortiefe am oberen Po ein besonders vertieftes Meer hatte; er ging weiter ins Helvet-Torton-Plaisance.

Zwischenzeiten starker klastischer Überschüttung und geringerer Wassertiefe herrschten im Unteroligozän, Aquitan, Helvet, Asti. Die damit geschaffenen Absatz-Zyklen griffen offenbar vielfach ineinander. Vielleicht wird nähere Untersuchung noch eine schärfere Gliederung zulassen, wobei die allgemein höhere Gesamtlage des umgebenden Gebirgsbogens auch bei allgemeiner Senkung und Einengung das so verschärfte Baurelief im allgemeinen wohl *noch über dem Meeresspiegel* beließ. Dadurch wurden die abtragenden Kräfte schon während der orogenen Senkung in besonderem Maße angeregt.

Auch im Piemont sind Zwischenzeiten mit *wiederholter Fastebenen-Ausbildung während orogener Ruhe* oder längerdauerndem Relief-Gleichgewicht erkannt worden. Nach den Zeiten der orogenen Reliefstörung und der nachfolgenden weiteren, wohl isostatischen Heraushebung folgte dem obereozänen Hauptakt schon während des Unteroligozäns eine solche Zeit ruhiger Einebnung. Es kehrte eine solche wieder nach der mitteloligozänen Störungszeit im Aquitan, eine weitere etwa in der Mitte des Miozäns (vermutlich späthelvetisch), während des Sarmat-Messins und gegen das Ende des Pliozäns (Asti-Villafranca-Stufe). Die Hauptereignisse dieser Zeiten sind nachfolgend im Zusammenhang aufgeführt:

Zeittafel für das Piemont- Gebiet

Zeitstufe	Ablagerungen	Wasserverbreitung, Abtragung	Innenbürtige Bewegung
Villafr. Fossan	Deltaabsätze, Lignite Lagun. Sumpfbildung	fluviolakuster Beckenzufüllg., im Gebirge Einebnung bei Gleichgewicht	Langsame Hebung
Asti	Gelbe, seichtlit. Sande 100 m		
Plaisance	Blaue Mergel d. subapenn. Fazies	Tieferes Meer	Senkung
Pont-Sarmat	Marin-brack.-litoral, Deltas; Schlick, Gips	Beckenzufüllung, im Gebirge Einebnung	Ruhige Hochlage
Torton	Marinmergel, alpenwärts Sand, Geröll. Brack. Lagen	Flacheres Meer	Senkung

Zeitstufe	Ablagerungen	Wasserverbreitung, Abtragung	Innenbürtige Bewegung
Helvet	Sehr mächt. fossilr. Mergel wechseln m. Sanden; mitunter mächtige (alpine) Konglomerate	Im Gebirge Reliefgleichgew. Außen Baurelief, innen tieferes Meer, örtl. starke Küsteneinflüsse	Kräftige Senkung und Gebirgsbewegung
Langhien (Burdigal)	Schliermergelfazies, küstennah sandig m. Solenomya döderleini, Aturia aturi	Tieferes, unruhiges Meer	Kräftige Senkung und Gebirgsbewegung
Aquitan	Mächt. Marinmergel, Sandstein, Konglom. Alpine u. apennin. Gerölle	Abtragung, Einebnung im Gebirge, Flachmeer	Geringe Senkung, höhere Lage
Katt	Sandmergel, z. T. riesige Geröllmassen; besond. im Piemont-Becken	Flachmeer mit Geröll- und Sand-Vorstößen	Geringe Senkung
Rupel	Graue Mergel, Sand. Weniger Versteinerungen	Etwas tieferes Meer	Erneut kräftige Senkung
Unter-Oligozän	Sand, Geröll, Lignit, oft rot Reiche Meeresfauna; kl. Korallenatolle auf ligur. Kristallin	Flachmeerüberflutung Auftauchen, Abtragung Einebnung	Geringe Senkung. Allmähliche Hebung
Ober-eozän	Allmähl. Übergang n. oben	Meer	Starke Faltung und Deckenbewegung.

Am Südrand des piemontesischen Tertiärbeckens greift in Ligurien die Rupelstufe flach und fast ungestört *über die bereits stark abgetragenen alpinen Decken und Falten,* über die Zone Sestri—Isoverde—Voltaggio und weiter bis über das Briançonnais: *Der alpine Bau ist offenbar auch hier alttertiär entstanden.*

Wenn sich im toskanischen Apennin schon obereozäner Alberese ungleichförmig über den apenninischen Deckenbau lagerte, so ist damit natürlich noch nicht gesagt, daß folglich die Hauptkette der Schweizer Alpen ihren Hauptschub nachstampisch erlebt hätte. Wie wir hörten kann man für sehr viele alte und junge Zeiten Hauptbewegungen in den Alpen erkennen. Es fragt sich nur, wieweit wir von solchen Stellen aus verallgemeinern dürfen. Es muß in jedem Fall, und zwar namentlich auch unter Beachtung der von P. Arbenz schon 1919 so nachdrücklich betonten Orogensedimente die Verallgemeinerung geprüft werden (zu R. Staub 1924!).

So kann auch kein Ostalpengeologe zustimmen, wenn z. B. die vorgosauischen Faltungen und Deckenschübe „nur als schwache Ausläufer der eigentlichen weitreichenden Bewegungen" behandelt werden. Das widerspricht zugleich den Befunden im W, wo wir die sehr umfassenden Bewegungen vor der übergreifenden Oberkreide in Rotschieferfazies und vor dem Oberkreide-Prätigau-Flysch erkannt haben.

2. Westalpenrand

Im pyrenäischen Vorland der unteren Rhonetal-Senke liegen folgende Ablagerungen:

Zeit	Ablagerungen	
	im W, Marseille-Aix	in der Ostprovence
Aquitan	Blaue Brackwassermergel m. *Cerithium margaritac.*, Austern, Konglomeraten.	
Katt	Mächtige Tonmergel m. Potamides, Kalke mit *Plebecula ramondi.*	Grober Konglomeratschutt der aufsteigenden provençalischen Ketten
Rupel	Fischmergel und Cyrenenschichten. Gipse von Aix.	
Unteroligozän, meist übergreifend	Mächtige Rotmergel mit *Anthracotherium cuvieri*; Kalke mit *Cerithium plicatum*, Potamides.	
Obereozän	Lüdische bunte Mergel mit *Palaeotherium commune.* Kalke von St. Pons mit *Limnaea longiscata* u. a.	

Nördlich anschließend sind abgelagert (Goguel 1933):

Zeit	Im unteren Durancegebiet	W vor den subalpinen Falten
Katt	Kalke mit *Plebecula ramondi, Limnaea pachygaster.*	Konglomerate von Moustiers-Digne-Sisteron
Rupel	Mergel, zum Teil Lignitlagen	
Unteroligozän	Gipse und Mergelkalke, unten limnische Kalke	
Obereozän	Bunte lüdische Mergel mit *Anoplotherium commune*, Hyaenodon u. a.	

Bei Montpellier zeigt sich die mitteloligozäne Hauptbewegung durch ein Baurelief, welches die Rhonesenke auch von W her mit Konglomeratschutt überhäufte, beginnend mit der Rupelstufe.

Bei Manosque an der unteren Durance (Vaucluse O) erhielt das Muldentiefste im Oligozän 1 km mächtige Schichten. Gegen O und gegen NO von Forcalquier wird die Konglomeratfazies weniger mächtig, ebenso gegen N zu, wo die OW-Kette der Montagne de Lure—Ventoux sich weniger niederziehen ließ. *Damit hat sich gegenüber dem Mesozoikum die Hauptsenke verlagert, und zwar gerade in die vorher hochliegende Vaucluse-Schwelle.*

Weiter im W, im eigentlichen Rhonetal-Bereich von Avignon-Alais, lag ein weiteres oligozänes Teilbecken des Brack- und Süßwassers mit 500 m Schichten auf Blatt Alais und mit Überschotterungen aus den Cevennen im SW. Das Unteroligozän endet nach N mit Konglomeratschüttungen noch vor Montélimar. Weiter nordwärts, über die Drôme hinaus, griff allein das höhere Oligozän mit *Plebecula ramondi*-Kalken. Dieses führt bei Chambéry Konglomerate und verbindet über spärliche Zwischenglieder mit dem Schweizer Mittelland.

Von dem Zentralplateau im W (Lyon-Valence usw.) mündeten Flüsse mit grobem Schotter in die Rhonetal-Senke, wo bis 500 m rote Tone entstanden.

Gegen das Zentralplateau transgredierte auch von S her das Mitteloligozän, beginnend mit Grundkonglomerat und Süßwasserkalken, welche dann brackisch wurden.

In östlicher Richtung spiegelt sich das beweglichere Baurelief der Alpenrandzone wider in der starken Zunahme der Schuttmassen (obige Tabelle). Doch muß auch hier in den Zeiten stärkster Transgression, nämlich im Mitteloligozän, das Meer, offenbar aus der Mittelmeer-Rhone-Senke, eingedrungen sein. Denn zu den wenigen, der späteren Abtragung an dem dann höher steigenden Alpenkörper entgangenen Resten gehören nach einer Schichtlücke über eozänen Sanden abgelagerte Schotter und Sandsteine bei Sénez-Barrême mit *Natica crassatina.* Sie werden gegen SW zu brackisch, dann limnisch.

Auch nordwärts im Schuppengebiet von Digne und im westlichen Dévoluy hat man im weiten Durance-Becken kalkiges Oligozän aus großen Seen und Lagunen: weiße und rote Mergel, konkretionäre Kalke, schließlich eine Nagelfluh reich an Geröll inneralpiner Gesteine. Nur selten erscheinen neben Süßwasser- und Landkonchylien auch brackische Cyrenen als Ostausläufer des Rhonebeckens. Von den verkarstenden Kreidekalken dazwischen wurde Roterde eingespült. Wir haben alle Übergänge zur „roten Molasse – molasse rouge“, die zum Teil unmittelbar über die schwarzen Doggertone übergreift.

Im O von dieser gelegentlich brackischen Seen-Verbreitung gab es fortsetzend einen nordsüdlichen Meereskanal (M. Gignoux & Moret L. 1930, 114; 1938, 29) Abb. 67. Er wird durch marines Kalkoligozän mit kleinen Nummuliten in der Tiefe einiger Mulden erwiesen. Noch östlicher aber waren die alpinen Ketten und Decken bereits landfest herausgehoben. Jener Meereskanal bildete den Vorläufer des miozänen Alpenrandmeeres, welches aber infolge der nach auswärts verlagerten Vortiefen-Absenkung weiter im W lag.

Die transgressiven, sandigen Nummulitenkalke des Oligozäns werden im O noch von sehr mächtigen Schiefern und Sandsteinen des Flyschs überlagert, dieser durch die rote Molasse, durch die bunten Schiefer, Sandsteine und Konglomerate des Festlandes. Am südwestlichen Alpenrand südwestlich Pelvoux bei Veyres zeigt sich die rote Molasse ziemlich gleichförmig dem Mesozoikum eingefaltet (Abb. 30) im SW ungleichförmig über Senonkalk liegend.

Da im SW des Pelvoux-Massivs eine Verbindung nach N unbekannt ist, dürfte dieser *Oligozänmeer-Kanal im O des Pelvoux die Verbindung nach dem marinen Rupelvorkommen* mit *Natica crassatina* bilden, welches dann erst wieder südlich Annecy bekannt ist (Abb. 33). Durch diesen stampischen Meereskanal, der also die Zwischenstation auf dem großen Verlagerungsweg des Meeres von innen nach außen darstellt, dürfte das Mittelmeer mit seiner Fauna in das Mittelland der Schweiz und nach Oberbayern vorgedrungen sein.

Mit G. Richter 1938, 275, sind wir der Auffassung, daß „Rote Molasse“ mit *Plebecula ramondi* zur Hauptsache ins Oberstamp (Katt) gehört. Wahrscheinlich reichen diese Festlandsbildungen mit ihrem Konglomerat in die weithin transgredierende Rupelstufe hinab. Sie haben aber mit dem Aquitan wohl wenig zu tun. Marines Aquitan kann kaum 15 km weit nordwärts vom heutigen Mittelmeerstrand bei Marseille festgestellt werden. Wieweit nördlicher festländisches Aquitan auftritt, ist unbekannt. Jedenfalls haben wir *im Aquitan ein starkes Zurückweichen der Wasserbedeckung, Hebung und Abtragung* gehabt. Nach der Feinheit der festländischen Schlamme zu urteilen, die in Frage kommen, haben die außenbürtigen Kräfte schließlich ein sehr ausgeglichenes Relief erzielt.

Am Alpenrand, besonders bei Digne und nordwärts bis westlich des Dévoluy, überschneidet die konglomeratische, rote Oligozänmolasse eine Anzahl W-O-streichender Falten, welche offenbar im jüngeren Eozän entstanden waren. Das scheinbar plötzliche Abflauen dieser teilweise noch unter dem Lüd, teilweise erst unter der roten Molasse fertig gewordenen Faltungen gegen SW und SO hängt offenbar mit der langen Dauer und der verschiedenen Zeit dieser Faltenbewegung zusammen, auch mit der sehr unvollkommenen Diskordanzmethode, sie festzustellen. Denn wenn G. Richter 1938 mangels entsprechender Diskordanzprofile ostwärts im Oligozänflysch orogene *Ruhe* annimmt, so dürfte gerade im Gegenteil in dem dortigen Deckengebiet die *Hauptbewegung* stattgefunden haben.

Daß wir es nicht allein mit obereozäner Faltung zu tun haben, ist durch das öfter untersuchte Profil bei Barrême (SSO Digne) erwiesen. Hier liegt über gefaltetem marinem Unteroligozän (Lattorf) das Konglomerat der offenbar mittel- bis oberoligozänen roten Molasse; Aquitan reicht diskordant heran. Es scheint uns auch durchaus willkürlich, wenn man die so allgemeine Geröll-Vorschüttung vom Ostrand des Zentralplateaus, von den Alpen im O und von Teilaufwölbungen im alpinen Vorland für die mittel- und oberoligozäne Zeit als „nichtorogenetisch" bedingt verzeichnet, während viel geringere Geröllager aus anderen, durch Diskordanzprofile besser als Orogenphasen erscheinenden Zeiten als Beweise der Orogenese angesehen werden.

Während die unteroligozäne Transgression vom heutigen Mittelmeer an gegen

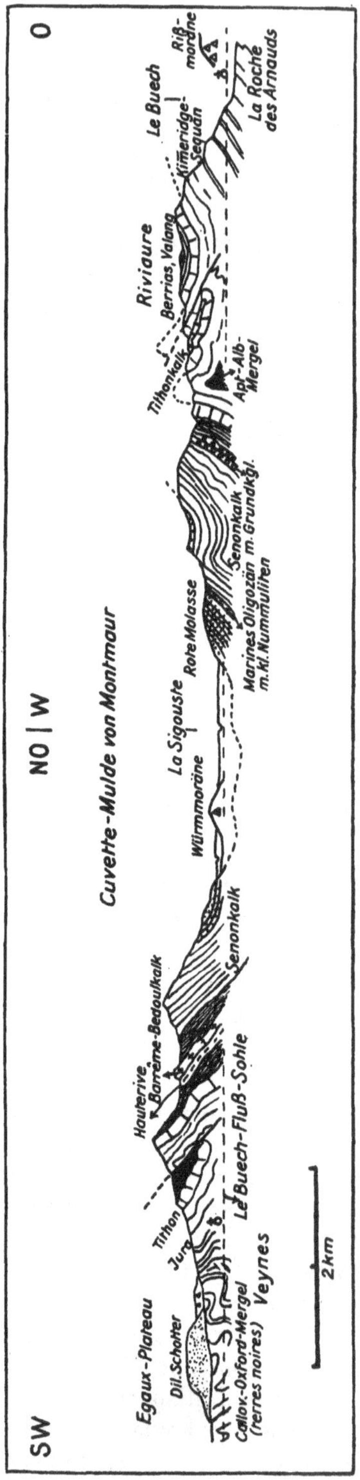

Abb. 30. Rote Molasse gleichförmig eingefaltet im Devoluy bei Veynes am Alpenrand. Nach M. Gignoux und L. Moret 1938, 186.

N nur 125 km weit in der Rhonegrabentiefe vordrang, scheint uns die Mitteloligozän-Transgression — sei nun ihre Senkung durch marine, brackische oder durch die hier im W so weit verbreiteten Festlandsschotter ausgeglichen worden — um den ganzen Westalpenbogen bis zum Schweizer Mittelland vorgestoßen zu sein. Gleichzeitig mit diesen S-N-streichenden Senkungen, zu denen offenbar auch noch ein paralleler Teiltrog im O des Pelvoux gehörte, gab es da und dort ungefähr *meridional streichende Faltungen*. Einen Anlaß, *oligozäne Orogenese* abzulehnen, sehen wir angesichts des oligozänen Flysches und der Unvollkommenheit der Diskordanzmethode jedenfalls nicht!

Ebensowenig können wir dem Schluß zustimmen, daß alle orogenen Bewegungen im westalpinen Vorland voraquitanisch seien, wenn Aquitan fehlt, Burdigal aber unmittelbar diskordant über Oligozän liegt (G. Richter 1938, 263). Er wurde gezogen, weil in dem südlichsten Teil der Rhonesenke die geringen Vorkommen von marinem Aquitan gleichförmig unter Burdigal liegen. Ein solcher Schluß setzt ja voraus, daß das, was hier für den innersten Teil einer Mulde gilt, auch für alle anderen Gebiete gelten müsse. Er setzt weiter voraus, daß entgegen unserer Erfahrung die Gleichförmigkeit der Lagerung in einem dauernd Sedimenterhaltenden Muldenteil das Fehlen einer gleichzeitigen Gebirgsbewegung beweise.

Eine Faltungsphase „zwischen Oligozän und Aquitan" oder zwischen anderen einander unmittelbar folgenden Zeitstufen ist überhaupt streng genommen ohne Sinn; gehört sie doch entweder zur ersten oder zur zweiten Zeit, oder zu beiden. Die Ausdrucksweise rührt daher, daß man von vornherein die sehr kurze Frist einer orogenen Phase annahm und alle Beobachtungen nach dieser Meinung unterzubringen suchte. Denn eine synsedimentäre Faltungsphase sollte es nicht geben. Die Bezeichnung hängt zum anderen damit zusammen, *daß die Erdgeschichte zerfällt in immer wiederkehrende Hauptsenkungs- und Ablagerungszeiten von langer Dauer zwischen Zeiten langsamen Aufsteigens, der Abtragung bzw. auch zurücktretender Ablagerung*. Dieser *orogen* bedingte Wechsel in einer isostatisch schwimmenden Erdrinde enthüllt durch die getrennten Schauspiel-Aufzüge im sedimentären Abbild einen scheinbar scharf getrennten und kurzfristigen Orogen-Rhythmus. Insbesondere wird ein solcher dann *vorgetäuscht*, wenn man Orogenese mit Hochreliefbildung verwechselt. *Wann* aber in Wirklichkeit die beim nächsten Aufzug bereits fertig vorliegenden, innenbürtigen Änderungen entstanden waren, das entgeht dem Diskordanz-Sucher, wenn er die Zeichen im Sediment selbst nicht erkennt — die nun freilich oft ziemlich spärlich oder schwer lesbar sind.

Am Alpenrand wird eine weiträumige Einwalmung dadurch angezeigt, daß vordringendes Burdigal im NW-Vercors sich nacheinander über Oligozän-Eozän-Kreide legte. Eine schwache N-S-streichende Faltung wird nordwärts Nizza von marinem Miozän überdeckt.

Die inneroligozäne, voraquitane Faltung ist bei Marseille und Montpellier bewiesen durch die ungleichförmige, abgewinkelte Überlagerung von marinem Aquitan über Falten im Oligozän. Hier liegt der östliche Ausläufer der starken Süd-Unterbewegungen am Pyrenäenrand (H. Ashauer 1934), d. h. an der Nordflanke des Pyrenäen-Orogens.

Nahe nördlich aber herrschen die Unterbewegungen gegen N im unteren Rhonegebiet einschließlich oligozäner Ablagerungen vor. Das Aquitan oder Miozän schneidet meist schon flach über diese O-W-streichenden Falten, welche südostwärts Vaucluse mehr nach ONO aufbiegen (Luberon, Volx). Ein gutes Beispiel für die nach einer etwa stampischen N-Unterfaltung im Aquitan ausgebildete und sehr verbreitete Fastebene, welche dann von (später gleichfalls gekipptem) Burdigal überschnitten wurde, gibt Profil Abb. 31.

Im jüngeren Oligozän näherten sich auch die Platten des Vaucluse und des Vercors, so daß jenes Modell eines zweiseitigen, nach außen überfalteten „Kleinorogens" der vokontischen Ketten zustande kam (Abb. 32, Abb. 14).

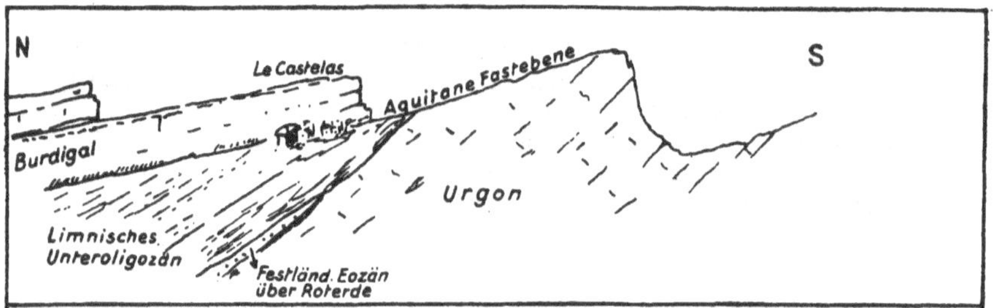

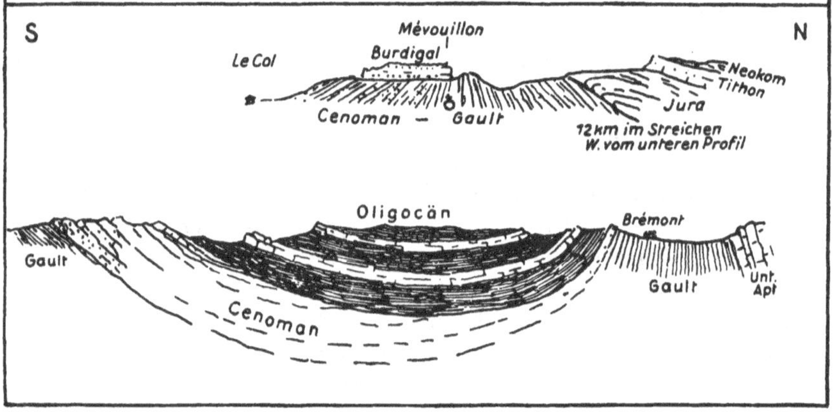

Abb. 31. Nordfuß der Luberon-Kette südlich Apt. Nach G. Richter 1938, 286.

Abb. 32. Spätoligozäne Faltung der Vokontischen Ketten N. Sederon. Nach G. Richter 1938, 287.

Die Anlage der ersten N-S-Brüche („rheinisch") am östlichen Rand des Zentralplateaus fällt offenbar auch in das jüngere Oligozän. Sie dürfte zusammengefallen sein mit einem erheblichen Aufstieg der Cevennen-Masse im W, verbunden mit kräftiger Zerschneidung, deren Relief dann vom übergreifenden Vindobon überlagert wurde — ähnlich wie am Rande der Böhmischen Masse.

Die im provençalischen Gebiet verbreitete Fastebene erinnert uns andererseits an die gleichfalls etwa aquitanische Anlage der Augenstein-Raxlandschaft in den östlicheren Alpen. —

Zwischen dem Isère-Knie NW Grenoble und Chambéry löst sich der Faltenjura oberflächlich von den subalpinen Falten der Chartreuse-Landschaft in nördlicher Richtung ab. Es geschieht dies unter den spärlich erhaltenen Überresten einer Molassehülle. Von dieser ist in der subalpinen Außenzone von Voreppe-Grenoble ein Oligozänrest in lagunär-kontinentaler Ausbildung allein am Néron in der Vence-Tal-Mulde übriggeblieben. Hier liegen Süßwasserkalke, weißliche und rötliche Mergel mit *Plebecula ramondi*. Gleichfalls eingefaltete Miozänmolasse folgt darüber (Abb. 33).

In der sich zwischen Chambéry und Genf erweiternden Molassevortiefe ergänzt sich das Tertiär. Je weiter gegen O, desto mehr erscheinen ältere Horizonte, so daß ab Annecy die ganze Folge Eozän-Oligozän vorhanden ist. Im N dürfte die Oligozänsohle ebenso wie in der Schweiz schon mit dem Stamp beginnen.

In der Jurazone sind rote Konglomerate des Katt, Mergel und Kalke mit *Plebecula ramondi*, darüber aquitane Feinsandsteine mit den Wirbeltierresten von Pyrimont nachgewiesen (L. Moret 1928). Daß aber diese zur Hauptsache offenbar aquitane Untere Süßwassermolasse im Rhonegebiet SW Genf mit erheblicher Diskordanz selbständig über den Jura übergreift, sieht man z. B. an der großen Rhonebrücke von Pyrimont, wo sie über oberstem Gargas mit Grundbrekzie beginnt. Am östlichen Jurafuß in Frankreich nahe der Schweizer Grenze hat man in dem von schwachen, dem Jurafuß gleichlaufenden Antiklinalen durchzogenen Hügelland von Challex und Choully nach Arn. Heim 1922:

Hangendes: Über 100 m graue Molasse, in welche der epigenetische Rhonelauf bei der Halbinsel von Epeisse eingeschnitten ist;
135 m bunte Molasse mit bunten Mergel- und Tonzwischenlagen, unten mit ölführendem Sandstein;
über 12 m basale Molasse mit Grundbrekzien und Konglomerat von Urgonkalk, auch mit rotem Aquitankalk.

Diese Molasse liegt ungleichförmig auf dem weithin asphaltführenden Urgonkalk (Abb. 34).

Eine Übersicht gewinnen wir zusammen mit den miozänen Bewegungen. Hier genügt einstweilen die Feststellung, daß die mitteloligozän entstandene Meerestrogsenke aus dem Westalpenvorland im O des Pelvoux vorbei gegen den Genfer See weiter gelaufen sein muß, daß aber nachfolgende alpine Heraushebung und Abtragung ihre Spuren weithin zerstörten.

3. Nordalpenrand

a) Oligozänbewegungen der Schweizer Vortiefe

Wir betrachten zunächst, von außen nach innen fortschreitend, einige Profil-Übersichten.

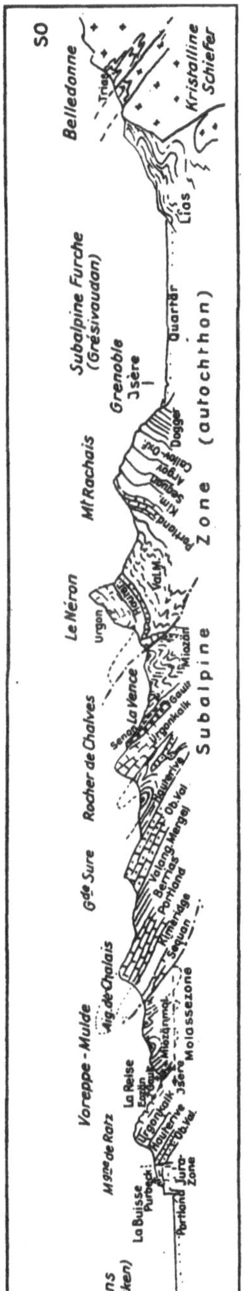

Abb. 33. Eingefaltete Miozänmolasse bei Grenoble. Nach M. Gignoux & L. Moret 1930, Taf. II.

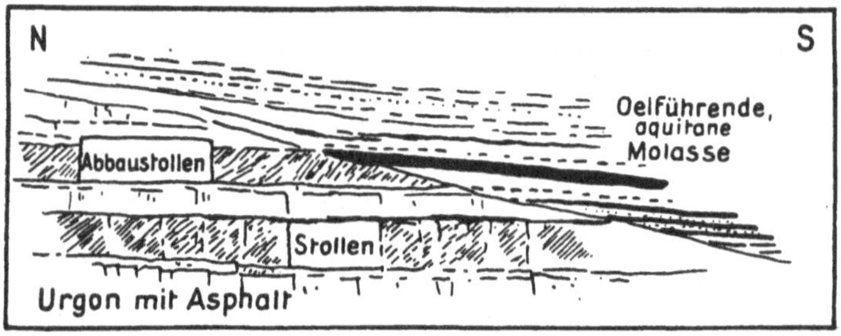

Abb. 34. Doppeldiskordanz des über Urgon übergreifenden Aquitans mit ölführendem Sandstein (schwarz: 7—9% Bitumen) bei Pyrimont-Seyssel, Ostufer der Rhone. Nach Arn. Heim 1922, 121.

Im Bereich des heutigen *Juragebietes*, dessen Brüche und Falten im Tertiär erst allmählich entstanden, zeigt die hauptsächlich im S des Rheintalgrabens auftretende Oligozänmolasse Folgendes:

Zeit	Ablagerungen
Aquitan (limnisch)	Graue Molasse von Lausanne, rote Mergel mit Mergelsandstein am Jurarand und im östlichen Jura. Rote Mergel- und Knauer-Molasse der Jurasenke.
Katt (limnisch, bei Basel brackisch)	„Elsässische Molasse", glimmerig-kalkiger Sandstein mit Süßwasserkalk, oft bunte Mergel. Cyrenenmergel, Süßwasserkalk.
Rupel (marin-brackisch)	Süßwasserkalk; „Elsässische Molasse" am N. Jurarande. Meeressand, Fischschiefer, Septarienton im N. Bei Solothurn im S (Balmfluh, Önsingen) lakuster.
Unteroligozän (Sannois)	Gelberden und Süßwasserkalk im Delsberger Becken. Bolus, Mergel, Hydrobienkalk, Dysodil von Solothurn. Süßwasserkalk von Moutier und Solothurn auf Bohnerz.

Bei Freiburg i. Schweiz hat man nach J. Tercier 1941, 185, bunte Tonmergel des Süßwassers welche mit Feinsandsteinbänken wechsellagern. Die hangende Grenzfläche gegen die groben, mit Glaukonit übergreifenden burdigalen Sandsteine ist vielleicht erosiv (wie nach A. Bersier 1940 im Waadland), jedoch ohne Abwinkelung. Ohne nachweisbare Gebirgsbewegung vorher trat das Burdigalmeer in eine breite Bcdensenke des vorherigen Seengebietes ein. Tieferes Oligozän ist im Freiburger Mittelland nicht bekannt.

Um so besser kennen wir dank kräftiger Störungen und Hebungen *die subalpine Molasse.*

Nordwärts des Gurnigel, zwischen Freiburg und Thun, beschrieb E. Gerber 1925, 30f., zwischen dem überschobenen Flysch und der von NW her unterschobenen jungtertiären Molasse ein rund 4 km mächtiges Paket von SO-geneigter Oligozänmolasse:

Katt: 200 m Kalknagelfluh, dazwischen Grobsandstein und bunter Mergel; Geröll bis $^1/_2$ m groß, meist Flyschsandkalk, wenig Granit, Hornstein. Mit *Cyclostoma antiquum.*

„ 2,5 km Blättermolasse, überwiegend graue Mergel im Wechsel mit Sandstein, wenig bunte Nagelfluh, darin grüner Granit, Quarzit; Pflanzenreste. Gegen SW in die „Kohlenmolasse" mit *Plebecula ramondi* übergehend; gegen NO noch mächtiger, nagelfluhreicher (Geröllzentrum des Thuner Sees).

Rupel: Bunte polygene Nagelfluh, zum Teil viele rote und grüne Granite, zum Teil mehr Flyschkalkgerölle, bis kopfgroß, aufgeschoben:

„ Ralligschichten, grauer, glimmerreicher Mergel, kleingerölliger Sandstein; flyschähnlich, aber ohne Fukoiden.

Allgemein unterscheiden wir im subalpinen Molassestreifen:

Zeit	Ablagerungen
Aquitan (limnisch)	Überwiegend Süßwasserbildung von *bunten* Mergeln und weinroten Mergelsandsteinen. Alpennäher eingelagert bunte Nagelfluh und Arkose-Sandstein („*granit. Sandstein*") mit sehr viel exotischen Graniten O. Emme. 1,5—2 km. *Graue Molasse von Lausanne.* „*Rote Molasse*". „*Hohrone-Schichten*".
Katt (fluviatil-limnisch)	*Kohleführ. Molasse* im W, Blättermolasse v. Gurnigel. Mächtige *bunte Nagelfluh* vom Thuner See, Beichlen-Farnern, Morgarten, Rigi, Roßberg 1,4 km. Mächtige *Kalknagelfluh* vom Mt. Pélerin, Wattenwil-Thun, N Pilatus-Rigi, Wäggital, Speer. „Weggiser Schichten" mit Sandstein, 1,2 km.
Rupel (brackisch-marin)	Obere (brack.) *Horwerschichten*: graue Mergel mit dickem Sandstein, Kalknagelfluh 100—120 m. *Horwer Plattensandstein* m. Cyrenen, Cardien; feingeröll. Kalknagelfluh 20 m. *Grisiger Mergel* (marin) b. Horw 500—600 m: flyschartig-grauer Tonmergel mit glimmer. Kalksandstein-Bänkchen. Rupelstufe = „Horwerschichten" im weiteren Sinn als „grès de Bonneville" in Savojen, zwischen Champotey und Vaulruz, NW Gurnigel, am Thuner See, im Entlebuch-Rigi, Bilten und Vorarlberg.

Unter Ultrahelvet-Präalpen mindestens 30 km weit hineingeschoben und im Val d'Illiez (westlich Rhone, SO Chablais, Blatt St. Maurice) entblößt liegt nach L. VONDERSCHMITT 1935, 550f. als Oligozänmolasse vor (Abb. 87):

„Rote Molasse" vermutlich Aquitan. Übergang nach unten.
Grauer Sandstein ? Katt.

Dunkelgrauer, flyschartiger Dach-Kalkschiefer mit cf. *Cyrena saussurei* und *Cardium heeri*; offenbar Rupelstufe. Darunter mit Scherkontakt:

Globigerinenschiefer und autochthones Urgon. Erstere gehen allmählich in 250 m Fischschiefer mit *Meletta scheuchzeri*, vermutlich des Priabon, über.

Aus diesen Zusammenstellungen ergibt sich, daß die Rupelstufe („Unter-Stamp") das älteste Glied in der Schweizer Molassevortiefe darstellt. Wie sie bei

Basel auf dem Jura und subalpin über autochthonem Jura mit großer Lücke aufliegend gedacht wird, zeigen Abb. 35 und 36. Sehr wahrscheinlich ist *ihre Unterfläche viel ungleichförmiger*. Denn mit dieser Stufe griff der alpine Vortiefenschutt auch hier mit großem Sprung weit über die nun mächtig und allgemein in Absenkung begriffene, alte Abtragungsfläche des eozän-unteroligozänen Bohnerzfestlandes über. Dieses bildet also — nach seinem Auftauchen sowohl nördlich im Jura wie südlich an einigen Stellen (z. B. Vencetal nordwestlich Grenoble) offenbar weithin die Trogsohle.

Ich möchte es schon deshalb durchaus bezweifeln, daß die Molasseunterfläche so eben liegt wie die Abbildungen angeben, weil die Molasse gefaltet und von ihrer Unterlage abgeschert sein dürfte, wobei die basalen Rupelmergel offenbar ein günstiges Abscherpolster abgaben. Die schärfste Abscherung dürfte zwischen Vierwaldstätter See und Gr. Emme liegen, wo nach Abb. 73 die größte Einengung herrscht. Wir kommen auf diese Frage unten ausführlich zurück.

Gleichzeitig mit der großen Vortiefen-Absenkung muß das alpine Abtragungsgebiet höher aufgestiegen sein, denn es lieferte nun große Massen von Sand und Schlamm in die Senke. Erst allmählich freilich baute sich dieser alpine Schutt gebirgsauswärts in die Vortiefe hinaus. Die Geröllmassen des subalpinen Randes aus der ersten Zeit wurden hier später offenbar völlig unter die Alpen hinein geschoben und sind daher heute nicht mehr zu sehen. Aber auch die heute zum Vorschein kommenden, mächtigen Geröllfächer des Oligozäns, welche nach E. Baumberger in Abb. 73 dargestellt sind und die ihrerseits von N her durch die Mittellandmolasse unterschoben werden, haben offenbar noch nicht sehr weit gegen NW gereicht. Jedenfalls fehlen solche subalpinen Gerölle und Sandmassen am Jurarand, wo die Rupelstufe aber durch limnische Mergel auch schon vertreten ist.

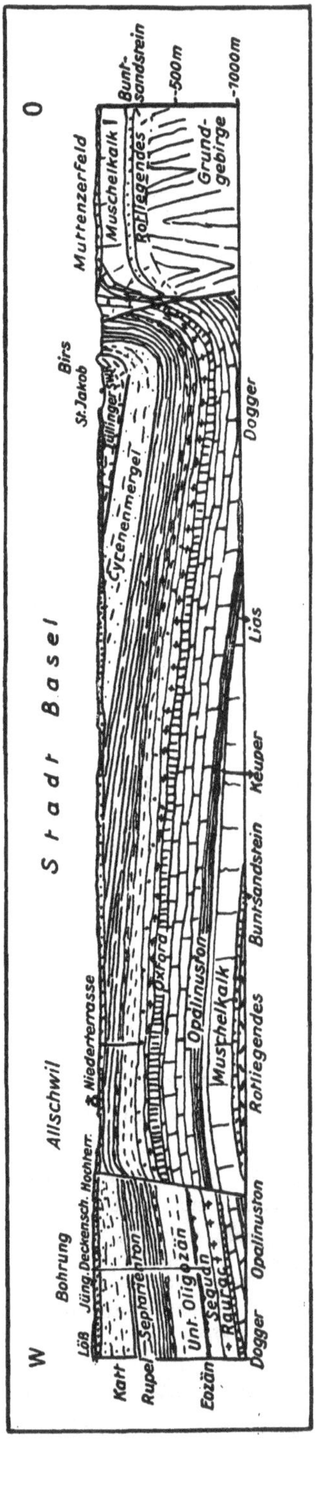

Abb. 35. Profil der Rheintalflexur von Basel. Nach A. Buxtorf 1934, 519.

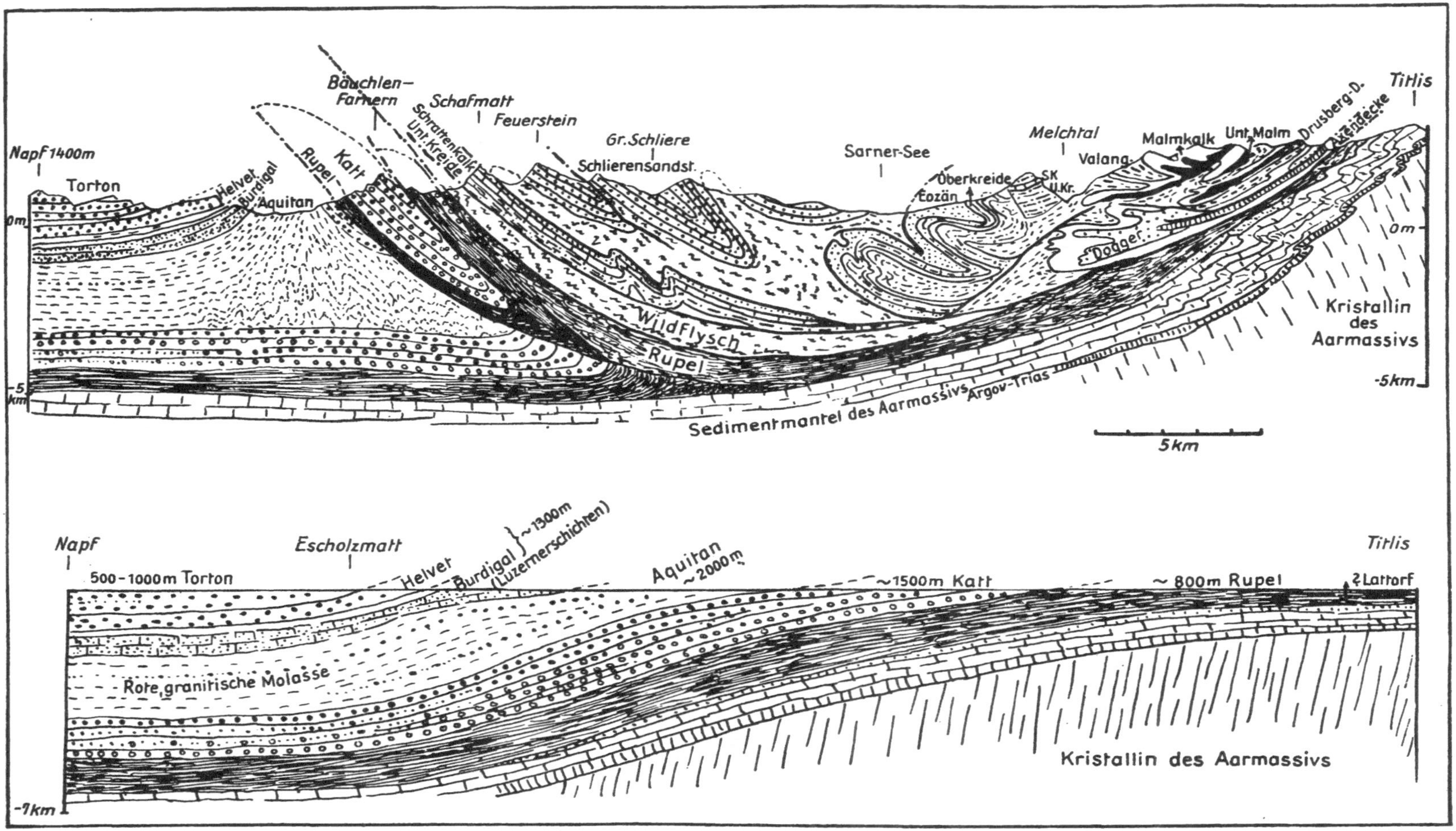

Abb. 36. Profil Napf-Titlis: unten für die Tortonzeit rekonstruiert, oben heutiges Profil, abwärts ergänzt. Nach Ansicht H. Fröhlicher 1933, Taf. 2.

Der alpine Schutt strebte also, wie sich schon jetzt zeigt, keineswegs etwa in Gestalt von mäandrisch gebogenen Flußbett-Schläuchen einer auswärtigen Abdachung des Vortiefenreliefs folgend vom Gebirge fort. Er ist vielmehr in einem *dem Vortiefenrand parallelen Hauptstreifen angeordnet.* Dieser erweist sich an einigen 40—60 km breiten Hauptschotterfächern dort als besonders nagelfluhreich, wo alpine Quertäler die Geröllzufuhr begünstigten. Im Lauf der Zeit haben sich mehrere solcher streichende Streifen gebildet. Wir schließen hieraus auf eine *Muldengliederung der Vortiefe während sie sank.* Erst nachdem die Absenkung der alpennächsten Meeresmulde durch die Zufüllung übertroffen war, konnte das Flußgeröll weiter auswärts vorstoßen. Diese Außenverlagerung des Hauptgeröllstreifens in eine gebirgsfernere Teilmulde geschah z. B. gegen das Ende der Rupelzeit während der Bildung der oberbayerischen Bausteinzone.

Nach dieser Bildungsart haben wir auch *für jede einzelne Hauptzeit einen dem Gebirgsrand parallelen Streifen mit größter Mächtigkeit.*

Wie die Abb. 73 zeigt, beschränkt sich die Rupel-Verbreitung auf einen ziemlich schmalen, streifenförmigen Ausschnitt aus den Ablagerungen des mitteloligozänen Meerestroges. Zwischen mächtigen grauen Mergeln lagern Sandsteinbänke mit der überwiegend brackischen Fauna der *Polymesoda convexa* Brong. = „Cyrena“ (E. Baumberger 1937, 391) und der Cardien mit südwärts anschließenden Ästuar-Bildungen und Delta- bis Flußschotterplatten, jetzt Nagelfluhmassen, die sich erst später in dem erhaltenen Streifen auflagerten.

Wie die südlichen Herkunftsgebiete des Molasseschuttes durch spätere Heraushebung und Abtragung verschwunden sind, so liegen die NW-Fortsetzungen tief begraben unter Aquitan-Torton des Schweizer Mittellandes. Mit einem breiten Brackwasserrand gegen NW und, wahrscheinlich durch die einmündenden Flüsse bedingt, auch gegen SO dürfte das Rupelrandmeer kaum 40 km breit gewesen sein.

Ob sich daran weiter alpeneinwärts noch eine oder einige weitere Teilrinnen mit marin-brackischer oder auch nur mit fluviatiler Füllung eingesenkt hatte, ist unbekannt. Auf eine solche, die Meeresverbindung vom Mittelmeer bis in die Schweizer Vortiefe vermittelnde Rinne an der Belledonne und im O der heutigen Pelvoux-Masse, die aber abgetragen wurde, schlossen wir oben S. 97. Für diese Zusammenhänge spricht die gleichartig bleibende Fazies der mächtigen flyschähnlichen, grauen Marinmergel der unteren Horwer- (Grisiger) Schichten, welche ich 1923 als „Wagneritzmergel“ ostwärts der Iller in Südbayern beschrieb. Dafür spricht auch die gleichartig darüber folgende, teils marine, teils brackische Bausteinzone Südbayerns, der Horwer Plattensandstein der Schweiz, sowie die nachfolgende Masse der Geröllager — alles mit derselben spärlichen Fauna und Flora vom Mittelmeer bis in das Oligozänschliermeer-Becken Österreichs.

Die grauen Schiefermergel von Grisigen, die Amphisyle-Clupea (Meletta)-Schiefer oder Hilfernschichten mit gelegentlich, im Entlebuch nach H. Froehlicher 1933, 31, auch unten vorkommenden Sandsteinzwischenlagen *ähneln oft völlig dem Flysch.* Sie zeigen damit an, daß dessen orogene Fazies auch in der Molasse weitergehen würde, wenn nur die unruhigen Schlammgründe verbreitet blieben. Sie zeigen aber als letzte, den autochthonen, unteroligozänen Flyschbildungen von Glarus zeitlich angeschlossene Ausläufer der Flyschfazies andererseits, daß nun *auch schon für dieses randliche Alpengebiet und damit für die Alpen insgesamt der grundlegende Umschlag von den tieforogenen nach den hochorogenen Zuständen eingetreten ist.*

Auch die Molasse ist noch orogen, jedoch „hochorogen“, wie 1926 ausgeführt werden konnte.

Damit hebt das letzte große Kapitel der alpinen Baugeschichte an. Auch dieses hat, wie wir sehen werden, noch Abbau-Vorgänge zu schildern, jedoch *nur mehr in hoher Schwimmlage der Erdrinde.* Weit überwiegend über dem Meeresspiegel halten sich die Oberflächen des Gebirges und zum Teil auch schon der Vortiefen.

Die bedeutenden Mächtigkeiten, um die es sich bei diesem Alpenvorland-Schutt handelt, gibt folgende Übersicht (ergänzt nach H. Renz 1937, 105) von W (links) nach O (rechts):

Die bedeutenden Molasse-Mächtigkeiten:

Torton	Napf 1200 m	—	Hörnli 1500 m	Abgetragen	Abgetragen
Helvet	Entlebuch 600 m	Luzern 600 m	St. Gallen 350 m	Abgetragen	Abgetragen
Burdigal	Entlebuch 800 m	Luzern 800 m	St. Gallen 450 m	Sommersberg 600 m	Abgetragen
Aquitan	?	Luzern 1500 m	Hohrone 1,5—2 km	Ostschweiz 2000 m	Abgetragen
Katt	Blumen 3500 m	Horw 1200 m	Riginagel-fluh 3 km	Speer-Federi-spitz 2 km	Kronbergzone bis 4000 m
Rupel	Hilfern-Zone üb. 1000 m	Horw über 700 m	Rigibasis 4—500 m	Biltener Tobel über 250 m	Stockbergbasis über 1000 m

Nachdem der subalpine Marintrog der Rupelzeit durch verminderte Absenkung und durch Zufüllung für die Schotter-bringenden Flüsse überschreitbar geworden war, also im allgemeinen erst gegen die kattische Zeit zu und während dieser, sehen wir über den uns heute noch zugänglichen subalpinen Randstreifen die Spitzen der Deltas und der mächtigen Flußschotter- und Sandmassen immer machtvoller vorstoßen. Riesige Nagelfluhmassen türmten sich als wesentlich fluviatile Gebilde in den Massiven des Kronbergs, des Speer, des Rigi, des Bäuchlen und des Blumen auf. Weil Flüsse nicht bergauf fließen, ihre Aufschüttungen hier aber nach einigen Kilometern messen, muß ein *Wettlauf zwischen Absenkung der Vortiefe und Zufüllung durch Abtragungsschutt von ganz erstaunlichem Gleichmaß* gefolgert werden. Denn trotz der (nicht gleichmäßigen) Senkung *blieb die Fazies erhalten.* Sie änderte sich allein durch ruckartige Bewegungen, die wahrscheinlich mit zeitweiliger Zertrümmerung des zu einer gewissen, niederbiegenden Faltung gezwungenen Untergrundes zusammenhingen. Sie brauchen ja nicht nur in kartierbaren Querstörungen, können auch in den vorhandenen Längsstörungen abgebildet sein. (E. Kraus 1923).

Diese bei Überwindung der Festigkeit entstandenen Rucks brachten, wie 1923 für das Allgäu ausgeführt werden konnte, offenbar den großzügigen *Sedimen-*

tationsrhythmus mit dem Wechsel von Altwasserschlick und von diesen ihn immer neu mit gröbstem Geröll überspülenden Flußschottern zustande. Die „Riginen" des Rigi-Berges als Typus solcher Vorgänge beherrschen im Wechsel von felsbildenden Schichtköpfen der Nagelfluh- (ehemals Flußschotter-) Platten mit begrünten Wiesenstreifen der Altwasserschlickmergel-Zwischenlagen (mit Landschnecken) das Landschaftsbild. Wir fanden es oft zwischen Allgäu und Genfer See, aber auch öfter am Ostalpenrand mitunter ganz ausgezeichnet verwirklicht.

Die Haupteintrittsstellen der geröllbringenden Flüsse wurden in Abb. 73 mit Pfeilen nach R. Staub 1934 als die vermutlichen Austrittsstellen der oberoligozänen Urtäler des Gebirges angedeutet. Über die Geröll-Herkunft vgl. unten S. 115, über die Flußverbreitung S. 215.

Die Nagelfluhmassen sind so *nach abwärts* entstanden (Hinab-Bau!) und waren Schuttfächer, die im Landschaftsbild der ehemaligen Vorland-Flußschotterebenen anfangs überhaupt *unsichtbar* blieben. Zwischen den Schuttfächern erhielten aber auch die im Streichen diese verbindenden Teilstücke der Senke durch gelegentliche Übergriffe oder Seitenflüßchen Sand und Schlamm in erheblichen Mächtigkeiten zugeführt. Letztere standen vielfach denen der Schotterzentren (Speer-Wäggital) keineswegs nach. Solche Vorland-Zustände herrschten hauptsächlich im Katt.

Während des Aquitans sank die Vortiefe erneut bzw. sank sie weiter und belud sich in gleicher Weise mit Geröll, Sand und Schlamm. Sind wir diesbezüglich über die westliche Schweiz mit ihrer „roten Molasse" oder „grauen Molasse von Lausanne" noch weniger unterrichtet, so desto besser für die Mittel- und Ostschweiz. Die an Kristallin reichen Nagelfluhhäufungen von Hohrone (ostwärts Zug), Gäbris (südostwärts St. Gallen), Kronberg (südwestwärts Appenzell) und deren Ausläufer in die „granitische Molasse" bzw. in die oft roten Mergelsandsteine sind im O der Großen Emme gut kenntlich. Gegen WSW verliert sich das grobe Korn allmählich; es herrscht die „rote Molasse" der Mergel und feinen Mergelsandsteine, welche mit der „molasse rouge" des Dauphiné übereinstimmen.

Da auch die rote Molasse mit ihren roterdigen Festlandsboden-Abschwemmungen an Mächtigkeit im allgemeinen ihren gröberen Vertretern im O kaum nachsteht, ist es nicht so sehr der Schwerpunkt der *Absenkung* als vielmehr jener der stürmischen und wahrscheinlich durch kräftiges Baurelief entstandenen *Abtragung*, welcher sich offenbar zur Aquitanzeit *auf das Gebiet im O des Zuger Sees verlagerte*. Hier im O mißt die „granitische" Sandsteinmolasse, welche nach A. Ludwig durch alle Übergänge mit der aquitanen Gäbrisnagelfluh (1200 m) im Neckergebiet verbunden ist, rund 2 km. Doch treten eigentliche Geröllschüttungen zur Aquitanzeit auch in der Ostschweiz gegenüber dem Katt hinter der Sandstein- und Mergel-Ablagerung mehr zurück. Daraus könnte auf einen in der Schweizer Vortiefe *verhältnismäßig ruhigeren Fortgang der Schuttzufuhr und damit der Gebirgsbewegung im alpinen Rückland geschlossen werden.*

b) Südteil des Rheintalgrabens und Faltenjura-Molasse

Nach Ausweis der ihr aufgeladenen Molasse griff die nordalpine Vortiefe auch über das Gebiet des späteren Faltenjura hinweg, auf dem sie nur noch in Teilsenken erhalten blieb, und über welchen sie während des Oligozäns eine Wasserverbindung zwischen randalpiner und Rheintalgrabensenke anzeigt. Es ist daher auch dorthin ein Blick zu werfen, um so mehr als die dort ausgeführten Tiefbohrungen und Kalisalzschächte in dem ausgedehnten Tertiärland die großen Zusammenhänge besser erkennen lassen (E. Kraus 1925).

Beiderseits des Mülhauser Sundgau-Horstes im Sundgau und bei Basel ist folgende Gliederung bekannt geworden (Abb. 35):

		Mächtigkeit	Bewegungen
Aquitan	Nicht sicher bekannt		
Katt	Süßwasserschichten v. Tüllingen-Delsberg Cyrenenmergel m. Planorbis, *Cepaea rugulosa, Plebecula ramondi*	200 m 350 m	Senkung und Zufüllung
Rupel	Melettaschiefer Fischschiefer Foraminif.-Mergel, Meeressand, Küstenkongl.	300 m 8—30 m 2—20 m	Senkung und Transgression
Unter-Oligozän	Sehr wechselvolle Fazies NW Mülhausen salzführende Absätze	1000 m	Grabeneinbruch Schollenbildung
Ober-eozän	Bohnerzbildungen, Huppererde, Süßwasser-Kalk mit *Planorbis pseudammonius* über	0—50 m	Beginnende Senkung, Verwitterung, Hochlage
Jurakalk			

Die weltweite Mitteloligozän-Transgression und Festlandssenkung äußerte sich hier durch eine Transgression im Elsgau über Kimmeridge, im Pfirter Jura über Raurace-Sequan. Die gleichen Melettaschiefer der Rupelstufe, die wir bei Basel und am Steinibach bei Escholzmatt in der subalpinen Hilfernzone antreffen, beweisen nach A. Buxtorf & H. Froehlicher den ehemaligen Zusammenhang des übergreifenden Meeres zwischen Rheintalgraben und subalpinem Molassetrog auch über die Juragebiete hinweg, in denen heute verbindende Absätze abgetragen sind.

Auf diesen vielleicht schon unteroligozän (Sannois) angebahnten, mitteloligozänen Zusammenhang kann auch die nachstehend verzeichnete Verbreitung und Mächtigkeit der Sannois-Rupel-Katt-Reste auf dem heutigen Jura hinweisen, sowie die in Abb. 73 angegebene Südausdehnung der oberelsässischen Molasse („molasse alsassienne") und die südwärts ausgebuchtete Verbreitung der Rupelstufe des Rheintalgrabens. Damit zeichnet sich die alte „*Raurachische Senke*" von E. Baumberger 1934, 75, ab.

Die Hauptergebnisse jüngster Untersuchungen (L. Vonderschmitt 1942) beweisen, die mehrfach starke *Zerrung* im Unteroligozän (z. B. O. Göppert 1932), zu Beginn der Rupelzeit (K. Hummel) bis ins Katt, beim Neuaufreißen des Rheingrabens im Pliozän (P. Kessler) und damit jeweils zusammenhängend der Niederbruch des Rheintalgrabens mit seinen Teilschollen, welche sich grabeneinwärts mit zunehmenden Schichtmächtigkeiten beladen haben.

Molasse-Mächtigkeiten im Faltenjura:

		Neuenburger Jura		Jura von		
	SW	SW	NO	NW Bern	Solothurn	Basel
Torton	—	—	110 m	100 m	—	—
Helvet	—	—	25 m	15 m	—	—
Burdigal	160 m	15 m	25 m	—	—	—
Aquitan	40 m	70 m	—	—	400 m Büttenberg	—
Katt	—	} 20 m	—	220 m	175 m	} 235 m
Rupel	—		—	30 m	—	
Sannois	—	—	—	125 m	—	20 m
Oligozän u. Miozän	200 m	105 m	160 m	490 m	575 m	255 m
Eozän (Bohnerz-Lehme)	20 m	— Auf Kreide	—	5 m	25 m	30 m

Dem widerspricht keineswegs eine gewisse Einengung in Zwischenzeiten, z. B. die Bildung eines nachkattischen, wohl untermiozänen, SW-NO-streichenden Sattels von Illfurt oder die Bildung einer flachen, O-W-streichenden Mulde von Waldighofen, vermutlich im Zusammenhang mit der späteren Faltung des Kettenjura. Es widerspricht dem ebensowenig die Weiterbildung der SW-NO-Mulde von Pfalzburg-Langenbrücken, welche nach J. O. Haas & C. R. Hoffmann 1928 aus den bis zur Muldenachse bei Steinselz anwachsenden Mächtigkeiten für die Unteroligozänzeit geschlossen werden konnte. Diese Muldung ging, wie Mächtigkeiten und Fazies zeigen, durch die Rupelzeit und äußerte sich noch nacholigozän.

Die Hauptzerrungen im Mittelrheintalgraben waren zeitlich nicht mit Heraushebungen verbunden, da Meer, Brackwasser und Süßwasseransammlungen mit wechselvoller Fazies und großer Schichtmächtigkeit diese Senkungen begleiteten. Einebnungen während Hochlage haben wir im späteren Aquitan und im Sarmat.

Sehr zu beachten ist das reiche *System von NO(NNO-)-SW(SSW)-streichenden Brüchen* (einschließlich der Anlage der Baseler Tafeljura-Flexur) am W-Rand des Mülhauser Horstes, in der Bürgerwaldkette, im Tafeljura, im Dinkelberg; außerdem die SW-NO-streichenden Querfalten (nicht durchlaufend, sondern sich fiederig ablösend) im Jura südwärts des Rheintalgrabens, die Querfalten des Delsberger Beckens u. a.

Alle diese Brüche und Falten sind offenbar vorstampisch, also *alttertiär*. Damals wurde der NW-Jura und das anschließende Mittelrheingrabengebiet in SW-NO-streichende Falten gelegt. Spitzwinklig dazu liegen die mehr gegen NNO („rheinisch") ziehenden, vorstampischen Brüche, welche mindestens zum Hauptteil schon aus dem Grundgebirge emporsteigen dürften.

Unsere mechanische Vorstellung wird diese Tektonik nicht abgelöst verstehen können von derjenigen der unmittelbar benachbarten alpinen Geosynklinale und von deren Vortiefe, welche nicht nur unter dem Mittelland, sondern auch mit ihrer oberflächlich sichtbaren Molasse-Flachfaltung zwischen Bern und Genf den Faltenjura deutlich genug mit einbezieht.

Die vom Verfasser schon 1926 in Madrid ausgesprochene Vorstellung nimmt ein kräftiges *Heranrücken der süddeutschen Platte gegen SO unter die ansaugende Nordalpennarbe hinab an.* Dabei hat in der Zeit der *alttertiären* Hauptbewegung eine *Ablösung dieser Platte längs dem Rheintalgraben* (und Rhonegraben) meist auf alten Brüchen stattgefunden, so daß diese Zerrungen Keilgräben-Einbrüche (von Sierenz, Dammerkirch) zwischen den im Verhältnis beim Sinken etwas zurückbleibenden Teilhorsten (z. B. bei Mülhausen) verursachten. Beim Vorrücken des plastischen Untergrundes gegen die Alpen gab es größere und kleinere *Teilwiderstände.* Diese werden ersichtlich teils aus der Bildung von *Querfalten* (Bürgerwaldkette, Blochmont, Caquerelle), teils aus dem Zurückbleiben von Mülhauser Horst-Pfirter Jura-Delsberger Becken. Jene Querfalten in dem kräftiger gegen SO vorrückenden Elsgau-Clos du Doubs-Vogesen-Bereich bedeuten die Stauung längs dem weniger nach S (O) vorrückenden Anschlußgebiet im O.

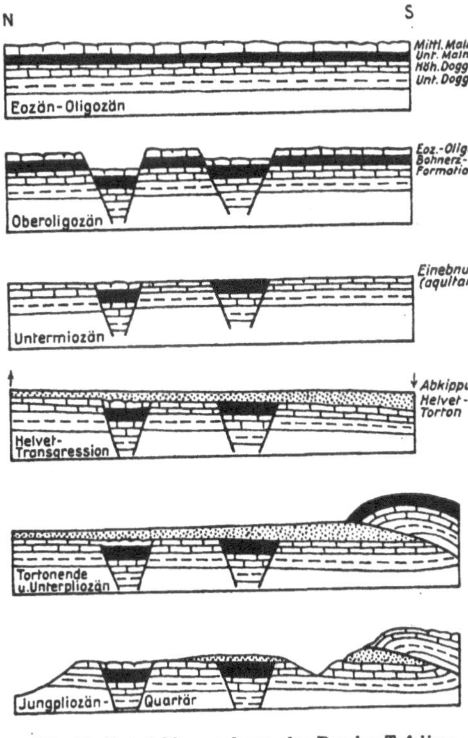

Abb. 37. Entwicklungsschema des Baseler Tafeljura. Nach A. Buxtorf 1934.

Die Bildung der Keilgräben im Baseler Tafeljura, wie sie A. Buxtorf nach Abb. 37 in das Oberoligozän verlegte, würde demnach in der Anlage bereits *auf die alttertiäre Hauptgebirgsbildung der alpinen Geosynklinale zurückgehen.*

Nach der wohl schon zur Aquitanzeit ziemlich weit fortgeschrittenen Verebnung wurde in der unter- bis mittelmiozänen Senkungszeit das etwas schief gestellte Gebiet weithin vom Meer der Oberen Meeresmolasse eingedeckt (s. unten S. 217).

c) Molassegeröll und Bewegung

Der Gegensatz zwischen dem Geröllinhalt der Molasse und der Zusammensetzung der heutigen Gebirgsoberfläche stellte schon seit De Saussures Zeit, also seit 1796, ein viel erörtertes und noch nie befriedigend behandeltes Thema dar. Erst die Kenntnis der alpinen Deckengliederung und die horizontmäßige Geröllsammlung, Zählung und Bestimmung des Nagelfluh-Bestandes läßt uns heute diese Versuche mit besserem Erfolg wieder aufnehmen. Der Mangel an Ablagerungen, welche mit dem letzten großen Hauptabschnitt unserer alpinen Baugeschichte gleichzeitig in dem emporwachsenden Gebirge selbst entstanden, zwingt uns ja den mittelbaren Schluß aus dem Vorlands-Schutt auf die gleichzeitigen orogenen Ereignisse in der Geosynklinale auf.

B. Studer verriet großen Weitblick als er 1853 im 2. Band seiner „Geologie der Schweiz" davon schrieb, daß die Molassegerölle ebenso wie die exotischen Blöcke im Flysch aus der Tiefe, also aus Gebirgsteilen herzuleiten seien, welche früher der Abtragung ausgesetzt waren, die später aber durch das Kalkgebirge oder durch ihre eigenen und in der Nagelfluh erhaltenen Trümmer bedeckt worden sind. Daß in der Zeit vor der Deckentheorie natürlich sehr viele, jetzt nicht mehr erörterte Gedanken mitliefen, nimmt uns nicht wunder. Hierzu gehört namentlich die Studersche Ansicht von einem einst nördlich der Alpen in der Schweiz aufragenden, überwiegend granitischen Rücken, der Molassegerölle abgab. Wir leugnen aber die Anwendbarkeit dieses Gedankens durch C. W. Guembel nicht für östlichere, vindelizische Alpenrandteile, wie er z. B. für die südbayerische Molasse unentbehrlich scheint.

So hat J. Frueh 1888 in seiner grundlegenden Monographie die Herkunft sowohl der kristallinen wie der sedimentären Molassegerölle aus SO und S, und zwar aus gewissen südalpinen Alpenteilen betont. Diese immerhin vorsichtig angedeuteten Herkunftsbestimmungen haben sich zum größeren Teil nicht bewährt: Weder das Bozener Verrucano-Quarzporphyr-Gebiet noch die Gegend von Lugano kommt nach genaueren Gesteinsvergleichen, mit Rücksicht auf die begleitenden Gerölle und auf die Geröllgrößen für eine Herkunft der Gerölle am Alpennordrand in Frage.

Große Fortschritte brachte die Anwendung der Deckentheorie durch H. Schardt, M. Lugeon, G. Steinmann, C. Schmidt. Nun konnte man wenigstens die offenbar sehr bedeutenden Wanderwege der oft über kopfgroßen Gerölle verstehen, welche für lange Strecken beim Deckenschub zurückgelegt wurden. Aber die zunächst ausgesprochenen Ansichten über die Abstammung von der Flyschdecke oder von ihren Teilen, von südlicheren Untergrundschwellen befriedigten noch nicht. Erst allmählich häuften sich so viele Beobachtungen, daß die nachfolgend ausgeführten Gedankengänge möglich wurden. Wir denken heute an die Herkunft von stirnnahen romanischen Decken, deren Reste die präalpinen Klippen sind, auch von Flyschdecken, unter welchen zunächst noch Autochthon, helvetische und penninische Decken — allgemein besonders die Gesteine der Tiefen- bzw. Dynamometamorphose — bis ins Miozän hinein vergraben lagen.

Die noch immer weiter zu treibende Untersuchung der Molassegerölle und des Feinschuttes kann uns unter Mitberücksichtigung der Baugeschichte in der Vortiefe für die verschiedenen Hauptzeiten *ein Bild der jeweiligen geologischen Oberflächenkarte des Gebirges* vermitteln oder — eingeschränkt und besser gesagt: eine Übersicht der härteren Gesteine im Einzugsgebiet der Molasseflüsse. Wir können einzelne Hauptfluß-Systeme raumzeitlich unterscheiden und deren Entwicklung wenigstens in ersten Umrissen verfolgen. Wir erschließen so gewisse, allmähliche Veränderungen in dem Flußeinzugsgebiet, also Relief- und Deckenbewegungen. Wir erkennen tektonische Phasen und deren Ineinanderfließen. *Wir erfahren vom Werdegang der Alpen, von deren Abbau.*

Aber die Dinge liegen sehr *verwickelt.* Denn auch dann, wenn wir die beim Fluß-Transport zerstörbaren, weicheren Gesteine und wenn wir die damals begrabenen, daher keine Gerölle liefernden Deckeneinheiten außer acht lassen, enthält irgendein Molassehorizont keineswegs nur die Gesteine irgend einer Decke oder mehrerer Decken, wie wir sie heute noch anstehend irgendwo im Gebirge finden. Das kann nun freilich von vornherein auch nicht gefordert werden, da ja die zerstörten und in die Molasse umgelagerten Fortsetzungen heutiger Decken fraglos ihre eigene, mit südlicheren, derzeit kontrollierbaren Fortsetzungen keineswegs übereinstimmende Fazies besessen zu haben brauchen. Herkunftsbestimmungen, die Voraussetzung baugeschichtlicher Ableitungen, werden somit immer eine gewisse Unsicherheit an sich tragen müssen, auch dann, wenn sie vollkommen richtig sind. Andererseits aber werden diese — einmal wohl erkannten — Abweichungen, die sich, wie zu zeigen sein wird, in ziemlich mäßigen Grenzen halten, uns ein willkommenes Mittel zur Wiedererkennung ehemaliger, im Anstehenden längst verschwundener Faziesteile der Alpen liefern. Die vom Deckenschub vielfach zerrissenen Fazieszusammenhänge zwischen manchen Decken können derart wiederhergestellt werden. –

Wir betrachten zunächst Beispiele der wichtigsten oligozänen Nagelfluh-Massen auf ihre Geröllzusammensetzung hin.

Thun (kattische Nagelfluh). Schon die rote Nagelfluh mit bis kopfgroßen Geröllen in den Ralligschichten der *Rupelstufe* ist *bunt*, d. h. sie führt über 10 v. H. kristalline Gerölle. Sie enthält die gleichen, überwiegend kristallinen Gerölle wie die kattische Bunt-Nagelfluh, welche in der Thuner Gegend mit mehreren Kilometern Mächtigkeit die gewaltige *Blumen-Schuppe* zusammensetzt. In dieser hat man runde, kantenrunde oder eckige Gesteinsstücke in allen Größen bis zum über meterlangen Block, *so daß ein Ferntransport unmöglich stattgefunden haben kann.*

Eine bedeutende Rolle spielen rote und grüne Granite, wie sie auch im benachbarten Habkern-Wildflysch häufig sind; graue Granite, zum Teil vom Gasterngranit nicht unterscheidbar; reichlich Granitporphyre, rote Feldspatporphyre; etwas Gabbro und Serpentin, grüne und graue Gneise, Glimmerschiefer und teilweise vorherrschend Gangquarze und Quarzite. Von den Sedimentär-Geröllen, welche gegen NO an die Zulg bis auf $^1/_3$ des Bestandes zunehmen können, führte P. Beck 1911 an: dichte Kalke ähnlich Fleckenneokom, Tithon und Lias der präalpinen Klippendecke. Außerdem treten auf gelb angewitterte, graue Flyschsandsteine, Kalkbrekzien mit Dolomit- und Kristallinbrocken (Niesenbrekzie), Granitbrekzien. Verfasser sah bei Thun auch viele rot-weiß-grüne Verrucanoquarzite in rotem Bindemittel und konnte sich davon überzeugen, daß die gelbbraun anwitternden Flyschsandkalke, welche oft Hornsteinschmitzen und Flyschbrekzien führen, bis zu 15 v. H. und recht bezeichnend auftreten. Es gibt aber nichts von schwarzen Dolomiten oder anderen Gesteinstypen der ostrheinischen Kattnagelfluh.

Das Ganze stammt nach H. Schardt aus überschobenen und dann abgetragenen Klippendecken, namentlich aus der tiefsten Habkerndecke. Es muß noch viel von dem kristallinen, jetzt abgetragenen Sockel der Präalpen, der auch in die Wildflysch-Vortiefe seinen Schutt abgeliefert hatte, im Gebirge der Rupel- und Katt-Zeit vorhanden gewesen sein. Amphibolite, wie sie aus oberostalpinem Kristallin fraglos reichlich in die Molasse gekommen sein müßten, fehlen; ebenso fehlen sichere Gesteine aus Helvetiden und Penniden.

Rigi (kattische Nagelfluh). Die schwachwellig gegen SSO geneigte Rigiberg-Schuppe von 3 bis 3,5 km Mächtigkeit beginnt über den Horwerschichten (Rupel) mit den offenbar schon kattischen Weggiser Kalknagelfluhen (800 m), über denen dann erst die kattische, bunte Riginagelfluh (1,5 km) folgt, bedeckt von der wohl auch noch kattischen Kalknagelfluh der Rigi-Scheidegg (500 m), welche gegen W bunt wird. Die größere Menge an Kristallingeröll, d. h. an roten Graniten und roten Quarzporphyren im W wurde auf einen mehr westlich einmündenden Fluß zurückgeführt, während ein östlicherer Hauptfluß weit überwiegend sedimentäre Gerölle brachte.

Letztere bestehen aus Kalken, Dolomiten, Hornsteinen, Radiolariten mesozoischen Aussehens wie sie in der präalpinen Klippendecke, vielleicht auch in der stark abgetragenen präalpinen Simmendecke liegen oder lagen. Diesen auf Rigi-Kulm neben 8 v. H. Kristallin etwa

45 v. H. ausmachenden Geröllen stehen in gleicher Menge meist gelb anwitternde Flyschkalke, Flyschsandsteine (zum Teil wie feiner Schlierensandstein) und Flysch-Sandkalke, -Brekzien, Konglomerate und -Ölquarzite gegenüber. Die *Flyschgerölle*, die schon in der Weggiser Kalknagelfluh vorkommen, nehmen gegen oben ziemlich rasch zu und gehören zu den *größten* Geröllen; die roten Granite und Porphyre stellen sich erst weiter oben ein. Sichere Vertreter von Verrucano, Buntsandstein, helvetischen oder penninischen Gesteinen sah ich nicht. Die Geröllgrößen erreichen am Rigi-Dossen 40—70 cm Länge; auf Scheidegg mitunter ebenfalls, wobei die großen Flyschsandkalke u. a. Flyschgesteine vielleicht bis 75 v. H. zunehmen können. Amphibolite fehlen auch hier, ebenso *sichere* Vertreter des südalpinen oder unterostalpinen Faziesraumes.

S. Appenzell (kattische Nagelfluh). Ebenso enthalten auch die Nagelfluhbänke in dem etwa der Bausteinzone Südbayerns zeitlich entsprechenden, aufgeschobenen Katt am Weißbach S. Appenzell unter den weit überwiegenden, wohl randostalpinen Kalkgeröllen von Nuß- bis über Faustgröße reichlich kleinere weiße Gangquarze, überwiegend verschieden gefärbte Kalke, grau gefleckt, bunte Hornsteine, dichte Malmkalke und bräunliche Dolomite, aber keine schwarzen; ziemlich viel Flyschsandkalke, sandarme auch unter den größten, kindskopfgroßen Geröllen, ganz wenig Buntsandstein-Verrucano. Es scheint eine Auslese besonders

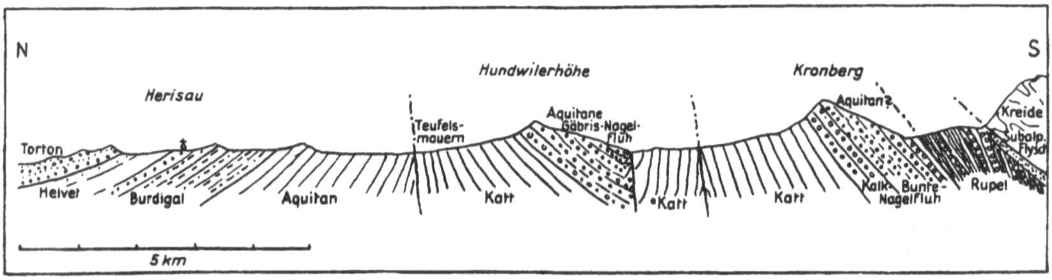

Abb. 38. Profil der NO-schweizer Molasse nach H. H. Renz 1937, Taf. XIII: Ungleichseitige, steile Fächer-Antiklinen; subwestalpine Unterschuppung.

harter Karbonatgesteine zu sein, doch gibt es viel Quarzsand und Glimmer in den Mergelreichen Zwischenlagen. Solche Gerölle könnten auch in der kattischen Steigbachnagelfluh bei Immenstadt im Allgäu liegen, die aber reichlich schwarze Dolomite, auch mehr helle Dolomite, Oberjurakalk und Radiolarit führt. Vertreter aus unterostalpinen, penninischen oder helvetischen Gesteinen fehlen offenbar noch ganz.

Hohrone- und Gäbris-Nagelfluh, die Vertreter der einzigen beiden Geröll-Fächer, welche wir im *Aquitan* kennen, liegen zwischen Lorze und Alp-Sihl bzw. zwischen Neckar und Rhein (Abb. 38). Als Mittel aus 6 Zählungen von K. Kleiber 1937, von 9 Zählungen von H. Renz 1937 und von Zählungen A. Ludwigs 1930 finden sich:

	Hohrone-Aquitan	Gäbris-Aquitan bis 1200 m	Ober-Aquitan der Gäbriszone; Röhrenwaldtobel O. Urnäsch
Rote, grüne Granite	40 v. H.	2 v. H.	7,2 v. H. (etwa Typus Bernina)
Porphyre, Diorit	2 v. H.	2 v. H.	4,6 v. H.
Gneise, Glimmerschiefer	16 v. H.	10 v. H.	16,4 v. H.
Quarze, Quarzite	10 v. H.	4 v. H.	1,8 v. H.
Helle und dunkle Kalke	22 v. H.	15 v. H.	39,4 v. H.
Kieselkalke, Hornsteine	9 v. H.	38 v. H.	23,8 v. H.
Dolomite		10 v. H.	3 v. H.
Verrucano, Buntsandstein		1 v. H.	0,4 v. H.
Sandstein, Kalkschiefer, Brekzien, Konglomerate		18 v. H.	3,4 v. H.

Diese Zusammenstellung zeigt noch mehr als das Rigigebiet, daß *innerhalb der ungefähr gleichalten Nagelfluhzentren im einzelnen ganz erhebliche Wechsel der Zusammensetzung* vorliegen von über 50 v. H. Kristallin bis kaum 10 oder 15 v. H. Die Zunahme der Kieselkalke und Hornsteine, Sandsteine, Kalkschiefer, Brekzien und Konglomerate gegen O hängt offenbar mit der Zunahme der Flysch-Gesteine zusammen, wie sie nach J. Cadisch auch schon in der Katt-Nagelfluh nördlich der Säntiskette reichlich vorkommen. Von der granitreichen Aquitan-Nagelfluh, deren Kristallingerölle nach oben zunehmen, gehen hauptsächlich die durch den Kristallin-Zerfall entstandenen granitischen Sandsteine aus.

Eine grundsätzliche Altersverschiedenheit, etwa einer kattischen *Kalknagelfluh* und einer *aquitanischen, kristallinreichen Nagelfluh läßt sich keineswegs durchführen.* Ebensowenig trennen sich solche Teilgebiete räumlich.

O. Urnäsch fand Verfasser in der oberaquitanen (28 Nagelfluhplatten über deren Katt-Unterlage) Nagelfluh 30—35 v. H. Kristallin, dessen unterostalpine Typen auffallen, mitunter auch Diorite; keinen Amphibolit, kein sicherer Silvrettagneis; ziemlich häufig bis über kopfgroße Flyschsandkalke und grobe Flyschsandsteine, öfter bräunlich-grauliche Dolomite, aber *nichts* von dunkelgrauen oder schwarzen. Ziemlich viel ost- oder randostalpine Trias; schwarzer Neokom-Kieselkalk, grauer Echinodermenkalk, Fleckenkalk. Die damit zu vergleichenden oberaquitanen Bänke der Hochgratnagelfluh des Allgäu, in welcher gleichfalls Kristallingerölle gegen oben stark zunehmen, haben viel mehr Flyschsandkalke, nichts von unterostalpinen Typen, fast keinen Granit, aber mehr verwitterte Gneise, erheblich mehr dichte Oberjurakalke und Radiolarite. Diabase und Gabbros, noch selten im Aquitan der NO-Schweiz, nehmen erst im Torton zu.

Herkunftsgebiete

Aus dem Vorstehenden ergibt sich, daß trotz aller mengenmäßigen Verschiedenheit im einzelnen *die Zusammensetzung des* diesen Molasseschutt den Flüssen abgebenden *Gebirges doch vom Genfer See bis an den Rhein aus den gleichen Haupteinheiten aufgebaut gewesen sein dürfte.* Bedenkt man die noch recht geringe Zertalung während des Oligozäns und das Fehlen einer *glazialen* Schuttverschleppung, so kann man auch danach erwarten, daß aus den immerhin als weit fortstreichende und wohl je 1—2 km mächtig anzunehmenden Deckenstockwerken des oligozänen Alpenkörpers die noch wenig durchgängigen Flußsysteme ziemlich einheitlichen Gesteinsschutt herausgebracht haben: einheitlich, jedoch bezeichnend für bestimmte Hauptdeckenstockwerke trotz mancherlei Grenzmischungen.

Es mag daher gelingen, aus den in der Vorlandmolasse meist *zusammenliegenden Geröllmengungen auf entsprechende Herkunftsdecken zu schließen.*

Versucht man solche Deckenstockwerke zu erschließen, so fallen alsbald Gesteinssammlungen auf, welche besonders häufig in der Molasse zusammen abgelagert wurden, und welche auch gemeinsam vorstoßen oder wieder verschwinden. Es sind drei solcher Weg- und Lagergemeinschaften.

1. *Eine kalkalpine Geröllgesellschaft* mit wechselnden Mengen von buntem Verrucano, rötlichem oder grünlichem Buntsandsteinquarzit; von grauen, bräunlichen, schwarzen Triaskalken und Dolomiten; von ähnlich gefärbten Kalken, Kieselkalken, Fleckenmergelkalken, grauen Hornsteinen, Brekzien, Konglomeraten des Lias oder teilweise des Neokoms; von hellen Kalkschiefern, hellen dichten Kalken, Brekzien und Spatkalken des Doggers oder Malms, auch bunten Radiolariten und

Hornsteinkalken des Oberjura mit besonders typischem „Klippenmalm“; und schließlich gewisse Orbitolinen- und Milioliden-, aber immer auch Sand-führende Kreidekalke, dazu helle Foraminiferenkalke.

2. Eine Gemeinschaft von Geröllen *aus kristallinem Grundgebirge mit verschiedenen Eruptivgesteinen;* hellgraue, rote und grüne, grob- oder feinkristalline Granite, mitunter porphyrisch; verschiedenfarbige, oft dunkelrote Quarz- und Felsitporphyre; Granodiorite, Diorite, Diabase, etwas Serpentin; verschiedene, meist graue Gneise, aber kein Amphibolit; Quarzite, Marmore, Gangquarze mit anhängendem Phyllit oder Glimmerschiefer.

3. *Eine Geröllgemeinschaft von Flyschgesteinen:* Meist bräunlichgelb verwitternde Kalke, Sandkalke, Spatkalke, kieselige oder Kieselkalke, kalkige, feinkörnige Sandsteine, gröbere und glimmerreiche meist mürb, Nummuliten-führende Sandsteine ähnlich jenen des Schlierenflyschsandsteins; Brekzien und bunte Konglomerate (oft mit Phyllit, bräunlichem Dolomit, Kalk, Felsitporphyr; eckig oder rund wie im Wildflysch); Fleckenmergel- und Fukoidenkalke, dichtsplittrige Kalke und Kalkschiefer.

In diese drei Hauptgruppen können trotz mancher Durchläufertypen so gut wie alle Oligozängerölle derart einbezogen werden, daß sie alters- oder ausbildungsmäßig als Angehörige von drei Hauptdeckenstockwerken gezählt werden können. Die jeweilige größte Deckennähe ergibt sich dabei aus der besonderen Häufigkeit und meist zugleich aus der besonderen Geröll-, ja Blockgröße der auftretenden Decken-Vertreter.

Auch die völlig gesetzvolle, unten S. 282 noch näher besprochene, zeitliche Verbreitung, z. B. der *Flyschgeröllmassen,* welche in der Schweiz bereits zur Rupelzeit, im Allgäu erst ab Katt-Aquitan, im südlichen Oberbayern erst ab Burdigal in die Vorlandmolasse gerieten, beweist uns, *daß hier räumlich bzw. stockwerksmäßig in der Tat zusammenliegende Herkunftseinheiten vorliegen.*

Denn ist durch die Unterscheidung der Kalk- und der über 10 v. H. Kristallingeröll führenden (oft freilich schon unter diesem Hundertsatz als „bunt“ bezeichneten) Nagelfluhmassen, sowie der als Ausläufer der letzteren erkennbaren „granitischen Sandsteinmolasse“ schon ein gewisser Herkunftshinweis gegeben, so wird dieser noch vermehrt durch die Beachtung der Flyschgesteinshäufigkeit.

Weit vorherrschend aber ist nicht nur in den Geröllen und Sanden, sondern auch in den Schlammen und im Zement *der Kalkgehalt.* Er herrscht auch noch meist in den an Kristallingeröllen reichsten Nagelfluhen oder wenigstens im Feinstkorn von deren meist an Mächtigkeit überwiegenden Mergelzwischenlagen.

Es ist darum *ein kalkalpines* Gebirge, das weit vorwiegend den einige Kilometer mächtigen und noch 40—50 km weit hinaus in der Vortiefe erhaltenen Molasseschutt bestritten hat. Bedenken wir, daß die alpinen Gewässer in dem subtropischen Klima besonders viel Kalk auch im gelösten Zustand abgeführt haben müssen, und daß diese Stoffe in dem humiden Alpenbereich nach außen restlos verloren wurden, so muß die während der Molassezeit zerstörte Kalkalpenplatte bei einer üblichen Dicke von wenigen Kilometern wohl noch *erheblich breiter gewesen sein als es die heutige Molasse im Vorland ist.*

Welche kalkalpine Platte kommt nun hier in Frage und ist in geschützten, weil axial tiefliegenden Gebirgsteilen noch erhalten geblieben? Wegen des Fehlens von jedem sicheren Helvetiden- und Penniden-Gestein im Oligozän kommt hier *allein das präalpine Deckensystem in Betracht* (H. Schardt, Eclogae *5*, 1897/98; G. Steinmann 1906).

Die Reste der Klippen bezeugen die ehemals geschlossene und mächtige Verbreitung der Präalpen von Annecy über Chablais und Freiburger Alpen, über Stanzer Horn-Mythen bis Grabs am Rhein und Balderschwang im Allgäu. Hinweise gerade auf *ihre* Gesteinsfazies sind immer wieder in den Molassegeröllen zu finden. Es handelt sich, wie wir früher eingehend darlegten, um die Westfortsetzung der nördlichen Randzone der Kalkostalpen, welche ostrheinisch als „Randostalpin“ unter ultrahelvetisch-helvetischem Gebirge begraben liegt.

Die oberostalpine Deckenverbreitung, deren letzte Reste wohl in der stark zurückgewitterten Simmendecke noch erhalten sind, hat einen unbekannten, aber gewiß sehr umfangreichen (E. Gagnebin 1934, 89) Anteil beigesteuert. Sie ist wohl zusammen mit der Brekziendecke, wenigstens zum Teil verantwortlich für die starke Niederwalzung und damit für den besonderen Baustil der Klippendecke. In der Simmendecke treten die Triasdolomite und -kalke im Gegensatz zur Lechtaldecke, aber ebenso wie in den Molassegeröllen stärker zurück. Außerdem ist das Oberostalpin im Mittel- und Ostschweizer Bereich unbekannt. Deshalb und wegen des Mangels an Silvrettagneis, besonders an Amphiboliten, kann an eine Geröllheimat aus den heutigen nördlichen Kalkalpen und dem Silvretta-Ostalpin nicht gedacht werden. Wohl aber finden wir die gleichen Gesteine wie in der Molasse auch im ultrahelvetischen Flysch ostwärts des Rheins in beiden Fällen abstammend hier von „Randostalpin“. Einige Gesteine wie Quarzporphyre, Porphyrite, helle Calpionella-Kalke, die heute hauptsächlich im Luganer Bereich an der Gebirgsoberfläche anstehen, können sehr wohl von südlichen, jetzt abgetragenen Teilen der Simmendecke herrühren.

So wie die nördlichen Kalkostalpen im O die höchsten, nicht weiter verwalzten Decken des Gebirges bilden, so im W des Rheins die *Simmendecke*.

Wie weit *sicher unterostalpine*, das heißt aus Err-Bernina-Falknis-Sulzfluhdecke herstammende Anteile in der Molasse liegen, ist noch durchaus nicht so geklärt, wie man schon vielfach glaubte (z. B. G. Steinmann 1906). Denn die zweite große Gesteinsgemeinschaft eines *kristallinen Grundgebirges* hat zwar manche, zum Teil große Ähnlichkeit hinsichtlich der bunten Granite, aber doch auch wieder so viel abweichende Gesteine, daß die Herkunft aus dem unterostalpinen Inselkranzgebirge selbst — abgesehen von dem Molassebereich des Bodenseerheintals und der Ostschweiz — schon deshalb sehr unwahrscheinlich ist, weil eine zweifelsfreie Deckenverbreitung im schweizerisch-französischen Alpenbereich, wie wir hörten, nicht erwiesen werden kann. Sie hätte hoch über dem präalpinen Deckensystem und noch über den penninischen Decken thronen müssen, und zwar — nach den hausgroßen Blöcken im Habkernwildflysch, sowie nach den teilweise riesigen Mengen von Granit und Porphyr (P. Beck 1922, 139f.) zu schließen — bis an den nördlichen Alpenrand hin. Davon aber ist im W der wirklichen Grisoniden nichts bekannt; ebensowenig von penninischen Deckenvertretern in der Oligozänmolasse, die doch wohl erst hätten durchsägt werden müssen, wenn die Molasseflüsse anfangen konnten, präalpine Gesteine herabzuführen.

Demgegenüber bringt unsere Vorstellung große Vereinfachungen: Nicht allein kann sie auf die Annahme von Mammutabtragungen und Riesenverfrachtungen von Decken verzichten. Sie vermeidet auch die unüberwundenen Schwierigkeiten einer befriedigenden Einwurzelung der Klippen-Präalpen in Canavese-Lombardei.

Es mußte uns daher so viel wahrscheinlicher werden, daß der auch in der bunten Molasse des Katt-Aquitans immer noch ziemlich einheitlich vertretene Gehalt an Kristallin herrührt *von einem einheitlichen Deckenteil,* der einst im *Bereich der Präalpen lag.* Und zwar muß er *unter diesen* gelegen haben, denn die ersten Geröllausstrahlungen der stampischen Zeit sind durchweg kalkig-präalpin. Erst später erscheint die Flut der Kristallingerölle — immer weiter vorgeschüttet zusammen noch mit den präalpinen. Das heißt: die letzteren mußten erst teilweise durchsägt werden bevor die Flüsse das Kristallin anschneiden und abführen konnten.

Nach dem allgemein eingehaltenen Schema, daß tiefere Deckenteile weiter im N beheimatet sind als höhere, müßte dieser kristalline Präalpensockel einst wohl *eine den Präalpen nördlich vorgelagerte Stirn-Schwelle gebildet haben, welche den Bereich der germanisch-helvetischen Trias von einem südlicheren, in der Klippendecke einsetzenden und zum Subbrianҫonnais weiterziehenden der ostalpinen Trias abtrennte* — ganz so wie Guembels Vindelizisches Land.

Die gleichen Gesteine waren, wie gesagt, auch schon im Oberkreide/Eozän-Wildflysch von Habkern usw. vorhanden. Daher nahm P. Beck 1912 an, sie seien überhaupt das Herkunftsgebiet der bunten Molassegerölle. Sprach hierfür das Zurücktreten solcher Kristallingerölle sowohl im östlicheren Wildflysch wie in der östlichen stampischen Molasse, deren Anschwellen aber in beiden Fällen von dem Vierwaldstätter See gegen W, so kann doch die verhältnismäßig *geringe Menge* in dem meist wenig mächtigen Wildflysch hier nicht ernstlich in Frage kommen. Wohl aber werden wir ein, den Wildflysch in Oberkreide und Eozän, sowie noch die Oligozänmolasse gleich belieferndes Heimatgebiet in Gestalt eines sehr ausgedehnten, durch diese Zerstörung aber seitdem verschwundenen Deckenteils vor und unter der mesozoischen Klippendecke für naheliegend halten.

Wir bezeichnen ihn als den *kristallinen „Präalpen-Sockel"*.

Wenn wir auch die nach dem hypothetischen Nappisten-Bauplan mit 30 bis 40 Gesteinskilometern veranschlagten Abtragungsgrößen in den Schweizer Alpen für stark übertrieben halten und die langen Zwischenzeiten der Abtragung berücksichtigen müssen (I, 514), so ist doch mit mächtigen Abtragungsbeträgen zu rechnen. Die völlige Beseitigung eines kristallinen Deckenteiles nimmt daher nicht wunder. Die Blöcke von Graniten und Porphyren des Gets-Plateaus über der Chablais-Brekzie mit Gabbro, Serpentin und anderen Ophiolithgesteinen dürfte auf einen solchen, im W an der Simmendecke vorhanden gewesenen Deckenkern aus Kristallin hinweisen, der freilich sehr viel kleiner war als der von uns anzunehmende Kristallinsockel der Präalpen.

Diese Kristallinsohle oder Vorschuppe der Präalpen kann sich in gleicher Weise verausgabt haben wie etwa die germanische Südschwelle oder die Vindelizische Nordschwelle im O des Rheins. Letztere lieferte nach vorn, von der wandernden Schwellenstirne her, die exotischen Blöcke und Gerӧllagen in den Feuerstätter

Wildflysch und erstere gab noch im Oligozän als unterer Teil der wandernden Präalpendecke im W des Rheins ihre Gerölle den Molasseflüssen mit.

Dieser Präalpensockel dürfte etwa als Fortsetzung der ostrheinischen, Vindelizischen Nordschwelle einem kristallinen Schwellengebiet zwischen präalpinem Ablagerungsraum im S und ultrahelvetisch/helvetischem im N entstammen — ebenso wie im O etwa die Schwelle der Feuerstätter Wildflyschdecke. Die Sockelgesteine waren ähnlich jenen des unterostalpinen Inselkranzgebirges, jedoch schon ursprünglich erheblich weiter im N gelegen.

Wiederholt, besonders von J. CADISCH, wurde betont, daß kein Grundgebirgsteil bekannt sei, auch nur einigermaßen groß genug, um als Ablagerungsunterbau für die Sedimente der Helvetiden und ultrahelvetischen Decken denkbar zu sein. Es erscheint mir nicht unwahrscheinlich, daß ein Teil dieser Unterbaues zusammen mit seiner südlichen, einst als Schwelle gegen den anschließenden Absatzbereich der Klippendecken aufragenden Fortsetzung mit seinem Kopfteil abgeschürft während des Oligozäns hier im N lag, während sein Unterteil, von ihm abgeschert, in die Tiefe der nordalpinen Narbe versank.

Als dritten Hauptanteil der Molassegerölle unterschieden wir *die Flyschgesteine*. Ihre bis 70 und 80 v. H. betragende und zugleich meist die größten Blockgerölle bestreitenden Schuttmassen müssen ohne Frage auch von einem sehr umfangreichen und einheitlichen Deckenstockwerk hergekommen sein. Bildungsmäßig und daher auch räumlich gehören diese Flyschmassen, wie wir hörten, in der Tat zusammen mit den Präalpen.

Nach dem gleichzeitigen Erscheinen dieser Flyschgerölle mit denen der Präalpendecken und zeitlich *vor dem Kristallin* muß das liefernde Flyschdecken-Stockwerk aber auch über letzteren gelegen haben. Ihren mächtigen Geröll- und Blockformaten und der oft überaus großen Dichte ihres Auftretens nach muß es schon zur Rupelzeit zugleich die im südlich angrenzenden Gebirge zunächst liegenden Deckenteile aufgebaut haben. Nach Analogie mit den ganz ähnlichen, jedoch erst später erscheinenden und gleichfalls die gröbsten Geschiebe bildenden Flyschmassen in der ostrheinischen Molasse, welche sich (s. S. 282f.) z. T. aus der noch heute südwärts benachbarten Flyschzone ableiten lassen, haben wir auch in der Schweiz mit einer *subalpinen Flyschdeckenmasse* zu rechnen. Sie entstand, bzw. lag während des langsamen Präalpen-Deckenschubes als „ultrahelvetische" in Teilmulden vor oder teilweise wohl auf den romanischen Decken. Das wäre also eine Art SW-Fortsetzung der Sigiswanger, vielleicht auch der Oberstdorfer Kreideflyschdecke im O (E. KRAUS 1932), die mit den von W. LEUPOLD klargestellten Flyschmassen zusammenhängt.

In Abb. 39 zeichneten wir ein ganz schematisches Idealbild des mitteloligozänen Alpenrandes. Es deutet auch unsere Vorstellung von der abwärts wachsenden geosynklinalen Beweglichkeit an im Gegensatz zu der bisherigen, etwa in Abb. 36 hypothetisch gezeichneten Ruhe des tieferen Untergrundes.

Die Wechsel zwischen den von uns unterschiedenen drei Hauptanteilen des oligozänen Gebirges, welche im Katt, wie unser Idealprofil zeigen will, bald ziemlich gleichzeitig, wenn auch mit, je nach dem Flußnetz, verschiedenen Hauptmengen als Schutt in die Molassesenken eingelagert wurden, sind im großen nicht zahlreich. Die zeitlich erkennbaren Wechsel der Schuttzufuhr erklären wir uns im großen durch fortschreitende Decken- und Faltenbewegung im Gebirgsland; also durch innenbürtige Eingriffe in die Frachtwege und Reliefformen des Vortiefengebietes bei allgemein fortschreitender Heraushebung innen und Absenkung außen. Die allgemeine Zunahme an kristallinem Frachtgut und zum Teil auch von solchem aus dem Flysch auf Kosten der mesozoischen Sedimentgerölle verstehen wir aus dem allmählichen Einschneiden der Flüsse in das tiefere, kristalline Stockwerk des Gebirges. Kleinere Verlagerungen der verschieden stark fließenden Fluß-Unterläufe, raschere Störungen von weniger widerständigem Frachtgut auf dem Weg und bei Umlagerungen machen schichtmäßige Geröllwechsel verständlich. Die wahrscheinlich ruckartige, mit Reliefverstellungen und mit Erdbeben verbundene Überwindung der Festigkeit der unter Teilmulden- und Teilschollenbildung nach abwärts gezwungenen Vorlandsplatte erklärt den im Sedimentationsrhythmus der Riginen abgebildeten Wechsel der Absenkungs-Schnelligkeit.

So schafft uns die Beweglichkeit der strömenden Unterlage eine baugeschichtlich reich bewegte Bühne. Das außenbürtige Kräftespiel der Abtragung, der Wanderwege, der Ablagerungsart wird beherrscht vom innenbürtigen Geschehen, das auch hier mit einem endogenen und einem exogenen Teil (gestrichelte Pfeile in Abb. 39) den Kreislauf der Stoffe in Bewegung hält (s. oben S. 83 f.).

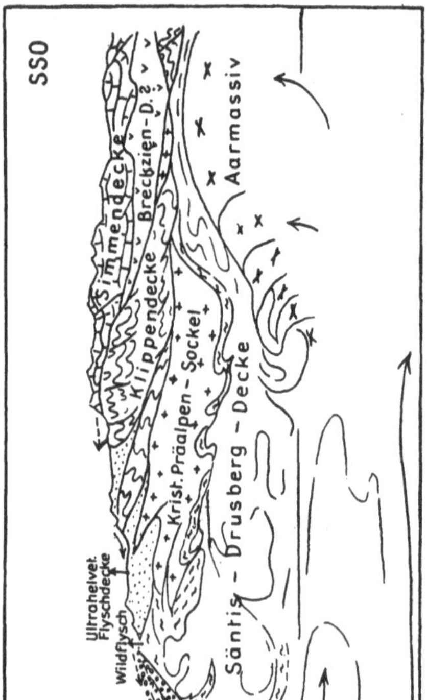

Abb. 39. Idealprofil des mittelschweizerischen Alpenrandes zur kattischen Zeit: Die infolge andauernder Unterströmung (Hauptpfeil) allmählig über ihre heutige Unterlage gelangenden Helvetidendecken (Säntis-Drusbergdecke) liegen noch unter der Fußvorschüttung (Wildflysch) der südwärts durch sie unterschobenen Präalpen, bestehend aus dem erosiv bald entblößten Kristallinsockel, den kalkalpin-mesozoischen Decken und der „ultrahelvetischen" Flyschdecke. Weitere Unterstromfolgen: Langsames Aufsteigen des in kräftiger Abtragung begriffenen Gebirges, Abfuhr der Abtragsstoffe und fortschreitende, subalpin gesteigerte Absenkung der den Schutt aufnehmenden Molassevortiefe.

Übersicht

Insgesamt kann gesagt werden, daß ein noch wenig abgetragenes Gebirge im Mittel- und Oberoligozän der Schweiz das Rückland der Molassevortiefe bildete. Die Heraushebung, verbunden mit Abtragung, war jedoch in vollem Gang, ebenso sprechen die Anzeichen *für dauernde und lebhafte Bewegung, für den Fortschritt der Decken- und Faltenbewegung.*

Die helvetischen Decken waren ebensowenig entblößt wie die penninischen oder die Außenmassive. Doch befand sich *das präalpine Deckensystem in nächster Nähe und überlagerte zusammen mit der Flyschdecke und einem immer mehr an die Erosionsoberfläche heraustretenden Kristallinsockel längs dem gesamten Schweizer Alpenrand das Gebirge.* Daraus haben wir, da ja zwischen dem Molassegebiet und den Präalpen die Helvetiden lagen, auch *auf deren schon weitgehend fortgeschrittene Falten- und Deckenbildung zu schließen.* Sie dürfte nur deshalb nicht so starke Überlastungs-Pressungen erhalten haben, weil Präalpen und Flysch schon während ihres allmählichen „Herankommens" durch Unterschiebung von NW immer weiter abgetragen und daher dünner geworden waren. Angesichts einer auf 80—90 km zu veranschlagenden Abwickelungsbreite der Helvetiden-Decken und der im Katt nicht selten 30—60 cm betragenden Geröllgrößen (Blöcke im Blumen sind 2—3 m lang!) *muß die Helvetiden-Deckenbewegung und Hauptеinengung bereits vollzogen gewesen sein.* Die Transportwege der Gerölle waren ohne Frage nur kurz.

Das frühere Auftreten kristallinen Frachtgutes im W (bunte Blumen-Nagelfluh usw.) als im O verweist auf eine *frühere Entblößung des kristallinen Präalpensockels* dort, welche wahrscheinlich als Anzeichen für *axiale Heraushebung im W gelten darf.*

Die begrabene Lage der Helvetidendecken nach ihrer Bildung zeigt uns ein weiteres Mal die Erfahrung, daß die Faltung und Deckenbewegung nicht mit Hochfaltung zusammenfällt, sondern mit einem tiefliegenden Baurelief: *Abbau!*

Von sicher oberostalpinen und Silvretta-Gesteinen im Einzugsgebiet der Molasseflüsse ist nichts bekannt. Von sicher *unterostalpinen Gesteinen* des Inselkranzgebirges dürften *nur die Ostschweizer* Molassenagelfluhen Gerölle empfangen haben. Hierzu rechnen wir neben roten besonders die grünen Granite, welche später im Aquitan, in der Ostschweizer Molasse in größerer Anzahl erscheinen. *Die unterostalpinen Deckenteile gerieten also in der Ostschweiz während des Aquitans in den Abtragungsbereich der Molasseflüsse.*

Die meisten der heute herkunftsmäßig nicht näher bekannten Molassegerölle, wie z. B. Flyschkalke zusammen mit Nummuliten-Lithothamnienkalken, dürften aus den heute zerstörten Flyschdecken herstammen. Frische Quarzporphyre, Porphyrite, dunkle Quarzite, rotgrün gefleckte Alkaligranite waren wohl ehemals präalpin. Vertreter des Mocausa-Konglomerats erkannte W. Leupold 1942, 245, gleichfalls als präalpin und dem Flysch der Simmendecke entstammend.

Dieses Deckengebäude im S war im Oligozän von den penninischen Decken noch nicht überholt. Das *Ultrahelvet* mit Ölquarziten und Brekzien des Wildflysches lag weithin noch *unenthüllt unter den Präalpen*. Gestein der jungen Bewegungs-Metamorphose fehlt ebenfalls noch.

Das Hohrone-Aquitan ergab mit seinem bedeutenden Feingehalt an Granat und anderen Schwermineralien, daß sie *aus einer überwiegend metamorphen Gesteinsprovinz*, weniger aus einer granitischen umgelagert wurden. In den Geröllen ihrer Nagelfluh finden sich jedoch bis über 40 v. H. Granit und 16 v. H. Gneis. Es ist klar, daß die massigen im Gegensatz zu den schiefrig-plattigen Gesteinen der kristallinen Schiefer, besonders zu den Glimmerschiefern und Phylliten, abgesehen von deren Gangquarzen und Quarziten, nur wenig Aussicht haben, sich in einer länger transportierten Gesteinsgesellschaft zu erhalten. Sie zerfallen und geben ihre widerstandsfähigen Schwermineralien in um so größeren Mengen in die feinsten Korngrößen ab. Nur die Quarze, in der Hohrone-Nagelfluh mit 10 v. H. vertreten, beweisen noch die ehemals starke Teilnahme an metamorphen Felsarten im Einzugsgebiet.

Wir schließen hieraus auf einen kristallinen Sockel, der durchaus nicht etwa überwiegend aus roten Graniten und Porphyren, sondern wohl sogar *überwiegend aus älter metamorphem Kristallinschiefer bestanden haben dürfte*. Anhaltspunkte für die oligozäne Entblößung der heutigen Zentralmassive gibt es noch nicht.

Es war nicht eine „tirolide Hauptphase", welche im Oligozän oberostalpine Decken gefördert und die Flüsse befähigte, an die stampischen Schuttfächer des Vorlandes oberostalpine Gerölle zu schaffen. Sondern *fertig wurde und war der präalpine Hauptschub über den ultrahelvetisch helvetischen Raum offenbar während der Ablagerung des obereozän-unteroligozänen Flysches*. Bei der nachfolgenden Heraushebung lieferte das Ergebnis dieses Schubes noch zur stampischen Zeit orogen bewegtes, sowie belebtes Abtragungsgebiet und daraus die orogenen Schuttmassen. Alpenwärts von den Hauptgeröllfächern liegen im allgemeinen axiale Senken, welche nach R. STAUB die Bildung durchgängiger Molasse-Flußläufe erleichtert haben.

d) Oligozänbewegungen der schwäbisch-bayrischen Vortiefe

Mit zur Hauptsache gleichbleibenden Eigenschaften zieht die Molassevortiefe aus der subalpinen Schweiz und aus dem Schweizer Mittelland über Rhein und Bodensee in die Schwäbisch-bayerische Hochebene und im S in die „Molassealpen" hinein. Den Appenzeller und St. Galler Molassebergen entspricht in Vorarlberg das Bödele bei Dornbirn und der Pfänder bei Bregenz. Den breiten, lang fortstreichenden Muldenschuppen am Schweizer Alpenrand entspricht der gleiche Bau, den ich schon 1923 als Steineberg- und Hornschuppe, zunächst auf Blatt Immenstadt, erkennen konnte. Dieselben mächtigen Flußschotterfächer, wenn auch abweichend zusammengesetzt, treffen wir in Vorarlberg-Allgäu an. Schon vorher dieselbe jungeozän-prächattische Vorlandverebnung: Der tektonische Werdegang kann von dem der Schweiz nicht sehr verschieden gewesen sein.

α) Vorarlberg-Allgäu

Die allgemeine Molasse-Übersicht zwischen Rhein und Lech ist:

<table>
<tr><td>Sarmat</td><td colspan="2"></td><td colspan="2">Oeninger Schichten mit Cepaea sylvestrina</td></tr>
<tr><td>Torton</td><td colspan="2">Obere Süßwassermolasse</td><td colspan="2">Oben: Cepaea silvana malleolata Sandb.
Mitte: Cepaea silvana silvana Klein, Tropidomphalus incrassatus Klein
unten: Cepaea eversa larteti Boissy und Flammenmergel mit C. edentula Quenstedt
Schotter, Sandsteine u. Mergelbänke, „Flinz“</td></tr>
<tr><td>Helvet·
Burdigal</td><td colspan="2">Obere Meeresmolasse,
z. T. terrestr.-fluviatil</td><td colspan="2">Muschelsandstein, Konglomerat, Mergel
Limnische Sandsteine und Konglomerate</td></tr>
<tr><td>Aquitan</td><td rowspan="2">Untere Süß-wasser-molasse</td><td>Oepfinger- u. Thalfingerschichten m. Omphalosagda subrugulosa Qu., Ericia bisulcata</td><td rowspan="2">W: Granitische Molasse Hochgratsch. (bunte Nagelfluh). Teufelsloch-Sch., darin Steigbachschichten (dolom. Kalknagelfluh)
Baustein-Zone</td><td rowspan="2">O: Blättermolasse
Obere bunte Molasse
Untere bunte Molasse,
darin Nesselburg-Dolomit-Nagelfluh</td></tr>
<tr><td>Katt</td><td>Kasseler Stufe mit Cepaea ramondi</td></tr>
<tr><td>Rupel</td><td colspan="2">Untere Meeresmolasse</td><td colspan="2">Wagneritzschichten mit grauen Tonmergeln und Sandsteinbänken</td></tr>
</table>

Die Vorarlberger Molasse zeigt örtlich folgende Schichtprofile (S. 124). Der Achsenanstieg gegen W kommt in der Heraushebung der älteren und in der Abtragung der jüngeren Molasse gut zum Vorschein. Die Mächtigkeiten sind beobachtete Mindestmächtigkeiten, welche den Umfang der jeweils aufgeschlossenen Profile einer Gegend angeben, nicht aber die oft wesentlich größeren Gesamtmächtigkeiten.

Für die Allgäumolasse kann nachfolgende Übersicht S. 125 gegeben werden. Die schon 1932, Taf. VIII, 1932, Taf. II, veröffentlichten Profile zeigen sehr *starken Fazieswechsel.* Die Gerölle der Nagelfluhbänke, welche oft viele Kilometer weit verfolgbar sind, werden feinkörnig und keilen gegen grobe, dann feine Sandsteine aus, werden auch seltener und dünn. Daher sind die Faziesbegriffe, die bei der Kartierung als erste Grundlage aufzustellen waren, in der Waagrechten wie in der Senkrechten wechselnd. Erst allmählich stellten sich zeitweisende Fossilien ein.

Für die *Rupelstufe* herrschte im Meer Einheitlichkeit von den Grisiger (Horwer) Schichten bei Luzern bis nach Oberbayern. Als Aussüßungsfolge liegt die gleichfalls noch einheitliche Bausteinzone darüber, sie ist brackisch. Für *die kattische* Stufe waren 3 *Faziestypen* zu unterscheiden (S. 125).

	NO-Dornbirn	m	Im O der Bregenzer Ache: Steineberg-schuppe	m	Hornschuppe	m	Vorland-streifen	m
Torton Helvet	Abgetragen		Abgetragen		Abgetragen		Limn. Sandst. Kongl. Kohle. Marine Sandsteine, Kongl., Mergel	80
							Desgl. limn. Kohle	20
							Marines Kgl., Sandstein	125
Aquitan	Granitische Melasse	200	Abgetragen		Hochgrat-schichten Sandstein-Mergel, Kojen	1000	Blätter-Mergel, Sandstein	1500
	Steigbach-schichten und Inn-							
Katt	grüneschichten	300	Steigbach-schichten	800	Steigbachschichten (Bolgenach)	1200	(Sulzberg)	500
	Teufelsloch-schichten: bunte Mergel, Sandstein		Hochgrat-schichten	300	Teufelsloch-schichten	1000	Teufelsloch-schichten	600
			und Teufelsloch-schichten	1100				
	Eggschichten,	1000	Bausteinzone (Eggschichten)	150				
	Bausteinzone	300						
Rupel	Wagneritz-Mergel, unten Sandsteinbänke	700	Marine Tonmergel der Wagneritzschicht.	300				
		2500		2650		3200		2825

1) Eine meist wechselnd bunte Mergel/Feinsand-Folge mit Sandsteinbänken, die kleinkonglomeratisch werden: „*Teufelslochschichten*". 2) Eine meist rotzementierte, kalkige Dolomitnagelfluh, wechselnd mit bunten Mergeln und wenig Sandstein: „Nesselburgschichten" O. der Iller. 3) Eine graue, wenig dolomitische, mehr kalkige, wenig Kristallin führende Nagelfluh, wechselnd mit grauen Mergeln und wenig Sandstein: „Steigbachschichten" W. der Iller. 1) ist die feinkörnige Fazies, gegen welche 2) und 3) nach N und W auskeilen.

Die „Zaumbergserie" (N. Alpsee bei Immenstadt) 1926, 127, hat sich herausgestellt als überlagert durch Cepaea rugulosa und unterlagert durch Nesselburgschichten. Sie ist daher gleich den Teufelslochschichten und einzuziehen. Letztere gehen (Abb. 40) in die rhythmische Steigbach-Folge über. Auch enthalten erstere, selten zwar, marine oder wenigstens brackische Zwischenlagen: S. Bühl bituminöse Süßwasserkalke mit Cyrenen, im Teufelsloch Landschnecken am Dach auch reichlicher Glaukonit (E. Kraus 1926, 11). Überwiegend wohl limnisch und alpenfern entspricht diese bunte Folge offenbar der kattisch (-aquitanen) Roten Molasse

Stufe	Horn-Steineberg W-Iller	Murnauer Mulde O-Iller	m	Hornschuppe W-Iller	Hornschuppe O-Iller	m	Vorlandstreifen innerer W	Vorlandstreifen innerer O	m	Vorlandstreifen äußerer W	Vorlandstreifen äußerer O (a. d. Iller)	m
Torton	Unbekannt			Abgetragen						Süßwasser-Kongl., Sandstein, Mergel 2000 (Weiler-Hergaz)	1000 (Eschacher Wald Mariaberg	2500 –1000
Helvet										Rothkreuzschotter Mariner Sandstein 800 (Kesselbach)	Konglomerat, Mergel 400 (Sonneck)	800 –400
Burdigal							Abgetragen					
Aquitan	Hochgratschichten 600	Graue Hangend-Mergel, Hochgr. Schicht., Teufelsloch-Sch., Nesselburgsch. 400 (Kammereck-Wertach)	400 150	Hochgratschichten 500 (Prodel)	700 (Rottachberg)	500 –700		Mergel, Sandstein, dolomitisches Konglomerat	600	Blättermolasse 1800 (Sulzberg)	600 (Lugemanns)	1800 600
Katt	Teufelsloch-schichten 700, darüber Hochgrat-Schichten 600		750 –600 –300	Obere Teufelslochschichten, Steigbachschichten 1500–2000. Teufelslochschichten 700, Sandstein, Mergel an d. Weißach 1300	Sandstein 700 Mergel 600	100 2700 –700	Sandstein, Dolomitkonglomerat 700 (Eibele)	Steigbachschichten 650 (Thaler Höhe); Bunte Mergel, Sandstein 700	700	—	—	—
						1300 –600	Mergel und Sandstein 2000 (Jugendach)	Bunte Mergel 650	2000 –650			
	Bausteinzone		30-50		—	—	—	—	—	—	—	—
Rupel	Wagneritzschichten, Tonmergel, unten Sandstein		>400									
Gesamtmächtigkeit m	>2440	>2300		4000–4500	>2000		2700	3250	>1950	4600	2000	

am Westalpenrand. Gröbere Sandsteinbänke zeigen oft sehr unruhige Schrägschichtung, ähnlich wie in der Blättermolasse (Abb. 41).

Gegen O geht die Teufelslochserie in die „Untere Bunte Molasse“ über und keilt mit dieser gegen die brackischen Cyrenenschichten im O aus. Im unteren Teil der Teufelslochschichten spielen gegen O die Nesselburg-Nagelfluhen (E. Kraus 1926, 126, 173) mit ihren schwarzen Dolomiten, öfter Gneis und Quarzit, sehr wenig Flysch und oberostalpine Trias, kein Helvetikum eine große Rolle. Dagegen schiebt sich im W der Iller gegen oben in die gleichen Schichten der ausgedehnte Schotterfächer unten der Katt. Hochgrat-, oben der kalkgerölligeren Steigbachnagelfluhen. Diese messen bis 1200 m und sind auf einen kattischen Fluß zu beziehen, der im W-Allgäu von SW gegen NO floß (1932, Mi. 204), der jedoch auch von O aus dem Dolomitgebiet Zuzug erhielt.

Für die *Aquitanstufe*, deren beweisende Versteinerungen nach F. Mueller 1932, Mi. 208, aufgeführt sind, wurden als *Faziesglieder* ausgeschieden:

1. Die Hochgratschichten, meist rot zementierte und mit bunten Mergeln wechselnde Kalknagelfluhen mit viel Flyschgeröll. Ihr rhythmischer Wechsel erfolgt in der Steinebergschuppe des Allgäu mindestens 36mal (Abb. 40, H). Nach F. Muheim und E. Baumberger beginnt diese Fazies im Vorarlberg und SW-Allgäu *bereits im Katt*, im Allgäu nach unseren Bestimmungen erst *im Katt-Aquitan*, in S. Oberbayern erst mit dem *Burdigal*.

Die gleiche Geröllschüttung besitzt in der Schweiz ihre Hauptverbreitung im Katt, am Thuner See schon mit der Rupelstufe beginnend. Gegen oben nimmt aquitane Hochgratnagelfluh sehr viel Gneisgerölle auf. Ihre Geröllschüttung griff weit über den kattischen Steigbachschuttfächer hinaus. Die Achse der größten Häufigkeit und Mächtigkeit der Gerölle zog im Katt über Hittisberg (Abb. 42) — Siplinger, aquitan über Kojen—Immenstädter Horn—Rottachberg—Burgkranzegger Horn, also *wieder wie im Katt, von SW gegen NO*. Auch sedimentpetrographische Einzelheiten sprechen dafür. Ostwärts der Iller im NO greift die Geröllmasse aus den subalpinen Schuppen auch auf das Vorland über.

2. Der *Blättermolasse*-Sandstein, grau, mittelkörnig, mit kräftiger Kreuzschichtung und viel Blattabdrücken. Mächtige graue, selten rote Zwischenmergel, selten Kohlebänkchen. Diese Fazies kann höchstens in ihrer kalkig-sandigeren O-Aus-

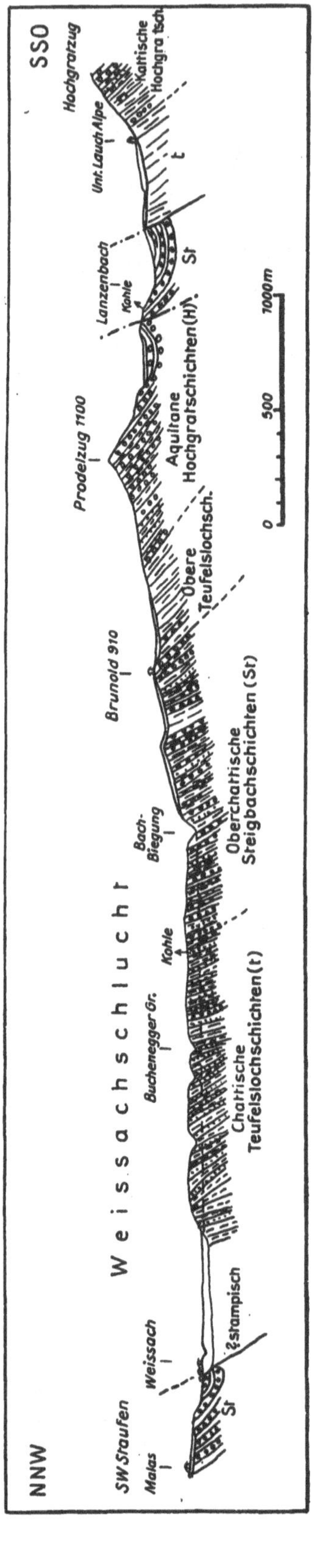

Abb. 40. Profil der Oligozänmolasse zwischen Weißach und Hochgrat (SW-Allgäu).

bildung als nördlichere Verfeinerung der Hochgratschichten angesehen werden. Denn im W nimmt der Quarz- und Feldspatsand stark zu, der den Hochgratschichten, außer in den obersten Lagen, fehlt. Gegen W geht die Blättermolasse von Kempten—Kottern durch die Quarz-Feldspat-Glimmer-Aufnahme in die weißliche „granitische Molasse“ von Bildstein (N. Dornbirn) über. Sie ist zugleich die O-Fortsetzung der granitischen Molasse in der Ostschweiz.

Andererseits enthält die Blättermolasse im O von Oberstaufen einige kleingeröllige, gegen SO gröber werdende Nagelfluhbänke, welche ebenfalls nichts mit der Zusammensetzung der Hochgrat-, eher jedoch mit

Abb. 41. Schrägschichtung im untersten, kattischen Sandstein. Bitterleskeil am Weg S. oberhalb Morgen, Allgäu. Phot. E. Kraus 1936.

Abb. 42. Ausblick von 1770 m MH. am Hochgratkamm (Molassealpen) gegen SW über Vorarlberg nach der Ostschweiz. Vorn typ. Nagelfluhrippen südfallend in das Lecknertal. Mittelgrund dunkle Härtlingsberge (Zug Siplinger-Hittisberg) der kattischen Hochgratnagelfluh, dahinter bildet in der breiten Balderschwang-Bolgenachtalung die Sigiswanger Kreideflyschdecke die Unterlage. Sie hebt sich rechts, jenseits der Bregenzer Ach, zum flachen Hochälpele und wird durch die helvetid. Kreide des nächstfolgenden, hohen Kammes (Winterstaude) von S überschoben. Vorletzter Kamm: helvetid. Jura der zackigen Canisfluh dann horizontbildend der kalkalpine Rätikon mit Scesaplana. Rechts rückwärts jenseits des Rheintals die Helvetidendecken der Säntisgruppe.

jener der älteren Subalpin-Nagelfluhen zu tun haben, denn sie enthalten überwiegend Gerölle von dunklem Dolomit, auch Muskowitgranit, Amphibolit. Damit und durch die Vergröberung gegen SO erweisen sie sich als Fernschotter aus dem südoberbayerischen Randsaum, aus der auch die kattischen Nesselburgschichten ihre Mengen von dunklem Dolomit und Kristallinschiefer bezogen haben. Das aquitane Wasserbecken der Blättermolasse erhielt also hauptsächlich Zufluß von SW, teilweise aber auch von SO. Das granitische Frachtgut aus SW stammt in der Schweiz aus dem aquitanen Abtrag, welcher die Gäbrisnagelfluh ernährte, und der wohl aus den nunmehr in das Einzugsgebiet der Flüsse geratenen unterostalpinen Decken herrührt.

Eine der Blättermolasse ähnliche Ausbildung begann teilweise schon unter den Steigbachnagelfluhen im Katt (Sulzberg S.-Salmaser Höhe): graue Teufelslochfazies.

Durch ihren starken Transport von WSW gegen ONO sind die granitischen Massen ein neues, gutes Beispiel für unsere Erfahrung, *daß der Alpenschutt überwiegend im Streichen der Hauptmulden, also parallel zum Alpenrand ausgebreitet wurde.* Ein weiteres, sich auf den Steigbachschuttfächer westlich der Iller und auf den Hochgratschuttfächer beziehendes Beispiel beweist den *überwiegenden SW-NO-Transport* sowohl für die Katt- wie für die aquitane Hauptzeit. Und drittens müssen auch die kattischen Steigbachnagelfluhen kräftige *Zuflüsse von O* bekommen haben, denn dorthin nehmen die für das südliche Oberbayern im Katt überaus bezeichnenden, dunklen Dolomit- und Kristallinschiefer-Gerölle zu. Sie werden im W dann durch kalkalpine Gerölle „verdünnt". Also wiederum *eine Hauptverfrachtung im Streichen* von O während der Kattzeit.

Diesen Verhältnissen entspricht auch die in Vorarlberg-Allgäu wegen der ausgezeichneten Aufschlüsse vielleicht noch besser als in der Schweiz verfolgbare Tatsache, daß *zwischen den einzelnen Mulden der Vortiefe sehr scharfe Fazies- und Mächtigkeitsunterschiede*, auch *Altersunterschiede* vorliegen. Das sehr übliche, meist als selbstverständlich übernommene und auch von B. Kordiuk 1938, 20, noch mehrfach gezeichnete Schema von der Verfeinerung des Korns der aus den Alpen gekommenen Gerölle gegen N *trifft nicht zu.* Vielmehr passen die Muldenfüllungen über die meist im Kern gestörten, angrenzenden Sattel- oder Antiklinen-Linien nicht zusammen. Sie sind nach den Versteinerungsfunden oft auch nicht oder nicht genau gleichaltrig.

Auf die Einzelheiten, welche z. T. erst noch veröffentlicht werden, braucht unter Hinweis auf die Profilreihen für Blatt Kempten und Oberstdorf 1 : 100000 und die Ausführungen 1926, sowie vorstehend S. 123f. nicht eingegangen zu werden. Außer im Vorland und in kleinen Verbiegungen liegen ganz wie in der Schweiz keine normalen Molassesättel vor, sondern sie sind wechselnd stark gestört, offenbar aus gleichen Ursachen wie in der Schweiz:

Die einzelnen Muldenstreifen bewegten sich während der Sedimentation, verschieden schnell sinkend, gegeneinander.

Zur Baugeschichte

Drei Hauptentwicklungsphasen wurden 1932, Mi. 217f., unterschieden:

1. die älterkattische „Nesselburgphase",
2. die jüngerkattische „Steigbachphase",
3. die aquitanische „Hochgratphase".

Während der *Nesselburgphase* senkte sich das Alpenrandgebiet nach den alttertiären, starken Orogenbewegungen und nach einer unteroligozänen, abtragenden Ruhezeit zum erstenmal wieder kräftig. Wie weit nach N, das kann erst durch

Bohrungen geklärt werden. In die so entstandene Trogrinne lagerte sich zur Rupelzeit der mächtige Schlamm und Sand des neu eingedrungenen Meeres der Unteren Meeresmolasse. Es war die Zeit des ersten Ringmeeres Mittelmeer—Rhonesenke—Schweiz—Süddeutschland—Außenrand der Karpaten.

Im älteren Katt wurde dann die Senke mit Sand, Flußgeröll und Schlamm zugefüllt, die hauptsächlich von O kamen. Diese südbayrischen Abtragstoffe konzentrierten sich in den ziemlich rhythmischen und roterdig-zementierten Nesselburgnagelfluhen der Murnauer und Rottenbucher Mulde, bzw. deren SW-Ausläufern. Westwärts geht dieser „*Nesselburgschuttfächer*" zu Ende. Im W der Iller (Steinebergschuppe) brachte der Katt-Hochgratfluß aus SW einen anderen Fächer zwischen die Teufelslochschichten, die damals schon hinaus bis an den Jura reichten, wo die „Ramondischichten" mit Süßwasserkalken wechsellagern.

Während der jungkattischen „*Steigbachphase*" hatte sich die Hauptsenkungsachse mit besonders mächtiger Flußverschotterung schon etwas *nordwärts verlagert in die Horn- und Salmaser Schuppe.* Teils vom SW, woher wohl die größere Menge kalkalpiner Gerölle stammt, teils vom O, der auch jetzt noch die dunklen Dolomitgerölle lieferte, kamen die Steigbachschotter heran und überdeckten die unteren Teufelslochschichten bis hinaus in die innere Vorlandzone, also bis an die bereits als Sedimentfazies-Scheide spürbare große Längsstörung von Sulzberg-Missen. Nur die Rotmergelschlamme konnten sie überfließen.

Die Steigbachschotter keilen aus gegen die Teufelslochfazies und bilden den „*Steigbachschuttfächer*" zwischen Bregenzer Ache und Iller. Und wieder war es, nach Ausweis der gesteigerten Mächtigkeit und der stark belebten Abtragung mit Verfrachtung, eine Zeit vermehrter Absenkung und im Gebirge erhöhter Baurelief-Belebung — *beide Bewegungen nur orogen verständlich.*

Daß im Gebirge wirklich große Verschiebungen eintraten, kann auch aus dem nun neu hinzutretenden Frachtgut geschlossen werden. Brachten doch die Flüsse jetzt bereits Gerölle *aus dem Flysch und dem Helvetikum!* Gegenüber dem Einzugsgebiet der Nesselburg-Schotterflüsse hatte das Flußnetz im W schon mit einer sich verlagernden Gebirgsoberfläche zu kämpfen. Die kalkalpinen und Helvetiden-Decken müssen sich, wenigstens im W-Teil, schon weit über die südgermanische Dolomit/Kristallinschiefer-Schwelle geschoben haben bzw. über ihr gelegen gewesen sein — soweit diese Schwelle im W überhaupt bestand. Doch ist der Gegensatz gegen die heutige Gebirgsoberfläche mit ihrer ausgedehnten Entblößung ultrahelvetisch-helvetischer Gesteine im S noch außerordentlich.

Die Teufelslochfazies überlagert zum Teil auch den Steigbach-Schuttfächer. Gelegentlich erreichte sie das Meer- oder Brackwasser. *Die allgemeine Landoberfläche muß also zunächst dem Meeresspiegel gelegen haben* und die älteren Flußschotter lagen folglich schon 1—2 km unter ihm. Auch ersehen wir erneut, daß die Aufschüttung auch aller Nagelfluhmassen *während der Senkung erfolgte.* Die Flöz-Reste und Kohleschmitzen mit Blättern verdanken der sofortigen Einbettung ihre Erhaltung.

Während der *Hochgratphase,* die also im Vorarlberg schon kattisch einsetzte, deren Zeit für das Allgäu aber zur Hauptsache durch aquitane Fossilien festgelegt ist, sehen wir das Vorland erneut von Flußschotter überschüttet.

Wiederum muß das Gebirge bei orogen stark belebtem Relief, und zwar nunmehr *riesige*, Schuttmassen freigegeben haben. Wieder muß gleichzeitig das Vorland durch Tiefersinken dafür aufnahmefähig geworden sein. Ähnlich wie in der Nesselburgzeit, so stellen sich auch jetzt wieder größere Mengen roterdiger Einschwemmungen vom Lande ein. Die Hochgratschotter sind mit wachsenden, bis $^1/_2$ m großen Geröllen und meist über Altwasserschlick so gleich mit Wildbachvorstößen gut rhythmisch abgelagert (Abb. 43, 42). Das beweist wiederum die große Beweglichkeit von Gebirgsoberfläche und Vorlanduntergrund.

Die Annäherung der kalkalpinen Decken mit ihren großen Liaskalkstücken und die kräftige Abtragung nun besonders der Flyschsandkalk-Decke — offenbar

Abb. 43. Der rhythmische Wechsel Nagelfluh-Altwasserschlickmergel südgeneigt im Nordabfall der 1833 m hohen Hochgratkette. Allgäuer Molassealpen. Kattische Hochgratschichten. Nach käufl. Lichtbild.

älterer Kreideflysch der Sigiswanger Decke wie im H. Trauchberg — spiegelt sich gut in den Hochgratschichten wider. Gegen oben nehmen größere Massen von groben Gneis-Geröllen zu, deren nähere Herkunft noch unklar ist.

Aus dem Haupttrog (mit SW-NO-Richtung) der Steigbachphase griffen diese Flysch- und auch mitunter Eozänkalkgeröll-führenden Schotter nunmehr weit über Iller und Wertach gegen NO vor, wiederum bis zu der antiklinen Missen-Görisrieder Störung. Die feinen Abschlämm-Massen flossen darüber weg in ausgedehnte Seengebiete, welche außerdem von WSW her die granitischen Molassesande und die Blättermolasse erhielten.

Noch immer beweisen gelegentlich beobachtete, frische Glaukonitmengen dazwischen (E. Kraus 1926, 11), daß auch im Aquitan wohl die Flußschotter- und Seen-Oberfläche *nur wenig über dem Meeresspiegel* gelegen haben dürfte.

Von jüngerem Aquitan wissen wir in den Molassealpen von Vorarlberg-Allgäu nichts Sicheres. Haben sich Absätze überhaupt gebildet, so wurden sie wohl abgetragen. Aquitane Verebnungen sind kaum erkennbar.

Alle drei Entwicklungsphasen waren also solche kräftiger Senkung, denn unter Beibehaltung der allgemeinen Fluß-, Land- und Süßwasserfazies entstanden jeweils Ablagerungen von 1—2,5 km Mächtigkeit. Außerdem war die Absenkung während der Rupelzeit so energisch, daß das Meer durch längere Zeit ziemlich tief werden konnte trotz der Nähe des schuttliefernden Gebirges.

Andererseits muß gleichzeitig dieses Gebirge sich mindestens um die gleichen Beträge von 1—2 km gehoben haben. Lieferte es doch fortgesetzt seinen frischen Abtragschutt durch die Flüsse in die Vortiefe.

Drittens aber veränderte sich auch gleichzeitig weiter die Zusammensetzung der Gebirgsoberfläche — nicht allein durch die Abtragung, welche nur eine ganz allmähliche Veränderung mit lauter Übergängen im Geröll- und Sand-Bestand gebracht hätte. Sie ist aber nicht verantwortlich für die grundlegenden und großzügigen Wechsel im Geröllbestand. Solche Wechsel waren:

1. Vorstoß und Verschwinden der Geröllschwärme von der südgermanischen Schwelle im südlichen Oberbayern,
2. Vorstoß der flyschreichen Schotter in Schweiz-Süddeutschland,
3. Vorstoß der Schotter von dem kristallinen Präalpensockel in der Schweiz,
4. Vorstoß der granitreichen, wahrscheinlich in unterostalpinen Decken beheimateten Geröllmassen, deren Ausläufer die granitische Molasse in Ostschweiz-Vorarlberg ist.

Diese ziemlich scharfen Änderungen (Abb. 85) waren offenbar nicht durch langsam fortschreitende Abtragung möglich, sondern allein durch orogene Neuordnung im Einzugsgebiet der Flüsse. Wir kommen hierauf unten S. 282f zurück.

β) Oberbayern

(Abb. 88b, Taf. VI)

Die allgemeine Schichtfolge ist hier in Fortsetzung der westlichen Einheiten:

Torton (-Sarmat)	Obere Süßwassermolasse	Flinz, Konglomerat, Sandstein, Rotkreuz-Schotter. Kirchberger	Über 1 km
Helvet-Stufe	Obere Brackwassermolasse	Schichten, Oncophorasande. Darunter Diskordanz	30 bis 100 m
Burdigal	Obere Meeres-Molasse	Meeressand, Mergel. Miozänschlier Glaukonitsandstein, Austernbänke Transgression	150 bis 400 m
Aquitan	Untere Süßwassermolasse	Obere Cyrenenmergel, brack. Heimbergschichten	200 m
	Untere Brackwassermolasse	Promberger Schichten (marine) W: Ob. Bunte Molasse. Untere	200 bis 400 m
Katt		Cyrenenschichten mit Pechkohlenflözen (im O bis z. Inn)	> 500 m
		Im W: Unt. Bunte Mol. Im O: Oligozänschlier (im O bis z. Traun)	1200 m
	Bausteinzone		bis 200 m
Rupel	Untere Meeresmolasse	Wagneritz-Tonmergel, Sandstein	1100 m

Im Gruben-Bereich Peißenberg wurde die Gesamtmächtigkeit der Molasse auf rd. 7,3 km, im Penzberger Gebiet auf 4,1 km festgestellt.

Die ganze Oligozänmolasse von S-Oberbayern kann als eine 1—2 km mächtige *Meeresablagerung* aufgefaßt werden, welche ihren Sand und Schlamm von den großen Flußlandschaften im W und S erhielt, die aber durch Flußwasser zwischen Lech und Inn brackisch wurde und während der kattischen, wohl auch aquitanischen Zeit im O die Schlierfazies beibehielt.

Rupelstufe. Die grauen marinen Wagneritzschichten, welche ich 1923/26 ausschied und die aus Rupel nur wenig ins Unterkatt reichen, setzen die mitteloligozänen Horwerschichten aus der Schweiz über den Rhein fort. N. Dornbirn werden sie sandreich, während der Sandgehalt sonst (Deutenhauser-Sch. von M. RICHTER) an der Sohle liegt, wo sich auch kleinere Gerölle beimischen. Vom Allgäu (Grünten) ziehen sie in den Schenkeln der Murnauer Mulde fort, über Hausham ins Priental und nach Bergen. Das Liegende ist unbekannt; wahrscheinlich griff das Meer über eingeebnetes, stark bewegtes Baurelief der alttertiären Orogenese über. Die Mächtigkeit mißt mindestens einige 100, mitunter auch > 1 km, namentlich für die Schwefelkies-führenden, dunkelgrauen Tonmergel.

Die Rupelstufe kennen wir in den meist steil aufbiegenden Flügeln der beiden südlichen Molassehauptmulden Oberbayerns. Im O des Inn hat auch das nördlichste oligozäne Muldenstück noch Untere Meeresmolasse. Daraus schließen wir wohl mit Recht auf das *allgemeine axiale Ansteigen* unserer Vortiefe *gegen O*, zugleich mit der starken Verengerung zwischen Böhmischer Masse und Alpen. Dies schließt aber die oberkretasisch bis mitteloligozäne Braunauer Muldensenkung in NW—SO von H. BÜRGL 1948 nicht aus.

Die Ausdehnung des Rupelmeeres gegen S ist wegen Abtragung, die nach N wegen jüngerer Molassebedeckung nicht festgestellt. Die ungefähren bzw. vermuteten Grenzen zeigt Abb. 72. Weder am Rand des Jura noch des Bayerischen Waldes taucht die Untere Meeresmolasse auf. In der Taufkirchener Bohrung (Niederbayern) ist tieferer Oligozänschlier gefunden, dessen Rupelalter aber nicht feststeht. Erbohrt wurde er noch in Füssing, Weihmörting (Rupel), Birnbach (geröllig-grobsandig), im NO des Pockinger Abbruches aber nicht mehr (Abb. 100).

Bausteinzone. Der obere Abschluß der mitteloligozänen Meeresmolasse wurde mit der beendeten Zufüllung der marinen Trogmulde während der Bausandsteinzone festgelegt. Zu dieser Zeit hatte der Süßwasservorstoß von dem Gebirge her das letzte, seichte Becken zugleich brackisch gemacht. Die Brackwassermuscheln liegen zwischen mächtig aufgeschüttetem Sand mit erheblichen Geröllstreifen und mit vielen Landpflanzenresten, auch mit einigen Kohleflözchen. Ziemlich gleichförmig mächtig streicht die Bausteinzone zwischen Rhein und Inn am Alpenrand entlang. Sie bildet einen ersten Höhepunkt der gröberklastischen Ausbreitung von schwarzen Dolomit- und Urgebirgsbruchstücken mit viel Quarzsand. Verliert sich ostwärts die Schüttung südlich Bernau etwas, so schwillt sie zwischen Lech und Nesselwang zu einem Kegel mit 10 Nagelfluhbänken an und führt W. Wertach mächtige Bausandsteine. Diese nur wenig Kohle einschließende Fazies dürfte schon wesentlich Unterkatt sein.

Kattische Stufe. Als Spiegelbild der übermächtigen, gleichschaltenden Trogabsenkung orogener Art war bisher die Sedimentation von der Schweiz bis an den Chiemsee im Streichen recht gleichartig gewesen. Mit dem Katt setzte dann aber eine ausgeprägte Faziesgliederung ein. Sie betrifft zwar nur wenig erhebliche Reliefunterschiede. Gleichwohl müssen diese mit ihren außenbürtig-sedimentären Folgen *als innenbürtig-orogen bedingt angesehen werden.* Denn ungefähr in den gleichen Räumen haben sie sich durch die ganze Katt-Zeit erhalten können.

Wir unterscheiden danach ein Fluß-, Altwasser- und Seengebiet im W (Vorarlberg—Allgäu—Lech), ein Brackwasser- und Kohle-bildendes Sumpfgebiet in der Mitte (Lech—Inn), sowie ein unruhiges Schlamm- und Feinsand-Meeresgebiet, das oligozäne Schliermeer im O.

Die brackische Aussüßung hatte in der Schweiz und zum Teil in Vorarlberg schon während der Wagneritz-(Griesiger) Tonmergel begonnen und artenarme, jedoch Individuen-reiche Muschellager mit Cyrena semistriata und Potamides als deren ständige Begleiter geschaffen. In Oberbayern setzte sie erst mit oder nach der Bausteinzone ein und brachte die pechkohlenführenden *Cyrenenmergel.*

Gleichzeitig ging im W (Schweiz-Vorarlberg-Allgäu) die Flußüberschotterung der Auewälder weiter, welche den ausgedehnten Nesselburgschotterfächer von der Iller noch bis z. Ammer

Abb. 45. Blick über Höglwörth (N. von Bad Reichenhall, SO-Bayern) gegen S über die flachere Kreideflyschlandschaft. Der Flysch unterschiebt südwärts, hier unter Ausfall des Bajuvarischen, den Nordrand der Staufen-Höllengebirgsdecke: Wettersteinkalk von Zwiesel rechts (1781 m) — H. Staufen (links). Nach käuflichem Lichtbild.

(-Loisach) ausstreute und dann im W der Iller den Steigbachschuttfächer. Auch sind deren bunte, feinkörnig-schlammige Ausläufer limnisch und nur gelegentlich mit marin-brackischen Ausspitzungen versehen. Als „Untere bunte Molasse" stieß diese festländische Fazies mit gröberem Sand und gelegentlichen Konglomeratbänken nach O und zum Teil nach N immer wieder gegen das oberbayerische Brackwasserbecken vor. Der letzte große Vorstoß wurde während der „Oberen bunten Molasse" in der Rottenbucher und Peißenberger Mulde geführt, konnte aber von dem Sumpfkohle-bildenden Cyrenenmergelgebiet des Brackwassers („Obere Cyrenenschichten") noch ein letztes Mal zurückgewiesen werden.

Die Grenze gegen W war also in dauernder Bewegung — ohne Zweifel eine *innenbürtige* Äußerung.

Das Brackwasserbecken bewegte seine Oberfläche sehr langsam abwärts, so daß die Überschlickung durch Flußsand und Schlamm damit gleichen Schritt halten konnte. Auch vermochte sich die Sumpfflora oft durch lange Zeit anzusiedeln, und rasch im Wasser zugedeckt konnten die Reste sich erhalten in Pechkohle verwandeln. Diese Schlamm- und Sand-einfangende Senkung ging im O des Beckens offenbar zu rasch vor sich. Es gibt hier allein Kohleschmitzen. Nur anfangs konnten noch brackische Cyrenenmergel entstehen (Westerbuchberg am Chiemsee). Hier im O haben wir daher auch das Schliermeer selbst, das nicht schnell genug zugefüllt und ausgesüßt werden konnte. Westlich des Lech aber war offenbar, trotz einer sogar noch bedeutenderen Senkung, die Schuttzufuhr zu stark für die Ausbildung der Kohle.

Zum Leidwesen des Bergmannes haben freilich auch im eigentlichen produktiven Pechkohlengebiet, z. B. des Penzberg-Nonnenwald-Reviers, ähnlich wie im W, öfter Flüsse über die schon abgelagerten Flöze weggegriffen und diese teilweise wieder abgetragen, vertaubt (Abb. 46). Doch ließen sie immer noch mehr übrig als im W.

Das baugeschichtlich Bedeutsame ist auch hier wieder *der „lange Atem", mit dem die innenbürtigen Bewegungen die gleichartigen außenbürtigen Folgen so lange beherrschen konnten*. Zugleich spricht für *das tektonische Eigenleben* jeder einzelnen der drei Haupttrogmulden, daß, genau betrachtet, doch jedes Kohlenrevier sein eigenes Schichtprofil hat.

Auffallend sind quarzsandreiche, weiße und lockere Quarzsandsteinbänke in den Cyrenenschichten, die sogenannten „*Glassande*". Mehrere Lagen, eine als oberer Abschluß der produktiven Cyrenenmergel, stammen vielleicht her von einer granitischen Schwelle. Sollte sie sich als eine germanische Schwelle etwa im N der Peißenbergmulde und als Widerlager bei der Peißenberger Überschiebung bemerkbar gemacht haben: H. Andrée 1937? Eine solche Schwelle würde erneut auf die Teilbeweglichkeit des Vortiefen-Untergrundes hinweisen.

Wahrscheinlich in der Jungaquitan-Zeit stieß das Meer aus O gegen SW und W bis zum Lech energisch vor, *eine kräftigere Trogabsenkung* füllend. Das Flachmeer lagerte überwiegend graue Sande mit grauen Mergelzwischenlagen der *Promberger Schichten* ab. Sie liegen auf den unteren, produktiven Cyrenenschichten über deren Dach-Glassand.

Vom Kaltenbachgraben im O mit etwa 400 m Mächtigkeit ziehen sie über das Leizachtal, N. Penzberg vorbei durch die Peißenberg-Mulde, wo sie in eine gleichförmige Sandfazies übergehen. Obwohl sie 2—3 km Schichtmeter hoch über die untersten bekannten Lagen der Unteren Meeresmolasse emporsteigen haben sie noch immer beinahe dieselbe Marinfauna. Erst eine moderne Bearbeitung des Fauneninhaltes, welche, wie die Klärung der „Cyrenenfrage" durch E. Baumberger zeigt, durchaus ergebnisversprechend sein kann,

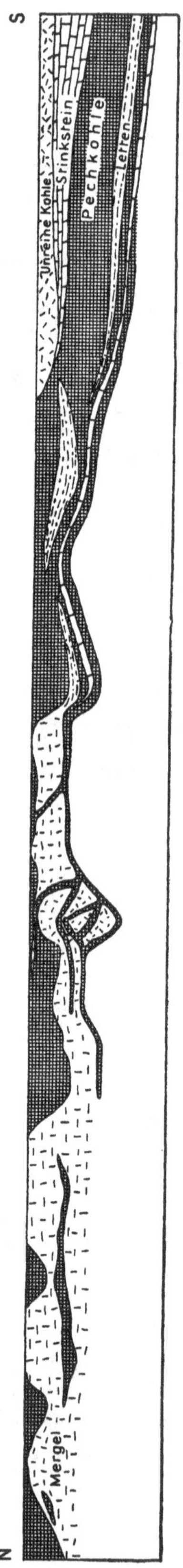

Abb. 46. Vertaubungen der Pechkohle (Raster) im Aufhauen des Flözes 26, Nordflügel der Nonnenwaldmulde, 300 m N zu W vom Loisachknie, Grube Penzberg. Kattische Cyrenenschichten. Nach einer Aufnahme von Markscheider Linke.

wird entscheiden, wie weit diese 3 Schichtkilometer zur Rupelzeit oder wie weit sie noch ins Katt gehören. Die Schichtmächtigkeit und damit die Senkung in faunenentwicklungsmäßig sehr kurzer Zeit ist jedenfalls außerordentlich.

In der Peißenberger und Rottenbucher Mulde schließt die Promberger Meereszeit mit einem oberen Glassand, bedeckt durch den festländischen Vorstoß der kohlefreien Oberen bunten Molasse von 800 m. Infolge einer westlichen Achsensenkung gegen Peiting erhielt sich darüber noch ein flözführender Cyrenenmergel (Heimberger Schichten).

Im Gegensatz zu den stürmischeren Bewegungen in Gebirge und Vortiefe westlich des Lech gab es im aquitanen Oberbayern eine sehr weiträumige, vom ruhig steigenden Hinterland mit Feinschlick überschwemmte Absenkung. Es war ein Zustand, wie wir ihn auch für die südlich anschließenden Kalkalpen während der Augenstein-Verebnung anzunehmen haben (Abb. 47). Denn das später so

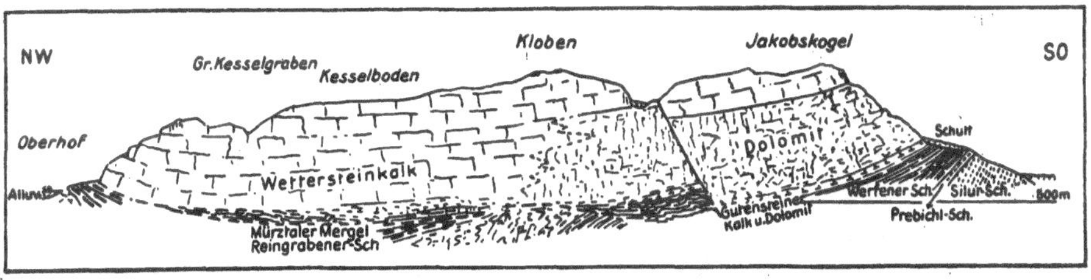

Abb. 47. Raxlandschaft im Ostteil des Rax-Stockes am SO-Ende der Nordkalkalpen. Nach H. P. Cornelius 1936, 38.

rasch übergreifende Burdigalmeer hat nur wenig Strand- und Brandungsschutt gebildet, woraus wir auf geringe Reliefhindernisse schließen, welche durch Abrasion zu beseitigen waren.

Damit treffen wir eines der seltenen Beispiele dafür, *daß sich Vortiefe und anschließender Alpenteil wohl senkrecht aber nicht parallel zum Streichen gleich verhielten.* Denn der durch zahlreiche Versteinerungen als unzweifelhaft aquitan festliegende Hochgratschotterfächer beweist im Gegensatz zu Oberbayern für das Allgäu eine scharfe Heraushebung und Abtragung im Gebirge bei gleichzeitiger ebenso energischer, stoßartiger Vortiefensenkung (Hochgratphase). Auch die Gäbris-Schottermasse der Ostschweiz und die 2 km der granitischen und der Blätter-Molasse des Vorlandes schließen sich diesem gänzlich abweichenden Verhalten im W an. Da keine Schichtlücke bekannt wurde, dürfte die Schliermeer-Unruhe im O gleichfalls im Aquitan noch weiter bestanden haben.

So wiederholt sich also die verhältnismäßig ruhige Senkungszeit der oberbayerischen, Pechkohlenflöze bergenden Platte zwischen Lech und Inn in anderer Form noch zur Aquitanzeit: *Die „Pechkohlenplatte“ lag ruhig, eben und wenig hoch*, in Flach-Einebnung begriffen trotz fortgehender Senkung. Wie weit in ihr synsedimentäre Muldenfaltung so, wie im W bestand, kann erst bei Fortsetzung unserer feinstratigraphischen Untersuchung 1944/45, die mit dem Kriegsende unterbrochen wurde, festgestellt werden.

Da der Gegensatz zwischen der oberbayerischen und Allgäuer Molasse im Katt/Aquitan zusammenfällt mit dem heutigen Reliefgegensatz des *Vorlandes* im O und der *Molassealpen* im W, könnte letzterer sogar schon früh angelegt sein.

Die tektonischen Erscheinungen, welche für die Oligozänmolasse so sehr jenen in der Schweiz entsprechen, und die baugeschichtlich wichtigen Herkunftsfragen des Molasseschuttes besprechen wir zusammen mit dem Miozän (S. 282f.).

e) Die Bewegungen im Schlierbecken von Niederbayern, Ober- und Niederösterreich

α) *Am W- und SW-Rand der Böhmischen Masse*

Von dem westalpinen und Schweizer Vorland dehnte sich das paleozäne Bohnerzfestland, welches über Muschelkalk, Jurakalk und Kreidekalk verkarstete, durch Süddeutschland auch bis in die Regensburg-Passauer Donau-Gegend aus. Es hatte sich in langer Zeit eine Art Fastebene mit annähernd gleicher Höhenlage von Frankenalb — Regensburger Kreideplatte — Bayerisch-böhmischem Grundgebirge gebildet — offenbar unter Anpassung an bereits ältere Einebnungen. Irgendwelche sicher datierbare Sedimente größerer Ausdehnung fehlen. Bedeutendere Vertiefungen oder Überhöhungen dieser Flachlandschaft sind nirgends erschließbar.

Erst das spätere Eozän-Unteroligozän brachte auch hier wieder kräftige, aus dem sehr lebendig werdenden Relief und seinen sedimentär-erosiven Folgen erschließbare Bewegungen. Sie spielten sich offenbar hauptsächlich ab als Wiederaufbruch und Neubelebung älterer Schwächezonen. Der Grundzug war dabei die Heraushebung der Bayerisch-Böhmischen Masse und das gleichzeitige Niedersinken seiner westlichen und südlichen Nachbarschaft.

Nach den Bewegungen an Spalten, welche wir für das Ende der Jurazeit, als „vorcenoman" für die Unterkreidezeit, für das höhere Cenoman und für die Gosauzeit mit dem Ziel einer Massiv-Heraushebung erkennen können, verstärkten sich nun diese Energien. *Das Hauptsprungnetz entstand erst gegen Ende des Eozäns bis ins Altoligozän hinein.*

Als hierher gehörig nannte W. Klüpfel 1923 die Zertrümmerung am SW-Rand des Fichtelgebirges, viele Verwerfungen der Amberger Störungszone, den SW-Rand des Bodenwöhrer Beckens, Verwerfungen von Haidweiher, Benkhofen, Ebermannsdorf, Pittersberg, den Sattel von Schwandorf-Haselbach, den Sprung und Quersprung am Regen, den Ziegetshofer Sprung, die Abbacher Verwerfung, den Sprung Regensburg-Obertraubling. Es zählen hinzu der große Teilschollen-Abbruch an der Donau von Regensburg—Straubing—Pleinting und das vom Verfasser 1915 kartierte Schollenfeld von Vilshofen—Ortenburg—Fürstenzell—Schärding, welches sich nach jüngsten erdphysikalischen Ergebnissen in NW (WNW)-SO streichenden Bruchrändern bis zu dem NW-SO-Hauptabbruch zwischen Landshut und der Burghauser Gegend noch mehr als 55 km weit vom heutigen Massivrand in die Molassevortiefe hinein erstrecken muß.

Das Alter dieser, im Wiener Becken wiederkehrenden (Abb. 49a) Sprunganlagen und deren Hauptbewegungszeiten ist vielfach noch näher zu untersuchen. Mangels jüngerer Sedimente kann die Randschollenbewegung heute öfter nur als zwischen oberster Kreide und Altmiozän liegend angegeben werden. Vom Inn gegen O betraf sie den ganzen weiteren Massivrand (E. Nowack 1921, K. Friedl 1922, H. Reich 1945, R. Grill 1947). Zwischen Linz und Krems drangen die Absätze des Mitteloligozänmeeres bereits in die bruchtektonisch vorgebildeten Buchten des alten Küstenreliefs, welches unserer alttertiär entstandenen Massivrand-Landschaft entsprechen dürfte.

Wir haben *am Massivrand jungeozän-älteroligozäne Zertrümmerung.* Sie ging (s. unten S. 363) im Miozän weiter. Doch hat sich die alpine Vortiefe zur Hauptsache schon im Alttertiär ihre nördliche Erweiterung erzwungen.

Zunächst, im Oberoligozän, hob sich das zerbrochene Schollenland weithin ganz langsam unter kräftiger Abtragung heraus. Während in Alpennähe noch das Mitteloligozänmeer mit seinen katt-aquitanen Ausläufern die Senke der Unteren Süßwassermolasse hinterließ, kam es nach randlicher Heraushebung in ruhiger, etwa aquitaner Hochlage zu erneuter, ausgedehnter Einebnung. Sie betraf auch weite Randteile des Bayerischen Waldes. Verebnungen von Schnaiterhof—Zeitlarn—Hainzacker (W. Klüpfel) liegen heute rd. 500 m hoch. Fortsetzungen in Gestalt der gleichen Ebenenlandschaft fanden sich auf dem Frankenjura in 400—500 m. *Es fällt also hier die Gleichzeitigkeit mit der „Augenstein-Verebnung" in den nördlichen Kalkalpen auf.*

Wie im Gebirge so kam es auch im nördlichen Saumbereich der Vortiefe dann zu kräftigeren Aufbiegungen: Der böhmische Nordrand wurde schief gestellt und aufgebogen, während die Erosionsbasis im südlichen Molassebecken-Inneren noch tiefer einsank. Die abfließenden Gewässer schnitten daher kräftig und breit in den Nordsaum ein. Die Zufüllung dieser alten Talungen besorgten dann die burdigalen Meeressedimente (s. unten S. 259f.).

Es scheint aber, daß ein Teil solcher alter Talzüge am Massivrand der Oberpfalz, von Niederbayern und Oberösterreich, auch am Frankenalb-Südrand, schon als Zerschneidung der unteroligozänen Schollenlandschaft entstanden war, als sich diese mit ihrem jung belebten Baurelief etwa zur Rupelzeit heraushob.

β) *Im Schlierbecken*

Die Rupelzeit brachte auch der gesamten Vortiefe von Niederbayern bis ins außeralpine Wiener Becken und ins Karpatenvorland das uns bereits von den übrigen Alpenrändern bekannte Groß-Ereignis *einer mächtigen Senkung.* Sie wurde durch das Hereinfluten des Meeres der Unteren Meeresmolasse abgebildet. Nur an den Rändern, hauptsächlich am böhmischen Rand, tauchen die mittel- bis oberoligozänen Beckenfüllungen heute auf in Gestalt von basalem Granit- und Quarzsand, dem sogenannten *Kremser oder Linzer Sand* und dem ihn überlagernden oder gegen ihn beckenwärts einsetzenden Oligozänschlier. Mehrfach ist die beckeninnere Schichtfolge durchbohrt. In Niederbayern und Oberösterreich fand sich durchweg mächtiger Schlier.

Der Oligozänschlier besteht aus einer Folge düstergrauer bis graubrauner Tonmergel bzw. Tonschiefer mit dünnen Feinsandlagen und -Schmitzen, die oft Glimmer führen. Bezeichnend im Gegensatz zu dem helleren Miozänschlier sind Knollen und Bänkchen von Dolomit, Knollen von Phosphorit, Markasit und Menilit-(Kieselschiefer)-Bänkchen. Beckenwärts gibt es neben feinschaligen Muscheln und Schnecken Melettaschuppen, Ostrakoden- und Foraminiferenschälchen. Groß ist die Mächtigkeit. Sie wurde in der Bohrung von Eisenhub (SSO Braunau am Inn) zu über 750 m, in den Bohrungen von Julbach am Inn und von Wels zu über 500 m festgestellt. Näher der Böhmischen Masse schwindet die Mächtigkeit.

Es liegt die mächtige östliche Vertretung z. T. der oberbayerischen Wagneritz-Mergel (Rupel), der Bausteinzone und Cyrenenmergel (Katt) vor. Sie beweist den

Fortgang der breiten und tiefen Versenkung vom Mitteloligozän durch das Katt ins Aquitan (Abb. 90).

Denn küstennäher geht der Schlier, wie Abb. 48 zeigt, in die 80—90 m mächtigen Linzer (Melker) Sande über, welche nur teilweise kattische, meist aquitane Versteinerungen enthalten. Je weiter nach W zu, desto mehr sind diese Sande marin: *Das Becken scheint tiefer zu werden.*

Küstennäher haben sich außerdem am ganzen SW- und SO-Randbruch der Böhmischen Masse sowie — über den niedergebrochenen Schollen noch erhalten — ziemlich weit auf sie hinauf, von Deggendorf über Passau—Linz—Melk—Krems—Brünn bis Ostrau auch Braunkohlen- bzw. Glanzkohlenlager gebildet. Ihre Mulden

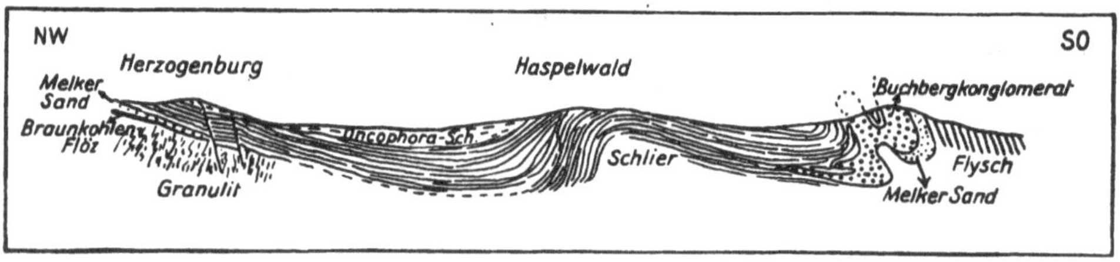

Abb. 48. Querschnitt durch das Tullner Becken (Molassetrog von Niederösterreich) nach W. Petraschek 1926, 74. Rechts Alpen, links Böhmische Masse.

füllen die Täler oder Becken der schon erwähnten alten Erosionslandschaft. Soweit sie nicht vom Alpenrand überschoben wurden, haben wir solche Sumpfabsätze auch am subalpinen Molasserand: In Niederösterreich bei Neulengbach—Starzing—Kogl—Königstetten. Die der Sohle der Melker Sande nahen Flözschichten dürften den kattischen Cyrenenschichten Oberbayerns entsprechen, die höheren aber dem Aquitan. Auch nördlicher im Schlier gibt es Kohlereste. Wo die Kohle unmittelbar dem Grundgebirge auflagert, ist dieses kaolinisiert (W. Petrascheck 1926).

Die Schichtfolge Oberbayerns wird also wie folgt gegen O fortgesetzt:

Stufe	Oberbayern	N- und S-Randfazies		Beckeninneres
Burdigal	Ob. Meeresmolasse	Marine Burdigal-Transgression		Burdigalschlier
Aquitan Katt	Unt. Süßwasser-Molasse, Promberger Meeresschichten, Cyrenenschichten mit Pechkohle, Glassand, Bausteinzone	Linzer (Melker) Quarzsand mit Granit- und Quarzgeröll mit „Ollersbacher Konglomerat“ (Granitblöcke, kein Flysch-Geröll)	Pechkohle von Starzing Kalk-Sandsteinplatten im Wechsel mit Schlier	Oligozän-Schlier
Rupel	Untere Meeres-Molasse			Basaler Linzer Sand

Das erosive Relief des böhmischen Grundgebirges wurde offenbar zur Rupelzeit ungleichförmig überschritten durch Linzer oder Melker Grundschutt und Oligozänschlier. Wie die sehr feinkörnige und gleichbleibende Schlierfazies zum Teil auch unmittelbar am gegenwärtigen kristallinen Nordrand und in den Resten auf der Böhmischen Masse beweist, griff der Schlier weit über in die Böhmische Masse hinein. Das heißt, diese wurde im Oligozän *weithin gesenkt*. Ganz ähnlich wurden zur Rupelzeit des Meeressandes und Septarientons Vogesen-Schwarzwald von der Tiefe des Rheintalgrabens aus durch das Meer wenigstens randlich überspült, das gleichzeitig durch die Raurachische Senke dem Alpenrandmeer die Hand reichte. Die Absenkung war nicht allein eine Niederkippung. Sie wurde verstärkt durch zahlreiche, dem heutigen Massenrand annähernd gleichlaufende, im W also NW-SO streichende, im O aber SW-NO streichende Brüche. Ein Teil von ihnen ist heute in Oberösterreich widersinnig.

Damit erweiterte sich auch hier der Raum der alpinen Geosynklinale um ein breites Stück gegen N auf Kosten des angrenzenden Altlandes.

Die *Schlierfazies* wurde teils als Wattenschlick-Bildung aufgefaßt. Sie ist ausgezeichnet durch verhältnismäßig große Versteinerungsarmut, durch sehr eintönigen und mächtigen Wechsel von feinstem Schiefer mit feinem Sand, durch erheblichen Bitumen-Reichtum und durch die in Zwischenschichten oft schön erhaltenen Bohrgänge und Kriechspuren. Das Schliergrundwasser enthält oft noch reichlich Jod, mitunter ehemaliges Meeresbodensalz, Schwefelwasserstoff und besonders die gasförmigen Kohlenwasserstoffe der niederbayerisch-oberösterreichischen Gasbrunnen. Zusammen mit kohligen Einschaltungen und Häcksel eingespülter Landpflanzen sind das lauter Anzeichen für verhältnismäßig rasches Eindecken des Sediments auf dem „schnell“ absinkenden Meeresboden. *Diese Fazies entspricht somit weitgehend der orogenen Fazies des Flysches* (E. Kraus 1926, 1938).

Wir haben daher allen Anlaß, die Schlierfazies nicht als eine normal-marine, in ihren Besonderheiten nicht verständliche Fazies anzusehen, sondern als eine *orogene*. Sie unterscheidet sich von jener der Unteren Meeresmolasse nur durch die küstenfernere Ausbildung, welche in dem ziemlich schmalen Trog zwischen einem kalkalpin-kristallinen Alpenrand im S und dem kristallinen böhmischen Rand im N kalkärmer wurde, jedoch gleichfalls Zeitgenosse und Folge erheblicher, Vortiefen-nächster Orogen-Bewegungen ist. Über dem weitgehend gefestigten Massivuntergrund waren diese Bewegungen nur wenig energisch, was ein wenig scharf bewegtes Baurelief und daher das feinere Korn der Sande gegenüber der Flyschfazies verstehen läßt.

Soweit die Bohrungen heute schon erkennen lassen, waren auch *die Faltungen während des Absinkens im Molassetrog noch gering*. Es läßt sich dies auch daran ersehen, daß die nachfolgende, jung-aquitane Heraushebung, welche den Oligozänschlier am Rande der Böhmischen Masse bis über den Meeresspiegel hob und ihn weithin wieder der Abtragung auslieferte, sowie die nun erneut einsetzende Senkung im Profil keine kräftigen Faltungen enthüllte. Die Abtragungsüberreste bilden zur Hauptsache das Küstensediment des Burdigalmeeres bei Linz—Prambachkirchen—Schärding. Dieses besteht aus den harten Aufbereitungsresten des Oligozänschliers, aus seinen Dolomit- und Phosphorit-Knollen (J. Schadler 1934).

Immerhin nimmt z. B. W. PETRASCHECK 1926 für das innere Schlierbecken teilweise ganz erhebliche Faltungen an (Abb. 48). Sie waren zum Teil zur Zeit der schräg übergreifenden helvetischen Oncophoraschichten fertig.

Hatten beim allgemeinen Zusammenrücken schon zu Beginn des Obereozäns die Granit- und Flyschschwellen ein steileres Baurelief gebildet, von dessen Inselhöhen die exotischen Blöcke in die tiefer hinabgefalteten Mulden abrutschten, so ging die mächtige Zufüllung dieser Teilmulden nach vorübergehender Hebung und abtragender Hochlage oligozän noch weiter. Davon berichten die östlicher gelegenen Profile im außeralpinen Wiener Becken am Waschberg, Michelsberg, Praunsberg nordostwärts Stockerau. Die schon S. 38 erwähnten mittel- bis obereozänen Nummulitenkalke und die exotischen Blockzonen von Granit und Flyschgestein werden in diesem von NW durch Schlier unterschobenen Schuppenpaket mit (wahrscheinlich) Mittel- und Oberoligozän-Schlier und Sandsteinmassen überlagert. Der Auspitzer Mergelschlier und Menilitschiefer enthält einzelne Granitblock-führende Zwischenlagen und die Steinitzer Sandsteinbänke. Blattabdrücke und Melettaschuppen sind auch hier häufig.

Damit wurden die Teilmulden bei ihrer Absenkung immer weiter zugefüllt. Außerdem dürften die höher liegenden Rücken des teilweise noch inselartig aufragenden (Jurainselklippen nach M. F. GLAESSNER 1931), bewegten Baureliefs durch diese sinkenden Mulden gegen SO unterschuppt und unterschoben worden sein. Die Folgen dieser Vorgänge sind weithin im Streichen am kalkalpinen Außenrand verfolgbar: Scheibs (überschoben), Sieghartskirchen, Königstetten, Waschberg, Praunsberg, Nikolsburg, Chlumec bei Bistritz, Bugaj-Granit. Es verbindet sich also subbeskidisch das alpine mit dem Karpaten-Vorland.

Die zahlreichen NW-streichenden Querbrüche hier und weiter im W, an denen jeweils *der SW-Teil um ein größeres Stück gegen SO vorrückte als die NO benachbarte Scholle,* dürften schon alttertiär angelegt worden sein. Sie gehören einem einheitlichen mechanischen Kraftfelde an, das nach W noch weit über die Böhmische Masse hinausgriff (s. unten S. 388)

Mit ihren Vorschwellen und ihrem Sedimentmantel hat die Böhmische Masse *in SO-Richtung den Flysch am außeralpinen Wiener Becken unterschuppt. Wir sehen hier einen Ausschnitt aus der großartigen Grenz-Bereinigung zwischen dem herandrängenden Kontinentalrand Europa mit seinem Bestreben, in hoher Schwimmlage auszuharren und dem ansaugenden, niederzwingenden, auch durch Faltung oder Schub einengenden Geosynklinalbereich.*

Der Festlandsrand wurde zuerst zu einem Schollenmosaik (vgl. auch Abb. 49a) von Abbruchsschollen geschwächt und zerbröckelt. Danach wurde er unter zunehmender Einengung in den Vortiefenbau umgeformt und mit seinem bezeichnenden Baurelief versehen. Dieses lag teils unter, teils über dem Meeresspiegel, sowohl während der jüngereozän-unteroligozänen Zeit, wie auch während des erneuten orogenen Zufassens während der mitteloligozänen Zeit. Darum konnte sich der innenbürtige Vorgang hier auch sedimentär durch die exotischen Schutt- und Blockmassen der Teilschwellen sowie durch die mächtigen, gegen SO untergeschuppten Muldenfüllungen ausprägen.

Die Schlierfazies im allgemeinen, welche diese innen- und außenbürtigen Spitzenleistungen umhüllte, *ist nichts anderes als die orogene Sedimentfortsetzung der eozänen Zeit,* ist „Oligozänflysch“, z. B. bei K. FRIEDL.

f. Übersicht der Oligozänbewegungen

Mit dem Oligozän begann die Molassezeit der Alpen. Ein ausgeprägter Vortiefenring umsäumte das von nun an schon überwiegend einheitlich sich bewegende Gebirge. Seine Entwicklung aus zwei Orogenen und sein Zusammenwachsen haben wir durch Mesozoikum-Eozän verfolgt.

Das scharfe Baurelief der mächtig umgestaltenden, alttertiären Gebirgsbildung war unteroligozän eingeebnet worden. Ungleichförmig griffen die Sedimente der neuen, mitteloligozänen Senkung mit den Absätzen des ersten Molasse-Ringmeeres von der Rhonemündung allmählich nach N über Schweiz—Süddeutschland—Österreich in die Karpatenvortiefe und über Ungarn bis zur Wochein als „Untere Meeresmolasse“ über.

Während ihres Absatzes und durch das spätere Oligozän herrschten fortgesetzt Bewegungen in den östlichen Südalpen, wo das Oberoligozän noch weiter transgredierte, wo vormiozäne Südunterschiebungen den Karawanken-Nordrand betrafen, wo der Julische Fächerbau weitergeführt wurde. Am venezianischen Alpensaum transgredierte das Mitteloligozän über die wahrscheinlich obereozäne Hauptfaltung des inneren Ostvenetiens mit starker Bodenunruhe. Basalteruptionen herrschten im Vizentin-Meer, das im Mittel- bis Oberoligozän gegen W vorgriff. Überall, auch an der Judikarienlinie, überschneidet das Oligozän die alttertiäre Gebirgsstruktur.

Deren *Fortentwicklung im westlombardisch-piemontesischen Becken* beweist noch der unteroligozäne Flysch. Gewaltige Wildbach-Schuttmassen wanderten in das mehrere Kilometer tief versinkende Meer, mit dem ein breiter Südteil der alpinen Struktur längs der Ivreazone versank. Was dabei an Geoplasma unter dem westalpinen Bogeninneren wegfloß, das strömte anscheinend westwärts der gleichzeitig emporsteigenden Bogen-Außenseite zu, vom Barton bis weit ins Miozän. Den Zeiten gesteigerter Senkung und Baurelief-Versteilung im Rupel/Katt, Burdigal, Torton, Plaisance standen die Zeiten geringerer Senkung und verhältnismäßiger Ruhe im Unteroligozän, Aquitan, Helvet, Asti gegenüber (Tabelle S. 95). Während diesen konnte der Reliefausgleich zu weitgehenden Verebnungen durchdringen. Dabei gingen, besonders später, die Senkungen weithin nicht mehr unter den Meeresspiegel, weshalb das belebte Baurelief auch in diesen Zeiten vermehrten Schutt abgab.

In Ligurien-Briançonnais, also inneralpin, war dagegen die Hauptgebirgsbildung schon vor der Rupeltransgression fertig geworden.

Ähnlich dem Bogeninneren ging am Außensaum des Westalpenbogens die noch zurückgebliebene Entwicklung weiter mit kräftiger oligozäner Gebirgsbildung und Schuttausstrahlung. Gegenüber der Kreidezeit wurde nun weiter westlich, im Raum der vorher höher gelegenen Vaucluse-Schwelle am stärksten abgesenkt. Ein Ringmeerstück versank im O des Pelvoux und reichte über Annecy nach der

Schweiz. Ein weiteres Teilsenkungsbecken (Avignon—Alais—Rhone) erhielt von kräftig belebtem Baurelief des Zentralplateaus, das sich gegen O und S senkte, bedeutenden Schutt.

Nach diesen kräftigen Rupel/Katt-Senkungen und Vortiefen-Zergliederungen, welche die ersten Trog- und Faltenanlagen in N-S brachten, zog sich das Meer während der ruhigeren Aquitanzeit weit zurück. Hebung und Abtragung herrschten wie im Piemont oder in den SO-Alpen.

Die Aufteilung der Erdbaugeschichte in immer wiederkehrende Hauptsenkungs- und lange Ablagerungszeiten einerseits und oft noch länger dauernde Zeiten des langsamen Aufstiegs, der Abtragung und Einebnung, hat außenbürtige Folgen, welche die gleichzeitigen Gebirgsbewegungen der Senkungszeiten, da sie vielfach durch Diskordanzprofile enthüllt werden, als kurzfristig entstanden vortäuschen.

Die Süd-Unterfaltungen und -Unterschübe an der Nordflanke des Pyrenäen-Orogens, weiter im N aber nördliche Unterbewegungen fallen ebenso ins Oligozän wie jene an dem gleichfalls W-O-streichenden, zweiseitig gegen außen überfalteten Kleinorogen der vokontischen Ketten. Die ersten N-S-Brüche am östlichen Zentralplateau gehören zur gleichen Oligozän-Mechanik.

Weiter nördlich, wo der spätere Faltenjura den Alpenbogen verläßt, greift das jüngere Oligozän im allgemeinen diskordant über verschieden alten Untergrund hinweg. Das setzt sich mit Rupel/Katt-Molasse in der subalpinen Schweiz fort. Nach unten wachsende Ungleichförmigkeit ist sehr wahrscheinlich. Ebenso geht die mächtige Geröllüberschüttung und die scharfe Teiltrogsenkung in Rupel und Katt fort, nicht anders als im jüngeren Innen- und Außenrand des Westalpenbogens.

Die ausgedehnten und nach Kilometern Mächtigkeit messenden Schotterfächer dieser Zeit wurden in die Schweizer Vortiefe, aber nicht als ebenso groß aufgewölbte Schuttkegel mit Kegel-Großrelief eingegossen, sondern über den gleichzeitig unregelmäßig versinkenden Teilmulden der Vortiefe. Für die überwiegend im Streichen ausgebreitete Fazies sorgten antikline Längsstörungs-Schwellen, die im Relief wie orogen dauernd neu errichtete Zäune ablenkend wirkten. *Die Molasse entstand im Hinabbau.*

Für jede einzelne Hauptzeit der nacheinander immer nördlichere Gebiete erfassenden Vortiefensenkung entstanden streichende Teiltröge größter Absenkung, die sich allmählich nordwärts verlagerten. Sie äußern sich in Streifen mit größter Mächtigkeit parallel dem Gebirgsrand.

Die vielfach noch in der Unteren Meeresmolasse zur Ausprägung gekommene Flyschfazies bedeutet uns den zeitlich und räumlich *letzten Ausläufer der Tieforogenese.* Bei überwiegend höherer Schwimmlage und nur noch vorübergehender Absenkung der insgesamt einheitlich gewordenen Vortiefe unter den Meeresspiegel *setzte mit der Molasse das hochorogenetische Kapitel der alpinen Baugeschichte ein.*

Am gleichen Längsstreifen erreichten die Absenkungen in einer Zeitstufe meist einige Kilometer. Wenn damit die Zufüllung Schritt halten konnte, so bezeugt uns dies die gleichzeitige, starke Reliefbewegung und Schuttfreistellung im Gebirge. In der Vortiefe entstand dabei offenbar durch ruckartige Überwindung der Widerstände bei der Senkung, besonders an den Längsstörungen zwischen den Teilmulden, ein scharfer Sedimentationsrhythmus.

Während des Katt war die Schuttverfrachtung in der Westschweiz geringer als in Zentral- und Ostschweiz, die Orogenese daher wohl schwächer.

Auch noch im Aquitan ging die mächtige Überschotterung und Vorlandsenkung in der östlicheren Schweiz, in Vorarlberg und Allgäu weiter. Dieser *Fortgang der Gebirgsbildung ist für den westalpinen Rand bezeichnend*, betraf aber auch diesen nicht durchweg. Denn, in der Westschweiz fehlend, spielten sich die Hauptereignisse weiter östlich ab, wo gleichzeitig unterostalpine Deckenmassen einen Hauptteil des Schuttes ablieferten. Diese Decken erscheinen aquitan vermutlich deshalb, weil sich nördlichere Gebirgsteile, vor allem noch nicht abgetragene Präalpen, unter sie hineingeschoben hatten.

An der Jura-Außenseite der alpinen Vortiefe transgredierte ebenfalls das Rupelmeer und bewies damit sowohl die damals schon weit auswärts vorgreifende Absenkung wie auch die „raurachische", das heißt in der Südverlängerung des Mittelrheintalgrabens besonders betonte Senkenverbindung zwischen dem subalpinen Schweizer Ringmeer und jenem im Rheingraben.

In diesem erscheinen die Spalten von starken Zerrungen im Unteroligozän und Rupel/Katt, verbunden mit starken Niederbrüchen und Faltungen in Zwischenzeiten. Nicht mit Hebungen, sondern überwiegend mit Absenkungen, bezeugt durch die übergreifenden Wasserflächen, gingen die Hauptzerrungen Hand in Hand. Ein reiches Spaltensystem in NO (NNO)-SW(SSW), zusammen mit SW-NO-streichenden Querfalten, war schon alttertiär während der großen alpinen Hauptbewegung entstanden. Damals rückte die Süddeutsche Platte auf dem Rücken des Geoplasmas unter Ablösung von Westeuropa längs dem Rheintalgraben und von Osteuropa längs den SW-Randbrüchen der Böhmischen Masse gegen SO der ansaugenden nordalpinen Narbe näher. Vor Teilwiderständen blieben dabei Einzelschollen zurück, Keilgräben rissen auf, Querfalten erschienen.

Das ist aber nur das sehr abgeschwächte, oberflächennächste Strukturbild. Viel energischer dürften die tieferen, geoplastischen Bewegungen gegen die Tiefe der Nordalpengeosynklinale gewesen sein.

Die *Geröll-Untersuchungen* in der Mittel- und Oberoligozänmolasse der nördlichen Vortiefe liefern einstweilen nur ein ziemlich verwaschenes und heute nur in den Grundzügen deutbares Spiegelbild der alttertiär geschaffenen und oligozän weitergebauten Gebirgsstruktur. Die vorstehend mitgeteilten Tatsachen über Art, Korngröße, Verbreitung der in die Vortiefe gelangten und dort erhaltenen Abtragungsmassen geben sowohl einen Überblick der während der Hauptgeröllzeit des Katt vorhanden gewesenen geologischen Gebirgskarte wie auch eine Vorstellung von deren Veränderung durch Oligozän-Miozän. Wir konnten aus den zusammen vorkommenden Geröllgruppen *drei bestimmte heimatliche Deckensysteme* ableiten — wenn auch der Einblick in die ehemaligen Flußsysteme noch viel weitere Arbeit machen wird. Neben dem vorhandenen Gesteinsbestand ist auch das Fehlende zu beachten.

Eine kalkalpin-mesozoische Geröll-Gemeinschaft ist die überaus weitverbreitete *präalpine*, deren Erosionsreste nur noch die Klippen im O darstellen. Eine aus kristallinem Grundgebirge zusammengesetzte zweite Geröllgesellschaft tritt unter Umständen auf, welche ihre Heimat aus einer Sockelschwelle der präalpinen Decken von heute vermuten läßt: „*Präalpensockel*“, wohl West-Äquivalent der Vindelizischen Nordschwelle. Die dritte Geröllgruppe ist jene ausgedehnter *Flyschdecken*. Deren Vertreter erscheinen bei Thun schon im Rupel, weiter nach O zu nacheinander im Katt, im Allgäu erst Kattaquitan und noch weiter erst im Miozän.

Aus solchen großzügigen Zusammenhängen ersehen wir die Zusammengehörigkeit der Geröllheimat, aber auch die großzügige und gesetzvolle Bauart und Baugeschichte des benachbarten Gebirges. Dieses war ein sehr breites, erst später noch zusammengerücktes *Kalkgebirge*, und zwar ein präalpines, das in den Nordteil der nördlichen Kalkalpen und in das Randostalpin überging. Dorthin, über Balderschwang hinaus, leiten uns ja die Erosionsreste der Klippen. Rückwärts davon lag, als Äquivalent der Lechtaldecke des Rätikons, wohl die noch wenig zerstörte Simmendecke, die dann der Molasse gleichfalls ihren Hauptteil abgegeben hat. Sichere Silvrettagneis-Vertreter fehlen ebenso wie solche der penninischen, helvetidischen Decken und der Außenmassive. Doch muß der Falten- und Deckenbau hier schon weit vorangeschritten gewesen sein, denn die Präalpen und im Aquitan das Unterostalpin waren unweit in voller Abtragung begriffen.

Der Flysch bildete ultrahelvetische Decken vor oder auch über den romanischen Decken zunächst im S. Aus dem Erscheinen der Abkömmlinge des kristallinen Präalpensockels und dem frühen Flysch-Auftreten im W kann auf axiale Heraushebung des Westens geschlossen werden.

Grundlegend anders als heute sah also die geologische Karte der oligozänen Schweiz aus. Sie glich äußerlich den jetzigen Kalkostalpen. Struktur und Hochrelief des Ostens freilich wichen stark ab.

Zusammensetzung des Gebirges und Baugeschichte der Westalpen halten in Süddeutschland ostwärts an bis zur „*Allgäuwendung*“ (E. Kraus 1926) im östlichen Allgäu. *Hier beginnen die Ostalpen mit eigener Rand-Zusammensetzung* und Baugeschichte. Die Quertalung des Rheins hat zwar gewaltig ausgeräumt, aber gerade dadurch die westalpinen Gemeinsamkeiten der beiderseitigen Bergwelt mehr enthüllt als geschieden.

Oligozäne Gemeinsamkeiten vor den Westalpen sind: Fortsetzung der subalpinen Oligozänschuppen mit mächtigen Geröllfächern; Einbeziehung des Molasseschuttes in das Gebirgsrelief der „Molassealpen“; Ausbreitung des granitischen Schuttabfalles unterostalpiner Decken über Granitische Molasse-Blättermolasse im Allgäu-Vorland, nicht aber mehr als Gerölle in subalpinen Schuppen; weitere Verspätung des Einsatzes der Flyschgerölle, Neuerscheinen helvetidischer Gesteine im Aquitan; Zunahme kalkalpiner Großgerölle, deren Decken offenbar heranrückten; baugeschichtliche Höhepunkte der Bewegung und Senkung während der älterkattischen Nesselburgphase, der jüngerkattischen Steigbachphase und der aquitanen Hochgratphase: *Also kräftige Orogenese auch im Aquitan.*

Wir erkannten für die Schweiz die gleiche Eigenart der Vortiefen-Sedimentation wie schon 1926 für Allgäu-Vorarlberg: Schuttverbreitung in Einzelmulden im Streichen, Geröllzufuhr aus SW, aber auch aus O, scharfe Unterschiede in Fazies, Mächtigkeit, Alter zwischen den Füllungen der Einzelmulden, bedingt durch deren *synsedimentäres Baurelief*, das hauptsächlich über den antiklinen Längsstörungen hochlag. Doch hielt sich die kilometertief sinkende Vortiefenoberfläche meist wenig über dem Meeresspiegel. Auch muß die Gebirgsoberfläche, die bei im allgemeinen gleichbleibendem Gefälle kilometerweise Schutt abgab, gleichzeitig immer weiter emporgerückt sein, der abtragenden Säge entgegen.

Im *Osten der Allgäuwendung, vor den Ostalpen also*, setzen *die ostalpinen Gemeinsamkeiten ein:* Es fehlen subalpine Schuppen, gleichstarke, oligozäne Schuttfächer, Molassealpen. Es gibt keine unterostalpinen Schuttausstrahlungen. Die großartige Flyschschotter-Überflutung mit helvetischen und kalkalpinen Geröllmassen setzt erst i. a. im Miozän ein. Es gab also keine aquitane Gebirgsbildung und auch im Rupel/Katt verhielt sich der südbayerische Alpenrand ungleich ruhiger als westlich des Lech.

Dagegen schüttete ein neues Schwellen-Element des Gebirges große Mengen freilich ziemlich kleingerölliger Massen aus dunklen (? devonischen) Dolomiten und Kristallinschiefern wohl von einer „Südgermanischen Schwelle" ins Vorland. Gegen die südbayerische „Pechkohlenplatte" mit ihren brackischen, flözführenden Cyrenenschichten im Katt keilen von W die festländischen Schotter-, Sand- und Schlamm-Massen der „Bunten Molasse" aus. Die Platte verhielt sich ungleich ruhiger und wurde aquitan weiter im N noch einmal zu der Promberger Meeresrinne niedergebogen, bis sie sich spätaquitan in eine einebnende Hochlage einstellte.

Wir führen diese Ruhe zurück auf den *stabileren Grundgebirgsuntergrund* zwischen der Südgermanischen Schwelle und dem vindelizisch-böhmischen Unterbau, der sich aber in SO-Bayern—Oberösterreich für lange Zeit zu einer unruhigen Schliermeersenke niederbiegen ließ. Noch steifer verhielt sich der Unterbau in der „Böhmisch-alpinen Enge", so, daß hier nur eine einzige, im O seichtere Schlierrinne weiterlief. Erst mit dem Zurückweichen der Böhmischen Masse gegen NO, im außeralpinen Wiener Becken, beginnen dann wieder oligozäne Kohlebildungen mit ähnlichen, paläozoischen Schuttmassen wie im südlichen Oberbayern.

Mit ähnlichen Randsprüngen wie am Schwarzwald/Rheintal/Vogesen-Rand setzte sich die geosynklinale Vortiefe unter Schollenbildung auch von der Böhmischen Masse ab. Ähnlich wie dort war auch hier *die alttertiäre* die Hauptbewegungszeit. Das dann gehobene Schollenland wurde oberoligozän, gleichzeitig mit der Augenstein-Verebnung des Gebirges, eingerumpft, die Ebenheit jedoch anschließend wieder zerlegt, schief gestellt und erosiv zerschnitten.

In das Erosionsrelief legte das vordringende Rupelmeer seine Linzer oder Melker Sande bzw. den Schlamm des Oligozänschliers, währenddessen die Böhmische Masse tief gesenkt worden sein muß — ganz wie zu gleicher Zeit die Schwarzwald-Vogesenmasse: *Die Vortiefensenkung erfaßte breite Randteile Europas.* Doch blieb auf diesem spröden Unterbau die Faltung offenbar nur schwach.

Erst dort, wo östlich außerhalb der Böhmisch-alpinen Enge die weitgeschwungene Horizontalflexur zwischen Alpen—Karpaten gegen NO aufbiegt, gingen die alttertiären, mit exotischen Blockmassen verbundenen Großbewegungen unter Einstreuung von Granitblöcken und Schottern auch im Oligozän weiter. Mit seinen Juraklippen-Inseln schob sich das böhmische Vorland in Teilmulden hier kräftig

SO-wärts unter den alpinen Bau. NW-streichende Querbrüche, an denen jeweils die SW-Scholle weiter nach SO vorrückte als die NO-Scholle, erinnern an die Großmechanik der Unterströmung Europas im Gegenuhrzeigersinn (KRAUS 1937).

Dabei kämpfte die geosynklinal niederzwingende Orogenkraft mit der hohen Schwimmlage des Kontinents. Er wurde zunächst in Schollenstreifen niedergebrochen und diese dann zu steifen Vortiefenmulden mit wechselnder Kraft abgesenkt. *Das hierbei entstandene Baurelief und seine Bewegung beherrschte die Sedimentverteilung im Molassetrog.*

Über die oligozänen Vorgänge an der Alpen-Ostabdachung wissen wir sehr wenig. Sie lag einst sehr viel weiter im O und wurde bei dem großzügigen miozänen Einbruch tief unter jüngerem Sediment begraben.

III. DIE GEBIRGSBEWEGUNGEN IM MIOZÄN UND PLIOZÄN

Ein neuer, letzter, im einzelnen aber reich gegliederter Hauptzyklus des alpinen Werdens füllt die jungtertiäre Zeit. Wieder setzt es ein mit einer mächtigen, das ganze Alpengebiet umrahmenden *Absenkung*, die zweistufig war, und welcher jeweils Meeresüberflutung auf dem Fuße folgte. Wieder füllt sich, nunmehr aber nicht mehr gleich gebirgsnah, der Molassetrog ringsum mit mächtigem Abtragungsschutt, wieder süßen die Flüsse das Becken früher oder später immer mehr aus, bis sie allein das aufsteigende Feld behaupteten.

Die Gesamtgliederung in den Vortiefen ist demzufolge der oligozänen recht ähnlich:

Quartär			Außenbürtige Hauptereignisse	Gliederung im inneralpinen Wiener Becken und Westungarn
Pliozän	oberes	Arno-Villafranca	Quarzschotter-Verbreitung	Levantin
		Asti-Stufe Piacenza-Stufe	Überwiegend Hebung, Fluß-Schotter, Verebnungen Abtragende Heraushebung, im S und O noch marin	Kimmerische Stufe (Daz)
	unteres	Pontische Stufe M. longirostris, Hipparion	Ausdehnung, Rückzug d. pontischen Seen, Quarzschotter. Erosionsphase	Pannon: Congeria croatica „ subglobosa „ partschi „ ornithopsis Melan. impressa
Miozän	oberes	Sarmatische Stufe	Verwitternde Einebnung Im O brackisch, im W Süßwasser-Absätze oder fehlend	Mactra-Schichten Ervilien- „ Rissoa, Syndosmya
		Tortonische Stufe	Im O marin, im W „Obere Süßwassermolasse“ Flinz	Vindobon II. M.: Grunder-Fazies Schlier
	mittleres	Helvetische Stufe	Obere Brackw.-Molasse „Kirchberger Schichten“. Obere Meeresmolasse zweigeteilt. Jüngerer Schlier	Schlierbasis
	unteres	Burdigalische Stufe (Langhe-Stufe)		I. Mediterran-Stufe

Da zu Beginn des Helvets, S. der Donau des Tortons durch Niederbruch des inneralpinen Wiener Beckens und der steirischen Becken die alpin-karpatische Verbindung fast ganz verloren ging, das pannonische Becken im O aber einen weiten Vorgriff gegen die zentralen Ostalpen unternahm, sind hier am Alpenostrand besonders klare, gut untersuchte Bewegungsvorgänge erkennbar. Wir beginnen daher mit deren Untersuchung.

1. Jungtertiärbewegung im inneralpinen Wiener Becken

(Jüngste Bewegungen s. S. 324)

Während die erste Absenkung und Überflutung durch das Burdigalmeer der I. Mediterranstufe zunächst nur einen Teil des außeralpinen Wiener Beckens betraf, brach mit der zweiten, helvetischen Absenkung (II. Mediterranstufe) das inneralpine Wiener Becken nieder und öffnete dem Meer den Weg zwischen Nordalpen und Karpaten. Dieses inneralpine Becken reichte nach junghelvetischer Hebung im Torton weiter einbrechend nach W bis zu der „Thermenlinie", die zwischen Wien—Baden—Neunkirchen die Nordkalkalpen nordsüdlich abschneidet. Als SO-Begrenzung des Einbruchsfeldes blieben Kleine Karpaten—Leithagebirge—Rosaliengebirge bis zur „Buckligen Welt" stehen. (Abb 49). Aber auch im Becken-

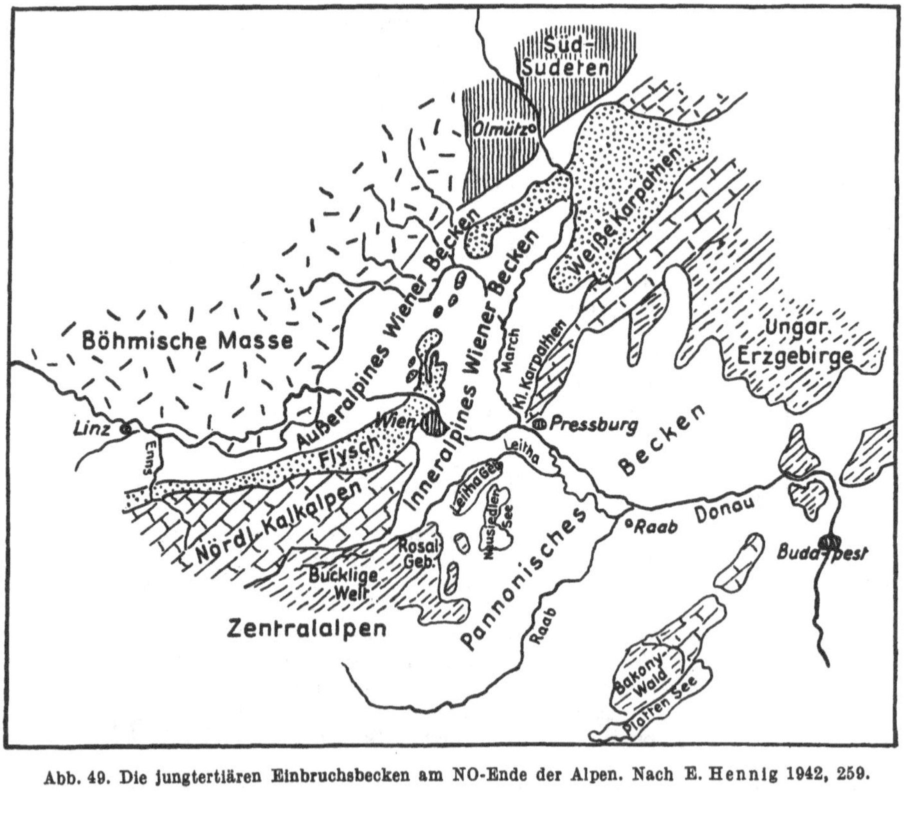

Abb. 49. Die jungtertiären Einbruchsbecken am NO-Ende der Alpen. Nach E. Hennig 1942, 259.

inneren haben wir ein ausgeprägtes Bruchschollenfeld mit sehr starken Höhenunterschieden, welche die Erdölbohrungen des letzten Jahres auffanden. Wo oberflächennah völlig ruhige Lagerung herrscht, da liegt nach unten zu oft eine verwickelte Bruchtektonik mit Kippungen und Verbiegungen (H. VETTERS 1931 u. a.). Sie sind i. a. bei synsedimentärer Senkung erfolgt. Abb. 49a. Vgl. die ausgezeichnete Darstellung von R. JANOSCHEK 1951.

Entsprechend diesem, durch lange Zeit fortsetzenden, großzügigen Zerfall an oft NO—SW streichenden Brüchen drang nach einer ersten Seen-Zeit auch das Meer von S her erst allmählich nordwärts in den zentralalpinen Ostraum vor. Wir erkennen im inneralpinen Wiener Becken die folgende Gliederung:

Oberpliozän	Flußschotter, Verebnungsflächen
Unterpliozän = Pont, Pannon	Paludinensande. Lignite. Aussüßung Congerien-Schichten des brackischen Binnenmeeres
Sarmat	Mactra-Schichten Ervilientegel und Sande Schotter, Cerithiensand, Tegel mit Syndosmyen und Rissoen
Torton Helvet	Schliermeer. Tektonisch sehr unruhiger Untergrund, wechselvoller Küstenverlauf. Badener Marintegel. Algenkalk. Bis > 1 km

Aus den nur durch viele Bohrungen zu klärenden und teilweise schon erkannten Wechseln der Fazies, vor allem aber auch der Mächtigkeiten, dürfte sich eine während des Miopliozäns fortschreitende Gebirgsbewegung ableiten lassen.

Einstweilen wurde z. B. von K. FRIEDL 1931 der Gegensatz zwischen den älteren helvetischen Verwerfungen und den jüngeren, ruhigeren Zeiten besonders betont. Viele Sprünge, z. B. der über 350 m gegen O absenkende Sieggrabener Bruch, rissen vortortonisch auf. Torton-Sarmat-Pliozän liegen hier fast ungestört. Sie streichen W-O bei schwacher Südneigung, gehören einem besonderen Absatzgebiet an und greifen ungleichförmig über die stark gestörte Helvetstufe über. Deren N-S-liche Verbreitungsbegrenzung hatte wohl mit der Füllung einer Landseer Bucht noch nichts zu tun. Diese von R. JANOSCHEK 1931 eingehend beschriebene Bucht entstand erst nachhelvetisch auf dem dann niedersinkenden Rücken des zentralalpinen Kristallins.

Kräftige Diskordanzen zwischen Sarmat und Pannon sind nur an den Beckenrändern bekannt, während im Beckeninneren keine Trockenlegung einsetzte, sondern Tiefersenkung unter Seichtwasser. Darum häuften sich hier bis über 1 km dicke, lückenlose Profile. Es kehren also die gleichen Umstände wieder, wie wir sie hier zwischen Torton/Sarmat oder an den Gosaubuchten des Salzkammergutes kennenlernten, und welche den Wert der Diskordanz-Methode als einzigen Prüfstein für stattgehabte Orogenphasen so sehr vermindern.

Innerhalb des inneralpinen Wiener Beckens sind aber auch breitrückige Aufwölbungen (Dome) neben spätpannonischen oder noch jünger bewegten Brüchen weitere Beweise für die fortgehende Gebirgsbildung in dem Senkungsfeld. SO

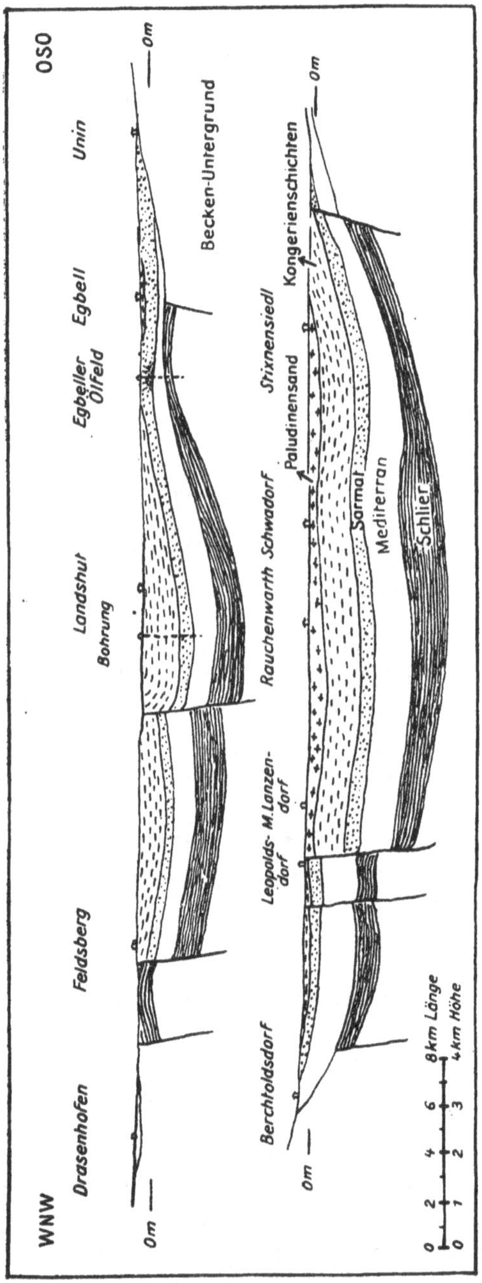

Abb. 49a. Querschnitt durch das alpine Wiener Becken, oben im N, unten im S: Schollen- und Wellenbildung. Nach den zahlreichen, neuen Tiefbohrungen (vgl. R. Janoschek, G. v. Österreich 1951, Taf. II) sind die Verwerfungen meist 45—50° geneigte Zerrungsfolgen.

Wien liegt der Lanzendorfer und Schwadorfer Dom (Abb. 49a). Der für die Erdölförderung (aus Sarmat und Flysch) bisher wichtigste ist der von zwei Sprüngen durchsetzte Steinbergdom von Zistersdorf (Abb. 50).

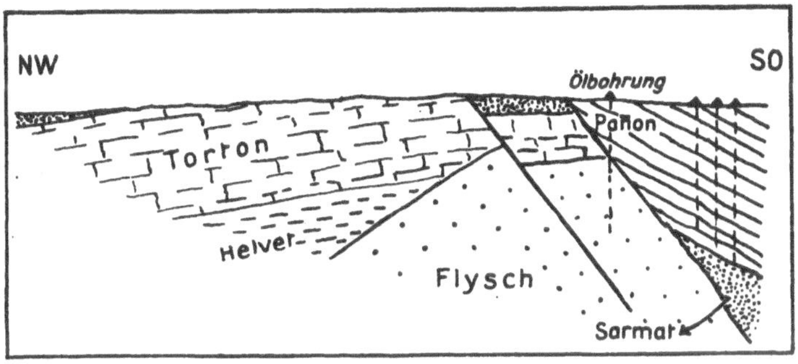

Abb. 50. Profilschema des gestörten Steinbergdomes im Erdölgebiet bei Zistersdorf N. Wien. Nach K. Friedl.

Ein Blick z. B. auf die Profiltafel von R. Janoschek 1951, II, zeigt, daß die meisten Störungen rechtsinnige Verwerfungen von durchschnittlich 53° sind. Für ein etwa WO-Profil des Inn. Wiener Beckens (61 km) ergibt sich danach *eine Zerrung von 6 km* für die Helvetoberkante.

In der Landseer Bucht ostwärts des Rosaliengebirges hat man unterschieden:

	Sedimente	Senkrechte Bewegung
Jungpliozän	Terrassenschotter ungleichförmig; Basaltdurchbruch d. Pauliberges	
Pannon	Innen helle Sande, Kies, mitunter Tegel. Fallen 10° ins Becken. Im O u. S teilw. ungleichförmig über Torton/Sarmat; örtlich auch Übergänge nach unten. Transgression	↕
Sarmat	Örtlich vorpannonisch wieder abgetragen. Flacher als Torton. Sande, Schotter, Tegel, Kalkbänke. 10° Fallen ins Becken. Im W transgredierend auf Helvet, Torton, Kristallin	↕
Torton	Kohle-führ. Ritzinger Sande, seichtmarin m. Ton, Leithakalk. Schotter, Mergel; ungleichförm. über Auwaldschotter und Brennberger Blockstrom	↕
Helvet	Über 300 m Brennberger Blockstrom: eckige Blöcke eines semiariden Schlammstroms aus Rosaliengeb.; über 50 km² im Lehm, Sand. Landpflanzen, Schnecken 20 m Sand, Ton mit wenig Kohle Über 300 m Auwaldschotter, mariner Brandungsschutt m. kalkalp. Eozän- u. Kristallin-Geröll; stark gestört Einige Meter Phyllitschutt, Süßwasserton, Sand; Kohlenflöz	↕
Kristallin		

Wie die Pfeile in vorstehender Tabelle andeuten, gab es sowohl im Helvet wie im Torton, im Sarmat und Pannon je eine kräftige Senkung, welche jeweils gegen ihr Ende von einer Hebung gefolgt war. Die erste Hauptsenkung, welche das Bruchfeld schuf, war zugleich mit sehr kräftigen Störungen verbunden, die sich ebenso auch in den beiden mächtigen Überschotterungen bzw. Schuttvorschüben ausprägten.

Die zahlreichen Ungleichförmigkeiten, Abtragungen und Übergriffe jüngerer Sedimente spiegeln aber auch noch für das jüngste Tertiär eine erhebliche, im wesentlichen senkrechte Teilbeweglichkeit des niedergebrochenen Untergrundes wider.

Allgemein für den NO-Sporn der Zentralalpen konnte A. v. Winkler-Hermaden 1933 unterscheiden:

Bewegungen am NO-Sporn der Zentralalpen:

Zeit	Sediment	Mächtigkeit m	Störungen	Senkrechte Bewegung
Jungpliozän	Lehm-bedeckte Terrassentreppe, Schotterfluren versch. Höhe		Kaum gestört üb. Alt-Relief u. in Flußrinnen	↑
Oberpannon	Friedberger Schotter übergreifend	200		↓
Unterpannon	Congerientegel, Feinsand, ohne Diskordanz	100	flach	↑
Sarmat	Brack. Tegel, Sand, Mergel	200—300	Einfallen 10°	↓
Torton	Marinsand, Leithakalk, Granit- u. Quarzschotter, brack.-marin. Kohle von Tauchen; ungleichförmig auf:	500—600	Bis 30° SW fallend Brüche	↑ ↓ ↓
Helvet	Oben mehr Schotter, unten Trümmer, Blöcke { Sinnersdorfer Kongl. Auf Landrelief, gegen O auf Kristallin d. Buckl. Welt übergreifend	bis 1800	Starke Störungen Schollenbildung WSW- und SW-Fallen	↑ ↓
	Kohleführende Tone u. Sande bei Aspang, Kirchberg a. Wechsel, Pitten. Geringe Verbreitung am Gebirgsrand	gering	Stark gestört	—

Mehrere NNW- bis NW verlaufende Bruchschollen mit SW-Neigung entstanden im Helvet. Durch den tieferen Teil der tortonischen Marinserie brachen Andesite. In der NO-steirischen Teilbucht liegen zuunterst Murschutt- und Blockschottermassen, darauf mittelgrobe Schotter und Sande, insgesamt die „Krumbacher Schichten“ (Mittelhelvet).

Die mächtigen Block- und Wildbach-Aufschüttungen des *Mittelmiozäns* entstanden an steilen Wänden während stärkerer orogener Reliefstörungen besonders an tieferen Schollen-Ab- und Einbrüchen, also *auf orogen stark bewegtem, überwiegend sinkendem Untergrund.* „Nur bei Vorhandensein eines tektonisch belebten Rücklandes und einer ebensolchen Unterlage läßt sich die Entstehung der Sinnersdorfer Schuttbildungen begreifen", sagte v. WINKLER 1933, 94. Während ihrer Bildung und im Anschluß daran muß eine besonders kräftige Gebirgsbildung geherrscht haben. Die helvetischen Schuttmassen wurden stark aufgerichtet. Also nicht allein sedimentär, sondern auch tektonisch griff sie die Orogenese an, welche gleichzeitig die Grundgebirgsschwelle zwischen NO- und SO-Steiermark versenkte.

Die Sinnersdorfer Blockschotter führen zum großen Teil Granitgneismassen aus der SO-Fortsetzung des Masenbergmassivs. Die Schotter haben noch nicht die gleiche Ausmerzung weniger widerständiger Gesteine wie jene der tortonischen Marinserie. Es wurde wohl fast der ganze NO-Sporn durch den helvetischen Schutt überrollt, während sich gleichzeitig das Gebirge im W hob und den Schutt ablieferte. Die diesem auflagernden tortonischen Meeresschichten zeigen schon Quarz, Quarzit, Kristallinschiefer bei zurücktretenden Granitgeröllen, also eine gewisse chemische Auslese der Gerölle. Gegen S normal unter Sarmat untertauchend, wird die Folge im NW bei Sinnersdorf ungleichförmig durch groben Schotter und Sand, offenbar schon des höheren Pannons, überdeckt. Im SW, am Hartberger Gebirgssporn, fehlt das Torton und transgrediert über Kristallin und grobe Blockschotter sogleich das Sarmat.

Im steierischen und Wiener Becken greift der unterpannonische Tegel ohne Diskordanz transgressiv über. Dagegen besteht allgemein eine mehr oder weniger flache Ungleichförmigkeit zwischen Helvet/Sarmat/Unterpannon und dem fast waagrecht übergreifenden Grobschutter und Sand des quarzreichen Oberpannons: Ein ausgedehnter Schuttkegel, im S als Delta entwickelt, das heute bis über 700 m hoch emporreicht, ist dieser „Friedberger Schotter". Er greift über eine mittelpannonische Verwitterungs- und Erosionslandschaft über.

Mit ihm ist *der dritte große Entwicklungs-Zyklus* (A. v. WINKLERS 1929; ab Mittelmiozän) zu Ende. Er brachte fortdauernde oder überwiegende Senkung im Ablagerungsraum, welche im einzelnen, wie die Tabelle zeigt, aber noch durch Teilhebungen untergegliedert ist. Innerhalb dieses Zyklus von 2,6 km Schichtmächtigkeit haben wir nach oben und teilweise gegen das Gebirgsvorland auch nach auswärts eine abnehmende Aufrichtung und geringere Schichtstörungen: wieder ein Beweis für die *gleichzeitige tektonische Bewegung während des Schichtabsatzes.*

Von der jungmediterranen Überflutung an hob sich dabei offenbar, unter Zurücklassung des heutigen Friedberger Beckens, im N das Kristallin des Hochwechsels und der Buckligen Welt langsam und schwach empor. Dabei wurden die Sinnersdorfer Konglomerate von der Aufwölbung allmählich abgetragen (Abb. 51, S. 160).

Eine Anzahl mehr oder weniger wichtiger Randbrüche, z. B. jenes, der die basalen Krumbacher Sande gegen SW abgrenzt oder die östliche Randstörung des Hochwechsels, wurden nach A. v. WINKLER schon im höheren Miozän angelegt. Ein schwacher Höhepunkt der orogenen Bewegung lag nach dem Genannten im älteren Pannon, das gegen oben mit der Diskordanzfläche unter dem viel ruhiger gelegenen Oberpannon abschneidet. Mit dem Jungpannon beginnt dann WINKLERS 4. Zyklus der Ostalpenrand-Entwicklung.

Diese Zyklen sind *morphologische Entwicklungs-Abschnitte*, aber *keine tektonischen* in unserem Sinne. Einzelheiten der tektonischen Bruchbildung, Höhen- und Tiefen-Verstellungen dieses NO-lichen Zentralalpenteils gab v. WINKLER 1933, 95.

Der 4. Reliefzyklus begann mit einer allgemeinen, flachen Niederbiegung des Gebirgsrandes im Oberpannon und am ganzen Nordsaum des steirischen Beckens. Daher konnten die höherpannonischen Schotter ungleichförmig in das kristalline Land vordringen.

Zu Anfang *des 5. Reliefzyklus* am Ende des Pannons begann eine nicht gleichmäßige, aber großzügige Höherschaltung unseres NO-Sporns, wobei auch die Randzone teilweise mit hochgenommen wurde. So kam Oberpannon auf über 700 m heutiger Höhe zu liegen, wurde kräftig zertalt und zum Teil abgetragen, wobei sich schließlich in allmählich erreichter Ruhelage jungpliozäne Abtragungsflächen bildeten. Gleichzeitig wurden noch jüngere Absätze in den östlichen Randniederungen niedergesenkt und zugeschüttet.

Danach setzte endlich mit dem *6. Reliefzyklus* spätpliozän die quartäre Hebung und Zerschneidung des NO-Sporns und seiner Randbecken ein. Die Verteilung der Terrassen- und Fluß-Absätze zeigt dabei, daß ungleichmäßige Schollenbewegungen fortdauernd die Erosionstätigkeit beherrschten.

Das Hochflächengebiet des Wechsels hat nachweislich schon höheres Alter als das hohe Hauptflächensystem der Buckligen Welt, welches jenes als Mittelgebirge überragt. Die „Bucklige Welt"-Rumpffläche ist in vorliegender Gestalt sicher jünger als die letzten altpannonischen Bewegungen. Erst im höheren Pannon dürfte die Bucklige Welt-Verebnung weitergebildet und nach der altpliozänen Hebungsphase fertig geworden sein. Angeschnittene Flußterrassen sind noch jünger im Pliozän entstanden als die Rumpffläche schon spätpliozän gehoben wurde.

Die aus den Gehängeschutt-, Fluß- und See-Sedimenten abgeleiteten Bewegungen im Bereich von Blatt Birkfeld, im Grazer Paläozoikum und draußen gegen die Ungarisch-Wiener Senkungsflächen werden uns unten S. 320f. beschäftigen. —

Übersicht

Einstweilen ergab die Untersuchung im inneralpinen Wiener Becken und am NO-Sporn der Zentralalpen im nordsteirischen Randgebiet *starke jungtertiäre Gebirgsbewegung*. Ihr Grundzug war: *Zertrümmerung und Niederbruch der kalkalpinen und nördlich-zentralalpinen Verbindung zwischen Alpen und Karpaten*, verknüpft mit einer starken Beweglichkeit der Teilschollen. *Senkrechte*, kaum aber mehr waagrechte Verstellungen sind in dem anscheinend starr gewordenen, oberflächennächsten Erdkrusten-Stockwerk sichtbar. Vielleicht schon gleichzeitig mit der ersten burdigalen Hauptabsenkung in der nördlichen „außeralpinen" Vortiefe angebahnt wird dieser Niederbruch im NO nach einer Seenzeit mit Beginn der helvetischen Stufe nachweisbar.

Es ist aber wieder nicht so, daß sich etwa zuerst der Einbruch in kurzer Orogenphase vollzog und in der nachfolgenden Zeit dann von O erst das Meer mit seinen Absätzen vordrang, von der höheren und nun ruhig liegenden West-Nachbarschaft aber die Schuttmassen in die fortan gleichfalls ruhigen Becken verfrachtet worden wären. Nein, auch jetzt war *der erste Einbruch nur der Auftakt für immer weitere, teils raschere, teils langsamere Gebirgsbewegung* sowohl in dem niedergebrochenen und immer weiter einbrechenden, kippenden, sich auch zum Teil wieder hebenden Schollenmosaik wie auch in dem benachbart hochgebliebenen oder unterschiedlich weiter hochsteigenden Abtragungsland. Neben Verstellungen an Brüchen sind aber auch gewisse Faltenverbiegungen nicht zu übersehen.

Wir haben eine *durch die ganze helvetische Zeit*, vielleicht mit einem gewissen Nachlassen im mittleren Mittelmiozän *fortschreitend und als „steirische Gebirgsbildung“* unterschiedene *orogene Hauptanstrengung* vor uns. Die mächtigen Block- und Schotter-Vorschüttungen, die ungewöhnliche Verschärfung des Baureliefs, welche wir durch Blockvorschüttungen nachweisen konnten, die bedeutenden, wechselvollen Schichtmächtigkeiten und die rasch wechselnde Fazies — sie alle spiegeln die innenbürtige Unruhe unzweideutig wider.

Und dabei ist es wieder nicht etwa eine „Hochfaltung“, die sich entwickelte, sondern ein *Niederbrechen weitester Gebiete am NO-Alpenrand.* Der tektonische Bau desselben bildete sich unter Absenkung; *es ist wiederum der „Hinabbau“, den wir sehen.* Damit war im inneralpinen Becken auch Zerrung verbunden.

Daß *nicht der Aufstieg* des westlich anschließenden Alpenbereichs das wesentliche sein kann, wird klar nicht nur an dem Vorrücken des Meeres gegen W, nicht allein an der *Bruchbeweglichkeit der Senkungsfelder im O* erkennbar, sondern ebenso aus dem Fehlen von Anzeichen für ein schärferes Baurelief weiter westlich im Gebirge. Dieses läßt sich aus den damals weiter entwickelten (Hoch-)Verebnungsflächen und aus dem feinen Korn der helvetischen Sedimenthülle ohne weiteres ablesen.

Es ist auch nicht so, daß etwa nach der helvetischen Stufe lange, nur für kurz unterbrochene Ruhezeiten gefolgt wären. Vielmehr konnten wir aus den Sedimenten mit dem einsetzenden Torton, Sarmat und Pannon (Pont i. e. S.) nach jeweils eingetretener Heraushebung eine mehr oder weniger *kräftige Absenkung in den Randschollen, verbunden mit stark belebtem Baurelief, also mit innenbürtigen Bewegungen* erschließen. Diskordanzen, nach oben abnehmende Schrägstellungen oder Faltung, Schichtmächtigkeiten und Schichtfazies sind uns wertvolle Hinweise. Mit der sonach mindestens viermal im Jungtertiär des NO-Alpenrandes besonders stark einsetzenden *orogenen Kraft war jeweils Absenkung und Teilbewegung verbunden.* Mehr oder weniger weit ausgedehnt folgten dem dann die Anzeichen für langsamen Wiederaufstieg.

Womöglich noch eindrucksvoller als an den nördlichen Alpen-Osträndern wiederholen sich die Beweise für diese Bewegungseigenart, die so vollständig unseren bisherigen Erfahrungen entspricht, in den besonders von A. v. Winkler untersuchten Mittel- und SO-steirischen Beckenräumen.

2. Bewegungen am Mittel- und SO-steirischen Alpenrand

Wir beginnen im Südteil des großen steirischen Beckens. Dieses war durch die Burgenländische Schwelle bis zum Pont, während dessen diese Schranke versenkt und überschwemmt wurde, gegen die ältere ungarische Niederung abgegrenzt.

Gegenwärtig bilden geringe Grundgebirgsaufragungen (Günser Berge, K. Fidisch, westwärts Güssing, ostwärts Gleichenberg) der gesenkten Schwelle die Trennung gegen das westungarische Großbecken. Im steirischen Becken selbst wölbt sich westwärts Leibnitz das Sausal-Schiefermassiv. Hier im S, wo von der südlichen Koralpe die Grundgebirgs-Fortsetzungen des Poßruck und des Bachers ostwärts gegen die Marburger Gegend vorragen, *begann schon früher als im N der miozäne Großeinbruch.*

Für die burdigalische Zeit gab F. Heritsch 1923, 53, im Bereich des randlichen Gebirgsbogens der Grazer Bucht noch ausgeglichenes Flachgelände an, ohne einen Randabbruch gegen das Miozän im O. Weiter südlich aber, im Bereich des Eibiswalder Braunkohlenreviers und des Radlgebirges südlich von ihm, also *im SW-Steirischen Teilbecken, kam es im Burdigal bereits zu starken Niederbrüchen.*

Nach der feuchtwarmen Verwitterung der verhältnismäßig ruhigen Aquitanzeit, während deren sich die südliche Koralpe in ruhiger Lage mit tiefgreifenden Verwitterungsrinden bedeckte, brach zwischen der Koralpe im N und NW, dem Poßruck im SO burdigal eine tektonisch teilweise *scharf und steil begrenzte Grabensenke* von 4 km Breite ein. Sie wurde von dem hochgelegenen Koralpen-Kristallin her mit Wildbach- und Murschutt aufgefüllt, insbesondere in der Nähe der Verwerfungswand. Dieser Schutt häufte sich 2, ja 2,5 km mächtig. Er unterlagert nordwärts die offenbar burdigalen, kohleführenden Eibiswalder Schichten (Abb. 52) mit ihrer 1,5 km-Folge, welche ihrerseits infolge gebirgswärtiger Einsenkung des kristallinen Untergrundes die weiter fortsetzende Aufschüttung darstellen und höher empor gegen den östlichen Koralpen-Abfall mit tiefen, kohleführenden Erosionsrinnen vorgreifen. Auch ostwärts dehnten sie sich auf das Remschnigg-Grundgebirge aus. Vielleicht noch im tieferen Helvet wuchsen in verhältnismäßig ruhiger Zeit die Kohleflöze der mittleren Eibiswalder Schichten. Während der burdigalen Sedimentation der wesentlich fluviatilen Unteren Eibiswalder Schichten (Abb. 52 oben) versank ihre Unterlage, ein Randstück also von Koralpe und Remschnigg.

Beim Wiederaufleben der starken Gebirgsbewegung im höheren Mittelmiozän (II. Mediterranstufe) bewegte sich dieses Koralpenrandstück so, daß der vorher schuttabgebende Kristallinstreifen nun seinerseits von gewaltigem Blockschutt bedeckt wurde, daß das bisherige Radlschutt-Gebiet aber sich hob. *So stieg der Radlkamm* (Abb. 52 unten) *mit Mittelgebirgsformung empor.* Die von A. Kieslinger erwähnten Schuppen und Klippen fand A. v. Winkler nicht, wohl aber erheblich verbreitete Sprünge und eine teilweise bis zur Senkrechten gehende Schichtaufrichtung. Es ist unklar, ob die Faltung und O-W-Aufstauchung des Eibiswalder Hauptflözes (A. Kieslinger 1924, 167) schon in die gleiche Zeit fällt.

Althelvetische Erosionsrinnen griffen mit Schottermassen tief in den kristallinen Koralpenkörper ein (Abb. 53). Auf die burdigale Senkung der Randschwelle, deren gesenkte Erosionsbasis wohl auch für jene Gebirgsrand-Zerschneidung verantwortlich war, zusammen mit einer gewissen spätburdigalen Hebung, folgte eine weiträumige, *althelvetische Absenkung.* Darum griffen die Mittleren Eibiswalder Schichten mit 300—400 m Mächtigkeit weit in die Umgebung über nördlichere Randteile der Koralpe, der Stubalpe und des Grazer Paläozoikums. Der bisherige Südabfluß in das Urdraugebiet (Abb. 54) wurde durch eine flache Aufwölbung unterbrochen. Es entstand damit der „weststeirische Süßwassersee".

Die fortschreitende Abtragung und orogene Beruhigung schuf an der Koralpe ähnlich wie an der Stubalpe während des Absatzes der Oberen Eibiswalder

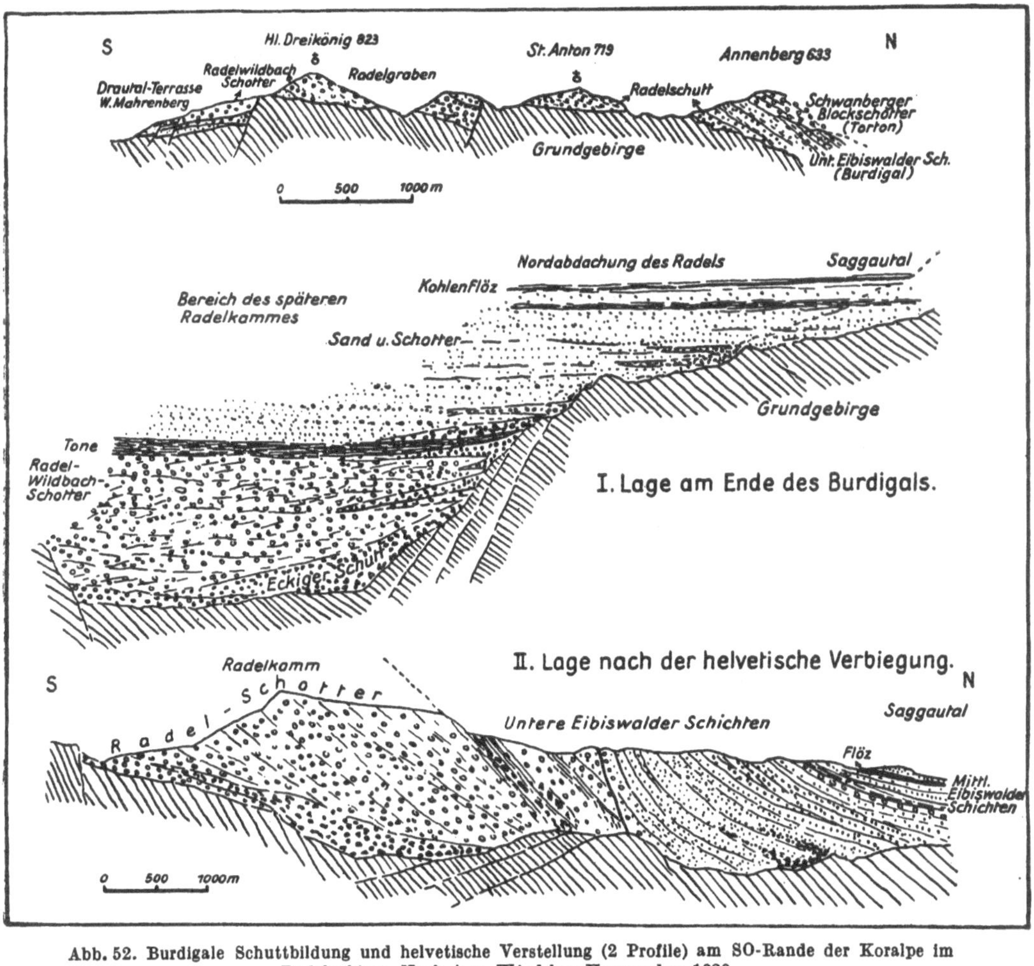

Abb. 52. Burdigale Schuttbildung und helvetische Verstellung (2 Profile) am SO-Rande der Koralpe im Radelgebirge. Nach A. v. Winkler-Hermaden 1929.

Schichten (400 m höheres Helvet mit *Mastodon tapiroides* und *M. angustidens*) eine Verebnung, nämlich die heute 1900/2000 m hohe Koralpenfläche (Abb. 53) des bis dahin noch etwas abgesunkenen Randgebirges. In das SW-steirische Becken transgredierte darauf das Grunder Tegel- und Feinsand (150 m) absetzende Meer. Die starke helvetische Senkung im NO brachte das mächtige *Schliermeer-Sediment* und randlich im SW von Leutschach schon vorher das über 200 m mächtige, teilweise schön rhythmisch gebaute *Arnfelser Konglomerat*.

Dieses besteht aus 500 m Flußschotter, welche das Grazer Paläozoikum, Kreide und Eozän lieferte und die sich als mächtiger Deltaschuttfächer gegen das helvetische Schliermeer im O vorbauten. Zunehmend junghelvetische Absenkung begrub aber bald dieses Flußgebiet unter dem immer noch weiter westwärts über Poßruck-Remschnigg in das Lavanttal vordringenden Schliermeer.

Der sehr vielfache, rhythmische Wechsel von 2—6 m mächtigen Schotterbänken mit ähnlich mächtigen, sandig-tonigen Zwischenlagen im Arnfelser Konglomerat entstand offenbar ohne Mitwirkung von Seespiegel-Schwankungen. Denn sichere Beweise für die wirkliche *Delta*-Einschüttung fehlen. Angesichts der einige hundert Meter betragenden, bedeutenden Paketmächtigkeit und der großen Ähnlichkeit mit sicher fluviatilen Schotter/Mergel-Rhythmen in der Allgäu-Vorarlberger und Schweizer Molasse kann ich auch nicht an einen sich hier anzeigenden Klimawechsel (A. v. Winkler 1927, 128) glauben, sondern nur an ruckartige Überwindung der Widerstände gegen die langsam fortschreitende tektonische Beanspruchung des Untergrundes während seines Absinkens. Es scheint mir auch die Gewaltsamkeit der Baurelief-Bildung, welche einen außenbürtigen Rhythmus nicht aufkommen ließ, keineswegs für den Mangel eines orogenen Rhythmus zu sprechen.

Die von A. v. Winkler 1927, 129, angeführten Gründe, Epirogenese von Orogenese abzutrennen, kann ich nicht für beweiskräftig ansehen. Fügen sich doch die gut beobachteten Tatsachen auch in Steiermark ausgezeichnet unseren davon abweichenden mechanischen Vorstellungen. Immer wieder wird ja auch am Ostalpenrand von der tektonischen Bewegung *während* der betreffenden Schichtablagerungen (z. B. von Winkler 1927, 122f.) gesprochen, also während der überwiegenden Senkungen; nicht etwa nur von mir! *In diesem unserem Spätstadium* der Baugeschichte freilich sind die Ablagerungen *nur noch teilweise unter dem*

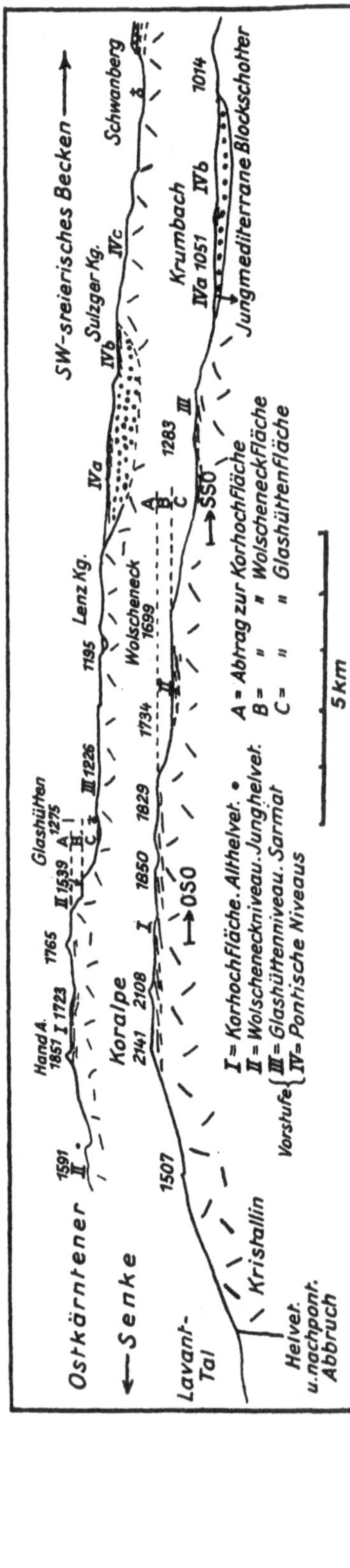

Abb. 53. Einebnungsflächen der Koralpe am SO-Rand der Zentralalpen. Nach A. v. Winkler-Hermaden 1928, 320.

Meeresspiegel vor sich gegangen, weshalb das Baurelief selbstverständlich jeweils das schon vorhandene Relief nur noch verschärfte. Dies ist an dem jeweils stark belebten Abtrag und Absatz erkennbar.

Das Randgebirge verfiel gleichzeitig mit der burdigalen und mit der helvetischen Gebirgsbewegung. Während der späteren, wohl noch jungmediterranen Zerschneidung und Zerstörung lieferte es die jungmiozänen Schwanberger Wildbach-Blockschotter (Torton; Abb. 53, 54). Während des obersten Miozäns entstand nach A. v. Winkler im südlichen Koralpen-Radl-Gebiet eine verebnete Vorstufe, im Pont dagegen die Hauptverebnungs-Flur.

Die überhöhende Schrägstellung der Koralpenscholle über die randliche Ostscholle entstand wesentlich im *Torton*. Damals wurden Schluchten und Rinnen in den Gebirgskörper gerissen, wurde mächtiger Schutt ausgeräumt, in Becken und am Gebirgsfuß abgesetzt. Dies ging *im Sarmat* fort, so daß ein großer Teil der alten Hochfläche wieder zerstört wurde. Sarmatisch gab der Zentralalpenrand mächtig viel Schutt, Grob- und Blockschotter des Kärntener Deltas und Schuttkegels ab, im Junghelvet Urler Blockhorizont und Kreuzbergschotter. Über 30—40 km weit ostwärts von der Koralpe häufte sich der Grobschutt mehrere 100 m hoch. Aus Kärnten brachte ein Vorläufer der Drau den mächtigen Kalkschotter-Flußkegel von S(W) in das Meer.

Sarmat-Pont in SO-Steiermark. Von der Murlinie Wildon-Leibnitz stieß im älteren Sarmat das sarmatische Binnenmeer gegen W bis an den Gebirgsrand bei Graz-Weiz, S. Hartberg und in das Friedberger Becken vor. Das überwiegend sandige Obersarmat weist teilweise gut rhythmische Sedimente auf; dazwischen gab es Trockenlegung und Wiederabtragung. Congerienführendes Pont liegt mit allmählichem Übergang auf den obersarmatischen Brackwasserabsätzen. Zum Teil griff aber das Altpliozän auch weithin über Grundgebirge. Ein mächtiger Süßwassersee breitete sich aus.

Während der *pontischen Zeit,* die etwa 600 m Sediment in das Becken brachte, verlandete dieses immer mehr. Flußabsätze von den Gebirgsrändern her erscheinen immer wieder. Zu Beginn des Pont gab es allgemeine Senkung des Beckenbodens bzw. eine Hebung des Wasserspiegels im steirischen und Wiener Becken um vielleicht 100 m. Zu Ende des aus Congerientegel und Melanopsis-Sand bestehenden Unterponts setzte allgemeine Heraushebung und abtragende Trockenlegung ein, verbunden mit dem Voranschreiten eines zentralalpinen NW-SO-Flusses, welcher den *Kapfensteiner Quarz- und Gneisschotterzug* brachte. Über ihm liegen 100 m Feinsande und Tone aus einem mittelpontischen Süßwassersee, in der Mitte Lignitflözchen führend.

Brandungsgeröll und Brandungs-Verebnungen in 400, 470 und 530/540 m Höhe am Ostabfall des Gleichenberger Eruptivmassivs zeichneten die Brandungshöhen mehrerer pontischer Seephasen ab (v. Winkler 1927, 436). Sie sind nachträglich wieder verstellt worden. Voroberpannonisch gab es schwache Gebirgsfaltung.

Oberhalb der sarmatischen Brandungsterrasse ist auf der Südseite des Stadelberges (Abb. 55) eine geröllbedeckte Brandungsterrasse in 330/340 m Höhe eingemeißelt, offenbar von unterpontischem Alter; mittelpontisch in 370 m jetziger Höhenlage.

Das höhere Pont, ein 100 m mächtiger Sand, beginnt mit dem „*Taborer Quarzschotter*", überlagert von bis 150 m Süßwassersand und -ton. Grobe jungpontische Flußschotter beenden dann die Verlandung des steirischen Beckens. Sie kamen von stark zertaltem, gehobenem Randgebirge her. Wie ihre Überreste auch in Basalttuffen zeigen, dürften sie ursprünglich sehr weit verbreitet gewesen sein, wurden aber bis auf die Reste am Silberberg und Umgebung („*Silberbergschotter*", „Belvedereschotter" bei Graz) wieder abgetragen. Mit gleichförmiger

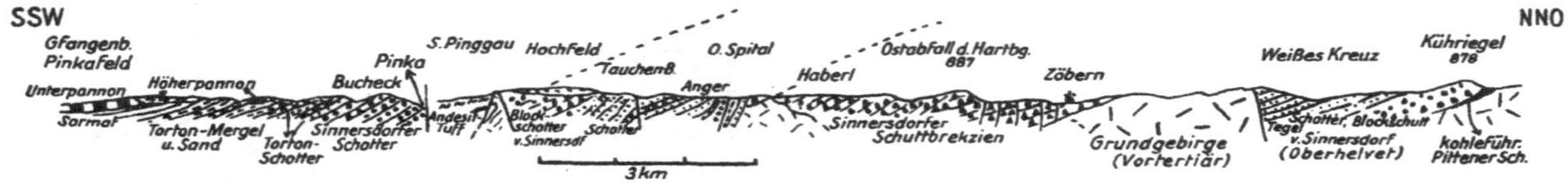

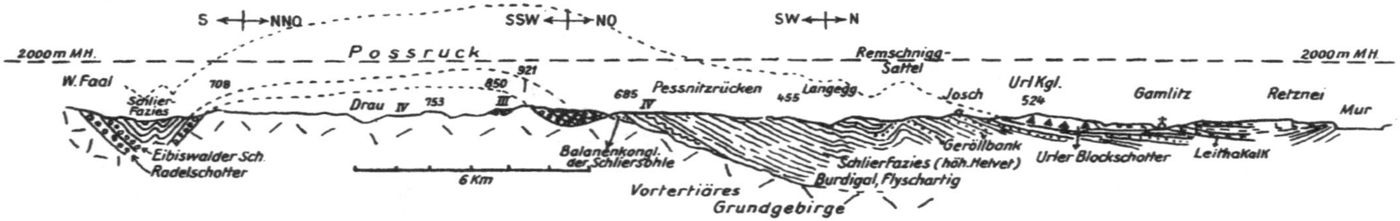

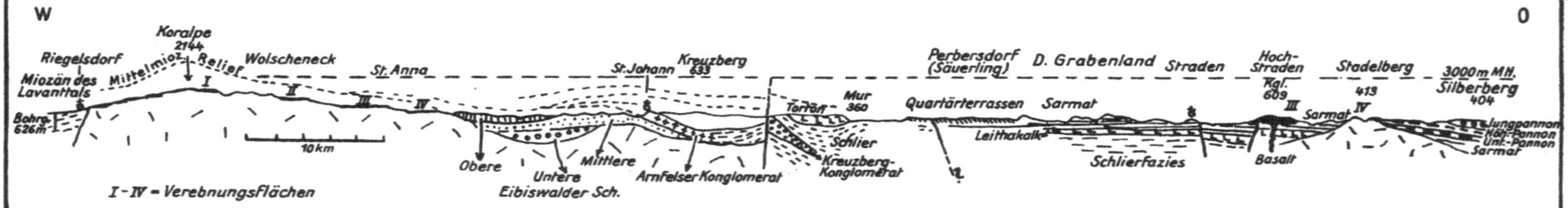

Abb. 51. Starke Abtragung am NO-Sporn der Zentralalpen: Torton-spätpannonische Ausbildung der Abtragungsfläche der „Buckligen Welt". Nach A. v. Winkler 1933.

Abb. 56. Starke, junge Abtragung am Poßruck-NO während Junghelvet-Altpliozän unter mittelpliozäner Abtragungsfläche. Nach A. v. Winkler 1933.

Abb. 55. Miopliozäne Abtragung und Ablagerung in SW-Steiermark. Nach A. v. Winkler-Hermaden 1933, Taf. VII.

Auflagerung erreichen sie gegenwärtig, oben abgetragen, noch 80 m, hatten ehemals wohl 200 m Mächtigkeit. Es sind *weit überwiegend Quarzgerölle,* dann Kieselschiefer, wenig Gneis- und Schiefergerölle, also echte Restschotter. Im SW-Teil des steirischen Beckens erhoben sich die Landwellen, welche, indem sie sich anscheinend langsam verschoben, durch Umlagerung Abtragungsschutt lieferten. Hierbei und bei anderen Verschwemmungen wurde der widerstandsfähige *Quarzrestschotter* offenbar konzentriert.

Zugleich entstand im Bereich dieser Heraushebungen ein *Zentrum neuer Vulkantätigkeit.* Denn wir sehen Basalteruptionen und -Tuffe mit Sarmat-Einschlüssen teils (Hochstraden) über Unterpont, überwiegend als Trichter im Mittelpont (etwa 40 Necks), teils höherpontisch oder noch etwas jünger. Frühestens gegen Ende des Jungponts, jedoch vorjungpliozän (vormittelpliozän) dürften die Basalte aufgedrungen sein. Damals war aber die Landoberfläche wohl noch rd. 200 m über der heutigen und wurde seitdem also noch stark abgetragen. Schon 1913 wies Winkler eine 80 km lange, flache pontische Verbiegungsachse mit Schrägstellung im Pliozän von Graz S über Gleichenberg bis Radkersburg nach. Während der ganze

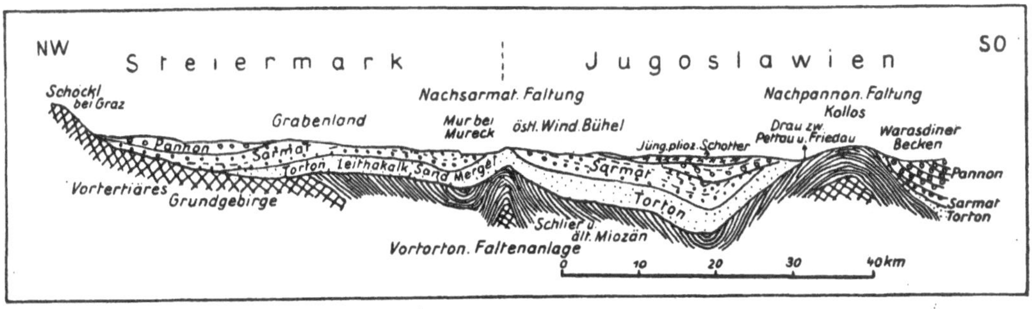

Abb. 57. Übersichtsprofil der jungen Faltung am SO-Ende der Zentralalpen. Nach A. v. Winkler-Hermaden 1939, 395.

gehobene SW-Teil des steirischen Beckens dadurch flächenhaft bis auf Sarmat und älteres Miozän ausgeräumt wurde, verbrachten die höherpontischen Flüsse das lockere Umlagerungsgut in Gestalt dezimierter Restsande und Restschotter in den im Verhältnis niederbiegenden NO-Teil des Beckens und lagerten die Fracht hier als höheres Pont einschließlich Silberbergschotter ab. Wir werden gleichartige Verlagerungen aus dem Miozän der Schweiz und Südbayerns kennenlernen.

Immer tiefer wurde also, gegen NO fortschreitend, im Sarmat-Pont zentralalpiner Unterbau der Alttertiärzeit niedergebrochen in die steirische Senkung. Immer weiter breitete sich darüber das Meer oder Seewasser im steirischen Becken aus, gleichmäßig bis zum Ende des Pont. Danach aber wurde der *Hauptsenkungsort ostwärts* in die Kleine ungarische Tiefebene verlagert. Nach einer wiederholten, langdauernden Flußschotter-Übergangszeit (jungpontischer Silberberg-Restschotter) mit starker Zuschüttung hob sich die durch kräftige Abtragung wieder enthüllte Landschaft zu der quartären steirischen Hügelland-Vorstufe heraus.

Das Ausmaß der flächenhaften Ausräumung im steirischen Becken konnte von A. v. Winkler 1926, gerechnet von der jungpontischen Landoberfläche an bis auf die gegenwärtigen Hügelkämme zu 150—200 m und von diesen hinab bis auf die jetzigen, breiten Talsohlen, auf weitere 100—140 m Tiefenschurf festgestellt werden.

Diese reichhaltige sarmatopliozäne Bewegungsgeschichte ist zusammengefaßt:

	Weststeirische Becken	Oststeirisches Becken
Oberpliozän Mittelpliozän (Levantin) Kimmerisch. (Daz).	Terrassenstufenbildung, flächenhafte Ausräumung um 200 m. Weitere tekton. Aufwölbung d. Zentralalpenfußes. Ausräumung	Talterrassen. Starke Ausräumung um 300 m Basalteruptionen. Senkg. d. Kl. ungarischen Ebene
Oberpannon (Pont) Unterpannon	Silberberg- bzw. Belvedere-Quarzschotter abtransportiert. Aufwölbung im SW, hier Ausräumung Im N: Mulde v. Fürstenfeld-St. Gotthard-Köflach. Im S: Gewölbe v. Radel-Remschnigg; Kappener/Gamlitzer Mulde; Poßruckgewölbe. Diskordanz	Silberbergquarzschotter. Allg. Beckenverlandung. Absenkg. im NO, Sedimentat. Im O Kapfensteiner Schotter. Taborer Quarzschotter. Abtragende Hebung. Allg. Diskordanz
	Schwache Gebirgsfaltung, dann Heraushebung, ebenso Schliergewölbe der W. Wind. Bühel. Dom mit Verwerfg. von Mureck (Abb. 57).	
Sarmat	Carinthischer Deltaschotter. Westvorstoß des sarmatischen Binnenmeeres nach Graz-Friedberg	

Die Baugeschichte am SW- und O-steirischen Becken überblickend haben wir also wiederum:

1. Aquitane Hochlage und tiefgehende Verwitterung.

2. Burdigale Niederbiegung unter Zertrümmerung des Koralpen-Randgebietes. Eine grabenartig niedergebrochene Scholle wird über ein scharfes Baurelief, wenn auch nicht gerade über eine einmalig 1000 m hohe, steile Randbruchwand hinweg mit 2,5 km Schutt bedeckt, wobei der Gebirgsrand dauernd höher, die Vorscholle dauernd tiefer ging. Die starken Aufrichtungen und Brüche im Radelschutt, seine Dicke und sein Block-Charakter *lassen wohl eine andere als synsedimentäre Deutung nicht zu.* Dementsprechend verlagerte sich auch der kritische, bewegliche Reliefknick allmählich nach N zu, so daß, wie Abb. 52 unten zeigt, der ehemals gegen S aufgeschüttete Radelschotter später seine Nordkippung erhielt; daß sich an ihn gegen N die unteren, dann oberen Eibiswalder Schichten anbauen mußten.

3. Helvetisch erneute Absenkung und Zertrümmerung führten die Vorgänge nach N fort. Vom höher gelegenen oder aufsteigenden Koralpen- und Radel-Gebirge her wurden weitere Schuttmassen geliefert.

4. Junghelvetische Beruhigung und Einebnung unter schwachem Weitersinken, sodaß die Oberen Eibiswalder Schichten und die Grunder Schichten entstanden. Abschließend zunächst allmähliche Heraushebung und Zerschneidung der verebneten Randgebiete.

5. Tortone Wiederbelebung orogener Verbiegung in jüngerem Sediment, neue verhältnismäßige Hebung des Radelkammes, scharfer Übergriff der Schwanberger Blockschotter; Absenkung gegen das Urdrau-Gebiet im S.

6. Sarmat-Pliozän wie in vorstehender Tabelle.

Allgemein-tektonische Bemerkung

Angesichts eines derart lehrreichen Beispiels ist schon hier Grundsätzliches zu sagen. A. v. WINKLER, unser hochverdienter Bearbeiter des steirischen Tertiärs, hatte versucht, die baugeschichtlichen Ereignisse dem von H. STILLE auf Grund außergeosynklinaler Erfahrungen aufgestellten Schema einzuordnen: in die kurzfristigen Orogenphasen, die savische an der Oligozän/Miozängrenze, die steirische Phase im Mittelmiozän; dazwischen langdauernde „epirogene" Niederbiegungen des Koralpensaumes. Wir fanden hierzu keinen theoretischen oder praktischen Anlaß, meinen vielmehr, daß die Ereignisse viel zwangloser langdauernden, überwiegend senkenden, synsedimentären Gebirgsbewegungen während Burdigal, Helvet und Torton mit zwischenliegenden, ruhigeren Zeiten entsprechen. Der Unterschied liegt auch hier hauptsächlich darin, daß wir längerdauernde und weiträumige Heraushebungen nicht als Zeichen orogener Zugriffe, sondern als ein Zeichen *für deren Erlahmen* ansehen müssen. Die überwiegende Absenkung namentlich der Randgebiete, die bruchtektonisch und durch scharfe Abbiegungen geschaffene Reliefverschärfung dagegen halten wir für die Ergebnisse der langdauernden, weil sedimentsammelnden Zeiten der Orogenphasen.

So erfolgten denn auch südwärts der Drau, wo der Radelschutt fortsetzt, im Burdigal bei Saldenhofen (NW-Flanke des Bachergebirges) Dazitintrusionen, Tuffexplosionen bei St. Anton, vulkanische Erscheinungen, welche nach v. WINKLER 1929, 181, 522, zweifellos nur die Ausläufer der ausgedehnten burdigalen Andesit- und Dazit-Ausbrüche in den südostwärts benachbarten Savefalten und offenbar auch der nordostwärts gelegenen Gleichenberger Andesit-Trachyt-Eruptionen sind. Porphyrit- und Dazit-Gerölle enthält bereits das unterhelvetische Arnfelser Konglomerat.

Mit H. STILLE trennte auch A. v. WINKLER die *geologische* Gebirgsbildung, *also Strukturbildung*, nicht scharf ab von der *geographischen* Gebirgs- gleich *Hochrelief-Bildung*. Er hielt die orogenen Phasen für das gleiche wie die morphologischen Erhebungsphasen. Die werdenden Abtragungs-Verebnungen hält er zwar mit uns u. a. als begünstigt durch zeitweise Abschwächung der tektonischen Bewegung. Er meint aber, diese Zeit abgeschwächter Tektonik sei eine solche weit ausgreifender „epirogenetisch oder eustatisch bedingter" Transgressionen, wie z. B. der helvetischen Schliermeer- oder der pontischen Seen-Transgression. Diese hätten eine allgemeine Hebung der Erosionsbasis am Gebirgssaum für längere Zeit zur Folge (F. E. SUESS).

Wir sind demgegenüber nach unseren baugeschichtlichen Feststellungen in den ganzen Alpen zur Überzeugung gekommen, daß *die Zeiten allgemeiner Senkung und Transgression zugleich solche angespannter Gebirgsbildung waren.*

Auch wird kaum jemals der eustatische Meeresspiegel-Hub des Weltozeans die Hundertmeter-Grenze nach oben oder unten überschreiten, was gleichbedeutend ist mit einer *eustatisch* immer nur nach Zehnern von Metern messenden Höhenverstellung der Erosionsbasis. Dies aber paßt in keiner Weise zu den oft mehrere hundert Meter betragenden Höhenabständen der Altverebnungsflächen im Gebirgsland, also der zwischen deren Bildung erzielten Erosionstiefen, und noch viel weniger paßt dies zu den oft 500 und 1000 m mächtigen Sedimentpaketen mit ihrer über große Gebiete durchaus wechselvollen Dicke (Erdölbohrungen!), welche ohne die überwiegende Beweglichkeit der Abtragungs- und der Ablagerungs-Oberflächen nicht zu verstehen ist. Das Relief war während der Sedimentation und der Abtragung fast immer undativ bewegt. Es erscheint willkürlich, je nach Tempo und Strukturform zwischen „orogenetisch" und „epirogenetisch" entscheiden zu wollen. Für das jüngere Tertiär unterschied A. v. WINKLER 3 Hauptzyklen, je aus einem orogenen und einem (kürzeren) epirogenen Teilzyklus bestehend. Jeder orogene gliedert sich noch in mehrere orogene Teilphasen. Über deren regionale, nachweisliche Ausbreitung und gesicherte Gleichzeitigkeit geben die Beobachtungen nur sehr unsichere Auskunft.

Gewiß sind in dem jungtertiären Geosynklinal-Ausklang die Kräfte insbesondere in den östlichen Zentralalpen auch in solchen Bewegungszeiten abgeschwächt und mehr epirokinetisch (E. KRAUS 1926) gewesen. *Faltung und Schub traten im Jungtertiär ganz zurück gegenüber Großwalmungen, Großschollenkippung oder Teilschollenverstellung.* Es ist daher durchaus naheliegend anzunehmen, daß sie z. B. im Pont weithin nur noch dazu ausreichten, um dem isostatischen Auftrieb, also dem rascheren Höherwachsen des Reliefs soeben Widerpart zu leisten. Damit erzielten sie für lange Zeit ein gewisses Gleichgewicht der einander entgegenwirkenden Kräfte, also Ruhepausen der Hebung, höchstens nur geringe Teilniederbiegungen. Wir haben eine Art *gespannten Gleichgewichts.* In solchen Zeiten sehr geschwächter Orogenese also konnten, so widerspruchsvoll es an sich klingen mag, *auch* Verebnungsflächen entstehen. Zeiten gänzlicher orogener Erschlaffung (Aquitan, Vorpont, höheres Pliozän) brachten dagegen zunächst noch isostatisches Höhersteigen und erosive Zerschneidung, was nach Erreichung des ruhenden Gleichgewichtes aber gleichfalls zur Neubildung von Verebnungen in tieferer Flurhöhe nach Art jener der Piedmont-Treppe Anlaß gab.

Verebnungsflächen entstehen also in *Zeiten des ruhenden Gleichgewichtes* bei fehlender orogener Absenkung und in *Zeiten des gespannten Gleichgewichtes* bei Fortdauer einer dem isostatischen Auftrieb entgegenwirkenden orogenen Absenkungs-Tendenz. Die morphologischen Folgen können durchaus die gleichen sein.

Wir sehen also die Zeiten der Transgressionen, die ja mitunter bis zu planetarischen Erscheinungen auswachsen, durchaus nicht als „anorogenetische", jene der Regressionen nicht als orogenetische an. Für unsere Erfahrungen ist die Sachlage umgekehrt.

Das Zusammenspiel mit dem gegen den Endzustand der geosynklinalen Entwicklung eines Gebirgsstückes allmählich stark in den Vordergrund tretenden *Schwimm-Auftrieb* bringt nach einebnenden, aber auch zertrümmernden Zeiten solche der Hebung und der erosiven Zerschneidung. Die Hebung der Erosionsbasis, welche zu einem Anteil natürlich auch eustatischer Natur sein kann, würde in den Transgressionszeiten die Ausbildung der Verebnungen noch erleichtern, die Senkung der Basis in Regressionszeiten würde gefälls-vermehrend die Zerschneidung befördern.

Insofern kann A. v. WINKLERS Ausführungen z. B. 1928, 325, zugestimmt werden. Sehr richtig betonte der Genannte auch 1926, 316, den Umstand, daß diesen am ganzen Alpenostrand und weit darüber hinaus festgestellten Groß-Bewegungen eine *örtliche* tektonische Deutung nicht angebracht wäre. Es verhielten sich aber viele Teilstücke des östlichen Alpenrandes *ziemlich individuell* gegenüber den allgemeinen Beanspruchungen, indem sie entweder eine ererbte Hebungs- oder Senkungs-Tendenz, auch vielleicht eine besondere Starrheit immer wieder an den Tag legten.

Die großwellig fortschreitende Verlagerung der Niederbiegung (nach Art der burdigalisch-helvetischen im SW-steirischen Becken), gefolgt von einer Aufwölbung kann mehrfach in Steiermark von S gegen N bzw. von W gegen O hin erkannt werden. Auch dies betonte schon WINKLER, weshalb auch ihm die angeblich *ganz gleichzeitige* und *kurzfristige* Tätigkeit der Orogenphasen unverständlich und unzutreffend erscheint. Ebenso folgerte der Genannte, daß der orogene Bewegungs-Mechanismus in großen Teilen des Alpenkörpers während des Jungtertiärs *langdauernd* wirksam war. Es liegen hinreichende Anzeichen dafür vor, daß auch Bruchbildungen, Faltungen, Überschiebungen in ununterbrochenem Fortgang mehrere Phasen überdauert haben. *Nie hörten die orogenen Bewegungen wenigstens am Alpenostrand im Jungtertiär ganz auf.* Allein auf einer *bewegten Orogen-Bühne* kann man sich das 40 km weite Ost-Vorstoßen der kubikmetergroßen Blöcke im höherhelvetischen, karinthischen Delta erklären (WINKLER 1926, 55). Das gleichzeitig entstehende und sich auswärts verlagernde Baurelief mit scharfen Außenböschungen schob von W mit Hilfe außenbürtiger Teilkräfte diesen Schwanberger Blockschutt aus seinen Rinnen hinaus.

Dieses epirokinetische, ungefüge Verhalten im zentralalpinen Schollenland ist mechanisch gleichsinnig, zeitlich übereinstimmend und nachbarlich verknüpft mit helvetischen und noch jüngeren, ja nachpontischen Faltungen der jungen, mächtigen Schichtpakete (Savefalten) weit hinausgreifend ins östliche Gebirgsvorland. Es fällt zusammen mit einem starken Vulkanismus. *All dies beweist die Berechtigung, Epirokinese, Faltung und Vulkanismus* trotz ihrer so verschiedenen Art der Massenbewegung doch *auf die gleiche Grundursache zurückzuführen, nämlich auf strömende Untergrunds-Verlagerungen an der Südalpennarbe.* Wir beobachten auch hier *die Einheit der Erdinnenkräfte,* die Verfasser 1935 eingehender beleuchten konnte.

3. Zur Baugeschichte des östlichen Zentralalpenrandes

Die östlichsten Zentralalpen zeigen keine eingefalteten, mesozoischen Reste. Auch die Gosauschichten fanden wir verhältnismäßig nur noch wenig gefaltet. Hier ist das hohe Alter und die früher erreichte Unempfindlichkeit gegenüber den alpidischen Hauptbewegungen im Gegensatz zu nördlichen und südlichen Kalkalpen ersichtlich. Dementsprechend hatten wir auch nur flache Transgression des Eozänmeeres ohne Einfaltung seiner Absätze, keine Reste oligozäner Transgression. Es bestand wahrscheinlich schon seit alter Zeit eine Rumpffläche. *Das heutige Zentralalpen-Ostende muß jedenfalls im Aquitan stark abgetragen gewesen sein.*

Die hauptsächlichen Gebirgsbewegungsspuren finden wir im kristallinen Grundgebirge der Koralpe, in den halbmetamorphen Tonschiefern des Sausal und des Poßruck in Gestalt einer gewaltigen Mylonitisierung schon zur Oberkreide- und Alttertiär-Zeit. Seitdem wurde das Deckgebirge in Hebungszeiten abgetragen.

Andererseits wurden zu den orogenen Hauptzeiten allmählich erst jene *Einbruchsfelder* geschaffen, welche trotz mehrfacher Heraushebung den ehemals viel östlicher gelegenen Zentralalpen-Ostrand gegen W zurückgedrängt haben. Bezeichnend ist dabei der Gegensatz zwischen dem SW-steirischen Becken mit seinen Flußbildungen sowie seinem burdigalen Süßwassersee (Untere Eibiswalder Schichten) und dem größeren oststeirischen Becken jenseits von Sausal-Poßruck, an dessen Rand schon das Burdigalmeer brandete. Erst die helvetische Absenkung und Transgression brachte auch das oberhelvetische Schliermeer der Grunder Schichten in das SW-steirische und sogar in das Kärntener Becken.

Diese steirisch-NW-ungarischen Senken entwickelten sich in der uralten Scharungsgabel zwischen dem NO-Streichen im N und dem SO-Streichen im S der Grazer Bucht.

Gehen wir von diesem alten Muralpenkernland, das alttertiär ostwärts noch erheblich über die heutige Mur hinausgegangen sein dürfte, nach N und S, so gelangen wir in die Flankengebiete der Nord- bzw. der Südalpen-Narbe, d. h. in *das mesozoisch-tertiäre Hauptbewegungsfeld* der N- und S-kalkalpinen Orogenese. Wie die Nordalpennarbe NO in den Karpatenbogen abschwenkt, so die südalpine von Marburg-Cilli gegen ONO in Richtung auf die Bakony-Falten im N des Plattensees.

Zunehmende Mylonitisierung und Schollenzerteilung in Koralpe, Poßruck, Remschnigg und Bacher südwärts, im Grazer Paläozoikum, Wechsel-Semmeringgebiet nordwärts beweisen, daß die altverfestigte Zentralalpen-Kernmasse diesen alpidischen Hauptbeanspruchungen im N und S nicht unbeteiligt gegenüberstand.

Die Lage der Nordalpennarbe unweit vom Kalkalpen-Südrand und jene der Südalpennarbe unweit vom Südalpennordrand *scheint die beiden anschließenden alpinen Orogenbauten stark unsymmetrisch zu machen.* Doch hängt dies, wie wir sahen, teils zusammen mit dem starken, über dem baugeschichtlich ungleich älteren Zentralalpengebiet durch lange Zeit wirksamen Auftrieb und mit der völligen Abtragung der mesozoischen Hülle. Daher liegen die alpinen Strukturen, welche natürlich auch in erhalten gebliebenen Sockelbauten (N- bzw. S-Grauwackenzone und Altkristallin) stecken, nur noch als Zertrümmerungs- und Schubzonen unbekannten, scheinbar hohen Alters zutage. Teilweise rührt diese Asymmetrie aber auch her von ganz erheblichen Massenverlusten längs diesen Bewegungsflächen, deren jüngste Ausläufer die lang hinziehenden, geradlinigen und steil zur Tiefe hinabweisenden Narbenschnitte (1936, 304) und Längstalfurchen darstellen: Klostertal—Unterinntal—Pongau—Ennstal—Palten- und Mürztal im N, Tonalelinie—Pustertal—Gailtal—Drautal—Mißling—Dranntal (Donatilinie) im S.

Scharf ist der Gegensatz im Bilde des gegenwärtig oberflächennächsten Stockwerks zwischen Zentralalpen und Südalpen. *Während erstere zerbröckeln und immer weiter gegen W zurückweichen mußten, wuchsen letztere mit den Savefalten noch immer weiter gegen O hinaus. Besser kann das alte gegenüber dem jüngeren baugeschichtlichen Stadium nicht ausgeprägt sein!*

Sehr schön ist der Gegensatz zwischen altem Zentralalpenuntergrund und jüngergeosynklinalem Südalpen-Orogen auch hinsichtlich der Magmengeschichte (A. v. Winkler 1926, 301) dadurch ersichtlich, daß im alten steirischen Zentralstück während des Pliozäns die Nephelin-reichen Basalte *schon der atlantischen*

Differentiationsreihe, im Bereiche der östlichen Südalpen aber während der Schollenbewegung in Burdigal-Helvet *noch die andesitisch-dazitischen des pazifischen oder des Übergangstypus austraten.*

Im Bereich der Südalpennarbe erwies sich die Jugendlichkeit der alpinen Erdrinde nach der kräftigen Flyschentwicklung in Oberkreide-Eozän weiter dadurch, daß das Wirkungsfeld der aus SO heranstreichenden dinarischen Orogen-Narbe im Tertiär noch faltend, hauptsächlich aber überschiebend im Raum der östlichen Südalpen arbeiten konnte. Dabei wurden, wie wir hörten, die älteren alpidischen W-O-Strukturen umgebrochen, umgeknickt (oben S. 80). Ja noch als dinarischer Narbenschnitt, der bis in die Zentralalpen und vielleicht noch bis in die nordalpinen Weyerer Bögen hinein zu wirken vermochte, erscheint der große Störungszug des Lavanttales.

Die gegen O und ONO in die Weite der ungarischen Ebene hinausschweifenden Savefalten der oligozän-miozän-pliozänen Zeit bauen im S noch auf, fehlen zentralalpin. Die erheblichen oligozänen Absenkungen und Sedimentauflagen hier im Gegensatz zum steirischen N beleuchten noch weiter den Unterschied. *Die Zentralalpen hatten im SO eine Art oligozäner Vortiefe.* Erst in der nordalpinen Vortiefe erscheint nordwärts wieder Oligozän.

Baugeschichtlich betrachtet muß auch die überwiegende Heraushebung der geosynklinal gealterten Erdrindenteile und die damit verbundene, ungleich größere Abtragungstiefe als Alterszeichen gewertet werden: *Je jünger die Sedimente der geologischen Karte, desto jünger ist im allgemeinen* und unter unseren Umständen *der betreffende Erdrindenteil.*

Schon der Gegensatz zwischen dem tief abgetragenen Zentralalpenbereich einerseits, den Kalkalpen im N und S andererseits kann in dieser Weise als Altersunterschied bewertet werden. Schon längst ist bekannt, daß die gealterten Erdrindenstücke horstartig zwischen den weniger gealterten hervortreten und alte, tief abgedeckte Gesteine entblößt zeigen, wenn sie sich lange selbst überlassen blieben und ihr isostatisches Streben hochzusteigen bzw. mit hochliegender Oberfläche zu schwimmen, durch den orogenen Zug nach der Tiefe schon lange oder doch in langdauernden Zwischenzeiten der Vergangenheit nicht mehr gestört war. Unsere aus der alpinen Baugeschichte erworbenen *Schlüsse über den Hinabbau, von der überwiegend abwärtigen Leistung der Gebirgsbildung, verbunden mit überwiegender Sedimentsammlung im Gegensatz zu den Abtragungsgebieten ruhigerer Zeiten münden somit aus in längst bekannte, jedoch noch nicht in ihrem ursächlich-mechanischen Zusammenhang voll erkannte Tatsachen.* Dies ist allein bei zutreffenden Schlüssen möglich. —

Von dem oligozän erreichten Entwicklungsstand mit den beiden Hauptvortiefen im N und S an begann aber jungtertiär auch schon der Zerfall eines großen Ostalpenteiles. Wir erfuhren nun von der allgemeinen Schollen-Zerstückelung quer zu den orogenen Bauanlagen der verschiedensten Zeiten. Westlichere, weniger zertrümmerte Anteile hoben sich in N-, Zentral- und S-Alpen heraus. Sie geboten den von O über das Trümmerfeld vorrückenden Meeren Halt. Es konnten auf den weiten Hochflächen ausgedehnte Ebenheiten geschaffen werden. Dagegen versank unter wechselvollsten Teilbewegungen das Schollenmosaik im O und belud sich mit Abtragungsstoffen aus den höherstrebenden, sich entblößenden Nachbar-Fluren.

Dabei konnte schon A. v. WINKLER erkennen, daß auch dieser Zerfall im O nicht etwa regellos verlief, sondern *wiederum in einem baugeschichtlich wohl abgemessenen Schritt!*

So setzte burdigal *im SW* am Radelgebirge (SO Koralpe) *eine Einbruchs- und Senkungswelle ein, welche dann gegen N und NO fortschreitend das Land niederzwang und transgressiv überlagern ließ*, nacheinander durch altburdigalen Radelschutt, burdigale, dann helvetische Eibiswalder Schichten, junghelvetische Grunder Schichten, jungmediterrane Leithakalke und sarmatische, dann pontische Absätze. Dieser Vorgang ist auch aus den von SW gegen NO bzw. von W gegen O fortschreitenden größten Schichtmächtigkeiten abzulesen. Die neueren Tiefbohrungen ergaben nach SZADECZKY-KARDOSS 1938 als Haupteinbruchszeit zwischen Alpen und Bakony-Wald das Pannon.

Dieser zertrümmernden, orogenen Absenkungswelle, deren jeweiliger, unterirdischer Standort aus jenen Höchstmächtigkeiten einigermaßen abgelesen werden kann, folgte eine schwächere, das Geschehen nicht mehr voll wiederherstellende, offenbar isostatisch getragene *Folgewelle der Heraushebung* (Vgl. A. v. WINKLER-HERMADEN 1951, 517). Sie hinterließ die Aufgliederung der östlichen Zentralalpen in deren gegenwärtige Teilbecken und Teilschwellen mit deren Talgeschichte, die auch quartär weiterging.

Die entstandenen Brüche neigen zu bestimmten Richtungen, zu N-S und NW-SO, teilweise O-W. *Damit ergaben sich die Begrenzungen der Bruchschollen*, ebenso der *Teilbecken* des steirischen Hauptbeckenfeldes, das nach seiner Senkung und Jungtertiär-Bedeckung pliozän-quartär gehoben und so den Alpen wieder als niedrig auslaufender Schollensaum angegliedert erscheint.

An der Faltenbewegung der helvetischen *Drau—Save-Falten* im S nahmen nachmiozän noch die südlichen Teilschollen der Zentralalpen teil: Radel-Remschnigg (vorpontisch), Poßruck und Bacher bilden Kerne von breiten Gewölben (Abb. 56), welche ähnlich von mehr oder weniger steil aufgerichtetem Miozän umrahmt werden wie weiter südlich die Karbon- oder Triaszüge der eigentlichen Savefalten. Diese breiten Faltenzüge werden im N durch Torton/Sarmat überschnitten. Nicht so weit nach N griff die unterpannonische Gebirgsbewegung vor. Die östlichsten der Savefalten sind erst oberpannonische Fortbauten mit nordöstlichem Streichen im Murinselgebiet von Jugoslawien und Ungarn. Ihre Antiklinalen führen bei Selniza, Pekleniza im S und bei Lispe im N der Mur Erdöl. Als nachpannonisch hat die Kollos-Falte zu gelten (Abb. 57).

Neben der jungen Aufwölbung von Poßruck-Remschnigg (Abb. 56) und der Einmuldung Saggau-Sulm entstanden in Oststeiermark mit gegen O absinkender Achse Aufwölbungen zwischen unterem steirischem Raabtal und unterem Murtal; die Hochstraden-Hebung bei Gleichenberg (Abb. 55), die Einmuldung an der unteren steirischen Raab und Pinka.

Über die pliozänen Hauptereignisse im SO-steirisch-ungarischen Grenzgebiet gab A. v. WINKLER 1938 eine Zusammenstellung, die abgeändert folgt:

Alluvium: Letzte Tiefenerosion und Talsohlensedimente.

Jungdiluvium: Niederterrasse, Zwischenterrasse } Tiefenerosionen eingeschaltet.

Älter-Quartär: Hauptterrasse.
  Stärkere Tiefenerosion.

Altdiluvium bis Jüngstpliozän: Bis vier höhergelegene Schotterterrassen an Raab, Mur und Nebenflüssen; von da ausgehend ostwärts sehr ausgedehnte Schuttkegel von Raab, Lafnitz, Pinka und Güns, die auf dem sinkenden Boden der ungarischen Ebene miteinander verschmolzen. Vorher Erosionsphase, besonders im W.

Rumanische Stufe (vermutlich): Mittlere Terrassenhöhe, erhalten in oststeir. „Gipfelflur“, 50—100 m Tiefenerosion bei Gleichenberg, dann flächenh. Ausräumung.

Kimmerische Stufe (vermutlich): Bis 300 m über heut. Talsohle gelegene, nachbasaltische Lehm- und Quarzrestschotter-Terrassen. Diskordanz und Ausräumung.
  Silberberg-Restschotter, unterbrochen durch Basalt- und Tufferuptionen, Diskordanz.

Pannon:
  (? Horizont d. *Congeria subglobosa*): Mächtige Sande und Tegel; unten (?) Taborer Flußschotter. — Im W schwache Diskordanz über:
  (? Horizont d. *Congeria partschi*): Sande und Tegel mit Süßwasser- und Land-Konchylien.
  Kapfensteiner Schotterzug; vorher Erosionsphase auf
  Melanopsis-Sand mit Congeria ornithopsis.
  Fossilreiche Kongerien-Tegel.

Auf die pannonische (pontische) Senkung und Ablagerung folgte also hier die Zeit stufenweiser Hebung und Abtragung. Beide Phasen waren unterbrochen durch gegenteilige Bewegungen, im Pannon durch Heraushebungen unter Diskordanzbildung, im höheren Pliozän und Quartär durch Absenkungen bzw. Ruhepausen mit Schotterterrassen-Bildung. Daß hierbei Klimawechsel nur eine untergeordnetere Bedeutung hatten, kann aus der *bereits pliozän* in vollem Gang befindlichen Terrassenverschachtelung ersehen werden.

Zwei tektonische Hauptrichtungen zeichneten sich bei diesen verschieden langsam fortschreitenden Bewegungen ab: Die bereits am Alpenostrand ausgeprägte NW-SO-Richtung (Abb. 58) und die im W mehr W-O, gegen O zu mehr WSW-ONO verlaufende. Schollenränder und Senkungsachsen richteten sich bevorzugt nach innen. Näheres gab v. Winkler 1938. Nach v. Suemeghy 1929 folgen diesen Richtungen auch die seismischen Linien und wahrscheinlich auch die thermischen Gradienten.

Noch bis in das Jungpliozän und Quartär hinein reichten somit die orogenen innenbürtigen Bodenbewegungen im östlichen Randfeld der Alpen. Die Bestätigung hiervon ergaben noch die *Studien über Talverschiebungen* im Talnetz von O-Steiermark und W-Ungarn (V. Hilber, J. Soelch 1918, v. Winkler 1926, 1938). In dem lockeren Jungtertiär kann danach aus der Lage der älteren und jüngeren Talterrassen-Stufen *auf ein allmähliches Abgleiten der Täler in die Synklinalzonen und auf die Abdrängung derselben von den jungen Wölbungen* — ähnlich wie etwa im Tongebiet des Bologneser Apennins — *geschlossen werden.* Noch gegenwärtig zeigen die Täler vielfach das Bestreben, ihre Talsohle seitwärts zu verlegen (Abb. 58).

So wölbte sich das WNW-OSO-liche Grabenland zwischen Raab und Mur nicht nur altpliozän und besonders im höheren Pont, sondern auch im Jungpliozän-Quartär. Denn seit dem Jungpliozän glitt die Raab um 3—8 km von ihm aus nach N, die Mur um 5—20 km nach S. Es wölbte sich der N-S-Streifen des Gleichenberger Eruptivgebietes empor, so daß die Seitenflüsse der Mur ihm gegen W und O, die Mur selbst durch Vermittlung von Staffelbrüchen gegen S auswich. Aber auch noch O. Gleichenberg zieht die Grabenland-Wölbung über den Silberberg nach der obersten Zala fort, von der an dann eine allgemeine SW-Abdachung zur Mur liegt. Es kippte seit dem Jungpliozän der Beckenraum zwischen dem N-S-Lauf der Mur Graz-Wildon und der Gleichenberger Wölbung in östlicher Richtung, so daß alle nördlichen Mur-Zuflüsse gegen O abgeglitten sind. Sämtlichen Verlagerungen entspricht noch die heutige, im O steile, im W flache Talflankenform. Der Grabenland-Aufwölbung gleich-

Abb. 58. Jungpliozän-quartäre Hebungsgebiete der östlichen Zentralalpen schraffiert, mit Punkten Paläozoikum, mit Stricheln N- und S-Kalkalpen, gestrichelt Hauptsenkungsgebiete. Zusammengestellt nach A. v. Winkler 1926, 1938. Pfeile zeigen die Abdachung der jungen Kippungen.

laufend liegt südwärts im Bereich der östlichen Windischen Bühel und der Pößnitz eine Mulde, die mit O-geneigter Achse noch in die weststeirische Saggau-Bachsenke fortsetzt. Hier wird sie SSW durch die schon helvetische, aber noch fortwirkende Poßruck-Bacher-Aufwölbung begrenzt. Im N der Grabenland-Aufwölbung zieht die Raab über Feldbach-St. Gotthard-Körmend in einer weiteren, schon pontisch vorhanden gewesenen Parallelmulde dahin, die aber weiterhin in die große SO-Abdachung gegen die Zala übergeht. Im NW stieg eine junge Masenberg-Hartberg-Fürstenfeld-Schwelle empor und im NO erwies sich der NO-Sporn-Ausläufer der Zentralalpen mit den Günser Bergen als jugendliche Aufwölbung, welche eine Pinka-Mulde gegen NO begrenzte. Noch jetzt dürfte sich das ausgedehnte Senkungsfeld von Güns-Steinamanger-Körmend nach außen zu erweitern.

Der klare Zusammenhang dieser Verbiegungen mit echt strukturbildenden Vorgängen *verbietet es, den Gesichtspunkt der Weiträumigkeit und der Langsamkeit ihres Fortschreitens zur Abtrennung einer „Epirogenese“ von der Orogenese zu verwenden.* Diese Jungtektonik hat nicht fortdauernd, auch nicht mit annähernd gleicher Stärke gewirkt. Auch sie sind, wie die Ausbildung der zweifellos nicht allein klimatisch deutbaren Flußterrassenstufen anzeigt, wenigstens zeitweise durch Ruhelagen des Reliefs unterbrochen gewesen. Noch hier in der Terrassen-Schachtel prägen sich offenbar *kleinrhythmische Kraftänderungen* aus, welche ebenso in dem Gegenstück zur Terrassenschachtel-Landschaft, nämlich in der ruckweise niedersinkenden und darum rhythmische Sedimente sammelnden Flußschotter- und Altwasserschlick-Niederung von Vortiefen zum Ausdruck kommen (E. Kraus 1923).

Die unbestreitbare Großzügigkeit des jungtertiären Zerfalles erscheint uns mit F. Kossmat 1921 und A. v. Winkler 1926 wiederum allein verständlich durch den Gedanken der Unterströmung: In Burdigal-Helvet-Torton drang eine *unterströmende „Wanderwelle“* langsam von SW gegen NO unter der Erdrinde vor. Mit einer Schwelle und einer zugehörigen Vortiefe verschob sie sich subkrustal in Richtung der NO-vordringenden Vortiefe immer weiter.

Eine *unterströmende „Standwelle“* kann demgegenüber für die pannonische Zeit erschlossen werden: Der SW-Teil des niedergebrochenen steirischen Beckens hob sich und wurde ausgeräumt. Der NO-Teil senkte sich ebenso weiträumig und erhielt den Abtragungsstoff aus SW aufgeladen. Dieser war infolge der dezimierenden Umlagerung ein Restschotter und Restsand (Silberberg).

Unsere Standwelle ging aber später vorübergehend auch in eine Wanderwelle über. Denn sie verlagerte sich gegen SO in das Randgebiet der Kl. ungarischen Tiefebene. Die Folge waren weiträumige Landaufkippungen im NW und, jenseits etwa der ehemaligen Burgenländischen Schwelle, ebenso ausgedehnte Absenkungen in Westungarn. Wiederum kam es, nun im NW, zu flächenhafter Ausräumung von 100 und mehr Metern Sediment und im SO zum flächenhaften Auftrag dieses Frachtgutes. Massenausgleich unter Senke und Schwelle brachte „*Massenwellung*“.

Das „Geoplasma“ unter der Erdrinde floß offenbar jeweils aus dem sinkenden Feld ab und füllte dafür den Sockel des aufsteigenden. Dieser Vorgang lag für längere Zeit unter der „Standwelle“ fest. Sein Schauplatz verschob sich aber als „Wanderwelle“ gegen NO, im Pliozän dann gegen SO. Die altgewonnene Verfestigung, Hochlage, kurz die bei dem geosynklinal hohen Alter der Zentralalpen offenbar *erworbene Widerstandsfähigkeit gegen jüngere Orogen-Angriffe* ließ hier wohl die in baugeschichtlich jugendlicheren Entwicklungsabschnitten übliche, geschmeidigere Wellung von geringerer Breite der Schwelle (Sattel) und der Vortiefe (Mulde) nicht mehr zu, auch keine bedeutenderen Hubhöhen-Unterschiede von hoch und tief. Nur noch ausgedehnte Platten bogen sich auf oder senkten sich nieder, kippten schwach, grenzten sich durch sanfte Flexuren — die Andeutung der ehemaligen „Mittelschenkel“ von Falten — gegeneinander ab.

So bewegte sich das Baurelief in der Landschaft sehr weiträumig. Dem antworteten die außenbürtigen Kräfte im humiden Gebiet, indem das neugewonnene Gefälle die Flüsse in kräftige Tätigkeit versetzte. Eine Piedmont-artige Fläche wurde in entsprechend tieferer Flurlage von ihnen im Lockersediment des zu hoch werdenden oder gewordenen Landschaftsteiles ausgegraben und eine entsprechende Schichtauflage aus den umgelagerten Reststoffen dem Senkungsfeld aufgesetzt. *Dem innenbürtigen Massenabstrom aus der sinkenden Unterlage gegen den sich hebenden Sockel stand also auch hier wieder der außenbürtige Massenabstrom in umgekehrter Richtung als Spiegelbild gegenüber.* Wir können danach auch *mengenmäßig* bis zu einem gewissen Grad die oberflächennahe Massen-Tonnage der bewirkenden Unterströmung erfassen.

Begleiterscheinungen dieses klaren Vorganges an ererbten oder neugewonnenen Schwächestellen in Gestalt engerer Falten oder Brüche fehlen nicht. Eine erste Vorstellung gibt Abb. 58. Es fällt die WSW-ONO-Richtung in der Fortsetzung unserer Südalpennarbe gegen den Plattensee hin auf und deren parallele junge Falten- und Schollen-Verbiegungen, welche als „Savefalten“ für die ostwärts auslaufenden Südalpen so bezeichnend sind. Aber auch in Gestalt des miopliozän mächtig erwachten Vulkanismus äußerte sich die jungtertiär-quartäre gebirgsbildende Beweglichkeit im O.

Solche orogenen Leistungen *in baugeschichtlicher Spätzeit* sind trotz aller, eben angedeuteter Abschwächung doch erstaunlich. Um so erstaunlicher als wie wir sehen werden, der nordwestliche, im wesentlichen unzerbrochen bleibende Alpenkörper an ihnen nur unbedeutenden Anteil nahm. Dieser Unterschied zwischen der jungtertiär-quartär als „epirokinetisch“ zu bezeichnenden Steifheit des nicht gesenkten sondern unzerbrochen, geschlossen allmählich aufsteigenden Alpen-Hauptteils gegenüber seinen unter Zertrümmerung nach abwärts gezwungenen Ostrandteilen ist ganz klar. *Er beruht fraglos auf jener unterschiedlichen Vorbehandlung als in burdigaler und besonders in helvetischer Zeit die gebirgsbildenden Kräfte ihre letzte große Steigerung erfahren hatten; als die zertrümmernde Wanderwelle durch das Land zog.*

Damit aber stehen wir grundsätzlich vor einer höchst bedeutungsvollen Erscheinung. Sie ist nicht zu werten als ein vielfältiges Echo auf die uns bereits vertrauten, ungleich gewaltigeren Umbau- und Weiterbau-Vorgänge älterer Zeiten. Auch früher war ja die gesteigerte Beweglichkeit räumlich und zeitlich geknüpft an Ort und Zeit vermehrter Absenkung. Wir sehen nicht allein die *immer wiederholte Tatsache des Abbaues.*

Wir erkennen zweitens aus diesem jungtertiären Wiederaufleben der orogenen Beweglichkeit in dem miozän geschaffenen Trümmerfeld die Möglichkeit verstärkter Orogenese auch für orogen sehr gealterte Erdrindenstücke — sofern nämlich die orogene, niederbiegende Kraft einen Zusammenbruch der steif gewordenen Erdkruste erzielen konnte. Dann konnte deren Festigkeit überwunden, die hohe Schwimmlage beseitigt werden.

So schuf *ein niederzwingender Geoplasma-Abstrom* unter den östlichsten, wahrscheinlich recht ausgedehnt gewesenen und zusammen mit ihren streichenden Fortsetzungen der heutigen Zentralalpen recht steif gealterten Alpenteilen *vermehrte Beweglichkeit in tieferer Oberflächenlage* unter Auswertung alter und junger Teilstrukturen. Es entstand ein Baurelief von baugeschichtlich besonderer Art, das zum großen Teil noch jetzt das Landschaftsbild gliedert.

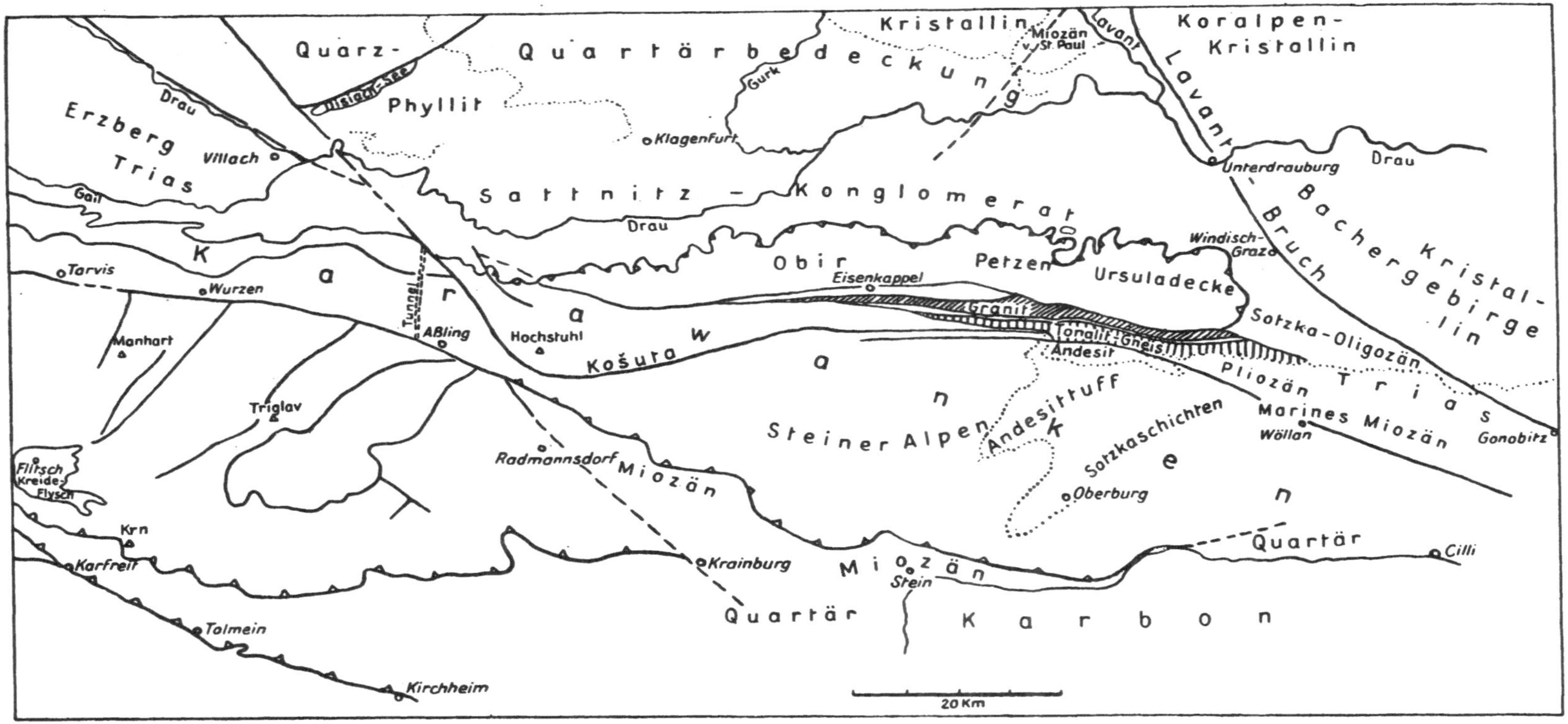

Abb. 59. Tektonische Kartenskizze der Karawanken. (Statt Oisiach-See lies: Ossiach-See).

4. Die jungtertiär-quartäre Bewegung der Karawanken

(Abb. 59)

Weit drangen teils marine teils limnisch-fluviatile Absätze im Miozän gegen die Kärntener Vortiefe im N der Karawanken und ins Lavanttal vor. Wir können hieraus eine letzte, noch echt geosynklinale Kräfteäußerung im Bereich der östlichen Südalpennarbe bis hinein in die Gegenwart feststellen. Zunächst einige Beobachtungen (nach F. X. Schaffer 1939, 194) ohne Berücksichtigung der wohl auch zum Teil ähnlich jungen Schub- und Trümmerzonen im alten Gebirge.

Das Trias/Jura-Paket des Obir (Karawanken) ist mit kohleführendem Miozän verfaltet. In diese Störungen dürfte die Südgrenze der Blei-Zink-Vererzung westlich Villach, welche durch die Dobratsch-Überschiebung gezogen wird (Abb. 60), einmünden. Denn diese Störung wird nicht weiter verworfen und ist offenbar jung.

Die mesozoische Obir-Zone wurde südwärts unter die Grünschiefer des Eisenkappelzuges hineingefaltet, das Miozän noch unter Trias geschoben, während Jura-Neokom von N unter die selbst geschuppte Trias zu liegen kamen. Südwärts der Ursulabergdecke unterschoben liegt weiter im O die Petzentrias. Periadriatischer Porphyrit am Nordfuß der Ursuladecke drang durch Trias und Jura.

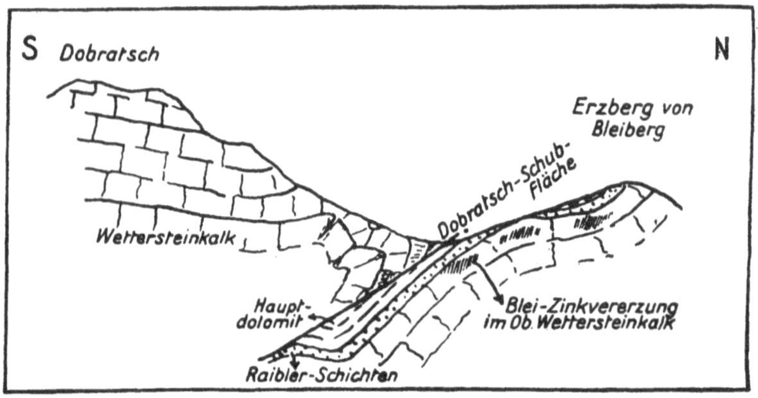

Abb. 60. Die Dobratsch-Überschiebung W. Villach, Kärnten. Nach A. Tornquist 1927.

Wir können, wahrscheinlich 20 km weit nordwärts bis St. Paul (A. Kieslinger 1928) Karawankenschollen über dem limnischen Sotzka-Oligozän und über Miozän überschoben verfolgen. Wiederholt wurde zwischen Bleiburg und Vellach das Miozän unter Trias erbohrt. Bei St. Stefan ergab sich eine Mindestüberschiebungsweite von 1,7 km, östlicher ebenso im Mießtal. Das pliozäne Bärental-Konglomerat zieht flach unter der Singerbergtrias durch. An der Vellach zeigte sich gar steil gefalteter Rhätkalk an teilweise senkrecht aufgerichtete, würmeiszeitliche Schotter und Sande herangeschoben. Sie werden waagrecht überlagert durch alluvialen Grobschutt der Vellach. Dabei ist beiderseits des Vellachtals eine ganz junge Querverschiebung erkannt: der Westflügel wurde um 60 m weiter nach N vorgeschoben. „Das Interglazial samt dem unter ihm liegenden alten Bau bewegt sich gegen N und schiebt den Zug des im Dert-Rücken aufgerichteten Interglazials vor sich her. Man kommt so zur Vorstellung ganz junger Bewegungen. Die von Helvet überlagerte Altverebnungsfläche der Obirzone im S wurde um 1100 m höher gehoben, als sie im Kärntner Vorland liegt und noch weiter im N ist sie auf der Saualpe bis 2000 m hoch emporgewölbt. Diese selbe, mächtige, nachhelvetische (F. Heritsch & O. Kühn 1951) Walmung betraf ein nachhelvetisches

Deckengebirge im S und zugleich ein algomanisches Kristallingebirge im N. Man kann sie nicht im N „epirogen" und im S „orogen" nennen! *Die orogenetische Tiefenverlagerung des Geoplasmas hat eine säkulare „epirogene" Großundation geschaffen. So sieht ihr Baurelief aus!*

„Daß solche Bewegungen noch in die heutige Zeit hineinreichen, ergibt sich aus den Beobachtungen im Bergbau Bleiberg, wo Tschernig 1932, den jetzigen Ablauf dieser Bewegungen eindringlich geschildert hat." So Fr. Heritsch 1936, 186, 192. Er sagt weiter, „daß derzeit die Karnischen Alpen sich herausheben und daß dieser Vorgang mit dem Hinabdrücken des heutigen Gailbodens in Verbindung steht. *Die Bewegungen an der Nordgrenze des Gebirges dauern also heute noch an.*" Wenn wir auch die Senkung des Vortiefenstreifens der Gail als primär gegenüber der Hebung der Karnischen Kette ansehen, so stimmen doch die Beobachtungen von R. Schwinner & B. Kubart 1923 über die starke Verstellung des Lesachtalsystems, jene von F. Kahler und von F. Heritsch über die Störungen noch würmglazialer Bildungen, über die gewaltige Schuttabfuhr, welche heute von seiten des gebirgigen Baureliefs der Gail zugemutet wird und über die Störungen der Almwirtschaft durch die heutigen Gebirgsbewegungen völlig mit unserem Bewegungsbild überein. Beim Durchstich des Karawanken-Tunnels wurde ein starker, oben von SSO gegen NNW gerichteter Überdruck im Verhältnis zur ruhend gedachten Unterlage noch heute festgestellt.

Diese junge Südunterschiebung zeigt, neben dem Nordrande der Karnischen Kette, der ganze Karawanken-Nordrand über 100 km weit von westlich Villach bis zum Ursulaberg im O.

Hierbei wurde die Platte des obermiozänen Sattnitz-Konglomerates, welche die Vortiefe im N füllt, von ihrer noch miozänen Unterlage abgeschert und zurückgelassen während die Unterlage um ein kleines Stück noch weiter südwärts vorrückte. Das Kristallin des Klagenfurter Beckens mit seiner eingefalteten Trias wurde südwärts unter die Trias zwischen Dobratsch und Karawanken untergeschoben. Damit wurde *das ganze Klagenfurter Becken zu einer jungtertiär-quartären Teilvortiefe im Alpenkörper, deren Untergrund sich den Karawanken als dem zugehörigen Teilgebirge unterschob.* Als *Führungsschienen* dienten dieser jungen Bewegung offenbar im SW die Bewegungsflächen der verlängerten *Drautalstörung* oberhalb Villach, sowie der NW-SO-Störung am Westende des Ossiacher Sees. Sie verliefen (Abb. 59) in SO-Richtung zum Hochstuhl an der Koschuta.

Die gegen S vorrückende Vortiefe Kärntens begrenzt ins NO eine Schar von Bewegungsflächen, welche durch den Lavantbruch im W von Koralpen-Bacher-Kristallin dargeboten oder weiter fortgebildet worden sein dürfte. Hier löste sich der andere Rand der Vortiefenplatte ab.

Der Vergleich mit der durch die nordalpine Narbe angesaugten und an einer gleichfalls an einer NW-SO gerichteten Spaltenschar von der Böhmischen Masse abgelösten *süddeutschen Vorlandscholle* liegt nahe. In beiden Fällen, so wie im jungbewegten steirischen Bruchfeld herrschten jedenfalls diagonale, d. h. diagonal zum Erdgradnetz in NW ziehende Störungen weitaus vor.

Der altkristallin-phyllitische Nordrahmen des Klagenfurter Beckens stieg dabei nur in langsamer Aufwalmung empor in schärfstem Gegensatz zu den auch noch jungtertiär und quartär auch waagrecht bewegten Karawanken.

Beweise für einen jugendlichen Untergrund auch des nördlichen Vorland-Streifens südwärts gegen die nach W fortsetzenden *Karnischen Alpen* wurden ebenfalls angeführt. Aber die hier aufragenden und offenbar schon vorgosauisch gefalteten Gailtaler Kalkalpen widerstanden einer weiter nach N ausgreifenden Absenkung mehr als der Schieferuntergrund des Klagenfurter Beckens. Darum gab es im W weniger flache Schubflächen als steile Anpressungen im Bereich der lang hinziehenden, senkrechten Nordrandstörung, dem Narbenschnitt der Pustertal-Gailtallinie.

Man kann die Entwicklung einer wohlausgebildeten Teilvortiefe des sich noch jungtertiär weiter bildenden Karawankengebirges in unserem mechanischen Gesamtrahmen ausgezeichnet verstehen *als Fortdauer unserer südalpinen Stromnarben-Leistung. Es handelt sich um nichts anderes als um die späte Kraftentfaltung an deren Nordflanke.*

Folgende Hauptereignisse lassen sich überblicken:

Alluvium: Bewegungen im Bleiberger Bergwerk, im Karawankentunnel. Schiefstellung der Terrassen im Karawanken-Vorland. Aufrichtung und Verstellung von würmeiszeitlichen Absätzen, auch N der Karn. Kette.

Jungdiluvium: Bewegung des Gebirges gegen Vellachtalschotter, gegen diluv. Schotter bei Feistritz.

Altquartär oder Jungpliozän: Anpressung oder Überschiebung der Karawanken über das Bärental-Konglomerat.

Pliozän: Aufschüttung der Bärentalschotter dank erneuter Karawanken-Hebung. Wegen schwächeren Reliefs war der große Schuttstrom noch feinkörniger als der Quartärschutt.

Obermiozän: Absatz der Rosenbacher Braunkohlenschichten in Nordkarawanken und Vorland. Schutt aus S von dem allmählich steigenden Gebirge. Es entsendet Schuttströme nach N in das Sattnitz-Konglomerat.

Spähelvet: Unterschiebung des Helvets unter Obirzone; endgültige Ausbildung der Kärntener Vortiefe.

Helvet: Absatz d. mittelmioz. Kohle. Schutt noch von N. Es gab noch kein Karawanken-Gebirgsrelief!

Frühhelvet oder Burdigal: Südunterschiebung des Vorlandes bis St. Paul, Schuppenbildung der Obirzone.

Etwa Mitteloligozän (Obereozän): Unterschiebung der ganzen Südalpen von N und (Steiner Alpen) von S.

Vorgosauisch: Erste Südunterschiebung der Obirzone, Einbruch des Lavanttals; Faltung der Julischen Alpen.

5. Die jungen Savefalten

Die S- und O-Fortsetzung der jungen Karnischen- und Karawanken-Bewegungen, sowie des zentralalpinen Trümmerfeldes unter dem steierisch-kleinungarischen Becken stellt die schon mehrfach berührte Jungfaltung im weiteren Save-Bereich dar, die Savefalten F. KOSSMATS 1916 im S der Steiner Alpen.

Östlich der Krainburg-Laibacher Senke ziehen 6 O-W-streichende, teilweise gegen N unterschobene Tertiärmulden, getrennt durch Sättel aus Karbon und Mesozoikum weit dahin. Sie sinken ostwärts bis auf letzte Teilaufragungen in die kroatische Niederung ab (Abb. 58). Die Mulden sind etwa wie folgt gefüllt:

		Vulkanismus	Bewegung
Mittelpliozän	Am Rand des pannonischen Beckens: Faltung des Pont, Bruchbildung im Savegebiet	Basalt-eruptionen	Zweite Save-faltung
Pannon (Pont)	In den breiten Becken 800—1000 m Conger. - Sch., danach Hebung, Einebnung. Große Diskordanz über d. ält. Savefalten bei Pöltschach (Südsteiermark)	Sauere Eruptionen	Erste gr. Save-faltung
Sarmat	Brackische Sande und Tegel im Nordteil; mit dem Miozän gefaltet		
Torton	Ob. Leithakalk u. Muschelsandstein transgrediert über Lücke. Tüfferer Mergel, Ledamergel.	Starker, mehrphasiger Vulkanismus des Smrekouc-Massivs, bes. im N: mächtige Andesite, Dazite, Tuffmassen-Eruptionen	Senkung
Helvet	Leithakalk-Transgression Mariner Tuffsandstein		
Burdigal	von Gouze Nulliporenkalk, Foraminif.-Schlier. Transgression Lepidocyclinenkalk		Senkung
Aquitan	Marin-brackische Transgression, bes. im O mit Kohle NW-wärts bis zum Wocheiner See Hebung, Abtragung, Diskordanz		Hebung
Katt	Sotzkasch. m. Cyrena semistr., Potamides marg. Brack-limn. Kohle. Transgress. n. S auf Grundgeb. Die Aquitanauflagg. zeigt Störungen an	Andesittuff, Rhyolith	Senkung m. starken Störungen
Rupel (Castel-Gomberto-Stufe)	Schichten von Oberburg, Nulliporenkalk von Klanzberg. Nur im N Fischschiefer von Wurzenegg; Konglomerat von Okonina	Andesitausbrüche, And. Konglomerat	

Nachdem schon die Sotzkaschichten über den während der Rupelzeit entstandenen, ersten Einfaltungsraum gegen S hinweg auf Grundgebirge transgrediert waren, griff auch das Aquitan nach einer ersten Störungszeit und nachfolgender Heraushebung unter erneuter Senkung namentlich an den kroatischen Inselbergen transgressiv über ältere Senkungsräume. Daß in den Südalpen während des Mittel- und Oberoligozäns Gebirgsbewegungen nie ganz zur Ruhe kamen, betonte F. Kossmat schon 1916. Die Anwesenheit des Aquitans als erster, später freilich zumeist wieder abgetragener Füllung der Savefalten-Mulden, z. B. in der von Tüffer oder von Stein (W. Kuehnel 1933) spricht ebenso dafür (Abb. 61).

Damit erweist sich die von uns im N unterschiedene Wanderwelle, welche burdigal im SW-steirischen Becken ansetzend durch Helvet-Torton nach NO vorrückte, *als ein Ausläufer der schon vorher im Bereich der südlichen Savefalten*, d. h. *der Südalpennarbe wirksam gewesenen Orogenleistung*. Solche breitete sich von hier aber im Miopliozän *auch ostwärts* als eine Art Fortbau aus.

So transgrediert, wieder nach abtragender Hebungszeit, zunächst das Burdigal von Gouze in der Tüffer-Trifailer Mulde und im N des Sannbeckens; ein Vorgang, der von den gewaltigen Eruptionen des Smrekouc-Massivs an der Bucht von Cilli begleitet war. Weithin griff das Schliermeer von O auch über Grundgebirge vor. Einer abtragenden Hebung folgte danach eine erneute Transgression des Leithakalks unter Aufarbeitung der Unterlage zu helvetischer Zeit (W. Petrascheck 1927). Das Miozänmeer erreichte im W mindestens den Fuß der Julischen Alpen. Eine weit ausgedehnte Überlagerung von Torton/Sarmat war die Folge einer weiträumigen Senkung im Jungmiozän. Wie weit damals schon eine Teilabsenkung der breiten Savefalten-Mulden bestand und ob das Sarmat-Torton mit gleicher oder geringerer Mächtigkeit von den Mulden aus über die benachbarten Savefaltensättel übergriff ist noch unklar.

Jedenfalls fällt die 800—1000 m messende Mächtigkeit der die Savefaltensättel im O oder im kroatischen Gebiet (Uskoken- und Agramer Berge, Orliza, Ivanschiza u. a., Abb. 58) rings umhüllenden pannonisch-pontischen Tegelmergel, Tonsande, Sande aus Süß- und Brackwasser auf. Sie bedeuten ohne Frage eine starke, allgemeine Senkung der kroatischen Senken im O, der sich auch z. B. die mittleren Savemulden, in die gleichzeitig das mächtige Pont eindrang, angeschlossen haben. Soweit nicht schon vorher (Burdigal, Helvet) hat sich also während der pontischen Senkung der Savefaltenwurf unter Zurückbleiben der Sättel (oben) entwickelt. Dementsprechend griff das Pannon auch im O ungleichförmig über aufgerichtetes Miozän.

Wieder stehen wir also vor einer, schon für die Rupelzeit, dann für Burdigal und Helvet durch Diskordanzen erwiesenen, *langdauernden Faltung, welche sich vor und während des Ponts zu scharfen Schuppungen und nordwärtigen Unterbewegungen weiterformten*. Wieder ist kein sicheres Anzeichen für Kurzfristigkeit der strukturbildenden Vorgänge gegeben. Wieder lagen *die Hauptleistungen offenbar in den langen Hauptzeiten der Sedimentation und Senkung*. Wieder auch lieferten

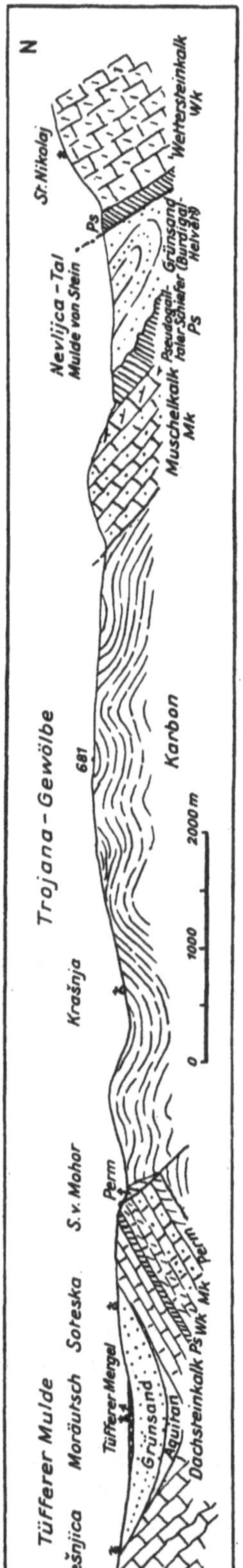

Abb. 61. Profil durch zwei nördliche Tertiärmulden der Savefalten NO. Laibach. Nach W. Kühnel 1933, 100.

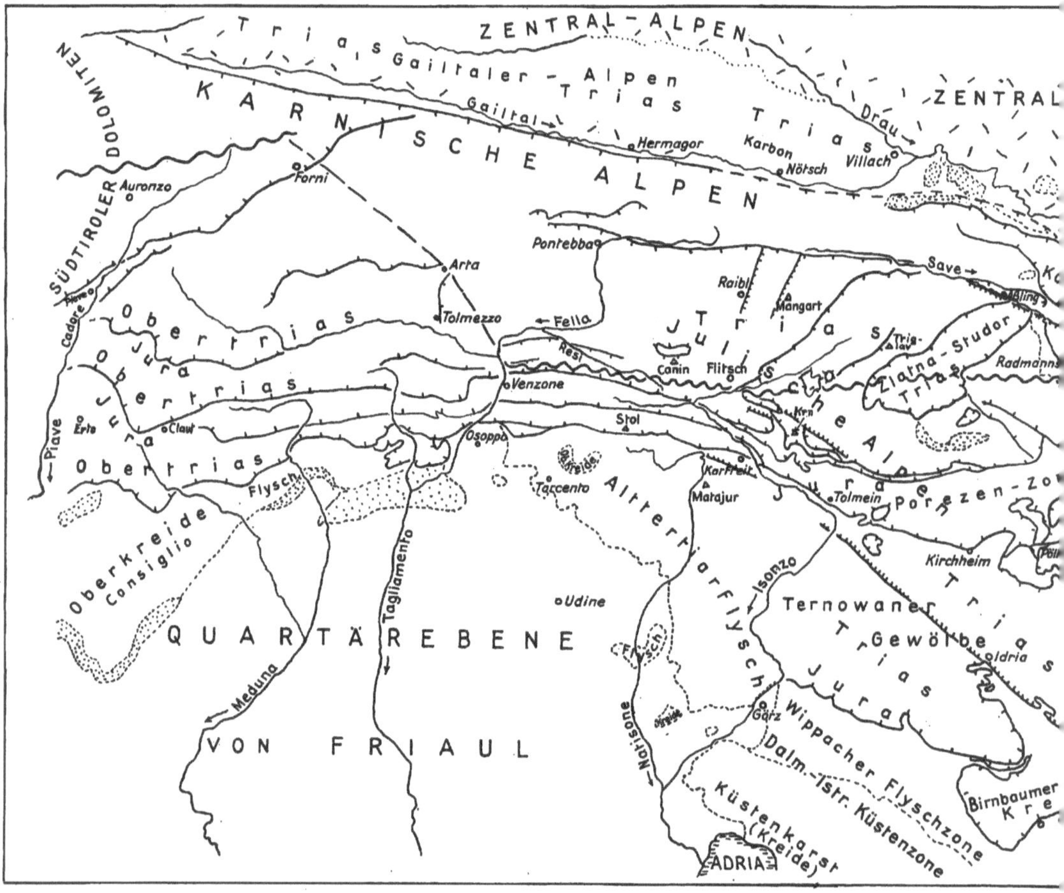

Akademie-Verlag, Berlin

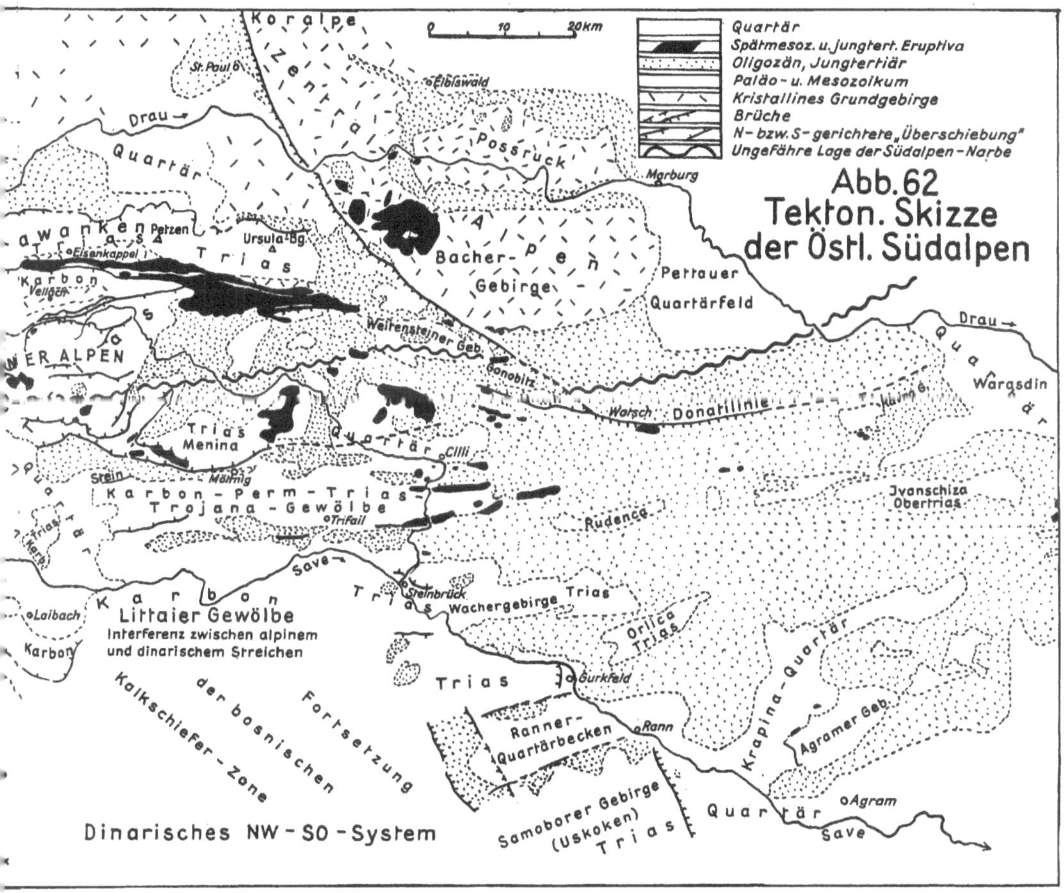
Abb. 62
Tekton. Skizze
der Östl. Südalpen
Quartär
Spätmesoz. u. Jungtert. Eruptiva
Oligozän, Jungtertiär
Paläo- u. Mesozoikum
Kristallines Grundgebirge
Brüche
N- bzw. S- gerichtete „Überschiebung"
Ungefähre Lage der Südalpen-Narbe
0 10 20 km
Koralpe
Zentral
Alpen
St. Paul
Eibiswald
Drau
Quartär
Possruck
Marburg
Bacher-Gebirge
Pettauer Quartärfeld
Petzen
Ursula-Bg.
Eisenkappel
Trias
Karbon
Vellach
Weitensteiner Geb.
Gonobitz
Drau
Quartär
Warasdin
Walsch
Donatilinie
Trias
Menina
Quartär
Cilli
Stein
Möttnig
Karbon - Perm - Trias
Trojana - Gewölbe
Trifail
Rudence
Jvanschiza
Obertrias
Save
Steinbrück
Wachergebirge Trias
Karbon
Laibach
Littaier Gewölbe
Interferenz zwischen alpinem und dinarischem Streichen
Karbon
Orlica Trias
Krapina - Quartär
Trias
Gurkfeld
Kalkschiefer - Zone
der bosnischen
Fortsetzung
Ranner-Quartärbecken
Rann
Agramer Geb.
Agram
Samoborer Gebirge
(Uskoken)
Trias
Quartär
Save
Dinarisches NW - SO - System

die sehr feinkörnigen Pont-Sedimente aus flachem Wasser trotz ihrer großen Mächtigkeiten den Beweis dafür, daß mit der Faltung und Schuppenbildung keineswegs schon eine Hochreliefbildung (Hochfaltung) zeitlich zusammenfiel. Sondern es war die Zeit ausgedehnter und starker *pontischer Senkung, welche die Savefalten scharf ausreifen ließ.*

Und auch hier ragten die Bewegungen noch weit in das höhere Pliozän hinein. Noch war es das, ein O-W-liches Hauptstreichen erzeugende Wirkungsfeld der Südalpennarbe, welches auch an den pontischen Sedimenten, namentlich der kroatischen Inselberge, weiterbaute. Seine Leistungen werden im Savefaltenbereich selbst, das inzwischen ähnlich seiner N-Fortsetzung in das Stadium überwiegender Hebung und Hochlage übergegangen ist, abgeleitet von der Ausbildung und Verstellung der erosiven Altflächen (s. unten S. 180).

Sehr zu beachten sind auch die West-Fortsetzungen und ist das Verhältnis der durchweg nördlich gerichteten Unterschiebungen im S der Südalpennarbe (Abb. 59, 61) zu den südwärts gerichteten im N derselben.

6. Die junge Zweiseitigkeit und die Altflächen der östlichen Südalpen

Überschauen wir die junge Baugeschichte der östlichen Südalpen, so erweist sie sich als unveränderte Fortwirkung der südalpinen Narbenkräfte, welche in der Bahn der zweiseitigen Gebirgsanlage weiterschafften.

Die 90 km lange, N-gerichtete Stol-Unterschiebung (Abb. 62, Taf. II) und die Arzino-Teildecke im W des Tagliamento (Mesozoikum über Eozän und Burdigal; Feruglio 1925), also der Außenzuwachs zum Julischen Überschiebungsgebäude nach W bis Belluno, hat das Miozän noch mitbetroffen; sie kann höchstens jungmiozän sein. Ebenso ist an der Nordunterschiebung unter die Steiner Alpen von S her aus der Vortiefen-artigen Jungtertiär-Quartärsenke von Radmannsdorf-Krainburg-Mulde von Stein-Möttnig die Fortsetzung der jungen Bewegung erkennbar. Obermiozän nahm noch teil. Die Jungfaltung und meist einseitig nordwärts gerichtete Unterschuppung der Savefalten südlich von Steiner Alpen—Menina—Cilli ostwärts hinaus bis zu den kroatischen Inselbergen (Abb. 58, 61) erfolgte miozän, besonders gegen das Miozänende. Sowohl in den östlichen Savefalten Ungarns und Kroatiens wie im südlichen Vorland der östlichen Südalpen gingen die Bewegungen im Pliozän weiter. Finden sich doch die pannonischen (pont.) Schichten und der jüngerpliozäne Cornudaschlier an der scharf gegen S absenkenden Randflexur der Venezianischen Alpen steil aufgerichtet. An den Inselbergen Kroatiens wurde das Pannon noch mitgefaltet. Miopliozäne Landoberflächen sehen wir verworfen und verbogen.

Wiederum als gleichzeitig mit diesen überwiegenden, nordgerichteten Unterbewegungen an der Südflanke unserer Südalpennarbe, deren ungefähre Untergrundslage in Abb. 62 durch eine geringelte Linie angegeben ist, lernten wir oben S. 174f. die jungtertiär-quartären Südunterschiebungen der miozänen Vortiefe Kärntens und die jungen Südpressungen der Karnischen N-Vorsenke, auch des Bachers kennen. Es sind keine Beobachtungen bekannt, welche etwa die N- und

S-Unterschiebungen beiderseits der Südalpennarbe als verschiedenzeitlich, einmal von N, einmal von S wirkend, erkennen ließen. *Alles spricht für die Gleichzeitigkeit.* Diese freilich ist mechanisch nur bei Annahme unserer Narbenmechanik, also des Abstroms von Massen in größere Narbentiefe und des seitlichen Heranrückens der Vorlandstiefen verständlich, *wobei im N- und S-Flankenbereich gleichzeitig also unterschoben und unterfaltet wurde.*

Schräg durch dieses einheitliche Schub- und Faltengebäude schneiden zahlreiche und teilweise lang aushaltende *Jungbrüche* (Abb. 62). So der über 100 km vom Matajur im NW durch das Ternovaner Gewölbe über Idria zum kroatischen Hochkarst in die Dinariden hineinschneidende *Idrianer Bruch.* Nach älterer Anlage hat er noch jungpliozän Verebnungen zerschnitten. Bei Flitsch und nördlich des Krn, an der oberen Save, teilweise als Begrenzung der SW-Vortiefe der Steiner Alpen, dann weiter im SO am Ranner Becken und am Uskoken-Gebirge liegen gleichgerichtete Brüche, an denen teilweise noch Miozän abgesunken ist und welche vielfach in dem Sinn als widersinnig zu gelten haben, daß jeweils der gebirgswärtige Schollenteil tiefer absank. Dieses *NW-SO-liche Bruchsystem,* dem sich auch *noch die SW- und NO-Schollen-Begrenzung* (Draubruch Abb. 59 bzw. Lavantbruch) weiter im N zugesellen, dürfte mit Recht *als Ausstrahlung der gleichgerichteten NW-SO-lichen Dinariden-Narbe des Balkans anzusehen sein.* Auf deren knickende Überarbeitung im Tertiär ging ja auch offenbar die Ausgestaltung der Knickungs-Überschiebungen von F. Kossmat und A. v. Winkler dort zurück, wo das ältere südalpine W-O-Streichen im NO-lichen Adria-Umkreis mit dem im allgemeinen jüngeren dinarischen NW-SO-Streichen in Beziehung trat.

Altverebnungsflächen

Die Talsohlen von Sann und Save wurden auf der sarmatischen Aufschüttungsfläche angelegt, welche sich danach noch faltete, wobei die Flüsse aber antezedent durchhalten konnten. Die bis an den Südsaum der nachsarmatischen Savefalten herantretende alte Landoberfläche — Fortsetzung der innerkrainischen Abtragfläche — ist nach F. Kossmat 1916 *nach* der Savefaltung entstanden, das heißt offenbar altpliozän. Diese Abtragungsflächen greifen in dem nachmiozän sehr stark gestörten Raum von Steinbrück südwärts Cilli und am Kumberg bei Mariathal glatt über die in die Trias eingeschuppten Miozänschichten (einschließlich Sarmat) hinweg. Gleichzeitig mit der schwachen nachsarmatischen Faltung begonnen, dürften sie nach A. v. Winkler 1927, 290, während der pontischen Transgression vollendet worden sein. Da, wie wir hörten, im mittleren und östlichen Teil der Savefalten im Jungpliozän noch kräftige Faltung herrschte, wurde hier die pontische Abtragfläche zerstört. Weiter im N finden wir die zentralalpinen Ostrandgebirge nicht ebenso zerstückelt. Hier konnten sich altpliozäne Verebnungen bilden und erhalten, denn nachmiozäne, hebende Schrägstellung, Verbiegung, Aufwölbung gegenüber randlich tiefer bleibenden Schollen ließ dies in ruhig gewordener Hochlage zu.

Das hochgelegene Flächensystem der Julischen Alpen („frühmittelmiozän“) gehört nicht (A. Aigner) zu jenem altpliozänen der vorgelagerten Plateauberge. Denn aus den sehr ausgedehnten Plateauflächen des Karstes hebt sich deutlich die von einem älteren, viel stärker zerstörten Relief bedeckte Massivgruppe des Krn und Kanin ab. Die tieferen, durch G. Stefanini 1915 als altpliozän bewiesenen Flächen trennen sich als weit gegen die höheren vorgreifend, aber nicht etwa durch Brüche von den höheren gesondert ab. Zu ihnen gehören nach A. v. Winkler auch die Hochflächen der Lessinischen Alpen (R. v. Klebelsberg 1921, R. Schwinner 1923) als Teile eines im S und O der Alpen sehr ausgedehnten und großzügigen Altflächen-Systems (s. unten S. 316ff.).

7. Die Jungbewegungen am südlichen Alpenrand

Westlich von den Dinariden-Eingriffen in den Südalpenkörper zeigt der italienische Alpenrand die Sedimente des wiederholt vorgestoßenen, jungtertiären Mittelmeeres und die Süßwasserbildungen gleichfalls noch stark gestört oder nur höhenverstellt. Zugleich bietet die westliche Fortsetzung des Gebirgsbaues von den Julischen durch die südkarnischen Alpen in die Dolomiten eine lehrreiche Abwandlung des Bauplanes.

Dieser wurde nach T. Taramelli, K. Futterer, durch G. Stefanini 1915, G. Dal Piaz 1908, 1918, A. Desio 1925, 1929, E. Feruglio 1925, 1929, M. Gortani 1927, S. Zenari 1929, H. R. v. Gaertner 1931, F. Heritsch 1932, 1936 u. a. untersucht. *Der schön zweiseitige Orogenbau der Südalpennarbe geht westwärts auch über den Tagliamento fort.* Wiederum hält sich der Narbenscheitel dank der stärkeren Abtragung über dem älteren Bau der Zentralalpen scheinbar unsymmetrisch nahe der südkalkalpinen Nordgrenze. Abb. 63 zeigt auf einem Querschnitt von Mauthen im Gailtal südwärts über das Tagliamento-Längstal noch schön diese Zweiseitigkeit; ebenso die tektonische Skizze Abb. 62. Letztere läßt aber auch erkennen, daß NW von Venzone am Tagliamento-Knie die gegen N unterschiebenden Bewegungsflächen um rd. 25 km weiter nach N reichen als östlich davon noch an der Resia. Gleichzeitig verringert sich hier im N die Breite des

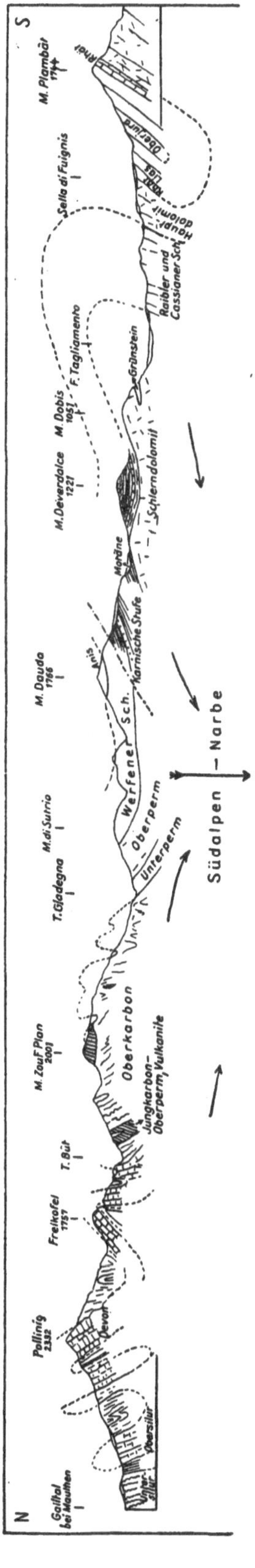

Abb. 63. Profil durch die zweiseitig-divergente Struktur der Südalpennarbe. Ergänzt nach M. Gortani & A. Desio 1927 (Erl. zu Blatt Potebba/Pontafel geol. 1 : 100000).

Karnischen Paläozoikums auf die Hälfte, denn die Trias ist um so viel weiter gegen N zu erhalten geblieben. Auch besteht diese aus mächtigen, starren Karbonatplatten der ostwärts auslaufenden Dolomitenschüssel, der wir uns hier nähern. Und schließlich stehen wir bei Venzone-Arta-Forni in der NW-Fortsetzung des mächtigen Idrianer Dinariden-Bruches, dessen Bedeutung aus seinem über die 100 km gehenden Aushalten ersehen werden kann.

Nach unserer mechanischen Auffassung des zweiseitigen Orogenbaues setzt in der Verlängerung dieses großen SO-NW-Bruches der von O her nachweisbar über 160 km den Südalpenbau schön zweiseitig teilende Narbenscheitel (Abb. 62) ab, springt nordwärts um 25 km gegen NW zurück und setzt erst wieder in der Dolomiten-Schüssel den dort dank der großen Gesteinsstarrheit sehr flachen Symmetriebau (1936, 201) mit wenig scharf ausgeprägten Richtungs-Unterschieden fort.

Ich halte es für wahrscheinlich, daß, wie Abb. 62 andeutet, auch längs der anderen, großen NW-Ausstrahlung des dinaridischen Kraftfeldes, an der NW-streichenden Lavant-Störung, die am Wotsch an der heutigen Gebirgsoberfläche gegen O in die alpin gerichtete Donatilinie einbiegt, im Sinn A. v. Winklers nicht nur der zentralalpine Bacher um ein ähnliches Stück weiter gegen SO vorrückte, als seine westliche Nachbarschaft. Sondern, daß hier auch die freilich unter jungen, wenig verfestigten Sedimenten allmählich untertauchende *Narbenstruktur des mesozoischen Gebirges eine ähnliche Blattverschiebung des Südalpenscheitels erleidet* — gleichfalls also mit einem südlicheren Vorrücken des östlichen Schollenteils.

Aus dem weithin unveränderten Durchschneiden der betreffenden Führungsschienen kann vermutlich auf ein jugendliches Alter solcher wohl noch im Jungtertiär wesentliche Bewegungen ausführenden *dinarischen Zerscherung des Südalpenbaues geschlossen werden.* Sie dürfte mehr die Angelegenheit eines tieferen, plastischeren Stockwerkes sein, aus dem nur in stärker tätigen Zwischenzeiten und im diagenetisch bereits erhärteten Gestein die orogenen Richtkräfte auch bis an die Oberkruste emporgegriffen haben. —

Ablagerungen. Über die junge Baugeschichte geben uns wieder die jungtertiären Sedimente Aufschlüsse.

Nach der ersten, mitteloligozänen Senkung und der kattisch-aquitanischen Heraushebung mit vorübergehender Verdrängung des Meeres stellen wir eine erneute, aber nur nordwärts nicht mehr wesentlich über die große zirkumadriatische Abbruchs- und Unterschuppungslinie zwischen Trias/Jura im N und Kreide/Tertiär im S reichende Meerestransgression mit Glaukonitsandstein und Mergel des Burdigals (Langhe-Stufe) fest. Ihr folgte weitere vertiefende Abbiegung des Alpenrandes, so daß sich in tieferem Wasser die Schlierfazies mit ihren Anzeichen fortschreitender orogener Bodenunruhe auch hier mächtig entwickeln konnte. Das Meer griff an dem SW-Vorland der Karnischen Alpen über die Zone der Dome. Seine Sedimente wurden längs der großen Randüberschiebung nordwärts eingeschuppt bzw. etwas unterfaltet.

Doch lagerten sich vorher, ohne daß für die Zwischenzeit hier Anzeichen stärkerer Heraushebung bzw. eines orogenen Nachlassens bisher bekannt wurden, über das Burdigal die marinen Helvetmergel und die graue Tortonmolasse, dann

Kalkkonglomerate und Brackwassergebilde. Das gesamte Miozän (Abb. 64), das ostwärts bis südwärts Udine erhalten blieb, mißt über 1,6 km Mächtigkeit — ein Beweis für die Stärke der miozänen Absenkungen. Im Sarmat, vielleicht noch bis ins Unterpont, gab es weitere Konglomerate und lignitische Absätze, welche einen ausgedehnten Flußschotterkegel am Alpensüdfuß bildeten.

Im höheren Torton Ostvenetiens wurden die Rudistenkalke der Vorzone umgelagert. Der aquitane Grünsand von Borgo im Suganertal liegt schon als Geröll im Sarmat. Im Gegensatz zu den älteren Konglomeraten, die noch nichts von kristallinen Rollstücken des Cima d'Asta-Massivs zeigen, erscheinen im Pont von Bassano bereits viele Kristallingerölle. Mit dem Übergang der marinen Konglomerate zu den geröllreichen Süßwasserschichten des Messins (Sarmat) ist die endgültige Heraushebung im weiteren Umkreis des Tagliamento-Ausganges vollzogen, an dem Meeresbildungen nach K. Futterer nicht nördlicher als Osoppo (220 m M. H.) emporreichen. Einige Kilometer westlicher sind diese aber auf 900 m heutiger Höhe gehoben. Die sarmatischen, gegen 600 m geschätzten Flußkonglomerate zeigen bereits wesentlich die Gesteinsbestände, welche einem heutigen Einzugsgebiet der Flüsse entsprechen, jedoch noch einem bedeutend schwächeren Relief, denn die Geröllgrößen sind gering. Während der älteren Geröllwanderungen und seitdem können noch zahlreiche Flußverlegungen, z. B. von der Karnischen Hauptkette her geröllmäßig nachgewiesen werden. Das sind offenbar zugleich Nachweise *für eine orogene Beweglichkeit des nördlichen Gebirgsreliefs.* Etwa sarmatische Schotter auf den gegenwärtig hochgelegenen Pässen zwischen dem Tagliamento-Oberlauf und den Flüssen der Karnischen Voralpen lassen erkennen, daß diese Pässe einst Teilstücke von später

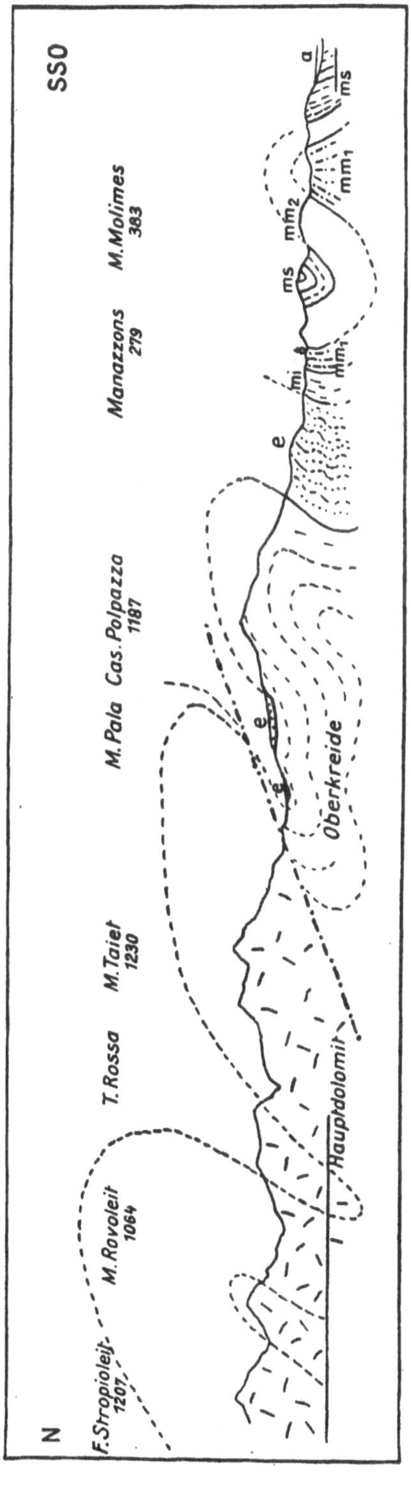

Abb. 64. Südvergenz der südalpinen Südflanke auf Blatt Maniago 1 : 100000 der geol. Karte von Venetien (S. Zenari 1929). *e* sandigmergelige Flyschfazies mit Bänken und Linsen von Nummulitenkalkbrekzien. *mi* Langhiano, Burdigal, sandigmergelige Molasse, glaukonit. Sandstein mit Fischzähnen und Pecten präscabriusculus. mm_1 Helvet, mergelig-sandig mit Venus dujardini. mm_2 Tortones Kalkkonglomerat mit Ostrea crassissima, Sandlinsen mit Potamides bidentatus. *ms* Pont, Kalkkonglomerat, auch tonig-mergelig, lignitisch, Festl.-Fossilien.

abgelenkten Flußläufen waren. Bei Pinzano liegen Schotter der Asti-Stufe ungleichförmig über solchen des Messins; erstere sind viel gröber und lassen mit ihren Geröllen ein noch viel ausgedehnteres Einzugsgebiet erschließen. Heute fallen sie 25° gegen S ein. Auch noch jungpliozäne Schotter sind etwas gekippt. Nach K. Futterer wurden die Schotter zur Hauptsache schon vor und während den letzten Faltungen abgelagert. Die Flüsse behaupteten antezedent ihre Lage, als sie sich in die Jurafalten des im Pliozän immer mehr emporschwellenden Alpenrandes einschnitten.

Westlich der Piave erfolgte ein Meeresvorstoß der Piacenzastufe mit den schlierähnlichen Mergeln von Cornuda. Sonst aber fehlt es weithin an kräftig ausgeprägten Diskordanzen, wie sie nach Abb. 27 oben S. 92 für das höhere Pont oder für die nachpontische Zeit eine Faltenbewegung beweisen. Bei Balerna transgredieren marine Pliozäntone über Scaglia und sind selbst noch etwas aufgerichtet. Bei Salo überschneidet flaches Piacentin (Pont) mit mächtigem Grundkonglomerat die stark gefaltete Scaglia und wurde seitdem auf 500 m gehoben, während Stefanini 20 km entfernte Astisande 400 m tiefer vorfand. Solche liegen mit Konglomerat bei Castenedolo, marine Piazentinmergel aber griffen bis Bergamo über.

Wir nehmen keinen Anstoß daran, daß, wie z. B. Abb. 64 zeigt, in Bereichen überwiegender und kräftiger Senkung vom Burdigal bis ins Pont offenbar *gleichförmige* Lagerung herrscht. Das ist uns kein Gegenbeweis für die durch randliche Diskordanzen, durch Verstellung der Flußeinzugsgebiete, durch mehr oder weniger ausgeprägte Aufrichtungen und ungleichförmige Hebungen erwiesenen orogenen Bewegungen wohl durch das ganze Jungtertiär und noch quartär. Freilich dürften auch hier die letzten, im Streichen aushaltenden Unterschuppungen gegen N, welche das Miozän noch mitbetroffen haben, in die Zeit *der großen pontischen Senkung fallen*. Erhebliche Vorläufer dieser Bewegung sind während der Ablagerung des über 1,5 km mächtigen Miozäns, besonders während der orogenen Schlierfaziés erschließbar.

Die burdigale Senkung nach aquitaner Hebung wird auch weiter *westwärts von Verona* durch das transgressive Vordringen der groben Kalke der Langhe-Stufe über Priabon angezeigt. Allgemein folgten, außer bei Bassano und Verona, über dem transgressiven Unterburdigal Molasse und Schlier des höheren Burdigals mit ihren orogenen Kennzeichen.

Während im Oligozän und tieferen Miozän nur Feinsandstein gebildet wurde, begann auch zwischen Friaul und Vicenza die Grobschutt-Zufuhr erst nach dem Helvet. Nach Masse und Geröllgrobheit schwoll sie an im Torton-Sarmat-Pont. Den Kalkkonglomeraten sind lignitführende Sande und Mergel eingeschaltet. Das Alter der jüngeren Konglomerate ist freilich vielfach noch nicht gesichert. Die groben Nagelfluhen des Monte d'Orfano bei Brescia werden als sarmatisch aufgefaßt, jene des Monte Netto südwärts Brescia als Deckenschotter. Den altquartären Schottern am lombardischen Alpenrand hat F. Leyden eine Untersuchung gewidmet und die starken Höhenverstellungen betont.

Die Venezianische Ebene ist ein großes Senkungsfeld, in welches sich die präglaziale Landoberfläche auswärts immer tiefer unter die Jungquartär-Schotter senkt, bis sie schließlich unter diesen auch 200 m tief nicht mehr erbohrt werden konnte. Weit unter dem Meeresspiegel fand man festländische Schotter und zum Teil zusammenhängende, mitunter recht mächtige Torflager, so bei Venedig in

45 und 90 m unter M. H. Zwischen dem quartär immer noch weiter gesunkenen Außenfeld und dem sich weiter heraushebenden Gebirge mit den hier auftauchenden jüngeren und älteren Sedimenten liegt an Tagliamento, Piave und Brenta eine schmale, schief gestellte Zwischenzone, also die Flexur, welche quartär mindestens 400 m Verbiegungshöhe vermittelt hat. Oberhalb läßt sich für den Alpenrand eine Heraushebung von mindestens 250 m ableiten (A. Penck & E. Brueckner 1909, 1020).

Der *Montello-Rücken* SW Vittorio am Piave-Ausgang besteht unter mächtiger Ferretto-Rinde aus hartem, grobem Konglomerat mit Mergelbänken, über 100 m mächtig. Diese altdiluviale Nagelfluh wurde über der jungpliozänen Verebnung abgelagert, als diese durch Gebirgshebung und Vortiefen-Senkung oben wieder zerschnitten wurde. Das Konglomerat bildet einen flachen, 25 km langen, 6 km breiten Sattel mit W-O-Streichen. Er ist nach A. Penck & E. Brueckner 1909, 974f., älter als der Deckenschotter.

Der Boden des pliozänen Piavetals streicht 400 m über der heute vorlagernden Ebene aus, mit ihm die große, weite Altlandschaft auf den Höhen. Danach mußte auf eine große Abbruchslinie gegen S geschlossen werden, welche geradlinig von Caltrano am Astico ostwärts bis Bassano an der Brenta und nordostwärts über Pederobba (Piave) bis Serravalle fortläuft. Hier mag ein Sprunghöhen-Unterschied durch Bruch oder Flexur von 500—1000 m bestehen. Das Belluno-Becken hob sich gegenüber dem Piave-Ausgang in steiler Flexur um 150 m höher. *Seit Bildung der pliozänen Landoberfläche stiegen die Alpen vom Rand gegen innen zunehmend auf;* am Rande um 300, im Bellunobecken um 450 m. Auch die quartären Talböden sind noch in gleichem Sinn um 50—100 m verstellt.

Der Gardasee liegt in einer Schichtmulde mit dem noch mitgefalteten Altmiozän des Monte Brione. In die Senke drang ein Golf des Pliozänmeeres ein, dessen Absätze aber erst noch hochgehoben wurden, bevor quartär der Gardasee Einzug hielt in eine bis in die Würmeiszeit hinein verbogene Senke. Das von Villafranchiano-Konglomerat überlagerte marine Piazentin des M. S. Bartolomeo (568 m) am Gardasee-W-Ufer beweist starke quartäre Gebirgsrandhebung, das ganze nördlich anschließende Etschgebiet stieg ziemlich gleichmäßig empor, bis heute auf 7—800 m M. H. Die nachpliozäne Senkung der Po-Ebene, in der bei Cremona mit 200-m-Bohrungen das Quartär noch nicht durchbohrt wurde, ist dagegen sehr bedeutend.

Am Rande der Bergamasker und Brescianer Berge wurde das Vorland während vorpliozäner Hebung zunächst durch große Talfurchen zerschnitten. Bei der folgenden Senkung drang das Pliozänmeer ausfüllend in die Talsenken. Seine Ablagerungen liegen gegenwärtig aber auf 300 m M. H. gehoben und wurden quartär vorlandwärts wieder gesenkt, sowie durch großartige Schuttkegel in der Po-Ebene tief verschüttet (A. Penck 1909, 845). *Das Flexur-Scharnier zwischen gebirgswärtiger Hebung und Vortiefensenkung hatte seine Lage nicht beibehalten, sondern mehrfach verschoben.*

Zwischen Adda und Langensee enthalten die Vorberge und Vorhügel namentlich bei Como-Chiasso (M. Olympino)-Varese-Sesto Calende eine offenbar durch Flüsse dem burdigal-helvetischen Meer zugeschobene Molasse (M. Pfister 1921). Wieweit schon die Aquitanzeit an diesen Folgen einer mächtigen Vortiefensenkung und Heraushebung des schuttabliefernden Gebirges Anteil hatte ist mangels leitender Versteinerungen unklar. Jedenfalls treten tongrisch-stampische Lithothamnienkalke des Montorfano O. Como schon als Gerölle in dem Molassekonglomerat auf, das seinerseits bei Balerna durch die Astistufe waagrecht überlagert ist.

Die von manchen als oligozän aufgefaßte, vermutlich aber miozäne Molasse liegt ungleichförmig mit starker, langdauernder Lücke über oligozänem Lithothamnienkalk, auf Eozän bei Varese, auf Lias bei Stabbio, auf Scaglia bei Ponte Chiasso. Vormiozän sind daher z. B. die NO-SW-streichenden Liasfalten O. Como-Mendrisio, während die tertiäre Nagelfluh darüber in NW-SO streicht und keine Beeinflussung zeigt (L. Vonderschmitt 1940).

Am *Monte Olympino südwärts Chiasso* beginnt die mehrere 100 m mächtige, miozäne Molasse mit sandigem Tonmergel. Ähnlich der nordalpinen Molasse, die aber mächtiger ist, gleichmäßigeres Korn hat und exotische Gerölle besitzt, wechsellagert gegen oben bunte Nagelfluh mit Sand und Sandsteinbänken („Konglomerat von Camerlata"). Ein im allgemeinen einheitlicher Hauptfluß, gespeist durch reißende Bergbäche, Murbrüche und Felsstürze hat gegen eine von SO nach NW ziehende Senkungszone über ein scharfes Erosionsrelief hinweg seine Schotter, Sande, aber auch 1—2 m messende Blöcke herangewälzt. Und zwar gab es nicht weit über der Sohle und dann noch weiter oben je eine besonders stürmische Einschüttungszeit mit stark erhöhtem Gefälle. Zweimal also, vielleicht im Burdigal und dann im Helvet, verschärfte sich das Baurelief, und danach auch die orogene Kraft.

Das Fluß-Einzugsgebiet lag mit seinem überwiegend erosiven Teil in den Gesteinen des heutigen Bergeller Granit-Massivs und des unteren Veltlins, also 50—80 km im NO. Diese Gebiete müssen damals kräftig entblößt gewesen sein, und von ihnen muß über eine ältermiozäne Verebnung mit kräftigem Gefälle, also wohl schon mit erheblicher Abkippung gegen SW, nach der lombardischen Vortiefe ein lebhafter Flußtransport zum wenigsten in langdauernden Zwischenzeiten möglich gewesen sein. Daß es sich nicht allein um eine tiefer eingesenkte Talrinne — etwa über den westlichen Comer See-Arm hinweg — handeln kann, ergibt sich aus dem fast völligen Fehlen von Geröll des nächstgelegenen Gebietes: aus Bavenogranit, Perm, Trias, Lias, Flyschsandstein, Eozän der Gegend Langensee—Lugano—Como. Diese heute alpenrandnahen Felsarten müssen damals wohl von Molasseschutt eingedeckt gewesen sein.

Es reichte also der Alpenrand und damit die südalpine Vortiefe noch um mindestens 30 km weiter gegen N als jetzt. Ebenso gehörte am Südsaum der Venezianischen Alpen miozän noch ein mindestens gleich breiter Randstreifen der Molassesammelnden Vortiefe an. Die heutigen Überreste der Molassevorschüttung blieben fast allein in dem geschützten, weil quartär überwiegend sinkenden, gegenüber vorher südwärts verlagerten Vortiefenteil erhalten.

Aber die vormiozäne, wohl *kattisch-aquitane Heraushebung und Abtragung muß gleichfalls schon große Beträge erreicht haben.* Denn nach dem wohl oligozänen Einschub des Bergeller Plutons muß erst sein ohne Frage sehr viel Hunderte von Metern messendes Sediment-Dach, dazu erheblich an Kristallin abgetragen worden sein, bevor diese Flut der Bergeller Tonalite, besonders seiner dioritischen Ränder, der Aplite und Pegmatite, dann der Novate-Granite in die miozäne Nagelfluh gelangen konnte. Gewiß sind noch erhebliche Rollstückemengen von Orthoklas- und Biotit-Gneisen mit Gangquarzen vom Plutondach im Miozän zu Tal gefördert worden, dazu Muskovit- und Zweiglimmer-Gneise, Injektionsgneise, Granitmylonite, unterostalpine Sella-Julier-Bernina-Granite, Dioritporphyrite und manches noch weiter aus dem NO Herstammende. Dagegen noch kein Tessiner Gneis, der erst später gehoben und entblößt sein kann.

Da alle, mindestens 50 km entfernt beheimateten Bergeller Gesteine in Faust- bis Kopfgröße, ja bis 1, seltener 2 m Größe der Rollstücke auftreten, kann man ganz wie für die Gerölle und Blöcke der Rigi- und Blumen-Nagelfluh im N Bedenken haben, ob angesichts der fehlenden Eistransporte (die Pflanzenfunde zeigen eine mittlere Jahreswärme von 18—20° an) die Annahme einer gekippten Rumpf-Fläche genügt, um so groben Schutt so weit aus dem Gebirge zu schaffen. Es scheint uns auch hier wieder die Annahme sehr naheliegend, daß ein sich *wellenartig SSW-wärts bewegtes Baurelief vorlag*, welches unter ein- oder mehrfacher Umlagerung bei südwärts verlegter Wölbung den Flußschotter immer weiter vor sich herschob. Auf solche Umlagerung scheint ja auch eine gewisse Zerstörung der weniger widerstandsfähigen Rollstücke hinzuweisen.

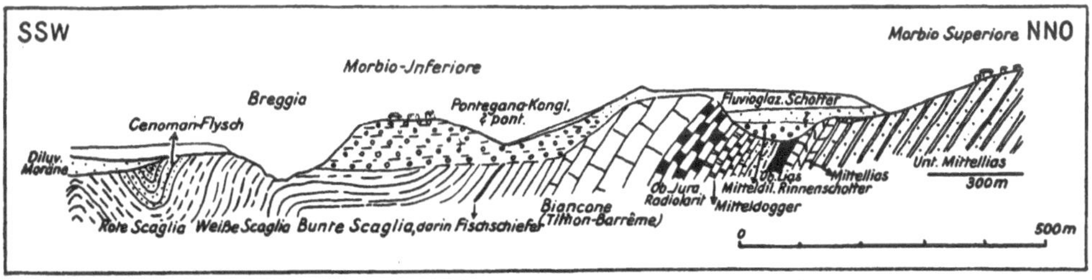

Abb. 65. Übergreifendes, wohl unterpliozänes Pontegana-Grobkonglomerat bei Chiasso, Südschweiz. Nach L. Vonderschmitt 1940, Taf. XII.

Das Miozän ist bei Chiasso ähnlich dem darunterliegenden Lias steil aufgerichtet bei allgemeinem SSW-Fallen. Die Neigung verflacht sich südwärts, wo nach 3 km nur noch 30° S Fallen im S unter der Quartärebene zu messen ist. Man kann aus dieser Abnahme des Einfallens wohl auf eine langsame Niederkippung gegen S und Aufkippung der Unterlage im N schließen. *Eine derart immer weiter behaltene Steilheit des Reliefgefälles* könnte gleichfalls die Frachtweite jener groben Gerölle und Blöcke verstehen lassen.

Auch diesen in der Vortiefe überwiegend senkenden, im Gebirge überwiegend hebenden Orogen-Bewegungen folgte ein allgemeineres Emporgehen auch im Vorland, verbunden mit erheblicher Abtragung bis auf ein recht flaches Relief.

[1] Mit sehr viel flacherer Lage nämlich greift in der Gegend von Chiasso-Pontegana bei Morbio Inferiore am Breggiatal nach Abb. 65 *das Pontegana-Konglomerat* quer über den bereits gefalteten und eingeebneten Untergrund von Lias, Oberkreide, Flysch. Es besteht aus einer unregelmäßig-grobbankigen Aufschüttung von Blöcken (bis cbm-groß) und gelbem Kalkgeröll, etwas Hornstein, Gneis und Granit, Flyschsandstein und Radiolarit und gehört also der Zeit *nach der miozänen Hauptfaltung an*, deren Baurelief das überwiegend kristalline Einzugsgebiet der ältermiozänen Flüsse umgestaltet hatte. Auch muß vor der Ablagerung eine erhebliche Abflachung des Baureliefs, das sich etwa in Torton-Sarmat gehoben hatte, eingetreten sein. Aber erst Versteinerungsfunde können klären, ob die wahrscheinliche Vermutung zutrifft, daß

hier ein pontisches Grobkonglomerat während einer neuen Senkungsphase in einer Talung neben der heutigen Breggia-Schlucht (A. BUXTORF 1924, 523) aufgeschüttet wurde. Es wurde wieder gehoben, über dem Grundwasser offenbar zu Nagelfluh verkittet, und eine neue Hochverebnungsfläche schnitt in längerer Ruhezeit darüber weg.

Jedenfalls war diese Kalknagelfluh schon verfestigt, als dann nach erneuter, wenigstens am heutigen Alpenrand zu kräftigen Erosionseinschnitten führenden Hebung die nächstfolgende größere Senkung, welche den letzten Vorstoß des Mittelmeeres gegen den Alpenkörper brachte, im Plaisance-Unterasti ein neues Sediment anlagerte. Dessen feiner blaugrauer Tonmergel bei Pontegana und Scabriana (bei Balerna) berichtet nichts mehr von einem steileren Gebirgsrelief im N. Die ihm gelegentlich eingelagerten Sande und Geröllstücke können auf die Umlagerung aus dem Oberkreideflysch oder Pontegana-Konglomerat abgeleitet werden, an welchen dieses mittelpliozäne Meeressediment sich teilweise unter sprungartigen Schleppungserscheinungen, jedoch im allgemeinen nur noch mit geringer Neigung anlagerte.

Das Nordufer des höherpliozänen Meeres lag nahe nördlich der heutigen marinen Vorkommen, die sich über eine breite Hochfläche von 400—500 m M. H. am Alpenfuß quer über dem Gebirgsbau ausbreitet (Unterende des Ortasees, des Langensees—Brianza) und eine seitdem ziemlich gleichmäßig mit dem Alpenrand in diese Höhe gehobene Küstenplattform bildet.

Überblick

Insgesamt ergibt sich auch hier wieder die gleiche Erkenntnis, welche der östliche Südalpenrand vermittelt: *Auch im W hielten die orogenen Bewegungen aus der Oligozänzeit mit Unterbrechungen durch das Miozän an, währenddessen eine letzte Hauptbewegung mit Faltung stattfand.* Ihr folgte eine allgemeine Hebung, Abtragung, Einebnung, *eine neue Senkung und diskordante Relief-Verschüttung wahrscheinlich während des Ponts.* Dem schloß sich wieder Heraushebung und abtragende Verebnung an, gefolgt *im Mittelpliozän von erneuter allgemeiner Senkung,* welche den letzten Meeresvorstoß gegen eine schon recht eingeebnete Pliozän-Landschaft im N heranführte. Nur noch schwache Reliefverstellungen im einzelnen bei überwiegendem Aufstieg des heutigen Alpenrandgebietes und überwiegendem Absteigen der quartären Vortiefensenke schlossen sich im jüngeren Pliozän und Quartär an.

Die Vortiefe lag miozän noch wenigstens 30 km weiter im N. Damals war die Tessiner Gneiskuppel noch nicht enthüllt, wohl aber waren der wohl oligozäne Bergeller Pluton, ein ausgedehntes Gebiet der unterostalpinen Decken und das untere Veltlin hochliegender Abtragung ausgesetzt. Mit der Süd-Verlagerung der Vortiefe verband sich im Gegensatz zu den gleichzeitigen Unterschiebungen und Anpressungen am nördlichen Alpenrand nur die Ausbildung einer kräftigen Flexur mit Ausräumung im N und Zufüllung im S.

8. Piemontesisches Innenbecken

Ein Blick auf die bereits oben S. 94 angeführte und kurz besprochene Schichttabelle auch für das Jungtertiär zeigt, daß ganz ähnliche Bewegungen noch im Piemont die Fortsetzung gebildet haben. Auch hier brachten die Gefällsknicke zwischen Gebirgsanstieg und Vortiefensenke erhebliche Schuttmassen. So das

Superga-Konglomerat bei Turin, welches neben einem unteren, mehr stampischen einen oberen, besonders burdigalen Schuttfächer zeigt, und in welchem nach oben die penninischen Serpentine zunehmen.

Aus dem piemontesisch-westlombardischen Innenbecken (Abb. 21) selbst, das noch zur Burdigal-(Langhe-)Zeit ein ziemlich tiefes Meer beherbergte, erwuchs allmählich offenbar als orogenes Baurelief eine unregelmäßige, mehrere 100 m hohe Antiklinale während der Zeiten orogener Anspannung. Sie hat als NW-Fortsetzung des apenninischen Orogens zu gelten, denn neben einer WNW-Richtung haben wir Unterfaltung aus NNO. Wir finden diese Antiklinale heute in den Hügeln von Turin—Casale—Valenca. Ihre Fortsetzung unter dem jungen, pliozän-quartären Schutt der oberen Po-Ebene ist von Casale gegen SO bis zum Anschluß an das nordapenninische Gewölbe südlich Voghera bzw. mit einer parallelen Antiklinale ostwärts Alessandria (bis Tortona) anzunehmen. Zwischen Turin im W und südwärts Voghera im O wird so das jungtertiäre Becken der westlombardischen Tiefebene abgetrennt von dem heute mit Pliozän-Quartär gefüllten Jungtertiärbecken des Piemont. Dieses umfaßt im Bogen das oligozän-miozäne Vorhügel- und Vorbergland der NW-Apenninen von Cuneo über Asti bis Novi.

Außerdem ist als NW-Begrenzung des westlombardischen Beckens gleichlaufend mit dem großen Alpen-Querabbruch Lanzo—Ivrea—Langensee eine weitere Vortiefen-Antiklinale mit Eozän im Kern und Molasseflanken anzunehmen zwischen Turin—Chivasso im SW und Varese im NO. Darf diese Zone als posthum über dem versunkenen alpinen Strukturen errichtet gelten, so diejenige zwischen Chivasso—Voghera als Verlängerung oder junger Fortbau des apenninischen SO-NW-Streichens. Auch diese Vortiefentektonik war verbunden mit Verwerfungen und mit erheblicher Schollengliederung.

An dem Aufbau der Turin-Casale-Aufwölbung nehmen über Alttertiär teil: Burdigal (Langhe-Schlier), Serpentingeröll-reiches Superga-Konglomerat, Helvet-Sandstein von Serravalle-Turin, blauer Starzano-Mergel des Tortons und Messins (Sarmat). Die Faltungszeit fällt mit ihrem Abschluß wohl auch hier ins Unterpont.

An der Nordseite des Ligurischen Apennins sind die Miozän-Horizonte äußerst mächtig, hatte sich also die Apennin-Vortiefe besonders kräftig gesenkt und wurde von der bereits sie überragenden Apenninkette mit Schutt eingedeckt. Es bildeten sich der mächtige Langheschlier, der mächtige Serravalle-Sandstein, die klassischen Tortona-Mergel. Letztere wechsellagern mit Sandstein und einem Schuttkegel, gehen aufwärts in sarmatisch-unterpontische Gips- und Süßwasser-Schichten, darauf in die sehr mächtigen Mittelpont-Konglomerate des Monte Rosso und die roten Lehme über, bedeckt von oberpontischen Congerienschichten.

Abgesehen von der die gleichzeitige Gebirgsbewegung andeutenden orogenen Schlierfazies und der großen Mächtigkeit dürften die mittelpontischen Geröllmassen und Rotlehme, welche das Festland plötzlich lieferte, *auf die unterpontische Hauptbewegung schließen lassen*, deren Folgen für das Baurelief jene großartige Schuttbewegungen veranlaßte. Dem folgte eine letzte, dem Oberpont (vielleicht noch Teilen des Mittelpliozäns) entsprechende Senkung und Meeres-Transgression. —

Es liegt nahe, die geringeren Kraftleistungen des Apennin-Orogens, mit denen es aus SO gegen NW in den alpinen Innenbau vergitternd eingriff mit dem südalpinen, ungleich stärkeren Eingriff des gleichfalls SO-NW vorgreifenden Dinariden-Orogens im O zu vergleichen. *Das niederbrechende Vortiefenfeld des nördlichen Adria-Umkreises bietet lehrreiche Beziehungen zu dem niedersinkenden und sich dabei mit einem jugendlichen Baurelief überkleidenden Piemontbecken.*

Es scheint, *die vereinigte, niederzwingende Kraft des südalpinen und des apenninischen Orogens hätte dieses so weit quer über die von NO heranstreichenden alpinen Zonen hinwegreichende Becken nicht nur besonders tief*, zur Aufnahme großer Schichtmächtigkeiten und tieferer Meeresteile, *hinabgezogen.* Sie hätte auch eine nachfolgend stärkere *Heraushebung* als sonst am Südalpenrand *zu verhindern vermocht.* Darum blieb hier die Fortsetzung des mesozoischen Südalpen-Orogens von Tertiär verhüllt in der Tiefe liegen, ja sie ging hier vielleicht in gesteigertem Maße nach abwärts durch Unterströmung verloren. Jedenfalls wurde hier durch entsprechende ausräumende Hebung nicht auch die Vortiefe mehr „nach außen" verlagert wie sonst am Südalpenrand. *Darum sieht dieser im westalpinen Innenraum oberflächlich wie amputiert aus.*

Vielleicht handelt es sich, wie in „Vergl. Baugeschichte der Gebirge" 1951, 194, gesagt ist, um eine durch Unterschiebung zerbrochene und erosiv beseitigte Südalpenzone, deren Stumpf jungtertiär versank und bedeckt wurde.

Während der *Plaisance-Stufe* sank, mit Nachbewegungen zur Astizeit, das westliche Po-Becken besonders kräftig. Aber allmählich nahm doch auch die regionale Pliozänhebung, wenn freilich gemindert, überhand. Daher verwandelte sich sogar dieses Becken nach jungtertiärem Absatz von nicht weniger als einigen Schicht-Kilometern nach verhältnismäßig kurzer Zeit der Fossan-Sumpfbildungen in die Delta-, Seen- und Flußlandschaft der Villafranca-Zeit. Das Meer konnte auch da, unter allmählicher Heraushebung des benachbarten Alpenkörpers um über 1000 m, südwärts zurückgedrängt werden. Die pliozänen Beckensedimente des ziemlich tief gewesenen Meeres liegen heute bei Mondovi, San Bartolomeo de Salo bis auf über 500 m hoch gehoben.

Bei der allgemeinen Heraushebung eilte das Gebirge der piemontesischen Vortiefe voraus. Das Alpeninnere bei Varallo z. B. ist gegenüber dem Abfall des Gebirges seit Absatz des marinen Pliozäns im Sesia-Gebiet um 250 m gehoben. Gewaltige Schuttmengen müssen unter der jungen Innensenke begraben liegen, in der die älteren von den jüngeren Quartärschuttmassen überlagert sind. Einheitlich wie aus einem Guß ist diese junge Schotterebene ähnlich jener des Mittelrheintalgrabens. Nur randlich blättert sich der emportauchende Schichtenstoß auf und läßt sich gliedern. Sehen wir unterhalb Turin dem großartigen Schotterkegel des alten Ferretto Hochterrasse und Niederterrasse noch eingesenkt, so dreht sich noch weiter auswärts das Verhältnis der Lagerung um. *Die Senkung schreitet alpenferner fort.* Dem entsprechen die Hunderte von Metern Mächtigkeit des erbohrten, festländischen Quartärs in der inneren Po-Ebene, wo Torf- und Diatomeenlager mit Land- und Süßwasserfauna weit unter dem Meeresspiegel liegen. Immer weiter senkte sich auch quartär die Vortiefe. Dabei sind aber im einzelnen wiederum ganz erhebliche Schollenstörungen oder Faltungen erkennbar. Das ganze Oberpliozän von Fossano fällt heute westwärts ein, während die dortigen Quartärterrassen überwiegend nordwärts einsinken (A. Penck 1909, 777).

Übersicht der jungen Bewegungen am Südalpenrand

Im W der eingreifenden Dinariden und im O der wirksamen Apenninen-Narbe stieß das Mittelmeer während der burdigalen, helvetischen, pontischen und mittel- bis altoberpliozänen Zeit kräftig gegen den Alpenkörper vor. Damit wurden nach der ruhigen Hebungs- und Abtragungszeit des Aquitans *Zeiten überwiegender Senkung sowohl der Vortiefe wie auch angrenzender Alpenteile gekennzeichnet; Zeiten zugleich eines gebirgswärtigen Zurückweichens jenes Flexur-artigen Scharniers, von dem aus die Alpen überwiegend in Hebung, ihre Vortiefe überwiegend in Senkung begriffen war.* Diese Hauptbewegungen setzten sich bis zur Gegenwart fort und spiegelten sich wider in der wechselnden Art der Sedimente wie auch in deren Höhenlage und Störung.

An der besonders starken, auch für die Gegenwart die nichtmarinen Absätze noch tief unter den Meeresspiegel hinabführenden Vortiefensenkung beteiligten sich offenbar neben jenen der ansaugenden Südalpennarbe auch die Kräfte an der SW-Flanke der Dinaridennarbe im Venezianisch-friaulischen O sowie diejenigen der NO-Flanke der Apenninnarbe in der Po-Ebene und besonders im piemontesischen W.

Mit dem schön symmetrischen Orogenbau der Julischen Alpen und seiner W-Fortsetzung durch die Karnischen Voralpen setzten auch die jungen Bau-Ausgestaltungen westwärts fort. Es scheint aber einen letzten Eingriff der dinarischen, in SO-NW ausrichtenden Kräfte zu bedeuten, *wenn der Narbenscheitel im W des Tagliamento-Knies um rund 40 km nach NW verlagert wurde,* und so die steife Dolomitenschüssel zur Hauptsache als Baustück der südalpinen Südflanke erscheint. Gleichsinnig dürfte der Narbenscheitel durch jungausgestaltete Blattverschiebung weiter im *O durch die Lavantstörung,* also ebenfalls durch eine dinarische Ausstrahlung, *um ein Stück gegen SO verschoben worden sein* (Abb. 62).

Die Burdigal-Transgression ging nordwärts bis an den zirkumadriatischen Jura-Abbruch, südwärts auf die Kreide des Belluneser Beckens. Die meist ungleichförmig übergreifende Unterburdigal-Transgression leitete die Absenkung des orogenen Oberburdigalschliers ein, der nordwärts noch mit untergefaltet wurde.

Außer bei Bassano, Verona-Adda verfolgten wir diese Transgression mit nachfolgender Schlier-Vertiefung vom Friaul bis Chiasso und besonders im westlombardisch-piemontesischen Innenbecken. Hier häufte sich der Langhe-Schlier in der benachbart fortziehenden Apennin-Vortiefe besonders mächtig.

Ohne starke Heraushebung und Diskordanz-Lücke wurde der zweite Meeresvorstoß gegen N, die zweite große Absenkung anzeigend, *im Helvet* geführt. Die grauen Helvetmergel und Molasse-Absätze des anschließenden *Tortons* messen mit dem Burdigal zusammen im Friaul 1,6 km. Gegen oben schalteten sich mit Brackwasserbildungen auch erhebliche Kalkschotter ein, weiter anhaltend durch Torton-Sarmat, vielleicht Unterpont. Starkes Baurelief im Gebirge wird damit angezeigt und läßt auf die letzten, großen orogenen Ordnungsbewegungen in den südlichen Karnischen Alpen und südlichen Dolomiten schließen. Hiergegen können auch die gleichförmigen Überlagerungen im südlichen Vortiefen-Inneren nicht angeführt werden.

Die grobe, das nun wieder verschärfte Baurelief im Gebirge beweisende, Schuttzufuhr begann zwischen Friaul und Vicenza erst nach dem Helvet; im Torton-Sarmat (-Pont) wohl bis über Brescia hinaus. Früher schon und mächtiger war die Geröllzufuhr vom Gebirge im Burdigal-Helvet zwischen Adda und Langensee: bunter Camerlata-Schotter kam aus NO (Bergell) mit über metergroßen Blöcken; zweimal vermutlich, im Burdigal und im Helvet.

Damit scheint uns eine im Miozän gegen W zunehmende Gebirgsbildung angezeigt zu werden. Denn am piemontesischen Beckenrand begannen die Schuttmassen des unteren Superga-Konglomerats offenbar schon im höheren Oligozän. Die oberen des Burdigals enthalten bereits wachsende Mengen von penninischen Serpentin. Hier war auch das oligozäne Schliermeer besonders tief, sein Sediment besonders mächtig. Hier erwuchsen parallel zum Alpenrand und parallel zum Apennin junge Antiklinalen. Hier gewann das Miozän in der apenninischen Vortiefe noch einige Kilometer Mächtigkeit und wurde dem Tortonmeer ein erheblicher Schuttkegel zugeführt.

Auch hinsichtlich der *Vortiefenbreite* erscheint uns *der piemontesisch-westalpine Südalpenteil als der baugeschichtlich jüngere, jetzt noch aktivere.* Denn die miozäne Absenkung konnte nach N in den Gebirgskörper im O sich nur rd. 25 km, im lombardischen Abschnitt noch über 30 km weit vorarbeiten. Dagegen tauchte die gesamte, über 100 km breite piemontesische Vortiefe zwischen Alpen und Apennin für lange Zeit und unter Gebirgsfaltung unter den Meeresspiegel. Diese Absenkung erwies sich auch spät noch als so nachhaltig, daß sie durch die jeweils folgenden, abtragenden Hebungen bis heute noch nicht wieder gut gemacht wurde. Darum liegt noch jetzt der Stumpf des Südalpenorogens hier im W unter Tertiär begraben. *Hier stehen wir zeitlich noch zu nah den starken orogenen Absenkungen, welche offenbar die vereinten Kräfte der südalpinen und der apenninischen Narbe verursacht hatten.*

Den miozänen Zugriffen folgte gegen ihr Ende im Torton-Sarmat offenbar wieder eine abtragende Hebung und schließlich einebnendes Gleichgewicht. Allein am Tagliamento-Ausgang und vielleicht bei Brescia haben wir noch reichere, mächtige Geröllzufuhr auf alten Hochflächen im Sarmat, welche sich sonst in dem viel unruhigeren piemontesischen W mit Absätzen von Gipslagunen und Süßwasser bedeckten.

Die *pontische* Stufe brachte danach eine neue Absenkung und für weite Gebiete *die letzte kräftige Gebirgsbewegung.* Auch die während Miozän-Altpont gleichmäßig übereinander gelegten Schichtfolgen der Vortiefe wurden nun im Pont endgültig ausgefaltet. Neu erscheinendes Kristallingeröll erweist das Auftauchen der Cima d'Asta und starke Fortschritte in Richtung auf das heutige Flußsystem im O. Unter Senkung bildeten sich die letzten, erheblichen Faltungen. Das Piazentin-Pont-Meer brachte mit der Senkung den orogenen Cornuda-Schlier und lagerte sein Sediment scharf diskordant westlich der Piave oder bei Salo über unmittelbar vorher gefalteten Untergrund. In ein vorpliozän zertaltes Gelände stieß das Pliozänmeer gegen die Bergamasker und Brescianer Berge vor. Über die zur Hauptsache vollendete Faltung hinweg griff bei Chiasso das etwa oberpontische Pontegana-Konglomerat. Aus seinem Geröllbestand ersahen wir, daß die im Anschluß an die

Faltungsphase durch das sich dann heraushebende Baurelief geschaffene Gebirgsoberfläche völlig umgestaltet war.

Ebenso fällt auch im piemontesischen Becken der Abschluß der kräftigen Faltung etwa ins Unterpont. Gegen die Ligurische Apennin-Vortiefe stieß mächtiges Geröll im Mittelpont aus dem aufgewölbten Baurelief vor, welches hier oberpontisch schon wieder unter den Meeresspiegel sank.

Abermals folgte auch der pontischen Senkung und Orogenese eine Zeit des außenbürtigen Baurelief-Ausgleiches, der Schotterzufuhr aus dem Gebirge, danach der inneren Reliefberuhigung und Verebnung. Die Ebenheiten sanken dann in der *mittelpliozänen* Plaisance-Zeit, teilweise noch oder erst in der altoberpliozänen Astizeit zum letztenmal unter das vorstoßende Mittelmeer. Grobe Astischotter rollten im Friaul nach S; Astisande begleiten in weiter Verbreitung den Gebirgsfuß. An das wohl oberpontische Pontegana-Konglomerat brandete das mittelpliozäne bis Unterasti-Meer an einem eingeebneten Gebirgsland im N. Oberpontische Congerienschichten überlagerten schon die apenninische Vortiefe. Das Meer der mittelpliozänen Plaisance-Stufe beweist wohl bis in die Astizeit hinein die letzten großen Senkungen im piemontesischen Becken.

Im Oberpliozän setzte dann *allgemeine Heraushebung des Gebirges und breiter gebirgsnaher Vortiefenteile* ein. Starke Flußzerschneidung und kräftige Ausräumung war allgemein die Folge. Doch auch hier beruhigte sich das Baurelief, so daß es außenbürtig wieder ausgeglichen werden konnte: Im Gebirgsland zu einer abgetragenen Flachlandschaft, im äußeren Vorland zu einer weiten Aufschüttungsebene. Beispiele für den gesamten Südalpenrand lernten wir kennen; ebenso für die allgemeine Aufkippung auch dieser jungpliozänen Ebenheit, für deren Verbiegung oder Bruch-Verstellung, für deren Zerschneidung während des Quartärs bzw. für die weitere Abkippung der Vortiefe, welche immerzu bis in die Gegenwart durch neue Schuttströme übergossen wurde. Schwache Faltungen wie jene der altdiluvialen Montello-Antiklinale, Kippungen und Flexuren jungpliozäner Ablagerungen mit 10—30° Schichtneigung, Brüche und starke Höhenverstellungen fehlen auch der Quartärzeit keineswegs.

9. Die Jungbewegungen in der Vortiefe des Westalpenbogens

(Vgl. Band I, 1951, Abb. 110)

Die Welle der orogenen Hauptleistungen, deren oberflächennahen Schauplatz wir uns für diese Spätzeit stark vereinfacht *als ein kräftig bewegtes Flexur-Gebiet* zwischen dem überwiegend emporstrebenden Alpenkörper und seiner überwiegend sinkenden Vortiefe vorstellen können, und von dem an Alpen- und Vorland-wärts diese Leistungen abflauten bzw. noch nicht ihr Hauptmaß erreichten, *diese Welle rollte auch im Westalpenbogen weiter von innen gegen außen.* Wir finden ihren Gang sogar ganz besonders eindeutig durch die schon früh einsetzenden, reichen Beobachtungen französischer Geologen an ungewöhnlich eindrucksvollen Tatsachen geklärt.

Die mitteloligozän besonders stark gewordene Faltung mit O-W-streichenden, noch dem Pyrenäen-Orogen gleichlaufenden Elementen, welche gern als voraguitane, der „savischen Phase“ angehörende Strukturen bezeichnet werden, liegen bereits auffallend genau in dem Vortiefenrandbereich der nordsüdlichen Rupelmeer-Senke. *In diese S-N-Richtung schlugen nun überhaupt die Achsen der Hauptbewegungen um.* Dies setzte aber *erst langsam*, nach einer langen, ruhigen Zeit des offenbaren inneren Umbaues ein.

Im Aquitan lag das Mittelmeer an der Rhonemündung kaum 15 km nördlicher als heute. Die randalpine Vortiefe fehlte gewiß nicht. Aber *ihre Absenkung* war nach der stampischen Meereszeit scharfer Absenkung und Bewegung *so schwach geworden*, daß der Antransport von Abtragungsstoff des Gebirges trotz eines, wie wir noch besser sehen werden, nur noch sanften, (aus der Feinkörnigkeit der überwiegend roten, schlammigen Molasse ersichtlichen) Gebirgsreliefs noch ausreichen konnte, um dem normalen Salzmeer den Zutritt zu seinem während der Rupelzeit eroberten Ringkanal zu verwehren. Diese, das ganze Alpengebiet umfassende Regression brachte also dank einer im W sehr verminderten Orogen-Leistung nur

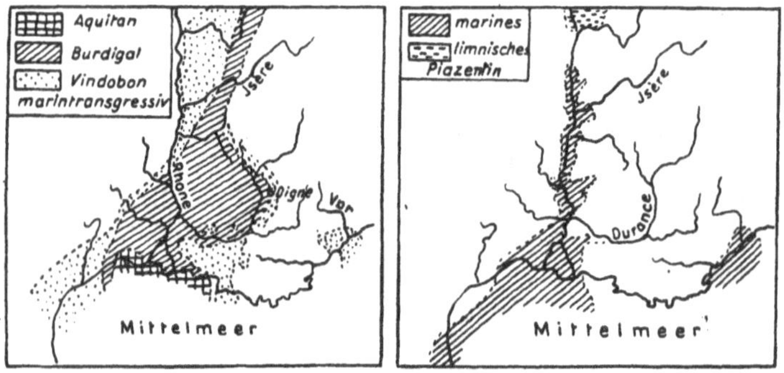

Abb. 66. Jungtertiäre Faziesverteilung im unteren Rhonetalgebiet.
Nahc G. Richter 1938.

sanftes Baurelief. Es wurde noch sanfter durch die Ausbreitung der Schlamm-Massen weit hinaus über die Vortiefenseen und durch die allmählich erreichte Ruhezeit, welche die abtragenden Kräfte dazu benützen konnten, um im Gebirge und im Vorland weite Ebenheiten zu schaffen. Auch die O-W-streichenden und seitdem herausgehobenen Provençalischen Falten der Rupelzeit wurden durch solche Ebenheiten mit wenigen Ausnahmen abgestutzt (Combaluzier 1933, Goguel 1933).

Erst mit dem Einsatz des Miozäns brachte die burdigale Zeit der I. Mediterranstufe die nächste Absenkungs- und Störungsphase, welche dem Mittelmeer erneut den Zutritt in den, freilich nunmehr schon westwärts verlagerten Ringkanal erlaubte. Doch führte auch diese letzte große Kraftanstrengung keineswegs einen einzigen, entscheidenden Schlag. Auch sie sehen wir durch *Rückschläge* unterbrochen, durch einen im Burdigal, einen zweiten am Ende dieser Zeit bis erst *die helvetische Stufe den Höhepunkt der angespannten Energien* verwirklichen konnte.

Abb. 66 zeigt, wie nach stark abtragender Verebnung und nach der Regressionslage des aquitanen Meeresufers (Abb. 66, links) der I. Burdigalvorstoß nur 150 km weit seine quarzkieseligen Grundkonglomerate und glaukonitischen Kalksande mit *Scutella paulensis*, sowie die Faluns von Sausset (Ch. Deperet 1893, 176f.) bis an die Drôme bringen konnte. Mit erneutem Anlauf sehen wir dann nach Bildung dieses Golfes die orogene Senkungswelle durch die Rhone-Vortiefe laufen. Denn nun lagerte sich das sandige und mergelig-kalkige, höhere Burdigal mit dem leitenden *Pecten praescabriusculus* küstennah und flachmeerisch nach den Seiten und besonders weit nach N ausgreifend über den älteren Untergrund bis über Kristallin des Zentralplateaus (H. Douxami 1896, 233). Der gleichzeitige Meeresvorstoß aus dem Wiener Becken vereinigte sich mit jenem aus der Rhone-Senke zum zweiten großen Ringmeer des Tertiärs. Das kaum 100 m mächtige Sediment drang buchtig in das umgebende Land. Die heutige Dalmatinische Küste wurde zum (äußerlichen) Vergleich genommen.

Rasch wuchs die Mächtigkeit der burdigalen Senkenfüllung nordwärts in Durancetal — Basses Alpes — Digne-Becken, um über das Becken von Vison, Montélimar, Drôme wieder mit schwindender Mächtigkeit weiterhin nördlich in schmalem Meeresarm auf küstennächste Reste beschränkt zu sein. Vom Isèretal bei Grenoble gegen NO sind die Fortsetzungen durch Savojen bekannt, weitere in den Juramulden von Ain bis in den Schweizer Jura und nach W bis an den Fuß der Cevennen.

Gegenüber der für die Rupelzeit anzunehmenden, durch Gebirgsbildung und Abtragung nur noch wenig scharf bestimmbaren Lage der Hauptsenkungsachse *stellen wir für das südlichere Rhone-Gebiet eine Westverlagerung der Vortiefe um rd. 100 km fest.* Eine gleichartige Westverschiebung können wir danach, natürlich mit Einschränkung, für den Hauptschauplatz der Gebirgsbildung ableiten.

Beachtlich ist die sehr wechselvolle Zufüllung des Burdigalmeeres mit mächtigen, fossilarmen Sanden und deren Übergang in die blaue, tonige Fazies *des orogenen Schliers* (Istres, Avignon, Crest). Gegen W stieß ganz allgemein der obere Teil der Sandmolasse transgressiv über die tieferen Horizonte des südlichen Rhonebeckens bis auf das Kristallin des Zentralplateaus (Croix-Rousse) vor. Aber auch noch in Ousiat (Ain) auf dem Jura im N griff die Sand-Molasse westwärts unter Erweiterung der Vortiefe über den Ablagerungsraum mit *Pecten praescabriusculus* weiter. *Also auch während des jungen Burdigals hielt jene große West-Verlagerung noch an!* Sie war begleitet von starken, in der orogenen Schlierfazies zur Geltung kommenden Bodenbewegungen und von einem Vorstoß auch festländischer Massen des Süßwassers an dem aufsteigenden Osten: Mitten in die Ostrea crassissima-Sande des Durance-Tales schob sich eine dicke Linse von Mergeln und Süßwasserkalken mit Festlandsschnecken eines Süßwasserbeckens zwischen den Kreidemassiven von Mirabeau und Beaumont (Ch. Deperet 1893, 186).

Gegen W rückten mit wachsender Reichweite und zunehmender Geröllvergröberung Schuttmassen des Gebirges der sich langsam westwärts ziehenden Senke nach, sie überholend und eindeckend. Nach einem Schema von H. Douxami geben wir dies in Abb. 67 wieder.

Diese Gesamtlage läßt verstehen, weshalb im Gegensatz zu der sehr reliefschwachen und regressiven Aquitanzeit, in welcher die ortsbedingten Fazies des Alpenrandes, des Zentralplateaus und des Jurarandes wohl voneinander unterschieden werden konnten, über örtlich ausgebildeten Sohlebildungen nun, besonders ab Spätburdigal, *der Alpenschutt von verschiedenster Körnung die gesamte Vortiefenfüllung bis zum Zentralplateau und bis über den heutigen Jura hinweg beherrschen konnte.* Überall die gleichen Muschelsandsteine, geröllführenden Sandsteine, Sande, Mergel, wenn auch sehr wechselnd und verschieden mächtig, was nach H. Douxami 1896, 235, durch *zahlreiche, geringe Teilbewegungen* hervorgerufen wurde. Insbesondere in der Osthälfte von Vaucluse zeigt sandig-brekziöser Burdigalkalk deutlich Einschüttung gegen W. Eine wohl aquitane Verebnungsfläche wurde in der Luberon-Kette noch von der Transgression überspült.

Dabei kamen durch das ganze Miozän von O frische Geröllmassen aus dem Gebirge: *Sein Relief muß sich bewegt und immer weiter erhöht haben.*

Helvet-Transgression. Nach den überwiegenden, seichtmeerischen Sandverfrachtungen, welche eine Verflachung des Meeres andeuten, erfolgte *die dritte, stärkste Transgression und Beckenvertiefung.* Der Absenkung im Vortiefeninneren

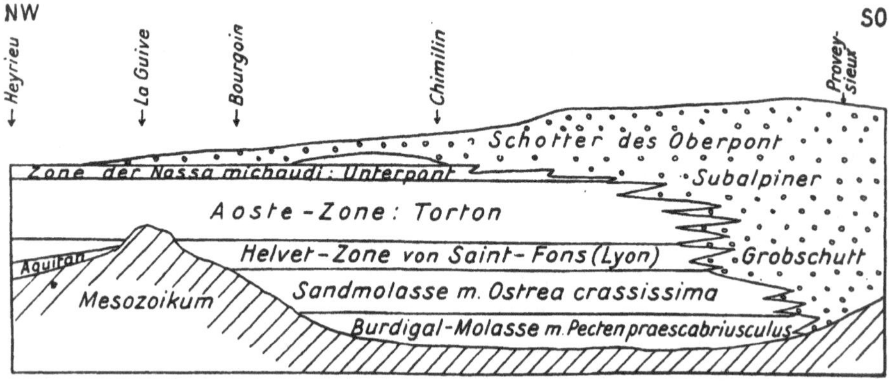

Abb. 67. Vorgreifen des subalpinen Grobschuttes gegen die marine Vortiefenfüllung im Miozän-Unterpliozän des Rhonetales. Schema nach H. Douxami 1896, abgeändert. Vgl. Abb. 68.

entspricht die Ausbildung mergelig-kalkiger Sedimente mit der neuen helvetischen Fauna der Cardita jouanneti Bast. (II. Mediterranstufe), sowie die Aus- oder Fortbildung der einige 100 m mächtigen Schlierfazies in Gegend Avignon. Tauchten im O einige Provençalische Ketten unter das Meer der vertieften Senke, so zeichnete sich solche Absenkung auch weiter durch verstärkte Zufuhr von Geröll und Sand namentlich von O her und durch eine kräftige Erweiterung der marinen Vortiefe in westlicher Richtung ab. Die bisherige, mehr subalpine Rinne überschritt die Rhone um ein erhebliches Stück (Abb. 67). Im Zuge der immer weitergehenden Westverlagerung der Vortiefe wurde auch die alte Querschwelle zwischen Valence und Lyon-Chambery unter den helvetischen Meeresspiegel hinabgebogen. Damit erweiterte sich auch hier der bisher schmale Meeresarm stark gegen W bis auf das Kristallin des Zentralplateaus, welches, bereits freigelegt, seine Wildbachgerölle gegen O über den jungen, durch Einebnung noch nicht ausgeglichenen, meridionalen Grabenbruch am Cevennenrand entgegenschickte.

Torton-Rückzug. In der späteren *Cardita jouanneti*-Zeit des älteren Tortons unternahm das Vortiefenmeer einen letzten Vorstoß westwärts gegen das Französische Zentralplateau, so daß auch noch für diese Spätzeit *das Bestreben, die Vortiefe gegen außen zu erweitern,* ersichtlich wird. Allgemein aber stellten sich über den marinen Sedimenten der Vortiefe im Torton Brackwasser- und Süßwasserbildungen ein, welche zunächst noch im O der Forcalquier-Digne-Bucht über Apt oder Barrême übergriffen. Randliche Kalkkonglomerate bezeichneten vielfach seine Ufer; auch längs einiger Inseln wie am Lubéron.

Wiederum wie im Aquitan deuten wir uns die Zufüllung und Aussüßung des helvetischen Meeres mit der *zu schwach gewordenen Vortiefen-Absenkung,* welche den frischen Zuzug vom Mittelmeer nicht mehr erlaubte und das Becken zu wenig aufnahmefähig werden ließ. Zugleich süßte sich ja auch in der Schweiz und in Süddeutschland das große Ringmeer allmählich aus und ging durch geringere Senkung oder sogar überwiegende Hebung die Meeresenge bis Wien verloren. Das Tortonmeer bildete nur noch einen Golf im Rhonegraben, der nach N bis Lyon reichte.

Daß trotz aller mehr oder weniger gesicherten Konkordanz im Beckeninneren *während der Miozänzeit kräftige Orogenbewegungen fortgegangen waren,* wird durch die starken, ostwärts gegen den Alpenrand sich vergröbernden Schuttabgaben des Gebirges angezeigt. Jetzt schon weit aus dem Inneren wanderten diese Gerölle heran und zeigten gleichzeitige, letzte Deckenbewegungen an (Kilian 1921). Die orogene Fazies der Vortiefenfüllung und ihr wechselvolles Übergreifen nach außen beweisen außerdem die orogene Unruhe.

Pont. Nach Zufüllung und Aussüßung des helvetisch-tortonischen Meeres und der offenbar im Sarmat, von dem wenig bekannt ist, vollzogenen allgemeinen Landhebung blieb allein die tiefste subalpine Rinne noch Ablagerungsgebiet. Diese „Rhone-Straße" Avignon—Grenoble (Abb. 66) nahm neben limnischen Kalkmergeln mit *Helix christoli* auch rote Lehmanschwemmungen mit *Hipparion gracile* auf, bei Grenoble Lignit-führende Mergel. Es ist sehr bezeichnend, daß also nun *die Achse der Senkung vom O her bereits am heutigen Rhonetal angelangt war.*

Noch bis dorthin rückten dieser Verlagerung von O unter Vergröberung und Verdickung namentlich im Durance-Verdon-Bereich die alpinen Geröllschuttmassen gewaltig nach (Abb. 67). Bis 500 m versank die sie in dieser Mächtigkeit aufnehmende Randfurche z. B. bei Digne-Castellane. Offenbar stehen diese Schuttkegel im Zusammenhang mit dem während und nach der großen *Ostunterschiebung des Vorlandes* unter die Embrunais-Ubaye-Flyschdecken allmählich auftauchenden und nun in Abtrag begriffenen Baurelief der miozänen und noch der pontischen Zeit. Erheblicher Schutt kam auch von der Mauretanischen Masse aus SO, von dem bewegten Gebirge am Var aus N.

In der Digne-*Senke,* am unteren Var, Rhone-abwärts Valence oder bei Grenoble, wo Pont gleichförmig über Miozän liegt (Abb. 68), braucht natürlich eine, jene Miozänbewegungen beweisende Diskordanz nicht zu bestehen. Das ungleichförmig aufruhende Pont-Konglomerat (Abb. 69) überlagerte vermutlich helvetische, vielleicht noch tortonisch bewegte Falten (am unteren Verdon, im N von Chambéry; in Verbindung mit der vorpontischen oder „attischen" Phase das Kettenjura). So griff, wie vorstehende Abb. 69 zeigt, am Luberon-Südrand das Pont mit *Hipparion gracile* ungleichförmig über Torton-Helvet, die kräftig gegen N unterfaltet sind (J. SAVORNIN 1903). ONO-streichende Falten, welche unterhalb von Sisteron an die Durance herantreten und Aquitan-Burdigal teils gleichförmig, teils ungleichförmig zum älteren Oligozän zeigen, werden von flach aufliegendem Pontschotter abgeschnitten. Dieser liegt in großer Mächtigkeit östlich des 50 km langen Durance-Bruches auch daneben abgesunken.

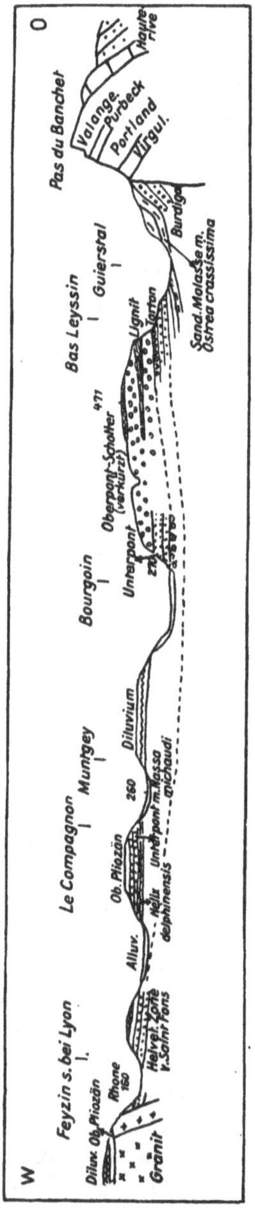

Abb. 68. Allgemeines Profil des Rhonetaltertiärs bei Lyon zwischen Alpen rechts und Französ. Zentralplateau links (ö. Bourgoin, verkürzt) nach H. Douxami 1896.

Die mit dem genannten Bruch ungefähr gleichgerichteten NNO-Gräben und Brüche des Vaucluse-Plateaus, welche noch Burdigal verwerfen, Pont aber nicht mehr, und weiterhin die Zerrungsbrüche am östlichen Zentralplateaurand sind wohl die Zerrungsfolgen auf dem Rücken der miozän ostwärts gegen die alpinen Decken und Schuppen hinabrückenden Vorlandmassen. Die Brüche am Cevennenrand wurden bereits von den pontischen Basaltdecken überflossen, von Basalttuffen mit Säugetierresten eingedeckt; sie waren somit vorpontisch.

Wenn vorhin gesagt wurde, daß noch während des Miozäns andererseits sich die Hauptmuldung der Vortiefe *westwärts* verlagerte — also über dem gleichzeitig *ostwärts* das Gebirge unterschiebenden Untergrund, so liegt hierin kein Widerspruch (Abb. 70).

Müssen wir uns doch wohl vorstellen, daß jene Unterströmung gegen O je tiefer („I"), desto energischer voranschritt und daß im W gleichzeitig, dank dieser Massenabfuhr unten, um so mehr die Möglichkeit zur Senkung der Oberfläche bestand. Über der langsamer gegen O rückenden Vortiefenschicht „II" wird darum in aufeinanderfolgenden Zeiten die Hauptmulde der Vortiefe in „III" nacheinander bei a, b, c, zu liegen kommen. Die oberflächennahe Stauung schuf ihre Struktur unabhängig von Tiefe und Außenausdehnung der Vortiefe.

Dieser gewaltige *Unterströmungsvorgang des Westalpenbogens* brachte schon in früheren Abschnitten der Baugeschichte, weiter alpeneinwärts, seine oberflächennahen Staustrukturen, Unterschiebungen, Unterfaltungen zustande: juvavischvorcenoman, und jungkretazisch, während des Eozän-Oligozän-Flysches. Er veranlaßte im Miozän (? Helvet) die Absendung des mächtigen Geröllschuttes in die im W versinkende Vortiefe. Seine am weitesten außen gelegenen Stauleistungen erschließen wir aus dem scharfen Baurelief, auf welches wir aus dem pontischen Geröllschutt schließen dürfen und aus dessen Unterschiebung unter die mesozoischen Randketten von Digne bis Nizza. Hier unterschob sich Pont unter Trias und zwar vor dem darüber ungleichförmig ruhenden, marinen Mittelpliozän (Piazentin, ? Oberpannon).

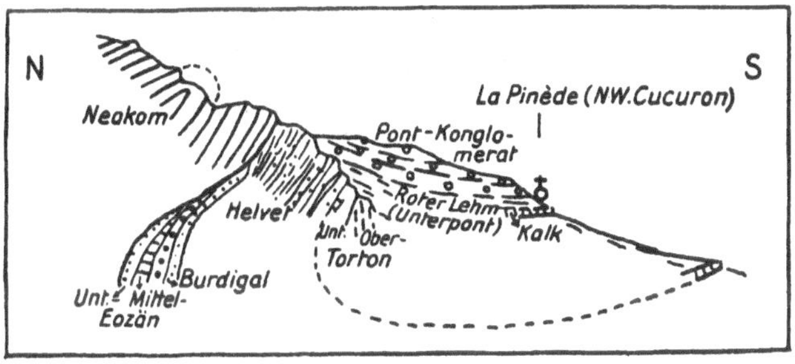

Abb. 69. Profil durch die Nordflanke der Cucuron-Mulde nach J. Savornin 1903.

Die gesamten Alpenrandketten dürften im älteren Pliozän (nach H. Stille 1924 „rhodanisch") gegen O bzw. N durch das Vorland unterschoben, dabei unterschuppt und unterfaltet worden sein. Ebenso unterschob sich damals das Vercors ostwärts der Pelvoux-Masse, denn Mittelpliozän wurde auch hier in ungleichförmiger Lagerung über den Vercors-Falten gefunden. Die faltende Einengung einschließlich miozäner und teilweise pontischer Schichten, die z. B. westwärts Digne mit ihren Konglomeraten NW-SO-streichende, schwache Sättel erhielten, ist um das vorher zerbrochene Vaucluse-Schollenland herum weit verbreitet. Natürlich gab es auch viele posthume Erscheinungen. Die Rhoneniederung sank weiter. Diese Senkungen gingen aber dann in regional ausgebreitete Hebung über, denn das Pont zeigt weithin ein erheblich zerschnittenes Relief, das nachfolgend eingedeckt wurde.

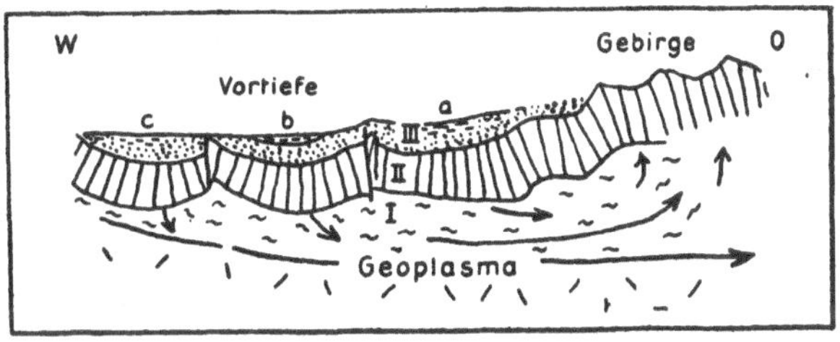

Abb. 70. Geoplasma-Unterströmung, darüber gegen außen vom Gebirge über *a*, *b* nach *c* aufeinanderfolgende Vortiefenverlagerung. Schematisches Profil. I Kristalliner Unterbau, II Mesozoikum, III Molasse.

Im Mittelpliozän (Piazentin) wurde die Rhone-Straße von der alten, schmalen Mittelmeertransgression zum letztenmal beschritten (Abb. 66, 67). Über Congerienschichten liegen bis 200 m flachmeerische Mergel, welche zur oberpliozänen Astizeit nur noch von brackischen und von Landbildungen bedeckt wurden. Viel Sande schickte das aufsteigende Zentralplateau gegen O in die oberpliozäne Vortiefe.

Im übrigen aber *hob sich im Oberpliozän das ganze Westalpenvorland*, so wie schon vorher das ganze Alpengebiet immer höher. Die Flüsse bildeten in Pausen dieser Hebungen jeweils Schotter-bedeckte Verebnungsflächen, die teilweise wohl auch mit gewissen Klimaänderungen zusammenhängen und in einer Terrassenschachtel angeordnet sind.

Aber auch für diese Zeit lassen sich noch erhebliche *Randstörungen* nachweisen; so (ZURCHER 1906) steil gestelltes Piazentin unter Mesozoikum des Alpenrandes. Posthume Bewegungen an der unteren Durance, Kippungen des Mittelpliozäns gegen die Rhone leiten hinüber zu letzten quartären Verbiegungen. Solche lassen sich aus der viel bedeutenderen Höhenlage des Alpenkörpers und des marinen Piazentins (bei Nyons 400 m, Nizza 350 m M. H.) gegenüber jener des Rhonetals, aus den Verbiegungen der älterdiluvialen Terrassen und aus altquartär-marinen Schichten entnehmen, welche an der Mittelmeerküste noch 30 m gehoben wurden. Das Piazentin-Asti-Delta des Var-Flusses nordwärts Nizza ist im N um fast 300 m höher gehoben als an der Küste.

Die großen orographischen Elemente von heute gewannen *durch quartäre*, noch nicht abgeschlossene Bewegungen ihre Eigenart: Der aufsteigende Alpenkörper und das Zentralplateau, das ihnen gegenüber zurückbleibende Rhone-Feld.

10. Jungbewegungen im Bas Dauphiné-Savoyen

Betrachten wir noch die nördlichen Fortsetzungen bis zum Genfer See, so finden wir wieder die Erfahrung bestätigt, daß sich *baugeschichtlich ungefähr gleich fortgeschrittene („alte") Zonen im Streichen annähernd gleich verhielten.*

Beginnend mit der *oberburdigalen Zeit* des *Pecten praescabriusculus* wurde sehr mächtige Meeresmolasse am Alpenrand durch Wildbäche aufgeschüttet, welche den damals in verschärftem Baurelief herausgehobenen inneren Alpenketten entstammten. Die Küstensande bildeten den kalkig verkitteten Glimmersandstein, der mit den Mergelbänken wechselt. Dazwischen schoben sich je weiter gegen O desto mehr (Abb. 71) und um so mächtiger die Wildbach-Verschüttungen der Nagelfluhen. *Das Baurelief stieß allmählich gegen W vor.*

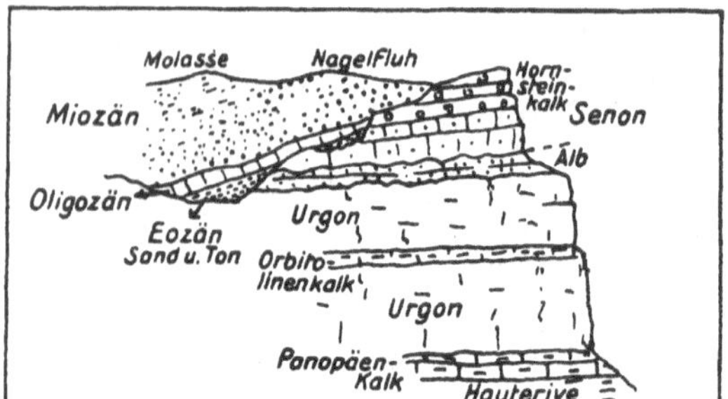

Abb. 71. Profilschema am subwestalpinen Rand bei Grenoble. Nach M. Gignoux & L. Moret 1930, 16.

Daher finden wir die Konglomerate des Bas Dauphiné nur in der obersten Molasse, im Pont, während wir sie in den subalpinen Ketten schon ab Burdigal (Voreppe—Proveysieux, Abb. 67) durch das ganze Miozän hindurch antreffen. Häufig sind nach H. DOUXAMI neben den Perm- und Trias-Quarziten schwarze Liaskalke und Rollstücke aus dem Kristallin von Dauphiné-Savoyen: rote und grüne Porphyre; im Pont Protogine des Montblanc; weiter Gerölle von Variolith, Grünstein der Glanzschiefer sowie Hornstein aus dem Oberjura des

Briançonnais. Wir leiten hieraus ab, *daß seit dem Miozän die innere Alpenzone schon aufgetaucht und tief entblößt war.* Eine grundlegende Veränderung der Geröllarten, abgesehen von deren Vergröberung in jüngeren Horizonten, ist nicht bekannt. *Es fehlt auch hier das exotische Molasse-Phänomen dort, wo die Schubdecken fehlen!*

Das vordringende Burdigalmeer lagerte seine Absätze über Oligozän, Senon, Urgon. Starke Diskordanzen fehlen noch im Gegensatz zu den südlichen subalpinen Ketten. Die großen inneralpinen Faltungen ereigneten sich im Eozän und Mitteloligozän. Es sind daher *die nachmiozänen Faltungen, welche allein deutlich in den subalpinen Ketten, z. B. der Isère, beobachtet werden können, und die hier den Hauptabschluß der Alpenbewegung bilden.* In Abb. 33 ist die geschuppte Abscherungsrinde der subalpinen Zone dargestellt, welche sich nach P. LORY von ihrer Lias-Trias-Kristallin-Unterlage abgelöst hat. Gegenüber den von ihrer Unterlage weit entfernten helvetischen Decken kann sie aber noch als „autochthon" bezeichnet werden.

Die Molasse liegt nur noch in den Mulden erhalten (Abb. 33). Bei Pommiers führen hier Tone des *Tortons* Lignit mit *Cerithium papaveraceum* und *C. bidentatum.* Tiefer liegt in der Voreppe-Mulde glimmerführender Molassesandstein mit Konglomerat (Radiolaritgeröll) und Ostrea crassissima des Helvets. In der südlichen La Vence-La Monta-Mulde, wo Burdigal über Senonkalk (dieser mit bunten Sand- und Ton-gefüllten Taschen des festländischen Eozäns) liegt, schiebt sich am Grund des Vencetals unter die marine Burdigalmolasse ein Süßwasserkalk und rotknolliger Mergel mit zahlreichen *Plebecula ramondi* des Katt.

Gegen Ende des Miozäns war nach einer tortonischen Brackwasserzeit und einer, der aquitanischen ähnlichen Sarmat-Zeit von verhältnismäßig ruhiger Hochlage eine anschließende Heraushebung durch kräftige Zerschneidung der Oberen Süßwassermolasse mit *Mastodon longirostris* im Bas Dauphiné zwischen Rhonetal und Alpenfuß durch tiefe Täler zerfurcht worden.

Die orogene Entwicklung war inzwischen soweit gediehen, daß die neue Kraftanstrengung *im Pont die Hauptsenke hinaus in den Bas Dauphiné verlagerte.* Die alten Talfurchen wurden im Pont teils durch Flußschotter zugefüllt, teils in der Gegend von Lyon unter den Spiegel des mittelpliozänen Meeres getaucht und von dessen Piazentin-Sediment eingedeckt. Im Lauf des Pliozäns schob sich das so tief gesenkte Vorland mittel- bis nachpontisch gegen SO unter das hierbei weiter „vorrückende" Außenmassiv der Belledonne und unter die Vorplatte von Pelvoux-Mercantour. *Dabei wurde der heutige subalpine Falten- und Schuppenkranz des Westalpenbogens unterschoben, unterfaltet und so angebaut.* Die anschließende langsame Oberpliozän-Hebung, während deren zunächst wohl eine Einebnung stattfinden konnte (A. PENCK 1909, 655), war aber noch immer im Gebirge stärker. Auf der gegen das Rhonetal absinkenden Verebnungsfläche breitete sich daher nun als umgelagerter Aufbereitungs-Rückstand der höher oberpliozäne Quarzitschotter mit *Mastodon avernensis* ähnlich jenem des Plateau lyonnais als weite Decke aus.

Schließlich muß aber die Abkippung gegen W auch diese Quarzschotterplatte *noch stark verstellt und der benachbarte Alpenkörper sich noch erheblich gehoben haben.* Denn von 140 m Höhenlage über der Rhone bei Lyon steigt der Schotter auf 270 m über dem Fluß bei St. Rambert (400 m M. H.) und erreicht 50 km ostwärts im Chambaran-Walde fast 800 m M. H. Die nach dem Oberpliozän noch erreichte Überhöhung des Alpenrandes gegenüber dem Rhonetal beträgt also 300 bis 350 m (A. PENCK 1909, 654). Die pliozänen Quarzitschotter des Plateau lyonnais erheben sich 300 m über die diluvialen Plateauschotter der Dombes nordwärts Lyon.

Die jungpliozäne Chambaran-Schotter Verebnungsfläche wurde wohl richtig mit der oberpliozänen, nach der Faltung und Hebung entstandenen des Schweizer Jura und mit jener verglichen, welche im nördlichen Teil der südbayerischen Hochebene das Hügelland der obermiozänen Süßwassermolasse köpft.

Die altpontischen Gebirgsbewegungen haben auch durch Faltung und nachfolgende Heraushebung der südlichen Juraketten *die Rhonetalvortiefe von ihrer Fortsetzung* über den Genfer See nach der Schweiz orographisch *abgetrennt.* Beide Vortiefen-Abschnitte machten daher außenbürtig später ihre eigene Geschichte durch.

Die oberpliozänen Alpenschotter der „Hauts Plateaux" bildeten im Rhonetal eine mächtige, rasch gegen die Rhone absinkende Auflage, nach O bis auf 380 m über dem Jura und alpennäher noch weiter ansteigend. *Im Juragebirge liegen sie noch wesentlich höher und an dessen Rand wurde das Pont nachträglich noch senkrecht aufgerichtet, ja überkippt.* In der *Bresse-Senke* des Saône-Grabens sind die Plaisance-Asti-Mergel gleichzeitig *gesenkt und gefaltet.* Im S des Rhonetals liegen gleichalterige Ablagerungen auf über 400 m gehoben. Die rißzeitlichen Stausee-Absätze, welche nach einer Bohrung bis 160 m hinabreichen, und das ungewöhnlich schwache Saône-Gefälle oberhalb Trévoux beweisen die *Fortdauer der Saônegraben-Absenkung noch bis zur Gegenwart* (A. PENCK & E. BRUECKNER 1909, 668).

Übersicht der Jungtertiärbewegung am Rande des Westalpenbogens

Nach den noch O-W gerichteten Hauptbewegungen in der oligozänen Vortiefe und im weiteren Vorlande des Westalpenbogens stieg das Gesamtgebiet langsam aufwärts. Es erhielt über dem Meeresspiegel die weit überwiegend feinschlammigen See- und Festlandsabsätze der aquitanen Zeit unter weitgehendem Reliefausgleich. Dabei finden wir aber die S-N-Richtung der Rhone-Vortiefe bereits, wenn auch verschwommener als vorher, ausgeprägt. *Die orogenen Kräfte müssen stark vermindert gewesen sein.*

Die dann einsetzende Orogenbewegung *im Burdigal* begann wiederum mit einer großen, die Meeresüberflutung erlaubenden *Vortiefen-Senkung in S-N.* Die Vortiefe nahm zunächst nur 150 km weit nach N das Meer auf; jedoch lag sie bereits nicht mehr im alten, durch Gebirgsbewegung erledigten Rupelkanal des Ostens, sondern *bis zu 100 km westlicher.*

Auch ist nun grundlegend neu, daß wir den Meereszutritt nicht mehr aus den alten, vortiefenartigen Mulden eines eozän-altoligozänen Archipelmeeres, sei es des alpinen, sei es des pyrenäischen Orogens herbeziehen können. Sondern eindeutig kam von jetzt an *„das Mittelmeer" allein als vorstoßendes Meeresbecken in Frage. Die gewaltige zertrümmernde Absenkung und Beschneidung der mittelmeerischen Orogenbauten,* wie wir sie am Beispiel des zerfallenden Ostalpenrandes oder des piemontesischen Niederbruches kennenlernten, war weiter im S schon viel mehr fortgeschritten. *Sie hatte zur Bildung eines neuen, vielfach quer zu den älteren Orogenbauten durchgreifenden Meeresbehälters geführt.*

Ein neuer, die aufbauenden Narbenleistungen der einzelnen Orogene überragender Hauptbewegungsantrieb wurde damit sichtbar und schuf unter Zertrümmerung der alten Orogeneinheiten die neuartige, diesen übergeordnete Trümmer-Einheit des Mittelmeeres.

Die zweite Kraftanstrengung am Rande des Westalpenbogens führte *im höheren Burdigal* (II) das *Pecten praescabriusculus*-Meer meist ungleichförmig um die ganzen Alpen bis ins Wiener Becken in einem neuen Ringmeerkanal (Abb. 72). Nordwärts, im Isère—Rhone-Durchbruchsgebiet war der neue Kanal noch schmal und seicht. Aber in Savoyen wurde das höhere Burdigal teilweise schon recht mächtig. In dem tiefen und breiten Südabschnitt beweist uns die orogene Schlierfazies und der transgredierende Meeresvorstoß insbesondere gegen das Zentralplateau und das heutige Juragebiet im W zusammen mit der wechselvollen Fazies und den Geröllleinschüttungen von den Alpen im O her, besonders in Savoyen, die scharfe Unruhe des Baureliefs als gutes Merkmal der gleichzeitigen orogenen Tiefenbewegungen. Die Gesamtvortiefe wurde von den alpinen, *frischen*, dem sich immer weiter fortbildenden Baurelief also entstammenden Abtragungsstoff übergossen.

Seichtmeerische Verflachungen und Becken-Einengungen lassen nachfolgend zunächst zwar auf ein *Abflauen der orogenen Senkungskraft* schließen. Danach aber setzte der dritte große Meeresvorstoß ein. *Er spiegelte den Gipfelpunkt der orogenen Kraftleistung zu helvetischer Zeit wider.* Tiefer wurde das Meer und orogene Schlierfazies setzte es ab im Beckeninneren. Nach außen stießen neue Ablagerungen randlich übergreifend vor. Entsprechend dem subalpin offenbar beträchtlicheren Reliefanstieg führte der Übergriff im O weniger weit. Viel weiter reichte er an dem anscheinend flacheren Westbord gegen das Französische Zentralplateau und den heutigen Jura. Damit wurden neue Flächen der alpinen Vortiefe gewonnen, wurde der burdigale Meereskanal auch im N stark erweitert.

Die Tortonzeit brachte bei starker Verbrackung und Aussüßung des Beckens zunächst in der Digne-Bucht zwar noch immer orogen zu wertende Randübergriffe. Allgemein aber erfolgte eine starke Zurückdrängung des Meeres. Wir schließen auf *verminderten orogenen Tiefenzug*, welcher im Verhältnis einen sanften, allgemeinen Aufstieg und wenig gestörte, außenbürtige Reliefausgleiche ermöglichte. Die Vortiefe stieg nach wie vor axial gegen N an von dem neu niedergebrochenen Mittelmeer aus; daher reichte das Meer in ihr nur noch bis Lyon. Noch immer weiter schoben sich die alpinen Grobschuttmassen gegen W vor. Weithin mangelnde Nachweise für *sarmatische* Sedimentation deuten wir als Anzeichen stark fortgeschrittenen Baurelief-Ausgleiches in allgemein höherer Lage, also *vermehrter orogener Ruhe.*

Diese Ruhe lief zu *pontischer Zeit* aus. Denn neuerdings stießen die alpinen Schotterflächen besonders kräftig gegen W vor. Das stark absinkende pontische Durance-Becken belud sich mit mächtigem Schutt. Pontschotter und roterdige Festlands-Einschüttungen reichten von der Var-Mündung bei Nizza im S bis über Genf hinaus. Sie beweisen *verschärftes Baurelief*, welches nun durch den erosiven

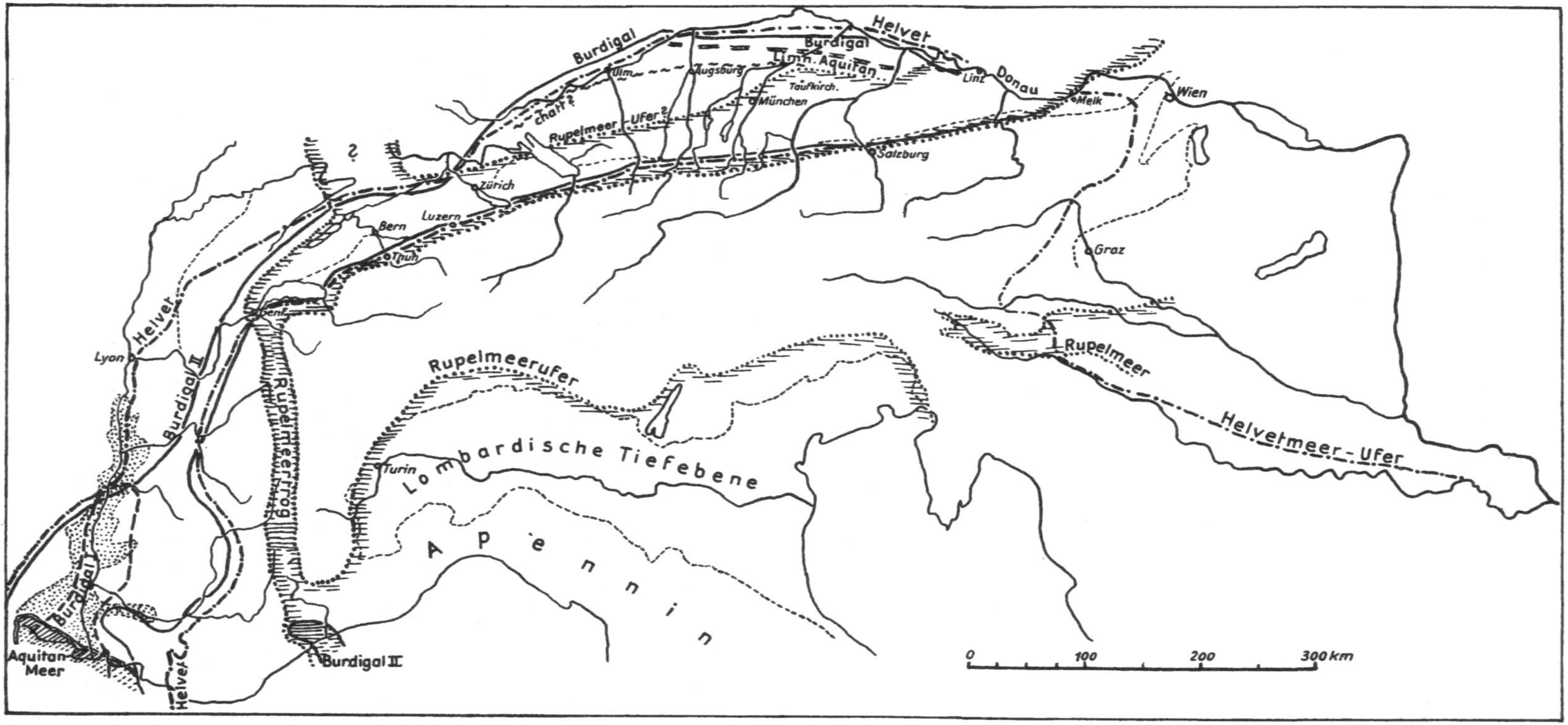

Abb. 72. Die jungtertiären Meeresvorstöße im Alpenumkreis während der orogenen Hauptzeiten der Rupelstufe (Punkte), des Burdigals I (gestrichelt) und II (einfacher Strich), des Helvets (strichpunktiert) und des Piacentins, Mittelpliozäns (punktierte Fläche). Allmähliche Verlegung der einheitlich gewordenen Vortiefen durch die breiter emporschwellende Gebirgsmasse nach außen. Niederbrechen und Zurückdrängung der älteren Bauanlage am Alpenostrand. Die seit dem Mitteloligozän erfolgte Einengung ist nicht berücksichtigt.

Besen immer weiter freigekehrt wurde: *Das war die Folge der mit vermehrter Vortiefensenkung verknüpften Gebirgsbewegung im Rückland.* Dabei finden wir die Hauptsenkungsachse zum großen Teil bereits nach W bis zur heutigen Rhone verlagert. Dieser Verschiebung rückte die alpine Schuttmasse mächtig nach, wobei älteres Relief z. B. im Bas Dauphiné zugefüllt wurde.

Die erste sichtbare *Faltenbewegung des Jura-Untergrundes* ragte im NW weit in diese pontische Zeit hinein.

Alle Anzeichen sprechen dafür, daß *nach vorpontischen Teilbewegungen die tief gesenkte und in Zuschüttung begriffene Vortiefe sich mittel- bis nachpontisch noch weiter ostwärts unter den Westalpenbogen hineingeschoben hat.* Dabei wurden auch die bisher gleichförmig übereinander aufgestapelten Vortiefen-Innensedimente kräftig zusammengefaltet. Ihr Kranz bildet die subalpinen Ketten und den Faltenjura von heute.

Das sich hieran anschließende Erlahmen der orogenen Kräfte brachte den offenbar isostatischen Aufstieg, der neue Abtrag- und Verfrachtungskräfte wachrief und zu neuem Geländeausgleich Anlaß gab.

Vermehrte Absenkung wurde schließlich im *Mittelpliozän* durch das letzte Vordringen des Rhonetal-Meeres in der Piazentinzeit abgebildet. Während der oberpliozänen Asti-Stufe folgte dem die übliche Verbrackung, Aussüßung, Zufüllung in der Vortiefe, die langsame Heraushebung des Gesamtgeländes einschließlich der Gebirgsnachbarschaft, die trotz der zwischengeschalteten, verebnenden Abtragung in Ruhezeiten doch allmählich ihre heutige Höhe erreichte. Auch die Vortiefe erhielt so ihre Terrassen-Verschachtelung.

Die *oberpliozän* umgelagerten und in den Ruhezeiten am Ort lang zersetzten Gerölle sind nun in besonderem Maße zu *Restschottern* geworden. Aber auch ihre nach W vielfach bis an die Rhone vorgedrungenen Schotterplatten wurden dank dem späteren Gebirgs- und (schwächeren) Vortiefen-Anstieg noch kräftig nach außen gekippt. Das Vortiefenrelief hob sich im Bereich des Rhonedurchbruches so kräftig, daß im S des entblößten „Juragebirges" auch die alte Vortiefenverbindung zwischen dem tief verschütteten Bas Dauphiné und dem Schweizer Vortiefenbereich unterbrochen wurde.

Dafür wurde die durchgängige Vortiefe auf die Außenseite des französisch-schweizerischen Jura in die noch heute weitersinkende Saône-Grabensenke verlagert.—

Wir können die Vereinigung der orogenen Leistungen allein auf kurzfristige Orogenphasen (vor- und nachmiozän oder „attisch", nachpontisch oder „rhodanisch", nachpliozän oder „walachisch") also *nicht erkennen.* Wir finden vielmehr eine meist klar hervortretende *Vermehrung der orogenen Kräfte sowohl für das dann belebte Baurelief des Alpenkörpers wie für die dann kräftig niedersinkenden Vortiefen* mit orogenem Sediment und anderen Unruhe-Anzeichen in den *langen* Zeiten der Meerestransgression und der mächtigen Sedimentation. Diese waren unterbrochen von *langen Zwischenperioden des Meeres-Schwindens*, des inneren und äußeren *Relief-Ausgleiches während festländischer Höhenlage.*

Die Strukturbildung, der „Bau", aber vollzog sich nach Ausweis seines gleichzeitigen Oberflächenreliefs *in den Zeiten der überwiegenden Abwärtsbewegung. Wir stehen wiederum vor dem „Hinabbau".*

Da wir außer Diskordanzen und Geröllschüttungen auch die anderen orogenen Kennzeichen beachten müssen, verlieren wir zwar die Schärfe des Phasen-Schemas. Wir sind aber davon überzeugt, daß wir dafür der wirklichen Baugeschichte näherkommen.

11. Die Jungbewegungen in der Schweizer Vortiefe

Sedimentäre Anzeichen im Schweizer Mittelland

Aus den Teilmulden über der Jurazone des Bas Dauphiné, von Voreppe und Chambéry entwickelt sich nordwärts in rascher Verbreiterung die Molassevortiefe (Abb. 73, Taf. III), welche südlich Genf noch einige Jura-Aufragungen umschließt, weiterhin aber bereits den Bogen des Genfer Sees beherbergt und das seenreiche Schweizer Mittelland bis über den Bodensee hinaus unterlagert, bedeckt von diluvialen Moränen und Schmelzwasser-Absätzen, sowie von Alluvium.

Diese weite Vortiefe zwischen dem Faltenjurabogen und den Alpen hat *seit dem Jungtertiär eine deutliche Achsensenkung von WSW gegen ONO.* Die (nachträgliche) Vortiefenhebung läßt sich in der Westschweiz auf 800—1000 m, in der Mittelschweiz auf 500—650 m, in der Ostschweiz auf 300—400 m angeben. Eine wichtige Folge hiervon ist *die Ausräumung der miozänen Molasse im SW*, wo nach Abb. 73 im W von Lausanne—Neuenburger See unter ihr das Aquitan erscheint. Ostwärts bildet dann zunächst das Burdigal/Helvet die erhalten gebliebene Molasseoberfläche. Noch östlicher, von der Großen Emme beginnend, stellen sich darüber schließlich auch Torton-Sarmat ein, die gegen den Bodensee über 1000 m Mächtigkeit erreichen.

Andererseits haben die scharfen subalpinen Störungen und die nachfolgenden, zur Abtragung führenden Hebungen primär oder erst nachträglich die Verbreitungsgebiete der Molassestufen beschnitten. Auch subalpin hebt sich der oligozäne Molasse-Untergrund der miozänen Vortiefenfüllung unter dieser hervor. Gleiches gilt, wenn auch flacher und ohne dieselben Störungen, für den Molasserand am Faltenjura im NW und mit wenigen örtlichen Unterbrechungen über den Randenjura hinaus zum Bodensee. Wir erkennen also *in der Schweizer Vortiefe eine langgestreckte, flache Schüssel, deren Mittelachse gegen ONO absinkt und deren unterlagernde Stockwerke einerseits am Alpenrand und andererseits im Falten- oder Tafeljura emportauchen.*

Schon hier müssen wir es für sehr unwahrscheinlich halten, daß nur die tieferen Schichthorizonte, nicht aber auch deren, von der im Innern der Vortiefe ruhig lagernden Jungmolasse abweichender Bau vom Rande her unter die Vortiefe hinabgreift. Irgendwie muß wohl *der subalpine Bauplan unter der Vortiefenmolasse hindurch jenem des Faltenjura die Hand reichen.* —

Im westlicheren Schweizer Mittelland N. der subalpinen Molasse hat man über etwas Bohnerzeozän und limnischen Tongrium-Rupel 500—600 m Bunte, im W gegen oben Gipsführende Molasse, unten Blättermolassesandstein, oben meist Mergel des Katt. Darüber fanden sich 280 m (im W) bis 600 m (im O) graue und bunte Sandsteine mit Mergeln des Aquitans, dann diskordant folgend 150 m glaukonitische Sandsteine des Burdigals im O mit etwas Kristallingeröll schließlich bis 200 m Glauconitsandsteine mit etwas Mergel des marinen Helvets.

Man bemerkt nur einen recht allmählichen Übergang aus der Fazies und geringeren Mächtigkeit der noch in Mulden erhaltenen Überlagerung des Faltenjura nach der Ausbildung der subjurassischen Mittellandmolasse. Dank späterer Ausräumung ist im WSW das mächtige Aquitan allenthalben unter dem Quartär oder frei aufgeschlossen. Über der unteraquitanen roten Molasse mit *Helix rugulosa* (vielleicht 1000 m) liegt die oberaquitane Kohlenmolasse mit *Plebecula ramondi*, darauf das limnische, graue Unterburdigal und die unvermittelte Transgression des marinen Oberburdigals mit *Pecten praescabriusculus*. Nur gegen den Alpenrand sehen wir umlagernde Übergänge zwischen dem Aquitan und der marinen Burdigalsohle.

Bei Freiburg i. Schweiz hat man:

Helvet	Unklare Grenze gegen fossilreiche Lagen
Burdigal	Dünne Sandsteinbänke m. Sandmergel- u. Schieferlagen; reichlich Geröll in grobem Sandstein. 50—100 m
	Glaukonit. Feinsandstein, dickbankig, wenig Schieferlagen. Verstreut kleine polygene Gerölle: überwiegend Quarzit, auch rote u. grüne Granite, rote Porphyre, Radiolarite, basische Gesteine. 300 m
	Unten grobe u. feine glaukon. Sandsteine, etwas Gerölle, Kreuzschichtg. Zwischenschiefer m. zylindr. Eindrücken an Sohlfläche; Kohle u. Pflanzenreste, einige Muscheln. 40 m. Ähnlich bei Bern u. am Jorat
Aquitan	Bunte Mergel

Weitere Profile bei H. E. ALTHAUS 1947, H. M. SCHUPPLI 1950, A. ERNI & P. KELTERBORN 1948.

Nördlich Gurnigel und zwischen Aare und Sense fand E. GERBER 1925, 31 vorherrschend grobe Kalknagelfluh im Helvet:

Vindobon	In grober Kalknagelfluh bis 1 m Größe der herrsch. Flyschgerölle, weniger Radiolarit, roter u. grüner Granit. Sandsteinlagen. Kongl. unten rot. Wenig Austern: 450—500 m Guggisberg-Nagelfluh Unten vorherrschend blaue Mergel 100—150 m
Ob. Burdigal	Sandsteinplatten 250—300 m
Unt. Burdigal	Dickgebankte, gleichmäßige Sandsteine 400 m
Aquitan	Lockere Sandsteine und bunte Mergel

Das in flacher Mulde liegende *Belpberg-Helvet* (10 km SSO Bern) zeigt:

Sädel-Kalknagelfluh: Sehr grob (bis 1,2 km) meist sedim. Gerölle: roter Liaskalk, dichte helle Kalke, häufig gelbanwitt. Flyschsandkalke. Über 30 m.

Muschelsandstein mit *Crassostrea gryphoides Schl.* 10 m.

Sandstein und grauer Schiefermergel wechseln, 4 Fossilbänke: Cardien-, Tapes-, Panopaeen-Lager u. a. 90 m.

Quarzit-Nagelfluh. Zusammensetzung wie unten. 55 m.

Sandstein und Mergel 20 m.

Quarzitnagelfluh mit Kohlenestern und Sandsteinschmitzen. Neben sehr viel Restschotter-Quarzit: Granite, Porphyre, Porphyrite, Diorit, Gabbro, Diabas, Serpentin, Dolomit, Kalk. Über 22 m.

Gegen den Nordrand der Vortiefe griff das Burdigalmeer zum Teil mit einer Geröllsohle unter dem bis an den Rand entwickelten grauen Sandstein vor, erreichte jedoch die äußere Aquitangrenze nicht — abgesehen von der Raurachischen Senke, in der Aquitan fehlt. Erst das Helvetmeer griff weit darüber hinaus nach N, zunächst über den aquitanen Vortiefensaum und dann über weißen und braunen Jura. Hier mit dem bekannten *Strandschutt* von Montfaucon, Mettemberg (nordwärts Delsberg), südwärts Nunningen, mit der Tenniker-Muschelnagelfluh und dem Citharellenkalk (Randengrobkalk) im NO. Den Helvet-Abschluß im N bilden die roten *Helicidenmergel* mit Süßwasserkalk und der von N aus dem ehemaligen Deckgebirge des Schwarzwaldes herbeigeschaffte Kalk der *Juranagelfluh.*

Das Meer wich zurück und nach dieser Zwischenzeit breiteten sich im Torton noch viel weiter nördlich die *Silvanaschichten* der Oberen Süßwassermolasse (einige 100 m Glimmersand, Süßwasserkalke, lignit. Braunkohle) mit ihren Seen aus. Rote Silvanamergel, zwischen die sich von Vogesen und Schwarzwald her Nagelfluhbänke vorschieben, überlagerten weithin und in Resten noch heute bei Basel mit 100 m erhaltener Mächtigkeit den Schweizer Jura.

Noch im Altpliozän brachten Flüsse von einer nach K. Brill in NO-SW etwa über den Kaiserstuhl verlaufenden Wasserscheide des stark eingeebneten Landes (W. Salomon-Calvi) am Mittelrhein Vogesensande mit der pontischen Säugerfauna in die jüngsten Lagen der Schweizer Vortiefe, welche damals der heute tief verschütteten Po-Ebene geglichen haben dürfte. Dazu gehörte also auch der Molasse-bedeckte Jura.

Im Entlebuch (WSW Luzern) überwiegt im Burdigal fast die brackische Ausbildung der „Seelaffe" mit Mactra und Tapes; mitunter Süßwasserkalk mit Pechkohle. Sechsmal griff die Flußschotterplatte vor. Im oberen Teil des Burdigals wechseln (200—300 m) überwiegend Mergelbänke mit Sandstein, gröberen Nagelfluhen (viel Quarzit) und Süßwasserkalk.

Umlagerung über dem Aquitan und der festländische Nagelfluhrhythmus am Meer

Werden fluviatile oder limnische Locker-Ablagerungen (Aquitan) schwach und weiträumig wieder gehoben und durch Flüsse oder Brandung weggenommen, so entstehen Klein-Diskordanzen, die auch zu der vorherigen Schwemmschichtung gehören können. Wie viel hierbei entfernt wird, ist nicht zu beurteilen, wenn Fossilien fehlen. Ganz unbestimmt ist auch die Dauer, während deren Wellen oder auch Winde mit zwischengelagerten Stoffen spielten, sie umlagerten; während deren sie Sinkstoffe heranbrachten. Diese klastischen Seichtwassersedimente sind meist die, man möchte sagen „zufällig vergessen" liegengebliebenen Überbleibsel eines oft sehr langen und kräftigen Stoffwechsels, von dem sonst im übrigen keine Spur übrigblieb. Wenn der Fluß durch Jahrhunderte in einen Auenwald eindrang, wenn sich sein Bett nicht senkte und auch ein außenbürtiger Anlaß für Dauerabsatz fehlte, so konnten riesige Mengen über das Flußbett fortgeschafft worden sein: *es blieb aber nichts erhalten.* Haben wir „gute Leitfossilien" in sehr langsam sedimentierten oder in durch lange Zwischenzeiten getrennten Ablagerungen, deren Gestein sehr weit aushält, so werden auch kleinere Diskordanzen nach Umfang der Lücke und Winkeländerung gut erkannt.

Wollen wir wissen, ob zwischen dem Aquitan und dem übergreifenden Burdigalmeer eine lang- oder kurzdauernde Lücke herrscht, so können wir aus einem „allmählichen Übergang" ohne scharf durchgreifende Diskordanz überhaupt nichts schließen. Trotz dieser Schwierigkeiten können aber Art und Umfang orogener

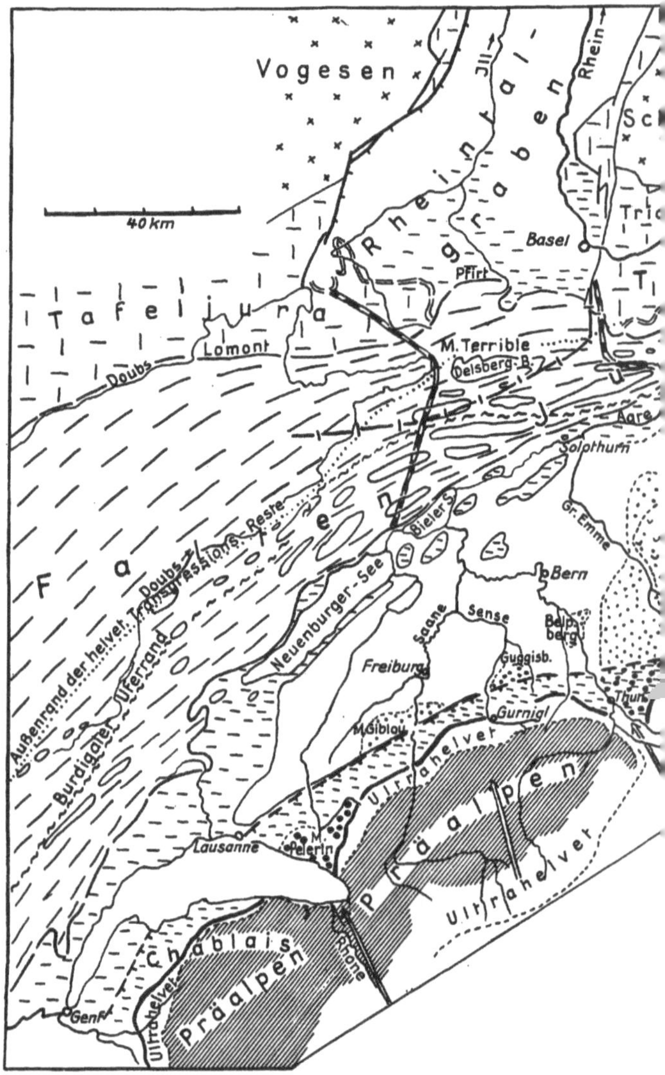

Abb. 75. Profil Tennikerfluh — Hauenstein — Olten nach F. Muehlbe

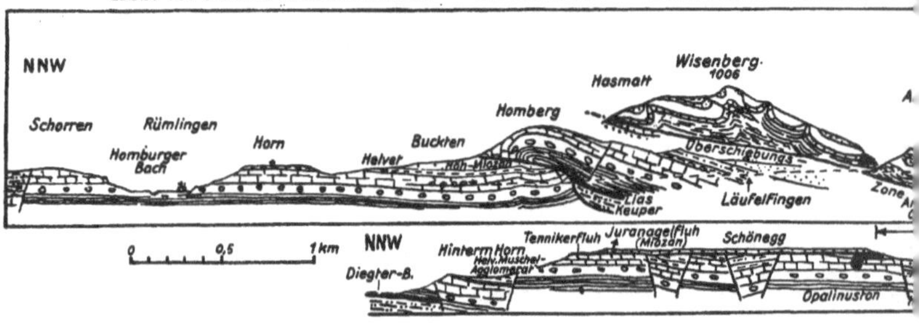

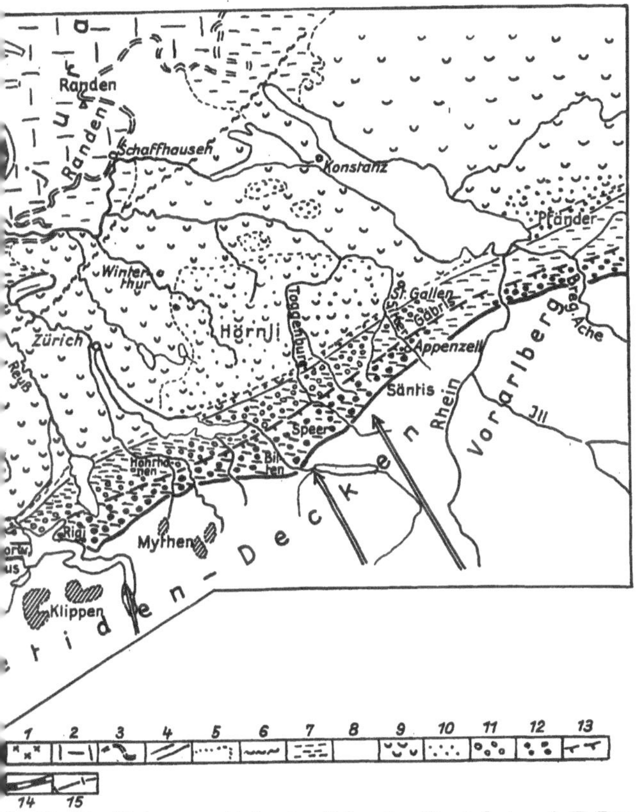

ɔb. 73. Die Molassevortiefe der Schweiz. Abgeändert nach E. BAUMBERGER, 1934, ɩf. V. *1* Kristallines Grundgebirge im Vorland. *2* Grundgebirgsfortsetzung unter die meso-ische Vorlandstafel. *3* deren unter Tertiär liegender Rand. *4* Altpliozän gefalteter Molasse-ɩtergrund (Faltenjura) mit Molassemulden. *5* Außenrand der helvetischen Meerestransgres-ɔnsreste. *6* Nordrand der burdigalen Molassemeertransgression. *7* Oligozäne Molasse. *8* Ver-eitung von Burdigalhelvet im Mittelland. *9* Verbreitung der Oberen Süßwassermolasse 'orton/Sarmat). *10* Miozäne Nagelfluh. *11* Aquitane Nagelfluh. *12* Stampische, meist kattische ɩgelfluh. *13* Unterschiebungsrand der oligozänen Alpenrandmolasse. *14* Südfortsetzung der ɩerelsässischen Molasse in der Raurachischen Senke des Faltenjura. *15* Verbreitung der ɩpelstufe (Meeressand, Gompholite d'Anjoie, Septarienton) in der Raurachischen Senke. — ɩartärverbreitung ist nicht berücksichtigt. Die Pfeile deuten die vermutliche Lage der Molasseflüsse im höheren Oligozän und Miozän an.

ɩ934, 527. Faltenjura. Beweglichkeit der Anhydritgruppe des mittleren Muschelkalks.

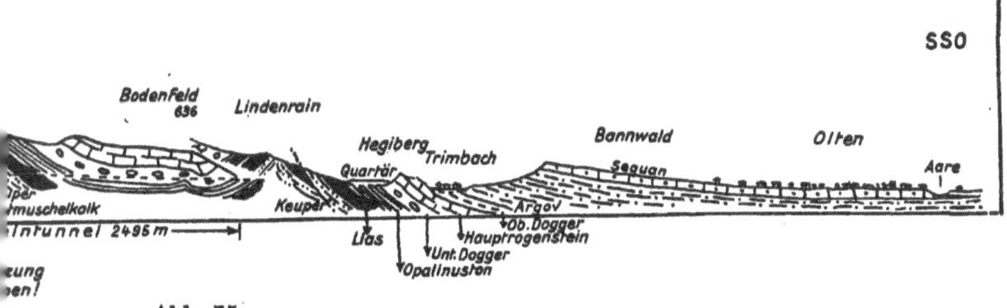

Abb. 75.

Beeinflussung an dem guten, von F. J. Kaufmann, E. Baumberger, H. Mollet, W. Liechti, H. Froehlicher bearbeiteten Fazieswechsel der burdigalisch-helvetischen Zeit zwischen Emmental und Luzern beurteilt werden (Abb. 74).

Hier zeigt sich das zunächst überraschende Ergebnis, daß, „bevor" der burdigale Luzerner Sandstein endgültig in Nagelfluh übergeht, er *mergelig* wird (H. Froehlicher 1933, 13). Dieser Mergel mit Landschnecken zwischen den Nagelfluhbänken im westlichen Burdigal ist aber offenbar *kein mariner, sondern ein Altwasserschlickmergel.* Mit dem marinen Becken hat er nichts zu tun. Letzteres besaß im flachen Wasser hinreichende Strömung, so daß der Sand an der Küste entlang und im Meeresinnern ziemlich gleichmäßig fortwanderte und zu dem plattenförmigen Luzerner Sandstein ausgebreitet wurde. Dies, obwohl er nach Zeit, Raum und Korngröße durch die Flüsse sehr *unregelmäßig* aus dem bewegten Abtragungsgebiet des Gebirges herangebracht worden sein dürfte.

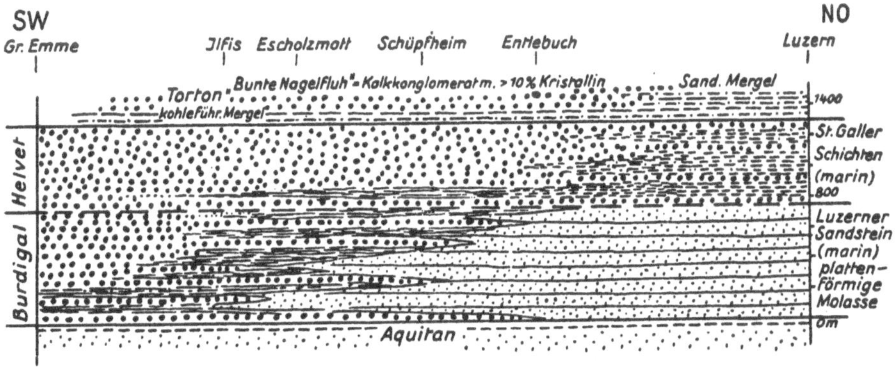

Abb. 74. Fazieswechsel am marinen Trogrand im Streichen während Burdigal-Helvet. Nach H. Fröhlicher 1933, 13, ergänzt. Mit längeren Horizontalstrichen: Altwasserschlickmergel der Süßwasserabsätze im W.

Wir haben hier daher keinen Übergang vom groben Geröll der Nagelfluh zu grobem, dann feinem Sandstein, schließlich Mergel im Marinbecken. Die Wechsellagerung Nagelfluh/Altwasserschlick ist der von mir 1923 näher beschriebene, *normale Rhythmus im orogenen Molassesediment.* Er hat auch im Allgäu jeweils über der Nagelfluh immer sehr wenig Sand(stein), ist jedoch nach allgemeiner Auffassung die Folge einer ruckartigen Senkung, welche wahrscheinlich jeweils ausgelöst wurde, wenn die sich niederbiegende Vortiefenplatte brach, wodurch dann in der hierdurch rascher sinkenden Teilsenke eine neue Überschotterung der Altwasserschlicke veranlaßt wurde. Sie stieß jeweils auch gegen das anschließende Meeresbecken vor. Es brauchen dabei keine Querbrüche aufzureißen; Längsbrüche hat die Molassevortiefe genug (zu H. Renz 1937, 184).

In dem offenbar ruhigeren, weil etwas tieferen Meeresteil der helvetischen *St. Galler Schichten* konnte — abgesehen von einigen Deltaschotter-Vorstößen — nicht der marine Sand, sondern nur der marine Schlamm im Becken gleichmäßig ausgebreitet werden. Dagegen konnte E. Gerber 1932, 238, in der bernischen Mittellandmolasse aus den Muschelsandlagen nach Zwischenzeiten der Höhenlage und des alpinen Flußtransportes auf 4 Teiltransgressionen, oft mit Deltabildung, also auf 4 Sedimentationszyklen schließen. Ähnliche, durch Seelaffen-Verbreitung abgebildete, ruckartig beschleunigte Senkungen leitete auch U. P. Büchi 1950, 39 für die Ob. Meeresmolasse ab.

Natürlich konnten sich diese Absenkstöße auch noch in kleinen Diskordanzen und gemessenen, sprungweisen Fallwinkeländerungen der Flanke von Antikline A_1 abbilden (z. B. im Aquitan-Burdigal nach U. Büchi 1950, 95).

Außer dieser Senkungsrucks war die Becken-Absenkung weithin offenbar sehr gleichmäßig: Burdigal/Helvet haben im W 1200 m, im O 1400 m Mächtigkeit. Auf über 40 km streichender Entfernung war, wie sich also zeigt, im Becken die außenbürtige Gesamtlage durch 2 Stufen hindurch *je sehr gleichmäßig*. Und doch war das benachbarte Gebirge, wie seine fortdauernde Schuttablieferung beweist, *in orogener Unruhe des Baureliefs* und der Abtragungsart. Die außenbürtigen Faktoren konnten eben die Becken beherrschen.

So sehen wir: *Die Sedimentation im Vortiefentrog-Inneren braucht durchaus nicht das treue Spiegelbild der benachbarten Orogenese zu sein.* Unmittelbare Schlüsse aus der ruhig aussehenden Trog-Sedimentation, in welcher wegen mangelnder Heraushebung Diskordanzen fehlen, auf eine ruhige Gebirgsnachbarschaft würde zu Irrtümern führen.

Angesichts der gebirgsnah fortgesetzt weitergehenden Schuttanlieferung werden wir bereits aus der Tatsache, daß sich überhaupt ein mariner, weder alsbald zugefüllter noch ausgesüßter Meeresarm bilden und halten konnte, auf die *energische orogene Abwärtsbewegung* unserer Schweizer Vortiefe im Burdigal und Helvet schließen. Denn sollten der Zufüllung Hindernisse in Gestalt streichender Sattelschwellenzonen entgegengestanden haben, so wäre auch dies ja ein Anzeichen für belebte Gebirgsbewegung.

Man kann auch nicht sagen, daß ja auch gegenwärtig das Gebirge Schutt liefert und doch keine starke Orogenbewegung anzunehmen ist. Denn heute liegt ein Hochgebirge vor, das durch schmale Fluß-Schläuche das Vorland in ganz abweichender Weise beliefert bzw. durchfurcht, da es sich orogen eben fast nicht senkt.

In der Mittel- und Ostschweiz treten allgemein in den Profilen immer wieder auf:

Torton-(Sarmat)	Obere Süßwasser- und Landmolasse mit *Cepaea silvana*. Große Oberflächenverbreitung. Bis 1000 m mächtig, im Hörnli-Geröllfächer 1500 m
Helvet	Obere Teile nicht brackisch, sondern limnisch St. Galler-, Belpberg- oder Rotsee-Schichten; überwiegend mergelig und marin, in den Schuttfächern limnisch-festländisch. Bei Luzern 600, St. Gallen bis 350 m, im Toggenburg Burdigal und Helvet 450 m
Burdigal	Luzerner Schichten, plattenförmige Sandstein-Molasse, oft brackisch, in den (Kalk-) Schuttfächern fluviatil-limnisch Bei Luzern 800 m, bei St. Gallen bis 450 m, bei Rorschach rund 300 m. Vielleicht mit 600 m Sommersbergnagelfluh auch im Südschenkel der nördlichen Hauptantiklinale (über aquitaner Gäbriszone)

Die Burdigal-Transgression füllte so ziemlich den Bereich der aquitanen Süßwassersenke, deren Außengrenze wohl nur im W des Bodensees nicht erreicht, im NW des Sees aber überschritten wurde. Von der Südfortsetzung des Mittelrheingrabens sehen wir ab. Mit der aquitanen Süßwasser- und Festlandsbedeckung ist nicht so sehr die miozän-marine zu vergleichen als diejenige der Oberen Süßwassermolasse in Torton-Sarmat. Diese übertraf die aquitane noch erheblich. Hieraus kann wiederum auf die inzwischen weiter gediehene *Ausweitung der Vortiefe* während der sanft reliefierten Spätzeiten nach den scharfen Baureliefformen der marinen und der Hauptüberschotterungs-Stufen geschlossen werden.

Baugeschichtlich wichtig ist auch *die Lage der Hauptsenkung*, welche sich aus dem Strich der Hauptmächtigkeiten der flachmeerischen oder Süßwasserabsätze entnehmen läßt.

Die *Hauptmächtigkeiten*, zum mindesten soweit sie heute noch sichtbar sind, hatten sich zwischen der Rupel/Katt- und der Aquitanzeit ohne Zweifel vom Südrand der Molasse um zusammengeschoben 10, abgewickelt vielleicht 20 km in den *Bereich neben den nördlichen Hauptsattel* mit seinen durchschnittlich zu bis 2 km Mächtigkeit anschwellenden Aquitanschenkeln verlagert. Die Mächtigkeiten von Burdigal/Helvet, welche wir fast allein im N dieses Hauptsattels und zwar mit durchschnittlich 1,3 km feststellen, haben sich gegenüber dem Aquitan, das dafür nordwärts dünner wird, *erneut um etwa 5 km gegen NNW verlagert.* Dabei hält sich die mittlere Hauptmächtigkeit, soweit erkennbar, für Aquitan und für Burdigal/Helvet von der Westschweiz östlich bis über die Zentralschweiz hinaus etwa auf gleicher Höhe. Erst für die Ostschweiz und allein für Burdigal/Helvet schwindet die Hauptdicke erheblich auf rd. 800 m bei St. Gallen. Ja für das Necker-Weißenbach-Gebiet gab A. Ludwig 1930 sogar nur 450 m, für das Urnäsch-Sitter-Gebiet nur 440 m mittlere Mächtigkeit.

Es scheint sich danach eine, im Aquitan noch nicht bestehende, *geringere Vortiefenabsenkung im älteren und mittleren Miozän für das Ostschweizer Gebiet abzuzeichnen.*

Die jeweilige, ziemlich rasche Abnahme der Schichtdicke von den angegebenen Hauptachsen der Senkung gegen N ist z. B. für den Aargau durch Brandenburger festgestellt worden.

In der tortonisch-sarmatischen Oberen Süßwassermolasse schließlich hat sich der Ort überwiegender Vortiefensenkung noch mehr verschoben. Dieses Obermiozän liegt heute allein in dem an der Erdoberfläche flachgelagerten Troginneren *zwischen Gr. Emme und Bodensee,* wo wir seine Hauptmächtigkeiten mit 1 bis 1,2 km (Napf) und 1—1,5 km (Hörnli) haben. Über die regionale Änderung der gegen oben erosiv verminderten Mächtigkeiten wissen wir heute nur, daß jedenfalls während des Obermiozäns die geringere Senkung des älteren Miozäns im O (Necker-Sitter) nicht mehr bestand, sondern nun im Gegenteil nachgeholt wurde.

Gab es also *vorher ein west- und mittelschweizerisches Hauptsenkungsfeld, so im Obermiozän offenbar schon ein Achsen-Abdachung gegen den Bodensee im ONO.* Sie verstärkte sich mit weitgehenden erosiven Folgen (s. oben S. 206) im Pliozän.

Gegenüber der marinen Burdigal/Helvet-Zeit hatte sich die Hauptsenkung im Torton neuerdings um mehrere Kilometer gegen außen verschoben.

Den gleichen Großvorgang der Außenverlagerung, der auch am S- und W-Alpenrand festzustellen war, finden wir bestätigt bei Betrachtung der nördlichen Verbreitungsgrenze von Burdigal und Helvet. Die Linien der äußersten Vorkommen und Uferbildungen im heutigen Faltenjura zeigen dies in Abb. 73 deutlich. Bis an die Küste der helvetischen Austernbänke, der Tenniker-Nagelfluh (Abb. 75, auf Taf. III), des Randengrobkalks und bis in den Hegau reichte das Meer und mit ihm der nordalpine Senkungsbereich.

Die Geröllfächer

Um die grundsätzliche Ausbreitungsart der Molassegerölle und damit die gleichzeitigen Baureliefformen allgemein zu erkunden, greifen wir nochmals auf die *oligozäne Molassefazies in der mittleren und östlichen Schweiz* zurück.

Das in Vorarlberg und in der Kronbergzone über 3 km, in der Speerschuppe bis 2,5 km nachgewiesene Katt setzt in der Ostschweiz mit der rotsandig-schlammigen „Bunten Molasse" die westschweizerische „molasse rouge" fort, überschreitet als „Teufelslochfazies" den Rhein und geht noch als „Untere Bunte Molasse" durch Süd-Oberbayern. Dieses Faziesstockwerk liegt über dem einheitlicheren Rupel-Unterkatt der Unteren Meeres- und Brackwassermolasse. Ganz wie in Vorarlberg-Südbayern treten auch in dem Ostschweizer Katt schon bunte Gerölle von metamorphem Kristallin, von Gneis, auch Gangquarz —, etwas Quarzporphyr — und öfter sandige Gerölle von Nummuliten-Lithothamnien-Discocyclinenkalken (K. Habicht 1945, 128) auf, im W zusammen mit ziemlich viel Flysch (u. a. Mocausatyp der Simmendecke) und präalpin-kalkalpinem Geröll. Dieses Kristallin entstammt vielleicht auch hier einer, jedoch keine schwarzen Dolomite enthaltenden Südgermanischen Schwelle oder einem Wildflysch. Auch hier kommt Transport durch *Seitenflüsse* mit erheblichem Gefälle (z. T. Riesenkonglomerat!) aus dem südwärts höheren Relief der A_5-Antikline in Frage. Diese Schüttung ging in das Stockberggebiet und war nicht stark (oberstes Rupel—unterstes Katt bei K. Habicht 1945, 89).

Die Untere Bunte Molasse wird von den Karbonat-geröllígen Schotterfächern teils seitlich ersetzt (Speerschuppe), teils überlagert.

Das kattische Geröllzentrum des zwischen der Sihl im W und der Thur im O ausgebreiteten *Speerschotterfächers* lag nach A. Ochsner 1935 zwischen Hirzli und Federispitz. Hier etwa dürfte der Hauptzufluß aus dem Gebirge quer zum Streichen nach N durchgebrochen sein. Gegen ONO, also im Streichen, konnte die 1 km mächtige, geröllkonzentrierte Speerschüttung im Katt erst allmählich übergreifen über die Untere Bunte Molasse und deren Rotmergel/Sandsteinfazies (mit wenig bunter Nagelfluh) zum Teil erosiv überlagern.

Ebenso schwoll der Speerschotter ö. des Thurtales gegen das *Geröllzentrum des Stockberges* mit seinen über 30 dicht übereinandergepackten Nagelfluhbänken allmählich an.

Später, nämlich nicht schon 200—300 m sondern erst 500—700 m über der Rupeloberkante, setzte dieser neue, östlichere Fächer an.

Gleichviel aber, ob mächtiger oder dünner, ob früher oder später die Untere Bunte Molasse durch Schotter verdrängt wurde: *Die Gesamtmächtigkeit des Sediments* einer Zeitstufe wurde auch im Haupt-Geröllstromstrich der absinkenden Muldenscholle im allgemeinen nicht viel größer. Gleiches fand ich 1932 für die Allgäumolasse. Danach scheint *die tektonische Absenkung* dem Absatz von Geröll, Sand und Schlamm fast *dieselbe Möglichkeit weithin im Streichen geboten zu haben.* Das Talrelief war und blieb ein sanftes als Abbild einer oberflächennah nur sanften Teilabsenkung.

So werden es, wie schon R. Staub betonte, hauptsächlich langdauernde Axialdepressionen im Gebirge gewesen sein, welche die Geröll- und Feinstoffe-führenden Flüsse ins Vorland leiteten. Von da verliefen sie längs den nur geringen Hauptsenkungen in den streichenden Vortiefenschollen.

Beobachtungsgrundlagen sind an anderer Stelle ausgeführt.

West—Ost-Verlagerung der großen Schotterfächer

Nach dem älterkattischen oder eben noch zum Rupel gezählten Schotterzentrum der Rigi mündete, wohl nur wenig später, mehr im NO jener Molassefluß, der mit den metamorphen Kristallingeröllen in die Untere Bunte Molasse vorgestoßen ist. Anscheinend noch ein wenig später und wieder etwas östlicher begann die Vorschüttung des Speerschotterfächers auf die absinkende Speerscholle mit ihrem im Linthbereich zu suchenden Geröllzentrum. Mehrere 100 m im Hangenden, also wieder etwas jünger, stieß dann der Fluß des Stockbergfächers mit seinem wieder etwa 20 km östlicher gelegenen Geröllzentrum vor.

Obwohl an der Rupelobergrenze die zeitliche Einordnung noch nicht ganz festliegt, kann doch im allgemeinen *eine allmähliche Ostverschiebung* der auf ein kräftigeres Gebirgsrelief beziehbaren Vortiefen-Überschotterung angenommen werden. Es scheint, daß man hieraus *auf eine axiale Ostwanderung gesteigerter Relieferhebung im Gebirge schließen kann.*

Ein Einzelbeispiel solcher axialer, der Rhein-Bodensee-Depression zustrebender Verlagerung hat U. P. Büchi 1950, 74, für das Schüttungszentrum des burdigalen Basiskonglomerats erkannt.

Gleiches ergibt sich im großen aus der in derselben Ostrichtung durch die Katt- und Aquitanzeit von Thun bis SO-Bayern fortschreitenden Vorschüttung der großen, groben Flyschgeröllmassen (S. 116), an denen der Flysch der hangendsten, nämlich der Präalpen-Klippen-Einheiten, im O deren kalkalpine Fortsetzung, mindestens sehr ausschlaggebend beteiligt war.

Daß nämlich auch der ostschweizerische Aquitanschotterfächer der Kronberg-Gäbris-Nagelfluhen sich jenem allgemeinen Schema der Ostverlagerung einordnen dürfte, das ergibt sich aus den guten Aufschlüssen dieses Fächers, die K. Habicht 1945, 59, zu einer klaren Einsicht gelangen ließen.

Im S (Kronbergscholle) und dann auch im N (Gäbrisscholle) der A_2-Antikline rollte dieser nachkattische Aquitanschotter vor, und zwar zunächst wieder mit einem etwas östlich vom Stockberg gelegenen Geröllzentrum. Diese Fächerwurzel lag später wohl ein wenig südlich von den Pfingstboden-Geröllmassen. Aus dem bis 2,5 km mächtigen, südlicheren Strombereich verlagerte sich die Hauptverschotterung allmählich gegen N, wo die sedimentierbaren Mächtigkeiten auf 1 km zurückgingen.

Die Fortsetzung dieses Geschehens ö. des Rheins siehe S. 282f.

Die Kronbergzone

im S von Anitikline 2 ist im N steil aufgestellt, fällt südwärts zunehmend flacher ein und ist schwach verbogen. Sie erhielt bis über 5,2 km Katt und Aquitan, dabei schon mittelkattisch granitische Kalksandsteine mit viel rötlichen Feldspäten. Immer wieder wechseln Grob und Fein in den rhythmischen Riginen-Paketen. Aufwärts nehmen in den kattischen „Ebnater Schichten" die Gerölle der Speerzusammensetzung zu: Aus der südlichen Speerscholle dürfte damals der Speerschotterfächer nordwärts über Flachpässe in der Antikline 3 auf die sinkende Kronbergplatte übergeflossen sein. Dabei erschließen wir erneut *die Hauptflußrichtung gegen ONO*, denn Zahl und Größe der Gerölle nehmen ab vom Speerfächer im WSW gegen die oberkattischen Wintersbergschichten im NO.

Noch eine ausgeprägte Geröllabnahme zeigt nun weiter die Kronbergzone. Ihre Nagelfluhbänke entstanden im gleichen Stoßrhythmus und halten wie üblich teils nachweisbar über 6 km weit aus, teils keilen sie früher aus, werden durch eine neue Bank ersetzt. Die typischen Sohlenwülste („Kegelwülste" bei K. Habicht; E. Kraus 1923, 1935) und die in den eingeschalteten Mergeln enthaltenen bituminösen Nester von Landschnecken — dieses ganze Inventar des Sedimentationsrhythmus der ruckweise absinkenden Flußschotterniederungen keilt hier *südwärts* aus. Dafür entwickeln sich im S gelbliche, fleckige Mergel mit Sandsteinbänken und lokaler, wenig verkitteter Nagelfluh *in schmalen Rinnen*. Sie können wohl nur von seitlichen Zuflüssen aus SSO herrühren.

Diese Seitenflüsse kamen aus dem Kattschotter der südlich benachbarten Speerscholle, bzw. zeigen sie durch ihre gegen O stark wachsende Menge der Flyschsandkalke, -Kalksandsteine und -Sandsteine von 30 und mehr Zentimeter Durchmesser mit Übergängen zu großblockigem Riesenkonglomerat, daß damals nicht weit südlicher auch schon anstehender Flysch in das Einzugsgebiet dieser Seitenflüsse geraten war.

Aber nicht allein gegen diese südliche Ufer- und Seitenflußzone längs Antikline 3 keilt dieser Hauptstromstrichschotter der Kronberg-Scholle aus, sondern auch in östlicher Richtung.

In diesem Hauptflußschotter sind die Nagelfluhbänke am zahlreichsten, die zwischengeschalteten Mergel aber dünner. Hier liegt der normale, kristallingeröllführende Karbonatschotter. In ihm zeigen oft Reste von Mergellagen an, daß solche Mergelbänke, deren ursprüngliche Mächtigkeit freilich nicht mehr sicher ermittelt werden kann, durch die vorstoßenden, überschotternden Hochwässer ganz oder fast ganz wieder abgetragen worden waren. Merkwürdigerweise wird die Normalmächtigkeit solcher Schotterbänke von 5—30 m so gut wie nie überschritten; auch stellten sich jene Altwasserschlickmergel doch immer wieder ein. Der Stoßrhythmus der Riginen blieb gewahrt.

Mit den Wildbachschottern kamen, ganz wie in der Hochgratfazies des Allgäu, immer auch roterdige Festlandsschlamme mit.

Ostwärts zerschlagen sich nun diese aquitanen Stromstrichnagelfluhen in ausdünnende Bänke und keilen n. vom Weißbach gegen ONO aus, ersetzt durch

Sandstein und Mergel: Der Absatzrhythmus blieb, aber die Schotterfluten waren vorher abgelagert worden.

Damit wird die Hauptfließrichtung der Schotter-bringenden Flüsse des Aquitanfächers gegen ONO festgelegt. Das heißt: sie ging im Streichen.

Zugleich erkennen wir ein trotz aller Kilometer-mächtiger Eindeckung *dank vermehrter Schollenabsenkung dennoch durch das Aquitan beibehaltenes Baurelief:* Von der aquitan offenbar bereits gefüllten und höheraufsteigenden Speerscholle aus kamen, über deren im N aufgeschleppte Nordrand-Antikline eintretend die Seitenflüsse immerfort aus S. Sie schnitten jene schmalen Rinnen mit erheblichem Gefälle allgemein hinab gegen NNW ein in den Mergel und Sandstein der Hauptuferzone. Sie schlossen ihre Grobschotter den ONO, also axial im Streichen abfließenden Hauptflußläufen an.

Dieses Grundrelief war Voraussetzung für die Faziesverteilung. *Dieses Relief war aber kein exogenes, hinfälliges, sondern es war ein endogenes. Beherrschte es doch die ganze Aquitanzeit.* Ja, weiter im S bestand es schon kattisch und weiter im N blieb es noch aquitan in der Gäbristrogmulde; noch nördlicher hielt es auch später aus.

Die miozänen Schotterfächer

Mit dieser Hauptsenken-Verlagerung stießen aber auch die alpinen Flüsse und deren Geröllmassen immer weiter gegen außen vor — wiederum ganz so wie etwa am Außenrande des Westalpenbogens (S. 196). Dabei entstanden nach den zwei beschränkteren Geröllfächern des Aquitans, die nur im O (Hohrone und Kronberg/Gäbris) erkennbar sind, zwei ungleich mächtigere, welche allein mit den nur noch tektonisch beschnittenen, alpennächsten Torsi der Kattzeit verglichen werden können. Es sind die je etwa 50 km im Streichen und je über 35 km alpenauswärts vorgreifenden Grobschuttmassen des Napf und des Toggenburg-Hörnli. Hinzu treten die zwei kleineren, bzw. nur mit ihren nördlichen Spitzen nicht unter die subalpine Molasse geschobenen helvetischen Geröll-Fächer von Guggisberg-Giebelegg und vom M. Gibloux im W.

Schon schwach einsetzend mit dem obersten Aquitan bauten sich die beiden großen Fächer, ganz wie die Schuttmassen vor dem Westalpenbogen (Abb. 67), durch die ganze Miozänzeit vor, je jünger um so weiter. Doch gab es natürlich Unterschiede: Im östlichen Aargau kam das bunte Nagelfluhgeröll mit der Austernnagelfluh an der Sohle erst etwas nach dem Vorbranden des helvetischen Meeres an. Weiter nördlich brachte schon der erste Meeresvorstoß die Schotter ungleichförmig auf die Aquitanmergel. Alpenwärts süßte sich die miozäne Meeresmolasse recht allgemein aus; denn mit den Geröllen und dem Uferrand kam ja auch dort das Süßwasser. Durch nördlichen Geröllvorstoß wurde gleichzeitig das Molassemeer verdrängt. Dies geschah nicht allein gegen außen, sondern ebenso auch von den Hauptzentren der Geröllaufschüttung aus im Streichen, was Abb. 74 für den mit der Zeit sich vorschiebenden ONO-Rand des Napf-Schuttfächers schön erkennen läßt. Auch im Ostschweizer Arbeitsgebiet von A. Ludwig, U. P. Büchi 1950 u. a. zeigte sich gut das Nebeneinander des geröllhäufenden Hörnlifächers im WSW und des Meeres im ONO an folgenden Mächtigkeiten über der aquitanen Gäbris-Nagelfluh. (Siehe Tabelle S. 216.)

Ähnlich gehen die marinen, helvetischen Belpbergschichten gegen O (Aaretal) aus sandigmergeligen in die nichtmarinen Nagelfluhbänke des Napf-Fächers im Falkenfluhgebiet über.

	Necker-Weißenbach (Ostteil des Hörnli-Fächers)	Urnäsch-Sitter (Meeresbucht im O)
Torton	Über 1200 m (unten bunte) Nagelfluh	Über 1000 m, gegen W besonders in Unterhälfte bunte Nagelfluh
Helvet	150 m nur fluviolimnische, bunte Nagelfluh	130 m marin
Burdigal	300 m nur fluviolimnische bunte Nagelfluh	140 m fluviolimnisch 50 m marin 120 m fluviolimnisch
Aquitan	550 m bunte Nagelfluh mit Mergelbänken	300 m bunte Nagelfluh mit Mergelbänken
	Über 900 m granit. Sandstein mit bunten Mergelbänken	Über 900 m granitischer Sandstein mit bunten Mergelbänken

An dem Sonderfall, daß etwa im Mitteltorton, mitten zwischen der sonst üblichen bunten Nagelfluh einmal weit überwiegend nur Kalk- und Dolomit-Gerölle im Hörnli-Toggenburg-Schuttfächer verfrachtet wurden, nämlich bei der 0,5—15 m mächtigen, kleingeröllig-brekziösen Degersheim-Abtwiler Nagelfluh, dem „Appenzeller Granit“, kann ersehen werden, daß sich Schichtbänke hier trotz ihrer geringmächtigen Aufschüttung nicht weniger als 50 km weit vom Zürichsee in WSW-ONO ausbreiten konnten. Das muß also eine im Streichen ebenso weit ausgedehnte Flußebene gewesen sein, über welche eine median murartige Überflutungskatastrophe vermutlich (U. Büchi & G. Welti 1950) von einem gewaltigen, plötzlich durchbrochenen Bergsturzriegel im Kalkgebirge aus losgebrochen war. Ob sich aus der WSW—ONO verlaufenden Aufschlußlinie ein riesiger Schuttkegel von Deltaform konstruieren läßt, das bleibt ganz ungewiß. Nach den Erfahrungen über ältere Fächer ist es eher unwahrscheinlich, wenn auch zuzugeben ist, daß im Mitteltorton eine erlahmende Grundbewegung vielleicht schon weit ausgreifende Deltafächer zulassen konnte.

Im großen sollte man nicht von „Schuttkegeln“ der Nagelfluhen sprechen. Denn jenes günstige Beispiel zeigt besonders schön, daß offenbar ein, wenn auch nur flach kegelförmiges Relief kaum vorhanden war. Wie schon oben S. 213 gesagt, waren es recht *ebene Flußschotterplatten*, über welche die Flüsse hauptsächlich im Streichen mäandrierten. Auch die äußere Umgrenzungsform der Schotterfächer wölbte sich also höchstens ausnahmsweise etwas deltaartig gegen das buchtig umrahmende Meer vor.

Im wesentlichen war es auch hier wieder *die Form der weichenden Unterlage, welche die Großumgrenzung und die Mächtigkeiten der Schotter bestimmt haben dürfte.*

Die nähere Beobachtung am auskeilenden Rand des Napf- und des Hörnli-Fächers hat ergeben, daß *mit dem Auskeilen der Gerölle auch vielfach eine Mächtigkeits-Abnahme* Hand in Hand geht. So vor allem nach H. Renz am ONO-Rand

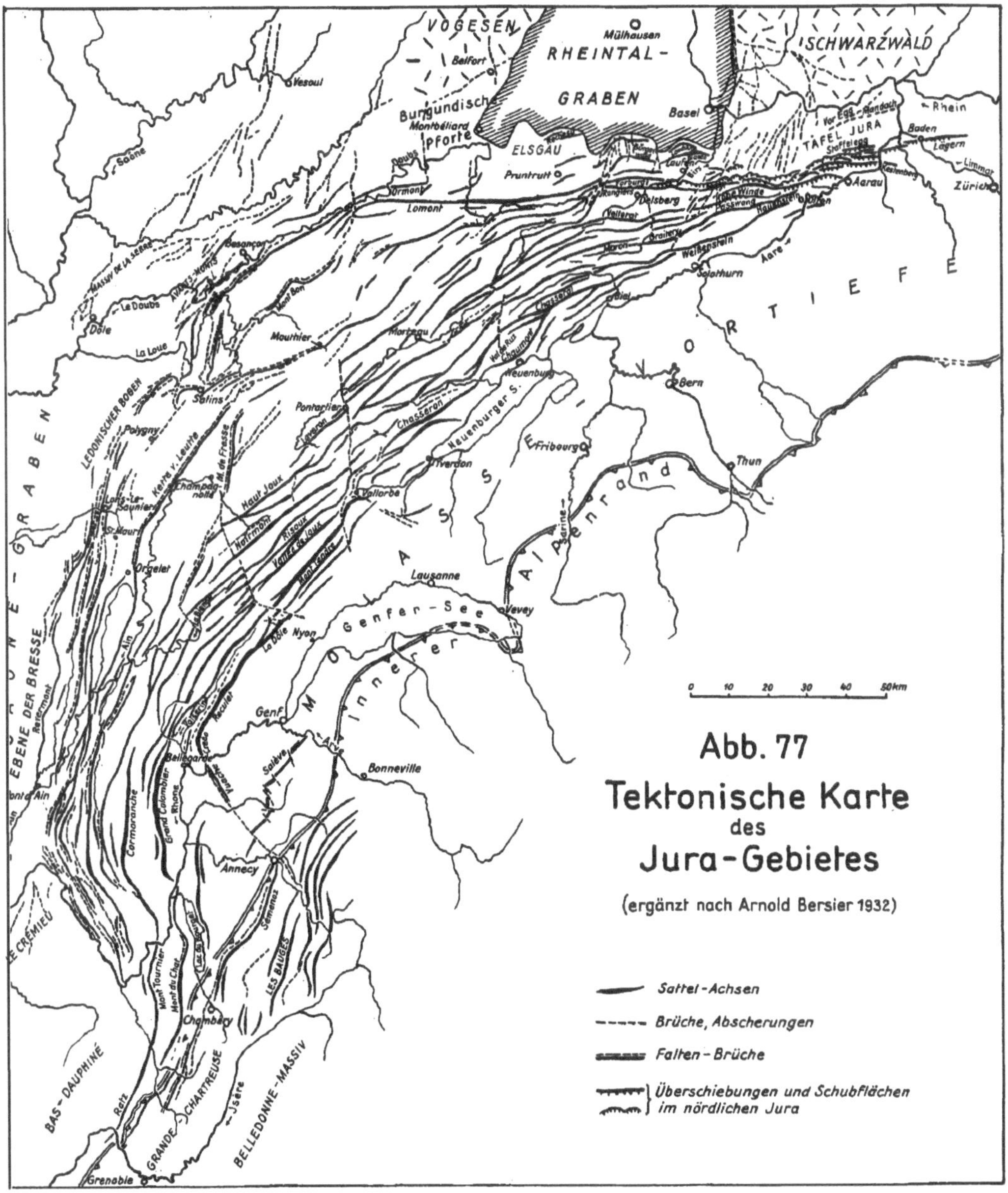

Abb. 77
Tektonische Karte des Jura-Gebietes
(ergänzt nach Arnold Bersier 1932)

Mdl der DDR am 25.8.1951 VIII · K 8 · D · VI · 6/51 Nr. 227

des Hörnlifächers, ähnlich wie nach P. BECK am NO-Rand der kattischen Blumennagelfluhen (hier sogar 1000 m ausmachend). Im Streichen der auskeilenden Napfnagelfluh scheint sie zu fehlen, nicht aber im Fallen derselben nach außen. Diese größere Mächtigkeit der Schotterzentren läßt gut verstehen, weshalb die geröllbringenden Flüsse gerade immer gegen diese Fächer hingelenkt wurden: *Es war die gleichzeitig immer etwas vermehrte Senkung der Vortiefe gerade hier.*

In der *tortonisch-sarmatischen Oberen Süßwassermolasse* gingen die Geröll-Einschüttungen weiter. Sie schalteten sich ein zwischen die ungezählten Wiederholungen der Tone, Schlickmergel, Feinsande, Sandmergel, Sandsteine bis hinaus an den Bodensee über Oehningen zum Schienerberg, wo im Sarmat nach den eingeschlossenen Pflanzenresten durch O. HEER sogar *Jahresschichten* erkannt wurden. E. BAUMBERGER führte für die „Helizidenmergel“ an der Sohle der Silvanaschichten mit abweichender Fauna den Nachweis, daß diese noch zum obersten Helvet gehören (Abb. 90). Das sind zur Hauptsache von N aufgeschüttete Flußbildungen, welche die Strandabsätze des von dem heutigen Nordjura, also von dem nördlichen Vortiefenrand zurückweichenden Helvetmeeres bedeckten.

Bewegungen im Faltenjuragebiet

Die offenbar schon alttertiär angelegten Keilgräben des Basler Tafeljura (Abb. 37) waren mit ihrem Baurelief wohl schon in der ruhigeren Aquitanzeit eingeebnet. Die burdigale und dann helvetische Senkungszeit der Vortiefe brachte eine deutlich erkennbare Schiefstellung und marine Überspülung des nachmaligen Faltenjura-Bereichs. Über die spätestens im Aquitan fertig gewordene, eingeebnete Landschaft brachten Flüsse von den Vogesen und aus dem Jurakalk ihre „Vogesen“- bzw. „Juraschotter“, heute „Juranagelfluh“, südwärts an die Küsten der Seen und des miozänen Meeres. Süßwasserkalke und Mergel der Seen entstanden. Beginnend mit dem Helvet überrollte der Juraschotter wohl hauptsächlich im Torton die ebene Landschaft. Diese Sedimenthülle mit ihrer südlichen Meeres-Fortsetzung wurde gleichförmig über Tafeljura und über den noch nicht scharf gefalteten Faltenjura ausgebreitet.

Damit war auch dieser mit in die Niederbiegung der alpinen Vortiefe einbezogen. Die Reste der tortonischen Absätze (Brüggwald-, Verrières-, Pontarlier-Mulde u. a.) dürften noch eine weitere Absenkung bedeuten, welche von einer Zeit schwacher Hebung bzw. ruhiger Hochlage mit erneuter Einebnung im Sarmat (mit *Cepaea christoli Math.*) gefolgt war:

Danach aber setzte offenbar die letzte große Faltenbewegung in der alpinen Vortiefe ein, welche auch dem Faltenjura seine endgültige Baustruktur gab.

Analog zu den bisherigen Erfahrungen kann man annehmen, daß auch diese kräftige Einengung des Alpenrandes, ähnlich wie dies die teilweise sehr mächtig aufgeschütteten und weitverbreiteten Pontschotter am Westalpenbogen anzeigen, unter bedeutender *Senkung* vor sich ging. Eine solche aber führte hier außen in nächster Nähe oder wahrscheinlich schon über der widerstehenden Plattform des kristallinen Europa nicht mehr zu einer bis unter den Meeresspiegel reichenden Senkung. Marine Ablagerungen sind nicht mehr bekannt. Die pontischen Vogesenschotter und -sande ostwärts Pruntrut, im Westteil des Beckens von Delsberg, welche einst mächtig und weit verbreitet gewesen sein mögen, fielen als lockere, daher leicht ausgeräumte Decke bei der späteren, langen Hochlage der einebnenden Abtragung anheim. Immerhin wurde am Südrand des Tafeljura nicht nur Torton unter eine Triasfalte geschoben, nicht allein die „obertortone" oder sarmatische Öhninger Stufe wurde mit eingefaltet (Abb. 76). Es fanden sich nach J. Favre & A. Jeannet 1934, 56, Liasschuppen des westlichen Faltenjura sogar durch *pontische* Ablagerungen unterschuppt.

Wiederum, so wie im französichen Westen des Gebirges, erweist sich der Ausgang der letzten großen Faltung als pontisch oder spätpontisch. Sie wird durch offenbar bereits mittelpliozäne Schotter und Verebnungsflächen überschnitten (s. unten S. 225).

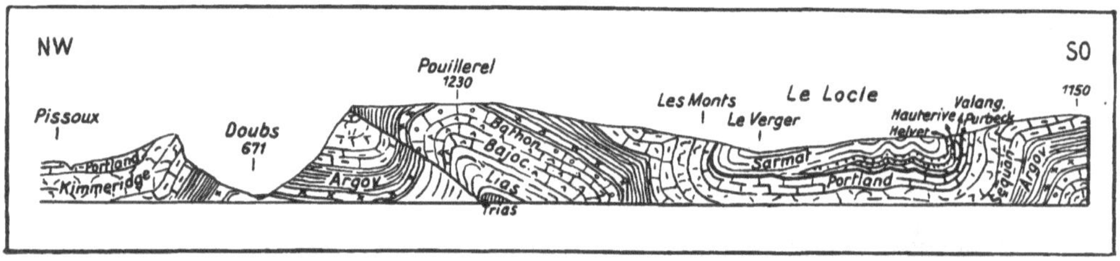

Abb. 76. Faltenjura bei Le Locle (Neuenburger Jura) mit Vindobon (helvet. mariner Grünsand, darauf rote Mergel mit Cepaea eversa) und Sarmat (Süßwasserkalk u. a. der Öhninger Stufe) unter pliozäner Fastebene. Faltung pontisch. Nach J. Favre 1934, 357.

Die tektonische Übersichtskarte nach A. Bersier 1934, Taf. III, zeigt uns als Abb. 77, Taf. IV, den flach geschlängelten Verlauf der Sättel und die Brüche in diesem prächtigen, unter dem äußeren Teil der nordalpinen Vortiefe entstandenen Sichelbogen von 65 km Breite und 300 km Sehnenlänge, der sich bei Grenoble—Chambéry—Annecy heute nordwärts von dem gegen NO weiterziehenden Alpenrand abgliedert. Die Großzügigkeit der mechanischen Einheit dieser Sattelbögen, die uns hier entgegentritt, führen wir wohl richtig zurück auf das *im großen ganzen mechanisch einheitlich gewesene Gesteinspaket* von 1—2 km Mächtigkeit, bestehend aus einem reichen Wechsel von tonigen und von nicht zu dicken Kalkbänken. Hier war die Schichtfugengleitung und damit die Faltenbildung gut möglich. Ich halte es aber nicht für richtig, die Faltbarkeit dieses Stockwerks, das ja bei seiner Bildung noch unter einer wohl mindestens 500 m mächtigen Molassehülle begraben lag, für höher einzuschätzen als die Beweglichkeit der alpennäheren, mittelländischen Molasse.

Diese anfänglich noch sehr lockere, auch gegenwärtig in unzähligen Zwischenfugen kaum verkittete Molasse war, wenn wir vielleicht absehen von der salzreichen und daher besonders beweglichen Anhydritgruppe des Mittleren Muschelkalks (Abb. 78), an der sich ablösenden Sohle des Faltenjura-Pakets *ohne Zweifel weit weniger widerstandsfähig gegen die alpine Untergrundbewegung.* Deren Ausgangspunkt lag noch dazu ungleich näher. Es verpufften aber auf den leicht beweglichen, diagenetisch noch unverfestigten Zwischenmitteln die Spannungen durch Teilchenverschiebung. Höchstens falteten sich die tieferen, dem schärfer bewegten und im Faltenjura sichtbar auftauchenden Untergrund unmittelbar auflagernden Molasseteile in nach oben z. T. nachweislich sprungweise abnehmendem Grade. Jedenfalls war die lockere, 1,5—2,5 km oder mehr mächtige Gesamtmolasse des Mittelland-Untergrundes *unfähig, den Druck oberflächennah fortzuleiten.* Noch die heutigen Erdbeben wirken sich hier ungleich sanfter aus.

Der alpine Bewegungsantrieb, welcher den Faltenjura zu einer großartigen Abscherungsdecke (A. Buxtorf) umformte, hatte die unter dem Mittelmuschelkalk liegenden Horizonte schon aus rein räumlichen Gründen nicht mit eingefaltet (Abb. 78). Der Antrieb muß aber *in dem harten, mesozoischen und noch älteren Unterbau weiter fortgeleitet worden sein.* Daß dem so war, scheint der Faltenjurabau selbst anzuzeigen. Wir erkennen deutlich eine Zunahme der Faltung sowohl in Ostfrankreich gegen außen dort, wo sich der Faltenbau dem umgebenden, überwiegend noch unter der Erdoberfläche ruhenden kristallinen Rahmen nähert, wie auch gegen innen, am Oberrande also gegen die leichter verschiebbar gewesene Hangendmolasse. Dazwischen hat der Faltenjura nur sehr breite, in weiten und wenig tiefen Zwischenbecken kaum mehr angedeutete Falten. Dennoch wurde der Druck bis an den Außenrand weitergeleitet, offenbar also in der Tiefe.

Bei Annäherung an das Schwarzwaldmassiv, an den Mülhauser Horst, der dem Südteil des Mittelrheingrabens eingebaut ist, und an die stabilere (mesozoische) Burgundische Pforte zeigt sich für das innere schweizerische Faltenbündel eine wachsende Überkippung gegen N. Diese „*Brandungskette*“ liegt teilweise überschoben auf dem Tafeljura. Nicht selten steckt Torton unter Trias (Lomont-Mont-Terrible-Lägern). Der Muschelkalk ist aufgeschuppt. Gegen die hier 50 km breite Rheintalgrabensenke haben sich mehrere nordwärts übergelegte Falten gebildet, während Überschiebungen weiter im W in der Brandungskette fehlen. Das starre Vorland zwischen Rheintalgraben und Saône-Rhone-Graben, welches den Tafeljura vor Faltung schützte, zwang hier die Falten in fiederförmig gestellten Faltenschuppen mit kurzen Teilschüben zum Umschwenken südlich Besançon südwärts gegen Salins. Keuper liegt hier über Malm. Unter

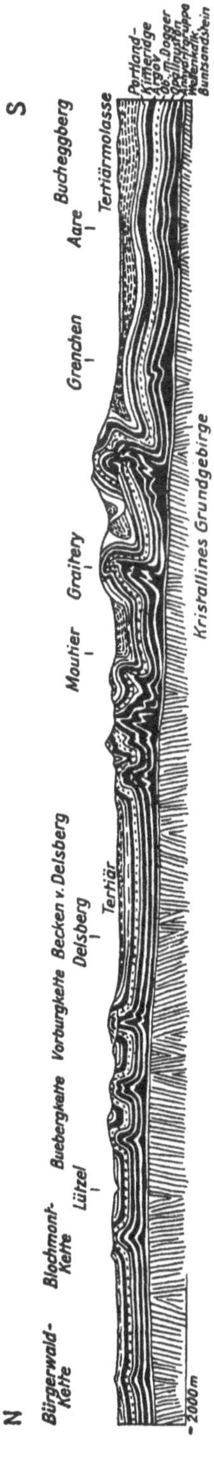

Abb. 78. Allgemeines Profil durch die gefaltete Abscherungsdecke des Faltenjura nach A. Buxtorf 1916. Das Grundgebirge schob sich im Liegenden der gestauchten Hangendhaut allmählich unter der Vortiefe hindurch gegen den nur noch wenig verbiegbaren Alpenkörper Richtung Nordalpennarbe. Die Faltenstauchung vermindert sich in der Molasse gegen oben. Teilbewegung des kristallinen Unterbaues unbekannt.

heftigen Zertrümmerungen gab es am kristallinen Serre-Massiv Überschiebungen gegen innen. Dieses Massiv ist mit Schwarzwald, Vogesen und Crémieu (südlich Rhone am äußeren Jurarand) die Teilaufragung der halbkreisförmigen kristallinen Rahmenplatte, welche diese Aufragungen unterirdisch ähnlich miteinander verbindet, wie etwa die Pelvoux- und Mercantour-Masse durch eine gleichfalls den Oberbau über sich vor Faltung schützende starre Platte miteinander verbunden werden.

Im großen ganzen kann *die Hauptbewegung als unterschiebendes Heranrücken des starren und höher aufragenden Vorlandrahmens im N und W, welcher der alpinen Niederbiegung zur Vortiefe widerstanden hatte, gegen das noch niedergebogene Zwischenland angesehen werden: Die Druckspannung griff unter diesem durch,* wobei sich das salzreiche, daher besonders leicht ablösbare Zwischenmittel der Anhydritgruppe vom höheren Stockwerk des Faltenjura abtrennte. *Unterschoben* zurückbleibend, löste sich dieses von dem energischer alpenwärts drängenden, tieferen Untergrund unter Faltenbildung ab.

Das noch höher liegende Stockwerk der diagenetisch noch sehr lockeren Vortiefenmolasse nahm, da die Spannungen in ihm verpuffen mußten, *nach oben nur in stark abnehmendem Maße an der faltigen Einengung teil.*

Beweis hierfür ist die ganze Westhälfte des Schweizer Mittellandes, in welcher die Vortiefenachse, wie oben S. 206 gesagt, aus der Tieflage, die sie im O hat, emporsteigt. Beginnend etwa mit dem Tal der Gr. Emme setzen in dem von hier ab westwärts gehobenen und entblößten Helvet/Burdigal und Aquitan zunächst an dem höher gestiegenen Jurarand (Abb. 73), dann von Bern—Thun ab allgemein zahlreiche flache Falten ein. Die Bohrungen ergaben nach unten steiler werdende Schichtlage. Am Alpenrand sinkt die Molasse mit ihrem Faltenstockwerk noch tiefer. Die abwärts wachsende Faltung liegt hier unter den subalpinen Schuppen begraben. Aber im SW, südlich Genf, sieht man alle Übergänge zwischen der gefalteten Molassevortiefe mit aufragenden Jurafalten und dem Faltenjura mit weit eingesenkten Molassemulden.

In der mittelländischen Molassevortiefe ist die unten durchgreifende, die Alpen mit ihrer jungen Faltenjurafortsetzung verbindende Tektonik nur oberflächlich verhüllt infolge tiefer Versenkung und infolge noch ungenügender Heraushebung und Abtragung.

Die Molassevortiefe hat einen Stockwerksbau, eine Abteilungstektonik (E. Kraus 1921). *Die Schärfe der Einengung nimmt in der Vortiefe von oben nach unten zu.*

Man könnte sagen: schön, das gilt bis herab zur Anhydritgruppe. Aber darunter herrschte Ruhe. Abgesehen von allen anderen gegenteiligen Erfahrungen halten wir es schon für gänzlich unglaubwürdig, daß eine 1—2 km dünne, wohl bewegliche Gesteinshaut von 390 km äußerer Bogenlänge und 65 km Bogenbreite durch Kräfte mit dem Erfolg einer derartigen mechanischen Regelmäßigkeit *an der Erdoberfläche* zusammengeschoben sein sollte; durch Kräfte, die wir schlechterdings oben nirgends auffinden können. Denn wo soll im Pont etwa die gewaltig hochragende, vorlandwärts steil geneigte Gebirgsebene, bis in 2 km Tiefe ungefaltet, gewesen sein, von der jene Riesenhaut ausgerechnet in die hierfür geformte Massiv-Konkave hineingerutscht wäre — ohne Anzeichen für den dann notwendigen völligen Umbau der doch schon beim Abrutschen entstandenen SW-NO-streichenden Falten in den heutigen Großbogen, ja ohne in einem Riesenbergsturz zu Bruch gegangen zu sein? Wie wäre die germanische Vorlandfazies des Faltenjura eigentlich in die Alpen gekommen, von denen sie angeblich abglitt? Warum erzählt die Mittellandmolasse an ihrer Oberfläche nichts von dieser sie überrutschenden Decke? Warum taucht diese vielmehr normal unter jene hinab?

Nein, *diese gefaltete Abscherungsdecke ist ehemaliger, äußerer Vortiefenboden*, in seiner Tiefe unter der Molasse gefaltet und nur noch deshalb am Rande mit den gleichzeitigen pontischen Absätzen verschuppt, weil über ihr noch viele Hunderte von nach oben weniger gefalteten Schichtmetern der jungtertiären Vortiefenfüllung zur Faltungszeit gelegen haben.

Das alles hat nachfolgend erst gehoben werden müssen, um seinen Faltenbau enthüllen zu können. *Jene neue Vortiefe, die erst zu dieser jungen Heraushebung gehört, sehen wir in Gestalt der noch heute sinkenden Bresse-Ebene des Saônegrabens*, der seit dem Mittelpliozän den Faltenjura westwärts auf 120 km südnördlicher Erstreckung begrenzt.

Neben der auf Gleichartigkeit des Baustoffes beruhenden Einheitlichkeit der Faltenjuramechanik *führen wir diese noch zurück auf die gleiche Einheitlichkeit, welche auch sonst allgemein den Vortiefenbildungen zuzukommen pflegt. Darin sehen wir sich die Großzügigkeit junger, aus größerer Tiefe emporgreifender Orogenkräfte widerspiegeln.* Zum Beweis greifen wir aus der Vielheit der Strukturen nur eine heraus.

Unterströmungs-Mechanik. Wie schon Alb. Heim, noch im Glauben an den an der Erdoberfläche gegen außen wirkenden Alpendruck, die Querstörungen des Faltenjura als Zerrungsbrüche während der sich ausweitenden Faltung für mechanisch einheitlich ansah, so haben auch wir, freilich mit abweichendem mechanischem Grundgedanken noch allen Anlaß, diese Einheitlichkeit zu bewundern und zu beachten. Die vereinfachte Abb. 79 zeigt in der Tat, wie sich die Blattstörungen, welche den schweizerischen Faltenjura wie zerrende durchschneiden, schön fächerartig anordnen, indem sie aus der streichenden Richtung im S in NW-SO, nördlicher in N-S, nordöstlich aber in NO-SW stehen. Außerdem bemerken wir, daß auch die den südlichen Rheintalgraben begleitenden und den dortigen Tafeljura durchpflügenden Querbrüche bzw. Keilgräben richtungsmäßig in dieses offenbare mechanische System hineinpassen. Die nähere Untersuchung zeigte weiter eine kaum einmal durchbrochene Regel: *die jeweils westlicher gelegene Scholle wurde längs der Blattscheerung um ein Stück weiter gegen SO, S bzw. SW verschoben als die jeweils östliche Nachbarscholle.* Ein schönes Beispiel sind die 7 Blattverschiebungen des aus NW unterschobenen Salève-Sattels mitten in dem weiten Molassebecken südlich von Genf (J. Favre 1934, 321).

Es erwächst hieraus das mechanische Bild einer jeweils im W weiter als im O vorgedrungenen Massenbewegung, die im NO von NO, in der Mitte des Faltenjura-Bogens von N, im S aber von NW herkam.

Im Sinn unserer Unterströmungsmechanik hätten wir demnach hier ein ausgezeichnetes Beispiel *für einen Unterstrom im Gegensinn des Uhrzeigers, der die hangende Erdhaut mit sich schleppte und dabei in Scherstücke zerlegte.* Diese blieben

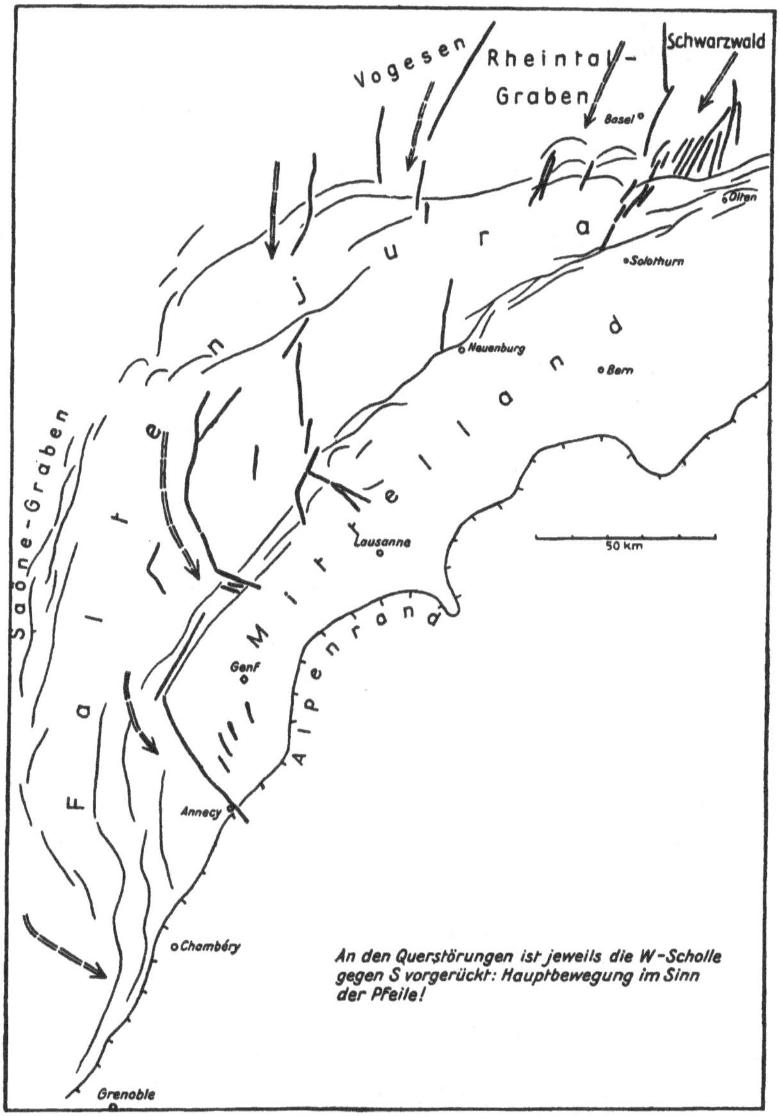

Abb. 79. System der langen Querstörungen (dick) im Faltenjurabogen. Nach A. Bersier, 1934.)

vor dem Hindernis, gegen welches sie herandrifteten, im NO weiter zurück als im SW (Pfeile in Abb. 79).

Nach S. 111 wissen wir, daß die Tafeljura- und Rheintalgraben-Brüche schon alttertiär angelegt bzw. vorhanden waren. Von ihnen wurden bei Gelegenheit dieser, den Faltenjura und die nordalpine Vortiefe einengenden pontischen Gebirgsbewegung *die der neuen Bewegung günstigen ausgenützt*. Gleichzeitig riß ja auch nach langdauernder Einebnungszeit die alte, oligozäne Narbe des Rheintalgrabens im älteren Pliozän wieder auf und entwickelte sich allmählich jungpliozän sein noch heute bestehender Abbruch zwischen den aufsteigenden Halbhorsten.

Der Unterstrom, der demnach in Wiederholung der bereits für die ältere Zeit oben S. 62f skizzierten Bewegungsmechanik ganz Süddeutschland—Frankreich in pontischer Zeit um ein Stück gegen die Alpen und unter deren N- und W-Rand hineinführte, *war eine letzte großzügige Orogenbewegung auf alten Bahnen*. Er schuf jedoch *am Außensaum* des Gebirges im Miozän-Pont ein neues, in seiner großzügig-einheitlichen Mechanik erstaunlich klares Bewegungsbild. *Dieses wäre völlig unvereinbar mit der alten Vorstellung eines Überdruckes oben gegen außen.* Denn es ist klar, daß sich die näher gelegene und in Ruhe gedachte Schwarzwaldmasse mit ihrer festen Tafeljura-Vorfußplatte dem Faltendruck in besonderem Maße entgegengestemmt hätte. Das hat sie auch getan: An ihrem Südrand türmten sich die überschobenen und überkippten Jurafalten zu engstem Bündel gerafft bis hin zu der ostwärts untertauchenden Lägernkette nordwestlich Zürich. Dennoch sollte gerade gegen den stärker hemmenden O der Jura weiter vorgerückt sein? Und wie groß ist der Gegensatz gegen die hier südlich und östlich weiterhin anschließende, mächtige Vortiefenmolasse von Aquitan und Miozän: Sie zeigen *nichts* von verstärkter Pressung am Schwarzwaldwiderlager. Wohl aber tauchen die Vortiefenfalten bei Bern—Genf—Annecy in der Vortiefe auf, wo trotz Annäherung an die Alpen die Jurafaltung eine ungleich ruhigere ist. Wir haben somit zu folgern, daß die orogenen Druckspannungen unter der Vortiefe und ihrer Molasse durchgegriffen haben müssen. *Sie waren keine Angelegenheit der äußersten Erdrinde.*

Außerdem aber würde die alte Deutung nicht zur Richtung der aufreißenden alten Brüche passen: Da der alpine Druck oben immer annähernd senkrecht zum Generalstreichen des Alpenrandes anzunehmen sein würde, müßte er aus der Gegend ostwärts Bern, von Thun bis gegen den Säntis aus SO gegen den Schwarzwald gewirkt haben. Die dort gleichzeitig mit der pontischen Faltung neu belebten Brüche hätten also, da in NO-SW gerichtet, ganz fest zusammengepreßt, aber *keinesfalls aufgerissen werden müssen*; ebensowenig die ganzen, mehr NNO-streichenden Rheintalgraben-Rand- und Sohlen-Sprünge, welche aber im Pont die größte Beweglichkeit zeigen, weil sie Luft bekamen. Noch weniger würde diese Mechanik eines angenommenen Druckes von innen gegen außen mit der Tatsache zusammenpassen, daß gleichzeitig im Pont auch das Vorland des Westalpenbogens gegen W überschoben wurde.

Wiederum, wie schon an dem kleineren Beispiel des subalpinen Provence-Bogens (s. oben S. 28), erkennen wir *die Unmöglichkeit der gleichzeitigen, auseinanderstrebenden Bewegung aus dem Inneren eines Faltenbogens oben gegen außen*, ohne daß innen irgendein *Massenverlust* sichtbar, geschweige denn eine entsprechende Kraft hierfür verantwortlich gemacht werden kann. *Wir kommen also auch in diesem Fall um die Unterströmungsmechanik nicht herum.* —

Stockwerks-Struktur und Ruck-Sediment

Außer den Fazies- und Mächtigkeits-Zusammenhängen zwischen mittelländischer und suprajurassischer Molasse haben wir auch mit einer Zunahme der

Tektonik an der Molassebasis in beiden Fällen gegen unten zu rechnen. Die etwas verschieden gedeuteten Bohrergebnisse im Bereich der Servion-Antiklinale hart nördlich der subalpinen Außenrandstörung sprechen offenbar für eine Struktur, die nicht etwa in einer kurzfristigen Orophase, sondern langdauernd und überaus langsam in gleichem Tempo mit der Vortiefenabsenkung entstand. Diese ließ auch die Sedimente herankommen und auflagern — ungleich mächtiger nämlich in den Mulden als auf dem bei der Senkung etwas zurückbleibenden Muldenschollenrand.

Solches Anwachsen der Faltungsstärke gegen unten hält, auf Grund vielfältiger Erfahrungen in gut durchbohrten Ölfeldern (auch in konkordanten Vortiefenschichtfolgen), H. M. Schuppli 1950 für häufig, ja fast für die Regel (S. 22): „Auch zwischen den eigentlichen Faltungsperioden scheinen sich im allgemeinen schwache Vor- oder Nachfaltungsvorgänge abzuspielen, die ein Steilerwerden der Strukturen gegen unten bedingen. Für verschiedene Juraantiklinalen ist dies z. B. an Hand von Tunnelprofilen deutlich zu beobachten und auch die Ergebnisse der Bohrungen von Cuarny und Servion beweisen, daß die Tektonik des Untergrundes steiler und komplizierter ist als die der Oberfläche."

Hier sind also wieder die von mir 1926 für die Allgäumolasse, 1938 für Niederbayern erkannten Beobachtungen gemacht worden.

Die Faltenjura-Tektonik geht unter der Molasse weiter.

Sie geht auch hinsichtlich einer auffallenden Querstörung weiter. Die Untersuchungen von A. Bersier 1932, 1938, J. Kopp 1935, 1946, W. Staub 1937 u. a. haben für die Raurachische Senke eine Südfortsetzung der Rheingraben-Querstörungen durch den Faltenjura und noch durch die Schweizer Mittelland-Molasse (H. M. Schuppli 1950) für den Aare-Broye-Bereich in der Freiburger Querzone ergeben. Damit scheint der schon von C. Schmidt, G. Steinmann u. a. erwogene Gedanke wenigstens für tieferliegende Strukturen Bedeutung zu bekommen. *Grundgebirgsstrukturen,* belebt in posthum emporstoßenden Bruchrändern (vgl. O. Wittmann 1949) mit NO-SW- und N-S-Streichen, würden vom Rheintalgraben südwärts unter der Deckenrunzel des Faltenjura hindurch *noch unsere Molassevortiefe unterteufen.* Die Molasse konnte wegen ihrer, dem Alpenbau parallelen Niederbiegung und Sedimentfüllung jene Querbewegungen nur etwas verschwommen nach oben durchpausen: *„Stockwerks-Struktur."*

Daneben wären es aber besonders auch Längsbruchnähte, welche sich, ähnlich der Nordpyrenäenvortiefe (E. Kraus 1951), nach oben durch mannigfach bewegte und verruschelnde Aufpressungsantiklinen äußerten. Wie schon 1923 für die Allgäumolasse (Riginen-bildende Zerbrechungsrucke!) gesagt und wie noch weiter zu begründen sein wird, dürfte sich im Voranschreiten von S gegen N das zu Längsschollen niedergebrochene Vortiefen-Mosaik unter ruckartigem Nachgeben umgeformt haben in die bekannten, im Mittelland tiefer als subalpin liegenden breiten Längsmulden mit ihren aufgebogenen „Antiklinen"-Rändern.

So wurden denn nach R. Rutsch 1936 im Helvet des Berner Seelandes durch solche ruckweise tektonische Absenkung immer wieder ausgedehnte Flußüberspülungen ermöglicht, welche bald in Seen oder nach kurzem Meereszutritt in Brackwasserflächen übergingen. Es verwundert nicht zu hören von den faziellen Folgen über einer, mit dem Absinken ruckweise zerbrechenden Schollenplatte auch im Mittelland. Konnte ich doch aus der Ausprägung des subalpinen Riginen-Rhythmus auf Ähnliches im Allgäu auch für alpennäheres Gebiet schließen: Orogen entsteht ein „*Rucksediment*".

Jüngste Bewegungen

Die pontische Einengung von Faltenjura und Molasse-Vortiefe war bald zu Ende. Dies ist aus den Anzeichen der anschließenden Hebungs-, Abtragungs- und Einebnungszeit ersichtlich. Nach der einheitlichen Faltung zwischen Alpen und äußerem Jurarand muß sich die Vortiefe in zwei abweichend bewegte Hauptteile zerlegt haben: In das sich nur wenig, im WSW-Abschnitt stärker als im ONO-Abschnitt heraushebende *Mittelland* der heutigen Schweizer Molasse-Hochebene und in den nordwestlichen Hauptteil, welcher den *Falten- und Tafeljura* von heute darstellt. In letzterem entblößte sich dank vermehrter Hebung und Abtragung der mehrere hundert Meter mächtigen Molassehülle die nach unten allmählich zunehmende Faltungs-Struktur. Hierbei mäandrierten offenbar die weiterhin gegen S zu ausräumenden Flüsse, schafften die lockere Molasse heraus und stutzten die härteren Rippen des darunter in Ausgrabung begriffenen Baureliefs zu einer mittelpliozänen Fastebene ab. Über die Rümpfe breiteten sich ausgedehnte Wanderblöcke aus Buntsandstein-Geröll mit Bohnerz in lehmiger Grundmasse ungleichförmig aus (A. Buxtorf).

Etwa in der Mitte der Astistufe wurde die allgemeine Heraushebung aber so kräftig, daß der Wasserabfluß von der alten Kaiserstühler Wasserscheide südwärts in die nordalpine Vortiefe unterbrochen wurde. Es entwickelten sich mehr im Generalstreichen verlaufende Längsfluß-Rinnen: ein nördlicher „*Jurarhein*" führte die Wutach und andere Nebenflüsse von Schwarzwald—Rheintal—Vogesen mit dem Sundgau-Restschotter nach W und S über die junge Saône-Vortiefe der tiefgelegenen Erosionsbasis von Rhone—Mittelmeer zu. Ein südlicher Gewässerstrang wuchs, der an den flexurartigen Knick zwischen dem rascher aufgestiegenen Faltenjuragebiet im N und dem zurückgebliebenen, jedoch nach wie vor nördlich abgedachten Mittellandteil als *Ur-Aare* gedrängt war. Dieser Strang führte die Alpenflüsse gegen NO der Donaurinne zu, welche als „*Alpendonau*" mit ihrer *Ost-Richtung die raschere Heraushebung des jüngeren Westalpengebietes zusammen mit dessen Vortiefe und deren axialer O-Neigung andeutete.*

Auch im Alpenvorland herrschte aber im höheren Pliozän eine recht ebene Landschaft, deren Reste noch heute, und zwar mit einer diluvial gegen die Alpen erheblich aufgekippten Abdachung, erhalten sind. Ebenso blieb auch die noch ziemlich unebene Rumpffläche des Tafel- und Faltenjuras nicht unbewegt. Sie wurde während des jüngsten Pliozäns im „plateauförmigen Faltenjura" im NW durch allgemein SW-NO-streichende sanfte Wellen verbogen bzw. weiter im SO unter Hebung schiefgestellt und posthum noch einmal schwach gefaltet (E. Brueckner 1909). Die sich an diese Bewegungen anschließende Ausbildung der „*präglazialen*" *Ebenenlandschaft* ist bereits dem Faltenjura und dem Mittelland gemeinsam. Aber auch sie, die Unterfläche des älteren Deckenschotters, blieb nicht unberührt. Sie wurde gleichfalls verbogen, z. B. durch eine flache, von der heutigen Aare-Mündung gegen ONO über Staffelbrüche bei Kaiserstuhl—Eglisau—Untersee—Überlingen nach dem Höchsten streichende Aufwölbung entlang dem NW-Saum unserer Vortiefe. Auch westwärts in der Baseler Gegend ist der Deckenschotter stark verstellt, ebenso der oberpliozäne Sundgauschotter um Höhenunterschiede bis 150 m.

Andererseits überschneidet die Fastebene der Deckenschottersohle auch flache Molassefalten am Südrand des Kettenjura, ist aber ihrerseits gleichfalls höhenverstellt. Sie zieht sich mit kräftigem, auch noch tektonisch verstärktem Anstieg, nur von einigen „Trotzbergen" wie Napf, Bachtel, Hörnli, Ütli überragt, heute gegen das Gebirge empor.

Mit diesen zum großen Teil wohl *mitteldiluvialen Störungen einer „Baltischen Dislokationsphase"* hängt wohl auch die weitere Vertiefung des Rheintalgrabens zusammen, welcher die alte Kaiserstuhl-Wasserscheide zum Opfer fiel, so daß der Rhein bei Basel fortan seinen Lauf nach N nehmen konnte. Dabei durchmißt er das Gebiet der von J. Wilser noch für den gegenwärtigen Rheintalgraben erkannten Bewegungen.

Faltung der sinkenden Vortiefe

Es wird dem Leser bereits aufgefallen sein, daß unsere Erfahrungen zwar eine alpenwärts stärker werdende Einengung des mesozoischen Molasseuntergrundes vom Faltenjura bis zum Alpenrand ableiten ließen, daß in der einige Kilometer mächtigen Molasse nach oben diese faltende Einengung, obwohl sie nicht weniger als $^1/_4$ bis $^1/_3$ der ursprünglichen Ablagerungsbreite ausmachte, dennoch ausklingt und das mächtige *Torton* oben weithin überhaupt *keine Raumverengerung erkennen läßt. Dies, obwohl letztere erst nach Absatz von Torton/Sarmat eingesetzt haben soll.* Das ist gewiß unglaubwürdig. Selbst bei ganz lockerem Sediment hätte eine derart starke Verschmälerung des Untergrundes ein Ausweichen auch der oberen Molasseschichten aufwärts in Gestalt von Falten zeitigen müssen. Wir finden beginnende Faltung aber erst unten im burdigal-oligozänen Stockwerk nahe über den Jurafalten dort, wo sich dieses Stockwerk gegen WSW entblößt heraushebt.

Die hier dem Schichtpaket zugemutete Faltungs-Disharmonie wäre ganz offenbar zu groß. Weil der Bau aber nun einmal nicht anders ist, verlangt er eine zum mindesten zusätzliche Deutung anderer Art. Eine kritische Untersuchung der besonderen Bauformen in der subalpinen Molasse kann hier Klärung bringen. Dabei werden unsere Überlegungen 1927 fortgeführt und wird hinsichtlich der regionalen Übersicht auf die gute tektonische Karte zwischen Rhein und Aare von H. Renz 1937 und auf das dort angeführte Schrifttum verwiesen. Wir greifen nur typische Beispiele heraus.

Der Molassebau allgemein

Schon B. Studer, J. Kaufmann, A. Gutzwiller mit vielen Nachfolgern und Alb. Heim in der Geologie der Schweiz I (zusammenfassend) haben sich der Besonderheiten des Molassebaues angenommen. Seitdem sind viele, für den Abschnitt östlich der Aare von H. Renz zusammengestellte Erfahrungen hinzugekommen vermehrt um eine Anzahl von neueren Molasse-Dissertationen, Arbeiten der Erdölgeologen u. a.

Daß nicht nur Falten, sondern auch Schuppen in der Schweizer Vortiefe auftreten, hat wohl zuerst Aug. Rothpletz 1908, Tafel VI, an der „Gurnigel Nordüberschiebung“ erkannt und eine Schubfläche als eigentliche Alpennordgrenze bis an das Rheintal gezeichnet. Auch jetzt haben wir Anlaß, in etwas verschiedener Weise zwar, eine solche subalpine Hauptschubfläche durchzuziehen (Abb. 73). A. Ludwig, H. Renz, Arn. Heim, K. Habicht u. a. im O, E. Baumberger, A. Buxtorf J. Kopp bei Luzern, H. Mollet, H. Froehlicher, H. Haus, R. Schider, P. Beck, W. Liechti, E. Gerber, H. Buess, E. Ritter, J. Tercier u. a. weiter im W fanden die Fortsetzungen dieser Schuppenflächen.

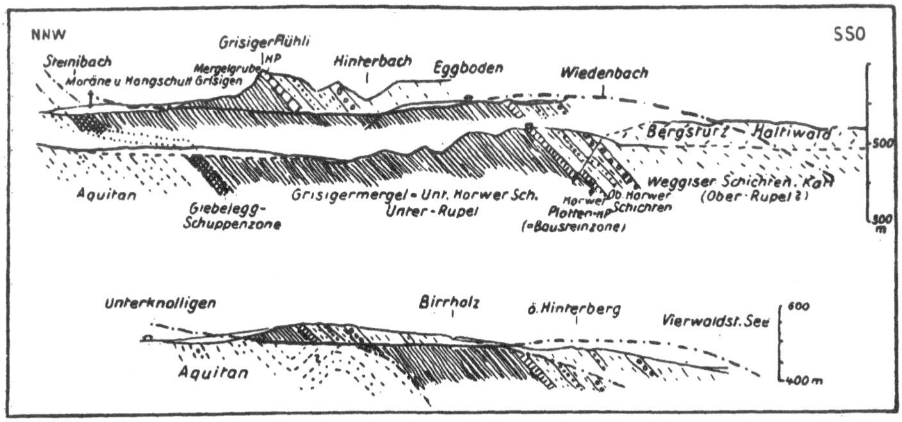

Abb. 80. Flache Aufschiebung von Stamp auf Aquitan am Mittelschweizer Alpenrand SW Horw bei Luzern. Nach A. Buxtorf 1941, Taf. X.

Grundzug der Molassetektonik ist *ihre auffallende Steifheit trotz der Beweglichkeit der Molasse*, ihr *weites Aushalten* der gleichen Fall- und Streichrichtung und der Längsstörungen, also eine große geometrische Regelmäßigkeit, die *Miteinbeziehung kilometermächtiger Schichtpakete in ihren Bau.* Wir vermissen in der Molasse die Teilbeweglichkeit des unmittelbar benachbarten Gebirgsbaues aus älterem, *weniger* beweglichem Gestein und sehen in diesem grundlegenden Gegensatz eine Haupteigenart der Vortiefe. Denn die gleichen Merkmale laufen ja auch über den Rhein durch Süddeutschland, und doch ändert sich auf dieser Strecke der Bau des *Gebirges* sehr stark. *Es liegt in der gemeinsamen Vortiefe auf 550 km Entfernung zwischen Genf und Salzburg die gemeinsame, junge Baugeschichte der Tiefe vor.*

Als erste seltene Ausnahme konnte A. Buxtorf 1941, 143, bei Horw eine *flach*liegende Schubfläche (Abb. 80) mit 600 m weiter Unterschiebung neben einer 1 km ausmachenden Blattverschiebung in SO-NW parallel zum Lopperbergbruch in Flysch *und* Molasse nachweisen. In letzterer liegen zahlreiche Störungen, die aber mit der Giebelegg-Zwischenschuppung (aus Rupelfetzen) zwischen Aquitan und aufgeschobenem Rupel zu Ende ist. Diese Schuppenzone reicht noch weit gegen WSW ins Entlebuch. Doch halten sich derartige scharfe Schuppungen und Teilbeanspruchungen ganz an den unmittelbaren Alpenrand. Ebenso schneiden die Querstörungen als offenbare Antwort auf die nicht allenthalben gleichen Widerstände der Alpen gegen die unter sie herein- oder an sie heranstoßenden Molassemassen in der Schweiz nur alpennah auch noch in die Molasse hinein. In der starren, tortonischen Napf-Nagelfluh konnten sie von H. Froehlicher 1942, 141, bis zu 700 m weit mit flachliegenden Rutschstreifen verfolgt werden. Schubbrett-Bildung ohne Verbiegung liegt unmittelbar am nagelfluhreichen Alpenrand (Thuner See) vor.

In der *subalpinen Schuppenzone* fallen die Schuppungsflächen meist 40—80° gegen SSO ein, im W (Blumen) etwas flacher als im O.

In der nördlich folgenden *Faltungszone* stehen die Achsenebenen der Falten und die Bewegungsflächen mehr oder weniger *senkrecht*. Mit sehr breitem, fächerförmigem Sattel endet die Zone nach N gegen die an der Oberfläche flachliegende tortone Mittellandmolasse. Im W der Gr. Emme, wo das Torton und noch westlicher auch das Miozän ganz über dem axial auftauchenden Oligozän abgetragen sind, ist auch das Mittelland schwach gewellt und stoßen unter ihm SW Genf die mesozoischen Sättel nach oben.

Im Streichen können als Regeln beobachtet werden: Die Aufschuppungsflächen nahe dem Alpenrand sind meist parallele Schichtfugengleitungen (Abb. 81), die auffallend weit aushalten, weshalb die Tatsache der Schuppenbildung oft erst paläontologisch durch den Nachweis höheren Alters der höherliegenden Schuppe geführt werden konnte. Ob Mittelschenkel, wie z. B. nach H. Renz in Abb. 82 angedeutet ist, häufiger zerrissen wurden, ist meist unklar.

Regelmäßige Antiklinalen mit normalen Synklinalen sowie Flexuren gibt es in dem axial höher gelegenen WSW, ebenso vorlandwärts ostwärts Entlebuch und am Zürichsee. Normalfalten und Verbiegungen erscheinen also *am Rande der stärkeren* subalpinen Molassestörungen, und zwar fast nur im Miozän, wenig nur noch hinab ins Aquitan. Ziemlich normale, engere Mulden verbiegen auch einige subalpine Schuppen.

Weit überwiegend sind jedoch meist 2—4 einander parallel laufende, *steile bis senkrechte Anti-*

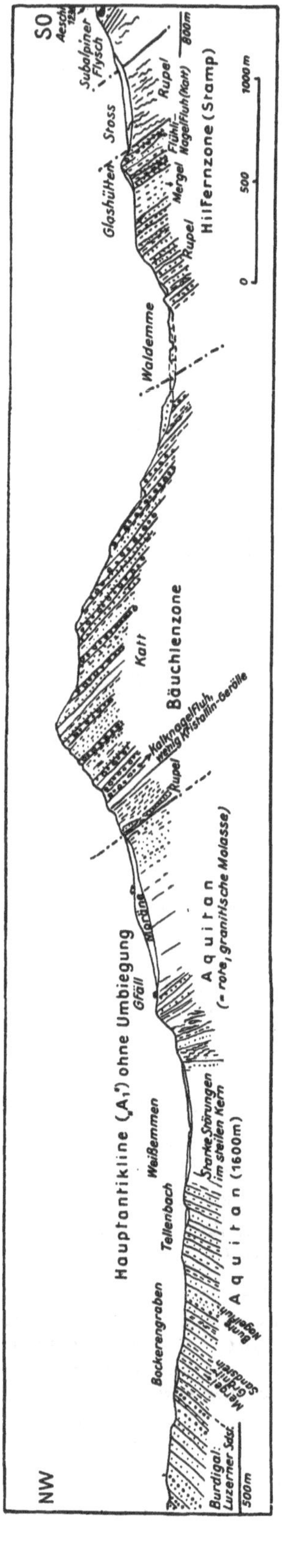

Abb. 81. Molasseprofil mit Antiklinen-Fächer im Aquitan und Schichtfugengleitung ö. Escholzmatt im Entlebuch, Mittelschweiz. Nach H. Fröhlicher 1933, Taf. I.

klinalstörungen, welche oft in den *Fächerbau der „Antiklinen"* (H. Renz) mit beiderseits ziemlich gleichartigen Schenkeln übergehen. Diese Scheitelstörungen können aus normalen Antiklinal-Umbiegungen im Streichen hervorgehen, wie auch Übergänge bestehen zwischen Mulden und den seltenen „Synklinen"-Fächern bzw. Mulden-Längsstörungen. *Sämtliche Längsstörungen, die im Streichen sehr weit auszuhalten pflegen, schneiden also durch „Gewölbescheitel" oder selten durch Muldensohlen.* Schenkelbrüche werden im allgemeinen nicht beobachtet.

Mit einem den Außenrand der Störungen ziemlich regelmäßig im Streichen begleitenden Abfall der Schichten verebben die Unregelmäßigkeiten. Außen sind nur noch 5—3° geneigte Verbiegungen ohne Brüche erkennbar. Trotz der großen Molasse-Mächtigkeiten nehmen ganz allgemein je weiter nach außen desto jüngere Schichten am Aufbau der gegenwärtigen Erdoberfläche teil. *Es ist darum innerhalb des gleichen Schichtstockwerks ein Verebben der alpinen Bewegung nach außen nicht*

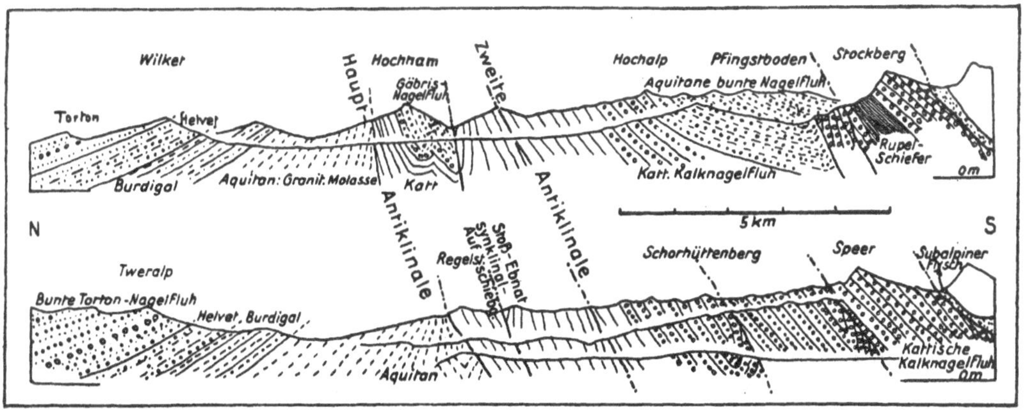

Abb. 82. Molasseprofile des Toggenburg zwischen Säntis und Zürichsee. Nach H. Renz 1937, Taf. XIII. Vgl. auch K. Habicht 1945.

erkennbar. Daß ein solches nicht stattfindet, kann, wie schon gesagt, aus dem Auftauchen der Falten zugleich mit den tieferen Stockwerken im WSW ersehen werden.

Die großen Nagelfluhmassen wirkten *nach* Verfestigung als massive Klötze. Sie lenkten spätere Falten um sich herum (Gäbris), widerstanden solchen (Hörnli), so daß Schuppenflächen aufreißen mußten (Speer). Dort, wo die massiven Katt-Nagelfluhen der Blumemasse, des Rigiberges und des Speers sich dem Alpenrand an- und unterpreßten, biegt dieser deutlich gegen SSO zurück. Da diese Wirkung mechanisch wohl erst verständlich werden dürfte *nach* Verfestigung der Nagelfluh, diese Alpenrandverbiegung aber wahrscheinlich eine primäre Anlage ist, hängt solche schwache, randliche Girlandenbildung wohl ursprünglich mit der gesteigerten Senkung zusammen, welche gerade dorthin die schotterliefernden Flüsse lenkte und sie hier zur Sedimentation zwang. Vermehrte Senkung und gesteigerte Unterschiebung gehen ja nach unseren Erfahrungen Hand in Hand.

Rührt die großzügige Eintönigkeit und Steifheit des Molassebaues im allgemeinen von der gleichartigen Beanspruchung durch die orogene Kraft in der Vortiefe her, so war sie jedenfalls besonders begünstigt durch die anfängliche Verschiebbarkeit und Lockerheit der sehr mächtigen Vortiefensedimente. Erst als die Nagelfluh-Verkittung eingetreten war, kann mechanisch von einer Massivwirkung gesprochen werden. Da diese Verkittung, soweit wir heute wissen, *über* dem Grundwasser stark beschleunigt wird, dürfte erst eine Hebungszeit eingeschaltet gewesen sein zwischen die Zeit der Senkung und großzügig faltenden Einengung, auf welche schon das unter Auflösung an den Geröllberührungsstellen erkennbare Zusammenrücken der Gerölle mit Eindrücken hinweist, und zwischen die Zeit der Nagelfluh-Blockwirkung.

Die wichtigsten und im Streichen am weitesten aushaltenden „Molassefalten" bestehen nun keineswegs aus einander gleichwertigen Sätteln und Mulden. Sie sind vielmehr im allgemeinen *breite Mulden, getrennt durch in sich breit verruschelte Aufbiegungszonen.* Von diesen „Sattelstreifen" aus nimmt die Schichtmächtigkeit gegen die Mulden nicht primär entsprechend der heute in ihnen erkennbaren Fächerstellung (Abb. 81, 82, 38) zu. Es sind also ohne Frage *disharmonische Schleppungen* vorhanden.

Außerdem scheint aber auch eine *primäre Verminderung der Schichtdicke* in den Muldenschenkeln gegen oben zu bestehen. Die Längsstörungen sind oft die Trennungszonen zwischen abweichender Sedimentation in den benachbarten Mulden: Hier viel Geröll, dort nichts; hier Sandstein, dort Mergelbänke; hier rote Färbung, dort graue; hier mehr Kristallin-, dort mehr Kalk-Geröll; hier stampische Versteinerungen, dort aquitane, oder innen aquitane, außen aber burdigale bei wesentlich gleicher Geröllzusammensetzung beiderseits der Scheitelstörung!

Es passen mit anderen Worten die in einer „Sattelstörung" aneinandergelehnten Muldenschenkel primär-sedimentär nicht zusammen.

Folglich müssen schon ursprünglich Trennungen in den beiderseitigen Sedimentationsbecken durch die sich hebenden Längsstörungszonen bestanden haben. Hat sich diese primäre Hebungszone später im Streichen noch in gleichartig sedimentierte Vortiefenteile verlängert, — ein mechanisch sehr naheliegender Vorgang — so läuft sie heute im Streichen in eine normale Antiklinale mit zusammenpassenden Schenkeln aus. Diese meist einige 100 m breiten Ruschelstörungen im Kern *der Antiklinen-Scheitel waren schon ursprünglich Hebungszonen;* oder umgekehrt: *Die „Sattelanlagen" wurden schon im Absatzbecken geschaffen, waren Reliefrippen.*

Diese primären Hebungszonen sind *zugleich Schwächezonen,* an denen zur Hauptsache mehr oder weniger senkrechte Bewegungen der benachbarten Mulden gegeneinander vollzogen wurden. Sie müssen, wie ja ihre Aufbiegung zeigt, bei der allgemeinen Vortiefen-Absenkung hinter jener der vorauseilenden Mulden zurückgeblieben und so zu Hebungsschwellen geworden sein, welche sich auch im Relief der Ablagerungsbecken und damit auch im sedimentierten Schichtprofil zur Geltung bringen konnten. Die Struktur zeigt, daß die benachbart sinkenden Mulden nicht mit gleicher Schnelligkeit und nicht zu gleicher Zeit nach abwärts gezogen wurden, sondern daß es zwischen ihnen diesbezüglich starke Unterschiede gab. Meist sank wohl zunächst die alpennähere Mulde tiefer und füllte sich mit Sediment, dann erst, unter Verruschelung ihres dabei aufwärts geschleppten Südrandes, die nächst nördliche Mulde, die somit zum Teil jüngere Sedimente erhielt. Das ergibt dann das Bild der scheinbaren, senkrechten „Aufschiebung“ einer südlicheren über eine nördlichere Mulde. In Abb. 83 wurde die auf diese Weise baugeschichtlich fortschreitende Verbiegung der Vortiefe während ihrer Senkung gegen außen schematisch dargestellt.

Noch heute bewegen sich die Molassemulden in diesem Sinn verruschelnd gegeneinander. Die Bergschläge zum Beispiel im Pechkohlenbergwerk von Hausham in Oberbayern und die diesbezüglichen, bei Alb. Heim 1921, I, 180, beschriebenen Befunde in dem durch den bewegten Aquitankern der nördlichen Antikline zwischen Thur und Linth gebohrten Rickentunnel sind gute Beispiele.

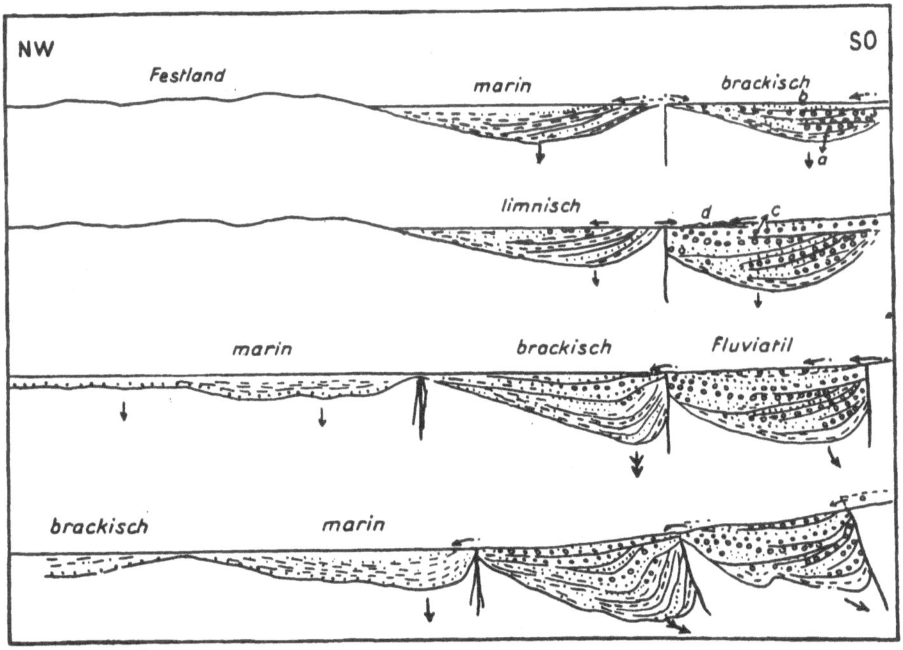

Abb. 83. Entwicklungsschema der Molassemulden aus Längsschollen mit (an Brüchen) zwischenliegenden Antiklinen-Aufschleppungen, ohne Sattelumbiegung. 4 Stadien, von oben nach unten fortschreitend. VII. 45.

Die nachbarlichen Reibungen zwischen den abweichend beanspruchten Mulden konnten diese bis an den Muldenkern verruscheln und nachträgliche Unterschuppung der jüngeren, äußeren unter die ältere, innere Mulde konnte dann die subalpine Verschuppung bringen. Ein solches spätes Übergreifen etwas flacherer Unterdrucke über die primär senkrecht entstandenen Vortiefen-Strukturen baute diese um und machte sie den üblichen alpinen Bauformen ähnlicher (E. Kraus 1926).

Beweisende Beispiele für alle Übergänge von senkrechten Längsruschelzonen der Antiklinenscheitel und Überschuppungen, mitunter für Schubflächen, an denen die Verruschelung ganz oder fast bis auf die Muldenachse gediehen ist, sind von H. Renz 1937, 181, in größerer Zahl angeführt worden. Die stärkste offenbar so erzielte Überschiebung, welche uns zugleich die an der Alpenfront nach WSW hin zunehmende Unterschiebungsweite der Vortiefe unter das Gebirge vor Augen führt, ist die 25 km-Überschiebung, welche durch das S. 103 erwähnte Molassefenster des Val d'Illiez an der Alpenrhone bewiesen wird (Abb. 87).

Wir kommen insgesamt zu dem Schluß, *daß die Hauptanlage der bezeichnenden Vortiefentektonik bereits während der Vortiefensenkung und -sedimentation entstanden ist.*

Weitere Anzeichen und Beweise hierfür liegen genügend vor. Der etwa 45 km breite, kattische Nagelfluhfächer von Rigi-Roßberg zwischen Eigenthal im SW und Einsiedeln im NO verliert sich im Streichen gegen ONO sowohl durch Abnahme der unteren wie der oberen Schichten: Von dem zentralen Bereich (Arth) mit 3,4 km Mächtigkeit *hat also die synsedimentäre Hauptsenkung*, deren Annahme angesichts der Flußschotterfazies ja unvermeidlich ist, *langsam gegen ONO vorgegriffen und ging dann wieder gegen WSW zurück.* Ähnliche zeitlich-räumliche Änderungen beim Absinken der Vortiefe spiegeln sich offenbar auch an den anderen Nagelfluh-Schüttungen wider.

Auch die *Hohe-Rone-Überschiebung* des aquitanen Nagelfluhbezirks zwischen Lorze und Sihl (K. Kleiber 1937, 425, H. Renz 1937, 122, 130) ist hier zu nennen. Wir halten es nicht für einen Zufall, daß gerade dort, wo die Sattelachse durchzieht, gegen NW hin der (mit Zwischenmitteln insgesamt 600 m mächtige und rhythmische) Aquitanschotter zu Ende ist und im Gegensatz zu dem antiklinalen SO-Flügel der NW-Flügel daher nur aus bunten Mergeln und granitischen Sandsteinbänken besteht. Die Abweisung des schotterführenden Flußstriches durch den Antiklinalscheitel von dem NW-Flügel durch so lange Zeit scheint mir darauf hinzuweisen, *daß schon während der Ablagerung an der Flußschotter-Oberfläche fortdauernd eine flache, streichende Antiklinalaufwölbung*, vielleicht bereits verbunden mit einem axialstreichenden Bruch, die Flußmäander zwang, ihre ungewöhnlich viel (58 v. H.) Kristallingeröll führenden Schotter schon auf dem SO-Flügel der werdenden Antiklinale abzusetzen. Längs der nördlichen Hauptantikline passen diesbezüglich die Schenkel nicht zusammen.

Im Allgäu-Vorarlberg wiederholen sich gute Beispiele gleicher Art.

Eine noch während der Molassebewegung vor sich gegangene *Abtragung des Antiklinalscheitels* und dessen erst spätere Überschiebung des massiv gebliebenen Nagelfluhpakets im SO-Schenkel über die so geschwächte Antiklinalachse hinweg auf den NO-Schenkel hielt H. Renz 1937, 122, mit A. Buxtorf (für den Rigi) für sehr wahrscheinlich. Denn es fehlen die für eine gewöhnliche Überschiebung im Sinne von K. Kleiber selbstverständlichen tektonischen Begleiterscheinungen. Auch mir fiel namentlich im SW-Allgäu, in Vorarlberg und in der NO-Schweizer Molasse dieses merkwürdige sedimentäre Hinübergreifen über zweifellose antiklinale Schichtstörungen bei gleichzeitigem Zurücktreten von eindeutigen und durchgreifenden Rutschflächen nicht selten auf. Ich konnte sie mir nur durch *synsedimentäre*, auch während Abtragungsvorgängen fortschreitende Bewegungen erklären.

Durch den Gegensatz in der beiderseitigen Sedimentation, welche oft um viele hundert Meter abweichende Mächtigkeiten zeigt und es häufig ganz unmöglich macht, die in beiden Antiklinen-Schenkeln zusammengehörigen Horizonte aufzufinden und wie üblich über den (gestörten) Scheitel durch Luftsättel zu verbinden, schien mir diese synsedimentäre Bewegung bestätigt zu werden (1926, 176, 214, 221).

Die steilen, mit den steilstehenden Schichtfugen meist parallelen Rutschflächenscharen der Antiklinen-Kerne beweisen eine steile „Schichtfugengleitung" (E. KRAUS 1945). Im Rickentunnel und im Druckstollen des Etzel-Antiklinale bewegt sie sich noch heute.

So kommen wir zu dem hier nur durch wenige Beispiele erläuterten *Schluß auf kräftige Teilbewegungen in der allgemein sinkenden Vortiefe.* Oft für lange Zeit der Sedimentation beherrschten sie nicht nur die Strukturbildung, sondern auch das äußere Baurelief. Neben dem sonderbaren Bau gab es daher die von Mulde zu Mulde sehr abweichende Sedimentation und auf den Antiklinen kräftige Abtragungen und Schichtverminderung. Abb. 84 gibt für Beispiele aus dem Allgäu eine Vorstellung.

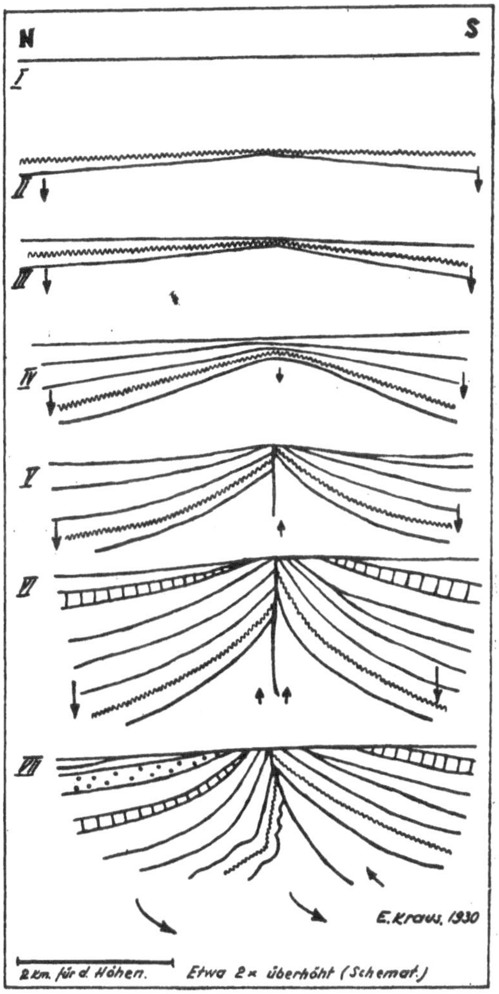

Abb. 84. Entwicklung einer antiklinen Längsstörungsschwelle (z. B. Missener Störung im Allgäu) in Stadien I—VII. Pfeile zeigen, je nach Lage die wechselnden Bewegungen an. Während II—IV noch schwache Sedimentation auf der Schwelle, die in der absinkenden Vortiefe zurückbleibt. V—VII Abtragung über der im Verhältnis höher bleibenden Schwelle, deren Baurelief in den beiderseitigen Mulden abweichende Sedimentfolgen bedingt — meist wegen verschiedenzeitlicher Absenkung dieser Mulden. Während VII schob sich offenbar die Molassevortiefe noch etwas südwärts unter den älteren Deckenbau Helvetikum-Ultrahelvet-Kalkalpen. Durch Hebung und Erosion kamen Flysch und kalkalpine Nordzone im S an die Erdoberfläche, so daß die Molasseflüsse über das Baurelief neben dem Schutt von Antiklinenscheiteln auch den Gebirgsschutt (Ringe) in die Vortiefenmulden einfüllen konnten.

Wir haben somit Anlaß, nicht nur eine allgemeine Absenkung und Zufüllung von SO her anzunehmen, wie sie z. B. H. FROEHLICHER 1933 zeichnete (Abb. 36). Dieser Gedanke allein würde uns ein Verständnis für den starken Wechsel im einzelnen verwehren, für das Nichtaushalten der Korngrößenänderung zwischen grob und fein, in der Fallrichtung: dafür, daß jeder einzelne der großen Schuttfächer sein eigenes Profil hat. Vielmehr haben wir *die Ansicht von synsedimentären Molassebewegungen*, die ARN. HEIM schon entwickelt hat, in umfassender Weise zu erweitern. Die durch den Nagelfluhrhythmus des Speer, der Bäuchlen-Nagelfluh mit 40fachem Wechsel, des Rigi usw. erweisbaren Senkungsrucks sind weitere Hinweise.

Auch in der Molassevortiefe entstand der tektonische Bau während allgemeiner Senkung; wiederum sehen wir den Abbau!

Erosion an der Molasse

Arn. Heims Gedanke von dem erosiv zerschnittenen „Nagelfluhgebirge" der Molasse, gegen welches die letzten alpinen Faltenwellen angebrandet seien (1906, 441; 1932), hat neuerdings durch E. Baumberger, H. Haus u. a. einen Ausbau erfahren. Ich halte diesen Gedanken für beachtlich. Denn die Deltaschotter bilden sich nahe unter, die Flußschotter über dem Wasserspiegel, so daß eine geringe Hebung genügt, um bei hinreichend langer Zeit das Sediment kräftig zu zerschneiden. Wenigstens angesichts der stärkeren Bewegungen in Alpennähe muß hieran gedacht werden, denn zwar zeichnet sich das Molassebecken durch weit überwiegende Senkung aus; aber auch z. B. in dem alpinen Flyschmeer kam es ohne Zweifel zeitweilig oder örtlich zu größeren Insel-Heraushebungen, wie die beobachtete Umlagerung eben erst abgesetzter Sedimente beweist. Auch dürfte die Vortiefe von der Regel, daß auf Zeiten überwiegender Senkung solche des Nachlassens, ja der Heraushebung gefolgt sind, keine Ausnahme gemacht haben.

Freilich ist auch hier bei Bewertung der Beispiele im Gelände Vorsicht geboten. Denn gerade subalpin muß man auch mit kräftigen, rein tektonischen Achsenhöhen-Schwankungen der Vortiefenschollen, der Unterschiebungsstärke und daher auch mit manchem überraschenden Verschwinden bzw. Wiederauftauchen rechnen.

So beobachten wir ein *plötzliches Verschwinden der mächtigen Blume-Nagelfluh* in ihrer SW-streichenden Fortsetzung jenseits des Thuner Sees, wo ohne Anzeichen eines primären Auskeilens dieses Randstück um 800—1000 m tiefer liegt, darüber die verschärft vorgestoßene Ralligsandstein-Schuppe (Rupel), deren Streichen gegenüber der O-Fortsetzung hier um 90° abgewinkelt ist.

Hier liegt keine örtliche Erscheinung vor, denn sie gehört offenbar in den schon oben erwähnten größeren Rahmen der *Achsensenkung gegen W*, welche den ganzen mächtigen Gebirgsstock der Freiburger- und Chablais-Präalpen mit ultrahelvetischem Sockel und dem noch heute über 2300 m hochragenden Niesenflysch vor der Abtragung bewahrte.

Wenn sich im scheinbaren Gegensatz hierzu die westschweizerische Vortiefe im Jungtertiär axial einige hundert Meter heraushob, so daß ihr Miozän abgeräumt werden konnte, so ist damit jene ungleich mächtigere Achsensenkung gegen W natürlich noch nicht behoben. Auch blieben die Tendenzen nicht zu allen Zeiten gleich, kann sehr wohl im Mitteloligozän eine abweichende geherrscht haben und ist vor allem Aufstieg und Absenkung quer zum Alpenstreichen erfahrungsgemäß auf die einzelnen Hauptzonen sehr verschieden verteilt: Ganz so, wie wir das eben von den diesbezüglich verschieden bewegten Teilmulden der absinkenden Molasse-Vortiefe feststellten, trifft solch abweichendes Verhalten benachbarter Längselemente auch für das Gebirge selbst zu. Erst spät haben wir allgemeine Querwalmungen im Gebirge gehabt.

Können wir somit für unsere Frage nach alten Erosionserscheinungen an der subalpinen Molasse im W des Thuner Sees keinen sicheren Anhaltspunkt gewinnen, so ist dies im O anders. Hier dürfte die Mergel/Sandstein-Fortsetzung der Ralligschuppe am Thuner See-Ostufer gegen die vorher nach S zu abgeschnittenen Schichtköpfe der fast waagrecht liegenden Katt/Aquitan-Nagelfluhen im NW angepreßt worden sein. Ähnlich wurde nach H. Haus 1935 der gebuchtete, durch nachhelvetische Erosion entstandene Südrand der ziemlich waagrechten Emmentaler Helvetnagelfluhen durch das Katt der Schangnau-Schuppe überschoben. Jedenfalls spricht hierfür die scharfe Stauung der angepreßten Kattmergel und -sandsteine. Der vom Rhein bis hierher aushaltende antiklinale Aquitanzug (Abb. 85 oben) fehlt dazwischen. Auch hier haben wir neben Erosionserscheinungen mit axialem Absinken dieses Aquitans gegen W bei gleichzeitigem, kräftigem Unterschieben des abgesunkenen Aquitans unter die Molasseschuppen im S zu rechnen.

Es fällt nämlich nach W. Liechti auf, daß zwar auch das unterste Burdigal absinkt, gleichzeitig, nur schwächer aber, das höhere Nagelfluh-Burdigal, während die höchsten Stockwerke (Helvet/Torton) dem Axialgefälle überhaupt nicht mehr unterlagen. Mit NW-Fallen gehen sie ruhig weiter im N-Schenkel der bisherigen Antiklinale. Aus ihnen entstehen W der Emme zwei neue, nördlichere Gewölbe.

Mit der Annahme, es handle sich um einen kurzdauernden, erst nach Ablagerung der letztbeteiligten Schichten einsetzenden Horizontaldruck, kann dieses Beispiel natürlich nicht gedeutet werden. Noch weniger unter Annahme einer von oben nach unten an Druckkraft abnehmenden Bewegung. Denn selbst wenn man disharmonische Faltung (Mergel unten, Nagelfluh oben) annehmen wollte, so spräche hiergegen die nur sanfte Verbiegung am Rande der Nagelfluhplatte. Eine spätmiozän oder noch jünger erst einsetzende Überschiebung im Hangendstockwerk kann diese gut beobachteten Tatsachen somit nicht erklären.

Also auch hier ist zu schließen, daß *schon während der Sedimentation die Molassebewegung vor sich ging*, und zwar wurden die bereits tiefer versunkenen Stockwerke, *da sie schon länger der Bewegung unterlagen*, schärfer eingeengt. *Senkung und waagrechte Einengung gingen Hand in Hand.*

Doch auch der „Überschiebungsvorgang“ scheint hiervon nicht abzutrennen zu sein. Denn man kann ohne weiteres die Umbiegung der östlichen Antiklinale nach S herein unter die Molasseschuppe als Folge der gesteigerten Unterschiebung der Schweizer Mittellandmolasse unter die sich gleichzeitig darüber schuppende Subalpin-Nagelfluh auffassen. Damit wird die Faltung noch keineswegs aufgehört haben. Man wird sich im Gegenteil vorstellen, daß unten noch stärker eingeengt wurde (Abb. 85).

Es kann nicht zufällig sein, daß die Vortiefe hier oligozän nach W absinkt, daß die große Aquitanantiklinale des O mit der Ilfis plötzlich nach S einbiegt und untertaucht, daß die mächtige Blumeüberschiebung hier einsetzt und daß mit dem Beginn dieser Erscheinungen von O her noch die 1,2 km mächtige Burdigal/Helvet-Nagelfluh am Emmental aufgeschüttet wurde. All das läßt sich aus einem großen Mechanismus verstehen, der auch für das Verschwinden der Rigimasse gegen W und der Kronbergmasse gegen O klärend wirken kann.

Stellen wir uns vor, das Vorland versank und floß besonders kräftig unter hangendste Gebirgsstockwerke hinein, die sich darum von ihrer sie unterfahrenden

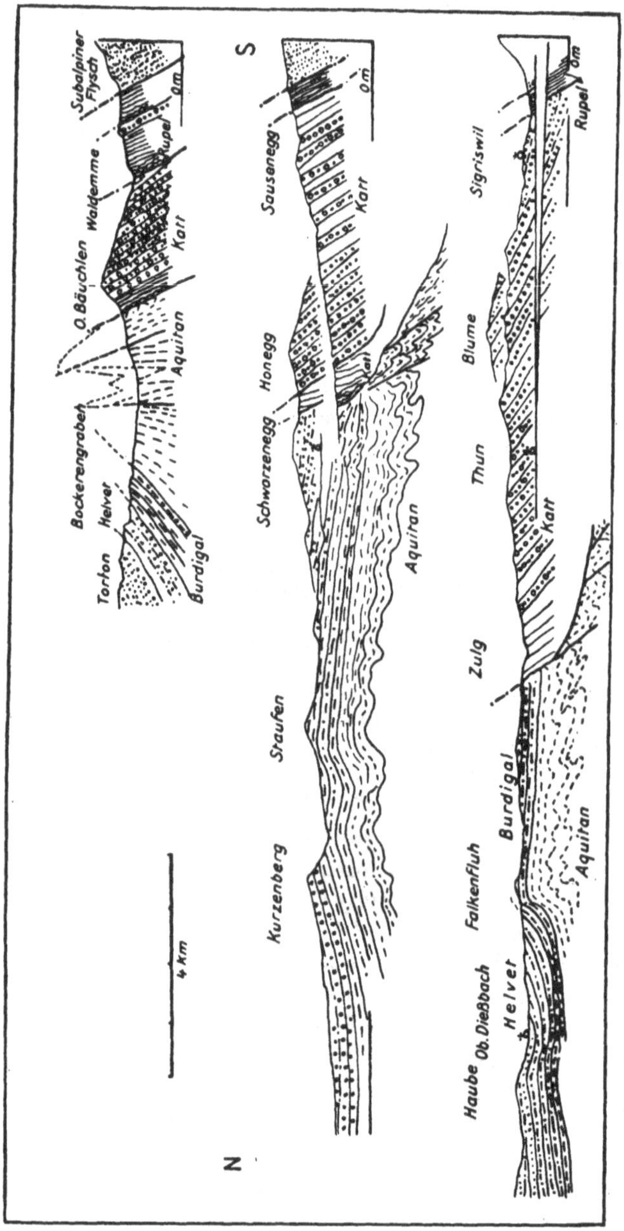

Abb. 85. Übergang des Aquitanzuges im O (oben) durch axiale Senkung und Unterschiebung unter die Blumeschuppe im W (unten). Nach H. Renz 1937 abgeändert: Zunahme der Bewegung nach abwärts gezeichnet.

Unterlage loslösten und im Verhältnis als Deckschuppen gegen NW „vorrückten". Das kann der Ausklang der gewaltigen Präalpenverschiebung über ihrem unter sie mächtig hineinfließenden Untergrund gewesen sein. Dabei schoppte sich nicht allein, wie im O, das Aquitan auf, sondern es wurde scharf unter den entwurzelten

Sockel der stampischen Blumemasse hereingezerrt. Es war Folge vermehrter Senkung und Süd-Einbiegung unter den Alpenkörper.

Aber neben solcher Strukturänderung muß dieser Mechanismus auch *eine Reliefänderung* gebracht haben. Wir können sie aus ihrer Abbildung in dem gleichzeitigen Orogensediment erschließen:

Die vermehrte Vorlandssenkung rief das burdigale Meer in unsere Vortiefe. Es bedeckte alsbald den unter seine Spiegelhöhe herabgezogenen Teil. Die stärkere, mit der Deckenaufschiebung verbundene Gebirgshebung setzte in dem bestehenden humiden Klima alsbald die Flüsse mächtig in Gang. Ein bedeutendes Flußnetz drückte sich ein über der gleichhoch gebliebenen marinen Erosionsbasis in das voranwandernde und gleichzeitig etwas an Höhe gewinnende Hangendstockwerk des Gebirges. Der Schutt sammelte sich in den weiten Flußniederungen über der versinkenden Vortiefe immer mächtiger an. Abtrag innen, Zufüllung außen suchten die innenbürtige Reliefstörung wettzumachen. Die endogene Tiefenströmung mit ihrem Baurelief ging *langsam* genug vor sich, daß in der Tat für lange Zeit die Fazies der Vorlandssedimentation, nämlich die Bildung des Napffächers aufrechterhalten bleiben konnte. Schon die Bildung der kattischen Blumegeröllmasse war durch solchen Ausgleich möglich gewesen.

In beiden Fällen sehen wir den Beweis für *den überaus langsamen Fortschritt der orogen wirksamen Bewegungen*. Kurzfristig können allein gelegentliche äußerliche Folgen, wie Erdbeben, vulkanische oder außenbürtige Kleinkatastrophen sein. Allein wenn wir die Leistungssumme von ganzen Zeitstufen zusammennehmen und mit jener von noch ruhigeren vergleichen, ist hier von „belebenden Orogenphasen“ zu reden.

Es liegt sehr nahe, den km-mächtigen Burdigal/Helvet-Schotter im Emmental wenigstens teilweise als Umlagerungsergebnis aus dem Hangenden der langsam „voranrückenden“ und noch unverkitteten Blumemasse sowie aus den dieser rückwärts nachfolgenden Präalpendecken abzuleiten. Deckenbewegung und Vortiefenabsenkung mit Flußarbeit können wir aus der mächtigen Emmentaler Burdigal/Helvet-Nagelfluh ablesen. —

Die gegenwärtige Vortiefe hat eine äußere Begrenzung der Abdachung und der Schuttabfuhr nach außen. Ebenso war es offenbar auch früher. Nur alpennäher als jetzt haben wir eine dem Alpenstreichen parallele und dem axialen Vortiefengefälle entsprechende Tiefenrinne anzunehmen, durch welche das Niederschlagswasser und der Schutt des Gebirges abgeführt wurde. *Die Fazieswechsel der Vortiefe entstanden im Kampf dieser außenbürtigen Tendenz mit den innenbürtigen Vortiefenstörungen.*

Zu Zeiten geringerer Senkung und relativer Heraushebung eines alpenferneren Teilmuldenstreifens oder einer streichenden Antiklinale *muß dieser Hauptlängsfluß der Vortiefe erodiert haben*. Die Erosionskerben konnten bei nachfolgendem Überhandnehmen der Vortiefensenkung und Zuschüttung der Schichtkopf-Abhänge erhalten bleiben.

Beispiele dieser Art mehren sich. Der plötzliche Einsatz der Hilfernschuppe (Rupel) im Kadhausgraben (ob. Emmental, H. Haus 1935) wird auf ein altes Erosionsloch im Hangenden der Bäuchlen-Lochsitenberg-Schuppe zurückgeführt.

Die schon früher vermutete, von J. Kaufmann und Arn. Heim angenommene Erosionsnische Bürgen-Pilatus von annähernd 3 km Tiefe (!), welche verantwortlich gemacht wurde für das plötzliche Verschwinden der Kilometer-mächtigen Riginagelfluh gegen WSW ist sehr auffällig und umfangreich. Erosion allein kann hier schon der Größenverhältnisse wegen nicht in Frage kommen (H. Renz 1937, 175). Wie schon S. 234 gesagt, scheint ein Hauptteil der Absenkung auf scharfes axiales Abtauchen der subalpinen Molasseschuppe gegen W und auf deren Hineinwandern unter das Gebirge zu entfallen (Abb. 86). Nach Entdeckung der näheren Tektonik am Molassesüdrand vor dem Pilatus kam denn auch A. Buxtorf 1941, 148, zu dem Schluß, daß keine Molassenische, sondern normale Tektonik vorliege. Gleiches vermutet er — neben ursprünglicher Mächtigkeitsabnahme (?) — für die SW-Fortsetzung der Riginagelfluh.

Das Abbrechen der aquitanen Kronbergnagelfluh ostwärts an der Sitter ist nach Arn. Heim durch ein altes Erosionsloch *SO Appenzell* bedingt. Der kattische Mergel-Sandstein der zweiten Molasse-Antiklinalzone tritt daher als nördliche Lochbegrenzung zunächst an die Rupelschuppe des Eugsttobels (siehe oben), nach deren Auskeilen dann unmittelbar an die Säntis-Fähnerndecke des Gebirges heran. Als weitere Folge jenes erosiven Verschwindens eines südlichen Molasse-Hauptteils wurde das Aufreißen des mächtigen Sax-Schwendi-Querbruches angesehen. Wie weit diese Erscheinungen nicht auch wieder durch axiales Ostabsinken (Ostfallen beim Weißbad und im Berndliprofil!) der vorgelagerten, zugleich unter das vordringende Gebirge eingeschobenen Schuppen erklärt werden kann, ist wohl noch zu prüfen. Nach Bisherigem wird dieses Erosionsloch nur als der Beginn einer mächtigen „präalpinen" Bodensee-Rhein-Talung alterosiver Art angesehen, in welche die Säntisdecke mit Reliefüberschiebung vorgedrungen und niedergebrochen wäre. Hier und an anderen Durchbruchstälern hat H. Froehlicher 1941, 194, ein derartiges Decken-Abtauchen in vorgefundene alte Erosionsfurchen für wahrscheinlich gehalten. Beweise liegen nicht vor. Auch scheint es wenig denkbar, daß die Decken schon während ihres „Vorrückens" in dieser Weise zerstückelt worden wären. Das hätte wohl ein Bergsturzchaos ergeben, welches in den großen Tälern längst beseitigt worden wäre. Vgl. K. Habicht 1945, 111, 124.

Immerhin ist nicht in Abrede zu stellen, daß zunächst dem heutigen Alpenrand *bestimmte Anzeichen für alterosive Leistungen während der Molassebildung in aquitaner und nachhelvetischer Zeit*

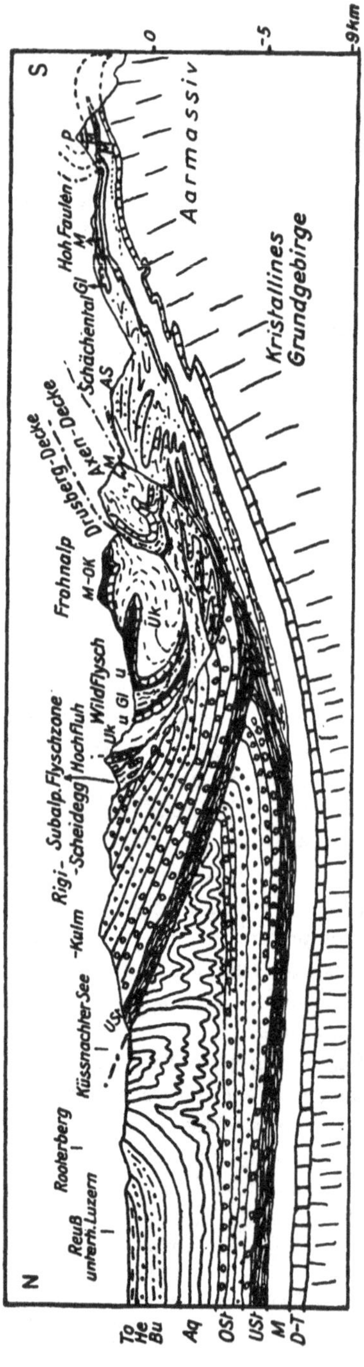

Abb. 86. Profilschema der Berge am Vierwaldstätter See nach A. Buxtorf 1934, 705. *P* Porphyr, *D—T* Dogger-Trias. *M* Malm. *UK* Unterkreide. *OK* Oberkreide. *U* Urgon. *Gl* Globigerinenschichten Lutet-Priabon. *AS* Altdorfer Sandstein. *UST* Unterstamp. *OST* Oberstamp. Riginagelfluh; oben kalkig, unten bunt. *Aq* Aquitan. *Bu* Burdigal. *Hr* Helver. *To* Torton.

vorliegen. Alle beziehen sie sich auf ein steil gegen S abbrechendes Erosionsrelief, welches wir etwa mit dem heutigen Südrand des Kettenjura vergleichen und mit einem Vorläufer der Alpendonau mit ONO-licher Abflußrichtung. Sehen wir von Unteroligozän ab, so sind die wahrscheinlichen Erosionszeiten in der Vortiefe während des Ober-Aquitans, in welches A. Bersier 1936, 113, Erosionsfurchen im Waadtland verlegte, und außerdem während des späteren Miozäns. Die Napf- und Hörnli-Fächer wuchsen zwar noch weiter, aber die alpennähere Hebung hatte schon erhebliche Fortschritte gemacht. Insbesondere sind es die überall auftretenden Bestrebungen einer muldenweisen Teilsenkung und Antiklinen-Teilhebung längs streichender Vortiefen-Zonen, welche Flußerosionskerben bringen mußten. Diejenigen zum Beispiel von H. Haus im Mittelland unter Reliefüberschiebungen fallen wohl in die jungtortonisch-sarmatische Zeit. Die tiefgreifende und ausgedehnte Vorlands-Ausräumung dürfte aber nur an besonders begünstigten Stellen solche Zeichen übrig gelassen haben.

Ein solcher Fall bestand dort, wo ein Molassestrom seine Schotter unter erosiver Süduferwirkung gegen ONO im Streichen weiterrollte. Das sehen wir z. B. am südlichen Ufer der Pfingstboden-Kronbergschotter.

Daran freilich, daß ein ganzer Gebirgsrand am Molassekörper erosiv ausgefeilt und gegen ihn anbrandend die Energie der Helvetidenbewegung abgebremst worden wäre, kann man nach unseren Erfahrungen nicht denken. Diese Bremse können übrigens auch die Zentralmassive nicht angezogen haben; denn diese waren nach Ausweis der Molassegerölle noch nicht entblößt.

Unsere zeitlich unterteilende Vorstellung hindert keineswegs den Fortgang der Schuttabfuhr für die langen Hauptzeiten in die Vortiefe. Sie verhindert auch nicht, angesichts der (trotz der Erosion) überwiegenden Senkung und Sedimentation, den Mangel scharfer Diskordanzen, welcher noch vielfach als Gegenbeweis gegen die beiden Höhepunkte der Gebirgsbildung im Rupel/Katt und im Burdigal/Helvet trotz aller sonstiger Kennzeichen angeführt wird. „Die orogene Phase" braucht keineswegs in militärisch scharfer Ordnung nach Absatz des letzten tortonisch-sarmatischen Korns erfolgt sein, ebensowenig die Alterosion. Diese wird freilich im Pliozän noch ganz besondere Ausmaße erreicht haben. Doch blieben wegen der dann noch fortschreitenden Heraushebung und Abtragung die betreffenden Erosionsanschnitte eben nicht mehr erhalten. Pontisch-altpliozäne Sedimente in Alpennähe fehlen ganz.

Jungtertiärer Molasseschutt und jungtertiäre Bewegung

Wir bauen die schon oben S. 121 gewonnenen Gesichtspunkte über den Zusammenhang zwischen Molassebestand und Gebirgsbewegung aus. Daß gleichzeitige tektonische Bewegung, also ein belebtes Baurelief, die Abtragung vielleicht auf das Doppelte beschleunigen kann, führte O. Ampferer einmal (1925, 42) einleuchtend aus und ist bei unseren Folgerungen wohl zu beachten.

Groß ist der Gegensatz zwischen den hauptsächlichen aquitanen Schuttfächern, welche sich in die Vortiefe höchstens bis zur Hauptantikline im N vorgeschoben hatten, und den beiden miozänen Hauptschuttfächern. In diesen überrollten die

Flüsse, schwach einsetzend im obersten Aquitan, während Burdigal und besonders Helvet ungleich größere Gebiete. Bis in das höhere Torton/Sarmat hielten die Geröllfrachten an, vielleicht abgesehen von den westlichen, sich damals schon hebenden Gebieten. Bis tief in den heutigen Faltenjura, bis zum Zürichberg und Bodensee mäandrierten die Flüsse.

Im Napfgebiet wuchsen die Geröllgrößen im allgemeinen nach oben. Die Transportweiten verkürzten sich aber nicht, denn zugleich nehmen die Gangquarze und Quarzite erheblich zu bis 40 v. H. (Oberburdigal-Helvet im Entlebuch.) Dies spricht sogar für weitere Geröllwege, wenigstens für erheblichere *Umlagerungen* aus schon vorhandenen Geröllmassen und chemische Ausmerzung im Einzugsgebiet. Das Gefälle nahm aber zu. Ein Teil der Quarzite von der burdigalen Zeit an entstammt offenbar der penninischen Trias, Porphyrite vielleicht der oberpenninischen Margnadecke. Grüne Ophiolithe mehren sich z. B. im Entlebuch so erheblich, daß nunmehr mit der *Einbeziehung der höheren penninischen Decken* in die Einzugsgebiete der Flüsse zu rechnen ist. Im Torton nehmen frische Kalkgerölle vielfach wieder zu. Vertreter der tieferpenninischen Decken, Gneise, Bündener Schiefer aus Adula- und Tessiner Decken sind nicht bekannt.

Sehr fällt auf das Zurücktreten oder schon gänzliche Fehlen sicherer *Flyschgesteins-Gerölle* in der tieferen miozänen Entlebuch-Nagelfluh, während doch solche im benachbarten Katt unten etwa 50 v. H. ausmachen und zum Teil $^1/_2$ bis 1 m Größe erreichten. Die oligozän in Abtragung begriffen gewesenen Flyschdecken waren wahrscheinlich an der miozänen Gebirgsoberfläche schon zum großen Teil abgetragen.

Das betrifft jedoch nicht Sandsteine mit kleinen Nummuliten, genau dem Schlierensandstein gleichend, welche ziemlich weit verbreitet sind und $^1/_2$—1 Fuß Größe erreichen; auch nicht gelblich verwitternde Sandsteine, mit ziemlich grobem Korn, oft mit roten Feldspatstückchen. Ebenso enthält die höher-helvetische *Belpbergnagelfluh* von Sädel besonders häufig gelbe Flyschsandkalke neben roten Liaskalken, dichten Splitterkalken von Oberjura, Unterkreide, während tieferhelvetische Nagelfluh hier durch Quarzite, ferner rote und grüne Granite, Gneise, Glimmerschiefer, Porphyre, Porphyrite, Diorit, Gabbro, Diabas, Serpentin, Dolomite, Kalke ausgezeichnet ist und nur wenig Flysch enthält.

Wieweit wirklich *unterostalpine* Abkömmlinge beteiligt sind, ist unklar. Überall finden wir die Kalke der *Präalpen;* weitverbreitet sind alpiner Neokomkalk, andere Kalke, Dolomite, rund 30 v. H. Quarzite, vereinzelt Radiolarite. Aus den Tiefengesteinen stammen besonders die roten Granite, weniger zahlreich im Burdigal als im Aquitan; weiße und grüne Granite, Gneise, Porphyre. Auch fallen bereits zahlreiche dynamometamorphe Gesteine auf.

Die bunte, grobgeröllige *Helvet-Nagelfluh im Entlebuch* ergab bei einer Zählung von H. Froehlicher 1933, 17, in runden Zahlen:

10 v. H. weiße, rote und grüne Granite; 20 v. H. übriges Kristallin (Gneis, Gabbro, Diorit, Porphyre, Aplit); 40 v. H. Quarzite; 20 v. H. helle und dunkle Kalke, Kieselkalke, Dolomite; 9 v. H. Sandstein; 1 v. H. Hornstein und rote Radiolarite. Die grobgeröllige (20—30—60 cm) *Tortonnagelfluh* der oberen Fontannentäler (J. Frueh 1888, 101 f.) ergab dagegen wieder mehr Flyschgerölle: sehr reichlich groben Schlierenflyschsandstein, mitunter auch kleine Nummuliten führend und bis 30, ja 80 cm lang, dann Sandkalke, Sandsteine, Ölquarzite. An Kreide-

kalken: vielfach oolithischer Schrattenkalk, mitunter Milioliden-führend, helle Kalke, Kieselkalke, Echinodermenbrekzien; Jurakalke; mitunter dunkelgraue feinkristalline Dolomite, auch hellere Hauptdolomite, Dolomitbrekzien; braune und graue Hornsteine. Sehr viel Quarzite und Gangquarze bis über 25 cm. Granite mit graugrünem Feldspat überall, nicht häufig mit rotem Feldspat; feiner Glimmergneis, ähnlich jenem im Aare-Gotthardmassiv nicht selten.

Neben den in größerer Menge erscheinenden *höherpenninischen* Gesteinen treten also neu auf *sichere Gesteine aus dem Helvetikum*, reichliche Abkömmlinge des Schlierenflysches, wahrscheinlich unterostalpine Gesteine und vielleicht solche aus dem Aaremassiv. Die starke Zunahme der Quarzite und Gangquarze fällt auf. Ebenso beachtlich ist das *Fehlen benachbarter* Helvetidentypen, wie der Nummuliten, Grünsandsteine und Gaultquarzite, der Pectinitenschiefer, Komplanata- und Seewerkalke.

H. FROEHLICHER hatte 1933, Tafel II, versucht, die tortone Aufschüttungszeit wiederzugeben und in Beziehung zu setzen zum heutigen, nach unten theoretisch ergänzten Profil zwischen Entlebuch und Titlis (Abb. 36). Voraussetzung dabei war die bisher angenommene ruhige Sedimentation der *orogenen* Molasse, als die Helvetidendecken noch ungefaltet im S des Aaarmassives lagen.

Nehmen wir das so an, so kommen wir aber zu *unmöglichen Entfernungen für die Frachtwege*. Denn die ursprüngliche Ablagerungsbreite der Helvetiden beträgt abgewickelt 80—90 km. Dazu käme die Entfernung von 32 km Escholzmatt-Titlis und im S die Breite einer möglicherweise vom Flysch zugedeckten Grundgebirgsschwelle von etwa 30 km, bis wir erst an die Präalpen gelangen, die ihren Schutt bei Escholzmatt ablieferten. Dabei ist das Geröll teilweise sehr grob, oft 50 cm, ja 1 m dick!

Setzen wir dagegen voraus, daß damals die Präalpen schon über den Helvetiden lagen, so betrugen die Entfernungen schon nur noch 40—50 km, was für unsere Geröllgrößen wohl noch immer zu groß ist. Denn die seinerzeit von A. LUDWIG 1910 am Rhein bestimmte Frachtweite der bis 30 cm großen Puntaiglas- und Albulagranit-Gerölle über 50 km, von 10—20 cm großen über 80 km Weite, berücksichtigte ja nicht die glazialen Wanderwege schon vorher, also das seitliche Hereingeraten von Moränengeröll. Auf jene Unstimmigkeiten wies auch H. RENZ 1937, 101 hin und erwog sogar den angesichts der subtropischen Miozänwärme verzweifelten Versuch mit F. SACCO 1936, eine glaziale Verfrachtung für möglich zu halten.

Ein Frachtweg von 150 km ist jedenfalls viel zu lang. 100 km weit können auch die gar nicht seltenen $^1/_2$ m, im Blumen sogar 3 m messenden Flyschkalkblöcke ganz unmöglich gewandert sein. Darum gibt es wohl keinen anderen Ausweg, als anzunehmen, *daß unser helvetidisch-ultrahelvetisch-präalpines Deckengebirge im höheren Mitteloligozän bereits zusammengeschoben und nahe südlich vom Molassetrog durch anschließende Hebung schon einer scharfen Abtragung ausgesetzt war.* Schon das gemeinsame Erscheinen von Geröll aus Flysch und Präalpen, mit dem Katt (Bäuchlen) auch schon aus Kristallin ohne merklich kleinere Geröllgrößen, ohne stärkere Abrollung oder Dezimierung der ohne Zusammenschub weit südlich liegenden Präalpen weist mit Bestimmtheit darauf hin. Auch die oft beobachteten Kalzit-Durchtrümmerungen und anderen Spuren tektonischer Beanspruchung der Geröll-Gesteine, soweit sie den Transport bis zur Molasse überstanden, spricht dafür.

Wenn am Val d'Illiez die Präalpen und helvetisch-ultrahelvetischen Decken 30 km weit gegen SO durch Molasse der Rupel- und Katt-Zeit unterschoben liegen (Abb. 87), so folgern wir *eine „Zweiteilung" des großen Unterschiebungsvor-*

ganges: Während einer ersten Hauptbewegung geriet das Deckengebirge in die Reichweite des mitteloligozänen Flußsystems. Abtrag und Abfuhr kamen während des Katt in vollsten Gang, flauten aquitan ab. Da der Gerölltransport im Burdigal/Helvet dann mächtig wieder anschwoll bis zum tortonischen Höhepunkt, muß *nachkattisch eine zweite* Unterschiebung vor sich gegangen sein.

Das Denkschema „erst Überschiebung — dann Abtragung" machen wir dabei nicht mit. Angesichts des durchweg orogenen Charakters der eiligen, ja in Kleinkatastrophen erfolgenden Abtragung durch Wildbäche und der mächtigen Auf-

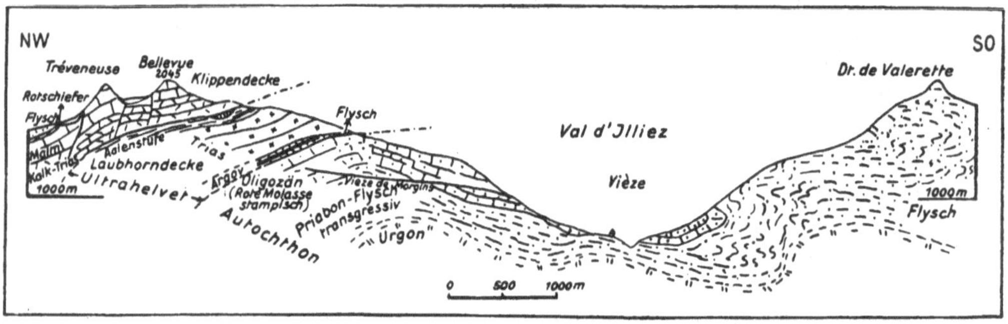

Abb. 87. Überschiebung der autochthonen stampischen Molasse durch die ultrahelvetische und präalpine Decke im Val d'Illiez (Rhonegebiet). Nach E. Gagnebin 1934, 403.

lagerung bei Absenkung und Untergrundsunruhe stellen wir uns vielmehr *die gleichzeitige Weiterentwicklung des Baureliefs* mit all seinen außenbürtigen Folgen vor, also den Fortgang der Unterschiebung schon älterer (Rupel/Katt) Molasse unter das Gebirge in einer Zeit, als noch etwa die helvetischen und tortonischen Flüsse der Napf- und der Hörnli-Senke ihre Gerölle zuführten.

Zwischen Aare und Rhein

liegen die Dinge etwas abweichend. Zu den präalpinen und noch fraglich unterostalpinen Geröllen der Oligozänmolasse treten im Miozän reichlich hochpenninische Quarzite und Ophiolithe. Gesteine aus autochthonen Massiven sind nicht gesichert. Die granitische Molasse der höheren Katt-Aquitanzeit ragt noch ins unterste Burdigal herein. Bis zur Hälfte des Geröllbestandes stellt der (oft rote) Granit. Über dieser „sehr bunten" Nagelfluh folgt in der Ostschweiz nach geröllärmeren oder kalkgerölligen Burdigalzwischenlagen die bunte Helvet-Nagelfluh mit rd. 20 v. H. Kristallin (bis 10 v. H. Granit und Diorit, bis 16 v. H. Gneis u. a. Kristallinschiefer). In der Tortonnagelfluh vermindern sich nach oben die Kristallingerölle zunächst bis zu der nur gering mächtigen Kalk-Dolomit-Nagelfluh von Degernheim-Abtwil und nehmen danach wieder kräftig zu.

Für die aquitan-burdigalische Molasse der NO-Schweiz hatte J. Cadisch die dort reichlich vertretenen sandigen Urgonkalk-Gerölle als Tristelbrekzien der Falknisdecke angesprochen. Die gleichen Orbitolinen-führenden Gesteine fand ich im ultrahelvetischen Unterkreideflysch (Kalkgruppe) der Oberstdorfer Decke von

Allgäu/Vorarlberg, dessen Fortsetzung unter dem oberostalpinen Rätikon hindurch in den Prätigauflysch ich 1932 erwog. In diesem Fall scheint daher der Nachweis unterostalpiner Herkunft nicht gesichert zu sein. Man wird eine *ultrahelvetisch-penninische Heimat* mit überlagerndem Oberstdorfer Flysch für wahrscheinlicher halten. Und zwar weil auch noch andere Flyschgesteine bereits in der Schweizer Molasse auftreten, welche hierher gehören dürften. Dies sind die Nummuliten- und Lithothamnienkalk-Gerölle der oligozänen Molasse von Appenzell—St. Gallen, welche, wie schon J. FRUEH 1888 richtig bemerkte, aus der Fähnern-Wildhaus-Wildflyschmulde stammen. Tristelkalk fehlt hier (M. FORRER, 1949, 94). Damit gehören sie zu der großen Wildflyschdecke, zu der auch der untereozäne Einsiedlerflysch zählt. Von ihm wiesen A. JEANNET 1941 und W. LEUPOLD 1937, 1942 eine südhelvetische Herkunft auf der Drusbergdecke und von etwas nördlicheren Helvetidenteilen nach.

Nimmt man die abgewickelte Helvetidenbreite von gegen 90 km zwischen dem Ablagerungsraum der kattischen Molasse und dem ultrahelvetischen Abtragungsraum an, so kann man auch hier im O die erheblichen Geröllgrößen bei so weitem Frachtweg nicht verstehen. Wir müssen eine nördliche Annäherung des Abtragungsraums bzw. eine *südgerichtete Heranschiebung des geröllaufnehmenden Molassegebietes auf tektonischem Wege* fordern. W. LEUPOLD erörterte kürzlich 1942, 240, diese Gedanken (E. KRAUS 1932).

Wie LEUPOLD durch einwandfreie Untersuchung feststellte, und bereits E. BAUMBERGER, ESCHER-HESS 1907 u. a. annahmen, treten spätestens im Ostschweizer Torton echt helvetidisch-mesozoische Gesteine als Geröll auf. Am Hörnli und an der Baarburg bei Zug sind Schrattenkalk, Orbitolinenkalk von der Grenze Berrias/Tithon häufig. Taveyannaz-Sandstein und einiges andere, zur Hauptsache *für nordhelvetische Herkunft* Bezeichnende ist gefunden. J. KAUFMANN hatte schon in der marinen Luzerner Molasse alpinen Aptkalk mit Orbitolina lenticularis und andere Kreidekalke gefunden.

Sehr bezeichnend ist, daß zugleich z. B. im Hörnli-Torton die größten und mit die am häufigsten vorkommenden Gerölle aus Flyschsandkalk und Flyschsandstein bestehen — neben bis 40 v. H., aber kleineren Dolomitgeröllen offenbar der Klippendecke. Eine Herkunftsdeutung wird also für das helvetidische und für das offenbar ultrahelvetisch abgelagerte Flysch-Gestein, außerdem noch für die präalpinen Gesteine einen annähernd gemeinsamen, im letzteren Fall etwas entfernteren Abtragungsraum ausfindig zu machen haben. Dabei ist zu beachten, daß die Flyschdecke und die Präalpen wenigstens in der Schweiz ihre Gerölle schon in die Oligozänmolasse geliefert haben.

Wir hatten für die Oligozänzeit hieraus oben auf die Verselbständigung einer aus Kreide-Eozänflysch bestehenden Decke und auf den Übereinanderschub der Präalpen geschlossen, insbesondere von deren südlichster Simmendecke mit kalkostalpiner Fazies über die helvetidische Ablagerungsregion, sowie auf die Abtragung dieses Deckengebäudes schon von der Rupelzeit an. Nachdem R. STAUB 1934 eine erhebliche helvetidische Vorphase vorkattisch angenommen hatte, führte W. LEUPOLD 1942, 240f. den gleichen Gedanken weiter aus, daß der von ihm als nordpenninisch bezeichnete Glarner Wildflysch und unter ihm der Blattengratflysch mit dem untereozänen Einsiedler Flysch jene mitteloligozän im Abbau begriffene Flyschdecke nahe südlich des Molassetroges darstelle. Wie weit die Fortsetzung der Oberstdorfer und der Sigiswanger Flyschdecke aus Allgäu/Vorarlberg gleichfalls hier in den Abtragungsbereich der Molasseflüsse kamen, ist erst zu klären.

Jedenfalls paßt die heutige Einwicklung der nordhelvetidischen Flyschdecke durch die später über sie vorgeschobene helvetidische Hauptdecke sehr wohl zu dem Befund in der Molasse: Die Gerölle der letzteren erscheinen tatsächlich erst im Torton bei Gelegenheit des Vorstoßes der neuen Geröllflut weit hinaus in die Vortiefe. Sie läßt auf eine neue, große Schubphase im Fluß-Einzugsgebiet schließen, in welcher wir die Durchspießung der Flyschdecke durch die nun nach oben kommende helvetidische Säntis-Drusbergdecke erblicken können.

Übersicht der jungtertiären Bewegungen in der Schweiz

Ähnlich der Rupelmeerzeit gab es auch von der sandreichen und oft mehr brackischen Oberburdigal-Ablagerung an und dann nach einer mergelreichen Helvetmeerzeit das stärker werdende Vordringen der Flußüberschotterung mit groben Quarzit- oder Kalkgeröllen über die Vortiefe, am weitesten hinaus im Torton/Sarmat. *Schrittweise griff auch die marine Absenkung gegen NW vor im Burdigal, dann im Helvet bis zur größten Ausdehnung über das Aquitan auf den Jurauntergrund.* Der Meeresrückgang und die Aussüßung des Beckens setzte schon im Junghelvet ein. Eine neue, jedoch festländisch-limnische *Ausweitung der Vortiefensenkung*, vergleichbar der aquitanen nach der marinen Rupelzeit, erfolgte dann im Torton-Sarmat. Bis an die NO-SW-streichende Wasserscheide über dem Kaiserstuhl im heutigen Rheintalgraben hatte sich die alpine Vortiefensenkung im Pliozän hinausgetastet. Mit ihr verlagerte sich das gesamte innenbürtige Spiel der Kräfte und Ergebnisse nach außen.

Im Vortiefeninneren konnte eine weithin gleichmäßige Orogenfazies ähnlich jener des ultrahelvetischen Kreideflysches entstehen unter langsamer, jedoch ruckweise unterbrochener Senkung — trotz solcher großzügiger Verlagerung nach außen und trotz fortschreitender Änderung des Baureliefs im Gebirge. Zweimal zeichneten sich in der Vortiefe annähernd die gleichen baugeschichtlichen Zustände ab, im Oligozän und im Miozän:

	Sedimentärer Zustand	Baugeschichtlicher Zustand
Aquitan und späteres Torton/Sarmat	Weit ausgedehnte, feinkörnige Süßwasserabsätze	Ausflachung der stark erweiterten Vortiefensenkung
Kattische und helvetisch/tortonische Nagelfluhzeit	Starker Vorbau der alpinen Schotter; kräftiger Abtrag im Gebirge	Vortiefensenkung; starker Aufstieg im Gebirge
Rupel und Oberburdigal/Helvet	Marine Überflutungen, Verlagerung der Vortiefenachse gegen außen	Verschärftes Baurelief, kräftige Absenkung, Faltung und Schiefstellung

Axiale Verschiedenheiten erscheinen gegenüber dem Aquitan erstmals im unteren und mittleren Miozän durch schwächere Vortiefenabsenkung in der Ostschweiz. Diese wurde jedoch obermiozän durch vermehrte Senkung ausgeglichen und überholt, so daß es zu einer *allgemeinen ONO-lichen Achsensenkung* mit Aufkippung und pliozäner Ausräumung im westschweizerischen Mittelland kam.

Die Schotterfächer bezeichnen die Lage vermehrter axialer Senkung, welche vom benachbarten Gebirge bis in die Vortiefe hinaus wirkte. Es konnten Bauregeln in der Vortiefe aufgefunden werden. Der eigenartige Muldenbau, die ungewöhnliche Steilstellung der längsgestörten Fächerzonen, die geometrische Steifheit u. a. können auf die *synsedimentäre Entstehung* zurückgeführt werden, die sich auch im Sediment nachweisen läßt. So erschließen wir streichende Teilverbiegungen der sinkenden Vortiefe aus dem überwiegend im Streichen erfolgten Schuttransport.

Neben der Fazies sind auch die *Erosionserscheinungen* baugeschichtlich bedeutungsvoll, welche allerdings zum Teil am Alpenrand anscheinend nur vorgetäuscht werden durch gesteigerte Unterschiebung axial besonders tief versenkter Teile der subalpinen Nagelfluh. Immerhin sind streichende Rinnenbildungen und Erosionsvorgänge für die eingeschalteten Zwischenzeiten geringer Senkung oder überwiegender Vortiefenhebung (Aquitan bzw. Torton/Sarmat), in älterer Zeit südlicher, später nördlicher, anzunehmen. Die Hauptsammelader der Flüsse bewegte sich im Achsengefälle ostwärts.

Den Abschluß der letzten großen Gebirgsbewegung fanden wir im Pont während einer jetzt nur noch festländischen Absenkung, deren sedimentären Beweise aber bei der nachfolgenden mittel- und jungpliozänen Heraushebung beinahe ganz wieder abgeräumt wurden. Langsam hat auch diese Faltung schon früher eingesetzt und erst allmählich nach oben und außen vorgegriffen, wo sie schließlich auch noch das Pont mit einbeziehen konnte. Nach Ausweis der im SW emportauchenden Fortsetzungen griff sie unter der lockeren, wenig faltbaren Mittellandmolasse zwischen den Alpen und dem Faltenjura durch. Ihre Einengung war zu stark, als daß sie, wäre sie erst in pontischer Zeit und allein disharmonisch entstanden, den völligen Mangel der Faltung in dem mächtigen Torton/Sarmat des Vortiefeninneren verständlich sein ließe. Sondern *auch diese einengende Faltung der Vortiefe ging unter langsamer Absenkung vor sich,* so daß die obermiozänen Ablagerungen über einem ungleich schmäleren Untergrund zur Ablagerung kamen als das darunter schon gefaltete Aquitan.

Die Großzügigkeit der von der alpinen Vortiefenkraft beherrschten Faltenjuramechanik erweist sich u. a. an der *Regelmäßigkeit der Blattstörungen,* an denen auch ältere, den Rheintalgraben fortsetzende Brüche teilnahmen. Sie beweisen jeweils ein rascheres Vorrücken der westlichen und südwestlichen Scholle unter die Alpen hinein als oberflächennahes Abbild der *jung aufgelebten, unterströmenden Massenbewegung im Gegensinn des Uhrzeigers. Auf sie geht offenbar der Faltenwurf der Jurasichel zurück.*

Den vollzogenen Abschluß der Hauptbewegung beweisen schräg überschneidende mittelpliozäne Abtragungsflächen und Ablagerungen.

Der Tafeljura jenseits dieser äußersten alpinen Falten dürfte durch die unterirdische Fortsetzung der äußeren Teilmassive, also durch den aufragenden Kontinentalrand Europas vor der Miteinbeziehung in diese letzte Faltung geschützt worden sein. Dieser Festlandssaum hatte schon durch seinen starken Widerstand gegen die alpine Vortiefen-Niederbiegung seine Standfestigkeit und sein Schwimmvermögen mit hoher Oberflächenlage bewiesen.

Allein dort, wo schon eine außeralpine, ältere Grabenzergliederung Europas vorgearbeitet hatte, bog sich die pliozän-quartäre Saônegraben-Senke der Bresse nieder. Es ist eine letzte Vortiefe vor dem sich mittelpliozän aufwölbenden Vortiefenuntergrund, welcher sich nach Abtragung seiner Molassehülle als fertiger Faltenjura erwies. Jene *La Bresse-Vortiefe setzte den älteren, ebenfalls grabenartig vorbereiteten Schwächestreifen*, der gleichfalls zur alpinen Vortiefe schon umgebaut worden war, *nach N fort, nämlich die Rhonegraben-Vortiefe.*

Mittelpliozän setzte auch erst die Aufteilung in den höhersteigenden Jura und das weniger hoch steigende Schweizer Mittelland ein. Mit dem Oberpliozän begannen schwache Walmungsbewegungen mit O-W-Streichen, welche die bisherige Südabdachung der Vortiefe von der alten Kaiserstühler Wasserscheide derart aufgliederten, daß sich die Schwarzwald-Vogesengewässer westwärts der immer tiefer zurückbleibenden Saône-Rhone-Vortiefe zuwandten, daß sich aber südwärts die alpinen Gewässer am Faltenjura-Südrand zu einer Alpendonau sammelten und dem bereits obermiozän entstandenen Achsengefälle gegen O folgten.

Eine diluviale Aufwölbung mit ONO-Streichen von der heutigen Aaremündung über Überlingen nach dem Höchsten und zahlreiche andere Verstellungen der oberpliozänen und präglazialen Verebnungsflächen beweisen *die Fortsetzung dieser epikontinentalen Bewegungen in die Quartärzeit hinein.* —

Aus der zeitlichen und räumlichen Verteilung der Vortiefengerölle auch im Jungtertiär konnte als Ergebnis für die Gebirgsbewegungen das Folgende entnommen werden:

Die Schärfe des Baureliefs brachte ähnlich wie zur Rupelzeit auch wieder im Burdigal zunächst ein Hängenbleiben der Geröllmassen am Rande der Meeresrinnen. Trotz dauernder außenbürtiger Einebnung war das Baurelief immer frisch und innenbürtig neu belebt. Im Gegensatz zu dem Zustand des oligozänen Gebirgskörpers ist im Miozän mit der Anwesenheit bzw. Abtragung der höher-, noch nicht der tiefer-penninischen Decken zu rechnen.

Die oligozänen Flyschdecken waren, besonders im W, teilweise schon abgetragen. Zum erstenmal aber erscheinen neben sicherem Schlierenflysch süd- *und* nordhelvetische Vertreter. Die Heldetiden waren nicht mehr nur im Untergrund begraben oder gar noch nicht zusammengeschoben; *sie befanden sich längst in nächster Nähe.* Im östlichen Gebirgsteil waren nun auch die unterostalpinen Decken in den näheren Abtragungsbereich der Molasseflüsse geraten.

Axiale Höherlage des Gebirges im W ergibt sich aus der früheren Zerstörung der Flyschdecken dort, aus dem früheren Abtrag und der größeren Verbreitung der Vertreter oberpenninischer Decken und aus dem späten (zweifelsfreien) Erscheinen der unterostalpinen, im Gebirge doch sehr hoch gelegenen Decken-Gerölle im O und anscheinend nur dort. Ostrheinisch fehlen sie wieder. Die Ausbildung *axialer Teilsenken* erweist sich aus der bevorzugten Abtragung innen, Verfrachtung und Ablagerung außen. Wo die Präalpen erosiv bis auf die Reste der Klippen vermindert sind, da liegen in der Vortiefe die mächtigsten Nagelfluhmassen. Im NW von Chablais-Freiburger Alpen fehlen sie außen bzw. sind sie hier stärker als weiter im O unterschoben.

Die bedeutende Zunahme der Gangquarze und Quarzite ist teils ein Hinweis auf die *wachsenden penninischen Zufuhren*, teils auf die vom Helvet gegen das Torton anschwellenden *Umlagerungen*, welche den widerstandsfähigen Restschotter immer mehr in Erscheinung treten ließen. Erneute innenbürtige Reliefwellen werden damit bezeugt. Die *Geröllldurchmischung*, welche eine Herkunftsanalyse immer schwieriger gestaltet, wächst gegen oben. —

Insgesamt bestätigte sich nach den fortschreitenden erosiven Entblößungen, welche sich aus dem verfrachteten Schutt ergeben, die schon aus der oligozänen Molasse gewonnene Folgerung, *daß das Deckengebirge zur Hauptsache schon alttertiär und dann noch mitteloligozän fertiggestellt wurde.* Die autochthonen Massive aber enthüllten sich erst sehr spät. Schon vorher hatten sie die präalpinen und helvetidischen Reste in der großen Helvetiden-Senke eingewickelt.

Der Schluß auf erst nachmiozäne, stark tektonisierende Störungen im Gebirge, etwa auf große Reliefüberschiebungen so späten Datums, aus dem Zurücktreten gequetschter und geschieferter Gesteine in der miozänen Molasse dürfte deshalb nicht einwandfrei sein, weil solche Gesteine viel weniger Aussicht haben auf längerem Frachtweg erhalten zu bleiben. Für den Alpenkörper selbst beweist die *randliche* Unterschiebung von Pont unter Faltenjura nicht die gleichen Störungsausmaße. *Die Bewegung rollte von innen nach außen. Sie hatte innen schon einen ganz anderen, den Walmungs-Stil angenommen, mit breitrückigen Heraushebungen, welche das flache Mittelgebirgsrelief in ein zunehmend ruhigeres Hochgebirgsrelief verwandelten.*

12. Die Jungbewegungen in der bayerisch-österreichischen Vortiefe

a) Miozän von Vorarlberg–Oberschwaben–Allgäu

Tabellarische Übersichten brachten wir oben S. 123f. Nachgewiesen ist in Alpennähe das Miozän allein im NW der großen Längsstörung von Sulzberg—Missen—Görisried, also auf beiden Flanken der großen, im Kern jedoch stark gestörten, äußersten „Antikline" (S. 114, 233) des „Äußeren Vorlandstreifens" (Abb. 88a, Taf. V). Für die Molassealpen, also die auch hier bis zur Iller fortsetzenden subalpinen Schuppen, konnten miozäne Versteinerungen — etwa in den obersten Hochgratschichten — nicht aufgefunden werden. Weil das Vorlandmiozän jedoch seinen ganzen Bestand aus den Alpen erhielt und heute alpenwärts nur erosiv endigt, *müssen über dem Oligozän einst starke Miozänfortsetzungen gelegen haben und abgetragen worden sein.*

Obere Meeresmolasse. Über die Land- und Süßwasser-Sandsteine, -Mergel und -Tone des Aquitans griff in der burdigalen Zeit das mit der neuen, alpinen Ringmeersenkung eindringende Meer mit *Pecten praescabriusculus* der Oberen Meeresmolasse im Allgäu nicht gleichmäßig vor. Vielmehr kennen wir dank der Fossil-Funde, und Bestimmungen von F. Mueller 1930, bzw. durch W. Wenz vom Südhang der nördlichsten Antikline zwischen Mutten—Ochsenberg—Hauchenberg—Stoffelberg ein Schotterdelta mit Kalknagelfluh-, Mergel- und Sandsteinbänken, in dem die roten Kristallingerölle nach oben zunehmen. Diese Vorschüttung keilt nach WSW und ONO (Iller) aus gegen marines, durch Fossilien und Glaukonit gekennzeichnetes Burdigal. Einen zweiten Geröllfächer brachten die alpinen Flüsse in das Burdigalmeer am Auerberg (Abb. 88c), westlich des Lech, einen dritten am Hohen Peißenberg (Abb. 88d). So wiederholt sich der größere Geröllfächer in der Bausteinzone ö. Nesselwang.

Im Gegensatz zur älteren Meeresmolasse blieben also hier auch noch Teile des südlichen Meeresufers erhalten, deren Flußschotter- und Landbildungen sich vor der Abtragung über das Oligozän ins Gebirgsland emporgezogen hatten.

Auch die recht einheitlichen, seichtmeerischen Geröll- und Sandmassen, welche im Pfänder (Bodensee O) mit 200 m, am Kesselbach mit 350 m, im Schüttentobel mit 300, (150 m Schotter im Kern) fast die ganze Mächtigkeit der oberen Meeresmolasse betreffen, sprechen *für die unmittelbare Nähe der südlichen Meeresküste, sowie für die Schutt-aufnehmende Senkung in dieser Zeit* (E. Kraus 1928, 125f.). In der Schweiz

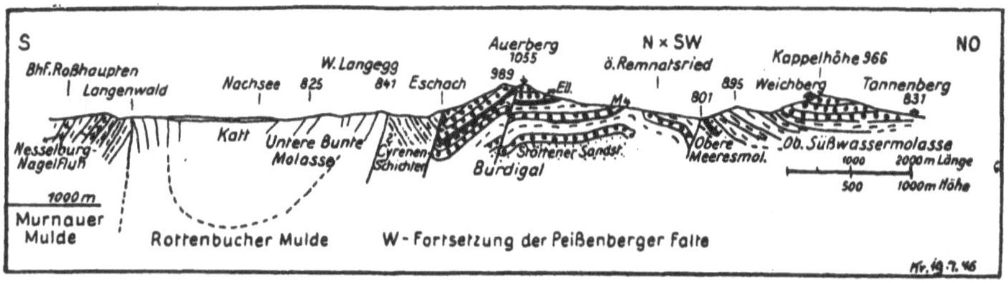

Abb. 88c. Der Schuttfächer in der miozänen Meeresmolasse des Auerberges W. vom Lech (dicke Punkte; im Torton der Kappelhöhe fortsetzend). Marine Muschelbänke, z. B. Ell. Ellensberger Bank oder M_4: dick schwarz.

sind diese Schuttfächer (Napf und Hörnli) noch ausgedehnter erhalten. Wir entnehmen jedenfalls, *daß der miozäne Senkungstrog sich gegenüber dem mitteloligozänen auch im Allgäu schon stark, um mindestens 15 km, nach außen verlagert hatte.*

Wie groß die Schichtlücke zwischen Aquitan des Vorlandes und ersten Burdigalmeerbänken war, ist wegen ungenügender Fossilien noch unsicher. Unklar bleibt einstweilen auch die Grenze zwischen burdigaler und helvetischer Stufe. In der Zwischenzeit zog sich aus der Ostschweiz vom Pfänder an etwa 30 km weit das Meer zurück und hinterließ teils Fluß- und Sumpfbildungen (Pechkohle des Wirtatobels am Pfänder-S-Hang), teils brackische Blaualgen-Kalkknollen. Der neue Vorstoß des helvetischen Meeres mit *Cardita jouanetti* (St. Galler Schichten) ging darüber hinweg. Nach dem Gestein zu urteilen scheint mit der Transgression des Burdigals und des Helvets jeweils die erosive Beseitigung eines *kräftig aufgelebten Baureliefs* durch die groben, geröllreichen Unterteile der Stufen und eine ausgleichende Beruhigung in deren höheren Teilen abgebildet zu werden:

Helvet-Stufe	45—100 m gleichmäßiger Wetz-Sandstein. Muschelsandstein, Mergel 20—40 m grobgerölliger Sandstein mit viel roten Gneisen
Burdigal-Stufe	bis 25 m Süßwasserbildungen und Pechkohle 30—70 m gleichmäßiger Sandstein 100—150 m Grobsand und Konglomerat; Austernnagelfluh

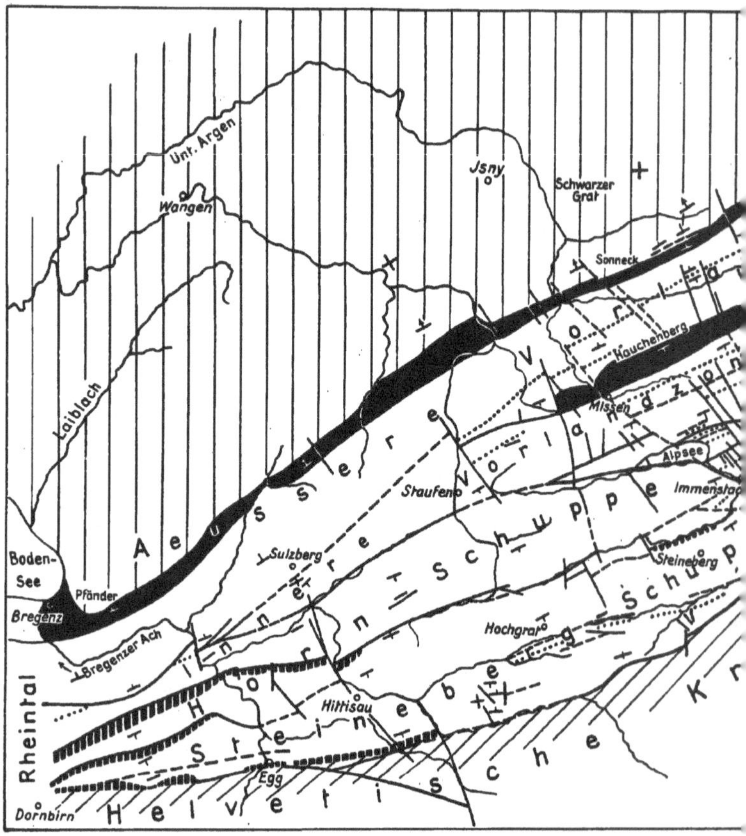

Akademie-Verlag, Berlin

[illegible]

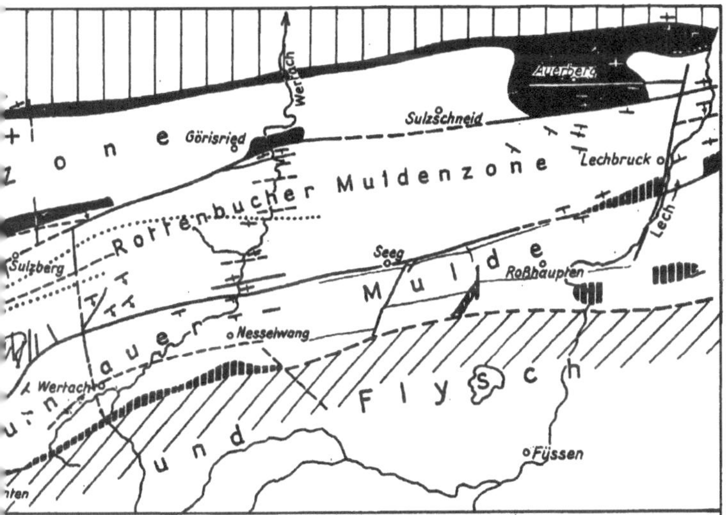

bb. 88 a. Der Bau der Allgäu-Vorarlberger Molasse.

(Aus N. Jahrb. f. Min. B.-Bd. 69, Taf. IX.)

Untere Meeresmolasse
Untere Süßwassermolasse
Obere Meeresmolasse (am Auerberg mit Flußschotter)
Obere Süßwassermolasse
Steineberg- und Hornschuppe bilden die „Molassealpen"

Längs- und Querstörungen
Antiklinale
Synklinale
Schichtstellung bei: senkrecht, steil, mittel, flach, wagrecht

0 10 20 km

Gegen N war die ältermiozäne Absenkung auch hier geringer: Im Bohrloch von Ochsenhausen (NW Memmingen) messen beide Stufen nur noch 167 m (Abb. 89), bei Baltringen-Bieberach (55 km weiter im NNW) noch 60 m.

Alpennäher haben wir *eine zweimalige, besonders kräftige Vortiefensenkung* und Geröllüberschüttung gehabt. Nicht selten schoben sich grobgeröllige Wildbachschotter gegen die Küste und brachten nach der aquitanen Hochgratphase nun eine *„Hauchenbergphase" der burdigalen und eine „Rothkreuzphase" der helvetischen Absenkung* (E. Kraus 1932, Mi. 220ff.).

Es ist sehr auffällig, daß die aquitanen Hochgratschotter auswärts nur bis an die Missen-Görisrieder Längsstörung (Antikline), also bis in die innere, gegen die Iller zu in 2 überliegende Falten gelegte Vorlandmulde gelangten. Jenseits dieser scharfen, überschobenen Längsstörung aber setzte die Aufschotterung *mit gleichen Geröllen in dem äußeren Vorlandstreifen*

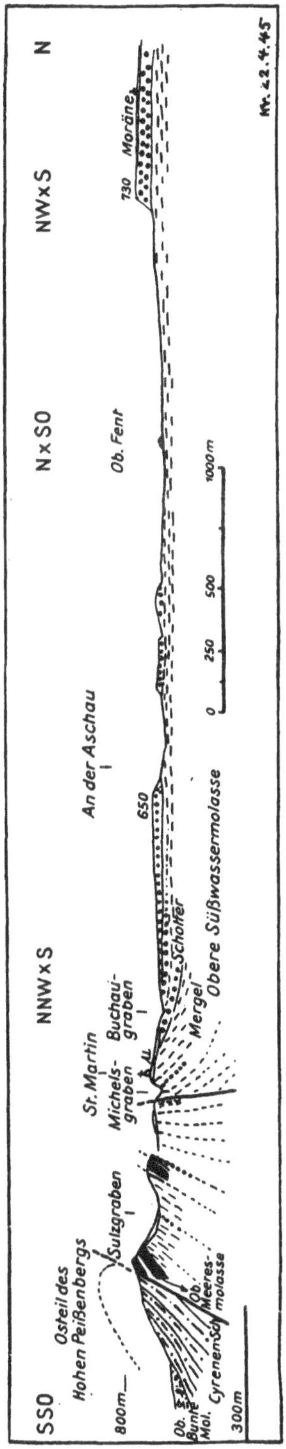

Abb. 88d. Die Schotterbänke der Oberen Süßwassermolasse im N der Peißenberger Überschiebung (Ost-Teil) und Antikline (angedeutet durch dicke Punkte).

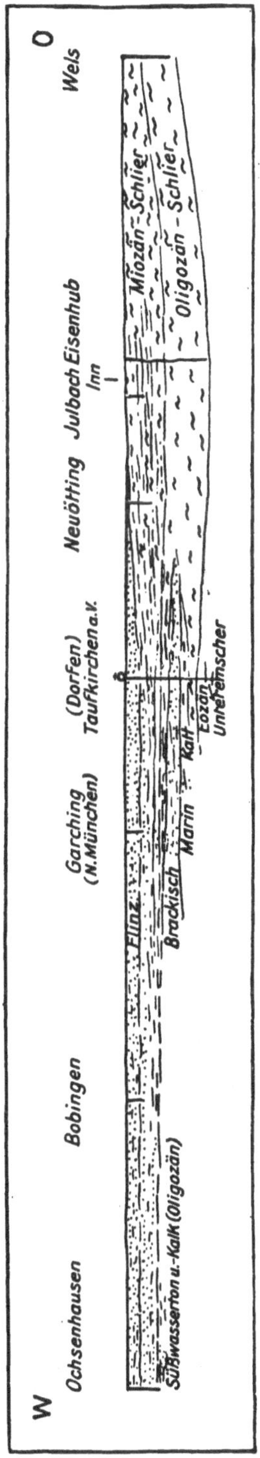

Abb. 89. Längsprofil der südbayerischen Molassevortiefe 50—60 km im N des Alpenrandes. Nach B. Kordiuk 1938, 23 ergänzt.

erst während des Burdigals weiter fort, während das Aquitan davon noch nichts erkennen ließ. Da eine Geröllauslese und daher eine Umlagerung aus dem aquitanen in den ebenso frischen Burdigalschotter nach dem Geröllbestand nur wenig in Frage kommt, müssen wir auch hierin wieder, ähnlich wie in der Schweizer Vortiefe, ein eindrucksvolles Beispiel für die *schon während der Molasse-Sedimentation in der Vortiefe durchgeführte Aufgliederung in einzelne Längsmulden erblicken:* Zwischen dem inneren und äußeren Vorlandstreifen lag *schon im Aquitan eine Geländeschwelle, welche als Baurelief der sich bildenden Missen-Görisrieder Antikline zu gelten hat.*

Aquitan versank die Hornschuppe, der Rottachberg, die von ihnen an der Weißach-Alpsee-Antikline auch sedimentär schon abgetrennte Innere Vorlandzone (Hochgratphase). Erst nach deren Füllung durch den ONO-gerichteten Hochgratfluß brach dann während der Hauchenbergphase auch die n. anschließende Vorlandscholle nieder. Die ihn bislang vor grober Überschotterung bewahrende Antiklinenschwelle konnte nun von den Schotterflüssen überrollt werden.

Freilich können die Massen der Kopf- und Fuß-starken Gerölle, wenn sie, wie die mangelnde Ausmerzung zeigt, im allgemeinen nicht umgelagert worden sind, wohl kaum um so viel weiter nach außen fortgetragen worden sein von ihrem Heimatfelsen im Gebirge. Schon hier taucht daher der Gedanke auf, daß die überwiegend den Schutt liefernde *Flyschdecke im Burdigal noch um ein gutes Stück weiter über die Mulden der oligozänen Vorlandmolasse nach N vorgestoßen war* als wir ihren erosiv zurückgedrängten Außenrand heute vorfinden. Spätestens in der Zeit dieses Vorschubes dürften auch die subalpinen Schuppen und Mulden des alpennäheren Oligozäns fertiggestellt worden sein. Wir beziehen diese endgültige Ausgestaltung der Struktur gleichzeitig mit der burdigalen Senkung als die „*Hauchenbergphase*“. Es schloß sich dem *ein Erlahmen der senkenden und gebirgsbildenden Kräfte an*, angezeigt durch die ruhigere Sedimentation. Die marine Senke konnte nun bis zur Ausbildung von Fluß- und Sumpf-Absätzen (Wirtatobel) gefüllt werden.

Im badisch-württembergischen Vorland

setzen sich die Schweizer Vortiefenbewegungen über Hegau und Bodensee ONO-wärts fort. Nach langdauernder Festlands-Einebnung bis in die kattische Zeit hinein und nach Absatz von wohl meist aquitanen, oft rotmergeligen Süßwasser-Schlammen griff auch hier das Burdigalmeer nach unbekannt langdauernder Zwischenzeit über das bisherige Süßwasserbecken bei Tuttlingen um 8 km, bei Ulm um 2—4 km hinaus nach NW: *Durch kräftige Senkung wurde das Aquitanbecken burdigal gegen außen erweitert* (Abb. 72).

Hierbei dürfte eine erste, noch weiter innen vom NW-Ende des Bodensees gegen NO ziehende Strandlage später noch um 22—30 km NW-wärts überschritten worden sein bis hin zu der eindrucksvollen Klifflinie (A. Moos 1924; H. Lutzeier 1922, H. Kiderlen 1931) von westwärts Küssaburg über Tuttlingen—Themmenhausen—Heldenfingen—Brenztal—Dischingen—Donauwörth. Langdauernde Brandung formte diese, teilweise tektonisch angelegte Kliff-Versteilung.

Die weiträumige Burdigalsenkung war begleitet von schuttliefernder Randhebung, ähnlich wie auch gebirgswärts von Teilschwellen der Schutt der Hauchenbergphase abgeliefert wurde.

Dem schloß sich eine umfassende Hebung und Regression aus dem zunächst seichter werdenden (Baltringer Muschelsandstein!) Meeresbecken, sowie, ähnlich wie im Wirtatobel am Pfänder, eine Aussüßung und Trockenlegung an während im Schweizer Mittelland das althelvetische Meer zum Teil weiterbestand. In dieses ergoß sich wohl von Dillingen aus NW gegen Schaffhausen im SW ein Fluß, welcher sein 8—13 km breites Hochwasserbett mit arkosigem Graupensand (Grimmelfinger Schichten) füllte (H. KIDERLEN 1931).

Der NW-Rand dieser Rinne folgt einer südöstlichen Randflexur der Alb, welche nach Ablagerung der (von ihr noch unberührten) burdigalen Meeresmolasse, jedoch anschließend während der in der Albplatte rascheren, in der Molasse-Vortiefe zurückbleibenden Heraushebung etwa im Althelvet entstehen mußte (H. KIDERLEN 1931, 280).

Damals entstand eine allgemeine Geländeabdachung des Vorlandes gegen SW (Abb. 44), über welche die Zuflüsse von Regnitz—Böhmischer Masse Grundgebirgs-Arkosen zu einer ins althelvetische Meer bei Schaffhausen sich ergießenden Vorläuferin der Donaurinne (mit Gegengefälle) herbeiführten. Beweise dieser regressiven Festlandszeit fand Verf. 1915 an der Wolfachlinie südwärts Vilshofen a. d. D.

Erst die erneute und vermehrte Orogenkraft etwa des mittleren Helvets baute das SW-geneigte Vorland gründlich um. Daher konnte nach einer limnischen Zwischenzeit (Deckschichten bei Ulm) das mittelmiozäne Brackwassermeer der Kirchberger Schichten von dem oberhelvetischen Schliermeer Niederbayerns in den erweiterten Bereich der äußeren Vortiefenrinnne Donau—Graupensandrinne—Schweizer Mittelland im N der „Südbayerischen Mittelschwelle" (E. KRAUS 1938, 28) vorstoßen. Mit ihr zugleich schoben sich von S nicht nur die alpinen Schotter der Rothkreuzphase vor, sondern es senkte sich zugleich auch eine Alpenrand-nahe Teilrinne, in welcher die Kirchberger Brackwasserschichten über Ratzing, Kaltenbach, Landsberg a. L. (?) zum Bodensee vordrang (Abb. 44). Der Rand der Böhmischen Masse dürfte damals weiter als im Burdigal überspült worden sein, während gegen die Alb zu der frühere Uferrand wohl nicht wieder erreicht wurde.

Wir hatten somit breite, etwa W-O-streichende Wellung der süddeutschen Vortiefe im Junghelvet. Gegenüber den scharf sinkenden Teilrinnen im N und S müssen deren Randgebiete gehoben, erosiv ausgeräumt und zertalt worden sein, so auch der Albrand (H. KIDERLEN 1931, 353).

Im Allgäu brachte die helvetische Senkung die groben Schottermassen des Gebirges nordwärts bis Rothkreuz (SW Kempten; E. KRAUS 1926, 131). Wir haben daher diese neue Senkungsphase als „Rothkreuz-Phase" bezeichnet. Alpennäher vermehrte eine Teilhebung oder ein bei der Senkung zurückbleibendes Höhenland die Geröllabfuhr.

Die stratigraphische Beziehung zwischen der Oberen Meeresmolasse im Allgäu und den westlichen Ausläufern der Kirchberger Schichten von S-Oberbayern, auch die Frage, wie weit diese Molasse nur Burdigal oder auch Helvet mitumfaßt, ist noch ungeklärt.

Bei Ulm enthalten diese junghelvetischen Sande und Mergel *Oncophora partschi* und *Melanopsis impressa*. So weit hinaus hatte die kräftige Senkung *mit* rascher Geröllüberschüttung nicht gereicht.

Nicht mehr allein Spitzen einzelner Deltaschotter wie im Burdigal, sondern *ganz allgemein* wuchs obermiozän eine nach N verebbende Überschotterung der Schwäbisch-bayerischen Vortiefe. Das ist das Spiegelbild des allgemeinen und

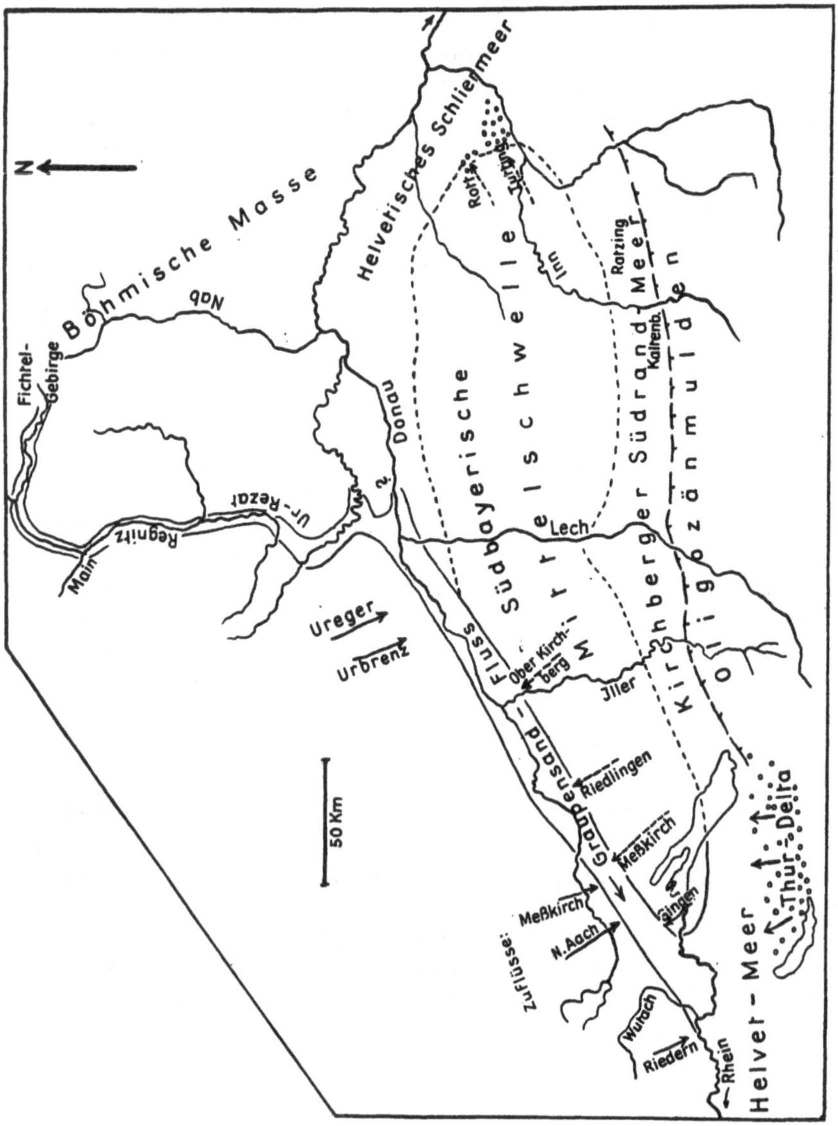

Abb. 44. Der älterhelvetische Graupensandfluß mit Zuflüssen (Pfeile) mündet gegen SW in das schweizerische Helvetmeer. Althelvetisches Festland. Umrahmt von dem Schliermeer und seinem Westausläufer des Brackwassergebietes im N, dem marin-brackischen Südstreifen (Westteil noch unklar) die südbayerische Mittelschwelle, von der Flüsse (gestrichelte Pfeile) Schotter abtransportieren.

nunmehr emporgewachsenen Gebirgsreliefs. Die gleichen Schotterarten, welche in der subalpinen Hornschuppe aquitane, in den Schotterspitzen burdigale Landschnecken führen, enthalten nun weithinaus die tortonischen: *Der Bildungsort derselben Fazies verschob sich durch 3 Stufen während der Hauptzeiten gesteigerter Absenkung und Gebirgsbewegung um 30 oder mehr Kilometer nach außen.*

Rund 50 cm messen die gröbsten kalkalpinen und besonders die Flyschsandkalk-Gerölle. Die nach Abschluß der helvetischen Senkung folgende Beruhigung, Zufüllung, vielleicht Heraushebung wurde durch eine neue, noch weiter ausgreifende und 800—1000 m Süßwasserschichten bringende Absenkung abgelöst. Schuttstrom um Schuttstrom schob sich in die Vortiefe, die über den Meeresspiegel aufgefüllt werden konnte (Abb. 44). Es füllten sich noch weit über die burdigale Klifflinie hinaus die alten Täler von Ur-Eger, Ur-Brenz, Altmühl, Lone, Lauter, Ur-Vehla, -Schmiecha, -Bära. Die bedeutende Reliefbelebung wird im SW durch die überwiegenden Geröll- und Sandmassen der Juranagelfluh bewiesen. Alpennäher folgt dem Albrand eine Zone der Süßwasserkalke, danach die Hauptverbreitung der „Flinz" genannten Quarz-Glimmersande und Tonmergel (Bodenseegebiet zum Teil). So ist die Ausbildung im NW-lichen Vorland.

Obere Süßwassermolasse des Allgäus. Im Torton setzten sich die zunächst mit deutlich rhythmischer Stoß-Sedimentation abgelagerten Wechsel von oft sehr groben Schotterplatten und von Altwasserschlick oder Seesand aus der helvetischen Zeit weit ausgreifend fort. Noch immer also gab es *die gleichen, ruckartigen Senkungen,* wie wir sie wechselvoll ausgeprägt als Riginen-bildend schon von der Schweiz her und durch das Oligozän kennen. Die Rothkreuzschotter und ihre tortonische Fortsetzung waren besonders widerstandsfähig gegen die Abtragung. Daher bildeten sie meist steiler ansteigende Gehänge und auffallende Bergformen außerhalb der Verbreitung der Oberen Meeresmolasse. Im W des Lech gehört hierher der Auerberg, der Mariaberg bei Kempten, der Schwarze Grat und Kürnacher Wald, sowie der Pfänder bei Bregenz. Ihre Nagelfluhen keilen seitwärts aus gegen sandigtonige Schichten, den „*Flinz*", und dürften als Hauptflußschotterstriche *die Lage alter axialer Quersenken* anzeigen. Im gegenwärtigen Relief aber ragen sie besonders hoch auf, sind „Trotzberge" (A. Penck). In Westallgäu-Oberschwaben konnten über den gröbsten Rothkreuzschottern folgende, wahrscheinlich ins Bodensee hinausreichende Unterstufen der Oberen Süßwassermolasse von L. Erb 1922, 176, ausgeschieden werden:

		W-Allgäu-Oberschwaben (alpennah)	Bodenseegebiet (alpenfern)
Sarmat mit *Cepaea sylvestrina*	E	Abgetragen	Einige 100 m sand. Tonmergel, Glimmersand, Bunte Mergel: Göhrenbergmergel
	D	180 m geröll.-grobe Sande, Mergelsd. Bunte Mergel; oben 10 m Nagelfluh	60—70 m Heiligenbergsande
	C	60 m Helix-Tonmergel	40 m Öhninger Mergel
Torton Ober-Helvet	B	230 m mittel-grobkörn. Sande, Sandstein. 15 m Schotter	25—30 m Steinbalmensande
	A	200 m kalkreiche Merg. m. Feinsand 80 m basale Schotter	30—60 m schotterfreie Haldenhofmergel
Mächtigkeit		550 m	175 m (A—D)

Auch diese Zusammenstellung zeigt durch die nach außen wachsenden Mächtigkeiten der jungmiozänen Sedimente die immer noch weiter gehende Senkung, subalpin rascher als alpenfern.

Geophysikalische Hinweise

Die Reflexionsseismik ergab nach H. Reich 1945, 56, für die größeren Tiefen im N der subalpinen Molasse immer nur sehr geringe Schichtenneigungen, wobei die tertiäre Beckentiefe sowohl bei Leutkirch (Oberschwaben) wie bei Laa an der Thaya (Niederösterreich) rund 3 km beträgt. Auch aus dem Integralverfahren der Refraktionsseismik ergeben sich im allgemeinen nur Hinweise auf geringfügige Untergrundsfaltung. Wie jene schwachen Schichtneigungen, welche wohl nur in der Nordhälfte der Vortiefe verbreitet sein dürften, sich vertragen mit der immer wieder erbohrten schrägen Schichtstellung und den Rutschharnischen, die beide abwärts im allgemeinen zunehmen, ist noch unklar.

Von der starken Diskordanz zwischen der tektonisch sehr beanspruchten Oberkreide im Gegensatz zu dem darüber „söhlig liegenden Tertiär" sprach A. Bentz 1948, 46. Gewiß haben wir mit einem erheblichen Hinausgreifen der alpinen Faltung, deren zugleich absenkende tangentiale Hauptleistung jedenfalls unteroligozän zu Ende war, zu rechnen. Daher finden wir den Gegensatz zwischen der alpinotypen und der ungleich schwächeren Tektonik in der Molasse, die beide an der Alpenrandstörung so hart und meist saiger *aneinander* stoßen, unter dem Hauptteil der süddeutschen Vortiefe *übereinander*.

Bezüglich der Schichtgeschwindigkeit, welche durch Refraktionsseismik bestimmt wurde, gab es 1945 Unsicherheit. Angesichts der in Aufschlüssen und Bohrungen sichtbaren, oft scharfen Gegensätze in der diagenetischen Verkittung ist dies verständlich.

Die Zunahme der seismischen Schichtgeschwindigkeit gegen die subalpine Molasse und die Alpen in einem 40 km breiten Streifen hängt offenbar zusammen mit der wachsenden Beanspruchung, Grundwasserdurchsickerung und daher diagenetischen Verkittung. Sie war begünstigt in den gröberklastischen, subalpinen Sedimenten. Hinzu kommt weiterhin die Heraushebung der älteren, bereits verkitteteren Horizonte.

Die im Untergrund zu erwartenden Antiklinen-Anlagen im Bereich von Großschollen-, im S von Breitmulden-Rändern stehen steil und dürften weitere Schwierigkeiten machen. Die Erwartung solcher Untergrundsstörungen beruht auf meinem Ergebnis von der synsedimentären, während der Vortiefen-Absenkung entstandenen Molassestruktur. Deren Brüche hielt auch A. Bentz 1948, 51, für höchstwahrscheinlich synsedimentär.

Im SO des vindelizischen Kristallinunterbaues zwischen Donau und Alpen berichtete H. Reich 1949 etwa von dem Gebiet zwischen Inn und Salzach über starke, +40 bis +100 Gamma übertreffende erdmagnetische Störungen. Sie dürften nach dem vielerfahrenen Autor einer Ansammlung tiefliegender gabbroider Massen entsprechen, welche hier gegen die Alpen hinabtauchen. Eine schmälere Untergrundsmasse ähnlicher Art begleitet zwischen Ries und Altmühlmündung die Donau im N.

Beziehungen zu den gerade im S zwischen Inn und Salzach bekannten Besonderheiten des Alpenbaues fallen auf: Hier hört ostwärts zuerst die Haushamer, dann die Peißenberg-Miesbacher Oligozänmulde am Alpenrand auf. Dieser stößt hier auf Kosten der südlichsten Molasse mit Flysch-Helvetiden weit gegen NO vor (fortgesetzt in Bürgl's vermutete Ottnanger Störungszone?). Hier schiebt sich die Staufen-Höllengebirgsdecke am weitesten nordwärts vor und trägt über sich die juvavische Decke. Abgesehen von dem weitesten N-Vorstoß der Kitzbühler Grauwackenzone erscheinen hier auch NW-SO-streichende Blattverschiebungen besonders kräftig.

Alle diese, für den Nordalpenbau ungewöhnlichen Erscheinungen haben wir also gerade in und über dem Bereich jenes basischeren Tiefenmassivs.

Wahrscheinlich hatte nicht allein der allgemeine Achsenanstieg des kalkalpinen Baues gegen O, sondern gerade auch die Starrheit seines ostwärts in geringere Stockwerkstiefe emporsteigenden Unterbaues ihre Wirkung — ohne daß natürlich die Basizität desselben genau mit jenen Störungen zusammenfallen müßte. Eine offenbar betont NO- und NW-streichende Unterbaustruktur dürfte sich in dem jüngeren Hangendbau wechselvoll posthum abgebildet haben. H. Buergls Braunauer Mulde in der Vortiefe gehört hierher.

b) Miopliozän von Oberbayern

(Abb. 88b, Taf. VI)

Im O des Lech gingen während des Miozäns die gleichen Ablagerungsbedingungen unserer Vortiefe weiter. Auch hier gibt es bis auf wenig eingemuldete und daher noch erhaltene Reste (Bergbau Penzberg) kein Miozän im S der großen Nordrandstörung der 3 großen Oligozänmulden. Auch hier muß mit starker Ausräumung alpennäherer Miozänfortsetzungen über älteren gerechnet werden. Auch hier streichen ja die erosiv beschnittenen Schichtköpfe der Oberen Meeresmolasse und Süßwassermolasse frei nach S in die Luft aus. Vom Lech an ist es die Antiklinalstörung der Peißenberger Nordüberschiebung, welche das Miozän südwärts begrenzt und als teilweise wenig gestörte Antiklinale ihren Südflügel und damit dessen Miozän verloren hat. Darum erscheint letzteres oft nur als N-fallender Vorandstreifen.

Marinmiozän ist am N-Rand des Peißenberger produktiven Oligozäns tektonisch auf wenige Zehner von Metern vermindert, wird aber in der O-Fortsetzung (Guggenberg) über die Ammer mächtiger (300 m), erscheint nur selten im S des Würmsees, an der Isar, im N der Miesbacher Mulde, an der Prien, um von der Haslachmühle südlich Traunstein und südlich Waging bis nördlich Oberteisendorf gegen O allmählich in die Schlierfazies überzugehen. Etwa von der Isar nach O, auch am Simsee und Chiemsee, bei Traunstein und Waging ist die Lagerung flach und fehlt im S die Aufrichtung gegen ein anschließendes Gewölbe.

Gesteinsmäßig sind es überwiegend graue Mergel, glaukonitische Sandmergel, Sandsteinbänke, Muschelmolasse und Austernbänke. Die im W so starke Geröllführung tritt also ganz zurück bis auf schwarze Dolomitgeröllchen noch im Helvet. Freilich ist noch nicht klar, ob hier die über dem echt marinen Miozän folgenden, wiederum sehr groben und mächtigen Schotterplatten, deren Nagelfluhen kräftig-rhythmisch mit Landschnecken-Schlickmergeln wechseln, zum Helvet oder zum Torton gehören. 1938 wurde diese verstärkte Niederbiegung von der ersten, marinen abgetrennt und als „*Hauptkiesphase*“ bezeichnet.

Ganz wie am N-Abfall des Pfänders, des Sonnecks oder Eschacher Waldes bilden diese Nagelfluhmassen auch an der N-Abdachung des Hohen Peißenberges mehrere 100 m felswandige Nagelfluhplatten. Sie setzen O. Lech die W-O-Reihe der „Trotzberge" von Napf-Hörnli-Pfänder-Mariaberg-Auerberg über den Hohen Peißenberg nach O fort mit dem Tischberg am Würmsee S, dem Taubenberg und Irschenberg S. Bad Aibling.

Diese Berge haben offenbar gleichen *Querachsen-Einsenkungen während des Absatzes ihrer Schotter* und gleicher Wetterfestigkeit ihre Höhe zu danken wie ihre Fortsetzung im W.

Zwischen diesen östlicheren Rothkreuzschotter und das Untermiozän schaltet sich im östlicheren Oberbayern *Brackwassermolasse* ein. Dünne, geröllführende Dreißensienbänke fanden sich über 450 m mächtigem Burdigal im Kaltenbachbereich (Miesbacher Mulde), auch

Abb. 91. Schlier-Aufschluß, Niederbayern. Phot. E. Kraus 1937.

zwischen Prien und Simsee, und setzen sich in die Oncophora-Sande der brackischen Kirchberger Schichten von Niederbayern, die aber über Miozänschlier liegen, gegen NO fort (Abb. 91). Es hat sich also gegen Ende des Burdigals zwischen Mangfall und Chiemsee das Meer in brackischem Zustand erhalten, während es östlicher im Salzach-Rott-Gebiet und in Österreich als Schliermeer verblieb und erst im jüngeren Helvet brackisch wurde. Der Meeresrückzug betraf aber zwischen Inn und Allgäu in dem ehemaligen Brackwasserbereich der Cyrenenschichten, also auf der „Pechkohlenplatte", anscheinend das ganze Helvet. Diese Stufe wurde durch periodische Überschotterungen mit Übersandungen, durch terrestrische Schlickmergel, Feinsande und Tone des „*Flinz*" vertreten. Die Rückkehr des helvetischen Meeres ist hier nicht nachgewiesen (Dietrich & Kautsky 1920). Noch das Trauntalprofil, s. Traunstein, hat über den aquit.-burtigalen (?) Thalbergschichten (O. Hölzl, 1948) mächtige Flußschotter bis zum Helvet-Schlier. Das festländische Mittelstück Oberbayerns, das im Helvet gegen W und O Flußläufe abgab, habe ich 1938 als „*Südbayerische Mittelschwelle*" bezeichnet.

Es ist hieraus zu ersehen, daß also nicht nur in der kattischen Pechkohlenzeit und in der aquitanischen Zeit des Promberger Meeresarmes, sondern *auch im Helvet dieses oberbayrische Mittelstück seine besondere Rolle spielte. Seine Eigenart bestand in ruhiger, nur sehr flachundativer Absenkung* und könnte danach auf eine *kräftigere Untergrundversteifung* („Pechkohlenplatte") zurückgeführt werden.

Die von R. Dehm 1949 erkannte, 30 km breite W-O-Zone zwischen Mering—Ammersee, Freising—München, Gars a. Inn—Rott enthält das pontische große

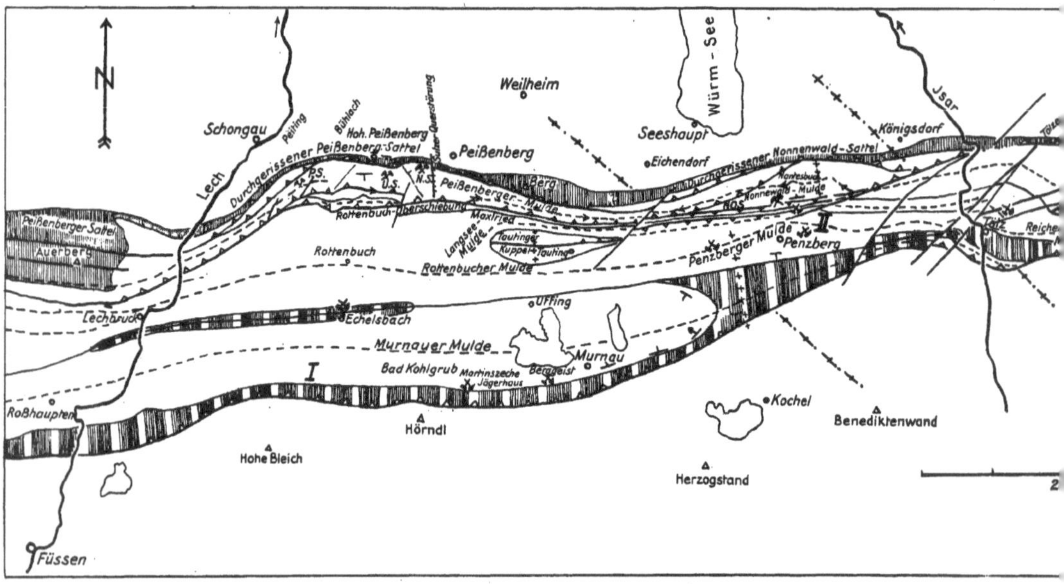

Akademie-Verlag, Berlin

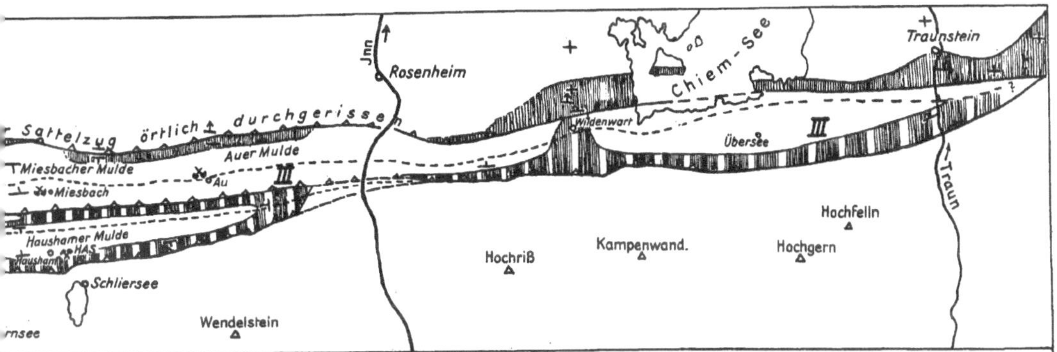

Abb. 88 b. Der Bau der Molasse zwischen Lech und Traun. (Nach E. Hartmann 1937, abgeändert u. ergänzt)

- Gebiet der Flachliegenden Ob. Süßwassermolasse
- " " Ob. Meeresmolasse
- " " Oligozänmolasse i. a.
- " " Unt. Meeresmolasse (auch v. Promberg)
- " " Helvet. Kreide und der Nord-Kalkalpen
- Sattel, darunter Mulde der Trogfaltung
- Quersattel, darunter ältere Hauptstörung
- Achse synsedimentärer Landschwellen (Richtung unsicher)
- Überschiebung (Zacken tiefer liegend) bzw. Muldenrandstörung
- Pechkohlenbergwerk in Betrieb bzw. aufgelassen.

I = westlicher, II = mittlerer und III = östlicher Nebentrog
PS = Peitinger-, US = Unterbau-, und NS = Neuer Schacht des Peißenbg. Kohlenbezirks
NOS = Nonnenwald-, MAS = Mariensteiner-, u. HAS = Haushamer-Schachtanlagen auf Pechkohle
♁ = Ölausbiß u. Ölgewinnung auf einer großen Antiklinale mit Längs- u. Querbrüchen, vielen Nebensätteln u. Nebenmulden im Kreide-Flysch am Tegernsee.

Dinotherium und Mastodon longirostris. Sie dürfte eine breite Mulde im Miozänflinz bilden, welche die junge *Bodenseemulde* gegen NO fortsetzt, und zwar bis zum Hausruck. Eine weitere Pontmulde scheint sich längs der Donau nach Funden bei Pöttmes und aus der Lagerung anzudeuten.

Hier im N stand junghelvet das Brackwassermeer Niederbayerns mit jenem bei Ulm-Kirchberg in Verbindung. Beide haben die östliche Form *Oncophora partschi*. Über das Ganze griff schließlich das tortonisch-sarmatische Süßwassermiozän der Flinzseen und der Flußschotter, so daß nun ganz Oberbayern auch im O landfest war.

Weit stieß das Torton über die Albplatte vor und plombierte hier ältere Talungen (H. KIDERLEN 1931, 342). Auch ein breiter Rand des heutigen Bayerischen Waldes erhielt damals seine Flinz- und Braunkohlenablagerungen. Die 500 m und mehr messende Ablagerung setzt in der Vortiefe eine Senkung gegen NO voraus, bei der aber der Meeresspiegel nicht erreicht wurde. Diese Senkung ging ostwärts zunächst nur bis zur Linie Aidenbach—Marktl am Inn—Traunstein, von wo an gegen O die Mächtigkeiten stark abnehmen bis zur Wildshuter Braunkohle nahe im O des Inn, die nach A. PAPPS Bestimmung (Geol. von Österreich 1951, 761) als obermiozän mit der sicher pontischen Hausruckkohle nicht zusammengehört.

Im Sarmat (mit *Cepaea sylvestrina*) aber verlagerte sich diese Senke auch weiter gegen O. Dies geschah wohl gleichzeitig mit der Vollendung der Peißenberger Überschiebung (E. KRAUS 1938, 60) und mit dem Einsatz der großen Vulkanexplosionen in Süddeutschland. Die östliche Senkung war so kräftig, daß schließlich eine fluviatile Ausräumung der nördlichen Vortiefenhälfte S der Donau in östlicher Richtung einsetzte. Wie ich 1915 ausführte, sind die diesbezüglichen Flußläufe inmitten der obermiozänen Flinzsedimente noch teilweise erhalten und gekennzeichnet durch den bei der verwitternden und zerstörenden Umlagerung bis auf quarzreiche Restschotter oder wenigstens „Halbschotter" verminderten Geröllbestand. Diese Schotter schließen sich im Vils- und Rott-Gebiet bald zu den großen, zunächst sarmatischen, dann wahrscheinlich pontischen Quarzrestschotter-Platten zusammen. *Eine sarmatisch-altpontische Wanderwelle hat sich nach O verlagert* (1938, 62).

Die zunächst über der obermiozänen Überdeckung auf dem Grundgebirge der Böhmischen Masse mäandrierenden Flußläufe schnitten wegen der *langsamen Hebung* epigenetisch ausräumend zur jüngeren Pliozänzeit auch in die Böhmische Masse hinab und legten sich darin als Donaulauf fest, denn noch immer war *das Hauptachsengefälle gegen O gerichtet.*

Auch im inneren Oberbayern muß der kalkreiche, obermiozäne Flinz damals kräftig verwittert und flächenhaft umgelagert worden sein. Denn wir treffen hier spätsarmatisch-pontische, sehr verarmte Quarzschotter kleineren Korns und Quarzsande in weitester Verbreitung als „Hauptkieslager" zwischen Donaumoos und mittlerer Isar. Hier muß *spätsarmatisch eine lange Zeit ruhiger, chemischer Verwitterung und mechanischer Umlagerung geherrscht haben.* Die Ergebnisse blieben liegen, offenbar weil die rückwärts ausräumenden Flüsse im Pont von O nicht bis dorthin emporgreifen konnten.

Mit der axialen Ost-Senkung hatte sich eine streichende, den Rand von Frankenalb und Böhmischer Masse begleitende Teilrinne erneuert, welche wir bereits als althelvetische Graupensandrinne im W kennen, und die sich im W des Lech in die neu belebte Albrand-Südflexur legte. Von der Wutach an (Abb. 44) nach O sammelten sich in dieser Urdonau-Talung die aus den altverwitterten Landoberflächen zusammengekehrten Quarz-Restschotter, wobei sich in gehobene Randteile unter teilweiser Wiederausgrabung alter Rinnen neue Täler eingruben. H. KIDERLEN sprach 1931 von umfassender, nachobermiozäner Tektonik, deren Reliefänderungen hier starke Abtragung brachten.

Auch *im Jungpliozän* (nachpontisch) lebte im schwäbischen Donau-Oberlauf-Bereich die Tektonik kräftig wieder auf, verstellte das Relief erheblich und förderte so dessen Zerstörung, aus der nun und im Diluvium das heutige Talnetz erwuchs.

Ebenso gab es *im ober- und niederbayerischen Donau-Bereich* spätpliozän überwiegend hebende Teilverbiegung und Talzerschneidung. Der Birnbacher Sattel wurde offenbar nun weiter gewölbt, der sarmatische Restschotter nach A. WURM 1937 wurde verbogen.

Vulkanische Explosionen

Die bekannten jungtortonisch-altsarmatischen Eruptionen des Hegau (Öhninger Schichten) sowie die Explosionen, welche die Juraalb-Platte so reichlich durchschlagen haben, scheinen dem südlich benachbarten Untergrund unserer Vortiefe nicht ausgewichen zu sein.

Bei den jüngsten Erdölbohrungen wurden im jungmiozänen Flinz bereits an zahlreichen Stellen vulkanische Tuffe aufgefunden (Vortrag Dr. v. ENGELHARDT auf Münchener Geologentagung Sept. 1950). Auch kennen wir von Dr. LEMCKE aus der Gegend von Aichach einen schmalen Flinzhorizont aus eckigen Juraalbkalkstücken. Schon lange sind die „Reuterschen Blöcke“ auf bestimmten Schichtflächen des Tortonflinzes bekannt und bezogen worden auf die gewaltige Ries-Explosion.

U. BUECHI & F. HOFMANN und WELTI haben 1945, 1950 einen nahe über der katastrophalen Vorschüttung des „Appenzeller Granits“ (S. 216) an der Sitter n. St. Gallen vorgefundenen Blockhorizont mit hauptsächlich außeralpinen Juraalb-Blöcken wohl mit Recht zurückgeführt auf ein Eruptionsfeld bei Romanshorn (am Bodensee).

Auch für die südbayerischen Flinz-Tuffe und Blocklager scheint es mir naheliegend, daß sie herrühren *von noch unbekannten Eruptionspunkten in der Vortiefe*, die aber wegen fortschreitender Senkung sedimentär eingedeckt worden sind. Die weiterfortschreitenden Erdölbohrungen werden wohl eine Klärung bringen.

Umlagerungen

Daß nicht nur grober und feiner Schutt aus primärer oder sekundärer Lagerstätte bei diesen Reliefverschiebungen verlagert wurde, sondern auch — mit Glaukonit — Schwebstoffe und Foraminiferen, ist klar. So fand H. HAGN 1950 in meiner Flinzprobe von der Salzach neben Foraminiferen des helvetidischen Senons und Alttertiärs aquitane Foraminiferen, miozäne Radiolarien, Diatomeen. Ebenso fanden sich nach R. GRILL in der östlich anschließenden Oberen Süßwassermolasse umgelagerte Foraminiferen aus dem Helvetikum.

c) Südbayern—Oberösterreich

Schichtfolge in der oberösterreichischen Vortiefe

Die im Interesse der Erdölsuche in den letzten Jahren gesteigerte Bearbeitung, die Bohrungen und paläontologischen Ergebnisse von V. Petters 1936, R. Grill 1935, 1945—1951 und weiter auch von H. Buergl 1946 und F. Aberer & E. Braumüller 1949 haben folgende Gliederung gezeitigt:

Unterpliozän	Hausruckschotter 120 m, basal Süßwassertone mit Hausruck-Braunkohle 70 m
Obermiozän	Braunkohlenformation von Wildshut-Trimelkam unter Sarmatschotter
	Diskordanz
Helvet	Oncophorasande (Ob. Brackwassermolasse) Kirchberger Sch. 250 m
	Diskordanz und ausgreifende Umlagerung. Vöcklaschlier-Feinsand mit Sandsteinlagen, Cibicides, Lucina — 200 m
	Ottnanger Robulus-Schlier (Robulus inornatus d' Orb., R. articulatus Rss. 250 m
	Transgression
Burdigal	Haller Schlier 260 m
	Phosphoritsand und Ob. Pteropodenmergel bis 80 m. Winkeldiskordanz
Aquitan?	Laakirchner Schichten und Unt. Pteropodenmergel über 140 m
Katt	Oligozänschlier 673 m (Bohrung Wels 1)
	Linzersand 115 m (Bohrung Wels-Aerar)
Transgression auf kristallinem Grundgebirge	

Nach der aquitanen Regression kam die burdigale Transgression, in Regression übergehend, vor der helvetischen Transgression und junghelvetischen Regression.

Das schon oben S. 137f. skizzierte Oligozänmeer des Schliers blieb während des älteren Miozäns auch in Ober- und Niederösterreich erhalten. Es bildete sich der helle, Ottnanger Miozänschlier mit seiner Dünnschalerfauna (Abb. 91). Dieser in der Eisenhuber Bohrung (bei Braunau O vom Inn) zu mindestens 850 m Mächtigkeit festgestellte Schlier liegt *ungleichförmig* über dem älteren wie Abb. 92 zeigt. ***Dadurch kommen flache Orogenbewegungen für die Ablagerungszeit des oligozänen Schliers zum Vorschein.*** Eine Mergelaufwölbung desselben unweit vom Südrand der Böhmischen Masse wurde z. B. 28 km W Linz a. d. D. durch die Brandung des dann wieder vordringenden Burdigal-Meeres aufgearbeitet und bis auf die eingeschlossenen, harten Dolomitplatten und Phosphoritknollen konzentriert. So entstand das glaukonitische Phosphoritlager von Prambachkirchen SW Eferding oder der Phosphoritsand bei Plesching ostwärts Linz a. d. D. Gegen die sich höher heraushebende Böhmische Masse sind die Fortsetzungen schon ganz zerstört

(J. Schadler 1938, 1945). Nach dem Ottnanger Schlier hob sich, synsedimentär, *relativ* zu einer Vöcklamulde im S und einer ebenfalls rascher sinkenden Riedermulde die Fazies-trennende Hausruckschwelle (H. Bürgl 1946). Sichergestellt ist die oberflächennah ganz sanfte Gesamteinmuldung zwischen Schärding und dem Alpenrand.

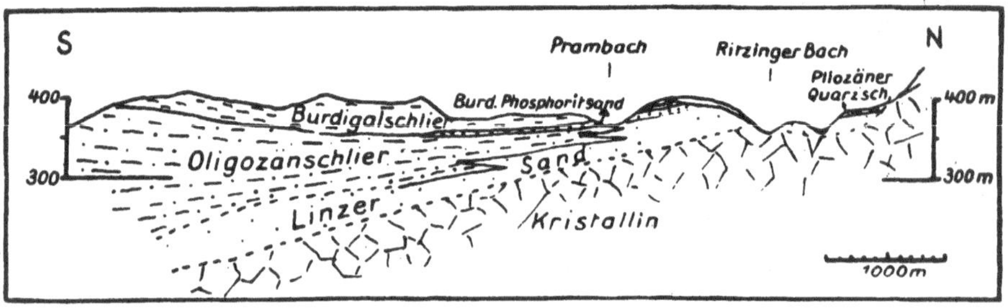

Abb. 92. Miozänschlier schwach ungleichförmig über Oligozänschlier am Südrand der Böhmischen Masse. Aus E. Kraus 1938, Abb. 2, nach J. Schadler.

Wir können wohl gewisse *Meeresbodenverbindungen während der Senkung und Sedimentation des Oligozänschliers, eine anschließende Zeit schwacher Heraushebung* und ein Neuübergreifen des burdigalen, dann des helvetischen Meeres mit flachfaltender *Senkung* feststellen. Das ist zeitlich der gleiche Hiatus, wie er auch für die Schweizer Vortiefe und aus der abweichenden Ausdehnung des Burdigal- und Helvetmeeres in Oberbayern erkennbar war. Er war auch maßgebend für die Abtrennung der burdigalen „Hauchenbergphase" von der helvetischen „Rothkreuzphase" im Allgäu. Dabei muß — genau wie in der französischen und Schweizer Vortiefe — auch für Süddeutschland das weitere Vordringen des helvetischen Trograndes über den weniger weit vorgeschobenen des Burdigalmeerufers festgestellt werden (Abb. 72). Auch hier war die helvetische Meeresausdehnung und mit ihr die absenkende Kraft offenbar bedeutender als im Bur-

Abb. 93. Grubenwand aus Kirchberger Oncophorasanden (junghelvet.) mit umgelagerten Schliermergelgeröllen. Südlicher Hausruck. Phot. E. Kraus.

digal. Auf die Albplatte freilich scheint das jüngere Meer nicht ganz so weit gekommen zu sein.

Die Reliefunruhe während der Sedimentation des Miozänschliers konnte sehr gut an dem Beispiel des Erdölsattels von Leoprechting (SO Passau) erkannt werden (1938, 8ff.). Hier zerschlugen die Brandungswellen den eben erst abgelagerten Schliermergel auf der Höhe eines unmittelbar vorher neu aufgestiegenen Relief- und Struktursattels am Meeresboden, so daß ausgedehnte Mergelgeröllager entstanden. Diese liegen nun mit brackischen Oncophorasanden des jüngeren Helvets zusammen und sind nur ein Teil der sehr ausgedehnten Umlagerungsanzeichen (Abb. 93) bei dem diskordanten Umsichgreifen des junghelvetischen Brackwassers. Nach L. WEINBERGER 1936/37 liegen die aufgearbeiteten Schliergerölle von Ottnang auch im Oncophorasand von östlich Mattig usw. Eine Aufwölbung fand sich am Ameisberg bei Friedburg und im westlich Kobernauser Wald, eine Mulde bei Munderfing. Noch jünger muß wohl die durch 2 Bohrungen (nach F. ABERER & E. BRAUMÜLLER 1949, 143) als fast 250 m tiefer Graben erscheinende Oichtenfurche mit 248,8 m mächtigem, glazialem Seeton sein (Salzachdelle n. Salzburg).

Auch zahlreiche andere, wenigstens zum Teil *synsedimentäre Verbiegungen* des Schliermeerbodens sind mit mehr oder weniger Sicherheit aus der Schichtneigung dieses Gebietes abzulesen (E. KRAUS 1938, Tafel VI; Unters. von G. GOETZINGER und H. VETTERS). Entsprechende Verwitterungserscheinungen konnten schon 1915 von mir für die Ortenburger Gegend erkannt werden. Die Schräganlagerung der Brackwasserschichten an den Schlier war von Ober- durch Niederösterreich bis nach Mähren und W bis an Lech und untere Iller zu beobachten. Die Ausführungen bei R. GRILL & L. WALDMANN 1950, 4, bestätigten meinen 1938, 9, aus den Beobachtungen bei Leoprechting gezogenen Schluß auf die synsedimentäre Vortiefenbewegung.

Die Alpenrandzone in Oberösterreich

Die in den letzten Jahren bekanntgewordenen Pionierbohrungen haben nach R. GRILL 1945, H. BÜRGL 1946, R. GRILL & L. WALDMANN 1950 die Oligozänoberkante recht verschieden hoch angetroffen:

Bad Hall +152 m MH. (subalpin gehobener Südrand der Lambacher Hauptmulde).
O. Laakirchen +128 m MH. (gehobener Nordrand der Kirchhamer Mulde).
Loots 2 bei Bachmanning —178 m MH. (Lambacher Mulde NW).
Loots 1 bei Bachmanning —220 m MH. (Lambacher Mulde NW).
Meggenhofen 2 +15 m MH.
Meggenhofen 1 —187 m MH. zwischen beiden der Ottnanger Abbruch am NW-Rand der Lambacher Mulde von H. BÜRGL.
Puchberg 1 +93 m MH. (Nordanstieg der Lambacher Mulde).
Wels Ost —88 m MH. (Nordanstieg der Lambacher Mulde).
Wels 1 im S der Traun —230 m MH. (Inneres der Lambacher Mulde).

Von söhliger Lagerung des Tertiärs kann also hier nicht gesprochen werden. Die Tiefenzunahme der erbohrten Teilstörungen von Niederbayern und den Eisenhuber Bohrungen wiederholt sich in Bohrung Welser Heide 6 (12—15°

Schichtneigung im Miozän, 23° im Aquitan). Auch in den anderen Bohrungen zeigte das höhere Helvet wesentlich geringere Höhenverstellung als seine Unterlage.

So vorsichtig man auch die möglichen, nichttektonischen Schichtverbiegungen ausscheiden mag, so bleiben doch die systematischen, flachen Hangendstörungen in den Aufschlüssen, wie sie G. Götzinger im O, wie ich sie 1938 in Niederbayern fand, auch nach H. Bürgl 1946 als tektonische bestehen. Die Anzeichen synsedimentär-orogener Reliefunruhe bei Absenkung des Jungtertiär-Schliers brauchen nicht wiederholt zu werden.

Synsedimentär blieb die Hausruckschwellen-Antikline, später pliozän noch eingedeckt, im Absinken relativ zurück gegen die nördliche und Bürgls südliche Nachbarmulde. Indem diese junge Verbiegung in Richtung des großen Salzburger Vorstoßes des Gebirges gegen ONO liegt, erweist sie ihre regionale Bedeutung. In ihr mag sich eine alte Unterbau-Struktur nach oben zwischen zwei verschieden bewegten Längsschollen durchgepaust haben — also ähnlich wie dies für westliche Antiklinen annehmbar erscheint. Auch F. Traub nahm 1949 einen Nordabbruch der Molasse vom Gebirge längs seiner Alpenrandstörung an. Diese stößt hier im O ONO-wärts als Antikline vielleicht ebenso in die Vortiefe hinaus, wie dies die Alpenrandbrüche im südlichen Oberbayern als Großmuldentrennende Antiklinen-Störungen in westlicher Richtung tun. Weitere Klärung wird notwendig.

Alle diese medianen Antiklinen-Brüche stehen im W fast senkrecht. Ihr Charakter als gestörte, annähernd lotrechte Zwischenmittel zwischen den großen Molassemulden kann nicht dann plötzlich verschwinden, wo sie den Alpenrand bilden und die südliche Nachbarmulde der Molasse über diesem deshalb fehlt, weil sie infolge zu großer Hochlage schon abgetragen wurde. Die Richtung der steilen Längsstörungen bleibt jeweils auch am Alpenrand erhalten. Wir haben an ihm jeweils keinen gewöhnlichen Abbruch, sondern eine vielfältig, synsedimentar bewegte antikline Längsstörung.

Aus diesen im W klaren Gründen kann ich auch keine irgendwie erhebliche Überschiebung der Molasse durch die Alpen an jener 83 km langen Alpenrandstörung annehmen, an welcher zwischen der bayerischen und der österreichischen Traun das Oligozän am Alpenrand fehlt und sich dafür das (in der Antikline) steil aufgerichtete marine Miozän mit Schottereinlagen unmittelbar dem helvetisch/ultrahelvetischen Gebirge tektonisch und sedimentär langsam anlagerte. Im W erst, südöstlich Traunstein, senkt sich die nördlichste der oberbayerischen Oligozänmulden gegen W ab, im O erst, bei Laakirchen, die Kirchhamer Oligozänmulde.

Daß gegen das Zwischengebiet tatsächlich beiderseits axiale Hebung, aber keine auf Überschiebung von S hindeutende Senkung stattfindet, das kann man aus der Verschmälerung beider Mulden gegen das Zwischengebiet unschwer ersehen. Zudem hebt sich unter der Kirchhamer Mulde in schöner Muldenlage, aufgeschlossen an der österreichischen Traun, auch die helvetidische Molasseunterlage gegen W heraus (H. Bürgl 1946). Außerdem schließt sich diese nach W aushebende Mulde gerade dort, wo von S her die große Traunsee-Blattstörung mit Absenkung des Ostflügels herankommt.

Während das Fisch-führende Oligozän von Wernleiten-Obersiegsdorf (am Schwimmbad) an der bayerischen Traun im N der Oberkreide—Lutet-Schuppen des Helvetikums auch nach den neuen Ergebnissen von H. Hagn sowie von O. Hölzl als Rupel angesehen werden muß, hält H. Bürgl das sandigmergelige Laakirchener Oligozän der Kirchhamer Mulde an der österreichischen Traun für Aquitan, V. Petters 1936 für Oberkatt. Beiderseits des oligozänfreien Zwischenfeldes senkt sich gegen W wie gegen O, zwischen das Gebirge und die Miozänmolasse Oligozän ein. Nach meiner aus den *senkrechten* Längsstörungen der südbayerischen Molasse gewonnenen Ansicht geschah dies *nach* der Zeit der großen Horizontalschübe durch Niederbrechen der Vortiefe und Aufstieg des Gebirges an Verwerfungen. Sie schufen das tektonische Bild im großen.

Jedenfalls können wir annehmen, daß alpenrandnahe Überdruckfolgen gegen N sekundär sind, daß die primäre Molassestruktur mit ihrer O-W-Muldung einst im S auch über unser heute oligozänfreies Zwischenfeld übergegriffen hat. Sie ist aber über dem Kreidegebirge wegen größerer Höhenlage heute schon ganz abgetragen. Nicht wegen erheblicher Überschiebung fehlt ein gröberklastischer Südrand der Molasse gegen das Gebirge. Er fehlt, weil er infolge starker, langdauernder Hebung des Gebirgskörpers über diesem längst abgetragen ist.

Nordsaum

Nach W. Klüpfel 1923, 36, müssen an der Donau-Abbruchspalte zum Helvet-Beginn, dann besonders im Mittel- und Obermiozän starke Absenkungen vor sich gegangen sein, ebenso am Südrand der Schwäbischen Alb — wahrscheinlich Hand in Hand mit Oberpfälzer Basalt-Eruptionen. Im Schwäbischen Jura drang das burdigale, dann das helvetische Meer vor bis zur Nordgrenze des Citharellenkalks, im W-Teil bis 650 m heutiger Höhe. Der Frankenjura lag damals noch höher und weiter nach S. Im O stieß das burdigal-helvetische Meer mit dem Ortenburger Meeressand und dem Oberen Melker Sand gegen die Böhmische Masse vor und ging bald in Schlier, schließlich in die brackischen Kirchberger Schichten über. Gegen S ist nordwärts der Linie Donauwörth—Freising—Eggenfelden—Pleinting marines Miozän nicht bekannt.

Das Kirchberger Oberhelvet reicht schon nicht mehr so weit nördlich wie das Meer. Wir erkennen allgemeine Heraushebung, Abschnürung des Ringmeeres im W; den Meerbusen zwischen Schweiz—Oberbayern—böhmischalpiner Enge, der immer mehr ausgesüßt wird; also den Übergang in den Süßwasser-Flinz und in die limnischen Kalkbecken auf dem Nordsaum.

Doch zeigen diese Absätze durch ihre weite Ausdehnung die nunmehr wieder zunehmende Senkung an, die gegen O zunächst nur bis ostwärts Donauwörth reichte. Die entstehenden Höhenunterschiede veranlaßten die Fortbildung von Tälern oder Becken, welche dann obermiozäne Seen und Kohle-bildende Sümpfe bargen. Schließlich vereinigten sich die übergreifenden Sedimente in mächtigen Flinzseen, Tonsenken, mit Helix sylvana-Kalken im W.

Gegen Obermiozän-Ende hob sich, nicht ganz so hoch wie vorher, der nördliche Vortiefenboden. Täler wurden wieder ausgewaschen; umgelagertes „Auswaschungs-

Tertiär" überdeckte bis 550 m MH. alle Flächen mit feinem, oft Feldspat-führendem Glimmersand oder Ton. Zu diesen sarmatischen See- und Flußgebilden gehören auch die Quarzkies- und Sand-reichen Furchen-Füllungen der W-O-Täler zwischen Landshut und Ortenburg (E. Kraus 1915). Allmählich hatten sich sehr ausgedehnte Ebenheiten gebildet (W. Klüpfel 1923). Sie gingen über in die erneuerten Fastebenen auf Trias und Jura-Alb bis zum mittleren Neckar und Main, sowie ins Rheinische Schiefergebirge, sie dehnten sich vom Schwarzwald-Ostsaum bis zum Anstieg der Böhmischen Masse und südwärts über die Vortiefe von Genf bis Wien hinweg bis in die erneuerten Teile der alpinen Raxlandschaft. In flacher Abtragung standen sanfte Randteile und der subalpine Molassestreifen.

Diese süddeutsch-alpine Ebenen-Landschaft besaß im Pont ihre geringe, aber durchlaufende Haupteinbiegung im heutigen Donau-Bereich, in Niederbayern—Passau—Hausruck—Wien. Bei Tuttlingen—Scher glitt die Donaufurche unter Bildung zahlreicher Pliozän-Terrassen allmählich südwärts. Vom Schwarzwald (915 m MH.) im W bis Wien senken sich die Schotter und Sande, durchweg örtlich durchmischte *Restschotter*. Epigenetische Mäander schnitten die sanft aufsteigenden Rücken des Schwarzwaldes, der südlichen Alb (W Ulm, Wellheim), der südlichen Böhmischen Masse. Erst altdiluvial wurde die Donau, klimatisch belebt, zum Alpenfluß, der den Schutt des emporwachsenden Hochgebirgsreliefs den südnördlichen Wasser- und Eisströmen abnahm.

Für das Jungtertiär, besonders das Helvet läßt sich, sonach eine Zeit ungewöhnlicher Reliefbewegung ableiten. Sie kann als innenbürtig bedingtes Baurelief gewertet werden. Die so umfassenden außenbürtigen Folgen zwischen Iller-Lech und Mähren sprechen für die Bedeutung dieser Vorgänge. Auch hier sind wir der Meinung, daß die — gewiß mit einzelnen Höhepunkten — *fortgehende Gebirgsbewegung im Miozän uns nur durch die gelegentlich eingetretene Gunst außenbürtiger Abbildung in Zwischenzeiten sichtbar gemacht wurde:* Durch die beiden Transgressionen des burdigalen (Hauchenbergphase) und helvetischen (Rothkreuzphase) Meeres mit deren Zuschüttung, danach durch den mächtigen Vorstoß der Rothkreuzschotter unter Wegräumung etwa schon vorhandener helvetischer Meeresbildungen oder unter Zurückdrängung solcher auf der oberbayerischen Pechkohlenplatte (Abb. 90), durch den diskordanten Vorstoß der junghelvetischen Brackwasserschichten aus dem östlichen Schliergebiet über verwittertes und schwach gefaltetes Land bzw. durch Abrasion der flachen Schliermeerkuppeln etwa bei Leoprechting.

Das helvetische Schlierbecken lag abweichend von dem Tortonbecken (Z. d. D. Geol. Ges. *93*, 1941, 248).

Ortsgebundene Anlagen

Aufrecht erhielten sich bei alledem ganz bestimmte, ortsgebundene Anlagen:

1. Die verhältnismäßige Ruhe und die sich im Relief höher haltende Lage der oberbayerischen Pechkohlenplatte während Katt-Aquitan-Helvet.
2. Das energischere Ab und Auf des Gebirgs- und des Vortiefenabschnittes im Allgäu, von dem aus vorwiegend gegen NO die Schotterströme im Katt (Nesselburg-Steigbachschichten) und Miozän (Rothkreuzschotter) immer weiter vorstießen, bis sie im Helvet auch die oberbayerische Pechkohlenplatte bis nach Niederbayern hin überschotterten.

3. Die fortdauernd unruhige Senkungstendenz des Schliermeeres, welches im Oligozän und Miozän wegen geringerer Schuttzufuhr *aus dem offenbar relief-schwächer gebliebenen SO-bayerisch-österreichischen Alpenteil* nicht ebenfalls zugefüllt werden konnte. An den über 1500 m betragenden Schliermächtigkeiten kann der Senkungsumfang abgelesen werden.
4. Das Steigvermögen der Böhmischen Masse und ihrer südlichen Fortsetzung, das erst schrittweise durch die wiederholten Großabsenkungen in Rupel, Katt, Burdigal und Helvet/Torton zurückgedrängt wurde, so daß sich der Rand des Bayerischen Waldes unter Zertrümmerung bis Ortenburg eben noch mit burdigalem Küstensand, aber schon mit etwas tiefermeerischem Schlier des Helvets bedeckte, und daß noch weiter nördlich allein obermiozäne Süßwassermolasse sich braunkohlenführend bis auf die Böhmische Masse emporschieben konnte.

Restschotter im Torton–Sarmat–Pont

Im niederbayerischen Rott-Inn-Gebiet war der tortonische Hauptkies die gegen NO gerichtete Ausstrahlung der Rothkreuzschotter des SW-bayerischen Baureliefs. Sie kam erst nach einigen Umlagerungen an. Denn die weniger widerstandsfähigen Gerölle waren bereits teilweise ausgemerzt, wenn der Schotter auch immer noch durchschnittlich enthält:

Neben 85 v. H. Gangquarzen und Quarziten: 5 v. H. Buntsandstein/Verrucanoquarzit, Hornstein, verkieselte Gesteine; noch 10 v. H. Gneise, Granite, Pegmatite, Serpentine, Grauwackengesteine, ziemlich ausgelaugte Kalksteine, die aber streckenweise noch 5—10 v. H. (ausgelaugt) ausmachen können, und schwarze Dolomite. Im Gegensatz zum eigentlichen „*Restschotter*" mit über 95 v. H. Quarz- und Kieselgestein und zum ursprünglichen, nach primärer Felslage zum erstenmal niedergelegten „*Vollschotter*" könnte man solche, schon halb ausgemerzte Schotter einer späteren Lagerstätte als „*Halbschotter*" bezeichnen.

Dieses tortonische Kieslager der oberbayerisch-niederbayerischen Flinz-Landschaft sehen wir nun aber zusammen mit seinen Flinz-Einlagen in schmäleren und breiteren Talungen wieder ausgegraben. Die gegen W in das Obermiozän eingreifenden Talungen konnten 1915, 134, westwärts bis Landshut näher verfolgt werden. Die sich hieraus ergebende *Wanderwelle mit flacher Heraushebung im W*, neubelebter Flußausräumung und Wiederabsatz im O für Spättorton/Sarmat wurde abgeleitet. Ebenso deckten die Flüsse den Westteil der Schweizer Vortiefe (S. 206) oder der Oststeiermark (S. 171) ab. Ähnlich wie dort gegen O, so wurde auch hier im allgemeinen Vortiefengefälle gegen O der dezimierte Umlagerungsrest verlagert. Diese Restschotter enthalten neben 95 v. H. Gangquarzen und Quarziten nur noch chemisch stark zersetzte Gerölle anderer Zusammensetzung. Sie bilden ausgedehnte Talfüllungen (Abb. 94) oder Hochflächenplatten (Abb. 95) wie sie auch A. Wurm 1937 beschrieb und wie sie (nach freundl. Mitteilung von F. Aberer) sarmatisch das Wildshuter Braunkohlentorton überschneiden. Vor dieser Überlagerung scheinen kleine Verwerfungen mehrfach das Torton betroffen zu haben (1938, 34),

Abb. 94. Schematisches Profil (250 m mächtig, 10 km lang) vom nördlichen Inntalgehänge bei Marktl—Simbach, SO-Bayern.

ebenso flach verbiegende Reliefumformungen, welche dann in der Unterfläche des Sarmats (neben erosiven) in Erscheinung traten. Die innenbürtigen Bewegungen *waren also noch immer im Gang.*

Wir haben Folgendes: Die Hebungswelle in den Alpen brachte eine Überlagerung der Oligozänmulden und hatte die helvetischen Rothkreuzschotter hinaus in die Trotzbergnagelfluhen geführt, sowie als Vollschotter in die gleichzeitig im N versinkende Mulde verlagert. Die nachgerückte Hebungswelle ergriff danach dieses Vollschotterlager, und die Flüsse verschoben es gegen NO in die Halbschotter der tortonischen Flinzlandschaft, die sich gleichzeitig ostwärts

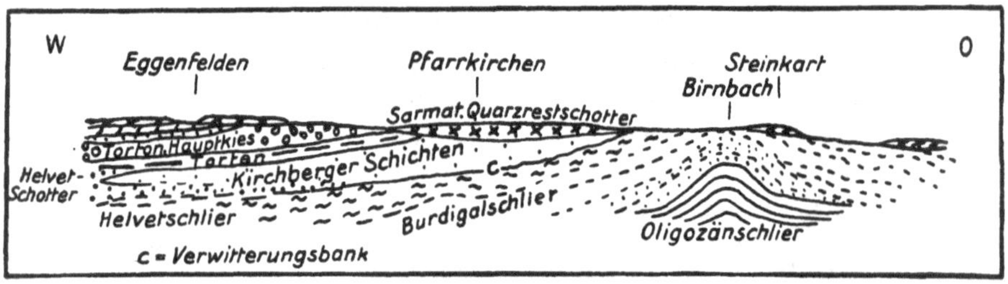

Abb. 95. Verkieselnde Quarzrestschotter-Fastebene des Sarmats (550-m-Fläche) im niederbayerischen Rottalgebiet schematisch. Aus E. Kraus 1938, Abb. 17.

bis zur Linie Aidenbach—Traunstein heran senkte. Die Hebungswelle erfaßte schließlich noch weiter draußen, wahrscheinlich nach langdauernder tortonischer Verwitterungszeit, auch diesen Tortonflinz, so daß das Flußnetz nun auch ihn ausräumte und teils als kleingerölliges Hauptkieslager zwischen Donaumoos und mittlerer Isar bald wieder ablegte, teils durch die sarmatischen Talungen ostwärts verschob und als selbständigere Restschotterdecke ungleichförmig gegen Ortenburg—Passau—Rott—Innviertel ausbreitete—das heißt dort, wo gleichzeitig die nächste schwache Absenkung geschah. Dieser Vorgang dürfte im Pont besonders belebt worden sein.

Pont. Daß man freilich nach Lagerung und Geröll-Auslese allein nicht gehen darf, dafür ist der durch Unterlagerung mit anscheinend *unterpliozänen* Braunkohlenschichten (Trauntaler limnische Braunkohle von Ampfelwang-Thomasroith), durch Mastodon longirostris arvernensis und durch Hipparionfunde insgesamt als pontisch erklärte *Hausruckschotter* wohl ein Beispiel. In ihm liegt eine merkwürdige Mischung von frischerem, dem Helvet/Torton entsprechenden Voll- bzw. Halbschotter und von zersetzten oder durch Umlagerung ausgemerzten Restschottern vor (1938, 37f.). Diese Mischung wurde — falls die fossilführenden Horizonte und die Bestimmungen wirklich zutreffen — aus verschiedenen Ursprungslagern erst im Pont an ihren heutigen Platz geschüttet, denn die Aidenbach—Traunsteinlinie verlagerte sich nun ostwärts weiter nach Oberösterreich. Die junge Bodenseemulde dürfte sich nordöstlich gegen Ottobeuern, östlich zwischen München—Freising durch und über den Inn unterhalb Gars in den pontischen Hausruck fortgesetzt haben. Vgl. R. Dehm 1949.

Eine Umlagerung über größere Entfernung und aus bereits ausgelesenem Sarmatschotter machten gleichzeitig die wohl pontischen Restschotter von Ortenburg-Neuburger Wald gegen O hin durch. Hier lag für Bayern die letzte, noch heute tiefste Senke.

Dieser pontische Restschotter enthält kein Karbonat mehr. Schon der sarmatisch verarmte (?) ältestpontische Schotter ist *zu hartem Konglomerat verkieselt*, was wohl mit Recht in Zusammenhang gebracht wurde mit der gleichfalls beobachteten Kaolinisierung unter Mooren, die von der Vortiefe noch bis zu einer heute 550 m hoch gehobenen Verebnungsfläche des Bayerischen Waldes emporreicht. Da auch die pontischen Quarzschotterplatten noch verkieselt sind, muß dieser Vorgang auch nachpontisch noch gewirkt haben. In beiden Fällen — spätsarmatisch und nachpontisch — ermöglichte *eine Zeit großer Ruhe* diese ausgeprägten Verwitterungsergebnisse und Einebnungen auf dem Grundgebirge.

Der Pontschotter, der bisher nur unbestimmte Kieselhölzer geliefert hat, wird öfter noch durch mittelpliozäne Ton- und Flinzlagen bedeckt. Das heißt auf die ruhige Verwitterungszeit folgten *schwache Senkungen*, welche sich mit einer Seenlandschaft füllten.

Dem schloß sich dann aber *die letzte allgemeine Heraushebung und Talzerschneidung an*, die wir ins jüngere Pliozän einordnen. Denn teils schon vorher die Restschotter mit Bruchstücken der verkieselten Schotterdecke, teils jetzt deren umgelagerte Fortsetzungen finden wir nun in die heutigen Täler eingesenkt. Auch der älteste Donaulauf wird durch etwas tiefer gelegene Terrassen von umgelagertem Restschotter erkennbar (1915, 137). Aber trotz der allgemeinen Hebung des Vortiefeninhaltes blieb doch das Vortiefengefälle gegen O. Der schon oligomiozän aktiver gewesene W-Abschnitt bis zum Lech hob sich offenbar etwas rascher. Das Hausruckviertel stieg nach H. Graul 1937 mit 3 terrassenbildenden Anläufen aufwärts. Die mächtigen Quarzschotter der Dürren Aschach, welche NO Neumarkt fortsetzen, bei Bad Schallerbach, zeigen nach Kinzl noch einige tiefere,

Abb. 96. Pliozäne Hochverebnungsfläche über obermiozänem Flinz bei Edenried (528 m MH.) im nördlichen Oberbayern gegen NW gesehen. Läuft aus in einer durch junge Erosion bereits angegriffene Wasserscheide. Phot. E. Kraus VIII. 1934.

Abb. 97. Reliefaufschwung am Nordalpenrand. Blick vom Schuttkegel SW Sauersberg bei ungefähr 810 m MH. gegen NO über die 710/750-m-Verebnung beiderseits des Isareinschnittes südlich Bad Tölz. Links im Hintergrund der Tortonhärtling des Taubenberges, rechts der Anstieg der Flyschzone. Phot. E. Kraus VI. 1934.

jungpliozäne bis altdiluviale Terrassenflächen. Die Flinzlandschaft im S der Donau zeigt noch heute allgemein die pliozäne Verebnung (S. 267, Abb. 96). Über sie breitete sich teilweise die älterdiluviale Deckenschotterplatte und aus ihr als „Alpenfußfläche" erhob sich noch mit pliozänem, kräftigerem Aufschwung (Abb. 97) der zurückgewitterte Alpenrand. Abb. 98 zeigt eine Vollschotter-Kiesgrube.

Abb. 98. Quarzrestschotter in Kiesgrube (wohl pontisch) NO. Mattighofen (Oberösterreich) an Straße nach Maria Schmolln Km 33,9, 480/500 m MH. Phot. E. Kraus VII. 1933.

d) Niederösterreich

Immer näher kommen sich im Ennsgebiet Böhmische Masse und Alpen. Nur noch der Schlier bildet den Untergrund, Torton-Sarmat fehlen fast ganz und auch der dünne, aber weit ausgedehnte Deckenschotter östlich der Traun geht zu Ende. Wir können dies auf den *kräftigen Widerstand der höher schwimmenden Oberfläche der Böhmischen Masse gegenüber den niederzwingenden Kräften der alpinen Vortiefe zurückführen.* Schon am Inn war solches Höherbleiben des Untergrundes im Tertiär spürbar. Die diagonale Unterbaustruktur, die auch die Rahmenform der süddeutschen Vortiefe beherrscht, drückt sich ostwärts mit ihrer axialen Heraushebung immer stärker gegen oben in die jungtertiäre Molasse durch. Flachergründig entstand ihre einheitliche Schlierfazies. So fanden wir sie an der Salzach; so fand sie H. Vetters bei Gresten—Scheibbs—Texing in der auf 7 km verengten Vortiefe südlich Ybbs—Melk.

Auf Grund gewisser Gesteinsähnlichkeiten mit der Unteren Meeresmolasse (Rupel-Tonmergel) und mit einer Sandstein-Ansammlung im W unternahm M. Richter 1950 hier Altersbestimmungen. Seine interessanten Perspektiven hinsichtlich der Flysch-Reduktion (wahrscheinlicher gegen unten) und bezüglich einer ungewöhnlich jungen Tangentialtektonik werden erst nach Klärung des Molassealters zu bedenken sein. Sie wird von den österreichischen Kameraden wohl bald vollzogen werden wie die sorgfältige Schlier-Gliederung von K. Hayr 1949 in dessen nur 15 km östlicherem Kartierungsgebiet SW St. Pölten auf Grund der mikropaläontologischen Tatsachen in Fortsetzung jener von Oberösterreich erkennen läßt.

Die Fensternatur der Scheibbser Molasse scheint sich bei näherem Zusehen (L. Kölbl; Geol. v. Österr. 1951, 736) in eine *Schuppung* zu verwandeln. Denn der Flysch dürfte von N normal unter die Molasse einfallen, unter der er auch gegen Gresten hin erbohrt ist und aus der er sich in Fortsetzung des Flyschsattels im W nördlich Scheibbs heraushebt. Schon bei Laakirchen hebt sich nach H. Bürgl 1946 die Unterlage der Molasse hervor. Außerdem müßte ja ein wirkliches Molassefenster auch im S wenigstens eine Spur des breiten, nördlichen Flysch-Fensterrahmens gegen die Grestener Schuppenzone erkennen lassen.

Wir würden uns unbedachte Flüchtigkeit zuschulden kommen lassen, wollten wir am ganzen Nordalpenrand von Genf bis Wien dieselbe Lagerung fordern. Das gilt für die Molasse nicht anders als für den Gosauflysch in dem sog. Windischgarstener Fenster (E. Kraus 1944), wo das eine oder andere Fossil oder eine beschränkte Faziesähnlichkeit natürlich noch keine Großdecke (Unterostalpin!) nachzuweisen erlaubt. Erst kürzlich (Verh. Bu. Wien 1948, 11; Wien 1950) stellte dagegen G. Woletz fest, daß sich der Gosauflysch mit dem Oberkreideflysch von Wienerwald und Baden—Neulengbach durch übereinstimmenden Granatreichtum verbindet. Daß übrigens Fenster der helvetischen Kreide außer im W und bei Schliersee auch in Oberösterreich unter dem Flysch auftauchen, davon bin ich jetzt überzeugt.

Bei aller Vorsicht scheint mir hinsichtlich der Molasse aber die Feststellung nicht umgangen werden zu können, daß auch die neuen Gedanken über die noch näher zu klärende Lagerung bei Scheibbs uns keineswegs zwingen, eine allgemeine, 10—15 km betragende Überschiebung der Molasse durch das Gebirge, dessen tangentiale Hauptstruktur eine ältere ist, anzunehmen. Es ist eine hier im O weit verbreitete (Flyschbretter in der Molasse!) Unterbau-Aufschuppung (vgl. oben S. 140).

Wegen der allgemeinen „*Harmlosigkeit*" *der Flyschtektonik* gegenüber jener der Kalkalpen darf erinnert werden an meine in Allgäu—Vorarlberg kartierten und publizierten Profile, auch an jene der Feuerstätter Wildflyschdecke von H. P. Cornelius. Daß der Flysch an Tangentialschwung nichts zu wünschen übrig läßt, davon wird sich mein verehrter Herr Kollege M. Richter gelegentlich seiner begonnenen Untersuchungen bei Balderschwang überzeugen können.

K. Bodens Versuch im Tullner Gebiet, also über 300 km weiter östlich, die oberbayerische Molassegliederung aus der Fazies altersmäßig festzulegen (G. Götzinger 1929), scheitert wohl daran, daß er nicht an einem küstenfernen Flachmeersediment wie etwa von Trias oder Jura vorgenommen wurde. Noch viel vorsichtiger als bei solchem muß immer wieder die paläontologische Zeitkontrolle herangezogen werden (vgl. die schönen Ausführungen von R. Grill in Geol. von Österreich 2. Aufl. 1951).

Der steilstehende Südrandschlier sw. St. Pölten, der nordwärts in weniger gestörte Faltung übergeht, wird von K. Hayr 1949 aufgefaßt als Nordschenkel einer durch den Flysch von S zusammengeschobenen, steilen Antiklinale, deren Südschenkel aber „von den Schubkräften weiter in die Höhe geschoben wurde und damit der Erosion verfiel". Solche fast senkrechte Hochpressung ist aber doch wohl gleich der radialen Hebung des Flysches im S. Dieser hat nach unserer Ansicht während seiner langsamen Hebung die gleichzeitig gegen N absinkende und dabei den Schlier relativ emporschleppende nördliche Nachbarscholle mit Flyschschutt überschüttet und seine Hangendmolasse erosiv verloren. Damit wiederholt sich wieder einmal die synsedimentäre Antiklinen- und Randspaltenbewegung. Das Tullner Becken, namentlich dessen SO-Rand gegen den Wienerwaldflysch zeigt folgendes Schichtprofil:

Oncophoraschichten; randlich Konglomerat mit Kalkgeröll (Junghelvet).
Burdigales Buchberg-Konglomerat, gegen außen in Schlier übergehend.
Aquitane, braunkohlenflözführende Tegel.
Kattische Melker Sande übergehend in Ollersbach-Konglomerat; überschoben durch:
Flysch des Wienerwaldes.

Der Schlier enthält nicht selten Glanz- oder Braunkohle-Flözchen und -Schmitzen, was hier für seichte Wattenmeerbildung spricht. Der tiefermeerische Burdigalschlier geht bei Neulengbach-Sieghartskirchen in den grobgerölligen Flußschotterfächer des *Buchbergkonglomerates* mit überwiegenden Flyschgeröllen über, das im W etwa unserem Wachtberg-, Blaue Wand-Schotter (südl. Traustein) und dem Rothkreuzschotter entspricht. Ausgedehnter noch, zum Teil auch nordwärts der Donau, ist das auf Melkersand und auf Schlier lagernde *Hollenburger Konglomerat,* das neben Flysch viel kalkalpine Rollstücke enthält. Älter ist das *Ollersbacher Konglomerat* mit reichlich paläozoischem Gesteinsschutt — ähnlich dem oligozänen in Süd-Oberbayern. K. Boden sah in diesen Konglomeraten den Hinweis auf *die sehr gleichartige Alpenrand-Entwicklung beider Gebiete beiderseits der Vortiefen-Hochlage* über der Südfortsetzung der Böhmischen Masse.

Die Weite des Übergreifens der Vortiefe gegen NW auf die Böhmische Masse im Burdigal wird durch die versteinerungsreichen, klastischen Ablagerungen am Massivsaum im N der Donau gekennzeichnet:

Burdigal	Weiter transgredierende Grobsande mit Ostrea lamellosa Feinkörnig-tonige Sande der Gauderndorfer Schichten Eggenburger Liegendsande; grobe Loibersdorfer Sande
Burdigal–Aquitan	Lignit-führende Schichten von Molt im Meeresbecken von Horn

Wechsellagernd nach oben gehen die sandigtonigen *Oncophoraschichten*, also brackische Kirchberger Schichten, im Tullner Becken und nordwärts der Donau aus dem Helvetschlier hervor. Vom Schlierbereich aus transgredierten sie in der Brünner Bucht noch weiter auf das Kristallin der Böhmischen Masse. Es ist also auch hier wieder, so wie in der Rhonevortiefe, auf dem Schweizer Jura, an der Donau in Bayern *das weitere Übergreifen der helvetischen über die burdigale Vortiefe nach außen ganz klar.*

Dagegen besteht das Junghelvet weiter gegen N und in der Korneuburger Senke (hier über 350 m mächtig) aus den *marinen Grunder Schichten*, welche noch in die Tortonstufe hinein aushielten. Sie beweisen *die starken, gleichzeitigen Absenkungen zwischen dem SO-Rand der Böhmischen Masse, der Vortiefe und den hier niedergebrochenen alpinen Fortsetzungen.* Am NW-Rand der kleinen Karpaten und im mährischen Nord-Teil des Wiener Beckens gibt es noch kein Burdigal. Erst im Helvet erweiterte sich und im Torton, dessen Absätze nach einer Faltungsphase überall transgredieren, dürfte sich das Äußere Wiener Becken ausgestaltet haben (D. Andrusov 1938).

Hand in Hand mit dieser allgemeinen Zertrümmerung und Absenkung, verbunden mit dem weitesten Vorstoß der Vortiefe im jüngeren Helvet, ging offenbar auch *die letzte große Unterschiebung* der Böhmischen Masse gegen SO unter die Alpen vor sich (Abb. 99, wobei jedoch die Weite der Molasse-Überschiebung noch unsicher ist). Sie hatte sich wohl während der burdigalisch-helvetischen Schlierzeit schon entwickelt, erreichte aber, unter Miteinbeziehung des älteren

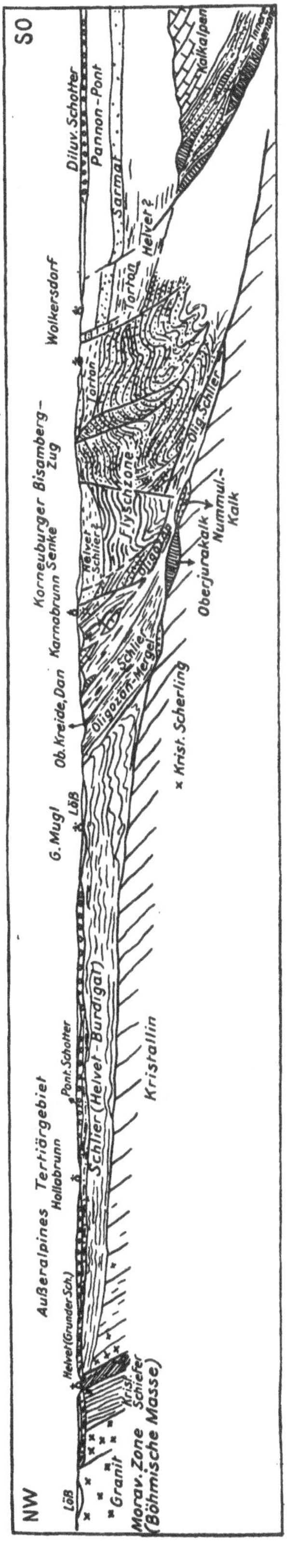

Abb. 99. Profil durch das Weinviertel N. der Donau oberhalb Wien, Niederösterreich. Nach H. Vetters 1936.

Helvets, ihren Höhepunkt im Junghelvet. Das schon nur noch flach lagernde Grunder und Kirchberger Junghelvet/Alttorton und Pont (Pannon) entstand schon während des Abflauens dieser großen Bewegung. In Zeiten zurücktretender Wasserbedeckung war diese begleitet gewesen von Schottervorstößen im Helvet, Sarmat und noch im Pont. Diese Pontschotter lassen im nördlichen Niederösterreich zwischen Krems—Hollabrunn—Mistelbach nach ihrer Mächtigkeit und Verbreitung wohl eine letzte derartige Anstrengung erschließen.

13. Der Bau der süddeutschen Molasse

(Abb. 88a, b, Taf. V, VI)

a) Synsedimentäre Vortiefenstruktur

Bereits 1926 und 1932 wurden für Allgäu-Oberbayern die Beobachtungen und Gründe auseinandergesetzt, welche nicht nur die allgemeine Senkung während der flachmeerischen, limnisch-fluviatilen Sedimentation, sondern auch deren gleichzeitige Teilgliederung und ihre Ausprägung im Faziesbild erschließen lassen. Sie konnten S. 226f. auch für die Schweizer Molasse nachgewiesen werden, deren westalpine Eigenart sich fortsetzt bis ins östliche Allgäu. Wir deuten hier daher nur noch an, daß die gleiche Steifheit der über 50 km und weiter fortstreichenden Tektonik vorliegt, die gleiche Alleinausbildung breiter Mulden, im N von Längsschollen, dieselbe Zertrümmerung der zwischen ihnen liegenden, sattel- oder fächerartigen Aufbiegungen von „Antiklinen", der gleiche Unterschied im sedimentär-faziellen Profilaufbau der einander benachbarten Muldenfüllungen. Dieser bezieht sich, wie S. 230 gesagt auch auf das abweichende Alter ähnlicher oder wenigstens umgelagerter Schuttmassen. Untergeordnet bleiben auch in Allgäu-Oberbayern die normalen, immer kleinen Falten. Es kommt aber auch hier vor, daß die in der Achsenebene gestörten und verruschelten Antiklinen im Streichen in ziemlich normale Sättel übergehen, so die Peißenberger Überschiebung gegen WSW. Überhaupt ist nur die Großanlage der Hauptmulden so steif und eintönig. Im einzelnen liegen die Dinge durchaus verwickelt und beweisen *nach der ursprünglichen, radialen Vortiefenanlage durch Teilschollen- und Teiltrogsenkung eine kräftige tangentiale Überarbeitung.*

Sehr scharf sehen wir *die jeweils südlichen Muldenflügel*, soweit solche überhaupt primär mächtig waren, namentlich in den Schuppen der Molassealpen zertrümmert, ja beseitigt. Hier hatte man früher überhaupt nur die südfallenden Pakete der Nordflügel gekannt und schloß, da Muldenbiegungen nicht aufgefunden waren, auf eine ungeheure Mächtigkeit des dauernd südwärts geneigten Gebirges, dessen Jüngstes man daher im S suchte. Auch weiter im streichenden O-Verlauf sind die Südflügel verdünnt, besonders steil oder überkippt gelagert. Die Peißenberg-Miesbacher, also die nördlichste Oligozän-Hauptmulde, besitzt dagegen im Chiemgau nur noch ihren steil bis mittel gegen N fallenden Südflügel aus mächtiger Unterer Meeresmolasse und aus Katt. Der Nordflügel fehlt ganz. Dabei ist von einer der Peißenberger Überschiebung etwa ähnlichen Störung nichts bekannt, auch nicht in dem gut aufgeschlossenen Priental. Es

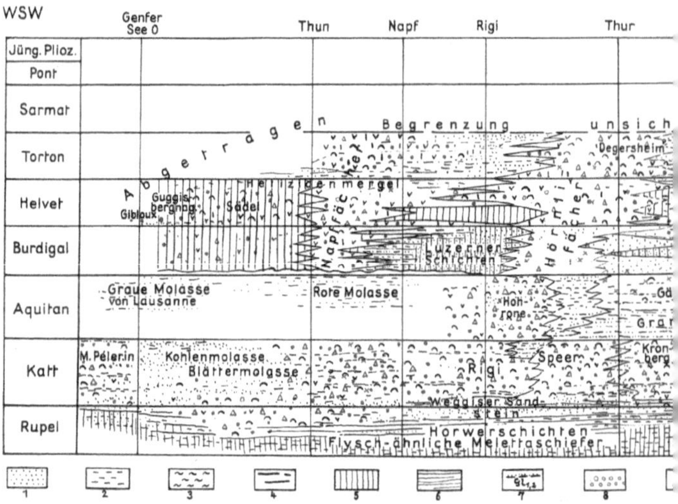

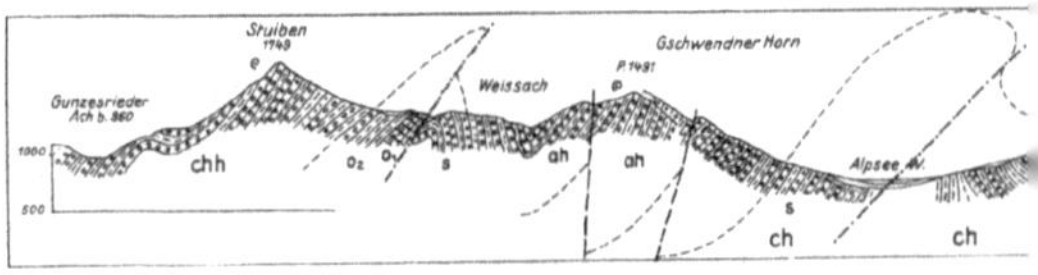

Abb. 105. (s. Taf. VII) Querprofil der subwestalpinen Allgäumolasse v
im *N*, rechts. o_1 Oberrupel-Unterkatt, o_2 kattische Teufelslochschichten, *chh* katt
ah aquitane Hochgratschichten, *ch* Katt, o_3 und *a* Aquitan, *b* fluvioterrestr. Burd
to Torton. Striche oder Strichelung Mergel; Punkte: Sandsteinbänke, dicke Punkte:
die Gerölle des Hoch

Akademie-Verlag, Berlin

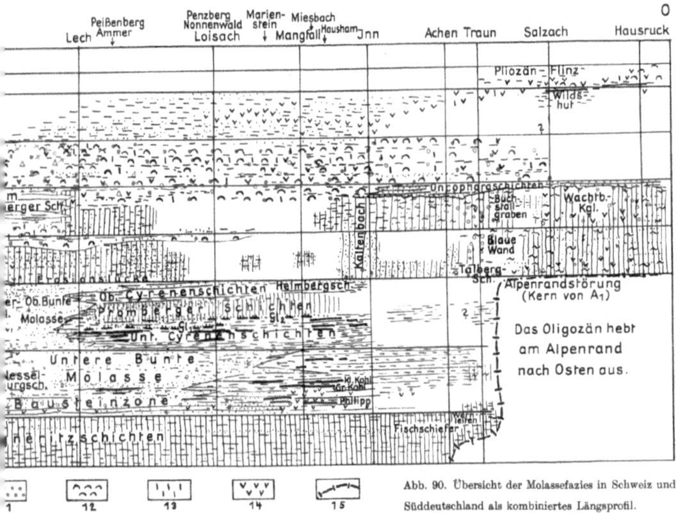

Abb. 90. Übersicht der Molassefazies in Schweiz und Süddeutschland als kombiniertes Längsprofil.

Erläuterung zu Abb. 90

Die wichtigsten Fazies sind auf eine, dem Alpenrand gleichlaufend gedachte, senkrechte Ebene projiziert. Neue Funde von Landschnecken, Säugetierresten und von Mikrofauna erlauben gegenwärtig noch kleinere Abweichungen von der hier gegebenen zeitlichen Einordnung.
1 Sand; *2* Ton, Mergel; *3* Schlier; *4* Pechkohle, Lignit. Die Braunkohle von Wildshut ist jetzt ins Torton zu stellen. *5* Marines Sediment; *6* Brackwassersediment; *7* Glassand-Horizonte; *8* Gerölle einer germanischen Südschwelle: dunkle Dolomite, kristalline Schiefer; auch Kristallin allgemein; *9* Gerölle aus unterostalpinem, granitischem Kristallin; *10* Kristallingerölle aus dem Präalpensockel; *11* Geröll aus Kalk- oder Oberostalpin, Randostalpin und Präalpin. Die Eozängerölle von der Gebirgshaut sind nicht verzeichnet; *12* Geröll aus Flyschdecken, im *W* auch aus Simmendecke, im *O* aus der suprakalkalpinen Flyschrinde; *13* Geröll aus Penniden, Helvetiden; *14* quarzreicher Restschotter, mehr oder weniger häufig umgelagert; *15* Alpenrandstörung.

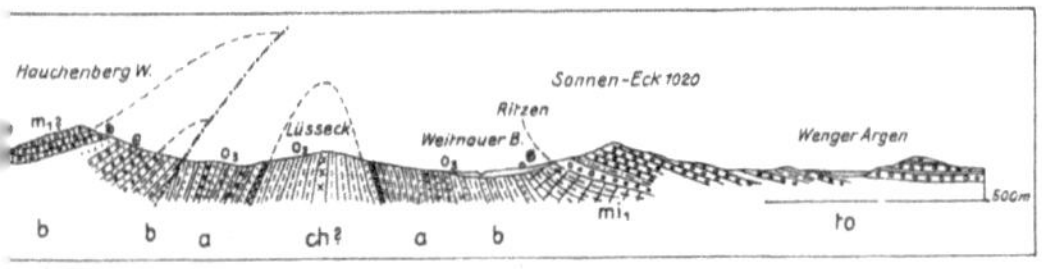

… im *S*, links) bis zur flachgelagerten Oberen Süßwassermolasse (Torton) … Geröllen des Hochgratflusses, *s* jungkattisch bis altaquitane Steigbachschichten, … nes Oberburdigal, vielleicht schon Helvet, mit Ostrea crassissima, m_1 marines Helvet, … he Nagelfluh. Die Lüsseckantikiine ist im Kern gestört. Noch bis ins Torton reichen … eichen Einzugsgebiet.

scheint wieder am naheliegendsten, daß der N-Flügel nur im tieferen Stockwerk erheblich wird. Vielleicht wurde er örtlich durch die zertrümmernden Teilbewegungen gegen die nördlich folgende Miozänmulde aufgearbeitet.

Die von Schuppe zu Schuppe ganz abweichenden Schichtprofile zwischen Rhein und Iller waren Grund für unsere anfängliche Annahme einer nicht unerheblichen waagrechten Verlagerung der „Deckschuppen" übereinander. *Dieser Grund fällt weg, wenn wir die primäre synsedimentäre Teilmuldensenkung anerkennen* (Abb 83). Da die Schuppen und deren Längsstörungen in der genauen Verlängerung der östlichen Mulden liegen, und die Grenzstörungen zwischen ihnen nur schaufelförmig im W verflachen, ist eine bedeutendere Verlagerung in der Waagrechten schon bisher unwahrscheinlich gewesen. Auch hat sich das „Molassefenster von Obermaiselstein" nicht nachweisen lassen.

Im allgemeinen herrschen offenbar die primären Längsstörungen weitaus vor. *Ursprüngliche Querstörungen* sind dagegen bisher nicht erschlossen worden, weder für Blätter noch für axiale Wölbungen. Von letzteren fallen auf die Queraufwölbungen mit Unterer Meeresmolasse an Rhein-Bregenzer Ache, am Lech, an der Isar bei Tölz und am Priental. Quere Niederbiegungen aber dürften schon im älteren Miozän die Flüsse der Rothkreuzschotter an sich gezogen und so die Trotzberge von heute (Reihe: Pfänder—Auerberg—Peißenberg—Taubenberg) mit verursacht haben.

„Der heute vorliegende, geometrische Einengungsbetrag durch solche (absenkende) Bewegungen ist 4:3 oder 7:5, so daß auf 15 km heutiger Ausstrichbreite Gestein vorhanden ist, das ursprünglich über etwa 20 km Ausdehnung sedimentiert wurde" (E. Kraus 1926, 176). Durch verschieden starke Sedimentbelastung ist das nicht zu deuten.

Zunächst müssen die Geröll- und Sandmassen unverkittet gewesen sein und ein lockeres Polster gebildet haben, welches den *tangentialen Druck* nicht gut weiterleiten konnte. *Die Primärstruktur*, die sie gleichwohl erhielten, wurde durch den *radialen Tiefenzug*, nicht aber durch tangentiale Druckspannung erzeugt. Letztere kam erst später dazu. Die vorhandenen Übergänge, z. B. der Murnauer Mulde in die Schuppen im SW, beweisen, daß in der Tat *unsere Vortiefenmechanik in die nachträgliche Abscherungsmechanik überging. Die Flächen der Abscherung sind nichts anderes als jene anfänglichen Störungszonen zwischen den Mulden.*

Ebenso ersahen wir 1926, 214 aus der geringen Entwicklung der Muldensüdschenkel in den waagrecht kaum bewegten Schuppen, daß die Mulden bereits vorhanden waren vor Steigerung des Tangentialdruckes bis zum Schub. Die harten Nagelfluhmassen haben nach Verfestigung die Tektonik gewiß noch etwas steifer werden lassen. Aber wir finden keine Beziehung etwa zwischen Lage der Nagelfluhmassen und besonders gesteigerter Schuppenbildung — ebenso wenig wie in der Schweiz. Die subalpinen Schuppen gehen ja *überall* durch. Sie waren offenbar *in der Anlage schon entstanden durch den Vortiefenteilzug senkrecht nach unten* (1926, 220).

Daß die ersten Anlagen unserer Mulden wahrscheinlich im Streichen *langgestreckte Bruchschollen* waren, welche die geosynklinal vorrückende Vortiefensenkung aus dem festen Unterbau Europas losgebrochen hatte, dürfte schon heute aus den erdphysikalischen und Bohrergebnissen hervorgehen, welche zur Aufklärung der Erdölfrage in Südbayern gewonnen worden sind. Danach wurde Abb. 100, Taf. VIII, als Profil mit sehr erheblichen Störungen entworfen. Der Hauptabbruch gegen S nach der eigentlichen, auch muldenförmig niedergezogenen Teilvortiefe scheint etwa durch den Untergrund von Landshut in NW-SO zu verlaufen. *Mit Staffelbrüchen also sinkt der Kontinent gegen die Vortiefe, welche sich gebirgswärts in Teilmulden weiter senkt. Diese werden am Gebirgsrand zu Schuppen, die aber vor den Ostalpen fehlen.* Hier bauen sich in Niederbayern-Oberösterreich flache Dome in die mächtige Saumtiefenfüllung.

b) Tangentialstruktur

Gebirgsnäher, im inneren Vorlandstreifen und noch mehr in Horn- und Steinebergschuppe des Allgäus muß der tangentiale Unterschub von außen her, offenbar in Zwischenzeiten, zugenommen haben (Abb. 101, Taf. IX). Wir können diese Unterfaltung natürlich nicht auf senkrechtes Absinken von Teilmulden zurückführen. Wohl aber dürfte zwischen diesem und dem überhandnehmendem Tangentialdruck eine enge Beziehung bestehen. Denn einmal waren die Zeiten gesteigerter Orogenese zugleich jene größter Vortiefensenkung und Vortiefenausweitung (1926, 69). Diese Senkung kann darum nicht als „epirogenetisch" abgetrennt werden von der Orogenese. Wir konnten auch 1926, 222, feststellen, daß Steifheit des Materials oder „Rahmenfaltung" weniger wichtig ist als die *Hebungstendenz.*

Ebenso war 1926 die *große Schar der Blattstörungen* in der Umgebung der Iller bei Immenstadt (Abb. 88a, Taf. V) als die Folge des Heranrückens der Vorlandmolasse gegen das gleichzeitig absinkende Gebiet von Burgberg-Agathazell am Grünten zu erkennen (1926, S. 67, 70, 215). Auch die meist den Blattrissen parallel laufenden *Hauptklüfte* gehören offenbar in diese selbe Mechanik.

Dort, wo die Haupttäler von Rhein, Lech, Loisach, Kesselbergsenke, Inn, Traun, Salzach das Gebirge verlassen, sind ebenfalls *Achsensenkungen des Gebirges verknüpft mit Einbrüchen und diagonal verlaufenden Blättern.* Letztere dürften, da sie alles queren, daher späte Folgen tangentialer Drucke aus dem Unterbau sein.

Weitere klare Folgen eines zeitweise überhandnehmenden Tangentialdruckes sind die *abteilungstektonischen Erscheinungen im Allgäu:* Die Faltungs-Disharmonie (1926, 13), welche sich in der stockwerksweise verschiedenen Ortslage (in der Kartenprojektion) der Muldenumbiegung (Gelchenwang-Gunzesried) kundtut, in der Unterschuppung tieferer gegen höhere Stücke am Immenstädter Horn von O gegen W (1926, S. 63), in der stärkeren Zusammenpressung tieferer Stockwerke gegen höhere (1926, S. 64) in der Abnahme der Störungen von unten nach oben (1926, S. 218), sowie in dem Auswandern der Mergel längs Rutschflächen und durch Schichtfugengleitung nach oben aus dem isoklinal zusammengepreßten Nagelfluhpaket des Siplinger. *Die Zunahme der tangentialen Pressung gegen unten ist also unzweideutig.*

Abb. 100. Bohrergebnis 1918/19,

nach Angaben von Dr. H. Nathan

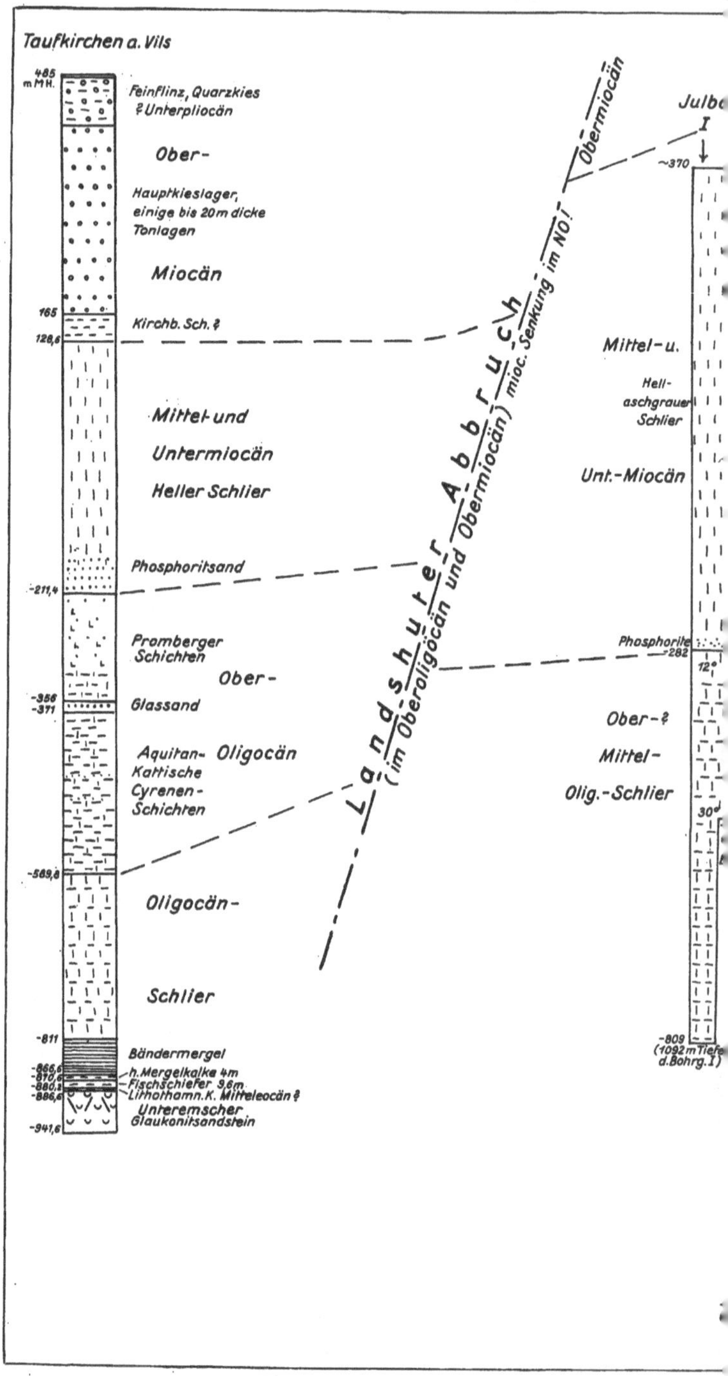

Zusammenstellung der niederbayerischen Tiefbohrunge
Mächtigkeit des Emscher

Akademie-Verlag, Berlin

Fkirchen und Niederbayern
von Prof. E. Kraus, Februar 1945.

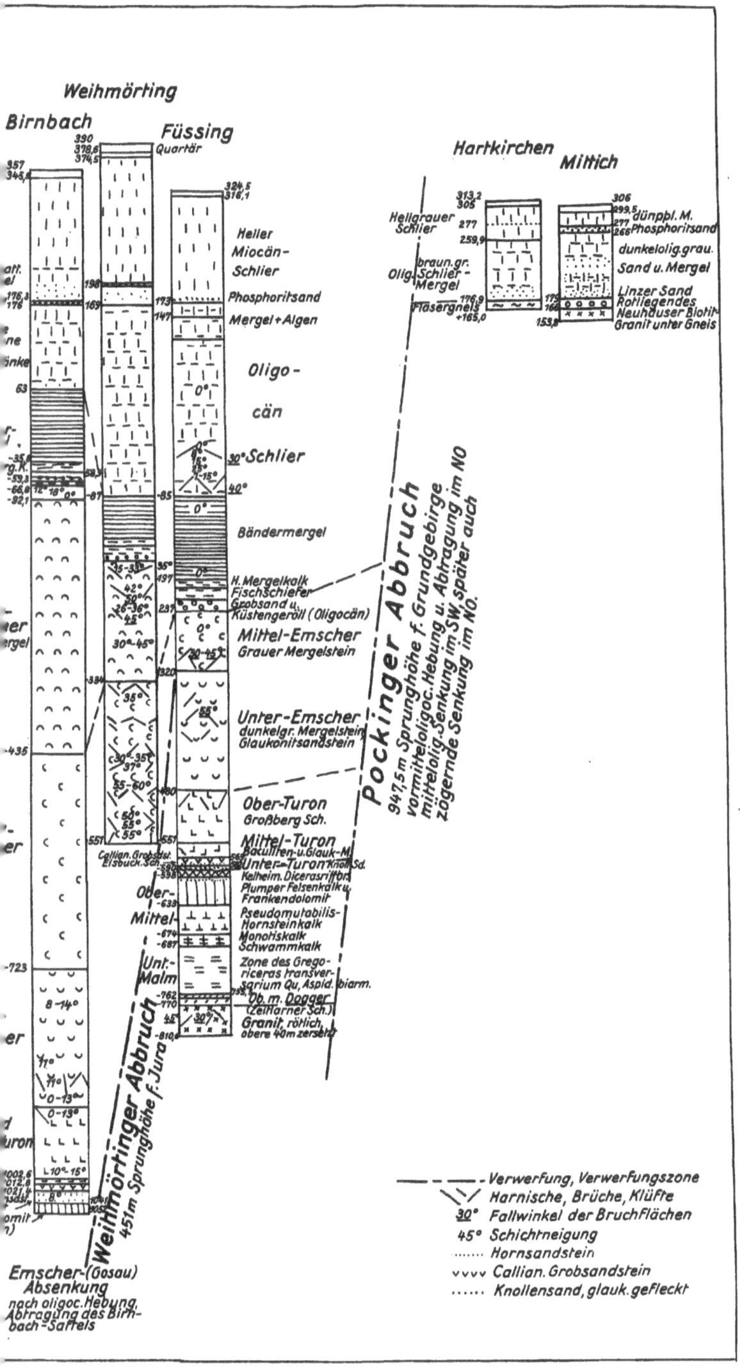

lenbereich der nördlichen Vortiefe. Die ungewöhnliche
ologisch nicht bestätigen.

Abb. 101. Entwicklungsstand der n…
zur Zeit der stamp…

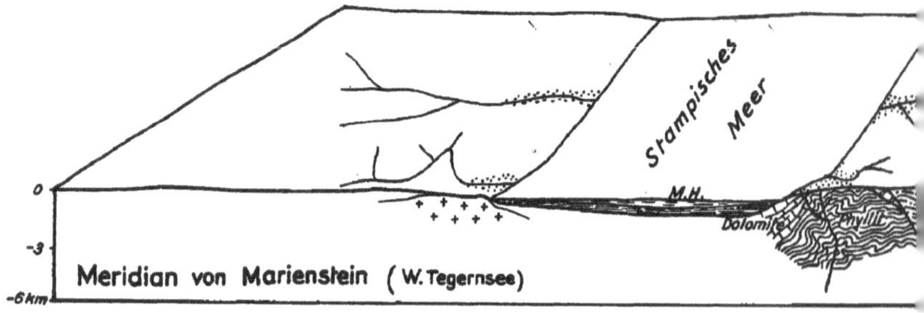

Nach Querschnitt VI (Tölz - ö. Innsbruck)
E. Kraus. 1936.

N

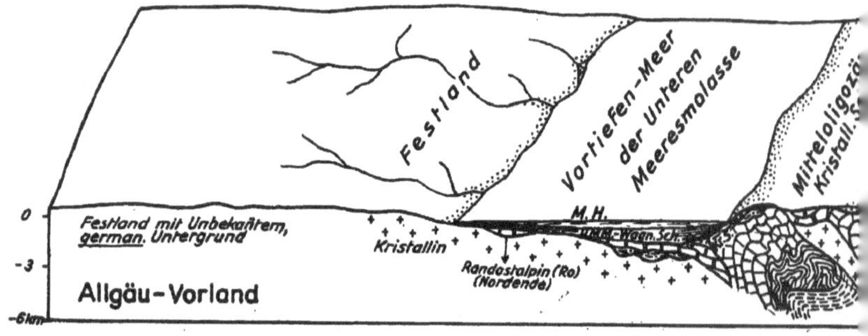

Nach Querschnitt V (Allgäu-Arlberg)
E. Kraus, 1936.

Akademie-Verlag, Berlin
[illegible]

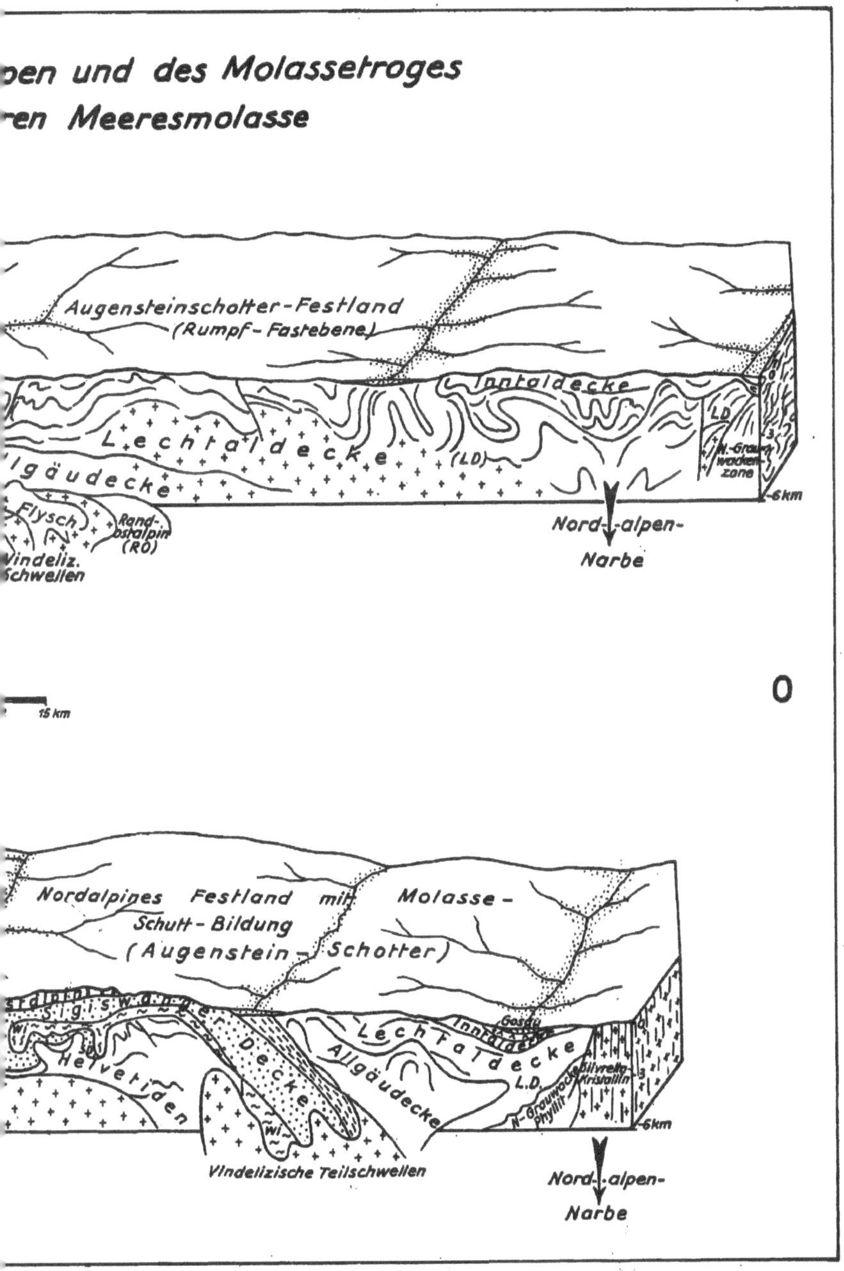
pen und des Molassetroges
-ren Meeresmolasse
Augensteinschotter-Festland
(Rumpf-Fastebene)
Inntaldecke
Lechtaldecke
(LD)
LD
N.-Grauwacken-zone
-6km
lgäudecke
Flysch
Rand-ostalpin (RO)
Vindeliz. Schwellen
Nord-alpen-Narbe
15 km
O
Nordalpines Festland mit Molasse-Schutt-Bildung (Augenstein-Schotter)
Sigiswanger Decke
Helvetiden
Lechtaldecke
Inntaldecke
Gosau
Allgäudecke
L.D.
Silvretta-Kristallin
N-Grauwack. Phyllit
-6km
Vindelizische Teilschwellen
Nord-alpen-Narbe

c) Die Allgäuwendung

(E. KRAUS 1926)

Auch auf den großen Längsflächen, die wie Führungsschienen verwendet wurden, scheinen O-W-Bewegungen vollzogen worden zu sein. Diese Bewegung gehört wohl noch in das Kräftespiel der stärkeren tangentialen Pressungen von NW gegen SO oder gegen O, welche in den Westalpen herrschten. Die von dem langgestreckten Schweizer Alpenrand herüberstreichenden Randschuppen hören im Ostallgäu auf. Sie gehen ostwärts über in die fast nur senkrecht bewegten Vortiefentröge der oligozänen Mulden, welche den Südrand der oberbayerischen Pechkohlenplatte begleiten. *Hier gibt es also keine subalpinen Molasseschuppen mehr.*

Aber auch die alpennahen Oligozänmulden hören, wie wir noch zu erläutern haben, dann nacheinander ostwärts auf, und zwischen Traunstein und St. Pölten, in der „*Böhmisch-alpinen Enge*", reicht oligozäner und miozäner Schlier mit oft überkipptem und etwas gefaltetem Südsaum bis an den Flysch. Erst im außeralpinen Wiener Becken setzt dann wieder eine subalpine, kohleführende Oligozänmolasse, jene von Starzing-Königstetten ein.

Hier liegen bei Neulengbach noch *Schollen von Flysch auf der Molasse* und sind mit dieser verfaltet.

Eine ähnliche Überschiebung der aquitanen Angerbergmolasse, und zwar hier durch eine Fortsetzung der Kaisergebirgsdecke auch im Miozän, scheint aus den Dolomitschollen über dieser Molasse hergeleitet werden zu können.

Wie schon 1926, 137, ausgeführt wurde, verbindet sich westwärts mit dem Umbiegen der SW-NO-lichen Streichrichtung Schweiz—Westallgäu nicht nur die subalpine Schuppung, sondern auch die Entwicklung der „Molassealpen". Das heißt, das Gebirgsrelief ist nicht wie im südlichen Oberbayern und in Österreich mit der helvetisch-ultrahelvetischen Zone nach N hin zu Ende, sondern im W gehört auch das Nagelfluhgebirge der Molasse noch zu den bis 1800 m aufragenden Bergketten (Abb. 102, 105, Taf. VII). Wir können daher sagen: Sowohl die im W der Iller aus den bedeutenderen Schichtmächtigkeiten ablesbare Vortiefenabsenkung wie auch die spätere Heraushebung des Abgesunkenen war dort besonders gesteigert, wo die mächtigsten Geröllüberschüttungen, die scharfen Randschuppen und das Westalpenstreichen von NO gegen SW anhebt. *Erhöhte Vortiefenbewegung nach unten und oben gehen zusammen mit verschärfter (junger) Tangentialbewegung und mit einem großzügigen Richtungswechsel.* Das alles verstanden wir unter dem Begriff „*Allgäuwendung*".

Die Streichrichtung stellt sich übrigens nicht auf einmal um, sondern in einigen flachen Knicken und zwar so, *daß dem stärksten Vorrücken des Vorlandes die Zusammenpressung der Oligozänmolasse auf engstem Raum im Rheintal entspricht.*

Die *Einengungsbeträge* der zentralschweizerischen Molasse liegen etwa bei 9:5,4 = etwa 1,7, der ostschweizerischen bei 27:16 = 1,6, jene im Allgäuer Wertachprofil bei 23:16 = 1,4 und im oberbayerischen Molassevorland bei 1,3. Auch sind die östlichen Molassemulden etwas breiter als die Schuppen im Allgäu. Das heißt: *Der Einengungsbetrag erhöht sich westwärts mit der Vorbiegung der Vortiefe gegen die Alpen hin.*

Weiter im südbayerischen O, wo dieser Vorlandvorstoß unter den Alpenrand nicht ebenso weit geführt wurde, treffen wir im Oligozän die Geröllflut eines im W nicht ausgebildeten paläozoisch-kristallinschiefrigen Sockels. *Er dürfte eine ererhebliche Versteifung des östlichen gegenüber dem westlichen Unterbau bedeutet haben.* Hier blieb die oligozäne O-W-Muldenordnung der Vortiefe streng bewahrt, ohne daß auch tangentiale Wirkungen so wie im W erfolgreich werden konnten. Die O-W-richtende Kraft scheint aber auch am Südrand der Pechkohlenplatte auf eine WSW-ONO-streichende Struktur des vindelizisch-böhmischen Unterbaues gestoßen zu sein. Denn während sich, offenbar von S nach N allmählich fortschreitend (Abb. 83), die Oligozänmulden niedersenkten, blieben die diagonalen Struk-

Abb. 102. Der gestreifte Molasseberg: Stuiben (1749 m MH.) bei Immenstadt, Allgäuer Molassealpen von O mit südfallender Kattnagelfluh der Hochgratschichten und Mergelzwischenlagen. Nach käuflichem Lichtbild.

turbedingungen erhalten: Dreimal widerstanden diese und ließen die O-W-streichende Absenkung im Oligozän nur bis an den, daher axial gegen W geneigten Muldenschluß zu. Je weiter aber im N abgesenkt wurde, desto weiter nach O konnte die westöstlich richtende Absenkung vordringen. *Dadurch kamen die oligozänen Großmulden mit ihren östlichen Endigungen vor der Loisach, vor dem Inn und vor der Traun zustande.* Und erst nachträglich, als nach oben durchschlagende, posthume Wirkung der WSW-ONO-Struktur im Unterbau haben wir wohl die großen Blattstörungen besonders an diesen Muldenendigungen, aber auch die diagonalen Begrenzungen der schon erwähnten Dellen an den Ausgängen der Alpenquertäler zu werten.

Auch hieraus ersehen wir *die zunehmende Versteifung und höhere Lage des vindelizisch-böhmischen Unterbaues gegen Oberösterreich hin.* Erst jenseits der Böhmisch-alpinen Enge, wo dieser Unterbau bei St. Pölten nach NO weiter zurückbiegt, waren dann auch wieder oligozäne Einmuldungen mit Pechkohlen möglich geworden.

Damit weichen wir ab von der Auffassung 1926, 138, über den O-Schluß der Oligozänmulden durch Blattverschiebung. Die Gründe gegen die Überlagerung des Flysches durch die Molasse sind heute nicht mehr gegeben: Der Mangel von Flyschgeröll, das fast völlige Fehlen von oberostalpinem Geröll, das Vorkommen der Massen von dunklem Dolomit und Kristallinschiefergeröll läßt sich nach Abb. 101, 103, Taf. IX, X auch innerhalb jener Schuttdecke verstehen, die schon *über Randostalpin lag*, und die herkam von der noch nicht südwärts untergeschobenen germanischen Südschwelle. *Es braucht somit der große ostalpin/helvetische Deckenschub über letztere noch nicht bestanden zu haben.* Ebenso entfällt das Molassefenster von Obermaiselstein.

Die alpennäheren Fortsetzungen unserer oberbayerischen Molasse gehen also nicht unten hinein, sondern über die Kalkalpen hinweg, wo sie aber abgetragen wurden. Das wurde für die miozänen Flußläufe über den Oligozänmulden 1926, 174, schon ausgeführt.

Mit der Allgäuwendung sind neben den schon erwähnten Gegensätzen zwischen Ost- und Westalpen auch baugeschichtliche Abweichungen verknüpft. Die scharfe oligozäne Gebirgsbildung in Rupel-Katt-Aquitan westlich der Iller mit ihrer Geröllflut und tangentialen Kraftleistung beschränkte sich vor den Ostalpen auf die Trogmuldenbildung. Hier konnte der Unterbau offenbar dem orogenen Ungestüm schon trotzen. Erst miozän erwachte auch er zu lebhafter Tätigkeit. Die Umstände drängen uns den Gedanken auf, daß der O schon durch frühere Bauphasen versteift war, daß *der W aber erst oligozän in das gleiche baugeschichtliche Entwicklungsstadium vorrückte. Der W war jünger* und mußte noch, unter Faltung und Schuppung, tangential bewegt werden, während der O mit seiner germanischen Kristallin-Südschwelle nur Teilmulden mit axialer Westabsenkung abgab.

Demgegenüber haben wir das jüngere Baustadium auch in der Schweiz und ein noch jüngeres, erst pontisch abschließendes, vor dem Westalpenbogen und im Faltenjura kennengelernt.

Die vorausgeeilten Ostalpen hielten still bis im Unter- und Mittelmiozän zwischen Genf und Wien eine viel allgemeinere, zugleich die stärkste Reliefbewegung einsetzte: ostalpin vorwiegend radial, westalpin außerdem noch tangential.

Das Gebirge vereinheitlichte sich damit: Die miozäne Decken- und Vortiefen-Bewegung war in W- und Ostalpen schon gleichartig. Das allmähliche Vordringen der Flyschgeröllmassen am Alpenrand, beginnend von Genf im W zur Rupelzeit bis an die Salzach im Helvet, ist das großartige Abbild dieses Werdens.

Die miozäne Relief- und Vortiefenbewegung war vor West- und Ostalpen schon gleichartig.

„Daher ist dieser miozäne Abtragungsschutt so einheitlich von Bern bis Wien und Graz“ (1926, 174).

Nach dieser miozänen Relief-, nur teilweise auch Tangentialphase setzte gewiß auch noch neue Vortiefeneinmuldung, weitere Verwerfung und Neubelebung der Längsstörungen ein. Sogar rezente Bewegungen sind mehr oder weniger sicher durch Senkung z. B. der Ampfinger Mulde in WSW-ONO geodätisch nachgewiesen (1926, 221). Aber das sind doch nur noch schwache Nachwehen der letzten großen Kraftleistung im Miozän. Von dieser an sehen wir auch, trotz der höheren

Schwimmlage des steiferen Untergrundes in der böhmisch-alpinen Enge, bis heute die allgemeine Achsenabdachung der Vortiefe gegen O verwirklicht. Ihr Ausdruck sind die pliozänen und quartären Donauschotter.

14. Zur Baugeschichte des süddeutschen Nordalpenrandes

Auf die Unterkreidebewegung mit senkender Faltung und Unterschiebung (1) folgte die Höhenlage (1a) von Gault-Cenoman, verbunden mit Zerstörung des Baureliefs, mit Schutthäufung unter allmählicher Neusenkung (2). Während dieser entstanden vorgosauisch neue Faltung und Unterschiebung weiter im N. Ihnen folgte wieder Hebung (2a) und Zerstörung des Baureliefs über dem Meeresspiegel am Anfang der Gosauzeit (Emscher/Turon). Unter Häufung der Gosauschichten senkte sich (3) das Gebirgsland wiederum und bildeten sich neue Strukturen während der Oberkreide. Soweit Baurelief in dieser tief hinabführenden Senkungszeit überhaupt entstand und nachfolgend hoch genug gehoben war (3a), wurde dieses in der nachfolgenden Dan-Paleozän-Untereozänzeit weitgehend zerstört. Über die ausgedehnte Verebnungsfläche ging die (untereozän-)lutetische Transgression unter neuer, zunächst flacher und sehr ausgedehnter Senkung (4), die sich im Obereozän (Stockletten, Stadschiefer) sehr verstärkte und während deren die alttertiäre Hauptbewegung der Falten und Schübe entstand. Wieder folgte eine Heraushebung (4a) und langdauernde Abtragung mit Einebnung (unteroligozän fast ohne erhalten gebliebenes Sediment).

Bis dahin spielte sich alles unter dem Meeresspiegel oder wenig über ihm ab: *Archipelmeerstadium der Tieforogenese.* Die Verlagerung nach außen bestand zwar auch schon, aber es scheint doch das Gebiet der vorhergehenden Senkung dann wieder zum Gebiet der zerstörenden Abtragung geworden zu sein.

Im Mitteloligozän wurde dies im allgemeinen anders. Nun bildeten sich die nach außen immer weiter um sich greifenden Vortiefen der Senkungszeiten mit ihren Teilmulden, und die Hebungstendenz der vorher bzw. während dieser Senkungen geschaffenen Gebirgsstruktur taucht bei der nächsten Senkung nicht mehr unter den Meeresspiegel, sondern bleibt über ihm. *Dadurch vergrößerte sich in dem Tempo der Außenverlagerung und der Vortiefenverbreiterung auch die Breite des Gebirgslandes.* Außerdem gab dieses nicht allein während der auf die Senkung folgenden Hebungsperiode seinen Schutt ab; sondern bereits während der Vortiefensenkung konnte das Gebirge dank seinem gleichzeitig über dem Meeresspiegel entstandenen Baurelief Schottermassen in die auswärts benachbart sinkenden Trogmulden abschütten. *Dieser baugeschichtliche Entwicklungsabschnitt ist bezeichnend für die Molassezeit.* Er wurde daher von mir 1926 als der „*hochorogenetische*“ unterschieden.

Von da an geht also die überwiegende Abtragung im Gebirge *gleichzeitig* mit der überwiegenden schuttaufnehmenden und schuttspeichernden Vortiefensenkung vor sich. *Darum haben wir nunmehr auch erhalten gebliebene Schuttmassen.* Die ersten Anfänge dieser Art waren schon Cenoman- und Gosauschutt. Diese dürften mit der größeren Stabilität der kalkalpinen Karbonatplatte, an welche sie geknüpft sind, zusammenhängen. Also gibt es von da an keine zeitliche Trennung zwischen

Hauptsenkungszeit (z. B. „4“) und Haupthebungs- und Abtragungszeit (z. B. „4a“) mehr.

Die nächste große Absenkung (5) des mitteloligozänen Ringmeeres brachte die neue Orogenese (Nesselburgphase) und Niederbiegung nun schon der ersten, uns erhaltenen Molassemulde (von Murnau), welche die südlichste war, mit deren *Rupelfüllung*. Doch schlossen sich ihr wohl nacheinander die mittlere von Rottenbuch-Penzberg und die nördliche von Peißenberg-Miesbach im Katt an und füllten sich mit Abtragungsschutt, der von einem bereits wieder in Hebung begriffenen bzw. noch hochliegenden Gebirgsland herkam. Als danach diese Hebung sich wieder auf die oligozänen Mulden nach außen übertrug, wurde auch hier die aquitane Verwitterung und Einebnung während der Hochlage nach N fortgesetzt. Sie brachte im Allgäu anfänglich den mächtigen Hochgratschutt in die nördlicheren Teilmulden, die sich gleichzeitig senkten (6).

Im Burdigal entstand nun noch weiter außen die neue, große Absenkung (7) des untermiozänen Ringmeeres, zugleich die neue Faltung und Unterschiebung, deren Baurelief im südlichen, höheren Gebirgsland die großen Massen der Rothkreuzschotter ins Vorland schaffte; dorthin, wo die Senkung durch queraxiale Niederbiegung betont war: Die Schotter blieben allgemein liegen in der das Ringmeer mehr oder weniger zuschüttenden Miozäntrogmulde. Diese bildete schon wieder die absinkende Vortiefe (7), während deren die Faltung und Schuppung der burdigalen (Hauchenbergphase) und der *helvetischen* (Rothkreuzphase) Zeit tätig waren. Damals griff nicht nur die junghelvetische Meeresvortiefe am weitesten nach außen vor, sondern es drang auch das Gebirge mit einer ultrahelvetischen Flyschdecke (wahrscheinlich der Sigiswanger Decke), im W schwach durch die Oligozänmulden unterschoben, am weitesten (relativ) nach N vor. Zurücktretende Bewegung bei bleibender oder vermehrter Hochlage ließ auch im Vorland eine Fortsetzung der inneralpinen Raxlandschaft zu. Eine weitere Senkung (8) dann, noch weiter außen *im Torton*, brachte nun auch schon für die Vortiefe keine Erniedrigung mehr unter den Meeresspiegel. Sondern die weiten Randsäume der Schwäbischen Alb, der Naabsenke, der Böhmischen Masse tauchten nur noch unter Süßwassersenken mit Kohlebildung. Das beweisen die mehrere 100 m messenden Ablagerungen. Gleichzeitig erhob sich das Gebirgsland, baureliefmäßig die Abtragung erneut belebend, und konnte den Abtragungsschutt liefern, der aber nun zum überwiegenden Teil schon nicht mehr aus den Alpen selbst kam, sondern aus der Umlagerung des älteren Molasseschuttes. Darum die Ausmerzung der leichter zerstörbaren Gerölle aus dem Rothkreuz-Vollschotter und die Zunahme der Quarze in dem tortonischen Halbschotter. Gegen das innenbürtig sich beruhigende Ende bildeten sich die südlichen Verebnungsflächen auch im Vorland weiter.

Aber wieder schloß sich eine Belebungszeit an mit Baurelief, welches in der Vortiefe des nordöstlichen Oberbayern und von Niederbayern aus einer *sarmatischen Senkung* (9), SW und S davon aus einer *Heraushebung* bestand. Die Folge war eine weitere Umlagerung und teilweise Verebnung in dem südlichen und westlichen Schwellenbereich sowie Neuabsatz des nun bereits zu Restschotter ausgemerzten Frachtgutes in der nordöstlichen, der Donausenke sich anschließenden Niederung. Der letzte derartige Vorgang *im Pont* (10) verschob die Quarzschotter noch weiter gegen O (Neuburger Wald) und in die Senke von Kobernauser Wald-Hausruck. Auch diese Aufnahmebereiche wurden später noch — genau wie das schon für die älteren Zeiten die südlicheren Hebungsgebiete im Gebirge zeigen — *ruckartig beschleunigt herausgehoben, so daß sie eine Verebnungs- bzw. Terrassenstufung erhielten.* Diese Hebungsrucks sind zu vergleichen mit den Senkungsrucks, welche wir in unseren Sedimentprofilen unter günstigen außenbürtigen Umständen sich bilden sehen.

Aber nicht nur die Reliefumformung durch Neubildung von Baurelief, von Abtragungs- und Einebnungsschwellen, die in der jüngeren, hochorogenen Zeit, sowie von sedimentsammelnden Senken, die in der älteren, tieforogenen Zeit überwogen, rollte zusammen mit ihren außenbürtigen Folgen von innen nach außen. Auch die Gebirgsstruktur ist klares Spiegelbild derselben.

Denn die Absenkungen vollzogen sich *unter faltiger Einengung. Darum bildeten sich jeweils Teilmulden,* im Archipelmeer wie auch in der Vortiefe. Von diesen blieben manche mit ihrer Sedimentfüllung erhalten. Sie sind es überhaupt, welche uns jene großzügige Baugeschichte erschließen. Durchweg bestanden sie in langen, generalstreichenden Trögen oder Mulden: Die cenomanen, die Gosaumulden, die unteroligozänen, mitteloligozänen, die aquitanen, burdigalen und helvetischen Mulden bis schließlich nur noch flache Eindellungen über dem Meeresspiegel neben sanften Domen entstanden. Bis nur noch Verschiebungen von Schollen über der schon altversteiften Bodenfußplatte des vindelizisch-böhmischen Untergrundes innerhalb der erlahmenden Vortiefe möglich wurden.

Diese Mulden senkten sich also in das nächsttiefere Stockwerk hinab, welches aus vorangegangener Zeit eine im allgemeinen abweichende Struktur besaß. Diese Struktur war meist bis ins Kleine, ja oft bis ins Mikroskopische durchgeformt. Dagegen gehorchte *die generalstreichende Einmuldung nur im allgemeinen dem großzügigen Antrieb der orogenen Kraft,* die sich dank gleichzeitiger einheitlicher Sedimentation *im gleichartigen Baustoff des höheren Stockwerks auch sehr einheitlich ausprägen konnte.* Die Gegensätze im Bau zwischen dem einheitlicheren Gefüge der Cenoman- und Gosaumulden gegenüber ihrer verwickelter gebauten Unterlage, zwischen einheitlicherem Flyschsediment und seiner diskordanten Unterlage, zwischen dem einheitlichen Rupel-Sediment und seinem tiefverdeckten, randostalpin-vindelizischen Unterbau, zwischen der einfachen Mulde der aquitanen Angerbergmolasse und deren unterlagernden Trias — sie alle sind bekannte Beispiele.

Da nun mit der Muldensenkung auch oft ganz *erhebliche, steile Abbrüche verbunden waren,* namentlich an jenem kritischen Scharnier, an dem sich gebirgsnahe überwiegende Hebung alpenfern in die vorwaltende Senkung verwandelte, aber auch an den bekannten Rändern der Cenoman-, Gosau-, der inneralpinen Miozänbecken, *so gerieten die alpenferneren Muldengebiete mit ihrem einfacheren Bau meist neben die alpennäheren Hebungsstreifen mit älterem, verwickelterem Bau.* Der letztere *sieht dann wie amputiert aus und an ihm schneidet der jüngere, nach unten versetzte Bau auswärts viel ruhiger vorbei.*

Gerade diese Eigenart ist es, welche am nördlichen Alpenrand unserem Verständnis schon so viel Schwierigkeiten gemacht hat. *Suchen wir doch vergebens nach den Stirnen der Decken, nach dem nördlichen Normalende der Falten und*

Abb. 103. Entwicklungs-Stand des Molassetroges während der Bausteinzone (spätstampisch — chattisch)

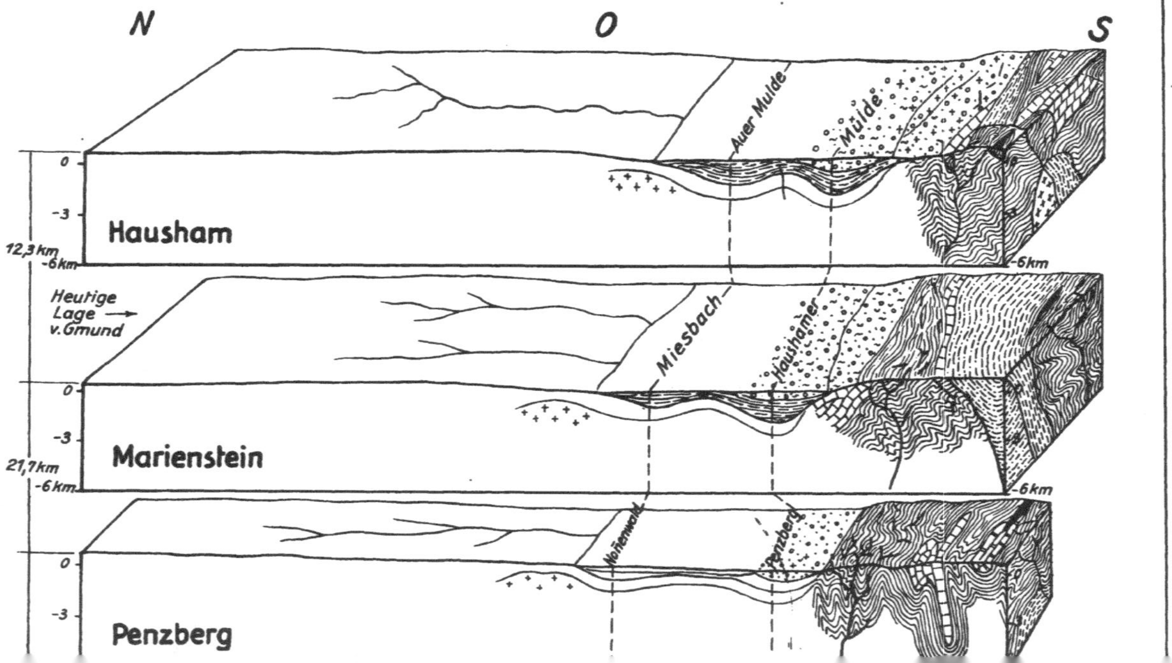

Akademie-Verlag, Berlin
Mdl der DDR am 15. 6. 1961 VIII - K 2 - D - Vi - 4/61 Nr. 327

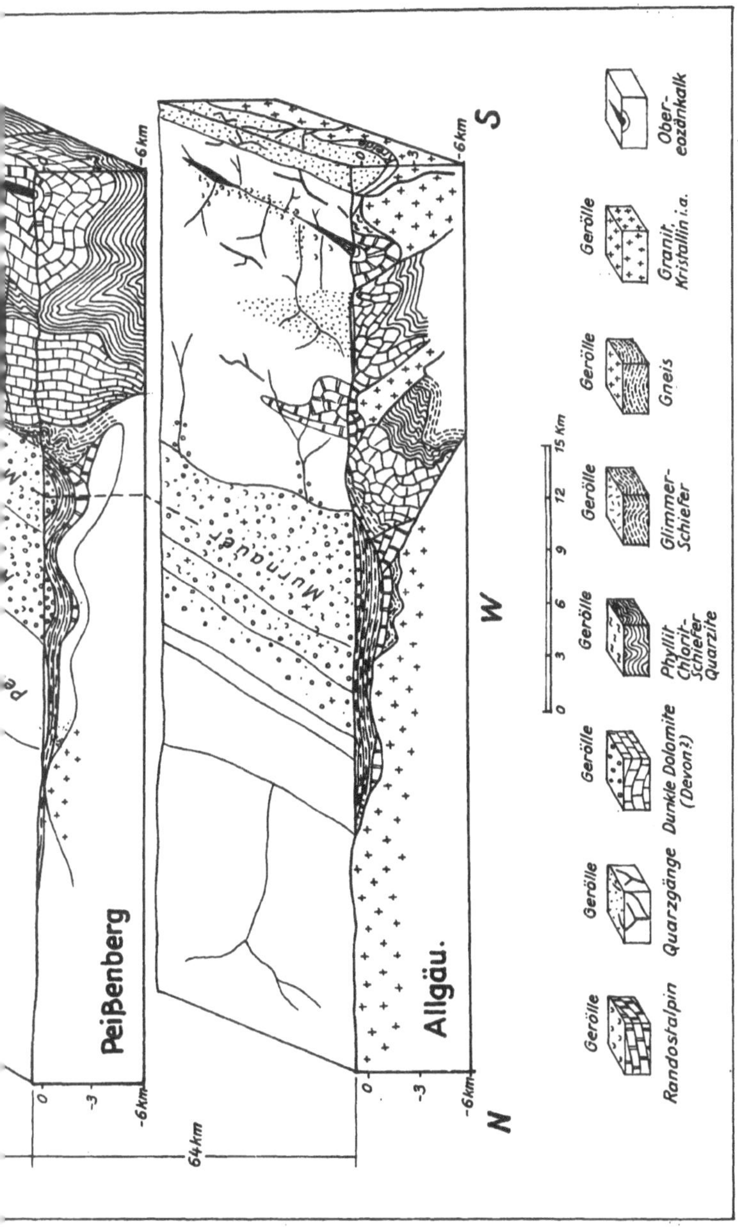
Peißenberg
Allgäu.
Murnauer
N
W
S
0
-3
-6km
64km
0 3 6 9 12 15 Km
Gerölle
Randostalpin
Gerölle
Quarzgänge
Gerölle
Dunkle Dolomite (Devon?)
Gerölle
Phyllit Chlorit-Schiefer Quarzite
Gerölle
Glimmer-Schiefer
Gerölle
Gneis
Gerölle
Granit, Kristallin i.a.
Ober-eozänkalk

Abb. 104. Entwicklungs...
und des Molassetroges

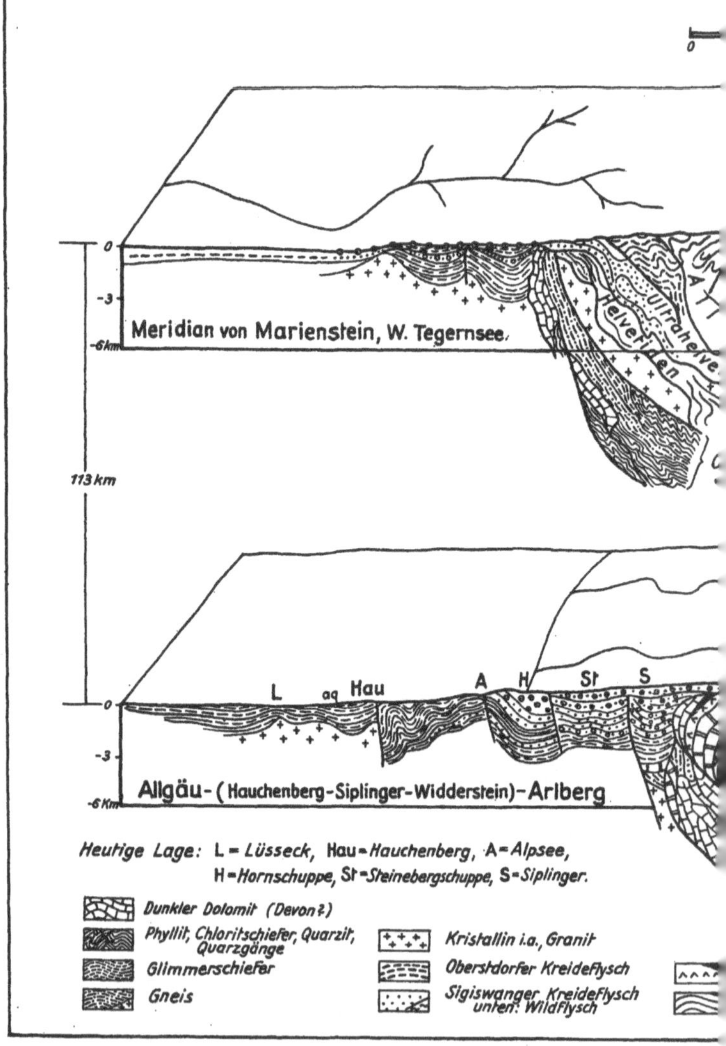

Akademie-Verlag, Berlin

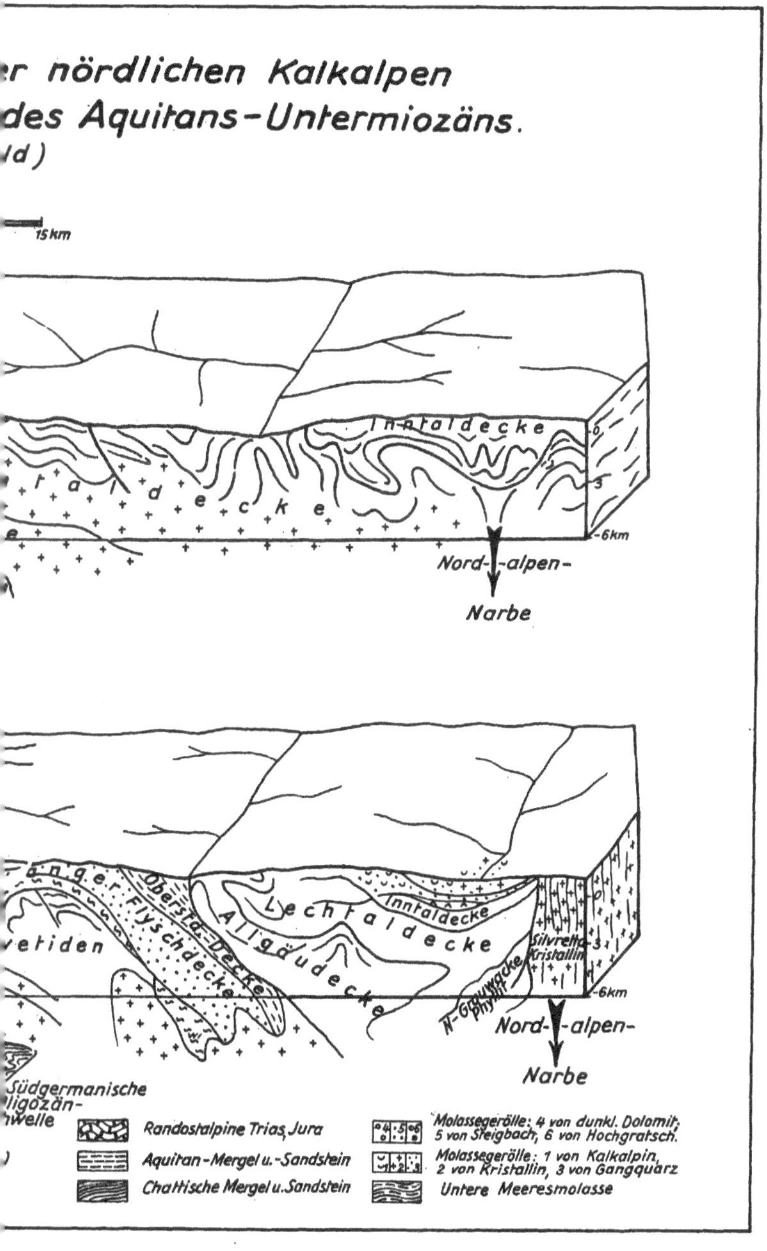

:r nördlichen Kalkalpen
des Aquitans-Untermiozäns.
ld)
15 km
Inntaldecke
taldecke
Nord-alpen-
Narbe
-6km
Lechtaldecke
Inntaldecke
Allgäudecke
Oberstd.-Decke
Flyschdecke
vetiden
Silvretta-Kristallin
N-Grauwacke Phyllit
Nord-alpen-
Narbe
Südgermanische
ligozän-
welle
Randostalpine Trias, Jura
Aquitan-Mergel u.-Sandstein
Chattische Mergel u. Sandstein
Molassegerölle: 4 von dunkl. Dolomit, 5 von Steigbach, 6 von Hochgratsch.
Molassegerölle: 1 von Kalkalpin, 2 von Kristallin, 3 von Gangquarz
Untere Meeresmolasse

Fazies. Sie sind nach unten verschwunden. Man sprach von einem „Verebben der Faltung nach außen" und sah doch die abhackenden Längsstörungen zwischen ganz verschiedenen Strukturen. Die Versuche schlugen fehl, die steilen oder senkrechten, im Längsverlauf so wenig verbogenen Sprünge zwischen ihnen durch nachträgliche Steilstellung von Überschiebungsbahnen zu deuten. Denn es gibt keine Konkordanz gegen das Kreide-Flyschgebirge im S (1926, 137). Das weit im W liegende Val d'Illiez in dem auch nachaquitan noch besonders stark unterschobenen Präalpenbereich blieb der einzige Fall einer größeren Molasse-Unterschiebung unter das Gebirge. Aber auch der Weithofersche „Anschub" des Gebirges an den nach A. Buxtorf dadurch zusammengeschoppten Molasseschutt (Abb. 86) konnte keine mögliche Gesamtvorstellung werden.

Die einzig haltbare Deutung scheint die 1923, dann 1926, 7, für die Allgäumolasse entwickelte Abtrennung der älteren Schubphasen von jüngeren Einbruchsvorgängen nach dem bekannten Schema, das von A. Rothpletz z. B. für das Karwendel, von E. Fraas für den Wendelstein zur Deutung der in Wirklichkeit dort freilich deckentheoretisch zu verstehenden Lagerung im Gebirge selbst angewendet worden war. 1925 hat Cl. Lebling den Gedanken geklärt, wenn auch 1928 wieder verworfen, daß die Vortiefenmolasse einst ihre Fortsetzungen *über* den Kalkalpen gehabt haben müsse und daß sie aus dieser höheren Lage durch Verwerfungen alpenauswärts versenkt worden wäre.

Dieser Gedanke ist aber in der Tat hier am Platz. Ja er findet auch schon für ältere baugeschichtliche Zustände gute Verwendung: Nun erst verstehen wir die merkwürdig aushaltende, horizontreiche „Cenomanrandmulde", welche die vorcenomane, später allerdings noch erheblich veränderte Kalkalpenstruktur nach außen hin abschneidend begrenzt (E. Kraus 1942); die viel aushaltenderen Kreideflyschfalten und Decken im N des kalkalpinen Baues (E. Kraus 1942), die wiederum faziell und tektonisch einheitlicher durchlaufenden Helvetiden, welche sich dann freilich noch dem ultrahelvetischen Deckenbau unterschoben; die Abhackung aller dieser älteren Baupläne am Südrande der sedimentär und tektonisch so viel einheitlicher durchziehenden Oligozänmulden. Schließlich noch die mit Oberer Meeresmolasse gefüllte Miozänmulde, welche gegen N die oligozänen, teilweise noch etwas quer dazu laufenden Strukturen von Oberbayern (SO Traunstein) und am außeralpinen Wiener Becken abschneidet, um mit einheitlich burdigal-helvetischer Füllung, teilweise in Schlierfazies, ein neues Spiegelbild der einheitlichen Vortiefenkraft zwischen Schweiz und Niederösterreich zu liefern.

Wir übersehen dabei keineswegs die Beziehungen zwischen dem amputierten Bau im S und dem Neubau im N (z. B. 1926, 8), Beziehungen, welche als posthume Vorgänge durchaus verständlich sind. Wir übersehen ebensowenig die Teilbeschneidungen auch am Molasse-Südrand. Sie sind die gleichen, welche sich zwischen den Molassemulden durch deren gegenseitige Abnutzung entwickelten.

In allen genannten Fällen geriet ein höheres Stockwerk mit jüngerem Sediment und jüngerem Bau nördlich neben ein tieferes Stockwerk mit älterem Sediment und Bau. Der ältere, mehr tangential-flutende Bau wurde jeweils durch die Schlußwand einer Radialbewegung fremdartig abgeschnitten. Dieser 1926 betonte Wechsel gilt also in noch viel umfassenderem Sinn.

Daraus, daß die langen, steilen Südrandstörungen der Oligozänmolasse in Oberbayern nach W auch als die großen, senkrechten Längsstörungen zwischen den oligozänen Hauptmulden weiterziehen sehen wir:

1. Diese Mulden setzten in axial tieferer Lage sedimentär und baumäßig nur westwärts das fort, was in axial höherer Lage ostwärts über dem älteren Bau schon abgetragen ist.

2. Diese Störungen sind keine einfachen Sprünge, sondern die zerriebenen Längszwischenmittel zwischen den mit verschiedener Geschwindigkeit absinkenden Hauptmulden-Schollen.

3. Die jeweils südlichere Mulde muß, da stärker abgetragen, auch früher und energischer gehoben worden sein. Die jeweils nördlichere Mulde senkte sich etwas später, denn sie erhielt (und bewahrte oft auch noch) jüngere Sedimente.

4. Die Sedimentation stand bereits unter dem orogenen Gesetz der Teilmuldenbewegung, welches ihr auf dem Umweg über das Baurelief aufgezwungen war.

5. Auch hier wieder ist es der Abbau, welcher Sediment und Struktur schuf. Die Molasse erkennen wir in besonderem Maß und Sinn als ein orogenes Sediment.

15. Süddeutsche Schuttbewegung im subalpinen Jungtertiär und Gebirgsbildung

(Vgl. Abb. 90, Taf. VII)

Wir fassen hier die bereits angeführten Hauptbeobachtungen zusammen.

a) Oligozän

Für das Oligozän ist der scharfe Gegensatz in der Schuttförderung zwischen westalpiner und ostalpiner Vortiefenmolasse betont worden. Er fällt zusammen mit der *Allgäuwendung* im östlichen Allgäu. Die Vorarlberg-Westallgäuer Molassegerölle unterscheiden sich weitgehend von jenen der Schweiz: es fehlen deren präalpine und unterostalpine Geröllmassen (bunte Granite u. a.). Gemeinsam aber ist der frühere Einsatz der Flyschgerölle und das Fehlen der dunklen Dolomit- und Kristallinschiefer-Gerölle, welcher erst ostwärts der Iller kräftig einsetzen.

Wir folgern: Die präalpinen und die unterostalpinen Decken, die in Schuttbildungen ostwärts des Rheins auch früher nirgends hervortraten, verschwinden gegen O im Oberflächenrelief der Ostalpen. Während *die präalpinen* Fortsetzungen im O offenbar in das hier von Ultrahelvet bedeckte Randostalpin übergehen, sagt uns bezüglich *der unterostalpinen Decken* auch die heutige Gebirgsstruktur, daß sie gegen SO ins Gebirge, zum Unterengadiner Fenster zurückwichen.

Scharf bleibt der Schuttgegensatz beiderseits der Allgäuwendung. Er betrifft zunächst schon die Masse und die Korngrößen der oligozänen Schuttförderung. Den einige Kilometer mächtigen Schuttfächern vielfach von Wildbachcharakter im W steht eine nur recht kümmerliche und kleinergeröllige Schuttanfuhr aus den Ostalpen gegenüber. *Waren die Baurelief-bildenden Gebirgsbewegungen einschließlich verschärfter Vortiefensenkung im W in vollstem Gang, so muß sich das ostalpine Randgebiet schon ungleich ruhiger verhalten haben.*

Zweitens aber bezieht sich jener Gegensatz auf die grundsätzlich abweichende Art der verfrachteten Gesteine. Es herrschen weitaus vor die grauen und schwarzen Dolomite (wohl paläozoisch; Devon?), sich gegenseitig vertretend mit fast ähnlich großen Mengen von kristallinen Schiefern wie Gneisen, Phylliten und deren Gangquarzen, Grünschiefern, wenig typischen Amphiboliten. Es fehlen zentralalpine und typische Grauwackengesteine, helvetische und Flyschgesteine und es gibt nur wenig Eozängerölle, sowie nur etwa 1 v. H. Kalkalpines. Im einzelnen wird innerhalb dieser Grundzusammensetzung starker Wechsel beobachtet.

Weder die heutige Grauwackenzone noch heutiges Kalkalpin können geliefert haben und die durchweg geringe Menge von Trias/Jura beweist gegenüber heute eine durchaus abweichende Gebirgszusammensetzung. Das „Kalkalpine" ist offenbar die Ostfortsetzung des Präalpinen, nämlich das schon ursprünglich im N abgelagerte *Randostalpine.* Über oder neben ihm muß aber *die Hauptgeröllheimat in Gestalt einer Schwellen- oder Sockelmasse aus paläozoischen Dolomiten und Kristallinschiefern gelegen haben.* Diese wurde abgetragen und erst *später*, soweit noch übrig, *unter die Kalkalpen/Helvetiden geschoben.*

Die schwarzen und grauen Dolomite sind, glatt und kaum angegriffen, auch im aquitanen Angerbergschotter des Unterinntals reichlich nachgewiesen. In riesiger Menge wurden sie vom östlichen Allgäu bis über Traunstein im Oligozän verbreitet. Sie müssen große, einheitlich-eintönige Gebirgsteile im S zusammengesetzt haben.

Wir schließen auf ein Gebirge bestehend aus Randostalpin und einer germanischen Südschwelle im N des Helvetidischen wie sie in Abb. 101 in 2 Querschnitten, für die Spätrupel- bis Frühkatt-Zeit der Bausteinzone in Abb. 103 in 5 Profilen und für die Aquitanzeit in Abb. 104, Taf. XI, als Idealbilder dargestellt wurde. Die Einzelheiten der Geröllverteilung wurden halbschematisch in Abb. 90 gegeben.

Die regional-ausgreifende Bedeutung dieser oligozän-ostalpinen Gebirgszusammensetzung geht aus dem Umstand hervor, daß auch östlich der Böhmisch-alpinen Enge dort, wo erneut eine oligozäne Kohlenmulde auftritt, das mit Melker Sand auftretende Ollersbacher Konglomerat einen recht ähnlichen paläozoischen Abtragungsschutt zeigt wie es jener im südlichen Oberbayern ist. *Er steht hier wie dort in gleichem Gegensatz zum Miozän.* Der oligozäne Schutt der offenbar sehr ausgedehnt gewesenen, mit ihrer Ausstreuung zwischen nordöstlich Salzburg und St. Pölten (soweit diese hier überhaupt lag) aber abgetragenen Südgermanischen Schwelle wanderte über die Kalkalpen zum Unterinntal in die Mulde der Angerbergmolasse, so wie nordwärts in die absinkenden Mulden der Vortiefe.

Die Geröllmassen ziehen also nicht unter die Kalkalpen hinein, sondern über diese hinweg.

b) Miozän

Der scharfe Gegensatz zwischen West- und Ostalpen betraf Geröllführung und abweichende Gebirgsbildung. *Er ist miozän zumeist verschwunden.* Nach Abb. 90 reicht die mächtige, meist grobe Geröllschüttung mit schon recht einheitlicher Zusammensetzung aus der Schweiz bis nach Österreich. Für die Ansicht, *daß zu bestimmten Zeiten besonders kräftige Reliefbewegung einsetzte*, ist die zwischen Lech und Wienerwald (Neulengbach) so gleichartige Geröllflut nicht nur in Rupel/Katt, sondern nun auch im Helvet/Torton ein gutes Beispiel. Zugleich wiederholt sich damit die Erfahrung *von dem baugeschichtlich sehr gleichartigen Entwicklungszustand einer tektonisch einheitlichen Gebirgszone weithin im Streichen.*

Nur eine merkwürdige Ausnahme finden wir in SO-Oberbayern-Oichten: So hat die Geröllschüttung, welche an der Traun zwischen Obersiegsdorf und Traunstein nach O. HÖLZL, H. HAGN wohl zum Aquitan gehört (nach K. BODEN 1935):

Krist. Schiefer	Gneis, Gangquarz, Quarzit, Zweiglimm.-Granit, Granodiorit, gabbroides Gestein, Amphibolit, Glimmerschiefer, Phyllit	19 bis 54 v. H.
Graue u. schwarze Dolomite	Vermutlich paläozoisch, meist kleine Formate	33 bis 90 v. H.
Kalkalpine Gesteine	Rote Buntsandsteine, Quarzite, dunkler Muschelkalk, heller Wettersteinkalk, Hauptdolomit, Oberrhätkalk, Lias- und Jurakalk, Radiolarit. Meist ziemlich verwittert	0,3 bis 13 v. H.
Es fehlen Flysch, sichere helvetische Kreide, älteres Eozän, Injektionsgneis, Porphyre, Porphyrite, Diabase, Grauwackengesteine heutiger Zusammenstellung, sichere Zentralgneise und Schieferhülle-Gesteine, kalkalpines Cenoman und Gosauschichten.		

Dieselben Gerölle aus der Südgermanischen Dolomit-Kristallin-Schwelle, nur bis Wallnuß-groß, enthält nach R. GRILL 1951, 732, der jungaquitane bis burdigale Schlier im S von Bad Hall: Das dürfte ein Flußausläufer von der zwischen bayerischen Traun, Oichten und Laakirchen erkennbaren und hier noch ins Burdigal Gerölle liefernden Schwelle sein. Noch im Surtalhelvet fand ich schwarze Dolomitgeröllchen.

Aber sonst hat die Südgermanische Dolomit/Kristallinschwelle offenbar frische Felsarten in die miozäne Molasse nicht mehr geliefert. In der Oberen Meeresmolasse gibt es nur noch wenig, in der Oberen Süßwassermolasse fast keine umgelagerten Abkömmlinge. *Die Südgermanische Randschwelle ist vom ostalpinen Randbereich fast ganz verschwunden.* Sie war wohl keine Decke, die oben durch Abtragung verschwand. Sondern ihre Abtragungsüberreste dürften im Zusammenhang mit den Baurelief- und Schutt-bildenden Gebirgsbewegungen unter dasjenige Gebirge geschoben worden sein, welches nun im Miozän den Geröllschutt abgegeben hat. *Dieses ist gekennzeichnet durch das starke Überwiegen der Gerölle aus Flyschdecken, dann aus kalkalpinen Felsarten, außerdem auch durch viele helvetidische, aber nicht etwa penninische oder unterostalpine, Gesteinsvertreter.*

Die kalkalpin-ultrahelvetisch-helvetidischen Decken rückten in das Einzugsgebiet der miozänen Molasseflüsse. Diese Unterschiebung und Reliefverstellung ist in Abb. 104 schon als bestehend für das Aquitanende und das Untermiozän gezeichnet. Wieweit dieser Zustand jedoch *erst im Helvet* erreicht wurde, ist noch nicht klar.

Wegen der Aufwölbungen nicht nur im Gebirge, sondern *nun auch im Vorland gelangten immer mehr Umlagerungsstoffe in die jüngere Molasse.* Daher haben wir schon in der Oberen Meeresmolasse eine starke Durchmischung der primären Frachtstoffe besonders aus Flysch, auch aus Kalkalpinem durch Schutt aus der

Vortiefe. Wegen dieser Umlagerungen, die natürlich starke Verminderung des hinfälligeren Gesteins brachten, nehmen im Miozän, besonders über das Torton im Sarmat die widerstandsfähigen Felsarten zu. Es mehren sich nach oben die Quarze, Quarzite, kieseligen Flyschgesteine, Hornsteine. In der Oberen Süßwassermolasse treten die kalkalpinen Gerölle schon zurück, gibt es aber noch riesige Massen von Flysch, auch reichlich helvetisches Gestein, so daß schon eine Annäherung an den Schutt der heutigen Alpen besteht. Freilich fehlen noch immer die zentralalpinen Kern- und Schieferhüllengesteine.

Die Zunahme des Widerstandsfähigeren könnte man auf die Verlängerung der Frachtwege aus den Alpen zurückführen, was auch deshalb Berechtigung hätte, weil ja eine neue Gesteinssammlung im Miozän erscheint, welche aus dem orogen veränderten Gebirge herstammen muß. Aber zugleich werden ja die Gerölle der neuerschienenen *Flyschgesteine auch sehr groß*, viel größer als der oligozäne Gerölldurchschnitt war. Außerdem kann fortschreitender Deckenschub und Faltung nicht Ausdehnung, sondern Verkürzung der Abstände quer zum Streichen bedeutet haben. Es ist also nichts mit den weiteren Frachtwegen. Folglich muß eine umlagernde Ausmerzung, zum Teil aus dem Oligozän, angenommen werden.

Noch klarer wird das vielleicht in Allgäu-Vorarlberg, wo nach K. BODENS Beobachtung nordwärts, in jüngeren Stufen eine noch deutlichere Zunahme des Widerstandsfähigeren und ein Verlust der kalkalpinen Gerölle ausgeprägt ist, während widerstandsfähigere Flyschgerölle zunehmen. BODEN sagte darüber: „Die Anschauung, daß in dieser jüngeren Molasse etwa nur Flysch und Helvetikum erodiert sein könnten, konnte nur in Oberbayern aufkommen, da hier nur die weit abgelegenen, nördlichsten Teile dieser Schuttmassen vorhanden sind mit harten, ausgelesenen Flyschgesteinen, während die südlicheren Teile mit dem mesozoischen Schutt wieder erodiert sind, im Allgäu jedoch erhalten blieben."

Auch der miozäne Schutt des Vorlandes verminderte sich aber stark, nun freilich nicht schon von der Iller, sondern jetzt erst von der bayerischen Traun ab ostwärts. In die burdigalisch-helvetische Hauptbewegung wurde nun bis dorthin das Gebirge mit einbezogen, nicht aber, oder doch nur schwächer in der Böhmisch-alpinen Enge. Hier treten die Geröllmassen stärker zurück — vielleicht sind sie erheblich abgetragen worden. Sie erscheinen aber mit dem Zurückweichen der Böhmischen Masse gegen NO im äußeren Wiener Becken erneut und bilden bei Neulengbach den mächtigen alpinen Schutt des Buchbergkonglomerats. Dieses besteht fast ausschließlich aus Flyschgeröll und gleicht unserem tortonischen Flinz-Konglomerat im Westen.

Es ist sehr bezeichnend, daß aber die sarmatisch-pontischen Umlagerungen und Schotterbewegungen weiter in die Böhmisch-alpine Enge nach O vordringen konnten bis etwas über den Hausruck hinaus; und weiter stießen die Deckenschotter über die Enns noch bis zur Ybbs vor: *Das durch Senkung aufnahmefähig werdende Vortiefengebiet erweiterte sich also seit dem Aquitan von der Iller bis zur Ybbs im älteren Diluvium!*

Auch darin können wir ein Zeugnis für die trotz aller Widerstände des böhmischen Unterbaues *noch immer andauernden Anstrengungen der niederbiegenden Geosynklinalkräfte* erblicken. Das ostwärtige Vorgreifen der jüngeren (N) über die älteren (S) Trogmulden gegen O darf schon als Vorzeichen dieser Art für die oligozäne Zeit in Oberbayern gewertet werden.

IV. JUNGE BEWEGUNGEN DES ALPENKÖRPERS SELBST

Aus den jungen Ablagerungen und Bauformen *rings um die Alpen* haben wir ein recht einheitliches Bild von der jüngsten Baugeschichte gewonnen. Es wird nun zu versuchen sein, aus den baugeschichtlichen Kennzeichen *des Gebirgskörpers selbst* unmittelbar dessen jüngste Regungen zu erschließen.

Wir betreten damit das — abgesehen von den ältesten Zeiten — durch einwandfreie Beobachtung am wenigsten belegbare Gebiet. Denn weder das Vorgosau- noch das Alttertiär-Relief ist außerhalb seiner zugehörigen Schichtbedeckung oder seiner Erhaltung im Schutz von Überschiebungen übriggeblieben. Auch gibt es nur recht wenig Überreste der oligozänen und auch der, wenigstens im O einst weitverbreiteten miozänen Schichtbedeckung, welche Aufschluß geben könnten. Im übrigen sind wir fast ganz angewiesen auf die *jungen Großformen des Gebirges*. Deren zeitliche Festlegung aber ist durch die Zerschneidung ihrer Verbindung mit gleichzeitigen, datierbaren Vorlandsedimenten im N und W, sowie durch die tiefe Jung-Überschüttung in der Po-Ebene meist undurchführbar. In den Westalpen gibt es überhaupt nur wenig Altformenreste. So eindringende und umfassende Arbeit auch schon geleistet wurde, so unsicher ist doch noch jetzt die baugeschichtliche Bewertung der Beobachtungen.

Der Begriff der Gipfelflur, deren Beziehung zu höchst gelegenen *Altflächen* der Einebnung, *die Gruppierung dieser Altflächen* zu einer Treppe mit altersverschiedenen Stufen von der ältesten zu oberst bis hinab zu den jungquartären Terrassen, die Verbiegung oder Bruchschollen-*Verstellung* solcher Altflächen, der Einfluß der *Gesteinsart und Tektonik* auf die Ausbildung jener alten Landschaftsformen — all das ist noch nicht so abgeklärt, daß es eine unmittelbare, sichere Grundlage für unsere baugeschichtlichen Folgerungen bieten könnte.

Immerhin gibt es schon wichtige Grunderscheinungen, gleichartig über weite Gebiete und zeitlich festgelegt durch datierbare Vorlandssedimente. Danach seien einige Hauptgebiete für unsere Fragen ausgewertet.

1. Westteil der nördlichen Kalkostalpen

a) Gipfelflur

Die heutigen Alpengipfel schließen sich oft zu Gruppen etwa gleicher Höhe zusammen. Denkt man sich eine Berührungsfläche durch diese Gipfelpunkte, so erhält man die „*Gipfelflur*". Deren Höhenlage kann für unsere Baugeschichte von Belang sein. Form und Höhenlage sind abhängig von folgenden Umständen:

1. Vorherige oder nachträgliche, innenbürtige Hochwölbung bzw. Hebung, wie wir solche in den Zentralalpen gegenüber den Kalkalpen und dieser gegenüber den Voralpen und deren Fußlandschaft sehen.
2. Entfernung der Erosionsbasis, besonders der Haupttäler gegenüber den höheren Zentralalpen. Dieser Umstand wird von dem unter 1. genannten beherrscht. Zu ihm tritt auch der allfällige Abstand gegenüber einer nächsttieferen, als örtliche Erosionsbasis in Frage kommenden Verflachung.
3. Gesteinsart, Strukturform und Lagerung, welche die Abtragungsschnelligkeit und -Gestaltung verschieden machen.

Gipfelflur ist also Ausdruck der Summe *aller* abtragender Wirkungen der Vergangenheit und Gegenwart, gleichgültig ob Ruhepausen der Hebung und des Abtrages zur Abflachung geführt haben oder nicht; gleichgültig, welches Gestein vorliegt. *Immerhin kommt in ihr die gemeinsame außen- und innenbürtige Geschichte der betreffenden Gebirgsgruppe bzw. des ganzen Gebirges zum Ausdruck.* Einen Überblick nach N. Krebs, F. Leyden aus R. Brinkmann 1928, 227, gibt Abb. 106.

Eine tektonisch geprägte Uroberfläche, also ein Baurelief, kommt in ihr nicht zum Ausdruck. Die orogenen Höhenunterschiede sind nicht mehr unmittelbar maßgebend. Die wichtigsten dieser Reliefformen der Orogenstruktur wurden eben im allgemeinen unter dem Meeresspiegel als verschwommene Abbilder der Gefügeformen der Tiefe gebildet. Das jeweils früher oder später nachfolgende Emporsteigen über den Meeresspiegel ermöglichte erosive Verwischung, wobei

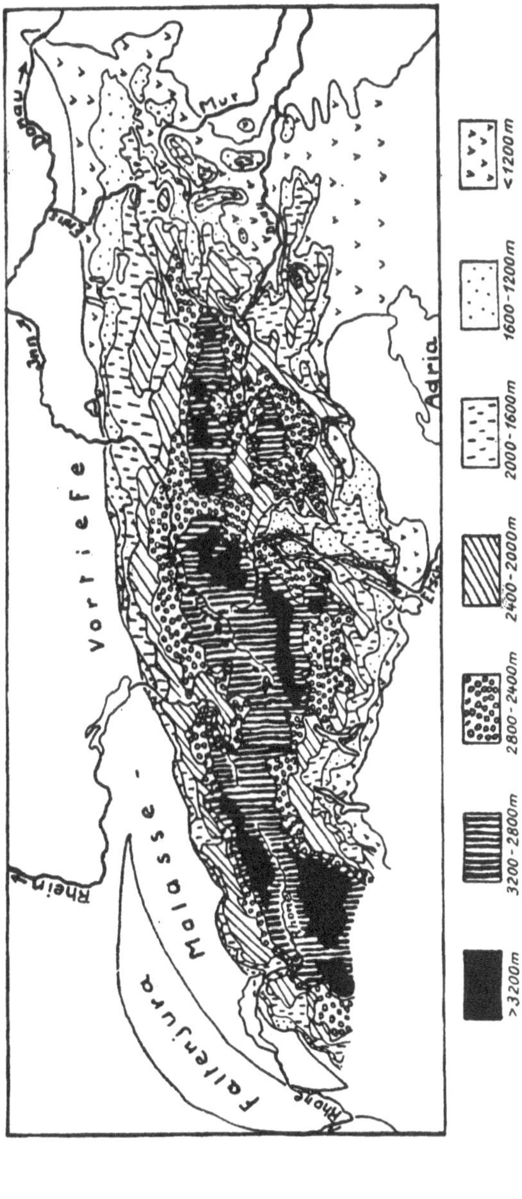

Abb. 106. Die Höhenflächen der Gipfelflur in den Ostalpen nach R. Brinkmann.

die tektonische Lage und Gesteinsart nur noch mittelbar beteiligt waren. Die Zeiten der Hochlage trotz mancher nachträglicher Gebirgsbildung, jene der Hochorogenese, dauerten zum wenigsten im Ostalpenkörper schon zu lang, als daß nicht die unablässig fortschaffende Abtragung formenmäßig alles überdeckt hätte.

Wichtig erscheint auch *die örtliche Lage* näherliegender, jedoch nach aufwärts jeweils maßgebender Erosionsbasen, z. B. der durch Altverebnungsflächen (Abb. 107) geschaffenen. Erst weiter unten und nach sehr langer Dauer des Rückwärts-Einschneidens wird die noch tiefere Erosionsbasis, etwa die eines Haupttales oder die eines sehr dauerhaften See- bzw. Meresspiegels herrschend.

Abb. 107. 1. Blick von dem die allgemeine Gipfelflur hier um 300 m überragenden Thaneller (2344 m MH., Lechtaler Alpen) über den links (S)-geneigten, glattflächigen Liaskern und den überkippten Hauptdolomit-Südschenkel der Berwanger Mulde auf die von wenigen Trotzberggipfeln überragte *Gipfelflur* der Lechtaler Alpen (Lechtal-, am Horizont darüber Inntaldecke). Nach käufl. Lichtbild.

Die breit auf- oder abwärts wölbende Verbiegung oder „*Walmung*“ wird in ihrer Bedeutung ersichtlich etwa aus einem Vergleich mit dem Schwerebild der Alpen (F. Kautsky 1924) oder aus der Beobachtung (R. Brinkmann 1928), daß öfter besonders tief entblößte Gebirgsgruppen, gekennzeichnet durch Erzlagerstätten mit hoher Bildungstemperatur, an der jetzigen Erdoberfläche dort liegen, wo die Gipfelflur besonders hoch steigt. So stecken die Kies- und Golderzlager mit hoher Bildungswärme in der Aufwölbung der Hohen Tauern, die Siderit- und Blei-Zinkerz-Lagerstätten mit niederer Bildungswärme treten in der Axialmulde der Brennersenke auf. Danach dürften die überwiegenden Teile der alpinen Erzlagerstätten etwa oligozänen Alters sein, entstanden also nach Abschluß der Hauptdecken- und Faltenbewegungen während der nachfolgenden Aufstiegszeit von Magmen und von Relief, jedoch vor dessen heutiger Hauptundat on.

Der Gedanke von R. v. Klebelsberg 1922, R. Schwinner 1923, F. Leyden 1925, auch H. P. Cornelius und J. Cadisch, daß die Gipfelflur der Überrest aufgelöster Altverebnungsflächen sein könne, wurde von M. Richter 1929 näher ausgeführt. Danach wären im wesentlichen drei Altflächen aus den heutigen Höhenlagen der Gipfelflur zu erschließen (vgl. Kritik bei H. P. Cornelius 1950, 165):

A) die oberste, älteste oder „echte" Gipfelflur; noch etwas älter als die alt- bis mittelmiozäne B)-Fläche;

B) die Gipfelflur, welche aus der Zerschneidung der „Raxlandschaft" oder der „Firnfeldflur" entstand;

C) eine jüngste, von einer 300—400 m tiefer gelegenen Altfläche herrührend.

Beispiele: A) *Silvrettagipfel* 3200 m; B) Gipfelflur aus der Silvretta-Firnfeldflur 2700—3000 m; C) Davoser Altfläche bei 2400 m.

A) Südliche *Lechtaler* Gipfel 2800/2900 m; B) aus deren Firnfeldflur entstanden Gipfelflur in 2400/2500 m, in den vorderen Lechtaler Alpen 2300 m hoch mit einzelnen höheren Restgipfeln dazwischen (Hochvogel, Namloser Wetterspitze, Loreakopf), in den Thannheimer Bergen 2200/2100 m und in den Ammergauer Bergen 1900 m hoch mit Restbergen der nächsthöheren Gipfelflur dazwischen.

A) *Karwendel-Wetterstein* 2700/2900 m; B) aus deren Firnfeldflur (Platt 2400 m) die Gipfel der vorderen Lechtaler Alpen; C) aus jüngeren Flächenstücken: Lausbühelflur bei 1900 m; D) bei 1700/1800 m der Ammergauer Hauptkamm (= pontische Hennenkopf- oder Eckenbergflur; E) bei 1600 m = Manndlkopfflur; F) bei 1400 m Rosengartenflur. Diese Gipfelflur geht von der Flyschberg-Verebnung glatt über die Allgäu- auf die Lechtaldecke im NO-Labergebirge bei schwacher Neigung (Verstellung) gegen S. Mit ihr setzte die allgemeine Talbildung von heute ein; etwa Asti-Stufe.

A) Zentrale *Ötztaler Alpen* 3500/3600 m; B) aus deren Firnfeldflur wurden die meisten Gipfel der nördlichen Ötztaler Alpen (2850/3000 m) herausgeschnitten, ebenso jene der südlichen Ötztaler Alpen gegen das Vintschgau.

Danach hätten wir also *eine Gipfelflur-Treppe*, welche aus dem seit dem Jungaquitan nur wenig verbogen und verstellt *gedachten* Gebirgskörper herausgeschnitten sein soll. Dafür spricht die Höhenähnlichkeit der benachbarten Berggipfel, das Ineinandergreifen tieferer in höhere Fluren, welches eine tektonische Abtrennung voneinander unwahrscheinlich macht, das Vorkommen von Restbergen, die gesteins- und strukturmäßig keine Härtlinge sind. *Gegen die allgemeine* Anwendbarkeit der Vorstellung spricht aber entschieden die starke, nicht allein aus dem Molasseschutt, sondern auch aus der Strukturgeschichte zu entnehmende Beweglichkeit des Gebirgsreliefs noch im Miozän. Eine genaue, auch die Bergformen, die jeweiligen Abtragungsbedingungen und die Tektonik wohl beachtende Analyse zur Gewinnung fester Grundlagen bleibt daher unerläßlich. Eine jungeozän-unteroligozäne Verebnungslandschaft zog weither aus dem westlichen und nördlichen Vorland (z. B. H. Kiderlen 1931, 352) in den geosynklinalen Raum.

b) Das altmiozäne Einebnungssystem

Gründliche Untersuchung in vielen Teilen der Ostalpen hat immer wieder ergeben, daß eine wirklich greifbare Altfläche von gegenwärtig bedeutender Höhenlage im Gebirge weite Verbreitung hat. Es ist jene, welche diluvial und zum großen

Abb. 107, 2. Die Firnfeldflur, überragt von dem glazial stark zurückgewitterten Karling steilgestellter Rhätschichten, von dem Gipfel der Scesaplana (2967 m) im Rätikon, Vorarlberg. Nach käufl. Lichtbild.

Teil noch jetzt auf ihren Ebenheiten die Gletscher-speisenden Firnfelder trägt und die daher durch die Karwand-Rückwitterung nach oben seit dem Tertiär noch erheblich erweitert, gegen unten freilich stark beschnitten wurde.

Dieses „*Firnfeldniveau*“ („*Firnfeldflur*“) (Abb. 107) ist es auch, das in den verkarsteten Kalkplateaus noch weithin erhalten blieb und nach der Karst-

Abb. 107, 3. Blick von dem Gipfelfuß des Scesaplana (Abb. 107, 2) gegen W über die bereits in Zerstörung begriffene Firnfeldflur von Brandener Ferner — Panüler Spitze. Phot. E. Kraus.

hochfläche der viel besuchten Raxalpe NW vom Semmering als „*Raxlandschaft*“ bezeichnet wurde. Das war eine Rumpf- oder Fastebenen-Landschaft ohne ausgeprägte Talzüge, *die älteste und einheitlichste Reliefform des Gebirges*. Ihre verhältnismäßig gute Erhaltung und ziemlich geringe Verstelllung, also ihre weithin ähnlich gebliebene Höhenlage in den Ostalpen dürfte *eine weitgehende Beruhigung des Baureliefs seit dem Burdigal* widerspiegeln.

Abb. 107, 4. Firnfeldflur im Berner Oberland: Blick vom Jungfraujoch 3470 m über den Jungfraufirn nach dem von ihm gegen SO abfließenden Aletschgletscher. Phot. E. Kraus VIII. 1932.

Die Beziehungen zum auflagernden Miozän und zu dem Tertiär am Ostrande der Ostalpen haben für dieses offenbar kombinierte Altflächensystem, das also einen Großteil der Alpen überspannte, ein allgemein wohl miozänes Alter sehr wahrscheinlich gemacht. Das wäre die Flur „B“ im Vorstehenden, welche zwar selbst wie auch das darüber aufragende Gipfelgebiet seit dem Miozän um einige 100 m erniedrigt ist, die jedoch noch eine gewisse Vorstellung von der geringen Reliefstärke („Reliefenergie“) jener Zeit erlaubt, in welcher dieses System bis auf die das Gebirge umgebende Haupterosionsbasis abgetragen worden war.

Abb. 107, 5. Blick von der Firnfeldflur am Jungfraujoch auf den sie überragenden, glazial stark versteilten Gipfel der Jungfrau 4160 m. Phot. E. Kraus VIII. 1932.

Aus dem Höhenabstand von A) zu B) entnehmen wir Reliefunterschiede zwischen 100 und 1100 m, letzteres in den mittleren Alpenteilen. Für einzelne Gebirgsgruppen wurde in Abb. 109 eine schematische Übersicht gegeben. Danach waren die Ostalpen im Jungaquitan ein Mittelgebirge, dessen Gipfel die Alpenrandhöhen um 1000 bis höchstens 1500 m überragten.

Dieses Hochgipfelgebiet bis hinab auf die altmiozäne Landoberfläche (Raxlandschaft), welche in den zentralen Ostalpen in zwei Teilflächen gegliedert wurde, ist die heute verschärfte Hochgebirgslandschaft im engeren Sinn (R. v. Klebelsberg 1935, 409). Unter ihr brechen steilere Böschungen nieder zu nächst tieferen Altflächen-Verebnungen. (Abb. 108, 1—5).

Wir entnehmen nun aus der gegenwärtigen Höhenlage jenes altmiozänen Verebnungssystems die verschiedenen Aufstiegsbeträge des Alpenkörpers, aber auch seine Verstellungen, Walmungen, Brüche seit dem Altmiozän.

c) Die aquitanen Angerbergschichten und die Augensteinfelder

Als weiteren guten Anhaltspunkt zur Beurteilung der alpinen Jungbewegungen besitzen wir im Unterinntal auf den nördlichen Kalkalpen eingesenkt die aquitanen Angerbergschichten sowie die sog. „Augensteinfelder".

Angerbergschichten. Im Unterinntal liegt eine breite Mulde, 28 km lang von Rattenberg, wo sie schmäler ist, nach Kufstein 6,5 km breit fortziehend und gefüllt mit 2 km mächtigem Priabon-Oligozän. Inn-aufwärts senkt sich die Muldenachse, weshalb nacheinander immer jüngere Schichten zum Ausstrich kommen. Im Becken von Kössen-Reit im Winkel geht die Mulde mit höherer Achsenlage unter Unteroligozän weiter und hebt sich gegen O axial aus. Längs der Nordalpennarbe sind diese Achsenkippungen üblich (Pinzgau). Die priabone Narbensenkung brachte über die Lechtal- *und* über die Kaisergebirgsdecke limnische, die unteroligozäne (M. Schlosser) 1 km marine Sedimente. W. Heissel betonte mit Recht 1951, 117

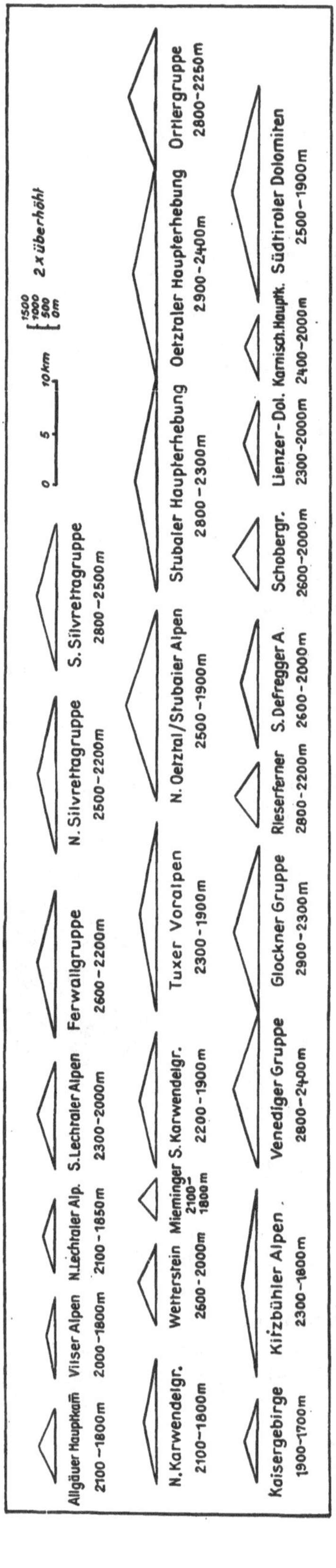

Abb. 109. Höhenabstände in verschiedenen noch mit Altverebnung versehenen Berggruppen zwischen heutiger Gipfelflur und derzeit tiefstem Teil der etwa pontischen Hochverebnungsfläche. Breite der betr. Berggruppen in N-S gemessen. Höhen nach R. v. Klebelsberg, Geol. v. Tirol 1935, 414f. Heutiger Höhenunterschied nach pliozän-quartärer Heraushebung des Gebirges ist angegeben.

Abb. 108, 1. Hallstätter See (Salzkammergut) eingesenkt in die Kalkhochfläche der Raxlandschaft. Nach käuflichem Lichtbild.

(Exkursionsführer), daß die gleichartige Priabonüberlagerung von Lechtal- und Kaiserdecke die geringe Verschiebungsweite zwischen beiden beweist (unsere Ausschiebung!).

Nach oben aus den unteroligozänen Zementmergeln ohne sichtbare scharfe Grenze hervorgehend, messen die Angerbergschichten selbst 1 km Konglomerate

Abb. 108, 2. Rest der Altverebnungsfläche, welche nach Bildung der alpinen Struktur in tiefer Lage während des Miozäns und Ponts gebildet, darauf allmählich über 2000 m MH. hoch gehoben und dabei von Flüssen und glazial stark zerstört wurde. Triaskalkstock des Dachsteins (Nordkalkalpen, Salzkammergut), unten im glazial zugerundeten Tal der Hallstätter See (wie Abb. 108, 1).

Abb. 108, 3. Das verkarstete Kalkhochplateau (Raxlandschaft) des Untersberges mit Salzburg. Nach käufl. Lichtbild.

(Nagelfluh), Sandsteine und (wenig) Mergel. Ziemlich oft trifft man Schmitzen und Stücke von Pechkohle. Es ist die *typisch-orogene, marin-fluviatile Molasse einer Vortiefe.* Die Gerölle erreichen selten Kopfgröße. Sie bestehen überwiegend aus Untertrias und Gestein der nördlichen Grauwackenzone, enthalten jedoch nichts von Altkristallin, von den vielen Amphiboliten, Eklogiten, Serpentinen, verschiedenen Graniten und Gneisen, welche die heutigen Zentralalpen dem Inn-

Abb. 108, 4. Die Altverebnung der Raxalpe. Der blasse, horizontbildende Teil ist an jungem Bruch über die Altverebnung gehoben (Lechnerwände des Dachsteinkalks, Ottohausseite rel. gesenkt). Phot. E. Kraus VI. 1927, schotter abgeben. Es fehlen auch die bezeichnenden Gerölle von bunten Porphyren, Felsophyren, Quarziten aus Grauwacke-Aufragungen, welche die benachbarten Brandenberger Gosauschichten beliefert hatten: *Die Gebirgsoberfläche hatte zur Oberkreidezeit ganz andere Zusammensetzung als im Aquitan und auch als gegenwärtig*!

Während ihrer Ablagerung griffen die Angerbergschichten gegen N über ihr Becken über, an dessen Rand obereozäner Kalk herauskam, der als Geröll in die Molasse geriet, sowie über das benachbarte Kalk-Grundgebirge, in welches an einer Längsstörung schon eozäne Häringer Schichten eingeklemmt waren. Die von N her unterschuppte Angerbergmolasse unterschob sich jungtertiär selbst noch etwas gegen S der Kaiserdecke. Die von mächtigem Quartär nur teilweise umschütteten Triasschollen und die Bohrergebnisse weisen auf die starke und wechselvolle *Steilzerschollung* im Bereich der Unterinntaler Nordalpennarbe.

Abb. 108, 5. Von den Ötztaler Alpen im Hintergrund zieht aus dem Ötztal (rechts oben, hell) über die Verebnung des Tschirgant (dunkler Bergrücken im Mittelgrund) und hoch über den Inntaleinschnitt die Verebnung der Firnfeldflur gegen den Beschauer am Fernpaß in den nördlichen Kalkalpen. Phot. E. Kraus.

Die Angerbergmolasse zeigt große Ähnlichkeit mit der südoberbayerischen Vortiefenmolasse (K. Boden, A. v. Winkler-Hermaden) und setzte diese offenbar mit weitreichender, wenn auch nicht zusammenhängender Sedimenthülle über die nördlichen Kalkalpen südwärts weiter fort. Sie stapelte sich nur hier über der sinkenden Furche der Nordalpennarbe stark auf und blieb in der vortiefenartigen Teilsenke bis heute erhalten.

Im weiteren Bereich der Großmulde Unterinntal—Kössen—Reit im Winkel unterschied O. Ampferer 1925, 30ff., *eine verbogene Altverebnungsfläche*, deren Alter sich aus der Einlagerung von Eozän, Unteroligozän und Aquitan ergibt, und welche sich bei Absatz der Angerbergmolasse schon allmählich niedergebogen haben muß, während sie sich gleichzeitig in der weiteren Muldenumgebung heraushob und die Gerölle der Grauwackenzone von ihrem Rücken in die Mulde abführte. Spätaquitan dehnte sich die Einebnung noch weiter aus. Dieses hiernach anzunehmende Flächenstück zusammen mit der Oberfläche der Angerbergschichten liegt heute 600—700 m hoch und entspricht also einer jung- bis nachaquitanen Ebenheit. Spätere Störungen haben sie noch stark verbogen, verworfen und abgetragen.

Reste der Altfläche wären nach O. Ampferer die Gruppe von Unterberghorn (1000/1775 m), Fellhorn-Kammerkör (1200/1766, 1870 m), Kirchberg (1100/1680 m), Niederkaiser, im O die breite Furche des Römerpasses quer über einem Sattel von Wettersteinkalk/Dachsteinkalk in 1200/1760 m zwischen Loferer und Leoganger Steinbergen, außerdem die Berge im NW der Großmulde. Hoch über dieses jungaquitan-altmiozäne Landschaftsrelief erheben sich schroff mit 600/1000 m hoher Stufe der Wilde Kaiser (2100/2344 m), die Loferer (2100/2512 m) und Leoganger (2100/2634 m) Steinberge sowie die Reiteralm (1600/2300 m).

Da die aus dieser tirolischen Decke ausgeschobenen „juvavischen“ Schollen des Kaisergebirges und der Reiteralm höhenmäßig teils (Zahmer Kaiser, Reiteralm zum Teil) zu jener spätaquitanen Landschaft, teils aber zu den hochragenden Plateauresten gehören, ja da diese sogar noch überhöht werden durch die nicht aufgeschobenen, sondern nur aufgebogenen *tirolischen* Steinberge, kann von einer spätaquitanen Höhenflur, die sich streng unterhalb der juvavischen Deckschollenoberfläche hielte, hier noch nicht bzw. nicht mehr gesprochen werden. Auch die heute nur noch zwischen 600 und 700 m Höhe erreichenden Angerbergschichten passen mit ihrer Höhe nicht mehr dazu.

Nicht insgesamt Pult- oder Block-artig, auch nicht in wenigen Großwellen hat sich also das Gebirge hier seit dem Jungaquitan verlagert und emporgewölbt gegenüber der jetzt 1000 m tiefer dahinfließenden Kössener Ache; *sondern in noch recht unregelmäßiger Weise.* Auf ein gewisses ruckartiges Emporsteigen, unterbrochen durch einebnende Pausen, weisen allein Ebenheiten hin, die in der Kirchberggruppe und im SO des Fellhorns untereinander den Gehängen eingeschnitten sind.

Augensteinfelder. Wir schließen aus dem Befund vorstehenden Beispiels, daß die Verbiegungen, Höhenverstellungen und Abtragungsvorgänge seit dem Spätaquitan *noch zu bedeutend waren, um ausgedehntere Landschaftsverebnungen in diesem nördlichen Kalkalpengebiet übrig zu lassen.* Allein die durch geringe Teilbeweglichkeit und durch ihre rasche Abgabe der abtragenden Gewässer in Spalten nach unten ausgezeichneten, mächtigen *Kalk- und Dolomitplatten können noch jene Landformenreste aufbewahrt haben.* Sie wären zugleich Zeugen eines gegenüber dem späteren völlig abweichenden Talnetzes, das ganz andere Abdachung und Flußschotter-Verbreitung besaß.

In der Tat finden sich so ziemlich auf allen derartigen Kalk- und Dolomit-Hochflächen, eingeschwemmt in die Löcher, Spalten und Höhlen des Karstlehms, Quarzgerölle und einige andere zentralalpine Gesteinsreste, welche wohl spätaquitan bis altmiozän von S quer über die damals noch nicht bestehenden Längstalfurchen verfrachtet worden sein müssen. Es wäre sicher unrichtig, die seitdem erfolgte, zweifellos tiefgreifende Lösungs-Abtragung, die wir z. B. auf der Schwaben- und Frankenalb beurteilen können, hier zu übersehen. Radiolaritüberreste (v. Winkler-Hermaden 1950, 263, 272) zeigen längst abgetragene Gesteinsstockwerke an. Wir werden mit vielen hundert Metern Karbonatgestein rechnen müssen, um welche diese alten Ebenheiten erniedrigt wurden. Ihre Flußgerölle blieben allein deshalb erhalten, weil sie bei großer chemischer und mechanischer Widerstandskraft in dem immer *uneben* bleibenden Karstgebiet nicht restlos aus ihren Winkeln, Spalten und Höhlen weggeführt werden konnten. Die allgemeine Verbreitung über die alten Hochflächen, die also heute in einer einige 100 m tieferen Lage und mit seitdem etwas seitlich verlagerten Geröllen nach abwärts projiziert vorliegen, ist wohl ein Hinweis für die *ehemals sehr ausgedehnte Flußschotterverbreitung und damit für recht ebene Landschaft im Spätaquitan.* (A. v. Winkler-Hermaden).

Die übriggebliebenen, meist kleinen Gerölle sind schön gerundet und auffallend glattglänzend wie Augäpfel. Solcher Glanz ist bisher, z. B. im baltischen Jura und im samländischen Tertiär, allein an Geröll und Sand bekannt, welcher, wie in den

Trockengebieten, eine Windpolitur erhalten haben. Vielleicht gilt gleiches für diese Restgerölle, welche als „Augensteine“ bezeichnet wurden und nach denen jene Altflächen bekanntlich auch „*Augensteinfelder*“ heißen. Sie reichen vom tirolischen Unterinntal bis zum Inneralpinen Wiener Becken, begleiten somit im N die Nordalpennarbe.

Abb. 110 zeigt, wie die hochliegenden Augensteinfelder, die hier freilich nicht viel Augensteine enthalten, im Wilden Kaiser und in der Reiteralm die stark gestörte, etwa aquitan angelegte Gebirgslandschaft überragt (s. oben S. 295). Der Kaiser sieht wie aufgesetzt aus. Wirklich geht auch das Oligozän von N her unter ihn hinein, so daß er als später ausgeschoben gelten muß. Eine besondere Schuttzufuhr von seiner Trias in die Angerbergmolasse hinein zeigt sich noch nicht. Nach O. Ampferer 1922 ging die „Kaisergebirgsdecke“, deren Schubweite schwer zu beurteilen ist (K. Leuchs 1925), wahrscheinlich über die spätaquitan-altmiozäne Verebnungsfläche, welche tief vor der Schubscholle versank und gegen SO unter deren, an der Sohle abgeschürfte Wettersteinkalkmulde hineinglitt. Der von W heranstreichende Wettersteinkalkzug des Larcheck-Pendling-Gewölbes wurde hierbei anscheinend gegen NO zurückgebogen. Seine davon in NS abgescherte östliche Hechtsee-Fortsetzung blieb gestaut vor der Kaisermasse um ein Stück zurück ebenso die östliche Fortsetzung der Unterinntaler Tertiärmulde in der Walchseetalung.

An der Stelle der stärksten Randstörung und Hinabbiegung unter die Kaiser-Schubmasse konnte die Erosion mit den hier vereinigten Wassermassen des Inntales die Kalkalpen durchbrechen. Der Inn verläßt daher hier das Gebirge. Ähnlich hat auch die Saalach dort ihren Durchbruch durch die nördlichen Kalkalpen erreicht, wo das von NW her unter die Reiteralm niedergebogene Vorland am Saalachwestbruch untersank.

Die Unterlagerung durch die sich von NW unter die Reiteralmmasse hereinschiebenden Gosauschichten wie auch die Überlagerung durch solche macht zusammen mit anderen Gründen O. Ampferers eine etwa mit der Kaisergebirgsunterschiebung *gleichgerichtete und gleichzeitige Spätunterschiebung der Berchtesgadener Masse* klar: Reiteralm/Lattengebirge/

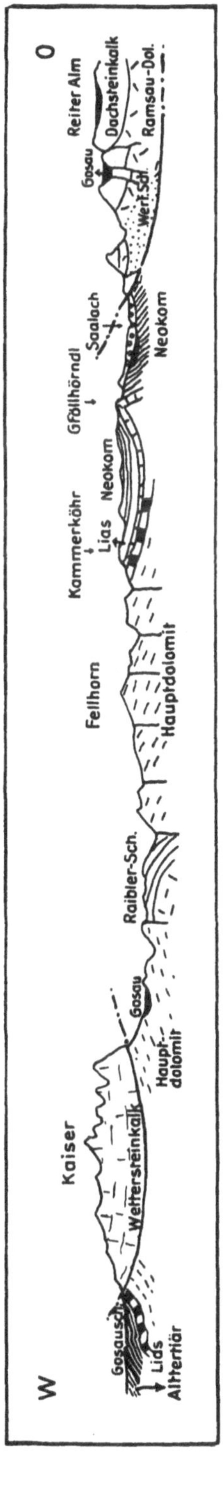

Abb 110. Sammelprofil durch die Tirolische Decke mit ausgeschobener Kaisergebirgsmasse und der Juvavischen Decke der Reiteralm. Nach O. Ampferer 1925, Fig. 9. Ohne Maßstab.

Untersberg wurden durch das unten zwischen letztere eingezwängte Priabon von Bad Reichenhall offenbar unterschoben.

Der Nordteil der weitgespannten Tirolischen Mulde hätte sich demnach, wenn dieser Analogieschluß erlaubt ist, ähnlich wie deren Westfortsetzung, die Lechtaldecke, *nachaquitan von NW gegen SO unter die Juvavische Bewegungseinheit um ein, wohl nicht mehr großes, Reststück hineingeschoben.* Vielleicht zu gleicher Zeit erfolgte auch die kräftige Hochwölbung der tirolischen Decke selbst in den Loferer und Leoganger Steinbergen. Zum Unterschied von der Kaiser- und Reiteralm-Störung waren aber damit statt Schubflächen nur zahlreiche Staffelbrüche verbunden. Die Unterinntaler Molassemulde schließt zwischen Rattenberg und Kufstein noch heute die oligozäne Molasse ein und verlängert sich noch um die doppelte Länge bis über Reit im Winkel hinaus, wo sie, wahrscheinlich wegen axialer Hebung und Ausräumung, nur noch mit einer alttertiären Füllung versehen ist.

Dieser ganze Tertiärzug stellt den Außenrand der großzügigsten nordkalkalpinen Bewegungseinheit, der Tirolischen Deckeneinheit dar. Man kann sie 150 km weit vom Sengsengebirge im O bis zum Inn nach W verfolgen. Die ihr nördlich anschließenden kalkalpinen Einheiten der „tieferen Lechtaldecke“ im weiteren Sinn tauchen von O und W unter ihren gegen N vorgewölbten Bogen unter. Dieser tritt mit dem Traunstein—Höllengebirge—Schafberg—H. Staufen—Rauschenberg an die Flyschzone vor, um ab Reit im Winkel auf weitere 55 km Länge durch eine zunächst mit Unter-, dann auch mit Oberoligozän gefüllte *Molasse-Vortiefe* bis Rattenberg begrenzt zu werden. Das andauernd südwestliche Einfallen dieser Muldenfüllung und deren zunehmende Verengerung zeigt die *innaufwärts zunehmende Muldenvertiefung* an, welche es uns verständlich macht, daß die aquitane Angerbergmolasse mit ihren *jüngsten* Schichten bei Rattenberg untertaucht. Es scheint, als ob sie hier *weiterhin ganz zur Tiefe versunken wäre* längs steiler Störungen zwischen der Tirolischen Einheit im SO und dem Karwendel im NW. Die westliche Fortsetzung dieser Großbewegung wird *von der Ötztalmasse übernommen, welche gleichfalls von N her jung unterschoben ist.*

Wie schon oben S. 295 gesagt, bedeutet aber diese Unterinntalsenke keine gewöhnliche Einbiegung zwischen *gleichwertigen* Gebirgsnachbarn. Vielmehr zeigt die Triasfazies zwischen Wörgl und dem Zillertal-Ausgang die südlichste Berchtesgadener Fazies mit Ramsaudolomit. Dagegen stößt an sie jenseits des Unterinntals plötzlich die normale nordkalkalpin-bayerische Fazies des Wettersteinkalks bis über Innsbruck hinaus an. Außerdem hat sich die Tirolische Einheit im SO zu jüngerer Zeit offenbar kräftiger herausgehoben nicht allein als ihre Unterinntaler Vortiefe, sondern auch als die Karwendel-Trias. Daher wurde im SO das Mesozoikum zum größten Teil *abgetragen* und tritt nun breit entblößt unter ihm das Kitzbühler Grauwackengebirge und dessen Quarzphyllit-Unterlage hervor.

Die Analogie der Gesamtlage mit der anderen, noch ausgedehnteren, jedoch wohl nicht gleich tief unterschobenen *Teilvortiefe am Nordrande der Karawanken*, jene zwischen Angerberg- und Sattnitz-Nagelfluhmolasse, sowie der Jugendlichkeit von beiderlei Bewegungen ist nicht zu verkennen.

Aber außerdem fällt die große Steifheit der langanhaltenden Längsstörungen und die Steilheit derselben auf. Als dritter vollkommener Vergleichpunkt kommt die von der üblichen Vortiefenmolasse am Alpennordrand nicht abzutrennende *Fazies* von Angerberg- und Sattnitz-Molasse hinzu. Alle drei der jungtertiären Nordalpenvortiefe von Schweiz—Süddeutschland eigentümlichen Merkmale *kehren also auch zunächst dem Scheitelgebiet der Nord- und der Südalpennarbe in den jungtertiären Teilvortiefen von Unterinntal und Kärntener Drautal wieder!*

Wir können hieraus wohl auf einen sehr fortgeschrittenen baugeschichtlichen Zustand auch schon der nördlichen und südlichen Kalkalpen schließen. Seine letzten orogenen Anstrengungen blieben in den gleichen strukturbildenden Anfängen stecken, zu welchen die über dem harten Kontinentalrand Europas niedergebogene Nordvortiefe allein noch fähig war und welche unter Zurückdrängung der geosynklinal üblichen Falten- und Schubtektonik schon den Übergang zu der außergeosynklinalen Bruchtektonik erkennen lassen. *Überwiegend senkrechte Verlagerungen blieben übrig!*

Ebenso haben wir an die in den Nordkalkalpen wiederholt aus den *exotischen* Geröllieferungen erschlossenen Untergrundsschwellen z. B. der Gosauzeit zu denken, welche in gleicher Weise wie die Westfortsetzung des Kitzbühler Grauwackengebirges, wie die SW-Fortsetzung der Angerbergmolasse oder wie die noch zu erwähnende germanische Kristallin-Südschwelle längs späteren Unterschiebungsflächen für die Folgezeit gänzlich von der Erdoberfläche verschwinden konnten.

Ein eindeutiges Anzeichen *für die Unterschiebung* der bajuvarischen und *gegen die Überschiebung* der Tirolischen Einheit fällt hier übrigens nebenher an. Bei ihrer Annäherung biegt die bajuvarische Einheit mit dem Flysch aus ihrer W-O-Richtung in die NW-SO-Richtung um, *hinein unter die Tirolische Einheit.* Sie verhält sich also nicht passiv gegenüber einer oben schiebenden Platte, sondern wendet sich aktiv unter diese hinein.

Man könnte noch nach dem Verbleib der zwischen Kufstein und Innsbruck in der Tiefe der Inntalnarbe noch so spät verschwundenen tieferen Massen des Geoplasmas fragen. Es liegt nahe, diese unter der dem Unterinntal zwischen Innsbruck und Wörgl in nur 30 km Entfernung mit gleichem Streichen zwischen Brenner und Venediger benachbarten und jungen *Gneiskern-Aufwölbung der Zillertaler Alpen* zu suchen. Diese hier zuletzt auf-geschmolzenen bzw. aufgestiegenen Magmenanteile können jene *zentrale Kuppel* gebildet haben, welche nach Ausweis der Angerbergnagelfluh noch im Aquitan keine Gerölle abgegeben hatte und also in der Tat erst später im Miozän unter starker Abtragung emporgestiegen ist.

Dagegen gehört die Aufwölbung und Abtragung der Quarzphyllit-Grauwackenzone schon zur aquitanen Absenkung der Angerbergmolasse, welche dabei die entsprechenden Gerölle erhielt.

Nach diesen Erfahrungen im W kann man die Unterschiebung des einheitlichen Tirolischen Bogens durch das bajuvarisch-Reichraminger Deckenvorland (E. Kraus 1944) und durch die Flyschzone als schon *jungaquitan einsetzend und hauptsächlich miozän ablaufend betrachten.* Damit stimmt die jugendlich anmutende, weil später nicht mehr stark geänderte Ordnung der Dinge auch am Alpenrand ostwärts vom Inntal gut überein. Sehen wir doch, daß hier sowohl der Flysch wie auch die subalpine Molasse gegenüber ihren Fortsetzungen im W und im O noch junge Großbewegungen erheblichen Ausmaßes durchgemacht haben.

Junge Folgen der Tirolischen Unterschiebung

Nach E. Kraus 1942, 175, streichen von der Senke südlich des Chiemsees gegen SO nicht nur die bajuvarisch-kalkalpinen Falten, sondern auch die sie nordwärts (unterschiebend) begleitende Oberstdorfer Flyschdecke und der von dieser gleichfalls in WNW-OSO eingeregelte Südrand der Sigiswanger Decke fort. Das Ganze schob sich südwärts unter die bogenförmig quer darüberwegscherende Tirolische Decke. Dabei wurde die östlichere Fortsetzung der Oberstdorfer und der Südteil der Sigiswanger Decke zu ostwestlichem Streichen parallel dem Tirolischen Nordrand *umgebogen.*

Da Mitteleozän noch mit in die Unterschiebung des Flysches unter die tiefbajuvarische Allgäudecke sowie in jene der Helvetiden unter den Flysch mitbeteiligt war, versetzen wir diese Hauptunterschiebung in die anschließende *obereozän-unteroligozäne Senkung und Hauptorogenese.*

Länger als sie, da deutlich die älteren Strukturen umbauend, muß die andere großzügige, wenn auch nicht mehr ebenso weit reichende *Unterschiebung des bajuvarisch-ultrahelvetischen Baues südwärts unter die Tirolische Einheit gedauert haben.* Wir können den Ausklang in die nächste große Senkungs- und Schubzeit einordnen, *in die mitteloligozäne Rupelstufe.* Dafür spricht die gleiche Einengung in N-S der ostwestlichen mitteloligozänen Molassemulden in der Vortiefe einerseits, sowie die Südunterschiebung unter die Tirolische Einheit andererseits.

Anhaltspunkte für die zeitliche Einordnung hierher gehöriger Bewegungseinheiten bot weiter im W die von O. Ampferer 1942 verfolgte *Eisenspitzbrekzie in den südlichen Lechtaler Alpen.* Hier und im südlichen Rätikon fand der Genannte diese Brekzie auf 70 km O-W-Entfernung. Sie hatte sich nach den offenbar späteozänen Haupteinengungen und Unterschiebungen in N-S und den diesen nachfolgenden Heraushebungen und bis über 1000 m tief in das Gebirge hinabgreifenden Abtragungen *als Gehängeschutt* gebildet. Da sie noch unter dem Buntsandstein im Rellstal liegt, also unter die westöstliche Reliefunterschiebung der unteren Silvrettadecke geriet, muß sie älter als diese, wahrscheinlich der Rupelzeit (? Helvet) angehörige Hauptbewegung sein.

Erneute Schub- und Radialbewegungen ergeben sich aus der vermehrten kattischen Geröllflut im bayerischen Vorland. Daß auch hier wieder nicht etwa nach kurzfristigen Phasen mit streng abgemessenem Schritt verfahren wurde, dürfte sich aus dem unteroligozän-aquitanen Inhalt der Unterinntal-Walchsee-Molasse-Vortiefe am Tirolischen Nordrand ergeben: Schon im Unteroligozän und dann bis zum Jungaquitan sank diese Randmulde und bereitete so ihre nach einer Abtragungsphase offenbar im älteren Miozän erfolgte Unterschiebung unter die Kaisergebirgsmulde vor. Ins Burdigal haben wir die Unterschiebung der kristallinen germanischen Südschwelle zu stellen (S. 284), deren Gerölle von da an in der Vortiefe nicht mehr ankamen außer im O des Chiemsees.

Wahrscheinlich gleichzeitig dann mit der Kaiser-Unterschiebung und wegen der damit verknüpften, vermehrten Absenkung (Südabdachung aller Struktur- und Reliefflächen im Rofangebiet!) mechanisch mit ihr verbunden, wurde die weitere WSW-Fortsetzung der Angerbergmolasse längs der Unterinntalfurche oberhalb

Rattenberg zwischen den aneinanderrückenden, ungleichen Nachbarn ganz verschluckt: zwischen dem altabgetragenen, paläozoischen Gebirge und dem Karwendel. Es entstand eine ganze Schar von N 50° O-streichenden und die O-W-Falten des Karwendels schief abschneidenden Bewegungsflächen zwischen Schwaz und Kufstein. Diese bogen über Ebbs—Walchsee—Reit im Winkel-H. Staufen mit N 65° O-Streichen um, einlenkend in die dort kräftig zusammengeschobenen Falten.

Längs dieser scharf ausgeprägten Blattstörungszone ist das NNW folgende Vortiefen- und das bajuvarische Kalkalpen-Land gegenüber der Tirolischen Masse *nach WSW vorgerückt.* Letztere gelangte daher mit ihrer Berchtesgadener Südfazies im Verhältnis erheblich weiter gegen NO als jenseits der Unterinntalstörung, wo diese Fazies sogar dem Südkarwendel noch fehlt. Außerdem haben auch die NO-Blattstörungen am Loisach- und am Salzach-Durchbruch allgemein die gleichen SW-Verschiebungen des jeweils ihnen im NNW anliegenden Schollenstückes ermöglicht. Parallellaufende Störungen am Südrande der Karwendelmulde und im Wendelsteingebiet schlossen sich offenbar dieser großzügigen Spätmechanik an. Die Sprünge durchpflügten teilweise geradlinig aber noch die Flyschzone, woraus sich ergibt, *daß deren südliche Grenzstörung gegen die Kalkalpen und ebenso deren Innenbau damals schon fertig gewesen sein muß.*

Diese Vorgänge würden also mit der Neubildung der miozänen Großmulden in der nördlichen Vortiefe zusammenfallen und gleichzeitig die kräftig angeregte Schuttzufuhr aus dem orogenetisch stark belebten Baurelief im S erklären. Unklar ist, wie weit damals schon die oligozänen Vortiefenmulden sich mit ihrem vom Gebirge gekommenen, groben Molasseschutt, den wir aber im O weitgehend vermissen, unter die helvetische Decke hineingeschoben haben. Nach der steilen Stellung der Grenzstörung kann der Betrag höchstens ganz gering sein.

Als Aufsplitterung vor dem Widerstand der sich demnach im älteren Miozän SO gegen die Tirolische Einheit heranschiebenden bajuvarischen W-O-Falten darf *das Aufreißen der NW-SO-streichenden Blattstörungen* in der Wendelsteingruppe zwischen Rotwand und Heuberg gelten. Das O-W-streichende Faltenland Brünnstein—Wendelstein—Wildbarren—Riesenkopf—Kranzhorn ging, in Blattstreifen aufgespalten, derart vor, daß meist der jeweils SW gelegene Streifen um ein Stück weiter unter die Kaiserdecke hinein vorrücken konnte als der nordöstliche, mehr gehemmte. In NW-Richtung zerschlagen sich diese steilen „*Gegendruck-Blätter*", fügen sich aber mehrfach, so um den Block des Wendelsteinsattels oder auch um den Breitenstein zu flachschaufelförmigen Flächen zusammen, an denen gegen SO unterschoben wurde. Hierher gehören wohl auch leichte W-O-Unterschiebungen am Wildalpjoch mit anderen Unterschuppungen.

Zweifellos noch jünger als alle diese Ereignisse, deren Anlagen nun unbekümmert quer abgeschnitten werden, entstand der heutige Gebirgsrand mit der etwa senkrecht gestörten, südlichen Molasserandstörung. Sie schneidet (E. KRAUS 1942, 160) die OSO-biegende Grenze zwischen Oligozän und Miozän des Vorlandes quer ab. Außerdem trennt sie den ursprünglich am Chiemsee umwendenden Nordbogen aus Allgäu-, Oberstdorfer-, Sigiswanger Decke und helvetischer Kreide (1942, 189) vom Gebirgskörper ab und vollzog neuerdings größte Beschneidungen. Die Mitbeteiligung des helvetischen Schliers an der großen Vortiefensenkung und sein Abschneiden im S längs dieser Molasserandstörung *läßt deren Entstehung frühestens tortonisch erscheinen.*

Zeittafel für die westlichen Kalkostalpen:

	Gebirge	Vortiefe
Torton	Aufstieg unter Randbruchbildung, starke Abtragung	Niederbrechen, Südrandstörung, Geröll-Überschüttung
Helvet	Scharen von SW-NO-Blättern, besonders an Loisach- u. Salzach-Ausgang. Weiterer Süd-Unterschub von Bajuvar., Flysch, Unterolig./Aquitan des Unter-	Ausbildung und
Burdigal	inntals unter die Tirol. Einheit, Kaisergebirgsausschub; Verschluckung längs Unterinntal, weiterer Unterschub der Bercht. Masse. Wendelstein-NW-Brüche; Unterschub der Germanischen Südschwelle	teilweise Füllung der Miozänmulden
Jung-Aquitan	Ruhige Hochlage. Verebnung zur Augenstein-Landschaft	Geringe Sedimentation
Älteres Aquitan	Kräftige Niederbiegung der tirolischen Teilvortiefe und Verschluckung am Unterinntal, deren Zufüllung von S unter entblöß. Aufwölbung der N-Grauwackenzone. Angerbergschichten	Granitische u. Blättermolasse im W. Weitere Schuttausbreitung unter Senkung. Flachmeer der Promberger Schichten
Katt	Neu einsetzende, starke Schuttverfrachtung unter Beseitigung des Baureliefs	1,5 km Schuttabsatz, zuerst (Bausteinzone) grob, dann
Rupel-Stufe	Beginnender S-Unterschub d. bajuvar. u. ultrahelvet. Einheiten unter d. tirol. Einengung d. unterol. Mulde v. Kössen	feinkörnige Bildung und Füllung der mitteloligozänen, marinen Vortiefen-Mulden
Unteroligozän	Allmähliche Beruhigung und Hebung	?
Obereozän	Unterschiebg. v. Helvetiden unter Flysch, von Flysch unter d. bajuvar. Einheit	Archipelmeer unsicherer Nordbegrenzung

Schon 1942 und 1944 wurde ausgeführt, daß die ganzen, umfangreichen Nordrandteile der Alpen nur nach abwärts durch Versenkung von der heutigen Bildfläche verschwunden sein können. Wenn jetzt der ganz abweichende, ruhige Molassemuldenbau so gleichmäßig in W-O an diesem zerstückelten Nordrand eines verwickelten Decken- und Faltenbaues vorbeizieht, *so kann eine Bildungsnachbarschaft oder mechanische Bildungsgemeinschaft derart abweichender Strukturen nicht in Frage kommen.* Der Decken- und Faltenbau ist *teils älter*, teils aber auch *in größerer Tiefe* entstanden als der Molassebau der oligozänen Vortiefe. *Letzterer entstand hoch darüber* und wurde nur durch nachmittelmiozän niederbiegende und niederbrechende *Senkung der Vortiefe nach unten „projiziert", während offenbar ungefähr gleichzeitig die südliche Gebirgsfortsetzung emporgestiegen ist.* Dies kann geschlossen werden aus der im Torton zum letzten Male stark gesteigerten Abtragungsschuttmasse, welche weit hinaus in die Obere Süßwassermolasse rollte und eine Vorstellung der damaligen Gebirgsoberfläche gibt (S. 284).

Auch hier erklären wir uns also die verhältnismäßige Unberührtheit der heute unmittelbar nördlich neben älteren, aber auch jungen Gebirgsstrukturen liegenden Molasse

1. durch die zum großen Teil schon frühere Entstehung der Decken und Falten,
2. durch deren zunehmendes Abklingen gegen oben in der sonst auflagernden Molassehülle.

Eine Übersicht der demnach abzuleitenden Ereignisse sieht wie nebenstehende Tabelle aus.

Massenverluste an der Nordalpennarbe (Unterinntal)

Längs dem Unterinntal weicht die Fazies der breit und steil nordwärts unter die Inntaldecke hineingeschuppten Lechtaldecke nicht unbeträchtlich von jener der Inntaldecke ab. Man wird hier wohl mit etwa 10 km späterer Annäherung beider Decken-Sedimentationsräume rechnen müssen. Dieser ehemalige Zwischenraum fehlt also heute längs *steil* nordwärts einschießenden Bewegungsbahnen.

Ein weiterer Faziessprung besteht von der Lechtaldecke südwärts nach der Berchtesgadener Ramsaudolomitfazies, welche unter Vermittlung von Muschelkalk-Buntsandstein die im SSO des Unterinntals folgenden Schiefer und Dolomite der Nordgrauwackenzone transgressiv, jedoch mit der hier üblichen Teilverschuppung überlagert. Auch hier verschwanden an *steil* stehenden Bewegungsflächen also bedeutende Sockelmassen.

Da weiter die Nordgrauwackenzone von SO und O gegen das Unterinntal heranstreicht und nur an diesem, offenbar mit junger Schuppung dem unterinntaler ONO-Streichen angezwungen ist, da sich diese Zone auch nicht hier axial heraushebt, muß zwischen Rattenberg und Schwaz auch die Westfortsetzung dieses mächtigen paläozoischen Sockels einschließlich des Schwazer Augengneisstockes und nördlicher Randteile des anschließenden Quarzphyllits von Innsbruck als Verlust im gegenwärtig aufgeschlossenen Stockwerk gebucht werden.

Und im NW des Unterinntales fehlt uns das natürliche Ostende der hier gegen O heranstreichenden Lechtal- und südlichen Inntaldecke, wenn sich auch freilich deren Sedimentationsräume offenbar einst weit noch gegen O verlängerten und sie nur durch Abtragung dort verloren wurden.

Es kann nicht bezweifelt werden, daß *längs dem Unterinntal, und zwar an steilstehenden, meist nordfallenden Bewegungsflächen ein Gesteinssockel von weit über 30 km N-S-Ausdehnung nicht durch Abtragung oben, sondern durch Verschluckung nach unten entfernt wurde.*

Das Gebirge im WNW und im SSO wurde *schräg* — wohlgemerkt — zum ursprünglichen Falten- und Deckenbau längs einer breiten, höchst verwickelt gebauten Schuppenzone beiderseits scharf amputiert durch tiefe Versenkung einer gewaltigen Tonnage unter Zusammenrücken der in höherem Stockwerk zurückbleibenden Schuppen.

Allein diese von uns als alpine *Nordnarbenzone* bezeichnete Steilschuppenschar sehen wir in die neue Richtung ONO eingeregelt, und nach der dieser neuen Richtung noch wenig vollkommen folgenden priabon-tongrischen Sedimentation der Häringer Schichten zeigt die jüngeroligozäne Angerbergmolasse eine bereits vollständige Einordnung in WSW-ONO. Zugleich beweist uns die über 2 km betragende Häufung der trotz aller Ausräumung hier bis heute erhaltenen Tertiärsedimente, daß mit dem riesigen Tonnageverlust tatsächlich eine mächtige Absenkung verbunden war. Sie sagt uns zweitens, daß eine Hauptzeit der Verschluckung zwischen Priabon und Aquitan lag und daß von ihr ein bereits weitgehend tangential vorangeschrittener Falten- und Deckenbau betroffen wurde.

Jungtertiär-quartär hat sich dieses Stück der nordalpinen Längstalungen unter Verwendung älterer Schwächelinien weiterentwickelt, und noch heute ist es eine rührige seismotektonische Linie (E. Kraus 1931). Diese winkelt sich schräg ONO ab von dem allgemeinen Verlauf, der ins Pinzgau geht und weiterhin den Nordkalkalpen folgt. Und in gleicher Weise zieht auch die ältere Hauptstruktur der Nordalpennarbe mit ihren steil nordfallenden Bewegungsflächen oder oft senkrechten Schichtstellungen ostwärts fort.

Wir haben in der Unterinntalabzweigung eines der zahlreichen Beispiele für die *Flachgabelung der Narbenschnitte* (E. Kraus 1936), welche innerhalb der breiteren Strukturzone einer Orogennarbe üblich ist, wie dies in der „Vergl. Baugeschichte der Gebirge“ 1951 etwa für das nördliche Kleinasien oder für den Mediterranrand des Tellatlas festgestellt wurde. Und zwar sehen wir dann jeweils, daß ein älteres Strukturgesetz anderer Richtung später ersetzt wird durch einen „Strukturwillen“ in neuer Richtung.

Kann die Unterströmungslehre diese großzügigen Beobachtungstatsachen unschwer deuten, so dürfte gleiches der nappistischen Deckenschubvorstellung (oben einheitlich weit aus dem Süden) unmöglich sein.

Wer schafft denn in dem Falle aktiven Hangendschubes den Platz da unten in der massenerfüllten und angeblich ruhigen, passiven Tiefe für dieses regionale, steile Hinabtauchen der Decken, der Schuppen, der verlorengegangenen Riesensockel? Ist es nicht *eine regionale Tatsache ersten Ranges*, wenn wir im Grunde immer die gleichen Strukturgebärden unserer Orogennarbenzonen nicht allein verfolgen konnten von M. Lugeon's „racines externes“ ostwärts bis zum Semmering, von der Insubrischen Linie des Veltlins bis zur Drau- und Donatilinie? Wenn wir dieselben Bautypen wiederfanden in den anderen gut bekannten Geosynklinalgebirgen, die sich gerade längs diesen tiefspaltenden, primären Narbenschnitten bei Horizontalbeanspruchung über einer Geoplasmadrift mit Vorliebe voneinander abtrennten?

Schon allein das Hereinspießen der roten germanischen Buntsandstein-Fazies, teilweise sicher in Schuppenform, unter den Nordkalkalpen hindurch gegen S und deren Unterschuppung nordwärts durch die alpine Werfener Marinfazies zeigt uns wie fremd sich die Faziesräume längs der Nordalpennarbe gegenüberstehen.

Längsbewegungen. Im gleichen Bereich sind uns seit langem mächtige Schichtanschoppungen, aber auch immer wieder scharfe Schichtbeschneidungen namentlich für den Bereich der beweglicheren Gesteine des Skyths bekannt. Dicke Großlinsen von Haselgebirge mit Salz, Anhydrit schoppten sich nach O. Schmidegg's genaueren Untersuchungen 1951 am Salzstock von Bad Hall bei Innsbruck. Über 500 m messen Rauhwackenknäuel zwischen germanischem Buntsandstein und Reichenhaller Schichten. Das fehlt im Streichen oft ganz.

Starke Querstellung *und* Querfaltung wies genannter Autor von dieser Haller Salzlagerstätte nach, F. Fuchs 1944 für den Bereich Achensee-Kaiser, A. Ruttner 1948 für oberes Ybbs- und Erlauftal. Seit langem sind die Querbögen von Weyer diskutiert und O. Ampferer's Nachweise für O-W-Stauchung der Ostalpen bekannt in einschränkender Verfolgung der Ansichten von Aug. Rothpletz.

All dies muß uns immer weiter wegführen von dem überlebten Nappismus und hin zu neuen Konzeptionen.

Immer wieder erfahren wir, im Ablauf der alpinen Geosynklinalbewegung — und nicht etwa allein gegen deren Ende zu — *von Beweisen der Längsstauchung des Gebirgskörpers*. Daß längs dem Unterinntaler Narben-Ast manche kleinere Masse nicht nach abwärts sondern auch nach der Seite ausgewichen ist, scheint angesichts der Anschoppungen im Streichen klar.

Die Narbenbewegungen sind äußerst verwickelt und in langer Baugeschichte keineswegs immer gleichsinnig gewesen. Dies haben schon die ersten gefügeanalytischen Studien von Br. Sander, O. Schmidegg u. a. gezeigt. Schon jetzt muß dabei der Versuch, möglichst alles einem Süd-Nordschub mit Querdehnung gutzuschreiben, im Falle der oft recht bedeutenden Querschubweiten (Querfaltung), abgelehnt werden: Faltung bedeutet *nicht Dehnung*, sondern Einengung!

Hebungsstaffeln. Recht spät erst dürften die über 1 km betragenden Schollenabsenkungen gegen N und Heraushebungen gegen S eingetreten sein, welche unter Benützung von Schwächen an der Unterinntalnarbe und an den von ihr abzweigenden Sprüngen (Halltal- und Stempeljochstörung) heute die Strukturen verstellen. Denn nicht allein durch Höherwalmung des zentraleren Alpenkörpers, sondern — verständlich im Feld primärer, streichender Tiefspalten — auch durch Staffelbrüche vermochte sich der jungtertiär-quartäre Gebirgskörper über seine beiden gleichzeitig versinkenden Vortiefen herauszuheben.

2. Ostteil der nördlichen Kalkalpen

In den östlichen Kalkalpen kommen als wichtige Hilfsmittel für die Beurteilung der jungen Gebirgsbewegungen noch miozäne, vielfach braunkohlenführende Sedimente hinzu, außerdem das ins östliche Vorland übergehende Jungtertiär und Augensteinfelder in weiter Verbreitung.

a) Die Augensteinfelder

fehlen auf den Kuppen und Gipfeln selbst, liegen jedoch in den tieferen Hochflächenstücken der verkarsteten Plateaus von Steinernem Meer und Salzburger Alpen bis Hochschwab, Veitsch, Schneealm, Dürrenstein, Schneeberg, Rax, Tonion, Hohe Wand ähnlich wie auf Ostkarawanken Drauzug, O-Zentralalpen, Dolomiten. Neben den glänzenden Quarzkieseln stecken Gerölle von Phyllit, Altkristallin und Grauwackenzone im Lehm. Beachtlicher Weise *fehlt noch ein Anteil aus der Tauernschieferhülle und dem Tauernkern, die demnach erst nachaquitan genügend gehoben und abgetragen wurden.* Es sind dezimierte Restschotter.

Nach G. Goetzinger 1913, 1915 sind diese Hochflächen durch Seitenerosion von Flüssen entstanden, als es die heutigen Flüsse und Täler noch nicht gab. Die „Augensteinflüsse" mäandrierten von den Zentralalpen nordwärts gegen die Kalkalpen nach Ausweis der nur kleinen Gerölle und der gelegentlichen, rein zentralalpinen Feinsande mit geringem Gefälle in einem tiefgelegenen Hügelland, das mit höchstens 800 m zu Mittelgebirgshöhen aufstieg. Jedenfalls zeigte schon diese nordgerichtete Abdachung an, *daß die Zentralalpen damals bereits in höherer Tauchgleichgewichtslage verharrten als die noch nicht gleich weit fortgeschrittenen Kalkalpen.* Nach außen dürfte die jungaquitane Flachlandschaft ganz allmählich in die Meeresspiegel-nahe Sumpflandschaft übergegangen sein.

Das Alter der Augensteinfeld-Verebnung fällt in die Zeit des ruhigen Aufstieges und der langdauernden Hochlage nach den kräftigen Gebirgsbewegungen der Rupel- und Katt-Zeit, *also in das Aquitan*. Ein Augensteinfeld steht zum Beispiel bei Hieflau in 1243 m über dem Ennstal (Gesäuse) mit Tertiär in Verbindung. Aus Bauxit- und Braunkohlen-führendem Aquitan-Ton entwickelt sich hier gegen oben mächtiger Tertiärschotter, der gegen O in ein Augensteinfeld übergeht.

Die kattisch-aquitane Heraushebung, welche wir angesichts des offenbaren Nachlassens der orogenen Senkungskräfte als isostatisch bedingt ansehen können, hat die Ablagerungsstätten entsprechend dem noch bewegten Baurelief teils gegen außen verschoben, teils die Sedimente gänzlich abgetragen bis auf den Rest der meist erst noch nachträglich verlagerten Augensteine. Es war eine sehr langdauernde, chemisch-mechanisch die einst wohl Hunderte von Metern betragenden Absätze besonders zerstörende Zeit. In ihr muß auch die *erste Anlage jener umfangreichen Verebnungen* entstanden sein, über welchen sich bei dem erneuten Hinabbau-Einsatz im Burdigal das *feinkörnige* Miozän allein bilden konnte, und welche in späterer Fortentwicklung als „*Raxlandschaft*“ erscheint. Die langdauernde Aquitan-Einebnung hatte Raum für die ausgedehnten Seen und Sümpfe des Untermiozäns geschaffen.

F. E. Suess hat 1929, 214f. für die allmähliche *erosive Zerstörung der südlichen Kalkalpen-Fortsetzung* den Vergleich mit der allmählich zurückgedrängten Albplatte des schwäbisch-fränkischen Jura herangezogen. Man könnte den Vergleich sogar dadurch erweitern, daß man die gleichzeitig von der Mittelrheinischen Schwarzwald/Vogesen-Masse auch nach W in erosiver Zurückdrängung gewesene mesozoische Auflage betrachtet und das Mittelrheinmassiv so vergleicht mit den sich allmählich aufwölbenden und nach außen Augensteinfeldschutt-abgebenden Zentralalpen.

So viele geometrische Beziehungen vorliegen mögen, so scheint uns doch der Unterschied maßgebend, daß *dort ein epirokinetischer*, hier ein, wenngleich sehr

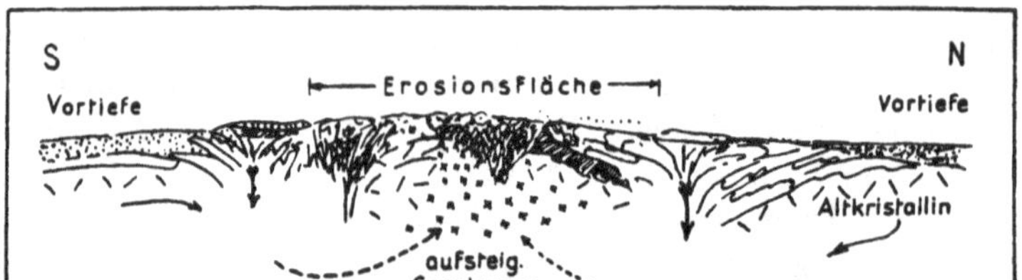

Abb. 111. Strukturschema eines Ostalpenquerschnittes im Aquitan: Ausbildung der Augenstein-Flach-Landschaft; Abtragung der mesozoischen Bedeckung gegen N und S bis an die nördlichen und südlichen Kalkalpen mit deren erstarrten Orogenen. Lage der paläozoischen Grauwackenorogenreste schraffiert. Abtragung über dem zentralalpin aufsteigenden Geoplasma. Neue Vortiefen an dem zum einheitlichen Reliefgebirge gewordenen Alpenkörper.

später *geosynklinaler Vorgang* betrachtet wird; Abb. 111, 112. Wer die Sedimentation der Schotter, Sande und Lehme kennt, welche die zurückweichende Albtafel oder Côte Lorraine (schwarz in Abb. 112) hinterließ, der wird sogleich den großen Unterschied gegenüber der hiermit zu vergleichenden Angerbergmolasse wahrnehmen. Nicht nur die Mächtigkeiten sind in den Alpen sehr viel größer. Auch die rhythmische Ordnung von Grob und Fein wirft ein Licht auf die recht abweichenden Absatz- und Abtrags-Bedingungen in den Alpen der Aquitanzeit. Ein alpin so stark gestörtes Gebirge *wird anders abgetragen* als ein ruhig gelagertes Schichtstufenland mit seinen regelmäßigen, jedoch in mehreren Stockwerken angeordneten Wasserhorizonten. Keinesfalls kann mit den alpinen Burdigal-Zuständen verglichen werden, mit ihren so gleichmäßig-feinkörnigen Sedimenten. Erst die Nähe des nordalpinen Narbenscheitels, der eine z. B. am Arlberg noch

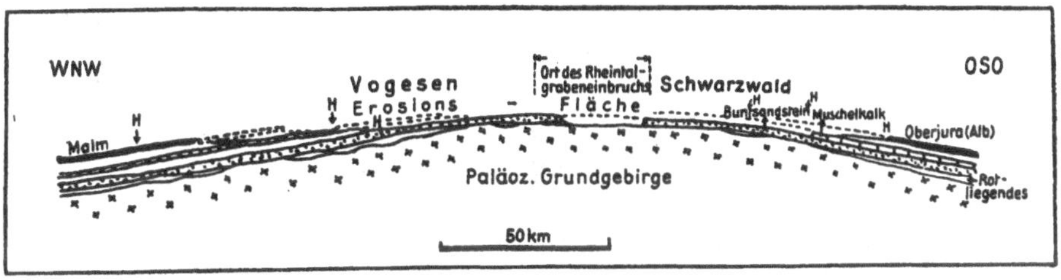

Abb. 112. Profilschema der Schichtstufenlandschaft am Mittelrhein vor Einbruch des heutigen Rheintalgrabens. Bei *H* heutige Lage der steilen Schichtköpfe.

sichtbare, steilwerdende Schichtstellung und vor allem seine fortgehende Senkungstendenz, aber auch die leichtere Zerstörbarkeit der zertrümmerten Fächergesteine hat, ließ die ausräumende Flächenerosion von S her Halt machen. Sie gelangte bis an die Linie Klostertal—Arlberg—Unterinntal—oberes Salzachtal—oberes Ennstal—Paltental—oberes Mur- und Mürztal. Im S räumte die Erosion anscheinend südwärts aus von der allmählich aufsteigenden Zentralalpen-Wölbung noch bis über die Tonale-Linie, ostwärts der Judikarienlinie aber nur bis zur Linie Pustertal—Gailtal—Drautal—Donatistörung ohne die Gailtaler Alpen. Unterirdische Karstentwässerung mit Zusammenbrüchen der Höhlen wird mitgewirkt haben. Die Grauwackenzonen und zentrales Altkristallin wurden zunehmend gehoben und von mesozoischen Schichthüllen entblößt, wodurch der nördliche und südliche Narbenbau gegenwärtig sehr unsymmetrisch wirkt. Andererseits aber wurde unter dem verhüllenden Stockwerk der Narbendecken das tieferliegende der steilen Fächer oder „Wurzeln" weithin freigelegt. Bei Inntaldecke, Hochschwab, Dolomitenschüssel ist dies noch heute nicht der Fall.

Da sich das Altmiozän schon auf diese tief abgetragene und eingeebnete Landschaft legte, muß diese umfassende Entblößung bereits damals zum wenigsten weite Fortschritte gemacht haben. Die erst später erscheinenden Kerngesteine der zentralalpinen Aufwölbungen (Pennin—Zillertaler—H. Tauern) in dem Abtrag lassen darauf schließen, daß die Heraushebung und Abtragung im Inneren aber erst miozän bis zur Bildung der Raxlandschaft vollendet wurde. —

Gegenüber der Augensteinlandschaft kann die burdigale Zeit der großen Absenkung und Bewegung im Zusammenhang mit dem Vordringen des Meeres der 1. Mediterranstufe erst später liegen. Sie hätte ja andernfalls durch Senkung der Erosionsbasis Anlaß zu starker Reliefzerschneidung gegeben. Ebenso ging die langdauernde Einebnungszeit der Ausbildung der kuppigen Raxlandschaft voraus, welche ja nur noch von letzten Resten der umgelagerten Augensteine überstreut ist, nicht aber von mächtigeren Geröllagen. Solche hätten sich in den Miozänseen Steiermarks sammeln müssen. Allein in der Angerbergmolasse haben wir gleichzeitige, sehr mächtige Flußablagerungen unter den ganz besonderen Umständen der Teilvortiefe vor der Tirolischen Bewegungseinheit kennengelernt. Sie ist aquitan.

b) Das Süßwasser-Miozän

liegt in heutigen Talzügen und Becken über Kalkalpen und den schon von diesen entblößten Zentralalpen als Ergebnis einer offenbar *den ganzen östlichen Alpenkörper erfassenden Senkung und Seenbildung.* Nach der Augenstein-Einebnung, über deren Ausräumungsflächen sich diese Süßwassergerölle, Sande und Schlamme mit eingeschlossenen Sumpfbildungen ausbreiteten, dürfte zunächst eine kräftige, jedoch bald nachlassende *Reliefverschärfung* eingetreten sein. Sie kann nur als innenbürtig entstandenes Baurelief gewertet werden und tut sich durch die nicht selten Geröll- und Block-reichen Sohlenschichten dieser Miozänreste kund. Sie werden allgemein *als untermiozän* angesprochen. Bei Görriach deutet die Säugetierfauna der Braunkohlenschichten *eher auf Helvet.* Die gleiche Fauna in Süßwasserschichten am Westrande der Grazer Bucht ist nach den Lagerungs-Verhältnissen aber etwas älter als die II. Mediterranstufe, *somit spätburdigal.*

Eine erste, kräftige, jedoch nicht langdauernde Gebirgsbewegung hatte also die Flachlandschaft des ausgehenden Aquitans erfaßt. Ausgedehnte Seen breiteten sich weithin in seichten Teilsenken aus und beweisen durch die abgelagerten Feinsande und Schiefertone, daß das umgebende Landrelief noch immer oder schon wieder sehr flach war. Auch fehlt den Ablagerungsresten jedes Anzeichen von Beckenrandfazies, so daß sie nicht als Sedimente von Einzelbecken, sondern als die Überbleibsel einer die östlichen Zentralalpen bis in die Kalkalpen hinein recht allgemein überlagernden Schichthülle gedeutet werden müssen (W. Petrascheck 1924). Sie blieb aber allein dort erhalten, wo sie durch spätere Einsenkungen oder Einbrüche der Abtragung entzogen war.

Daher finden wir das Untermiozän heute in den großen Hauptfurchen des Ennstales bei Radstadt-Gröbming-Stainach a. Enns, im Murgebiet im Becken von Tamsweg (Lungau an der oberen Mur), ostwärts davon im Sattel zwischen Schöder und Ranten, Konglomerate bei Oberwölz, Braunkohle bei Neumarkt, Schieferton und Sandstein bei Oberzeiring, ausgedehnte Vorkommen im Judenburger Becken mit den wichtigen Fohnsdorfer Braunkohlen, von da südwärts über den Obdacher Sattel in das Lavanttal fortsetzend, nordwärts weiterziehend in den Becken von Seckau-Leoben-Trofaiach. Im Mürztal ziehen die Schiefertone, Sandsteine, Konglomerate, weiter bis Mürzzuschlag, ebenso parallel damit im NW (Aflenz—Görriach—Turnau). Kohlenvorkommen von Rettenegg vermitteln hinüber zu denen von Vorau, Passail und Birkfeld, weiter zu den schon oben S. 154 erwähnten, ausgedehnten Resten in der Buckligen Welt und im übrigen steirischen Hügelland.

Wir folgen der klaren Übersicht von A. v. Winkler-Hermaden 1951, 415ff. Danach liegt ein wichtiges Teilgebiet zwischen O-Pongau und dem Gesäuse an der Enns, d. h. in der großen Längstalflucht zwischen dem nach N durchbrechenden Salzachtal im W und jener Stelle, an der diese Längsflucht mit der Enns nach N durchbricht. Dementsprechend lag das Einzugsgebiet der jungtertiären Mittelgebirgsflüsse nach Ausweis ihres meist nur mittelgerölligen Schuttes weit überwiegend im Bereiche der N-Grauwackenzone mit deren Quarzphyllit, Quarzit, Grünsteinen, Gneisen und Graniten. Auch kamen nur wenig Gerölle aus dem bereits bis auf Alttrias abgetragenen Kalkalpenrandbereich und von solchen der weit ausgedehnten suprakalkalpinen Eozänkalktransgression hinzu. Gesteine der Schieferhülle und Tauernzentralgneis waren offenbar noch verhüllt; sie fehlen. Vgl. auch Chr. Exner 1949, H. P. Cornelius 1950, 161.

Da die zumeist offenbar nichterosiven, sondern im Miopliozän tektonisch niedergebogenen Tiefenzonen zweifellos im wesentlichen schon mit den Tiefenlinien des Mittelmiozäns übereinstimmten, muß die Entwässerung der sehr ausgedehnten Gebirgsoberfläche durch kurze Abflüsse von einem See zum andern bzw. durch diese vor sich gegangen sein. Erst über den Sumpf- und Feinkorn-Sedimenten folgt allgemein eine gröbergeröllige Ablagerung, welche eine allgemeine und grundsätzliche Reliefänderung bezeugt. Daß örtlich auch schon burdigale oder althelvetische Flußschotter verfrachtet wurden, scheint das limnische Helvetprofil in der Braunkohlengrube von Leoben zu zeigen:

Bis 40 m Sandstein mit Säugerfauna; der Vorstoß des Grunder Meeres soll hier spürbar werden. Zuoberst Grauwackengeröll-Konglomerat.

30—60 m „Hauptkonglomerat", diskordant weit übergreifend.

140 m Sandstein und Konglomerat.

25 m Tone mit Pflanzen und vulkanischen Aschen.

18 m Brandschiefer mit Pflanzen- und Fischresten. Grundflöz mit Einlagen von Andesittuff; auf tief zersetztem Phyllit.

Der Unterinntalfurche in der WSW-ONO-Streichrichtung und in der Füllung ähnlich ist die alte Ennstalung Radstadt—Gröbming—Liezen—Pyhrn zwischen den Ennstalphylliten im S und der Dachstein-Grimming-Warscheneck-Trias im N. Auch in dieser Furche liegt oder lag im W offenbar Eozän (Lutet-Riffkalk; s. oben S. 41), welches — ähnlich wie im Unterinntal zur Angerbergmolasse oder wie NW Kirchberg am Wechsel — hier im O in das Süßwasser-Untermiozän umgelagert wurde. Auch an der Enns enthält das Süßwasser-Konglomerat Gerölle von Quarz mit dem Augensteinglanz und von kristallinen Schiefern. Sandstein, Mergelschiefer und Pechkohlenschmitzen wechsellagern mit Konglomerat. 1000 m höher hat sich noch eine Kohle-führende (?) Burdigal-Fortsetzung an der Stoderalpe erhalten.

Das Süßwasser-Burdigal (? Aquitan) bei Stainach a. d. Enns ist nach W. Petrascheck und E. Spengler 1927, 138f. an steil nordwärts fallender Schubfläche vermutlich während des Miozäns unter die Kalkalpen geschoben worden. Das könnte zusammenfallen mit den Beobachtungen von O. Ganns 1938, 584ff.: Im Dachstein verdrehte die tertiäre N-Unterschiebung die W-O angelegten, Lias-gefüllten Dachsteinkalkspalten in NW-SO und unterschob die Kalk/Dolomitplatte nordwärts durch die Pinzgauer Phyllite.

Allgemein beweist die Lagerung des Jungtertiärs in Schollen, eingeklemmten oder überschuppten Resten verschiedener Höhenlage, daß zwar der Hauptdeckenschub zu Ende war. Aber noch gegen das jüngere Jungtertiär müssen erhebliche vertikale und horizontale Bewegungen den Grauwackenunterbau benachbart der Nordalpennarbe befallen haben.

Das Aflenzer Miozän ist nach dem von Görriach als wahrscheinlich Helvet bzw. Jungburdigal bestimmt worden. Nach Thenius ist schon die kohleführende Serie z. T. torton. Solche Unsicherheiten hindern uns, eine mögliche Trennung der burdigalen und der jüngeren Bewegungen zu erkennen, auch die bei Aflenz auflagernden Schotter und Blocklehme des Etmissler Beckens mit einiger Sicherheit ins Helvet oder Obermiozän einzuordnen. E. Spengler versuchte 1926 im Hochschwabplateau und in weiteren Altverebnungsflächen der Umgebung, auf denen

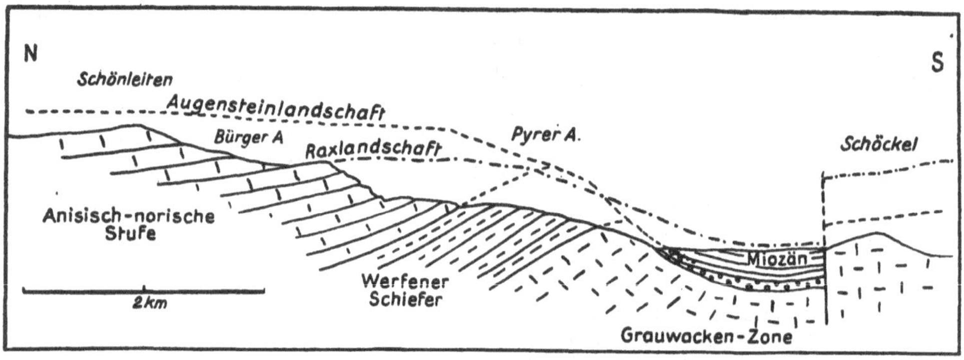

Abb. 113. Profil am Südrand der nördlichen Kalkalpen mit dem teils eingesenkten, teils eingebrochenen Miozän (Helvet) von Aflenz. Nach E. Spengler 1926, 39.

teilweise Augensteinschotter gefunden wurden, eine Altersfestlegung der Verebnungen auf Grund der Auflagerung des Aflenzer Miozäns. Die flachkuppige, oberste Landschaft, welche aber nachträglich deutlich verbogen wurde, ist nach Abb. 113 jünger als die Augensteinlandschaft und gehört der Raxlandschaft an. Sie wurde zum Teil wohl noch während der miozänen Sedimentation ausgebaut und erscheint ihr gegenüber als zur Hauptsache jünger. A. v. Winkler sprach 1924, 1926 die Raxlandschaft, nach N. Lichtenecker 1926, 1938 die Erbin der Augensteinverflachungen, als unmittelbar vor der II. Mediterranstufe (Helvet) entstanden an. Die Augensteinlandschaft dagegen ist vielleicht noch gleichalt mit dem Untermiozän (? Aquitan) des Stoderzinkens am Ennstal und von Wörschach.

c) Die Raxlandschaft und ihre Störungen

Diese Landschaft ist, wie gesagt, das älteste, überaus verbreitete und höchstgelegene Altflächensystem der östlicheren Alpen. Ganz besonders auf den Kalkplateaus konnte sie sich der günstigen Abwasser-Drainage wegen bis heute erhalten. Von da überzieht sie aber auch Zentralalpen und Helvetiden im W.

Die Störung der Raxlandschaft ging wahrscheinlich, zum wenigsten anfangs, mit den sehr allgemein das ältere Miozän überlagernden *Etmißler* Schottern Hand

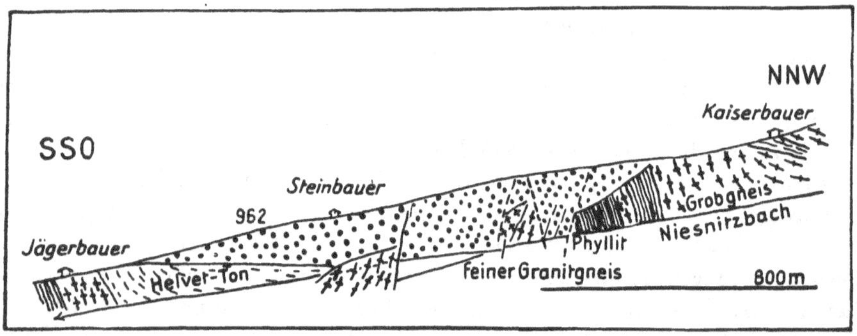

Abb. 114. Profil durch das Ostende der Kathreiner Tertiärmulde SSO. Mürzzuschlag. Tektonische Lagerung wenig gut zu beobachten. Nach H. P. Cornelius 1938, 121.

in Hand. Diese dürften das während des Helvets, vielleicht auch schon des Burdigals entstandene Baurelief eingeebnet haben. So griff dieser Wildbachschotter bei Aflenz von S her über das ältere Miozän und über die Grauwackenzone. Hangende Konglomerate in den Leobener Kohlenbecken gehören hierher. Solche schnitten bereits flach über stärker aufgerichteten Schlier des steirischen Beckens über, so daß sich z. B. bei Leitnitz und Ehrenhausen ausgeprägte Diskordanzen bildeten. Im südsteirischen Becken transgredierte ganz ähnlich Torton mit quarzreichem Konglomerat und Leithakonglomerat, bedeckt von Leithakalk, darüber von schlierähnlichem Mergel.

Vom *Mürztal* beschrieb H. P. Cornelius 1938, 138, über stark verwitterter Augensteinflächen-Unterlage ausgebreitetes, vermutlich helvetisches Miozän; unten feinkörnig, überlagert durch grobe, vermutlich tortonische Schotter (Abb. 114). Dieses Tertiär ist hier aus seiner ehemals allgemeinen Verbreitung weniger durch Einbruch erhalten geblieben als durch drei breite *Einwalmungsmulden*, die örtlich durch Brüche verstärkt mit ONO-lichem Generalstreichen über den ganz abweichenden, also schon vorher fertigen Deckenbau hinwegschneiden: Die Mürztalmulde, die Rattener Mulde und die Aflenzer Beckenmulde (diese axial nach O aushebend). *Aufwalmungen* des Stuhleck- bzw. des Troiseck-Zuges und die besonders mächtige Aufwölbung der Hochveitsch (Abb. 115) begrenzen sie. Die Hochveitsch löst vielleicht eine O-W-streichende Aufwölbung Rax-Schneealpe ab, an welche sich im N eine neue Einwalmungsmulde anschließt (E. Lahn 1934).

Hier handelt es sich offenbar um die auch anderwärts wohlbekannten breiten Walmungen annähernd im Generalstreichen, welche wahrscheinlich tortonisch angelegt wurden und reliefbelebend die Verfrachtung jener obermiozänen Grobschotter über dem burdigalhelvetischen Feinsediment veranlaßt haben. Man kann bezweifeln, daß es sich um einseitig nach N übergeneigte Falten handelt. Denn

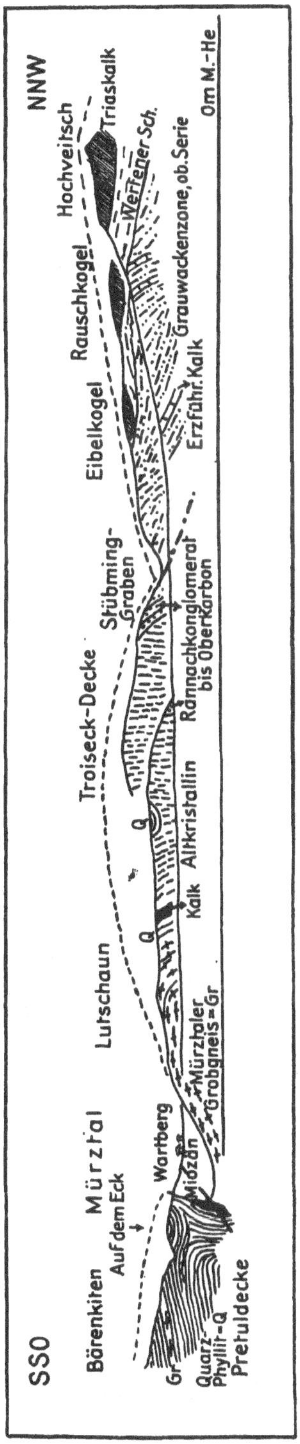

Abb. 115. Profil am Südrande der nördlichen Kalkalpen Mürztal—Hochveitsch. Gestrichelt die vermutlich heutige Lage der Verwitterungsoberfläche zu Beginn der helvetischen Sedimentation; Walmung. Nach H. P. Cornelius 1938, 113.

diese würden nicht nur der posthumen Fortbildung früherer Deckenstrukturen, wie H. P. CORNELIUS 1938, 138, richtig bemerkte, sondern auch der in diesen alpeninneren Teilen im Jungtertiär allein entwickelten Bruchtektonik völlig widersprechen. Jene Einseitigkeit wird wohl nur vorgetäuscht durch die Verwerfung der einseitig gegen S gekippten Einbruchschollen. Ist, wie sich CORNELIUS denkt, dabei zuerst die südlichste, aus Kristallin bestehende Aufwölbung erfolgt, später erst die kalkalpine im N, dann kann man dabei sehr wohl den Mangel an kalkalpinem Geröll im Helvet, die reichlichen Kalkgerölle aber im tortonen Grobschotter verstehen.

Die Überschüttung des in der vorherigen, anscheinend junghelvetischen Ruhezeit so eben gewordenen Reliefs mit groben Schottermassen unter Neubelebung der Gebirgsbewegungen beweist uns in diesem sich nur noch *über* dem Meeresspiegel bewegenden Gebirgsland ein übriges Mal die Erfahrung, daß dieser *orogene Neuangriff unter allgemeiner Absenkung erfolgte.*

Doch schon *während des Helvets hatten orogene Bewegungen begonnen*, die ersten Anfänge jener Walmungen zu bilden bei noch geringer Reliefstärke und bei schwachem Geländegefälle. Der außenbürtige Ausgleich mit Abtrag oder Ablagerung hat aber diese noch schwachen Regungen des Baureliefs bald unterdrücken können. Das Aflenzer Miozän wurde südwärts durch einen Sprung von über 300 m Höhe abgeschnitten.

Zwischen Kalkalpen und Grauwackenzone, welche hier beide die gleiche Hochverebnungsfläche in gleicher Höhe haben (Reichensteinhütte), ist eine nachhelvetische Deckenverschiebung nicht mehr festzustellen. Wohl aber entwickelte sich noch *vor Ausbildung der Raxlandschaft eine kurze N-Unterschiebung* der Schießlingkalke durch die karnischen Gesteine nach Ablagerung des Aflenzer Miozäns am Kalkalpensüdrand (E. SPENGLER 1926, 38). Ähnlich fand schon G. GEYER 1913, 307, das senkrecht gestellte Miozän von Stainach a. d. Enns nach N unter die Kalkalpen geschoben, desgleichen R. SCHWINNER 1924 das Stoderzinken-Miozän.

Brüche und Verbiegungen der *Raxlandschaft des weiteren Hochschwabgebietes* haben bis über 1000 m heutigen Höhenunterschied gebracht: *Eine WSW-ONO-streichende Aufwalmung der Hochschwabhauptkette* (2278 m) mit östlicher Achsensenkung auf 1900 m Höhe; eine Aufwalmung der paläozoischen Kalkberge — Trenchtlinggruppe (2215 m) im SW; eine Aufwalmung im N Hochkaar—Dürrenstein—Hochstadl (1920 m) und eine nördlichste Aufwölbung im Ötscher (1892 m). Dazwischen liegen ausgeprägte Einmuldungen. Auch hier stehen diese weiträumigen Verbiegungen der Raxlandschaft in keinem deutlichen Zusammenhang mit der älteren Haupttektonik; sie beherrschen aber das jetzige Gebirgsrelief schon sehr stark.

Auf Grund der bei der Reichenstein-Schutzhütte (2100 m) und auf dem oberen Zölzboden (unter 1600 m) reichlich zusammengeschwemmten Bohnerze und der Bohnerze mit Quarzgeröll am Gr. Buchstein bestimmte J. STINY 1922 das Alter der Verebnungsflächen nach dem obermiozän-altpliozänen Alter der süddeutschen Hydratverwitterung, die freilich auch schon ältermiozän geherrscht haben dürfte. Auch sind die Bohnerze, wie ihr Vorkommen vom Eozän ab in den Verwitterungslehmen der Karstkalklöcher zeigt, viel eher ein Kennzeichen von *sehr langer Verwitterungsdauer.*

Leichte, nachmittelmiozäne Flachfalten verbogen die Kalk/Dolomit-Altlandschaft der von zentralalpinen Augensteinen übersäten *Raxalpe*, welche in N-S Querstörungen besitzt, teilweise mit W-O-streichenden Überfahrungen. Deutliche Bruchlinien in W-O und N-S begrenzen verschieden hoch gegeneinander gekippte Schollen. Die Jugendlichkeit eines Teils dieser (? quartären) Brüche ersieht man aus der frischen Erhaltung ihrer Abbruchswände im Relief, ebenso aus dem pliozänen oder altdiluvialen Vorbau von bis 200 m mächtigen kalkalpinen Schottern des Schwarza-Schuttkegels im südlichen Wiener Becken. Auch liegen nach Kautsky 1924 in diesem Gebiet die Schwerelinien und noch heute die örtlichen Erdbebenstoßrichtungen in N-S.

Unter Ausnützung der aquitan-untermiozänen Verebnung der Kalkalpen, welche schon quer über die Überschiebung der Ötscher- auf die Lunzer Decke und über die Ötscher Deckschuppen wegschnitt, legte das vordringende Meer der II. Mediterranstufe in der Gaadener und Merkensteiner Bucht sein Sediment (K. Spitz 1919). Die Raxlandschaft des Höllengebirges (1400—1680 m) bricht an der Höllengebirgs-Nordseite plötzlich zu einer 1100—900 m hohen Gipfelflur von Langbath-Scholle/Flyschlandschaft nieder. Da hier ein Einbruch nicht vorliegt, könnte dies ein Wiederaufleben der Höllengebirgsüberschiebung bedeuten. Doch glaubte F. Machatscheck 1922 mit der verschiedenen Wetterfestigkeit von Wettersteinkalk und Vorlandssedimenten bei der Deutung auszukommen. Von da zieht die altmiozäne Raxlandschaft über das Tote Gebirge, die Dachsteingruppe, das Saarsteinplateau, den Plassengipfel, das Tennengebirge weiter nach W.

Jünger als diese Fastebene muß die verschiedene Höhenlage der Massive von Watzmann und H. Göll sein, allgemein *die hohe Heraushebung der Kalkplateaus an ihrer W-Seite gegenüber ihrer O-Seite.* F. F. Hahn 1913, 238f., brachte diese pultdeckelartige Aufkippung jedes dieser Kalkklötze in Verbindung mit der letzten großen Unterschiebungsbewegung von W her, mit einer „verhinderten Faltung" bei einem alpinen Längsdruck. Faltenbrüche legten sich an den Westfronten der Massive gegen W über, *wurden von W her etwas unterschoben und gleichzeitig im W etwas aufgekippt.*

d) Zeittafel für die östlichen Kalknordalpen

	Meeresbewegung Ablagerung	Verwitterung Abtragung	Tektonik	Hebung ↑ Senkung ↓ Gleichgewichtslage —
Oberpliozän Mittel-		Durch Zertalung unterbrochene, einebnende Abtragung	Ruckweise Heraushebung	↑ ↑
Pliozän Pont	Pontische Süßwasserseen Ablagerungen in Vortiefe		Gebirgsbewegung	↑ — ↓

	Meeresbewegung Ablagerung	Verwitterung Abtragung	Tektonik	Hebung ↑ Senkung ↓ Gleichgewichtslage
Sarmat Torton	Sarmatmeer-Transgression im O Etmißl-Grobschotter	Zweiter Talzyklus auf den Raxlandschaften, Zerstörung und Neuformung	Nordrandbrüche Junger Längsstau und Walmungen	↑ — ↑ ↓
Helvet (II. Mediterranstufe)	Transgred. Grunder Schichten. Süßwasser-Miozän	Jetzt stark erniedrigte Raxlandschaft	Absenkung, besonders am Kalkalpen-Südrand	↑ — ↓
Burdigal (I. Mediterranstufe)	Süßwassermiozän			
Aquitan	Starke Verwitterung Augensteinschichten und Abtragung zur Augensteinlandschaft			— ↑
Katt	Festländische Absätze von zentralalpinen Flüssen	Ausgleich des Baureliefs	Absenkung bis zum isostatischen Gleichgewicht	— ↓
Rupel	Absatz der Oligozän-Molasse in der Vortiefe		Randliche Hauptmulden, Brüche, starke Gebirgsbildung	↓

Die spätmittel- bis jungoligozänen Ablagerungen wurden in der Zeit der Augensteinverwitterung fast ganz zerstört. *Die verhältnismäßig bedeutende Ebenheit der Raxlandschaft ist Erbe dieser oberoligozänen Augensteinverwitterung*, fortgesetzt im Spätburdigal und Althelvet. Der Übergang zur Erstanlage der heutigen Talzüge fällt zusammen mit dem Überwiegen der allgemeinen Heraushebung vom Hochstand der helvetischen Überflutung und Senkung ab. *Da die Erosionsbasis nachmals nie mehr so hoch lag, konnte sich auch nie mehr eine so reife Flachhügellandschaft bilden*, sondern auch der „2. Talzyklus auf den Plateaus" hatte V-Täler, wenn auch bei weitem nicht so scharfe wie heute.

Allmählich wurde auch in den zertrümmernden Senkungszeiten, welche zunehmend nur noch Stillstände gegenüber der isostatisch begründeten Hebung, also gegenüber dieser nur vermehrtes Gleichgewicht, aber keine kräftige Absenkung mehr bringen konnten, nur noch wenig und zwar allein festländisch abgelagert, überwiegend auch da wieder abgetragen. Die sedimentsammelnde, kräftige Absenkung hatte sich auf die umgebenden Vortiefen konzentriert, wo sie auch überwiegend allein noch in breiten, streichenden Teilmulden stark zur Geltung kam (Molasse-Hauptmulden).

Flache Landschaften einschließlich der Plateaus konnten sich allein bei annähernder und lang anhaltend ruhiger Hochlage bilden. Diese war *vorher* allein möglich nach der isostatischen Einstellung vor dem Neuangriff der absenkenden Gebirgsbildung. Später, nachhelvetisch, *war auch die orogene Zeit der allgemeinen Absenkung deshalb eine Zeit flach abtragender Hochlage, weil sich für lange die orogene Absenkung und der isostatische Auftrieb die Waage hielten.* Dies war freilich erst möglich in dem orogenetisch voll gereiften Gebirge, das nun durch solche vermehrte Ruhezeiten häufiger als früher die Bildung von Ebenheiten, also jenen Aufstiegs-Treppenbau ermöglichte.

Die bestehende Unsicherheit der zeitlichen Einordnung ermöglicht es, insbesondere für das Miozän, noch nicht zu einer schärferen Erfassung der Baugeschichte zu kommen.

Kippschollen

Aus den Zentralalpen brachte vom W über das noch weiter sinkende Fohnsdorfer Becken hinweg ein miozäner Fluß ausgedehnte Grobschotter. Ein Fluß aus den Kalkalpen brachte südwärts über die Grauwackenzone und dann ö. mit dem Murtal über St. Michael durch das Trofaiach-Leobener Becken seine Gerölle und folgte somit ostwärts parallel der Nordalpennarbe. Das war der „Norische Strom" von F. X. Schaffer. Das Gebirge war hier voroligozän durch tangentialen Südschub in der nordalpinen Südflanke bearbeitet worden, ähnlich wie in der Nordflanke durch Nordschub. Nunmehr aber zerbrachen beide Flankenränder in gleicher Weise in Längsschollen. Diese versanken und sammelten dabei über sich aus der zirkulierenden Flußschottermenge die Molassefüllung der Becken. Die Längsschollen versanken aber, indem sie sich von der südlichen Nachbarschaft an langhinstreichenden Längsbrüchen ablösten und hier besonders tief (meist 500 bis über 1000 m) niederkippten. Dies hatte zur Folge, daß ihre gleichzeitig sich einlagernde Schuttfüllung sedimentär und tektonisch gegen S steil emporgeschleppt wurde, so daß eine südliche Muldenaufbiegung entstand. So wirkte der bedeutende Trofaiachbruch, fortlaufend im Untermürztal—Obermürztal, emporschleppend auf die besonders mächtige Molassefüllung seiner absinkenden Nordrandmolasse, während gleichzeitig an ihm die Südscholle hoch blieb bzw. noch emporstieg („Massenwellung"). Ähnliche Vorgeschichte von „Kippschollen" nahmen wir an für die aus Längsschollen umgeformten Molassemulden bzw. Antiklinen-Aufschleppungen am Alpennordrand (S. 272f.). R. Schwinner erkannte diese mechanischen Regelmäßigkeiten 1951, 210.

Auch das Trofaiachbecken brach nach langer Zeit der Roterdeverwitterung und Verflachung langsam nieder. Tegel, Feinsande, Kohlenflöze siedelten sich an. Dann dürfte sich das Gebirgsrelief verschärft haben, denn grobe helvetische Flußschotter wurden nun herbeigelockt. Die Nordüberkippung am südlichen Randbruch war ebenso schwach wie oft an der nordalpinen Vortiefe. Daß diese Absenkung und Pressung schon synsedimentär geschah, das dürfte hervorgehen aus den sedimentären Einschlüssen von bereits fertigen und scharf umgrenzten *Glanzkohlenstücken* bei Leoben im Hangenden.

Ebenso sprechen die mehrfachen Andesittuffeinlagen hier für erhebliche helvetische Tiefenumlagerungen.

Der weit verbreitete Miozänbau der flach südgeneigten, im S aber an mindestens mehrere 100 m hohen Verwerfungen hochgeschleppten, hier oft auch etwas N-überkippten Längsschollen kehrt mit einem der Nordalpennarbe parallelen ONO-Streichen sowohl n. wie s. der Mürztalfurche wieder. Im N sammelte die Aflenz-Turnau-Scholle, im S die Waldheimat die nur noch in Teilmulden erhaltenen Liegendtegel mit Kohlenflözen, darüber die Hangendschotter.

Somit haben wir für das zentralalpine, tangential wesentlich fertige Gebirge im S der Nordkalkalpen nach

1. einer oligozänen Verwitterungs- und Flachreliefzeit,
2. etwa mit dem Spät-Aquitan einsetzend eine ausgedehnte Niederwalmung zunächst der Kalkalpen gegenüber den höherschwellenden Zentralalpen, also Umlagerung des zentralalpinen Festlandsschuttes unter Dezimierung in die kalkalpine Augenstein-Überstreuung,
3. eine weitgehende Seen- und Sumpf- (Braunkohle!) Verbreitung im tieferen Miozän. Schließlich
4. früher oder später mit der „oberhelvetischen, steirischen Reliefphase“ unter Verschärfung des höhersteigenden Gebirgsreliefs die Ausbreitung grober Flußschotter (helvetisch bis noch tortonisch) über den wichtigsten, tektonisch vorgeformten Längsschollen, noch heute meist Längstalfluchten.

Diese Brüche zerschlugen den älteren, alpinotypen Bau der Tieforogenese. Mit den zugehörigen Walmungen und Kippungen sind sie Kennzeichen des nunmehr erreichten hochorogenen Entwicklungsabschnittes.

Die miozäne Reliefgestaltung hat nur noch gewissen Teilstücken, den Kalkplateaus von Rax, Schneeberg, Hochschwab, Gjaidstein, Hochkönig-Übergoßner Alp, Sonnwendjoch (da sie durch Spalten nach unten entwässerten) ihre Altflächenform lassen müssen. Im übrigen sorgten tortonische und pliozäne Verstellungen für deren Zerstörung.

Aber auch in den Kalkhochflächen erkennen wir Relikte, deren Flächen durch langdauernde Denudation aus zum Teil offenbar noch älteren Teilflächen zusammengesetzt nach abwärts projiziert wurden. Die Hauptformungszeit dürfte nach A. v. Winkler-Hermaden die altpontische gewesen sein. Damals floß die pontische Donau über Rohrwald—Bisamberg in den pannonischen See, der das Inneralpine Wiener Becken erfüllte. Das heißt die subwestalpin schon oligozäne, auf den zentralen Ostalpen erst durch helvetische Hangendschotter angezeigte, *östliche Hauptabdachung des Gesamtreliefs bestand jungtertiär schon so wie heute.*

3. Zentralalpen

Auch im S des frühestens nach dem Untermiozän entstandenen Längstalsystems südlich der nördlichen Kalkalpen ziehen in entsprechenden Höhenlagen die Augensteinfelder, die schon kurz erwähnten Miozänvorkommen und die Raxlandschaft weiter.

Ebenso wie wir aus dem abweichenden Geröllbestand der schweizerisch-süddeutschen Tortonschotter schließen mußten auf das frühestens sarmatische, wesentlich erst pliozäne Alter der heute das Gebirge anschneidenden Altflächen, so rückt auch das Alter der höchsten heutigen Altflächen im O aus ähnlichen Gründen (CHR. EXNER 1949; J. STINI 1924, A. KIESLINGER 1927, H. P. CORNELIUS 1938, 1950, A. v. WINKLER-HERMADEN bis 1951) ins Nachtorton, wesentlich ins Pliozän. Einwandfreie Parallelisierung der Altflächen ist deshalb so schwierig, weil ganz wie später (E. KRAUS 1923) das jeweilige Relief einer Zeit aus einer Verfilzung älterer oder jüngerer Erbschaften mit jungen und jüngsten Flächenteilen besteht. Damit aber erkennen wir zugleich recht enge Grenzen für befriedigendere, baugeschichtliche Ableitungen aus den Reliefhöhen.

Keineswegs gehören alle höchsten Altflächen der Alpen zeitlich zusammen. Da nach A. v. WINKLER-HERMADEN in das inneralpine Miozän noch keine echten Tauerngesteine verfrachtet worden sind, kann auch z. B. die Tauern-Firnfeldfläche von heute noch nicht seine Belieferungsfläche gewesen sein, ist sie nachmiozän. Sie kann somit auch nicht gleichgesetzt werden mit Altflächen, sofern deren Ableitung aus sicher miozänen Schottern gesichert ist. Wenn dies zutrifft für die Augensteinverebnungen und die aus solchen hervorgewachsenen Raxaltflächen, so muß also tatsächlich das miozäne Flächenaequivalent über den Hohen Tauern *höher* gesucht werden als deren Firnfeldniveau (CHR. EXNER) und ist mit einem bedeutenden Junganstieg des zentralen Hochgebirges zu rechnen. Gleichwohl steckt in den *jetzigen* Altflächen überall auch die Arbeitsleistung noch späterer Zeit (etwa des Ponts oder des Diluviums). Vgl. S. 328.

Die Konglomerate der orogen belebten Helvet- und Tortonzeit haben im Lungau noch keineswegs die Geröllgröße des Hochgebirges in der heutigen Umgebung, auch fehlen noch alle Gesteine der Niederen Tauern. Damals gab es kein Hochgebirge, sondern nur die flache Raxlandschaft, welche mit der Oberfläche des Altmiozäns in Verbindung gebracht werden kann. Die „Nockfläche" ist in den Schladminger Tauern (2500—2863 m) im N emporgewölbt, weniger hoch im S auf die flachen Höhen der Gurktaler Schieferalpen. Durch Zurückbleiben bei dieser, im einzelnen aber noch mit vielen Teilstörungen verbundenen Gesamthebung entstand das *Lungaubecken*, heute wenig über 1000 m (F. HERITSCH 1926, 29).

Es wölbten sich das Phyllitgebiet der Gurktaler Alpen und ihre westlichen und östlichen Gneisfortsetzungen z. B. bei Krems auf heute rund 2100 m empor, wobei wiederum über der verebneten „Raxlandschaft" heute noch einige steilere Gipfel als Reste der untermiozänen Überhöhungen übrig blieben.

Die Hochviehweiden der Alpen, welche hier die Gunst der ererbten, jungtertiären Ebenenlandschaft ausnützen, haben dem Gesamtgebirge den Namen gegeben.

In überaus großzügiger Weise sinkt diese Flachlandschaft von den Gurktaler Alpen-Höhen südwärts hinab in das weite Kärntener Becken von Klagenfurt, welches wir oben S. 174f. als die bei der späteren Hebung zurückgebliebene Teilvortiefe der Karawanken erkannt haben. Mehrere deutlich ausgeprägte jungtertiäre Verebnungsflächen, weithin von Verwitterungslehm bedeckt, senken sich im N des Krappfeldes (Guttaring) vom Zeltschacher- und Unterwaldberg (1464 bis 1430 m), vom Waitschach-Waldkogelzug und südlich Dobritsch aus 1200 m südwärts hinab.

Es ist auch hier mit einer mehrfach unterbrochenen Heraushebung im Pliozän zu rechnen und mit der Ausbildung weiterer Einebnungsflächen sowie Talsohlen während der Hebungspausen.

Das gesamte Muralpengebiet ist diesbezüglich einheitlich. Dagegen zerhackt die junge Kerbe der Lavanttal-Störung, ein Ausläufer des von SO in den Alpenkörper eingreifenden Dinaridenorogens (s. oben S. 182), diese alten, wenn auch weitgehend verbogenen Zusammenhänge.

Lavanttal

Zwischen Seealpe und Saualpe im W und Amering-Koralpe im O ist wiederum Süßwassermiozän nicht nur abgelagert, sondern dank dieser tieferen Lage auch erhalten geblieben. Das Miozän von Fohnsdorf zeigt nach W. PETRASCHECK einen 1000 m Abbruchs-Sprung gegen WSW. Das durch Verwerfungen begrenzte Miozän von Obdach wurde auf einer Unterschiebungsfläche, welche die Brettsteinserie ostwärts unter die Ameringmasse schob, zuletzt noch muldenartig zusammengebogen. Weiter südlich wurde bei St. Leonhard das sandig-tonig-konglomeratische Miozän gleichfalls verbogen und an WSW-laufenden Querbrüchen verschoben (H. BECK 1927). Eine erste Koralpen-Aufwölbung trennte das anders geartete weststeirische Tertiär von der Tertiärfazies des unteren Lavanttales (A. KIESLINGER 1928). Auch dieses Tertiär wurde bei späteren Hebungen gestört. Mit einseitigem, das Muldentiefste gegen O absenkendem Bau ist das Lavanttaler Tertiär mehrfach verworfen. Es schließt an der Koralpe durch Staffelbruch oder sogar durch steile Unterschiebungsfläche ab (S. oben Abb. 53). W-O-Zusammenschub läßt sich aus der Steilaufrichtung entnehmen. Die Anlage zeigt auch hier westlich des Lavanttal-Verwurfes eine Kippscholle. (S. 313).

Die zeitliche Ordnung wurde durch paläontologische Bestimmung neuer Funde von A. PAPP 1950 festgelegt. Nach P. BECK-MANNAGETTA 1950 und W. SCHAERINGER 1950 gilt für die St. Stefaner Kohlenmulde:

	Sedimente		Mächtigkeit m	Tektonik
Quartär	Schotter, Sande, Blockströme		>100	Hebung Diskordanz
Pannon	Tone, Sande, über kopfgroßer Koralpenschotter		>300	Gleichzeitig mit Lavanttal-Einbruch: Hebung der Koralpe, Faltung, Diskordanzen, Andesitbasalt
	Kuchler Flözgruppe, paralisch		30	Langsame Hebung, Diskordanz
Sarmat	Mergel		100	Hebung, Ostkippung
	Fossilreiche Mergel Flöze	Dachberg-Schotter	>40 30	Senkung Abkippung gegen N
Torton	Mergel	Dachberg-Schotter aus S	400—700	Hebung
	Brackischer Cardiensandstein			Senkung
	Mühldorfer Turritellenschlier Dazittuff	Granitztaler Konglomerat Blockschotter	400—600 ?	Hebung
? Helvet	Tonschiefer, Sandstein		100—200	Erstabsenkung

Die Ingression des im N brackischen Schliermeeres aus SO in die Lavanttalfurche erfolgte also nicht schon im Helvet, sondern erst im Torton; zugleich mit der Ausbreitung des Dazittuffes. Die Tiefe der Längsschollenabkippung zeigte die Failingbohrung Grossedling, welche erst in 1058,6 m Tiefe die Tortonbasis traf und bei 1100,7 m noch im Miozän steckte.

Der reichliche Wechsel des Ab und Auf mit pliozän-quartärem Überhandnehmen des „Auf" spiegelt sich auch hier wider.

Eine schon vorhelvetische Unterschiebung gegen S hat auch das Kärntener Phyllitgebiet unter die Karawanken gefördert und den Bogen der St. Pauler Berge gebildet. Vgl. F. Kahler 1929, A. Kieslinger, A. v. Winkler 1951.

Der SW-Teil der Koralpe hat sich um einige hundert Meter gehoben und seinen Abtragungsschutt an das Meer abgegeben. Ebenso hoben sich Saualpe und Seetaler Alpen Pult-artig im W höher. Dadurch wurde Zentralkärnten von Mittelsteiermark und von dem ungarischen Becken abgetrennt. Gleichzeitig mit der Bildung der *Klagenfurter Vortiefe* belud sich diese mit dem obermiozänen Sattnitzkonglomerat. Dieses hat bunte Zusammensetzung: Zentralalpine Gerölle, schon Serpentine des Großglockners, auch kalkalpine der Karawanken. Sandstein- und Mergelbänke wechseln mit dem Konglomerat ganz ähnlich wie in den bunten Nagelfluhserien der Schweiz oder des Allgäu. Südwärts absinkend liegt ihre Muldenachse nahe dem Karawankenfuß, welcher sie überschiebt (s. oben S. 174f.).

Mit den das „Untermiozän" wahrscheinlich zusammen mit Helvet störenden Gebirgsbewegungen war nach allgemeiner und wahrscheinlicher Annahme jene Baureliefbelebung gleichzeitig, welche über die feinkörnigen miozänen Süßwasserabsätze *die groben „jungmiozänen" Schotter* in Gang brachte.

Vom Etmissl-Schotter bei Aflenz an können wir sie durch die Leobener Tertiärbecken, durch das von Trofaiach ins südliche Fohnsdorfer Becken und ins obere Lavanttal in der Wölch ebenso verfolgen wie am Ostrand der Koralpe. Überall sehen wir die als Augensteinschotter schon einmal begonnene und nach der burdigalen Störung, sowie der helvetischen Störungszeit allmählich wieder ergänzte und ausgeglichene Raxlandschaft fluviatil überschritten. Entweder sind unsere Altersfeststellungen noch zu ungenau oder es wiederholten sich im Helvet und Torton die gleichen Überschotterungen — jedenfalls dürften im höheren Miozän die Uranlagen der größeren Täler in den östlichen Alpen zwischen den hauptsächlichen Teilmassiven des Hochwechsels und Stuhleck, des Hochlantsch, Schöckels, der Stubalpe, Gleinalpe, Saualpe, Koralpe nach mehrfachen älteren Vorbewegungen geschaffen worden sein. Diese Massive sind dabei herausgehoben worden und tragen heute die Reste der obermiozän aus ihrem Zusammenhang gerissenen Rax-Verebnungen.

Koralpe

Hierbei hat sich z. B. der *Koralpensockel* zwar helvetisch, sarmatisch und pontisch von dem Lavanttal-Einbruch losgelöst und pultdeckelartig im W herausgehoben, gegen O und SO zurückbleibend. Er verhielt sich jedoch nicht als ganz starre Masse, sondern unterlag auch schwachen Teilverbiegungen wie A. Kieslinger mitteilte. Im N und S war seine Heraushebung geringer. Außerdem zeigt die Koralpe mehrere Ebenheiten in tieferer Höhenlage (Abb. 53).

I Koralpen-Raxlandschaft 1900/2000 m frühhelvetisch; I in Abb. 55. Dagegen mit steilerem Hang abgesetzt:

II Wolscheneck- (hier Kar-) Zwischenflur 1500/1650 m junghelvetisch; danach tortonische Hebung; Steilstufe gegen:

III Glashüttenflur 1200 m vermutlich altsarmatisch; danach jungsarmatische Hebung; Steilstufe gegen

IV Vorstufe 800/1200 m mit der Trahüttenflur 900/1000 m, vermutlich altpontisch entstanden.

Von der *Wolscheneckflur* gingen die in tortonische *Erosionsrinnen* (von Gressenberg, Schwanberg, Krummbachrücken, Eibiswald, Wies) eingelagerten Schuttmassen aus, welche nach der Zeit der feinkörnigen Grunder Schichten entstanden, das heißt nach der jene Flur offenbar ausbildenden Zeit der junghelvetischen Schliermeer-Transgression gegen W. Es folgte eine erneute Heraushebung, welche die steile Gehängestufe bis zur *Glashüttenflur* ergab und welche außerdem die umfangreichen, spätsarmatischen Deltakegel am Rande des steirischen und des Wiener Beckens veranlaßte. Die Trahüttenflur überschneidet jene tortonische Blockschuttmassen und dürfte sich nach der Glashüttenflur (altsarmatische Ruhezeit) nach weiterer spätsarmatischer Heraushebung während einer altpontischen Hochlage gebildet haben. Denn anschließend im Oberpont setzte im steirischen Becken ein Grobschutt-fördernder Tiefenschurf ein (A. v. Winkler 1928, 320).

Die höhermiozänen Blockschotter waren schon tektonisch gestört als die altpontische Vorstufenverebnung über sie hinwegschritt. Doch sind im steirischen wie im Wiener Becken noch *spät- bis nachpontische Brüche und Verbiegungen* entstanden, gleichzeitig mit den Störungen am östlichen Südalpenende, wo die Save-Falten einen kräftigen Fortbau erlebten.

Grazer Bergland

Beachtliche Folgerungen konnte auch E. Clar 1935, 279f aus der *Eggenberger Brekzie* und aus den Altformen im *Grazer Bergland* gewinnen. Hier erweisen sich die ältesten, noch zusammenhängenden Altverebnungen (Rax- oder Koralpen-Altverebnung, Teichalmlandschaft des Hochlantsch) als gestört durch die Reliefbewegung der junghelvetischen „steirischen" Gebirgsbildung.

A. v. Winkler ist 1951 der Ansicht, daß für die Einordnung der Vorgänge in den mittelmiozänen Abtragzyklus die Anhaltspunkte nicht ausreichen. Er hält die Schuttbrekzien für intrapannonisch. E. Clar schließt aus den oberpannonischen Quarzschottern auf *eine pannonische Verschüttung, verbunden wahrscheinlich mit schwacher Senkung.* Über diesen Schutt und das Grundgebirge gemeinsam schnitt danach die pliozäne Talstufentreppe bei Graz, wobei jüngere, geringer mächtige Terrassenquarzschotter auf den neuen, pliozänen Hangstufen zum Absatz kamen. Dies ist das Abbild der mittel- bis oberpliozänen, *ruckartig durchgeführten Heraushebung am Gebirgsrand.*

Im NO des Grazer Paläozoikums untersuchte R. Schwinner 1935 die Sachlage.

An ungefähr N-S-streichenden und gegen W unterschiebenden Störungsflächen in den nordöstlichen Zentralalpen (Raabalpengestein gegen W unter das Muralpenkristallin von Troiseck-Rennfeld-Anger geschoben) ist noch Trias mit eingefaltet. Außerdem gibt es am Seckauer-Koralpen-Streifen ostwärtige Unterschiebung, gleichfalls von einer großen Alpenlängsstauchung. Sie gehört wohl noch in das System des umfassenden, *spätjuvavischen Alpenlängsstaues.*
An Tertiär liegt vor:

Vermutlich altpliozäner Schotter aus örtlichem Gestein; weit verbreitet Braunkohlenführende Sandtegel; einst weit verbreitet, meist wieder abgetragen mittelmiozäner Sinnersdorfer Schotter.

Sehr verbreitet ist die flache „*Teufelssteinlandschaft*“ in den NO Zentralalpen mit ihren sehr weiten, flachen Talungen und flachrundlichen Kuppen. Sie steht in Verbindung mit der *Sohlenhöhe* der miozänen Vorkommen von Parschlug (wohl Burdigal), Birkfeld, Vorau, Fladnitz und dürfte dementsprechend mit der spätaquitan-altburdigalen Ebenheit zusammengehören, die dann im jüngeren Helvet als Raxlandschaft weiter ausgebaut wurde. Die ausgedehnten Talungen sind in Senken der hier aus recht rundlichen Gipfeln bestehenden Gipfelflur gelegen, welche R. SCHWINNER 1935 als tektonische Einbiegungen auffaßte (Querwalmungen). Auch die Gipfelflurhöhen selbst, besonders im S der Mürz, gruppieren sich in auffallend verschieden hoch gelegene Teilschuppen (heute über 1600 m, in 1450/1500 m, 1250/1300 m M. H. und tiefer). Auch sie können tektonisch verschieden hoch gehoben sein. Dafür spricht schon die 500 m tiefe Absenkung der Braunkohlenformation bei Wartberg im Mürztal.

Die nachmiozänen meridionalen Einengungen unterschoben im Mürztal von N gegen S, in der Waldheimat das Miozän von S gegen N. Es entstanden vorwiegend Einfaltungen in den NO-Zentralalpen. Auch sie gehören vielleicht zu der gleichfalls NO-SW-streichenden Hauptbewegung am NW-Rand der Tirolischen Einheit, am Unterinntal, an der Saalach und Loisach. Zu gleichzeitigen Störungen können noch die unverkitteten Zermalmungszonen auf Blatt Birkfeld (R. SCHWINNER 1935, 86) gerechnet werden, welche meist in SO-NW bis O-W streichen, und denen sich noch pontische Schutt- und Schotter-Ausstrahlungen angeschlossen haben.

Überblick der zentralalpinen Jungbewegung

Nehmen wir alles zusammen, so läßt sich etwa die nachstehende Übersicht der jungtertiären Bewegungen geben:

Zeittafel für die östlichen Zentralalpen und Fortsetzunge:

	Außenbürtige Vorgänge	Innenbürtige Bewegungen	
Mittel- pliozän	Weitere Abtragung und Zerschneidung	Heraushebung, Verwerfungen im Wiener Becken	↑
Oberpont Unterpont	Zerschneidung, Verarbeitg. d. Baureliefs Baurelief. Taborer Schotter Ausbreitung der pontischen Seen, Ausbildung der pontischen Verebnung; Plombierung des spätsarmatisch zerschnittenen Reliefs	Heraushebung, Hochlage Vierte Gebirgsbewegung mit Senkung	— ↑ ↓
Sarmat Torton	Zerschneidung des Flachreliefs im O: Carinth. und Triesting-Deltaschotter Allmählicher Reliefausgleich Flußschotter im entstehenden Baurelief von Etmissl, Schwanberg, Granitztal; im O Quarzschotter, Ritzinger Sand. Schlier	Heraushebung Hebung zu höherer Ruhelage Dritte Gebirgsbewegung mit Senkung	↑ — ↑ ↓
Helvet	Raxlandschaft wird fertiggestellt, Grunder Sediment schwach diskordant über älterem Schlier, Kreuzbergsch. Verarbeitung des entstandenen Baureliefs: Flußschotter von Arnfels, Sinnersdorf, Auwald, Brennberg, Eggenbergbrekzie (?) Seeabsätze	Ruhige Hochlage Zweite senkende Gebirgsbildung mit Faltung, Brüchen, Abbruch des Ostalpenrandes, Vulkanismus	— ↓

	Außenbürtige Vorgänge	Innenbürtige Bewegungen	
Burdigal	Reliefausgleich Feinkörnige See-, Sumpf- und Altwasserabsätze, Ausgleich der neuen Abdachung und Abflußrichtung. Diskordanz	Ruhige Hochlage Schwache Hebung	— ↑
	Flußschotter im entstehenden Baurelief, Radelschutt, unterer Eibiswalder Schutt, 1 km Schlier der westlichen Wind. Bühel, darauf Diskordanz	Erste Gebirgsbewegung, Faltung SW-steirischer Einbruch, Vulkanismus Absenkung	↓
Aquitan	Augenstein-Verwitterung und -Verebnung Fluß- und Seenlandschaft	Ruhige Hochlage	—

Solange das „Untermiozän" nicht näher in Burdigal und Helvet aufgeteilt werden kann und in den auflagernden Schottern noch keine altersbeweisenden Versteinerungen gefunden wurden, ist eine schärfere und feste Gliederung nicht durchführbar. Die drei älteren Gebirgsbewegungen können annähernd den drei „steirischen Unterphasen" zugeordnet werden. Da sie nur noch am Ostrand die Gebirgsoberfläche unter den Meeresspiegel hinabführten, ist ihre vorwiegend absenkende Hauptbewegung nur teilweise zu belegen.

Als ein Hauptergebnis seiner langjährigen Untersuchungen über das östlichalpine Jungtertiär faßte A. v. Winkler 1951, 507ff. die den alttertiären Hauptdeckenschüben folgenden und nach einem obereozänen bis mitteloligozänen Zyklus (I) abgelaufenen Ereignisse zusammen in folgende Hauptzyklen:

II. Hauptzyklus: aquitan-helvetisch. Nach unseren Erfahrungen mit der circumalpinen Molasse gliedern wir ihn in einen burdigalen und einen helvetischen.

III. Hauptzyklus: späthelvetisch-frühsarmatisch.

IV. Hauptzyklus: jungsarmatisch-quartär.

Jeder dieser Hauptzyklen zerfällt nach v. Winkler in mehrere, insgesamt langdauernde, orogene Teilphasen mit zwischengeschalteten, längeren „epirogenetischen" Teilphasen. Von solcher *durchgehender* Einzelgliederung konnten wir uns zwar nicht überzeugen. Hierfür scheinen uns die immerhin noch spärlichen, paläontologischen Fixpunkte keine einwandfreie Grundlage zu bieten (A. Papp 1950!).

Wohl aber stimmen wir den (ergänzten) Hauptzyklen II—IV des verehrten Autors zu. Ganz deutlich bestehen diese vier hochorogenen Hauptzyklen aus je einer Hauptzeit der überwiegenden, *sedimentsammelnden und strukturbildenden Absenkung, des Hinabbaues also* sowie aus einer Zeit *des Nachlassens der orogenen Spannungen*, also der *isostatischen Hebung und Ruhelage*. Mehr kann man derzeit wohl noch nicht von diesen nur teilweise schon zeitlich entwirrten Vorgängen sagen.

Wir deuten auch hier *die Struktur- und Baurelief-schaffenden Senkkräfte als die orogenen.*

Trotz mancher zeitlicher Unsicherheit und aller örtlicher Erscheinungswechsel *wirkt es doch überaus eindrucksvoll, wie gleichartig der jungtertiäre Gebirgskörper nach seinen letzten Hauptbewegungen im jüngeren Eozän und Mitteloligozän sich verhielt.* Überall diese gleichen letzten Einengungen, Einmuldungen des Miozäns, seine Zertrümmerung, Einsenkung und nachfolgende Heraushebung. Überall diese nachfolgenden, überwiegenden Walmungen von den Lechtaler Alpen durch das Ammergau und die zentralalpinen Fortsetzungen. Überall mittel- und oberpliozän dann das Emporsteigen des stärker erstarrten Alpenblocks mit langen Pausen der außenbürtigen, einebnenden Vorherrschaft!

Als besonders großzügig heben sich dabei *zwei Haupteinwalmungszüge* heraus, *welche nahe dem Südrand der nördlichen und nahe dem Nordrand der südlichen Kalkalpen durch das gesamte Ostalpengebiet hindurchlaufen.* Hier enthüllten die spätoligozänen Heraushebungen und Abtragungen tieferliegende Scheitel- und Fächerstrukturen, welche unter den Sedimenthüllen und den Narbendecken der N- und S-Alpennarben begraben lagen. Es traten hier aber zugleich *die späten Regungen der Narbentätigkeit zutage in Gestalt der steilen „Narbenschnitte"*, welche das streichende Innere des tieferen, steilgestellten Fächerstockwerkes kennzeichnen. Hier, wo sich obenauf nun nach der langdauernden, scharfen Abtragung des hangenden Stauwulstes bis auf den Rest der Narbendecken *wegen der zurücktretenden Horizontalschübe kein neuer Stauwulst mehr bilden konnte*, vermochten in dieser orogenen Spätzeit letzte, hinabsaugende Bewegungen *nur noch lang hinstreichende Reliefsenken* auszuführen. *Das sind unsere großen, das junge Alpenbild so beherrschenden Längstalfluchten, die wir nun erstmals deuten können.*

Mit deren Entstehung war aber *das oligozäne Reliefstadium der Quergangbarkeit für Abtragschutt aus den Zentralalpen über die Kalkalpen hinweg endgültig abgeschlossen.* Später konnte nur noch quer zertalt werden unter Achsensenkung und Querzertrümmerung, nur noch diluvial auf dem Rücken des überquellenden Eises wurde quer verfrachtet. Pliozäne Einzelbewegungen z. B. im Enns-Salzach-Stück, störten die einheitlichen Längstalfluchten. Nach F. Machatschek 1922 drängten hier z. B. wiederholte staffelförmige Hebungen und Senkungen die Erosionsbasis der Längstalfurche unter Tieferverlegung mehr gegen die nördliche Grauwackenzone. Andererseits wurde kräftig ausgeräumt: Der Durchbruch des Inns bei Kufstein räumte das Unterinntal aus, jener der Salzach das Talstück von Pinzgau und Pongau, jener der Enns das obere Enns- und Paltental. Die Südalpennarbe wurde durch Rienz, Gail, Drau oberflächlich abgeräumt. Die jung gegen O vordringende tiefere Erosionsbasis des Rheingebietes räumte in dem Längsfurchenstück des Klostertals, an dem heute die Mittelgebirgsformen der Raxlandschaft in 2100/2000 m M.H. um den Formarinsee, in 2200/2100 m um den Spullersee scharfkantig und schroff südwärts auf 700—1000 m M. H. abbrechen.

Die einst das N- und das S-Alpenorogen formenden Kräfte sind fast ganz erlahmt. Man hat eher den Eindruck, daß die überkommenen, ungefähr senkrechten Scheitel-*Strukturen*, ob sie nun ein wenig nach N oder nach S überliegen (Tonale- und Pusterer Linie!) als solche allein es sind, welche das rücksichtslose Durchschneiden von Nachbarstrukturen des höheren Bewegungsstockwerks gelegentlich schwacher Nachbewegungen ermöglichten.

So wenig wie an der nordalpinen Narben-Längsflucht befinden wir uns auch an dem südalpinen Narben-Längsschnitt also an der Grenze zweier verschiedener Gebirge, des dinarischen und alpinen. Wir haben vielmehr nichts anderes vor uns als den erlahmenden Scheitel des Südalpen-Orogens.

Vergleichbar den ausgebrannten Überresten vulkanischer Gewalt liegen heute diese alten, einen Hauptteil der alpinen Strukturen einst hinabbauenden Narbenzüge weithin entblößt im alten Gebirgsgebäude. Nachdem hier die innenbürtigen Kräfte fast ganz zur Ruhe gegangen sind, haben auch hier die außenbürtigen Kräfte die Beherrschung des Reliefs nahezu allein übernommen. *Der Abbau des alpinen Doppelorogens liegt erstarrt vor uns.*

Seit dem Mitteltertiär waren nur noch im N und S dieses mechanisch zu einem Gesamtgebäude zusammengeschmolzenen Alpengebirges Großvortiefen kräftig wirksam gewesen. Allein die aquitan-miozänen *Innenvortiefen* am Unterinntal und am Drautal zunächst den alten Scheiteln bewiesen noch deren letzte Kraftanstrengungen nach alter Art.

Sorgten die breiten *Außen-Vortiefen* weiterhin für den gleichsinnigen Hinabbau am Außenrande des Doppelorogens, so vermochten andererseits *zertrümmernde Abwärtsbewegungen bzw. vermochte ein Zurückbleiben unter Ablösung von den höhersteigenden Ostalpen im O die altgeschaffene Gebirgsstruktur quer zu zerstören.*

Zum wenigsten sehen wir dieses Bild an der Anschnittfläche des heutigen Erdreliefs. Denn die unterirdischen Fortsetzungen der Gebirgsstruktur gegen O ertasten wir noch aus Fazies und Bewegungsart sowohl des schon betrachteten steierischen Randfeldes wie an jenen des inneralpinen Wiener Beckens.

4. Jüngste Bewegungen am Wiener Becken

(Fortsetzung der Gedanken S. 154)

Auch in dieses Teilbruchfeld drang mit wachsender Absenkung das, die orogene Unruhe des Bodens noch faziell abbildende Schliermeer gegen W vor und brachte sein feines Sediment über die groben Küstenaufschüttungen *im jüngeren Helvet.* Nur *randlich* spiegelten sich die kräftigen Orogenbewegungen des älteren Tortons, die SW-NO-streichenden und synsedimentären Beckeneinbrüche, während die *inneren* Senkungen und Beckenabsätze gleichförmig weitergingen. Leithakalkriffe, Algen- und Strandkalke mit Konglomerat am Leithagebirge und im Inneren die über 500 m mächtigen Badener Tegel suchten die verschieden starken Teilsenkungen wieder auszugleichen.

Über den marinen Tortonsedimenten verfolgen wir für die ruhiger gewordene Spätzeit *eine länger dauernde, durch Heraushebung geschaffene Ablagerungslücke,* denn erst *der sarmatische Brackwassersee* breitete neue Massen von Sanden und Tegeln über das Wiener Becken. Wie z. B. in den Gosaubecken so liegen auch hier im Beckeninneren Torton-Sarmat konkordant, randlich diskordant: während sich die Senke vertiefte hob sich ihr Rahmen synsedimentär. Aber die Senkung vollzog sich sehr wechselvoll, offenbar über einem strukturbildenden Stockwerk, denn die Mächtigkeiten schwanken außerordentlich (R. Janoscheck 1951, 594).

Flüsse kamen überwiegend von den Kalkalpen und vom Flysch (Urtriestingtal). Sie rollten im Bereich von Rosaliengebirge—Leithagebirge—Brennberg die randlich (unter Wien) 200 m mächtigen Schotter weit nach O. In O- und SO-Richtung verfeinerte sich das Korn des mächtiger werdenden Sarmats.

Große innenbürtige Ruhe und hohe Relieflage ließ *im Jungsarmat* den Brackwasserseeboden aufschwellen; er lief randlich trocken. Diese Regression räumte weite Anschlußgebiete kräftig aus. Das Hauptbecken zeigt aber keine Diskordanz Sarmat-Pannon.

Immerhin haben entferntere Baurelief-Bewegungen zur Faziesänderung geführt. Ihr schloß sich die weitere *pontische Überflutung des unterpannonischen Sees* mit Sanden und Tonen von großer Mächtigkeit an. Heute liegen die Sedimente bis 600 m über den Meeresspiegel gehoben und im O und SO haben die Erdölbohrungen Mächtigkeiten von 1—2 km Pannon erwiesen (F. v. Pavai Vajna 1927). Nicht nur der ungarisch-kroatische Beckenboden senkte sich unter immer erneuerter Sedimentaufnahme. Auch Randgebiete des Festlandes müssen damals wohl gesenkt worden sein, wobei sie aber hinter den Hauptsenken zurückblieben. Die pontische Seenlandschaft griff dabei hoch hinauf. Wiederum gab es offenbar ein langdauerndes Gleichgewicht zwischen senkender Orogenkraft und isostatischem Auftrieb. Denn darauf können wir die lange Dauer der Lignitflözführenden pontischen Zeit zurückführen.

Vorübergehendes Nachlassen des Tiefenzuges brachte eine *pontische Regression*, Trockenlegung und Ausräumung. Über die Erosionslandschaft griff danach erneut die *oberpannonische Flut während wiederkehrender, orogener Senkungszeit* ungleichförmig über.

Dem schloß sich die letzte weithin reichende Heraushebung und Verlandung *im Mittel- und Oberpliozän* an. Ausgedehnte Flußschotter überrollten die neue Erosionslandschaft. Es waren die *Laaerbergschotter* (früher „Belvedereschotter").

Sie fallen auf durch ihre außerordentliche Verbreitung bis auf die Höhe von 260 m am Laaerberg bei Wien, sowie durch den Gehalt von etwa 96 v. H. Quarz- und Quarzitgerölle, zusammen mit einigen kristallinen Felsarten der Böhmischen Masse, mit wenig Geröll aus den Kalkalpen und aus dem Flysch — trotz deren unmittelbarer Nähe. Man nimmt noch vielfach an, daß diese Quarzmassen herrühren von der Umlagerung aus schon bestehenden und noch jetzt bis über 500 m hoch über die böhmisch-mährische Rumpffläche ausgebreiteten Schotterlagern. Aber solche Möglichkeiten bestehen z. B. in Südbayern oder im Durancebecken nicht. Es handelt sich eben allgemein um einen Aufbereitungsrest alter Landoberflächen: Es sind „Restschotter" (E. Kraus 1915).

Vom Mittelpliozän ab hatte sich die *Heraushebung* nicht mehr nur auf den Gebirgskörper beschränkt. *Sie ergriff*, gefolgt von Abtragung, Talnetzvertiefung und Talstufenbildung *sowohl die Böhmische Masse wie auch den Inhalt des inneralpinen Wiener Beckens.*

Über die 500-m-Obergrenze der Pliozänschotter an der Böhmischen Masse erhebt sich eine deutliche Hangstufe und dann auf 900—1000 m M.H. ein ziemlich kräftig gewelltes Hochland, bis zu dem also die oberste Brandungsplatte des helvetischen Meeres nicht mehr gereicht hat. Die 500-m-Höhe ist zugleich der überschotterte Brandungssaum am Süd- und Ostrand. Die von dem Mittelgebirge herauskommenden Flüsse wurden durch *spät- bis nachhelvetische Hebung* gezwungen, diese Strandplatte zu zerschneiden, wobei sie Gelegenheit hatten, oligozäne und schon einmal vom miozänen Meeressediment zugefüllte Talungen wieder auszugraben.

Soweit die miozäne Meeresbrandung das ältere Relief abradiert hatte, bis 500 m also, reichen diese Flußeinschnitte nach oben. Darüber blieben die breiten Täler und runden Kuppen aus oligozän-miozäner Zeit, nicht allzustark verändert, erhalten. Sie gleichen Formen des heutigen Bayerischen Waldes.

Die Vortiefe zwischen Kalkalpen und Böhmischer Masse war im außeralpinen Wiener Becken aquitan und miozän wohl bis zur gleichen 500-m-Grenze mit Sediment gefüllt. Bei Gelegenheit *erneuter, allgemeiner Heraushebung gegen Ende des Pliozäns* mußten sich die auf jener Aufschüttungsebene mäandrierenden Flußläufe einschließlich der Donau erneut einschneiden und trafen dabei wiederum auf alte Talrinnen der Böhmischen Masse, die sie ausräumten. So dürfte der Wachaudurchbruch und jener durch die Flyschzone bei Korneuburg nördlich Wien entstanden sein. *Also auch die Böhmische Masse samt der Vortiefe hob sich mit der allgemeinen Hebung der Alpen.*

Am Alpenrand des inneralpinen Wiener Beckens unterschied H. HASSINGER *zwölf Terrassenfluren.* Auch hier waren die Abrasionsflächen der miozänen Meeresbrandung eingemeißelt mit Küstenschutt, Deltas, mit Leithariffkalk in mehreren Teilstufen: südwestlich Baden z. B. liegen die Fluren der Einebnung auf 540 m, 480/465 m, 370/340 m (pontisch; H. HASSINGER 1918, 179), letztere wohl entsprechend dem breiten Saum der Schotterflächen längs dem Rande der Böhmischen Masse, den Aufschüttungsflächen von Tullner Feld und Weinviertel.

Tiefer eingelassen ist die Terrassenfläche des *pontischen Sees*, welcher über Konglomerat, Sand und Tegel seinen Süßwasserkalk noch 366 m hoch auf den Eichkogel bei Mödling legte. *Weitere Hebung des Gebirges* stellte dann die jungmediterran-sarmatischen und pannonischen Sedimente schräg, sodaß der Laaerbergfluß nun diskordant über diese hinweg seine Mäander zog und seine Schotter breitete. *Seine Ablagerungsoberfläche war die Uroberfläche des Flußnetzes im inner- und außeralpinen Wiener Becken.* Denn als Mäanderebenen mit Schotterterrassenbelag reihen sich an die *Laaerbergterrasse in 260 m* jungpliozän (= 90/115 m-Terrasse des Eisernen Tores, 100 m über der heutigen Donau), dann die oberpliozäne Arsenalterrasse in 215 m (55—60 m über der Donau). Beide ziehen Donauaufwärts durch das Tullner Feld 30 m höher empor und sind Absätze der jungpliozänen Donau, welche zwischen Pleinting und Linz, zwischen Amstetten, Melk und Krems die aufsteigende Böhmische Masse durchsägte.

Eine schwächere Terrasse liegt bei 180 m M.H., die Wiener Stadtterrasse, wahrscheinlich schon dem älteren Deckenschotter des Diluviums einsprechend, auf 172 m M.H. Schließlich bei 164 m M.H. die Wiener Praterterrasse (wohl Würm-Niederterrasse). Die Terrassentreppe des Leithagebirges setzt mit etwa 16 umlaufenden Stufen diese Anzeichen *ruckweiser Hebung* fort.

All dies beweist die ehemals hinter der Randhebung zurückgebliebene, erst später gleichfalls aufsteigende Lage des inneralpinen Wiener Beckens mit seiner jungtertiären, aber nachfolgend *stark ausgeräumten Füllung.* Wo diese durch später überfließende Basaltdecken wie im Bakony-Wald-Vorland vor Abtragung geschützt war, da liegen die pontischen Sande noch heute 400 m hoch. Abb. 55 zeigt die wohlausgebildeten Anzeichen dieser Ausräumung. Ausgelöscht sind im Relief die flachen Dome von Schwadorf oder Lanzendorf, die mächtigen N-S-Verwürfe, wie z. B. der über 500 m Sprunghöhe verwerfende Leopoldsdorfer Bruch, *denn mehrere 100 m hangender Schichten sind mitsamt ihrem Baurelief erst jüngst entfernt worden.*

Sehr jung sind Verschiebungen der pontischen Brandungsplatte am Anningerfuß, Überschiebungen kalkalpiner Schollen auf marines Tertiär westwärts davon, Radialsprünge der Raxlandschaft, Sprünge, Kippungen, Verwerfungen im inneralpinen Wiener Becken. Sie beweisen auch dort, daß die NO-Fortsetzung der Kalknordalpen unter dem Miopliozän bis an die Karpaten heran *jungtertiär und wohl auch noch quartär in erheblicher Schollenbewegung verharrte.* Das meiste davon war freilich vor der letzten Ausräumung geschehen, ist also nicht mehr im Landschaftsbild erkennbar. Aber z. B. der Südteil des alpinen Wiener Beckens ist seit dem Pliozän stark nachgesunken. Neusiedler See und Hanság können erst jungdiluvial niedergebogen worden sein.

Wir beachten dabei: Das östliche Vorland der *Zentralalpen* gibt auch dadurch noch sein *höheres Untergrundsalter* zu erkennen, *daß hier derartige jüngste Bewegungen viel weniger zahlreich angetroffen werden, während sie im östlichen Randbereich der Südalpen wieder stark zunehmen.* —

„Unabhängig von den großen Transgressionen und Regressionen vollzieht sich das orogenetische Geschehen." Das ist die Summe, welche F. E. Suess 1929 aus seiner Betrachtung der NO-alpinen Entwicklungsgeschichte gezogen hat.

Wir kommen da *zum gegenteiligen Ergebnis.* Sahen wir doch, daß ein Gleichklang insofern besteht, als außergeosynklinale Senkungstendenzen auch stark, ja noch kräftiger sich in der alpinen Geosynklinale entwickelten. Die Böhmische Masse und die Randvortiefe stieg an mit dem Alpenkörper.

Wir bemerkten, daß nach dem Umschlagen aus Senkung und Sedimentation in weiträumige Hebung und Abtragung *bereits die erste Neuauflage von Abtragungsstoffen die schon vorher, also während der Senkungszeit vollzogenen Änderungen des Gebirgsgefüges durch die Baurelief-Änderung beweist.*

Damit ist die Entstehung der orogenen Struktur während der Senkung, das heißt *damit ist der „Abbau" bewiesen. Er fällt in die Senkungszeiten, in die Transgressionszeiten.*

Während der Hebungszeit kann er dann enthüllt werden, sofern die außenbürtige Lage günstig ist, der Meeresspiegel nicht zu hoch liegt bzw. bei der folgenden Hebung vom Relief überschritten werden kann.

5. Jungbewegungen in den Tiroler Alpen

Betrachten wir noch kurz die Anzeichen junger Bewegungen im Westteil der Ostalpen.

a) Raxlandschaft (Abb. 108)

Auch hier zieht unsere Hauptbezugsfläche fort, welche zwar im Aquitan und vielleicht noch im älteren Miozän in enger Beziehung zu gleichzeitigen Ablagerungen durch verflachende Abtragung entstand, deren Sedimentbelag jedoch längst bis auf die allein in der Falle der Karstspalten übrig gebliebenen Augensteine verschwunden ist. Nur das abgeflachte Landrelief der „mitteltertiären Gebirgsoberfläche" sowie jüngere, unter diese an den Gehängen eingeschachtelte Verebnungs- bzw. Talterrassen-Fluchten vermitteln eine ziemlich gute Vorstellung von den nachburdigalen Hauptbewegungen.

Das Studium der Molassegerölle in den Vortiefen bewies schlagend, daß deren oligozän-miozäner Gesteinsbestand in scharfem Gegensatz steht zu jenem, in welchen die Altflächen des Gebirges, so vor allem auch das „Raxlandschafts"-Relief heute eingeschnitten sind. Daher bin ich seit Jahren zu dem Schluß gekommen, *daß jene hohen Altflächen zwar kombiniert sind aus aquitanmiozänen, zum Teil wohl noch älteren Verflachungen, daß ihre heutige Gestalt aber erst nachmiozän in ihr heutiges Gestein eingeformt worden sein kann.*

Zu erfreulicher Übereinstimmung hiermit kam A. v. Winkler-Hermaden auf Grund langjähriger Untersuchungen an der Ostabdachung der Alpen. Wegen der Parallelisierung vgl. S. 316.

Eine Zweigliederung der obersten, zentralalpinen Altfläche konnte am Ankogel durch N. Creutzburg 1921, auf den H. Tauern durch E. Seefeldner und J. Soelch 1933, auf den Zillertaler Alpen durch H. Bobek 1933, in der Silvretta durch H. Boerner 1932 erkannt werden. Für die *nachmiozäne, ruhige Hochwölbung der Zentralalpen spricht* die geringere Verbiegung und Verstellung jenes Altflächensystems sowohl gegenüber der Gipfelflur wie auch zwischen den einzelnen Gebirgsgruppen. Die Einzelheiten hat R. v. Klebelsberg in seiner schönen „Geologie von Tirol" 1935, 422ff. zusammenfassend geschildert.

Wir sehen, wie die zentralalpine Aufwölbung offenbar rascher und entsprechend höher gedieh als in den nördlichen und südlichen Kalkalpen. So verbindet z. B. die Simmeringalpe des ostwärts Imst an der Inntalung aufragenden Tschirgant mit ihrer 1800/2100 m hohen Altfläche die kalkalpinen Hochflächen nach S mit den am Ötztalausgang auf 2000/2200 m gelegenen der Zentralalpen, welche südwärts aber auf die Firnfeldhöhen in 2800 m M. H. in den obersten Ötztalverzweigungen ansteigt. Auch schließen wir auf höchstens geringe oder doch durch Rückbewegung wieder ausgeglichene Jungstörungen im Bereich der Nordalpennarbe, welche damit überschnitten wird, offenbar also *pliozän*.

Andererseits ziehen die zentralalpinen Altflächen-Ebenheiten (2800/2600 m), welche zwischen Stubaiern und Zillertalern am alten Brenner-Mittelgebirge bis auf 2200/2300 m absinken, südwärts hinab auf die Lage von 2500/2200/1800 m im Kassianspitzkamm zwischen Eisack- und Sarntal oder auf die herrlich gewellte Hochfläche der Seiser Alm (2100/1850 m), überragt von dem widerstandsfähiger gewesenen Dolomitmassiv des Schlern.

Auch die Südalpennarbe längs Puster- und Drautal bedeutet hier *keine starke Verstellung der altmiozänen Mittelgebirgslandschaft mehr*, die vielmehr von N nach S beiderseits mit ähnlicher Höhenlage fortzieht. Und südwärts biegen sich aus der sehr verbreiteten 200-m-Höhe die miozänen Altflächenreste nieder auf die riesig ausgedehnten Karsthochflächen zwischen der Etsch und dem Piave-Durchbruch, auf die Hochflächen von Vielgereut (Folgaria), Lafraun (Lavarone), die Sieben Gemeinden (Sette comuni) und des Grappastockes wie der ganzen Lessinischen Alpen (1600/1400 m; R. Schwinner). Diese ausgedehnte Kalk/Dolomitplatte liegt im großen flach, sanft südlich geneigt mit zwischengeschalteter Flexurabbiegung.

Vom Vintschgau und oberen Eisacktal leiten weite Hochflächen und Terrassenböden in mehreren Einzelfluren südwärts an den Gebirgsrand. Hier streicht die oberste Flur in die Luft aus, eine tiefere geht über in das gestörte, marine Pliozän, noch tiefere tauchen unter die jüngsten Aufschüttungen der Po-Ebene unter. *Hebung im Gebirgsinneren herrschte also gleichzeitig mit der Vortiefensenkung am Po während Pliozän und Quartär.* F. MACHATSCHEK fand teilweise vier ruckartig gehobene pliozäne Talbodenstücke mit gestörtem Gefälle im unteren Eisacktalgebiet.

Auch im Brenta-Piave-Bereich breiteten sich ausgedehnte, teils noch der Raxlandschaft angehörende, teils pliozäne Landoberflächen mit starkem Anstieg gegen N aus. Seitdem stiegen die Alpen im Bellunobogen um 450 m, am Gebirgsrand um 300 m, wobei Brüche das Zurückbleiben südlicherer Teile in tieferer Lage ermöglichten. Die gleichen Erscheinungen gehen östlich vom Tagliamento weiter, wo die altmiozäne Hochfläche der Julischen und Steiner Alpen glatt über die mitteltertiäre Faltung wegschneidet.

Gleichgültig, ob nun Kalk, Dolomit, Quarzporphyr oder vulkanischer Tuff, Phyllit oder Gneis den Untergrund bilden — alles trägt noch, gewiß über leichter abtragbarem Gestein tiefer, über widerstandsfähigem aber höher, *das Relieferbe von Aquitan/Miozän.* Daraus ersehen wir *die gegen das ältere Oligozän viel ruhigere Lage des gebirgsinneren Reliefs* und damit wohl *das Erlahmen der orogenen Leistungen.* Immerhin kamen auch hier noch Kippungen, Teilverbiegungen und vereinzelte Brüche vor.

b) Jüngere Talsysteme

Die Gliederung der Gebirgsabhänge unterhalb der aus dem Altmiozän vererbten und seitdem stark erniedrigten Mittelgebirgs- bis Flachlandschaft durch eingeschnittene Zwischenverebnungen und Talleisten in mehrere Teilstücke beweist auch hier, *daß die Emporwölbung des Gebirges* zwar sehr langsam durch das jüngere Miopliozän in das Quartär hinein fortging, daß sie aber immer noch *durch lange Ruhepausen unterbrochen war.* Diese haben den abtragenden und einebnenden Kräften formbildende Arbeit erlaubt, denn mit der ruckweisen Hebung war die abgestufte Senkung der Erosionsbasen verbunden; und zwar nicht nur der tiefsten, sondern dank den Teilbewegungen des Baureliefs änderte sich auch das Gefälle gegenüber höheren, örtlichen Erosionsbasen. Die auf diese Art zwischengeschalteten, untergeordneteren und *mehr örtlichen Verebnungen wurden in größerer Zahl unterschieden,* wobei gewiß auch Verwechslungen mit Einflüssen von Gesteinsart oder Lagerung sowie von Verstellungen vorkamen. Die ins Spiel getretenen und vielfach mit tektonischen Verlagerungen verknüpften Talverebnungen, Talverlagerungen hat R. STAUB 1934 näher untersucht.

Von der jeweils wirksam werdenden Erosionsbasis aus trieben die Gewässer, nicht allein die nach den Seiten erodierenden Flüsse, sondern alle verwitternden und abtragenden Kräfte dank vorausgegangener Hebung jeweils tiefergelegene *Ausräumungsterrassen* gegen den Berg vor, als wären sie Steinbrucharbeiter auf einer bestimmten Abbausohle. Die zurückweichende Erosionssteilstufe verkleinerte immer mehr die jeweils nächsthöhere, ältere Ebenheit (vgl. J. BÜDEL 1938).

Die älteste aquitan-mittelmiozäne Verebnungslandschaft griff meist noch über die Kämme, Jöcher, Pässe, so wie die Deckenschotterflüsse im Altdiluvium des Vorlandes, und schloß sich plateauartig zusammen. Dagegen sind die tieferen Talböden meist nur als Terrassenleisten dort erhalten, wo sie von der weiterarbeitenden Talerosion noch nicht erreicht werden konnten. Fünf bis zwölf jüngere Stufen der Taltreppe hat man unterschieden oder glaubte man über größere Entfernung verfolgen zu können.

Als Beispiel wenigstens der drei obersten Verebnungsflächen, die z. B. von E. Seefeldner in den Salzburger Alpen als Hochkönigflur (? Helvet), als Tennenflur (? Torton) und als Gotzenflur (? Sarmat) bezeichnet wurden, führen wir für das *Sonnwendgebirge* im östlichen Karwendel drei Hauptfluren an. Es sind E. Spenglers 1935, 168ff.) Gipfelplateaus, die sich in 2100—2260 m zu einer Gipfelflur zusammenschließen lassen und die im S aus Oberjura, nördlicher aus Liaskalk, im N aus Hauptdolomit bestehen — bei allgemein südlicher Abdachung. Mit deutlicher Steilhangbegrenzung nach unten folgt in 1900—2100 m M.H. die in sehr ausgedehnten Innengebieten dieses Gebirges erhaltene Latschboden-Gscholl-Klobenjoch-Verebnung und schließlich mit noch schärferem Abfall darunter die Maurizköpfel-Verebnung mit 1770—1950 m in den Randteilen des Sonnwendgebirges.

Während die oberste Flur in dem westlich anschließenden Karwendel wohl nur durch die Gipfelflur vertreten ist, dürfte die mittlere dem „altmiozänen Hochflurensystem" von E. Fels 1929 entsprechen, welches dort die Ansatzflächen für die ausgedehnten Verkarungen abgab.

Wichtig sind uns hier nur die großen, allgemein oder weit verfolgbaren Talsysteme, die man mit R. v. Klebelsberg mindestens unterscheiden kann:

a) Ein oberstes, vermutlich *sarmatisch-altpontisches*; N. Creutzburgs „Hochtalsystem", mit einer Steilstufe von einigen 100 Metern unter der altmiozänen Altflächenlandschaft. Beispiel das Arlbergpaßtal, St. Christoph-Flexen (1700—1800 m); der Taltorso NW Nauders zwischen oberstem Vintschgau und Inntal (1700 m).

b) Ein tieferes, wahrscheinlich *jüngerpliozänes*. Beispiel: Das ebene Talstück in 1580 bis 1450 m M. H. beim Ort Lech im oberen Lechtal; die Seefelder Senke (1100—1300 m), die Brennersenke (1300—1350 m), die Hochflächen des Ritten und von Kastelruth (1300—1150 m) beiderseits des Eisackeinschnittes in Südtirol.

c) Das viel gegliederte diluviale Talsystem.

Nördliche Vortiefe.

Etwa parallel mit dem Nordalpenrand haben wir *eine breite Aufwölbung im Flysch- und südlichen Molasse-Bereich nach den Deckenschotterzeiten*, also in der großen (Mindel-Riß-)Zwischeneiszeit gehabt. Die Folge war im nördlichen Alpenteil die tiefe Erosion der abströmenden Flüsse und Eisströme und im Molasse-Vorland eine starke tektonische Aufbiegung der Deckenschotter-Unterflächen gegen die Alpen — viel stärker als das heutige Flußgefälle.

Jene Unterflächen liegen z. B. bei Kempten-Kaufbeuren 150 m über jetziger Talsohle und setzen südwärts ihren Anstieg (zum Teil rekonstruiert) fort bis 200 m und mehr über den heutigen Flußaustritten aus dem Gebirge. Dieser Höhenabstand vermindert sich ostwärts bis auf 30—20 m bei Wien, wo die Aufwölbung wohl ausklang. Doch hob sich der südliche Rand der Böhmischen Masse seit der Deckenschotterzeit wieder um 30—40 m stärker als deren unmittelbares Vorland.

Neben der mit der „großen Zwischeneiszeit" einsetzenden, abweichenden Schutt-Zusammensetzung (Zentralalpines nimmt stark zu!) ist *die diskordante Auflage der Deckenschotterplatte* tektonisch zu beachten: Letztere liegt im Rißtal auf Oberer Meeresmolasse, benachbart im N auf den jungmittelmiozänen Kirchberger Schichten, subalpin auf den Oligozänfalten, sonst weithin auf verschieden altem Torton, bei St. Pölten über schräg gestelltem Schlier. Ähnlich überschnitten schon, donaunah, die pliozänen Quarzschotter das Miozän, so daß nach dem Torton, im Sarmat und älteren Pont, vermutlich noch im jüngeren Pliozän und vor der Deckenschotterzeit *nicht unbedeutende Faltenverbiegungen und Höhenverstellungen die nordalpine Vortiefe betroffen haben müssen.*

Die beiden Deckenschotter überrollten dann aber im schweizerisch-bayerisch-österreichischen Vorland eine danach vorhandene „präglazial" genannte (A. Penck & E. Brückner 1909, I, 118) *Fastebene*, welche in einer (oder 2?) ruhigen Stillstandslage nach den pliozänen Verbiegungen („wallachisch") bis zu jenen der großen Zwischeneiszeit („bakinisch") entstanden sein muß. Es ist wohl zu beachten, daß sich dieser Wechsel faltender Reliefstörung mit Fastebenen-Bildung also nicht auf das Gebirge beschränkt, sondern auch im Vorland nachzuweisen ist; daß dieser Wechsel aus dem Tertiär noch bis weit in das Quartär fortging.

Nun widerspricht aber die ruhige Rumpf-Verebnung durch das Flußnetz in der Vortiefe der Nachbarschaft eines in scharfer Erosion begriffenen Hochgebirges: wo wäre denn sein Abfluß und sein Schutt geblieben? Zwischen den jungtertiären Molasseschutt und den völlig abweichenden diluvialen aber schob sich eindrucksvoll eine pliozäne, wechselvolle Fastebenenzeit. *In dieser muß das benachbarte Gebirge schon stark abgetragen, kann höchstens ein Mittelgebirge mit flachem Talsohlen-Gefälle gewesen sein.*

Da sich seitdem gerade die nächste Haupterosionsbasis der Donau-Linie bei Vilshofen um nicht mehr als 35 m, bei Wien nur um 20 m verschoben hat, kann die nachfolgende *Hochgebirgsformung* nicht auf Absenkung dieser Basis, sondern *sie muß auf Heraushebung dieses Gebirges seit dem ältesten Diluvium beruhen.* Diluviale Klimawechsel beschleunigten und verschärften die Skulptur.

Diese Großbewegung war aber weder ein allmähliches Emporschwellen noch auch allein die Fortsetzung ruckartiger Blockhebungen des Jungtertiärs. Mit ihr gingen recht mannigfache *Teil-Walmungen* Hand in Hand. Solche kennen wir aus dem Schweizer Vorland (S. 225), aus der Iller-Lech-Platte (Stauffersberg), von nordwärts Ehekirchen am Donaumoos, von südwärts Wolfratshausen (mit Sprüngen), im Ammer- und Würmsee-Gebiet, vom Münchener Senkungsfeld, alpennah an der Isar. —

Auf die teils ebenfalls noch durch Hebung und Hebungsrucks, teils durch Klimaänderung mit abwechselnder Eis- und Wassertätigkeit bedingten Talböden der Quartärzeit gehen wir hier nicht weiter ein. Die heutige Lage der Täler ist nur teilweise noch abhängig von der Änderung der tektonischen Struktur. Während der langdauernden Hochlage und Abtragung in höheren Formenstockwerken konnte sich diese nicht oder meist nur in jüngeren bzw. posthumen Fällen durchsetzen.

Insgesamt können wir aus der Lage der tieferen Talbodensysteme und aus deren Verstellungen oder Verbiegungen einstweilen wohl zweierlei entnehmen: Einmal die Tatsache, *daß sich* vielfach *in dieser Spätzeit die Zeiten gesteigerter Gebirgsbildung*, welche in die späte Deckenschotter-, in die große und in die letzte Zwischeneiszeit fallen (O. Wittmann 1941), *gut in Übereinstimmung bringen lassen mit den* insbesondere am östlichen Alpenrand näher festgelegten, sowie mit den zwischengeschalteten, *verebnenden Zeiten der Ruhelage*. Einzelheiten, wie Zahl der Hebungsrucks, wechselnde Stufenhöhe u. a., sind im Gebirgsinneren noch unklarer als am Rande.

Zweitens ergeben die schon vorliegenden Beobachtungen, *daß sich das Gebirgsinnere im Jungtertiär-Quartär doch ungleich ruhiger verhielt als die nördlichen, südlichen oder östlichen Randgebiete*. Namentlich fallen neben dem Vortiefen-Ausklang im Unterinntal (S. 303f.; O. Ampferer 1921), verbunden mit mächtigen Talverschüttungen (F. Levy 1920, 1922 u. a), die bis heute fortdauernden kräftigen Vortiefen- und Gebirgsbewegungen Süd-Kärntens mit ihren östlichen Fortsetzungen der Savefalten auf, desgleichen die jüngsten Randbewegungen im O mit ihren pliozän-quartären Teilverbiegungen im pannonischen Senkungsfeld.

Die überwiegende und in diesem baugeschichtlich älteren Teil schon früher begonnene Hebung der Zentralalpen (Fr. Machatschek 1922) hat dort die größere diluviale Erhebung des allgemeinen Hochgebirgsreliefs vollzogen. Die baugeschichtlich jüngeren Alpenteile blieben dagegen zurück (vgl. z. B. H. Wehrli 1928, 486). Noch darin können baugeschichtliche Unterschiede, in gröbsten Umrissen wenigstens, zum Vorschein kommen. *Auch darin spiegelt sich der von innen nach außen strebende Entwicklungsgang.*

Während der fortschreitenden Absenkung oder noch geringeren Hebung in der Molassevortiefe hob sich in zahlreichen, mehr oder weniger unregelmäßigen Rucks und Teilverbiegungen der Gebirgskörper. Zugleich wurde er randlich noch eingeengt oder zusammengepreßt, im O zertrümmert.

6. Jungbewegungen der Schweizer Westalpen

Eine großzügige Formensynthese namentlich der westlicheren Alpen verdanken wir 1934 dem hochverehrten Rudolf Staub.

Die gleichen Altflächen und jüngeren Talstufen, wie wir sie im O erkannten, sind bis an den westlichen Ostalpenrand z. B. in der Davoser und Aroser Bergwelt beobachtet worden (J. Cadisch 1925, 290f.). Sie wurden teils im Silvrettakristallin, teils in der aufliegenden Trias vorgefunden in Höhen von 2800/2600 m, 2400 m, 2100 m mit Talböden, welche bis 2000, 1850, 1620, 1590 und 1550 m heutiger Tiefe eingelassen sind. Die entsprechenden Flächensysteme waren ursprünglich wohl gegen N abgedacht; wurden dann aber durch eine Gesamtkippung des Gebirges um eine O-W-Achse höhengleich gestellt. Gleichzeitig entstand wohl auch die Rückläufigkeit der Lenzerheide-Terrassen. Diese ereignete sich vermutlich in der letzten Zwischeneiszeit vor Bildung des Gr. Davoser Sees, dessen Absätze nicht mehr mitbewegt wurden.

Das westlich Davos-Platz und im Albulatal wie im Engadin besonders verbreitete Altflächensystem von 2400 m Höhenlage, auf welches die Kare ausmünden, ist offenbar Rest obermiozäner oder altpliozäner Mittelgebirgsformen und hat unter sich noch bis 2100 m (präglaziale Landoberfläche) die deutlichen Spuren einer ruckartigen Absenkung der Erosionsbasis bzw. der Heraushebung des Gebirges, welche ins Pliozän fallen. Die Firnfeldflur der Silvrettagruppe (s. oben S. 289) trägt bei 2600/2800 m die Gletscher. Bis zu ihr ragen noch die Gipfel der Strela-Amselfluhkette empor.

Dieses System der obersten Verflachungen setzt über das Paznaun von O her die Raxlandschaft fort.

Im Oberengadin fand H. WALDBAUR 1923 außer der gesteinsbedingten Stufung eine erosive Hochverebnung bei Mortels, SO. Sils in 2400—2300 m, eine weitere in 2100 m M. H. Erstere steigt talauf zu den vereisten Trogplatten in 2600—2800 m empor, vergleichbar den entsprechenden im Tessin (Firnfeldflur). Die 2100 m-Terrassen dürften pliozänen Alters sein.

Das Inntal ging nach R. STAUB miozän über Ofenpaß-Reschenscheidegg, und zwar nach H. BOESCH 1937 noch vor der Umbrailphase, gegen O. Als Folge der Einwicklungs- und Überschiebungszone dieser Phase kann das Talstück Zernez—Glurns gelten. Von da ging der Abfluß entweder über Reschen nach N oder zeitweise durch den Vintschgau nach S.

Vor die Umbrailphase fällt nach H. BOESCH 1937, 82, auch die früh-, vielleicht mitteltertiäre Durchtalung:

Der Hauptabtrag der oberostalpinen Schubmasse in den östlichen Schweizer Alpen erfolgte nach seiner Meinung schon vor der Umbrailphase. Der Verfasser stellte sich nach der ersten kattischen Hauptgeröllverfrachtung ins Vorland die Verminderung des Gerölltransportes im Aquitan als bedingt durch verschärftes Baurelief mit streichenden Elementen der Decken-Sättel und -Mulden vor. Dadurch sei die Längsentwässerung bevorzugt worden. Anhaltspunkte für eine allgemein verschärfte Gebirgsbewegung im Aquitan haben wir aber nicht gefunden. Da die kattischen Molassegerölle nicht oberostalpine, sondern hauptsächlich präalpine und Flyschanteile besitzen, läßt sich danach das Alter der Umbrailphase, welche die Altformen noch gut widerspiegeln, als oberstampisch oder unteraquitan nicht bestimmen. Die Jugendlichkeit der Talbildung des Ofenpaß-Talzuges und sein Zusammenhang mit junger Tektonik ist aber zu beachten. Ein Druck aus SW wirkte auf die bereits im wesentlichen am Platz befindlichen Einheiten. Wahrscheinlich war auch die Ötzmasse schon auf die Silvretta geschoben. Außerdem waren Ötzmasse, Silvretta und Scarldecke erosiv schon zertalt in Klippen von verschiedener Höhenlage, so daß Reliefüberschiebung entstand und der Druck sehr uneinheitliche Richtungen einschlug.

Wir geben dieses Beispiel, da es für viele baugeschichtliche Fragen der Westalpen die Verwickeltheit und gegenwärtige Unlösbarkeit beleuchtet. Junge Sedimente und Reliefformen fehlen oder wurden noch nicht ausgewertet. Denn aus verschiedenen Gebirgsgruppen sind doch schon Altformen bekannt geworden, die mit der Augenstein- oder wenigstens Raxlandschaft verglichen werden können. So kennen wir heute das *Simmenfluh-Niveau* des Berner Oberlandes, die *Petanetto-Terrasse* des Tessin, *oberste Verebnungslandschaften im Wallis und in Graubünden.* Da das jungtertiäre, namentlich pliozäne Westalpenvorland während langer Zwischenzeiten in gleicher Weise so wie in Bayern oder wie in dem Wiener Becken als Verebnungslandschaft gelten muß, kann man wohl mit Recht für diese Zeiten der sehr geringen Schuttverfrachtung aus dem Gebirge (Aquitan?; Spätburdigal, Späthelvet, Sarmat-Unterpont) *auf einen gleichen Verebnungszustand auch in den Westalpen schließen.*

Nach der Höhengleichheit der Gipfel trotz Verschiedenheit des Gesteins, nach kleinen Flächenstücken in Gipfelhöhe, nach Änderungen der Flußrichtungen, welche aus dem Schichtbau nicht verständlich sind, aus Muldenbau der Gipfel und Sattelbau der Täler, aus dem Mangel an Ausprägung der großen Schubdecken in der Reliefgestalt und aus der besonderen Hochlage der Zentralmassive hatte H. v. STAFF 1912 zuerst gerade in den Westalpen den für die Ostalpen so fruchtbar gewordenen Gedanken der Fastebenenbildung im Anfangsstadium des alpinen Gebirgsreliefs behandelt. A. PENCK, A. HETTNER 1913, F. MACHATSCHEK hatten aber auf die geringe Beweiskraft von STAFFS Gründen hingewiesen. Die in Frage kommenden

Zeiten wären zu kurz, die Hebung im ganzen von einigen 1000 m zu groß; während Pliozän und Altquartär soll nicht so viel geschehen sein. Und doch kam H. P. CORNELIUS 1950, 167, wieder zu einer Rechtfertigung von STAFF's.

Wirklich fand E. BRÜCKNER 1909 auch immer nur einen „präglazialen" Talboden, reif, aber noch nicht bis zur Mittelgebirgsform gerundet und einen tieferen „interglazialen"; am Gebirgsrand mit kräftigen Aufbiegungen aus jungpliozäner und altquartärer Zeit. Bis zum Dauphiné liegen gehobene und gebirgswärts schwach ansteigende pliozäne Verebnungsflächen vor, ebenso am Westalpensüdrand bei Biella und am Langensee gehobene und südwärts geneigte *marine* Pliozänterrassen. Der pliozänen Senkung folgte eine nachpliozäne, dann quartäre *Hebung der äußersten Randzone der Vortiefenebene*, während das Gebirge unterdessen dauernd aufstieg.

Bedenkt man, daß im großen Gegensatz zu den Ostalpen nur noch teilweise dem Altmiozän zuteilbare Altflächen erkennbar sind, so kommt man zu dem Schluß, *daß in den Westalpen die Hauptgebirgsbewegungen noch kräftig und reliefzerstörend oder ein Flachrelief kaum zulassend bis weit in das Miozän hineinragten.* Schon allein die Tatsache, daß die Hauptquelle des Molasseschuttes in der Vortiefe Deckenteile aus Flysch, Kristallin und Präalpen waren, die heute bis auf Reste zerstört sind und deren Geröllmassen nicht etwa nur bis zum Oligozänende, sondern noch *durch das ganze Miozän fort* angeliefert worden sind, so kann dies ja auch gar nicht anders sein. Aquitane Altflächenreste blieben daher höchstens nur unter allergünstigsten Umständen erhalten, pliozäne überschneiden aber in O *und* W schon die Decken.

Die den Niederschläge-bringenden Westwinden besonders ausgesetzte Lage der westlichen im Gegensatz zu den östlichen Alpen wird dabei zu vermehrter Abtragung ähnlich beigetragen haben wie bei dem verschiedenen Maße der diluvialen Schnee- und Eisbildung. Außerdem wurde der Westalpenkörper noch in jüngerer Zeit schärfer bewegt, war der Schweizer Alpenteil Schauplatz stärkster Massenverlagerungen, deren Folgen auf die Reliefbewegung auch späterhin wohl noch bedeutender als an irgendeinem anderen Alpenteil gewesen sind. Denn nach unseren Erfahrungen waren damit unlösbar besonders tiefgreifende Unterströmungen und Absenkungen verbunden, welche den Schweizer Gebirgsteil mit seinen spezifisch leichten granitisch-sedimentären Massen in besonders große Tiefen hinabführten. Die Folge war nach dem Nachlassen des Tiefenzuges dann *ein besonders hohes isostatisches Emporsteigen der Oberfläche, somit ein mächtigeres Hochrelief, welches den außenbürtigen Kräften der Einebnung nicht so rasch erlag wie das nur noch weniger hoch schwimmende Relief des Ostens.* Noch heute besteht solcher Gegensatz; die höchsten Berggruppen liegen im W. Die weitere Folge ist das großartige Achsengefälle der Westalpen gegen die Ostalpen.

Auch in diesen Befunden erkennen wir baugeschichtlich *ein weniger hohes Alter der westalpinen Gebirgsbildung gegenüber den Ostalpen.*

Die Westalpen hatten sich noch miozän so stark bewegt, daß die jedenfalls auch hier immer wieder beginnende und in ruhigen Zwischenzeiten auch wohl weiter durchgeführte Altflächen-Verebnung weithin wieder beseitigt wurde. Die jugendlichere Kraft im W wird auch durch die noch im Pont so weit ausgreifende Zusammenschiebung unter der Molassevortiefe hindurch bis einschließlich des breit ausladenden Faltenjuras sowie mit der breiten subalpinen Faltung der französischen Vortiefe erwiesen. Allein die östlichen Südalpen mit ihren Jungbewegungen der Karawanken und Savefalten stehen dem zur Seite.

Etwas später erlahmten aber auch im W die durchbewegenden und ein lebhaftes Baurelief schaffenden Orogenkräfte: Im O schon vererbt aus dem Miozän, im W erst vom Pliozän an haben wir zusammenhängende Einebnungsflächen. Im Berner Oberland scheint erst in rd. 1000 m M.H. eine verbreitete Flur zu liegen, das „*Burgfluh-Niveau*“. Es gilt als präglazial vorgebildete Sohlfläche der ersten Vereisung. Über seine niedrigen Wasserscheiden drängten nach P. Beck 1934 die Günz-eiszeitlichen Gletscher, soweit sie aus längeren Tälern gespeist wurden, benachbarte, schwächere Eisströme zur Seite und schufen so viele Talnetzverlagerungen. Da sowohl bei den alpinen wie bei den im Mittelland erschließbaren Talverlegungen fast durchweg in westlicher Richtung verschoben wurde, ist vielleicht *eine allgemeine Senkung von Gebirge und Vorland gegen W für die Günzeiszeit wahrscheinlich.* Auch zeigt die noch geringe Menge kristalliner Geschiebe im älteren Nordschweizer Deckenschotter, daß die heutigen Talflanken, namentlich des Bündener Landes, altdiluvial noch wenig erodiert waren.

Später als in den Ostalpen stieg der westliche Gebirgskörper pliozän empor. War der Hauptaufstieg im O schon vorquartär erreicht, so sehen wir im W erst altquartär die Anzeichen der gleichen Tiefenzerschneidung, wie sie das heutige Hochgebirge hat. Es läßt sich aber ein grundsätzlicher Unterschied nicht erkennen. Auch im W zeigen jüngere, tiefere Terrassenfluren die mehrfache Unterbrechung der Hebung durch längerdauernde, überwiegend einebnende Ruhepausen. *Auch im W eilte die Aufwölbung des gegenüber seinen Randteilen älter entstandenen Gebirgsinneren voraus und blieb die Vortiefe noch weiter zurück.*

Ergänzt man — ohne Berücksichtigung der nicht nachweisbaren präalpinen und ostalpinen Überlagerung — im Tessiner Hochwölbungsgebiet die dort durch Abtragung entfernten Gesteinsdecken-Massen, so käme man für die gegenwärtige Zeit (ohne Einsenkung gedacht) zu einer Gesamtalpenhöhe von 15—20 km! Diese riesige Abtragungsmasse *lag natürlich hier niemals gleichzeitig übereinander. Sie kann allein verstanden werden durch häufigere und langdauernde Zwischenzeiten einer immer wieder kräftig abtragenden Hochlage nach schärferen Orogenbewegungen in tiefer Lage.* Doch muß auch, wie unten S. 388, 397 ausgeführt wird, ein unterströmender Massenabfluß genügend in Rechnung gestellt werden.

In jedem Fall wiederholt sich auch hier das Ergebnis unserer Betrachtungen: *Während der Sedimentation ging nicht allein die Gebirgsbewegung, sondern auch die Abtragung gehobener Teile unablässig weiter. In den Zwischenzeiten nachlassender Orogenese war die Abtragung besonders stark.* Es verschoben sich nur die Hauptschauplätze aller dieser Vorgänge auf der bewegten Bühne des geosynklinalen Bodens. Die Ereignisse verteilen sich über *sehr lange Zeiträume und die Riesentonnage der ins Spiel getretenen Massen wie auch die Gewalt und ungeheuere Verbreitung der tektonischen Leistungen bis ins kleinste Korn, sie werden erst daraus verständlich.*

Die wahrhaft *geosynklinale Baugeschichte lief gegen das Ende der Pliozänzeit auch im W aus.* Die präglazialen Verebnungsflächen sind nicht mehr allgemein und nicht mehr stark gestört. Früher im O, später im W schloß sich an die ältere eine

Bewegungsart, welche sich von der außergeosynklinalen nicht mehr grundsätzlich unterscheidet und auch mehr an den Gebirgsrand hinaus rückte. Wir gehen daher auf die *quartären Ereignisse* nicht mehr näher ein.

Daß auch hier noch kräftige Reliefänderungen auf ein erhebliches Wiederaufleben der gebirgsbildenden Kräfte hinweisen, ist bekannt. Nicht allein die präglaziale Ebenheit und die Deckenschotter der beiden älteren Eiszeiten sind in manchen Gebieten bedeutend verstellt, wie z. B. zwischen Bodensee und Basel; sie heben sich gebirgswärts teils mit übernormalem, teils mit zu geringem, weil später verbogenem Gefälle. Nicht nur lassen die tiefer eingesenkten jüngeren Schotter den Fortgang der epikontinentalen Hebung von Alpen *und* Vorland in der geokraten Quartärzeit erschließen. Kräftige Hebung ging bis in die zweite Zwischeneiszeit und brachte eine besonders große Talvertiefung bis hinab auf die felsigen Talsohlen im Gebirge und bis in tiefreichende Schurfrinnen des Vorlandes. Am Ende dieser „großen Zwischeneiszeit" begann es dann mit der allgemeinen Zufüllung dieser Reliefformen, an der sich hauptsächlich die Rißeiszeit mit ihren Hochterrassenschottern und die letzte Zwischeneiszeit beteiligte. Die Schotter und Moränen füllten die tiefsten Talrinnen bis 100 und 200 m hinab.

Es muß hiernach auf *eine letzte, große Absenkung geschlossen werden*, die *bis zur Würmeiszeit reichte*. Gleichzeitig lebten die *Bruchbildungen, Höhenverstellungen, Walmungen ein letztes Mal auf*. Die Deckenschotter wurden hauptsächlich zu dieser Zeit verlagert. Hochterrassenfluren innerhalb der Endmoränen finden sich in sehr verschiedenen Höhenlagen. „Als gemeinsame Ursache der tiefen Lage der Seeböden (im Mittelland) und der Entstehung der Hochterrassenaufschotterung müssen wir auf eine weitreichende Dislokation schließen, die Jura und Mittelland relativ hob und die Alpen absolut und relativ um 150—200 m senkte, ohne jedoch eine sichtbare Knickungsstelle zu bilden" (P. Beck 1934, 33).

Schon 1911 hatte E. Romer, der mit Hess zahlreiche tektonische Störungen der Hochterrasse und der präglazialen Flächen im Bereich des oberen Rhonetals bzw. auch des Gebirgsvorlandes fand, auf die große Bedeutung der innenbürtigen Verbiegungen noch im jüngeren Diluvium hingewiesen. Während der zweiten Eiszeit war nach ihm das Hebungsausmaß fast verdoppelt gegen die Hebung der ersten und vierten Eiszeit. W. Deecke hat in der „Geologie von Baden" gleichfalls die diluvialen Störungen besonders betont.

Sind diese Fragen auch vielfach noch im Fluß (F. Machatschek 1940), so ist doch eines schon klar: *In die Zeit überwiegender Senkung* während der Rißeiszeit und Riß/Würm-Zwischeneiszeit *fällt auch die Hauptperiode der diluvialen tektonischen Störungen* („Baltische Dislokationsphase" E. Kraus 1928, 1937, 337). Wiederum bestätigt sich also auch an diesem jüngsten Beispiel unsere *Erfahrung von der tektonischen Strukturbildung während der Senkung, vom „Abbau"*.

Neben dem *endogen*-strukturbildenden Hinabbau will ja *dieser Begriff „Abbau"* auch die Summe der damit verknüpften *exogenen* Folgen, den ungeheueren Abtrag des Baureliefs und sedimentären Wiederabsatz mitumspannen. Lesen wir einen Hauptteil der Baugeschichte ab aus Sediment- und Reliefgeschichte, so können wir nicht gleichzeitig das innige Verwobensein der Innen- und Außenkräfte leugnen. Dieses zu ertasten für den Ablauf des durch Hunderte von Jahrmillionen, aslo in einem dem Menschen kaum faßbaren Zeitmaß, abrollenden Alpen-Geschehens ist der Versuch unseres Werkes.

ALLGEMEINER TEIL

ERSTER ABSCHNITT

REGIONALE ÜBERSICHT DER ALPINEN BAUGESCHICHTE

A. Der zeitliche Entwicklungsgang

a) Vorbereitende Hauptperiode

Die voralpidische Geschichte unseres Gebirges war ungeheuer lang und konnte ihrer grundlegenden Folgen wegen nicht vernachlässigt werden. Auch sie gehört der tieforogenetischen Hauptperiode an, innerhalb deren wir verschiedene Hauptakte der orogenen Bewegung zu unterscheiden hatten. Wir folgten dabei z. T. Gedankengängen von R. Schwinner als derzeit erstem Versuch einer Synthese.

I. Archaischer Hauptakt

Obwohl wir es hier allein zu tun haben mit granitisierten Massivkernen der Katazone, war doch schon für diese ältesten Zeiten auf folgende grundsätzliche Ereignisreihe zu schließen:

Mächtige Sedimentation unter Senkung bei annähernd gleichbleibender Relieflage, die allein die Bildung der sandig-tonig-mergeligen Gesteine und der Oberflächen-Ergüsse und Vulkantuffe in den vorhandenen großen Mächtigkeiten verstehen läßt;

tektonische Durchbewegung während der Senkung oder in großer Tiefenlage der Katazone, welche als voralgomanische Kristallisation die Tektonik überdauerte;

granitische Schmelzfluß-Durchdringung (I) mit pazifischen Schmelzen durch den fertigen tektonischen Bau; verbunden oder gefolgt von

Heraushebung; denn die folgende Gebirgsbildung lief ab in weniger tiefer Gesamtlage.

Die Gebirgsbildung geschah allgemein für alle erkennbaren archaischen Gesteine als eine Durchbewegung bei Senkung bzw. in tiefer Lage. Unbestimmt blieb, ob diese Gebirgsbildung nur Massivknoten der damaligen Erdrinde betraf, was nach späteren Vorgängen das Wahrscheinliche ist, oder ob auch die streichenden Zwischenstrecken ebenso orogen granitisiert wurden.

Das Arbeitsergebnis der ersterkennbaren archaischen Sedimentation, der orogenen, also hinabbauenden Senkung, der granitisierenden Kristallisation, Hebung und Hochlage als eines ersten gebirgsbildenden Aktes der Bewegungsgeschichte ist das Gestein der Gneisgruppe (I).

II. Algomanischer Hauptakt

Von der Gneisgruppe (I) trennt sich das Ergebnis des II. Aktes ab durch oft fehlende Übergänge, durch höhere Stockwerkslage bei mesozonaler Metamorphose, durch öfter zwischen beiden liegende Abtragungs-Schrägflächen. Das Gestein II ist reicher an Mineralien, Marmor, Amphibolit, besteht überwiegend aus Glimmerschiefer.

Der Entwicklungsgang gleicht allgemein jenem im Archaikum: Hochlage mit mächtiger Bildung neuer Sedimente während Senkung, Faltung bzw. Tieflage, Mesokristallisation mit mächtiger Granit-Durchdringung (II), Hebung und Hochlage. Das Arbeitsergebnis ist die Meso-Glimmerschiefergruppe II. Ihr Zurücktreten in den Westalpen fällt auf.

Wieder ist es unsicher, wie weit diese zweite Gebirgsbildung sich beschränkte auf die heute vorhandenen bzw. seitdem verschwundenen mesozonalen Kern-Nester oder ob diese nur die zerteilten Massivreste einer einst riesigen Massivplatte gleicher Art sind. Ebenso wie bei der archaischen Gesteinsgruppe bleibt auch die ehemalige Lage und Verteilung der Gebirgsbildung durchaus ungewiß. Muß doch auch im Fall einer Massivknotenbildung mit einer späteren Zerlegung der Erdrinde, mit deren Schollendrift und dem späteren Einbau der Ruinenstücke in ganz neuer Anordnung gerechnet werden. Schon die katazonalen Gneismassen liegen verteilt, „eingefroren" eingebaut im Glimmerschiefergebirge. Die beide gemeinsam betreffende und deren heutigen Platz gegeneinander regelnde Gebirgsbildung war die „*algomanische*" I, 20, 28[1]. Die Kristallisation wurde als „Gleinalpenkristallisation" bezeichnet, welche aber in eine vor- und nachalgomanische zerfällt. Granit I und II sind meist noch vergneist, letzterer weniger; dagegen bildet Granit II mächtige, quer aufsteigende Plutone.

Das Streichen der algomanischen Gebirgsbildung hält sich in den Ostalpen weithin an die NW- und N-, aber auch W-Richtung (I, Abb. 1). Wieweit dabei variszische Verzerrung hinzugekommen ist, bleibt noch unklar. Die alten Hauptmassive lagen gegen N gerückt, von wo auch die hauptsächliche Sandschutt-Abfuhr ausging: *Nicht so sehr also von dem Baurelief der sedimentären Faltenzüge als von den Kuppeln des späteren Schmelzmassen-Aufstiegs kam der folgende Abtragschutt.* Diese Massivkuppeln hoben offenbar das Relief kräftiger und nachhaltiger. *Sie hatten mehr Auftrieb, wurzelten tiefer* (I, 68f.).

Die algomanische Kette war der erste Anfang unserer Alpen. Nach der Feinkörnigkeit des Abtrags *kann das spätere Hochrelief schon damals nicht bedeutend gewesen sein.* Darf dieses als Maßstab für die vorherige *Absenktiefe* gelten, so kann letztere *noch nicht bedeutend* gewesen sein. Gleichzeitig erwies sich das orogene Ergebnis späterer Gebirgsbewegung gegenüber *noch nicht als widerstandsfähig*, sondern es wurde mit seinen zerrissenen Trümmern späteren Gebäuden eingefügt.

III. Algonkischer Hauptakt

Das algomanische Gebirge hob sich, sein Relief wurde abgetragen und lieferte als IIIa die algonkische Rannach-Gesteinsreihe mit grobem und feinem Schutt

[1] Die Zahlen beziehen sich auf die Seite von Band I bzw. II, auf welcher die näheren Begründungen gegeben wurden.

und Sand, hauptsächlich aus Quarz. Dieser Restschotter und Restsand liegt ungleichförmig über Gesteinsgruppe I und II und geht auswärts feiner werdend in Wechselschiefer bzw. Wildschönauer Schiefer über. Grünsteinlager treten auf.

Jüngeralgonkisch ist der Semmering-Quarzit, der Radstädter Serizitphyllit und Quarzit. Feinkörnige Fazies hat der Quarzphyllit; Keratophyre der Blasseneckgruppe bilden die eruptive Vertretung. Zur Gruppe III wird auch die „mittlere“ Tauernschieferhülle gezählt, die bereits Zentralgneisgerölle hat; ebenso zum Teil der Schweizer Casana-Schiefer.

Der geosynklinale Trog III, der seinen Schutt von S erhielt, lag mit O-W-Richtung zwischen Wechsel—Semmering—Landeck. Er ging wahrscheinlich bis über die Samnaun-Phyllite und -Quarzite nach der penninischen Malojaserie und zu den Süd- und Mittelostalpinen Quarzphylliten.

Jedoch mit gleichartigen Quarzphylliten, Quarziten, Arkosen bei südwärts sich verkleinerndem Korn füllte sich im S der Zentralalpen noch ein *zweiter Geosynklinaltrog:* Münstertaler und Ortler-Gebiet—Tonale—Pejo-Quarzphyllit unter der Dolomitenschüssel und am Pustertal — Unterlage des Untersilurs der Karnischen Alpen (mit Diabasen) — Mittelkärntener Phyllit bis Sausal—Possruck. Zumeist ungleichförmig auf I/II verbindet sich dieser Südtrog in Kärnten—Oststeiermark mit dem nördlichen und *umschließt so die zentralalpin-algomanische Gebirgskette gegen N, S und O.* Ob sie auch gegen W zu Ende ging ist unklar.

Diese mittlere Schwelle hatte sich nach Abschluß der algomanischen Gebirgsbildung aus der zweiten Tiefenstufe gehoben als zentrales Hochrelief, das sich durch Abtragung von mehreren Kilometern Dachgestein, also offenbar während einer langen Zeit, enthüllte. Da wir diese Schuttmasse nur in verhältnismäßig dünnen und in den Phylliten nur teilweise anschwellenden Massen vorfinden, dürfte eine sehr langdauernde *chemische* Abtragung gewirkt haben, welche zugleich die Quarz-Restschotter und -Sande schuf. Gleichzeitig weist ja das Jotnium Finnlands, Schwedens, Schottlands, des östlichen Nordamerikas die gleichen Rest-Sedimente auf.

Die nachalgomanische Zentralschwelle ist die erkennbare Uranlage der zentralalpinen Aufwölbung. Die algonkischen Phyllitschiefertröge im N und S stellen die Erstanlage der N und S-Grauwacken-Geosynklinale dar.

Vor deren kräftigem Erwachen aber und nach der algomanischen Gebirgsbewegung mit N-S, NW-SO- und NO-SW-Streichen schaltete sich eine langdauernde und im Verhältnis recht *ruhige Zwischenzeit* ein. Während dieser bereitete sich offenbar *die neue, überwiegend W-O-streichende variszisch-alpidische Hauptanordnung vor.* An der Erdoberfläche dürften die geosynklinalen Senkungsmeere der Alpen um die Westseite der Böhmischen Masse herum mit der Prager Geosynklinale verbunden gewesen sein (Bd. I, 38).

In der Tiefe aber muß, nach Ausweis der nicht sehr kräftigen Faltung und gleichzeitigen Epimetamorphose, schon eine gewisse *Gebirgsbewegung* umgegangen sein — und zwar vor Ablagerung des Altpaläozoikums, welches diese Umwandlung nicht mehr zeigt (I, 34, 39).

IV. Variszischer Hauptakt

Die geosynklinale Beweglichkeit setzte im Unter- und Obersilur immer mehr ein. Starke vulkanische Tätigkeit mit mächtigen Diabastuffen, Quarzporphyren, Porphyroiden, bedeutende Senkungen der Teilmulden von Graptolithen- und Kieselschiefer begannen; Untiefen verschwanden im Bereich der Zentralalpen. Teilschwellen erhoben sich zu Inselreihen in den Karnischen Alpen. Doch kam es noch nicht etwa zu einem Kaledonischen Hauptbewegungsakt (I, 43, 62), insbesondere sind keine Hauptdiskordanzen etwa zwischen Unter- und Obersilur bekannt. Im Devon entstanden weithin kalkig-dolomitische Riffbildungen, ähnlich den kalkalpinen der Trias. *Die zentralalpine Schwelle* erscheint nun wieder, wenn freilich bedeutend eingeengt.

Erst im Unterkarbon gibt es wieder über 1 km mächtige Schiefer, Grauwacken, Sandsteine, Lydite (I, 44). Ihre Kulm- oder Flysch-Fazies erweist sie als orogene Sedimente. Denn mit grundlegend abweichender Fazies und mit scharfer Schrägfläche schneidet über Falten und Decken danach schon das Oberkarbon hinweg.

Eine zentralalpine Schwelle schob sich im Mittelkarbon südwärts unter den gegen S tiefer gewordenen karnischen Teiltrog, während im N der zentralalpinen Schwelle die Untere Tauernschieferhülle einem zweiten Teiltrog entsprach. Vormittelkarbonische Faltung bei Eisenerz, mittelkarbonische Faltung in Innerkärnten, wahrscheinlich gleichzeitig eine mindestens 20-km-Unterschiebung des Grazer Paläozoikums aus NW, kräftige Diaphtorese (I, 49, 64) beweisen *Hauptbewegungen, welche den alpidischen kaum nachstanden.* Oberkarbonisch-permische, sehr mächtige Schmelzfluß-Aufstiege schlossen sich an.

Ausgeprägt ist eine faltende Lücken- und Zwickel-Füllung zwischen älteren bzw. plutonischen Kernen im Venediger-Tauern-Gebiet und im Kitzbühler Grauwackenbereich, wobei geringere abtragende Enthüllung bei der Kitzbühler Grauwacke oder im Südtiroler Quarzphyllit an der heutigen Oberfläche Dachgestein von ruhigerer Lagerung über wahrscheinlich eingeschalteten Massiven übrigließ (I, 58). Außerdem scheinen jedoch noch großzügigere Querbewegungen eingetreten zu sein: eine ältervariszische, etwa *mittelkarbonische Unterschubbewegung von W gegen O* (I, 56) erklärt Strukturen in einem Teil der N-Grauwackenzone. Sie wiederholt sich hier, ebenso wie die N-Unterschiebungen in alpidischer Zeit.

Im S der zentralalpinen W-O-Zone und westwärts von den diagonalen Alt-Anlagen erfuhr die hier offenbar ostwestliche Hauptanlage algomanischer Zeit auch in Ötztal- und Silvrettamasse einen variszischen Weiterbau. O-W-streichende basische Gänge und Verruschelungen entstanden, danach erschienen magmatische Stoffzufuhren (Na, Biotite) (I, 60), wahrscheinlich im Zusammenhang mit dem spätvariszischen Eindringen des Winnebachgranit-Plutons. Nachkristalline Durchbewegung (Phyllonitbildung) in Silvretta, Ötztalmasse, im algomanischen Laaser Kristallin, in der Südzone der Alten Gneise und allgemein im südalpinen Grundgebirge brachte in wesentlich variszischer Zeit eine kräftige Nachbearbeitung.

Berücksichtigt man auch die westlichen Fortsetzungen, *so stellt sich der Varisziden-Verlauf dar als flacher Bogen, der im O mit OSO-WNW annähernd dinarisches, im W aber über Judikarien-Bergamasker Alpen ein NO-SW-liches Streichen hatte.* Seine Umbiegung geschieht im *Tauern-Zillertaler Bogen.* —

Die *westalpinen* Fortsetzungen sind noch sehr unsicher. Die umherschwimmenden Einzelstücke aus sicherer oder meist nur wahrscheinlich vorvariszischer Zeit können wir noch nicht gut miteinander in Beziehung setzen. Erst die voroberkarbone Diskordanzfläche fügt ein älteres, variszisches Gebirge zu einer Einheit zusammen. In ihr haben sich mächtige, teils batholithische, teils lakkolithische Plutone breit gemacht. Sie bilden ausgeprägte Antiklinalzüge zwischen muldig gelagerten, nach abwärts spitz auslaufenden Paragesteinszügen — im Aare- und Gotthardmassiv ähnlich wie in den Hohen Tauern. *Auch hier liegt keine eigentliche Faltung, sondern eine salische Schmelzmassenwucherung nach oben vor.* Dabei zeigt die steile Schichtstellung auf die unmittelbare Herkunft von unten.

Im Gegensatz zu den vormittelkarbonischen Faltungen im O hat man in den Westalpen erst voroberkarbonisch abschließende Hauptfaltungen: Eine „segalaunische Phase" vor dem Stephan (Ottweiler Stufe) und eine „allobrogische Phase" im Perm. Eine vermutlich algomanische Erstfaltung ergab sich für das Montblanc-Massiv. Im Gegensatz zu den teilweise schon etwas älteren Schuttsammlungs-Anfängen in den Ostalpen (Nötsch) liegt die Hauptzeit der oberkarbonischen Schuttsammlung, also der Großmuldenbildung, nach der Heraushebungszeit erst in dem ziemlich kurzen Zeitabschnitt der Obersaarbrücker- bis Unterstephan-Stufe (I, 81, 87f.). Deren Anthrazit- und Steinkohle-Mulden halten ungefähr das geosynklinale Generalstreichen ein. Über sie greifen auswärts, ganz wie etwa in dem mittelrheinischen Massiv, die permischen Schuttsedimente über.

Damit begann eine neue, jungoberkarbonisch-permische Zeit weniger starker Niederbiegung und Bewegung. Die Kohle- und Schuttmulden verlaufen z. B. im Aar-Massiv ruhig und weiträumig steif geradeaus im Hauptstreichen. *Damit stimmen sie überein mit den auf dem steifen vindelizisch-germanischen Europasockel in der oligozänen Vortiefe von Schweiz-Süddeutschland eingesenkten Braunkohle-Molasseschutt-Mulden.* In beiden Fällen dürfte der vorvariszisch und variszisch bei Faltung und Granitisierung *versteifte Untergrund* die Ursache der Steifheit gewesen sein.

Neben einer voroberkarbonischen Bewegungsphase läßt sich im Aarmassiv eine voroberpermische Bewegungsphase ableiten (I, 90). *Die oberkarbonische Urserenmulde zwischen Aar- und Gotthard-Massiv war Voranlage der helvetischen „Wurzel", das heißt des gewaltigen Massenverlustes unter der nordalpinen Narbe.* Diese Mulde hatte schon im Karbon besonders mächtigen Schutt erhalten, hatte also *bedeutenden Tiefgang.* Spätvariszische Mulden in Aiguilles Rouges, Montblanc, Belledonne, Grds. Rousses und Pelvoux schließen sich an. Mehrfach, wie im Gotthardmassiv, läßt sich nach einer Senkungs- und Bewegungszeit ein zweiter Abschnitt granoplutonischer Aufstiege unterscheiden (I, 100).

Diese jungoberkarbonisch-permischen Mulden waren keine „festländischen Geosynklinalen" (I, 91, 106). Sie waren aber auch nicht rein außenbürtige Senken. Sie erhielten und behielten ihren Schutt *wegen fortschreitender Absenkung* und infolge weitergehender Aufwölbung benachbarter, immer weiter abgetragener Sattelzonen. Dieser *„embryonale Faltenbeginn" war das Kampfergebnis der orogenen, muldig* *absenkenden Kraft mit einem hier offenbar schon kräftig versteiften Untergrund.* Unter dessen dicker gewordener Platte gab es jedoch *sehr starke Massenverlagerungen.* Solche kamen zum Ausdruck in dem gewaltigen, meist sauren Vulkanismus der permischen Zeit. Er brachte weniger eine plutonische Durchbrechung als eine vulkanische Durchtrümmerung und vertritt mit dieser offenbar die granoplutonische Hebungszeit (I, 106).

Aber der jungoberkarbonische und der permische Bewegungsantrieb konnte, so wenig wie im variszischen West- und Mitteldeutschland, weder durch Faltung und Granitisierung noch durch Relief-Niederbiegung diesen Erdrindenteilen Gleiches zufügen wie die vorherigen, namentlich variszischen Kraftanstrengungen. *Es blieb alles in den Anfängen stecken,* die uns aber besonders lehrreich sind. Hier liegt der vergebliche „Versuch" vor, noch einmal das schon stark gefestigte Gefüge in den geosynklinalen Bewegungsstrudel hinabzuziehen (I, 106). Bei den westlichen Außenmassiven, wohl einschließlich des Briançonnais, befinden wir uns zweifellos schon auf altem, gefestigtem Unterbau.

Bezüglich der Magmen-Spaltung freilich kann von einer *endgültig kontinentalen* Erdrinde noch keine Rede sein. Haben wir doch überwiegend granodioritische, noch nicht oder nicht vollständig gespaltenes Magma zur variszischen Zeit gehabt. Wieweit Gleiches zutrifft für das Innere des Westalpenbogens, für das penninische Kerngebiet, ist nicht klar. Auch hier haben wir mehr pazifische als mediterrane oder gar atlantische Differentiate im Variszikum. Wichtig ist die germanisch-dreigeteilte, wenig mächtige Trias, die aber gegen SO in die tiefer- oder höher-metamorphe Sammelfazies übergeht bis hin zur Schwellenaufragung des unterostalpinen Massiv-Gebirges. Jenes nordwestliche, *noch germanische Gebiet muß also wohl als Kontinental-Schelf* gewertet werden, welcher zur ruhigeren Triaszeit den schwachen orogenen Angriffen hier noch Widerstand leisten konnte.

Eine sehr auffallende plutonische Massivknoten-Bildung offenbar variszischer Zeit entwickelte sich inmitten weiter, unruhiger Schiefergebiete im *unterostalpinen* Raum. Weit ausgedehnte Diskordanzflächen etwa oberkarbonischen Alters schließen auch diesen Knoten dem breiten, variszisch stark verfestigten *Rahmenbogen* rings um das sehr unruhige penninische Kernstück an (I, 100). Dazu tritt auch südwärts das mannigfach zusammengesetzte, seiner Zuordnung zum archaisch-algonkischen oder variszischen System nach unsichere Grundgebirge der westlichen Südalpen. Auch die schwächere, altpermische Bewegungsphase fehlt diesem Südalpenteil nicht. Mächtige Tuffausbrüche, Porphyrit-, und Quarzporphyrlaven begleiteten sie. Die gleichen variszischen Falten und salischen Schmelzmassen-Ansammlungen ziehen über die Bergamasker Alpen ostwärts zu der mächtigen Bozener Quarzporphyr- und Tuff-Platte des westlichen Dolomitensockels über dem alten Quarzphyllitgebirge weiter.

Faltung des Untergrundes, Aufschwellen und Abtragung waren aber bereits vollzogen als erst die Vulkane in Tätigkeit traten: Der Bewegungs- und Senkungs-Zeit folgte die Hochlagezeit mit Abtragung und Schmelzflußbewegung. Während verhältnismäßig recht kurzer Dauer durften die 1,5 km mächtigen Massen zutage gefördert worden sein.

Die von den Karawanken über Cima d'Asta, Bozen bis Lugano—Sesia ziehende Altschiefer- und südliche Grauwackenzone wird durch diese tiefer oder höher gegen die Erdoberfläche vorgedrungenen Plutone, Laven oder Tuffe zu einer recht selbständigen Einheit im S der Zentralalpen zusammengefaßt (I, 105).

Insgesamt ist *eine wesentlich frühere Massivbildung und Versteifung im O als im W festzustellen* (I, 110). Auch waren die Massiv-bildenden, weil granitisierenden Plutonschmelzen aus dem mobilisierenden, weil tiefer sinkenden und *orogen belebten Inneren des Westalpenbogens variszisch in die Außengebiete* des kontinentalen Schelfes emporgestiegen und hatten hier die *Außenmassivreihe* gebildet (I, 114).

V. Alpidischer Hauptakt

α) Tieforogenetische Hauptperiode

Die variszischen Baurelief-Ruinen wurden zur Permzeit in letzte, schwache Teilsenken hinein abgetragen. Von diesen war die tiefste jene des aus SO vorgedrungenen Bellerophonkalk-Meeres. *Es breitete sich genau in der Achse jenes Streifens aus, welcher zusammenfällt mit dem Scheitel der Südalpennarbe,* der also über die Julischen und Steiner Alpen ging (Band I, 286; Bd. III, Abb. 62, S. 145). Westwärts war diese bedeutsame Trogmulde mit der Judikarienlinie zu Ende, die also erneut das höhere Alter ihrer Anlage erweist.

1. Die skythische Doppelsenkung

Die Kräfte der skythischen Senkung waren embryonal, brachten noch keine schärfere Faltung, *nur Trogsenkung, welche sich freilich von dem mächtigen dinaridischen und dem erheblichen Diabasvulkanismus der Kleinen Karpaten gegen W schon über die Judikarienlinie in die Lombardischen Alpen erweiterte.* In der südalpinen Geosynklinale wird eine Dreigliederung deutlich (I, 124): Eine zweimalige, durch eine Zeit des Aufstieges getrennte Vertiefung wurde hier mit einer allgemeinen Hebung abgeschlossen. Die zweite, Kampiller Hauptsenkung entsprach der weitausgedehnten, außeralpinen *Röt-Senkung* und Transgression: *Alpines und außeralpines Geschehen marschieren in gleichem Schritt.* Auch die Ähnlichkeiten der nordalpinen und der süddeutschen Buntsandsteinwanne sprechen hierfür. Doch sank erstere tiefer, unter den Meeresspiegel. Sie erhielt daher die marine Werfener Fazies *und war zugleich Beginn der nordalpinen Geosynklinale* mit bereits einsetzendem, basischem Vulkanismus (H. P. Cornelius 1941, 190). Deren kräftigste Senkung und Ausdehnung ihres Senkungsbeckens besonders gegen W erfolgte oberskythisch während der Kampiller Röttransgression (I, 128) — *also ganz wie in der Südalpengeosynklinale und wie außeralpin.*

In breitem Kranz umrahmt die Fortsetzung der germanischen Buntsandsteinfazies vom Vorland her weit herantretend das im Skyth noch immer germanische Pennin-Feld der Westalpen mit einem Zug von den nördlichen Kalkostalpen über Klippen—Präalpen—Briançonnais—Ligurische Alpen—Südalpen: *Die N- und die S-Geosynklinale dürften damals über den Westalpenbogen miteinander vereinigt gewesen sein* (I, 129). Beide sanken verhältnismäßig tief, *gegen W zu weniger.* Dabei verschoben sich Senkung und Meer allmählich *westwärts.* Die älterskythische Teilsenkung (Seiser Schichten), die nur den O betraf, entspricht wohl der Senkung des Unteren Buntsandsteins außerhalb der Alpen (I, 133).

Auf die Zentralalpenschwelle griff nach der festländischen Buntsandsteinfazies noch die lagunäre Jungskythfazies der „Unteren Rauhwacke", die aber wahrscheinlich von Salzseen herstammt und eine ruhige, weite Senkung, jedoch nicht unter den Meeresspiegel, anzeigt (I, 133).

Der N- und S-geosynklinale Trog hob sich baugeschichtlich kaum durch stärkere Absenkung und zwischenliegende Aufwölbung, auch kaum noch durch größere Geschwindigkeit von den epirokinetischen Wellungen und Walmungen außeralpiner Gebiete ab. Allerdings wurden beide Geosynklinaltröge, in zwei Anläufen von O her, nicht unerheblich unter den Meeresspiegel versenkt. *Auch waren sie nicht das Ende, sondern der Anfang ungleich großartigerer Einengung und Senkung.* Er war noch kaum angedeutet durch gabbroide Schmelzflußaufstiege.

2. *Die anisische Senkung*

Die Geburt einer lebendigeren alpinen Geosynklinalgeschichte war bereits vollzogen. Von nun an erwies sich die orogene Entwicklung in der N- und S-Alpen-Geosynklinale als kräftig fortschreitend während des ozeanischen *Senkungszustandes,* welcher im variszischen Mitteleuropa erst im *Muschelkalk* eintrat, *alpin aber bereits im Skyth erschien* (I, 134). Die durch die vordringenden Meere angezeigte, *gegen W voranschreitende, allgemeine Senkung* in beiden Geosynklinalen hatten wir alpin schon einmal im Skyth, in der Zone Trier—Verona, einheitlich aber erst während des Muschelkalks, und zwar alpin wie mittelrheinisch in Teilwannen, also in Streifen der betonten Absenkung. Der Unterschied zwischen Geosynklinale und Außergeosynklinal-Gebiet war aber der, daß im S der SW-NO-streichenden mittelrheinischen Hebungsachse das tiefere, Küstensand-fernere süddeutsch-alpine Muschelkalkmeer einsetzte. Mit ihm versank außer der Mittelrheinischen Masse auch ein Hauptteil des Vindelizischen Schwellenlandes unter dem Meeresspiegel (I, 135). Dies freilich erst im Oberen Muschelkalk, während schon im Mittelmuschelkalk das Dauphiné-Meer über die Belledonne eine Verbindung mit dem germanischen Muschelkalk-Binnenmeer damals fand, als es auch noch über die Seealpen in die Apennin-Geosynklinale weiterging (I, 136). Auch konnte das mediterrane Provence-Meer durch den Briançonnais- und Präalpentrog sich weit nach O in der Nordalpengeosynklinale ausbreiten, auswärts begleitet von einer dünneren Vorlandfazies, einwärts von der dünneren piemontesisch-penninischen der Zentralalpen. Die Trogverbindung zwischen N- und S-Geosynklinale bestand.

Schon in der Anisstufe begann eine Bevorzugung gewisser kristalliner Hebungsstreifen im penninischen Bewegungsfeld durch karbonatische Flachmeerabsätze, in Bereichen, welche sich immer mehr zu *Stirnzonen der großen penninischen Decken* entwickelten.

In den *Ostalpen* zeigt die größere anisische Mächtigkeit und die tiefermeerische Fazies im Inneren eine *bedeutendere Innenabsenkung* an. Wieder nur pazifische Diabasporphyrite in der N- wie in der Süd-Wanne erweisen die erwachende Regsamkeit der Tiefe. Sie tritt auch hervor in dem kräftig gewordenen *Meeresbodenrelief* mit tiefen Meeresrinnen, Inselreihen, Untiefen und oft wohl schon steilen

Böschungen (I, 138) unter besonderer Betonung des südlichen Mittelstreifens der nordalpinen Geosynklinale. Südwärts griff das anisische Flachmeer wohl sehr allgemein über die zentralalpine Schwellenzone. Unruhiger und belebt durch kräftigen, pazifischen Vulkanismus verhielt sich die Südalpen-Geosynklinale (I, 139f.) mit dem Unruheherd im Vizentin.

Allgemein bestand also Senkung beider Geosynklinalen, der zentralalpinen Zwischenschwelle und eines ausgedehnten Westalpenstückes, der SW-Fortsetzung Vindeliziens. Der bedeutend werdende Fazieswechsel aber beweist im einzelnen *eine wechselvolle Reliefverbiegung während der anisischen Senkung.* N- und S-Trog mit ihrer westalpinen Bogenverbindung *eilten sinkend voraus*, vor allem — so wie schon im Skyth — unweit von den variszischen Haupttroglinien und nahe den späteren alpinen Hauptnarbenzügen: *Stärkere Absenkung verband sich mit gesteigerter Reliefbildung, die nur innenbürtige Massenverlagerung und Strukturbildung, also Orogenese bedeuten kann.* Dies bestätigt sich durch die gleichzeitig stark auflebende Schmelzmassenbewegung, besonders südalpin.

Der zeitliche, räumliche und ursächliche Zusammenhang zwischen Absenkung und tektonischer Verlagerung war schon in anisischer Zeit vollkommen.

Senkung und Faltung waren im Verhältnis *in den östlichen Ostalpen stärker als in den westlichen; am geringsten noch in den Westalpen.* Zeitlich schwoll die Gebirgsbewegung vom Unter- und Mittelanis gegen das Oberanis ab.

3. *Die ladinische Senkung und Bewegung*

In der Südalpengeosynklinale folgte der anisischen Zeit eine von Ort zu Ort recht unregelmäßige Orogensenkung, deren Abbild der Fazieswechsel zwischen Riff, Schlamm und vulkanischen Förderungen zur ladinischen Zeit war. Die Senkungsräume übertrafen weitaus den Umfang der durch Schmelzmassenbewegung in der Tiefe frei gewordenen Teilräume. *Neben regionalen sind mehr örtliche, wellenförmige Verlagerungen im Untergrund erkennbar als Folge kräftig bewegter Unterströme.* Diese zeigen neben pazifischen schon Alkali-Spaltschmelzen. *Waagrechter Druck mit Faltung und Brüchen herrschte in den Schlammsenken während deren Senkung und Sedimentation* und erweist schwache, in den Dolomiten nach M. Ogilvie-Gordon 1927 starke unterladinische Orogenbelebung (I, 141). In diesen Mulden herrschten schon die penninischen Zustände der Jurazeit mit Brüchen, Falten und Ophiolithförderung. Ähnlich wie hier an den Deckenstirnschwellen so sammelten sich dort an der ungleichseitigen Nordseite der ostwestlichen Schwellen die Brüche und Vulkaneruptionen (I, 147). Eine Unterströmung muß in beiden Fällen eingesetzt haben.

Auf die *starke* anisisch-ladinische Orogen-Unruhe und die langdauernde Vulkantätigkeit im Vizentin folgte *spätladinisch-karnisch eine besonders lange Heraushebung.* In den SO-Alpen bildeten sich während gleichzeitiger, in Mulden stark betonter Senkung O-W-streichende Schwellenzüge und örtlich starke Schmelzflußbewegung.

Die zentralalpinen Untiefen, über welche das ladinische Flachmeer weit zusammenflutete (I, 154), leiten nach W zu den karbonatischen *Teilschwellen* mit steilerem Böschungsgefälle gegen N über, welche als Stirnen der schon in Bewegung befindlichen *Deckenbewegung* aufzufassen sind. Den Westabschluß bildeten die tieferen Absenkungen im Briançonnaisbogen, welcher in die bewegte, schlammige Glanzschiefersenke überging.

In der Nordalpengeosynklinale mit ihrer gleichfalls betonten Innensenkung und Teilmuldenbildung der Tonmergelfazies zwischen den Relativschwellen der Riffe tut sich die verstärkte Absenkung in schlammarmen, *daher nicht genügend zugefüllten* Meeresrinnen durch die tiefermeerische Hallstätter Fazies kund. *Auch im Ladin noch verminderte sich der Tiefgang der Verbiegungen in westlicher Richtung.*

Bei der vielfach zweimal ansetzenden, allgemeinen Ladinsenkung vertieften sich also die Nord- und die Südgeosynklinal-Wanne wieder kräftig und sie dehnten sich aus auf zentralalpines und vindelizisches Nachbarland. Dieses allgemeine *Hinabgehen fiel zusammen mit der weitreichenden Senkung und Transgression des außeralpinen Hauptmuschelkalks.* Gleichzeitig gab es starke, innenbürtige Boden- und Struktur-Bewegung, verschärft im Inneren der Tröge, deren Ränder zurückblieben. Die oberflächennahen Schmelzflußbewegungen, welche sich im allgemeinen auf schärfer angegriffene, zerrissene Muldensohlen beschränkten, fanden wir dabei sehr viel weniger verbreitet als diese orogenen Untergrundsbewegungen. *Letztere sind daher wohl auf tieferliegende, viel allgemeinere Geoplasma-Verlagerungen zurückzuführen.* Sie brachten den Dinariden mit mächtigen Serpentinstöcken die Hauptintrusionsphase.

Baugeschichtlich ging, ganz so wie schon im Anis, auch im Ladin die Südalpen-Geosynklinale *etwas der nordalpinen voraus.* Gegen das Ladin-Ende verschwanden die Reliefbeweise der Senkung und der Orogenstruktur-bauenden Zusammenkrampfung. Allgemein *ruhige Hochlage* setzte ein, zunächst noch unter dem Meeresspiegel. Der Vulkanismus ging zu Ende. Isostatisches Gleichgewicht hatte die Dynamik abgelöst.

4. Die karnische Doppelsenkung und Hochlage

Die anscheinend fast allein dem Tauchgleichgewicht überlieferte Erdrinde lag spätladinisch nahe unter dem Meeresspiegel und hob sich dann weithin über den Meeresspiegel zu ausgedehnter Abtragung. Die Heraushebung war aber im N, im vindelizischen Nordschwellengebiet noch kräftiger, und zwar verstärkt N von Weyer sowie im N-Ammergau. Sie betraf weite Gebiete auch noch im Unterkarn (I, 167). Danach erst sank die Erdrinde in beiden Geosynklinalen.

In der Nordalpenwanne stieg der Boden aus dem Inneren mit mächtiger Karbonatfüllung flach gegen N und S an. Wiederum beweist die Fazies auch schärferes Baurelief mit Tiefwasserabsatz über vorher wahrscheinlich bis zu weitgehender Abtragung des Ladins gehoben gewesenem Untergrund. Das bedeutet *die Ausbildung einer stehenden Welle* in der nördlichen Nachbarschaft der österreichischen Zentralalpen (I, 168). Hier hat sich das Gebiet dann im Unterlias wiederum bis zum Abtrag über den Meeresspiegel gehoben.

Im bayerisch-tirolischen Abschnitt setzte die raschere Troginnensenkung genau wie sonst fort, es blieb auch die schwächere Senkung gegen W hin bestehen (I, 183), welche zugleich aus der mehr festländischen Penninfazies ersichtlich wird.

Im einzelnen gab es eine *zweimalige* durch Heraushebung (c-Zeit) getrennte *Absenkung* während Schichtgruppe a/b bzw. der Opponitzer Schichten mit erheblicher Reliefunruhe. Diese Doppelung geht in den Unterengadiner Dolomiten und in der Silvretta (Ducan) fort (I, 176). Vereint mit der unter- und mittelostalpinen Nachbarschaft, aber auch der zentralalpinen im O, war hier eine breite Quersenke (I, 178) durch die zentralalpine Schwellenzone zwischen N- und S-Geosynklinale gelegt worden. Einmalige Senkung brachte die bereits im Unterkarn reliefmäßig erscheinende Err-Deckenstirn wieder zum Vorschein (I, 177). Inselnahe Sedimente beweisen in Bernina-, Languard-Decke und Sassalbo-Mulde den erfolgreichen Widerstand des unterostalpinen Inselkranzgebirges gegen die schwachen karnischen Senkungen (I, 178), deren Energie aber immerhin aus mittelostalpinen Diabaseruptionen und Quarzporphyrlaven ersichtlich ist. Dagegen vermochte die offenbar geringere Orogenleistung im Karn die ladinischen Embryonalbewegungen im penninischen Raum offenbar noch nicht fortzusetzen (I, 179). Dieses Gebiet wurde im W noch immer umrahmt von dem geosynklinal sinkenden Briançonnais-Trogbogen.

In der Südalpengeosynklinale wurde das Karn eingeleitet durch heftige Vulkanausbrüche. Hier erwuchs eine O-W-Teilschwelle der Karnischen und Karawanken-Kette. Die sedimentäre Trogfüllung zeigt weitere Inselschwellen und Vulkane auf, also erhebliche Untergrundsunruhe (I, 180). Diese Gebirgsbildung in der Tiefe schickte weiter gegen W noch mehr ihrer Beweise nach oben: Tuffe und Laven neben zahlreichen Inselschwellen und Teilmulden (I, 182). Letztere erscheinen auch dort, wo vulkanische Anzeichen fehlen.

Insgesamt stand die Ausdehnung der unterkarnischen und der oberkarnischen Senkungen, vielleicht auch deren Tiefe, *im Karn hinter jener des Ladins zurück.* Dafür brachte die jungkarnische Zeit sehr ausgedehnte, jedoch nur reliefausgeglichene Flach-Senkung, also allgemein höhere Schwimmlage, welche auch die stärkeren Festlandseinschwemmungen im Karn verstehen läßt.

Die Orte der karnischen Baureliefbildung waren gegenüber den ladinischen *verlagert.* Gleichlaufend mit der schwächeren Senkung erscheinen sie *weniger ausgeprägt* und sie traten während der Zeit der Hochlage ganz zurück. Auch konnten die Verbiegungen z. B. in den Lombardischen Alpen *quer* zum allgemeinen Streichen verlaufen.

Der allgemeine geosynklinal-axiale *Anstieg gegen W blieb erhalten*, ebenso die stärkere Absenkung beider Geosynklinalen, die schwächere der zentralalpinen Untiefenzone. Noch immer eilt, gemessen an der entwickelten Energie, *die Südalpengeosynklinale baugeschichtlich der nordalpinen voraus*, auch hinsichtlich der Schmelzfluß-Bewegungen.

5. *Die norische Hauptsenkung*

Die Zeit höherer Schwimmlage im Karn wurde abgelöst durch die Zeit der *allgemeinsten, wenn auch meist flachen Absenkung im Nor.* Sie war noch einheitlicher als im Ladin. Der Gegensatz zwischen alpiner und außeralpiner Fazies wurde besonders groß. *Das alpine Doppelorogen zeigte klar seine Eigenart.*

In der Nordgeosynklinale Österreichs erschien alsbald wieder im Süd-Streifen des Mittelteils *die tiefermeerische Rinnenbildung zwischen Sattelschwellen, innen-*

bürtig-orogen geschaffen während der allgemein vermehrten Absenkung, die 1—2 km Schichtmächtigkeit bringen konnte. Diese tiefen Rinnen laufen im Salzkammergut gegen W aus: Auch jetzt noch steigt die Achse des Troges gegen W auf — freilich nur ganz allgemein. Im einzelnen zeigen sich gerade da *starke Achsenhöhen-Schwankungen* (I, 186) sowie eine fortlaufende Verlagerung der Hauptabsenkungszone in nördlicher Richtung. Gegen das Nor-Ende stellte sich dann wieder Heraushebung und eine teilweise Abtragung ein (I, 201). Dabei eilten die nördlichen und südlichen Trog-Anstiege mit einigen inneren Teilschwellen voraus.

In der westalpinen Präalpen-Fortsetzung konnte nun die energische Senkung gleichfalls das Quartenschiefer-Hochgebiet des Karns niederbrechen in eine *Hauptdolomit-Meeressenke.* Ebenso lief diese Absenkung durch den Briançonnaistrogbogen über die Seealpen bis Genua fort.

Im *penninischen* Bereich gingen nach der karnischen Unterbrechung im Zusammenhang mit der schärferen *norischen Absenkung* auch die Anzeichen für *Schwellensättel und Schlamm- (Glanzschiefer-) Mulden* weiter, während die zentralalpine Schwelle nur noch eine Meeresuntiefe war, besonders tief abgesenkt im Unter- und Mittelostalpin, in der Silvretta sowie in der Gailtaler Teilwanne.

Die Südalpen-Geosynklinale versank wiederum gleichzeitig und ähnlich stark mit der nordalpinen, ebenso mit der zögernderen Zentralalpenzone. Auch die alte vizentinische Schwelle tauchte unter das Meer. Die obernorische Heraushebung über den Meeresspiegel zerstörte aber wieder viel Sediment.

Mit der allgemeinen, das ganze Doppelorogen mit germanischen Randteilen erfassenden norischen Senkung verbanden sich aber auch wieder *Teilverbiegungen.* Sie lagen wiederum hauptsächlich im S des Salzkammergutes und im penninischen Bereich: *Langsam auf- und niedertauchende stehende Wellen, im N jetzt aber auch eine allmähliche Nordverlagerung derselben, sind zu beobachten. Standwellen wurden also zu Wanderwellen.* Doch verhielten sich auch diese sehr ruhig, waren breitwalmig und langsam, womit wohl auch der Mangel sicherer vulkanischer Vorgänge zusammenhängt.

Die norische Hauptsenkung herrschte regional weit ausgreifend; aber sie prägte wenig scharfe Strukturen. Die Unterströmung lag vermutlich recht tief.

6. Die rhätische Flachsenkung und Verbiegung

Mit von Ort zu Ort verschieden langer Dauer hielt die spätnorische Hebung im ganzen Alpenbereich an (I, 206). Noch ausgeprägter als schon im Ladin und Nor entwickelten sich danach während der erneuten rhätischen *Senkungen die Faltenwellen* in der nordalpinen Geosynklinale (I, 202f.), besonders gegen die N- und S-Ränder. Die Faltenmulden *rückten weiter gegen N vor* (I, 204) und hatten im Streichen und Fallen recht wechselnde Sinkgeschwindigkeit.

Im mittelostalpinen Bereich kehrte die Senkenverbindung zwischen N- und S-Geosynklinale wieder, während ostwärts die zentralalpine Untiefe unter Kössener Fazies mit Festlandseinschwemmungen weiterging. Erfolgreicher widerstand das Unterostalpin der Senkung. Großzügige und weitgespannte Relief- und Bodenverschiebungen reichten weit nach O.

Annähernd gleichzeitig mit den nordalpinen gab es auch in der ebenfalls weitersinkenden südalpinen Geosynklinale zahlreiche Teilabsenkungen. Aber auch hier war die Dauer örtlich verschieden, so daß z. B. in den Südtiroler Dolomiten das marine Rhät bei seiner Absenkung nur wenig mächtig werden und bei seiner nachfolgenden Hebung und Abtragung wieder ganz beseitigt werden konnte. Gegen N schlossen sich der Südalpenwanne nun zwei streichende Teilmulden der Karawanken und der Gailtaler Alpen an.

In beiden, wiederum durch den Bogentrog des Briançonnais verbundenen Geosynklinalen wie auch im penninischen Raum zeigten sich alte, weiter entwickelte und orogen neu geschaffene Sattelschwellen und Mulden. Die Hauptbewegung von beiden ging nach unten; jene der Mulden nur rascher. Aber am gleichen Ort konnte die Bewegung auch ins Gegenteil umschlagen: *Mulden konnten zu Sätteln, Sättel zu Mulden werden; es bewegten sich Standwellen mit verschiedener Geschwindigkeit.* Vielleicht verschoben sie sich auch etwas.

Im O schon anisisch-ladinisch begonnen, *verlagerte sich diese Bewegungsart im Rhät weiter nach W*, so in der Klippendecke. Die äußere Umgrenzung einzelner großer Schwellen (Judikarien, östliche Zentralalpenschwelle) ging dabei noch nicht parallel zum allgemeinen Alpenstreichen.

Aber auch im Rhät der Nordgeosynklinale ließen sich kräftigere Senkungsstreifen als *Wanderwellen* erkennen, und zwar wiederum, wie im Nor, mit *Ortsverlegung gegen N*. Diese orogene Formung geschah, während sich der Trog senkte. *Es herrschte, wie immer, „Abbau“*.

Allgemein erlahmten diese Teilbewegungen gegen Ende der Rhätzeit, als sich die Platte des Oberrhätkalks oder des höheren Dachsteinkalks immer weiter ausdehnte. Mit solcher *orogener Entspannung* folgte schließlich ein verbreitetes *Emportauchen* über den Meeresspiegel.

Wie im Nor so war insgesamt auch wieder im Rhät die allgemeine Senkung zwar *weit ausgedehnt, aber nicht sehr tiefgreifend*. Während beider Stufen fehlt auch der Vulkanismus. Die Baurelieffformung geschah nur recht langsam und ohne scharfe Böschungen. Solche hatten auf 5 km waagrechte Entfernung 800 m Gefälle, oft auch nur $^1/_2$ oder $^1/_{10}$ hiervon. Die mächtige ostalpine Karbonat-Trias hat die Teilverbiegungen wohl auch kräftig gedämpft.

Die sand- und tonreichen Stufen von Skyth, Karn und Rhät erwiesen sich gleichwohl noch immer als *Zeiten gesteigerter Reliefgefälle*. Die karbonatreichen Stufen Anis, Ladin und Nor waren Zeiten, in denen auf den benachbarten Festländern die Reliefoberfläche mit dem Kräftespiel von Wasser- und Lufthülle zur Hauptsache im Gleichgewicht stand. Die Abtragung ruhte daher weitgehend. Wenn nun schon für die Karbonatzeiten erhebliche Bodenwellungen nachzuweisen waren, so muß *die Steigerung des orogenen Baureliefs in Karn und Rhät* — Skyth scheidet wegen abweichenden Klimas wohl aus dem Vergleich aus — *noch erheblicher gewesen sein*. Dies läßt sich ja namentlich für die Rhätzeit auch unmittelbar nachweisen. Während dieser Zeiten wurde nicht nur im Troginneren, wo die geosynklinale Haupttätigkeit lag, gewellt, in der Tiefe wohl gefaltet; es wurde auch die Umgebung reliefmäßig herausgehoben.

7. *Die Gebirgsbewegungen im Lias*

Die Nordalpengeosynklinale sank von dem an klastischem Sediment reichen Nordrand, wo die Deckengrenzen oft nur *ungefähr* den Faziesgrenzen entsprechen (I, 225), südwärts unter Ausbildung jugendlich wachsender Sättel und Mulden in tieferes Meer. Hier setzte sich roter Ammonitenkalk ab, der in tiefmeerische Radiolaritfazies übergehen kann. Ein Inselsattel ragte z. B. westlich Waidhofen auf. Die Mittellinie tiefster Absenkung lag wieder nördlicher; *sie war seit dem Nor über das Rhät gegen N gewandert.*

Die langsame Faltenbildung während allgemeiner Absenkung setzte sich im Lias energischer fort; nunmehr sogar rascher als die sedimentäre Eindeckung, weshalb das Meer tiefer wurde. In seinem Tonschlamm gingen die kalkigen Flachmeerabsätze mit den an ihnen erkennbaren Höhenwechseln unter. Betrachtungen über die Höhenmaße der auftauchenden und verschwindenden Inseln (I, 228 f.) ergaben ein verhältnismäßig *rasches Abtauchen* derselben um einige 100 m. Es war auf eine äußerst labile Unterkruste mit lebhaft gesteigerter Massenverlagerung zu schließen.

Der Faltenwurf war noch vielfach „unbeholfen", bedingt durch die *ungefüge Dachsteinkalkplatte, welche erst überwunden werden mußte.* Dies geschah *im Lias Beta*, in dem unter verschärfter Einengung das Ganze immer tiefer absank (I, 226) unter Vergrößerung des Faltenwurfes. Die Orte der Sattel- und Muldenbildung verschoben sich dabei noch immer: *Die Erdrinde war in voller Bewegung.*

Ähnlich wie weithin in der Trias war die Lage der Falten aber z. B. in dem spröden Baustoff des Salzkammergutes keineswegs schon stabil festgelegt, zusammenfallend mit den späteren tektonischen Einheiten. Mehrfach ist *Ortsverlagerung von S gegen N an Wanderwellen* zu beobachten.

Auch westwärts vom Salzkammergut tauchten die spätrhätischen Inseln, beginnend mit dem Lias Beta wieder unter den Meeresspiegel. *Meeresbodenversteilungen mit Abrutschen*, an der Kammerkeralpe in größtem Umfang, traten ein. Die Südschwelle zwischen Tirolisch im N und Juvavisch im S bewegte sich als *Stirn* der bereits bis hierher vorgerückten, *unteren juvavischen Decke.* Sie schüttete hier schon Buntsandstein-Material vor. Immer wieder stoßen wir auf *Schwellen- oder Untiefen-Sättel und Teilmulden* mit wechselvoller Geschichte. Gleichzeitig mit überwiegender Mulden-Niederbeugung und -Vertiefung stiegen schmale Teilsättel empor (I, 237). Auch der große Hauptdolomitsattel von heute hob sich, schon im Nor erkennbar, langsam weiter und südwärts sank die Mittelwanne der heutigen Karwendelmulde nieder, im S begleitet von der Untiefen- und Inselreihe der dicken triadischen Riffplatten, aus welcher später die Kaisergebirgs-, Guffert-Inntaldeckenplatte nach oben ausgesprengt und ausgeschoben wurde. Gegen N erhob sich teilweise schon *die Stirn der Lechtaldecke als Schwelle über die vor ihr niedersinkende Allgäudecke.*

Weithin griff über alles im späteren Lias der *Fleckenmergelschlamm* des unruhigen und weitersinkenden Meeresbodens. Das bereits zur Flyschtracht neigende Sediment spricht für Fortgang der Gebirgsbewegung (I, 241 f.).

Die Landeinwirkungen vom N können nicht auf eine einzige, sondern müssen auf mehrere Teilschwellen zurückgeführt werden (I, 242).

Die Mittelachse schärfster Senkung und Gebirgsbildung verlagerte sich seit dem Rhät im Lias noch weiter gegen N. Die südliche Triasplatte dagegen wurde erst allmählich von N gegen S fortschreitend niedergebogen.

In der Westfortsetzung zeigt die Klippendecke drei Liassättel mit zwischenliegenden Mulden (I, 249) — eine echte Faltung mit gleichartigen Begleiterscheinungen wie im O (I, 250). Die streichende Länge des geosynklinalen Archipels solcher Art mißt über 300 km. Die absenkende Faltung verstärkte sich noch im Mittel- und Oberlias, so daß alles unter dem Meeresspiegel und unter dem Fleckenmergelschlamm versank. Gegen SO schloß die Brekziendecken-Schuttinsel an, gegen W der Schwellensattel des Briançonnais.

Durch die ganze Nordgeosynklinale einschließlich der Präalpen-Briançonnaisbogen-Fortsetzung im W lag die hauptsächliche Einengung und Senkung nicht an gleicher Stelle, sondern *sie verschob sich zuerst weiter alpenwärts, später mehr nach N und W hinaus* (I, 254).

Gleichzeitig bewegten sich die embryonalen Stirnwellen der St. Bernhard- und Dent-Blanche-Decke sowie unter- und mittelostalpine Schwellen im südlichen Alpeninneren fort (I, 257). Auch durchfuhren die Ophiolithmassen mit basischen Serpentin-Anteilen die Haupttrogsenken, mit den mehr saueren die diesen jeweils nördlich anschließenden, höheren Deckenteile. Das penninisch-romanische Bewegungsbild der Liaszeit, das sich hierbei ergibt, wurde I, 261 f. gezeichnet. *Eine Jungfaltenschar mit östlicher Vergabelung* würde die westlichen Außenmassive mit der Silvretta verbunden haben.

Im S des Pennins soll der afrikanische Kontinent nach N gepreßt haben. Doch soll südwärts zunächst erst noch angeblich das präalpine, dann das ostalpine Faltenfeld gelegen haben. Deren ganzes orogen-bewegliches Geosynklinal-Verhalten *widerspricht jedoch einem kontinentalen Zustand* (I, 266).

In den penninischen und den drei unterostalpinen Liasmulden-Trögen, auch bei Scanfs in den mittelostalpinen (I, 268), setzte teilweise schon die *Flyschfazies* ein (I, 269). Der alttriadische, festlandsnahe Schelfzustand im penninischen W wurde nach jungtriadischer Vorbereitung *im Lias niedergebrochen* (I, 269ff.). An seine Stelle trat das schwellenumrahmte, penninische Bewegungsfeld mit seinem Rutenbündel der Jungschwellen, seiner Druckmetamorphose und seinen Ophiolithen.

Wir können im penninischen und ähnlich im unter- und mittelostalpinen Raum *noch eine stärkere* Gebirgsbildung feststellen als im kalkalpin-präalpinen, *wodurch die vorherige, ruhigere Lage im W allmählich ausgeglichen wurde.* Demgegenüber blieben die ultrahelvetisch-helvetischen Außenteile auch im Lias noch sehr ruhig. Sie hielten sich baugeschichtlich noch lange Zeit zurück.

Die Südalpen-Geosynklinale zeigt in ihrem lombardischen Abschnitt die Fortsetzung der ladinisch-spätrhätisch-altliassischen Faltung bis in die Etschbucht, von wo ab sie gegen SO dort fehlt, wo noch heute ein tektonisch ruhiges Gebiet liegt. Ostwärts aber, *mit unruhiger werdender Liasfazies wird dann auch die Tektonik wieder gestörter.*

Die südjulische Randschwelle im Jura trennte als Grundgebirgsrippe die südalpine Geosynklinale von dem NW-Ausläufer der dinarischen Geosynklinale ab und unterschob sich teilweise nordwärts an der großen Kirchheim-Karfreiter

Überschiebung (I, 279). Nordwärts belieferte diese Schwelle den Porezen-Trog. Auch dieser schob sich an einer großen Schubfläche gegen N unter den Südrand der hier folgenden mitteljulischen Platte (I, 280).

Liasbewegung und heutigen Bau finden wir miteinander derart verknüpft, daß *die Bildung der jetzigen Tektonik schon im Lias begonnen haben dürfte* (I, 280).

Auch im SO wie in der ganzen S- und N-Alpengeosynklinale schließt sich die weit ausgreifende Fleckenmergel-Hauptsenkung im Mittel- und Oberlias an. Heftige Gebirgsbewegung stemmte dabei im sinkenden Mangarttrog oberliassisch noch eine Teilschwelle auf.

Beide Geosynklinalen zeigen die Gebirgsbildung in vollem Gang. Die Schwellen waren entweder ungleichseitige Stirnwülste im Baurelief der großen Decken oder Sättel von Stand- bzw. Wanderwellen. Die heutige Tektonik hat ihre Sättel zum großen Teil im Bereich eben dieser Sättel. Die liassischen Hauptmulden sind mitunter schon die großen Deckenmulden. *Darum erkennen wir die heutige Tektonik als schon im Lias angelegt.*

Aus dem Stadium der Standwellen hat sich der Schauplatz der kräftigsten Bewegung in den südlicheren Kalkostalpen und Präalpen — nunmehr begleitet von ophiolithischen Fluten und mit rasch nachholendem Schritt — auch im penninischen und unterostalpinen Innenraum der Westalpen bereits zum nächsten Stadium, jenem *der reichlicheren Wanderwellen und Deckenstirnwellen, fortentwickelt.*

Die Südalpen-Geosynklinale, namentlich ihr SO-Abschnitt, zeigte trotz ihrer schon früher bewiesenen, größeren Lebhaftigkeit noch immer mehr Standwellen-Bewegung, welche aber nun auch schon *bleibende* Falten erzeugte. Diese Hauptschauplätze der damaligen Orogenese, in welchen die halborogene Fleckenmergel- und Schieferfazies die größte Rolle spielt und der Flysch schon einzusetzen beginnt, *fallen fast zusammen mit den Narbengebieten der beiden Orogene.* Im Lias lagen die schärfsten Einengungen wohl noch etwas südlicher. *Hier und* — wegen Erhaltung von Trias/Jura am besten erkennbar — *in der Nordflanke der Nordalpengeosynklinale unterschoben sich die Teilvortiefen schon narbenwärts den Schwellen.*

Die der zentralalpinen Schwelle zugewandten Narbenflanken waren ursprünglich wohl schwächer entwickelt; jedenfalls können wir sie nur noch schmal nachweisen. Auch auswärts von den liassischen Hauptfaltungströgen ist uns das Vorland nicht im S, nur im N bekannt, nämlich im ultrahelvetisch-helvetisch-delphinidischen Streifen. Hier gibt es noch keine Anfänge der Standwellen, ist nur sanfte Wannenbildung erkennbar.

8. Die Gebirgsbewegung zur Tiefseerinnenzeit des Doggers

Nordalpengeosynklinale. Der Kampf zwischen der Festigkeit der bei langsamem Absinken in der Trias geschaffenen Karbonatmassen und der verbiegenden Faltungskraft ging auch im Dogger fort (I, 304). Unter kräftiger Teilmulden- und Teilsattelbildung versank die Nordgeosynklinale noch tiefer. *Die Senkungen erwiesen sich sogar als sehr rasch verlaufend und als recht steil verbiegend.* Auch bedeutende Brüche fehlen nicht (I, 305), ebensowenig Deckenbewegung: Juvavische Decke mit Stirnschwellenabrutschen (I, 305) und einer Tiefseerinnen-Vortiefe, Stirn der Lechtaldecke im Vorrücken über die Allgäudecke (I, 306), Stirn der Allgäudecke. Liasmergelmulden bedecken sich aber auch noch im Dogger mit Schwellenkalk (Standwelle). *Die Nordalpen-Mittelwanne wurde zur Tiefseerinne,* die sich als weithin streichende Hauptachse entwickelte. Die Fleckenmergelwanne sank zur Tiefsee ab und dennoch stiegen gleichzeitig mitunter schmale Sättel in ihr auf (I, 308), wobei sich aber die Mittelebene der Falten um 2—3 km mindestens *senkte.* Das geht in der Simmendecke weiter, nach N sogar bereits übergreifend auf die helvetische Wildhorn-Axendecke (I, 309).

Zeitlich sind diese Gebirgsbewegungen mehrfach untergeteilt; insgesamt zergliedern sie aber nur *die außergeosynklinale, weltweite Gesamtsenkung,* mit der die Festländer weithin unter den Weltmeerspiegel versanken. Besonders scharf war der Abbau im höheren Dogger.

Mit dieser mächtigen Absenkung, die zu schnell war, als daß sie durch Sedimente noch hätte ausgeglichen werden können, ist zwar die anwachsende Schnelligkeit der unterirdischen Massenverlagerungen bewiesen. Zugleich aber verlieren wir einen großen Teil an *nachweisbaren* Teilbewegungen, die im tiefmeerischen Sediment nicht mehr zur Abbildung kamen. Doch spricht neben der Tiefseerinnenfazies auch die öfter entwickelte Flyschfazies (neben dem Fleckenmergel) für die Energie der Gebirgsbildung. Diese entzieht sich aber fast jedem Nachweis im penninischen und meist auch unterostalpinen bis mittelostalpinen Raum, wo die orogene Schlammfazies alles überdeckte.

Die Südalpengeosynklinale schließt sich dem an mit den gleichen Reliefs und Bodenbewegungen, mit zunehmender Absenkung gegen oben, mit flyschartigen Schlammen und Tiefseebildungen. Im besonderen gab es nach der Hebung am Triasende und der im Oberlias-Unterdogger verstärkten Absenkung eine Hebung im Mitteldogger und nachfolgend noch stärkere Senkung. Dabei wurden die Mulden oft bis zur Tiefsee verschärft, wurden höhere Teile besonders gehoben. *Es wuchs also der Falten-Tiefgang und der Sattelhub bei allgemeiner Tieflage.* Die Teilverbiegungen z. B. in der Etschbucht oder in den Julischen Alpen gingen in Richtung auf die heutige Tektonik folgerichtig weiter.

Der Weiterbau der Tektonik während der Hauptsenkungen, die sich nun schon bis zur Erreichung des Tiefsee-Zustandes beschleunigten, hatte sich im Dogger gegenüber der Liaszeit offenbar noch gesteigert.

9. Die orogene Hochseezeit des Oberjura

Die Hochsee-Absenkung hatte sich *in der Nordalpen-Geosynklinale* sehr allgemein ausgebreitet. Darin verlagerte sich die Tiefseerinnen-Absenkung weiter *nach N* (I, 325f). Pikritisch-melaphyrische Schmelzflüsse, wohl auch Serpentin (I, 322), also die vermutlich auf stärkste Gebirgsbildung in den geosynklinalen Achsen hindeutende Verbindung von Radiolarit und Ophiolith des gasreichen, gabbroiden Magmas, ist nun erreicht. Immer wieder aber ergibt sich aus dem Übergreifen der tiefmeerischen über flachmeerische Sedimente und umgekehrt, dazu das mitunter recht verschiedene Alter der überschrittenen Unterlage, daß die Reliefhöhe des Meeresbodens und damit *die orogene Massenverlagerung im tieferen Untergrund außerordentlich kräftig war.* Neben Brüchen fehlen nicht die Kennzeichen auch für Horizontalverlagerung, z. B. der juvavischen Lachalpendecke

(I, 323) und anderer Decken (I, 324–328, I, 339). Die tiefjuvavische Stirnrandschwelle war im älteren Tithon über den Südteil des Tirolischen weg bereits am Südrand der ausgedehnten Roßfeld-Unkenbach-Mulde angelangt (I, 328). Scharf tritt eine *vortithonische Gebirgsbewegung* hervor.

Im östlichen Nordalpenteil fällt ein mittleres, ziemlich abgetragenes Schwellengebiet gegenüber einer nördlichen Tiefseerinne und einem südlichen tiefen Meer im Streichen auf (I, 323). Auch im präalpinen und Briançonnais-Abschnitt, wo die Tiefsee fehlte, sprechen alle Anzeichen für ein wechselvolles Versinken und Auftauchen, für Faltenverbiegung und unterirdische Massenverlagerungen.

Im ultrahelvetisch-helvetischen Trog schloß an die Dogger-Tiefmeerzeit der südlichen Wanne zunächst eine von N vorgedrungene Heraushebung (I, 343), dann aber weitere Vertiefung. *Faltenbildung ist hier mit Sicherheit nicht nachzuweisen.* Im höheren Tithon folgte, gegenüber dem S verspätet, wieder allgemeine Heraushebung. *Dieses Baustadium war im kalkalpin-präalpinen Streifen bereits in der Triaszeit zu Ende gegangen.* Die Ruhe des festlandsnahen Schelfmeeres beherrschte zur Oberjurazeit noch den helvetischen Raum.

Im penninischen Bereich verhüllt die Tiefsee- und Schlamm-Fazies die Baugeschichte, das wahrscheinliche weitere Vorrücken der Decken, auf welches aus den mächtigen Ophiolithmassen sowie aus der Ähnlichkeit der Fazies zwischen Helvet und Unterostalpin geschlossen werden kann. Im *Unterostalpin halten die orogenen Beweise an.* So wie schon im Lias schüttete die Stirnschwelle der Berninadecke groben Blockschutt in ihre Vortiefen-Tiefseerinne. Gleichzeitig mit dem allgemeinen Absinken blieben Inselschwellen zurück und näherten sich die Hauptdecken einander (I, 348), glitten von den übersteil gewordenen Böschungen Schuttmassen hinab (I, 333). Ähnliches ist im Mittelostalpin bekannt.

In der *Südalpen-Geosynklinale* gehen Hebungen und Senkungen, Schwellen- und Mulden-Verbiegungen fort, was aber auch hier vielfach durch Tiefmeerabsätze verdeckt wird. Teilböschungen mit Abrutschen bei Ballino im Untertithon der Etschbucht (I, 352), Rutsche von Inselsätteln gegen benachbarte Tiefseerinnen ereigneten sich. Letztere schoben sich westwärts unter die Schwelle und bildeten hier so die heutige Tektonik.

Gleichzeitig mit der weitgehenden Absenkung im höheren Dogger und tieferen Malm hoben sich scharfe Inselsattelzüge über den Meeresspiegel. Die nicht so hoch gehobenen, gewiß auch nicht seltenen Aufwölbungen haben sich sedimentär nicht ausgeprägt (I, 346). Zahlreiche, einst ausgedehnte Schwellen dieser Art verschwinden durch Abtragung und innenbürtigen Abbau im Bereich der Julischen Alpen. Blockschutt und Tiefseerinne entstehen (I, 354) hier in einer Hauptbewegung vor dem Kimmeridge. Mehrfach wechselte der Mangarttrog seine Höhenlage zwischen Tiefsee und Inselhöhe (I, 356); *mächtig formte sich die Tiefe!*

Sehr allgemein wirkte die obertithonische Senkung unter fortdauernder Teilfalten- und wohl auch Deckenbewegung, da und dort kräftig verspätet. Diese geosynklinale Großbewegung ist *außergeosynklinal nicht nachgewiesen*, führte jedenfalls im Vorland nicht zu einem Vorstoß des Meeres.

Die Doggerbewegungen sind somit während des Oberjura durchaus folgerichtig weitergegangen ohne die Beweise für eine auffallende Ruhezeit. Oft sind die Zusammenhänge zwischen Reliefänderung und gegenwärtiger Struktur so klar, daß der Schluß *ihrer Bildung schon im Oberjura unvermeidlich wird. In der N-Geosynklinale rückte der orogene Hauptschauplatz um ein Stück nach außen*, während in der Südgeosynklinale, in welcher auch die Teilbewegungen nicht gleich energisch abgelaufen zu sein scheinen, Gleiches nicht zu erkennen ist.

Im Jura waren offenbar endgültig angelegt und schon verschieden weit verschoben *die Hauptdeckengrenzen* mit ihren Stirnschwellen, ihren Großmulden sowie die Hauptsattelzüge im inneren Teil der Alpen. Im einzelnen aber gab es *teilweise noch keinen vollständigen Zusammenhang zwischen Faziesmulde und tektonischer Mulde, zwischen Faziesschwelle und tektonischem Sattel* (I, 360), vielfach auch *noch kein genaues Zusammenfallen von Faziesgrenze und späterem Hauptstreichen der Tektonik*. Die großen Decken-Stirnschwellen prägten sich noch nicht überall gleich kräftig aus. Da und dort traten offenbar Verspätungen auf in der regionalen bzw. der stockwerksweisen Gleichbehandlung von im wesentlichen jedoch zusammengehörigen Bau-Elementen. Die baugeschichtliche Reife war manchenorts unvollkommen, ungleich vorangeschritten. Doch sind diese Ausnahmen überraschend gering.

10. Die Gebirgsbildung zur Unterkreidezeit

Nordgeosynklinale. Das helvetische Sedimentationsfeld lag in dem Baustadium, welches der kalkalpin-präalpine Raum *zur Trias hatte*. Es herrschte rhythmische, rasche Senkung und langsamere Heraushebung — *eine pulsartige Erdrindenbewegung, in den Mulden bei Senkung verstärkt, bei Hebung gedämpft*. In Schwellen ist die Abwärtsbewegung verlangsamt, was zur Schicht-Kondensation (I, 365) während der Faltung führte. Vom ultrahelvetischen Schauplatz der Orogenese her drang gegen das Südhelvet Verflyschung als Folge orogener Unruhe vor. Die breit und langsam versinkende helvetische Trogmulde verhielt sich in langsamer Walmung, während gleichzeitig alpenwärts scharfe Faltung und Deckenbewegung herrschte. Zu Ende des Bedouls gab es im N kräftige Heraushebung, dann wieder Senkung und Übergreifen von Gault-Cenoman gegen N. Die embryonale Stirnschwelle der Drusbergdecke und weitere faltende Teilbewegungen sind bereits spürbar. Im Vorarlberg geht die Fazies teils quer, teils gleichförmig mit der Tektonik (I, 370f.). Ähnlich zeigen eine für später schon festliegende Ordnung oder noch nicht bleibende Lage die Teilverbiegungen im delphinidisch-helvetischen Westalpenrandbereich (I, 375). Einzelne Schwellen sind schon Deckenstirnen, einzelne Mulden schon Deckenmulden. Das heißt: das, *was während des Lias im unterostalpin-penninisch-oberostalpin-präalpinen Raum vor sich ging, dieses Stadium brachte dem Helvet erst die Unterkreide.*

Im ultrahelvetisch-präalpinen Streifen ist die nach außen vordringende Gebirgsbildung gut zu verfolgen. Die Deckenstirnschwellen rückten vor; kräftige, der Höhe nach rasch schwankende Sättel und Mulden erschienen. Die erste Haupteinengung erfolgte im Jura und verlagerte sich auswärts in der Unterkreide. In dieser herrschte das Tiefmeerstadium, weiter südlich, in der Simmendecke, bereits im Dogger.

Nach Durchlaufen einer gewissen Entwicklung wurde die Gebirgsbildung aus einem Streifen jeweils nach außen auf einen weiteren verlagert, sowohl im westalpinen

W-Abschnitt und schweizerischen Nordabschnitt als auch im Vorarlberg-Allgäuer Bereich.

Die flyschbildende *Orogenbewegung war während der Unterkreide im Ultrahelvet im vollen Gang*, brachte hier aber erst die Anfänge der großen Deckenbewegungen. Das gleiche, regelmäßig nach außen abrollende Geschehen erfaßte den Gesamtstreifen von den Westalpen durch die Schweiz und Süddeutschland bis zum Wiener Wald (I, 387).

Wesentlich abweichend hiervon verhielt sich alpenwärts der *kalkalpine Streifen*. Mangelhaft fielen hier noch immer die vielfach SW-NO-verlaufenden Faziesgrenzen mit den O-W-streichenden, breiten Jungfalten zusammen. Dies hielt noch an bis ins Barrem, wobei es aber auch während der Unterkreide eine scharfe, der heutigen Tektonik schon entsprechende Faziesfaltung auch im Baurelief gab. Vielleicht bestand solcher Gleichklang vorher schon im tieferen Stockwerk. Als Folge der scharfen Faltung und Verdickung hob sich, offenbar isostatisch beim Nachlassen der absenkenden Faltung, fast der ganze Kalkalpen-Streifen und wurde eingeebnet, allein unterbrochen durch die Albe-Transgressionssenkung vom ultrahelvetischen N her.

Die bajuvarische Einheit war kräftig gefaltet, die tirolische mit ihrer mächtigeren Triasplatte scheinbar weniger. Doch bog auch sie sich südwärts nieder unter die mindestens 40 km weit gegen NW darüber vordringende juvavische Deckenmasse. Als sich dann im Cenoman das Ganze erneut senkte und gegen S zu mit Abtragungsschutt bedeckte, ging auf eingeebneten Flächen die Transgression wohl ziemlich rasch, namentlich in den cenomanen Teilsenken. Mit ihnen begann eine neue und scharf absenkende Faltung.

Das zentralalpine Schwellengebiet bestand in der Unterkreide als Festland. Wir können diese sehr langdauernde Hochlage als Übergang zum hochorogenen Baustadium hier ansehen.

Im Gegensatz zu der allgemeinen neokomen Verflachung in der Nordgeosynklinale trat *in der Südgeosynklinale* eine solche im allgemeinen nicht ein. Hier fehlen denn auch meist die Anzeichen für schärfere Faltung und Reliefunebenheit in Cenoman/Turon. Die mitunter gleichwohl erscheinenden orogenen Beweise zeigen an, daß hier nur eine wegen der tieferen Lage unter dem Meer entstandene Verdeckung, aber nicht ein Mangel der Gebirgsbildung vorlag. Dies erweisen die späteren Transgressionen.

Hebende Karbonatplatten-Ausschiebungen mit einer Teilbewegung zu oberst gegen NW dürften in den Dolomiten begonnen haben. Im *Unterostalpin* nahm die schon vorher weit gediehene Gebirgsgestaltung ihren energischen Fortgang. Die Vortiefenmulden unterschoben sich den Deckenstirnschwellen, welche erstere mit Schutt überhäuften. Flysch transgredierte auch über die Schwellen.

Mittelbar aus dem Faziesbild zu entnehmen ist das Zusammenklappen der *penninischen* Deckenmulden. Sie lagen nicht mehr unter dem Meer, sondern unter benachbarten Decken. Pennin unterschob sich südwärts dem Unter- und Mittelostalpin, gegen N den präalpinen Decken, wobei offenbar die süd- und die nordgeosynklinalen Räume einander näherkamen. Aus diesem Grund näherten sich auch deren Kreidefazies, die unterostalpine im S und die präalpin-ultrahelvetische im N, einander außerordentlich. Wenn dieses Schubergebnis schon jetzt vorlag, so belehrt uns dies darüber, daß die Abbildung der vorherigen, gewaltigen Deckenverschiebungen in der Waagrechten sedimentär nur sehr wenig zur Geltung kam (I, 389). Allein die wenig durchsichtige Flyschuniform hatte uns die richtige Deutung vermittelt.

11. Die Gebirgsbildung zur Oberkreidezeit

In den *Kalkostalpen* enthüllte nach der Gault/Cenoman-Transgression jene der Gosauschichten den bereits weitgehend fertiggestellten Falten- und Deckenbau. Die Hauptstrukturen waren im Salzkammergut schon geschaffen (I, 419). Die mächtige juvavische Süd-Unterschiebung zwischen Lachalpendecke—Puchberg/Mariazeller Linie—Reichenhall war schon zur Hauptsache beendet. Überschoben lagen auf der Tirolischen Einheit Berchtesgadener Masse und Plassengruppe, auf der Voralpinen die Hochalpine Decke. Juvavische Decke und Unterlage wurden durch gemeinsame Verwerfungen betroffen. Fertig war die Faltung der Schafberggruppe, waren Falten von Höllengebirge und Gamsfeldgruppe, die Überschiebung der Osterhorngruppe, Überschiebungen zwischen Cenoman und Emscher im Bereich der Weyerer Bögen. Auftauchende, schuttabgebende Schwellen, eine erste O-W-Einengung, Flyschbildung sind zu beobachten. Frankenfelser und Klippen-Zone haben sich genähert; Reliefüberschiebung ist aus dem Gesäuse bekannt.

Die bajuvarische Faltung war im N stärker als weiter südlich in den massiven Karbonatplatten. Starke Einengung gab es in der Wendelsteingruppe während der jüngeren Oberkreide (Turon), vorgosauisch in Sonnwendgebirge, Lechtaler Alpen und Rätikon. Die langen, O-W-streichenden Hauptmulden und Sättel der tirolisch-bayerischen Alpen fallen im allgemeinen in die Mittelkreide. Immer weiter gingen Nordunterschiebungen am Kalkalpen-Südrand und in der nördlichen Grauwackenzone — offenbar gleichzeitig mit den Südunterschiebungen im N: *Klar liegt daher die verschluckende Tätigkeit der Nordalpennarbe* (I, 427), *über welcher die dicksten Karbonatplatten als „Narbendecken" gegen oben ausgeschoben und gestaut liegen blieben.*

Während der Vorgosaufaltung war der Druck im westlichen Salzkammergut stärker als im östlichen. Statt Faltung brachte die Nachgosaubewegung mehr Schübe (I, 430). Alpenauswärts war die vorcenomane Gebirgsbildung erheblich schwächer, die anschließende Abtragung kräftig; die Senkung führte nur im N unter den Meeresspiegel (I, 445). Dagegen überschneidet die Gosau-Oberkreide schon schärfer gefalteten und verschobenen Untergrund, auch gegen den Nordrand zu. Cenoman und Gosauschichten haben ganz getrennte Absenkungsbereiche; dazwischen gab es kräftige Gebirgsbildung (I, 441). *Große Fortschritte wurden gegenüber der Unterkreide erzielt:* Mit ihren Teilmulden erfaßte die Gosausenkung schon die ganzen Kalkalpen (I, 442f.). Dabei beweisen vier verschiedene Einzelvorstöße des Meeres den Fortgang der Gebirgsfaltung und -Verschiebung während der höheren Oberkreidezeit. Gleichzeitig senkte sich das Innere der Gosaubecken immer weiter. Vorcenoman griff die Abtragung bis auf Hauptdolomit hinab, vor Absatz der Gosauschichten aber schon bis auf Untertrias, teilweise auf Paläozoikum und

Kristallin. *Darum müssen die der höheren Kreide vorausgegangenen Hebungen bedeutender gewesen sein als jene vor dem Cenoman.* Gegen das Kreideende war die Einengungsstärke mächtig angeschwollen (I, 445); die Schubweiten waren schon überwiegend während Jura-Unterkreide zurückgelegt worden. Sowohl in der Unterkreide wie zur Gosauzeit wurde die Schwimmhöhenlage besonders tief erniedrigt und unter Faltung lange tief gehalten. *Die Einengung der Kalkalpen war vielleicht zu $^3/_4$ am Kreideende fertig, doch übertraf die Kalkalpenbreite die heutige noch bedeutend* (I, 445). Wir haben, namentlich auch im W, noch mit starken Beschneidungen nachträglicher Art am Südrand zu rechnen.

In den *Präalpen* war das Entwicklungsstadium der Kalknordalpen noch nicht ganz erreicht. Das entspricht gut der nach der Struktur gefolgerten Ansicht, daß erstere ihre Fortsetzung gegen O in dem Randostalpin, also *nördlich* der heutigen Kalkalpen besitzen. Nur in der südlichsten, der Simmendecke, war die Vorgosaufaltung ähnlich wie in den Kalkostalpen; nordwärts war sie geringer — soweit dies die Verhüllung durch Mittel- und Oberkreide-Rotschiefer festzustellen erlaubt (I, 469). Noch südlicher, im penninisch-unterostalpinen Bezirk, gab es die flyschbildende Gebirgsbewegung ja bereits im Lias. Vorgosauisch waren auch Tauern- und Tessiner Kristallisation (I, 502).

Der *ultrahelvetische* Jura/Kreidetrog senkte sich über dem Randostalpin im N der Kalkalpen und über Präalpin nieder. Deren Unterbau bestand im S noch aus Grauwackenzone, weiter nördlich aber aus dem granitischen Altkristallin von Vindelizien-Moldanubien. Zwischen den N-Kalkalpen und diesem Hauptstreifen lagen die penninischen und unterostalpinen Räume *nicht.*

In drei Haupt-Schwellen-, Mulden- und Deckenstreifen zergliederte sich das ostrheinische Ultrahelvetflysch-Gebiet unter dem ansaugenden Südunterdruck der nordalpinen Narbe (I, 449). Ganz vergleichbare Vorgänge einer südwärtigen Unterfaltung und Unterschuppung enthüllte gegen O der in der Mittelkreide bereits über diesen Bau übergreifende Klippenhüllenflysch der östlichen, pieninischen Klippenzone (I, 452). Dabei schritt die niederzwingende Senkung gegen die vindelizisch-böhmische Masse von S und auch von W gegen N und gegen O voran (I, 449). Sie siegte in der jüngeren Oberkreide mit starker Absenkung. Die Stirnrandschwelle der Allgäudecke hatte sich bereits stark „von S" genähert (I, 443). Für die Fortsetzung des Randostalpins mit dem ihm ostrheinisch aufgelagerten, ultrahelvetischen Kreideflysch im W des Rheins nach den romanischen Klippen-Präalpen zu konnten neue Beweise gefunden werden (I, 379f.), ebenso für die Fortsetzung der Kalkostalpen-Fazies westwärts in der Simmendecke (I, 471). Das frühe Auftreten der bunten Granite im Jura der Präalpen, also in einer Zeit, in welcher das Unterostalpin noch weit im S lag, beweist die notwendige *Abtrennung dieser bunten Granite* — auch im Habkern-Wildflysch und in der Molasse — von einer anfangs angenommenen Heimat im Unterostalpin (I, 473).

Die am Juraende schon stark zusammengeschobenen *penninischen* Decken schoben sich während der Kreide in der Ostschweiz unter die unterostalpinen Decken, die gleichzeitig ihren Kreideflysch erhielten. Unter dem Rotschiefermeer mit der, den Niesenflysch bildenden Vortiefe, schoben sich in der Mittel- und Westschweiz die Präalpen südwärts unter die penninischen Decken. Auch letztere bedeckten sich dabei mit Oberkreideflysch, jenem gleichend, der zu gleicher Zeit auf Unterostalpin und Helvet (auch Glarner Flysch!), sowie über Randostalpin östlich des Rheins (Oberstdorfer Decke) abgelagert wurde. Gleichzeitig ist für Jura/Kreide durch die Tessiner Kristallisation (I. 486), welche tertiär nicht mehr eintreten konnte, in der Tiefe die mesozoische Bewegung bewiesen (I, 517).

Im *Westalpenbogen* rollte das Geschehen in gleicher Weise von innen gegen außen weiter. Im Bereich der kalkalpin-präalpinen Fortsetzung in Gestalt des Subbrianҫonnais kam nach einer vorgosauischen Gebirgsbildung die Plattenmarmor-Transgression zustande, sowie die große Deckenwanderung der Oberkreideflyschzeit. Die Vorgosaufaltung reichte bis ins Dévoluy und Diois nach W (I, 480).

Struktur und Gesteinszustand *der Zentralalpen* mit ihrer Tauern- und Tessiner Kristallisation sind bedingt durch ihre Lage an beiden, wechselvoll bald gegen N bald gegen S ansaugenden N- bzw. S-alpinen Narben. Hier mußten starke, langdauernde Absenkungen, Granitisationen und Kristallisationen mit tiefer Überlastung und Überwalzung durch benachbarte Hangenddecken geschafft haben, wobei aber die Stirn- und „Wurzel"-Kennzeichen großer Decken fehlten. Offenbar gleichzeitig mit den S-Unterschiebungen der präalpin-kalkalpinen Nordflanke gingen in der sich mit dieser stauenden S-Flanke der Nordalpennarbe die Nordunterschiebungen vor sich. Sie sind auf den gegen N abtauchenden Bewegungsflächen in der Kuppel der Hohen Tauern, des Unterengadins, des Prätigaus und der penninischen Decken vollzogen worden. Diese Bewegungen gehören (nach I, 480f.) zum großen Teil vorgosauischen (juvavischen) Schüben an. Sie zählen mechanisch-spiegelbildlich zu den großen Vorgosau-Verschiebungen weiter im N. Bewegungsstrukturen, Albitisierung, Granitisierung in Silvretta, Ötztalmasse und Grazer Randbogen rechnen ebenso dazu wie die N untertauchenden Grauwackendecken, soweit sie nicht schon variszisch waren.

Die vorgosauische Hauptbewegung wird gegliedert in eine ältere der bezeichneten Art und in eine zweite der Ausschiebung der Ötztaler Kristallinplatte über Quarzphyllit.

Die südwärts unterschiebenden Nordflanken-Bewegungen längs der Südalpennarbe, die Bewegungsflächen also, mit denen die zentralalpinen Massen südwärts absinken, stehen offenbar in mechanischem Zusammenhang mit teilweise vorgosauischen Stauungen über der verschluckenden Südalpennarbe. Der Grenzstreifen zieht vom Draugebiet im O über die Zone von Schobergruppe—Alte Gneise, den Schneebergzug, durch die südlichen Schweizer „Wurzelzonen" (I, 491) zum Canavese. Als äußere Randunterschiebungen vorgosauischen Alters zählen hierher die SO- und S-Unterschiebungen der Unterengadiner Kuppel unter die Ötztalmasse bis hin zur Abtrennung der Silvretta, die sich der Ötzmasse unterschob. Ostwärts sinkt der Zwiebel-schalige Tauernbau unter schwindender Teilschubbewegung hinab unter ältere Baupläne. Die wenig berührten Oberkreidevorkommen zeigen hier an, *daß die Hauptanordnung in den Zentralalpen schon vorgosauisch geschah* (I, 501 f.). Dieser ältere Bau zieht in den inneren Dinariden weiter gegen SO.

Der Kärntener Untergrund der Krappfeldgosau hatte einen ähnlichen, dreifachen Senkungsrhythmus wie die kalkalpine Gosau. Die Lavanttaler Flyschgosau schob sich schon südwärts unter die Südnarbe.

Daß in der Tat nicht etwa die *Zentralalpen*, sondern der Untergrund der Nord- und der Süd-Alpennarbe die tiefsten Absenkungen erfuhren, und so die Streifen der Aktivität waren, ist auch aus dem Abschwellen der Massendefizite in der Zentralzone ostwärts der Hohen Tauern zu ersehen, auch aus dem Auftauchen bereits atlantischer Spaltschmelzen in Gleichenberg und in der Kernzone der Balkanhalbinsel. Zugleich ist der Zentralalpenbau besonders alt und frühzeitig übergegangen zur hochschwimmenden Baulage (I, 505) — abgesehen von den Westalpen, die allgemein zurückgeblieben waren. Daher übertraf die isostatische Hebung und Abtragung, welche tiefliegende Stockwerke und alte Massive enthüllte, die Tiefbau-Senkungen und die Sediment-Sammeltätigkeit der benachbarten Geosynklinalen im N und S. *Diese mehr oder weniger landfeste Mittelschwelle wurde frühzeitig zum Angliederungsort für jüngere Anbauten im N und S.* Gegen dieses alte Rückgrat faßte nur gelegentlich eine Überkraft von der N- oder der S-Alpennarbe ansaugend heran und zwang zur Weiterbildung des unterwälzenden und unterschiebenden Baues.

In der *Südalpengeosynklinale* ist die zweiseitige mechanische Einheit der SO-Alpen mit ineinander übergehenden Schubflächen im N gegen N, im S gegen S zwischen Dolomiten im W — Julischen und Steiner Alpen bis Dobrol im O (I, 507) im wesentlichen schon vorgosauisch entstanden. Sie ging nach einer senonen Heraushebung besonders energisch während der Obersenonflysch-Absenkung weiter (I, 507) mit dreifachem orogenem Anlauf ähnlich wie in der Kainach- und in der Salzkammergut-Gosau. Diese gemeinsamen und ungefähr gleichzeitigen Ereignisse in beiden Geosynklinalen sowie im Zentralteil beweisen nun aber nicht etwa die Herkunft der Nordalpen von S. *Sie beweisen allein die gemeinsame, in der Tiefe schaffende Unterströmung.*

Die Dolomiten wurden etwa ab Mittelkreide nicht mehr tiefer gesenkt, sondern nur von Judikarien im W her unterschoben, vielleicht gleichzeitig mit der südalpinen, in N-S einengenden Narbenbewegung. Auch in den westlichen Südalpen erweiterte sich durch Unterfaltung und Unterschiebung von S der orogene Bewegungsraum während der Oberkreide gegen S (I, 510, Tabelle, I, 511). Dabei wurde das vorher ruhige Vorland zunehmend niedergebogen und geosynklinal-orogen gefaltet. Es rückte dem Narbengebiet im N unterfaltend näher. Damit wiederholte sich der gleiche Vorgang wie auf Kosten des europäischen Randgebietes im N.

Gemeinsam beiden Geosynklinalen war *die große Jungkreidesenkung* während der Gosauschichten und zuletzt die *Rotschiefer-Überflutung*, welche die Foraminiferenschlamme der Nierentaler Schichten im N, die Rotschiefer (couches rouges) im W, sowie die Scaglia im S über den in Unter- und Mittelkreide gewachsenen und sich noch immer weiter bildenden Bau ausbreitete.

Der verschiedene Entwicklungsstand der einzelnen Baustreifen während der Oberkreide ist in Tabelle S. 519 (Bd. I) übersichtlich gemacht. *Die Haupteinengung*, etwa zu $^3/_4$, hatte *die inneren Streifen*, nämlich Zentralalpen, Unter- und Mittelostalpin, Nord- und Südkalkalpen, penninische und teilweise auch die präalpinen Decken betroffen.

12. Die alttertiären Hauptbewegungen (*Paleozän, Eozän, Unteroligozän* S. 3ff.)

Durch die starken Absenk-Schrumpfungen der Kreidezeit war der Boden beider Geosynklinalen verdickt und stieg offenbar darum, wenn auch wechselvoll, zu isostatisch hoher Lage auf. Die im Dan neu angesetzte Senkkraft erzielte außer in dem Hauptfaltungs- und Deckengebiet von Präalpen-Ultrahelvet-Südhelvet allein in den NO-Alpen eine etwas ausgreifendere Senkung. Noch im Paleozän und bis ins Untereozän dürfte das Bestreben zu allgemeiner Heraushebung des gesamten alpinen Geosynklinalraumes, mit jener Ausnahme, angehalten haben.

Das *südhelvetische Senkungsfeld* beugte sich jetzt nicht mehr südlich, sondern, nunmehr in wichtiger Abänderung, südöstlich unter die Teil- und Stirnschwellen der Wildflysch-bildenden romanisch-ultrahelvetischen und teilweise wohl noch penninischen Deckenschübe und füllte sich mit dem marinen Unter- und Mitteleozän, das sich transgressiv über den inzwischen wieder etwas weitergewachsenen Bau legte (S. 7). Südliche Vulkanessen brachten den Taveyannaz-Tuff. Der orogene Zugriff rückte langsam von S durch das Ultrahelvet gegen N vor (S. 11). Der Glarner Wildflysch bildete sich nordwärts vor und unter einer ultrahelvetischen Decke (Sigiswanger Flyschdecke, im W deren Vertretung), welche im NW von den unterostalpinen liegend und im O von den präalpinen Decken, also diese beiden Decken trennend, unterschoben wurde (S. 13). Diese ältere ultrahelvetische Flyschdecke wurde gehoben und noch eozän zum großen Teil abgetragen. Das Ganze schob sich obereozän während Bildung eines zweiten, mächtigen Stirn-Wildflysches unter die relativ vorwandernde romanische Klippendecke. Die nordpenninischen Flyschmassen mit dem Sardonaflysch bildeten die im N zurückgebliebene Ostscholle längs der *Alpenrhein-Querstörung* in N-S, welche in der Kreide beginnend sich alttertiär weiter entwickelte. Dann unterschoben sich die Massen der Westscholle ostwärts der Ostscholle (S. 14) gelegentlich der großen *Alpenlängsstauchung* im Obereozän, deren Strukturergebnisse auch in Südrätikon-Silvretta und im Oberstdorfer Kreideflysch Vorarlbergs erkannt sind.

Die Einheit der durch den helvetischen Streifen als Vortiefe alpeneinwärts unterschobenen Wildflysch-Hauptdecke von Subbriançonnais—Präalpen—Schweizer, Grabser und Balderschwanger Klippen — Randostalpin und Klippenzone im N des Kalkostalpins bewegte sich teils mehr in der Oberkreide (hauptsächlich im O), teils überwiegend im Alttertiär (wie im W). Längs einer zweiten Haupt-Nahtfläche weiter einwärts schob sich diese, nach ihrer Hauptentwicklung als „*romanisch-bayerische Wildflysch-Deckengruppe*" zu bezeichnende Einheit unter eine überwiegend aus Kreideflysch bestehende „*ultrahelvetische Flysch-Deckengruppe*". Abgesehen von dem niederösterreichischen Abschnitt ist auch sie im O überwiegend aus Kreide, und (abgesehen von der südlicheren Niesendecke) vor den Westalpen überwiegend aus Eozän aufgebaut (S. 19).

Die romanisch-bayerische Deckengruppe kann man als auswärts und aus tieferem Untergrund mit Kristallin/Trias/Jura emporsteigende Fortsetzung der „ultrahelvetischen" auffassen. Letztere stellt deren jüngere, nach wechselnd starker Abtragung in der Zwischenzeit über der Erosionsfläche aufgelagerte Deckenmuldenfüllung (Kreideflysch) dar und leitet schon zum Penninischen über. Dies wurde von uns ja schon 1932 für die unter dem Rätikon durch in den oberpenninischen Prätigauflysch verfolgte Oberstdorfer Kreideflyschdecke vermutet.

Im Westalpenbogen gab es W-O-streichende Faltung in Nordpyrenäen—Provençalischen Ketten, Vokontischem Trog (Kleinorogen) obereozän während der allgemeinen Absenkung (S. 24), im Dévoluy bereits in der Oberkreide. Der N-S-einengende Unterstrom änderte dann aber spät- bis nacheozän die Richtung seines zähen Flusses in W-O (S. 27). In den Alpen selbst herrschte noch das N-S-streichende Troggebiet, welches am Westrand des Briançonnais von Lutetmeer unter starker obereozäner Vertiefung und Senken-Erweiterung gegen O und W eingenommen wurde. *Hier war die Ost-Unterschiebung in vollem Gang.*

Gleichzeitig schob sich das Vorland ostwärts unter die widerstehende Pelvoux-Mercantour-Platte. Sie erzwang am Staurand im jüngeren Tertiär den ersten Faltenbogen am Alpenrand. Dieser selbst wurde ebenfalls gegen O unterschoben unter die große Ultradelphinid-Subbriançonnais-Deckenmasse. *Es gab somit auch hier am westlichen Alpenrand zwei Haupt-Staustaffeln jedoch später, wesentlich geringer und in weniger hoher Lage als am nördlichen Alpensaum.* Denn letzterer wich dadurch scharf ab, daß am Innenrand (S) seiner Außenmassive schon die Nordalpennarbe selbst lag, am Innenrand der westalpinen Außenmassive jedoch noch nicht.

Beide Nordflanken, sowohl der N- wie auch der S-Alpennarbe, waren zur selben Zeit in Oberkreide und Alttertiär in N-S-licher Hauptunterschiebung wie auch die Nordflanke der Pyrenäen-Narbe. Es bestand damals also *ein allgemeines Übergewicht eines tieferen Hauptstromes gegen S mit Teilzuflüssen aus den beiden alpinen Narben von oben her* und verbunden mit deren weiterer Blattverschiebung längs Alpenrhein- und Judikarien-Linie. Aus diesen, die W-Scholle jeweils weiter nach S fördernden Blattverschiebungen ist die *westwärts vermehrte Unterströmung* wenigstens in der Schweiz ersichtlich. Diesem Hauptstrom gegen S schloß sich aber, noch im Eozän einsetzend, eine *Stromwendung im Gegenuhrzeigersinn noch weiter im W an.* Sie drehte ostwärts unter den Westalpenbogen ein, so daß nun auch das delphinidische und Zentralplateau-Vorland ostwärts herandriften mußte.

Die Hauptbewegungen gingen unter Eindeckung durch den Oberkreide- und danach den Eozänflysch als dem letzten, miteinbezogenen Sediment im orogenen Archipel vor sich (S. 28). *Diese schiebende Einengung brachte stärkste Verdickung. Ihr folgte die bedeutendste Heraushebung und Abtragung im Unter- bis Mitteloligozän nach.*

Etwas älter, jedoch grundsätzlich gleicher Art waren *die ostalpinen* Schubbewegungen. Hier tauchten die Helvetiden südwärts im Obereozän unter den ultrahelvetischen Flysch (S. 34) und mit diesem etwas unter die Kalkalpen. Auch östlich der Salzach schob sich das Vorland in Gestalt der Böhmischen Masse, marine Rand-Teiltröge vor sich her einsenkend, S- und SO-wärts unter die sich darüber deckenförmig abschuppende Flyschzone, im Eozän und noch im Unteroligozän. Innere Streifen wurden dabei zuerst, äußere aber erst später bearbeitet, wie auch die nachfolgende Heraushebung sich *als breite Wanderwelle langsam aus den Alpen,* wo sie sich in der Oberkreide bewegte, *über die Flyschzone nach N in die*

Klippenzone verlagerte (S. 40). Vereinzelte Serpentin-Durchbrüche fehlten auch hier nicht. Dabei rammte sich die Böhmische Masse im W des Wiener Meridians viel weiter vor unter die alpine Nordgeosynklinale als gegen die Karpaten im O. Wir können darin die Ursache der Entstehung bzw. Ausgestaltung jener mächtigen *alpin-karpatischen Horizontalflexur* im Eozän erblicken (S. 41).

Aber auch die Blattschollen-Zerteilung des von W heranrückenden Vorlandes mit dem durchweg weiteren Vorstoß der jeweils westlichen Teilscholle (K. Friedl 1922, E. Nowak, W. Petrascheck) beweist die schärfere Einengung der Geosynklinale im W. Das Hereindrehen aus der N-S- in eine SO- und O-Unterbewegung, also Längsstauchung, wird in der Vortiefe durch die Unterschiebung des Schliers SO unter die Oligozänschuppen mit Waschberg-Granit und dieser unter Flysch und Grunder Schichten angezeigt (N. F. Glaessner 1931).

Nördliche Kalkalpen. Hier lag der geosynklinale Gebirgsboden am Kreideende überwiegend hoch; Gebirgsbildung trat stark zurück. Sie schwoll jedoch mittelobereozän und örtlich auch unteroligozän wieder stark an. Damals begann die Absenkung im Unterinntal mit wachsendem Ausmaß Inn-aufwärts als Teilvortiefe vor dem Kaisergebirge (S. 43). Im Gegenuhrzeigersinn schob sich von N her Ternberger Decke-randostalpine Klippenzone unter deren Hechenbergschuppe, von W her im Eozän und vermutlich Unteroligozän die Frankenfelser Decke unter die Reichraminger Decke bei Weyer (S. 44). Weitere Kalkalpenbewegungen sind aus Tabelle S. 48 ersichtlich. Die meisten Hauptbewegungen waren schon im Mesozoikum vollzogen. *Alttertiär hatte sich der Schauplatz der Hauptverschiebungen bereits nach außen verlagert in die ultrahelvetisch/randostalpin-pieninische Nordflanke der Nordalpennarbe* (S. 47), *nicht aber auf den Alpensüdrand*, wo es im W weder die ultrahelvetische noch helvetische noch ausgedehntere Molassevortiefen und auch keine entsprechend starke Bewegungen mehr gab. Jedoch gab es vergleichbare Vortiefen (Karawanken!) tertiär nun auch in der Nordflanke, weniger in der Südflanke der östl. Südalpennarbe: *Die alttertiären Bewegungen hatten einen grundlegenden Umschwung gebracht. Von nun an traten die Teilwirkungen der N- und der S-Narbenströme schon zurück. Ihre beiden Orogene scheinen verschmolzen zu sein und bildeten* — ähnlich wie schon viel früher die Zentralalpen — *ein Massiv-artig zu überwiegend höherer Schwimmlage strebendes Alpen-Hauptstück.* Dieses entwickelte jungtertiär in dem Bereich der noch heute als Vortiefen erkennbaren *Außenränder je eine Vortiefe.* Allein noch in diesen Saumsenken wurde unter kräftiger Senkung und Sedimentation weitergebaut. *Der Nord- und Südnarbenbau ist somit zusammengewachsen zu dem „Doppelorogen" des eigentlichen Alpengebirges, dessen Geburtsstunde im Alttertiär geschlagen hat.*

Algomanisch waren einzelne Massive zusammengewachsen zu einem zentralalpinen „Vaterschwellen-Streifen". Ihm hatten sich paläozoisch die N- und S-Grauwackenzone als vortiefenartig sinkende und Orogen-bildende Geosynklinalen angeschlossen. Unweit von diesen waren deren orogene Gebilde alpidisch durch die N- und S-Alpennarben-Leistung dem Zentralstreifen stabil angeschweißt worden. Seit dem Alttertiär ging diese geosynklinale Tätigkeit nun über auf die Außenränder der alpinen Orogene im N, S und W. Damit erhielten „die Alpen" ihren Vortiefensaum.

Nicht nur regional sondern *auch dynamisch wird dies klar.* Denn wir erkennen ein schon während der Oberkreide spürbares und vermehrt im Alttertiär einsetzendes Übergewicht eines *allgemeinen alpinen Unterstromes*, der, offenbar tiefer liegend, die Einzelleistungen der Nord- und der Südalpennarbe übertraf und hauptsächlich von N, jedoch in Zwischenzeiten immer deutlicher auch von W her wirkte als „*Gegenuhrzeigerstrom*". —

Für den *Zentralalpenbereich* wurde in den Zusammenstellungen S. 49/51 versucht, die verschiedenaltrigen Hauptbewegungen in variszischer, altjuvavischer (Jura) und jungjuvavischer (Kreide) Zeit voneinander zu scheiden. Es fällt namentlich *die jungjuvavisch gegen W stark anwachsende Unterströmung* auf, welche sich alttertiär als ein zäher Zyklonalfluß nach abwärts darstellt. *Auf seinem Rücken vollzog sich die jetzige Gesamtanordnung der gegen das Nordalpenorogen je westlicher desto weiter nach S herandriftenden Festlandsplattenstücke Europas:* Der Böhmischen Masse vorrückend mit der alpin-karpatischen Horizontalflexur, der süddeutsch-vindelizischen Platte abgelöst von der Böhmischen Masse längs der Naab-Bruchzone, von Westeuropa längs dem Rheintalgraben, der westlichen Außenmassive, abgetrennt vom Zentralplateau längs dem Saône-Rhone-Graben. Auf dem Stromrücken knickten ab oder verstärkte sich das südwärtige Vorrücken der Westschollen jeweils an der Allgäuwendung, an der Alpenrhein-Verschiebung und der Westalpenbogen-Bildung der Nordnarbe, an der westkarnischen, der judikarischen Knickung und dem Sesiabogen an der Südalpennarbe.

Und zentralalpin zwischen diesen beiden Narben schob und wälzte sich der schweizerische Unterstrom unter den penninischen und unterostalpinen Decken südwärts viel weiter vor als in den östlicheren Zentralalpen. Er erlahmte jedoch gegen den Westalpenbogen und erhielt unter diesem hindurch später von W her den mächtigen, das westliche Bogenorogen bildenden Unterstrom-Zufluß. *Dieser ließ schließlich das ganze Bewegungsfeld zum Kraftfeld des im Gegensinn des Uhrzeigers eindrehenden Zyklons werden.* Ein Teilzufluß brachte z. B. die Mischabeldecke gegen O unter die Tessiner Gneiskuppel (S. 54). Der Hauptbau der Zentralalpen erwuchs bereits juvavisch vor der jüngeren Oberkreidezeit (S. 55). Dabei entstanden die altjuvavischen Bewegungen hauptsächlich in größerer plastischer Tiefe, die jungjuvavische mehr in der klastisch durchbewegenden, geringeren Tiefenlage. Die alttertiären Hauptschübe neigten sehr zum Hereindrehen im Gegenuhrzeigersinn von N über W gegen O.

Daß unsere Baugeschichte von den ARGANDschen Paroxysmen-Zeiten mit ihrem Ausgangsraum im penninischen Arbeitsfeld ARGANDs und ihrer Mechanik stark abweichen muß, wurde S. 55f. gezeigt.

Die *alttertiären* Bauformen der Zentralalpen beschränkten sich überwiegend auf Trümmerzonen an den Rändern der Hauptschollen und Hauptdecken teils durch meridionale, teils, wie Silvretta und Ötztaldecke, durch vorwiegend äquatoriale, gegen O unterschiebende Verlagerungen. Die alttertiären Absenkungen waren mit ihren Muldenfüllungen die letzten, welche an den alpinen Hauptbewegungen noch Teil hatten und — abgesehen von jüngeren Einbrüchen — *die ersten, welche den Alpenkörper randlich umschlingen.* Alttertiär sind auch die letzten halb- oder ganzorogenen Sedimentmassen innerer Archipelmeere, die letzten Wildflyschmassen vor und unter den Deckenstirnen. *Hauptfaltenwurf und Hauptdeckenschub schlossen mit Obereozän-Unteroligozän im Inneren ab.* Zugleich trat das Meer niemals mehr tief in den eigentlichen Alpenraum vor. So tiefe Absenkungen waren nicht mehr möglich.

Die orogenen Hauptleistungen sowohl der Absenkung wie der orogenen Struktur- (und Sediment-) Bildung *erlahmten, im O früher als im W.* Dem durch vorheriges Zusammenrücken und offenbar durch Anschweißung subkrustaler, spez. leichter Spaltschmelzen stark verdickten und darum hochschwimmenden Alpenkörper konnten sie nur noch wenig anhaben. *Geosynklinale, wenngleich schon abgeschwächte Senkungs- und Faltungsarbeit verlagerte sich an seine Ränder. Der Hauptbau der Alpen hatte überwiegendes Steigvermögen gewonnen. Er ist aus dem tieforogenen in das hochorogene Baustadium übergegangen.*

Aus dem zweispurig schaffenden Doppelorogen der beiden mesozoischen und schon algonkisch-variszischen Geosynklinalen entwickelte sich alttertiär die alpine Gesamteinheit.

Anzeichen hierfür ist auch der gemeinsam ansetzende und nur Teilzuflüsse aus den höher gelegenen Narben erhaltende Tiefenstrom überwiegend aus N. Gesteigert in Zwischenzeiten und im Alttertiär drehte sich dieser im Gegenuhrzeigersinn zyklonal gegen O hinab. Dabei unterschob er die schon als Gegendruck-Trümmerzonen in N-S und diagonal aufgerissenen Querlinien und brachte zusammen mit der östlichen Unterschiebung des Westalpenbogens *die ersten großen Längsstauchungen des Gebirges* zustande (S. 62f.). Aus diesem Untenhindurchgreifen unter die Querblätter der beiden Narben kann schon *auf die größere Tiefenlage unseres Hauptstromes geschlossen werden.* Etwa gleichzeitig unterfloß der Zyklonalstrom die SW-Flanke des Dinarischen Orogens und brachte die starken, SO-alpinen Knickungs-Unterschiebungen. Die erste, großzügige Schollenverdriftung der südeuropäischen Festlandsnachbarschaft („vgl. Baugesch. d. Gebirge“ 1951) ergänzt dieses einheitlicher werdende alpine Bewegungsfeld.

β) Die hochorogenetische Hauptperiode

1. *Die mittel- und oberoligozäne Großbewegung*

Das in den SO-Alpen übergreifende Mitteloligozän hatte die doppelt gegliederte, alttertiäre Faltung bewiesen, welche unteroligozän abgeschlossen und deren Baurelief bei der nachfolgenden Heraushebung bis weit gegen W schon abgetragen war. Gegen NW drang danach die mitteloligozäne Senkung vor und brachte *erneute Gebirgsbildung während der ganzen jüngeren Oligozänzeit* (S. 90f.). Der Fächerbau der Julischen und Steiner Alpen, seine N- und S- Unterschiebungen, wurden damals weiter vervollkommnet.

In dem schon oligozän stark abgesunkenen lombardisch-piemontesischen Senkungsfeld erhoben sich anscheinend während der mächtigen Absenkungen Teilantiklinalen in diagonalen Richtungen. Im Westalpenbogen verlagerten sich die meergefüllten Rinnen unter Faltung gegen W (S. 96), während gleichzeitig abbrechende Bruchstaffeln am Zentralplateau-Ostrand aufrissen (S. 97).

Auch *in der nördlichen Vortiefe* gab es Muldengliederung parallel zum Gebirgsrand (S. 106, 107). Die Vortiefe versank langsam, so daß sie von dem nach außen gehenden Schutt zugefüllt werden konnte. Im Aquitan (S. 114) trat die kräftige Baurelief-Verlagerung, also Gebirgsbewegung, im O des Meridians vom Zuger See stärker in den Vordergrund. *Absenkung und synsedimentäre Einengung in der Vortiefe*, während im Bereich des Mittelrheintalgrabens neben Falten sich in Zwischenzeiten auch Zerrungsbrüche bildeten, sind für das Mitteloligozän nachzuweisen. Es kann aufgefaßt werden als Folge *des Heranrückens der Süddeutschen Platte gegen SSO unter die ansaugende Nordalpen-Narbe hinab bzw. durch den großen, südlich gerichteten Unterstrom*. Teilwiderstände mögen dabei die SW-NO-streichenden Falten z. B. im südlichen Rheintalgraben veranlaßt haben.

Aquitan stellte sich im N kräftig voranschreitende Einebnung während ruhiger Hochlage ein.

Die oligozäne Schweizer Gebirgsoberfläche bestand ähnlich wie heute die Kalkostalpine noch *überwiegend aus Kalkgestein und zwar aus den drei Hauptdeckengliedern der Präalpen mit einem kristallinen „Präalpensockel"* (S. 118) *und einem Flyschdecken-Stockwerk* (S. 119). Das letztere lag in der Schweiz bereits mitteloligozän an der unserer Vortiefe nahegelegenen Abtragungsoberfläche. *Es wurde im Allgäu erst aquitan, in Süd-Oberbayern erst burdigal enthüllt.* Oberostalpine Kalkvorkommen gibt es in der Schweizer Molasse nicht, wohl aber unterostalpine im Aquitan in der östlicheren Schweiz. Der tieferliegende Präalpensockel hat eine Lage wie sie die W-Fortsetzung der Vindelizischen Nordschwelle im O des Rheins haben müßte. Auf ihm hatten sich wahrscheinlich helvetische Sedimente abgelagert, deren nördliche Hauptteile jedoch schon südwärts ihm untergeschoben wurden (S. 121) und noch die erhaltenen Decken bildeten. Letztere können in ihrem 80—90 km südlicheren Herkunftsraum mitteloligozän nicht mehr gelegen haben. Denn ihre südlichere Nachbarin, die Präalpendecke, lieferte schon riesige Geröllmassen in die Molassevortiefe ab. *Vielmehr müssen die Helvetiden schon gefaltet und vom Vorland fast ganz unterschoben gewesen sein. Andererseits kann das penninische Deckensystem, dessen Gesteine in der Oligozänmolasse noch fehlen, die Präalpen noch nicht überholt haben* (S. 121). *Nur das Unterostalpin lag aquitan in der Ostschweiz schon weit im N.*

Diese Gesamtanordnung vollzog sich offenbar während der großen, letzten Flyschzeit *im Obereozän-(Unteroligozän)*.

Am schwäbisch-bayerischen Alpenrand verlagerten sich ähnlich wie in der Schweizer Vortiefe *die Hauptsenkungsstreifen* im Mitteloligozän, jüngeren Katt, Aquitan *mehr und mehr nach außen*, zeitlich getrennt durch geringe Heraushebungen. Gleichzeitig müssen im Gebirge noch erhebliche Verlagerungen eingetreten sein. Denn das Baurelief lieferte in den einzelnen Zeiten sehr verschiedenen Vorlandsschutt (S. 124f.). Es bestand im Mittel- und Oberoligozän eine ausgedehnte *Dolomit-Kristallinschiefer-Schwelle*, als *„Südgermanische Schwelle"* das Einzugsgebiet der Molasseflüsse Südbayerns bildend. Ihr Schutt füllte die *drei von S nach N nacheinander sich absenkenden, ostwestlichen Oligozänmulden*, die infolge axialer Westabsenkung über einem mit WSW-ONO-Struktur versehenen, vindelizischen Unterbau um so viel weiter gegen O hin eingesenkt und erhalten wurden, je nördlicher sie lagen.

Gegenüber der starken, orogenen Baurelief-Unruhe im westlicheren Allgäu, welche dort die Vortiefe mit riesigen Grobschuttmassen überhäufte, muß sich *der süd-oberbayerische Alpenrand* mit seiner alten Schwellenversteifung ungleich *ruhiger* verhalten haben. Insbesondere zeigt dies die sehr langsam und eben abgesunkene kattische *Pechkohlenplatte Oberbayerns*, welche aber dann ostwärts des Inn in das sehr unruhige und tiefere Oligozänschlier-Meer überging. Südlich von beiden kamen verhältnismäßig wenig Schuttmassen aus dem — oligozän also ziemlich ruhigen und flachen — Alpenrandbereich.

Im jüngeren Oligozän gab es dann auch östlich der Allgäuwendung schon zunehmend, teilweise überwiegend Vertreter von kalkalpinen, Flysch- und Helvetiden-Decken. Das heißt *die Südgermanische Dolomit/Kristallinschiefer-Schwelle*, erheblich abgetragen, dürfte damals *allmählich unter jene Decken südwärts untergeschoben worden sein.*

In aquitaner Zeit herrschte im südlichen Oberbayern neben dem Promberger Meeresarm und seinen paralischen Sumpfstrecken wohl Festland mit ruhiger, flacher Abtragung. Auch im Gebirge ist, abgesehen von der Angerberger Unterinntalmulde, kein sicheres Aquitan bekannt.

Die alttertiäre Bohnerzfestlandsruhe Süddeutschlands wurde während der alpinen Drangzeit von Mitteleozän-Unteroligozän durch starke Bruchbildungen, Heraushebung der Böhmischen Masse und Niederbrechen seiner W- und S-Nachbarschaft durchbrochen (S. 141): *Zertrümmert rückte das Vorland auf dem Dach des mächtigen Südstromes gegen die Geosynklinale vor.* Als sich danach das bewegte Baurelief des Gebirges langsam hob und zur Augenstein-Landschaft abgetragen wurde, *hatte an dieser gleichen Hochlage und Einebnung auch das Vorland bis hinein in die Böhmische Masse Anteil.* Die Bruchschollensenken und die Teilmulden des unruhigen Oligozänschliermeeres waren von dessen Schlamm eingedeckt worden. *An NW-SO-streichenden Blattstörungen waren SW-Schollen der Böhmischen Masse kräftiger als ihre jeweils östlichen Nachbarschollen gegen die sinkende, faltende Geosynklinale vorgerückt* (S. 140). *Auch hierdurch zeigte sich die große Gegenuhrzeiger-Drehung des Zyklonalstromes*, durch den auch der Rheintalgraben aufriß.

Überblick: Mit dem Beginn der Molassezeit im Oligozän hatte die Geschichte der Alpen als einheitliches, aus einem Doppelorogen verschmolzenem Gebirge begonnen. Dieses war zugleich eingetreten in den hochorogenen Hauptabschnitt seiner Baugeschichte.

Es gab nicht mehr ein geosynklinales Archipelmeer mit normalerer oder orogener Sedimentation. *Statt dessen umschlang ein erstes Mal das mitteloligozäne Ringmeer das gesamte, höher schwimmende, daher ein ausgedehntes Molasse-, Fluß- und Schuttsystem entwickelnde Alpenrelief. Die geosynklinale Tätigkeit war, in abgeschwächter Form, in die Außenvortiefen verlagert worden.*

Kräftigere Schubbewegungen zeigten sich noch bei der weiteren Ausgestaltung des Julisch-Dinarischen Orogenbaues im SO. Ausgedehnte Absenkungen, ostwärts der Judikarienlinie verbunden mit starken Basalteruptionen, betrafen die Südalpen, insbesondere auch das tertiär viermal besonders tief versinkende Piemont-Becken. *Auswärts verlagerten sich gegenüber früher schrittweise auch die Hauptsenkungsrinnen mit Teilmulden im Westalpenbogen.* Auswärts verschob sich *zugleich der Schauplatz der Schübe und der östlichen Unterfaltungen.* Doch stand das westliche Vorland zusammen mit dem der Pyrenäen noch immer unter dem meridionalen Einengungsdruck des südgerichteten und nur alpeneinwärts auch nach O schon hinabbiegenden, *zyklonalen Unterstromes.*

Gegen SO und weiterhin gegen S gerichtet formte dieser Strom auch die Schweizer und die süddeutsche Molassevortiefe, gleichfalls im Hinabbau, der auch hier schrittweise *gegen außen vordrang.* Doch gab es in den Zwischenzeiten immer wieder *Hebung und Einebnung,* im S wie im N, im W wie im O. Besonders aquitan außer in den Westalpen, die auch da noch lebhaft tätig nachholten, was der O schon hinter sich hatte.

Der Wechsel von energisch hinabbauenden Senkungszeiten mit langdauernden Hebungs- und Hochlagezeiten, Abtragung, Einebnung, Schuttüberdeckung *hat auch oligozän kurzfristige Phasen vorgetäuscht.*

Die Veränderungen des Molasseschuttes verraten räumliche und zeitliche Abänderungen der von den Molasseflüssen entwässerten Gebirgslandschaft und damit *den Fortgang der orogenen Bautätigkeit.* Die Helvetiden, deren Gerölle schon aquitan erscheinen, müssen bereits *oligozän eingeengt mit Ultrahelvet unterschoben worden sein unter die mit Kristallinsockel und einem mächtigen Flyschdeckensystem herangekommenen Präalpen,* in der Ostschweiz unter unterostalpinen Decken begraben. Auch die relative Nordverfrachtung der *penninischen* Decken im Mesozoikum und Alttertiär *muß schon weit fortgeschritten* gewesen sein.

Die Molasseuntersuchungen bestätigten somit unsere aus anderen Beobachtungen abgeleiteten Schlüsse. *Aber noch immer wich die oligozäne Gebirgsoberfläche sehr weitgehend von der gegenwärtigen ab.* Sind doch seitdem die beherrschenden Kristallinsockel der Präalpen als eine Art Fortsetzung der Vindelizischen Nordschwelle, sowie die Dolomit-Kristallinschiefer-Schwelle Südbayerns („Germanische Südschwelle") verschwunden. *Bedeutend sind auch die Unterschiede zwischen W- und O-Alpen* (S. 145). Sie beruhen zum großen Teil auf der *noch jugendlicheren Regsamkeit im W der Allgäuwendung* und auf der ruhigeren Hochlage und Einebnung, welche aus dem mittelrheinisch-böhmischen Schollenvorland quer über die süddeutsche Vortiefe im Aquitan bis weit über die Ostalpen reichte. Nur die Böhmisch-alpine Schlierenge und das auch oligozän kräftig gegen S vorrückende, außeralpine Wiener Becken setzte, außer dem narbennahen Unterinntal, auch ostalpin die geosynklinale Vortiefentätigkeit noch fort.

2. Die jungtertiären Bewegungen

Nach der weit verbreiteten Aquitan-Hochlage und Abtragung *umschlang eine zweite Ringmeer-Senkung im Jungtertiär den Alpenkörper.* Sie lag wiederum ein gutes Stück *weiter draußen in der Vortiefe* und füllte sich wiederum früher oder später mit Süßwasser und mit Gebirgsschutt. Als grundlegend neu aber stellen wir *das weite Vorstoßen der zertrümmernden Schollenabsenkung vom ungarischen Osten bis zu den steierischen und bis zum inneralpinen Wiener Becken fest.* Der Zusammenhang des Nordalpin-karpatischen Orogens ging damit schon wieder verloren. Den ersten Einbrüchen des außeralpinen und des SW-steirischen Beckens im Burdigal folgte *während einer zweiten Energieleistung im Helvet die allgemeine Zer-*

trümmerung und Absenkung. Auf die Schollen-Verstellung folgte in den tief versenkten Sedimentmulden eine ruhigere, konkordante *Faltung*, begleitet aber von einem meist ungleichförmigen Übergreifen der sedimentsammelnden Mulden in die vorher mehr oder weniger abgetragene Umgebung, sowie von höher oben zurückbleibenden oder sich etwas aufwölbenden Domen (inneralpines Wiener Becken—Ungarn).

Orogen immer neu verschärftes Baurelief lieferte über Abbruchswände und steiles Gefälle hinweg grobe Block- und Schottermassen (S. 151), oft weit hinaus in die Teilsenken (S. 152f.). Aber Kippungen, Faltungen ergriffen alsbald auch deren Inhalt, schon im Helvet und später. Auf einem unregelmäßig bewegten Baurelief kann das nicht anders sein. *Senkrechte und steile Bruch- und Faltenbildung* herrschten weit vor. Sie gingen jungtertiär mehr oder weniger rasch, sowie mit mehreren Höhepunkten weiter, namentlich im Helvet: *Kippschollen.*

Während der ersten Niederbruchszeit des Burdigals im SW-steirischen Becken kam auch der mächtige Gleichenberg-Smrekouc-Vulkanismus zum Durchbruch. *Die Senkungen im O wurden immer ausgedehnter und tiefer.* Auch jungpontisch-pliozäne Basalteruptionen stellten sich in SO-Steiermark ein.

Die Hauptsenkung, gefolgt von einer Aufwölbung, wanderte aus SW (Radl-Eibiswald im Burdigal) gegen NO und dann nach junghelvetischer Hebung tortonisch belebt gegen O in die Kleine ungarische Tiefebene (S. 172). Demgegenüber verhielten sich ungleich *ruhiger die aquitan eingeebneten Zentralalpen, welche zerbröckelten und durch die Niederbrüche reliefmäßig immer weiter gegen W zurückgedrängt wurden.* Ein Anzeichen fortgeschrittener Ruhe des zentralalpinen Unterbaues ist auch der *atlantische* Charakter des pliozänen Vulkanismus an seinem Ostrand.

Wiederum scharf abweichend von den westwärts zurückweichenden Zentralalpen fanden wir, stark und jugendlich kräftig betont, *die jungtertiär-quartären Bewegungen am südlichen Zentral-Ostalpenrand* und im Bereich der dortigen *Südalpennarbe* (S. 175, 176f.). Deren *Savefalten* bauten sich hier ostwärts noch weit hinaus und wirkten fort bis zum Bakonywald. Zusammen mit dem kräftigen, *hier noch pazifischen* Vulkanismus, mit Reliefbewegung und tektonischer Faltung und Bruchbildung wird uns hier die Einheit der Erdinnenkräfte erneut vor Augen geführt. *Grundursache ist die noch immer tätige Südalpennarben-Strömung, deren aufbauende Leistung völlig entgegengesetzt war zu dem zentralalpinen Zerfall im N* (S. 178).

Die planmäßigen, *sanften und langsamen Verbiegungen* in dem miozän niedergebrochenen, östlichen Schollenmosaik gingen durch das ganze Pliozän bis in die Gegenwart fort. Neben der schon vorher als tektonisch erwiesenen NW-SO- und W-O- bis WSW-ONO-Richtung der Becken- und Schwellenränder ist dies klar aus den *Talnetzverschiebungen in den östlichen Niederungen* ersichtlich. Von den sanft aufsteigenden Wölbungen glitten die Gewässer ab in die benachbart sinkenden Flachmulden (S. 169f.).

Aber auch *am Karawanken-Nordrand* konnte sich noch jungtertiär und quartär *die südalpine Abstromnarbe durch Ausbildung einer südunterschiebenden Vortiefe* Geltung verschaffen (S. 166). Echt geosynklinale Spätleistungen geschahen hier. Dabei wurden teils dinarische NW-Brüche (Lavanttal), teils der ostwestliche Narbenschnitt der Südalpennarbe westwärts bis ins Vorland der karnischen Hauptkette zur Ablösung verwendet.

Zu dem östlichen Fortbau der Savefalten trat auch noch ein südlicher Vorgriff der Südalpennarbe gegen das Vorland (S. 179). Weitere N-Unterschiebungen im Mio-pliozän stellten sich als erneute Stau-Beweise ein, ausgeprägt an der Narben-Nordflanke durch die jugendliche Karawanken-Südunterschiebung. Hinzu kamen dinarische Brüche und Knickungs-Unterschiebungen (S. 180), nachsarmatische Faltung, altpliozäne Verbiegungen der pontischen Verebnungs-Landschaft, welche mit geringerer Höhenlage der altmiozänen Verebnungsfläche gegenübersteht und damit die ruckartige Heraushebung des Gebirges im Jungtertiär anzeigt.

Im W des Tagliamento springt von Venzone nach Forni der zweiseitige Südalpenscheitel um 40 km gegen NW vor. Diese *Westkarnische Blattverschiebung* liegt in der Fortsetzung des mächtigen Idrianer Dinariden-Bruches (S. 182). Ähnlich dürfte längs dem NW-SO -lichen Lavanttalbruch die westlich anschließende Scholle um ein Stück weiter im N zurückgeblieben sein gegenüber dem vorgerückten Bacher-Koralpenblock.

Wir stehen vor einer jungen Zerscherung der SO-Alpen in dinarischer SO-NW-Richtung als offenbare Folge eines mitunter nach oben durchwirkenden tiefliegenden Unterstromes in gleicher Richtung.

Am Südalpenrand trafen wir randlich burdigal-helvetische Senkungen, verbunden mit kräftiger Gebirgsbewegung der Vortiefe, gefolgt von weiträumiger Heraushebung und einebnender, also ruhiger Abtragung. Danach kam erneute Senkung und ungleichförmige Relief-Überschüttung vermutlich im Pont; anschließend wieder verebnende Heraushebung und schließlich im Mittelpliozän wieder allgemeine Senkung mit letztem Meeresvorstoß gegen N.

Dem schlossen sich an pliozän-quartäre, ruckartig beschleunigte Heraushebungen des Gebirges. *Das Scharnier zwischen Hebung im N und Vortiefensenkung im S hatte sich dabei wiederholt verlagert.* Die Vortiefe lag pliozän noch wenigstens 30 km weiter im N als heute. Die Tessiner Kuppel war noch bedeckt, der Bergeller Pluton und die unterostalpinen Decken aber lieferten schon viel Molassegerölle in die südliche Vortiefe. *Mit deren Südverlagerung waren nicht wie in der Nordvortiefe Unterschiebungen, sondern nur kräftige Flexuren verbunden.*

Im Piemontesischen Innenbecken ging die Senkung, Schutteinfüllung und das Aufwachsen der beiden Antiklinalen (S. 189) in Fortsetzung der apenninischen WNW-Richtung bzw. parallel zum Alpenrand von Ivrea in SW-Streichen weiter. Verwerfungen waren damit verbunden. *Doch erscheint der Vorgriff der Dinariden gegen den aktiven N viel stärker als jener des Apennins.* Die überwiegende und außerordentlich starke Tertiärsenkung und Baureliefbildung des Piemont-Beckens, wie auch jene des Emilia-Apennins (vgl. die ausgezeichnete Studie von C. Wiedenmayer 1951: 8,6 km Nacheozän bei orogen unruhiger Senkung!) dürfte *auf die vereinigten Absenkkräfte von Alpen und Apennin zurückgehen* (S. 370). Damit war der verstärkte, noch heute nicht behobene *Niederbruch des ganzen südalpinen Orogenbaues zwischen Turin und Chiasso* verbunden. Nur sehr vermindert nahm auch dieses Becken an der in den umgebenden Alpen um 500—1000 m höheren, oberpliozänen Heraushebung teil. Erst weiter im O wuchs die Senkung auch im Quartär.

Am Westalpenbogen verschob sich gleichfalls das im einzelnen bald mehr Alpenwärts bald mehr Vortiefen-wärts wirksame Scharnier zwischen Gebirgshebung und

Vortiefensenkung insgesamt jungtertiär *weiter nach außen* (S. 193). Erst nach verhältnismäßig ruhiger aquitaner Umbauzeit schlug die vorher in W-O einengende Strömung in eine gegen O schiebende auch im Vorland um und schuf daher N-S-streichende Strukturen. Damit verschwand auch das inneralpine Archipelmeer. Das Miozän-Meer kam vom S aus dem Mittelmeer.

Im Laufe des Oligozäns muß sich die gewaltige *Zertrümmerung der Orogen-Bauten des Mittelmeer-Raumes entwickelt* und einen neuen Meeresbehälter zwischen den hier noch stehen gebliebenen Orogen-Ruinen geschaffen haben (S. 202). Ganz wie im tertiären Niederbruch des Südalpenorogens im Piemont und im miozänen Zusammenbruch ausgedehnter Ostalpen-Fortsetzungen muß auch hier im S *nach langdauerndem Narben-Abbau der Orogene eine diese wieder zerstörende, also jene aufbauenden Kräfte übertreffende Energie festgestellt werden. Sie schuf den gegenwärtigen Ruinenbau des Mittelmeeres* (S. 203). Es liegt nahe, auch diese Zertrümmerung auf eine unterströmende Macht, und zwar auf die gleiche zurückzuführen, welche wir nach ihren alpinen Wirkungen als „*europäischen Zyklonalstrom*" im Gegenuhrzeigersinn abgeleitet haben, und die wir schon 1936 unter der osteuropäischen Platte als wirksam erkannten. Er setzte in der Kreide und besonders im Alttertiär, aber auch noch später wiederholt mit großer Energie ein, zerschob wichtigste Orogenstrukturen, brachte die vielfältigen Alpenknickungen und -Stauungen, trennte Südteile von Europa durch Paraphoren und Gräben, stauchte auch das Alpengebäude wiederholt in seiner Längsrichtung.

Vor dem Westalpenbogen nahm in der ersten Senkungs- und Störungsphase des Burdigals die Meeressenke schon eine westlicher gelegene Rinne. In der, einem orogenen Abflauen folgenden Zeit des Helvets, der dann erst die große Alpen-Ringmeerbildung gelang, lag die um sich greifende Vortiefe noch etwas westlicher an Rhone und Zentralplateau. Nach einer gewissen Ruhezeit erneuerten sich die gebirgsbildenden Kräfte in geringem Umfang zur *tortonischen* Absenkung, so daß auf gespannter Gleichgewichts-Höhenlage einebnende Kräfte wirksam werden konnten und das tortone Mittelmeer daher nur noch bis Lyon vorstieß. Vermehrte orogene Ruhe brachte das weiter einebnende *Sarmat*. Dieses wurde abgelöst durch die letzte kräftige Absenkung, Faltung und Schubbewegung im *Pont*, währenddessen das belebte Baurelief das sinkende Vorland erneut mit mächtigem Schutt übergoß. Jetzt unterschob sich die Vortiefe kräftig gegen O und schuf die Randkette zwischen Digne—Nizza, auch die letzten Faltungen in der subalpinen Isère-Kette (S. 203). Die ersten, sichtbaren Einengungen des *Faltenjura* setzten ein und gingen nachpontisch noch weiter. Die pontische Hauptsenkung war *auch in Savoyen weiter nach W* in den Bas Dauphiné hinaus verlagert worden (S. 204). Das tief versenkte Vorland unterschob sich pliozän gegen SO unter Belledonne und Vorplatte von Pelvoux-Mercantour, um den äußeren Falten- und Schuppenkranz zu bilden.

Wieder folgte eine Ruhezeit mit Aufschwellen und Reliefausgleich, danach die letzte Senkung im Mittelpliozän und ein neuer Gleichgewichtsausgleich zur Astizeit. Die allgemeine und bis jetzt endgültige Heraushebung, gesteigert im Gebirge, schloß sich auch hier an. Diese geschah am Rhonedurchbruch unterhalb von Genf so kräftig, daß die axiale Aufwölbung den Zusammenhang zwischen französischer und Schweizer Vortiefe unterbrach. Dafür wurde aber *eine neue, durchgängige Vortiefe* auf der Außenseite des französisch-schweizerischen Faltenjura in die noch heute weiter sinkende *Saônegrabensenke* verlagert (S. 205).

Jungbewegungen der Schweizer Vortiefe

Durch Jungtertiär und Quartär erhielt sich die allgemeine *ONO-liche Achsensenkung* der Schweizer Vortiefe. Fehlte sie in Burdigal-Helvet, so wurde sie im Torton wieder hergestellt. Der Vortiefenrand gegen den Schweizer Jura im N und gegen den (überschobenen) subalpinen Rand steigt auf. Auch hier verlagerte sich der Ort der Hauptsenkung immer weiter auswärts (S. 208); ebenso griff der Außenrand während der orogenen Senkungszeiten *mehr und mehr gegen außen* vor. Das schon aquitan und teilweise helvetisch eingeebnete Gebiet des heutigen Faltenjura wurde die immer weiter und im Torton verstärkt niedergebogene Außenfortsetzung der Schweizer Vortiefe. Nach ruhiger Höhenlage im Sarmat setzte auch hier die faltende Absenkung der pontischen und noch etwas nachfolgenden Zeiten ein, welche *die Struktur des Faltenjura* schuf — wenn auch der hier schon bedeutend verfestigte Unterbau Europas eine Senkung unter den Meeresspiegel verhinderte. Torton und teilweise noch Pont wurden mit eingefaltet bzw. unterschoben. Mittelpliozäne Schotter und Verebnungsflächen überschnitten schon die fertigen Strukturen während und nachdem sich diese flach, aber weiträumig aufgewalmt hatten. Dabei verloren sie fast ihre ganze Molassehülle, welche in der heutigen Schweizer Vortiefe als Fortsetzung aber noch lagert. *Unter ihr muß die einengende Strömungskraft bis an den Saônegraben*, also an die neue Vortiefe, *und bis an die mittelrheinischen Horste von den Alpen her vorgegriffen haben;* denn die Schweizer Jungtertiär-Molasse zeigt trotz leichterer Faltbarkeit keine Einengung außer gegen unten im Oligozän, welches der gefalteten Abscherungsdecke des Mesozoikums auflagert.

Jüngerpliozäne, sehr sanfte Bewegungen brachten das Achsengefälle des „Jurarheins" gegen SW, jenes der „Uraare" und „Alpendonau" in der Vortiefe gegen O. Geringe Hochlage während oberpliozäner Ruhe verebnete in der Schweizer und südbayerischen Vortiefe das Molasserelief, während sich im „plateauförmigen" Faltenjura noch sanfte SW-NO-Walmung geltend machen konnte. Erst die mitteldiluviale oder „baltische" Dislokationsphase brachte absenkend wieder kräftigere Verstellungen (S. 226).

Zunehmende Umlagerungen in der jungtertiären Molasse erklären zum Teil die Quarz- und Quarzitmenge, welche anderenteils aber durch das nunmehrige Hinzutreten der Gerölle höherpenninischer Deckenanteile zu erklären ist. Auch S- und N-helvetische Gerölle, wenn auch noch wenig aus der heutigen Nachbarschaft, sind nun vertreten. Ihre Gesteine wurden jetzt freigelegt, müssen ganz in der Nähe gelegen haben, waren also sicher schon zusammengeschoben, und zwar schon im Oligozän zusammen mit den südlicheren Decken (S. 243). Die Flyschdecken müssen zum großen Teil schon abgetragen gewesen sein, wenigstens im W. Nur teilweise finden wir ihre Gerölle noch reichlich und gehören sie (Hörnli) zu den allergrößten.

Aus der Val d'Illiez-Unterschiebung läßt sich eine zweistufige Hauptbewegung ableiten (S. 241), wobei die Molassevortiefe unter die Decken einwärts vorrückte.

In den *östlichen Schweizer Alpen* lagen seit dem Aquitan auch die unterostalpinen Decken schon in nächster Reichweite der Molasseflüsse. Die präalpinen und Helvetiden-Decken waren durch die autochthonen Massive wohl schon eingewickelt, die jedoch erst sehr spät an die Abtragungsoberfläche heraustraten. Die umfangreiche Unterschiebung des etwa pontischen Faltenjura und der subwestalpinen Randketten *betraf das heutige Gebirge nicht mehr in gleichem Maß.* Es war nur noch äußere *Randarbeit* geleistet worden. Die Bewegung der eigentlichen Alpen war schon *zum Walmungsstil mit jenen überwiegenden, vielfach beschleunigten Heraushebungen übergegangen, welche aus Verebnungs- und Mittelgebirgslandschaft allmählich das Hochgebirgsrelief von heute erstehen ließen* (S. 247). —

Vom Rupel bis ins Pliozän konnten auch in der *badisch-württembergischen* Molasse-Vortiefenoberfläche nach H. Kiderlen 1931, 357, streichende Teilverbiegungen mit benachbart-gegensinnigen, teils hebenden, teils senkenden Tendenzen erkannt werden.

Jungbewegungen an der bayerisch-österreichischen Vortiefe

Die gleiche Außenverlagerung des miozänen gegen den mitteloligozänen Senkungstrog, dasselbe Weiterumsichgreifen des helvetischen über das burdigale Senkungsbecken mit zwischengeschalteter Heraushebung (S. 248f.), die gleiche, Sedimentfazies-beherrschende Baurelief-, also Struktur-Bildung während der Vortiefensenkung, dieselbe Zerlegung in Ab-und-Auf-Zeiten mit den orogenen Hauptzeiten im Burdigal (Hauchenbergphase), Helvet (Rothkreuzphase), getrennt durch eine ruhigere Hebungszeit im Allgäu wie in der Schweiz!

Ähnlich wie im O der Alpen verlagerte sich *auch in Südbayern eine sarmatisch-pontische Wanderwelle gegen O.* Eine allgemeine, jüngerpliozäne Heraushebung schloß sich auch hier wieder an (S. 257).

Nach orogenen Verbiegungen unter dem Oligozänschliermeer gingen solche auch während des Miozänschlierabsatzes weiter (S. 261), ebenso im ganzen Torton/Sarmat/Pliozän-Bereich Oberbayerns, Ober- und Niederösterreichs, wovon die Schotterverteilung berichtet (S. 265ff.). Die *Böhmisch-alpine Enge* verschmälerte sich wegen des Widerstandes der hochschwimmenden Böhmischen Masse und erweiterte sich erst nach deren Zurücktreten gegen NO im äußeren Wiener Becken. Mit dem Höhepunkt im Junghelvet unterschob sich das durch zertrümmernde Absenkung damals besonders weit unter das Grunder Meer gesunkene Vorland gegen SO unter den Alpenbau (S. 271).

Die Molasse kann aber in Süddeutschland kaum unter die Alpen hineinreichen. *Ihre ursprüngliche Fortsetzung ging über die Kalkalpen,* woher sie ja ihren Schutt erhielt, wo sie aber fast gänzlich abgetragen wurde (S. 273, 277).

Durch die energischen Fortschritte der tertiären Gebirgs- und Vortiefenbewegung in den Westalpen holten diese das vorangeschrittene bzw. schon stabiler gewordene Baustadium der NO-alpinen Randgebiete ein (S. 277) *und wurde so die Alpennordseite einheitlich.* Das allmähliche Vordringen der Flyschgerölle in der Molasse vom Rupel der Westschweiz bis nach der Salzach im Helvet und die allgemeine Gleichartigkeit des Molasseschuttes zwischen Genf und Wien überhaupt sind gute Zeugen (S. 282f.).

Ein Überblick der tief- und hochorogenetischen Vorgänge im nordalpinen Randbereich zwischen Gault und Quartär zeigt das planmäßige Voranschreiten der Baugeschichte: Hinausverlagerung des Schauplatzes der Hauptleistungen, der Reliefumformung, der zunächst überwiegenden, sedimentsammelnden Mulden, danach der vorwiegenden Abtragungs- und Einebnungsschwellen, auch der werdenden Gebirgsstruktur. Denn *abgesenkt wurde unter faltiger Einengung*. Der Gegensatz zwischen einheitlicher geformten Hangendstockwerken und der scharfen Tektonik liegender Stockwerke ist es, den wir heute am Nordalpenrand wegen des staffelartigen Niederbrechens an Längsstörungen *nebeneinander* vorfinden (S. 281). Er rührt her von dem jungen Aufstieg des Alpenkörpers, über dem die Hangend-Decken abgetragen wurden (S. 282), welche aber in den nordwärts abgesunkenen Staffeln noch erhalten sind. Diese Anordnung hält auch auswärts in dem orogenen Molassebau noch an und erklärt uns diesen wiederum *als einen Hinabbau* (S. 282).

Die Verteilung des Oligozänmolasse-Schuttes westlich und östlich der Allgäuwendung, also der W/O-Alpengrenze, bestätigt das Zurückweichen der unterostalpinen Decken gegen SO zum Unterengadiner Fenster und das Verschwinden der Präalpen-Decken gegen ONO als Randostalpin unter dem Ultrahelvetflysch vor den Ostalpen (S. 282). Dieser oligozäne Molasseschutt, dem Vertreter von Flysch, Helvetiden, Grauwackengestein, sicherer Zentralgneis und Schieferhülle, reichlich Kalkalpines noch fehlen, beweist die allgemeine Verbreitung einer aus (wohl) paläozoischem Dolomit und aus Kristallinschiefer mit geringer randostalpiner Bedeckung bestehenden Randschwelle (S. 283) in Südbayern, sowie noch im niederösterreichischen O der böhmisch-alpinen Enge. Diese gesamte Oberflächenverteilung der Gesteine ist im Miozän verschwunden, die Südgermanische Schwelle wurde überschoben durch die Decken, deren Schutt danach in der jungtertiären Molasse herrschte. Dazu gehörten penninische und unterostalpine Decken nicht (S. 284). Die Zunahme *umgelagerter* Geröll- und Sandmassen in der jungtertiären Molasse beweist die streifenweise Heraushebung nun auch südlicher Vortiefenteile (S. 285). Ganz ähnliche Schlüsse erlaubt auch die Geröllverteilung am Südrand des außeralpinen Wiener Beckens. Bis dorthin nach O verlängerte sich axial die schuttaufnehmende Vortiefensenke zwischen böhmischer und alpiner Aufwölbung im Jungtertiär-Quartär (S. 285).

Die überwiegend großwalmende, an Brüchen verstellende, aber fast nicht mehr waagrecht verschiebende Bewegung der Ostalpen und eines östlichen Westalpenteils während seiner jungtertiär-quartären Hochlage und seiner ruckartigen, weiträumigen Heraushebung ergibt sich *aus der Höhenlage der älteren Verebnungskombination, welche wir Firnfeldflur oder Raxlandschaft nennen*. Ausnahmen mit junger, noch etwas mehr geosynklinaler Tätigkeit kennen wir im Bereich der Nordalpennarbe am Unterinntal, wo die Angerbergmolasse eine Vortiefen-artige Hauptsenkung beweist, welche sich helvetisch gegen SSO unter das Kaisergebirge schob. Hier, wie am Nordalpenrand, wich damals die Gebirgszusammensetzung noch stark von der gegenwärtigen ab (S. 295). In das junge Bewegungsbild fügen sich auch die Blattverschiebung am östlichen Ende der Karwendelmulde bei Kufstein, der dortige Inndurchbruch ins Vorland, die Unterschiebung der Reiteralm durch die Gosauschichten und der dortige Saalach-Durchbruch (S. 298); eine Spät-Unterschiebung der Berchtesgadener Masse und eine letzte Unterschubbewegung vom Reiteralm—Lattengebirge—Untersberg gegenüber der tirolischen Masse. Auch SW-Verlagerung des Karwendels gegenüber seiner östlichen Nachbarschaft und andere Verschiebungen an NO-SW-Blättern, sowie das Verschwinden der N Grauwackenzone auf steilem Narbenschnitt gegen W hin oder die Unterschiebung der Oetztalmasse von N her — all das gehört offenbar noch in dieses Bewegungsbild (S. 298). Als Gegendruckspalten der bajuvarischen ältermiozän unter die tirolische Einheit gegen SO vorrückenden Bewegung dürften die NW-SO-Blattrisse, z. B. der Karwendelgruppe angesehen werden (S. 298). Doch waren fast alle diese Verschiebungen nicht mehr flach und weit ausholend, sondern mehr steile Bewegungsflächen und im Streichen steif aushaltend.

Noch geradliniger und fast senkrecht verläuft die Südrandstörung der Oligozänmolasse gegen Helvetiden-Flysch-Kalkalpen. Dieser Nordabbruch war frühestens tortonisch. —

Bewegung und Verebnungsfluren

Als sehr weitverbreitete Einebnungslandschaft im Aquitan erscheint uns die ostalpine *Augensteinlandschaft*, in welcher sich die Zentralalpen, noch ohne die Tauern- und Zillertal-Aufwalmung, nur ganz allgemein als ältere Teile durch ihre etwas höhere Schwimmlage heraushoben (S. 303). Die bis zum Aquitan und während dieser Zeit schon geleistete flächenhafte Abtragungsarbeit (S. 304) war außerordentlich. Das feinkörnige Süßwasser-Miozän liegt bereits auf dieser ebenen Flur.

Dazwischen aber muß eine erste Baurelief-Verbiegung die basalen Gerölle und die im allgemeinen tektonischen Einlagerungsformen gebracht haben (S. 306f). Braunkohlenbildende Sumpfseen füllten zunächst diese Senken. Schwach treten die Senkungstendenzen über der Nordalpennarbe hervor im Klostertal—Arlberg—Unterinntal—Pinzgau—Enns—Paltental—Mürztal wie über der Südalpennarbe längs Veltlin—Tonale—Pustertal—Gail—Drautalung. Während und nach Ausbreitung des Miozäns entwickelte sich danach die flachkuppige *Raxlandschaft*.

Diese ist bereits wieder verworfen, verbogen und ein Hauptteil dieser Störungen dürfte schon mit der Ausbreitung der Etmissl-Schotter in junghelvetischer oder tortonischer Zeit zusammenhängen. Es folgte also auch innerhalb der Alpen auf eine miozäne Ruhezeit mit Einebnung eine Zeit kräftigerer Bewegung. Ihre Ergebnisse wurden durch Zentral-, N-, O- und S-Alpen verfolgt (S. 306—314). *Die „Alpen“ sind meist altverebnete Hochviehweiden und haben von diesen ihren Gesamtnamen erhalten* (S. 315).

Die ruckweise beschleunigte Heraushebung wurde abgebildet durch das Vortreiben der Abtragungs-Verebnungen in den Zeiten langdauernden Stillstandes und durch die zwischen älterer und jüngerer Verebnung noch stehengebliebenen Steilstufen. Eine Anzahl solcher Verebnungen senkt sich südwärts zu der noch jungtertiär-quartär absinkenden Klagenfurter Vortiefe der Karawanken nieder. Lavantbruch und Koralpensockel, Grazer Bergland und Birkfelder Teufelstein-Landschaft bringen im Grunde die gleichen Schlüsse (S. 316—319). Typisch ist der *Kippschollenbau.* Wieder ergaben sich Senkungen und Störungen während Burdigal,

Helvet, Torton, Unterpont, unterbrochen durch hebende Ruhepausen. Recht auffallend ist *das einheitliche Verhalten des ganzen Ostalpenkörpers mit Walmung, Zertrümmerung, Senkung und folgender Hebung* (S. 321); S. v. BUBNOFF nannte 1941 solche weitspannige Reliefbewegung „Dictyogenese". Einheitlich sind die Haupteinwalmungszüge am Zentralalpen Nord- und Südrand, also im Bereich unserer alten Narbenzüge und verbunden mit deren Narbenschnitten sowie den diesen nachtastenden Längstalfluchten. Mit ihnen verschwand die aquitane Quergangbarkeit von Zentral- zu Kalkalpen (S. 321) für das Flußnetz. *Auch die südalpine Längstalflucht ist keine Grenze zweier, eines dinarischen und eines alpinen Gebirges* (S. 322)! Aber auch diese letzte Reliefspur der N- und S-alpinen Narbenenergie ist schon in der Zerstörung begriffen. Denn Querdurchbrüche der Alpenflüsse an tektonisch bevorzugten Breschen hatten sich schon entwickelt.

Als Ruine liegt erstarrt das Ergebnis der beiden Narben, das Doppel-Orogen, vor uns. Verschmolzen wird es umrahmt von den Außenvortiefen. Daran änderten auch die letzten Vortiefenregungen am Unterinntal und am karnischen Drautal nichts.

Die orogenen und zugleich transgressiven Senkungen sowie die nachfolgenden Hebungen waren rings um die Alpen ungefähr zu gleicher Zeit ziemlich gleichartig. Randliche Anpressungen, im O Zertrümmerungen hielten noch lange an. Während sich, außer zu pontischer Zeit, nachhelvetisch die Senkungen sehr abschwächten, gingen die Hebungen, nur noch mehr durch Ruhepausen getrennt, ab Mittelpliozän allgemein auch im Alpeninneren weiter bis auf das heutige Relief. Anfangs senkte sich noch die Vortiefe, aber vom Pliozän an nahm auch sie, freilich zögernd, teil an dem allgemeinen Aufstieg.

In den Schweizer Westalpen setzte das Ostschweizer Gebirge die ruckartigen Aufstiege und sanften Verbiegungen der Ostalpen noch fort. Wie weit dies nach W so weiterging, ist noch unklar. Mehrere Verebnungsfluren wurden auch da schon in Resten entdeckt (S. 330f.). Aus den örtlich sehr geringen Schuttlieferungen in etwa den gleichen Zeiten, welche für den O als verebnende Ruhezeiten gelten müssen (jüngeres Aquitan zum Teil, Spätburdigal, Späthelvet, Sarmat, höheres Pliozän zum Teil) dürften *auch für den W ähnliche Ruhepausen* bei dem jungen Gebirgsaufstieg abgeleitet werden können. Doch war die verebnende Arbeit offenbar weniger wirksam bzw. wurde ihr Ergebnis durch die noch in ungleich jüngere Zeit hinein kräftig tätige Orogenese immer wieder weitgehend zerstört. Ein jeweils höherer Emporstieg mit schärferer Abtragung hat dabei wohl ähnlich zerstörend gewirkt wie die allgemein höhere Meereshöhe großer Gebirgsteile in der Gegenwart. *Stärkere, noch in jüngere Zeit hereinreichende Gebirgsbildung verlieh also den westlichen Hochalpen ihren nachfolgenden, höheren Auftrieb, ihre herrliche Größe, raubte ihnen aber viel von den Ebenheiten ruhigerer Zwischenzeiten.*

Erst die präglazialen Talböden sind sehr allgemein verbreitet. Der unruhigere Aufstieg der westlichen Hochalpen zu ihrem Hochrelief geschah daher schon *vordiluvial* (S. 333). —

Die Bewegungsart im W wie im O war quartär, wenn von den sanften und im Jahrhundert die Höhenänderung von einem Meter kaum übersteigenden Vortiefenverbiegungen abgesehen wird, *nicht mehr geosynklinal, sondern schon epirokinetisch.* Von den außergeosynklinalen unterscheidet sie sich, beurteilt nach den

Wirkungen heutiger Erdbeben nur wenig. Als Zeiten des Anschwellens der tektonischen Bewegungen lassen sich die „spätwalachische“ im Altdiluv, die „bakinische“ in der Mindel-Riß- und die *Riß-Würm-Zwischeneiszeit* erkennen (O. WITTMANN 1941), die aber ebenfalls außergeosynklinal ähnliche Wirkungen vollbrachten (S. 334).

Im großen ganzen hat die Abtragung jetzt wieder einmal Zeit und Gelegenheit unter glazialem und humidem Klima an das isostatisch hochliegende Gebirgsrelief die unablässige Feile besonders wirksam anzulegen.

Nach erdphysikalischen Feststellungen ist der alpine Salwulst schon *sehr mächtig verdickt, was wir als Ergebnis aller vorausgegangenen Abbau-Vorgänge buchen.* Diese Verdickung schützt jetzt das Gebirge besonders lang und weitgehend vor weiteren, zertrümmernden Absenkungen. Sie gewährt der Einebnung, die nach dem Diluvium von den einzelnen Erosionsbasen aus einstweilen nur wenig nach oben wirken konnte, eine lange Arbeitszeit. Je länger sie jetzt dauern kann, desto ähnlicher wird die Abtragungsfläche wieder einmal den Rumpfflächen der kontinentalen Umgebung werden. Desto mehr haben spätere, flache Absenkungen wieder Aussicht, epikontinentalen Flachmeeren den Zugang zu öffnen, überragt von sanften Massivschwellen. Doch werden viele Senkungen nur noch Festlandsschutt sammeln, den Meeresspiegel nicht mehr untersinken.

Die Schicksale der Rumpfflächen und der Überlagerungen des variszischen Gebirges vom Mitteleuropa im Mesozoikum werden so, wegen der schärferen Zusammenballung und daher nachhaltigeren Schwimm-Hochlage der Alpen wahrscheinlich stark abgeschwächt, sich auch im Bereich unseres alpinen Gebirges in langen Jahrmillionen erfüllen.

Das geosynklinale Geschehen der abbauenden Narben, Vortiefen und zerstörenden Unterströme, plutonisch und vulkanisch belebt, finden wir aber nun verlagert nach dem neu aufgewältigten Südeuropa.

B. Die regionale Bauformel der Alpen

Nachdem nun nähere Einblicke in die alpine Baugeschichte gewonnen sind, kann das regionale Verständnis des Alpenbaues besser begründet werden als allein nach den Strukturen, welche die acht, in Band I des „Abbau der Gebirge“ 1936 zu Grunde gelegten Querschnitte des heutigen Bauplanes bieten.

a) Die orogenen Stockwerke und deren Bildung

1. Als disharmonische Stockwerke des abbauenden Orogens

(E. KRAUS 1931)

können von oben nach unten unterschieden werden:

VII. Reliefstockwerk der Verwitterung und Ablagerung unter Wasser, Eis, Luft. Verschwommene Baureliefbildung, $\pm$ reversibel; Relief-Überschiebung, Kluft- und Spalten-Bildung, Erdbebenspalten; Abrutsche.

VI. Stockwerk irreversibler Flachfaltung; abwärts mehr oder weniger sprungweise wachsende Einengung bei langsamer Abwärtsbewegung.

V. Stockwerk der Engfaltung, Schuppung, Decken-Ausschiebung nach oben längs flachen Scherflächen. Druckschieferung im Tongestein.

IV. Stockwerk der Deckenpakete, Deckenfaltung, Auswalzung, Druckschieferung der beginnenden Gleitglimmer-Bildung.

III. Fächer-Stockwerk. Das Höchstmaß der Seiten-Einengung wird abwärts überschritten. Platzschaffung durch vermehrte Abwärtsbewegung über der Narbe auf steilen bis senkrechten Bahnen. Meso- und Kata-Umwandlung.

II. Verschluckungs- oder Narben-Stockwerk des stärksten Massenverlustes.

I. Fließ-Stockwerk vorwiegend seitlicher Massenbewegung über den *Differentiationsräumen*. Höchste Wärme und Überlastung.

Bei Senkung oder Hebung bzw. infolge waagrechter Verlagerung des Schauplatzes der Orogenese greifen die strukturbildenden Bewegungen der einzelnen Stockwerke und deren Erzeugnisse in- und übereinander.

2. Selbsttätig zunehmende Ausschaltung des Orogenabbaues

Die ansetzende orogene Energie ist deutlicherweise nicht zu allen Zeiten gleich. Wir können diesen Wechsel deshalb als Wechsel der absenkenden Kräfte beschreiben, weil — entgegen Fr. E. Suess 1937 — nur der hinabbauende Vorgang unsere typische Orogenstruktur ergibt.

Insgesamt aber dürfte es sich wohl um die zeitweise Beschleunigung der inneren Konvektionsströme des Erdballes handeln, hervorgerufen vermutlich durch zeitweise — vielleicht kosmisch bedingte — Entbindung erhöhter Energien radioaktivatomarer Art. Infolge der dann vermehrten, orogenen Absenkung werden kühlere Erdrindenteile einschließlich des noch reaktionsbereiten und gasreichen Salsima-Urmagmas in tieferer Lage größerer Wärme ausgesetzt, mobilisiert und schneller differenziert. Damit aber erhöht sich nicht allein die orogene Beweglichkeit, sondern auch die Menge der entstehenden Stoffwechsel- oder Differentiations-Produkte. Während die schweren, simatischen Spaltschmelzen absinken, versuchen die leichteren, zähflüssigen des Sals isostatisch emporzusteigen (E. Kraus 1950). Ihre entgegengesetzte Bewegung hemmt die hinabbauende Orogen-Bewegung, sowie durch die wachsende Ansammlung ihrer entgasten, zähflüssigen Masse die Teilbeweglichkeit (Abb. 116). Der Sedimentationsrhythmus des Ab-und-Auf scheint an der Erdoberfläche solchen Antagonismus widerzuspiegeln.

So kann man sich wohl am ehesten die immer wieder bestätigte Tatsache erklären, daß ein Nachlassen der orogenen Energie, also des strukturbildenden „Hinab", jeweils gefolgt ist von einem allgemeinen, ruhigeren Massen-*Aufstieg* sowohl der salischen Schmelzen (Granitplutone, Migmatitfront) wie auch des allgemeinen Reliefs; weshalb außerdem die tieforogene Beweglichkeit immer mehr schwindet und nach einem oder nach mehreren „Ab-und-Auf" eines bestimmten Gebirgs-Streifens ersetzt wird durch ruhige Hochlage.

Neben der Strukturbildung und Zunahme des Falten-Tiefganges auf Kosten der waagrechten Ausdehnung hat vor allem die Anschoppung der zähen, leichten, in der Tiefe allgegenwärtigen Granitgneismassen die Erdrinde des betreffenden Streifens derart verdickt, daß dieser eine hochschwimmende Plattenleiste über stark vermindertem, pazifisch-revolutionärem Stamm-Magma bildet. Da der neue Hangendwulst weiteren orogenen Umformungen, deren Versuche fürderhin nur unter ihm durchgreifen, widerstehen kann, geht er nun über den „hochorogenen" in den „epirokinetischen" Zustand über.

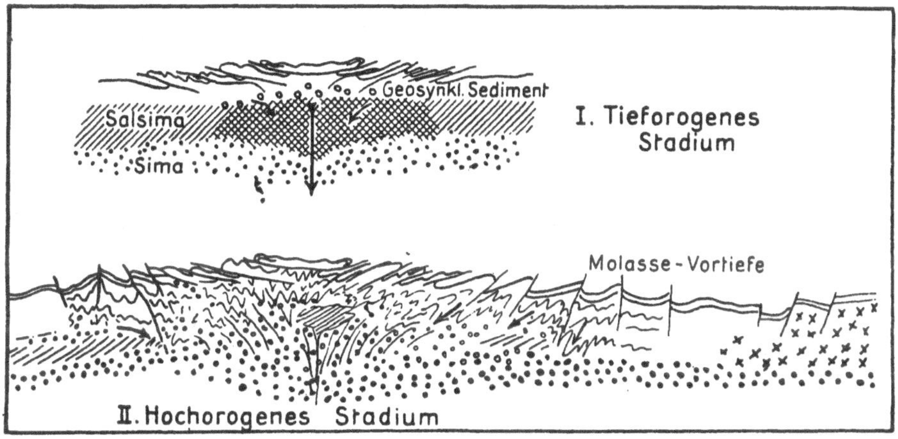

Abb. 116. Schema des tieforogenen (I) und des hochorogenen (II) Stadiums einer im Hinabbau begriffenen Geosynklinale. Tieforogen steht mächtiges Salsima (pazifisches Stammagma) offenbar in Differentation (Kreuzsignatur), die Unterschiebungsflächen liegen flach. Auf Kosten des Salsima entstand als dessen Spaltungsprodukt mächtiges Sal und Sima. Unter Versteilung der Bewegungsflächen und deren Faltung wurde hochorogen der Anschluß an den (rechts) benachbarten Kontinent mit seiner älteren Salplatte über eine Vortiefe hinweg erreicht.

Allein die noch nicht gleichweit fortgeschrittenen Nachbarstreifen können bei wieder vermehrter Orogen-Bewegung weiterhin an jener Gebirgsbildung teilhaben. *Darum verlagert sich der Schauplatz von innen nach außen* und versteilen sich die Bewegungsflächen (Abb. 116).

3. *Zyklonalwirkung*

Aber auch mehr waagrechte Groß-Strömung konnte im Alpenbau zu starker orogener Wirkung gelangen. Offenbar werden nicht nur die orogen-absinkenden und anderwärts wohl zerrend (taphrogen) aufsteigenden Ströme in Zwischenzeiten immer wieder mobilisiert, sondern gleichzeitig *auch deren mehr waagrecht verbindende Stromäste.* Soweit diese nach oben noch in die tektogene Erdschale emporreichen, können sie die orogene Bauformel des zweiseitigen Orogens weitgehend beeinflussen. Sie haben offenbar in den Alpen die gleichgerichteten Teil-Unterströme der alpinen, orogenen Nordflanken gegen S' und (im Westalpenbogen) gegen O zeitweilig so verstärkt, daß die westalpinen Decken sehr einseitig nach N bzw. W streben, ja daß die ostwestlich streichenden Narbenzüge der Nordkarpaten —Nordalpen bzw. der Südalpen durch Tiefblätter („Paraphoren") und Horizontalflexuren geknickt, sowie von W gegen O längsgestaucht wurden. Das ist die Leistung eines auch anderwärts unter Europa erkannten, zyklonalen Unterstromes im Gegen-Uhrzeigersinn (E. Kraus 1937, 1950).

4. Ineinandergreifen und Nacheinander der Stockwerksleistungen

konnte an der alpinen Baugeschichte immer wieder erkannt werden. Die geothermischen Tiefenzonen und die Überlastungsdrucke änderten sich dabei im allgemeinen weniger als die Folgen der zunehmenden Versteifung. Der Bewegungs-Schauplatz des II. und III. Baustockwerks (oben S. 377) wurde beim Übergang zur Hochorogenese zu jenem des IV. bis VII. Stockwerks. Der ältere Tiefenbau erhielt jetzt mehr Brüche mit senkrechter Verlagerung, Kippschollenbau, Wegschnitte, auch Großmulden und Groß-Sättel. Dieser Wechsel traf zuerst die Zentral-, dann die Kalkalpen. Cenoman-, Gosau- oder Molasse-Mulden zwischen stärker versteiften Leisten wurden randlich überschoben.

Die Hauptsenke oder „Haupt-Vortiefe" ist auswärts gewandert. Sie durchmaß während der Kreide im Ultrahelvet, dann im Helvet nacheinander: VII/VI (sedimentär erwiesen), V (Faltung und Schuppung des Helvets); nacheozän: IV (Flyschdecken, im W helvetidische Decken); im Oligozän III mit Bildung der nordalpinen Randnarbe (kalkalpine Vorzonen-Schuppung, große steile Längsbeschneidung der Mulden) und II (teilweise Verschluckung ganzer Längszonen). In diesem hochorogenen Zustand, kontinentnah im kalten, hochliegenden Stockwerk, konnten sich oberflächennah natürlich die Fließ-Erscheinungen und Umkristallisationen nicht auch einstellen. Es vermengen sich in der Außen-Vortiefe jedoch die älteren Steilstrukturen des tieforogenen Hinabbaues sowie des letzten Absenkungs-Versuches mit den allein noch *epirokinetischen* Antworten des abbröckelnden Kontinental-Saumes.

b) Der Kraftwandel im Alpenstreichen

1. Nordalpen-Orogen

Wir haben einen *gegen W wachsenden Massen-Schwund:* N-Grauwackengürtel, Quarzphyllit, Silvretta-Kristallin zwischen Arlberg-Chur werden westwärts fortgeschnitten. An dem südböhmischen Kristallinsporn, der sich bei den Weyerer Bögen in die alte, algomanisch-variszische Scharung Steiermarks vorschob, sowie an der (in Fortsetzung der erythräisch-adriatisch-dinarischen Struktur) über den Muralpen-Westrand im Vorland von Salzburg den böhmischen Westrand erreichenden Querstörung beobachten wir in gleicher Weise *westliches Absinken.* Noch der axiale Übergang der flachgründigen, schmäleren Miozänmolasse des O an der bayer. Traun in die schon oligozän, breiter und tiefer abgesunkene Molasse des W und die starke Vertiefung der oberbayerischen Vortiefen-Molasse nach W zu mit ihrem wiederholten Achsensinken und am Südrand mit der Vermehrung der Oligozänmulden, auch mit der scharfen Schuppenbildung des noch mächtigeren, darum noch tiefer abgesunkenen Molasseschuttes im W der Allgäuwendung — das alles beweist weit draußen die *gleiche Senkungs-Zunahme gegen W.*

Ihr entspricht die Verbreiterung und Vertiefung des helvetischen Troges gegen W, die offenbare Verbreiterung des randostalpin-präalpinen Gürtels, seine Ergänzung durch den Feuerstätter Flyschtrog gegen W.

Mit westwärts wachsendem Massenverlust nach unten, mit zunehmender Absenkung vereinigt sich wachsende Reichhaltigkeit der Tröge, welche sanken und Sediment schluckten; deren Verbreiterung, Vertiefung, Vermehrung.

Das nördliche Vorland rückte unter Blattschollenbildung mit jeweils weiterem Vorrücken der Westscholle gegen S vor (S. 362).

Eindringlich genug ist zu folgern: Je reicher die alterdkundliche Gliederung, je ausgeprägter ihr Relief, je bunter ihre Fazies, je mächtiger ihr Schichtbestand, *desto tiefgehender, umwälzender auch die innenbürtige Leistung, schärfer die Massenverluste nach abwärts, desto großartiger die Unterschiebung*, der Gegensatz auch zwischen erreichten Reliefhöhen und Sedimenttiefen, von außenbürtigem Abtrag und Absatz in den versinkenden Trögen.

Da diese äußeren und inneren Abbau-Leistungen somit westwärts wachsen, verstehen wir ebensogut, wenn schon im Allgäu beträchtliche exotische, von den Häuptern hier ehemals vorhandener Schwellen abgeschobener und abgetragener Bruchstücke im Flysch erscheinen. Sie sind die Vorboten des Schweizer Baues.

In der Schweiz erreicht der innen- und außenbürtige Abbau seinen Höhepunkt. Hier werden die kleineren, abgeschürften Massivschwellen und entwurzelten Schwellenstücke des O zu mehr oder weniger bodenständigen Großmassiven. Hier hat der gewaltige, nordalpine Massenverlust nach abwärts, der Abfuhrstrom nun bereits die Zentralalpen erreicht: Die kristalline Silvretta ist entwurzelt. Der gesamte helvetische Troginhalt ward durch das Aaremassiv unterfahren; die Präalpen, die penninischen Decken, ja der unterostalpine Inselkranz — alles schwimmt.

Die westwärts anschwellende Abbau-Gewalt zog auch den Südflügel der Nordnarbe immer mehr in ihren Bann. Gesteinsmassen, welche *im Osten* schon der südalpinen Einengung erlegen waren (Radstädter, Tarntaler Decken, Venediger Tauchdecken), zeigen das noch wenig. Die steife Ötztal-Masse vermochte sich noch *nach oben* auszuschieben. Sie mußte noch nicht mit hinab. Wohl mußten dies aber schon die unterostalpinen Stirnmassen, die Suretta, die Tessiner Penniden, die St.-Bernhard-Decke.

Aber wir stellten fest, daß dieses Überhandnehmen der Deckenbildung und Decken-Versenkung im W des Judikarien-Knickes aus der Gewalt der europäischen Zyklonal-Unterströmung abzuleiten ist, welche in Zwischenzeiten übergeordnet in den geosynklinal-orogenen Abbaubetrieb eingriff und diesen verschob (Alpenknickung) dort, wo er jener Gegen-Uhrzeigerströmung entgegen stand. Sie schuf, da hier mit der nordalpinen Orogenleistung gleichgeschaltet, *die Einheitlichkeit* auch des Westalpenbogens. Daher *nehmen* denn auch die N-S-lichen *Deckenschubweiten im W der Schweiz rasch wieder ab* und aus der im Briançonnais bodenständig gewordenen St.-Bernhard-Decke wird der Axialfächer, der überwiegend vom W her unterschoben ist.

2. *Südalpen-Orogen*

Im Verlauf des Südalpen-Orogens beobachten wir *zwei Abschnitte des gesteigerten Massenverlustes:*

1. Im Bereich der Pusterer Linie, wo die westlichen Fortsetzungen von Drauzug-Karnischer Kette verloren gingen,

2. längs der „Insubrischen“ Tonalelinie, an welcher Mittel- und Unterostalpin gegen W verschwinden.

Diese Gebiete fallen bemerkenswerter Weise zusammen mit dem bogenförmigen Vortrieb jenes Narbenflügels, der jeweils *am wenigsten* verlor, des südlichen nämlich.

In beiden Verlust-Abschnitten geht von O her zuerst das südlichere Element verloren; zugleich wird eine mehr ONO-WSW-streichende Anlage umgebaut zu einer mehr ostwestlichen. Ähnlich wie im nordalpinen Narbenzug ist mit später Längs-Verschleifung bei Ost-Bewegung der südlichen Nachbarschaft unter Ausschwänzung der Tonalitlinsen zu rechnen.

Hier tritt die zyklonale Gegenuhrzeiger-Strömung wieder klar hervor.

Für beide Fälle sehen wir auch in den nördlich benachbarten *Zentralalpen Höhepunkte der Zusammendrängung* und danach der Emporwölbung des tiefsten alpinen Bodensatzes. Es ist darum wohl mit einem Massenausgleich zu rechnen.

Zwischen den beiden südlichen Verlust-Linien beobachten wir eine besonders widerstehende Kernmasse, gleichend der Muralpenmasse: *die mittelostalpine Campo-Ötztal-Masse.* Von allen Seiten wurde diese gewaltig bestürmt, unterschoben, aber wohl nicht völlig aus den Angeln gehoben, nicht gänzlich ausgeschoben.

Von N her bohrte sich ihr ein der Gürtel von Quarzphyllit und N-Grauwacke; von O her die Hohen Tauern—Zillertaler; von SO der Südtiroler Sturmbock; von S die Südalpen, von SW das Unterostalpin und die Teilplatte der Engadiner Dolomiten; von NW Kalkalpen—Nordpennin. Letztere vermochten auch das Silvretta-Vormassiv zu entwurzeln und teilweise noch die Ötztal-Masse selbst zu unterfahren.

Nach Lage und Umfang gleicht diese „mittelostalpine“ Einheit etwa der Mittelrheinischen Vogesen-Schwarzwaldmasse. Beide wurden mehrfach granitisiert, versteift, verdickt. Wiederum erscheint die hervorragende Rolle der tiefliegenden Schmelzmassen-Spaltung und der emporwuchernden Sialisierung. Sie verdickt mit ihrer zähen, hochstrebenden Masse die harten Beulen der Erdrinde. Sie beherrscht Wirkungsart und Wirkungsgrad der Rahmenfaltung. Ähnlich trennt die Muralpenmasse als „Zwischengebirge“ die beiden alpinen Einzel-Orogene. Auch hier dürfen wir also die Ursache im unterirdischen Massenaustausch erblicken.

Westwärts verschwinden die ostwärts so scharfen, südalpinen Einengungen spurlos unter dem jungen Schutt der Lombardei. Doch auch der im Verhältnis so einfache Bau der südalpinen Südflanke dürfte unter sich gewaltige Massenbewegung und Verluste verbergen. Hier hat offenbar nur eine geringere Heraushebung den Abtrag des sanften, Oberflächen-nahen Baustockwerks verhindert. —

Der Kraftwandel im Alpenstreichen erweist sich also aus den verschieden verteilten, gegen die Schweiz von O und von W stark wachsenden Erscheinungen älterer und neuerer Massenverluste nach unten, verbunden mit vermehrter Absenkung, Differentiation und verstärktem Massenausgleich in der Tiefe. Der Abstrom oder Hinabbau ist gebunden an die Narben, also an die Innenstreifen des N- und des S-Alpen-Orogens, welche im W als „Wurzeln“ bezeichnet wurden.

Zusätzliche Energie mit überragenden Wirkungen ist dem Eingreifen der europäischen Zyklonalströmung zu verdanken.

c) Der Kraftwandel quer zum Alpenstreichen

(Verlagerung der orogenen Tätigkeit)

Das Wandern der Hauptgebirgsbildung von innen nach außen konnte auch innerhalb der alpinen Erdrinde an vielen, klaren Beispielen erwiesen werden. Dabei half uns vielleicht weniger die übliche Methode der Profil-Diskordanzen mit den über vollzogene Faltung übergreifenden Absätzen etwa von Oberjura, Gault, Cenoman, Gosau. Denn man könnte z. B. aus dem Umstand, daß Gault und Cenoman in den N-Kalkalpen nur auf nördliche Teilmulden übergriffen und erst die Gosauschichten das ganze Kalkalpengebiet überschnitten, unrichtig folgern: Also geschah die Faltung der Innenteile später. Erst weitere Hilfsmittel förderten die Baugeschichte zutage.

Solche Hilfsmittel waren:

1. Strukturmerkmale. Die stirnwärtige, scharfe Verbiegung und Verschuppung der kalkalpinen Decken, die Bildung der Streifenfenster und der tiefen Decken-

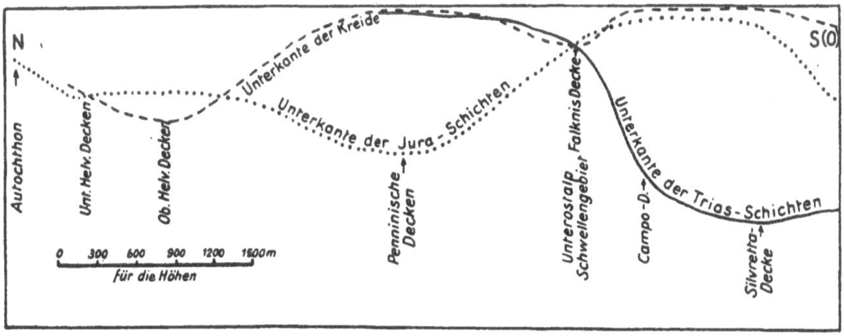

Abb. 117. Die geosynklinale Hauptsenkung verlagerte ihren Ort in der Schweiz gegen außen. Dargestellt durch die Mächtigkeitsänderung der betreffenden Schichtenstöße nach M. Frank 1930, 18.

mulden, auch zum Teil die kräftigen axialen Höhenschwankungen sind im allgemeinen unmöglich schon während des Deckenschubes entstanden, sondern nachträglich. Der Deckenschub konnte sich ja nicht auf einer derart gekrümmten Berg- und Tal-Bahn entwickeln. Die Schubflächen müssen ursprünglich flacher gebogen gewesen sein. Weil sie zunehmend nach außen gebogen sind, ist auf spätere Gebirgsbildung nur noch weiter außen zu schließen.

2. *Mächtigkeits-Wechsel.* Die geosynklinale Hauptsenkung, welche an der Erdoberfläche den jeweiligen Hauptschauplatz des orogenen Abbaues durch besonders mächtige Ablagerungen anzeigt, verlagerte sich nach sehr zahlreichen Beispielen von innen gegen außen (Abb. 117).

3. Außenwanderung der Decken. Erweisbar aus Struktur und Sediment fand die ältere Deckenwanderung durchweg in den inneren Teilen der beiden alpinen Orogene statt. In diesen liegen die Deckenanfänge schon im Jura und deren starke Fortbildung in der Unterkreide. Erst in der Mittel- und Oberkreide wurden auch die äußeren Flankenteile der Orogene erfaßt, verlagerte sich der Ort der Hauptgebirgsbildung unter diese. Dies ist natürlich nur dort noch gut erweisbar, wo diese Flanken mit mesozoischem Sediment noch genügend breit erhalten sind, also in der N- und W-Flanke der nördlichen sowie in der S-Flanke der südlichen Alpennarbe. Die zentralalpinen Hebungen und Abtragungen zerstörten diese Nachweise vielfach in den anderen Flanken.

Während die Innenteile dann im Tertiär schon endgültig das hochorogene Baustadium erreichten, sehen wir den weiteren Versuch tieforogener Fortentwicklung danach nur noch weiter auswärts in den jungtertiären Molasse-Vortiefen. Auch hier lag die oligozäne Hauptsenkung und Bewegung innen, die miopliozäne aber am weitesten außen.

4. Auswärts-Verlagerung der baugeschichtlich gleichartigen Sedimentfazies. Diese Ergebnisse bestätigten sich durch die Fazies-Beobachtungen in dem außenbürtigen Relief-Stockwerk mit seinem Baurelief-Wandel.

Als baugeschichtlich gleichbedeutende Faziesgruppen konnten wir unterscheiden:

a) Die vor- bis früh-orogene Fazies normaler Ausbildung der kalkalpinen skythisch-anisischen Stufe, der westalpinen germanischen Trias, des Jura im Helvetidenstreifen. Nach ihrem späteren Verhalten und nach embryonalen, jedoch meist noch reversiblen Verbiegungen müssen diese Gebiete schon eine Faltungs-empfindliche, also wohl verhältnismäßig dünne Erdrinde (Salkruste) gehabt (oder bekommen) haben. Wenn sie sich gleichwohl noch kaum bewegten, so handelt es sich bei dieser Wanderung *nicht etwa nur um Verlagerung der Faltungs-Fähigkeit*, sondern *auch um jene der Faltungs-, also Einengungskräfte.* Aber beide gehören offenbar zusammen: Die einengenden Kräfte bringen allmählich durch Magmaspaltung unten, Sal-Verdickung und Strukturbildung oben eine Abnahme der Bewegbarkeit und sie arbeiten in der Nachbarschaft der Wülste, also der Rahmen, weiter.

Dabei bilden sie ein nach oben mehr oder weniger verschwommenes Baurelief, zunächst aus normalem, dann aber

b) aus Fleckenmergel-Sediment dort, wo nur Schlamm verfügbar ist. Gibt es auch von ihm, in Küstenferne, zu wenig, so werden die Hauptsenkungen nicht genügend ausgefüllt und verwandeln sich daher in Tiefseerinnen mit

c) Radiolarienschlick oder *Foraminiferenschlamm.* Dies trat nach Tabelle S. 385 (Erweiterung von Tabelle S. 384 (Bd. I) für die westlichen Kalknordalpen oder nach Tabelle S. 378 (Bd. I) für die französischen Westalpen in Dogger-Malm ein, in den Helvetiden aber erst während Turon-Senon. War allmählich höheres Schwimmvermögen erreicht, so daß bereits die Höhen des Baureliefs Stein- und Sandliefernd im Archipelmeer über den Meeresspiegel ragten, so waren dann auch die Bedingungen der

d) Flyschbildung gegeben. Die noch stärkeren und langdauernden Hebungen brachten den westlichen Kalkostalpen mit weitreichender Trockenlegung, tiefer Abtragung und mit den klastischen Sedimenten von Gault, Cenoman, Gosau im Inneren bereits überwiegende Hochlage. Nur im randostalpin-ultrahelvetischen Raum konnte die mächtige Flyschabsenkung und -Unruhe mit den Deckenschüben weitergehen und erst im Senon erreichten diese gebirgsbildenden Ereignisse auch den Helvetiden-Streifen. Lag hier außen noch der Schwerpunkt alttertiärer Orogenese und Flyschunruhe, so erst oligozän noch weiter außen

e) die Molasse-Absenkung und deren synsedimentäre Vortiefen-Bewegung.

Die Verlagerung der orogenen Fazies in der nordalpinen Nordflanke (NW-Kalkalpen und Ostschweiz) nach außen.

S	Inntal-Decke	Lechtal-Decke	Allgäu-Decke	Ultrahelvet auf Randostalpin	Helvetiden	Germanisch N
Jungtertiär	—	—	—	—	Molasse	
Alttertiär	—	—	—	?	Fly Nuk	Bohnerz-Festland
Oberkreide	Gosau-schichten	Gosau-schichten	Gosau-schichten	Fly	Fly Flm Fom	Epikontinentale Zyklen
Mittelkreide	—	Zenoman	Gault	Fly	Zenom. Gault (Normalzykl.)	
Unterkreide	—	(Fly) Flm	(Fly) Flm	Fly Flm	(Normalzykl.)	
Oberjura	K-Flm	K Ra K	Ra Flm	Ra K + Oph	Ra-k Flm (z)	
Lias	K	Hik Dk Flm K	Flm	Flm ?		
Rhät	Dk	Rk-Köm	Köm	Köm		Germanische Trias
Nor	Hd-Pk	Hd-Pk	Hd			
Ladin	Wk-Pm					

Wk Wettersteinkalk, P Partnachschichten, Hd Hauptdolomit, Pk Plattenkalk, Dk Dachsteinkalk, Rk Riffkalk, Kö Kössener Schichten, K Kalk, m Mergel, Hik Hirlatzkalk, Flm Fleckenmergel, Ra Radiolarit, Oph Ophiolith, Fly Flysch, Nuk Nummulitenkalk.

Aus Abb. 118 ist diese großzügige Außenverlagerung fazieller Begleiter der hinauswandernden Gebirgsbildung für die westlichen Alpen ersichtlich. Die getrennte, baugeschichtliche Behandlung von Kalkalpen, Randostalpin mit Ultrahelvet, Helvetiden und germanischem Unterbau fällt auf. Außerdem auch der durch „Ab-und-Auf" unbeirrte Fortgang der Entwicklung.

d) Baugeschichte und Abtragungszustand

Für die regionale Beurteilung der geologischen Alpenkarte ist *die Kenntnis der Baugeschichte ganz ausschlaggebend*, deren überaus komplexen Ausdruck ja diese Karte darstellt. Art und Verlauf der Einzel-Elemente lassen sich allein mit ihr verstehen. Gehen doch keineswegs etwa in genau konsequenter Postumität und in gleicher, streichender Ausbildung der einzelnen Baustreifen zusammen:

1. die sedimentär-geosynklinale Anlage (Fazies-Isopen) mit oder ohne primärtektonischer Bauform,
2. sekundär-tektonische Bauformen (Verlauf vielfach schräg zur Fazies!),

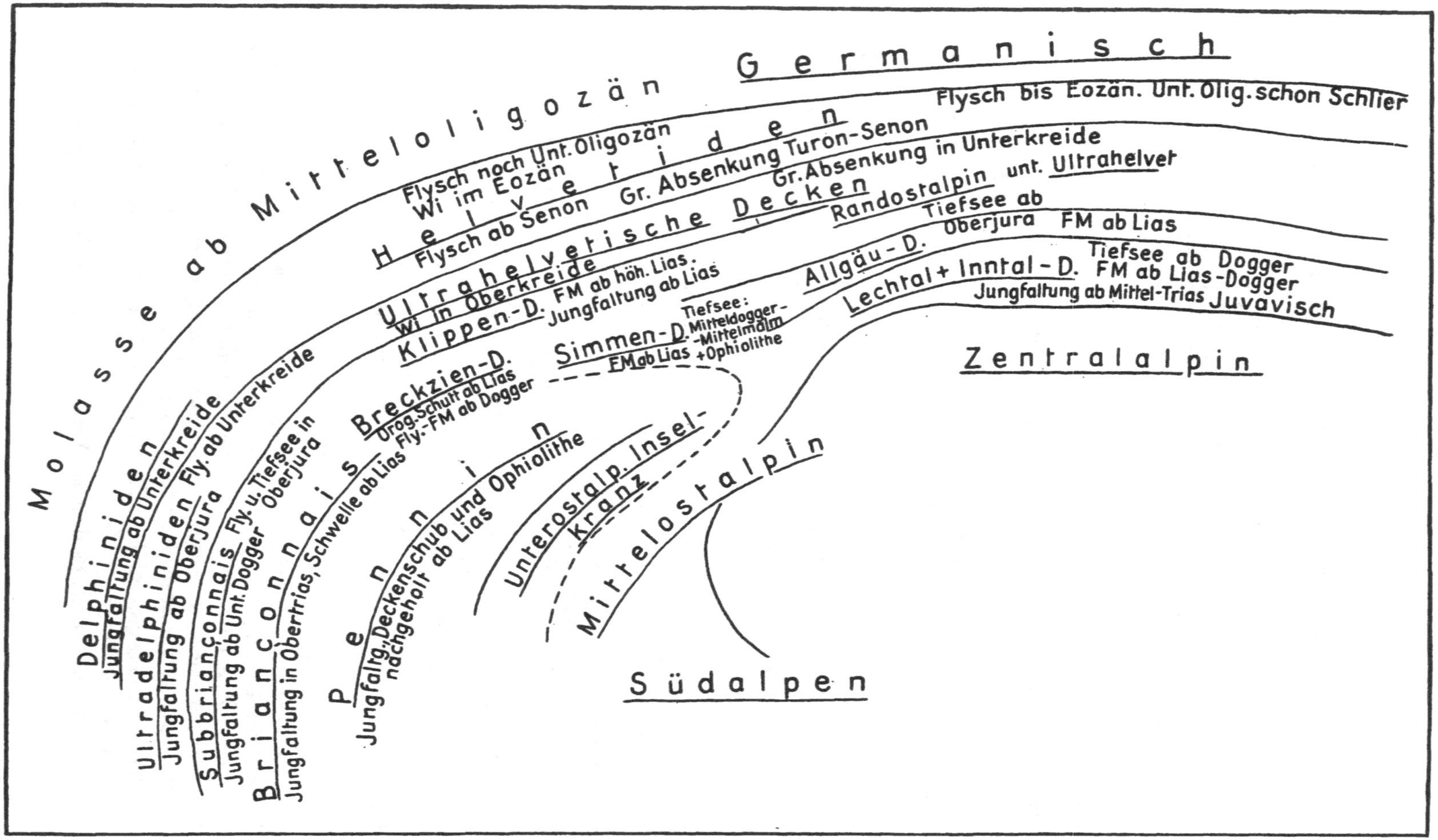

Abb. 118. Die Verlagerung des orogenen Schauplatzes von innen gegen außen in den westlichen Ostalpen, in den schweizerisch-französischen Westalpen; erwiesen aus der Wanderung der gleichen baugeschichtlichen Zustände; der Jungfaltung, der Tiefsee, der Fleckenmergel *FM*, großer Absenkung, der Flyschbildung *Fly* und des Wildflysches *wi*.

3. nachträgliche Auf-und-Ab-Walmung,
4. erosive Beschneidung.

Die oft völlige Verlagerung der geographischen Lage und der Höhen-Anordnung im Profil, das meist disharmonisch ist, im Zusammenhang mit faltendem und schiebendem Hinabbau vermehrt, zusammen mit metamorphen und magmatischen Abänderungen, noch die Schwierigkeiten bei dem Versuch baugeschichtliche und, für längere Zeit gültige tektonische Einheiten auszusondern. *Erst dies aber ermöglicht klare Einsichten in die Bauformel.*

Wir betrachten hier allein die Wechsel, welche die verschiedenen tektonischen Hauptstreifen im Streichen wegen abweichender Hebung und Abtragung der voneinander verschieden gebauten Stockwerke aufweisen. Ohne weiter auf die, den gleichen Gründen entstammenden Wechsel des alterdkundlichen Oberflächenbildes unserer Alpen in den jüngeren Formationen einzugehen, sei hier nur das regionale *Gegenwartsbild* als Folge wechselnder Walm- und Abtrags-Vorgänge beleuchtet.

Es ist hierbei nicht zu vergessen, daß die Aufwalmungen *keine orogene* Phasen bedeuten. Daß beide zusammenfallen, wollte E. BECKSMANN 1932, 722, am Beispiel der A. v. WINKLERschen Phasen am Alpenostrand nachweisen. Dies ist aber nicht gelungen, weil v. WINKLER seine Phasen mit H. STILLE als Hebungs- und nicht zunächst als Strukturphasen definierte. Das „morphogene Gleichzeitigkeits-Gesetz" entbehrt somit der Begründung.

Der Mangel an jüngeren Sedimenten kann deshalb nicht ohne weiteres als Beweis für frühere Hebung, Abtragung und baugeschichtliche Reife angesprochen werden, weil auch frühzeitige Überschiebung jenen Mangel gebracht haben kann.

Abschnitt im	Derzeit entblößtes Stockwerk*)
1. Nordalpen-Orogen:	
Briançonnais	III
St.-Bernhard-Decke	IV
Chablais-Freiburger Alpen	IV
Südrand von M. Blanc-Aarmassiv	II
Säntis-Wildhorndecke	IV bis V
Rätikon und andere Nordkalkalpen	V
Ultrahelvet. Flysch und östliches Helvet	V
Molasse-Vortiefe	VI
2. Zentralalpiner Zwischenwulst:	
Unterpenninische (Tessiner) Decken	I bzw. IV
Kuppelkern von Prättigau und Unterengadin	IV
Kern der Hohen Tauern	I bzw. IV
3. Südalpen-Orogen:	
Westlombardischer Einbruch	VII
Po-Vortiefe	VI—VII
Südalpines Mesozoikum	V bis VI
Veltlin-Tonalelinie	II bis III
Pustertal-Gailtal	II bis III

*) Vgl. oben S. 377f.

Die Erkenntnis der einheitlichen Bedeutung unserer N- und S-Alpennarbe durch den gesamten Gebirgskörper hindurch war bislang infolge der Verschiedenheit der Baupläne verschlossen, die dank abweichender Achsenhöhe und Abtragungstiefe im Längsverlauf der Orogene entblößt sind (I—VII, S. 377).

So steigt, wie bekannt, der westalpine Bau seit dem Mitteltertiär höher empor, liegt höher und wurde tiefer abgetragen als der schon seit der Mittelkreide gehobene, jedoch insgesamt und vor allem jungtertiär-quartär nicht gleich stark herausgehobene und entblößte Bau der Ostalpen. Daher bilden im Nordalpen- bzw. Südalpen-Orogen von den S. 378 genannten Teilstockwerken heute die Gebirgsoberfläche:

(Obwohl etwas anders gebaute [Walz-]Stockwerke in Frage kommen, wurden auch die Zentralalpen miteinbezogen, jedoch ohne ältere Massive.)

Dabei wurden die nordorogenen Stockwerke in der Schweiz tief unter die Nordflanke des Südalpenorogens, wahrscheinlich zyklonal, hineingeschoben. Wieweit der 1936, 33, geschilderte Orogen-Mechanismus hierbei mitwirkte, bleibt offen. Jedenfalls kamen die Decken der Südalpen-Nordflanke (St.-Bernhard-, tiefer penninische und unterostalpine Decken) zum Teil über dem Verlauf der Nordnarbe („racines externes") zu liegen; zum Teil gerieten die Decken der nordalpinen Südflanke (Präalpen-Klippen) dafür über die helvetischen Decken der nördlichen Nordflanke.

Mit dem einfachen, überaus langsamen, aber zähen und überaus energiebegabten Heranpressen seines Unterstromes durchbrach dieser europäische Zyklon die O-W-Ordnung des alpinen Doppel-Orogens. Er riß es an den in Abb. 119 gezeichneten Tiefblättern (Paraphoren) und Horizontalflexuren zwischen Karpaten-Alpen und besonders in der Schweiz auseinander, unterschob die riesigen Scherblätter gegen S und schuf so den bekannten, oben einseitig nordwärts strebenden Riesenbau der Schweiz.

Der N-S-Strom wurde aber auf der nördlichen Erdhalbkugel, absinkend unter die alpine Geosynklinale, zugleich und anscheinend in Zwischenzeiten gesteigert, nach links, also in östlicher Richtung abgelenkt. Darum unterschob er den Westalpenbogen im Tertiär, die Grenze der W/O-Alpen mit anderen Querstrukturen. Darum stauchte er den älteren, W-O-geordneten Bau der Ostalpen mehrfach in der Längsrichtung.

Wir sehen, daß *erst bei Beachtung der Stockwerks-Gliederung und deren wechselvoller Entblößung die Erkenntnis der doppelorogenen und der zyklonalen Leistungen mit ihrer ungeheuren, zeitlichen Tiefen-Gliederung und mechanischen Mannigfalt eine Vorstellung von unserer alpinen Bauformel vermitteln kann.*

Wer hätte noch 1900 gedacht, daß ein durch das Mesozoikum und Alttertiär baugeschichtlich annähernd gleich behandelter und daher tektonisch wohl ausgliederbarer Baustreifen, wie der präalpin-randostalpine, unter derart verschiedenen Trachten sich an der Gegenwarts-Oberfläche verbirgt wie sie die unterschobenen Walzfalten in Chablais—Freiburger Alpen—Schweizer Klippen, wie sie deren „ultrahelvetisches" Flysch-Hangende über dem „Randostalpin" im O des Rheins oder die ungleich bodenständigere Klippendecke Niederösterreichs zeigen? Wer könnte die streichende Abwandlung der N- und S-Narbenzüge nach den Teilstockwerken I—VII verstehen und damit die Einheitlichkeit dieser Verschluckungs-

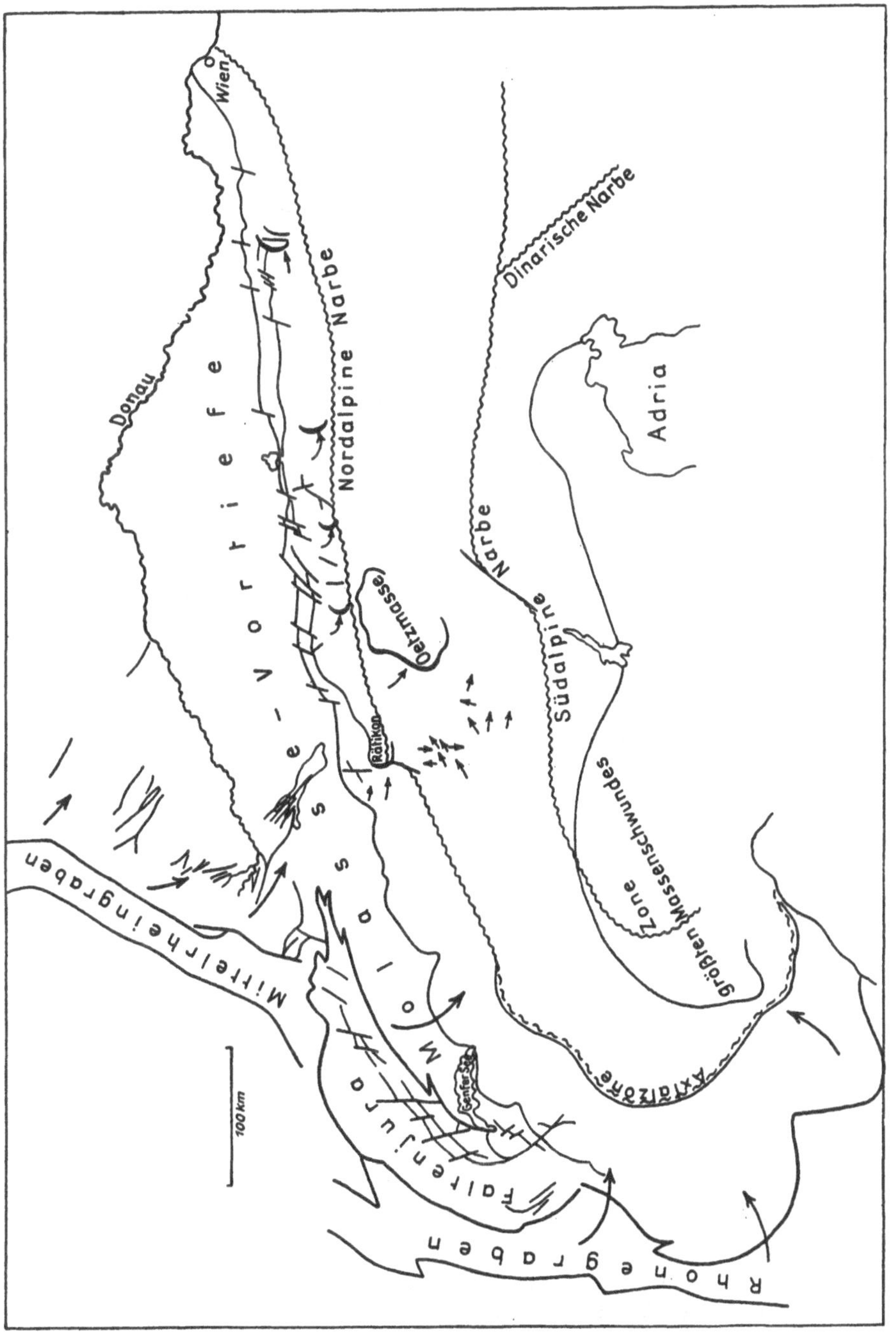

Abb. 119. Spätstrukturen des subeuropäischen Zyklons.

Strukturen erkennen ohne Beachtung des zeitlich und räumlich wechselvollen Achsen-Steigens und -Fallens mit seinen Folgen? Wer darf ohne Rücksicht auf diese von der „Einheit" der „Externiden", „Interniden" oder „Metamorphiden" sprechen?

Ohne die baugeschichtliche Erfahrung von der mesozoischen Hauptanlage des Nordalpen-Orogens in WSW-ONO, von dem späteren, im Generalstreichen der Molasse und des Alpenrandes deutlichen W-O-Streichen östlich des Rheins verstehen wir nicht das fortschreitende Herantreten südlicher Teilstreifen an den Gebirgs-Nordrand aus SW, die Beschneidung des Helvetiden-Troges in östlicher Richtung, den ostwärtigen Verlust der Molassemulden, die mächtigen Diagonalblätter, wie sie auch im einzelnen (C. W. KOCKEL 1931, 182) schön zu deuten sind.

Nach der Art der Oberflächenstruktur ist durchaus nicht immer eindeutig zu beurteilen, wo im weiten Wirkungsfeld von geosynklinalen Kräften die tieferen Erdrindenteile stärker und wo sie schwächer zusammengeschoben wurden. Als ein allgemeines Kennzeichen kann eigentlich nur die Stärke des späteren Erdrinden-Aufstieges und daher die Tiefe der nachfolgenden Abtragung gelten. Denn jener Aufstieg ist — wenigstens teilweise — nicht allein Folge aufsteigender, als solche erkennbarer Unterströme, sondern auch die Folge des vorherigen, besonders starken Hinabbaues und umfassender Differentiation, welche beide die spezifisch leichten, darum emporstrebenden Salmassen bedeutend vermehren.

Nach dieser Überlegung können die zahlreich verteilten *Altmassive* im alpinen Bereich als ruinöse Folgen älterer Orogenesen gelten. Die mit jenen Massen zusammen in den zentralkristallinen Schieferalpen besonders mächtig emporgestiegenen und tief entblößten Wülste vermögen wir aufzufassen als Anzeichen des gesteigert einengenden und differenzierenden Hinabbaues in jüngerer Zeit.

Solche axiale Höhenwucherung spiegelt uns die Tatsache des nahen Aneinandertretens zweier orogener Narben im N und im S wider, unter denen ein Hauptteil dessen verschluckt abwanderte, was zwischen ihnen im Laufe der Baugeschichte in die zentralalpinen Kuppelkerne emporstieg.

Damit erwuchs das Rückgrat des im Tertiär allmählich einheitlich gewordenen Alpengebirges, das aus den verschieden alten Stücken in O und W zusammenwuchs nach Relief und Grundriß.

Die Teilleisten des Doppelorogens vereinigten sich mit jenen des europäischen Zyklons im hochorogenen Spätstadium zur Bildung des einheitlichen Gebirgs-Reliefs und zur Absenkung der randlichen Molassevortiefe mit deren Gebirgsschutt.

Nur während der Zeit des Oberkreideflysches dürfte solche Einheitlichkeit in dem unruhigen Archipelmeer schon einmal angebahnt worden sein.

Wir verstehen, wenn man bei früherer Unkenntnis der Abbaugeschichte aus dem jetzigen, einheitlich aussehenden Bauzustand auf den einheitlichen, und zwar sehr jugendlichen Guß der alpinen Gebirgsbildung geschlossen hatte, wenn man vortertiäre Regungen nur als „embryonal" gelten ließ. *Aber die Baugeschichte ist sehr viel älter.* Das alpine Relief, welches mit der geologisch-strukturellen Gebirgsbildung nur wenig zu tun hat, entstand orogen erst in später Zeit.

Eigentliche Baugeschichte und heutiger, reliefbedingter Abtragungszustand liegen daher zeitlich und ursächlich weit auseinander.

ZWEITER ABSCHNITT

DIE BAUGESCHICHTLICHEN GRUNDSÄTZE DES ALPINEN WERDENS

Die vorangegangenen Ausführungen von Band I und II brachten eine Fülle von Beobachtungen und unmittelbaren Schlußfolgerungen, welche die Baugeschichte der Alpen beleuchten. Es fielen uns dabei immer wieder auftauchende Grundsätze des Geschehens auf, welche von um so allgemeinerer Bedeutung zu sein scheinen als sie nicht allein in den Alpen, sondern schon in den deren Bau vorausgegangenen Gebirgsbewegungen auftraten; als sie außerdem nicht ein einziges Orogen betreffen, sondern mindestens zwei, die keineswegs einen in jeder Hinsicht gleichen Werdegang eingeschlagen haben. Vergleichende Untersuchung, welche allein erlaubt, von allgemeineren Grundsätzen zu sprechen, ist uns also schon hier möglich.

Unter Hinweis auf die schon gegebenen Beispiele und Begründungen stellen wir zunächst die baugeschichtlichen und dann die mechanischen Grundsätze fest, nach denen der alpine Bau entstanden sein dürfte.

Die allgemein-baugeschichtlichen Grundsätze

I. Der Hauptgrundsatz des „Ab-und-Auf"

Der Wechsel der allgemeinen Höhenlage, also des „Ab-und-Auf", beherrscht die gesamte Baugeschichte (I, 520). Dies betrifft neben dem Relief natürlich jedes darunter befindliche Stockwerk. Nach diesem Pulsschlag der Erdhaut kann die Erdgeschichte, wenigstens beschränkter Erdräume, eingeteilt werden wie nach einer geologischen Uhr.

Unsere Beispiele für dieses „Ab-und-Auf", das mit Grabaus „Pulsationen" in Beziehung zu setzen ist, betreffen schon die früheste Vorgeschichte und tiefste Stockwerkslage — lange bevor der Nachweis für orogenen Betrieb in geringerer Tiefe möglich ist. Sie überdauern auch die orogenen Hauptzeiten und halten noch an nach dem völligen Verschwinden pazifischer Magmenspaltung im epikontinentalen Zustand.

Die Grundbewegung des „Auf-und-Ab" überragt also räumlich und zeitlich den orogenen, an verschiedene Entwicklungsstadien und an räumliche Verlagerungen in den Geosynklinalen gebundenen Ereignis-Ablauf. Sie ist auch *unabhängig von der Entwicklungsfolge des orogenen Zyklus.*

Beispiel: Die Paragesteine des Archaikums müssen an der Erdoberfläche gebildet, dann in katazonaler, wohl mindestens 20 km Tiefe durchbewegt und kristallin geworden sein. Erst später an der benachbarten Erdoberfläche entstandene Sedimente formten und kristallisierten sich nur in der Mesozonentiefe. Zwischen beiden Großsenkungen muß somit eine Zeit der Höhenlage eingeschaltet gewesen sein. Gleiches ist aus den späteren, epizonalen Gesteinen erschließbar. In variszischer Zeit sehen wir das obere Unterkarbon von Nötsch ungleichförmig schon eine erste, unterkarbonische Faltung überschneiden. Eine zweite, oberkarbonische Faltung wird spätoberkarbonitisch abgetragen und eine wahrscheinlich unterrotliegende überdeckt durch Mittelrotliegendes. In allen drei Fällen war absenkende Gebirgsbildung gefolgt von Hebung und Abtragung über dem Meeresspiegel (I, 48).

In den Westalpen haben wir dasselbe, jedoch etwas später: eine vorjungoberkarbonische Senkung und Hauptbewegung, eine jungoberkarbonische Hochlage, Abtragung und vielfach ziemlich gleichförmige Reliefüberschüttung der wieder absinkenden Teilmulden durch benachbarte, im Verhältnis hochsteigende Sattelschwellen und so weiter (I, 95).

Gleiches gilt für die Südalpen, z. B. die Südtiroler Porphyrplatte (I, 103). War die Absenkung und Faltung im Altperm gering, so auch der Aufstieg und die Abtragung, welche folgte. Wir erkennen dies daran, daß die Ergebnisse des Oberflächen-Vulkanismus erhalten blieben, während wir aus Zeiten scharfer Orogonese auch stärkere Aufwölbung und Abtragung haben, daher wir nur noch tiefere, also plutonische Erscheinungen der Magmabewegungen beobachten können.

Weiträumige Flachsenkungen, wie z. B. im Nor, waren nur gefolgt von wenig scharfen Teilverbiegungen (I, 348). Aus solchen öfter wiederholten Beobachtungen ergibt sich als Grundsatz: *Je energischer die vorangegangene Absenkung und Gebirgsbildung, desto kräftiger strebt später das orogene Gebäude empor; je sanfter das „Ab“, desto geringer später auch das „Auf“*. Vgl. Zusammenfassungen I, 106, 107.

Die Trennung zwischen absenkendem und aufsteigendem Teil der beiden spätvariszischen Abschnitte ist aber unscharf (I, 106), die Zeitdauer beider Abschnitte sehr lang.

Das pulsartige Ab-und-Auf der Ostalpen erweist die Trias-Übersicht I, 172 mit mindestens acht Pulsschlägen. Sie waren nicht ganz gleichzeitig. Gleichwohl ordneten sich die Einzelabschnitte zusammen, weil auch die Zwischenzeiten sehr lang dauerten. *Die geologische Uhr hat also mitunter und örtlich verschieden lange Einzelzeiten*. Sie ist aber dennoch verwendbar (I, 171).

Beispiele für das wiederholte, wellenartige Ab-und-Auf, für *Standwellen*, wurden besonders aus der Trias angeführt (I, 168, I, 183).

Im südlichen Mittelteil der österreichischen Nordalpenwanne folgte einer ladinischen Hochlage eine karnische Tiefwasserrinne und unterliassische Hochlage. Norische Standwellen (I, 348) verschoben sich nur wenig gegen N. Sie bewegten sich im mittelostalpinen Ducan (I, 196) annähernd im gleichen Takt mit dem außeralpinen Ab und Auf des vindelizischen Randes und mit dem zentralalpinen Südrand von Tirol. In Jura und Unterkreide ging der Pulsschlag regelmäßig weiter. In der Oberkreide der Nordkalkalpen schoben sich zwischen die Zeiten anschwellender Gebirgsbildung, welche von Ort zu Ort freilich etwas wechselten, Zwischenzeiten des Emporstieges und der Abtragung (I, 514). Altgesteinschwellen erschienen und ließen sich abtragen, wobei Abdeckungen von 1—1,5 km Gestein geschafft wurden. Den Wandel des Ab und Auf zwischen Gault und Oligozän stellten wir dar. Ganz besonders reichlich und klar sind die Ab- und Auf-Bewegungen aus dem Tertiär bekannt. Die zyklische Sedimentation im Piemont-Becken wurde unterbrochen durch Zwischenzeiten der Heraushebung und Fastebenen-Abtragung (S. 94f) während orogener Ruhe in längerdauerndem Relief-Gleichgewicht. In der nördlichen Molassevortiefe ging das Ab und Auf weiter, so im süddeutschen Oligozän (S. 128f.) mit der altkattischen Nesselburg-, jüngerkattischen Steigbach-, aquitanen Hochgratphase in gegen außen verlagerten Hauptsenkungsstreifen (Allgäu, ähnlich in der Schweiz). Viermal ging es abwärts und aufwärts im inneralpinen Wiener Becken (S. 322/325). Die Tabellen für das Landseer Jungtertiär (S. 151), für den NO-Sporn der Zentralalpen (S. 152) bestätigen immer wieder das „Ab", während Burdigal, Helvet, Torton, Sarmat, Oberpannon (Pont) S. 155. Freilich gibt es von Ort zu Ort zeitlich verschiedene Abweichungen. So hat man im inneralpinen Wiener Becken (S. 322/325) ein Ab im Junghelvet randlich auch im älteren Torton, ein „Auf" im Spättorton, ein „Ab" im Sarmat mit abschließender Hebung im Jungsarmat, erneute unterpontische Senkung, danach langdauerndes Gleichgewicht zwischen isostatischer Hebung und orogener Senkung, darauf oberpannonische Senkung, schließlich Heraushebung in verschiedenen Rucks (S. 323f.) in Böhmischer Masse und Wiener Becken. Den östlichen Kalknordalpen brachte das Jungtertiär (Tabelle S. 311) neben fünf orogenen Absenkungen von allmählich nachlassender Kraft zwischengeschaltete Hebungen bzw. Ruhepausen. Ähnliches lernten wir für den Bas Dauphiné oder das Var-Gebiet bei Nizza und die gehobenen Verebnungen der Ostalpen kennen (S. 325f.). Offenbar wegen Versteifung der Vortiefe erreichte die das Baurelief verschärfende Absenkung vom Miozän an nur noch teilweise den Meeresspiegel (S. 159).

In der Molassezeit wurde den Senkungskräften durch den Aufstieg allmählich immer mehr die Waage gehalten, so daß (S. 313) die verhältnismäßige Ruhelage auch da eintreten konnte. Im großen ganzen aber fallen die Bewegungszeiten zeitlich zusammen mit denen der anderen Gebiete.

Die jungtertiär verschwächten Absenkkräfte brachten ab Mittelpliozän nur noch *die Pausen beim allgemeinen Emporstieg des Alpenkörpers zustande.* Es ergab sich wenigstens (S. 329f.), *daß in dieser Spätzeit die Termine schwach anschwellender Gebirgsbewegung sich gut in Übereinstimmung bringen lassen mit den einebnenden Zeiten der „Ruhelage"*. Letztere waren *Zeiten des „gespannten Gleichgewichtes"*, während denen sich isostatischer Auftrieb und orogene Senkung annähernd ausglichen.

Gemeinsame geosynklinale und außergeosynklinale Bewegung

Zahlreiche Beispiele zeigten das allgemeine Zusammenfallen geosynklinaler und außergeosynklinaler Senkungs- und Hebungszeiten. Das Vordringen der Meeressenken, betont in den beiden alpinen Geosynklinalen und in der süddeutschen Wanne, geschah gleichzeitig von O gegen W während der skythischen und anisischen Zeit. Die kampiller Überflutung entspricht der außeralpinen Röt-Transgression (I, 343). Das südliche Vorstoßen der Mittel- und Ober-Muschelkalk-Transgression aus Süddeutschland ging über das sich niederbiegende Vindelizische Schwellenland, durch die Nordgeosynklinale und den zentralalpinen sowie penninischen Höhenbereich, wobei die geosynklinale Teilbeweglichkeit nicht ausgelöscht, sondern gleichzeitig verschärft wurde (I, 156). Das Vindelizische Schwellenland war ebensowenig eine Schranke für die Weiterentwicklung der Hauptmuschelkalk- und der Rhät-Absenkung, welche aus dem außergeosynklinalen ohne weiteres in den geosynklinalen Raum fortschritt (I, 192), denn die große ladinische Senkung war etwa gleichzeitig mit jener des Oberen Muschelkalks (I, 346). Es herrschte das gleiche Ab und Auf beiderseits — nur schlug der geosynklinale Puls stärker (I, 199): Im epikontinentalen Rhät z. B. verschob sich die ruhige und weitgreifend kippende Senkung von S gegen N, äußerte sich geosynklinal jedoch in kräftiger Teilwellung.

Es besteht kein Grund (I, 300), *die Zeiten der außeralpinen Vor- und Rückfluten grundsätzlich abzutrennen von den alpin-geosynklinalen.* Die Groß-Absenkungen liegen annähernd *gleichzeitig*, was auf *gemeinsame innenbürtige Ursache des irdischen Pulsschlages* schließen läßt und den HAUGschen Vorstellungen bekanntlich (H. STILLE) keinen Raum mehr gibt (I, 207).

Auch S. v. BUBNOFF schloß 1941: Das Verhalten der Geosynklinalen zur Umgebung ist nicht gegensinnig (HAUG), sondern nur durch abweichende Strukturbedingungen bestimmt.

Von den Gemeinsamkeiten gibt es aber auch erhebliche Ausnahmen, welche erneut die innenbürtige Teilbeweglichkeit in den Geosynklinalen beweisen:

Oberdogger-Hebung im helvetischen und präalpinen Streifen fiel zusammen mit tiefster Senkung im kalkostalpinen und mitteleuropäischen Bereich (I, 314). Zur selben Zeit wie das außeralpine Mitteleuropa senkte sich dann wieder der Boden beider Geosynklinalen; zu Ende des Doggers und Beginn des Oberjura hob er sich anschließend wie dort. Aber danach senkten sich die Geosynklinalen erneut im Tithon — eine außergeosynklinal kaum nachweisbare Bewegung. Eine starke Verspätung der außeralpinen Cenomansenkung finden wir gegenüber jener in der N und S-Geosynklinale (I, 403). Den dynamischen Zusammenhang zwischen Gault-, Cenoman- und Gosau-Transgression (I, 455) beweist ihre außeralpin (gegen die Vindelizisch-Böhmische Masse) und inneralpin (ultrahelvetisch) annähernde Gleichzeitigkeit bei geosynklinaler Verschärfung: Der nördliche Narben-Abfuhrstrom zog das Vorland heran.

Die jetzigen tektonischen Zusammenhänge und Übergänge des Bauplans beweisen hier (I, 447) die Einheitlichkeit von außen und innen für Cenoman und Gosau, besonders noch zur Nierentaler Zeit. Die Verbindung wird weiter bezeugt durch das Heranrücken des zertrümmerten Süddeutschlands mit der Hebung der Böhmischen Masse, der Senkung seiner S- und W-Nachbarschaft während der mitteleozän/unteroligozänen Drangzeit. Gemeinsam außen und innen schlossen sich hier Hebung und Abtragung an am Mittelrhein (S. 139, in Bayern und Böhmischer Masse wie in der alpinen Augensteinlandschaft (S. 137). Ebenso waren die burdigalen Bewegungen gemeinsam, auch die Heraushebung ab Mittelpliozän (S. 323). Es läßt sich daher als Grundsatz feststellen:

Das Ab-und-Auf ist geosynklinal besonders vermehrt und gesteigert. Es fehlt aber gleichzeitig auch außergeosynklinal nicht. Die Absenk-Zeiten fallen zusammen mit den großen Transgressionen, die Aufwärts-Zeiten mit den Regressionen — alpin wie außeralpin. Abweichungen fehlen nicht.

Da sich *die Abwärts-Zeiten als jene angespannter orogener Kraft erwiesen, vollzieht sich das orogenetische Geschehen keineswegs unabhängig, sondern in engster dynamischer Verbindung mit den Transgressionen* (S. 325).

„Die unlösbare Verknüpfung zwischen Transgressionen und Regressionen, Senkungs- und Hebungs-Zeiten einerseits, zwischen faltenden und verschiebenden Zeiten — abwechselnd mit hebenden und abtragenden Zeiten andererseits ist in der Kreide klar. Damit verknüpfen sich aber die weit ausgreifenden Transgressionen und Regressionen der Erdoberfläche eng mit den Wechseln der orogenen Energiestärken, wie sie in den Geosynklinalen als den Haupt-Druckmanometern der Erdrinde besonders spürbar werden“ (I, 515).

Der Grundsatz der orogenen Kraftphasen

Den Einzelanalysen und den regional weit ausgreifenden Forschungen insbesondere von H. Stille verdanken wir das Wissen davon, daß die gebirgsbildenden Kräfte zu bestimmten Zeiten, in den „orogenen Phasen“ stark angeschwollen sind (I, 246) und Zeiten verebbender Kraft zwischen diesen Phasen liegen. Auch die Alpen sind nicht, wie man vor 1912 etwa noch glaubte, einphasig. Ihr Bau ist auch älter (E. Hennig 1920). Die Zusammenhänge über größere Räume sind aber noch ganz zweifelhaft. Auch kann mit Rücksicht auf die geosynklinalen Erfahrungen weder von einer Kurzfristigkeit der Phasen noch von deren allein-strukturbildender Rolle gesprochen werden, was durch die Hilfsbezeichnungen der Synorogenese und Synepirogenese zum Ausdruck kommen soll. Letztere scheinen uns ebenso unnötig wie die Bezeichnung „Epirogenese“ (vgl. E. Haarmann 1934, L. Kober 1923). Der erste, rein beschreibende Versuch einer Ordnung der Bewegungen von Relief und Struktur muß der *Erkenntnis von der dynamischen Zusammengehörig-*

keit weit- und engräumiger, lang- und kurzfristiger Innen-Energien der Erde weichen (vgl. FR. MACHATSCHEK 1918, 25; S. v. BUBNOFF 1935). Auch G. RICHTER kam z. B. 1937, 435, zu dem Ergebnis, daß Entwicklung, Bau und Verlauf der Falten durch die „epirogenen" Schwellen bestimmt werden, wobei aber Art und Verteilung der faltenden Kräfte nicht zu vergessen sind.

Diese Erdinnenkräfte gehen räumlich, zeitlich und mechanisch ineinander über. Immer wieder aber und vor allem auch in unserem verhältnismäßig wohlbekannten variszischen und alpinen Gebirge bestätigt sich, daß nicht allein nach Ausprägungsschärfe und Erkennbarkeit, sondern auch nach dem tatsächlichen Energie-Aufwand in Raum und Zeit immer wieder starke Abänderungen vorliegen. Es ist mehr die Unschärfe, mit der allein zeitlich eingeordnet werden kann, als der wirklich gleiche Takt von kurzfristigen Phasen-Aktionen über weitere Räume, welche ein *einheitliches* Phasenschema zuzulassen scheint. Dessen Möglichkeit konnte allein in kontinentalem Raum, der nur nach langen Zwischenzeiten bewegbar ist, abgeleitet werden.

Epirokinetische Langsamkeit und Weiträumigkeit aber gehören ursächlich untrennbar zur orogenen Bewegung (S. 186f., 74, 104). *Phasen sind Zeiten gesteigerter Umwälzungen in der Tiefe und in Tieflage, getrennt durch ruhigere Zeiten mit höherer Relieflage gegenüber dem Ozeanpegel, durch regressive Zeiten.* M. GIGNOUX & L. MORET erkannten z. B. 1938 die orogenen Phasen nur als künstliche Etappen im Sinne bequemerer Übersicht an. Sie dauerten auch in den französischen Alpen sehr lange.

Die unter- bis mittelanisische und die ladinische Hauptbewegung brachte nicht Hebung, sondern allgemeine Absenkung zwischen langsamer folgenden „Relativ-Schwellen". Gleichzeitig wurden Massen orogen verlagert, denn für die Senkung war ja unten Platz zu machen. Während der Triaszeit können noch weit überwiegend nur langsame und weitgespannte Falten oder Wellen des geosynklinalen Bodens festgestellt werden, die freilich wahrscheinlich schon gleichzeitig sehr viel schärfere Teilbewegungen in tieferen Stockwerken überlagerten. Schon für den Lias aber ist eine zeitweise mindestens über einige 100 m Senkung gehende *Beschleunigung* solcher Verlagerungen von Relief und Untergrund zu folgern (I, 229). Sie können wohl nur als magmatisch-tektonische verstanden werden. Bemerkenswerterweise sind aber Hebungen von gleicher Geschwindigkeit *nicht* ableitbar. Noch rascher müssen zahlreiche Senkungen während des mittleren und oberen Jura verlaufen sein, und zwar mit Absenkungsbeträgen von mehreren Kilometern.

Wollten wir aber an der *allgemeinen* Kurzfristigkeit der orogenen Phasen festhalten, so müßten wir deren viel zu viele annehmen (I, 244, 388) — fast für jede Zeiteinheit, und zwar von Ort zu Ort sehr wechselnd und würden dennoch in Widerspruch kommen mit den geosynklinal nachweislich immer weitergehenden Teilbewegungen, wie wir sie nach FR. KOSSMAT im Oligozän der SO-Alpen (S. 165), bei den langdauernden Faltungen und N-Unterbewegungen vor und während des Ponts, in den Savefalten (S. 178) usw. gehabt haben. Die genaueren Einblicke, welche die alpine Oberkreide erlaubte (I, 424), führten erneut zu der Unmöglichkeit, langsame und weitspannige von kurzfristigen, Engstruktur-bildenden Bewegungen abzutrennen. Sowohl die großwellige Verbiegung als auch die Bruchbildung, Faltung, Überschiebung haben oft durch mehrere Zeitstufen ununterbrochen angedauert, wie z. B. im Jungtertiär am Alpen-Ostrand. Gewiß fehlten dazwischen auch abschwächende Hebungsphasen nicht (I, 357. II, 99).

Immer weiter schüttete das Gebirge in die Molassevortiefe frische Schuttmassen. Sie können nur von einem immer neu bewegten Baurelief hergekommen sein (S. 195). Auch für die miopliozäne Zeit können (nach S. 195) keine kurzfristigen Phasen erkannt werden, sondern nur sehr langdauernde Absenkungen mit wachsendem Baurelief, mit Strukturformung und meist noch Meeresboden-Sedimentation. Dazwischen lagen auch jungtertiär rings um die Alpen langdauernde Zeiten der Heraushebung, des festländischen Reliefausgleiches.

Die *Senkungszeiten* des Miozäns waren die zertrümmernden, orogenen und zugleich die transgressiven, die *Hebungszeiten* waren jene des Erlahmens in Steiermark (S. 163). — Für die *völlige* Gleichzeitigkeit all dieser Vorgänge von Ort zu Ort kennen wir keine Beobachtungen, nicht selten aber für das Gegenteil. Ebensowenig waren gleich: die Stärke der absenkenden Einengung, des Hinabbaues, und die Höhe der Aufwölbung, selbst im Streichen. —

Wir können somit folgende Grundsätze im Rahmen des „Ab-und-Auf"-Hauptgrundsatzes und der Phasen-Gliederung (I) ableiten:

I 1. Der Grundsatz des „Ab-und-Auf", das den normalen Pulsschlag der Erde darstellt, beherrscht die gesamte Baugeschichte.

I 2. Die Grundbewegung des „Ab-und-Auf" überragt räumlich und zeitlich den orogenen Ereignisablauf in den Geosynklinalen.

I 3. Je energischer die vorangegangene Absenkung und Gebirgsbildung, desto kräftiger strebt später das orogene Gebäude empor. Je geringer das „Ab", desto schwächer später der Aufstieg.

I 4. Die Dauer der Senkungs- und der Hochlagezeiten war groß, verschieden, und die Zeiten waren vielfach unscharf gegeneinander abgegrenzt.

I 5. Die Orte des Abstiegs und Aufstiegs waren, namentlich in der baugeschichtlichen Frühzeit, teils die gleichen, so daß sich „Standwellen" bildeten. Teils verlagerten sie sich zu „Wanderwellen". Diese Sonderverbiegungen ordnen sich räumlich und zeitlich den regionalen Großbewegungen ein.

I 6. In der baugeschichtlichen Spätzeit verschwächen sich die Absenkungen, so daß sie nur noch Pausen des allgemeinen, isostatischen Anstiegs veranlassen („gespanntes Gleichgewicht").

I 7. Geosynklinale und außergeosynklinale Senkungs- und Hebungszeiten fallen im allgemeinen zusammen. Sie sind gleichzeitig die Transgressions- und Regressionszeiten. Ausnahmen und Verspätungen fehlen auch hierbei nicht.

I 8. Das Ab-und-Auf ist geosynklinal besonders vermehrt und gesteigert. Da in die Abwärtszeiten der Hinabbau der orogenen Kraft fällt, steht diese in engster dynamischer Verbindung mit den Transgressionen.

I 9. Die orogene Energie schwillt in gewissen Hauptzeiten stark an. Außergeosynklinal überwiegen die Ruhezeiten.

I 10. Die Hauptzeiten der Gebirgsbildung und ihre Zwischenzeiten dauern lange. Als verhältnismäßig kurzfristig können neben plutonischen und vulkanischen allein schwächere oder stärkere Absenkungsvorgänge erkannt werden.

I 11. Die annähernde Gleichzeitigkeit des orogenen Krafteinsatzes gilt für kleinere Gebiete. Über weit entfernte Räume gilt sie nur für seltenere Haupteinsätze. Völlige Gleichzeitigkeit ist nicht nachgewiesen.

I 12. Nach dem Ort und der Stärke ihrer Wirksamkeit zeigen die orogenen Energieäußerungen großen Wechsel.

I 13. Weitspannige und Engstrukturen liefernde Bewegungen sind bei der Gebirgsbildung unlöslich miteinander verbunden.

I 14. Im baugeschichtlichen Früh- und Spätstadium herrschen langsame und weitspannige Orogenbewegungen nahe der Erdoberfläche vor.

I 15. Die orogenen Kräfte senken unter Zertrümmerung und Faltung die Erdrinde ab, welche bei deren Nachlassen wieder emporsteigt.

II. Der Hauptgrundsatz des Abbaues

Die am häufigsten gewonnene Schlußfolgerung war die, *daß die tektonische Bewegung beim Abwärtssinken oder in der Tieflage der Erdrinde vor sich geht: es herrscht „Hinabbau“ oder „Abbau“.*

Schon aus der die Tektonik überdauernden Gleinalpen-Kristallisation (I, 17, 18) in Archaikum-Algonkium war dies zu entnehmen wie auch aus der Tauern- und Tessiner Kristallisation (I, 486). Während der Faltung sinkt die Erdoberfläche (I, 28) und auch nach der Faltung tritt nicht sofort Hebung ein, sondern erst später — wenn überhaupt. Nur reliefverschärfend wirkt die Faltung dort, wo ihr nachfolgend Schmelzmassen aufsteigen (I, 28, algomanisches Gebirge im O). Während der mächtigen Kulm-Sedimentation, also unter Absenkung der N- und S-Geosynklinale, verbunden mit kräftigen Eruptionen entstand die variszische Gebirgsstruktur (I, 45). Während in der Senkungszeit Ophiolithe ausflossen, entstand auch in den Westalpen das variszische Hauptgefüge (I, 86). Die oberkarbonisch-permische Muldung entstand nicht während allgemeiner Hebung, sondern während muldenförmig beschleunigter Absenkung, während deren nur die Sattelschwellen annähernd im Maße ihrer Abtragung von unten her durch relative Heraushebung ergänzt wurden (I, 94).

Gute Beispiele für das Zusammengehen von Senkung, tektonisch-magmatischer Massenverlagerung und Gebirgsbildung lieferte das alpine Ladin (I, 165). Das Verhältnis zur Isostasie wurde für Anis I, 345, I, 200 und für Rhät I, 206 geklärt: Eine absenkende orogene, nicht etwa eine hochhebende Kraft baute das Gebirge. Gleichzeitig mit der großen Muschelkalksenkung verschärfte sich die geosynklinale Teilbewegung (I, 256). Hochfaltung fehlt nach I, 231, I, 388 dem westalpinen Lias (I, 254). Die Bewegung ging überwiegend abwärts durch breite, tiefe Mulden und nur schmale, seltenere Sättel — wir haben keinen Massenzuwachs oben. Daher kann auch ein indoafrikanischer Kontinent, der im S fehlt, eine „Hochfaltung“ nicht besorgt haben (I, 265). Die Hauptbewegungszeiten sind (nach I, 295) nicht jene der Landherrschaft, sondern jene der Meeresvertiefung und -erweiterung, also der Senkung in der Geosynklinale. Das Wesen der Geosynklinalen als beweglicher Senkungsräume, der Gegensatz zu kontinentalen Randmulden und Geo-Antiklinalen, der Irrtum der kontraktionshypothetischen „Hochfaltung“ wurde schon I, 295—299 geklärt. Während der großen Dogger-Absenkung bildete sich die räumlich und zeitlich scharfe Teilgliederung, Bruchbildung, die Struktur — der Hinabbau (I, 305). Das gleiche bedeutet das Emporsteigen der Sättel in wenige 100 m über M.H. aufsteigenden Inseln bei allgemeiner Tiefseerinnen-Senkung. Denn die „Mittelebene der Falten“ sank dabei um mindestens 2—3 km (I, 308). Schöne Beispiele für den Abbau boten die Tiefsee-Vortiefen, überschüttet von der Bernina-Deckenstirn, gleichzeitig und ursächlich verbunden mit dem Auseinanderrücken der Decken im Unterostalpin (I, 348). Trotzdem wichtige Falten und Schubdecken erst nachcenoman, vor oder während der Gosauzeit fertig wurden, konnte doch das Gosaumeer wohl alles in den Nordkalkalpen überfluten: Folglich war keine Hochfaltung, sondern Hinabfaltung, Strukturbildung während der Tieflage — Abbau — vollzogen worden (I, 446, I, 515. I, 517). Aus gleichem Grund ist auch nirgends ein Höhenabrutsch von einer orogenen Hochwölbung bekannt (abgesehen etwa von dem Sonnwendgebirge), auch nicht in der gut untersuchten und orogen so lebendigen Zeit von Oberkreide—Alttertiär der westlichen Alpen (S. 32). Statt Überschiebungen hatten wir meist Unterschiebung (L. Kober 1923).

Der Begriff „Abbau“ gilt auch in dem Sinn (I, 473), daß ungeheuer ausgedehnte und wichtige Faziesstücke des ehemaligen geosynklinalen Bodens im Verlauf der Zeit nach unten zu verloren wurden.

Die alterdkundlichen Karten am Westalpenbogen beweisen erneut (I, 478f.) die Bereiche der orogenen Hauptbewegung als jene der überwiegenden Geosynklinalsenkung und der tieferen Meeresteile. In den östlichen Südalpen war die obersenone Senkungszeit und Meeresüberflutung zugleich jene der weiteren Gebirgsbildung (I, 507). Während der Zeit stärkster priaboner Senkung entstanden die provençalischen Ketten (S. 24). Im Tertiär (S. 47) ging gesteigerte Unterschiebung und Unterfaltung Hand in Hand mit vermehrter Senkung. Weiteres Zurückbleiben des Schubes war verbunden mit geringerer Senkung. Je höher die Stockwerkslage des werdenden Gebäudes gegen O in den Alpen war, desto geringer werden die orogenen Bewegungen (S. 47), das heißt: *Der Bauplan war ein Hinabbau-Plan!*

Die miozäne Gebirgsbildung zertrümmerte *absenkend* das Schollenmosaik am Alpenostrand, sie faltete die neuen, daher vielfach marin überfluteten und sedimentierenden Absenkfelder. Es gab kein Emporsteigen, auch nicht in dem westlich stehengebliebenen Gebirgsland, das kein erhebliches Baurelief entstehen ließ (S. 155).

Auch in der Molassevortiefe entstand nicht nur das mächtige Sediment und das Relief (S. 108), sondern auch seine Struktur im wesentlichen während des Absinkens (S. 234). Im NO ging eine allgemein senkende Zurückdrängung der Böhmischen Masse, eine Zertrümmerung und Vortiefensenkung unter das vordringende Grunder Meer Hand in Hand mit der großen, letzten Unterschiebung gegen SO (S. 271). Das war schon vorher angebahnt und erreichte seinen Höhepunkt im Junghelvet des außeralpinen Wiener Beckens. Ähnlich gab es die Beziehung: Je stärker die Senkung — desto kräftiger die Unterschiebung auch im Allgäu bei der Vortiefenunterschiebung gegen S (S. 275). Kräftigstes Vorrücken des Vorlandes am Rhein brachte hier Zusammenpressung auf engsten Raum (S. 275). Die meßbare Einengung nahm in der süddeutschen Molasse mit der Senkung und Unterschiebung gegen W zu, während im O (Oberbayern) versteifende Ursachen (Germanische Südschwelle, Pechkohlenplatte) die höhere Lage des vindelizischen Untergrundes (S. 276) und damit eine schwächere Tektonik verursachten. Noch die Riß/Würm-diluviale oder Baltische Dislokationsphase war ein allgemein senkender Vorgang. Noch in deren epirokinetischem Hauptfeld herrschte unser Grundsatz des Abbaues (S. 334).

Die orogene Teilbewegung beim Abbau

Die oberkarbonisch-permischen Falten entstanden schon während der Sedimentation ihrer Füllungen (I, 94). Die jungvariszische Faltungsphase äußerte sich im Relief als Ausdruck der werdenden Struktur, also im Baurelief, durch beschleunigtes Absinken der Mulden, nicht aber durch Reliefhebung. Die anwachsende Erdinnenkraft zog die Erdrinde hier unter faltiger Einengung nach unten. Daran schloß sich eine allgemeine Heraushebung mit Abtragung des *schon gefalteten* Reliefs und mit erheblichem, saurem Vulkanismus (I, 95).

Im Anis und besonders ab Ladin zeigen S- und N-Alpennarbe beim allgemeinen Absinken vorauseilende Tonschlammsenken zwischen zurückbleibenden „Relativschwellen", besetzt mit Untiefenkalk oder Dolomit (I, 156f.). Trotz fortdauernden Sedimentausgleiches erhalten sich dennoch die offenbar innenbürtig verursachten Reliefunterschiede, was wohl nur auf ein Fortschreiten der Faltung während des Sinkens zurückzuführen ist. Gleiches zeigte die Südalpenwanne (I, 149), in welcher neben Brüchen aber auch noch ein kräftiger Vulkanismus die Tiefenbewegung beweist. Nicht weniger bezeugen die einseitig gebauten, penninischen Flachfalten als Anzeichen unterkrustaler Deckenverschiebung in dem weiten Schlammsenkenbereich der inneren Westalpen eine solche Faltung während der Senkung, also den Abbau. Für spätere Zeit bezeugt das allgemeinere Übergreifen der Flachmeerkalkfazies, von Schlerndolomit im S oder Wettersteinkalk im N, das Erlahmen dieser Einengung — zugleich mit dem Schwinden der kräftigen Teilsenkung: Die Meeresböden verblieben in hoher Schwimmlage. Ihre Ruhe und ihr Reliefausgleich wurden vielleicht zum Teil auch durch die gleichmäßige Last der sie überwuchernden und steifen Karbonatplatten bestimmt (I, 161). Nie aber wurde dabei etwa die allgemein betonte Senkung im Inneren der Nordalpenwanne gegenüber ihren Randteilen unterlassen. Daß während der ladinischen Senkung auch gefaltet wurde, hörten wir I, 164.

Für die Beurteilung der Glanz-Tonschiefer (schistes lustrées) ist bezeichnend, daß sie sich aus den aktiveren *Mulden*-Füllungen der embryonalen Faltenwellen ohne Grenze herausentwickelten. Sie waren und blieben die stark bewegten und vermehrt niedergezogenen Teile der Faltenwellen. Andererseits drangen die karbonatischen Schwellensättel des Pennins mit ihrer Fazies in den Bildungsraum der Klippendecke vor, den sie damit als bei der Faltung weniger rasch und weniger energisch sinkend charakterisieren (I, 209). Echte Faltung herrschte in der Nordgeosynklinale bei schärfer sinkenden Mulden zwischen den bei der Senkung zurückbleibenden Sätteln auch z. B. im Lias (I, 250) während der Abwärtsbewegung des ganzen: *innerer Abbau* (ebenso I, 254 für den Westalpen-Lias).

Beispiele für Tiefseerinnen-Vortiefen, welche sich unter Inselschwellen hineinschoben, waren die Bernina-Schwelle (I, 348) und die Ballino-Schwelle (I, 353).

Zwei diagonale Sättel wuchsen aus dem immer weiter sinkenden Tertiärbecken des Piemont heraus (S. 93, 99, 190), ebenso wie die streichenden, schwachen, jedoch die Sedimentation lenkenden Reliefschwellen-Sättel (synsedimentär) in der Schweizer und südbayerischen Molassevortiefe (S. 226, 232, 235, 250, 273). Dieses Bau- oder Tekto-Relief der niedergebogenen Vortiefe (S. 37, 159) gelangte nur teilweise noch unter den Meeresspiegel. In zwischengeschalteten Hochlagezeiten entstanden und bei entsprechend absenkender Eindeckung erhielten sich Erosionsformen in der Molasse. Beim Überwiegen der waagrechten Ansaugrichtung gegen die Narbe ging die steile Molassetektonik in Abscherungsmechanik über (S. 273f.).

Auch in den ausgedehnten Schlierbecken war die Sediment-sammelnde, unruhige Senkung verbunden mit Teilbewegungen (S. 136f., 259), mit dem Erdölsattel von Leoprechting, mit Domen im Wiener Becken (S. 323). Miopliozän faltende Senkung der Bruchschollenfelder im O der Ostalpen erkannten wir als konkordant in den Beckentiefen, als diskordant randlich übergreifend von Sedimenten bedeckt. Ähnlich war es in und an den Cenoman- und Gosaubecken (I, 422). Die von den Erdölgeologen gesuchten Domwölbungen im inneralpinen Wiener Becken u. a. (S. 149, 153) boten gute Beispiele synsedimentär-tektonischer Senkungen mit Teilhebungen. Ihnen schließen sich an die Teilhebungen, geringeren Aufrichtungen und Störungen gegen außen in dem allgemein sinkenden, steirischen Mittelmiozän-Sarmat-Becken.

Die baugeschichtliche Entwicklung der Einzelstreifen

Während im Frühstadium ausgedehnte geosynklinal-ozeanische Teile der Erdrinde von unten her zu wenig charakteristischen und wenig festliegenden Wellenformen massiert werden, vereinigt sich die orogene Leistung später auf Einzelstreifen, die nacheinander orogen bearbeitet werden. Deren oberflächennahe Kennzeichen lösen sich dabei im Laufe der orogenen Behandlung wie folgt ab (I, 378):

1. Normale Sedimentation, Ruhe oder ozeanische, sanfte Wellung.
2. Normal-zyklische Sedimentation mit embryonaler Faltung, zunächst rückführbar, später mit tektonisch festliegender Prägung.
3. Tiefsee-Absenkung, Radiolarit- oder Foraminiferenschlickabsatz; verhältnismäßig rasche Orogonese in tiefer Lage; ungenügende Sedimenteindeckung des Baureliefs.
4. Fleckenmergel-, dann Flyschfazies-Unruhe; Orogenese in etwas höherer Lage bei reichlicher Sediment-Zufuhr.
5. Wildflysch- und Decken-Unterschiebung. Umhüllung der Decken durch Flysch-Sediment Hoch-Zeit der Gebirgsbildung.
6. Heraushebung, einebnende Abtragung; verhältnismäßige Ruhelage.

Diese zuerst vom Verfasser schon für Allgäu-Vorarlberg (1932, 1941) erkannte, aber ebensogut auch in der Schweiz (I, 381) und in Ostfrankreich ableitbare Entwicklung kann innerhalb der „Phylogenie des Gesamtorogens" als „orogenetische Ontogenese" der Einzelstreifen angesprochen werden. *Letztere durchleben baugeschichtliche Entwicklungsstadien.* Mit zeitlichen Abständen, oft etwa von einer Formationsabteilung, ergreifen sie, von dem innersten, narbennächsten Teil eines werdenden Orogens beginnend gegen außen nacheinander die verschiedenen Streifen. Wegen verschieden einengender Beanspruchung zu verschiedener Zeit und wohl auch zuerst in tieferen dann erst in höheren Stockwerken, *sondern sich die Streifenpakete als Decken oft völlig voneinander.* Kommt diese Entwicklung auch im oberflächennahen Stockwerk zum Durchbruch, so sprechen wir vom „Höhepunkt der Gebirgsbildung" in dem jeweiligen Bildungsstreifen. Allein der unmittelbar über der Narbe selbst gelegene Streifen verhält sich, wenn er steif genug ist, im

Verhältnis ruhig (Beispiele: Briançonnais, Simmendecke, Inntal-Hochschwab-Lachalpendecke).

Die Fortentwicklung kann aber auch *verzögert* werden, oft durch lange Zeit. Mitunter sind mehrere Akte der Absenkung und Hebung, mehrere „Ab-und-Auf“ nötig, um ein bestimmtes Baustadium, oder um das Übergreifen auf den nächsten, im allgemeinen von der Narbe gegen außen zu gelegenen Baustreifen zu zeitigen. Aus zahlreichen solchen Vorgängen setzen sich dann die Gesamtfortschritte zusammen, welche als „*tieforogene*“ zusammengefaßt werden, spätere Bauabschnitte, welche einem „*hochorogenen*“ Baustadium und letzte, welche dem epikontinentalen oder „*epirokinetischen*“ *Baustadium* entsprechen. *Aus solchen zielstrebig vorandrängenden und sich regelmäßig ablösenden Zuständen setzt sich der „orogene Zyklus“ zusammen.* Er betrifft nacheinander verschiedene, auswärts aufeinander folgende Teilstreifen des orogen wachsenden Gebäudes. Dieses weist somit eine Art „Stammesgeschichte“ auf, zusammengesetzt aus Teilentwicklungen von Einzelstreifen. Diese fügen sich ontogenetisch zu einer Phylogenese des orogenen Gesamtkörpers zusammen.

Als einen Grundsatz lernten wir kennen, daß jene einzelnen Bausteine des orogenen Gebäudes in allen ihren, immer im Streichen langgestreckten Teilen *ungefähr gleich schnell* weiter entwickelt werden.

Hiervon gibt er freilich auch wohl ausgeprägte, wenngleich nicht häufige Ausnahmen.

So fanden wir (S. 135) in scharfem Gegensatz zu der subwestalpinen, lebhaft orogenen Unruhe des Baureliefs, welche das Schweizer und Allgäuer Vorland aquitan mit Schutt überrollte, subostalpin keine sedimentsammelnden Senkungen und Schuttmassen — sowohl in der oberbayerischen Vortiefe wie in dem anschließenden Gebirgsland (abgesehen von der narbennahen Unterinntalfurche). Schon im Katt war die südbayerische Pechkohlenmulde viel ruhiger abgesunken als ihre westliche, streichende Fortsetzung. Und im Aquitan reichte die Vortiefenruhe Süd-Oberbayerns südwärts wohl fast durch die ganzen Ostalpen und deren Augenstein-Flachlandschaft: Die nördlichen Ostalpen verhielten sich schon ruhig, die nördlichen Westalpen aber schafften aquitan noch lebhaft weiter; sie waren jünger! Später auch stieg in ihnen das Relief energischer empor zu den heutigen „Molassealpen“ (S. 122).

Die Vortiefe

Als Uranlagen alpiner Vortiefen können die algonkischen Phyllit-Geosynklinalen gelten, welche im N und S vor der zentralalpinen Schwelle niedersanken (I, 34) und von der Schwelle ihren Schutt erhielten. Es fällt jedoch der Vortiefen-Begriff nicht zusammen mit jenem der Geosynklinale als der überwiegend sinkenden Mutterstätte der Gebirge (I, 488 f.), sondern ist *ein Teilbegriff derselben.* Denn schon in ihrem Frühzustand gliedert sich die Geosynklinale in Teilmulden neben und zwischen Teilschwellen. Diese waren überwiegend die schon früh gefestigten und verdickt hochschwimmenden Teilmassive. In der Nachbarschaft von Schwellen (welche bei Insel-Höhe ihren Schutt abgeben) niedersinkende Mulden werden aber *erst durch Bewegungen, welche auf jene der Nachbarschwellen abgestimmt sind, zu orogenen „Vortiefen“*. Diese sind also dynamischer Zubehör des aus Schwelle *und* Vortiefe bestehenden, mechanischen Zusammenhanges. *Schwelle und Vortiefe sind ein Paar!*

Den Zusammenhang erkennen wir als Bewegung und Steilheit der Zwischenböschung, auch aus dem meist ziemlich gewahrten Gleichgewicht zwischen Absenk-Geschwindigkeit der Vortiefe und Steig-Geschwindigkeit der Schwelle, ableitbar aus dem Einklang zwischen abgelieferter und aufgenommener Schuttmenge, was oft für lange Zeit gleichbleibende Fazies bringt. Der mechanische Zusammenhang wird noch klarer bei dem früher oder später erscheinenden ***Bestreben der Vortiefe, unter stärkster Absenkung unmittelbar am Schwellenfuß sich unter diesen***

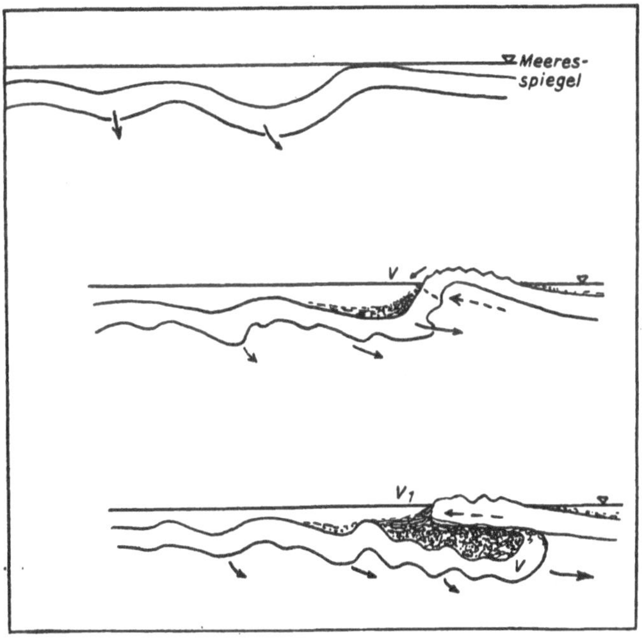

Abb. 120. Bewegungsschema von Vortiefe V, V_1, Schwelle und „vorrückender" Decke über ihren Stirnrandabfall, den Wildflysch, in 3 Stadien.

hineinzuschieben, was tektonische Schuppung, Unterfaltung, Unterschiebung, außerdem äußere Abrutsche und Bergstürze an den übersteilten Böschungen bedeutet (Abb. 120).

Innenbürtig bedeutet dieser *Vorgang der „Massenwellung" eine Massen-Verlagerung vom Vortiefen-Untergrund unter die Schwelle hinein.* Wir sehen die Vortiefe an als *aktiven*, innenbürtigen Anteil eines Stoffkreislaufes, der durch außenbürtigen Massenausgleich vervollständigt wird. Dieses Teilgeschehen an den einzelnen Schwellen ordnet sich nun aber richtungsmäßig und regional in den orogenen Narben-Betrieb ein.

Die Teilmulden streben zunächst, narbennah, beiderseits unter die langgestreckte Narbe hinein, wobei sich über dieser die Hangendmassen stauen. Gleichzeitig aber strömen die tieferen Teile unter der Narbe als Abfuhrstrom nach unten und schleppen so immer neues ***Staumaterial auf ihrem Rücken narbenwärts. Damit verbreitert sich die hangende Staumasse***, welche der Unterschiebung standhält. Die Unterschiebungslinie mit ihrem bezeichnenden Vortiefen-Relief rückt dementsprechend weiter *von der Narbe gegen außen.* Da diese Vortiefen zugleich die Haupt-Sedimentsammler sind, verschiebt sich damit auch der Hauptort der besonders mächtigen Sedimentation bzw. bei Sedimentmangel (vielleicht wenn die Stirnschwelle nicht als schuttliefernde Insel aufragt), der Ort der tiefermeerischen Rinnen-Absenkung im Orogen allmählich von innen gegen außen (I, 510).

Ein gutes Beispiel aus den Südalpen, deren Hinabbau ebenso nach außen fortschritt wie etwa jener der Nordnarbe, zeigte: Die wandernde Gebirgsbildung ist auch an der Abtragung in den inneren, schon mehr emporstrebenden, wie an der bevorzugten Sedimentation der äußeren, mehr sinkenden Vortiefengebiete ersichtlich. Wir sehen dies jedenfalls an der Sedimentverteilung der Südalpen, wo sich auch aus dem höheren Transgressionsalter im Inneren gegenüber dem jüngeren weiter außen der Fortschritt nachweisen läßt (I, 510).

Auf Kosten des europäischen Festlands-Südsaumes ebenso wie des weiteren Südalpen-Vorlandes fortschreitend griff besonders während der Oberkreide der Raum der beiden alpinen Geosynklinalen gegen außen (I, 512, I, 517). Je später desto weiter nach außen erschienen die baugeschichtlich aufeinander folgenden Stadien, also auch die Vortiefen-Tätigkeit. So verbreiterten sich die Teilmassive (I, 51) bevorzugt in Narbennähe und damit die Narbengebäude, das heißt die Orogene immer weiter, was gleichbedeutend ist mit der *Außen-Verlagerung der geosynklinalen Vortiefen-Tätigkeit an den Alpenrand;* gleichbedeutend auch mit der *gegenseitigen Entfernung* der Hauptorte, welche noch geosynklinaler Tätigkeit zugänglich und fähig waren. *Dies sind die Vortiefen.*

Die Orogene werden in diesem Sinn zu einer Art Massiv-gespickter Zwischengebirge, unter welche von außen schräg hinab vorgefaßt wird. Weit hinaus verlagerte Narbenflanken, wie in den Karpaten, werden so besonders einseitig gebaut. Die Außen-Verlagerung setzt sich fort bis zur Anschweißung an einen benachbarten Kontinent. Sie erfolgte tertiär an dem epirokinetisch versteiften Europa im N und O, auch im W. Dessen Widerstand gegen weitere Niederbiegung ist in der N-, O- und W-Vortiefe abgebildet, welche sich schließlich nicht mehr unter den Meeresspiegel absenken ließen (S. 158f.), und deren Strukturen in höchst lehrreicher Weise in verschiedenen Entwicklungs-Stadien stecken bleiben mußten (S. 272ff.).

Die abbauende Teilfaltung oder besser Teil-Großmuldung der Vortiefen ist in Schweiz und Süddeutschland an der Längsausbreitung der Molassegerölle durch das Baurelief gut ableitbar (S. 106, 126, 139, 216). Fazies-, Mächtigkeits- und Alters-Gegensätze in den Molasse-Vortiefen treten hinzu und beweisen das im allgemeinen *gegen außen zu jüngere Alter der verschieden schnellen Mulden-Absenkung* (S. 128). Diese griff hier zunächst wohl *zertrümmernd* vor (S. 139, Abb. 116).

Die Narbengeschichte

Trotz durchgreifender alpiner Umformung zeigen uns doch schon die Varisziden unseres Gebirges ausgeprägte Hauptbewegungsrichtungen: I, 74 erkannten wir für die Kitzbühler und für die Karnischen Alpen *einen annähernd zweiseitigen,* oben nach außen gerichteten oder einen indifferenten Bau. Nicht aktiver Überdruck oben, sondern nur unterströmende Bewegungen können dies deuten: Durch abwärtigen Massenverlust unter diesen „Scheitelzonen" strömte diesen im Massenausgleich die Nachbarschaft zu und unterflossen sie unterschiebend. Die sich über dem Scheitel anstauenden Falten und Deckschuppen müssen *oben eine von innen gegen außen gerichtete Bewegungsrichtung* (Vergenz) *zeigen, obwohl innen aber jedes Anzeichen eines Massenverlustes oder eines Druck-Ursprunges fehlt.* Aus den I, 75 überschauten Hauptbewegungsrichtungen ergaben sich oder ließen sich wenigstens in langen Stücken sehr wahrscheinlich rekonstruieren *zwei Hauptnarbenzüge:*

1. Ein nordalpiner im Verlauf der nördlichen Grauwackenzone zwischen Brenner—Kitzbühel—Dienten—Semmering mit einer Abzweigung von Dienten gegen SO zwischen Murauer und Hochalm-Masse durch bis zum Bacher. Die Hauptströmung scheint gegen die östliche Gabelung hin von der Murauer Masse gegen N, SW und O erfolgt zu sein.
2. Ein südalpiner Narbenzug im Verlauf der südlichen Grauwackenzone zwischen den Bergamasker Alpen, dem NWlichen Südtirol, den Karnischen Alpen und Karawanken.

Aus dem flachen, algomanischen Faltenbogen-Rost mit den noch nicht enggedrängten sondern noch weitläufigen Falten entstand durch weitere Einengung variszisch eine Art Rahmenfaltung um die Muralpenmasse, welche den Nordnarbenzug noch zwang, durch einen verbindenden Ast „dinarisch" dem Südalpen-Narbenzug die Hand zu reichen. Auch im O umfluteten variszische Falten die Murauer Masse.

Nach Abb. 20 blieben in dem lockeren variszischen Rostgebirge noch erhebliche Zwischenstreifen der Ostalpen ziemlich faltungsfrei. Diese wurden erst alpin abgesenkt, wie z. B. mit der Trias von Drauzug—Karawanken oder mit der Semmeringtrias, und alpidisch gefaltet. Auch dies hängt zusammen mit dem *baugeschichtlichen Zurückbleiben der noch beweglicheren Muldenzonen hinter den vorauseilenden Schwellenzügen.* Letztere strebten wohl deshalb nach oben, weil sie viel differenzierte, saure, aus den Muldentiefen stammende Spaltschmelzen an ihren Sohlen angelagert erhielten.

Wir erkannten ein erstes, noch mehr diffus einengendes und Rost-artig noch wenig auf bestimmte Hauptbahnen eingestelltes Senkungs- und Faltenfeld von sehr großer Breite. Aus diesem Stadium entwickelte sich um ein Schollenwerk von größeren oder kleineren, eingebauten Massivrahmen herum eine ausgeprägte *Rahmenfaltung.* Schon variszisch füllten sich z. B. im Hohen Tauern-Bereich die Zwickel mit wechselvoll streichenden Falten. Dort, wo sich die Faltung im SW der Murauer Kernmasse eng scharen mußte, kam eine verdickende Verfestigung frühzeitiger zustande, so daß sich dieses Stück schon bald im Mesozoikum der ruhigeren und meist emporstrebenden Zentralalpenschwelle anschloß. Diese wurde damit zu einem durchlaufenden O-W-Element, das die neue Alpentektonik weiterhin ordnend beherrschte. Die in I, 52f. noch auf variszische Tektonik bezogene Struktur der ob. Tauernhülle ist offenbar mesozoisch. Dem zentralalpinen Schwellenrahmen gegenüber sanken alpidisch nur noch die nördlichen und südlichen Außengebiete nach abwärts und zwar derart, daß sich *die Hauptsenkungsstreifen von der Zentralschwelle nun weiter entfernten als vorher die variszischen:* Die Nord- und die Süd-Geosynklinale wurden, nachdem das zentral-alpine Mesozoikum im Hinabbau seinen Trog gefüllt hatte, weiter gegen N bzw. S verlagert in die nördlichen bzw. südlichen Kalkalpen. Ebenso war der alte NW-SO-streichende Ast von Dienten allein noch in den östlichen Südalpen aktiv und zog mesozoisch im dinarischen Gebirge fort.

Aus der diffus einengenden Uranlage des algomanischen und noch variszischen Rostgebirges hatten sich so zwei orogene Geosynklinalen, eine nördliche und eine südliche entwickelt. *Die mesozoischen Alpen erwuchsen darum als ein Doppelorogen.*

Noch wenig durchsichtig ist wegen der ungleich stärkeren alpinen Bewegung der fortsetzende Verlauf unserer beiden *Narbenzüge in den Westalpen.* Im Großen aber (Abb. I, 16) zeigte es sich, daß sowohl der dinarisch gegen OSO abbiegende wie der judikarisch gegen SW abbiegende Teil des alpinen Ur-Bogens schon im variszischen Gebirge angelegt waren. Aber diese Umbiegungen wurden später noch erheblich verstärkt. Auch fehlt heute die ganze SO-Flanke des alten Südalpenbogens im W. Sie liegt in der Poebene versunken.

Als die Fortsetzung der N Grauwacken-Geosynklinale bzw. als deren axial stark herausgehobener Narbenscheitel (I, 113) können die Fächerstrukturen der westalpinen Außenmassive (mit den „racines externes" an deren südlichem Innenrand) gedeutet werden. Nach Abb. I, 16 lag daher im W der Verlauf der Nordalpennarbe variszisch Kontinent-näher und wurde erst alpidisch weiter nach S verlagert gegen den weniger fortgeschrittenen Innenteil des Westalpenbogens zu. Der Verlauf der Südalpennarbe dagegen lag ursprünglich nahe der Massivreihe des Seengebirgs-Rahmens im S und wich von diesem aus gleichfalls gegen den westalpinen Innenteil zurück. Ebenso verlagerte sich die Nordalpennarbe im O von dem zentralalpinen Massivrahmen aus nordwärts in ein noch wenig erstarrtes Gebiet. Und nicht anders verschob sich die Südalpennarbe nordwärts gegen das orogen noch nicht genügend gefestigte Zwischen-Gebiet, das bis an die Zentralalpenschwelle reichte (I, 113).

In den so gebildeten neuen Hauptschauplätzen geosynklinaler Tätigkeit entstanden *neue Innenmassiv-Rahmen.* Ihnen schmiegten sich die jungen alpinen Falten und Deckenformen teils an, teils wurden sie aber auch in dem radikal erfaßten penninischen Feld entwurzelt. Diese Rahmenfaltung geschah also nacheinander. *Ihr Platz war abhängig von dem sich verlagernden Hauptort der Gebirgsbildung,* unter welchem wir sowohl den subkrustaler Sal-Verdickung und Teilmassivbildung verstehen wie auch den Ort des abwärtigen Massenverlustes in den Narben, die sich gleichfalls verlagerten. Denn wo sich nach I, 256 zuerst die Nordflanke der Nordalpennarbe befand, mit S- bzw. O-Unterschiebung, dort lag später die Südflanke dieser Nordnarbe und unterschob gegen N bzw. gegen W. Dies führte natürlich zu einem strukturellen Unheil und zu großen Deutungs-Schwierigkeiten.

Unterströmungsmäßig ist aus jener Außenverlagerung zu schließen, daß der Streifen des unterirdischen Haupt-Massenverlustes allmählich gegen N hin verlagert wurde. Die Narbenlage ist noch nicht gesichert (I, 289).

Im W lag während des Lias die südalpine Narbe in bzw. unter den Südalpen (I, 272). Die Nordnarbe ging vermutlich in Fortsetzung der Kalknordalpen durch den romanischen Trog in den Westalpenbogen. Ein Übergreifen der südalpinen Narbenenergie über jene der Nordnarbe ließ sich (S. 58) vermuten. Doch kann hier auch die Übermacht eines tiefer liegenden Unterstromes (S. 60) wirksam gewesen sein. Einen Wechsel der Narben-Saugrichtungen leiteten wir (S. 68) ab, eine gleichzeitige S- und N-Unterschiebung neben dem Betrieb an der Nordalpennarbe auch für die östliche Südalpennarbe (S. 80f.) und zwar noch bis ins Pliozän (S. 179) für die da ausreifenden Savefalten und die Karawanken-Vortiefe.

Bestimmte, übermächtige Eingriffe in die Kraftfelder unserer beiden Narben durch einen, Europa unterfahrenden, *allgemeinen Südstrom* (S. 424), der sich immer wieder bestrebt zeigte, im Gegenuhrzeigersinn als Zyklon hereinzudrehen, erkannten wir immer neu für die jüngeren Zeiten. Die Unterströmung unter den beiden Nordflanken der alpinen Narben wurde dadurch stark gefördert, deren hangendes Stauwerk besonders stark verbreitert, vor allem in der Schweiz, wo man darum glaubte, überhaupt ein einseitig gebautes Gebirge vor sich zu haben.

Dieser übermächtige Zyklonalstrom zerriß denn auch in scharfen Horizontalflexuren (Karpaten, Alpen, Allgäuwendung, Westalpenbogen) oder in zum Teil tiefreichenden Blattverschiebungen („Paraphoren" W. v. Seidlitz 1931, 62; S. v. Bubnoff 1932. Beispiele: Alpenrhein, Engadin, Judikarien, Westkarnisches Blatt, Lavantbruch) den in *höherem* Baustockwerk durch die Abbauströme erzeugten Verlauf der Narbenzüge bzw. Orogene, ja er stauchte mitunter das Gesamtgebirge. *Damit brachte die größere Tiefe emporgreifend Unordnung in die höhere Abbau-Ordnung der Narben-Orogene.* Dies führte zu scharfen *Richtungswechseln* der später wirksamen Spannungen und zu *widersprechenden Strukturen benachbart jenen Quer- und Stauchungsformen:* Torsionsbau der Dolomiten, am Engadin—Ortler—Münstertal, an der O-W-Alpen-Grenze, z. B. im Südrätikon.

Wenn sich die Gesteinsmassen gegen die südliche Narbe der Westalpen, also gegen deren „Wurzel" oder „racines internes" zum Teil als tiefen- und katametamorph erweisen, dann wohl nicht allein wegen der hier besonders angestauten alten Massive, sondern auch wegen der hier besonders begünstigten *Verbindung mit der Tiefe:* Die orogenen Abstiegswege waren in den Zeiten erlahmender Orogenese auch für den Massenaufstieg granoplutonischer Körper besonders gangbar. Es ist darum kein Zufall, wenn im Bereich der Südalpennarbe die randadriatischen Tonalit-Aufstiege stark zunehmen und diese im allgemeinen die gleiche, langgestreckte Gestalt im Streichen zeigen wie die sonstigen narbennächsten Gebirgsglieder.

Ebensowenig ist es Zufall, sondern notwendig, daß in den axial höher gestiegenen und tiefer abgetragenen Westalpen *die tieferen Stiele der Scheitelfächer* (S. 57) *des Narben-Stockwerksbaues enthüllt sind,* die höheren, beiderseits unterschobenen, ruhigen Narbendecken aber den Verlauf der weniger abgetragenen *ostalpinen Narbenzüge* bezeichnen (S. 65). —

Aus unseren Erfahrungen über den Hauptgrundsatz des Abbaues (II), seiner orogenen Teilbewegung, seiner Vortiefen- und seiner Narben-Geschichte lassen sich somit die folgenden Grundsätze ableiten:

II 1. **Die tektonische Bewegung und orogene Strukturbildung geht beim Abwärtssinken und in Tieflage der Erdrinde vor sich: Der Bau ist ein Hinabbau oder „Abbau".**

II 2. **Nicht zu beobachten sind Hochfaltung und Massenzuwachs oben. Die Schwellen bleiben hinter den abwärtssinkenden Mulden zurück; die „Mittelebene der Faltung" bewegt sich orogen nach unten.**

II 3. **Als beweglicher, überwiegend sinkender Erdrindenteil ist denn auch die Geosynklinale die Bildungsstätte der orogenen Abbauten. Nur hier liegen die kilometermächtigen Sedimentpakete und die Tiefseerinnen.**

II 4. Während der allgemeinen Senkung schrumpfen die geosynklinalen Böden orogen unter Muldenbildung zwischen zurückbleibenden „Relativschwellen". Beide prägen sich aus durch ein fortdauernd ergänztes „Baurelief", welches Absatzfazies und Abtragungsrelief bestimmt.

II 5. Durch Mulden- und Schuppenunterschiebung werden ausgedehnte Sedimentationsböden der Geosynklinalen verloren, hinabgebaut. Gesteigerte Senkung und Gebirgsbildung liegen räumlich und zeitlich zusammen.

II 6. Nachlassen orogener Absenkung verbindet sich in den Molassevortiefen mit weniger kräftiger Tektonik, auch in der Waagrechten.

II 7. Die Einzelstreifen der Orogene werden nacheinander im allgemeinen in der Richtung von dem Narbeninneren gegen außen bearbeitet. Sie trennen sich wegen abweichender Bewegung zu verschiedener Zeit voneinander.

II 8. Jeder Streifen durchläuft eine festliegende Reihenfolge von Baustadien, bis erst der nächste Baustreifen in Angriff genommen wird.

II 9. Der Streifen über dem Narbenscheitel (Narbendecke) mit beiderseitiger Unterschiebung verhält sich, besonders bei mächtiger Karbonatplattenentwicklung, im Verhältnis ruhig, wird nach oben „ausgeschoben".

II 10. Die Einzelstreifen durchlaufen im Streichen meist ziemlich gleichschnell die Reifestadien. Vorauseilende Massive oder Teilstücke (Ostalpen) bilden Ausnahmen.

II 11. Durch Anfaltung oder Unterschiebung schließen sich die orogen durchgearbeiteten, verdickten Streifen nacheinander beiderseits dem Narbenstreifen nach außen an und bilden das in der tieforogenen Zeit geschaffene „Orogen".

II 12. Das Orogen durchläuft in Zwischenzeiten der Hochlage bzw. nachfolgend das hochorogene Molassestadium und mündet aus in das epirokinetische Baustadium eines Kontinents. Damit ist der orogene Zyklus unter gleichzeitiger Verwandlung des pazifischen in das atlantische Magma durchschritten.

II 13. Vortiefen sind Geosynklinalteile, welche als Mulden neben Teilschwellen (Massiven zum Teil) niedersinken und mit letzteren dynamische Verbindung besitzen.

II 14. Früher oder später zeigt die Vortiefe das Bestreben, ihre Nachbarschwelle, im allgemeinen narbenwärts, zu unterschieben. Dabei entspricht dem innenbürtigen Massenfluß ein außenbürtiger Massenausgleich, so daß ein Massenkreislauf entsteht.

II 15. Die Vortiefen sammeln als Streifen der Hauptsenkung bei genügend Sediment die mächtigsten Schichtpakete oder bilden bei wenig Sediment die tiefsten Meeresbodenrinnen.

II 16. Die Hauptsenkung der Vortiefe liegt unmittelbar am Böschungsfuße der zugehörigen Schwelle, welche unterfaltet, bzw. als Deckenstirnschwelle unterschoben wird, und deren Böschung unter Hangschuttrutschung die Wildflyschfazies bildet.

II 17. Die Zone der hauptsächlichen Vortiefen-Unterschiebung liegt an der äußeren Staukante und verlagert sich von der Narbe gegen außen im Maße der Anstauung weiterer Hangendfalten und -Decken über dem Narbengebiet.

II 18. Das Stauwerk wird hervorgerufen durch die unter den Flanken von den Seiten gegen den zentralen Narben-Abfuhrstrom heranrückenden Ausgleichströme.

II 19. Die äußerste der Vortiefen rückt niederbrechend und niedersenkend immer weiter gegen das Vorland der Geosynklinale vor, bis sich dieses als verdickter, hochschwimmender Kontinentsockel nicht mehr niederbiegen läßt.

II 20. Mit einer in Anfangsstadien steckenbleibenden Vortiefe verschmelzen schließlich geosynklinales Orogen und Kontinent. Beide bewegen sich fortan nur „epirokinetisch".

II 21. Als Vorläufer der alpidischen sind in den Alpen schon zwei variszische Narben mit je einem Abfuhrstrom und seitlichen Ausgleichströmen tätig gewesen. Die Muralpenmasse veranlaßte noch eine Art Rahmenfaltung, weitere Zwischengebiete blieben ungefaltet.

II 22. Durch Zusammenschluß zahlreicher, rahmengefalteter Teilmassive sowie durch mesozoischen Hinabbau erwuchs die Zentralalpenschwelle, deren W-O-Richtung die alpidische Ordnung in der nord- und südalpinen Geosynklinale brachte.

II 23. Beide Geosynklinalen hatten sich nach N bzw. S in die nachfolgenden Kalkalpenbereiche verlagert. Aus ihnen erwuchsen mesozoisch die Alpen als Doppelorogen.

II 24. Der dinarisch-judikarische Bogen wurde alpidisch noch erheblich verschärft. Die westalpinen Fortsetzungen der Narbenzüge lagen gegen die variszischen weiter innen, wo neue Innenmassivrahmen entstanden.

II 25. Gegenseitige Übergriffe der Nord- und Südalpenenergien führten zu stark widersprechenden Bewegungsrichtungen, noch vermehrt durch Querflexuren und Querblätter mit entsprechenden Nachbarstörungen.

II 26. Die Ursache der Störungen ist in dem Emporgreifen eines europäischen Zyklonalstromes im Gegensinn des Uhrzeigers zu sehen.

II 27. Die Steilstruktur der Südalpennarbe war auch für die aufsteigenden, randadriatischen Granoplutone besonders gangbar.

II 28. Der Stockwerksbau eines Narbenscheitels besteht aus einem senkrechten, vergneisten Stiel, einem metamorphen Narbenfächer darüber und zu oberst einer flachen Narbendecke.

III. Der Hauptgrundsatz der Isostasie

Daß die Erdrinde schwimmt und ihre Teile sich annähernd im Tauchgleichgewicht (Isostasie) befinden, dürfte nach den erdphysikalischen Beobachtungen und Schlüssen festliegen. Die baugeschichtlichen Erfahrungen fügen sich denn auch diesem Hauptgrundsatz ohne Schwierigkeit ein. Er ist *der Grundsatz der Ruhe*, die trotz Materialfestigkeit, Reibung und einer störenden Dynamik *fortdauernd angestrebt und oft auch für lange Zeit verwirklicht wird.*

Insbesondere die Dynamik der Gebirgsbildung kämpft fortgesetzt gegen diesen Zustand harmonischer Ruhelage. Dieser siegt aber sowohl wegen seines längeren Atems, demgegenüber die orogenen Kräfte immer wieder erlahmen, wie auch deshalb, weil die orogene Dynamik selbst, wie unter Hauptgrundsatz IV verständlich wird, im Endergebnis ihrer Leistung in den Geosynklinalen verfestigte Orogene hinterläßt, welche sie fortan kinetisch und Lage-mäßig dem Tauchgleichgewicht überlassen muß.

In dem Wechselspiel des Ab-und-Auf erweist sich das „Ab" als die Folge der störend einsetzenden, orogen hinabbauenden Dynamik, das „Auf" als die Folge ihres Nachlassens und damit des isostatischen Übergewichts.

Aber auch in den Zeiten gesteigerten Abbaues sorgt offenbar die isostatische Hebung kräftig für ein *Zurückbleiben der Schwellensättel* in größerer Höhe gegenüber der Mulden-Nachbarschaft. Trotz der Überlastung mit bis über 1,5 km mächtigen Riffkalkplatten blieben doch deren Schwellengebiete höher zurück gegenüber den rascher abwärts gezogenen Schlamm-Mulden, z. B. durch lange Zeiten im ostalpinen Ladin (I, 164), so daß *der erste Großfaltenwurf als Übereinkommen zwischen orogener Senkung und isostatischem Widerstand gelten könnte.* Erst beim Nachlassen des orogenen, muldenbildenden Zwanges kam der (langsame) isostatische Auftrieb allgemein zum Durchbruch. Im Verhältnis stiegen nun auch die Mulden rascher nach oben, was zu einem Reliefausgleich führte. Am Beispiel des Endes der Kampiller Zeit sahen wir daher das rasche und weite Übergreifen der dünnen Mendoladolomitplatte, Ähnliches am Schluß der oberanisischen Senkung oder der ladinischen Teilbewegung.

Trotz seiner Langsamkeit reicht der *Grundsatz des Tauchgleichgewichtes zur Deutung der ostalpinen Triasfazies also keineswegs aus* (I, 168). Das Gewicht der anfänglich noch ganz dünnen Riffplatten genügt nicht (I, 200). Es muß innenbürtig Platz für die Senkung geschaffen werden. Anders sind die fortdauernd ergänzten Höhenunterschiede unverständlich: Orogene Senkkraft stört die isostatische Ruhelage. Ähnlich einem mächtigen Inlandeis aber beschleunigen aufgelagerte Trias-Karbonatplatten von 2 km Mächtigkeit innenbürtige Senkung und dämpfen innenbürtige Hebung; *sie hemmen die in der Tiefe angestrebten Teilverbiegungen.* Nach scharfer Unterkreide-Einengung und Erdrindenverdickung hob sich offenbar isostatisch die spätneokome Kalkalpengeosynklinale, denn die absenkende Orogenkraft erlahmte. Langsame Hebung und langdauernde Hochlage brachte dann die weitgehende Einebnung (I, 400).

Dieses Ab-und-Auf zählt zu unseren häufigsten Feststellungen. Und zwar gab es, *je kräftiger vorher Senkung und Einengung waren, desto umfangreichere und höhere Hebung:* Der neokomen, vorgosauischen (S. 43), Mittel- und obereozänen Hauptbewegung folgten die langdauernden Hochlagen im Spätneokom/Gault, im Dan-Untereozän, im Unteroligozän. Die mit der Faltung zusammenhängende, *vorherige Verdickung erscheint als Ursache dieses Gleichklanges.* Die mehr plastischen Hauptbewegungen der altjuvavischen gegenüber den mehr klastisch-zertrümmernden der jungjuvavischen Zeit dürften ebenfalls durch die allmählich angewachsene Verdickung und darum höhere Schwimmlage in späterer Zeit bedingt worden sein (S. 52). Infolge *Abschwächung der orogenen Kraft* oder — was im Jungtertiär/Quartär wohl ebenso wirkte — wegen *Verdickung der Erdkruste* wuchs im Verhältnis die Leistung des isostatischen Auftriebes (S. 164): Faltung und Schub traten darum jungtertiär stark zurück gegen Großwalmung, Großschollenverstellung und Kippung. Diese orogenen Wirkungen reichen z. B. im Pont nur eben hin, um der isostatischen Reliefhebung für lange Zeit zu trotzen: Das ergab ein „*gespanntes Gleichgewicht*" scheinbarer Ruhe für lange Zeit, während deren auch Verebnungen entstanden. Erst in den Zeiten gänzlicher orogener Erschlaffung (Aquitan im O, Vorpont, höheres Pliozän) wurde die wirkliche isostatische Höhenlage und damit jene des „*ruhenden Gleichgewichtes*" erreicht (S. 164). Als gespanntes Gleichgewicht können die Pausen im allgemeinen Höhenanstieg ab Mittelpliozän gelten. Auf diese Beziehungen wies auch Fr. Kossmat 1926, 13, hin.

Die wichtige Rolle des sich immer wieder mit langsamer Hebung einstellenden Schwimmgleichgewichts bei Ausbildung des Sedimentationsrhythmus ist unten S. 449f. beleuchtet.

Als durch die ganze Baugeschichte hindurch laufender Hauptgrundsatz erscheint die Isostasie auch schon für die ältesten Zeiten. Warum ist die archaische Gesteinsgruppe katametamorph, die frühalgonkische mesometamorph, die später algonkische epimetamorph? Wir kamen zu dem Schluß (I, 40f.), daß die ursprünglich am wenigsten verdickte Erdrinde auch die stärkste orogene Absenkung in die Kata-Werkstätte der Gneisgruppe hinab erlaubte; die danach schon dicker gewordene nur noch die Absenkung in die Meso-Werkstätte der Glimmerschiefer und die damit stärker gewordene Platte darauf allein in die epimetamorphe Tiefe hinab zuließ. Die geringere Umwandlung der Varisziden schloß sich wohl entsprechend an. Doch wird dabei auch die seit ältesten Zeiten ungleich stärkere und häufigere Abtragung, ermöglicht durch weitere granitische Sohlenverdickung zu der heutigen, so abweichenden Hochlage der verschieden alten Erdrindenteile eine wichtige Rolle gespielt haben.

Schon die variszischen Konglomerate — wenngleich noch (durch lange Zeit verwitterte) Restschotter — waren viel gröber, mächtiger und mehr auf Talfurchen konzentriert als die algonkischen. Nach der Orogenese der schärfer reliefierenden, geosynklinalen Senkung mit erheblicherer Bewegung erfolgte kräftigeres und rascheres Emporsteigen des Baureliefs (I, 48), mächtigere und buntere Schuttverteilung für längere Zeit: Schärfere Orogenbewegung verdickt mehr, stellt damit gehärtetere Erbanlagen sicher.

In jedem Fall wirkte die Isostasie entscheidend mit. Im Laufe der langen Zeit *verdickte sich die Erdrinde orogen und durch Anfügung granitischer Schmelzen.* In dem Maße war sie dann schwerer nach abwärts zu ziehen. Es verschärften sich aber *bei wachsender Raumnot die Strukturen und das Baurelief*, was schon paläozoisch in dem Gröberklastisch-Werden sowie in der Zunahme der Schuttmassen in späterer Zeit zum Ausdruck kam. Gleichsinnig wirkte dabei die später durch längere Zeiten eingenommene *Hochlage über dem Meeresspiegel verstärkend* mit. — Die in Bd. I, 41f. noch als altpaläozoisch angesehene obere Tauernhülle muß ich jetzt ins Mesozoikum stellen.

Der eustatische Bewegungsanteil,

also die allgemeine Pegelstands-Änderung des Weltmeeres, an dessen Spiegel wir unsere Teilbewegungen messen, kann immer nur gering sein, wohl höchstens etwa 100 m Hub-Unterschied betragen. Denn es sind keine bestimmten Anzeichen dafür bekannt, daß zu irgendeiner Zeit eine derart gewaltige Wassermenge aus dem Kosmos auf unseren Planeten kam oder von ihm genommen wurde, daß sie wirklich große Spiegelschwankungen hätte bringen können. Die größten geologisch denkbaren Wasserverluste der Ozeane — bei Annahme einer gleichzeitigen Diluvial-Vereisung der Nord- und Süd-Halbkugel — werden aber auf etwa 80 m geschätzt. Nun sind *die wirklich erkennbaren Höhenunterschiede zwischen Land und Meer meist sehr viel größer*, auch zweitens *nicht über alle Festländer nachweisbar gleich stark und gleichsinnig.* Ebensowenig erweisbar ist die *völlige Gleichzeitigkeit.*

Gewiß hatten wir auch längere Zeiten gleicher Haupttendenz bei geringerer Pegeländerung, bei welcher der eustatische Anteil mitwirken konnte, verstärkend oder abschwächend. Doch ist hierüber Sicheres nicht bekannt (I, 214f.).

Die Doggersenkung und -Transgression verlief geosynklinal kräftig verschärft und zeitlich untergegliedert, im großen ganzen aber annähernd gleichzeitig mit der außeralpinen Überflutung. Hier kann der eustatische Anteil durchaus mitgewirkt haben — wenngleich er auch hier ganz sicher nicht die Tiefseerinnen und die viele Hunderte von Metern betragenden Teilverschiebungen veranlaßt haben kann (I, 305f.). Ähnlich mag während der großen Nierentaler Rotschiefer-Überflutung (I, 471), während der pontischen und anderer miopliozäner Überflutungen (S. 164), auch bei den rhythmischen Sedimentationszyklen (I, 461) die Eustasie mit im Spiel gewesen sein.

Daß der planetarische Ozeanspiegel festlag, kann angesichts der dauernden Pulsschläge und der Weiträumigkeit des Auf-und-Ab jedenfalls durchaus nicht angenommen werden. Schon die dauernd feststellbare Wirksamkeit der orogenen Störungen und das gleichfalls fortdauernde Bestreben, das isostatische Gleichgewicht wieder herzustellen, sprechen für die, freilich schwache, Mitwirkung von Pegel-Verschiebungen, welche als Summe unzählbarer Teilbewegungen des Weltmeer-Gefäßes *eine notwendige Annahme* sind. —

Innerhalb des isostatischen Hauptgrundsatzes III lassen sich somit die folgenden Grundsätze erkennen:

III 1. **Die Erdrinde befindet sich entweder im Tauchgleichgewicht oder sie strebt ein solches doch andauernd gegenüber orogenen Störungen an.**

III 2. **Die Isostasie herrscht teils im „ruhenden Gleichgewicht" während die orogene Kraft zurücktritt, teils als „gespanntes Gleichgewicht", wobei die Orogenkraft dem isostatischen Auftrieb etwa die Waage hält.**

III 3. **Dem ruhenden Gleichgewicht nähert sich der epirokinetische Zustand, bei dem die Isostasie die Sedimentations-rhythmischen Teilaufstiege bedingt.**

III 4. **Im Anfangsstadium des „Ab-und-Auf" kann der rückführbare Großfaltenwurf gelten als Kombination zwischen isostatischem Schwellenauftrieb und orogener Muldensenkung.**

III 5. **Auch die langsamen Bewegungen der ostalpinen Trias können unmöglich allein isostatisch verstanden werden. Doch wirkt das Gleichgewichtsbestreben überall mit.**

III 6. **Je stärker der vorherige, orogene Abbau, desto höher und langdauernder ist der isostatische Auftrieb später.**

III 7. **Auch die Hebungspausen der alpinen Spätzeit erscheinen noch als Kampfergebnis der Isostasie mit der jetzt geschwächten Orogenkraft.**

III 8. **Der Rückgang der Tiefenmetamorphose im Laufe der Baugeschichte ist gleichfalls auf das Zusammenspiel von Orogenese und Tauchgleichgewicht zurückzuführen.**

III 9. **Die planetarisch wirksame, eustatische Ozeanspiegelschwankung kann in geringem Ausmaß die isostatischen Leistungen fördern oder dämpfen.**

IV. Der orogene Zyklus und seine Stadien

(E. Kraus 1926)

Im Lauf der Entwicklungsgeschichte unseres Gebirges erkannten wir neben den sehr zahlreichen Ab-und-Auf-Zeiten noch größere Zeitabschnitte mit im wesentlichen gemeinsamen Zuständen.

Das älteste Hauptstadium ist das *urozeanische* mit zweifellos sehr langdauernden, zur Hauptsache sich wohl öfter wieder rückbildenden, weitwelligen Verbiegungen der Erdrinde und damit auch des Ozeanbodens. Ähnlich wie heute in küstenfernen Teilen des ostpazifischen Ozeans mit rd. 3000 m Meerestiefe dürfte damals die isostatische Schwimmhöhenlage der mittleren Ozeantiefe entsprochen haben. Das emporsteigende Magma (Abb. 121) hatte die pazifische Differentiation des salsimatischen, gabbroiden Stamm-Magmas.

Die Strömungsvorgänge, welche damals zur Ansammlung spezifisch leichter Spaltschmelzen führten, sind uns nicht bekannt. Jedenfalls sammelten sich isostatisch aufsteigende Massivwülste, deren Vereinigung die festen Rahmen für die spätere Gebirgsbildung darstellte. Denn an ihnen luden die unter ihnen verkehrenden, namentlich die unter sie hinabsinkenden Strömungen kältere, spezifisch leichtere, sich stauend-faltende und unterschiebende Gesteinsrinden ab.

Wir stellen uns die Bewegungen vor wie in einem schlackenbedeckten Schmelzflußbecken. Der Zusammenhang der Gebirgsteile war noch gering (I, 64). Spätere Teilangriffe konnten Schollen verschleppen, verdrehen, so daß man weder archaisch noch kaum algonkisch sichere Zusammenhänge aus der jetzigen Lage der Teile mehr zusammenfinden kann. Die meist granitisierten Massive wurden offenbar, wenigstens in der Tiefe, noch gegeneinander gedreht und gewälzt. Die verbogenen, meist diagonalen Faltenäste bildeten noch ein sehr weitläufig-schwächliches Rost-Gebirge.

Je schärfer und beharrlicher langgestreckte Strömungen nach abwärts sanken, desto mehr stauten sich heranschwimmende Massive, aber auch massivfreie Erdrindenteile und wurden in die granitisierende Tiefe hinabversetzt, darüber im Hinabbau zusammengefaltet und unterschoben.

Zwei solcher Haupt-Abfuhrströme in O-W (gerade bis flach-bogenförmig) ersetzten ganz allmählich die algomanisch noch ziemlich wirre Anordnung der Faltenstränge und ließen in variszischer Zeit zwischen sich die zentralalpine Massiv-Kombination. Diese N- und S-Grauwackenzonen waren die Vorläufer der beiden, nur wenig von ihrem Verlauf abrückenden, alpinen Narbenzüge.

Aus dem ungeordneten, urozeanischen traten, ohne jede scharfe Grenze, die Alpen mit der Ordnung der beiden Geosynklinal-Ströme ein in den zweiten, den *tieforogenen Zustand*. Denn der Sitz der Gebirgsbildung lag in der Tiefe (I, 64): Die Hauptgefügebildung, welche wir die Gebirgsbildung nennen, vollzog sich in der Zeit der allmählichen Decken-Absenkung und der langdauernden Tieflage des betreffenden Erdrindenstückes. Wir haben keine Auffaltung der Gebirge, sondern den Hinabbau oder Abbau der Gebirge. Dieser vollzog sich nach der geschilderten Entwicklung in Gegenwart des noch überwiegend *pazifischen* Magmas, das auch in den Westalpen herrschte und in den vorauseilenden Massiv-Knoten (I, 77). Das *zentralalpine* Schwellen-Rückgrat war durch die fast nur hier ausgebildete, aus größter Tiefe aufgestiegene *Eklogitfazies* ausgezeichnet. Schräg in die zentralalpine Schwellenzone hereinragende Faltenäste mußten noch variszisch in sie aufgenommen werden.

Als der Übergang zur alpin-triadischen Geschichte vollzogen war, erschienen auch Fortschritte in der Schmelzfluß-Entwicklung. Ladinisch treten neben vorherrschenden pazifischen auch schon atlantische Spaltschmelzen auf (I, 148). Allgemein stiegen sie nicht empor in die höherbleibenden Riffgebiete, sondern zwischen diese in die Schlammsenken, das heißt dorthin, wo betonte Senkung auch gesteigerte Gebirgsbildung brachte. Jungladinisch vererzende Durchgasung folgte (I, 152).

Der Zusammenhang zwischen Gebirgsbildung und Magmengeschichte ist weiter im S klar: Die durch magmatische Regsamkeit betonten Gebiete erhielten bevorzugt auch Insel-Aufragungen, also schärferes Baurelief (I, 165, Vizentin, Südtirol, ladinische SO-Alpen). Der Mangel schärferer Teilsenken und Orogenstrukturen im Nor ging Hand in Hand mit dem Mangel vulkanischer Erscheinungen (I, 200). Mächtige Ophiolithmassen durchsetzten dagegen die liassisch bewegten Deckengebiete von Pennin/Unter- und Mittelostalpin — wiederum in Abhängigkeit von dem werdenden Bau derart, daß die basischen Serpentine in die Haupttrogsenken, die mehr sauren Diabase und Gabbros in die nördlich anschließenden, höheren Deckenteile eindrangen (I, 260).

Wir betonen diese Meldungen aus der magmatisch in Durcharbeitung begriffenen Tiefe deshalb mit besonderem Interesse, weil deren Entwicklungsgeschichte *schon rein tonnagemäßig ein Mehrfaches von der Massenbewegung der Tektonosphäre über ihr betragen haben muß.* Denn die endlich erreichte Dicke der Kontinentalplatte mißt ja 50 und mehr Kilometer. Auch besteht sie überwiegend aus Granit und Gneis, nicht aus oberflächennahem Sediment. Und schließlich beendet der (allmähliche) Übergang aus dem pazifischen in den atlantischen Spaltungs-Zustand des Magmas den Hauptabschnitt der Tieforogenese.

An der geosynklinalen Oberfläche wird etwa gleichzeitig der orogen bewegte Archipel-Zustand beendet. An die Stelle der Tiefseerinnen, der Flyschbildung, tritt der *hochorogene Abschnitt.* Mit ihm hat sich das Gebirge über den Meeresspiegel gehoben, oligomiozän ein ausgedehntes Flußnetz entwickelt und seine Molasse-Vortiefen geschaffen. Mit diesen ist die letzte, offenbar als tragfähig erprobte Brücke von den geosynklinalen Orogenen hinüber nach dem europäischen Kontinent im N und W geschlagen.

Nach seinen Regungen zu urteilen ist das alpine Doppelorogen etwa vom Mittelpliozän an dem Festland angeschweißt und selbst in das Endstadium, *das epirokinetische*, übergegangen.

Wir unterscheiden *den magmatischen Umwandlungs-Zyklus*, der aus dem gabbroiden *Salsima das spezifisch leichtere Sal* entwickelt, welches als Zuwachs nach oben die Erdrinde verdickte, und andererseits das schwerere, abwärts sinkende *Sima.* Bei dieser Magma-Umlagerung wandelt sich gleichzeitig das *gasreiche pazifische Stamm-Magma um in das atlantisch differenzierte.*

Hand in Hand damit geht der Orogene Zyklus mit den Stadien seines Werdeganges mehr in Oberflächennähe. *Seine gestaltenden, die Entwicklung vorantreibenden Kräfte sind die nach abwärts strebenden Unterströme.* Sie lassen über sich in den Geosynklinalen *die Orogene* entstehen. —

Als Grundsätze für den Ablauf des Orogenen Zyklus (IV) können wir somit ableiten:

IV 1. Der orogene Zyklus ist Ausdruck der baugeschichtlichen Entwicklung eines Erdrindenstückes aus dem urozeanischen Zustand über den tieforogen-geosynklinalen und hochorogenen zum epirokinetischen Zustand.

IV 2. In den tieferen Stockwerken findet gleichzeitig der Magmazyklus statt: Die fortschreitende Differenzierung des gabbroiden, salsimatischen Urmagmas mit pazifischen Spaltschmelzen über mediterrane in atlantische Differentiate, deren spez. leichtes Alkali-Sal nach oben steigend die werdende Festlandsplatte verstärkt; deren spez. schweres Erdalkali-Sima die abwärtssinkende Unterlage bildet.

IV 3. In der oberflächennäheren Tektonosphäre entwickeln gleichzeitig die abwärts sinkenden Narbenströme im Hinabbau über sich zusammenführend, zusammenfaltend, stauend, unterschiebend das Orogen, in den Alpen das Doppelorogen.

IV 4. Die Stadien des orogenen Zyklus sind: das urozeanische, embryonal-weitwellige und bei der Differentiation des Urmagmas nur erste Massive bildende Stadium; das Tieforogen-Geosynklinale mit noch pazifischer Differentiation der Ophiolithe und mit der Hauptfalten- und Deckenverengung unter orogener Sedimentation; das hochorogene Stadium mit überwiegender Hochlage des Gebirges, das in kontinentnahe Vortiefen den Molasseschutt abgibt, sowie mit bereits überwiegend atlantischer Differentiation. Endstadium ist der nur epirokinetische Kontinentalzustand.

IV 5. Als Anlaß zur Magma-Differentiation in der Tiefe und zur geosynklinal-absenkenden, verdickenden Konzentrierung der salischen Rinde in der Tektonosphäre erkennen wir die durch sehr lange Zeit immer wieder abwärtssinkenden Narbenströme. Sie bilden die Orogene durch Abbau.

Dabei verstehen wir unter „Abbau“ sowohl den endogenen Hinabbau wie auch den gleichzeitig von ihm, soweit Baurelief über den Meeresspiegel gerät, veranlaßten exogenen Abbau oder die Abtragung.

V. Das Wachstum des Kontinents Europa

(E. Kraus 1928)

Im fortgesetzten Ab-und-Auf durch den abbauenden Zugriff der orogenen Kraft unter dauernder Mitwirkung des isostatischen Auftriebes arbeitete sich der geosynklinal-alpine Erdrindenteil durch die Stadien des Orogenen Zyklus bis zum kontinentalen Zustand hindurch. Dabei wurden die süddeutsch-österreichischen und die SO-französischen Randteile des variszisch gefestigten Kontinents Europa wiederholt energisch auf ihre Festigkeit geprüft und so lange zertrümmert, niedergebogen und abgebröckelt bis auf der heute erreichten Umrißlinie der Rhone-Aare-Donau-Vortiefe weiterhin die kontinentale Stabilität (Konsolidierung) unter Beweis gestellt war. So lange nahm, nach außen vordringend, die abbauende Orogenkraft die noch zu schwachen, zu wenig dicken und daher zu wenig hochschwimmenden Randschollen des Festlandes auf in den geosynklinalen Umformungs-Betrieb. Die Stücke waren nach der germanisch/triadischen Innenplatte des Pennins die miteinander noch allzu locker verbundene Außenmassive mit der Vorplatte von Mercantour—Pelvoux, mit dem vindelizischen und südböhmischen Unterbau bis zum L. v. Buch-Denkmal.

In mehr oder weniger konkordantem Horizontalkontakt (pazifischer Küstentyp!) zu den west- und mitteleuropäischen Varisziden-Falten schmiegte und schweißte sich das alpine Doppelorogen dem europäischen Kontinent an. Dieser wuchs damit weiter nach S.

Doch auch dieser alpine Zuwachs selbst wurde immer neu auf seine Stabilität geprüft. Bei immer neuen Abbau-Versuchen erwies er sich oft als noch nicht hinreichend widerstandsfähig, um weiterhin allein noch epirokinetisch zu antworten. Noch im Oligozän brach ein großer Teil des Südalpen-Orogens in das Piemontesische Becken, noch miozän eine ausgedehnte Ost-Fortsetzung nieder in die Wiener und steirisch-westungarisch-slowakischen Senkungsfelder. Weithin entstand hier der atlantische Küstentyp. War zu dieser letzten Hauptprüfung auch die übergeordnete Macht des europäischen Zyklonalstromes nötig, so bleibt doch das Ergebnis dasselbe: Nunmehr hatten auch Randteile des orogenen Zuwachsstreifens noch nicht standgehalten.

Ungleich gelockerter geschlungene Orogenbögen des Mittelmeergebietes wurden bei der Festigkeitsprüfung noch stärker zerbrochen. Zwischen den widerstandsfähigen Gebirgstrümmern der mediterranen Halbinsel- und Insel-Gebiete dürften sich neue Teilgeosynklinalen gebildet haben, in denen die hinabbauende Konsolidierung nun weiter geht — soweit pazifisches Magma durch langdauernd abwärts gehende Stromenergie aktiviert und solange salische Hangendrinden gegeneinander gestaut werden. —

Die hieraus erwachsenden Grundsätze sind:

V 1. Über abwärtigen Strömen treiben im Lauf des orogenen Zyklus massive oder andere salische Erdrindenteile sich stauend gegen- und untereinander. Die dem Nachbarkontinent nächste Stromnarbe vereinigt schließlich das Schollen-, Falten- und Deckenstauwerk mit diesem Kontinent.

V 2. Erneute Abbauversuche fügen auch Randtrümmer des Kontinents dem orogenen Bauwerk so lange an, bis sich weitere Festlandsteile nicht mehr niederbiegen und abbröckeln lassen: der Kontinent ist um das neue Orogen gewachsen.

V 3. Weitere Festigkeitsprüfungen betreffen die Außenteile des neuen Anwachsstreifens. Sie fielen nicht einem abbauenden Narbenstrom, sondern einem subkontinental-zyklonalen Driftstrom zum Opfer.

V 4. Der Zyklonalstrom wältigte auch das orogene Schlingengebiet des Mittelmeeres wieder auf zu neuer, orogen abbauender Tätigkeit. Ihr Ergebnis kommt als weiterer Zuwachs Europas in Frage.

In der gleichzeitig im gleichen Verlag erschienenen „Vergleichenden Baugeschichte der Gebirge" sind die Stromerscheinungen der alpinen Umgebung dargestellt.

VI. Konsequenz und posthumer Erbgang

(R. Schwinner 1935)

Stellen wir die Hauptgrundsätze des baugeschichtlichen Verfahrens fest, so bemerken wir auch im alpinen Geschehen den bekannten Hauptgrundsatz der folgerichtigen Beibehaltung und Berücksichtigung überkommener Anlagen sowie langdauernder Tendenzen, aber auch das Erscheinen neuer Angriffe.

Massivwirkung. Es ist mechanisch leicht verständlich und bekannt, daß verfestigte Massive und später verbackene Massiv-Kombinationen immer wieder die Rahmen bildeten, an welche sich die beweglicheren Falten anschmiegen mußten. Die orogene Strukturbildung, welche unter den nur granoplutonisch wachsenden Massiven in großer, da plastisch fließender Tiefe nicht zu nachhaltiger Formung und Einengung kommen konnte, verstärkte ihre Leistung um so mehr an den weniger tiefen, kälteren Massiv-Randteilen. Hier stauten sich die auf dem Rücken der Ströme herantreibenden oder die aus wärmeren in kältere Stockwerke aufsteigenden Massen.

Die variszischen Faltenäste folgten weitgehend nicht nur den Umrandungen älterer Massive, sondern auch den algomanischen Faltenästen, welche sie noch weiter bearbeiteten und denen sie sich anschlossen (I, 66). Die variszischen Falten waren weitgehend Lückenbüßer. Zwischen Massiven und schon algomanisch gefestigten Teilen ergänzten und besserten sie kleinzügig aus (I, 67, 68). Bisher noch schwächer gebliebene Teilstreifen wurden nachfolgend gesenkt, gefaltet, meist später auch granitisiert.

„*Schwäche*" erweist sich dabei als noch ungenügend vollzogene Tiefenfaltung, mangelnde granitische Anschmelzung unten, also offenbar als noch zu geringe Sal-Dicke mit deren Folgen. Sowohl die Massive wie die noch schwachen Erdrindenteile werden konsequent behandelt.

Sehr stark herrschte im Kleinen noch eine *diagonale* (diagonal zum Erdrinden-Gradnetz) Grundlage wie sie auch in der Böhmischen Masse im N und in der

Rhodope im SO vorliegt und bereits archäischen Alters zu sein scheint. Durch den nachalgomanischen, W-O-streichenden Großwellenwurf, der inkonsequent Neues brachte, wurde die Diagonalrichtung (diagonal zum Gradnetz der Erde) erst allmählich überwunden. Ja, der diagonale Hauptumriß der Muralpen blieb ebenso wie die dinarische SO-Richtung gegen Pannonien-Rhodope. Darum mußte die Lage der variszischen Tröge in den östlichen Ostalpen noch eine diagonale bleiben (I, 67). Außerdem schlugen die Diagonalrichtungen als mögliche Fortsetzungen des adriatisch-dinarischen Streichens einerseits, des judikarischen andererseits auch noch im Tauernbogen durch (I, 73).

Dieser Variszidenbogen wurde später im W noch kräftiger gegen SW gebogen, im O aber alpin mehr zu W-O-Streichen abgeflacht. Die salisch-granitisierte Erstarrung in den Zentralalpen bewahrte die ursprüngliche Bogengestalt auf, während die anpassungsfähigeren Schiefergebiete dem alpidischen Umbau zugänglicher waren. *Das algonkische Erbe wurde variszisch* (Abb. 3, I, 41) *durch weiteren Ausbau gut verwaltet* (I, 66).

Eine Verlagerung der jungvariszischen Hauptmuldung von innen gegen außen ergab sich für die Westalpen (I, 97) sehr vergleichbar mit dem Nordwärts-Rücken der schuttsammelnden Oberkarbonmulden der mittel- und niederrheinischen Variszikums (E. Kraus 1926). Diese konsequente Verlagerung war nicht etwa ein langsames Auseinanderfließen aus einer Kontinentalscholle, sondern ihr Grund war die Beweglichkeit der noch zu dünnen, weil baugeschichtlich zurückgebliebenen Erdrindenteile (I, 112), welche sich durch geosynklinale Abbaufaltung stark niederziehen ließen und in die orogene Umformung einschließlich der granitisierenden Tiefenumschmelzung gerieten.

Das variszische Erbe wurde alpidisch weitergeführt. Den Übergang betonte z. B. der Meerestrog des permischen Bellerophonkalks, welcher die S-Grauwackengeosynklinale fortsetzte und der zugleich schon über der triadischen Senke der südalpinen Abfuhrnarbe lag. Die Trogachse fällt zusammen mit dem Narbenscheitel über Julischen und Steiner Alpen. Auch der dinarische Trog, durch welchen das Permmeer von SO herantrat, behielt mesozoisch seine allgemeine Lage bei. Die Judikarienlinie äußerte sich damals als W-Begrenzung dieses Troges so wie auch im Mesozoikum als westlich abknickende Fortsetzung der Südalpennarbe, an der später freilich noch starke Verschiebung stattfand.

Seit dem Skyth versank allmählich das Zwischengebiet zwischen Vindelizischem Land und Französischem Zentralplateau, ging dann aber für lange Zeit in Hebung über, die auch während der beharrlichen Anhydritgruppen-Regression im W der westlichen Außenmassive anhielt. Erst allmählich konnte sich über dieses Hebungsgebiet die Hauptmuschelkalk-Transgression von N her vorschieben, und zwar allein mit der dünnen Rötidolomit-Fazies. Eine ganz ähnliche Erbstabilität hielt aus skythischer Zeit noch lang und weit hinein in die Westalpen an (I, 155).

Der eindrucksvoll-großzügige und lange Atem der baugeschichtlichen Konsequenz ergibt sich aus dem weiteren Beispiel der teils schon anisischen, hauptsächlich ladinischen Teilschwellen, die sich im penninischen Bewegungsfeld der Schlammfazies mit Untiefen-Karbonat bedeckten. Sie waren die Keimanlagen der späteren penninischen Hauptdecken. Ebenso wurde der Tirolische Trog mit seiner ladinischen N- und S-Schwellen-Aufbiegung später zur Lechtal-Lunzer Einheit. Die ladinischen Schlammsenken, besonders in den Dolomiten, wurden zu tektonisch besonders eingeengten und gestörten Zwischenstreifen zwischen einheitlicher bewegten Riffschollen (I, 165). Auch der rasche, jedoch immer wieder zur gleichen Fazies zurückkehrende Wechsel innerhalb der sehr mächtigen norischen Schichtmassen (I, 191) beweist die Hartnäckigkeit des Festhaltens *an ganz bestimmten Reliefformen* und Meerestiefen. Trotz aller Senkung wurde doch sehr lange Zeit hindurch an der Weiterformung der Hauptdolomit-Sattelzone weitergearbeitet und damit die fehlende Verbiegung des geosynklinalen Trogbodens fortgesetzt. Das fällt zusammen mit der Entwicklung der Tektonik, kann also trotz der Langsamkeit der Bildung von echt orogenen Vorgängen unmöglich abgetrennt werden.

Erstaunlich gleichbleibend hielt sich auch vom Bellerophon-Permmeer durch Skyth bis Nor die sehr *sanfte Achsenabdachung der beiden Geosynklinalen von W gegen O.* Wie die älteren Meere nur allmählich gegen W vordringen konnten, wo der europäische Schelf noch lange bis ins Nor sich aufrecht hielt, so konnte sich z. B. die Einschwemmungs-arme Hauptdolomitfazies erst vom Unterostalpin an gegen O zu entwickeln (I, 194).

Im Skyth-Anis-Ladin blieb die Hauptsenkung in der Nordalpenwanne wesentlich unverändert am gleichen Ort. Im Nor kann dann eine Nordverlagerung festgestellt werden (I, 187f.), die im Lias weiterrückte. Während Anis-Ladin kann von einem gewissen Vorauseilen der südalpinen Geosynklinalentwicklung gegen die nordalpine gesprochen werden (S. 346). Nach solcher längerer Bevorzugung des S vererbte sich durch Karn und Nor (S. 348) Aktivität auch in der Nordgeosynklinale. Die bedeutende orogene Beweglichkeit, die starke waagrechte Verlagerung und Tiefenbewegung ist (I, 263f.) für die penninischen Liasdecken mit ihren planvoll eingebauten Ophiolithen und Schwellen nachgewiesen. Da gab es nicht mehr nur stehende Wellen mit fortschreitender Bewegung, jedoch am Ort bleibendem Gestein, sondern wirkliche Falten- und Deckenwanderung. *Die Zeit der älteren Standwellen war vorbei* (I, 265). Auch die Doggerfaltung zeigt besonders in der Nordgeosynklinale ein überaus beharrliches Entwicklungsstreben der orogenen Struktur (I, 311).

Sehr gleichartig-konsequentes Verhalten spricht aus den Oberkarbon-, Gosau- und Molasse-Mulden (I, 432f.), welche sich nach vorheriger, besonders kräftiger Abbau-Einengung als besonders widerstandsfähig erwiesen und dabei eine recht einheitlich geringe Antwort gaben auf die erneuten Abbauversuche. Ihre Sedimente stiegen an den flachen Gehängen rings nach oben (I, 436) über das noch nicht ganz abgetragene Faltengebiet der Umgebung. Nachcenoman und vorgosauisch räumte die Abtragung in den westlichen Kalknordalpen wohl 1—1,5 km Schichten weg während kräftiger Heraushebung des Baureliefs etwa in turoner Zeit (I, 438).

Eine außerordentliche Konsequenz stellten wir fest bei Ausbildung von Falten und Decken, deren ansetzende Anlage für die Unterkreide, deren Fortgang in Mittel- und Oberkreide und deren weitere Ausgestaltung während des Tertiärs in den Helvetiden von Vorarlberg-Allgäu (I, 370ff.) abgelaufen ist. Trotz aller möglicher Abweichungen im einzelnen hält sich daher doch eine erstaunliche Harmonie zwischen Fazies- und Baugeschichte, sowie eine überraschende Einheitlichkeit der Tektonik, die man, ohne tieferen zeitlichen Einblick, hinnehmen würde als kurzfristig aus einem Guß entstanden. Seit alters aber war die vererbte Grundlage des Ganzen wirksam, was sich von der Schweiz aus um den Westalpenbogen herum gut erkennen läßt (I, 376). Der Umstand, daß statt einer das Fazies- und tektonische Streichen zuerst in SW-NO, später eine in O-W einregelnde Hauptkraft wirkte (I, 372), brachte keine erheblichen Störungen herein. Auch in der Schweiz zeigen die Helvetiden eine solche Abänderung in der Kraftrichtung. Sie brachte jedoch während Oberjura/Unterkreide ein W-O-Streichen, später mehr SW-NO-streichende Falten (I, 372).

Sehr gleichartige baugeschichtliche Zustände (Stadien) im Streichen ließen sich beobachten in den Linien der Nordgeosynklinale: Simmendecke-Brekziendecke-Briançonnais und Randostalpin-Präalpin-Subbriançonnais während des Lias (I, 252). Diese Bereiche waren mit den gleichen, sich vertretenden Schwellen- und Muldenzügen, mit demselben unteren Kalklias, mit entsprechenden Inselschwellen, darüber der gleichen Mergelfazies und den Fleckenschiefern in großer Mächtigkeit versehen. Da diese selbe Reihenfolge unter gleichen innenbürtigen Umständen noch durch die Languedoc weit in die Pyrenäen hineinragt, vermuten wir *eine gleichartige orogene Unterströmung* und in den Pyrenäen — trotz mancherlei Zwischenschaltungen im Rhone-Senkungsfeld (I, 256) — *doch auch eine Art Fortsetzung des nordalpinen Orogens*. Die genannten, gemeinsamen Züge halten durch alle Zonen der liassischen Haupteinengung an, während die Nachbargebiete nach außen noch ganz ruhig blieben (I, 293 f.). Ausnahmen von der Lebhaftigkeit der Bewegung stellen gewisse Innenteile der mächtigen nordalpinen Karbonatplatten dar, die Dolomiten-Lessinischen und Feltriner Alpen — alles wohl wegen der Mächtigkeit der Trias, unter welcher aber die Bewegung sicher auch nicht geruht hat.

Auffallende *tektonische Oasen* im Streichen dürften aber auch auf einen verfestigten Unterbau schließen lassen. So fand sich — ähnlich wie in den Varisziden — ein auffälliges Zusammengehen zwischen fehlender Hebung und Bewegung während Rhät/Lias einerseits und Zurücktreten der heutigen Tektonik im Winkel zwischen Sugana- und Etsch-Tal andererseits (I, 277).

Zahlreiche Einzelstücke des miozän geschaffenen Bruchschollen- und Faltungsfeldes am Alpenostrand verhielten sich, wohl erbmäßig, individuell und lassen auf besonders dicke oder dünne Struktur schließen (S. 165). Sie beantworten allgemein-regionale Beanspruchungen sehr verschieden.

Ortsfeste Veranlagung zeigt im Oligozän/Miozän die südbayerisch-österreichische Vortiefe (S. 256, 264, 284): Gegenüber dem energischen Ab-und-Auf im Allgäu und dem unruhig sinkenden Schlierbecken hielt sich dazwischen kattisch die Pechkohlenplatte in ruhiger Senkung und aquitan in ruhiger Hochlage, ebenso wie das südlich angrenzende Gebirge. Immer wieder finden wir in den Achsensenken der schweizerisch-bayerischen Vortiefe die Ansammlung der Schotterfächer, auch noch im Torton. Ein unter- und mittelmiozänes Zurückbleiben bei der Senkung in der Ostschweizer Vortiefe wurde durch vermehrte Absenkung im Obermiozän nachgeholt (S. 211). Sehr aushaltend vom Rupel bis zum Torton blieb das Steigvermögen der Böhmischen Masse, das nur schrittweise während der „Ab“-Zeiten zurückgedrängt werden konnte. Das höhere Zentralalpenalter kam auch noch jungtertiär-quartär durch starkes Zurücktreten von Brüchen, Kippungen, Verbiegungen zum Ausdruck, welche dagegen im N das inneralpine Wiener Becken noch betrafen [von seiner mittelpliozänen Ausräumung und Hebung (S. 324)], welche aber auch noch im südalpinen Narbenbereich ungleich energischer waren.

Gute Übereinstimmung im baugeschichtlichen Geschehen haben wir durch die ganzen Nordalpen in der ultrahelvetischen Unterkreide. Diese Erscheinung ist häufig und weit verbreitet, so auch z. B. am Westalpenrand im Jungtertiär (S. 199f.).

Die jüngeren Westalpen können als Beispiel für konsequenten Erbgang gelten. *Waren sie vorher zurückgeblieben, so holten sie später durch ungleich schärfere Orogenese den ostalpinen Vorsprung auf.*

Schon die Oberkarbonmulden waren in den Ostalpen im allgemeinen etwas älter als die westalpinen Kohlemulden — so wie auch schon die Massivbildung im O vorausgegangen war (I, 110 f.).

Während geosynklinale Bedingungen in den SO-Alpen schon im Perm, in den östlichen N- und S-Kalkalpen während der Trias einsetzten, gab es im penninischen Westalpenbogen noch die dünne germanische Trias. Der allgemeine Axenanstieg gegen W herrschte bereits während Perm-Nor (S. 347). Die anisische Schollenbewegung flaute vom O gegen W deutlich ab (S. 345). Der Bewegungstiefgang der Teilmuldung verminderte sich auch im Ladin gegen W (S. 346). Die Zustände der südalpinen Schlammulden während des Ladins traten im penninischen W erst im Jura ein (S. 352). In der romanischen Klippendecke war die Vorgosaufaltung im W noch nicht entsprechend kräftig wie in den Kalkostalpen (I, 469). Wenn auch die Transgression der Cenoman-, teilweise auch wohl schon der Gault-Sedimente ungefähr gleichzeitig im W wie im O vor sich ging, so ließen sich doch (I, 471) die Präalpen in Cenoman/Gosau viel früher und stärker in die Tiefen des Rotschiefermeeres absenken als die schon orogen gefestigteren Kalkostalpen, deren isostatische Schwimmlage ungleich höher war, was aus den umfangreichen Schuttverfrachtungen ersichtlich ist.

Die großen Deckenbewegungen im O begannen in Unter- und Mittelkreide mit dem Wildflysch der Allgäudecke und der ultrahelvetischen Decke (Balderschwang); in der Schweiz erst (nach dem präalpinen Wildflyschalter) während der Oberkreide und hauptsächlich im Eozän (I, 472). Der ultrahelvetische Wildflysch ist östlich vom Rhein zum Teil schon Gault-Oberkreide. In der Schweiz entstand er erst mit den Wangschichten in der südhelvetischen Schwellenzone. Die Flyschvorläuferin (Leimernfleckenfazies) ist in der Schweiz noch ultrahelvetisch, hatte im Allgäu schon den helvetischen Seewenkalk erreicht und der Flysch erschien hier bereits im Senon. Allgemein kam die orogene Flyschfazies in die Schweiz aus dem penninisch-präalpinen Raum erst später in den ultrahelvetischen und dann den helvetischen gegen N als östlich vom Rhein aus den Kalkalpen. Die Isopenlinien bogen ostwärts gegen den Rhein besonders scharf nach N auf (I, 477). Diese Aufbiegung fällt räumlich zusammen mit der großen Horizontalflexur bzw. Blattverschiebung, mit der die nordalpine Narbe am Alpenrhein zwischen Falknis und Chur aus ihrem ostrheinischen O-W-Verlauf plötzlich gegen S zurückspringt.

Als jünger oder doch im baugeschichtlichen Fortschritt stecken geblieben kann auch vielleicht der Westalpenbogen gegenüber dem Schweizer Deckengebirge durch seine viel geringeren Deckenschubweiten beurteilt werden: Die mächtigen Helvetidendecken der Schweiz gehen nach dem Westbogen zu in mäßige Unterschiebungen und Unterfaltungen über (I, 48). Ostrheinisch war die zunehmende Faltung, Deckenverschiebung, Flysch- und Wildflyschbildung, welche in der Schweiz alttertiäres Alter hatte, schon in der höheren Oberkreide (S. 9). Die zentralalpine Kuppelaufwölbung der H. Tauern-Zillertaler geschah nach S (S. 52) schon früher als im W, so daß gegenüber diesem der südliche Unterstrom geringer wirkte, während er ungleich gewaltiger unter den penninisch-unterostalpinen-präalpinen Decken südwärts vorströmen konnte. Dadurch entstand im W ein zwar jüngerer, jedoch um so großartigerer Deckenbau mit einem Höchstmaß an Tiefgang. Um so höher schwoll er — offenbar isostatisch — nachfolgend empor, was zu viel stärkeren Schichtabtragungen führen mußte: Die Westfortsetzung der östlichen Kalknordalpen und deren Randostalpin wurde im W bis auf die Reste der Klippen abgetragen und bis auf die in Achsenmulden geschützt gebliebenen Präalpen.

Jünger erscheint der W weiter im allgemeinen deshalb (S. 65), weil die im O herrschende N-S-Einengung zumeist die älteren, die im Westalpenbogen herrschende Stauchung aber die jüngeren Strukturen brachte.

Im W der Allgäuwendung gab es noch im Katt-Aquitan einen kräftigen Weiterbau. Sein Baurelief übergoß das Vorland mit Schutt. Östlich der Wertach aber herrschte die ruhig sinkende Pechkohlenplatte, kam fast kein Schutt aus dem ruhigeren Gebirge:

Die vorangeeilten Ostalpen hielten still bis im Unter- und Mittelmiozän zwischen Genf und Wien alles zu der einheitlichen und letzten Großbewegung ausholen konnte (S. 277).

Eine verhältnismäßig junge Erscheinung ist auch die durch die vereinigten apenninischen und südalpinen Kräfte erzielte, besonders starke Tertiärsenkung des Piemontbeckens mit ihren dabei im Hinabbau gewachsenen Antiklinalen (S. 189 ff.). Durch Hebung hat sie bis heute noch nicht wieder ausgeglichen werden können. Ebenso spiegelt sich im großen bis heute die viel stärkere Decken- und Faltenbewegung mit stärkstem Tiefgang in der Schweiz durch den ungleich stärkeren Achsenanstieg der Westalpen wider; dies schon während des Jungtertiärs (S. 246). Denn in dem Westschweizer Alpenrandbereich war damals schon die höhere Flyschdecke und die stärker verbreitete, oberpenninische Decke abgetragen, auch fehlten hier im W die unterostalpinen, bis hierher gar nicht gelangten Decken im Gegensatz zur Ostschweiz, wo sie in einer axialen Großsenke südwärts unterschoben „nach N wanderten" und vor Abtragung zum Teil bewahrt bleiben konnten.

Stärkere Bauleistungen wurden quittiert durch stärkere und noch in spätere Zeit hinein wirkende Emporstiege (S. 332), durch stärkere Zerstörungen aber auch z. B. der westalpinen Einebnungsflächen (S. 332).

Die Konsequenz des posthumen Erbganges ist in unserer alpinen Baugeschichte wahrhaft eindrucksvoll! —

Es ergeben sich somit für diesen Hauptgrundsatz (VI) der Konsequenz die folgenden Grundlinien:

VI 1. **Die frühzeitig konsolidierten Massiv- und Faltenschwellen beherrschen durch Rahmenwirkung die Sammelstreifen der Falten und der herantreibenden, unterschobenen Erdrindenteile, sowie deren Hauptstreichrichtung (ortsfeste Veranlagung).**

VI 2. **Noch unverfestigte Zwischenglieder und Zwickel werden so lange durch Abbau verdickt und gefestigt, bis sie späteren Absenkungen dank hinreichend dick gewordener, spezifisch leichter Sal-Ansammlung standhalten.**

VI 3. **Vererbte Hauptstrukturen zwingen auch spätere Anordnungen unter abweichenden Spannungen posthum in die alten Richtungen; am wenigsten bei granitisierter Erstarrung der Altstrukturen.**

VI 4. **Von den frühverfestigten Geosynklinalteilen greift die abbauende Orogenbewegung konsequent beiderseits immer weiter gegen außen in die noch schwächeren Randteile.**

VI 5. **Abgesehen von dort eingebauten Massiven werden die nacheinander orogen bearbeiteten Einzelstreifen in recht gleichartigem Fortschreiten behandelt.**

VI 6. **Trotz annähernd gleichbleibender Hauptlage der abbauenden Narbenströme und deren sehr beharrlicher Absenkung kann deren Leistung durch regional sehr ausgedehnte und vorwaltende Hebungs- oder Senkungstendenzen axial und zwischen benachbarten Geosynklinalen durch Formationen noch verlangsamt oder gefördert werden.**

VI 7. **Baugeschichtliche Tempo-Unterschiede können nachfolgend weitgehend wieder ausgeglichen werden.**

VI 8. **Neben gleichartigen Strukturen bedingt die innenbürtige Erbfestigkeit auch gleichartiges Relief und gleiche oder immer wiederkehrende Fazies, oft durch lange Zeit.**

VI 9. **Je tiefgreifender und ausgreifender die vorausgehende Orogenese desto höher und langdauernder ist die nachfolgende Hochlage.**

VI 10. **Trotz mitunter wechselnder Kraftrichtung entwickeln sich die Strukturen meist sehr konsequent durch lange Zeit zu einheitlichen Bauplänen fort.**

Die allgemeinen mechanischen Grundsätze

Der orogene Strukturstil ist entweder abhängig von dem Stockwerk seiner Bildung (*Stockwerksstil*), von der Gesteinsart (*Materialstil*) oder von der Art der Dynamik, welche ihn schuf (*Bewegungsstil*).

Bewegung in der Erdrinde setzt Kraft und „Platz" voraus (I, 83); Kraft, welche die Massen bewegt, Kraft, welche den Platz für ihre Bewegung in dem Massenerfüllten Raum schafft. Dabei entsteht die Verformung der orogenen Struktur — sei sie nun eine fließend-plastische der belasteten, heißen Tiefe oder eine zerbrechend-klastische der wenig überlasteten, kühlen Erdoberflächennähe bzw. der verschiedenen Gesteine.

Zahlreiche Beobachtungen beweisen, *daß die Anzeichen für erfolgte Bewegung, für deren Verschiebungsgröße und allgemeine Verteilung von oben nach unten zunehmen.*

Beispiele abwärtiger Bewegungszunahme

Wir fanden solche Beispiele schon im algomanischen Gebirge der Sölker Tauern (I, 22), im variszischen Bewegungsfeld (I, 51):

Oben: *Faltung, Deckenabscherung, Walzfaltendecken*
Diaphthorese der altkristallinen Unterlage mit eigener Verschiebbarkeit
Unten: Granoplutonische Bewegung.

Die oft gewaltig umfangreichen, granoplutonischen Zuwachsmassen müssen in dem nicht ebenso erweiterten Hangendstockwerk zu starken, nicht allein senkrechten, sondern vor allem auch mehr oder weniger waagrechten Massenverschiebungen Anlaß geben, welche ihrerseits in dem nach oben kälteren Stockwerk Schubflächen und Reibungszonen erzeugen (Murauer Alpen ohne Ferndecken). Zu der schon während der Hinabbauzeit entstandenen Orogenstruktur können zusätzlich aus der so bewegten Tiefe weitere senkrechte und waagrechte Antriebe nach oben steigen in das kältere Hangende. Sie beantworten Stau und Einengung in der Sprache ihres Baustoffes und ihrer kühleren Festigkeit. Zwischen altkristallin-einheitlicher Tiefenmasse und weniger belasteten Hangendschalen wirkte als Schmiermittel besonders der Phyllit (I, 59). Die wachsende Pressung nach unten sehen wir in dem zur Jurazeit besonders tief hinabgebauten, penninischen Innenraum abgebildet durch die Druckmetamorphose der Bündener und Glanzschiefer (I, 271). Über die mögliche Stockwerksverschiedenheit im Deckenbau wurde I, 389, über die wahrscheinlich gegen unten verschärfte Bewegung unter dem vorgosauischen Abscherungsstockwerk im S-Teil der östlichen Kalkalpen I, 429 gesprochen. Nach I, 434 griff aus dem basalen Magma erst allmählich die absenkende Orogenbewegung nach oben in das vorher überwiegend waagrecht beanspruchte Hangende empor (Wendelsteinkreide; ebenso I, 440). Die umfassenderen, tieferliegenden Grundbewegungen konnten im Ladin (I, 164) die hangendere Erdrinde nicht mehr im einzelnen, sondern nur im großen ganzen, verschwommen absenken und einengend umformen.

In der Schweizer Vortiefenmolasse, in den niederbayerischen und oberösterreichischen Tiefbohrungen wächst die faltende Einengung im Oligozän gegen unten. Der alpine Tiefendruck griff unter dem Schweizer Mittelland durch in den Faltenjura trotz dessen schwerer Faltbarkeit (S. 219). Solche abteilungstektonische Disharmonie wäre unverständlich, wenn sie nicht schon während des Absinkens synsedimentär entstanden wäre (S. 226 f.). Auch in der Allgäumolasse (S. 275) ist die Zunahme der Tangentialpressung gegen unten durch zahlreiche Beispiele belegt.

Die aus besonders großer Tiefe emporgewölbten und daher durch lange Zeit abgetragenen, tiefsten Teile des zentralalpinen Orogens in den Hohen Tauern und in den unterpenninischen Decken entsprechen dem plastischen Bewegungsstil plutonischer Körper (I, 85). Unter den Walzfalten und Walzdecken der Hohen Tauern erscheinen die Übergänge zu den plutonischen Körpern. Von der hauptsächlich alpidisch ausgestalteten Südalpennarbe Veltlin—Sesia mit ihrem riesigen Steilfächer gehen nach N und S überliegende Injektionen von Granitgneismassen oder Plutonkörpern aus. Diese überlagern sich gegen N wie Deckenplatten mit eingerollter Stirn und schieben sich ein in die Paragneishüllen. So hat sich die „Monte Rosa-Decke" als Lakkolith innerhalb der Casanaschiefer der Großen St. Bernharddecke entpuppt. Letztere geht in den mehr bodenständig von Granitplutonen durchsetzten Briançonnais-Fächer der Westalpennarbe über. Die Kerne in den Arolla-Paragesteinen der penninischen Dent Blanche-Decke sind die Valpelline-Plutone.

Wir folgern: *Wenn trotz der mächtig zunehmenden Belastung und Raumnot in der Tiefe bei weitem die größere Beweglichkeit der Massen herrschte, welche durch die erhöhte Temperatur in sich verschiebbar sind, so muß der bewegende Antrieb in der Tiefe ganz gewaltig sein.* Wenn irgendwo, *so muß der Energie-Sitz in der Tiefe liegen.* Antreibende Orogenkräfte sind in der Tat oberflächennah nicht aufgefunden worden. Nur unten, wo die lebendigste und allgemeinste Bewegung bis ins kleinste Korn nachzuweisen ist, wo wir das fließende, ungeheuer bewegte Abbild größter Massenverfrachtungen haben, sitzt die Kraft. *Von da an nimmt sie mit ihren orogenen Wirkungen gegen oben ab in den kühleren, reibungsstärkeren, jedoch weniger belasteten Hangend-Stockwerken.*

VII. Der Hauptgrundsatz der Unterströmungen

Schon in der plutonisch bewegten Tiefe fanden wir umfangreiche Massenverlagerungen. Doch ist auf einen noch viel größere Massen bewegenden Druck oder Zug *aus der weitreichenden Verteilung einheitlicher Bewegungsrichtung* nahe der Erdoberfläche zu schließen. In der schwimmenden Erdrinde müssen umfassende und sehr langdauernde Massenbewegungen der Tiefe angenommen werden. *Wir nennen sie „Unterströmungen"*. Das Hauptbewegungsstockwerk der *„Subfluenz"* muß unter dem plutonischen Hauptgeschoß liegen, denn um soviel größere Massen von Tausenden von km² Oberflächen-Projektion einheitlich in Bewegung zu setzen sind noch größere Energien nötig als diejenigen, welche nur magmatische Teilströme bewegen. Diese Überkräfte würden die magmatischen Einzel-Bewegungen unterdrücken. *Da dies nicht der Fall ist, müssen jene überragenden Energien wohl noch tiefer sitzen.*

Hochliegende Kraftquellen oder fernübertragene Kontinentaldrucke können die Tatsachen unserer alpinen Narben-Abbaugeschichte nicht erklären. Solche Kräfte fanden sich nicht und solche Kontinente schließen sich nicht unmittelbar an. Die möglichen Folgen aufpflügender Kontinentalränder (nach der Plattenramm-Hypothese) wären durchaus abweichend von unserer tatsächlich vorliegenden Abbaugeschichte (I, 300). *Dieser können allein absinkende Ströme entsprechen, die durch sehr lange Zeiten die Geosynklinalen beherrschten.* Diese Faltenzonen müssen angesehen werden als Streifen eigener Kraft, unabhängig von einer überall gleichartigen, etwa kontraktions-hypothetischen Spannung. Wohl aber konnten die Züge geringerer, indifferenter oder oben nach außen gerichteter Hauptbewegung als die Streifen überwiegend abwärtiger Massenströmung im Untergrund erkannt werden. Denn immer wieder ergaben sich Nachweise dafür, daß die *absenkenden* Kräfte es sind, welche die Gebirgsstruktur bilden — räumlich, wie auch zeitlich herrscht *der Abbau* (vgl. auch A. Rittmann 1942).

Schon im Ladin erwuchsen uns Beispiele (I, 165). *Den Zusammenhang zwischen strömendem Magma und tektonischer Bewegung* erkannten wir daran, daß betonte Faltung und Störung überall dort liegen, wo ersteres emporsteigt (Inneres der Karnischen Südalpen-Geosynklinale im Gegensatz zur nordalpinen I, 184).

Klar liegt der Unterströmungsbeweis *in tektonischen Bogengebieten*, wo die scheinbare Bewegung *ohne* inneren Massenverlust und *ohne* Zerrung oben von innen gegen außen geht. Die wirkliche Bewegung kann allein eine Unterströmung unten gegen innen und abwärts gewesen sein: Im Westalpenbogen gegen innen (I, 264f.), im Digne-Bogen (S. 28), im Sichelbogen des Faltenjura (S. 223).

Ebenso klar erweist sich die Unterströmung aus der *Zweiseitigkeit der Narben und deren gleichzeitiger Unterschiebung von außen* her. Die prächtige, spiegelbildliche Zweiseitigkeit der westkarnischen, julischen und Steiner Alpen (I, 506ff.) gibt besonders gute Beispiele. Doch sind auch die steilen Narben- oder Wurzelfächer-Strukturen, zum Teil von kristalliner Zusammensetzung anders nicht zu deuten.

Entscheidend bei allem ist der *Grundsatz der Absenkung*. Er entscheidet schon allein deshalb, *weil er das Geschehen der Gebirgs-Mutterstätte, der Geosynklinale bekanntlich völlig beherrscht. Darum können es allein Hinabbauvorgänge sein, die orogen wirken, und allein in der Tiefe Platz-schaffende Abfuhrströme, welche die Voraussetzung bilden.*

Auf andere Ursachen können diese nicht zurückgehen. Das bißchen Wasser und die dünnen Reliefrippen, die vielleicht vor einer Senkung da waren (I, 265f.), hätten niemals die penninischen Massen niederdrücken und fortpressen können — so wenig wie ein afrikanischer Kontinent, der aber im S nicht anschließt! Die Senkung, gleichzeitige Faltung (I, 298f.) und Deckenabwanderung kann allein durch Unterströmung verstanden werden. Die dabei mit der Baugeschichte fortschreitende Teilbewegung oben kann als fortschreitendes Emporgreifen der formenden Kräfte aus der Tiefe gelten. *Es sinken nicht allein die Mulden, sondern auch, wenngleich langsamer, die Sättel zwischen ihnen*, denn sie sammeln auf sich sehr mächtige Riffkrusten. Das ist unmöglich Folge eines primären Tangentialdruckes in der äußeren Erdhaut, *da ja keine Überlast vorliegt*, welche allein in der Lage wäre, von außen her tieferen, ruhenden Untergrund zur Seite zu drücken. Weil spezifisch schwerere Gesteinsmassen oben fehlen, kann der Grundsatz des Tauchgleichgewichtes bewegend nicht in Frage kommen. Zudem ist er ein Grundsatz nicht der Dynamik, sondern der statischen Ruhe.

Da an den verschiedensten Orten und zu verschiedensten Zeiten mitunter gewaltige Massenverluste, namentlich eine Längengradverkürzung, ein alpiner Erdrindenschwund abzuleiten ist (S. 45) und der Überschuß weder seitlich noch aufwärts abgewandert sein kann, so beweist auch dies ein mitunter gewaltig gesteigertes Maß an Abstrom nach unten.

Neben der Senkung ist es zweitens der so oft festgestellte

Grundsatz des Massenausgleichs,

der nur bei der Unterströmungs- oder Subfluenz-Theorie verständlich wird. Unverkennbar z. B. ist die regional ausgreifende und langdauernde Hebung mit

Hochlage während Jungoberkreide-Eozän im Bohnerzfestland des Vorlandes und der Helvetiden-Delphiniden während gleichzeitig der umfassende Massenverlust, der Hauptbewegung der Westalpen eintrat. Der Massenausgleich in der Tiefe liegt hier sehr nahe (S. 32f.). Was unter dem tertiären piemontesischen Senkungsfeld an Geoplasma verloren wurde, strömte wahrscheinlich gegen W der zwischen Barrem und Burdigal wiederholt kräftig aufsteigenden Außenseite des Westalpenbogens unten zu (S. 94). Das in der Tiefe der Unterinntalnarbe jungtertiär abgeflossene Geoplasma kann sehr wohl südwärts unter das sich gleichzeitig hebende Gewölbe von H. Tauern—Zillertalern hineingeflossen sein (S. 299). Dagegen scheint z. B. im südalpinen Ladin nur ein hangender Teil des Geoplasmas mit den gleichzeitig in örtlich viel beschränkteren Gebieten bewegten Vulkanmassen im Zusammenhang gestanden zu sein (S. 346). Recht tief dürfte die flache, aber so ausgedehnte norische Strömung gelegen haben (S. 348).

Auf ein äußerst großzügiges Hin- und Herschwanken ähnlicher Tiefenmassen läßt der wiederholt gewürdigte Gegensatz des *Ab-und-Auf* schließen. Diesem „Puls der Erde" (E. Kraus 1926) können Hypothesen der Plattenrammung oder Kontraktion unmöglich gerecht werden, sondern allein die Unterströmungs-Vorstellungen. Denn die Hebungen brauchen Massenzufuhr, die Senkungsfelder Massenabfuhr, also mächtige Massenströmungen. Aber auch im kleineren ist der Grundsatz der Beziehung zwischen Vortiefe und ihrer zugehörigen Schwelle — sei diese nun eine festliegende Standwelle oder verlagert sie sich allmählich als Wanderwelle — allein unterströmungsmäßig zu verstehen.

Aus jenem Wellenwurf ist eine mehr waagrechte Massenströmung der Tiefe abzuleiten. Diese erfaßt schließlich auch hangendere Erdrindenteile, so daß auch solche der geosynklinalen Untergrundbewegung gesteigert in den tiefer abtauchenden Teilmulden folgen. Sie schoben sich mehr waagrecht unterströmend unter benachbarte Schwellen hinein und entwurzelten diese mit nachfolgenden hangenden Teilen. So wurden die Decken nach oben abgeschert und bewegten sich im Verhältnis zu den scheinbar ruhenden Vortiefen „vorwärts".

Als beweisendes Beispiel erkannten wir S. 299, wie das Streichen der bajuvarisch-ultrahelvetischen Einheit bei deren aquitan-miozäner Unterschiebung unter die Tirolische Einheit auch gleichzeitig unter diese hineinbiegt, was allein durch die Aktivität der tieferliegenden Einheit, also durch deren Unterströmung zu deuten ist. Eine miozäne Wanderwelle (S. 171) ging von dem SW-steirischen Einbruchsbecken gegen NO und O durch Burdigal-Helvet-Torton weiter, gefolgt von einer flacheren, offenbar isostatisch unvollkommenen Hebungswelle.

Eine unterströmende Standwelle beobachteten wir während der pannonischen Zeit durch Niederbrechen des steirischen Beckens und dessen anschließende Heraushebung und erosive Ausräumung. Nachfolgend senkte sich der NO-liche Aufwölbungsteil weiträumig und dann setzte sich die Welle gegen SO in die Kl. Ungarische Tiefebene mit weiten westungarischen Senkungen sowie flächenhaften Ausräumungen im NW davon in Bewegung. Ganz ähnlich verlagerte sich eine Wanderwelle im Sarmat/Altpont Südbayerns gegen O (S. 257).

Das Geoplasma sank offenbar unter den sinkenden Feldern ab gegen die sich benachbart mit ähnlicher Tonnage heraushebenden (S. 171). Zunächst bildete sich oben im Landschaftsrelief eine Standwelle, dann eine Wanderwelle gegen NO, pliozän dann gegen SO zu. Für engere Faltung und bedeutendere Hubhöhenunterschiede war die Erdrinde offenbar schon zu dick. Nur noch Großplatten verbogen sich sanft, kippten langsam, grenzten sich gegeneinander durch sanfte Flexuren ab — als letzte Andeutung tektonischer „Mittelschenkel" zwischen Mulden und Sätteln. Klar und regional ausgedehnt waren die außenbürtigen Folgen der Abtragung und Auflagerung. Dem innenbürtigen Massenabstrom entsprach ein außenbürtiger Massenzustrom oben mit ähnlichen Massen. Die Langsamkeit der Vorgänge ist außerordentlich.

Schon unter dem Grundsatz der Konsequenz wurde der Planfortschritt der Baugeschichte besprochen, der im Voranschreiten von innen gegen außen liegt (I, 519). Wenn im Alttertiär durch Zusammenschub die Vindelizischen Schwellen verschwanden, verlagerte sich nicht allein die Hauptvortiefe weiter nach N, sondern es bildete sich da im Baurelief auch eine neue Schwelle aus (die „Germanische Südschwelle"; S. 34). Dies und eine Übersicht inneralpiner Unterströmung wie sie S. 30f. gegeben wurde, kann wiederum eben nur unterströmungs-mäßig verstanden werden.

Der Druckrichtungswechsel im Lauf der Baugeschichte

ist keinesfalls regional immer so umfassend, daß er auf wechselvoll schiebende Kontinentalplatten zurückgeführt werden könnte. Er ist aber auch so wechselvoll, daß kontraktionshypothetische Vorstellungen ganz ausscheiden. Schon unter dem Begriff der Konsequenz wurde hierüber berichtet (S. 414f.). *Daß nur Wechsel in der Unterströmungsrichtung erklärend in Frage kommen* wurde S. 72 ausgeführt.

Derart entgegengesetzte Druckrichtungen wie sie z. B. im Bereich der Weyerer Bögen zwischen Cenoman und Untergosau und dann wieder im Tertiär in N-S, nach vorcenomaner Anlage im Alttertiär und dann wieder im jüngeren Tertiär in W-O wirkten (I, 424), wie wir sie (I, 424f.) für das Gesäusegebiet in Jura-Unterkreide, gefolgt von tiefer Abtragung, danach vorcenoman in N-S gehabt haben, nachgosauisch aber in O-W oder die Helvetiden bzw. wie sie das Westalpenvorland (S. 25f.) zuerst in N-S, danach in O-W erhielt — sind auf andere Weise als durch Richtungswechsel der zähen Unterströme offenbar nicht zu deuten. Und ein angeblich der exakten Forschung dienstbarer Verzicht auf eine Deutung ist Vogelstrauß-Politik, die uns nur am Weiterschreiten hindert.

Gewiß sind noch etwas abweichende Druckfolgen mit im Spiel. So konnte S. 45 auf starke Abtragungen in eingeschalteten Haupthebungszeiten und demzufolge auf spätere, abweichend gerichtete Reliefwiderstände bei nachfolgenden *Reliefüberschiebungen* hingewiesen werden, die in ungewöhnliche Richtungen gezwungen wurden (Reiteralm, Wendelstein, Kaisergebirge, Wetterstein) oder es war S. 46 auf die von O. Ampferer besonders betonte *Kerb-Wirkung* bei queraxialen Einsenkungen hinzuweisen, welche bestimmend wurde für den Westrand der Ostalpen, für die Unterschiebung im Längsverlauf bei Weyer, für die Gipfelfaltung des Sonnwendgebirges ostwärts unter die Inntaldecke (Abgleitung).

Als weitere Teilursache für die Richtungswechsel kommen die quer zum allgemeinen Orogenstreichen aufreißenden *Gegendruckrisse*, z. B. in Judikarien oder zwischen Falknis und Chur, in Frage, welche nachfolgend die weitere Nachbarschaft gleichfalls zu abweichenden Teildruckrichtungen gezwungen haben. Hier liegen also die weiteren Folgen eines die Orogene zerstörenden Angriffes vor.

Der europäische Zyklonalstrom

Mehrfach, einsetzend mit Längsdruck bereits variszisch, dann besonders in der Kreide und wiederholt durch die Tertiärzeit hindurch, mußten wir die übergeordnete Leistung einer regional wohl den gesamten europäischen Kontinent erfassenden Hauptbewegung feststellen. Da sie nur strichweise zerstörend in die normale, orogen-abbauende Baugeschichte eingriff, muß sie wegen der Allgemeinheit ihres gegen S mit Eindrehung im Gegenuhrzeigersinn gerichteten Überdruckes ihren Sitz in noch größerer Tiefe haben als die orogenen Abfuhrströme, deren Kreise sie störte. Auch ein solcher gewaltiger Bewegungsantrieb der unter Ost- (E. Kraus 1937), Mittel- und Westeuropa hindurch wie ein Zyklon die alpine geosynklinale Erdrinde überwältigend unterfuhr, kann offenbar nur als zyklonale Großströmung gedacht werden. Ihre fließende Drehbewegung wird besonders klar, wenn man sowohl für Oberkreide-Alttertiär wie noch für die pontische Jurabewegung ganz allgemein feststellt (S. 47), wie an Gegendruck-Querstörungen oder horizontalen Querverbiegungen immer der jeweils westliche Schollenteil der Unterlage um ein größeres Stück gegen S bzw. SO vorrückte als die zurückbleibende Schollennachbarschaft im O, auch weiter hinab als der höherbleibende Ostteil.

Der R. Schwinnersche Zyklonal-Wirbel kann, wie schon O. Ampferer 1921 ausführte, für die weithin geradlinig fortziehenden Verschluckungszonen unserer orogenen Narben nicht in Frage kommen. Wohl aber kann man an ihn denken bei der tieferliegenden, zyklonalen Großströmung.

Die Vormacht dieser zyklonalen Hauptstromverfrachtung äußerte sich (58f.) jungmesozoisch in dem Schweizer Pennin-Unterostalpin wie in den NO-Alpen und den mittleren Zentralalpen durch die vermehrte Südgeschwindigkeit der Unterlage. Der tiefere altjuvavisch-plastische und der höhere, jungjuvavische, mehr klastische Verformungsstrom wurde S. 72 klar im *Bauplan der Alpenknickung*. Unter dieser verstehen wir sowohl die vorherige Gegendruck-Querzerscherung der orogenen Bauten (S. 62—72) wie die große W-O-Alpenstauchung und die gegen O unterschiebenden Knickungen an den dinarischen Bewegungsflächen der SO-Alpen (S. 80, 182).

Der regelmäßige Bauplan eines Faltenjura (S. 221) ist allein durch Unterströmung des nördlichen und westlichen Vorlandrahmens unter die Molassevortiefe hinein verständlich. Da ist nichts von Tumor-Abgleiten oder anderen, oberen Antrieben zu bemerken. Erst nachträglich kamen die zum Teil enthüllende Abtragung und Heraushebung sowie die Abtrennung des Schweizer Mittellandes und der jungen Vortiefe von La Bresse-Saône-Graben. In der großzügigen Sichelform des Faltenjura spiegelt sich die Großzügigkeit der eingreifenden Vortiefenkräfte. Diese nützten ältere, günstig gelegene Sprünge aus und verschoben an ihnen jeweils den W-Teil gegen S. Weder die klaffenden Jurabrüche noch auch die Sichelform ohne inneren Massenverlust (S. 223) lassen eine andere Ursache als die zyklonale Großunterströmung verständlich werden (S. 221).

Aus größerer Stockwerkstiefe sind Folgen eines solchen zähen Kurven-Fließens erhalten in dem *Schlingenbau* der südlichen Ötztaler Alpen oder im Defereggengebirge, einer Art Faltung mit annähernd senkrechten Achsen (I, 21). Ausgedehnte Schollen müssen sich plastisch aneinander vorbei bewegt haben. In dem darüber ruhenden Bruchstockwerk rissen dabei, offenbar über den Grenzen abweichender Fließrichtung der Unterlage, die hoch emporreichenden *Paraphoren* auf. Archaische Gneiskerne drifteten auf dem Rücken der Unterströme, wurden durch einen algomanischen Absenkungsstrom oben zusammengeführt und in das Orogen der Glimmerschiefergruppe mit eingebaut (I, 20f.).

Der Grundsatz der Neuaufwältigung orogener Bauten

Als besonders tiefliegender und weit überwiegend waagrechter Unterstrom von überwältigender Energie wirkte der europäische Zyklonalstrom nicht, wie die weniger tief absinkenden Narbenströme im Hinabbau Orogen-schaffend. Er wirkte — offenbar durch Teilzerrungen — überwiegend *zerstörend auf schwächliche* Festlands- und Orogen-Teile. Diese wurden wieder aufgewältigt und als Trümmer konnten sie erneut hinabgezogen, sowie im Abbau zu neuen, festeren Strukturen vereinigt werden.

So sehen wir, wie bei der großen Grenzbereinigung zwischen dem Südsaum Europas, welches besonders während Kreide, Alttertiär und Rupelstufe auf dem Großstromrücken gegen S und SO herangeschleppt wurde, und zwischen dem absinkenden Vordringen der beiden alpinen Geosynklinalen die Festlands-Randteile in Trümmer gingen. Sie fügten sich (S. 74) den neuen Beanspruchungen nicht alle gleich. An Quer- oder Längsstörungen oder horizontalen Blättern bzw. Flexuren lösten sich die Schollen voneinander. Anscheinend die in größerer Tiefe wurzelnden und daher energisch gegen S herangeschleppten Teilstücke rückten etwas weiter vor, wobei auch hier wieder ohne größere Ausnahmen die jeweils westlich gelegenen Schollen mehr als die östlicheren gegen S verlagert wurden (S. 74).

So sehen wir beim Vorrücken der westlichen und nördlichen Außenvortiefe im Tertiär die zertrümmernde Senkung und Grabenbildung an Rhone, Saône, Mittelrhein, sehen die Schollenabbrüche an der Donau und Naab, die Abbruchschollen im nördlichen Niederbayern und am österreichischen Südrande der Böhmischen Masse. *Das Baurelief verschärfte sich* durch Schollenkippung und Senkung, örtlich auch durch Teilschollen- und Massiverhöhung; Mähren und Westungarn gliederten sich in teilbewegliche Schollen auf, breite Bruchschollenstreifen verwandelten sich zu Savefalten (S. 168). Bereits bei der Senkung kann auf Muldenverbiegung unter gleichzeitiger Aufnahme der Mulden-Sedimente und deren fortschreitender Verbiegung geschlossen werden. Wanderwellen und endgültige Faltung, oft nur steife Molassefaltung und randalpine Unterschuppung greifen vor den Westalpen ein. Vor den Ostalpen beobachten wir darauf die Schlier-bildende Senkungs-Unruhe, die Domaufwölbung ohne starke Randschuppen und nur mit einfacher Randunterschiebung (S. 274).

Das ausgedehnte Gebirgsland im O der heutigen Alpen brach miozän zu einem Schollenmosaik nieder. Es beweist seine Neu-Aufwältigung durch eine bei nachfolgender Senkung, Wellung und unterströmender Massage (S. 172f.) der Erdhaut ungleich stärkere Reaktionsbereitschaft als das nicht niedergebrochene Gebirgsland im W.

Bei offenbar baugeschichtlich annähernd gleicher Fortgeschrittenheit also konnte auch alten, zentralalpinen Erdrindenstücken eine gewisse Jugendlichkeit zurückgegeben werden, sofern nämlich die zertrümmernden Tiefenströme noch eine zertrümmernde Niederbiegung bringen konnten. Mit der Bruchbildung gleichzeitig oder ihr folgend konnte ein niederzwingender Geoplasmastrom die hohe bisherige Schwimmlage erneut überprüfend beseitigen (S. 172).

Erst muß das Land durch Zerstörung des Bestehenden urbar gemacht, gerodet und aufgebrochen werden. Dann ziehen Pflug und Egge ihre Mulden und Rinnen, deren Falten die Saat der neuen Gebirgsbildung mit sich in ihren gebärenden Schoß hinabnehmen. Verdickt gehärtete Erdrindenteile beugen sich diesem Gesetz des Werdens „stirb und werde!" nicht mehr. Andere bleiben in früheren oder späteren Entwicklungsstadien stecken. *Über alle möglichen Übergangszustände dieser Art hinweg tastet sich die geosynklinale Senkungs- und Faltungskraft weit hinaus in die epirokinetische Umgebung.* Allein in Zwischenzeiten höchstgesteigerter Stromenergie vermag die Gebirgsbildung noch in gewissen Schwächezonen letzter Nachgiebigkeit der Kontinente Geosynklinal- oder wenigstens Vortiefen-ähnliche Senkungen, Faltungen bzw. Bruchfaltungen, wie bei salzreichen Zwischenmitteln, zu erzwingen. Deren oft „germanotyper" Vollzug aber verdickt und festigt nur noch weiter das so auf die Probe gestellte, stabile Schwimmvermögen der Kontinente.

Weniger klar und nur aus dem Auseinandertreiben und Neueingebautwerden der großen plutonisch verdickten Massive erschließbar spielte sich solche wiederaufwältigende Urbarmachung des algomanischen, des variszischen und alpinen Geosynklinal-Feldes *schon früher* ab. Die damals noch dünnere und von Spaltungs- und Reaktions-bereitem, pazifischem Urmagma unterflossene Erdrinde hatte freilich viel weniger Widerstand geleistet als der W- und mitteleuropäische Kontinentalteil im Tertiär, an welchem jenes senkende Umsichgreifen stranden mußte.

Ungleich weniger widerstandsfähig und mehr den einstigen archäisch-algonkischen Zuständen im Alpenbereich gleichend verhielt sich jedoch die *südeuropäische Nachbarschaft.* Mit ihren mesozoisch-tertiären Orogenbauten, die, noch wenig aneinander geschweißt, weitschweifend hinausgebaut waren in die ozeanisch-pazifische Tethys, ließ sie sich während der tertiären Hauptprüfungs- und Zertrümmerungszeit zu Ruinenbauten zerbrechen. Ihre Schollen drifteten auseinander. Sie liegen heute ähnlich Teilmassiv-artig zwischen neuen Teil-„Geosynklinalen" wie etwa die Ruinen älterer Orogenbauten im Malaiischen Archipel.

Sind damit Geosynklinalen neu aus einem zertrümmerten Kontinent entstanden? So fragten wir zu Anfang von Band I, 1936.

Soweit wir in der alpinen Baugeschichte zurückblicken können, war bereits zu algonkischer Zeit eine geosynklinale Trogsenke vorhanden, jene der Phyllitschiefer-Tröge, durchsetzt von Porphyroid und Keratophyr — also pazifischen Spaltungsgesteinen. Ihre Trogsenken wurden in alt- und jungpaläozoischer Zeit fortgesetzt als N- und S-Grauwacken-Geosynklinalen mit pazifischen Schmelzflüssen und die alpidischen Geosynklinalen mit ihren Abfuhrnarben sind wiederum nichts anderes als deren Nachfolger in mesozoisch-altertiärer Zeit. Erst von der Oligozänmolasse an fügte sich das Gesamtgebirge zusammen zu einem mehr epirokinetischen Körper, dessen geosynklinale Rest-Regungen fast ganz auf die randlichen Vortiefen von heute verbannt wurden. Zugleich nahmen nun die atlantischen Spaltschmelzen überhand.

Es ist also nicht etwa ein Kontinent zur orogen-bildenden Geosynklinale geworden, sondern es sind früh verfestigte Teilmassive über ozeanisch-pazifischem Untergrund zerrissen und zu späteren Orogenbauten verschweißt worden durch die immer weiter fortgesetzte Abbautätigkeit absinkender Narbenströme.

Weder in diesem Gesamtgeschehen noch in Einzelvorgängen konnten wir Beweise für die wirkliche Umwandlung eines soliden Kontinents in eine Geosynklinale auffinden — so wenig wie etwa im Malaiischen Archipel.

Als Gebirge bauend erkennen wir die durch viele Jahrmillionen bodenständige Geosynklinale mit ihrem orogenen, hinabbauenden Erbgang. Dieser wird von den abwärtsströmenden Narben beherrscht, die von der Unterlage durch lange Zeit unabhängig strömen und arbeiten, deren Ströme aber Zuflüsse eines unter dem allen hindurchgreifenden Driftstromes sind. Das Stockwerk der abbauenden Orogene kann in seiner Gesamtheit und oft durch lange Zeit seinem planmäßig fortschreitenden Abbau und dem Wechsel des Ab-und-Auf überlassen bleiben und so durch die Breiten- und Längengrade, also die Klimagürtel des Erdballs, mit scheinbar bodenständiger Orogenese langsam dahintreiben. *Diese Orogenschale aber liegt nicht völlig fest, sondern sie verschiebt sich auf der überaus langsam und ungleich großzügiger voranrückenden Großdrift-Schale.* In letztere taucht, offenbar tiefer und darum dem Driftantrieb gehorsamer, der europäische Kontinent ein. Mit seinem beweglicheren Schollensaum treibt dieser unter erheblicher Drehung im Gegenuhrzeigersinn zu manchen Zeiten lebhafter gegen die alpine Geosynklinale heran (I, 109). Dabei verbiegt sich und zerfließt teilweise auch das alpine Doppelorogen. Schwächere Randteile müssen, im O, wie im Piemont, zertrümmert zu Boden. Aber noch zerstörender wirkte sich der europäische Zyklonal-Unterstrom tertiär im mediterranen Südeuropa auf dessen dort abgebaute Orogene aus.

Damit haben wir nicht teil an der Rammhypothese der Kontinentalplatten, welche mit der geosynklinal-orogenen Entwicklung nichts zu tun haben kann, und deren bewegende Kraft oben, nicht aber in der strömenden Tiefe gesucht wurde (I, 486f., S. 57f.).

Alles fließt! Der spezifisch leichtere, schwimmfähige Stoff treibt dahin auf dem Rücken der Unterströme. Sinken diese, wie in der geosynklinal-orogenen Schale, so wird das Driftgut über dem sinkenden Narbenstrom zusammengeführt, gestaut, gefaltet, unterschoben wie Eisschollen, unter welchen, sie zusammenschiebend, der Fluß weiter fließt. Im Hinabgehen entsteht hier der orogene Bau, der ein Abbau ist.

Steigen diese Ströme empor — und im Massenausgleich wird dies insgesamt nicht seltener eintreten als die Senkung —, so trennen sie die Hangendrinde und können ihr erhebliche Tiefenmassen zuführen; so zerreißen sie vorhandene Orogenstrukturen.

Und doch kann nicht alles wieder zerteilt werden, was im orogenen Abbau vereinigt worden war.

Denn der aufquellende Strom zerteilt ja nur an Schwächelinien. Er wirkt allein in der kalten Außenschale und kann den dickeren Schwimmkörpern nichts mehr anhaben. *Der absinkende Narbenstrom aber führt zusammen,* verschweißt in der heißen Tiefe, zu welcher er hinabführt, verdickt und macht so seine orogenen Erzeugnisse allmählich gefeit gegen die Wiederzerstörung.

Voraussetzung für diesen also letzten Endes *zielstrebig aufbauenden Kurs* in Richtung auf die Bildung mächtiger, ruhender Kontinentalplatten scheint die Gegenwart des bei seiner Absenkung (Temperaturerhöhung) noch schaffensbereiten, gasreichen *pazifischen Urmagmas* in der strömenden Reichweite des orogenen

Stockwerks zu sein. Hier suchen wir eine, wenn auch nicht die letzte Kraftquelle. Deren weitere mechanische Wirkungen in den höheren Stockwerken der alpinen Erdrinde sind noch zu betrachten. —

Als Grundsätze, denen sich das Geschehen der Unterströmungen (VII) offenbar unterordnet, können folgende festgestellt werden:

VII 1. **Die Orogenbewegung nimmt gegen unten zu trotz wachsender Überlastung, also trotz geringeren „Platzes" im ruhend gedachten Untergrund. Folglich ist die Tiefe nicht ruhend, sondern Sitz der aktiven Bewegung.**

VII 2. **Es sind vier Hauptschalen der Erdrinde unterscheidbar:**
A. Die tektonische Erdschale (Tektonosphäre), gegliedert in:
A 1 Stockwerk mit überwiegend klastischer Verformung und scharf ausgeprägtem Materialstil.
A 2 Stockwerk mit überwiegend plastischer Verformung und geringer Kristallisation.
A 3 Stockwerk mit epizonal-metamorpher Bewegung.
B. Die granoplutonische Erdschale, in Zwischenzeiten mit starken Wucherungen gegen oben bei meso- und katazonal-metamorpher Bewegung.
C. Die Erdschale der orogenen Ausgleichströme in der Waagrechten.
D. Die suborogene Erdschale der allgemeinen Driftströmung.

VII 3. **Aus der Einheitlichkeit der regional sehr ausgedehnten Hauptbewegungsrichtungen sowie aus deren großzügiger Änderung schließen wir auf Unterströmungen, deren Hauptstockwerk unter der teilbeweglichen, granoplutonischen Erdschale liegt.**

VII 4. **Der orogenbildende Abbau ist nicht durch oberflächennahe Kraftquellen, sondern durch langdauernd absenkende Narbenströme zu deuten, welche die Geschichte der Geosynklinale beherrschen und die dauernden Voraussetzungen für deren Senkung schaffen.**

VII 5. **Beweise der Unterströmung sind: Zusammenfallen von Tektonik und oberflächennaher Magmabewegung; der Bau tektonischer Bögen; gleichzeitige Zweiseitigkeit der Narben-Unterschiebung von außen; die steilen Narbenfächer; mangelnde Überlast oben, welche die Senkungen erklären könnte; starke Massenverluste nach abwärts.**

VII 6. **Durch Unterströmung erklärt sich allein der Grundsatz des Massenausgleichs zwischen Senkungs- und Hebungsgebieten wie er besonders auch im dauernden Ab-und-Auf zur Geltung kommt („Massenwellung").**

VII 7. **Aus der Beziehung einer Vortiefe zu ihrer Nachbarschwelle, aus der Erscheinung der Stand- und Wanderwellen lassen sich ausgedehntere waagrechte Strömungen ableiten.**

VII 8. **Der wiederholte Wechsel der Hauptdruckrichtungen am gleichen Ort ist nicht mit oberflächennahen Plattenschiebungen, sondern nur durch Unterströmungen verständlich. Teilrichtungen sind örtlich durch Erosionsrelief, Kerbwirkung oder großzügige Querstörung zu deuten, mitunter durch Abgleiten.**

VII 9. **Als tiefster Unterstrom ist der europäische Zyklonal-Driftstrom abzuleiten. Er schleppt die ganze orogene Hauptschale überaus langsam fort und greift in diese nach oben nur gelegentlich zerstörend oder verbiegend (Schlingenbau) ein.**

VII 10. **Die Querscherungen, Längsstauchungen und die alpin-dinarischen Umknickungen können als „Alpenknickung" auf die wiederholt aus tiefster Erdschale übermächtig vordringenden Stromkräfte der europäischen Großdrift zurückgeführt werden.**

VII 11. **Der Driftstrom zertrümmerte beim Abbiegen gegen oben oder unten schwächlich gebliebene Randteile des Festlandes oder des Orogens. Bei Fließänderungen in der Waagrechten brachte er dem über ihm schwimmenden Orogenbau horizontale Flexuren oder Blattrisse, wobei zumeist Gegenuhrzeigerströmung herrschte.**

VII 12. Durch die Störungen wältigte der Driftstrom einen Kontinent nicht wieder auf. Er erweiterte nur verbliebene Schwächen, verjüngte Schollenfelder und verhalf ihnen zu germanotyper Verfestigung.

VII 13. Die Wiederaufbereitung des lockeren südeuropäischen Orogenrostes entspricht frühvariszischen Zuständen in den Alpen oder quartären im Malaiischen Archipel.

VII 14. Für die verjüngende Weiterführung des orogenen Abbaues scheint pazifisches Magma in der Tiefe nötig zu sein.

VII 15. Die absinkenden, das Orogen abbauenden Ströme wirken nachhaltiger als die aufsteigenden, zerstörenden Ströme.

VIII. Der Hauptgrundsatz der granoplutonischen Massivbildung

Mit dem Grundsatz des Ab-und-Auf-Wechsels hängt zusammen, *daß in unseren Orogenen die Gebilde von zwei ganz verschiedenen Bauplänen enthalten sind*. Die orogen hinabbauende Abwärtsbewegung verlagert die Erdrindenteile primär auf steilen oder senkrechten Bahnen; jedoch nur zunächst den Narben und in den nach unten biegbaren, noch schwach widerstehenden Massen. Da deren vorher eingenommener Raum durch seitliches Heranrücken, also durch Unterfaltung, Unterschiebung oder in der Tiefe durch Unterfließen wieder eingenommen wird, entstehen doch unter beiden Narbenflanken überwiegend flache, fast waagrechte Bewegungsstrukturen während der „Hinab“-Zeiten.

Während der späteren „Aufstiegszeiten des nachlassenden orogenen Abwärtszuges werden die narbennächsten, steilen Bewegungsflächen der Narbenfächer überwiegend benützt, flachere Strukturen werden gequert. Denn nun entsprechen die in der überlasteten Tiefe erhitzt mobilisierten Schmelzmassen, soweit sie spezifisch leicht sind, dem isostatischen Aufstieg. Dies auch unter Mithilfe der magmatisch mobilisierenden Agentien und höheren Temperaturen.

Quer und steil durch fertige orogene Flach-Bauten aus der Abbauzeit schneiden daher nur steile, weit überwiegend granitisch-granodioritisch-tonalitische Plutonkörper — kurz „*Granoplutone*“ — je nach Wegsamkeit und Aufstiegsart von lakkolitisch-batholithisch-phakolitischer oder linsenartiger Form.

Die randadriatischen Tonalite auf oder neben der Südalpennarbe vermittelten uns eine gute Vorstellung, die aber ebenso schon aus den Lehren spätervariszischer, algomanischer oder archäischer Granitmassen erwuchsen (Beispiel: Amering-Kristallisation und -Orthogneise I, 51).

Im Bereich der nördlichen Venedigergruppe bilden die höher aufgestiegenen Granoplutonstreifen zwischen sich zurückbleibende Sediment-„Mulden“ (I, 53) einer vermutlich spätvariszischen Granoplutonphase. Variszische Tektonik und danach abtragende Heraushebung waren in dem Bozener Dolomitensockel schon beendet, als sich erst, nach melaphyrischen Vorläufern, die Vulkane mit ihren riesigen Porphyrlaven und Tuffen entwickelten. Der Schmelzmassenaufstieg folgte als zweite Szene des großen Bewegungsaktes (I, 103). Sie dürfte sehr kurz gedauert haben und zählt zu den permischen Schmelzmassenaufstiegen, welchen auch die Granitplutone der Cima d'Asta, jene westalpiner Außenmassive (Tödi) und vielleicht des Unterostalpins nach einer altpermischen Senkungs- und Bewegungsphase angehören. Nach der Granoplutonphase I im Archaikum, der II. im Altalgonkium und der III., voroberkarbonischen, bilden sie die IV. Hauptgeneration (I, 104).

Solche granitisierten Aufstiegskörper hatten selbst oder zusammen mit ihrer Umgebung *Massivcharakter* (I, 67—70). Neben der Widerstandsfähigkeit gegen spätere Angriffe besteht dieser in Steigfähigkeit dank geringerem spezifischem

Gewicht. Hier liegt also keine Widerstandskraft durch „Totfaltung" vor; wichtig ist allein das Vermögen, hoch zu schwimmen (I, 68).

Als Beispiele lernten wir die Muralpenkerne mit ihrer algomanischen Verfestigung und ihren reichlichen, algonkischen Granitplutonen kennen oder die langgestreckte Südzone der „Alten Gneise" etwa gleichen Alters.

Die granitischen Schmelzen entstanden als Spaltungsergebnisse bei der Differentiation der pazifischen Urschmelze, also des salsimatischen Stamm-Magmas, außerdem wohl auch aus Umschmelzungen der orogen tief versenkten Erdrinde (E. Bederke 1943). Die Schmelzen durchtränkten auch schwerere Sedimentmassen, vereinigten sie zu Massiven und dürften in den orogenen Absenkzeiten besonders aktiv gewesen sein.

Da wir keinen Unterschied in der „*Gebirgsbildung*" mit kälterem oder mit schmelzflüssigem Mittel machen können, sondern *allein die gesteigerte Bewegung der Orogenese berücksichtigen*, zählen wir auch jene unterkrustale Spaltung und Verfrachtung der Spaltschmelzen zu den orogenen Vorgängen.

Die Massive können wir bezeichnen als *die Sammelkörper des Sal*, welches durch Differentiation der Urschmelze bei geosynklinaler Tieflage während der gebirgsbildenden Zeit entstanden und plutonisch oder diffus emporstiegen bzw. höhere Nachbarmassen basal verdickten (I, 69).

Aus dieser Entstehung der granitischen Massive *wird deren überwiegend rundliche Umgrenzung verständlich* im Gegensatz zu den durch Muldensenkung abwärts gefalteten und durch Einengung verdickten Faltensträngen, die später gleichfalls widerstands- und höher schwimmfähig werden.

Abbild dieser plutonischen Rundgestalten in größerer Erdrindentiefe dürften die rundbuckligen, oft ruhig gelagerten Aufwölbungen und andererseits die weniger als die Sedimentmulden langgestreckten, mehr beckenförmigen Senkungsfelder sein, in welchen sich z. B. spätvariszischer Schutt sammelte. Abbild der unterirdisch eingeschalteten Granoplutonmassive sind auch die stark bogenförmig sich solchen offenbar anschmiegenden, variszischen Faltenverläufe in den Ostalpen.

Ein Überfluß an wahrscheinlich jungvariszisch emporgestiegenen, pazifischen, zum Teil schon atlantischen Schmelzen drang inmitten einer algonkisch-variszischen Schieferumgebung in den unterostalpinen Erdrindenteil ein. Es entstand ein mächtiger Knoten mit Granitisierung, Schmelzfluß-Durchtränkung, Verdickung und Verfestigung, der sich fortan seiner Umgebung gegenüber als hochstrebend und widerstandsfähig erwies (I, 71, 100). Er konnte ein sehr beharrliches Inselkranzgebirge bilden, ein jüngeres Beispiel archaischer oder algonkischer Knotenbildung. Ein anderes, oberflächennahes Beispiel ist die Porphyr- und Tuffansammlung an der permischen Oberfläche unter der westlichen Dolomitenschüssel bei Bozen (I, 103).

Die Vorgänge der granitisierenden, umschmelzenden, differenzierenden Tiefe müssen nach der überaus weiten Verbreitung dieser und nach dem bodenlosen Tiefgang ihrer Folgen *als ungleich wichtiger angesehen werden* für die fortschreitende Konsolidierung als die einengende Hinabfaltung in lang hinstreichenden Faltenästen oder als die Deckenbewegung (I, 71). Deren Reichweite nach unten bemißt sich zunächst nach ihren Sedimentmächtigkeiten, welche die 5—10 km kaum überschreiten. Dagegen reicht die kontinentale Sal-Unterkante nach erdphysikalischen Messungen 40 bis 60 km tief bzw. wächst die Erdrindendicke durch starke Gebirgsbildung in dieser Größenordnung. *Die stärkere Verdickung geschieht also unter dem kühler-tektonischen Sediment-Orogen durch den granitisch-salischen Schmelzmassen-Zuwachs* (I, 70).

Bevorzugte, meist wohl auch durch starke Absenkung in heißere Tiefen lebendig gewordene Untergrundsteile (I, 110) scheiden durch Wärme-Mobilisierung (I, 112) viel sauere Spaltschmelzen ab (Abb. 121), welche emporsteigen und sich so von den absinkenden, basischen Abspaltungen trennen. Der Aufstieg wird nicht im Bereich der immer weiteren Senkung, sondern im allgemeinen gegen die benachbart dabei zurückbleibenden Räume relativer Hebung erfolgen. Hier wird die Erdrinde in oft rundlich umgrenzten Räumen granitisiert, sialisiert, durchschmolzen, umgewandelt, verdickt, von Plutonen verschiedener Gestalt durchsetzt.

So entstehen nach unserer Ansicht die granitischen Massive. Je tiefer und anhaltender die orogene Absenkung und Wärme-Mobilisierung, desto größer die Zahl und die gegenseitige Tuchfühlung dieser Massive und deren festliegende Ausstrahlung auch in die Trogfüllungen selbst hinein.

Bevorzugtes Aufstiegsgebiet war neben der äußeren Massivreihe der O- und W-Alpen die zentralalpine Schwellenzone mit jener der Alten Gneise. Dagegen trat die Massivbildung in der

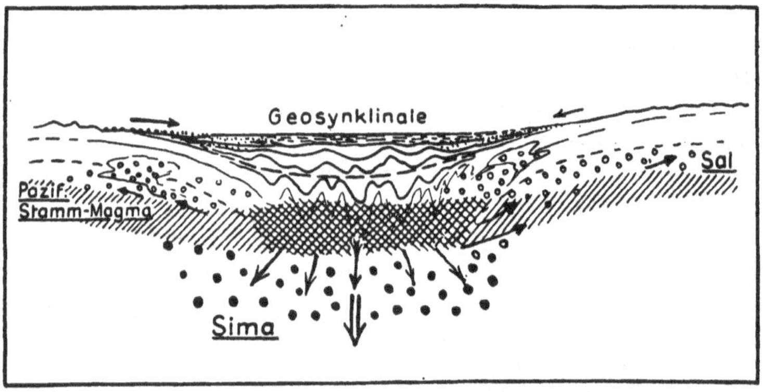

Abb. 121. Das in höhertemperierter Tiefe durch den geosynklinalen Narbenabstrom (Doppelpfeil) abgesenkte pazifische Stammagma spaltet sich im Differentiationsherd (gekreuzt) in spez. schweres, absinkendes Sima und spez. leichteres Sal, das unter Pluton- und Massivbildung in Zwischenzeiten aufsteigt. Abtragung und Zufüllung am korrelaten Baurelief der geosynklinalen Erdoberfläche.

N- und S-Grauwacken-Geosynklinale noch zurück. Dabei erweist sich die ostalpine Massivbildung der westalpinen gegenüber als fortgeschrittener. Erstere war zum großen Teil schon algomanisch, letztere zum großen Teil erst variszisch, ja (Pennin) alpidisch (I, 110f.).

Das baugeschichtliche Vorauseilen der Teilschwellen bevor sich diese noch zu weiteren Einheiten zusammenschließen, also das Wachstum nach unten und weniger nach den Seiten, das schon die frühesten kristallinen Teilschwellen gezeigt hatten, ist auch im variszischen Rost-Gebirge bezeichnend: Die Karnische Schwelle hatte noch keinen Anschluß gewonnen an den allgemeinen zentralalpinen Schwellenzug: der Drauzug lag noch geosynklinal dazwischen.

Nicht allein, wie vorstehend gesagt, zwei grundverschiedene Baupläne spiegeln in den Orogenen den Wechsel des Auf-und-Ab wider. Im Gleichklang mit ihm steht anscheinend *auch magmatisch ein höchst auffälliger Wechsel.* Gehört doch zu den mehr waagrechten Verlagerungsbahnen der jeweiligen Abbauzeit eine ganz andere Schmelzflußart als zu den steilen Aufstiegbahnen der jeweiligen, späteren Aufstiegszeit.

Während der großen Hinabbauvorgänge und in den Räumen, in welchen diese vorherrschen, haben wir — wenn überhaupt Schmelzflüsse erscheinen — die bekannten, oberflächennahen, *dünnflüssigen Ophiolithmassen der Serpentine* (mehr in Teilschwellen) *und der gabbroiden, etwas mehr sauren Schmelzen* (in den Teilmulden). Schon die Grünsteinlaven und Tuff, welche heute als Amphibolithe dem archaischen Grundgebirge eingeschaltet sind, gehören zu ältesten, sedimentbildenden Senkungszeiten und lagerten sich mehr oder weniger gleichförmig ein (I, 26). Steil aufsteigende Granoplutone durchquerten sie danach.

Ebensolche Grünsteine kamen in die Glimmerschiefergruppe und wurden als konkordante Amphibolite zusammen mit den Schiefern, Marmoren danach quer von dem frühalgonkischen Granit II steil durchsetzt, der schon weniger umgewandelt, etwas basischere Begleiter hat (Granodiorite, Tonalit-Gneise). Und so ging dies fort durch die variszische Zeit mit ihren synsedimentär-konkordanten Grünsteinmassen, die später — ebenso wie die orogene Sedimentstruktur — durch die steilen Granoplutone durchschnitten werden, über die liassischen und späteren Ophiolithmassen des Pennins, auf welche früher oder später gleichfalls wieder querdurchschneidende Plutone folgten.

Ziemlich frühzeitig erscheinen dabei in den Westalpen schon mediterrane Aufschmelzmassen (I, 80), oft erst wieder gefolgt von pazifischen Pluton-Aufstiegen. Doch überwogen auch da ophiolithische Alkalikalkgesteine (I, 87). Die Granoplutone liegen in den Außenmassiven, aber auch in den jüngeren Innenkörpern (Bergell u. a.) steil, in den penninischen Decken flach — offenbar als später verflößte, variszische Lakkolithe (I, 100). Im variszischen Unterostalpin ragten (I, 87) wohl schon ältere Gneismassive inmitten von vor- bzw. älterpaläozoischen Schiefermassen auf. In sie drang offenbar variszisch eine Flut von bunten, teils noch pazifischen, teils schon atlantisch differenzierten Schmelzen in lakkolithischer Gestalt.

Das Geschehen ist durch nachträgliche Umformung und Metamorphose sehr mannigfaltig. Aber ursprünglich scheint sich auch im W der Grundsatz der Ab-und-Auf-Magmen durchgesetzt zu haben. Er liegt darin, daß die leichtflüssigen, verhältnismäßig jeweils noch wenig differenzierten Stamm-Magmen in der Abbauzeit auf konkordanten Wegen der hochtemperierten Tiefe zu entkommen wußten. Dagegen bohrte sich während nachlassendem, orogenem Tiefenzug unter weitgehender Befolgung des isostatischen Gleichgewichtes die zäherflüssige, salische Spaltschmelze während der jeweiligen Aufstiegszeit nach oben und versank im Verhältnis dazu die abgespaltene, basischere Teilschmelze. So vermehrte sich nach oben die salische, nach unten die simatische Zusammensetzung auf Kosten der salsimatischen Ursprungs-Mischung

Als besonders komplexe, jedoch dank gleichartiger Beanspruchung durch verschiedene Zeiten recht einheitlich getarnte Massive und Bewegungsbilder erscheinen uns die *Kuppeln der Tauern- und Tessiner Kristallisation* im zentralalpinen Bau. I, 497ff. wurde die eigenartige Mechanik dieser Lage zwischen der Südflanke der nordalpinen und der Nordflanke der südalpinen Narbe betont. In den Hohen Tauern herrscht wachsende Bewegung, Temperatur- und Magma-Wirkung, Stoffzufuhr, Überlastung mit Walzbau in der Tiefe, Stauung nach unten und innen. Es gab gegen oben abnehmende Bewegung, Tauchfaltung, Bruch- und Gangbildung, nachkristalline Bewegung mit Decken, Angliederung, wobei sich der mittlere Schwellenwulst heraushob.

Die Massenzufuhr unten, welche Kristallinität und plastischen Zustand beförderte, welche auch den Kuppelbau und den wiederholten starken Anstieg und den

Abtrag des Reliefs bringen konnte, verdankt die penninische Tessiner und die Hohen Tauern-Wölbung wohl dem Abwandern der gleichen Massen unter den einsaugenden Nachbarnarben im N und S.

In weniger scharfer Weise, aber im Grunde ähnlich sind *die Kuppeln von Prätigau und Unterengadin* geformt und noch heute geringer abgetragen. Auch diese Bauten sind also bodenständig in der Tiefe entstanden. Den mehrfachen Absenkungs-, also Abbauzeiten entsprechen auch hier mehrfache Ophiolith-Förderungszeiten. Die Kristallisation ging über diese hinaus weiter. Es folgten kuppelbildende Zeiten des granoplutonischen Aufstiegs der jeweils weiter fortgeschrittenen Strukturen.

Gegen jene Manifestationen der Tiefe hin wächst auch im heutigen Bau die epizonale Umwandlung durch Belastung, Bewegung und granoplutonische Kristallisation von nichtmetamorph-ultrahelvetischem Flysch in Vorarlberg unter dem Rätikon hindurch zum Prätigau-Pennin/Unterostalpin. Die tieferpenninischen Decken stiegen hier aber in den Zeiten der Hochlage offenbar nicht so hoch; sie wanderten in der Tiefe unter nachkristallin noch stark bewegten unterostalpinen Decken gegen S (S. 31).

Etwa gleichlaufend mit den Zeiten der Hauptsenkung und (wegen Erhitzung) der Erweichung dürfte im W und im O die Hauptbewegung mobil gemacht worden sein (S. 59).

Die Kristallisation der *Tessiner Kuppel* umfaßte noch den Lias, dürfte altjuvavisch zu einem Höhepunkt angewachsen (S. 53), mindestens in der Mesozonentiefe bewegt worden sein. Dabei wurden die vorher während des Aufstieges eingedrungenen granodioritischen Plutone zu Deckenkernen umgeformt, umhüllt von mehr oder weniger alten Paragesteinen unter Mit-Zerrung triadisch-liassischer Linsen. Die plastisch-mobileren Anteile umflossen und umlappten oder zerschoben hangendere Paragneisplatten. Im Gegensatz zu der mehr bodenständigen granoplutonischen Aufwölbung von Venediger—Hohen Tauern herrschten in den tieferpenninischen Räumen mehr die großen, deckenbildenden Südunterströmungen des alpidischen Zyklons mit Eindrehung gegen O (Mischabeldecke S. 54).

Als Grundsätze im Bewegungshaushalt des granoplutonischen Stockwerks (VIII) leiten wir ab:

VIII 1. Wegen des Ab- und Auf-Wechsels stecken in der Erdrinde zwei ganz verschiedene Baupläne, die, abgesehen von dem steilen Narbenfächer, flachen Abbaustrukturen neben den steilen granoplutonischen Aufstiegsstrukturen.

VIII 2. Die Granoplutone sind granitisch-granodioritisch-tonalitische Schmelzkörper, welche in der Abbauzeit durch Wärmeerhöhung mobilisiert, aus pazifischem Stammagma differenziert unter Mithilfe magmatischer Agentien zur Zeit nachlassender Orogen-Absenkung isostatisch aufsteigen, abgetrennt von den niedersinkenden, simatischen Spaltschmelzen.

VIII 3. Die mächtigen, salischen Schmelzkörper haben als Sammelkörper des Sal Massivcharakter, da sie mächtig und spez. leicht in der Höhe schwimmen.

VIII 4. Die im allgemeinen wohl neben den Hauptsenkungsgebieten aufquellenden Massivperlen haben meist rundliche Umgrenzung, welche auch in den Faltenstrukturen und in ruhigerer Lagerung der seitlichen oder hangenden Massivumgrenzung zum Ausdruck kommt.

VIII 5. Stärker als durch die Faltung und Deckenbildung oben verdickt sich die salische Erdrinde unten durch Differenzierung und Schmelzkörperzuwachs. Er vollzieht sich anscheinend schon früher.

VIII 6. Während der überwiegend waagrechten Abbauzeiten entwinden sich leichtbewegliche Ophiolithmassen konkordant der heißen Überdrucktiefe. Während der isostatisch ordnenden Hebungs- und Ruhezeiten steigen die Granoplutone, welche sich überwiegend diskordant ansiedeln.

VIII 7. Die alpinen Hauptkuppeln sind wahrscheinlich emporgequollen wegen des Zuwachses an differenziertem Sal, das in den N- und S-benachbarten Narbentiefen mobil geworden war.

VIII 8. Die penninischen Teilkuppeln wurden noch nachträglich zyklonal in der Waagrechten weitgehend verflößt und bilden nur noch eine allgemeine Achsenaufwölbung, während die ostalpinen Kuppeln bodenständiger sind.

IX. Die Bewegungsgrundsätze des tektonischen Hangend-Stockwerks der Decken und Falten

Auch in der tektonischen Hangendschale, der Tektonosphäre, ist Struktur- wie Relief-mäßig der grundlegende Wechsel von überwiegend tangentialen Abbau- und überwiegend radialen Aufstiegs-Beanspruchungen wichtig. Aber wegen der den magmatischen Bewegungen mehr entrückten, höheren Lage herrschen die tangentialen Antriebe und Strukturen weitaus vor. *Es sind eben die Zeiten des Abbaues, welche das Orogen zur Hauptsache prägen.* Während dieser Zeiten taucht die kühlere, noch dünnere Erdrinde tiefer in die Unterlage hinab, welche im Massenausgleich waagrecht heranströmt, wobei die höher belasteten, heißeren und dem aktiven Fließstockwerk näheren Unterteile rascher vorankommen und so die kühleren, schwerer beweglichen Hangendteile unterschieben.

Als ein großartiges Beispiel lernten wir den juvavischen Unterstrom-Abfluß des Pennins während Jura/Unterkreide unter das Unterostalpin kennen. Der gleiche Unterstrom entzog der südhelvetisch-ultrahelvetischen Unterlage große Massen gegen S und SO, so daß die süd- und ultrahelvetische Vortiefe nun tief gegen S und SO hinabsank unter den oben gestauten Deckenhaufen der Präalpen. Penniden tauchten im O unter die unterostalpinen Decken.

Das Ganze erinnert an einen Stau von Scholleneis über dem darunter wegströmenden und sein Hangendeis oben an der Staukante abstreifenden Flußwasser (I, 382), wobei wegen dieses Zuwachses die Hauptstaukante von der Stelle des ersten Staus, also vom Narbengebiet an, *immer weiter gegen außen vorrücken muß* und die über dem Senkstrom von dessen beiden Seiten her unterflossene, narbennächste Decke („Narbendecke") wegen ihrer frühzeitigen Ausschiebung nach oben im Verhältnis am wenigsten beansprucht wird.

Jene *narbennahe Ausschiebung* wird (I, 399f.) durch die meist ringsum von unten abgescherte, mitunter aber, wie bei der westlichen Inntaldecke (E. Kraus 1949), auch durch Falten mit dem Untergrund noch verankerte Lage bezeugt; auch durch die scheinbar sehr wechselvollen Verschiebungsweiten einer starren Ausschiebungsdecke über unregelmäßig gefaltetem Untergrund. Die Ausschiebung wird auch erwiesen durch das Fehlen größerer, waagrechter Verschiebungen, ersichtlich dadurch, daß die Fazies der Hangenddecke von der Fazies der ihr unterschobenen Umgebung oft nicht abweicht und keine entferntere Faziesverknüpfung erlaubt. Schließlich läßt sich oft auch die Gleichzeitigkeit der Unterschiebung der Narbendecke von beiden Flanken her nachweisen (I, 444). Natürlich werden Zwischenstockwerke geringeren Verschiebungswiderstandes bei flacher Lagerung weitgehend ausgenützt, denn die *Schrägfugengleitung* (S. 45) müßte ja viel größere Widerstände quer zu den Schichtbänken überwinden als die *Schichtfugengleitung*, obwohl erstere oft nicht vermieden werden kann als Zwischenstrecke zwischen günstiger gleitenden Schichtfugen — was dann oft als „*Sohlenabschürfung*" eingemuldeter Deckenteile erscheint.

Solche, auf gesteigerte, flache Zerscherung hinarbeitende Energieleistung finden wir besonders in der Nähe der N- und S-Alpennarbe, z. B. bei der juvavisch ausgeschobenen Inntaldecke, beim Kaisergebirge oder bei der Berchtesgadener Masse. Eine besondere Gunst der Ablösung boten in den nördlichen Kalkalpen die salzreicheren Horizonte der Werfener Schichten (Haselgebirge) unter einer gefalteten Abscherungsdecke, welche aber in der Oberkreide schon wieder bis herab auf Wettersteinkalk, Muschelkalk, gelegentlich auf Buntsandstein abgetragen worden ist. Ebenso wird die Ausschiebung begünstigt durch geringe Beweglichkeit, also große Dicke einheitlich-karbonatischer Hangendplatten. Solche behielten nur noch gelegentlich ihren Zusammenhang im Streichen mit der sie unterfahrenden Unterlage bei: Faltige Verankerung der Inntaldecke mit der Lechtaldecke im W, wo Verfasser für die Lechtaler Alpen die näheren Umstände der Entstehung der Inntaldecke 1949 geschildert hat; Verankerung der Inntaldecke mit der Tirolischen Unterlage. Die mächtige zentrale Ausschiebungs-Riffplatte von Inntaldecke-Wetterstein-Berchtesgadener Masse-Dachstein-Hochschwab-Schneebergdecke in der Nordalpengeosynklinale dürfte sich ungleich spröder verhalten haben als die an Ton und tonigen Zwischenlagen reichere, meist weniger dicke Bankfazies der Lechtal-Lunzer Decke, der voralpinen Fazies, welche von N bzw. auch von S ihre festlandsnahen Einspülungen (I, 446) bekam. Freilich hielt die ausgeschobene Karbonatplatte gegen senkrechte Verbiegungen noch nicht stand. Bei endgültiger Konsolidierung von Massiven der „Vaterschwellen" muß auch dieser Widerstand noch möglich sein.

Im Gegensatz zu den Narbendecken hat nachprüfende Bewertung der exotischen Geröllmassen bewiesen (I, 473), daß riesig große und wichtige Faziesgebiete der ehemaligen geosynklinalen Ablagerungs-Oberflächen im Laufe der Zeit durch Unterschiebung und durch Abtragung *verloren gegangen sein müssen.*

Die Mechanik des kalkalpin-ultrahelvetischen Deckenschubes wurde I, 383 f. behandelt. Auch hier spielen die anfänglichen oder während der Hauptbewegung eingenommenen Höhenlagen-Unterschiede zwischen unterschiebendem und unterschobenem Teil eine ganz ausschlaggebende Rolle. Ganz allgemein liegt der erstere Teil als der aktive und fester mit der tiefen Unterlage verbundene, tiefer bzw. senkt er sich während der Bewegung. *Denn auch diese orogene Hauptoperation der Deckenverlagerung war zunächst nicht mit einer Höher-, sondern mit einer Tieferschaltung verknüpft.* Als ein Beispiel von vielen wurde (S. 34) die späteozäne Deckenunterschiebung zwischen Kufstein und Bad Reichenhall untersucht. Wegen jener dynamischen Beziehung sehen wir *ganz allgemein die unterschiebende Erdrinde als Vortiefe hinabfließen und sinken unter die unterschobene Erdrindendecke.*

Darum findet auch primär und grundsätzlich *ein allgemeines Absinken der Deckenschubfläche vom unterschiebenden Vorland her unter die höher gelegene Stirnschwelle der zu unterschiebenden Decke statt.* Darum bedeckt sich diese Schwelle nahe unter dem Meeresspiegel mit seichtmeerischem Bank- oder Riffkalk oder sie wird über dem Meeresspiegel als Insel abgetragen. Darum besteht bei den durch längere Zeit unterschobenen Inselschwellen-Deckenstirnen „nach langer Deckenwanderung" das Gestein im allgemeinen aus dem ältesten, oft kristallinen Teil der Decke: Daher oft *kristalline* Schwellen, *kristalline* Deckenstirnen (Beispiele: Juvavische Deckenstirn der Lachalpendecke I, 323 oder südwärts Berchtesgaden I, 327); daher der exotische Schutt solcher Schwellen zumeist aus altem, kristallinem Gestein besteht. Daher die besondere Mächtigkeit der Vortiefensedimente: Trotz deren scharf absinkendem Boden wird dieser doch von der dauernd (hochgehalten) abgetragenen Deckenstirn her mit hinreichend Schutt beliefert (I, 386). Dabei entsteht schärfste Reliefspannung, Böschungs-Steilabfall, Rutschung, Bergsturz von der Stirnschwelle mit exotischer Wildflyschbildung: das alles sind für uns Beweise für die *Unter*-Schiebung (E. Kraus 1932).

Als klarliegendes Beispiel schilderten wir I, 451 die unterschiebende Nordflanke der ansaugenden Nordalpennarbe. Diese ultrahelvetische Flanke gliederte sich ab Unterkreide in drei getrennte Teilstreifen oder Flyschdecken. Die Sattelschwellen blieben in der oberflächennahen Klemmschale zurück hinter den südwärts unterströmenden Teilmulden (s. Abb. 112 S. 449). Die Stirnschwellen der Teildecken wurden oben abgetragen. Offenbar wegen der Widerstände des unterlagernden vindelizisch-böhmischen Unterbaues blieben größere Teile für lange Zeit als Inselgirlanden über dem Meeresspiegel. Sie wurden abgetragen bis auf das Kristallin herab, dessen Sand- und Schlammschutt den Flysch aufbaute. Erst Alttertiär war der Widerstand gegen die Niederzwingung der Vortiefen, welche zugleich Deckenrücken waren, bis zum vollen Untereinanderschub der Flyschdecken gebrochen. Dann konnte sich sogar der nördlicher folgende Helvetidenstreifen sinkend südwärts unterschieben.

Einengung und Dehnung in der wandernden Decke

beobachten wir nicht selten (I, 117f.). Da steile, tiefe Zerrbrüche fehlen, geschieht die Dehnung der Decke nicht etwa in Zwischenzeiten der zerrenden Ruhe durch Radialbewegung, vielmehr gleichzeitig während der Wanderung im flachliegenden Bewegungsstockwerk *infolge der „Wanderung der Decke" über den sich bald einengenden, bald ausdehnenden Untergrund hinweg.* I, 119 erkannten wir den helvetidischen Heimatstreifen als solchen großer Raumnot, jenen des Aaremassivs als einen sich dehnenden Untergrundsteil, der sich „unter den darüber wegwandernden" Helvetidendecken bewegte. Die verschieden beweglichen Teile des Vorland-Untergrundes schoben sich südwärts hindurch unter den oben durch den Stau über der Abstromnarbe festgeklemmten Helvetiden-Erdrinde. Dabei schürfte anscheinend die aufragende oder aufsteigende Rippe des Aaremassivs tiefere, ältere Deckenteile von den höheren Deckenteilen ab, *so daß sie mit dem Untergrund nach S weiterwandern mußten.* Die höheren, jüngeren Deckenanteile wurden ihnen gegenüber „weit hinausbefördert". Weil im N des Massivs die Abschürfung und Dehnung zu Ende war und die nachrückende Vortiefe unter faltiger Einengung niedersank, schoppten sich diese Hangendteile der Helvetiden hier zusammen, verdickten sich durch Untereinanderschub kaskadenartig (Abb. 86). Da nördliche Teile absinkend südliche Fortsetzungen unterschuppten, mußten die miteinbezogenen Deckenstirnen zum Teil südwärts mitwandern. Sie unterbogen dabei tiefere, nachrückende Teile und *wickelten sie ein.*

Durch einen wenig beweglichen Reliefanstieg kann die Deckenstirn brandend emporgestaut werden. In Reliefsenken, Löchern oder vor allem in gleichzeitig niedersinkenden Teilmulden oder Teilsenken werden von Deckenstirnen oder Deckensohlen größere oder kleinere Schuppen, Blöcke, Trümmer abgebrochen. Das Haufwerk sammelt sich, bis die Unebenheit ausgefüllt ist als wären es Lawinenvorläufer, welche der Hauptlawine das Bett ebnen, oder Grundmoränen, welche Teilsenken zuschmieren unter einem dann weit darüber wegfließenden Inlandeis. Mit höheren, für die Lochbildung nicht verwendeten Teilen bleibt die Decke oben zurück, während der Untergrund mit seiner Lochfüllung unter ihr durchzieht („*Relief-Unterschiebung*") bis schließlich ein langsam aufsteigender, d. h. nicht mehr nach abwärts weichender Vortiefenteil in dem fraglichen Stockwerk die letzte Bremse anzieht.

Bei den Helvetiden war dies der aufsteigende Kontinentalschelf Europas, der sich unter Zertrümmerung und steifer Teilmuldenbildung mit Molasseschutt belegte (I, 118).

Da eine andere Deutung für eine verhältnismäßig so dünne, aber sehr ausgedehnte Erdhaut ohne eigene motorische Kraft mechanisch nicht denkbar erscheint, können wir allein *die gleichzeitige Bewegungsart* des jeweils überschrittenen Untergrundes als verursachenden Antrieb *innerhalb* der „wandernden" Decke gelten lassen.

Aber nicht nur die Kinetik der wandernden Decke und die Trümmerformation ihrer Wildflyschvortiefen erklären sich so. Diese synsedimentären Untergrundsbewegungen sind ebenso verantwortlich zu machen für die bedeutenden Mächtig-

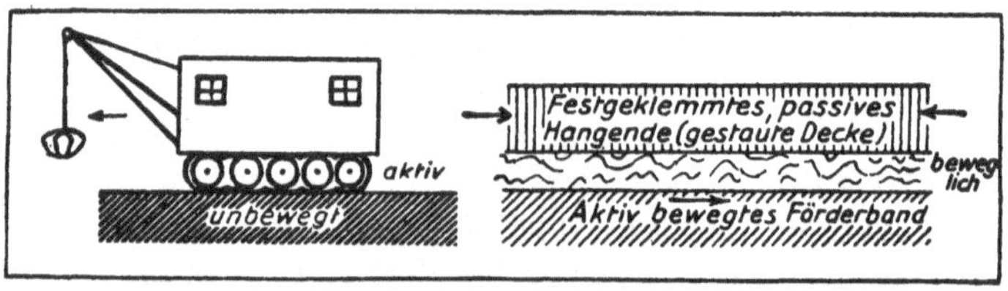

Abb. 122. Schematischer Vergleich der Bewegungsarten: Links Unterlage festliegend, darüber bewegt sich aktiv das Raupenfahrzeug. Rechts Unterlage aktiv bewegt (wie ein Förderband), darüber bewegliches Zwischenmittel unter gestautem, daher zurückbleibendem oder nur passiv etwas mitbewegtem Hangendem, der „Decke".

keitsunterschiede, z. B. von Moränenmassen und von hier kilometermächtigem, dort nur dünnem Inlandeis, für große Mächtigkeitsschwankungen der Wüstensedimente, der Molasse-Schotter, -Sande und -Schlamme, der Kohle- und Erdöl-Mutterschichten (I, 118).

Ausgleich im Tauchgleichgewicht, Einsinken unter Deckenlast (Fr. Kossmat) können erklärend schon deshalb nicht in Frage kommen, weil ja der angeblich ruhende Untergrund durchaus massenerfüllt ist; weil weder das spezifische Gewicht der herankommenden Decke noch deren Hochrelief einen hinreichenden Überdruck durch die Erdrinde bis in die plastische Tiefe hinab auszuüben vermöchte. Zudem ist unser Befund ja der, daß mit der Deckenwanderung gleichzeitige Grundbeweglichkeit und Deckenstruktur gesetzvoll zusammengehen.

Wie die Kette des Baggers sich unter diesem fortschiebt, so der Untergrund unter der Decke (Abb. 122).

Zur Mechanik der wachsenden Faltung

werden folgende Hauptfeststellungen gemacht: Bei Herannahen der orogenen Unruhe sinkt gleichzeitig der geosynklinale Boden. Es bilden sich rascher versinkende Teilmulden zwischen mehr oder weniger breiten und im Hauptstreichen liegenden Sattelschwellen (S. 9). Dies läßt sich aus dem allmählichen Zusammenfallen von

Baurelief und Faltenstreichen am Meeresboden wie auch im Bereich von Seen, Flüssen, Moränen ersehen (I, 400). Die Vortiefengeschichte beweist es ebenso.

Im Laufe der Baugeschichte erscheinen zunächst ziemlich charakterlose, meist *nicht genau* in bestimmtem Streichen gelegene und *wenig langgestreckte Faltenverbiegungen*, die, wenigstens teilweise, *rückgebildet werden können*. Meist sind sie sehr weitwellig. S. v. Bubnoff betonte reversible Faltung 1941 als besonderes „epirogenetisches" Merkmal. Engere Faltung fehlt — was freilich zum Teil auch auf die ungenügende Wiedergabe der Struktur im Faziesrelief zu beziehen sein kann. *Später werden die Falten schärfer geordnet, enger und werden nicht mehr rückführbar*. Das heißt, der Sattel bleibt tektonischer Sattel, die Faziesmulde tektonische Mulde. Diese Falten rücken enger zusammen. Dadurch verkürzt sich die Oberflächen-Projektion hauptsächlich quer zum Generalstreichen. Es *verdickt* sich aber das betreffende, in Faltung begriffene Stockwerk (I, 400).

Da die einengende Kraft in der Tiefe sitzt und in noch unfertig gefalteten Stadien die Faltungsstärke gegen unten zunimmt (Molasse-Vortiefe; Faltenjura!), kann geschlossen werden, daß nicht nur vom benachbarten, Narben-näheren Baustreifen her, *sondern zugleich aus der betreffenden Unterlage gegen oben die faltende Kraft vordringt*. Es kann in der Tiefe bereits Deckenverschiebung und nicht unerhebliche Faltungsstruktur bestehen bis erst an der faziesbildenden Baurelief-Oberfläche die ersten, bleibenden Strukturelemente erscheinen.

Die Abhängigkeit neuer Falten von schon bestehenden Sattel- und Mulden-Bildungen, *deren letztere der Umfaltung noch zugänglich sind*, während die Massive („Grundfalten", môles) solche abweisen, wurde im Bereich des Westalpenbogen-Vorlandes untersucht (J. Jung 1930, G. Richter 1938).

Während der auf die orogene Abbauzeit folgenden Aufstiegszeit sind diese Struktur-schaffenden Vorgänge beendet. Jedenfalls wurden bisher keine in diese Höhenlage-Zeit gehörigen Faltenbildungen aus der alpinen Baugeschichte bekannt.

Der Materialstil in der alpinen Baugeschichte

Da der Ostalpenraum in beiden Geosynklinalen den niederziehenden Orogen-Kräften während der Trias nur sehr zögernd folgte, blieb den kalkausscheidenden Flachmeer-Lebewesen genug Zeit, um immer wieder mächtige, rasch versteinte Sedimentplatten aufzuhäufen. *Mit diesen panzerten sich die Geosynklinalböden* und ließen nur verhältnismäßig wenig küstennähere oder tiefersinkende, jedenfalls überwiegend *tonschlammige Absätze von größerer Beweglichkeit* zwischen sich.

Von solchen regionalen Unterschieden der Beweglichkeit mußte der ganze Baustil der Ostalpentektonik schon in der Trias und dann während dem mit gesteigerter Energie im Jura und in der Kreide fortgesetzten Wachstum beherrscht werden. Es wird eine schöne Aufgabe sein, diese Zusammenhänge zwischen Erbgang, Baustil und tektonischem Angriff im einzelnen darzulegen. I, 361 f. haben wir nur den allgemeinen Vorgang der erfolgreichen Zertrümmerung der karbonatischen Triasplatten während der Hauptzeiten (Fleckenmergel-, Tiefseerinnen-Zeit) der Absenkung herausgegriffen. Er begründete uns *die Steifheit der ostalpintriadischen Falten*, ihre Neigung zu Schuppen- und Platten-förmiger Deckenbildung ohne die Schmiegsamkeit ausgewalzter Mittelschenkel; das bekannte Hervorgehen der Decken nicht aus weit überliegenden Falten, sondern aus abscherender Abspaltung.

Dieser Baustil begründet die ungefüge Block- und Klippschollenform der Inselschwellen, die mehr als Trümmer-Mosaik denn in Normalform niedergesenkten Mulden, voneinander abgetrennt oft durch steile Brüche. Die mittlere, mächtigste Riffplatte blieb noch als zentrale „Narbendecke" übrig (I, 362), sowohl im N wie in den Südalpen (Dolomiten—Julische und Steiner Alpen). Bei nicht zweiseitiger Stauung, sondern bei einseitiger Unterschiebung über den *Flanken* ließ der innenbürtige Hinabbau nur kleine Inselschwellen oder gefaltete Teildecken übrig. Sie bilden die Hierlatz-Riffkalk-Fazies.

Noch in tertiärer Zeit *beherrschten die Karbonatklötze die Reliefgestaltung*, welche aus der wiederholten Hochlage und Einebnung hervorging. Sie erhält sich noch gegenwärtig namentlich in den Klötzen und Kalkplateaus des O. Die auswärts gelegenen Decken z. B. am Kalkalpennordrand, haben wegen ihrer Dünnplattigkeit und tonigeren Zwischenlagen eine viel beweglichere Tektonik erhalten (S. 45f.).

Sehr auffällig ist das klotzig-ungefüge und verhältnismäßig ruhige Verhalten der viele hundert Meter mächtigen *Hauptflyschsandsteinmassen* inmitten des durch dünne Tonmergellagen finger- bis fußstark gebankten Kalk- und Mergelflysches. Letzterer ist meist ganz aufgeregt und oft galoppierend gefältelt; er kann dabei mit seinen Faltenachsen senkrecht umspringen oder stellt sich steil, was alles bei dem von Rutschharnischen dagegen abgegrenzten, massiven Sandsteinflysch fehlt. Die bekannte Spaltenbildung der harten Bänke, welche sich in den zwischenliegenden Tonmergellagen jeweils zerschlägt, die Rolle von Muschelkalk, Wettersteinkalk, Hauptdolomit, Dachsteinkalk und Ramsaudolomit usw. als harte Sohlenplatten der Schubdecken und vieles andere, was den alpinen Baustil ausmacht, sei nicht weiter eingegangen. (E. Kraus, 1936, 7,)

Auffallend ist auch das verschiedene Verhalten der nagelfluhreichen gegenüber der dünnplattigen Sandstein/Mergel-Molasse, wo sich — stark abgeschwächt wegen der geringeren Tektonik — die erwähnten Umstände der Flyschtektonik wiederholen. Aber auch die großen Nagelfluhklötze sind recht verschieden gebaut. Während sie im Allgäu am Ausgang des Illertales durch einen großartigen Blattspaltenfächer zerhackt sind, fehlt es anderwärts durchaus an Querstörungen. Der Unterschied könnte darin liegen, daß die Tektonik im letzteren Fall die Schotterfächer noch im unverfestigten Zustande erfaßte, im ersten Fall wurden dagegen die schon verkitteten Nagelfluhen noch einmal stark zerpreßt (S. 230). Doch ist das nicht allein der mögliche Grund.

Die *Steifheit des nordalpinen Molasserandbaues* ist dagegen, neben der offenbaren Nähe der harten Vindelizischen Unterlage, aus der allgemeinen Einheitlichkeit der angreifenden Vortiefenkräfte abzuleiten. Auch der steife, ruhige Bau der Angerbergmolasse und deren ältere Tertiärfortsetzung im O über der steifen Tirolischen Decke ist Materialstil (S. 299).

Im Gegensatz zum Faltenjura war der Tafeljura (S. 245f.) durch die versteifende Fußplatte Europas vor schärferer Faltung geschützt. Die Rolle der *Rahmen-*

faltung (I, 112) wurde im Zusammenhang mit den Massiven, diejenige der *Bewegungsstöße* I, 459f. behandelt. —

Als Bewegungs-Grundsätze (IX) der alpin-tektonischen Erdschale ergeben sich:

IX 1. **In der Tektonosphäre herrschen die tangentialen Strukturen der Abbauzeiten weitaus vor. Sie sind Folgen der orogenen Ausgleichsströme unter den Flanken sowie des tieferen Driftstromes.**

IX 2. **Das tektonische Struktur-Haufwerk staut sich von den teilweise noch bodenständigen Narbendecken aus gegen außen fortschreitend. Dabei wird die Schichtfugengleitung gegenüber der Schrägfugengleitung bevorzugt, namentlich narbennah und bei salzreichen Zwischenschichten.**

IX 3. **Im Gegensatz zu den als heimatnah erweisbaren Narbendecken verschwinden zwischen den Flankendecken oft sehr große Faziesgebiete in der Tiefe.**

IX 4. **Wegen des Absinkens der Vortiefen unter die Decken sinkt auch die Schubfläche in der Richtung der Unterschiebung ab, erhält sich die Hochlage der Deckenstirn als Schwelle, welche wegen langdauernder Abtragung meist aus ältestem Gestein besteht und die dauernd sinkende Vortiefe fortgesetzt zufüllt.**

IX 5. **Einengung und Dehnung der wandernden Decken entstehen gleichzeitig wegen der beweglichen, teils sich einengenden, teils ausdehnenden Unterlage, welche die Decke unterfährt.**

IX 6. **Aufragende Untergrundsteile reißen Sohlenstücke von der Decke ab und verschieben diese narbenwärts. Niedersinkende Deckenstirnteile werden dabei eingewickelt. Teilsenken vor den Decken werden mit Schuppen oder Schutt gefüllt unterschoben („Reliefunterschiebung").**

IX 7. **Da das Vortiefensinken Voraussetzung der Deckenverschiebung ist, macht diese halt vor einem nicht mehr hinabbiegbaren Kontinent.**

IX 8. **Gleichzeitig mit dem Erscheinen von Baurelief im Faziesbild rücken auch andere orogene Anzeichen der Fazies heran.**

IX 9. **Die ersten Faltungsanzeichen sind breite, im Generalstreichen noch wenig gestraffte und teilweise rückbildbare Mulden und flache Sättel. Dann wird die Faltung enger und fällt embryonal mit der Tektonik zusammen.**

IX 10. **Neben der waagrechten Erweiterung des Faltungsbereiches dringt die Faltung und Deckenbewegung auch von unten gegen oben vor. Neben der materialbedingten besteht daher auch eine zeitbedingte Stockwerks-Disharmonie.**

IX 11. **Die Mulden sind gegen Umfaltung viel länger anfällig als die Sättel.**

IX 12. **Der ostalpine Faltungs- und Deckenstil ist während der jüngeren Baugeschichte bis heute weitgehend abhängig von der Steifheit der Trias-Karbonatplatten, also von den langsamen Geosynklinalregungen der Trias.**

IX 13. **Für die bekannte Stauchfaltungsbeziehung zwischen fältelungsbereiten, dünnbankigen und nur großverbiegbaren oder als tektonische Gerölle oder Blockschollen beweglichen Gesteinsmassen geringer oder fehlender Bankung fanden sich zahlreiche Beispiele. Dementsprechend liegen auch bei der Deckenbildung die Hauptbewegungsflächen an den Grenzen der großen, harten Gesteinskörper.**

IX 14. **Aus dem tektonischen Baustil z. B. der Molasse kann auf die Zeit der orogenen Beanspruchung vor oder nach der diagenetischen Versteinung geschlossen werden.**

X. Die außenbürtigen Folgen

Als eine Hauptgrundlage zur Erkennung der alpin-baugeschichtlichen Zusammenhänge haben wir die außenbürtigen Folgen des innenbürtigen Geschehens untersucht und die fraglichen Gesichtspunkte weiter ausgebaut. Denn zu den bisher fast allein verwendeten Profilbildern der Diskordanz und zu den Schuttmassen sind vor allem die orogenen Sedimente, die Tiefseesedimente, die allgemeine Verteilung der Fazies verschiedener Meerestiefe und verschiedener Körnung näher zu berücksichtigen. Wir haben versucht, möglichst viel Baugeschichte aus den Sedimenten der alpinen Geosynklinalen herauszuholen und werden nachfolgend noch die verwendeten Methoden umreißen. Zunächst ein Blick auf die wichtigsten Relief- und Faziesfolgen des aus ihnen abzuleitenden, orogenen Geschehens!

Baurelief, Abbildbarkeit, Diskordanz

Für die Herausbildung der ausgedehnteren Diskordanzflächen in den Profilen ist eine ganze Reihe von Voraussetzungen zu erfüllen. Wenn diese Diskordanzen trotzdem noch verhältnismäßig häufig auftreten, so erlaubt schon dieser Umstand einen beachtlichen Einblick. Denn dann muß *das Zusammengehen eben jener Voraussetzungen häufig verwirklicht worden sein*, was wiederum auf ein *entstehungsgeschichtlich-dynamisches Aufeinanderabgestimmtsein* und auf Vorgangsreihen schließen läßt, die zu recht verschiedenen Zeiten auftreten.

Zunächst aber muß daran festgehalten werden, daß das Geschehen im Grunde *auch dann innerhalb jener Vorgangsreihen bleiben kann, wenn Diskordanzflächen aussetzen oder fehlen.* Denn deren Ausbildungs-Zufälligkeiten spielen eine große Rolle (I, 80).

So ist z. B. langdauerndes Auftauchen über den Wasserspiegel nötig, was trotz starker Hebung doch oft nicht erreicht wurde. Auf einer Untiefe aber bilden sich keine Schrägflächen mit kräftiger Abtragung. Auch fehlt die Großdiskordanz in überwiegenden Senkungsgebieten. Aus solchen aber gerade besteht die Geosynklinale, in der der Schutt zusammenläuft. So vermissen wir weithin jene Schrägflächen in den „séries compréhensives", in den Casanaschiefern, Kalkschiefern, Glanzschiefern, Flyschmassen, ja in der Molasse der Vortiefenmulden — d. h. ausgerechnet im Hauptbereich der orogenen Sedimente!

Nur mehr oder weniger zufällig wird einmal auch der Zustand des Auftauchens über den Meeresspiegel durch Diskordanz abgebildet, die meisten Bewegungen im sinkenden Meeresboden aber nicht (I, 246). So muß *die Diskordanzmethode zur Bestimmung der Gebirgsbildung* gerade in deren geosynklinaler Mutterstätte im allgemeinen *untauglich sein.*

Zudem können die sehr oft ohne starke Winkelabweichungen ausgestatteten Diskordanzprofile tektonisch weitgehend verwischt werden (I, 82). Mangelnde Schrägfläche ist jedenfalls durchaus kein Gegenbeweis gegen stattgehabte Gebirgsbildung (Beispiel I, 512f.), vor allem nicht gegen solche ausgedehntesten und kräftigsten Ausmaßes in der Tiefe!

Da der Kraftsitz unten liegt, können die Massenverlagerungen gegen oben sich oft bis zum Verschwinden ausgleichen. Vor allem das Ausmaß der *waagrechten* Verlagerung in der Tiefe kann im allgemeinen im Relief der Erdoberfläche kaum abgebildet werden. Kräftiger werden sich steile oder senkrechte Massenverlagerungen im Baurelief auswirken. Einige 100 m Gefälle mehr oder etwas versteilte Böschung *kann außenbürtig viel ausmachen*, wenn das Relief schon nahe dem Meeresspiegel oder über ihm lag, *nichts aber, wenn es tiefer unter diesem war* bzw. wenn Hub und Senkung sich in magmatischen Tiefen abspielen.

Denken wir auch daran, daß die Abbildbarkeit innenbürtiger Bewegung abhängt von der Feuchtigkeit und Wärme des *Klimas.* Je nachdem lange Schnee-

und Eisbedeckung oder nur Frostverwitterung herrschen, werden z. B. die Folgen für Schnelligkeit und Verfrachtung des Schuttes sehr verschieden sein (I. 218f.).

Ebenso brauchen *grobe Schuttmassen* bei orogenen Phasen durchaus nicht aufzutreten, sind aber auch bei erheblicher Entwicklung nicht sichere Beweise für solche (I, 441). Sie können ja ebensogut klimatische Gründe haben. Und sie fehlen andererseits gerade bei größeren Meerestiefen oder bei Küstenferne auch dann, wenn der Meeresboden sich in kräftiger Baureliefformung befindet (I, 268, I, 389). *Die orogene Belebung kann sich also sehr verschieden ausprägen* (I, 83f.). Und die Folgewirkungen können oft lang noch danach weitergehen, insbesondere die Schuttausstrahlung und die Schrägflächenbildung, *wenn die Bewegung längst vorbei ist.* Der Umfang der Diskordanzflächen ist wiederum abhängig von der durch den Abtrag zu beseitigenden Tonnage und von deren mehr oder weniger fortlaufenden Ergänzung durch Hebung von unten. Diese unter Umständen sehr lange Dauer der Herausbildung einer ausgedehnten Fastebene zwingt dazu die Phasenleistung auf das Relief, die *Baureliefbildung, als im allgemeinen vorausgehend anzusehen* und nicht erst als entstanden während des Hochsteigens und der Hochlage, welche danach erst die Abtragung und deren Schutt bringt.

I, 84 wurden Beispiele für die wechselvolle Ausbildung der Diskordanzflächen in den westlichen Außenmassiven gebracht: Wenn man im inneren Westalpenbogen (Briançonnais-Piemont-Pennin) keine karbonischen Schrägflächen fand, so ist da nicht mangelnde variszische Gebirgsbewegung schuld, sondern mangelnde Abbildbarkeit derselben, bzw. auch spätere Verwischung oder Wiederabtragung der höheren Stockwerke, welche allein über die Meereshöhe kamen und daher allein eine Schrägfläche erhalten konnten. Stellten sich doch die mächtigen, granodioritischen Plutondecken des Unterpennins und kristalline Kerne höherpenninischer Decken als variszisch entstanden dar (I, 85f.).

Eine weitere Art der Abbildbarkeit ist die *Druckmetamorphose* in dem penninischen Innenraum, über welchem sich vor seiner Aufwölbung und Abtragung die benachbarten Massivplatten stauten, oder im Bereich der Hohen Tauern, des Unterengadins, des Prätigaus bildete sich die Bewegung ab unter mächtigen Überlasten (I, 271). Auch fallen starke synsedimentäre Bewegungen, welche die Lias-Fazies für die Südalpengeosynklinale enthüllt, räumlich zusammen mit kräftiger Tektonik (Lombardische und Julische Alpen). Im Valsugana-Etsch-Gebiet, in den Lessinischen und Feltriner Alpen, wo Lias-Bewegungen nicht feststellbar sind, tritt auch die heutige Tektonik zurück (I, 278f.).

Im penninischen Raum des Mesozoikums (I, 480f.) ist nur ein recht verschwommener Teil der wirklichen tektonischen Vorgänge im Sediment erkennbar (I, 407), da ja meist nur außenbürtige Auswirkung auf dem Umweg über das Baurelief vorliegt und die waagrechte Bewegung weit vorherrschte. *So war das Baurelief auch hier durchaus kein gleichwertiges Abbild der tektonischen Leistung.* Darum ist die nur „embryonale" Art der faziellen Ausprägung auch gar kein Beweis für wirklich nur embryonal-tektonisches Geschehen (I, 165). Vielmehr muß eine Haupt-Einengung die Mulden zugeklappt haben. Nicht mehr das Meer, sondern die benachbarten Decken wälzten sich dann über das Pennin. Denn die unterostalpine Fazies näherte sich während der Kreide stark jener des Helvetikums im N davon. *Aber im Sediment erscheint allein der Wechsel zwischen guter und schlechter Abbildungs-Möglichkeit* (I, 409).

Es ist wohl der stärkste Beweis für die zumeist im Sediment zu gering erkennbare, *in Wirklichkeit meist stärker gewesene Tektonik*, wenn wir die gewaltigen Falten- und Deckenbewegungen schon fertig vorfinden und vorher die normale Fazies nur geringe Spuren, meist freilich auch orogene Typen aufgewiesen hatte.

Eine große Rolle spielt die Auflösung einer ausgedehnteren Diskordanz-Fläche in Teildiskordanzen. So hat man solche außerhalb der Mulden bei der Gault-Transgression im helvetischen Raum oder bei der Gosau-Transgression. *Die unter der Großfläche liegende Tektonik ist aber weder gleichzeitig noch kurzfristig.*

Wie lange braucht doch die Abtragung, um 1 km Gestein zu beseitigen, wie noch viel länger, um eine ausgedehnte Rumpffläche zu schaffen, welche das Meer dann verhältnismäßig rasch überfluten kann! Hebung und Abtragung, Wiederversenkung und Neuübergreifen des Sediments — sie greifen ineinander ein, *sind zeitlich keineswegs scharf voneinander abgesetzt.* Je vollkommener die stratigraphische Unterteilung desto mehr gliedert sich der scheinbare Großvorgang auf in „orogene Einzel-Aktionen", wird er scheinbar in „Unterphasen" zerhackt. Dies aber ist ganz unwahrscheinlich. Deutlich wird vielmehr, *daß diese Kleinaufspaltung nur vorgetäuscht wird durch das verschiedene Abbildungsmaß im Sediment und durch das verschiedene Maß stratigraphischer Untergliederung. In Wirklichkeit haben die geosynklinal-orogenen Kräfte immer weiter gewirkt.* Freilich gab es eine Verlagerung des Ortes, der Hauptleistungen und ebbten die Kräfte zwischen orogenen Hoch-Zeiten ab, die aber durchaus *nicht alle als gleichzeitig zu erweisen sind.*

Klar liegen z. B. auch die Gosaubewegungen in den Nord-Kalkalpen. R. Brinkmann zerlegte sie in vier Unterphasen, welche wohl nur vorgetäuscht werden durch zeitweise größere und manchenorts günstige Abbildung mittels Teilen von Diskordanzflächen (I, 418). Günstig waren hierbei: Geringer Abstand des Meeresbodens vom Meeresspiegel, Nachbarlage von schuttlieferndem Relief, vorherige, langdauernde Abtragung.

Die fazielle Ausprägung des Ab-und-Auf

Die Folgen der Wassertiefen-Änderung im Meer, die Heraushebung aus diesem und die verschiedenen Land-Zustände für die Sedimentation sind bekannt, seit J. Walther an Hand der Fossilien auch bathymetrisch etwas schärfer faßbar. Da weder Geschwindigkeit noch regionale Ausdehnung ein Grund ist für die Abtrennung gewisser Vorgänge von den orogenen, kommen — außer eustatischen — allein außenbürtige Relief-Änderungen für solche Ausscheidung in Frage. Sie sind meist gut kenntlich und brauchen hier nicht mehr besonders betont zu werden.

Das faziell abgeleitete Ab-und-Auf ist also mit bekannten Methoden gut festgelegt. Sedimentation setzt mindestens gleichstarke Abtragung innerhalb größerer, außenbürtig aneinander geschlossener Räume voraus. Deren Ausdehnung ist abhängig von der Reichweite der Verfrachtung.

Wenn daher im Laufe der alpinen Baugeschichte immer neue, zum Teil Kilometer-mächtige Sedimente gebildet wurden, so ist nicht allein die örtlich konzentrierte *Aufnahmefähigkeit* von solchen in Teilsenkungen (orogen) maßgebend, sondern außerdem die Bereitstellung der Stoffe in entsprechend großen bzw. genügend rasch in Abtragung befindlichen Nachbargebieten. Solche sind von der marinen

Brandungszone an nach oben (abgesehen von nachträglicher Sedimentverlagerung durch Strömungen, Organismenwanderung, Diffusion im Meer) nur auf Landrelief zu finden, und zwar mit stärkstem Abtrag über der Schneegrenze (Frostverwitterung), d. h. im kalt/feuchten Klima sehr ausgedehnt; auch im Trockenklima.

Besonders viel Stoffe werden bei im allgemeinen geringen Klimaänderungen daher durch (orogene) *Landhebung* bereitgestellt. Gleichbleibende Höhenlage *ohne* Hebung führt, nach anfänglich hebungsbedingter Beschleunigung zu zunehmender Verlangsamung des Abtrages unter Einrumpfung.

Zeiten mit Relief-schwachen Landformen, ohne orogene Belebung bringen nur wenig Stoffverfrachtungen mit sich und daher geringe Sedimentmächtigkeiten, auch wenn untermeerische Absenkungen sich anbieten. Zu solchen Zeiten ist aber auch und vor allem das geosynklinale Meeresgebiet orogen unbelebt, hat wenig Baurelief. Dabei wird nicht allein der absolute Höhenunterschied, sondern auch das Gefälle, die Böschungssteilheit, wichtig.

Wenn lebhafte Gebirgsbildung zugleich in der Vertikalen (nicht allein in der Horizontalen während vorwiegender Schubzeiten!) entsprechend starkes Baurelief schafft, dann werden die Höhenunterschiede absolut und relativ bedeutend, dann gibt es im allgemeinen starken Abtrag, umfassenden Frachtumschlag und reiche Zufuhr nach den Sediment-sammelnden Senken. Gleichzeitig sind dann letztere besonders reichlich und (wegen des Hinabbaues) überwiegend in Senkung begriffen.

Mit Einschränkung läßt sich also sagen: Mächtige Sedimentation spiegeln wider starke Gebirgsbewegung, auch vertikale Baureliefbewegung. *Darum fallen die orogenen Sedimente auf durch ihre rasche Aufschüttung und ihre große Mächtigkeit.*

Ausnahmen ergeben sich bei zu großer Tiefenlage unter dem Meeresspiegel, also zu starker Transport-Erschwerung, durch zu entfernte Lage vom schuttspendenden Festland. Besonders in Anfangszeiten der Gebirgsbildung liegt die Erdrinde durchschnittlich noch zu tief, um den sich anbietenden Senken schon entsprechende Stoffe zuzuführen. Das wird später mit fortschreitender Krustenverdikkung und Hochschwimmlage anders: *Daher der normale Faziesgang in den heranwachsenden Geosynklinal-Orogenen vom eupelagischen über wechselreiche Archipel-Fazies und Flyschsandstein der Flachmeere nach den Molassemeermergeln, -Sandsteinen, Altwasserschlicken* und *Flußschotter-Konglomeraten: Der Faziesgang vom Tiefwasser-, zum groben Landsediment*! Wir wissen, wie weit über die Alpen hinaus dieses Faziesgesetz reicht!

Selbst bei so energischen Absenkungen wie sie die Tiefseerinnen zeigen, kann trotz scharfen Baureliefs bei gleichzeitiger Küstenferne das Sediment — abgesehen von Rutschmassen — nur ganz dünn bleiben (Oberjura!).

Dieselben Überlegungen gelten für die baugeschichtliche Tatsache immer neuer Sedimente in den alpinen Geosynklinalen: *Zu dem absenkenden Abbau*, während dem aus dem exogenen Hangend-Stoffkreislauf die Sedimente eingeschluckt werden, *kommt als gleich wichtig auch die Baureliefgestaltung nach oben.* Freilich vollzieht sich beides im allgemeinen nicht gleichzeitig, sondern *nach* Bildung der Hinabbaustruktur erst kommt das Baurelief aus isostatischen Gründen entsprechend kräftig zur Geltung: *Gebirgsreliefbildung, Abtragstoffe liefernd, wechselt ab mit Gebirgsstrukturbildung, Abtragstoff-sedimentierend.* Strukturwandel bringt Reliefwandel. So geht es auf und ab.

Auch der aus den Hochverebnungsflächen ersichtliche Wechsel von Einrumpfung während Ruhelage oder schwacher Senkung und von rascherer Heraushebung bedeutet die Fortsetzung des „Ab-und-Auf"-Grundsatzes in Tertiär-Quartär. Nur sind jetzt die scheinbaren Ruhelage-Zeiten diejenigen, in denen die isostatische Hebung gehemmt wurde durch angreifende (nur noch schwach-) orogene Senk- und Hinabbaukräfte. Während des innenbürtigen Hinabbaues flaut der außenbürtige Abtrag ab.

Über die oft gesteigerte Geschwindigkeit der Absenkung wird unten gesprochen. *Die Häufigkeit und die lange Dauer auch aufwärtiger Bewegungen und von Hochlagezeiten wurde bisher für die Geosynklinalen wohl sehr unterschätzt.* Denn Absatzlücken übersieht man leichter als Sedimente. Gerade auf diesen Lücken sind aber bezeichnende Merkmale der Hochlage über dem Meeresspiegel und der Abtragung erkennbar: sowohl in Gestalt der Abtragungsformen wie auch der von diesen ausgehenden Schuttmassen. Letztere wurden für die Deutung der Molasse eingehend betrachtet. Außerdem sprechen Roterdemassen, Bauxit- und Bohnerzlager, wie wir heute wohl sagen können, nicht so sehr für ein bestimmtes Roterde-Klima als vielmehr *für sehr langdauernde Abtragung.*

Von den Abtragungsformen sind *die Einebnungsflächen* der vortertiären Zeit allein aus Sediment-bedeckten Flächen bekannt, jungtertiär aber auch aus teilweise ausgedehnten freilich seitdem noch erniedrigten und teilweise stärker veränderten Reliefresten. Es war eine Überraschung, als man allmählich erkannte, *daß die tertiäre Gebirgslandschaft sehr eben war;* daß die Alpen erst im Pliozän allmählich zum Hochgebirge wurden. Mit der kontraktionshypothetischen „Auf"- oder „Hoch"-faltung wollte dies durchaus nicht passen. Heute wissen wir, daß erstens an deren Stelle *der Abbau* zu treten hat; daß zweitens schon immer starke Einebnungen in dem werdenden Gebirge bestanden hatten, und daß drittens zwischen die orogenen Abbauzeiten, welche eine nach oben abnehmende Struktur und darum ein meist ziemlich sanftes Baurelief schufen, sich immer wieder recht lange Zeiten des Aufstieges und der Hochlage einschalteten, während denen eben jene Verebnungsflächen in verschiedener Höhe des Gebirgskörpers ergänzt, ausgebessert oder wieder neu eingeschnitten wurden.

Wir können durchaus nicht annehmen, daß die jungtertiäre Verebnungstreppe zum erstenmal vom Miozän an entstand. Vielmehr bildeten sich ähnliche Reliefformen — wenn auch wegen der in früheren Baustadien noch nicht gleich langen Ruhepausen nur in der Anlage. *Jedenfalls gab es nicht nur schon immer Baurelief; schon immer wurde es auch zu Rumpfflächen abgetragen.*

Ähnlich, wie sich die Strukturformen zu verschiedenen Zeiten weitergebildet haben, so steckt auch in den späteren Haupteinebnungsflächen eine mitunter wohl recht weit zurückreichende Erbschaft, kombiniert aus verschiedenen, einst einmal ähnlich gelegen gewesenen Verebnungsflächen. Vergleiche mit der „präkambrischen" Landoberfläche im N liegen nahe. *Es ist also keine Besonderheit, wenn im Oligozän oder Miozän flaches Relief bestand.*

Die Aufwölbung, welche das Relief der abtragenden Einebnung überliefert, geschieht

1. im zweiten Abschnitt des hinabbauenden Orogenaktes,
2. durch granoplutonischen Einschub,
3. durch magmatischen Zuwachs allgemeiner Art, unabhängig von einer vorangegangenen Orogonese,
4. durch reinen isostatischen Auftrieb ohne vorherige Orogenstörung,
5. als Folge des tektonischen Baureliefs (relativ höhere Lage als die Umgebung).

Das Relief folgt keineswegs allgemein dem Ab-und-Auf-Pulsschlag des Erdkörpers; auch nicht immer dem Streichen des betreffenden Hauptstreifens. Vielmehr gab es z. B. im Oberdogger des helvetischen und des präalpinen Streifens eine allgemeine Heraushebung, dagegen gleichzeitig im kalkostalpinen und mitteleuropäischen Vorland die größte Absenkung (I, 314).

Vorgosauisch, teilweise schon vor Gault/Cenoman, müssen (I, 418f.) ausgedehnte Verebnungsflächen, z. B. im nordkalkalpinen Falten- und Deckenland schon ausgebildet gewesen sein, viel ebener wohl als von Mittelgebirgsform.

Die Einebnungsflächen wurden später um so weniger zerstört, *je ruhiger* sich, wie in den Zentralalpen, das Gebirge verhielt und je geschützter es, wie auf Karbonat, besonders auf *Kalkstein*, seine Ebenheiten aufbewahren konnten (N- und S-Kalkalpen).

Weiteres Verständnis für unsere Verebnungsflächen boten Beobachtungen über Gipfelflur und deren Treppenanordnung (S. 289), über Erzlagerstätten-Verbreitung (S. 288) wie über die Höhenlage und nachträgliche Verstellung der aquitan-altmiozänen Augensteinschotter-Verebnungen, welche mittelmiozän teils gestört, teils ergänzt wurden zur Firnfeldflur oder Raxlandschaft, sowie über obermiozäne, älter- und jüngerpliozäne, auch noch präglaziale, älter- und jünger-diluviale Verebnungen.

Die Mittelgebirgshöhen, mit welchen die „echte Gipfelflur" die etwa mittelmiozäne Raxlandschaft überragt (S. 291, 292) geben eine Vorstellung von der geringen Reliefstärke — 1000 bis höchstens 1500 m — des Gebirgsreliefs zur Helvetzeit. Es ist die heute verschärfte *„Hochgebirgslandschaft" der Ostalpen.*

Diese alt- bis mittelmiozäne Hauptverebnungsfläche überzieht fast die ganzen Ostalpen und Teile der Westalpen. Aus ihrer jetzigen Höhenlage konnten die jüngeren Walmungen, Brüche, die allgemeinen ruckartigen Heraushebungen bis zum heutigen Tag einigermaßen beurteilt werden. Die aquitane Auflagerungsfläche der Angerbergschichten am Unterinntal, die burdigal-helvetischen Auflagerungsflächen der ostalpinen Miozänreste und die Höhenbeziehungen dieser östlichen Vorlandmolasse erlauben auch eine gewisse zeitliche Einordnung. Dazu kommen die Augensteine, also die abgeschliffenen Zentralalpengerölle. Diese waren noch im Aquitan quer über den Verlauf der erst später tief eingeschnittenen O-W-Flußläufe des gegenwärtigen Talnetzes zwischen Zentral-, N- und S-Kalkalpen fluviatil ausgebreitet worden.

Als Folge des jüngeren Baustadiums im W hatten wir dort schärfere Abbau-Vorgänge noch im Miozän, immer wieder stärkeres Emporsteigen, darum tiefergehende Abtragung und allgemeines Achsenfallen gegen O. Dies rief aber stärkere, das Verebnungsrelief zerstörende Tätigkeit und ein höheres Emporschwellen noch in junger Zeit (S. 332) gegenüber den östlichen Alpen.

Soviel über die innenbürtigen *Reliefwechsel.* —

Deren *sedimentäre Folgen* fallen in ihren, uns noch gut sichtbaren Spät-Stadien in die *Molassezeit. Ungefähr gleiche, baugeschichtliche Entwicklung, also ähnliche Abbauvorgänge im Gebirge, sowie ähnliche Baurelief-Bewegung in der Schuttempfangenden Vortiefe bringen auch annähernd die gleiche Sedimentfazies zustande* (S. 245). Wir fanden dies für die Hauptbewegungszeiten der Rupel- und der Oberburdigal/Helvet-Stufe in der Schweiz und Süddeutschland. Wir fanden es für die Zeiten kräftigen Baurelief-Aufstieges kattisch und helvetisch/tortonisch bestätigt; und ebenso für die Zeiten ruhiger, höherer Lage mit Reliefausgleich in der Aquitan- und jüngeren Torton/Sarmat-Stufe der Schweiz.

Dieser Grundsatz, *daß die baugeschichtlichen Hauptstadien unabhängig von der Zeit annähernd gleiche Fazies erbringen können*, ist seit den Studien über Großzyklen, auch seit meinen Ergebnissen 1925 über den orogenen Zyklus geklärt. S. v. BUBNOFF 1937, BR. ASKLUND, H. BACKLUND 1941 u. a. hoben dies hervor; letzterer betonte, daß man nur vergleichbare Stadien miteinander vergleichen kann, und kommt daher zu einer weitgehenden Aktualität des Geschehens.

Am Gebirgsausgang ausmündende, *axiale Quersenken* zeichnen sich durch ihre Ausbildung der Haupttalwege aus und diese durch die *Flußschotterfächer* (S. 215), welche sie der Vortiefe an diesen Stellen zuschoben. Doch liegen hier im allgemeinen keine Schotterkegel oder Deltas, sondern der Flußschotter ist weitgehend parallel zum Alpenrand verflößt (S. 216). Denn gleichzeitig mit der die Molasseflüsse an sich ziehenden axialen Niederbiegung formte und ergänzte sich auch immer neu das Baurelief der versinkenden Vortiefe. Das besondere Ausmaß der Vortiefensenkung ist nur teilweise, wie bei Blumen, Napf, Rigi, Hörnli, der Grund für die Flußschotteranhäufung, denn auch die Sand- und Schlamm-Massen neben den Schotterlagern stehen an Mächtigkeit diesen oft durchaus nicht nach. Freilich hat der Fluß nachträglich viel weiches Sediment fortgeführt, dessen bedeutende Mächtigkeit bei Beurteilung der stattgehabten Senkung zu der Schottermächtigkeit hinzuzuzählen ist.

Es ist sehr lehrreich, zu sehen, wie sich das Gebirge der Molassezeit die seinen späten Innenregungen entsprechenden Reliefformen schafft. Wie aber gleichzeitig der nach außen beförderte Schutt bei seinem Absatz unter dem Diktat der innenbürtigen Vortiefenbewegungen steht. *Das Gebirge liefert nur das Rohmaterial. Dessen fazielle Anordnung wird erst außen bestimmt* — weshalb diese *viel vom Bewegungsgrundsatz der Vortiefe* berichten kann. Freilich werden die innenbürtigen Antriebe dabei auch weitgehend durchkreuzt von außenbürtigen. So verwischten starke Sandströmungen weithinaus ins Flachmeer z. B. der Luzerner Meeresmolasse des Burdigals (S. 210), teilweise auch in der St. Galler Helvet-Molasse die Senkungsrhythmen, welche sonst durch den Flußschotter/Altwasserschlick-Wechsel so schön abgebildet werden. Außerdem verwischen Meeresströmungen auch größere Wellungen, Beschleunigungen orogener Art im Inneren des Vortiefentroges. *Darum werden unmittelbare Schlüsse aus der ruhigen Ablagerung des Sediments auf die Ruhe des Untergrundes oft irrtümlich sein.* Die energischere Absenkung bis unter den Meeresspiegel während der Rupel-, Burdigal- und Helvetstufe war nur dadurch möglich, daß die wiederausgleichende Schuttzufüllung trotz der Gebirgsnähe für längere Zeit nicht Schritt halten konnte.

Der maßgebende Einfluß außenbürtiger Kräfte auf die innenbürtigen Antriebsfolgen kann um so bedeutender sein, je mehr letztere in längeren Ruhezeiten zurücktreten. Die Umwandlung der an der Oberfläche verwitternden und auch da noch verfrachteten Lockerstoffe in *Restschotter und Restsande* (über *„Voll-" und „Halbschotter"* (S. 205, 265) besonders im höheren Pliozän konnte in Südbayern, Ober- und Niederösterreich (S. 325) gut verfolgt werden.

Solche Aufbereitungsreste der Landoberflächen entstehen (E. KRAUS 1915):

1. Während langdauernder Ruhe durch chemische Verwitterung an Ort und Stelle. Je nach dem Klima sammeln sich dabei auch Bohnerzlager, Kaolinlager an (550 m-Fläche auf dem Bayerischen Wald).
2. Durch ausmerzende Umlagerung auf einer in der Wanderrichtung abfallenden, immer weiter vorrückenden (S. 265) Reliefböschung. Beispiel: NO-Ausstrahlung des mehrfach umgelagerten Rothkreuzschotters (S. 265ff.).
3. Durch mehrfache Ausräumung und Wiederabsatz z. B. in Westungarn.
4. Durch besondere Klimaart des Pliozäns, wobei Sumpfbildungen offenbar gesteigerte Bedeutung haben (in Niederbayern und im Bayerischen Wald).

Daß dabei aber auch mit sekundären Umlagerungen und Durchmischungen von Voll-, Halb- und Restschottern zu rechnen ist, zeigte das Beispiel des Hausrucks (S. 267).

Sedimentationsrhythmen

Eine überraschende Gesetzmäßigkeit der Korngrößen- und der allgemeinen Fazies-Verteilung enthüllte die nähere Untersuchung der helvetischen Oberjura-Unterkreide-Absätze. Siebenmal haben wir im Tonschlamm eine Vergröberung des Quarzsandes und nach oben die Kalkfazies (I, 365). Überraschend auch sind die Erscheinungen der Kondensation mit dünnen, glaukonitisch-phosphoritischen Bankvertretern. Die tektonische Bedeutung wurde I, 365 geschildert.

In der sinkenden Molassevortiefe trafen wir drittens die Nagelfluh/Mergel-Rhythmen der Riginen (S. 108, 158, 210, 253; I, 459—463).

In allen diesen Fällen *senkt ein rascherer Zugriff ab* und erlahmt, so daß dann der vorherige Zustand, nämlich eine höhere Erdrindenlage, allmählich wieder angestrebt und oft auch für lange Zeit wieder erreicht wird.

Diese tektonischen Angriffe bewegten auf dem Kontinent Mitteleuropas eben und weithin gleichartig reagierende Reliefoberflächen.

Von Kleinrhythmen (z. B. K. FIEGE 1937) sehen wir hier ab.

Im helvetidischen Raum, wo sich der Boden langsam krümmte, konnte an gleichartigen, überwiegend in Hochlage erfolgenden Bewegungen nicht der gesamte Flachmeerboden teilhaben, sondern allein *die zögernd zurückbleibenden*, der Geosynklinale parallel streichenden *Sattelschwellen*. Sie kehrten nach kurzer, geringer Tieflage bald wieder in die Hochlage zurück. Dagegen sanken die ihnen benachbarten, *breiteren Mulden tiefer, rascher und für längere Zeit*. Weil damit die Sättel und Mulden der späteren Tektonik vorbereitet wurden, können wir *den orogenen Charakter dieses Spieles* feststellen.

„Im geosynklinalen Flachmeer haben nur die Sattelrücken epikontinentale Bewegung" (I, 462).

Verhältnismäßig rasch dagegen versinken die epikontinentalen Senkungsflächen und von diesen als deren geosynklinal belebte Ausläufer ausgehend die geosynklinalen Teilmulden, die flacheren und die tiefmeerischen Rinnen. So „transgredieren" rasch und plötzlich über vorher hochgelegene Sedimente oder über Abtragungsflächen die pelagischen oder tiefmeerischen Absätze. *Die tektonische Absenkung ging verhältnismäßig rasch vor sich.*

Die Muldenfüllungen stießen bei ihrer Bildung immer wieder seitwärts gegen ihre sich zögernder senkenden Nachbarschwellen empor.

Der Wechsel des Ab-und-Auf betraf zunächst die gleichen Gebiete. Die Verbiegung war *anfänglich* ziemlich rückbildbar (I, 464) — wenn auch nicht gerade aus einer Sattelhöhe eine Muldensohle werden konnte. Die Keimanlagen waren noch anpassungsfähig an verschiedenartige Beanspruchungen: Kalkalpine Trias, penninischer Lias, helvetische Unterkreide mit ihren „*Standwellen*" oder die norischen bzw. miozänen „*Wanderwellen*". An möglichst geeigneten Beispielen werden stockwerksartige Abweichungen in Raum und Zeit zu prüfen sein.

Ohne orogene Störungen würde das dauernd wirksame Tauchgleichgewicht in höherer Lage *Ruhe* sicherstellen. *Diese ist tatsächlich im epikontinentalen Raum durch lange Zeiten vorhanden, was sie zum Normalzustand macht, der nach jeder Störung angestrebt wird.* Dagegen ist die plötzlich dazwischentretende Senkung als *Störung dieser Gleichgewichtslage anzusehen* (I, 464). Während dieser Senkungszeiten entwickeln sich nachweislich die Falten und die einengenden Verschiebungen anderer Art.

Darum ist der absenkenden Kraft zugleich die Einengung zuzuschreiben; sie ist die orogene. Der Hauptschauplatz ihrer Tätigkeit ist die überwiegend absenkende Geosynklinale.

Wir fanden daher in diesen embryonal erscheinenden Bewegungen, welche für Kontinente und Geosynklinalen gemeinsam sind, die jedoch in den Geosynklinalen abbauend die Gebirge bilden, *die gemeinsame Leistung der Unterströmungskraft.*

Die Zahl der orogenen Angriffe ist dabei groß. Im allgemeinen helvetischen Schichtprofil der Kreide gab es 9 Einsätze, im einzelnen lassen sich viel mehr, vielleicht 30 feststellen (I, 465). Vielleicht in ähnlicher Zahl je Zeiteinheit schalteten die schwachen orogenen Spätregungen pliozän-quartäre Ruhepausen des „gespannten Gleichgewichts" ein in die allgemeine Aufwölbung des Gebirges.

Mit noch wesentlich mehr Einzelrucks wurde offenbar in der schon ziemlich epikontinentalen Vortiefe der Molasse deren Widerstand gegen die Absenkung überwunden. Und am meisten ruckartige Teilbewegungen schoben sich in dem noch krusten-dünneren Bewegungsfeld der Flyschvortiefen in die Faziesprofile ein mit ihrem überreichen Bankwechsel. Im Verhältnis am häufigsten sind schließlich die seismischen Stöße.

Ungleich seltener nur können wir in dem epirokinetisch bewegten Festland ruckartige Antriebe feststellen. Hier waren auch die Hubhöhen offenbar geringer und über ungleich größere Gebiete ausgebreitet.

Wir erkennen regelmäßige Übergänge von den langsam und selten, auch mit geringen Höhenunterschieden bewegten Kontinenten über beweglichere Saum- und Randgebiete bzw. Vortiefen zu pelagischem oder tieforogenem Hochbetrieb.

Es ergibt sich:

„Die orogene Kraft ist eine absenkende. Der geosynklinale Bau entsteht bei dieser Abwärtsbewegung, ist also ein „Hinabbau“. Zwischen Kontinent und Geosynklinale besteht in baugeschichtlicher Hinsicht kein grundsätzlicher Gegensatz in der Behandlung der Erdrinde. Die Art der Tiefenkraft ist gleich; verschieden nur ihre Stärke. Ihre Wirkung gliedert sich in Einzelrucks. Diese übertreffen an Zahl und Hubhöhe in der Geosynklinale weit jene der kontinentalen Erdrinde“ (I, 465).

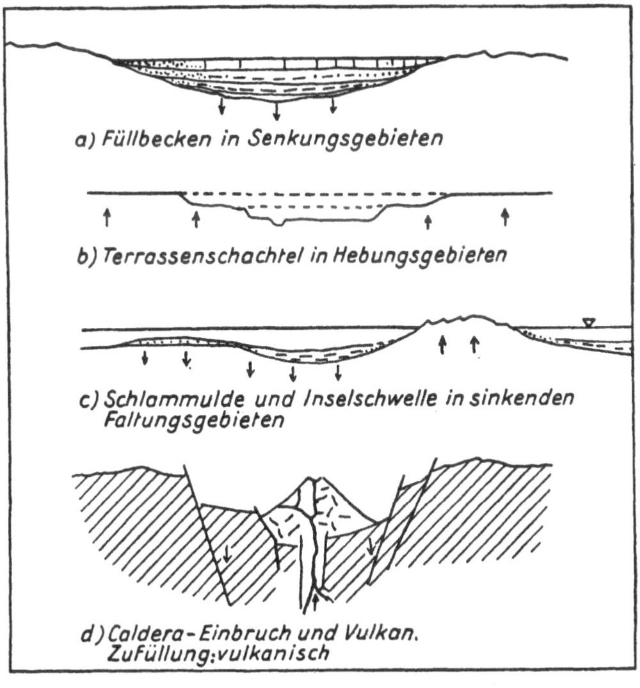

Abb. 123. Hohlformen mit oder ohne Zufüllung bzw. Ausräumung infolge innenbürtiger Bewegungen. Schema.

Wir überschauen so die regionalen Abänderungen, mit welchen ruckartige Bodenbewegungen teils als aktiv-orogene Stoßantriebe, teils in periodischer Überwindung der sich ihr entgegenstellenden Festigkeit sedimentär-faziell in Absatzrhythmen zur Ausprägung kamen.

Aus baugeschichtlichen Gründen filtern Materialart und außenbürtige Kräfte die Unmittelbarkeit der innenbürtigen Antriebe. Ja, es können sogar z. B. Klimawechsel eine mehr gleichbleibende Orogen-Tendenz in rhythmische Fortschritte zerlegen und sedimentär oder reliefmäßig abbilden.

Wir sehen aber auch die Ausprägungs-Abänderungen, welche sich einerseits in der niedersinkenden und andererseits in der emporsteigenden Erdrinde einstellten. Im ersten Fall (Abb. 123a) verschwinden die Ruckrhythmen reliefmäßig von der Erdoberfläche, weil sie sich nur sedimentär ausprägen durch das allmähliche, transgressive Übergreifen über die Ränder der sich sinkend erweiternden Senke. Wir haben den *Fall a der „Füllbecken“* oder unter dem Meere jenen der Schlammmulden (Abb. 123c). Unvollkommene Zufüllung von den Seiten führt zu den Schuttkegelformen. Unvollkommene Zufüllung von unten her führt für das Beispiel der in Calderen niedergebrochenen Vulkanbauten (Niederbruch des Peloritanischen Gebirges, der Caldera an der Monte Somma des Vesuvs) zu den aus dem Einbruch aufragenden Vulkanbergen eines Ätna, eines Vesuvkegels (Abb. 123d).

Andererseits bringt die überwiegend aufsteigende, humide Landschaft statt dem Füllbecken die *„Terrassenschachtel“* (Abb. 123b). Dem Füllbecken etwa der Lombardischen Tiefebene steht die Terrassenschachtel der Oststeiermark, dem Füllbecken der Mittelrheintalebene nördlich Mülhausen i. Elsaß steht die Terrassenschachtel des Sundgaues zwischen Basel und Mülhausen i. Elsaß gegenüber (E. Kraus 1921), der Terrassenschachtel des oberschwäbischen Quartärs (Iller-Lechplatte) das Füllbecken der Münchener Schiefen Ebene gegenüber. Im Faltenbereich trennen sich nach dem gleichen Gesichtspunkt die Füllbecken der Schlammulden von den überwiegend hochstrebenden Sattelschwellen (Abb. 123c). Bei allem sind wir uns darüber klar, daß die Scharniere zwischen den Bereichen überwiegender Hebung und jenen vorwaltender Senkung meist nicht festliegen, sondern mehr oder weniger gegeneinander pendeln.

Die orogenen Sedimente

Die zunächst ausgeführten Gedanken beziehen sich überwiegend auf Erdrindenteile geringerer Innenbewegung bzw. nur auf Zwischenzeiten zwischen solchen. Wir können daher von Räumen und Zeiten der „Normalsedimentation“ und der „Normalreliefformung“ sprechen.

Die Sedimentfazies — mehr als die Baureliefformen — der *orogen* energischeren Räume und Zeiten, also der Geosynklinalen während der Abbauzeiten, waren lange Zeit gemieden. Denn sie schienen in ihrer Eintönigkeit, Mächtigkeit, Fossilarmut der Sedimente und deren allgemeiner Eigenart wenig zu bieten, solange sie in ihrer Bedeutung noch nicht genauer erkannt waren. Gerade das Studium dieser so lange vernachlässigten, jedoch orogen so viel bedeutenden Schichtreihen war daher Ausgang und Grundlage für die alpinen Arbeiten des Verfassers (1923, 1925ff.). Das Hereinragen fossilführender Normalfazies in diese, in der Tiefe höchst belebten Räume, das Vorrücken zunächst der orogen angeordneten Normalfazies, dann der halborogenen und schließlich der vollorogenen Sediment-Fazies gegen jene der Normalausbildung, z. B. der helvetischen Kreide, zeigte die, wie sich herausstellte, gesetzvolle Verlagerung der orogenen Hauptstreifen.

Die Wiederholung der Sedimente ähnlicher Orogenfazies in den verschiedenen Gebirgen machte aufmerksam auf gewisse baugeschichtliche Zustände, welche sich als Glieder einer Entwicklungsreihe, des Orogenen Zyklus (E. Kraus 1927), darstellten.

Die angebliche Kurzfristigkeit der Orogenphasen und ihre angebliche „Auffaltung“ verleitete zum Teil zu der Meinung, orogene Sedimente seien die außenbürtige *Nachwirkung*, nicht aber die Begleiterscheinung der Orogenphasen (A. v. WINKLER 1936, II, 243). Daß dies unrichtig ist, wußte schon P. ARBENZ 1919 und wurde auch vorstehend immer neu an Beispielen gezeigt. Wo stärkere Decken wanderten (z. B. im südalpinen Eozän), da wurden sie von Flyschsediment bedeckt, im Archipelmeer, aber nicht an einem orogen „aufgefalteten" Gebirge. Wo Decken fehlen, herrscht Normalsediment.

Als Hauptbeispiele der orogenen Sedimentfazies im alpinen Bewegungsraum erkannten wir:

Orogen angeordnete Normalfazies	Halborogene Fazies	Vollorogenfazies	Außenbürtig
Radiolarit-Aptychenkalk-Ammonitenkalk, Foraminiferenschlick-Rotschiefer			Tiefpelagisch Flachpelagisch, Küstennah im Insel-Archipel
Riffkalk, Bankkalk, Dolomit, Schlamm-Mulden, Mergel und Tone, Sandsteine, Orogen-rhythmische Sedimente	Fleckenmergel, Leimernmergel, Schlier, Glanzschiefer, Phyllit, Wangschichten, Brekzien, (Bündener)-Sammelserie	Flysch, Wildflysch, Brekzien u. Blockmassen. Kulm, Casanaschiefer, Geröllmergel z. T.	
	Marine, limnisch-fluviatile Molasse Alluviale und Sumpffazies der Molasse		In Spät-Vortiefe
	Verschiedenes Baurelief des Gebirges Füllbecken und Terrassenschachtel		Festland

Natürlich sind auch hier die verschiedensten Übergänge zu beobachten. Sie beziehen sich auf allmähliche seitliche und stockwerksmäßige Verlagerung der orogenen Haupttätigkeit, auf den herrschenden Wechsel von Ab-und-Auf sowie der orogenen Energie, aber auch auf die je nach Relief, Meerestiefe, Küstennähe, Sedimentsmenge, Klima wechselvolle Filtrierung derselben durch die außenbürtigen Vorgänge.

Erhebliche Abänderungen bringt dann die dynamische bzw. außerdem die Tiefen- und magmatische Metamorphose; z. B. in der Trias der unteren und mittleren Pennindecken (Abb. I, 13, S. 101) oder in der Tauernaufwölbung. Die Phyllite, Kalkschiefer der Oberen Schieferhülle, die Glimmerschiefer- und Gneisgruppe schließen sich dem nach abwärts an als Bewegungsstockwerke mit allen möglichen Verwandlungs-Übergängen.

Überaus bezeichnend ist die *Verwischung der Normalsedimentation durch die Uniform-Tracht der Sammelserien* („séries compréhensives") der Bündener und Glanzschiefer im seitlichen Übergang z. B. des Briançonnais zum Piemont-Pennin (I, 208). Ebenso zeigen deren Übergänge aus den rascher sinkenden und schärfer angegriffenen Schlammulden der nur orogen angeordneten „Normalfazies" die orogene Eigenart dieser Sammelserien (I, 484). Als Vorstufe gehört zu ihnen bereits die *Fleckenmergelfazies* (I, 240f.; auch Leimernschichten S. 11, I, 480, I, 467, I, 486). Dieselbe spiegelt gleichfalls fortschreitende Unruhe und Faltenwurf während der allgemeinen Senkung wider, welche also bereits tieforogene Vorläuferin der Flyschfazies ist (I, 249). Daher setzt letztere auch schon in den Liasmulden ein, die sich anschicken, unter die Sattelschwellen der Nachbarschaft hineinzufließen.

Dieser Fazies schließt sich die pelagische *Foraminiferen-Schlammfazies* an. Ihr gehören an z. B. die Stadschiefer oder Stockletten des nordalpinen höheren Eozäns, als „*Tiefwasser*"- *oder* „*Stillwasser-Flysch*" (S. 8, 11), die Nierentaler-, Rotschiefer-, couches rouges-, Scaglia- und Seewer-Mergel, die Majolika, Plattenmarmore, Cenomanmergel, die Geröll- und Orbitolinenmergel, Biancone (I, 352), Kulm- und Graptolithenschiefer, Neokommergel, Aptychenkalkmergel. Sie können teilweise wohl ebenso gut normale Sedimente sein; es kommt auf die genaue sedimentpetrographische und baugeschichtliche Prüfung an.

Als recht bezeichnende „Rand-" oder „halborogene" Begleitfazies des Flysches konnte auch die *Wangfazies* erkannt werden, welche teilweise schon im Cenoman, zumeist aber erst in der höheren Oberkreide mit ihren düstergrauen, bituminös-sandig-glaukonitischen Kalk- und Schieferbänken einsetzt (I, 466). Die Geröllmergel (N-alpines Cenoman u. a.) rühren von Steilböschungen (I, 393) her oder von Mergelumlagerungen auf Schwellen (S. 13). Eingeschaltete Brekzien verschiedener Art bedeuten Aufragungen über den Meeresspiegel.

Solche Inselsattel-Aufwölbungen waren auch zwischen Tiefseegräben sowie tiefermeerischen Rinnen eingeschaltet und ihre Brekzien schoben sich daher gar nicht selten auch *zwischen tiefmeerische Radiolarite und Aptychenkalke ein:* I, 323, I, 326, I, 327, I, 329, I, 331f., I, 339, I, 344, I, 350f., I, 354. Mitunter erscheinen gewaltige Böschungsgleitungen auf Schichtfugen (Adnet I, 233, Knollenkalkbildung I, 329—332, I, 348, I, 353; Kammerker I, 234f.: Böschung 30° auf 1 km). Unmittelbar auskeilende *Übergänge zu Fleckenmergelfazies* (I, 339) bei weniger großer Wassertiefe, *zu Flysch* bei reichlicher Schuttzufuhr (I, 332, I, 349) *beweisen in solchen Fällen den orogenen Charakter auch dieser Tiefmeerbildungen.* Dabei erfordert die Radiolarit-Diagenese nicht etwa eine Heraushebung über Meereshöhe (I, 331).

Nicht selten sind Radiolaritbänke oder Radiolarien-reiche Schiefer *im Flysch* (der Oberstdorfer Decke wie im Birnwang-Oberkreideflysch Vorarlbergs S. 12; der Sigiswanger Decke wie im Piesenkopfkalk des Allgäus oder im Untersenon der Chablais-Klippendecke I, 469) der einzige Hinweis für vorübergehende tiefmeerische Absenkung. In ähnlicher Weise schieben sich im Flachmeer oft wiederholt und für längere Zeit sandige Urgonkalkbänke mit Orbitolinen der Kreide oder auch eozäne Nummulitenkalkbänke *mitten zwischen die Flyschfazies* ein als Vertreter einer normalen Nachbarfazies während längerer Zeit der Ruhe.

Die Orte kräftiger, orogener Meeresboden-Unruhe sind in ihrer sedimentären Abbildung natürlich *nicht scharf umgrenzt,* sondern die außenbürtig-faziellen Folgen greifen oft recht weit über diesen Raum der unmittelbaren Relief-Verlagerungen hinaus, so daß die orogene Fazies wenigstens in Teilerscheinungen ziemlich weit ausgreifen kann (I, 467).

Im penninischen Deckenbereich haben wir etwa 4 orogene Serien gefunden:

Katakristallin mit Ophiolithen.

Epikristallin-paläozoische Casanaschiefer (mit Ophiolithen), mit denen die variszische Gebirgsbildung unausgereift im Oberkarbon stecken blieb und durch die Trias hindurch weiter bestand.

Bündener und Glanzschiefer von Obertrias-Lias mit pazifischen Ophiolithmassen.

Penninischer Flysch in der Kreide (I, 485ff.) nun ohne Ophiolithe und zugleich mit 1—2 km Gesamthöhenlage des Meeresbodens als Folge der inzwischen schon stark verdickten Erdrinde (I, 485). Diese letzten Flyschmassen entstanden wohl als „Wanderflysch“ über den bewegten Deckenrücken (S. 31).

Als Wander-Ergebnis der sich unter die Deckenstirnschwellen hinein und hinabschiebenden Vortiefen hat auch die *Wildflyschfazies* zu gelten (I, 471f.) mit ihren Bergstürzen, exotischem Schwellenschutt, ihrem unterwälztem Durcheinander, das aber erklärlicherweise nicht selten durch ruhigen Flysch unterbrochen wird (I, 377; S. 11). Der Bitumenreichtum der schwarzen Wildflyschschiefer (S. 12), der Flyschgesteine, welche Meeresbodensalz, Jod, Brom, Erdöl, Bitumen, Kriechspuren, Bohrgänge, Rutschungsfolgen und andere oft sehr hinfällige Meeresbodenerscheinungen aufbewahrten, erklärt sich aus der sehr raschen Eindeckung durch Rutsche und wohl auch aus Verspülungen auf den orogen oft übersteilten Meeresboden-Böschungen. Von diesen erzählen ja auch die Wickelungs-Strukturen und Wülste der Flyschsandsteine (S. 12).

Der vollorogene Flysch erscheint offenbar immer in mit Schutt genügend versorgten Archipelmeeren, deren Bodenrelief sich in starker orogener Unruhe befindet (I, 386f., I, 407, I, 507).

Beispiele wie die Verbreitung des Eozänflysches in den Südalpen nur dort, wo starke Faltung entstand, fehlend und ersetzt durch fossilreiches Normal-Eozän dort, wo die Großbewegungen zurücktreten (S. 76—79), auch wenn in Bruchgebieten basaltischer Vulkanismus herrschte, *bezeugen ein übriges Mal die orogene Bedeutung der Flyschfazies.*

Mit Beendigung des tieforogen-abbauenden Archipel-Stadiums verschwand auch die Flyschfazies. Allein schwache Reste und Anklänge beobachten wir noch in der mitteloligozänen Subalpin-Molasse (S. 106), das heißt am letzten tiefer hinabgezogenen, orogen stark unruhigen Meeresboden.

Weiterhin herrscht *die Molasse*, das orogene Vortiefensediment der höheren Schwimmlage (Hochorogenese S. 89). Zwischen Oberbayern und dem Wiener Becken, auch in der südalpinen Vortiefe herrschte in verhältnismäßig sandarmem Meer noch eine als „*Schlier*“ bezeichnete Abart des orogenen Flysches (S. 139).

In dieser Spätzeit des Gebirges und im Bereich der letzten Vortiefen auf dem europäischen Festlandssaum wurde auch durch das völlige Verschwinden der tieforogenen Ophiolithe der Übergang zur Hochorogenese angezeigt. Allein in den östlichen Niederbruchsgebieten gab es noch einen Vulkanismus, der aber zentralalpin schon atlantisch war.

Die gewaltige Zeitdauer aller innenbürtigen Vorgänge fiel uns immer wieder auf. Als Beispiele lernten wir (S. 42) im SO-Karwendel die Vorgosau-Abtragung mit 3 km vom Neokom bis auf Wettersteinkalk hinunter kennen. Es ist möglich, daß die lange nacheozäne Hochlage fast die ganze Eozänmeer-Transgression über die Kalkostalpen erosiv beseitigt hat. S. 107 mußte auf ein *ganz langsames Versinken der Molasse-Vortiefe* geschlossen werden. Denn der gewiß auch sehr langsam abgetragene Gebirgsschutt genügte zur Zufüllung unter annähernder Beibehaltung der Vortiefenfazies. Auch die *Langsamkeit der fortschreitenden Stand- und Wander-*

wellen im Miopliozän von Oststeiermark-Ungarn wird durch die großräumige Abtragung weiter, wenn auch unverkitteter Sediment-Stockwerke und deren Umlagerung in benachbarte Senkungsfelder festgelegt (S. 172).

Es ist nicht so, daß, wie in dem Begriff „Primärrumpf" vielfach verstanden wurde, das Alpengebirge einmal oder nur wenige Male mit seinem fertigen Baurelief aus dem Meere auftauchte und dann über diesem zur Abtragung kam. Vielmehr lehrte unsere Baugeschichte *ein sehr häufiges Niedersinken und Wiederauftauchen, ein sehr häufiges Abgetragenwerden der trockengelegten Reliefformen-Stücke*, weshalb wir uns über deren Ebenheit (S. 287) etwa im Aquitan oder später keineswegs zu wundern brauchen. *Die Reliefgeschichte reicht eben ungeheuer weit zurück; die Zeiten waren riesig lang.*

Auch die gewaltige Menge der abgetragenen Deckengesteine in den Schweizer Alpen ist allein verständlich durch die langdauernden, nach den scharf einengenden Senkungen immer wieder eingeschalteten Abtragungszeiten. Sie waren um so wirksamer, je zerstörter das Gestein und je höher es gegen den abtragenden Luftraum herausgehoben wurde (S. 333f.).

Die *sehr lange Dauer der Abbauzeiten* andererseits ermessen wir aus ihrer synsedimentär durch Zonenfossilien belegten Zeit.

Erst solche Vergleiche mit der Langsamkeit der jetzigen Ablagerung und Abtragung, die wir sehen, gibt uns eine gewisse Ahnung von der gewaltigen Zeitdauer der abgelaufenen alpinen Baugeschichte. —

An Grundsätzen ließen sich für die Beziehungen der außenbürtigen zu den innenbürtigen Orogen-Vorgängen (X) etwa die folgenden entnehmen:

X 1. **Die Ausbildung der Diskordanz-Profile war an eine dynamisch-entstehungsgeschichtliche Reihe von Voraussetzungen gebunden, welche im Grunde auch dort und dann vorhanden ist oder sein kann, wenn jene Profilbilder nicht oder nicht mehr verwirklicht sind.**

X 2. **Gerade in den geosynklinal sinkenden Mutterstätten der Gebirgsbildung findet trotz kräftiger Teilhebungen oft keine Inselbildung, also auch keine Abtragung und keine Diskordanzbildung statt. Als Anzeichen für Orogenese ist letztere daher gerade hier untauglich.**

X 3. **Diskordanzflächen können auch tektonisch verschliffen werden und deshalb fehlen, weil die orogenen, besonders die waagrechten Bewegungsstrukturen gegen oben disharmonisch zurückgehen.**

X 4. **Ausgedehnte Diskordanzflächen werden durch Teilhebungen mit Abtragung und durch Teilsenkung in Teildiskordanzen aufgelöst, ohne daß besondere tektonische Phasen vorzuliegen brauchen.**

X 5. **Außenbürtige Folgen innenbürtiger Bewegung, welche tiefer unter dem Meeresspiegel oft ganz verschwinden, sind nahe dem Wasserspiegel meist sehr stark, jedoch auch vom Klima sehr abhängig. Auch grobe Geröll- oder Schuttbildungen sind keine sicheren orogenen Anzeichen. Sie können mit Schrägflächenbildung oft lange nach der orogenen Bewegung noch andauern, sind auch abhängig von der abzutragenden Tonnage.**

X 6. **Die tektonische Bewegung ist auch durch die dynamische Metamorphose und deren Verteilung abgebildet und erschließbar.**

X 7. **Synsedimentär ausgeprägte Gebirgsbildung ist nur in tektonisch kräftig verlagerten, nicht in ruhigen Gebirgsteilen feststellbar.**

X 8. **Das Baurelief und seine sedimentär-fazielle Ausprägung wurde oft der tekto-**

nischen Leistung nur ganz ungleichwertig ausgebildet. Embryonale Ausbildung braucht durchaus nicht embryonale Tektonik zu bedeuten. Oft sind große Faltungen und Deckenverschiebungen fertig, ohne daß die etwa gleichzeitig entstandene Fazies besonders starke orogene Anzeichen aufgewiesen hätte.

X 9. **Abtragende Hebung und neusedimentierende Senkung greifen langdauernd ineinander ein und werden mit verfeinerter Stratigraphie wegen wechselnder Abbildungsmöglichkeit in scheinbare Einzelvorgänge zergliedert; die geosynklinale Bewegung aber geht immer weiter, örtlich, zeitlich und stärkemäßig verschieden.**

X 10. **Das faziell abgeleitete Ab-und-Auf ist mit bekannten Methoden sichergestellt. Schichtlücken, Abtragungsformen, Schuttmassen, Roterde, Bauxit- und Bohnerzlager erweisen die Häufigkeit und lange Dauer von Aufwärtsbewegungen und Hochlagezeiten auch für die Geosynklinalen.**

X 11. **Verebnungen haben in den Hochlagezeiten schon immer, freilich jungtertiär stark zunehmend, das orogene Baurelief gemildert, welches wegen des sedimentsammelnden Abbauvorgangs und wegen der Strukturabnahme gegen oben an sich schon meist nicht stark war. Die erschließbaren Verebnungsflächen setzen sich wohl auch aus Rumpfflächenresten oder -Erbschaften lang vorausgegangener Abtragungszeiten zusammen.**

X 12. **In geringerem Ausmaß hatten auch die jungtertiären Verebnungstreppen wohl schon ältere Vorläufer. Es können fünf Hauptanlässe für die zur einebnenden Abtragung führende Hebung angenommen werden.**

X 13. **Die dem Pulsschlag der Erdhaut entsprechenden Reliefhebungen waren keineswegs gleichzeitig, mitunter selbst nicht innerhalb des gleichen Streichens.**

X 14. **Je ruhiger sich schon der Gebirgsteil verhielt und je günstiger (Kalkstein!) die Gesteinsart, desto länger konnten sich die Altverebnungsflächen erhalten.**

X 15. **Aus Gipfelflur, Treppenanordnung, Erzlagerstättenverbreitung, Höhenlage und Verbiegung aquitanisch-miozäner und jüngerer Verebnungsflächen, sowie aus deren Datierung besonders am Alpenostrand lassen sich jüngere Bewegungen des Alpenkörpers beurteilen.**

X 16. **Auch formenmäßig erweisen sich die Westalpen als jünger gegenüber den Ostalpen.**

X 17. **Die Molasse der Vortiefe bildete die baugeschichtliche Gebirgsentwicklung ab. Axiale Quersenken münden am Gebirgsrand in Flußschotterfächer aus, die aber am Alpenrand entlang verflößt wurden.**

X 18. **Das vom Gebirge gelieferte Rohmaterial verzeichnet nur die Grundzüge seiner Entwicklung. Aus der faziellen Anordnung des Vortiefenschuttes sind die Vortiefenbewegungen ersichtlich.**

X 19. **Außenbürtige Absatzbedingungen können die Schlüsse auf Baurelief und Vortiefenregungen besonders in Ruhepausen stark verwischen. Nur in Zeiten gesteigerter Vortiefenabsenkung kann die Vorlandzufüllung unter Beibehaltung der Fazies nicht gleichen Schritt halten. Daraus, wie auch aus den Restschottern und Restsanden muß auf den sehr langsamen Fortschritt der Bewegungen geschlossen werden.**

X 20. **Vier verschiedene, meist zusammenwirkende Ursachen der Landaufbereitung zu Restschottern können angenommen werden.**

X 21. **Sedimentationsrhythmen durch periodische Hebung und Senkung im Flachmeer, durch periodische Verschärfung der Faltung (Kondensation auf Sätteln, Vollsedimentation in den Mulden), durch periodische Überwindung der Gesteinsfestigkeit (Riginen der Nagelfluh-Mergel-Wechsel) lassen raschere orogene Absenkung erkennen.**

X 22. **Im geosynklinalen Flachmeer haben nur die Sattelrücken epikontinentale Bewegung.**

X 23. **Die epikontinentalen Senkungsflächen gehen bewegungsmäßig in die gleichfalls rascher sinkenden geosynklinalen Teilmulden über, deren tiefermeerische Sedimente rasch und plötzlich über höher abgelagerte Sedimente oder über Abtragungsflächen gegen Nachbarschwellen empor transgredieren.**

X 24. **Nach anfänglich mehr rückbildbarer Ab-und-Auf-Bewegung bildeten sich allmählich Stand- und Wanderwellen heraus mit bleibender tektonischer Verbiegung.**

X 25. **Die rhythmische Sedimentation bildet die epikontinental besonders lang eingehaltene Ruhe der isostatischen Hochlage ab, unterbrochen durch die verhältnismäßig rasche orogene Absenkung, während deren geosynklinal die Orogenstruktur entsteht (Hinabbau).**

X 26. **Die einengende orogene Kraft wirkt in gleicher Weise unter Kontinent und Geosynklinale als Folge von deren Unterströmung.**

X 27. **Nach der sedimentären Ausprägung gab es in der Kreide vielleicht 30 absenkende, orogene Teilangriffe. Solche erzielten in der überwiegenden Hebungszeit von Pliozän-Quartär nur noch die Ruhepausen des „gespannten Gleichgewichtes".**

X 28. **Neben unmittelbaren Orogen-Einsätzen gliedert sich der Bewegungsfortschritt auch noch durch ruckartige Überwindung der widerstrebenden Gesteinsfestigkeit in viel zahlreichere Teilstöße, deren in sedimentär-klimatische Teilvorgänge auslaufende Rhythmen die Riginen oder die marinen Bankwechsel widerspiegeln. Viel seltenere, zuletzt nur noch seismische Teilstörungen zeigt der Kontinent.**

X 29. **In den „Füllbecken" bzw. Schlammulden der langsinkenden Felder verschwinden reliefmäßig die allein sedimentär abgebildeten Rhythmen. Unvollkommene Zufüllung von oben bringt die Oberflächen der Alluvionen, von unten jene der Vulkankegel inmitten ausgedehnter Senkungsfelder.**

X 30. **In den „Terrassenschachteln" prägen sich oft die ruckartigen Hebungen aus, sofern diese lang über die Sedimentationsoberflächen aufragen. Sie können in den Faltungsräumen mit benachbarten Füllbecken-Mulden zusammen in dynamische Massenbeziehung treten, doch verlagern sich die Zwischen-Scharniere.**

X 31. **Durch ihre auskeilende Wechselbeziehung mit Normalsedimenten, durch deren Verdrängung beim Vordringen der Faltung und Deckenbewegung wie auch durch die sedimentanalytischen Tatsachen erweisen sich die orogenen Sedimente als gute Zeugen der orogenetischen Tiefenunruhe.**

X 32. **Die Wiederholung der orogenen Sedimente in verschiedenen Gebirgen und die gesetzvolle Reihenfolge ihres Auftretens von den Narben gegen außen verweist auf ganz bestimmte baugeschichtliche Entwicklungszustände, welche jeder Gebirgsteil bzw. jedes geosynklinale Gebirge zu durchlaufen scheint — geordnet im orogenen Zyklus.**

X 33. **Neben nur orogen angeordneter Normalfazies sind halb- und vollorogene Sedimente unterscheidbar.**

X 34. **Aus den orogenaktiven Schlammulden der Falten normalerer Sedimentation setzen sich die Schlamme in die Sammelserien und anderen Schütteltisch-Sedimente fort. Halborogenfazies, wie jene der Fleckenmergel, vermitteln oft dazwischen.**

X 35. **Nur gelegentliche Bergstürze, Böschungsrutsche u. a. können auch für tiefermeerische und pelagische Absätze, welche aber Radiolarien- oder Foraminiferenreich inmitten des Orogenflysches aufzutreten vermögen, den orogenen Charakter beweisen.**

X 36. **Die außenbürtigen Folgen können regional oft erheblich über die orogen wahrscheinlich unmittelbar betroffenen Gebiete hinausgreifen.**

X 37. **Die orogene Flysch- und besonders die Wildflysch-Fazies dürften zur Hauptsache gebunden sein an fortgesetzte Deckenverschiebung im Untergrund, dort wo hin-**

reichend Schuttmaterial in meist flachen Archipelmeeren zur Verfügung stand. Mit letzteren verschwand auch die Flyschfazies, ersetzt durch Vortiefenmolasse.

X 38. **Die gebirgsbildenden Äußerungen erweisen sich als überaus langdauernd. Auch die Reliefgeschichte reicht mit ihren Einebnungen überaus weit zurück und die jungtertiären Ebenheiten enthalten Relieferbschaften, wie auch die orogenen Strukturen und die orogenen Sedimente viel Erbmasse aus vergangenen Bewegungszuständen besitzen.**

X 39. **Diese schwer vorstellbaren Zeittiefen können sehr wohl der Größenordnung der radioaktiv bestimmten geologischen Zeiträume entsprechen.**

Abschluß

Der Mensch klebt, sehr unbewußt, an der Erdoberfläche. Wir haben diesen egozentrischen Standpunkt der alltäglichen Gewöhnung zu verlassen und dem gewaltigen Raum statt der Ebene, dem ungeheuerlich gedehnten Zeitmaß statt jenem unserer Lebensuhr gerecht zu werden. Denn solches *Denken in richtig bemessenen Kategorien* ist allgemeine Voraussetzung für jedes Eindringen in die Daseinsbedingungen nicht nur des menschlichen Lebens, sondern der ganzen natürlichen Umwelt.

So wenig die Kenntnis der *Oberfläche* einer Pflanze oder eines Tieres allein zum Verständnis seiner Entwicklungsgeschichte ausreicht, so wenig die Kenntnis der Erdoberfläche für die Geschichte der Erdrinde: *Raumwissen ist nötig.*

Aber auch die Anatomie eines Körpers allein berichtet noch nicht Hinreichendes über Ontogenie oder Phylogenie — so wenig wie die heutige Tektonik allein über die Baugeschichte: *Zeitwissen ist nötig*! Raum- und Zeitwissen aber verstanden nach den dem Erdball gemäßen Maßstäben. —

Für Leser, denen solcher Versuch des Aussichheraustretens und des gedanklichen Eingehens in die Daseinswelt anderer Naturgegenstände ungewöhnlich oder schwierig wird, bedeutet die Betrachtung der Erdrinde *von unten her*, wie wir ihn für nötig halten, vielleicht einen Umsturz wie ihn einst die Entthronung der scheinbar zentralen Ruhe unserer Erde inmitten des Sonnensystems und deren Versetzung unter die ruhelos kreisenden Planeten bedeuten mochte. —

Wir sind uns darüber klar: Viel von dem Vorgebrachten entbehrt noch des festgefügten Fundaments, viel ist nur vorausgesehen als notwendig *erscheinendes* Zubehör zu einer denkbaren und einstweilen allein in Umrissen wirklich gesicherten Gesamt-Harmonie.

Da wir aber von dem Dasein einer solchen Harmonie für jeden Zeitabschnitt der Vergangenheit und der Zukunft unserer herrlichen Erde überzeugt sind, handelt es sich bei solchen Gedankenergänzungen nicht um belanglose oder gar schädliche Spielereien der Phantasie. Vielmehr ist für uns der Harmonie-Gedanke *von unschätzbar heuristischer Bedeutung*, der uns Arbeitshypothesen zu finden erlaubt, begründet bei näherer Bearbeitung.

Noch keine Theorie, noch kein Weltbild hat je bestanden *allein* aus gesicherten Grundlagen. Jede Ausgestaltung war zunächst nur denkbarer Verallgemeinerungs-Versuch: gedanklicher, aber nicht erwiesener Ausbau, den sich der eine so, der andere je nach Eignung und Erfahrung mehr anders vorstellt.

Rückschläge auf diesen Gebieten der Unsicherheit werden uns Quelle immer neuer Freude sein, denn sie werden Fortschritte unseres Erkennens bedeuten. Solche möchten wir auch jenen in reichem Maße wünschen, welche mit *aufbauender* Kritik an unseren Versuch harmonischer Zusammenschau herangehen, welche gleichfalls als ihrer Hände Arbeitsergebnis neue Tatsachen und Zusammenhänge aufdecken und sich bei deren Ordnung gleichermaßen der Grundtatsache bedienen, die uns *in der Harmonie des Naturganzen* geoffenbart ist.

Heißt es doch mit Recht: „Immer strebe zum Ganzen!"

SCHRIFTTUM

Abkürzungen:

BEITR. K. SCHW.: Beiträge zur geolog. Karte der Schweiz, neue Folge.
BORNTR.: Verlag Gebrüder Bornträger, Berlin.
B. REICHSST.: Berichte der Reichsstelle für Bodenforschung, Berlin.
B. SOC. G. FR.: Bulletin de la Société géologique de France.
C.: Centralblatt für Mineralogie, Geologie und Paläontologie B.
CR. AK. P.: Comptes rendus de l'Academie des sciences, Paris.
D. AK. W.: Denkschriften der Akademie der Wissenschaften Wien, math.-nat. Klasse.
DISS.: Dissertation an der betreffenden, genannten Hochschule.
ECL.: Eclogae Geologicae Helvetiae (Schriften der Schweizer Geol. Ges.).
ERL. W.: Erläuterungen zu geol. Kartenblättern der Geol. Bundesanstalt Wien.
FUE.: Geologischer Führer der Schweiz, herausgegeben von der Schweizer Geologischen Gesellschaft bei Wepf, Basel 1934.
G. JH.: Geognostische Jahreshefte der Geologischen Landesuntersuchung Bayerns, München.
G. R.: Geologische Rundschau (herausgegeben von der Geol. Vereinigung Bonn).
JB. PREUSS. LA.: Jahrbuch der Preußischen Geologischen Landesanstalt Berlin.
JB. W.: Jahrbuch der Reichsanstalt, Staats- oder Bundesanstalt Wien.
INT. G. KONGR.: (C. R. Comptes Rendus) Veröff. des Internat. Geologenkongresses.
MEM. C. FR.: Mémoire pour Explication de la carte géol. dét. de la France, Paris.
M. GES. W.: Mitteilungen der geol. Gesellschaft (Alpenländ. Geol. Vereins) Wien.
MI. BERN: Mitteilungen der Naturforschenden Gesellschaft Bern.
N. JB. BEI: Neues Jahrbuch für Mineralogie, Geologie und Paläontologie (BEI: Beilageband, Abt. B).
SB. AK. W.: Sitzungsberichte der Akademie der Wissenschaften, math.-naturw. Klasse, Wien.
SB. PREUSS. AK.: Sitzungsberichte der Preußischen Akademie der Wissensch., Berlin.
VJ. ZÜRICH: Vierteljahrsschriften der Naturforschenden Gesellschaft Zürich.
VW.: Verhandlungen der geol. Reichs-, Staats- oder Bundesanstalt Wien.
ZDGEOL.: Zeitschrift der Deutschen Geologischen Gesellschaft Berlin (SB Sitzungsberichte; ABH Abhandlungen).
ZGEOM.: Zeitschrift für Geomorphologie, Verlag Gebrüder Bornträger, Berlin.

Vergleiche auch die Schrifttums-Listen in „Abbau der Gebirge I", BORNTR. 1936, sowie in „Vergl. Baugeschichte der Gebirge" 1951.

ABERER, F., & BRAUMUELLER, E., Die miozäne Molasse am Alpenrand im Oichten- und Mattigtal nördlich Salzburg. JB. W. **92**, 1947, Wien 1949, 129—145.
AIGNER, A., Die geomorphologischen Probleme am Ostrande der Alpen. ZGEOM. I 1925, 29f.
AMPFERER, O., Über die Bohrung von Rum bei Hall in Tirol und quartäre Verbiegungen der Alpentäler. JB. W. **71**, 1921, 71—84.
— Bemerkung zu der Arbeit von R. SCHWINNER „Vulkanismus und Gebirgsbildung". Verh. Wien 1921, 101—107.
— Zur Geologie des Unterinntaler Tertiärs. JB. W. **72**, 1922, 105—150.
— Geolog. Führer für das Kaisergebirge. Mit geol. Karte. Geol. Bundesanstalt Wien 1933.
— Über die Bedeutung von Gleitvorgängen für den Bau der Alpen. SB. AK. W. **151**, 1942, 9—26.
ANDRUSOV, D., Karpathen-Miozän und Wiener Becken. Zeitschr. Petroleum **34**, 1938.
BAUMBERGER, E., Zur Tektonik u. Altersbestimmung d. Molasse am schweizer. Alpenrand. ECL. **24**, 1931, 205—222.

BAUMBERGER, E., „Molasse“ in FUE. 1934, Heft 1.
— Über die Cyrenen d. stampischen Molasse am Alpennordrand. ECL. 27, 1934, 390—399.
— Vorl. Mitt. über d. stampische Molluskenfauna von Bilten. ECL, 1935, 560.
BECK, P., Über den Bau der Berner Kalkalpen und die Entstehung der subalpinen Nagelfluh. ECL. 11, 1911, 497—518.
— Über d. Mechanismus d. subalpinen Molassetektonik. ECL. 38, 1946, 353.
BECKER, H., Über Kartierg. im Flyschgebiet W. Attersee. VW. 1947, 30—33.
— & PREY, S., Führung auf Bl. Gmunden-Schafberg (West) VW 1947, 28.
BECK-MANNAGETTA, P., Die Tertiärgrenze von Stainz bis Wildbach in Weststeiermark. VW. 1945, Wien 1947, 105.
— Schichtfolge und Tektonik des Tertiärs d. unt. Lavanttales. SB. AK. W. 1950, Nr. 2. 33—37.
BECKSMANN, E., Orogene und morphogene Phasen. ZDGEOL. 84, 1932, 721—724.
BEDERKE, E., Resurgenzen in der regionalen magmatischen Entwicklung. G. R. 34, 1943, 149—153.
BENTZ, A., Bau und Erdölhöffigkeit des Molassetrogs von Oberbayern und Oberschwaben. Erdöl u. Kohle 2. Jg. Nr. 2, 1949.
BENTZ, F., Geologie des Sarnersee-Gebietes (Kt. Obwalden). DISS. Basel, ECL. 41, 1948, 4—77.
BERSIER, A., Un mouvement quaternaire en Molasse subalpine. ECL. 37, 1944, 423.
— Sédimentation molassique: Variations latérales et horizons continus à l'Oligocène. ECL. 38 1946, 452—458.
BODEN, K., Die Geröllführung der miozänen und oligozänen Molasseablagerungen im südbayerischen Alpenvorland zwischen Lech und Inn. Mitt. Geogr. Ges. München 18, 1925.
— Beschaffenheit, Herkunft und Bedeutung des ostalpinen Molasseschuttes. Abh. bayer. geol. Landesuntersuchung München Heft 4, 1931.
— Ein Beitrag zur Kenntnis der Chiemgauer Molasse. ZDGEOL. 87, 1935. 337.
— Geol. Wanderbuch f. d. Bayer. Alpen. Verlag F. Enke, Stuttgart 1930.
BOUSSAC, J., Études strat. sur le Nummulitique alpin. MEM. C. FR. 1912.
BRÜCKNER, E., Über die Geschwindigkeit der Gebirgsbildung und Gebirgsabtragung. „Himmel und Erde“ VI, 1893/94.
BRUECKNER, W., Neue Konglomeratfunde in d. Schiefermergeln d. jüng. helvet. Eocäns d. Zentral- u. Ostschweiz. ECL. 38, 1946, 315—328.
BUBNOFF, S. v., Geotektonik und Rhythmus der Erdgeschichte. Scientia, Mailand. 35. Jg. 1941, 147—153.
BUECHI, U. P., Zur Geol. u. Paläogeogr. d. südl. mittelländ. Molasse zwischen Toggenburg und Rheintal. DISS. Univ. Zürich 1950. Verlag Bodan, Kreuzlingen. 99 S., 3 Taf.
— & HOFMANN, FR., Die obere marine Molasse zw. Sitter-Urnäsch u. d. Rheintal. Über d. Vorkommen kohlig-kieseliger Schichten u. verkieselter Baumstämme in d. obern marinen Molasse v. St. Gallen. ECL. 38, 1945.
— Spuren vulkanischer Tätigkeit im Tortonien d. Ostschweiz. ECL. 38, 1945, 337—343.
— & WELTI, G., Zur Entstehung d. Degersheimer-Kalknagelfluh im Tortonien der Ostschweiz. ECL. 43, 1950, 17—30.
BUEDEL, J., Das Verhältnis von Rumpftreppen zu Schichtstufen in ihrer Entwicklung seit dem Alttertiär. Peterm. Geogr. Mitteilungen 84, 1938, 229f.
BUERGL, H., Zur Stratigraphie u. Tektonik d. oberösterreich. Schliers. VW. 1946, 123—151.
— Der Untergrund d. Molasse im bayerisch-österreichischen Grenzgebiet. JB. W. 1948. 129—139.
Bundesanstalt, Geolog., Wien „Geolog. Führer zu den Exkursionen der Hundertjahrfeier. Wien 1951.
BUXTORF, A., Über ein Transgressionskonglomerat des Lutétien im östlichen Pilatus-Gebiet. ECL, 27. 1934, 368.
— Molasse- und Flyschtektonik südlich Luzern. ECL. 29, 1936, 291—301.
— & KOPP, J., & BENDEL, L., Stratigraphie und Tektonik der aufgeschobenen subalpinen Molasse zwischen Horw und Eigenthal bei Luzern. ECL. 34, 1941, 135.

BUXTORF, A., & KOPP, J., Über das Unterstampien d. Rigi und über Querbrüche in der Molasse zw. Vierwaldstätter- u. Zugersee. ECL. **36**, 1943, 291, 203.
CADISCH, J., Beitrag zur Entstehungsgeschichte der Nagelfluh. ECL. **18**, 1923, 222f.
— Das Werden der Alpen im Spiegel der Vorland-Sedimentation. G. R. **19**, 1928.
— Geologische Beobachtungen im Molassegebiet zwischen Linth und Thur. ECL. **23**, 1930.
— Die Entstehung d. Alpen im Lichte d. neuen Forschung. Verh. naturf. Ges. Basel **54**, 32—58. 1942.
CLAR, E., Die „Eggenberger Bresche" und das Alter einiger Formengruppen im Bergland von Graz. ZGEOM. **8**, 1935, 279—305.
COMBALUZIER, Le Miocène de la Basse Provence. Bull. Carte géol. France **35**, 1933.
CORNELIUS, H. P., Über Tertiär und Quartär im Mürztal oberhalb Kindberg und seinen Nachbartälern. JB. W. **88**, 1938, 103—145.
— Zur Selbstverzerrung der Faltenzüge im Gefolge der Orogenese. SB. AK. W. Abt. I, **158**, 1949, 337—373.
— Zur Kritik der Gleithypothesen der Gebirgsbildung. AK. W. Anzeiger Jg. 1949, S. 86—93.
— Zur Auffassung der Ostalpen im Sinne der Deckenlehre. ZDGEOL. **92**, 1940, 271—310.
— & FURLANI, M., Die Insubrische Linie. D. AK. W. **102**, 1931.
— Zum Betrag der jugendlichen Hebung der Alpen. Mitt. Geograph. Ges. Wien **92**, 1950, 161—171.
DAL PIAZ, GB., L'influenza della gravità nei fenomeni orogenetici. Atti Acc. Sci. Torino 77/78, 1—36. Turin 1943.
— GB., La struttura geologica delle Austridi I—V u. a.: Studi Trentini sci. nat. **17**, 1936; **18**, 1937. Cit. nach CORNELIUS 1940.
DEHM, R., Das jüngere Tertiär in Südbayern als Lagerstätte von Säugetieren, bes. Dinotherien. N. JB. Abh. **90**, Abt. B, 1949, 1—30.
— Zur Oligocän-Miocän-Grenze. N. JB. Monatshefte, Jg. 1949, B, 141—146.
— Zur Eocän-Oligocän-Grenze. Ebenda Jahrgang 1950, 193—200.
DENINGER, K., Beitrag zur Kenntnis der Molluskenfauna der Tertiärbildungen von Reit im Winkel und Reichenhall. G. JH. **14**, 1901.
DEPÉRET, CH., Sur la classification et le parallélisme du système miocène. B. SOC. G. FR. 3. sér. Band **21**, 1893, 170—266.
— Recherches sur la succession des faunes de vertébrés miocènes de la valée du Rhône. Arch. mus. hist. nat. Lyon **4**, 1887, 45—313; B. SOC. FR. 3. sér. **21**, 1893.
— & CAZIOT, Note sur les gisements pliocènes et quaternaires marines des environs de Nice. B. SOC. G. FR. 4. sér. **3**, 1904, 631.
DESIO, A., L'Orografia del bacino della Fella (Friuli) in rapporto con la constituzione geologica. Boll. soc. geogr. ital. **6**, 1929, 3—41.
DIETRICH, W. O., & KAUTZKY, F., Die Altersbeziehungen der schwäbischen und schweizerischen Ob. Meeresmolasse u. d. Tert. am S-Rand d. Schwäb. Alb. C. 1920, 243.
DOUXAMI, H., Études sur les terrains tertiaires du Dauphiné, de la Savoie et de la Suisse occidentale. Annales de l'Univers. Lyon 1896.
ERB, L., Zur Stratigraphie und Tektonik der Allgäuer Molasse. G. JH. **35**, 1922, 167.
ESCHER-HESS, C., Über einige Vorkommen der oligozänen und miozänen Molasse und Nagelfluh der östlichen Schweiz. Zürich 1907 bei Orell-Füssli.
EXNER, CHR., Beitrag zur Kenntnis der jungen Hebung der östlichen Hohen Tauern. Mitt. Geograph. Ges. Wien **91**, 186—196. Wien 1949.
FIEGE, K., Unters. über zykl. Sedimentation geosy. u. epikontin. Räume. Abh. Preuß. Geol. La. N. F. 177, 1937.
FORRER, M., Zur Geologie d. östl. Wildhauser Mulde. DISS. Basel 1949, bei Zollikofer St. Gallen.
FRIEDL, K., Stratigraphie und Tektonik der Flyschzone des östlichen Wienerwaldes. M. GES. W. **13**. Jahrgang 1920.
— Über die Bedeutung der den Außenrand unserer Flyschzone durchsetzenden Querbrüche. VW. 1922 132—136.
— Über die Beziehung der nordalpinen zur karpatischen Flyschzone. VW. 1922 72—75.

Fröhlicher, H., Geologische Beschreibung der Gegend von Escholzmatt im Entlebuch. BEITR. K. SCHW. **67** 1933.
— Unterstamp. Molasse im Flyschgebiet der Fähnern bei Appenzell. ECL. **28**, 1935, 539 bis 541.
Frueh, J., Beitrag zur Kenntnis der Nagelfluh der Schweiz. N. Denkschr. allg. schweiz. Ges. Naturwiss. XXX Abh. 1 1888 (1890).
Fuchs, A., Unters. am tekton. Gefüge der Tiroler Alpen. N. Jb. Min. B, 88, 1944.
Furrer, M., Der subalpine Flysch nördlich der Schrattenfluh (Entlebuch, Kt. Luzern). DISS. Basel 1949, ECL. **42**, 1949, 112—154.
Futterer, K., Durchbruchstäler in den Südalpen. Z. Ges. Erdkunde. Berlin **30** 1895.
Gaertner, H. R. v., Erschließung und Entwicklung der Erdölfelder im westlichen Canada. Erdöl und Kohle, 3. Jahrg. 305—313, 1950.
Gerber, E., Andeutg. von Sedimentationszyklen in der Molasse des bern. Mittellandes. ECL. **25** 1932, 238.
Gignoux, M., Comment les Géologues des Alpes Françaises conçoivent la tectonique d'écoulement. Geologie en Mijnbouw 12. Jg. Nr. 12, 1950, 342—346.
— La tectonique d'écoulement par gravité et la structure des Alpes. B. SOC. G. FR., 5e sér. **18**, 1948, 739.
— Une nouvelle synthèse tectonique des Alpes. L'ouvrage de *E. Kraus* „Der Abbau der Gebirge". Revue de Géographie alpine **27**, Grenoble 1939.
— & Moret, L., Structure de l'anticlinal de Volx et des bassins oligocènes à manosque et de Forcalquier. Trav. Lab. géol. Univ. Grenoble **15** 1930 Heft 2.
Gillitzer, G., Geologie des Südgebietes des Peißenberger Kohlenreviers. JB. W. **64**, 1914, 149—188, Wien 1915.
Glaessner, M. F., Geologische Studien in der äußeren Klippenzone. JB. W. **81**, 1931, 1—24.
Goeppert, O., Das Oligozän bei Baden-Baden und seine Bedeutung für die alttertiäre Paläogeographie. N. JB. BEI. **68**, 1932, 232—259.
Goetzinger, G., Weitere Mitteilungen über Augensteinfunde. VW. 1913, 61; 1915, 272.
— Aufnahmsbericht über die Flyschzone auf Blatt Baden-Neulengbach. VW. 1929.
— Das Kohlengebiet von „Neu-Wildshut". VW. 1945, 37. Wien 1947.
— Helvetikum (und Molasse) im Gebiet der Trumerseen u. d. Oichtenfurche. VW. 1947, 26—29.
— & Vetters, H., Der Alpenrand zwischen Neulengbach und Kogl. JB. W. **73**, 1923, 1ff.
Goguel, Description géol. du Luberon. Bull. Carte géol. Fr. **36**, 1932/33.
Graul, H., Unters. über Abtragung und Aufschüttung im Gebiet des unteren Inn und des Hausrucks. Mitt. geogr. Ges. München **30**, 1937, 180—259.
— Schotteranalytische Untersuchungen im oberdeutschen Tertiärhügelland. Bay. Akad. Wiss. Abh. Math.-nat. Abt. N. F. Heft 46, 1939, 56 S.
Grill, R., Oligozän und Miozän im Gallneukirchener Becken. Anzeiger AK. W. **70**, 1935.
— Über erdölgeolog. Arbeiten in d. Molassezone von Österreich. VW. 1945, 4—28.
— Mikropaläontologie und Stratigraphie in den tertiären Becken und in der Flyschzone von Österreich. INT. G. KONGR., Report 18. Session Great Britain 1948, Part. XV. 1—12.
— & Waldmann, L., Zur Kenntnis des Untergrundes der Molasse in Österreich. Jahrb. Geol. Bundesanstalt Wien XCIV. Bd. 40 S., 2 Taf., Wien 1950.
Grünvogel, E., Vortertiäre Entwicklung des alpinen Raumes in der Rheintalgegend. Jb. und Mitteil. Oberrhein. geol. Ver. N. F. **29**, 1940, 127—175.
Gutenberg, B., & Richter, C. F., Seismicity of the Earth and associated Phenomena. Princeton University Press, New Jersey 1949, 273 S.
Habicht, K., Zur Geologie d. subalpinen Molasse zw. Zugersee u. Rheintal. ECL. **36**, 1943, 202—203.
— Neuere Beobachtungen in der subalpinen Molasse zwischen Zugersee und dem Sanktgallischen Rheintal. ECL. **38**, 1945, 121, 150.
— Geol. Unters. im südl. Sanktgallisch-appenzellischen Molassegebiet. BEITR. K. SCHW. 83. Liefg. 1945. 166 S., 4 Taf.

HAGN, H., Zur Paläogeographie u. Mikropaläontologie des oberbayrischen Paleozänflysches. ZDGEOL. 101/II, 1949. 164—183.
— Über Umlagerungsvorgänge in der subalpinen Molasse Oberbayerns und ihre Bedeutung für die alpine Tektonik. Geologica Bavarica (Bayr. Geol. Landesamt) Nr. 5, 1950, 45 S., 5 Taf.
HARTMANN, E., Geologie der Peißenberger Pechkohlenmulde. Abh. Geol. Landesunters. München, H. 30, 1938, 24—46.
HAUER, FR. v., Über die Eozängebilde im Erzherzogtum Österreich und Salzburg. JB. W. 9, 1858, 103—137.
HAUS, H., Geologie der Gegend von Schangnau im oberen Emmental (Kanton Bern). BEITR. K. SCHW. 75. Lfg. 1937.
HAYR, K., Die Molasse d. Alpenvorlandes zw. Pielachtal und Kirchstetten. VW. 1946 (Wien 1949), 49—52.
HEIM, ALB., Ein Profil am Südrand der Alpen, der Pliozänfjord der Breggiaschlucht. VJ. Zürich 51, 1906, 1—49. Hierzu A. BUXTORF, ECL. 1924, 523.
— Die Gipfelflur der Alpen. Neujahrsbl. Nat. Ges. Zürich 1927, 129. Zürich 1927.
— ARN., Zum Problem des Alpen/Molasse-Kontaktes. ECL. 25, 1932, 223—231.
— Der Alpenrand zwischen Appenzell und Rheintal. BEITR. K. SCHW. 53, I, 1923.
— Die Brandung d. Alpen am Nagelfluhgebirge. VJ. ZÜRICH 1906, 441—461.
— & BAUMBERGER, E., & STEHLIN, H. G., Die subalpine Molasse des westlichen Vorarlberg. VJ. ZÜRICH 73, 1928.
HERITSCH, FR., Die jugendliche Hebung der östlichen Zentralalpen. G. R. 16, 1925, 328.
— Über die Nordgrenze der Karnischen Alpen. Anzeiger AK. Wien 1932.
— & KÜHN, O., Die Südalpen. In „Geol. v. Österreich“ 2. Aufl. 1951.
HOELZL, O., Molluskenfaunen der subalpinen Molasse Oberbayerns. N. JB. Mon.-Hefte Jg. 1945/48, 385—400.
JAEGER, R., Grundzüge einer stratigraphischen Gliederung der Flyschbildungen des Wiener Waldes. M. GES. W. 7, 1914, 122—172.
JANOSCHEK, R., Die bish. Ergebnisse d. erdölgeol. Unters. im inneralp. Wiener Becken. Öl und Kohle 38, 125. Berlin 1942.
— Das Pannon des Inneralpinen Wiener Beckens. B. REICHSST. Zweig Wien 1943. Nr. 6, 45—61.
— Das Inneralpine Wiener Becken. In „Geol. v. Österreich“ 2. Aufl. 1951, 525—682.
KAHLER, FR., Karawankenstudien II, III, C. 1929, 1932.
— Forsch. über jugendl. tektonische Vorgänge in Kärnten. Berg- u. Hüttenmänn. Jb. Leoben 1937, 2—4.
— Der Nordrand d. Karawanken zw. Rosenbach und Ferlach. Carinthia II, Mitt. Ver. Nat. Landesmus. f. Kärnten, 125. Jg. Klagenfurt 1935.
— Bohnerze und Augensteinfelder in Kärnten. Ebenda 131. Jg. 1941.
— Über die Verteilung der Tertiärablagerungen im Gebiete der Karawanken. C. 1932, 115—121.
— Die Herkunft d. Sedim. der Tertiärablag. am Karawanken-Nordrand. Centr. Bl. Min. 1929, B. 230—250.
KESSELI, E., Neuere Ansichten über die Tektonik der subalpinen Molasse zwischen Linth und Rhein. Jb. St. Gall. Nat. Ges. 61, 1926, 147—169.
KIDERLEN, H., Beitrag zur Stratigraphie und Paläogeographie des süddeutschen Tertiärs. N. JB. BEI. 66, 1931, 215—304.
KIESLINGER, A., Bachern und Karawanken. VW. 1931, 111—125.
KISSLING, E., Die schweizerischen Molassekohlen westlich der Reuß. BEITR. K. SCHW. Geotechn. Serie, Lfg. II, 1903.
KLEIBER, K., Geologische Untersuchungen im Gebiet der Hohen Rone. ECL. 30, 1937, 419—430.
KLEIN, S., Der oberste Feinflinz im Alpenvorland u. südl. Tertiärhügelland. ZDGEOL. 89, 1937, 384—409.
— Die Ausformung d. Münchener Ebene durch fluvioglaz. Erosion jungtert. Schichten. C. 1938, B, 283.

KLUEPFEL, W., Zur geologischen und paläogeographischen Geschichte von Oberpfalz und Regensburg. Abh. Gießener Hochschulges. Verlag Töpelmann, Gießen III, 1923.
KNAUER, J., Teilblatt München—Starnberg geol. 1 : 100000. ERLÄUT. München 1931.
KOHN, V., Geologische Beschreibung des Waschberges. M. GES. W. **4**, 1911, 117—142.
KOPP, J., Zur Tektonik der westschweizerischen Molasse. ECL. **39**, 1946, 269.
— & MARTIN, G. P. R., Die Hauptaufschiebung d. subalpinen Molasse zw. Zugersee und Ägerisee. ECL. **31**, 1938, 387—394.
KORDIUK, B., Zur Entwicklung des subalpinen Molassetroges. ABH. PREUSS. LA. Heft 187, 1938, 6—47.
KOSSMAT, FR., Die morphologische Entwicklung der Gebirge im Isonzo- und oberen Savegebiet. Z. Ges. Erdkunde Berlin 1916, 573—602; 645—675.
— Die mediterranen Kettengebirge in ihrer Beziehung zum Gleichgewichtszustande der Erdrinde. Abh. m.-ph. Kl. sächs. AK. Wiss. **38**, Nr. II, 1921.
KRAUS, E., Geologie des Gebietes zwischen Ortenburg und Vilshofen in Niederbayern an der Donau. G. JH. München 1915.
— Sedimentationsrhythmus im Molassetrog des bayerischen Allgäu. Abh. Nat. Ges. Danzig I, 1923, 1—25.
— Die Bodenkunde als Methode in der Morphologie. Peterm. Geogr. Mitt. 1923, 1—6.
— Die Quartärtektonik Ostpreußens. JB. PREUSS. LA. f. 1924, 633.
— Geologische Forschungen im Allgäu I Molasse. Geol. Archiv IV, 1926.
— Tertiär und Quartär des Ostbaltikums. In „Die Kriegsschauplätze 1914/18 geologisch dargestellt". BORNTR. Berlin 1928.
— Geologie des Mittelallgäus. N. JB. BEI. **69**, 1932, 189—256.
— Baugeschichte und Erdölfrage im Tertiär Niederbayerns. Abh. bayer. geol. Landesuntersuchung München Heft 31/32, 1938.
— Der Bau des Devons in Lettland. N. JB. BEI. **77**, 1937, 321—391.
— Die Einheit d. Erdinnenkräfte. Ebenda **73**, 1934, 404—464.
— Neue Wege d. nordalpinen Flyschforschung. Ebenda **87**, 1942, 1—243.
— Flyschähnliche Oberkreide auf d. Kalkalpen. ZDGEOL. **93**, 1941, 200.
— Über den Flysch u. d. Kalkalpenbau von Oberdonau. Eine Anwendung der Unterverschiebungs- (Subfluenz-) Theorie. Jb. Ver. Landeskunde u. Heimatpflege Oberdonau **91**, Linz a. D. 1944, 179—254.
— Die Entstehung der Inntaldecke. N. JB. Abh. **90**, 31—95, 1949.
— Vergleich. Baugeschichte d. Gebirge. Akademieverlag Berlin 1951.
— Stauvergriesung über der nordalpinen Narbe. N. JB. Monatsh. 1945/48, 182—194.
— Die Unterströmungsformen der Erdrinde. Ebenda 277—290.
— Areatheorie und Drifttheorie. Ebenda 1949, 119—140.
— Struktur und Relief. Ebenda 1949, 109—118.
— Einführung in die Baugeschichte des Alpenvorlandes. ZDGEOL. 1951.
— Über Hyporheon und Bathyrheon. Ebenda 1951.
KREJCI-GRAF, K., Parallelisierung des südosteuropäischen Pliozäns. G. R. **23**, 1932.
KUEHN, O., Das Alter der Prominaschichten u. d. innereozänen Gebirgsbildung. JB. W. 1946, 49—94.
LANGER, FR. J., Geologische Beschreibung des Bisamberges. JB. W. **88**, 1938, 351—391.
LEBLING, CL., Molasse und Alpen zwischen Lech und Salzach. ZDGEOL. **77**, 1925, 185f.
— Die paläogeographische Bedeutung der oberbayerischen Molasse. ZDGEOL. **80**, 1928, 511—520.
LEUCHS, K., Die Beziehungen zw. Gosau und Flyschfazies. SB. AK. W. I, **156**, 1947, 167—180.
— Verlauf und Gestaltung alpiner Faltenzonen in Eurasien. S.-Ber. Ak. Wiss. Wien M.-nat. Kl. I, **156**, 153—165, 1947.
— Anisisch-ladinische Grenze u. ladin. Hallstätter Fazies in d. Nordalpen. Ebenda **156**. 1947, 445—459.
— Orogenese im Kalkalpengebirge in Trias-Jura- und Unterkreidezeit. Ebenda **157**, 1948, 39—53.

LEUPOLD, W., Zur Stratigraphie der Flyschbildungen zw. Linth und Rhein. ECL. **30**, 1937, 1—24.
— & TANNER, H., & SPECK, J., Neue Geröllstudien in der Molasse. EGL. **35**, 1942 235—246.
LEVY, FR., Diluv. Talgeschichte des Werdenfelser Landes und seiner Nachbargebiete. Ostalpine Formenstudien I, 1, BORNTR. 1920.
— Quartäre Formenentwicklung der Schlierseer Berge und ihrer Nachbarschaft. Ebenda I, 2, 1922.
— Quartärstudien in den Chiemgauer Bergen. Ebenda I, 3, 1922.
LICHTENECKER, N., Die Rax. Geogr. Jahresber. aus Österreich **13**, 1926.
— Das Bewegungsbild der Ostalpen. Die Naturwissenschaften 1926.
LIECHTI, W., Untersuchungen der Molassenagelfluhregion zwischen Emme und Ilfis (Kanton Bern). BEITR. K. SCHW. Lfg. 61, 1928.
LUDWIG, A., Zur Stratigraphie und Tektonik der Molasse zwischen Necker und Rhein. ECL. **19**, 1925, 146f.
LUDWIG, A., Blatt 4 (Flawil—Herisau—Brunnadern—Schwellbrunn) des geologischen Atlas der Schweiz 1 : 25000, 1930, ERLÄUT.
MACHATSCHEK, FR., Neuere morphologische Untersuchungen in den Alpen. Journal of Geomorph. II, 1, 1939.
— Das Relief der Erde. I, II, BORNTR. Berlin 1940.
METZ K., Über Kartierungen auf Blatt St. Johann a. T. VW. 1947, 38—40.
MILLER, K., Alttertiäre Land- und Süßwasserschnecken der Ulmer Gegend. Jahresh. vaterländ. Ver. Naturkunde Württemberg 1907, 434ff.
MOLLET, H., Über die stratigraphische Stellung der eozänen Glaukonitschichten beim Kübli-bad am Thunersee. Mitt. Naturf. Ges. Bern 1916.
— Geologie der Schafmatt-Schimberg-Kette und ihrer Umgebung (Kanton Luzern). BEITR. K. SCHW. Lfg. **47**, 1921.
MORNOD, L., Molasse subalpine et bord alpin de la région de Bulle (Basse-Gruyère). ECL. **38**, 1946, 441—452.
— Géologie de la région de Bulle-Broc. ECL. **38**, 1946, 485.
MUHEIM, FR., Die subalpine Molassezone im östlichen Vorarlberg. ECL. **27**, 1934, 181f.
MÜLLER, FR., Acht Profile und ein paar Worte zur Kenntnis des geologischen Baues der Allgäuer Vorlandmolasse. Ber. nat Ver. Schwaben **48**, Augsburg 1930, 11—22.
NAENNY, P., Zur Geologie d. Prättigauschiefer zw. Rhätikon und Plessur. Zürich 1948, Druck von Gebr. Fretz A. G. Zürich. 127 S.
OPPENHEIM, P., Die Priabonaschichten und ihre Fauna. Paläontographica **47**, 1900.
— Über einige alttertiäre Faunen der österr.-ungar. Monarchie. Beitr. z. Geol. u. Pal. Österreich-Ungarns **13**, 1903.
PAMIR, HAMIT & KETIN, IHSAN, Das anatolische Erdbeben Ende 1930. G. R. **32**, 1941, 279f.
PAPP, A., Über die Einstufung des Jungtertiärs im Lavanttal. SB. AK. W. 1950, 28—31.
PAULCKE, W., Tertiär im Antirätikon. C. 1910, 541.
PAVAJ VAJNA, F. v., Über die jüngsten tektonischen Bewegungen der Erdrinde. Földt. Közl. **40**, Budapest 1925.
— Die wissenschaftlichen Ergebnisse der ungarischen Kohlenwasserstoff-Forschungen. Petroleum 1927, Nr. 2.
PENCK, A., & BRÜCKNER, E., Die Alpen im Eiszeitalter. I—III, Verlag Tauchnitz, Leipzig 1909.
PETRASCHECK, W., Die Kohlenlager des außeralpinen Wiener Beckens. Z. d. oberschles. Berg- u. Hüttenmänn. Ver. Kattowitz, Januar 1926, Heft 1—3.
— Die Kohlenlager der dinarischen Gebirge Altösterreichs (Jugoslawien und Italien). Ebenda Kattowitz 1927, 9—217.
PETTERS, V., Geologisch-mikropaläontologische Untersuchungen im Schlier Oberösterreichs. Z. Petroleum **32**, 1936.
PFISTER, M., Stratigraphie des Tertiär und Quartär am Südfuß der Alpen. DISS. Zürich 1921.
PIAZ, G. DAL, Descrizione geologica del bacino della Piave. Uff. idrogr. Mag. alle acque. Publ. 74 (Idrogr. del bacino della Piave) Venedig 1918, 38 S.
PREY, S., Zur Geol. d. NW-Abdachung d. Leithagebirges. VW. 1946, 72. 1949.

PREY, S., Über Aufnahmen im Flysch zw. Traun und Krems (O.-Ö.). VW. 1947, 43—47.
— Aufnahmebericht auf Blatt Gmunden u. Kirchdorf. VW. 1948, 1—5.
— Geologie der Flyschzone im Gebiete des Pernecker Kogels westlich Kirchdorf a. d. Krems (Oberösterreich). Jb. W. **94**, 1950, 83—165.
RAKOVEC, J., Zur Tektonik und Morphogenese der Steiner Alpen. Geogr. vestn. **10**, 1934.
REICH, H., Seismische Probleme im Alpenvorland. VW. 1945, 55—66.
— Geophysik. Probleme im bayrisch-schwäbischen Donau-Raum. Erdöl und Kohle. 2. Jg. 1949, 81—87.
RENZ, H. H., Die subalpine Molasse zwischen Aare und Rhein. ECL. **30**, 1937, 87—214.
RICHTER, M., Zum Problem der alpinen Gipfelflur. ZGEOM. IV, 1924, 149—160.
— Zur Altersfrage der oberbayerischen Oligozänmolasse. C. 1932, 427—434.
— Molasse und Alpen. ZDGEOL. **79**, 1927, M.-Ber. 124.
— Bemerkungen zu d. Ergebnissen d. Tiefbohrung am Tegernsee in Oberbayern. Öl und Kohle **36**, 1940, 207. 209.
— Der westalpine Molassetrog. Ebenda 1. Jg., 1948, 341—351.
— Die Molassefenster in der Flyschzone von Niederösterreich. N. JB. ABH. Jg. 1950, **92**, 31—46.
RITTER, E., Stratigraphie und Tektonik der kohleführenden Molasse zwischen Genfersee und Saanetal. ECL. **18**, 1924, 387—411.
— & KELTERBORN, P., Über das Kohlenvorkommen der „Schafegg" ob Kandergrund (Berner Oberland). ECL. **39**, 1946, 1—20.
RITTMANN, A., Zur Thermodynamik der Orogenese. G. R. **33**, 1942, 485—498.
ROLLIER, L., Sur les fazies du Nummulitique. ECL. **16**, 1920/22, 134—136.
ROMER, E., Mouvements épeirogéniques dans le haut bassin du Rhône. Bull. Soc. vaudoise sc. nat. **47**, Nr. 172, 1911, 65—200.
RUTSCH, R., Geologie des Belpberges. Mi. BERN 1927, Bern 1928.
— Beitrag zur Geologie der Umgebung von Bern. BEITR. K. SCHW. 66. Lfg. 1933.
— Neue Auffassung über die Entstehung der Molasse-Sedimente. ECL. **38**, 1946, 407—411.
RUTTNER, A., Querfaltungen im Gebiet des oberen Ybbs- und Erlauftales. Jahrb. Geol. Bu. Wien f. 1948, 99—128.
SCHADLER, J., Das Phosphoritvorkommen Plesching bei Linz a. D. VW. 1945, 70.
— Führung zw. Traunsee und Attersee. VW. 1947, 24—26.
SCHAERINGER, W., Die Diskordanz des Kuchlerflözes. Anzeiger AK. W. 1950, 31—33.
SCHAFFER, F. X., & GRILL, R., Die Molassezone. In „Geol. v. Österreich" 2. Aufl. 1951, 694—761.
SCHLOSSER, M., Das Eozän und Unteroligozän der bayerischen Alpen. C. 1922, 180—184.
SCHMIDEGG, O., Der geolog. Bau der Steinacher Decke mit dem Anthrazitkohlenflöz am Nößlachjoch (Brenner-Gebiet). Veröff. Museum Ferdinandeum Innsbruck **26/29**, 1946—1949, 19 S.
— Die Stellung der Haller Salzlagerstätte im Bau des Karwendelgebirges, Jahrb. Geol. Bu. Wien XCIV. Bd. Wien 1951, 159—205.
SCHMIDT-THOMÉ, P., Neuere Kenntnisse über die Kalkalpenzone und die Alpenrandstrukturen in Südbayern. G. R. **37**, 1949, 18—24.
— Geol. d. Isargebietes im Bereich des Rißbachstollens und des geplanten Sylvenstein-Staubeckens. Geologica Bavarica (Bay. Geol. Landesamt) München 1950, Nr. 4.
— Geol. Aufnahme d. Alpenrandzone zw. Bergen und Teisendorf in Oberbayern. ZDGEOL. **91**, 1939, 273.
SCHUPPLI, H. M., Ölgeologische Untersuchungen im Schweizer Mittelland zw. Solothurn und Moudon. BEITR. SCHW. Geotechn. Serie Lfg. **26**, Teil 3, 1950.
SCHWINNER, R., Paläozoikum in der NW. Goldeckgruppe (ober Sachsenburg, Kärnten). B. REICHSST. 1943, 147—156.
— Die Zentralzone der Ostalpen. In „Geol. v. Österreich" 2. Aufl. 1951, 105—232.
— Zur Geschichte der Ostalpen-Tektonik. ZDGEOL. **92**, 1940, 263.
SENN, A., Beitrag zur Geologie des Alpensüdrandes zwischen Mendrisio und Varese. ECL. **18**, 1924.

SENN, A., Über die Huppererde von Laufen und das geologische Alter der Zeininger Bruchzone (Baseler Tafeljura). ECL. **21**, 1928, 163—180.

SODER, P. A., Geol. Unters. d. Schrattenfluh und d. südl. anschließenden Teiles d. Habkern-Mulde. DISS. Basel. ECL. **42**, 36—109, 1949.

SOELCH, J., Ungleichseitige Flußgebiete und Talquerschnitte. Peterm. Geogr. Mitteil. **64**, 1918, 252.

SPECK, J., Fährtenfunde aus dem subalpinen Burdigalien... ECL. **38**, 1946.

SPENGLER, E., Die tertiären und quartären Ablagerungen des Hochschwabgebietes und deren Beziehungen zur Morphologie. ZGEOM. II, 1926, 21—73.

— Die nördlichen Kalkalpen, die Flyschzone und die helvetische Zone. In „Geol. v. Österreich“ 2. Aufl. 1951, 302—412.

STAFF, H. v., Morphogenie der Präglaziallandschaft in den westlichen Schweizer Alpen. ZGEOL. 1912, 1—75.

STAUB, R., Grundzüge und Probleme alpiner Morphologie. Denkschr. Schweizer Naturforsch. Ges. **69**, 1934.

— Gedanken zum Bau der Westalpen zwischen Bernina und Mittelmeer. Vierteljahrsschr. d. Nat. Ges. Zürich 82, 1937, 87, 1942.

STEFANINI, G., Il Neogene Veneto. Mem. istit. geol. Univers. Padua **3**, 1915.

SUESS, FR. E., Grundsätzliches zur Entstehung der Landschaft von Wien. ZDGEOL. **81**, 1929, 178—236.

TANNER, H., Beitrag z. Geol. der Molasse zw. Ricken und Hörnli. DISS. Univ. Zürich. 1944. Mitt. Thurg. nat. Ges. Frauenfald 1944.

TARAMELLI, T., Idrografia del bacino del Tagliamento. Mag. alle acque. Uff. Idr. Venezia 1921, 7—36.

TEICHMÜLLER, R., Zur Frage des Alters der tektonischen Bewegungen in den südlichen Kalkalpen westlich des Tagliamento. ZDGEOL. **81**, 1929, 381—410.

TERCIER, J., Traversée des Préalpes externes (Zone du Flysch). ECL. **38**, 1946.

THURNER, A., Gebirgsbildung und Erzführung in der Grauwackenzone. VW. 1947, 83—94.

TORNQUIST, A., Die Annahme der submarinen Erhebung des Alpenzuges und über Versuche, Vorstellungen über submarine Gebirgsbewegung zu erlangen. SB. AK. Berlin 1909, IV, 87—104.

— Intrakretazische und alttertiäre Tektonik der östlichen Zentralalpen. G. R. **14**, 1923.

TRAUB, FR., Beitrag z. Kenntnis d. miozänen Meeresmolasse ostwärts Laufen/Salzach. N. JB. Monatshefte 1945/48, B, 53—71.

TRAUTH, Fr., Das Eozänvorkommen bei Radstadt im Pongau. D. AK. W. **95**, 1918, 171f.

— Geologie der Umgebung von Ybbsitz. In E. Meyer, Geschichte d. Marktes Ybbsitz 1928. Mit geol. Übersichtskarte.

TROLL, K., Über Bau und Entstehung des bayerischen Alpenrandes. ZDGEOL. **78**, 1926, 35ff.

VEIT, E., Zur Stratigraphie des Miocäns im Wiener Becken. Mitt. REICHSST. Wien 1943, 6, 3—32.

VONDERSCHMITT, L., Bericht über die Exkursion der Schweizer geologischen Gesellschaft in den Südtessin. ECL. **33**, 1940, 205—219.

— & SCHAUB, H., Neuere Unters. i. Schlierenflysch. ECL. **36**, 1943, 207—215.

WALDBAUER, H., Studien über Hängetäler im Engadin und Bergell. Ostalpine Formenstudien II, 1923, BORNTR.

WALDMANN, L., Das außeralpine Grundgebirge Österreichs. In „Geologie von Österreich“ 2. Aufl. 1951, 10—94.

WANNER, E., Über die Mächtigkeit der Molasseschichten. VJ. ZÜRICH, **70**, 1934, 341—361.

WEHRLI, H., Monographie der interglazialen Ablagerungen im Bereich der nördlichen Kalkalpen zwischen Rhein und Salzach. JB. W. **78**, 1928, 357—498.

WEINBERGER, L., Geologie des Mattigtales und seiner Umgebung. Lehrer-Zulassungsarbeit. Ms. 1936/37 (Salzburg).

WEITHOFER, K. A., Die Oligozänablagerungen Oberbayerns. M. GES. W. **10**, 1917, 1—125. 1918.

WIEDENMAYER, C., The structural development of areas of tertiary sedimentation in Switzerland. Bull. Assoc. Suisse de Geol. et Ing. du Pétrole **17**, Nr. 52, 15—35, 1950.
— Zur Geologie des Bologneser Apennins zwischen Reno- und Idice-Tal. ECL. **43**, 1950, 115—144, Basel 1951.
WINKLER-HERMADEN, A. v., Das Abbild der jungen Krustenbewegungen im Talnetz des steirischen Tertiärbeckens. ZDGEOL. **78**, 1926, 501—521.
— Zur geomorph. und geol. Entwicklungsgeschichte der Ostabdachung der Zentralalpen in der Miozänzeit. G. R. **17**, 1926, 36; 196; 291.
— Das SW-steirische Tertiärbecken im älteren Miozän. D. AK. W. **101**, 1927, 89.
— Über die sarmatisch-pontischen Ablagerungen im SO-Teil des steirischen Beckens. JB. W. 1927, 393ff.
— Zur Deutung der Geröllzusammensetzung der inneralpinen Inntalmolasse. C. 1928, 362.
— Der Bau des Radelgebirges in SW-Steiermark. JB. W. **79**, 1929, 479—530.
— Der jüngere Vulkanismus am Ostrande der Alpen. CR. INT. G. KONGR. Madrid 1926. Erschienen 1929.
— Über das Alter der Dazite im Gebiete des Draudurchbruches. VW. 1929, 169—181.
— Die jungtertiären Ablagerungen am NO-Sporn der Zentralalpen und seines Südsaumes. SB. AK. W. I, **142**, 1933, 81—102.
— Ergebn. über junge Abtragung und Aufschüttung am Ostrande der Alpen. JB. W. **83**, 1933, 233—274.
— Aufschüttung, Abtragung und Landformung am Ostrand der Alpen. SB. AK. W. Anzeiger Nr. 10, 16. III. 1933.
— Neuere Forschungsergebnisse über Schichtfolge und Bau der östlichen Südalpen I und II. G. R. **27**, 1936, 156; 225.
— Geologische Studien in den inneren Julischen Alpen. C. 1936, 54; 99.
— Geolog.-morpholog. Beobacht. in SW-Ungarn. C. 1938, 5—18. 33—46.
— Über d. Bez. zw. Sedimentation, Tektonik und Morph. in d. jungtertiären Entwicklungsgeschichte d. Ostalpen. SB. AK. W. I, **132**, 343—430. Wien 1924.
— Über Studien in d. inneralpinen Tertiärablagerungen und über deren Bez. zu d. Augensteinfeldern d. Nordalpen. Ebenda **137**, 1928.
— Über Probleme ostalpiner Geomorphologie. Mitt. Geogr. Ges. Wien **72**, 1929.
— Die Kohlenlager Österreichs, ihre geol. u. wirtsch. Bedeutung. ZDGEOL. **88**, 1936, 357—379.
— Tertiäre Ablagerungen und junge Landformung im Ber. d. Längstales der Enns. S.-Ber. Ak. d. Wiss. M.-nat. Kl. I, **159**, 255—280, 1950.
— Die jungtert. Ablagerungen an d. Ostabdachung d. Zentralalpen und d. inneralpine Tertiär. In „Geologie von Österreich" 2. Aufl. 1951, 414—522.
WITTMANN, O., Gibt es auch im Diluvium orogene Phasen? G. R. **32**, 1941, 337—367.
— Das südöstliche Ende des Oberrheingrabens. G. R. **37**, 1949, 24—42.
WOEHRMANN, S. v., Die Raibler Schichten. JB. W. **43**, 1893, 617—768.
WOLANSKY, D., Unters. über die Sedimentationsverhältnisse des Schwarzen Meeres und ihre Anwendung auf das nordkaukasische Erdölgebiet. G. R. **24**, 1933, 397f.
WURM, A., Zur Paläogeographie der süddeutschen Scholle. C. 1929, 33—40.
— Zur Geschichte der tertiären Flußsysteme im Osten Bayerns. N. JB. BEI. **71**, 1934, 165—193.
— Beitrag zur Kenntnis der nordalpinen Saumtiefe zwischen unterem Inn und unterer Isar. N. JB. BEI. **78**, 1937, 285—323.

ORTSVERZEICHNIS

VERFASSERVERZEICHNIS

FSC
www.fsc.org
MIX
Papier | Fördert gute Waldnutzung
FSC® C083411

Kolibri 360 GmbH
Ferdinand-Jühlke-Straße 7
99095 Erfurt, Deutschland
produktsicherheit@kolibri360.de